D1732145

MATHEMATIK · BAND IV

Lehr- und Übungsbuch

MATHEMATIK

BAND IV

VERLAG HARRI DEUTSCH · THUN UND FRANKFURT / MAIN

Mathematische Modelle · Matrizenrechnung
Linearoptimierung
Wahrscheinlichkeitsrechnung und mathematische Statistik
Spieltheorie · Bedienungstheorie
Monte-Carlo-Methoden
Praktisches Rechnen · Nomografie

11. Auflage

Mit 158 Bildern, 117 Tabellen, 62 Tafeln, 2 Beilagen
und 329 Aufgaben mit Lösungen

VERLAG HARRI DEUTSCH · THUN UND FRANKFURT / MAIN

Bei diesem „Lehr- und Übungsbuch Mathematik IV" handelt es sich um
die 11. Auflage der „ Ausgewählten Kapitel der Mathematik für Ingenieure und Ökonomen."

HERAUSGEBER

H. Birnbaum, Dr.-Ing. H. Götzke, Prof. Dr.-Ing. H. Kreul, Dr.-Ing. W. Leupold, Dr. F. Müller,
Prof. Dr. P. H. Müller, Dr. H. Nickel, Prof. Dr. H. Sachs

AUTOREN

Federführung:

Studiendirektor Gertrud Ose

Autoren der einzelnen Teile:

MATHEMATISCHE MODELLE
Alle Autoren

MATRIZENRECHNUNG
Studienrat Gerhard Schiemann †

LINEAROPTIMIERUNG
Studiendirektor Gertrud Ose

WAHRSCHEINLICHKEITSRECHNUNG UND MATHEMATISCHE STATISTIK
Prof. Dr. rer. oec. habil. Horst Baumann

SPIELTHEORIE — BEDIENUNGSTHEORIE — MONTE-CARLO-METHODEN
Dozent Dr. sc. nat. Friedmar Stopp

PRAKTISCHES RECHNEN
Willy Körner

NOMOGRAFIE
Dr.-Ing. Günther Lochmann

ISBN 3 87144 277 1

Redaktionsschluß: 15. 9. 1986

© VEB Fachbuchverlag Leipzig 1987 · Lizenzauflage für den Verlag Harri Deutsch · Thun

Printed in the German Democratic Republic

Fotomechanischer Nachdruck: Grafische Werke Zwickau

GELEITWORT

Mit dem Band „Ausgewählte Kapitel der Mathematik", der jetzt auch in einer inhaltsidentischen Ausgabe als „Lehr- und Übungsbuch Mathematik – Band IV" vorliegt, sollen Stoffgebiete der angewandten Mathematik dargestellt werden, die sowohl für die Ausbildung von Ingenieuren der einzelnen technischen Disziplinen als auch für Wirtschaftsingenieure besonders wichtig sind. Diese Stoffgebiete sind weder in den Bänden I bis III des „Lehr- und Übungsbuches Mathematik" noch in der mengentheoretischen Fassung dieser Teile enthalten, die unter dem Titel „Algebra und Geometrie" und „Analysis" erschienen sind.

Mit der Herausgabe der „Ausgewählten Kapitel der Mathematik" als Band IV des „Lehr- und Übungsbuches Mathematik" in einer inhaltsidentischen Ausgabe soll die enge Beziehung dieses Bandes zu den Bänden I bis III dieses Mathematik-Lehrbuches hervorgehoben werden. Dies geschieht auch optisch durch die einheitlich grüne Einbandgestaltung der vier Bände.

Aus der Fülle der einzelnen Stoffgebiete war eine Auswahl zu treffen, die sich sowohl im Sinne einer gediegenen Grundausbildung als auch, bedingt durch den vorgesehenen Umfang des Buches, auf eine Einführung in die behandelten Spezialgebiete beschränken mußte. Für alle Autoren mußte es das Ziel sein, die hauptsächlichsten Verfahren verständlich darzulegen und sie, den mathematischen Voraussetzungen der Studierenden entsprechend, in die Theorie einzuordnen. Dabei wird, soweit es möglich war, vom Beispiel ausgegangen, und außerdem wird der gebotene Stoff auch am Beispiel erläutert, während allgemeine Ableitungen teilweise nicht gebracht werden können. Trotzdem ist versucht worden, Allgemeingültiges für alle Fachrichtungen herauszuarbeiten. Deshalb besitzen die meisten Beispiele und Aufgaben sowohl in der Thematik als auch in den Zahlenwerten nur Demonstrativcharakter. Wo eine mengentheoretische Interpretation möglich ist, wird sie gegeben; der in der Mengenlehre verankerte und präzisierte Funktionsbegriff wird verwendet.

Das „Lehr- und Übungsbuch Mathematik" ist Bestandteil der „Reihe Mathematik". Das Lehrmaterial für das Grundlagenstudium im Fach Mathematik wird in den einzelnen Bänden dieser Reihe, die im Baukastensystem aufeinander abgestimmt sind, dargestellt.

Die Autoren waren bemüht, in dieser Reihe alle Stoffgebiete der Mathematik so darzustellen, daß sich der interessierte Leser auch im Selbststudium allein in das jeweilige Sachgebiet einarbeiten kann. Sei es, daß er vergessenen Schulstoff wieder auffrischen muß, sei es, daß er sich ein neues Gebiet erst allein erarbeiten muß, um den Anschluß an eine Vorlesung zu gewinnen.

Möge es dem vorliegenden Band IV des „Lehr- und Übungsbuches Mathematik" zusammen mit den Bänden I bis III und den übrigen Titeln der „Reihe Mathematik" gelingen, für Lehrkräfte und Studierende ein wertvolles Handwerkszeug sowohl bei der Umsetzung der Lehrprogramme in einen qualitativ hochwertigen Mathematikunterricht als auch beim intensiven Selbststudium der Studierenden zu sein.

Der Verlag

VORWORT

Die in der 6., neubearbeiteten Auflage durchgeführte Erweiterung des vorliegenden Lehrbuchs versucht, sowohl den Erfahrungen bei der Arbeit mit den vorangehenden Auflagen als auch den Anforderungen, die die Praxis in ihrer fortschreitenden Entwicklung stellt, Rechnung zu tragen. Dabei waren die folgenden Gesichtspunkte zu beachten:

1. Die Ausbildung in Mathematik stellt an Ingenieure, Wirtschaftsingenieure und Wirtschaftswissenschaftler unterschiedliche Anforderungen. Es wurde für die Kapitel der angewandten Mathematik, die das Lehrbuch enthält, daher eine breitere Behandlung gewählt sowie eine Erweiterung vorgenommen.

2. Die Erfahrung zeigte, daß einige Teilgebiete zu breit angelegt waren, während andere einer Ergänzung entsprechend den neuen Forderungen bedurften.

3. Es war das Bemühen des Autorenkollektivs, einerseits der wissenschaftlichen Entwicklung der letzten Jahre Rechnung zu tragen und andererseits durch methodische Maßnahmen die Arbeit der Studierenden zu rationalisieren, wo es möglich war.

Die genannten Gesichtspunkte machten eine Umstellung der einzelnen Abschnitte nötig:
Nach einer Einführung, die die Verbindung zur Operationsforschung herstellt und einen Überblick über die verschiedenen Arten mathematischer Modelle gibt, folgt die *Matrizenrechnung*. Es wird — nach einer Umstellung in der Darlegung des Matrizenkalküls — vor allem für die Invertierung von Matrizen das *Austauschverfahren* eingeführt; der Teilabschnitt über Anwendungen ist erweitert worden.
In der *Linearoptimierung* wird das Austauschverfahren aus der Matrizenrechnung — unter entsprechender Herleitung — so übernommen, daß der Studierende auch die Vorzeichenregeln ohne Änderung beibehalten kann, also keine neue Gedächtnisbelastung hat. Die Ausführungen zur grafischen Lösung sind gekürzt worden, so daß der Übung in Modellierung mehr Raum gegeben werden konnte. Die Beschränkung auf den Normalfall der Maximierung konnte auch nicht aufrechterhalten werden. Die Transportoptimierung findet eine Ergänzung durch die Aufnahme des Näherungsverfahrens von VOGEL-KORDA, das nunmehr auch ohne die vorher behandelten Lösungsverfahren angewendet werden kann.
Der Abschnitt über *Wahrscheinlichkeitsrechnung und mathematische Statistik* hat eine grundlegende Umstellung sowie die notwendige Erweiterung über Verteilungsfunktionen erfahren; ein Teilabschnitt über statistische Prüfverfahren trägt den Forderungen der Praxis Rechnung.
Während anschließend an die Linearoptimierung ein kurzer Überblick über weitere Optimierungsverfahren gegeben wird, bringt der neue vierte Abschnitt *Spieltheorie — Bedienungstheorie — Monte-Carlo-Methoden* eine kurze Einführung in diese drei Gebiete.
Der Abschnitt über *Praktisches Rechnen* ist entsprechend überarbeitet worden; ein Teilabschnitt über Datenverarbeitungsanlagen ist neu hinzugekommen.
Die *Nomografie* als nunmehr letztes Teilgebiet erfuhr auch eine grundlegende Ände-

rung. In einem ersten Komplex werden einfachere Nomogramme besprochen und Hinweise für das Lesen von Nomogrammen gegeben; der zweite Komplex ist komplizierteren Nomogrammen vorbehalten.

Alle genannten Erweiterungen sind methodisch so erfolgt, daß es möglich ist, kleinere Teilabschnitte allein, auch unter Überspringen anderer Teilabschnitte, zu besprechen. Der Studierende, der dann darüber hinaus tiefer in die einzelnen Gebiete eindringen will, kann im Selbststudium weiterarbeiten, auch nach seiner Studienzeit. Ebenso können einzelne Gebiete im Vertiefungsstudium noch behandelt werden.

Abschnitte, die durchweg im Kleindruck erscheinen, sind nicht lehrplangebunden, sie gehören zum ,,Erweiterungswissen''.

Die methodische Aufbereitung wurde außerdem noch stärker unter dem Gesichtspunkt vorgenommen, daß das Buch zum Selbststudium in *allen* Studienformen geeignet sein soll, zumal dem Selbststudium im neuen Fachschulmodell eine besondere Stellung zukommt.

Bei der Erarbeitung der vorliegenden Auflage haben die Autoren viele Anregungen erfahren.

Wir danken allen Lektoren für die gewissenhafte Unterstützung unserer Arbeit ebenso wie den Kollegen, die uns auf unsere Bitte hin einige methodisch wertvolle Aufgaben zur Verfügung stellten. Unser besonderer Dank gilt Herrn Prof. Dr. P. H. Müller, TU Dresden, für alle helfenden Beratungen bei der Neugestaltung des jetzigen dritten Abschnittes.

Bei allem Bemühen der Autoren wird die Arbeit mit der neuen Auflage immer wieder kritische Stellungnahmen der Kollegen ergeben.

Wir bitten sehr, uns diese mitzuteilen, damit laufend an der Verbesserung des Buches gearbeitet werden kann.

In der 9. Auflage wurde das Buch hinsichtlich der SI-Einheiten überarbeitet.

Die Verfasser

INHALTSVERZEICHNIS

3. Wahrscheinlichkeitsrechnung und mathematische Statistik

0. Mathematische Modelle

Voraussetzung für die Anwendung mathematischer Verfahren in der Praxis

Die gesamte Wirtschaft ist in einem solchen Tempo gewachsen, daß das Finden notwendiger und optimal[1]) wirksamer Entscheidungen nicht mehr allein auf Grund gesammelter Erfahrungen erfolgen kann. Die Kompliziertheit der Probleme erfordert wissenschaftliche Methoden zur Unterstützung der Entscheidungsfindung, deren Ziel die Erhöhung der Effektivität[2]) der Wirtschaft sein muß. Unter den zu diesem Zweck angewandten Verfahren nehmen diejenigen, die sich der Mathematik bedienen, eine Vorrangstellung ein.

Das Ziel, erhöhte Effektivität zu erreichen, erfordert im allgemeinen eine bewußte Veränderung der in Frage kommenden ökonomischen, technologischen oder auch organisatorischen Prozesse. Eine gründliche Analyse solcher Prozesse schafft die Voraussetzung dafür, mathematische Verfahren mit Erfolg anwenden zu können. Es werden durch die Analyse die wesentlichen Probleme erkannt, die zu untersuchen sind. Besonders wichtig ist es bei solchen Untersuchungen, daß nicht nur der einzelne Prozeß und damit das eine oder andere Problem isoliert betrachtet wird. Es muß gleichzeitig den vielfachen Verflechtungen Rechnung getragen werden, in die ein Problem bereits innerhalb eines Betriebs und seiner Abteilungen eingebettet ist und deren Zahl mit der Größe eines Unternehmens wächst.

Die Entscheidung, die *ein* Problem betrifft, hat im allgemeinen ihre Auswirkung auf das Gesamtsystem, dem es angehört. Um also zu effektiven Entscheidungen zu kommen, ist es nötig, daß die Analyse zur Systemanalyse wird bzw. daß sie im Sinne einer **System-Orientierung** [5] geführt wird.

Einzelmodell und Modellsystem

Als wesentliches Hilfsmittel für eine den Zielstellungen entsprechende Entscheidungsfindung stellt die Mathematik das mathematische Modell zur Verfügung, durch das unter Anwendung verschiedener mathematischer Verfahren exakte Ergebnisse gewonnen werden können.

Mathematische Modelle spiegeln ganz allgemeinen einen Teil der realen Wirklichkeit in mathematischer Formulierung wider.

Voraussetzung für die mathematische Formulierung eines Prozesses zum Zwecke einer Problemlösung, z. B. der Ermittlung niedrigster Kosten oder notwendiger Rohstoffmengen für einen Produktionsprozeß, ist die **Quantifizierbarkeit** der einzelnen Teile eines solchen Prozesses.

---

[1]) optimal von Optimum (lat.) Bestwert; ökonomisch: Bestwert innerhalb der Bedingungen des Gesamtproblems; mathematisch: gleichbedeutend mit Extremwert

[2]) Effektivität von effectus (lat.) Wirksamkeit

Die Menge der einen Prozeß charakterisierenden Faktoren umfaßt in jedem Falle zwei Teilmengen:

1. die *beeinflußbaren Größen*, die im Modell als Entscheidungsvariablen, auch Prozeßvariablen genannt, auftreten, und die

2. *nicht beeinflußbaren Größen*, die *Einflußgrößen* oder *Parameter*[1]) genannt werden. Je nach der Art des Modells (vgl. S. 19 und S. 20) sind diese Parameter konstante Größen, zeitabhängige Größen oder Zufallsgrößen (vgl. 3.3.4.1.). Sie müssen auf jeden Fall *ihrem Charakter entsprechend* wertmäßig erfaßbar sein, damit ein Modell aufgestellt werden kann.

Die vor der Modellierung geführte Analyse ermöglicht es, die *wichtigsten* Faktoren, die den Prozeß bestimmen, herauszufinden. Die damit getroffene Auswahl bedeutet stets eine Vereinfachung der tatsächlichen Verhältnisse. Diese ist dann vertretbar, wenn das durch die Modellierung verfolgte Ziel nicht verschoben wird und wenn das Wesentliche des erfaßten Prozesses erkennbar bleibt. Sind diese Bedingungen erfüllt, dann wird die Aussagekraft des Modells vor allem durch den Grad der Genauigkeit der ermittelten Parameterwerte bestimmt.

Das Einzelmodell erfaßt trotz der notwendigen Vereinfachungen einen Prozeß in seiner Komplexität. Die mit Hilfe des Modells gewonnenen Erkenntnisse werden, wie schon erwähnt, vielfach zu einer Veränderung des Prozeßablaufs führen, damit das gestellte Ziel erreicht werden kann (Veränderung der Technologie, der Transportwege u. a.). Das Einzelmodell ist damit stets ein wertvolles Hilfsmittel, um sich bei zumeist schwierigen Entscheidungen, die *einen bestimmten Prozeß* betreffen, auf eine wissenschaftliche Grundlage stützen zu können.

Da jedoch innerhalb der Teile eines Gesamtbereichs stets gegenseitige Wechselwirkungen bestehen, greift eine verändernde Entscheidung innerhalb eines Teilbereiches auch auf die anderen Teile über und wirkt sich dort aus. Es entsteht damit die Notwendigkeit, Einzelmodelle für verschiedene Teilbereiche zu einem Modellsystem zu koppeln mit dem Ziel, optimale Entscheidungen für den *gesamten Bereich* zu finden. Das Problem besteht dabei in einer der Realität entsprechenden Verbindung der einzelnen Modelle, um zu ermöglichen, daß eine insgesamt höhere Effektivität erreicht wird. Die bestehende übergeordnete Zielstellung kann es nach eingehender Analyse u. U. erfordern, daß das eine oder andere Einzelmodell nachträglich noch verändert werden muß.

Die mathematische Modellierung

Das Einzelmodell wird nach der vorausgegangenen Analyse durch die mathematische Modellierung gewonnen, die sowohl weitgehende Sachkenntnisse als auch einen hohen Grad der Abstraktionsfähigkeit erfordert. Deshalb ist es im allgemeinen nötig, für die Modellierung und für die damit zusammenhängenden Untersuchungen ein Spezialistenkollektiv einzusetzen, das aus Ingenieuren, Ökonomen, Mathematikern und weiteren im Hinblick auf die Problemstellung zu wählenden Spezialisten besteht.

---

[1]) Parameter (griech.) Hilfsgröße

Erlaubt es die Problemstellung, daß auf bereits vorliegende, sogenannte *Standardmodelle* zurückgegriffen wird, dann vereinfachen sich die Modellierung und die nachfolgend beschriebenen Arbeitsstufen wesentlich.

Ist das Modell gewonnen, so wird je nach der Art desselben das Lösungsverfahren (Algorithmus[1])) bestimmt, das unter Heranziehung technischer Hilfsmittel (vgl. 5.3.) eine den erfaßten Zusammenhängen entsprechende quantitative Berechnung ermöglicht und zu Ergebnissen führt, die, allein auf Erfahrung gegründet, im allgemeinen nicht auffindbar wären.

An die Berechnung des Modells schließt sich der *Modelltest* an: Modell und Lösungen werden unter Bedingungen, die der Praxis entsprechen, und unter Beachtung der bestehenden Verflechtungen überprüft. Danach erfolgt die endgültige *Umsetzung in die Praxis*. Mit dem letzten Schritt ist die Rückkopplung zum untersuchten System hergestellt, da die Nutzung des Ergebnisses dieses System beeinflussen oder auch verändern kann.

Liegen Prozesse oder Probleme vor, die durch mathematisch-analytische Modelle nicht hinreichend genau erfaßt werden können oder ist es unmöglich bzw. zu aufwendig, für ein solches Modell eine numerische Lösung zu finden, so verwendet man ein **Simulationsmodell**[2]). Ein solches kann mit Hilfe einer elektronischen Datenverarbeitungsanlage „durchgespielt" werden, woraus sich wichtige Einblicke in den Prozeßablauf der Praxis ergeben, deren Auswertung der Problemlösung dient.

Einteilung mathematischer Modelle

Die Einteilung der mathematischen Modelle kann in verschiedener Weise vorgenommen werden. Es gibt noch kein allgemein gültiges Einteilungsprinzip, obwohl gewisse Grundsätze bereits vorherrschend sind. Im folgenden wird eine Einteilung nach zwei Gesichtspunkten gegeben, wie sie im allgemeinen üblich ist.

1. *Statische und dynamische Modelle*

Modellart	Kennzeichen	Beispiele für Anwendung
statisch	zeitunabhängige Einflußgrößen	Verflechtungsprobleme lineare Optimierungsprobleme
dynamisch	zeitabhängige Einflußgrößen	Verflechtungsprobleme Lagerhaltungsprobleme Simulationsmodelle für schwierige Bedienungsprobleme

[1]) Algorithmus (arab.) Rechenverfahren; hier speziell: „exakt formulierte Anweisung zur Lösung einer Klasse von Aufgaben"

[2]) simulare (lat.) nachbilden, nachahmen. Die Nachahmung von Prozessen oder Situationen eines Bereiches in einem anderen Bereich bezeichnet man als Simulation dieser Prozesse oder Simulation im Modellbereich

2*

2. *Deterministische und nichtdeterministische Modelle*

Modellart	Kennzeichen	Beispiele für Anwendung	Lösungs- methoden
deter- ministisch	alle Einflußgrößen sind konstant und haben bekannte Zahlenwerte	Matrizenmodelle für Verflechtungs- probleme und Mate- rialeinsatzplanung	Matrizenrechnung
		Optimierungsmodelle für Produktions- planung, Mischungsprobleme, Transportprobleme	Simplexmethode mit ihren Modi- fikationen Spezielle Methoden je nach der Optimierungsart
		Netzplanmodelle zur Ablaufplanung	CPM[1]) MPM
		Determ. Modelle für Lagerhaltungsprobl.	Diff.-Rechnung
stochastisch	mindestens eine Einflußgröße ist eine zufällige Größe mit bekanntem Er- wartungswert und bekannter Ver- teilungsfunktion	Bedienungsmodelle	Diff.-Rechnung Wahrscheinlich- keitsrechnung
		Lagerhaltungs- modelle	math. Statistik Wahrscheinlich- keitsrechnung
		Netzplanmodelle für Forschung und Entwicklung	PERT[2])
strategisch	von einzelnen Ein- flußgrößen ist der Wertebereich bekannt, nicht aber Erwartungswert und Verteilungs- funktion	Modelle für Kon- fliktsituationen	Spieltheorie

---

[1]) CPM: Critical Path Method (engl.) Methode des kritischen Wegs; MPM: Metra-Potential-Methode (vgl. GÖTZKE, H.: Netzplantechnik. Technik-Tabellen — Verlag Fikentscher & Co., Darmstadt 1972)
[2]) PERT: Program Evaluation and Review Technique (engl.) Technik der Programmbewertung und der Programmprüfung

Als Abbilder der realen Wirklichkeit müßten im Grunde genommen alle Modelle dynamischer Natur sein. Es ist aber möglich, mit den viel einfacher zu bearbeitenden statischen Modellen im allgemeinen dann auszukommen, wenn man die Modellierung für ein verhältnismäßig kleines Zeitintervall vornimmt (z. B. kurzfristige Planung), so daß die Einflußgrößen in guter Annäherung als zeitunabhängig betrachtet werden können.

Es beschreiben demnach im allgemeinen statische Modelle eine Entscheidungssituation in einem begrenzten Zeitintervall, während dynamische Modelle eine solche Situation in ihrer zeitlichen Entwicklung erfassen.

Außerdem können komplizierte deterministische Modelle als Simulationsmodelle behandelt und mittels deterministischer Simulation „durchgespielt" werden, während entsprechende stochastische Modelle mit der sog. Monte-Carlo-Simulation bearbeitet werden.

Überblick über die im Lehrbuch behandelten Modelle

Das vorliegende Buch will den Leser mit den Grundlagen einiger mathematischer Verfahren in der Ökonomie bekannt machen.

In seinen ersten beiden Abschnitten werden allein deterministische Modelle mit den entsprechenden Lösungsverfahren behandelt.

Matrizenmodelle erfassen im allgemeinen Verflechtungen zwischen betrieblichen Abteilungen, zwischen den Betrieben kooperativer Verbände oder zwischen verschiedenen Industriezweigen.

Nach der Einführung in die speziellen Methoden des Matrizenkalküls[1]) werden verschiedene Arten von Verflechtungsmodellen behandelt; sie bilden die Grundlage, um z. B. Brutto- und Nettoproduktion, Materialaufwände, benötigte Import- und mögliche Exportmengen unter bekannten Bedingungen berechnen zu können und danach Entscheidungen zu treffen.

Die Modelle der Linearoptimierung sind Entscheidungsmodelle im engeren Sinne. Sie ermöglichen es, Entscheidungen so zu treffen, daß Optimalwerte für ökonomische, technologische und organisatorische Prozesse erreicht werden können. Es kann für eine Zielgröße einerseits das Maximum (z. B. höchster Produktionsausstoß), andererseits das Minimum (z. B. geringste Transportkosten) unter gegebenen einschränkenden Bedingungen berechnet werden. Dabei liegt die Einfachheit der Rechnung außer in der Determiniertheit der Modelle in ihrer Linearität, die für viele Probleme eine ausreichende Näherung für die Modellierung wie für das Resultat ergibt. Über weitere Optimierungsmodelle und -verfahren wird anschließend an die Linearoptimierung ein kurzer Überblick gegeben.

Obwohl die deterministischen Modelle heute noch vorrangig gebraucht werden und in der Praxis bereits eine gesicherte Grundlage für viele notwendige Entscheidungsfindungen bilden, erfordert die wirtschaftliche Entwicklung immer mehr die Anwendung stochastischer und dynamischer Modelle (vgl. S. 19 und S. 20), die die Wirklichkeit noch realer erfassen können, die also noch praxisnäher sind.

Für die Ermittlung der Parameter solcher Modelle und für deren numerische Behand-

---

[1]) Kalkül von calculus (lat.) Rechenstein zum Rechnen auf dem Rechenbrett; Rechnung

lung sind die Methoden der Wahrscheinlichkeitsrechnung und der mathematischen Statistik erforderlich. Die notwendigen mathematischen Grundlagen für diese Gebiete werden im dritten Abschnitt des Buches behandelt.

Die genannten drei Abschnitte schaffen die Voraussetzung, in einem weiteren Abschnitt eine knappe Einführung in die speziellen Modelle der Spieltheorie, der Bedienungstheorie und der Monte-Carlo-Methoden geben zu können.

Die letzten beiden Abschnitte dagegen führen den Leser in einige wichtige Grundlagen der analytischen bzw. grafischen Auswertung mathematischer Modelle im weitesten Sinne des Wortes ein, wie sie mit und ohne Einsatz technischer Hilfsmittel (Rechenautomaten, Datenverarbeitungsanlagen) in der Praxis gebraucht werden.

1. Matrizenrechnung

1.1. Matrix[1])

1.1.1. Definition, Anwendungsbeispiele aus Ökonomie und Technik

Die Matrizenrechnung hat in den letzten Jahren für die schnelle Erfassung und die quantitative Auswertung ökonomischer und technologischer Prozesse immer größere Bedeutung gewonnen. Sie ist sowohl für die Planung der gesamten Volkswirtschaft als auch bei der Lösung vieler anderer Probleme zu einem unentbehrlichen Hilfsmittel geworden.

Definition

> Eine Matrix ist ein rechteckiges Schema von $m \cdot n$ Elementen, die in m Zeilen und n Spalten angeordnet sind.

Dabei sind m und n natürliche Zahlen: $m \in N$ [2]), $n \in N$.
Mit Hilfe der Matrizenschreibweise lassen sich quantitative Zusammenhänge, z. B. innerhalb eines Produktionsablaufs, anschaulich darstellen. Ebenso lassen sich fast alle statistischen Ermittlungen in Matrizenform auswerten. Die Auswertung kann nach den verschiedensten Gesichtspunkten erfolgen. So können mit Hilfe von Matrizen z. B. die Verteilung der Produkte auf die einzelnen Qualitätsstufen (Gütekontrolle), der Materialverbrauch für die einzelnen Produkte oder die für die einzelnen Produkte entstehenden Kosten erfaßt werden.

Hierzu einige Beispiele:

Die Tagesproduktion eines Betriebes ergab für die Produkte A, B und C die folgende Qualitätsverteilung:

Qualität	Produkte		
	A	B	C
Q	120	95	84
I	440	290	76
II	56	130	120
III	20	85	130

Beim Aufstellen von Matrizen ist zu beachten, daß die Zeilen und die Spalten Unterschiedliches aussagen. In der sich aus der vorstehenden Tabelle ergebenden Qualitätsmatrix geben die Spaltenelemente die Tagesproduktion je Produkt, nach den einzelnen Qualitäten aufgeschlüsselt, an, während aus den Zeilenelementen die Aufteilung der einzelnen Qualitäten auf die drei Produkte A, B, C zu ersehen ist.

---

[1]) matricula (lat.) das Verzeichnis, die Ordnung, die Anordnung
[2]) N: Symbol für die Menge der natürlichen Zahlen (vgl. [1])

In einem Großbetrieb ergab sich im Monat Januar für die einzelnen Teilbetriebe folgender Verbrauch an Energie und Hilfsstoffen:

Betrieb	Verbrauch			
	Kohle (t)	Energie (MWh)	Wasser (m³)	Holz (m³)
A	600	37,5	5000	60
B	450	50,0	3200	80
C	320	42,8	2500	30

Während in der zuerst angeführten *Qualitätsmatrix* die Spaltensummen die Gesamtproduktion der einzelnen Produkte A, B und C und die Zeilensummen die Gesamtzahl der Produkte je Qualität angeben, lassen sich bei der *Verbrauchsmatrix* nur die Elemente der einzelnen Spalten sinnvoll addieren. Die Spaltensummen geben den Gesamtverbrauch der 3 Teilbetriebe an Kohle, Energie, Wasser und Holz an. Die Addition der Elemente der einzelnen Zeilen hingegen ist zunächst wenig aussagekräftig, da ungleichnamige Größen nicht zusammengefaßt werden können. Werden jedoch die durch die einzelnen Zeilenelemente angegebenen verbrauchten Mengen jeweils mit dem entsprechenden Kostenfaktor k_j multipliziert, so geben die einzelnen Zeilensummen die in jedem Teilbetrieb anfallenden Gesamtkosten K_i für den Monat Januar an.

Betragen die Kosten für die in der Verbrauchsmatrix gegebenen Mengen für Kohlen k_1 Mark/t, für Energie k_2 Mark/MWh, für Wasser k_3 Mark/m³ und für Holz k_4 Mark/m³, so werden die Gesamtkosten durch das folgende Gleichungssystem bestimmt:

$$K_1 = 600\,k_1 + 37{,}5\,k_2 + 5000\,k_3 + 60\,k_4$$
$$K_2 = 450\,k_1 + 50{,}0\,k_2 + 3200\,k_3 + 80\,k_4$$
$$K_3 = 320\,k_1 + 42{,}8\,k_2 + 2500\,k_3 + 30\,k_4$$

Die Koeffizienten dieses linearen Gleichungssystems stimmen mit den Elementen der gegebenen Verbrauchsmatrix überein. Die Matrix

$$\mathfrak{K} = \begin{pmatrix} 600 & 37{,}5 & 5000 & 60 \\ 450 & 50 & 3200 & 80 \\ 320 & 42{,}8 & 2500 & 30 \end{pmatrix}$$

ist die zu dem gegebenen linearen Gleichungssystem gehörige **Koeffizientenmatrix**.

Allgemein kann jeder Matrix eine lineare Beziehung und umgekehrt jeder linearen Beziehung eine Matrix zugeordnet werden.

In diesem Abschnitt wurden als Anwendungsbeispiele für Matrizen eine *Qualitätsmatrix*, eine *Verbrauchsmatrix* und die **Koeffizientenmatrix** gezeigt. Aufgabe der Matrizenrechnung ist es nun zu untersuchen, wie derartige rechteckige Systeme sinnvoll miteinander verknüpft werden können, und zu definieren, welcher Zusammenhang unter den einzelnen Verknüpfungen jeweils verstanden werden soll. Das wird in 1.2., Relationen und Operationen mit Matrizen, geschehen.

1.1.2.   Symbolik, Typ der Matrix, Vektoren

Als Symbole für Matrizen dienen die großen Frakturbuchstaben bzw. in der Schreibschrift die großen deutschen Buchstaben.[1]) Im Druck können Matrizen auch durch
fette oder halbfette Antiquabuchstaben gekennzeichnet werden. Außerdem ist es
zulässig, Matrizen durch Unterstreichen großer Buchstaben zu symbolisieren.
Die Zusammengehörigkeit der Elemente wird durch Zusammenfassen in einer Klammer dokumentiert.

Es gilt also:

$$\mathfrak{A} = \begin{pmatrix} a_{11} & a_{12} & \dots & a_{1n} \\ a_{21} & a_{22} & \dots & a_{2n} \\ \cdot & \cdot & \cdot & \cdot \\ a_{m1} & a_{m2} & \dots & a_{mn} \end{pmatrix}$$

Neben runden Klammern sind auch eckige Klammern und senkrechte Doppelstriche
zur Kennzeichnung von Matrizen zugelassen.

Außerdem kann eine Matrix dadurch symbolisiert werden, daß das allgemeine
Element a_{ij}, das als Repräsentant aller $m \cdot n$ Elemente gilt, in Klammern gesetzt
wird.

$$\mathfrak{A} = (a_{ij}) \tag{1.1}$$

Ebenso kann geschrieben werden:

$$\begin{pmatrix} a_{11} & \dots & a_{1n} \\ \cdot & \cdot & \cdot \\ a_{m1} & \dots & a_{mn} \end{pmatrix} = (a_{ij}) \quad \text{oder} \quad \begin{Vmatrix} a_{11} & \dots & a_{1n} \\ \cdot & \cdot & \cdot \\ a_{m1} & \dots & a_{mn} \end{Vmatrix} = \| a_{ij} \|$$

Bei der Schreibweise a_{ij} gibt der Index i die Nummer der Zeile und der Index j
die Nummer der Spalte an, in deren Kreuzungspunkt das betreffende Element
steht.

So steht das Element a_{23} im Kreuzungspunkt der zweiten Zeile und der dritten Spalte.
Die Anzahl der Zeilen und Spalten bestimmen den **Typ der Matrix**. Man sagt:

Eine Matrix mit m Zeilen und n Spalten ist eine Matrix vom Typ (m, n) oder eine
(m, n)-Matrix.

Allgemein wird der Typ einer Matrix gekennzeichnet, indem die Anzahl der Zeilen
und der Spalten tief und in Klammern gesetzt werden. Man schreibt:

$$\mathfrak{A}_{(m, n)} = (a_{ij})_{(m, n)} \tag{1.2}$$

wobei der Zeilenindex i von 1 bis m und der Spaltenindex j von 1 bis n läuft.

[1]) vgl. S. 118: Deutsches Alphabet

Einzeilige Matrizen $\mathfrak{A}_{(1,n)}$ werden Zeilenvektoren und einspaltige Matrizen $\mathfrak{A}_{(m,1)}$ werden Spaltenvektoren genannt.

Die auf Seite 24 gebrachte Koeffizientenmatrix $\mathfrak{K}$ ist vom Typ $\mathfrak{K}_{(3,4)}$, d. h., sie hat 3 Zeilenvektoren und 4 Spaltenvektoren.

1.1.3.   Transponierte Matrizen

Definition

Vertauscht man in einer gegebenen Matrix $\mathfrak{A}$ die Zeilen gegen die entsprechenden Spalten oder umgekehrt, so erhält man die zu $\mathfrak{A}$ **transponierte (gestürzte) Matrix**[1] $\mathfrak{A}^{T}$.

Aus $\mathfrak{A}_{(m,n)}$ erhält man die transponierte Matrix $\mathfrak{A}^{T}_{(n,m)}$ und aus $\mathfrak{A}_{(1,n)}$ den transponierten Vektor $\mathfrak{A}^{T}_{(n,1)}$.

BEISPIEL

Die zur Matrix $\mathfrak{A} = \begin{pmatrix} 1 & 4 \\ 5 & 6 \\ 3 & 9 \end{pmatrix}$ transponierte Matrix

ist $\qquad \mathfrak{A}^{T} = \begin{pmatrix} 1 & 5 & 3 \\ 4 & 6 & 9 \end{pmatrix}$

Die gestürzte Matrix der gestürzten Matrix $\mathfrak{A}^{T}$ ist wiederum die ursprüngliche Matrix $\mathfrak{A}$. Es ist

$$\boxed{(\mathfrak{A}^{T})^{T} = \mathfrak{A}} \qquad\qquad (1.3)$$

Die transponierte Matrix einer einspaltigen Matrix ist eine einzeilige Matrix. Es ist:

$$\mathfrak{a}^{T}_{(m,1)} = \mathfrak{a}_{(1,m)}$$

Vektoren werden durch kleine Frakturbuchstaben bzw. in der Schreibschrift durch kleine deutsche Buchstaben gekennzeichnet. Außerdem können Vektoren in allen den für Matrizen zugelassenen Formen durch entsprechende kleine Buchstaben symbolisiert werden, so z. B. durch Unterstreichen kleiner Buchstaben oder durch Fett- oder Halbfettdruck kleiner Antiquabuchstaben. Die Stellung der einzelnen Vektoren innerhalb des Matrizensystems wird ebenfalls durch Indizes gekennzeichnet. Um die Zeilenvektoren und die Spaltenvektoren zu unterscheiden, soll festgelegt werden: Spaltenvektoren sind stets mit kleinen Buchstaben und Zeilenvektoren als transponierte Spaltenvektoren mit kleinen Buchstaben und hochgestelltem T zu kennzeichnen.

---

[1] Neben $\mathfrak{A}^{T}$ findet man in der Literatur als Symbole für die transponierte Matrix noch $\mathfrak{A}'$. In diesem Buch soll ausschließlich das Symbol $\mathfrak{A}^{T}$ benutzt werden

Es ist $\mathfrak{a}_i^T$ der i-te Zeilenvektor

$$\mathfrak{a}_i^T = (a_{i1} \ a_{i2} \dots a_{in})$$

und $\mathfrak{a}_j$ der j-te Spaltenvektor

$$\mathfrak{a}_j = \begin{pmatrix} a_{1j} \\ a_{2j} \\ \cdot \\ \cdot \\ \cdot \\ a_{mj} \end{pmatrix}$$

Mit Hilfe von Vektoren kann eine Matrix wie folgt dargestellt werden:

$$\mathfrak{A} = \begin{pmatrix} \mathfrak{a}_1^T \\ \mathfrak{a}_2^T \\ \cdot \\ \cdot \\ \cdot \\ \mathfrak{a}_m^T \end{pmatrix} \quad \text{oder} \quad \mathfrak{B} = (\mathfrak{b}_1 \ \mathfrak{b}_2 \dots \mathfrak{b}_n)$$

Diese Darstellung von Matrizen stimmt formal mit der Darstellung von Vektoren überein. Dabei ist zu beachten, daß die Elemente des Vektors selbst wiederum Vektoren sind. Wird eine Matrix wie die Matrix $\mathfrak{A}$ als Spaltenvektor geschrieben, dann sind dessen Elemente $\mathfrak{a}_i^T$ Zeilenvektoren. Wird die Matrix umgekehrt, wie die Matrix $\mathfrak{B}$, als Zeilenvektor geschrieben, dann sind seine Elemente $\mathfrak{b}_j$ Spaltenvektoren.

1.1.4. Quadratische Matrizen

Definition

Eine Matrix, in der die Anzahl m der Zeilen gleich der Anzahl n der Spalten ist, heißt quadratische Matrix.

So ist z. B.

$$\mathfrak{A} = \begin{pmatrix} x & u & a \\ y & v & b \\ z & w & c \end{pmatrix}$$

eine quadratische Matrix dritter Ordnung. Wie bei Determinanten sind auch hier Haupt- und Nebendiagonale zu unterscheiden. So sind zum Beispiel in der gegebenen Matrix x, v, c die Elemente der Haupt- und z, v, a die Elemente der Nebendiagonalen.

▌Zu jeder *quadratischen Matrix* $\mathfrak{A}$ existiert die *zugehörige Determinante* det $\mathfrak{A} = |\mathfrak{A}|$.[1])
Man beachte, daß eine Determinante stets einen Zahlenwert darstellt, wogegen
eine Matrix eine Anordnung von Elementen ist und keinen Zahlenwert hat.

Einige quadratische Matrizen sind durch Besonderheiten gekennzeichnet, die nachfolgend besprochen werden.

Definition

▌Eine quadratische Matrix heißt *symmetrisch*, wenn sie ihrer Transponierten gleich
ist, d. h., wenn $\mathfrak{A} = \mathfrak{A}^{\mathrm{T}}$.

det $\mathfrak{A}$ ist dann eine symmetrische Determinante.
Zum Beispiel ist

$$\mathfrak{A} = \begin{pmatrix} 7 & 3 & 5 \\ 3 & 11 & 6 \\ 5 & 6 & 8 \end{pmatrix} \quad \text{eine symmetrische Matrix.}$$

Für symmetrische Matrizen gilt: $a_{ij} = a_{ji}$.

Definition

▌Eine quadratische Matrix heißt antimetrische oder schiefsymmetrische Matrix,
wenn alle Elemente der Hauptdiagonalen Null sind und die zur Hauptdiagonalen
symmetrischen Elemente sich jeweils nur durch das Vorzeichen unterscheiden,
d. h., wenn $\mathfrak{A}^{\mathrm{T}} = -\mathfrak{A}$ ist.

Für antimetrische Matrizen gilt: $a_{ij} = -a_{ji}$.
Zum Beispiel ist

$$\mathfrak{A} = \begin{pmatrix} 0 & -3 & a \\ 3 & 0 & 1 \\ -a & -1 & 0 \end{pmatrix} \quad \text{eine antimetrische Matrix.}$$

Definition

▌Eine quadratische Matrix, in der alle Elemente unterhalb oder alle Elemente
oberhalb der Hauptdiagonalen Null sind, heißt Dreiecksmatrix.

Sind alle Elemente unterhalb der Hauptdiagonalen Null, liegt eine obere Dreiecksmatrix

$$\mathfrak{A} = \begin{pmatrix} a_{11} & a_{12} & a_{13} & \cdots & a_{1n} \\ 0 & a_{22} & a_{23} & \cdots & a_{2n} \\ 0 & 0 & a_{33} & \cdots & a_{3n} \\ \cdot & \cdot & \cdot & \cdots & \cdot \\ 0 & 0 & 0 & \cdots & a_{nn} \end{pmatrix}$$

vor.

─────────

[1]) Zum Begriff „Determinante" vgl. [1]

Sind hingegen alle Elemente oberhalb der Hauptdiagonalen Null, liegt eine untere Dreiecksmatrix

$$\mathfrak{A} = \begin{pmatrix} a_{11} & 0 & 0 & \cdots & 0 \\ a_{21} & a_{22} & 0 & \cdots & 0 \\ a_{31} & a_{32} & a_{33} & \cdots & 0 \\ \cdot & \cdot & \cdot & \cdot & \cdot \\ a_{n1} & a_{n2} & a_{n3} & \cdots & a_{nn} \end{pmatrix}$$

vor.

Definition

Eine quadratische Matrix, in der alle Elemente außerhalb der Hauptdiagonalen Null sind und mindestens ein Element der Hauptdiagonalen verschieden von Null ist, heißt Diagonalmatrix.

$$\mathfrak{D} = \begin{pmatrix} a & 0 & 0 \\ 0 & b & 0 \\ 0 & 0 & c \end{pmatrix}$$

Definition

Eine Diagonalmatrix, in der alle Elemente der Hauptdiagonalen gleich sind, heißt Skalarmatrix.

$$\mathfrak{K} = \begin{pmatrix} k & 0 & 0 \\ 0 & k & 0 \\ 0 & 0 & k \end{pmatrix}$$

Definition

Eine Skalarmatrix, in der alle Elemente der Hauptdiagonalen eins sind, heißt Einheitsmatrix.

$$\text{Für } n = 3 \text{ ist } \mathfrak{E} = \begin{pmatrix} 1 & 0 & 0 \\ 0 & 1 & 0 \\ 0 & 0 & 1 \end{pmatrix}$$

$$\text{allgemein ist } \mathfrak{E} = \begin{pmatrix} 1 & 0 & \cdots & 0 \\ 0 & 1 & \cdots & 0 \\ \cdot & \cdot & \cdot & \cdot \\ 0 & 0 & & 1 \end{pmatrix}$$

1.2.   Relationen und Operationen

Aufgabe der Matrizenrechnung, des **Matrizenkalküls**, ist es, zwischen linearen Systemen, die durch die Elemente der jeweiligen Matrizen gegeben sind, Beziehungen aufzudecken und zu untersuchen sowie diese Systeme durch entsprechende Operationen

sinnvoll zu verknüpfen. Da Matrizen rechteckige Systeme, bei denen lediglich die Anordnung der Elemente entscheidend ist, und keine Zahlenwerte darstellen, sind die für
das Rechnen mit Zahlenwerten bekannten Rechenoperationen nicht ohne weiteres
auf die Matrizenrechnung übertragbar. Es ist deshalb notwendig, *die einzelnen Verknüpfungen von Matrizen sorgfältig zu definieren und den Gültigkeitsbereich der einzelnen Definitionen exakt abzugrenzen.* Ähnliche Überlegungen mußten in der Arith-
metik bereits beim Aufbau der einzelnen Zahlenbereiche durchgeführt werden. So
sind z. B. die Subtraktion und die Division im Bereich der natürlichen Zahlen nur
begrenzt und erst im Körper der rationalen Zahlen unbeschränkt durchführbar. Im
folgenden Abschnitt sollen die zwischen Matrizen möglichen Verknüpfungen im
einzelnen definiert werden.

1.2.1.   Gleichheit zweier Matrizen

In 1.1.1. wurde als Anwendungsbeispiel u. a. die Verbrauchsmatrix für den Monat
Januar betrachtet. Wenn der Verbrauch für den Monat Februar dem für den Monat
Januar gleich sein soll, dann muß jeder Teilbetrieb im Monat Februar von jedem
Posten genau die gleiche Menge verbrauchen, die er im Monat Januar benötigt hat.
Es darf weder ein zusätzlicher Verbrauch hinzukommen, noch dürfen weitere Teil-
betriebe in die Untersuchung einbezogen werden.
Entsprechend wird auch die Gleichheit zweier Matrizen definiert.

Definition

> Zwei Matrizen sind einander dann und nur dann gleich, wenn sie vom gleichen
> Typ sind und wenn sie in allen ihren entsprechenden Elementen übereinstimmen.

So folgt zum Beispiel aus

$$\begin{pmatrix} a_{11} & a_{12} & a_{13} \\ a_{21} & a_{22} & a_{23} \end{pmatrix} = \begin{pmatrix} -3 & 5 & 8 \\ -7 & 4 & 6 \end{pmatrix},$$

$$a_{11} = -3 \qquad a_{12} = 5 \qquad a_{13} = 8$$
$$a_{21} = 7 \qquad a_{22} = 4 \qquad a_{23} = 6.$$

Im Gegensatz hierzu sind bekanntlich Determinanten einander gleich, wenn sie denselben Wert haben, während die Elemente verschieden sein können.

1.2.2.   Addition und Subtraktion von Matrizen, Nullmatrix

Wenn aus den Verbrauchsmatrizen der Monate Januar, Februar und März die Verbrauchsmatrix für das I. Quartal gebildet werden soll, setzt das voraus, daß die zu
addierenden Matrizen vom gleichen Typ sein müssen und daß jeweils die einander
entsprechenden Elemente der drei Monatsmatrizen zu addieren sind. Dasselbe gilt
sinngemäß für die Subtraktion. Um aus der Quartalsmatrix den Verbrauch für die

Monate Januar und Februar zu ermitteln, sind die Elemente der Matrix des Monats März von den entsprechenden Elementen der Quartalsmatrix zu subtrahieren. Die Definition für die Addition und die Subtraktion von Matrizen entspricht wiederum vollkommen diesem Sachverhalt.

Definition

| Matrizen werden addiert oder subtrahiert, indem die einander entsprechenden Elemente addiert oder subtrahiert werden.

Das bedeutet, daß nur **Matrizen von gleichem Typ** addiert oder subtrahiert werden können.

Ist $\qquad \mathfrak{A} + \mathfrak{B} = \mathfrak{C} = (c_{ij})$,

dann ist jedes $\qquad c_{ij} = a_{ij} + b_{ij}$.

BEISPIEL

Es sind die Matrizen

$$\mathfrak{A} = \begin{pmatrix} a_{11} & a_{12} & a_{13} \\ a_{21} & a_{22} & a_{23} \end{pmatrix} \quad \text{und} \quad \mathfrak{B} = \begin{pmatrix} b_{11} & b_{12} & b_{13} \\ b_{21} & b_{22} & b_{23} \end{pmatrix}$$

zu addieren.

Lösung: Nach der Definition ist jedes $c_{ij} = a_{ij} + b_{ij}$, also:

$$\begin{pmatrix} a_{11} & a_{12} & a_{13} \\ a_{21} & a_{22} & a_{23} \end{pmatrix} + \begin{pmatrix} b_{11} & b_{12} & b_{13} \\ b_{21} & b_{22} & b_{23} \end{pmatrix} = \begin{pmatrix} a_{11} + b_{11} & a_{12} + b_{12} & a_{13} + b_{13} \\ a_{21} + b_{21} & a_{22} + b_{22} & a_{23} + b_{23} \end{pmatrix}$$

Hierbei ist es offensichtlich gleich, ob zur Matrix $\mathfrak{A}$ die Matrix $\mathfrak{B}$ oder umgekehrt zur Matrix $\mathfrak{B}$ die Matrix $\mathfrak{A}$ addiert wird, denn bei Vertauschung der Matrizen wird lediglich in den Elementen der Summenmatrix die Reihenfolge der Summanden vertauscht, während der Wert der Elemente unverändert bleibt.
Es gilt also:

$$\boxed{\mathfrak{A} + \mathfrak{B} = \mathfrak{B} + \mathfrak{A}} \qquad\qquad (1.4)$$

Ebenso gilt:

$$\mathfrak{A} + \mathfrak{B} + \mathfrak{C} = (\mathfrak{A} + \mathfrak{B}) + \mathfrak{C} = \mathfrak{A} + (\mathfrak{B} + \mathfrak{C}).$$

| **Die Addition von Matrizen ist kommutativ und assoziativ [1].**

Werden zwei gleiche Matrizen subtrahiert, dann erhält man eine Matrix, deren sämtliche Elemente Null sind. Eine solche Matrix heißt Nullmatrix. Symbol: $\mathfrak{O}$.

Definition

| Eine Matrix heißt dann und nur dann Nullmatrix, wenn alle ihre Elemente den Wert Null haben.

Im Falle einer einreihigen Matrix spricht man auch vom Nullvektor. Die Nullmatrix kann jeden Typ annehmen. Es ist jedoch nicht üblich, bei der Nullmatrix den Typ im Symbol mit anzugeben.

Aus $\mathfrak{A} - \mathfrak{B} = \mathfrak{O}$

folgt $\mathfrak{A} = \mathfrak{B}$.

Ebenso gilt: $\mathfrak{A} \pm \mathfrak{O} = \mathfrak{A}$.

Die Nullmatrix spielt bei der Addition und der Subtraktion von Matrizen die gleiche Rolle wie die Zahl Null bei der Addition und Subtraktion von Zahlen.

1.2.3.   Multiplikation einer Matrix mit dem Faktor k

Sind in der in 1.1.1. gegebenen Verbrauchsmatrix die in jedem der ersten drei Monate des Jahres verbrauchten Mengen gleich, so ergibt sich die Verbrauchsmatrix für das I. Quartal durch einfache Multiplikation aller Elemente der Matrix für den Monat Januar mit drei. Umgekehrt kann bei gleichbleibendem Verbrauch der Monatsverbrauch durch einfache Division aller Elemente der Quartalsmatrix durch drei ermittelt werden.
Diesem Tatbestand entspricht die folgende

Definition

Eine Matrix wird mit einem Faktor k multipliziert, indem *jedes Element* der Matrix mit k multipliziert wird.

Die *Division* einer Matrix durch k kann als Multiplikation mit dem Faktor $\frac{1}{k}$ aufgefaßt werden; sie ist somit auch in der obigen Definition enthalten.
Für $k > 0$ und $k \in N$ läßt sich die Multiplikation einer Matrix mit dem Faktor k auf die Addition von Matrizen zurückführen. So ist z. B. für $k = 2$

$$2 \begin{pmatrix} a_{11} & a_{12} & a_{13} \\ a_{21} & a_{22} & a_{23} \end{pmatrix} = \begin{pmatrix} a_{11} & a_{12} & a_{13} \\ a_{21} & a_{22} & a_{23} \end{pmatrix} + \begin{pmatrix} a_{11} & a_{12} & a_{13} \\ a_{21} & a_{22} & a_{23} \end{pmatrix} = \begin{pmatrix} 2a_{11} & 2a_{12} & 2a_{13} \\ 2a_{21} & 2a_{22} & 2a_{23} \end{pmatrix}$$

Hinweis: Während bei der Multiplikation einer Matrix mit einem Faktor k jedes Element der Matrix mit dem Faktor k zu multiplizieren ist, sind bei der Multiplikation einer Determinante mit dem Faktor k nur die Elemente einer Reihe mit dem Faktor k zu multiplizieren. Es ist:

$$k \begin{pmatrix} a_{11} & a_{12} \\ a_{21} & a_{22} \end{pmatrix} = \begin{pmatrix} ka_{11} & ka_{12} \\ ka_{21} & ka_{22} \end{pmatrix}$$

oder $\quad 3 \begin{pmatrix} -7 & 2 \\ 4 & -5 \end{pmatrix} = \begin{pmatrix} -21 & 6 \\ 12 & -15 \end{pmatrix},$

aber $\quad k \begin{vmatrix} a_{11} & a_{12} \\ a_{21} & a_{22} \end{vmatrix} = \begin{vmatrix} ka_{11} & ka_{12} \\ a_{21} & a_{22} \end{vmatrix} = \begin{vmatrix} ka_{11} & a_{12} \\ ka_{21} & a_{22} \end{vmatrix}$

oder $\quad 3 \begin{vmatrix} -7 & 2 \\ 4 & -5 \end{vmatrix} = \begin{vmatrix} -21 & 6 \\ 4 & -5 \end{vmatrix} = \begin{vmatrix} -21 & 2 \\ 12 & -5 \end{vmatrix}$

$$3 \cdot (35 - 8) \quad = 105 - 24 \quad = 105 - 24$$
$$81 = \qquad 81 \qquad = \qquad 81$$

Die Regel für die Multiplikation einer Matrix mit einem Faktor ist umkehrbar.

> Haben *alle* Elemente einer Matrix einen gemeinsamen Faktor k, so kann dieser vor die Matrix gestellt werden.

Auf diese Weise ist es oft möglich, bei betragsmäßig sehr großen oder sehr kleinen Zahlen für die weitere Rechnung bequemere Ausdrücke zu erhalten.

BEISPIELE

Es sollen in den folgenden Matrizen die Elemente weitgehend vereinfacht werden.

1. $$\mathfrak{A} = \begin{pmatrix} 875 & 625 \\ 1\,375 & 250 \end{pmatrix}$$

Lösung: Der gemeinsame Faktor 125 ist vor die Matrix zu stellen.

$$\mathfrak{A} = 125 \begin{pmatrix} 7 & 5 \\ 11 & 2 \end{pmatrix}$$

2. $$\mathfrak{B} = \begin{pmatrix} 0,006\,70 & -0,000\,42 \\ 0,000\,28 & 0,003\,00 \end{pmatrix}$$

Lösung: Der gemeinsame Faktor 10^{-3} ist vor die Matrix zu stellen.

$$\mathfrak{B} = 10^{-3} \begin{pmatrix} 6,7 & -0,42 \\ 0,28 & 3 \end{pmatrix}$$

Für die Multiplikation einer Matrix mit einem Faktor k haben das *kommutative*, das *assoziative* und das *distributive* Gesetz Gültigkeit. Diese seien unter Verzicht auf eine Beweisführung genannt:

Kommutatives Gesetz: $\boxed{k\,\mathfrak{A} = \mathfrak{A}\,k}$ (1.5)

Assoziatives Gesetz: $\boxed{k\,(l\,\mathfrak{A}) = (k\,l)\,\mathfrak{A} = k\,l\,\mathfrak{A}}$ (1.6)

Distributives Gesetz: $\boxed{(k \pm l)\,\mathfrak{A} = k\,\mathfrak{A} \pm l\,\mathfrak{A}}$ (1.7)

Die in 1.1.4. angeführte Eigenschaft antimetrischer Matrizen, die durch

$$\mathfrak{A}^{\mathrm{T}} = -\mathfrak{A}$$

ausgedrückt wird, kann nunmehr an einem Beispiel erläutert werden. Wird die antimetrische Matrix dritter Ordnung

$$\mathfrak{A} = \begin{pmatrix} 0 & 3 & -1 \\ -3 & 0 & 2 \\ 1 & -2 & 0 \end{pmatrix}$$

mit dem Faktor −1 multipliziert, so ergibt sich die Matrix

$$-\mathfrak{A} = \begin{pmatrix} 0 & -3 & 1 \\ 3 & 0 & -2 \\ -1 & 2 & 0 \end{pmatrix}$$

Andererseits erhält man durch Transponieren der gegebenen antimetrischen Matrix $\mathfrak{A}$

$$\mathfrak{A}^{\mathrm{T}} = \begin{pmatrix} 0 & -3 & 1 \\ 3 & 0 & -2 \\ -1 & 2 & 0 \end{pmatrix}$$

d. h., es ist im Beispiel

$$\mathfrak{A}^{\mathrm{T}} = -\mathfrak{A}.$$ Auf den allgemeinen Beweis wird verzichtet.

Die bisherigen Operationen mit Matrizen sind sehr einfach. Sie sollen, ehe nach einigen Übungen zu einem der Schwerpunkte der Matrizenrechnung, der Multiplikation mehrerer Matrizen miteinander, übergegangen wird, nochmals kurz zusammengefaßt werden.

Die Gleichheit, die Addition und die Subtraktion von Matrizen sowie die Multiplikation einer Matrix mit einem Faktor k ließen sich sinnvoll erklären. Gleichheit zweier Matrizen bedeutet im Gegensatz zur Gleichheit von Determinanten nicht Zahlenwertgleichheit, sondern *Übereinstimmung in allen einander entsprechenden Elementen*. Addition und Subtraktion sind im Gegensatz zur Zahlenrechnung bei Matrizen *nicht unbeschränkt* durchführbar. Sie bleiben auf Matrizen vom gleichen Typ beschränkt. Dabei sind jeweils die einander entsprechenden Elemente zu addieren bzw. zu subtrahieren. Bei der Multiplikation (Division) einer Matrix mit einem Faktor k sind *alle* Elemente der Matrix mit dem Faktor k zu multiplizieren (dividieren).

AUFGABEN

1.1. Es ist die Formel

$$k(\mathfrak{A} + \mathfrak{B}) = k\mathfrak{A} + k\mathfrak{B}$$

an einem Beispiel vom Typ (3,4) zu erläutern.

1.2. Die folgenden Matrizen sollen addiert bzw. subtrahiert werden.

a) $\begin{pmatrix} 5 & 6 & 7 & 4 \\ 8 & -6 & 3 & 2 \end{pmatrix} + \begin{pmatrix} u & v & w & x \\ y & z & r & t \end{pmatrix}$

b) $\begin{pmatrix} 5 & 8 \\ 7 & 4 \\ -6 & 9 \end{pmatrix} - \begin{pmatrix} 7 & -9 \\ 7 & 6 \\ -5 & -8 \end{pmatrix}$

c) $\begin{pmatrix} 3 & 7 & -11 \\ 5 & -6 & 2 \\ 4 & 5 & 7 \end{pmatrix} + \begin{pmatrix} -11 & 8 & 15 \\ 4 & 7 & 8 \\ 21 & 3 & 5 \end{pmatrix} - \begin{pmatrix} -7 & 5 & 4 \\ 9 & 3 & 7 \\ 36 & -15 & -8 \end{pmatrix}$

1.3. Das Ergebnis der Aufgabe 1.2.c ist mit dem Faktor $3a$ zu multiplizieren.

1.4. Es soll gezeigt werden, daß für Aufgabe 1.2.c die Gleichung

$$\mathfrak{A} - \mathfrak{B} = \mathfrak{A} + (-\mathfrak{B})$$

Gültigkeit hat.

1.5.
$$\begin{pmatrix} 21 & -12 & 21 \\ 15 & 33 & -48 \\ -9 & 0 & -15 \end{pmatrix} - (+3) \begin{pmatrix} 7 & -4 & 7 \\ 5 & 11 & -16 \\ -3 & 0 & -5 \end{pmatrix}$$

1.2.4. Multiplikation mehrerer Matrizen

1.2.4.1. Skalarprodukt

Ein Betrieb produziert die Produkte P_1, P_2 und P_3. Die Produktionskosten betragen für

eine Einheit	P_1	k_1	Kosteneinheiten,	
,,	,, P_2	k_2	,,	,
,,	,, P_3	k_3	,,	.

Es sind die Produktionskosten K für eine Schicht zu bestimmen, wenn je Schicht

p_1 Einheiten vom Produkt P_1,
p_2 ,, ,, ,, P_2,
p_3 ,, ,, ,, P_3 produziert werden.

Für die weiteren Betrachtungen erweist es sich als zweckmäßig, die Kosten im Zeilenvektor

$$\mathfrak{k}^{\mathrm{T}} = (k_1 \quad k_2 \quad k_3)$$

und die anfallenden Produkte im Spaltenvektor

$$\mathfrak{p} = \begin{pmatrix} p_1 \\ p_2 \\ p_3 \end{pmatrix}$$

zusammenzufassen.

Um die Produktionskosten zu ermitteln, werden die Elemente des Kostenvektors $\mathfrak{k}^{\mathrm{T}}$ mit den entsprechenden Elementen des Produktionsvektors $\mathfrak{p}$ multipliziert und die Teilprodukte addiert.

$$K = k_1 p_1 + k_2 p_2 + k_3 p_3$$

Definition

Eine multiplikative Verknüpfung zweier Vektoren in der Form

$$S = a_1 b_1 + a_2 b_2 + \cdots + a_n b_n$$

$$S = \sum_{i=1}^{n} a_i b_i$$

heißt *Skalarprodukt*.

3*

Es ist gleichgültig, ob die Vektoren Zeilen- oder Spaltenvektoren sind. In unserem speziellen Fall interessiert das Skalarprodukt.

$$K = \mathfrak{k}^\mathsf{T} \mathfrak{p}$$

$$K = \sum_{i=1}^{n} k_i p_i$$

1.2.4.2.   Multiplikation zweier Matrizen, Schema von Falk

Ein Betrieb produziert in zwei Hallen in Tag- und Nachtschicht die Produkte P_1, P_2, P_3. Die Produktionshöhe in den beiden Hallen je Schicht sowie die Produktionskosten in der Tag- und in der Nachtschicht sind unterschiedlich und den nachstehenden Tabellen zu entnehmen.

Tabelle A
Kosten in beiden Schichten
je Produktionseinheit
in Kosteneinheiten

	P_1	P_2	P_3
T	2	3	5
N	3	4	7

Tabelle B
Produktion in beiden Hallen
je Schicht
in Produktionseinheiten

	H_1	H_2
P_1	5	3
P_2	4	2
P_3	2	3

Es sollen die Produktionskosten je Schicht für die beiden Hallen bestimmt werden.
Zur Lösung dieser Aufgabe sind vier Skalarprodukte zu bilden.
Um für den weiteren Rechengang ein Höchstmaß an Übersichtlichkeit zu gewährleisten, empfiehlt es sich, die beiden Matrizen, die Kostenmatrix

$$\mathfrak{A} = \begin{pmatrix} 2 & 3 & 5 \\ 3 & 4 & 7 \end{pmatrix}$$

und die Produktionsmatrix

$$\mathfrak{B} = \begin{pmatrix} 5 & 3 \\ 4 & 2 \\ 2 & 3 \end{pmatrix},$$

nach dem Schema von FALK[1]) anzuordnen.

---

[1]) SIGURD FALK, Professor an der TH Braunschweig

Schema von Falk

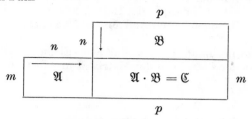

Im Schema von FALK wird die Matrix $\mathfrak{A}$ in das *linke untere* Rechteck und die Matrix $\mathfrak{B}$ in das *rechte obere* Rechteck eingetragen. In das *rechte untere* Rechteck werden die zu bestimmenden Skalarprodukte geschrieben. Sie ergeben die Matrix $\mathfrak{C}$.

Mit allgemeinen Elementen bzw. in Vektorschreibweise geschrieben, sieht das Schema von FALK für den vorliegenden Fall wie folgt aus:

Schema von Falk
mit allgemeinen Elementen[1])

			b_{11}	b_{12}
			b_{21}	b_{22}
			b_{31}	b_{32}
a_{11}	a_{12}	a_{13}	c_{11}	c_{12}
a_{21}	a_{22}	a_{23}	c_{21}	c_{22}

Schema von Falk
in Vektorschreibweise

	$\mathfrak{b}_1$	$\mathfrak{b}_2$
$\mathfrak{a}_1^T$	$\mathfrak{a}_1^T \mathfrak{b}_1$	$\mathfrak{a}_1^T \mathfrak{b}_2$
$\mathfrak{a}_2^T$	$\mathfrak{a}_2^T \mathfrak{b}_1$	$\mathfrak{a}_2^T \mathfrak{b}_2$

Dabei ist:

$$c_{11} = \mathfrak{a}_1^T \mathfrak{b}_1$$
$$c_{12} = \mathfrak{a}_1^T \mathfrak{b}_2$$
$$c_{21} = \mathfrak{a}_2^T \mathfrak{b}_1$$
$$c_{22} = \mathfrak{a}_2^T \mathfrak{b}_2.$$

$$c_{11} = a_{11}b_{11} + a_{12}b_{21} + a_{13}b_{31}$$
$$c_{12} = \cdots$$
$$c_{21} = \cdots$$
$$c_{22} = a_{21}b_{12} + a_{22}b_{22} + a_{23}b_{32}$$

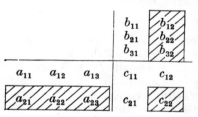

		H_1	H_2
$\mathfrak{A} \cdot \mathfrak{B}$	P_1	5	3
	P_2	4	2
	P_3	2	3

	$P_1\ P_2\ P_3$		
T	2 3 5	32	27
N	3 4 7	45	38

Jedes Element c_{ij} ist das Skalarprodukt aus dem i-ten Zeilenvektor der linken Matrix $\mathfrak{A}$ und dem j-ten Spaltenvektor der rechten Matrix $\mathfrak{B}$. Diese Verknüpfung zweier Matrizen wird Matrizenmultiplikation genannt.

Es soll nunmehr die gestellte Aufgabe mit Hilfe des Schemas von FALK gelöst werden.

[1]) Die Vektoren $\mathfrak{a}_2^T$ und $\mathfrak{b}_2$, deren skalares Produkt das Element c_{22} ergibt, sind durch Schraffierung hervorgehoben. Das wird zur besseren Veranschaulichung des Rechenganges auch noch bei einigen weiteren Beispielen erfolgen

Die Produktionskosten betragen in der Halle 1 in der Tagschicht 32 Kosteneinheiten und in der Nachtschicht 45 Kosteneinheiten. In der Halle 2 betragen die Produktionskosten in der Tagschicht 27 Kosteneinheiten und in der Nachtschicht 38 Kosteneinheiten.

Das nachfolgende Beispiel zeigt nochmals deutlich, daß jedes Element c_{ij} der Produktmatrix $\mathfrak{C}$ das skalare Produkt der i-ten Zeile der Matrix $\mathfrak{A}$ und der j-ten Spalte der Matrix $\mathfrak{B}$ ist:

$$c_{ij} = \mathfrak{a}_i^{\mathrm{T}} \mathfrak{b}_j,$$

und läßt erkennen, wie die Skalarprodukte zu bilden sind.

$$\begin{pmatrix} 2 & 3 & 7 \\ 8 & 1 & 3 \end{pmatrix} \begin{pmatrix} x & u & a & 4 \\ y & v & b & 0 \\ z & w & c & 1 \end{pmatrix} = \begin{pmatrix} 2x+3y+7z & 2u+3v+7w & 2a+3b+7c & 15 \\ 8x+\ y+3z & 8u+\ v+3w & 8a+\ b+3c & 35 \end{pmatrix}$$

Die Multiplikation der Matrix $\mathfrak{A}$ vom *Typ* (2,3) mit der Matrix $\mathfrak{B}$ vom *Typ* (3,4) von rechts ergibt die Produktmatrix $\mathfrak{C}$ vom *Typ* (2,4).
In der Symbolik des Matrizenkalküls geschrieben[1]):

$$\mathfrak{A}_{(2.3)} \cdot \mathfrak{B}_{(3.4)} = \mathfrak{C}_{(2.4)}.$$

Da bei der Matrizenmultiplikation jedes Element der Zeilenvektoren von $\mathfrak{A}$ mit jedem Element der Spaltenvektoren von $\mathfrak{B}$ multipliziert werden muß, ist die Matrizenmultiplikation nur möglich, wenn die Zeilen von $\mathfrak{A}$ und die Spalten von $\mathfrak{B}$ gleich viel Elemente haben. Das bedeutet, daß die Matrix $\mathfrak{A}$ so viel Spalten haben muß, wie die Matrix $\mathfrak{B}$ Zeilen hat. Diese Bedingung wird als **Verkettung** bezeichnet.
Am Typ der Matrizen $\mathfrak{A}$ und $\mathfrak{B}$ ist zu ersehen, ob die Matrizenmultiplikation möglich und *von welchem Typ die Produktmatrix $\mathfrak{C}$ ist*. Die Produktmatrix $\mathfrak{C}$ hat so viel Zeilen wie die Matrix $\mathfrak{A}$ und so viel Spalten wie die Matrix $\mathfrak{B}$.

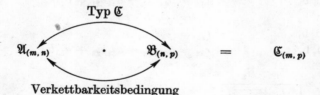

Typ $\mathfrak{C}$

$$\mathfrak{A}_{(m,\,n)} \qquad \cdot \qquad \mathfrak{B}_{(n,\,p)} \qquad = \qquad \mathfrak{C}_{(m,\,p)}$$

Verkettbarkeitsbedingung

Das Produkt zweier Matrizen kann nunmehr wie folgt definiert werden:

Definition

Unter dem Produkt einer (m, n)-Matrix $\mathfrak{A}$ mit einer (n, p)-Matrix $\mathfrak{B}$ in der Reihenfolge $\mathfrak{A} \cdot \mathfrak{B}$ versteht man die (m, p)-Matrix $\mathfrak{C} = \mathfrak{A} \cdot \mathfrak{B}$, in der jedes Element c_{ij} das *skalare Produkt* der i-ten Zeile von $\mathfrak{A}$ (des Zeilenvektors $\mathfrak{a}_i^{\mathrm{T}}$) mit der j-ten Spalte von $\mathfrak{B}$ (dem Spaltenvektor $\mathfrak{b}_j$) ist.

Es ist: $c_{ij} = \mathfrak{a}_i^{\mathrm{T}} \mathfrak{b}_j.$

---

[1]) Gelesen: Matrix $\mathfrak{A}$ zwei drei mal Matrix $\mathfrak{B}$ drei vier ist gleich Matrix $\mathfrak{C}$ zwei vier

Weiterer Satz zur Matrizenmultiplikation

In den Tabellen S. 36 sind in der Tabelle A die in einer Schicht je Produktionseinheit entstehenden Kosten den Zeilenvektoren und in der Tabelle B die in einer Halle je Schicht produzierten Produkte den Spaltenvektoren zu entnehmen. Beide Tabellen können aber auch wie folgt mit transponierten Matrizen geschrieben werden.

Tabelle A_1

	T	N
P_1	2	3
P_2	3	4
P_3	5	7

Tabelle B_1

	P_1	P_2	P_3
H_1	5	4	2
H_2	3	2	3

Jetzt sind in der Tabelle A die in einer Schicht je Produktionseinheit entstehenden Kosten den Spaltenvektoren und in der Tabelle B die in einer Halle in einer Schicht produzierten Mengen den Zeilenvektoren zu entnehmen.
Mit allgemeinen Symbolen unter Beibehaltung der ursprünglich auf S. 37 festgelegten Indizes haben die Tabellen folgendes Aussehen:

Tabelle A_1

	T	N
P_1	a_{11}	a_{21}
P_2	a_{12}	a_{22}
P_3	a_{13}	a_{23}

Tabelle B_1

	P_1	P_2	P_3
H_1	b_{11}	b_{21}	b_{31}
H_2	b_{12}	b_{22}	b_{32}

Die von den Elementen der Tabellen A_1 und B_1 gebildeten Matrizen sind also die transponierten Matrizen der Tabellen A und B von S. 36. Mit diesen beiden Matrizen kann zwar formal das Matrizenprodukt

$$\mathfrak{A}^T_{3,2}\,\mathfrak{B}^T_{2,3} = \mathfrak{C}_{3,3}$$

gebildet werden. Bereits am Typ der Matrix $\mathfrak{C}_{3,3}$ ist zu erkennen, daß die Lösung nicht mit der auf S. 37 übereinstimmen kann, also falsch ist. Nach der Fragestellung und den vorgegebenen Tabellen muß die Lösungsmatrix vom Typ (2,2) sein. Im Matrizenprodukt $\mathfrak{A}^T\mathfrak{B}^T$ werden *die Kosten* für das Produkt P_1 *je Schicht mit der Produktion* von P_1 *je Halle multipliziert*. Die Lösung ergibt also eine inhaltlich völlig unsinnige Aussage. Um die Gesamtkosten je Schicht und Halle zu bestimmen, sind die *Stückkosten je Schicht mit dem Produktionsausstoß je Halle zu multiplizieren* (vgl. S. 37). Diese Produktbildung ist im Matrizenprodukt

$$\mathfrak{B}^T_{2,3}\,\mathfrak{A}^T_{3,2} = \mathfrak{C}_{2,2}$$

gegeben. Auch der Typ der Lösungsmatrix entspricht der Fragestellung.
In Gegenüberstellung zu den Schemata S. 37 führt nur die folgende Anordnung der transponierten Matrizen zum richtigen Ergebnis.

**Schema von Falk
mit allgemeinen Elementen**

$$
\begin{array}{c|cc}
 & a_{11} & a_{21} \\
 & a_{12} & a_{22} \\
 & a_{13} & a_{23} \\
\hline
b_{11}\ b_{21}\ b_{31} & c_{11} & c_{21} \\
b_{12}\ b_{22}\ b_{32} & c_{12} & c_{22}
\end{array}
$$

**Schema von Falk
in Matrizenschreibweise**

$$
\begin{array}{c|c}
 & \mathfrak{A}^{\mathrm{T}} \\
\hline
\mathfrak{B}^{\mathrm{T}} & \mathfrak{B}^{\mathrm{T}}\mathfrak{A}^{\mathrm{T}}
\end{array}
$$

**Schema von Falk
in Vektorenschreibweise**

$$
\begin{array}{c|cc}
 & \mathfrak{a}_1 & \mathfrak{a}_2 \\
\hline
\mathfrak{b}_1^{\mathrm{T}} & \mathfrak{b}_1^{\mathrm{T}}\mathfrak{a}_1 & \mathfrak{b}_1^{\mathrm{T}}\mathfrak{a}_2 \\
\mathfrak{b}_2^{\mathrm{T}} & \mathfrak{b}_2^{\mathrm{T}}\mathfrak{a}_1 & \mathfrak{b}_2^{\mathrm{T}}\mathfrak{a}_2
\end{array}
$$

Lösung:

				T	N
			P_1	2	3
		$\mathfrak{B}^{\mathrm{T}}\mathfrak{A}^{\mathrm{T}}$	P_2	3	4
	$P_1\quad P_2\quad P_3$	P_3		5	7
H_1	5 4 2			32	45
H_2	3 2 3			27	38

Wie der Vergleich mit dem Multiplikationsmodell S. 37 ergibt, ist $\mathfrak{B}^{\mathrm{T}}\mathfrak{A}^{\mathrm{T}} = (\mathfrak{A}\mathfrak{B})^{\mathrm{T}}$. Dieser Zusammenhang ist bei der Anwendung der Matrizenmultiplikation oft von großer Wichtigkeit.

> Die Transponierte eines Produktes ist gleich dem Produkt der Transponierten in umgekehrter Reihenfolge der Faktoren.

Es ist

$$(\mathfrak{A}\mathfrak{B})^{\mathrm{T}} = \mathfrak{B}^{\mathrm{T}}\mathfrak{A}^{\mathrm{T}} \tag{1.8}$$

Die Multiplikation zweier Matrizen hat die Substitution zweier linearer Gleichungssysteme zum Inhalt.

Das soll am Beispiel einer Materialverflechtung gezeigt werden. Zur Produktion zweier Endprodukte E_1 und E_2 werden die Zwischenprodukte Z_1 und Z_2 und für diese wiederum die Rohstoffe R_1, R_2 und R_3 benötigt. Der Bedarf an Zwischenprodukten für die Endprodukte ist aus der Tabelle A und der Bedarf an Rohstoffen für die Zwischenprodukte ist aus der Tabelle B zu ersehen.

Tabelle A

	Z_1	Z_2
E_1	3	4
E_2	2	3

Tabelle B

	R_1	R_2	R_3
Z_1	1	0	2
Z_2	0	2	3

Es soll der Rohstoffbedarf für je eine Einheit vom Endprodukt E_1 und vom Endprodukt E_2 bestimmt werden.

Dieser Sachverhalt läßt sich gleichungsmäßig wie folgt ausdrücken:

$$\text{I} \quad \begin{aligned} E_1 &= 3Z_1 + 4Z_2 \\ E_2 &= 2Z_1 + 3Z_3 \end{aligned} \qquad \text{II} \quad \begin{aligned} Z_1 &= 1R_1 + 2R_3 \\ Z_2 &= 2R_2 + 3R_3. \end{aligned}$$

Der Rohstoffverbrauch für je eine Einheit Endprodukt kann durch Einsetzen des Systems II in das System I (I ← II)[1] ermittelt werden.
Mit Hilfe der linearen Substitution[2] erhält man

$$E_1 = (3 \cdot 1 + 4 \cdot 0)R_1 + (3 \cdot 0 + 4 \cdot 2)R_2 + (3 \cdot 2 + 4 \cdot 3)R_3$$
$$E_2 = (2 \cdot 1 + 3 \cdot 0)R_1 + (2 \cdot 0 + 3 \cdot 2)R_2 + (2 \cdot 2 + 3 \cdot 3)R_3$$

und zusammengefaßt

$$E_1 = 3R_1 + 8R_2 + 18R_3$$
$$E_2 = 2R_1 + 6R_2 + 13R_3.$$

Das letzte Gleichungssystem hat die Koeffizientenmatrix

$$\mathfrak{C} = \begin{pmatrix} 3 & 8 & 18 \\ 2 & 6 & 13 \end{pmatrix}$$

Die gleiche Matrix $\mathfrak{C}$ erhält man, wenn die Koeffizientenmatrix des Systems I

$$\mathfrak{A} = \begin{pmatrix} 3 & 4 \\ 2 & 3 \end{pmatrix}$$

mit der Koeffizientenmatrix des Systems II

$$\mathfrak{B} = \begin{pmatrix} 1 & 0 & 2 \\ 0 & 2 & 3 \end{pmatrix}$$

von rechts multipliziert wird.

$\mathfrak{A}\,\mathfrak{B}$	1	0	2
	0	2	3
3 4	3	8	18
2 3	2	6	13

---

[1] Das Symbol I ← II (gelesen II eingesetzt in I) bedeutet hier, und entsprechend an allen folgenden Stellen, daß das System II in das System I eingesetzt werden soll
[2] Substitutionsmethode = Einsetzungsmethode, Einführungsmethode. An Stelle der Variablen Z_i werden die Variablen R_i eingesetzt. Vgl. Lösen linearer Gleichungssysteme mit Hilfe des Einsetzungsverfahrens in [1]

Neben dem Matrizenprodukt $\mathfrak{AB}$ existiert das Matrizenprodukt $\mathfrak{BA}$ nur in zwei Sonderfällen:

1. bei quadratischen Matrizen,
2. wenn die Matrix $\mathfrak{A}$ vom Typ der Matrix $\mathfrak{B}^T$ ist.

Im *ersten Fall* haben die Produkte $\mathfrak{AB}$ und $\mathfrak{BA}$ zwar den gleichen Typ, es ist aber, abgesehen von einigen wenigen Ausnahmefällen,

$$\mathfrak{AB} \neq \mathfrak{BA}.$$

Im *zweiten Fall* erhält man die Produkte

$$\mathfrak{A}_{m,n}\,\mathfrak{B}_{n,m} = \mathfrak{C}_{m,m}$$

und

$$\mathfrak{B}_{n,m}\,\mathfrak{A}_{m,n} = \mathfrak{C}_{n,n}.$$

Schon am Typ der jeweiligen Produktmatrix ist zu erkennen, daß

$$\mathfrak{C}_{m,m} \neq \mathfrak{C}_{n,n} \quad \text{ist.}$$

Die Matrizenmultiplikation ist nicht kommutativ, d. h., im allgemeinen sind $\mathfrak{AB}$ und $\mathfrak{BA}$ verschiedene Matrizen, sofern $\mathfrak{A}$ und $\mathfrak{B}$ überhaupt in beiden Reihenfolgen verkettbar sind.

In Ausnahmefällen (vgl. o.) kann bei quadratischen Matrizen

$$\mathfrak{AB} = \mathfrak{BA} \quad \text{sein.}$$

Matrizenpaare, für die $\mathfrak{AB} = \mathfrak{BA}$ ist, heißen **kommutative Matrizen.**

Hinweis: Wenn bei der Stufenfertigung das Matrizenprodukt $\mathfrak{AB}$ den Produktionsablauf widerspiegelt, dann entspricht das Matrizenprodukt $\mathfrak{BA}$, sofern es überhaupt existiert, dem rückläufigen Produktionsprozeß, d. h., die Endprodukte würden wieder in die Ausgangsprodukte umgesetzt.

Es kann auch vorkommen, daß das *Matrizenprodukt $\mathfrak{AB}$ eine Nullmatrix ist, ohne daß $\mathfrak{A}$ oder $\mathfrak{B}$ selbst eine Nullmatrix ist.* Derartige Matrizen nennt man **Nullteiler.**

Formale und inhaltliche Verkettbarkeit bei der Matrizenmultiplikation

Bereits auf S. 39 wurde auf die Notwendigkeit, stets die inhaltliche Verkettbarkeit zu beachten, hingewiesen.

Bei *nichtquadratischen Matrizen* bereitet das Aufstellen des Multiplikationsmodells kaum Schwierigkeiten. Für n Zwischenprodukte müssen n Materialverbrauchsnormen vorgegeben sein. Die Verkettbarkeit ist immer gegeben. Die Verkettbarkeitsbedingung sichert bei nichtquadratischen Matrizen die richtige Reihenfolge der Faktoren.

Sind beide Systeme quadratisch, so sind die Matrizen $\mathfrak{A}$ und $\mathfrak{B}$ nach beiden Seiten verkettbar. Neben dem Matrizenprodukt $\mathfrak{AB}$ existiert das Matrizenprodukt $\mathfrak{BA}$. Läßt man die transponierten Matrizen $\mathfrak{A}^T$ und $\mathfrak{B}^T$ ebenfalls als Faktoren zu, können weitere sechs mögliche Matrizenprodukte gebildet werden. Beim Aufstellen von Multiplikationsmodellen quadratischer Matrizen muß deshalb *neben der formalen Verkettbarkeitsbedingung die inhaltlich richtige Verknüpfung* beachtet werden.

Es sei folgendes Beispiel betrachtet:

Für drei Endprodukte E_1, E_2 und E_3 werden drei Zwischenprodukte Z_1, Z_2 und Z_3 und für diese wiederum die Rohstoffe R_1, R_2 und R_3 benötigt. Der Materialbedarf ist im einzelnen den nachstehenden beiden Tabellen zu entnehmen. Für je eine Einheit E_1, E_2 und E_3 ist der benötigte Rohstoff zu bestimmen.

		E_1	E_2	E_3
I	Z_1	2	3	0
	Z_2	3	1	2
	Z_3	1	2	4

		R_1	R_2	R_3
II	Z_1	3	4	2
	Z_2	0	1	3
	Z_3	2	1	2

Der Verbrauch an Zwischenprodukten für die Endprodukte ist *den Spalten* der Tabelle I und der Rohstoffbedarf für die Zwischenprodukte *den Zeilen* der Tabelle II zu entnehmen. Die Matrix $\mathfrak{A}$ ist *spaltenorientiert in bezug auf die Endprodukte*, während die Matrix $\mathfrak{B}$ *zeilenorientiert in bezug auf die Zwischenprodukte* ist. Diese unterschiedliche Orientierung widerspricht der inhaltlichen Verkettbarkeit (vgl. untenstehende Skizze) und führt im Matrizenprodukt $\mathfrak{A}\mathfrak{B}$ zu einer falschen Lösung.

Aus dem Multiplikationsmodell $\mathfrak{A}\mathfrak{B} = \mathfrak{P}$ ist zweimal eine Aussage über den Zusammenhang zwischen den Zwischenprodukten und den Rohstoffen abzulesen:

1. aus der gegebenen Matrix $\mathfrak{B}$,
2. aus der berechneten Matrix $\mathfrak{P}$.

Da $\mathfrak{A}$ keine Einheitsmatrix ist, müssen die Elemente in $\mathfrak{P}$ andere als in $\mathfrak{B}$ sein. Diese Tatsache zeigt, daß das Modell als Lösung des gestellten Problems nicht zulässig ist.

In einem zulässigen Multiplikationsmodell muß die Spaltenorientierung der Linksmatrix mit der Zeilenorientierung der Rechtsmatrix übereinstimmen, wie es in den nachstehenden beiden Modellen der Fall ist.

Modell I   Modell II

Auch die inhaltliche Verkettung kann der formalen Verkettung entsprechend symbolisiert werden:

$$\mathfrak{A}_{EZ}^{\mathrm{T}} \cdot \mathfrak{B}_{ZR} = \mathfrak{P}_{ER} \qquad\qquad \mathfrak{B}_{RZ}^{\mathrm{T}} \cdot \mathfrak{A}_{ZE} = \mathfrak{P}_{RE}$$

Damit ist die Lösung des gegebenen Beispiels wie folgt möglich:

Modell I

			R_1	R_2	R_3	
			3	4	2	Z_1
$\mathfrak{A}^T\mathfrak{B} = \mathfrak{P}_1$			2	1	3	Z_2
			0	1	2	Z_3
E_1	2	3	1	8	12	15	E_1
E_2	3	1	2	13	15	13	E_2
E_3	0	2	4	8	6	14	E_3
	Z_1	Z_2	Z_3	R_1	R_2	R_3	

Die für die drei Endprodukte benötigten Zwischenprodukte und Rohstoffe sind aus den *Zeilen* E_1, E_2 und E_3 abzulesen.

Modell II

			E_1	E_2	E_3	
			2	3	0	Z_1
$\mathfrak{B}^T\mathfrak{A} = \mathfrak{P}_2$			3	1	2	Z_2
			1	2	4	Z_3
R_1	3	0	2	8	13	8	R_1
R_2	4	1	1	12	15	6	R_2
R_3	2	3	2	15	13	14	R_3
	Z_1	Z_2	Z_3	E_1	E_2	E_3	

In diesem Modell sind die für die drei Endprodukte benötigten Zwischenprodukte und Rohstoffe aus den *Spalten* E_1, E_2 und E_3 abzulesen.

Schlußfolgerung: *Multiplikationsmodelle sind immer dann inhaltlich richtig miteinander verknüpft, wenn alle Teilsysteme (und das Gesamtsystem) insofern gleichorientiert sind, daß der Bedarf für die nächsthöhere Produktionsstufe in allen Teilsystemen entweder aus den Zeilen oder aus den Spalten abzulesen ist.*

Es ist danach in bezug auf die nächste Produktionsstufe das Modell I zeilenorientiert, das Modell II dagegen spaltenorientiert.
Zwischen beiden Modellen besteht der folgende Zusammenhang:

Es ist $\mathfrak{P}_2 = \mathfrak{P}_1^T$, woraus folgt, daß

$$\mathfrak{B}^T\mathfrak{A} = (\mathfrak{A}^T\mathfrak{B})^T,$$

wie es dem auf S. 40 entwickelten Multiplikationsgesetz entspricht.

1.2.4.3.   Multiplikation mit der Diagonalmatrix $\mathfrak{D}$

Da in der Diagonalmatrix alle nichtdiagonalen Elemente gleich Null sind, ergeben sich bei der *Multiplikation mit der Diagonalmatrix* gegenüber der allgemeinen Matrizenmultiplikation *wesentliche Vereinfachungen.*

BEISPIEL

Es soll für die nachstehenden Matrizen $\mathfrak{A}$ und $\mathfrak{D}$ sowohl das Produkt $\mathfrak{A}\mathfrak{D}$ als auch das Produkt $\mathfrak{D}\mathfrak{A}$ gebildet werden.

$$\mathfrak{A} = \begin{pmatrix} 3 & -2 & 1 \\ -4 & 1 & 3 \\ 2 & -1 & -2 \end{pmatrix} \qquad \mathfrak{D} = \begin{pmatrix} -1 & 0 & 0 \\ 0 & 2 & 0 \\ 0 & 0 & 1 \end{pmatrix}$$

Lösung:

$$
\begin{array}{c|ccc}
\mathfrak{A}\mathfrak{D} & -1 & 0 & 0 \\
 & 0 & 2 & 0 \\
 & 0 & 0 & 1 \\
\hline
\begin{matrix} 3 & -2 & 1 \\ -4 & 1 & 3 \\ 2 & -1 & -2 \end{matrix} & \begin{matrix} -3 & -4 & 1 \\ 4 & 2 & 3 \\ -2 & -2 & -2 \end{matrix}
\end{array}
\qquad
\begin{array}{c|ccc}
\mathfrak{A}\mathfrak{D} & 3 & -2 & 1 \\
 & -4 & 1 & 3 \\
 & 2 & -1 & -2 \\
\hline
\begin{matrix} -1 & 0 & 0 \\ 0 & 2 & 0 \\ 0 & 0 & 1 \end{matrix} & \begin{matrix} -3 & 2 & -1 \\ -8 & 2 & 6 \\ 2 & -1 & -2 \end{matrix}
\end{array}
$$

Die allgemeine Darstellung läßt das Bildungsgesetz der Produktmatrix klar erkennen:

$$
\mathfrak{A}\mathfrak{D} = \mathfrak{C}_1 \quad
\begin{array}{c|ccc}
 & d_1 & 0 & 0 \\
 & 0 & d_2 & 0 \\
 & 0 & 0 & d_3 \\
\hline
\begin{matrix} a_{11} & a_{12} & a_{13} \\ a_{21} & a_{22} & a_{23} \\ a_{31} & a_{32} & a_{33} \end{matrix} & \begin{matrix} a_{11}d_1 & a_{12}d_2 & a_{13}d_3 \\ a_{21}d_1 & a_{22}d_2 & a_{23}d_3 \\ a_{31}d_1 & a_{32}d_2 & a_{33}d_3 \end{matrix}
\end{array}
$$

$$c_{ij} = a_{ij}d_i$$

$$
\mathfrak{D}\mathfrak{A} = \mathfrak{C}_2 \quad
\begin{array}{c|ccc}
 & a_{11} & a_{12} & a_{13} \\
 & a_{21} & a_{22} & a_{23} \\
 & a_{31} & a_{32} & a_{33} \\
\hline
\begin{matrix} d_1 & 0 & 0 \\ 0 & d_2 & 0 \\ 0 & 0 & d_3 \end{matrix} & \begin{matrix} a_{11}d_1 & a_{12}d_1 & a_{13}d_1 \\ a_{21}d_2 & a_{22}d_2 & a_{23}d_2 \\ a_{31}d_3 & a_{32}d_3 & a_{33}d_3 \end{matrix}
\end{array}
$$

$$c_{ij} = a_{ij}d_i$$

Ergebnis

Eine Matrix $\mathfrak{A}$ wird mit einer Diagonalmatrix $\mathfrak{D}$ von rechts (links) multipliziert, indem jedes Element einer Spalte (Zeile) von $\mathfrak{A}$ mit dem Element der entsprechenden Spalte (Zeile) von $\mathfrak{D}$ multipliziert wird.

Weitere Vereinfachungen ergeben sich bei der Multiplikation der Matrix $\mathfrak{A}$ mit der Skalarmatrix $\mathfrak{K}$ und mit der Einheitsmatrix $\mathfrak{E}$.

Da in einer Skalarmatrix alle Elemente d_i der Hauptdiagonalen gleich k sind, *entspricht die Multiplikation der Matrix $\mathfrak{A}$ mit der Skalarmatrix $\mathfrak{K}$ von rechts oder von links der Multiplikation der Matrix $\mathfrak{A}$ mit dem Faktor k.*

Es gilt: $\qquad \mathfrak{A}\mathfrak{K} = \mathfrak{K}\mathfrak{A} = \mathfrak{A}k = k\mathfrak{A}$.

Da die Einheitsmatrix eine Skalarmatrix mit $k = 1$ ist, entspricht die Multiplikation der Matrix $\mathfrak{A}$ mit der Einheitsmatrix $\mathfrak{E}$ von links oder von rechts der Multiplikation der Matrix $\mathfrak{A}$ mit dem Faktor $k = 1$.

Es gilt: $\qquad \mathfrak{A}\mathfrak{E} = \mathfrak{E}\mathfrak{A} = \mathfrak{A}$.

Ebenso gilt: $\quad \mathfrak{A}\mathfrak{D} = \mathfrak{D}\mathfrak{A} = \mathfrak{D}$.

Die *Nullmatrix* und die *Einheitsmatrix* spielen bei der Matrizenmultiplikation die *gleiche Rolle wie die Null und wie die Eins bei der Multiplikation von Zahlen.*

1.2.4.4.   Multiplikationsproben

Weitgehende Sicherheit für die Richtigkeit der ermittelten c_{ij} läßt sich entweder durch die **Zeilensummen-** oder durch die **Spaltensummenprobe** erreichen. In beiden Fällen können Fehler in den c_{ij} nur dann übersehen werden, wenn sich in der betreffenden Zeile oder in der betreffenden Spalte zufällig mehrere Fehler kompensieren. Um die **Zeilensummenprobe** durchzuführen, wird an die Matrix $\mathfrak{B}$ der Zeilensummenvektor $\mathfrak{b}$ als zusätzliche Spalte angefügt. Der Zeilensummenvektor wird als Spaltenvektor wie alle anderen Spalten von $\mathfrak{B}$ ebenfalls mit den einzelnen Zeilen von $\mathfrak{A}$ multipliziert und der so entstehende Spaltenvektor $\mathfrak{c}$ an die Matrix $\mathfrak{C}$ als zusätzlicher $(n + 1)$-ter Vektor angefügt. *Der Spaltenvektor $\mathfrak{c}$ ist gleich dem Zeilensummenvektor der Matrix $\mathfrak{C}$.*

Multiplikationsmodell mit Zeilensummenprobe:

	$\mathfrak{B}$	$\mathfrak{b}$
$\mathfrak{A}$	$\mathfrak{A} \cdot \mathfrak{B} = \mathfrak{C}$	$\mathfrak{c}$

Es ist $\mathfrak{A} \cdot \mathfrak{b} = \mathfrak{c}$.

Das Verfahren soll zunächst an zwei Beispielen gezeigt werden.

BEISPIELE

Gegeben sind die Matrizen $\mathfrak{A}$ und $\mathfrak{B}$. Es sollen die Matrizenprodukte $\mathfrak{A}\mathfrak{B}$ und $\mathfrak{B}\mathfrak{A}$ bestimmt werden.

$$\mathfrak{A} = \begin{pmatrix} -1 & 3 & -2 \\ 2 & 0 & 4 \end{pmatrix} \qquad \mathfrak{B} = \begin{pmatrix} 2 & 1 \\ -1 & 3 \\ 2 & 0 \end{pmatrix}$$

Lösungen:

1.

			2	1	3
$\mathfrak{A}\mathfrak{B}$			-1	3	2
			2	0	2
-1	3	-2	-9	8	-1
2	0	4	12	2	14

2.

		-1	3	-2	0
$\mathfrak{B}\mathfrak{A}$		2	0	4	6
2	1	0	6	0	6
-1	3	7	-3	14	18
2	0	-2	6	-4	0

Merke:

Beim Aufstellen des Schemas Zeilensummenvektor als zusätzliche Spalte anfügen. *Die Produktmatrix zeilenweise berechnen und keine neue Zeile beginnen, ehe die vorhergehende überprüft ist.*

Die Richtigkeit dieses Verfahrens ist einleuchtend. Die Elemente der Matrizen sind Zahlenwerte, *Skalare*, deshalb ist das für die Zahlenrechnung gültige *distributive* Gesetz

$$(a + b)c = ac + bc$$

auch für die Probe der Matrizenmultiplikation anwendbar.

Manchmal ist es günstiger, nicht mit der Zeilensummenprobe, sondern mit der *Spaltensummenprobe* die Richtigkeit der Lösung zu überprüfen. Im Schema ist dann der Spaltensummenvektor $\mathfrak{a}$ der Matrix $\mathfrak{A}$ als zusätzlicher $(m + 1)$-ter Zeilenvektor hinzuzufügen.

Multiplikationsmodell mit Spaltensummenprobe:

	$\mathfrak{B}$
$\mathfrak{A}$	$\mathfrak{A} \cdot \mathfrak{B} = \mathfrak{C}$
$\mathfrak{a}$	$\mathfrak{c}$

In diesem Falle ergibt der Spaltensummenvektor $\mathfrak{a}$ der Matrix $\mathfrak{A}$ mit der Matrix $\mathfrak{B}$ von rechts multipliziert $(\mathfrak{a} \leftarrow \mathfrak{B})$ den Spaltensummenvektor $\mathfrak{c}$ der Matrix $\mathfrak{C}$.

$$\mathfrak{a} \cdot \mathfrak{B} = \mathfrak{c}.$$

Die beiden bereits mit Hilfe der Zeilensummenprobe überprüften Matrizenprodukte sollen anschließend nochmals mit Hilfe der Spaltensummenprobe überprüft werden.

$\mathfrak{A}\,\mathfrak{B}$			2	1
			-1	3
			2	0
-1	3	-2	-9	8
2	0	4	12	2
1	3	2	3	10

$\mathfrak{B}\,\mathfrak{A}$		-1	3	-2
		2	0	4
2	1	0	6	0
-1	3	7	-3	14
2	0	-2	6	-4
3	4	5	9	10

Die Richtigkeit der Spaltensummenprobe ergibt sich ebenfalls aus dem distributiven Gesetz. Das soll abschließend für den speziellen Fall zweier Matrizen vom Typ (2,2) mit allgemeinen Elementen gezeigt werden.

		b_{11} b_{21}	b_{12} b_{22}
a_{11}	a_{12}	$a_{11}b_{11} + a_{12}b_{21}$	$a_{11}b_{12} + a_{12}b_{22}$
a_{21}	a_{22}	$a_{21}b_{11} + a_{22}b_{21}$	$a_{21}b_{12} + a_{22}b_{22}$
$a_{11} + a_{21}$	$a_{12} + a_{22}$	$(a_{11} + a_{21})b_{11} +$ $+ (a_{12} + a_{22})b_{21}$	$(a_{11} + a_{21})b_{12} +$ $+ (a_{12} + a_{22})b_{22}$

Der allgemeine Aufbau des FALKschen Schemas für zwei Matrizen mit Zeilen- und Spaltensummenprobe läßt sich durch allgemeine Symbole wie folgt darstellen:

Multiplikationsmodell mit Zeilen- und Spaltensummenprobe

	$\mathfrak{B}_{(n,p)}$	$\mathfrak{z}B$ $(n, 1)$
$\mathfrak{A}_{(m,n)}$	$\mathfrak{A} \cdot \mathfrak{B} = \mathfrak{C}_{(m,p)}$	$\mathfrak{z}C$ $(m, 1)$
$\mathfrak{s}_{A(1,n)}$	$\mathfrak{s}_{C(1,p)}$	

Die Vektoren sind mit kleinen deutschen Buchstaben ($\mathfrak{s}$ Spalten-, $\mathfrak{z}$ Zeilensummenvektor) bezeichnet. Die Klammern geben den Typ der Matrix an. Die Indizes zeigen, zu welcher Matrix der Zeilensummenvektor bzw. der Spaltensummenvektor gehört. Im nachfolgenden Beispiel sollen beide Proben gezeigt werden.

					1	0	2	3
					3	−1	0	2
					0	2	1	3
					1	0	0	1
					2	0	−1	1
1	2	3	4	0	11	4	5	20
2	0	3	0	1	4	6	6	16
3	4	0	0	0	15	−4	6	17
1	0	−1	0	1	3	−2	0	1
7	6	5	4	2	33	4	17	

Selbstverständlich genügt für das Lösen des Multiplikationsmodells stets nur e i n e Probe. Die zweite Probe wurde nur übungsweise durchgeführt. Die Produktmatrix $\mathfrak{C}$ ist bei Anwendung der Zeilensummenprobe zeilenweise und bei Anwendung der Spaltensummenprobe spaltenweise zu berechnen. *Jede fertige Zeile bzw. Spalte ist sofort auf ihre Richtigkeit zu überprüfen.* Erst dann sollte mit der Berechnung der nächsten Zeile bzw. Spalte begonnen werden.

AUFGABEN

1.6. Warum und in welcher Weise unterscheiden sich die Grundoperationen der Matrizenrechnung von den Grundrechenarten im Bereich der reellen Zahlen?

1.7. Definieren Sie die Multiplikation zweier Matrizen, und fassen Sie die Bedingungen und die Besonderheiten der Matrizenmultiplikation zusammen.

In den Aufgaben 1.8 bis 1.22 ist jeweils mit Hilfe des Schemas von FALK das Produkt $\mathfrak{A}\mathfrak{B}$ zu bilden und eine Probe durchzuführen.

1.8. $\mathfrak{A} = (a_1 \ b_1 \ c_1)$ $\qquad \mathfrak{B} = \begin{pmatrix} a_2 \\ b_2 \\ c_2 \end{pmatrix}$ $\qquad$ 1.9. $\mathfrak{A} = \begin{pmatrix} a_1 \\ b_1 \\ c_1 \end{pmatrix}$ $\qquad \mathfrak{B} = (a_2 \ b_2 \ c_2)$

1.10. $\mathfrak{A} = \begin{pmatrix} a_{11} & a_{12} & a_{13} & \cdots & a_{1n} \\ a_{21} & a_{22} & a_{23} & \cdots & a_{2n} \\ \cdot & \cdot & \cdot & \cdots & \cdot \\ a_{m1} & a_{m2} & a_{m3} & \cdots & a_{mn} \end{pmatrix}$ $\qquad \mathfrak{B} = \begin{pmatrix} x_1 \\ x_2 \\ \cdot \\ \cdot \\ \cdot \\ x_n \end{pmatrix}$

1.11. $\mathfrak{A} = \begin{pmatrix} 2 & 5 & 3 \\ 1 & -2 & 0 \\ 0 & 1 & 4 \end{pmatrix}$ $\qquad \mathfrak{B} = \begin{pmatrix} 1 & -3 \\ 2 & 4 \\ 0 & 2 \end{pmatrix}$

1.12. $\mathfrak{A} = \begin{pmatrix} 5 & 2 & 1 \\ 3 & 0 & 2 \end{pmatrix}$ $\qquad \mathfrak{B} = \begin{pmatrix} 1 & 3 & 0 \\ 1 & 1 & 4 \\ 3 & 0 & 0 \end{pmatrix}$

1.13. $\mathfrak{A} = \begin{pmatrix} 3 & 2 & 1 \\ 5 & -1 & 2 \\ 0 & 2 & 3 \end{pmatrix}$ $\qquad \mathfrak{B} = \begin{pmatrix} 4 & 1 \\ 2 & -2 \\ -3 & -1 \end{pmatrix}$

1.14. $\mathfrak{A} = \begin{pmatrix} 7 & -6 & 3 \\ -4 & 0 & -6 \\ -8 & 3 & 2 \\ 6 & 0 & 1 \end{pmatrix}$ $\qquad \mathfrak{B} = \begin{pmatrix} 5 & -6 & 3 & 2 & 0 \\ 5 & 1 & -3 & 6 & -8 \\ -7 & 3 & 4 & -5 & 1 \end{pmatrix}$

1.15. $\mathfrak{A} = \begin{pmatrix} 5 & 7 & 0 & 6 \\ 3 & -8 & 4 & 7 \\ 6 & 0 & 2 & 1 \end{pmatrix}$ $\qquad \mathfrak{B} = \begin{pmatrix} 7 & 0 & 1 \\ -3 & 6 & 4 \\ 0 & -2 & -3 \\ 6 & 0 & -1 \end{pmatrix}$

1.16. $\mathfrak{A} = \begin{pmatrix} 1 & 7 & 4 & 2 \\ 0 & 3 & 1 & 0 \\ 0 & 0 & 1 & 2 \end{pmatrix}$ $\qquad \mathfrak{B} = \begin{pmatrix} 1 & 0 & 1 \\ 2 & 1 & 0 \\ 0 & 3 & 0 \\ 0 & 0 & 1 \end{pmatrix}$

1.17. $\mathfrak{A} = \begin{pmatrix} 4 & 11 \\ -3 & 6 \\ 7 & -2 \\ 1 & 0 \\ 3 & 5 \end{pmatrix}$ $\qquad \mathfrak{B} = \begin{pmatrix} 4 & 0 & -3 & 4 \\ 5 & 6 & 2 & -1 \end{pmatrix}$

1.18. $\mathfrak{A} = \begin{pmatrix} 5 & 7 & 9 \\ 3 & 2 & 6 \\ 4 & 0 & 1 \\ 7 & 8 & 1 \end{pmatrix}$ $\mathfrak{B} = \begin{pmatrix} 0 & 0 \\ 0 & 0 \\ 0 & 0 \end{pmatrix}$

1.19. $\mathfrak{A} = \begin{pmatrix} 3 & 2 & 6 \\ 4 & 0 & 1 \\ 3 & 4 & 0 \end{pmatrix}$ $\mathfrak{B} = \begin{pmatrix} 1 & 0 & 0 \\ 0 & 1 & 0 \\ 0 & 0 & 1 \end{pmatrix}$

1.20. $\mathfrak{A} = \begin{pmatrix} 1 & 0 & 0 \\ 0 & 1 & 0 \\ 0 & 0 & 1 \end{pmatrix}$ $\mathfrak{B} = \begin{pmatrix} 3 & -2 & 8 & 6 & 4 \\ -1 & 2 & 3 & 7 & 0 \\ 4 & 2 & 1 & 0 & -3 \end{pmatrix}$

1.21. $\mathfrak{A} = \begin{pmatrix} 2 & 4 \\ 7 & 8 \\ 6 & 2 \end{pmatrix}$ $\mathfrak{B} = \begin{pmatrix} 1 & 0 \\ 0 & 1 \end{pmatrix}$

1.22. $\mathfrak{A} = \begin{pmatrix} -1 & 0 & 0 \\ 0 & 3 & 0 \\ 0 & 0 & 2 \end{pmatrix}$ $\mathfrak{B} = \begin{pmatrix} 4 & 7 & 2 & 6 \\ -3 & 0 & -1 & -2 \\ 1 & -4 & 3 & 0 \end{pmatrix}$

Es soll versucht werden, in den Aufgaben 1.23 bis 1.28 neben dem Produkt $\mathfrak{A} \cdot \mathfrak{B}$ jeweils auch das Produkt $\mathfrak{B} \cdot \mathfrak{A}$ zu bilden.

1.23. $\mathfrak{A} = \begin{pmatrix} 3 & -1 \\ 6 & 2 \end{pmatrix}$ $\mathfrak{B} = \begin{pmatrix} 1 & -3 \\ 0 & 4 \end{pmatrix}$ 1.24. $\mathfrak{A} = \begin{pmatrix} 2 & 3 \\ 3 & 1 \end{pmatrix}$ $\mathfrak{B} = \begin{pmatrix} 5 & 3 \\ 1 & 2 \end{pmatrix}$

1.25. $\mathfrak{A} = \begin{pmatrix} 3 & 0 & -1 \\ 1 & -2 & 4 \end{pmatrix}$ $\mathfrak{B} = \begin{pmatrix} 0 & 1 \\ 2 & -3 \\ 4 & 2 \end{pmatrix}$ 1.26. $\mathfrak{A} = \begin{pmatrix} 4 & 9 \\ 7 & 0 \\ 3 & 1 \end{pmatrix}$ $\mathfrak{B} = \begin{pmatrix} 5 & 0 & 2 \\ 10 & 1 & 6 \end{pmatrix}$

1.27. $\mathfrak{A} = \begin{pmatrix} 1 & 2 & 3 \\ 4 & 5 & 6 \end{pmatrix}$ $\mathfrak{B} = \begin{pmatrix} 1 & 2 \\ 3 & 4 \\ 5 & 6 \end{pmatrix}$ 1.28. $\mathfrak{A} = \begin{pmatrix} 1 & 5 \\ 7 & -3 \\ 25 & 1 \\ 0 & 6 \end{pmatrix}$ $\mathfrak{B} = \begin{pmatrix} 1 & 7 & 25 & 0 \\ 5 & -3 & 1 & 6 \end{pmatrix}$

In den Aufgaben 1.29 bis 1.36 sind die Matrizenpaare $\mathfrak{A}$ und $\mathfrak{B}$ nach Nullteilern und kommutativen Matrizen zu untersuchen.

1.29. $\mathfrak{A} = \begin{pmatrix} 1 & 2 & -3 \\ 2 & 4 & -6 \\ -2 & -4 & 6 \end{pmatrix}$ $\mathfrak{B} = \begin{pmatrix} 5 & 7 & 13 \\ 2 & 1 & 1 \\ 3 & 3 & 5 \end{pmatrix}$

1.30. $\mathfrak{A} = \begin{pmatrix} 1 & -2 & 4 \\ 3 & 1 & 5 \\ 2 & 4 & 0 \end{pmatrix}$ $\mathfrak{B} = \begin{pmatrix} 2 & 4 & -2 \\ -1 & -2 & 1 \\ -1 & -2 & 1 \end{pmatrix}$

1.31. $\mathfrak{A} = \begin{pmatrix} 3 & 9 & 8 & 5 \\ 1 & 0 & 2 & 0 \end{pmatrix}$ $\mathfrak{B} = \begin{pmatrix} 4 & 1 \\ 7 & 0 \\ 0 & 3 \\ 1 & 1 \end{pmatrix}$

1.32. $\mathfrak{A} = \begin{pmatrix} 1 & 3 \\ 0 & 1 \end{pmatrix}$ $\mathfrak{B} = \begin{pmatrix} 2 & 0 \\ 5 & 1 \end{pmatrix}$ 1.33. $\mathfrak{A} = \begin{pmatrix} -16 & -49 \\ 0 & 5 \end{pmatrix}$ $\mathfrak{B} = \begin{pmatrix} -11 & -28 \\ 0 & 1 \end{pmatrix}$

1.34. $\mathfrak{A} = \begin{pmatrix} 4 & 8 \\ 3 & 0 \end{pmatrix}$ $\mathfrak{B} = \begin{pmatrix} 7 & -2 \\ -1 & 0 \end{pmatrix}$ 1.35. $\mathfrak{A} = \begin{pmatrix} 2 & -1 \\ 3 & 4 \end{pmatrix}$ $\mathfrak{B} = \begin{pmatrix} -1 & -2 \\ 6 & 3 \end{pmatrix}$

1.36. $\mathfrak{A} = \begin{pmatrix} 8 & 5 & 0 \\ 7 & 2 & 1 \\ 4 & 0 & 1 \end{pmatrix}$ $\mathfrak{B} = \begin{pmatrix} 3 & 0 & 0 \\ 0 & 3 & 0 \\ 0 & 0 & 3 \end{pmatrix}$

1.37. Es ist aus den nachstehenden Materialverbrauchstabellen jeweils der Rohstoffbedarf für je eine Einheit Endprodukt zu bestimmen.

Anleitung: Nach Überprüfung der Orientierung der beiden Tabellen sind die in jedem Fall möglichen beiden Multiplikationsmodelle aufzustellen.

a)

	Z_1	Z_2	Z_3
E_1	2	0	3
E_2	3	1	2

	Z_1	Z_2	Z_3
R_1	2	0	1
R_2	3	1	0
R_3	0	2	1
R_4	1	0	2

b)

	R_1	R_2	R_3	R_4
Z_1	3	2	0	1
Z_2	1	3	2	1

	E_1	E_2	E_3
Z_1	4	0	2
Z_2	1	2	3

c)

	Z_1	Z_2	Z_3
E_1	1	3	2
E_2	2	0	1

	R_1	R_2	R_3	R_4
Z_1	0	3	0	1
Z_2	1	3	2	0
Z_3	2	1	1	3

1.2.4.5.   Matrizen von Matrizen

In vielen Fällen läßt sich durch Aufspalten der Matrix in Untermatrizen die Übersichtlichkeit der Darstellung (vgl. 1.5.5.) wesentlich erhöhen. Bei einzelnen Matrizenoperationen lassen sich außerdem erhebliche Vereinfachungen erreichen.

4*

Eine Matrix $\mathfrak{A}$ kann $m \cdot n$ Untermatrizen als Elemente enthalten.

$$\mathfrak{A} = \begin{pmatrix} \mathfrak{A}_{11} & \mathfrak{A}_{12} & \cdots & \mathfrak{A}_{1n} \\ \cdot & \cdot & \cdots & \cdot \\ \mathfrak{A}_{m1} & \mathfrak{A}_{m2} & \cdots & \mathfrak{A}_{mn} \end{pmatrix}$$

Die Matrix $\mathfrak{A}$ wird in diesem Zusammenhang auch **Übermatrix** oder **Hypermatrix** genannt.

Das *Aufteilen in Untermatrizen* bringt bei der Multiplikation von Matrizen besonders dann wesentliche Erleichterungen, wenn es durch geschickte Aufteilung gelingt, daß einzelne Blöcke solche speziellen Matrizen wie die Nullmatrix, die Einheitsmatrix oder eine Diagonalmatrix ergeben (s. Aufgaben 1.38, 1.39). Das ist beispielsweise bei der Matrix

$$\mathfrak{A} = \left(\begin{array}{ccc|cc} 3 & 0 & 0 & 0 & 0 \\ 0 & -1 & 0 & 0 & 0 \\ 0 & 0 & 2 & 0 & 0 \\ \hline 1 & 0 & 0 & 4 & -2 \\ 0 & 1 & 0 & 3 & 0 \\ 0 & 0 & 1 & 0 & -1 \end{array}\right) \text{ möglich.}$$

Bei sehr umfangreichen Matrizen macht sich in der Praxis eine Aufteilung in Blöcke notwendig, insbesondere dann, wenn der Umfang der Matrix die Kapazität der zur Verfügung stehenden Anlagen übersteigt (vgl. 5.3.3.).

Im folgenden Beispiel sollen die Matrizen $\mathfrak{A}$ und $\mathfrak{B}$ nach Aufteilung in Blöcke miteinander multipliziert werden.

$$\mathfrak{A} = \left(\begin{array}{c|c} \mathfrak{A}_{11} & \mathfrak{A}_{12} \\ \hline \mathfrak{A}_{21} & \mathfrak{A}_{22} \end{array}\right) \qquad \mathfrak{B} = \left(\begin{array}{c|c} \mathfrak{B}_{11} & \mathfrak{B}_{12} \\ \hline \mathfrak{B}_{21} & \mathfrak{B}_{22} \end{array}\right)$$

Die Elemente der beiden Matrizen $\mathfrak{A}$ und $\mathfrak{B}$ sind selbst wiederum Matrizen. Beim Aufteilen der Matrizen $\mathfrak{A}$ und $\mathfrak{B}$ in Blöcke ist deshalb darauf zu achten, daß die entsprechenden Untermatrizen verkettbar sind. Jeder Block $\mathfrak{C}_{rt}$ der Produktmatrix $\mathfrak{C}$ muß durch das Matrizenprodukt

$$\mathfrak{C}_{rt} = \mathfrak{A}_{rs} \cdot \mathfrak{B}_{st}$$

zu bilden sein.

Zwei *Übermatrizen* $\mathfrak{A}$ und $\mathfrak{B}$ sind nur miteinander zu multiplizieren, *wenn die Spaltenteilung von $\mathfrak{A}$ mit der Zeilenteilung von $\mathfrak{B}$ übereinstimmt.*

Auf weitere Beweisführungen soll in diesem Zusammenhang verzichtet werden. Es ist

$$\begin{pmatrix} \mathfrak{A}_{11} & \mathfrak{A}_{12} \\ \mathfrak{A}_{21} & \mathfrak{A}_{22} \end{pmatrix} \cdot \begin{pmatrix} \mathfrak{B}_{11} & \mathfrak{B}_{12} \\ \mathfrak{B}_{21} & \mathfrak{B}_{22} \end{pmatrix} = \begin{pmatrix} \mathfrak{A}_{11}\mathfrak{B}_{11} + \mathfrak{A}_{12}\mathfrak{B}_{21} & \mathfrak{A}_{11}\mathfrak{B}_{12} + \mathfrak{A}_{12}\mathfrak{B}_{22} \\ \mathfrak{A}_{21}\mathfrak{B}_{11} + \mathfrak{A}_{22}\mathfrak{B}_{21} & \mathfrak{A}_{21}\mathfrak{B}_{12} + \mathfrak{A}_{22}\mathfrak{B}_{22} \end{pmatrix}$$

$$\begin{pmatrix} \mathfrak{A}_{11} & \mathfrak{A}_{12} \\ \mathfrak{A}_{21} & \mathfrak{A}_{22} \end{pmatrix} \cdot \begin{pmatrix} \mathfrak{B}_{11} & \mathfrak{B}_{12} \\ \mathfrak{B}_{21} & \mathfrak{B}_{22} \end{pmatrix} = \begin{pmatrix} \mathfrak{C}_{11} & \mathfrak{C}_{12} \\ \mathfrak{C}_{21} & \mathfrak{C}_{22} \end{pmatrix}$$

BEISPIEL

Die Matrizen

$$\mathfrak{A} = \begin{pmatrix} 1 & -2 & 3 & 0 & 6 & 1 \\ 0 & 2 & -1 & 3 & 2 & -1 \\ -1 & 0 & -2 & 3 & 1 & 2 \\ 2 & -1 & 0 & 1 & 2 & -3 \\ 3 & 1 & 2 & -2 & 0 & 1 \\ -2 & 0 & 1 & 2 & -1 & 0 \end{pmatrix} \quad \text{und} \quad \mathfrak{B} = \begin{pmatrix} 2 & 4 & 0 & 3 & 1 \\ 1 & 3 & 1 & 0 & -2 \\ 0 & 5 & -2 & -1 & -1 \\ 4 & -7 & 3 & 0 & 4 \\ -2 & -3 & -1 & -1 & 1 \\ 8 & 4 & 5 & 8 & 2 \end{pmatrix}$$

sollen nach Zerlegung in Blöcke miteinander multipliziert werden.

Lösung: 1. Vorteilhafte Zerlegung in Blöcke

$$\mathfrak{A} = \left(\begin{array}{cccc:cc} 1 & -2 & 3 & 0 & 6 & 1 \\ 0 & 2 & -1 & 3 & 2 & -1 \\ -1 & 0 & -2 & 3 & 1 & 2 \\ 2 & -1 & 0 & 1 & 2 & -3 \\ \hdashline 3 & 1 & 2 & -2 & 0 & 1 \\ -2 & 0 & 1 & 2 & -1 & 0 \end{array}\right) \quad \mathfrak{B} = \left(\begin{array}{ccc:cc} 2 & 4 & 0 & 3 & 1 \\ 1 & 3 & 1 & 0 & -2 \\ 0 & 5 & -2 & -1 & -1 \\ 4 & -7 & 3 & 0 & 4 \\ \hdashline -2 & -3 & -1 & -1 & 1 \\ 8 & 4 & 5 & 8 & 2 \end{array}\right)$$

Die gestrichelten Linien kennzeichnen die vorgesehene Zerlegung in Blöcke.

2. Multiplikation nach Zerlegung in Blöcke:

a) $\qquad \mathfrak{A}_{11}\mathfrak{B}_{11} + \mathfrak{A}_{12}\mathfrak{B}_{21} = \mathfrak{C}_{11}$

$\mathfrak{A}_{11}\mathfrak{B}_{11}$				2	4	0	6
				1	3	1	5
				0	5	-2	3
				4	-7	3	0
1	-2	3	0	0	13	-8	5
0	2	-1	3	14	-20	13	7
-1	0	-2	3	10	-35	13	-12
2	-1	0	1	7	-2	2	7

$\mathfrak{A}_{12}\mathfrak{B}_{21}$			-2	-3	-1	-6
			8	4	5	17
6	1		-4	-14	-1	-19
2	-1		-12	-10	-7	-29
1	2		14	5	9	28
2	-3		-28	-18	-17	-63

$$\mathfrak{A}_{11}\mathfrak{B}_{11} \quad + \quad \mathfrak{A}_{12}\mathfrak{B}_{21} \quad = \quad \mathfrak{C}_{11}$$

$$\begin{pmatrix} 0 & 13 & -8 \\ 14 & -20 & 13 \\ 10 & -35 & 13 \\ 7 & -2 & 2 \end{pmatrix} + \begin{pmatrix} -4 & -14 & -1 \\ -12 & -10 & -7 \\ 14 & 5 & 9 \\ -28 & -18 & -17 \end{pmatrix} = \begin{pmatrix} -4 & -1 & -9 \\ 2 & -30 & 6 \\ 24 & -30 & 22 \\ -21 & -20 & -15 \end{pmatrix}$$

b) $\mathfrak{A}_{11}\mathfrak{B}_{12} + \mathfrak{A}_{12}\mathfrak{B}_{22} = \mathfrak{C}_{12}$

$\mathfrak{A}_{11}\mathfrak{B}_{12}$			3	1	4
			0	-2	-2
			-1	-1	-2
			0	4	4
1	-2	3	0	0	2	2
0	2	-1	3	1	9	10
-1	0	-2	3	-1	13	12
2	-1	0	1	6	8	14

$\mathfrak{A}_{12}\mathfrak{B}_{22}$		-1	1	0
		8	2	10
6	1	2	8	10
2	-1	-10	0	-10
1	2	15	5	20
2	-3	-26	-4	-30

$$\mathfrak{A}_{11}\mathfrak{B}_{12} \quad + \quad \mathfrak{A}_{12}\mathfrak{B}_{22} \quad = \quad \mathfrak{C}_{12}$$

$$\begin{pmatrix} 0 & 2 \\ 1 & 9 \\ -1 & 13 \\ 6 & 8 \end{pmatrix} + \begin{pmatrix} 2 & 8 \\ -10 & 0 \\ 15 & 5 \\ -26 & -4 \end{pmatrix} = \begin{pmatrix} 2 & 10 \\ -9 & 9 \\ 14 & 18 \\ -20 & 4 \end{pmatrix}$$

c) $\mathfrak{A}_{21}\mathfrak{B}_{11} + \mathfrak{A}_{22}\mathfrak{B}_{21} = \mathfrak{C}_{21}$

$\mathfrak{A}_{21}\mathfrak{B}_{11}$			2	4	0	6
			1	3	1	5
			0	5	-2	3
			4	-7	3	0
3	1	2	-2	-1	39	-9	29
-2	0	1	2	4	-17	4	-9

$\mathfrak{A}_{22}\mathfrak{B}_{21}$		-2	-3	-1	-6
		8	4	5	17
0	1	8	4	5	17
-1	0	2	3	1	6

$$\mathfrak{A}_{21}\mathfrak{B}_{11} \quad + \quad \mathfrak{A}_{22}\mathfrak{B}_{21} \quad = \quad \mathfrak{C}_{21}$$

$$\begin{pmatrix} -1 & 39 & -9 \\ 4 & -17 & 4 \end{pmatrix} + \begin{pmatrix} 8 & 4 & 5 \\ 2 & 3 & 1 \end{pmatrix} = \begin{pmatrix} 7 & 43 & -4 \\ 6 & -14 & 5 \end{pmatrix}$$

d) $\mathfrak{A}_{21}\mathfrak{B}_{12} + \mathfrak{A}_{22}\mathfrak{B}_{22} = \mathfrak{C}_{22}$

$\mathfrak{A}_{21}\mathfrak{B}_{12}$

				3	1	4
				0	-2	-2
				-1	-1	-2
				0	4	4
3	1	2	-2	7	-9	-2
-2	0	1	2	-7	5	-2

$\mathfrak{A}_{22}\mathfrak{B}_{22}$

		-1	1	0
		8	2	10
0	1	8	2	10
-1	0	1	-1	0

$$\mathfrak{A}_{21}\mathfrak{B}_{12} \quad + \quad \mathfrak{A}_{22}\mathfrak{B}_{22} \quad = \quad \mathfrak{C}_{22}$$
$$\begin{pmatrix} 7 & -9 \\ -7 & 5 \end{pmatrix} + \begin{pmatrix} 8 & 2 \\ 1 & -1 \end{pmatrix} = \begin{pmatrix} 15 & -7 \\ -6 & 4 \end{pmatrix}$$

3. Lösungsschema nach FALK:

						2	4	0	3	1	10
$\mathfrak{A}\mathfrak{B}$						1	3	1	0	-2	3
						0	5	-2	-1	-1	1
						4	-7	3	0	4	4
						-2	-3	-1	-1	1	-6
						8	4	5	8	2	27
1	-2	3	0	6	1	-4	-1	-9	2	10	-2
0	2	-1	3	2	-1	2	-30	6	-9	9	-22
-1	0	-2	3	1	2	24	-30	22	14	18	48
2	-1	0	1	2	-3	-21	-20	-15	-20	4	-72
3	1	2	-2	0	1	7	43	-4	15	-7	-54
-2	0	1	2	-1	0	6	-14	5	-6	4	-5

AUFGABEN

In den Aufgaben 1.38 und 1.39 ist das Produkt $\mathfrak{A} \cdot \mathfrak{B}$
a) mit Hilfe des Schemas von FALK in der bisherigen Weise,
b) durch Zerlegen in Blöcke zu bilden. Dabei ist die für den Rechengang günstigste Zerlegung in Teilmatrizen zu suchen.

1.38.
$$\mathfrak{A} = \begin{pmatrix} 5 & 4 & -3 & 5 & 0 \\ 2 & 8 & 6 & -3 & 5 \\ 3 & -6 & 9 & 0 & 0 \\ 0 & 2 & 5 & -6 & 1 \\ -1 & 0 & -2 & 4 & 0 \end{pmatrix} \qquad \mathfrak{B} = \begin{pmatrix} 1 & 0 & 0 & 1 \\ 0 & 1 & 0 & 1 \\ 0 & 0 & 1 & 1 \\ 0 & 0 & 0 & 1 \\ 0 & 0 & 0 & 1 \end{pmatrix}$$

1.39.
$$\mathfrak{A} = \begin{pmatrix} 5 & -4 & 3 & 5 & 0 \\ -2 & 8 & 6 & 3 & 5 \\ 3 & 6 & -9 & 0 & 0 \\ 0 & 2 & -5 & 6 & 1 \\ -1 & 0 & 2 & -4 & 0 \end{pmatrix} \qquad \mathfrak{B} = \begin{pmatrix} 1 & 1 & 0 & 1 \\ 1 & 0 & 1 & -2 \\ 0 & 2 & 0 & 0 \\ 0 & 0 & 1 & 0 \\ 0 & 0 & 0 & 1 \end{pmatrix}$$

1.40. In einem chemischen Betrieb werden an sechs Apparateeinheiten die Arbeiter wie folgt nach den acht Lohngruppen für Produktionsarbeiten entlohnt:

Apparateeinheit 1:   1 Arbeiter Lohngruppe 1
    3 Arbeiter Lohngruppe 4
    2 Arbeiter Lohngruppe 7

Apparateeinheit 2:   2 Arbeiter Lohngruppe 3
    1 Arbeiter Lohngruppe 5
    1 Arbeiter Lohngruppe 6
    1 Arbeiter Lohngruppe 8

Apparateeinheit 3:   2 Arbeiter Lohngruppe 2
    1 Arbeiter Lohngruppe 4
    1 Arbeiter Lohngruppe 8

Apparateeinheit 4:   2 Arbeiter Lohngruppe 1
    1 Arbeiter Lohngruppe 5
    2 Arbeiter Lohngruppe 8

Apparateeinheit 5:   3 Arbeiter Lohngruppe 2
    1 Arbeiter Lohngruppe 5
    2 Arbeiter Lohngruppe 7

Apparateeinheit 6:   1 Arbeiter Lohngruppe 1
    2 Arbeiter Lohngruppe 3
    3 Arbeiter Lohngruppe 5
    1 Arbeiter Lohngruppe 8

Der Stundenlohn betrage in den einzelnen Lohngruppen:

Lohngruppe	1	2	3	4	5	6	7	8
Mark	1,50	1,55	1,65	1,80	1,95	2,10	2,35	2,65

Es ist die Lohnmatrix für den Gesamtbetrieb aufzustellen. Mit Hilfe der Matrizenrechnung sind die Lohnkosten der einzelnen Apparateeinheiten und des Gesamtbetriebes für eine Stunde zu ermitteln.

1.2.4.6.   Multiplikation von mehr als zwei Matrizen

Bisher wurde bei der Multiplikation von Matrizen stets von einem zweistufigen Gesamtsystem ausgegangen.

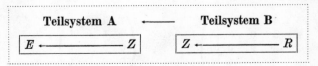

Gesamtsystem

In das Gesamtsystem soll außer den Produktionsstufen A und B noch der Absatz P (Planzahlen) aufgenommen werden.

Schema für ein dreistufiges Gesamtsystem

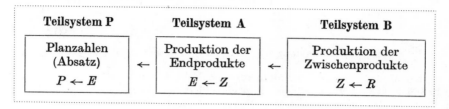

Der Plan sieht vor, daß im Beispiel S. 41 monatlich 200 Einheiten vom Endprodukt E_1 und 300 Einheiten vom Endprodukt E_2 produziert werden sollen. Es ist der monatliche Rohstoffbedarf für dieses Produktionsprogramm zu bestimmen.
Führte das *zweistufige Gesamtsystem* auf die Matrizenmultiplikation

$$\mathfrak{A}\mathfrak{B} = \mathfrak{C},$$

so entspricht dem *dreistufigen Gesamtsystem* die Multiplikation

$$\mathfrak{P}\mathfrak{A}\mathfrak{B} = \mathfrak{P}\mathfrak{C},$$

wobei in dem angeführten Beispiel $\mathfrak{P} = (200 \quad 300)$ ist. Die dem Matrizenprodukt $\mathfrak{P}\mathfrak{A}\mathfrak{B}$ entsprechende mehrfache Substitution

$$P \leftarrow A \leftarrow B$$

kann in verschiedener Reihenfolge durchgeführt werden.
Es ist I $(P \leftarrow A) \leftarrow B$ gleich II $P \leftarrow (A \leftarrow B)$.
Bei I werden zunächst die für die Endprodukte benötigten Zwischenprodukte ermittelt. Abschließend wird der Rohstoffbedarf bestimmt.
Bei II werden zunächst die für die Zwischenprodukte benötigten Rohstoffe bestimmt; anschließend wird der Rohstoffbedarf für das Produktionsprogramm ermittelt.
Entsprechend den Substitutionsmöglichkeiten I und II kann das Matrizenprodukt $\mathfrak{P}\mathfrak{A}\mathfrak{B}$ auf zwei verschiedenen Wegen gewonnen werden.
Es ist

$$\mathfrak{P}\mathfrak{A}\mathfrak{B} = (\mathfrak{P}\mathfrak{A})\,\mathfrak{B} = \mathfrak{P}\,(\mathfrak{A}\mathfrak{B}).$$

Das assoziative Gesetz der Multiplikation gilt auch für die Multiplikation von Matrizen.
Ebenso gilt für die Multiplikation von mehr als zwei Matrizen $(\mathfrak{A}\mathfrak{B}\mathfrak{C}\ldots\mathfrak{M})^{\mathrm{T}} = \mathfrak{M}^{\mathrm{T}}\ldots\mathfrak{C}^{\mathrm{T}}\mathfrak{B}^{\mathrm{T}}\mathfrak{A}^{\mathrm{T}}$ (vgl. S. 40).

Das allgemeine Modell für die Multiplikation dreier Matrizen nimmt einschließlich der Proben stets eine der beiden Formen an.

Modell I :	$\mathfrak{B}$	$\mathfrak{C}$
$\mathfrak{A}$	$\mathfrak{A}\mathfrak{B}$	$(\mathfrak{A}\mathfrak{B})\mathfrak{C}$
$\mathfrak{z}_1$	$\mathfrak{z}_2$	$\mathfrak{z}_3$

mit Spaltensummenprobe

Modell II :	$\mathfrak{C}$	$\mathfrak{z}_1$
$\mathfrak{B}$	$\mathfrak{B}\mathfrak{C}$	$\mathfrak{z}_2$
$\mathfrak{A}$	$\mathfrak{A}(\mathfrak{B}\mathfrak{C})$	$\mathfrak{z}_3$

mit Zeilensummenprobe

In beiden Modellen steht im linken unteren Feld der linke Faktor $\mathfrak{A}$, dem sich die restlichen Faktoren $\mathfrak{B}$ und $\mathfrak{C}$ jedoch in verschiedener Weise anschließen. Die *Bildung der Teilprodukte* ist in beiden Modellen *unterschiedlich*. Im Modell I wird zunächst das Produkt $\mathfrak{A}\mathfrak{B}$, im Modell II zunächst das Produkt $\mathfrak{B}\mathfrak{C}$ gebildet.

Die eingangs gestellte Aufgabe kann nunmehr wie folgt gelöst werden:

Modell I

$(\mathfrak{P}\mathfrak{A})\mathfrak{B}$	3 4	1 0 2
	2 3	0 2 3
200 300	1200 1700	1200 3400 7500

Modell II

$\mathfrak{P}(\mathfrak{A}\mathfrak{B})$	1 0 2	3
	0 2 3	5
3 4	3 8 18	29
2 3	2 6 13	21
200 300	1200 3400 7500	12100

Für 200 Einheiten vom Produkt E_1 und 300 Einheiten vom Produkt E_2 werden 1 200 Einheiten vom Rohstoff R_1, 3400 Einheiten vom Rohstoff R_2 und 7500 Einheiten vom Rohstoff R_3 benötigt.

Beide Multiplikationsmodelle führen zum gleichen Ergebnis, sie unterscheiden sich jedoch in der Anzahl der zu bestimmenden Skalarprodukte.

BEISPIEL

Es ist das Produkt $\mathfrak{A}\mathfrak{B}\mathfrak{C}$ für

$$\mathfrak{A} = \begin{pmatrix} 5 & 4 & -2 & 0 \\ 0 & 3 & 1 & 2 \\ 0 & -7 & 4 & 1 \end{pmatrix} \quad \mathfrak{B} = \begin{pmatrix} 4 & -2 \\ -2 & 0 \\ 0 & 2 \\ 3 & 1 \end{pmatrix} \quad \mathfrak{C} = \begin{pmatrix} 0 & 2 & -4 \\ 1 & 0 & 2 \end{pmatrix}$$

zu bilden. Abschließend ist die Anzahl der in den beiden Anordnungen jeweils zu bildenden Skalarprodukte zu vergleichen.

Mit Spaltensummenprobe:

Modell I		4	−2				
		−2	0				
(𝔄𝔅)ℭ		0	2		0	2	−4
		3	1		1	0	2

5	4	−2	0	12	−14	−14	24	−76
0	3	1	2	0	4	4	0	8
0	−7	4	1	17	9	9	34	−50

5	0	3	3	29	−1	−1	58	−118

Es sind $3 \cdot 2 + 3 \cdot 3 = 3(2 + 3)$, also 15 Skalarprodukte zu bilden.

Mit Zeilensummenprobe:

Modell II		0	2	−4	−2
𝔄(𝔅ℭ)		1	0	2	3

	4	−2	−2	8	−20	−14
	−2	0	0	−4	8	4
	0	2	2	0	4	6
	3	1	1	6	−10	−3

5	4	−2	0	−14	24	−76	−66
0	3	1	2	4	0	8	12
0	−7	4	1	9	34	−50	−7

Es sind $4 \cdot 3 + 3 \cdot 3 = (4 + 3) \cdot 3$, also 21 Skalarprodukte zu bilden.

Die beiden Schemata lassen sich für eine beliebige Anzahl von Matrizen erweitern. Anschließend sollen für beide Fälle die allgemeinen Modelle mit je vier Faktoren aufgestellt werden.

Modell I

	$\mathfrak{B}_{(n,p)}$		$\mathfrak{D}_{(q,r)}$
		$\mathfrak{C}_{(p,q)}$	
$\mathfrak{A}_{(m,n)}$	$\mathfrak{A}\mathfrak{B}_{(m,p)}$	$\mathfrak{A}\mathfrak{B}\mathfrak{C}_{(m,q)}$	$\mathfrak{A}\mathfrak{B}\mathfrak{C}\mathfrak{D}_{(m,r)}$
$\mathfrak{F}_1$	$\mathfrak{F}_2$	$\mathfrak{F}_3$	$\mathfrak{F}_4$

Es sind $mp + mq + mr = m(p + q + r)$ Skalarprodukte zu bilden (vgl. Modell I, oben).

Die Anordnung nach **Modell I** ist besonders vorteilhaft, wenn die erste Matrix $\mathfrak{A}$ ein Zeilenvektor ist, denn dann ist $m = 1$.

Modell II

	$\mathfrak{D}_{(q,r)}$	$\mathfrak{z}_1$
$\mathfrak{C}_{(p,q)}$	$\mathfrak{C}\mathfrak{D}_{(p,r)}$	$\mathfrak{z}_2$
$\mathfrak{B}_{(n,p)}$	$\mathfrak{B}\mathfrak{C}\mathfrak{D}_{(n,r)}$	$\mathfrak{z}_3$
$\mathfrak{A}_{(m,n)}$	$\mathfrak{A}\mathfrak{B}\mathfrak{C}\mathfrak{D}_{(m,r)}$	$\mathfrak{z}_4$

Es sind $pr + nr + mr = (p + n + m)r$ Skalarprodukte zu bilden (vgl. Modell II, S. 59).

Diese Anordnung ist besonders vorteilhaft, wenn die letzte Matrix $\mathfrak{D}$ ein Spaltenvektor ist, denn dann ist $r = 1$.

Allgemein gilt: Ist die Produktmatrix vom Typ (m, r) und ist $m < r$, so ist es vor­teilhaft, das FALKsche Schema nach Modell I aufzubauen. Ist dagegen $m > r$, so ist es günstiger, nach Modell II zu arbeiten.

Hinweis:

Bei sehr umfangreichen Matrizen schreibt man die Ausgangsmatrizen und die Matrizen für die Zwischenprodukte getrennt auf einzelne Blätter, die dann im Sinne des FALKschen Schemas aneinandergefügt werden. In vielen Fällen ist die Anordnung des Multiplikationsschemas mit davon abhängig, inwieweit Zwischenergebnisse für anderweitige Berechnungen benötigt werden. Wenn im Beispiel S. 57 Angaben über die für die vorgegebenen Endprodukte benötigten Zwischenprodukte gebraucht werden, wäre die Aufgabe nach Modell I zu lösen. Sollen jedoch Angaben über die für die Zwischenprodukte benötigten Rohstoffe gemacht werden, wäre das Modell II zur Lösung der Aufgabe geeignet.

Abschließend soll eine Gesamtkostenrechnung für den Rohstoff- und Energiebedarf einschließlich der entstehenden Lohnkosten durchgeführt werden, wenn das Produktionsprogramm bekannt ist.

Es sollen 50 Einheiten vom Endprodukt E_1 und 60 Einheiten vom Endprodukt E_2 produziert werden. Der Bedarf an Zwischenprodukten für die Endprodukte ist der Tabelle A und der Rohstoffbedarf für die Zwischenprodukte der Tabelle B_1 zu ent-

nehmen. Den Energieverbrauch und die Lohnkosten, die bei der Herstellung und bei der Verarbeitung je Einheit Z_i entstehen, gibt die Tabelle B_2 an.
Es sind die Gesamtkosten für das vorgesehene Produktionsprogramm zu ermitteln, wenn die Kosten

für eine Einheit	R_1	2 Kosteneinheiten
,, ,, ,,	R_2	3 ,,
und ,, ,, Energieeinheit		0,5 ,,	betragen.

Tabelle A'

	Z_1	Z_2	Z_3
E_1	3	0	2
E_2	0	1	3

Tabelle B_1

	R_1	R_2
Z_1	0	1
Z_2	3	2
Z_3	1	0

Tabelle B_2

	E	L
Z_1	0,5	2
Z_2	0,8	5
Z_3	0,2	4

Zunächst können die Tabellen B_1 und B_2 unter dem Oberbegriff Einsatzgrößen zur Tabelle B der Einsatzgröße zusammengefaßt werden. Einsatzgrößen sind die Rohstoffe R_1 und R_2, der Energieverbrauch und die Lohnkosten.

Tabelle B

	R_1	R_2	E	L
Z_1	0	1	0,5	2
Z_2	3	2	0,8	5
Z_3	1	0	0,2	4

Der Kostenvektor

$$\mathfrak{k}^\mathrm{T} = (k_{R_1}\ k_{R_2}\ k_E\ k_L)$$

lautet für das spezielle Beispiel

$$\mathfrak{k}^\mathrm{T} = (2\ \ 3\ \ 0,5\ \ 1),$$

da eine Lohnkosteneinheit gleich einer Kosteneinheit ist, d. h. der Umrechnungsfaktor hier den Wert 1 hat.
Die Gesamtkosten können nunmehr mit Hilfe der nachstehenden mehrfachen Substitution bestimmt werden.

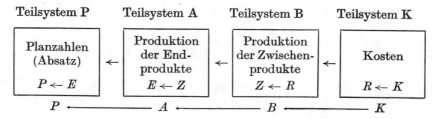

Dieser mehrfachen Substitution entspricht im gegebenen Beispiel das Matrizenprodukt

$$\mathfrak{P}_{(1,2)}\,\mathfrak{A}_{(2,3)}\,\mathfrak{B}_{(3,4)}\,\mathfrak{K}_{(4,1)} = \mathfrak{G}_{(1,1)}$$

Lösung:

							2
			0	1	0,5	2	3
3	0	2	3	2	0,8	5	0,5
0	1	3	1	0	0,2	4	1
50 60	150| 60	280| 460	270	179	1720	3539,5

Die Gesamtkosten für das vorgesehene Produktionsprogramm betragen 3 539,5 Kosteneinheiten.

Werden vom Gesamtsystem außer den Endprodukten auch Zwischenprodukte der einzelnen Fertigungsstufen zum Absatz gebracht, kann der Rohstoffbedarf für die von den einzelnen Produktionsstufen abgegebenen Produkte jeweils getrennt bestimmt und am Schluß addiert werden (Aufgabe 1.49). Bei umfangreichen und komplizierteren Problemen wird die Berechnung für das Gesamtsystem sehr oft mit Hilfe der Kehrmatrix durchgeführt (s. 1.6.3.3.).

AUFGABEN

Es sind die folgenden Matrizenprodukte jeweils in der in der Aufgabe gegebenen Faktorenfolge zu bilden:

1.41. $\mathfrak{A} = \begin{pmatrix} 7 & 5 \\ 8 & 3 \end{pmatrix}$ $\mathfrak{B} = \begin{pmatrix} 4 & 7 & 8 \\ -6 & 3 & 5 \end{pmatrix}$ $\mathfrak{C} = \begin{pmatrix} 6 & 3 \\ 2 & 7 \\ 4 & 1 \end{pmatrix}$

1.42. $\mathfrak{A} = \begin{pmatrix} 3 & 1 & 5 & 2 \\ 2 & 3 & 0 & 1 \\ 1 & 2 & 1 & 0 \end{pmatrix}$ $\mathfrak{B} = \begin{pmatrix} 2 & 1 \\ 1 & 0 \\ 1 & 1 \\ 3 & 3 \end{pmatrix}$ $\mathfrak{C} = \begin{pmatrix} 1 & 0 & 1 \\ 2 & 2 & 2 \end{pmatrix}$

1.43. $\mathfrak{A} = \begin{pmatrix} 0 & 4 & 7 \\ 3 & 2 & 1 \\ 5 & 6 & 2 \end{pmatrix}$ $\mathfrak{B} = \begin{pmatrix} 5 & 3 & -6 & 0 \\ 6 & 2 & 8 & -7 \\ 4 & 1 & 5 & 3 \end{pmatrix}$ $\mathfrak{C} = \begin{pmatrix} -7 & -3 \\ 8 & -4 \\ 2 & 0 \\ 0 & 1 \end{pmatrix}$

1.44. $\mathfrak{A} = (-3 \ -1 \ \ 4)$ $\mathfrak{B} = \begin{pmatrix} -2 & 0 & 1 \\ 3 & 4 & -2 \\ -1 & 2 & 0 \end{pmatrix}$ $\mathfrak{C} = \begin{pmatrix} 5 & -7 \\ 4 & -6 \\ -1 & 3 \end{pmatrix}$ $\mathfrak{D} = \begin{pmatrix} 4 & -1 & 3 \\ 2 & 1 & 0 \end{pmatrix}$

1.45. $\mathfrak{A} = \begin{pmatrix} 3 & 4 \\ 7 & -8 \end{pmatrix}$ $\mathfrak{B} = \begin{pmatrix} 5 & 6 & 0 \\ 2 & 3 & 4 \end{pmatrix}$ $\mathfrak{C} = \begin{pmatrix} 3 & 0 & -6 \\ 1 & -7 & 0 \\ 3 & 6 & 2 \end{pmatrix}$ $\mathfrak{D} = \begin{pmatrix} 2 & -3 \\ 0 & -2 \\ 7 & 4 \end{pmatrix}$

In den Aufgaben 1.46 bis 1.48 sind die Matrizenprodukte zu bilden, die jeweils alle vorgegebenen Matrizen bzw. deren Transponierte enthalten; je eines dieser Modelle ist vollständig durchzurechnen.

1.46. $\mathfrak{A} = \begin{pmatrix} 3 & 2 \\ -1 & 0 \end{pmatrix}$ $\mathfrak{B} = \begin{pmatrix} 1 & 3 & 2 \\ 2 & 2 & -1 \\ -1 & 0 & 0 \\ 0 & 1 & 6 \end{pmatrix}$ $\mathfrak{C} = \begin{pmatrix} 0 & 1 \\ 1 & 0 \\ 3 & 1 \\ 2 & 3 \end{pmatrix}$

1.47. $\mathfrak{A} = \begin{pmatrix} 1 & 0 & 2 \\ 3 & 1 & 0 \end{pmatrix}$ $\mathfrak{B} = \begin{pmatrix} 3 & 0 & 0 \\ 0 & 1 & 0 \\ 0 & 0 & 2 \end{pmatrix}$ $\mathfrak{C} = \begin{pmatrix} 2 & 1 \\ 0 & 3 \\ 1 & 0 \\ 1 & 1 \end{pmatrix}$ $\mathfrak{D} = \begin{pmatrix} 1 \\ 0 \\ 2 \\ 3 \end{pmatrix}$

1.48. $\mathfrak{A} = \begin{pmatrix} 4 & 0 \\ 0 & 3 \\ 1 & 2 \\ 0 & 1 \end{pmatrix}$ $\mathfrak{B} = \begin{pmatrix} 1 & 2 \\ 3 & 1 \\ 1 & 0 \end{pmatrix}$ $\mathfrak{C} = \begin{pmatrix} 5 & 2 \\ 1 & 6 \\ 0 & 1 \\ 1 & 0 \end{pmatrix}$ $\mathfrak{D} = \begin{pmatrix} 1 & 0 & 2 & 6 \\ 0 & 1 & 0 & 1 \end{pmatrix}$

1.49. Aus den Tabellen für den Materialbedarf und aus den vorgegebenen Absatzvektoren für die Endprodukte, die Zwischenprodukte erster Stufe und die Zwischenprodukte zweiter Stufe ist in den folgenden drei Aufgaben der Rohstoffbedarf für das jeweilig vorgesehene Produktionsprogramm zu berechnen.

a)

	Z_{21}	Z_{22}	Z_{23}
E_1	3	0	2
E_2	1	1	2

$\mathfrak{x}^T = (10 \quad 20)$

	Z_{21}	Z_{22}	Z_{23}
Z_{11}	2	0	2
Z_{12}	3	4	0

$\mathfrak{z}_2^T = (30 \quad 0 \quad 8)$

	Z_{11}	Z_{12}
R_1	2	1
R_2	3	2
R_3	1	1

$\mathfrak{z}_1^T = (5 \quad 12)$

b)

	Z_{21}	Z_{22}
E_1	3	2
E_2	4	1,5

$\mathfrak{x}^T = (40 \quad 60)$

	Z_{11}	Z_{12}	Z_{13}
Z_{21}	2	1	0,5
Z_{22}	0,2	2	3

$\mathfrak{z}_2^T = (20 \quad 30)$

	R_1	R_2
Z_{11}	2	4
Z_{12}	3	1
Z_{13}	1	2

$\mathfrak{z}_1^T = (10 \quad 0 \quad 15)$

c)

	Z_{21}	Z_{22}
E_1	3	4
E_2	2	1
E_3	5	2

$\mathfrak{x}^T = (12 \quad 8 \quad 6)$

	Z_{21}	Z_{22}
Z_{11}	1	2
Z_{12}	2	3
Z_{13}	3	1

$\mathfrak{z}_2^T = (10 \quad 6)$

	R_1	R_2
Z_{11}	2	0
Z_{12}	0	3
Z_{13}	3	2

$\mathfrak{z}_1^T = (0 \quad 4 \quad 8)$

1.3.   Kehrmatrix

1.3.1.   Darstellung eines linearen Gleichungssystems in Matrizenform

Ist die Matrix

$$\mathfrak{A} = \begin{pmatrix} a_{11} & a_{12} \ldots a_{1n} \\ a_{21} & a_{22} \ldots a_{2n} \\ \cdots\cdots\cdots\cdots \\ a_{n1} & a_{n2} \ldots a_{nn} \end{pmatrix}$$

die Koeffizientenmatrix eines linearen Gleichungssystems, der Vektor $\mathfrak{y}$ der Vektor der abhängigen Variablen und der Vektor $\mathfrak{x}$ der Vektor der unabhängigen Variablen, dann kann das lineare Gleichungssystem allgemein durch die Matrizengleichung

$$\mathfrak{y} = \mathfrak{A}\mathfrak{x}$$

ausgedrückt werden.

Multipliziert man die Koeffizientenmatrix $\mathfrak{A}$ von rechts mit dem Spaltenvektor $\mathfrak{x}$, so erhält man die rechte Seite des nachstehenden Gleichungssystems (vgl. Aufgabe 1.10).

$$y_1 = a_{11}x_1 + a_{12}x_2 + \cdots + a_{1n}x_n$$
$$y_2 = a_{21}x_1 + a_{22}x_2 + \cdots + a_{2n}x_n$$
$$\cdots\cdots\cdots\cdots\cdots\cdots\cdots\cdots$$
$$y_n = a_{n1}x_1 + a_{n2}x_2 + \cdots + a_{nn}x_n$$

1.3.2.   Definition der Kehrmatrix

Neben der Matrizenmultiplikation ist in der Matrizenrechnung die Berechnung der Kehrmatrix von besonderer Bedeutung. Die Kehrmatrix wird zur Lösung von Matrizengleichungen und von allen auf Matrizengleichungen zurückzuführenden technischen und ökonomischen Problemen benötigt.

Wird das Gleichungssystem in 1.3.1. nach den Variablen x_1, x_2, ..., x_n aufgelöst, so erhält man das sogenannte inverse Gleichungssystem

$$x_1 = b_{11}y_1 + b_{12}y_2 + \cdots + b_{1n}y_n$$
$$x_2 = b_{21}y_1 + b_{22}y_2 + \cdots + b_{2n}y_n$$
$$\cdots\cdots\cdots\cdots\cdots\cdots\cdots\cdots$$
$$x_n = b_{n1}y_1 + b_{n2}y_2 + \cdots + b_{nn}y_n,$$

dessen Koeffizientenmatrix

$$\begin{pmatrix} b_{11} & b_{12} \ldots b_{1n} \\ b_{21} & b_{22} \ldots b_{2n} \\ \cdots\cdots\cdots\cdots \\ b_{n1} & b_{n2} \ldots b_{nn} \end{pmatrix}$$

als Kehrmatrix oder inverse[1]) Matrix zu $\mathfrak{A}$ bezeichnet und durch $\mathfrak{A}^{-1}$ symbolisiert wird. Dieser Vorgang wird Umkehrung oder Inversion des Gleichungssystems genannt.

Aus $\qquad \mathfrak{y} = \mathfrak{A}\mathfrak{x}$

erhält man durch Umkehrung

$$\mathfrak{x} = \mathfrak{A}^{-1}\mathfrak{y}.$$

Wird in den Gleichungen

$$\mathfrak{y} = \mathfrak{A} \cdot \mathfrak{x} \quad \text{und} \quad \mathfrak{x} = \mathfrak{A}^{-1}\mathfrak{y}$$

auf den rechten Seiten für $\mathfrak{x}$ und $\mathfrak{y}$ wechselweise jeweils die rechte Seite der anderen Gleichung eingesetzt, ergeben sich die Gleichungen

$$\mathfrak{y} = \mathfrak{A} \cdot \mathfrak{A}^{-1}\mathfrak{y} \quad \text{und} \quad \mathfrak{x} = \mathfrak{A}^{-1} \cdot \mathfrak{A}\mathfrak{x}.$$

Aus den letzten beiden Gleichungen erkennt man, daß die Multiplikation mit den Matrizenprodukten $\mathfrak{A}\mathfrak{A}^{-1}$ bzw. $\mathfrak{A}^{-1}\mathfrak{A}$ die einspaltigen Matrizen $\mathfrak{x}$ und $\mathfrak{y}$ nicht verändert.
Nach den Darlegungen in 1.2.4.3. hat nur die Einheitsmatrix $\mathfrak{E}$ diese Eigenschaft.

Daher gilt:

$$\boxed{\mathfrak{A} \cdot \mathfrak{A}^{-1} = \mathfrak{A}^{-1} \cdot \mathfrak{A} = \mathfrak{E}}$$ (1.9)

$\mathfrak{A}$ und $\mathfrak{A}^{-1}$ sind demnach *vertauschbare* oder *kommutative* Matrizen.

Die Kehrmatrix $\mathfrak{A}^{-1}$ ist die Matrix, mit der die ursprüngliche Matrix $\mathfrak{A}$ von rechts oder von links multipliziert die Einheitsmatrix $\mathfrak{E}$ ergibt.

Das Matrizenprodukt $\mathfrak{A} \cdot \mathfrak{A}^{-1} = \mathfrak{E}$ kann als Analogon zum Produkt $a \cdot b$ der reellen Zahlen a und $b = \dfrac{1}{a} = a^{-1}$ angesehen werden. In Analogie hierzu wird die Kehrmatrix zu $\mathfrak{A}$ mit $\mathfrak{A}^{-1}$ symbolisiert.

Die Tatsache, daß das Matrizenprodukt $\mathfrak{A}\mathfrak{A}^{-1}$ die Einheitsmatrix $\mathfrak{E}$ ergibt, wird bei der Probe zur Überprüfung der aus der ursprünglichen Matrix errechneten Kehrmatrix benutzt.

---

[1]) invers (lat.) umgekehrt; entsprechend; invertieren; Inversion

Es muß sein:

$$
\begin{pmatrix} a_{11} & a_{12} \ldots a_{1n} \\ a_{21} & a_{22} \ldots a_{2n} \\ \cdots\cdots\cdots\cdots \\ a_{n1} & a_{n2} \ldots a_{nn} \end{pmatrix} \cdot \begin{pmatrix} b_{11} & b_{12} \ldots b_{1n} \\ b_{21} & b_{22} \ldots b_{2n} \\ \cdots\cdots\cdots\cdots \\ b_{n1} & b_{n2} \ldots b_{nn} \end{pmatrix} = \begin{pmatrix} 1 & 0 \ldots 0 \\ 0 & 1 \ldots 0 \\ \cdots\cdots\cdots \\ 0 & 0 \ldots 1 \end{pmatrix}
$$

Es bleibt nun die Frage offen, *wie* zu einer gegebenen Matrix die zugehörige Kehrmatrix berechnet wird.

Für die Berechnung der Kehrmatrix sind verschiedene Verfahren möglich. Die Wahl des entsprechenden Verfahrens wird mit bestimmt durch den Aufbau der zu invertierenden Matrix und die zur Verfügung stehenden Rechenanlagen. Wir wollen uns in erster Linie auf solche Verfahren beschränken, die auch dann anwendbar sind, wenn nur einfache Tischrechenmaschinen zur Verfügung stehen. Relativ einfach ist die Umkehr einer Dreiecksmatrix mit Hilfe des GAUSSschen Algorithmus.

1.3.3.   Umkehr einer Dreiecksmatrix

Zunächst soll an einem Beispiel das Verfahren gezeigt werden, auf das die Umkehr einer Dreiecksmatrix zurückgeführt werden kann.

1.3.3.1.   Lösen eines linearen Gleichungssystems mit Hilfe des Gaußschen Algorithmus

Für den weiteren Verlauf interessiert der Sonderfall, daß die Koeffizientenmatrix eine Dreiecksmatrix ist. Deshalb soll als Beispiel das folgende lineare Gleichungssystem gelöst werden:

allgemein:

$$
\begin{aligned}
2x_1 + 3x_2 - x_3 + 4x_4 &= 12 & a_{11}x_1 + a_{12}x_2 + a_{13}x_3 + a_{14}x_4 &= a_1 \\
4x_2 - 3x_3 + 2x_4 &= 15 & a_{22}x_2 + a_{23}x_3 + a_{24}x_4 &= a_2 \\
x_3 - 2x_4 &= 7 & a_{33}x_3 + a_{34}x_4 &= a_3 \\
5x_4 &= -10 & a_{44}x_4 &= a_4
\end{aligned}
$$

In das Lösungsschema werden nun die Koeffizienten und die Absolutglieder eingetragen (vgl. [1]):

x_1	x_2	x_3	x_4	a_i	x_i
2	3	−1	4	12	1
	4	−3	2	15	7
		1	−2	7	3
			5	−10	−2

$\mathfrak{x}^T = (1,\ 7,\ 3,\ -2)$

x_1	x_2	x_3	x_4	a_i	x_i
a_{11}	a_{12}	a_{13}	a_{14}	a_1	x_1
	a_{22}	a_{23}	a_{24}	a_2	x_2
		a_{33}	a_{34}	a_3	x_3
			a_{44}	a_4	x_4

$\mathfrak{x}^T = (x_1,\ x_2,\ x_3,\ x_4)$

Die Auflösung des Systems beginnt mit der letzten Gleichung:

$$5x_4 = -10 \qquad x_4 = \frac{-10}{5}$$

$$x_4 = -2$$

Der für x_4 bestimmte Wert wird dann in die vorletzte Gleichung eingesetzt und diese nach x_3 aufgelöst.

$$x_3 + (-2)\,(-2) = 7$$

$$x_3 = 3$$

Das Verfahren wird schrittweise retrograd[1]) bis zur ersten Gleichung fortgesetzt. Es werden nacheinander gelöst:

$$4x_2 + (-3)\,(+3) + (+2)\,(-2) \qquad\qquad = 15$$

$$x_2 \qquad\qquad = 7$$

$$2x_1 + (+3)\,(+7) + (-1)\,(+3) + (+4)\,(-2) = 12$$

$$x_1 = 1$$

Die für die x_i ermittelten Lösungen werden in eine zusätzliche Lösungsspalte, *von unten beginnend*, in das Lösungsschema eingetragen.

Ist die Koeffizientenmatrix eine *untere Dreiecksmatrix, beginnt die Auflösung von oben* mit x_1. Manchmal ist es notwendig, das vorgegebene Gleichungssystem zunächst so umzustellen, daß eine obere bzw. untere Dreiecksmatrix entsteht.

BEISPIEL

$$\begin{aligned}
x_1 + x_2 &= 3 \\
x_2 + x_4 &= 5 \\
3x_1 + x_2 - x_3 &= 6 \\
x_1 &= 1 \\
2x_3 + 5x_4 - x_6 &= 12 \\
2x_2 - 10x_4 - 5x_5 &= -36
\end{aligned}$$

Lösung:

x_1	x_2	x_3	x_4	x_5	x_6	a_i	x_i
1	0	0	0	0	0	1	1
1	1	0	0	0	0	3	2
3	1	−1	0	0	0	6	−1
0	1	0	1	0	0	5	3
0	2	0	−10	−5	0	−36	2
0	0	2	5	0	−1	12	1

$$\mathfrak{x}^T = (1, 2, -1, 3, 2, 1)$$

Auf das gleiche Lösungsverfahren kann die Umkehr (Inversion) einer Dreiecksmatrix zurückgeführt werden.

---

[1]) retrograd (lat.) rückläufig

1.3.3.2.   Umkehr einer Dreiecksmatrix mit Hilfe des Gaußschen Algorithmus

Nach der Definition ist die Kehrmatrix $\mathfrak{A}^{-1}$ die Matrix, die, mit der Matrix $\mathfrak{A}$ von links oder von rechts multipliziert, die Einheitsmatrix $\mathfrak{E}$ ergibt (vgl. S. 65):

$$\mathfrak{A}^{-1} \cdot \mathfrak{A} = \mathfrak{A} \cdot \mathfrak{A}^{-1} = \mathfrak{E}$$

Für $n = 3$ gilt demnach:

$$\begin{pmatrix} a_{11} & a_{12} & a_{13} \\ a_{21} & a_{22} & a_{23} \\ a_{31} & a_{32} & a_{33} \end{pmatrix} \cdot \begin{pmatrix} b_{11} & b_{12} & b_{13} \\ b_{21} & b_{22} & b_{23} \\ b_{31} & b_{32} & b_{33} \end{pmatrix} = \begin{pmatrix} 1 & 0 & 0 \\ 0 & 1 & 0 \\ 0 & 0 & 1 \end{pmatrix}$$

Die Elemente e_{ij} der Einheitsmatrix $\mathfrak{E}$ sind die skalaren Produkte der i-ten Zeile der Matrix $\mathfrak{A}$ und der j-ten Spalte der Matrix $\mathfrak{A}^{-1}$. Für die Elemente der *ersten* Spalte der Einheitsmatrix gilt dann die Matrizengleichung

$$\mathfrak{e}_1 = \mathfrak{A}\mathfrak{b}_1 .$$

Allgemein gilt:

$$\mathfrak{e}_j = \mathfrak{A}\mathfrak{b}_j .$$

Für $n = 3$ erhält man für die Elemente der *ersten* Spalte der Einheitsmatrix das folgende Gleichungssystem:

$$a_{11}b_{11} + a_{12}b_{21} + a_{13}b_{31} = 1$$
$$a_{21}b_{11} + a_{22}b_{21} + a_{23}b_{31} = 0$$
$$a_{31}b_{11} + a_{32}b_{21} + a_{33}b_{31} = 0$$

Die Kehrmatrix $\mathfrak{A}^{-1}$ kann also durch Lösen der durch die Elemente der Koeffizientenmatrix $\mathfrak{A}$ und der Einheitsmatrix $\mathfrak{E}$ festgelegten n Gleichungssysteme bestimmt werden. Dieser Weg erweist sich bei der Umkehr von Dreiecksmatrizen als vorteilhaft. *Notwendige Voraussetzung* für die Umkehr einer Matrix ist, daß die Zahl der Variablen mit der Zahl der Zeilen übereinstimmt, d. h., *daß die Koeffizientenmatrix $\mathfrak{A}$ quadratisch ist. Diese Voraussetzung ist* allerdings noch *nicht hinreichend*, worauf erst in 1.4.2. eingegangen werden kann. Im folgenden soll zunächst die Umkehrbarkeit gegebener quadratischer Matrizen vorausgesetzt werden.

Um die Kehrmatrix $\mathfrak{A}^{-1}$ einer Dreiecksmatrix zu bestimmen, wird im Lösungsschema neben die Koeffizientenmatrix die Einheitsmatrix eingetragen, und die n Gleichungssysteme werden nacheinander nach den n Spalten der Einheitsmatrix gelöst. Die Lösungen werden in n zusätzlichen Spalten im Lösungsschema festgehalten, die zusammen die gesuchte Kehrmatrix ergeben.

Lösungsmodell für die Umkehr einer Dreiecksmatrix $\mathfrak{A}$

$\mathfrak{A}$	$\mathfrak{E}$	$\mathfrak{A}^{-1}$

Allgemeines Lösungsschema für eine Dreiecksmatrix mit $n = 3$:

a_{11}	a_{12}	a_{13}	1	0	0	b_{11}	b_{12}	b_{13}
0	a_{22}	a_{23}	0	1	0	b_{21}	b_{22}	b_{23}
0	0	a_{33}	0	0	1	b_{31}	b_{32}	b_{33}

BEISPIEL

1. Zur Matrix

$$\mathfrak{A} = \begin{pmatrix} 4 & 2 & 3 \\ 0 & 0{,}25 & 0{,}4 \\ 0 & 0 & -0{,}5 \end{pmatrix} \text{ ist die Kehrmatrix } \mathfrak{A}^{-1} \text{ zu bestimmen.}$$

Lösungsschema:

4	2	3	1	0	0	0,25	−2	−0,1
0	0,25	0,4	0	1	0	0	4	3,2
0	0	−0,5	0	0	1	0	0	−2

Probe:

$$\mathfrak{A}\mathfrak{A}^{-1} = \mathfrak{E} \quad \begin{array}{|ccc} 0{,}25 & -2 & -0{,}1 \\ 0 & 4 & 3{,}2 \\ 0 & 0 & -2 \end{array}$$

4	2	3	1	0	0
0	0,25	0,4	0	1	0
0	0	−0,5	0	0	1

Es ist

$$\mathfrak{A}^{-1} = \begin{pmatrix} 0{,}25 & -2 & -0{,}1 \\ 0 & 4 & 3{,}2 \\ 0 & 0 & -2 \end{pmatrix}$$

Besonders einfach ist die Umkehr einer Diagonalmatrix.[1]

Aus

$$\mathfrak{A} = \begin{pmatrix} a & 0 & 0 \\ 0 & b & 0 \\ 0 & 0 & c \end{pmatrix} \quad \text{folgt} \quad \mathfrak{A}^{-1} = \begin{pmatrix} \dfrac{1}{a} & 0 & 0 \\ 0 & \dfrac{1}{b} & 0 \\ 0 & 0 & \dfrac{1}{c} \end{pmatrix}$$

Umkehr einer Dreiecksmatrix, in der alle Elemente der Hauptdiagonalen eins sind

Viele Probleme der Praxis lassen sich auf Dreiecksmatrizen zurückführen, in der alle Elemente der Hauptdiagonalen eins sind. Für die Umkehr solcher Matrizen läßt sich der soeben entwickelte Algorithmus weiter vereinfachen.

---

[1] Es ist zu empfehlen, die Rechnung für diese Umkehr durchzuführen

BEISPIEL

2. Die Matrix

$$\mathfrak{A} = \begin{pmatrix} 1 & 3 & -1 & 4 \\ 0 & 1 & -3 & 2 \\ 0 & 0 & 1 & -2 \\ 0 & 0 & 0 & 1 \end{pmatrix} \text{ soll invertiert werden.}$$

Lösung:

1	3	−1	4	1	0	0	0	1	−3	−8	−14
0	1	−3	2	0	1	0	0	0	1	3	4
0	0	1	−2	0	0	1	0	0	0	1	2
0	0	0	1	0	0	0	1	0	0	0	1

Bezeichnet man die Elemente der gegebenen Matrix $\mathfrak{A}$ mit a_{ij} und die der Kehrmatrix $\mathfrak{A}^{-1}$ mit b_{ij}, dann ist z. B.

$$b_{14} = 0 - (3 \cdot 4 - 1 \cdot 2 + 4 \cdot 1) = -14 \qquad \text{oder allgemein}$$

$$b_{14} = 0 - (a_{12}b_{24} + a_{13}b_{34} + a_{14}b_{44}) \qquad \text{, d. h.,}$$

$$b_{14} = 0 - \sum_{j=2}^{4} a_{1j} b_{j4}$$

Die Elemente b_{ij} der Kehrmatrix $\mathfrak{A}^{-1}$ können nach folgendem Algorithmus schrittweise mit Hilfe der a_{ij} der Matrix $\mathfrak{A}$ bestimmt werden.

1. Schritt   Eintragen der Elemente der unteren Dreiecksmatrix.

$$b_{ij} = 0 \qquad \text{für } i > j$$

2. Schritt   Eintragen der Elemente der Hauptdiagonalen.

$$b_{ij} = 1 \qquad \text{für } i = j$$

3. Schritt   Eintragen der Elemente der ersten Parallelen der Hauptdiagonalen.

$$b_{ij} = -a_{ij} \qquad \text{für } j = i + 1$$

4. Schritt   Bestimmen der restlichen Elemente der oberen Dreiecksmatrix.

$$b_{ij} = 0 - \sum_{k=i+1}^{j} a_{ik} b_{kj} \quad \text{für } j > i + 1$$

Liegt keine Dreiecksmatrix vor, so können für die Matrizenumkehr verschiedene Verfahren angewandt werden. Es läßt sich z. B. die zu invertierende Matrix mit Hilfe des GAUSSschen Algorithmus auf eine Dreiecksmatrix zurückführen. Dabei sind sämtliche Spalten der Einheitsmatrix in die Umformung einzubeziehen. Die Dreiecksmatrix wird dann n-mal nach den durch die Umformung der Einheitsmatrix entstandenen Spalten aufgelöst.

Die in der Praxis angewandten verschiedenen Verfahren werden teils von der Problemstellung und teils von den zur Verfügung stehenden Rechenanlagen bestimmt. In letzter Zeit ist das Austauschverfahren 1.4. stärker in Anwendung gekommen.

Matrizen geringeren Umfanges können nach diesem Verfahren auch unter Benutzung einfacher Handrechenmaschinen invertiert werden.

AUFGABEN

Zu den folgenden Matrizen ist jeweils die Kehrmatrix nach dem in diesem Abschnitt beschriebenen Verfahren zu bestimmen.

1.50. a)
$$\mathfrak{A} = \begin{pmatrix} 1 & 3 & -2 \\ 0 & 1 & 2 \\ 0 & 0 & 1 \end{pmatrix}$$

b)
$$\mathfrak{A} = \begin{pmatrix} 1 & 0 & -3 & 2 \\ 0 & 1 & 2 & 1 \\ 0 & 0 & 1 & -1 \\ 0 & 0 & 0 & 1 \end{pmatrix}$$

1.51.
$$\mathfrak{A} = \begin{pmatrix} 1 & 3 & -2 & 4 & 5 \\ 0 & 1 & -1 & 0 & 2 \\ 0 & 0 & 1 & -2 & -1 \\ 0 & 0 & 0 & 1 & -3 \\ 0 & 0 & 0 & 0 & 1 \end{pmatrix}$$

1.4. Austauschverfahren und Möglichkeiten seiner Anwendung

1.4.1. Entwicklung des Austauschverfahrens

Die Kehrmatrix $\mathfrak{A}^{-1}$ ist als Koeffizientenmatrix des zum System $\mathfrak{y} = \mathfrak{A}\mathfrak{x}$ inversen Gleichungssystems $\mathfrak{x} = \mathfrak{A}^{-1}\mathfrak{y}$ definiert. Das Bestimmen der Kehrmatrix $\mathfrak{A}^{-1}$ läuft also auf die Umkehrung eines Gleichungssystems hinaus (vgl. S. 66).

Gegeben:

$$\mathfrak{y} = \mathfrak{A}\mathfrak{x}$$

Gesucht:

$$\mathfrak{x} = \mathfrak{A}^{-1}\mathfrak{y}$$

Für $n = 3$ entsprechen den beiden Matrizengleichungen die folgenden linearen Gleichungssysteme.

Gegeben:

$$y_1 = a_{11}x_1 + a_{12}x_2 + a_{13}x_3$$
$$y_2 = a_{21}x_1 + a_{22}x_2 + a_{23}x_3$$
$$y_3 = a_{31}x_1 + a_{32}x_2 + a_{33}x_3$$

Gesucht:

$$x_1 = b_{11}y_1 + b_{12}y_2 + b_{13}y_3$$
$$x_2 = b_{21}y_1 + b_{22}y_2 + b_{23}y_3$$
$$x_3 = b_{31}y_1 + b_{32}y_2 + b_{33}y_3$$

Die beiden Systeme lassen sich durch die folgenden Schemata darstellen:

System I:

	x_1	x_2	x_3
y_1	a_{11}	a_{12}	a_{13}
y_2	a_{21}	a_{22}	a_{23}
y_3	a_{31}	a_{32}	a_{33}

System II:

	y_1	y_2	y_3
x_1	b_{11}	b_{12}	b_{13}
x_2	b_{21}	b_{22}	b_{23}
x_3	b_{31}	b_{32}	b_{33}

Das System I soll durch schrittweisen Austausch der unabhängigen Variablen gegen die entsprechenden abhängigen Variablen, allgemein durch den Austausch $y_i \leftrightarrow x_j$, *in das System II übergeführt werden.* Der Austausch kann beliebig begonnen werden. Wir wollen z. B. den Austausch mit $y_1 \leftrightarrow x_1$ beginnen. Ebenso könnte aber auch u. a. x_2 gegen y_3 zuerst ausgetauscht werden. Zunächst wird die erste Gleichung des Ausgangssystems nach x_1 aufgelöst und anschließend das so ermittelte x_1 in die beiden folgenden Gleichungen eingesetzt. Man erhält schrittweise

$$x_1 = \frac{1}{a_{11}}\, y_1 - \frac{a_{12}}{a_{11}}\, x_2 - \frac{a_{13}}{a_{11}}\, x_3$$

$$y_2 = a_{21}\left(\frac{1}{a_{11}}\, y_1 - \frac{a_{12}}{a_{11}}\, x_2 - \frac{a_{13}}{a_{11}}\, x_3\right) + a_{22}x_2 + a_{23}x_3$$

$$y_2 = \frac{a_{21}}{a_{11}}\, y_1 + \left[a_{22} + a_{21}\left(-\frac{a_{12}}{a_{11}}\right)\right]x_2 + \left[a_{23} + a_{21}\left(-\frac{a_{13}}{a_{11}}\right)\right]x_3$$

$$y_3 = a_{31}\left(\frac{1}{a_{11}}\, y_1 - \frac{a_{12}}{a_{11}}\, x_2 - \frac{a_{13}}{a_{11}}\, x_3\right) + a_{32}x_2 + a_{33}x_3$$

$$y_3 = \frac{a_{31}}{a_{11}}\, y_1 + \left[a_{32} + a_{31}\left(-\frac{a_{12}}{a_{11}}\right)\right]x_2 + \left[a_{33} + a_{31}\left(-\frac{a_{13}}{a_{11}}\right)\right]x_3$$

Der Übergang vom Ausgangssystem I zum ersten Zwischensystem II_1 läßt sich im Schema wie folgt darstellen (Bild 1.1)

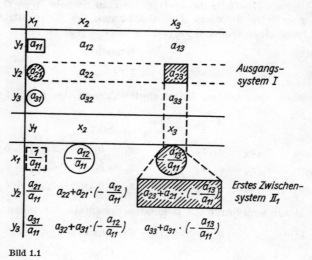

Bild 1.1

Um die einzelnen Schritte des Austausches formelmäßig erfassen und einen allgemeinen Lösungsalgorithmus entwickeln zu können, sollen zunächst einige Festlegungen getroffen werden.

Ausgetauscht wird y_i gegen x_j.

Das Element, das im Schema im Kreuzungspunkt der i-ten Zeile und der j-ten Spalte steht, heißt **Hauptelement** (auch Pivotelement). Es soll mit γ bezeichnet und durch eine rechteckige Umrandung hervorgehoben werden. In unserem Beispiel ist das Element a_{11} das Hauptelement. Es ist also $a_{11} = \gamma$.

Die Elemente der i-ten Zeile bilden die **Schlüsselzeile**. Sie sollen außer γ mit z_j bezeichnet werden. In unserem Beispiel bilden mit dem Hauptelement $a_{11} = \gamma$ die Elemente $a_{12} = z_2$ und $a_{13} = z_3$ die Schlüsselzeile.

Die Elemente der j-ten Spalte bilden die **Schlüsselspalte**. Sie sollen außer γ mit s_i bezeichnet werden. In unserem Beispiel sind sie durch Kreise hervorgehoben. Zusammen mit dem Hauptelement a_{11} sind die Elemente $a_{21} = s_2$ und $a_{31} = s_3$ Elemente der Schlüsselspalte.

Mit Hilfe dieser Festlegungen lassen sich die Beziehungen zwischen den Elementen des ursprünglichen Systems und den Elementen des neuen, durch den Austausch von y_1 und x_1, allgemein durch den Austausch von y_i und x_j, entstandenen ersten Zwischensystems wie folgt darstellen:

Elemente des Ausgangssystems		Entsprechende Elemente des neuen Systems
Hauptelement:	γ	$\gamma' = \dfrac{1}{\gamma}$
— im Beispiel:	$\gamma = a_{11}$	$\gamma' = \dfrac{1}{a_{11}}$
Elemente der Schlüsselzeile:	z_j	$z_j' = z_j : (-\gamma)$ [1]
— im Beispiel:	$z_2 = a_{12}$	$z_2' = -\dfrac{a_{12}}{a_{11}}$
	$z_3 = a_{13}$	$z_3' = -\dfrac{a_{13}}{a_{11}}$
Elemente der Schlüsselspalte:	s_i	$s_i' = s_i : \gamma$
— im Beispiel:	$s_2 = a_{21}$	$s_2' = \dfrac{a_{21}}{a_{11}}$
	$s_3 = a_{31}$	$s_3' = \dfrac{a_{31}}{a_{11}}$
Alle übrigen Elemente:	a_{ij}	$a_{ij}' = a_{ij} + s_i z_j'$
— zum Beispiel:		$a_{23}' = a_{23} + s_2 z_3'$
		$a_{23}' = a_{23} + a_{21}\left(-\dfrac{a_{13}}{a_{11}}\right)$

---

[1] Die z_j'-Elemente sind im Beispiel auch durch Kreise hervorgehoben

Aus den vorstehenden Formeln ergeben sich für das Austauschverfahren die folgenden Rechenvorschriften:

1. Die Umrechnung des Hauptelements γ erfolgt durch die Bildung des Kehrwertes.
2. Die Schlüsselzeile wird umgerechnet, indem ihre weiteren Elemente durch $(-\gamma)$ dividiert werden.
3. Die Schlüsselspalte wird umgerechnet, indem ihre weiteren Elemente durch γ dividiert werden.
4. Für alle übrigen Elemente gilt:

Jedes allgemeine Element a'_{ij} des neuen Systems ist gleich dem ursprünglichen Element a_{ij} des Ausgangssystems, vermehrt um das Produkt aus dem Element s_i der Schlüsselspalte und dem Element z'_j der Zeile des neuen Systems, die aus der Schlüsselzeile des Ausgangssystems hervorgegangen ist.

In Kurzform:

> Das neue Element a'_{ij} ist gleich dem ursprünglichen Element a_{ij}, vermehrt um das Produkt der zugehörigen „Kreiselemente" s_i mal z'_j.

Für das Element a'_{23} ist dieser Zusammenhang im Beispiel durch Schraffierung hervorgehoben.

Das durch den Austausch von y_1 und x_1 gefundene System ist noch nicht das gesuchte b-System. Um zu diesem System zu gelangen, müssen in unserem Beispiel in zwei weiteren Schritten $y_2 \leftrightarrow x_2$ und $y_3 \leftrightarrow x_3$ ausgetauscht werden.

Im folgenden Abschnitt wird die Umkehr einer Matrix mit Hilfe des Austauschverfahrens dargelegt.

1.4.2.   Umkehr einer Matrix

Zur Matrix

$$\mathfrak{A} = \begin{pmatrix} 1 & 3 & -2 \\ 2 & 7 & -8 \\ 3 & 10 & -5 \end{pmatrix} \text{ ist die Kehrmatrix } \mathfrak{A}^{-1} \text{ zu bestimmen.}$$

Die Matrix $\mathfrak{A}$ ist vom Typ (3,3). Betrachten wir wiederum die Matrizen $\mathfrak{A}$ und $\mathfrak{A}^{-1}$ als Koeffizientenmatrizen zweier inverser Gleichungssysteme, dann sind bei der Inversion der Matrix $\mathfrak{A}$ drei abhängige Variablen gegen drei unabhängige Variablen auszutauschen. Das in 1.4.1. beschriebene Verfahren ist dreimal durchzuführen. Die Reihenfolge des Austausches wird bestimmt durch das für den weiteren Rechengang günstigste Hauptelement. Da die Elemente der Schlüsselspalte und der Schlüsselzeile jeweils durch das Hauptelement bzw. seinen negativen Wert dividiert werden, muß das Hauptelement stets verschieden von Null sein. Weil die durch die Division gewonnenen neuen Elemente ebenfalls in den weiteren Rechengang eingehen, wählt man, wenn die Inversion manuell durchgeführt werden muß, zunächst solche Elemente als Hauptelemente, die zu möglichst bequemen Quotienten führen. Ganz besonders günstig ist es, wenn sich die Möglichkeit ergibt, 1 oder -1 als Hauptelement zu wählen. Nach diesen notwendigen Überlegungen kann nunmehr schrittweise der Austausch der Variablen beginnen.

Nachstehend ist die Berechnung der gesuchten Kehrmatrix einschließlich der Probe durchgeführt.

	x_1	x_2	x_3
y_1	$\boxed{1}$	3	-2
y_2	$\textcircled{2}$	7	-8
y_3	$\textcircled{3}$	10	-5

1. Schritt: $y_1 \leftrightarrow x_1$

	y_1	x_2	x_3
x_1	$\textcircled{1}$	$\textcircled{-3}$	$\textcircled{2}$
y_2	2	$\boxed{1}$	-4
y_3	3	$\textcircled{1}$	1

2. Schritt: $y_2 \leftrightarrow x_2$

	y_1	y_2	x_3
x_1	7	-3	$\textcircled{-10}$
x_2	$\textcircled{-2}$	$\textcircled{1}$	$\textcircled{4}$
y_3	1	1	$\boxed{5}$.

3. Schritt: $y_3 \leftrightarrow x_3$

	y_1	y_2	y_3
x_1	9	-1	-2
x_2	$-2,8$	$0,2$	$0,8$
x_3	$\textcircled{-0,2}$	$\textcircled{-0,2}$	$\textcircled{0,2}$

Probe:

$$\mathfrak{A}\mathfrak{A}^{-1} = \mathfrak{E}$$

	9	-1	-2
	$-2,8$	$0,2$	$0,8$
	$-0,2$	$-0,2$	$0,2$
1 3 -2	1	0	0
2 7 -8	0	1	0
3 10 -5	0	0	1

Ergebnis:

$$\mathfrak{A}^{-1} = \begin{pmatrix} 9 & -1 & -2 \\ -2,8 & 0,2 & 0,8 \\ -0,2 & -0,2 & 0,2 \end{pmatrix}$$

Da sich bei dem Austauschverfahren auftretende Fehler von einem Zwischensystem auf das andere übertragen, ist es notwendig, die einzelnen Teilschritte durch entsprechende Proben abzusichern. Dabei hat sich das folgende Verfahren als sehr brauchbar erwiesen. Dem System wird eine zusätzliche Probenspalte mit den Elementen v_i hinzugefügt. Die v_i werden jeweils so gewählt, daß die Summe aller Elemente einer Zeile einschließlich des Probenelements v_i gleich eins ist.

$$a_{i1} + a_{i2} + \cdots + a_{in} + v_i = 1$$

Die v_i' werden beim Austausch wie die a_{ij}' nach Regel 4, S. 74, ermittelt. Auch die Zeilensummen der neuen Zwischensysteme und des Endsystems ergeben dann stets wiederum eins.

In dem folgenden Beispiel wird die Probe mit in die Rechnung einbezogen. Die Wahl der Hauptelemente soll jeweils allein unter dem Gesichtspunkt, für das manuelle Rechnen die günstigsten Voraussetzungen zu schaffen, erfolgen. Hauptelement können nicht nur die Elemente der Hauptdiagonalen, sondern alle Elemente des Systems werden, die nicht im Kreuzungspunkt der Vektoren zweier bereits ausgetauschter Variablen stehen. Abschließend müssen die Elemente des Endsystems geordnet und in die durch die Kehrmatrix vorgeschriebene Reihenfolge gebracht werden.

BEISPIEL

Zur Matrix

$$\mathfrak{A} = \begin{pmatrix} 3 & 7 & 4 \\ -1 & 2 & 1 \\ 3 & 5 & 3 \end{pmatrix} \quad \text{ist die Matrix } \mathfrak{A}^{-1} \text{ zu bestimmen.}$$

Lösung:

	x_1	x_2	x_3	v_i
y_1	3	7	④	-13
y_2	-1	2	①	-1
y_3	3	5	③	-10

	x_1	x_2	y_2	
y_1	7	⊡-1	4	-9
x_3	①	⊖-2	①	①
y_3	6	⊖-1	3	-7

	x_1	y_1	y_2	
x_2	⑦	⊖-1	④	⊖-9
x_3	⊖-13	2	-7	19
y_3	⊡-1	1	-1	2

	y_3	y_1	y_2	
x_2	-7	6	-3	5
x_3	13	-11	6	-7
x_1	⊖-1	①	⊖-1	②

Zur Wahl des Hauptelements stehen $n^2 = 9$ Elemente zur Verfügung. Das Element $a_{23} = 1$ ist als Hauptelement geeignet.

Die Zahl der als Hauptelement möglichen Elemente hat sich auf $(n-1)^2 = 4$ verringert. Die Elemente der 2. Zeile und der 3. Spalte können nicht mehr Hauptelement werden. Von den restlichen Elementen erscheint das Element $a_{12} = -1$ als Hauptelement geeignet.

Nur noch das Element $a_{31} = -1$ kann Hauptelement werden.

Probe:

$\mathfrak{A}\mathfrak{A}^{-1}$	1	-1	-1
	6	-3	-7
	-11	6	13

3	7	4	1	0	0
-1	2	1	0	1	0
3	5	3	0	0	1

Ordnen der Variablen nach der für die Kehrmatrix zutreffenden Anordnung:

	y_1	y_2	y_3
x_1	1	-1	-1
x_2	6	-3	-7
x_3	-11	6	13

Ergebnis:

$$\mathfrak{A}^{-1} = \begin{pmatrix} 1 & -1 & -1 \\ 6 & -3 & -7 \\ -11 & 6 & 13 \end{pmatrix}$$

Bereits in 1.3.3.2. wurde darauf hingewiesen, daß nur quadratische Matrizen umkehrbar sind. Beim Austauschverfahren wird zur Berechnung der Elemente des nachfolgenden Systems in jedem Fall der Kehrwert des Hauptelementes benötigt. Dieser Kehrwert existiert — wie schon erwähnt — im Bereich der reellen Zahlen nur, wenn das Hauptelement von Null verschieden ist.

Die Elemente der Kehrmatrix können dann und nur dann bestimmt werden, wenn die Matrix quadratisch ist (notwendige Voraussetzung) und wenn sich beim schrittweisen Austausch nur von Null verschiedene Hauptelemente ergeben (hinreichende Voraussetzung).[1]

Eine Matrix, die diese Bedingungen erfüllt, heißt **reguläre** oder **nichtsinguläre** Matrix.

Nur reguläre Matrizen sind umkehrbar.

AUFGABEN

Zu den folgenden Matrizen ist jeweils die Kehrmatrix zu bestimmen.

1.52. $\mathfrak{A} = \begin{pmatrix} -1 & 2 & 1 \\ 3 & 7 & 4 \\ 3 & 5 & 3 \end{pmatrix}$

1.53. $\mathfrak{A} = \begin{pmatrix} 1 & 3 & 2 \\ 2 & 5 & 3 \\ -3 & -8 & -4 \end{pmatrix}$

1.54. $\mathfrak{A} = \begin{pmatrix} 1 & 1 & 1 \\ 2 & 1 & 2 \\ 0 & 1 & 1 \end{pmatrix}$

1.55. $\mathfrak{A} = \begin{pmatrix} 1 & 6 & 2 \\ 2 & 10 & 3 \\ -3 & -16 & -4 \end{pmatrix}$

1.56. $\mathfrak{A} = \begin{pmatrix} -8 & -2 & 5 \\ 3 & 1 & -2 \\ 1 & 2 & -1 \end{pmatrix}$

1.57. $\mathfrak{A} = \begin{pmatrix} 1 & 1 & -1 & 1 \\ 2 & 1 & -1 & -1 \\ 1 & 2 & 1 & -2 \\ 1 & -1 & -1 & 3 \end{pmatrix}$

1.58. $\mathfrak{A} = \begin{pmatrix} -5 & 11 & 2 \\ -4 & 2 & 1 \\ -7 & 6 & 2 \end{pmatrix}$

1.59. $\mathfrak{A} = \begin{pmatrix} 1 & 0 & -1 & -3 \\ 2 & -1 & 0 & 3 \\ -2 & 3 & 1 & 2 \\ 4 & 0 & -2 & -3 \end{pmatrix}$

[1] Eine allgemeinere Fassung der hinreichenden Voraussetzung wird im nächsten Abschnitt entwickelt

1.60. $\mathfrak{A} = \begin{pmatrix} 2 & 4 & -2 \\ 1 & 2 & 1 \\ -1 & 2 & 1 \end{pmatrix}$ 1.61. $\mathfrak{A} = \begin{pmatrix} 1 & 0 & -1 & 2 \\ 2 & -1 & -2 & 3 \\ -1 & 2 & 2 & -4 \\ 0 & 1 & 2 & -5 \end{pmatrix}$

1.62. $\mathfrak{A} = \begin{pmatrix} 3 & 1 & 4 \\ 1 & 2 & 3 \\ 4 & 3 & 6 \end{pmatrix}$ 1.63. $\mathfrak{A} = \begin{pmatrix} 5 & 3 & 0 \\ -1 & -3 & 1 \\ 4 & 0 & 2 \end{pmatrix}$

1.64. $\mathfrak{A} = \begin{pmatrix} 3 & 2 & 1 \\ 1 & 0 & 2 \\ 4 & 1 & 3 \end{pmatrix}$ 1.65. $\mathfrak{A} = \begin{pmatrix} 2 & 1 & 0 \\ 0 & 1 & 2 \\ 3 & 0 & 1 \end{pmatrix}$

1.66. $\mathfrak{A} = \begin{pmatrix} 1 & 0 & 1 \\ 2 & 2 & 1 \\ 0 & 2 & 1 \end{pmatrix}$

1.4.3. Rang einer Matrix

In der Matrizentheorie spielt oft der Rang einer Matrix eine Rolle. So kann z. B. mit Hilfe des Ranges bestimmt werden, ob eine Matrix umkehrbar ist oder nicht.

Definition

Der Rang einer Matrix $\mathfrak{A}$ ist gleich der Anzahl r der linear unabhängigen[1]) Zeilen-oder Spaltenvektoren.[2])
Bei Anwendung des Austauschverfahrens ist die den Rang der Matrix bestimmende Ordnungszahl r der linear unabhängigen Vektoren gleich der Anzahl der von Null verschiedenen Hauptelemente.

Der Rang quadratischer Matrizen

BEISPIEL

Gesucht ist der Rang r der Matrix

$$\mathfrak{A} = \begin{pmatrix} 1 & 3 & 3 & 7 \\ 3 & 5 & 9 & 11 \\ 2 & -2 & 6 & -2 \\ -1 & 1 & -3 & 5 \end{pmatrix}$$

Es gibt im Lösungsschema nur drei von Null verschiedene Hauptelemente. Der Rang der Matrix ist daher $r = 3$.

---

[1]) Lineare Abhängigkeit vgl. [1]
[2]) vgl. 1.1.2.

	x_1	x_2	x_3	x_4	v_i
y_1	[1]	3	3	7	-13
y_2	(3)	5	9	11	-27
y_3	(2)	-2	6	-2	-3
y_4	(−1)	1	-3	5	-1

Alle Zeilenvektoren, die für die Berechnung der weiteren Hauptelemente nicht mehr benötigt werden, können im weiteren Schema weggelassen werden.

	y_1	x_2	x_3	x_4	
x_1	(1)	(−3)	(−3)	(−7)	(13)
y_2	3	[−4]	0	-10	12
y_3	2	(−8)	0	-16	23
y_4	-1	(4)	0	12	-14

Das Hauptelement der ersten Zeile ist zwar bestimmt. Die z_j' werden aber zur Berechnung der weiteren Elemente des Lösungsschemas noch gebraucht.

	y_1	y_2	x_3	x_4	v_1
x_2	$\dfrac{3}{4}$	$-\dfrac{1}{4}$	0	$-2{,}5$	3
y_3	-4	2	0	4	-1
y_4	2	-1	0	[2]	-2

Die Elemente der ersten Zeile werden für die Berechnung der Elemente des nächsten Zwischensystems nicht mehr benötigt und sind deshalb im Schema weggelassen worden. Das Weglassen von Zeilenvektoren wird **Zeilentilgung** genannt.

	y_1	y_2	x_3	y_4	
y_3	-8	4	[0]	2	3
x_4	-1	$\dfrac{1}{2}$	0	$\dfrac{1}{2}$	1

Auch die zweite Zeile kann nunmehr *getilgt* werden.

Da $r < n$[1]), liegt lineare Abhängigkeit der Zeilenvektoren oder der Spaltenvektoren vor. In der gegebenen Matrix $\mathfrak{A}$ ist zu erkennen, daß die Spaltenvektoren $\mathfrak{a}_1$ und $\mathfrak{a}_3$ voneinander abhängig sind.

Es ist $\mathfrak{a}_3 = 3\,\mathfrak{a}_1$.

Um das Verfahren zur Bestimmung des Ranges einer Matrix noch weiter abzukürzen, können auch die für den weiteren Rechengang nicht mehr benötigten Spaltenvektoren getilgt werden. Der Wegfall der Elemente der getilgten Spaltenvektoren bei der Bildung der Zeilensummen bedingt eine Veränderung der Probe. Die Probenelemente v_i werden so gewählt, *daß die Zeilensummen im Ausgangstableau Null sind.* Bei richtiger Rechnung ergeben dann in den nachfolgenden Tableaus[2]) die Zeilensummen in allen x-Zeilen eins und in allen y-Zeilen Null.
Im nachfolgenden verkürzten Schema zur Rangbestimmung ist als zusätzliche Kontrollspalte die Spalte s_i der Zeilensummen angefügt.

---

[1]) n Anzahl der Zeilen bzw. Spalten der quadratischen Matrix   [2]) Tableau (franz.) Tafel, übersichtliche Zusammenstellung; hier gebraucht für eine Tabelle, in der gerechnet wird

	x_1	x_2	x_3	x_4	v_i	s_i
y_1	$\boxed{1}$	3	3	7	-14	0
y_2	$\textcircled{3}$	5	9	11	-28	0
y_3	$\textcircled{2}$	-2	6	2	-4	0
y_4	$\textcircled{-1}$	1	-3	5	-2	0

	y_1	x_2	x_3	x_4		
x_1		$\textcircled{-3}$	$\textcircled{-3}$	$\textcircled{-7}$	$\textcircled{14}$	1
y_2		$\boxed{-4}$	0	-10	14	0
y_3		$\textcircled{-8}$	0	-16	24	0
y_4		$\textcircled{4}$	0	12	-16	0

	y_1	y_2	x_3	x_4		
x_2			$\textcircled{0}$	$\textcircled{-2,5}$	$\textcircled{3,5}$	1
y_3			0	$\textcircled{4}$	-4	0
y_4			0	$\boxed{2}$	-2	0

	y_1	y_2	x_3	y_4		
y_3			0		0	0
x_4			$\textcircled{0}$		$\textcircled{1}$	1

Hinsichtlich des Ranges quadratischer Matrizen sind zwei Fälle zu unterscheiden:

1. Der Rang r der quadratischen Matrix ist gleich der Anzahl n ihrer Reihen (Vektoren): $r = n$. In diesem Fall sind die Reihen der Matrix voneinander linear unabhängig. Bei Anwendung des Austauschverfahrens zur Rangbestimmung erhält man n von Null verschiedene Hauptelemente. Das aber ist die hinreichende Bedingung für die Umkehrbarkeit einer Matrix.

Schlußfolgerung:

Quadratische Matrizen, für die der Rang gleich der Anzahl der Reihen ist, sind reguläre und damit umkehrbare Matrizen.

2. Der Rang r der quadratischen Matrix ist kleiner als die Anzahl ihrer Reihen (Vektoren): $r < n$. In diesem Falle gibt es unter den Reihen der Matrix solche, die voneinander linear abhängig sind. Solche Matrizen heißen **singulär**; sie sind **nicht umkehrbar.**
Die Differenz $d = n - r$ einer singulären quadratischen Matrix wird als **Defekt** oder **Rangabfall** oder auch als **Nullität** bezeichnet.

Der Rang nichtquadratischer Matrizen

Für nichtquadratische Matrizen vom Typ (m, n) ist der Rang

$$r \leq \min (m, n), \quad \text{d. h.:}$$

> Der Rang r einer Matrix ist höchstens gleich der kleineren der beiden Zahlen m und n (vgl. nachstehende Beispiele).

$r = m$ bzw. $r = n$ setzt stets voraus, daß die Zeilen bzw. die Spalten des Systems voneinander unabhängig sind.

BEISPIEL

Gesucht ist der Rang r der Matrix

$$\mathfrak{A} = \begin{pmatrix} 3 & 5 & 2 & 8 \\ 3 & 7 & 2 & 7 \\ 0 & 2 & 0 & -1 \end{pmatrix}$$

Die Matrix $\mathfrak{A}$ ist vom Typ (3,4). Der Rang der Matrix $\mathfrak{A}$ kann deshalb höchstens $r = 3$ sein.

Lösung:

	x_1	x_2	x_3	x_4
y_1	3	5	2	(8)
y_2	3	7	2	(7)
y_3	0	2	0	[−1]

	x_1	x_2	x_3	y_3
y_1	3	21	[2]	−8
y_2	3	21	(2)	−7
x_4	(0)	(2)	(0)	(−1)

	x_1	x_2	y_1	y_3
x_3	(−1,5)	(−10,5)	(0,5)	4
y_2	[0]	[0]	1	1

Es kann nur noch ausgetauscht werden $y_2 \leftrightarrow x_1$ oder $y_2 \leftrightarrow x_2$. In beiden Fällen ist das Hauptelement Null.

Ergebnis: $r = 2$.

Wegen $2 < \min (3; 4)$ müssen die Zeilen oder die Spalten der Matrix untereinander linear abhängig sein.

Offensichtlich gilt im obigen Beispiel für die Spaltenvektoren

$$\mathfrak{x}_1 = 1{,}5\,\mathfrak{x}_3$$

oder

$$\mathfrak{x}_1 + 0 \cdot \mathfrak{x}_2 - 1{,}5\,\mathfrak{x}_3 + 0 \cdot \mathfrak{x}_4 = \mathfrak{o}$$

und für die Zeilenvektoren

$$\mathfrak{y}_2^T = \mathfrak{y}_1^T + \mathfrak{y}_3^T \quad \text{oder} \quad \mathfrak{y}_1^T - \mathfrak{y}_2^T + \mathfrak{y}_3^T = \mathfrak{o}.$$

Allgemein gilt:

> **Lineare Abhängigkeit liegt genau dann vor, wenn zwischen den Zeilenvektoren oder zwischen den Spaltenvektoren einer Matrix der folgende Zusammenhang besteht:**
> $$c_1 \mathfrak{a}_1 + c_2 \mathfrak{a}_2 + \cdots + c_p \mathfrak{a}_p = \mathfrak{o},$$
> **wobei nicht alle c_i gleich Null sind.**

Hinweis zur Berechnung: Soll nur der Rang bestimmt werden, kann sowohl mit der Zeilen- als auch mit der Spaltentilgung gearbeitet werden. Soll jedoch gleichzeitig die Art der Abhängigkeit bestimmt werden, muß auf die Spaltentilgung verzichtet und jedes neue Tableau mit einer neuen Kopfzeile versehen werden.

AUFGABEN

Es ist der Rang r der folgenden Matrizen zu bestimmen.

1.67.
$$\mathfrak{A} = \begin{pmatrix} 3 & 2 & 5 & 4 \\ 0 & 2 & 7 & -1 \\ 6 & 6 & 17 & 7 \\ 3 & 1 & -2 & 5 \end{pmatrix}$$

1.68.
$$\mathfrak{A} = \begin{pmatrix} 2 & -4 & 1 & 6 \\ 0 & 5 & -2 & 3 \\ 1 & -3 & 0 & 2 \end{pmatrix}$$

1.69.
$$\mathfrak{A} = \begin{pmatrix} 1 & 2 & 3 & 4 & 4 \\ 2 & 3 & 1 & 5 & -5 \\ 1 & 3 & 3 & 7 & 2 \\ 5 & 6 & 5 & 8 & -2 \\ 3 & 4 & 4 & 6 & 1 \end{pmatrix}$$

1.70.
$$\mathfrak{A} = \begin{pmatrix} 2 & 2 & 3 & -4 \\ 2 & 4 & 1 & -1 \\ -4 & -4 & -4 & 6 \\ 0 & 2 & -4 & 5 \\ 6 & 12 & 5 & -5 \end{pmatrix}$$

1.4.4.   Lösen linearer Gleichungssysteme

Das folgende lineare Gleichungssystem ist mit Hilfe des Austauschverfahrens zu lösen:

$$\begin{aligned} x_1 + \quad x_3 \quad &= 3 \\ 2x_1 + 2x_2 + x_3 &= 10 \\ 2x_2 + \quad x_3 \quad &= 4 \end{aligned}$$

Für die Lösung eines linearen Gleichungssystems mit Hilfe des Austauschverfahrens gibt es zwei Möglichkeiten.

1. Weg:

Das vorgegebene lineare Gleichungssystem kann in allgemeiner Form durch die Matrizengleichung

$$\mathfrak{y} = \mathfrak{A}\mathfrak{x}$$

ausgedrückt werden. Dabei hat im vorgegebenen Gleichungssystem der Vektor $\mathfrak{y}$ die Elemente $y_1 = 3$, $y_2 = 10$ und $y_3 = 4$.

Der Vektor $\mathfrak{x}$ kann mit Hilfe des inversen Gleichungssystems

$$\mathfrak{x} = \mathfrak{A}^{-1}\mathfrak{y}$$

bestimmt werden.

Berechnung der Kehrmatrix

	x_1	x_2	x_3	v_i
y_1	1	0	1	-1
y_2	2	2	1	-4
y_3	0	2	1	-2

	y_1	x_2	x_3	
x_1	1	0	-1	1
y_2	2	2	-1	-2
y_3	0	2	1	-2

	y_1	x_2	y_3	v_i
x_1	1	$+2$	-1	-1
y_2	2	4	-1	-4
x_3	0	-2	1	2

	y_1	y_2	y_3	
x_1	0	$\frac{1}{2}$	$-\frac{1}{2}$	1
x_2	$-\frac{1}{2}$	$\frac{1}{4}$	$\frac{1}{4}$	1
x_3	1	$-\frac{1}{2}$	$\frac{1}{2}$	0

Ergebnis:

$$\mathfrak{A}^{-1} = \begin{pmatrix} 0 & \frac{1}{2} & -\frac{1}{2} \\ -\frac{1}{2} & \frac{1}{4} & \frac{1}{4} \\ 1 & -\frac{1}{2} & \frac{1}{2} \end{pmatrix}$$

Die Kehrmatrix $\mathfrak{A}^{-1}$ mit dem Vektor $\mathfrak{y}$ von rechts multipliziert ergibt:

$$x_1 = 0y_1 + \frac{1}{2}\,y_2 - \frac{1}{2}\,y_3$$

$$x_2 = -\frac{1}{2}\,y_1 + \frac{1}{4}\,y_2 + \frac{1}{4}\,y_3$$

$$x_3 = 1y_1 - \frac{1}{2}\,y_2 + \frac{1}{2}\,y_3$$

6*

Wegen $y_1 = 3$, $y_2 = 10$ und $y_4 = 4$ erhält man

$$x_1 = 3, \ x_2 = 2 \text{ und } x_3 = 0.$$

2. Weg:

Werden die Absolutglieder mit auf die linke Seite gebracht, erhält man das folgende Gleichungssystem:

$$x_1 + x_3 - \quad 3 = 0$$
$$2x_1 + 2x_2 + x_3 - 10 = 0$$
$$2x_2 + x_3 - \quad 4 = 0$$

In der Matrizengleichung

$$\mathfrak{A}\,\mathfrak{x} = \mathfrak{y}$$

sind in diesem Falle alle $y_i = 0$.

In das Lösungsschema müssen jetzt die Absolutglieder mit aufgenommen werden. Da alle y_i Null sind, kann die Rechnung durch Spaltentilgung vereinfacht werden. Das Lösungsschema sieht dann einschließlich der veränderten Probe (vgl. 1.4.3., S. 79) wie folgt aus:

	x_1	x_2	x_3	a_i	v_i	s_i
y_1	①	0	1	-3	1	0
y_2	②	2	1	-10	5	0
y_3	⓪	2	1	-4	1	0

	y_1	x_2	x_3			
x_1		⓪	⓪-1	③	⓪-1	1
y_2		2	⓪-1	-4	3	0
y_3		2	①	-4	1	0

	y_1	x_2	y_3			
x_1		②		-1	0	1
y_2		④		-8	4	0
x_3		⓪-2		④	⓪-1	1

	y_1	y_2	y_3			
x_1				3	-2	1
x_2				②	⓪-1	1
x_3				0	1	1

Wegen $y_1 = y_2 = y_3 = 0$
ist $x_1 = 3$, $x_2 = 2$ und $x_3 = 0$.

Die Endergebnisse können durch Einsetzen der ermittelten x_j in sämtliche Gleichungen des Ausgangssystems nochmals überprüft werden. Diese Probe entspricht der durch die Matrizengleichung

$$\mathfrak{y} = \mathfrak{A}\mathfrak{x}$$

festgelegten Rechenoperation.
Stellen wir beide Lösungswege noch einmal gegenüber:
Im *1. Weg* wird die Lösung des Gleichungssystems auf die in 1.3.1.5. gegebene Definition der Kehrmatrix

$$\mathfrak{x} = \mathfrak{A}^{-1}\mathfrak{y}$$

zurückgeführt.
Beim *2. Weg* können die x_j sofort aus der Absolutspalte des Endtableaus abgelesen werden, da alle y_i Null sind. Das gleiche Verfahren wird später beim Berechnen der Simplextabellen angewandt werden.

AUFGABEN

Die folgenden linearen Gleichungssysteme sind mit Hilfe des Austauschverfahrens zu lösen.

1.71.
$$\begin{aligned}
2x_1 - 3x_2 + x_3 - 2x_4 + 4x_5 &= 7 \\
-4x_1 + 6x_2 - 2x_3 + 5x_4 - 6x_5 &= -10 \\
6x_1 - 9x_2 + 3x_3 - 4x_4 + 10x_5 &= 17 \\
2x_1 - 4x_2 + 3x_3 + 2x_4 - 3x_5 &= 5 \\
-2x_1 + 5x_2 - 3x_3 + 2x_4 - x_5 &= 1
\end{aligned}$$

1.72.
$$\begin{aligned}
9x_1 - 11x_2 + 10x_3 + 4x_4 &= 9 \\
2x_1 - 2x_2 + 2x_3 + x_4 &= 3 \\
7x_1 - 16x_2 + 11x_3 + 2x_4 &= -7 \\
x_1 \qquad\qquad + 2x_4 &= 8
\end{aligned}$$

1.73.
$$\begin{aligned}
2x_2 - 2x_3 - 9x_4 &= 1 \\
8x_1 - 2x_2 + 7x_3 + 4x_4 &= 41 \\
-3x_1 + x_2 - 3x_3 - 3x_4 &= -15 \\
-2x_1 + 3x_2 - 6x_3 - 17x_4 &= -6
\end{aligned}$$

1.74.
$$\begin{aligned}
2x_1 \qquad - x_3 + 2x_4 &= 5 \\
x_1 - 4x_2 - 3x_3 \qquad &= 0 \\
4x_2 + 2x_3 + x_4 &= 3 \\
2x_1 + x_2 + 3x_3 + 2x_4 &= 3
\end{aligned}$$

1.75.
$$\begin{aligned}
4x_1 - 2x_2 - 4x_3 + x_4 &= 9 \\
-14x_1 + 7x_2 + 14x_3 - 3x_4 &= -29 \\
10x_1 - 4x_2 - 7x_3 + 4x_4 &= 29 \\
11x_1 - 4x_2 - 6x_3 + 3x_4 &= 24
\end{aligned}$$

1.76.
$$3x_1 + 2x_2 + x_3 - 4x_4 = 1$$
$$6x_1 + 7x_2 + 3x_3 - 14x_4 = 7$$
$$22x_1 + 5x_2 + 4x_3 - 8x_4 = -7$$
$$-16x_1 - 2x_3 + 5x_4 = 17$$

1.77.
$$-3x_1 + 2x_2 + x_3 - 2x_4 = -12$$
$$7x_1 - 6x_2 - 2x_3 = 23$$
$$6x_1 - 2x_2 - 3x_3 + 25x_4 = 57$$
$$-7x_1 + 3x_2 + 3x_3 - 17x_4 = -46$$

1.5.   Matrizengleichungen

1.5.1.   Problemstellung

In diesem Abschnitt sollen bestimmte Typen von Matrizengleichungen untersucht und mögliche Lösungswege aufgezeigt werden.

Eine Matrizengleichung ist eine Gleichung, in der die Elemente der unbekannten Matrix $\mathfrak{X}$ zu bestimmen sind.

Wir wollen uns dabei *ausschließlich mit linearen Matrizengleichungen* befassen, d. h., die zu bestimmende Matrix $\mathfrak{X}$ darf nur in der ersten Potenz vorkommen. Weiter sollen alle vorkommenden Matrizen quadratisch und die zu invertierenden Matrizen außerdem regulär sein. Das bedeutet, daß *alle* in einer Gleichung *vorkommenden Matrizen quadratisch und vom gleichen Typ* sein müssen.
Die *Lösung* der Gleichung erfolgt *durch schrittweises Anwenden der im Matrizenkalkül definierten Operationen.*

Diese sind: Multiplikation mit einem Skalar,
Addition und Subtraktion,
Multiplikation mehrerer Matrizen,
sowie das Transponieren
und das Invertieren von Matrizen.

Durch Anwendung entsprechender Matrizenoperationen auf beiden Seiten der Gleichung folgt u. a.

aus $\qquad \mathfrak{A} \phantom{{}^{-1}} = \mathfrak{B} \qquad\qquad$ 2. $\mathfrak{A}^{-1} \phantom{{}^{T}} = \mathfrak{B}^{-1}$

$\qquad$ 1. $\mathfrak{A}^T \phantom{{}^{-1}} = \mathfrak{B}^T \qquad$ und $\quad$ 3. $(\mathfrak{A}^T)^{-1} = (\mathfrak{B}^T)^{-1}$.

1.5.2.   Grundgleichungen

Das Lösen von Matrizengleichungen verläuft schrittweise analog der aus der Algebra bekannten Verfahren unter Einbeziehung der unter 1.5.1. angegebenen Operationen mit Matrizen. Lediglich die Division durch die Matrix $\mathfrak{A}$ wird durch die Multiplikation mit der Kehrmatrix $\mathfrak{A}^{-1}$ ersetzt, da $\mathfrak{A}\mathfrak{A}^{-1} = \mathfrak{A}^{-1}\mathfrak{A} = \mathfrak{E}$. In den beiden **Grundaufgaben**

I. $\mathfrak{A}\mathfrak{X}_1 = \mathfrak{P}$ und   II. $\mathfrak{X}_2\mathfrak{A} = \mathfrak{P}$

müssen die gesuchten Matrizen $\mathfrak{X}_1$ bzw. $\mathfrak{X}_2$ jeweils durch die Multiplikation beider Seiten der Gleichung mit der Kehrmatrix $\mathfrak{A}^{-1}$ isoliert werden.

In I ist $\mathfrak{X}_1$ **Rechtsfaktor.** $\mathfrak{X}_1$ wird durch *Multiplikation* der Matrizengleichung mit der Kehrmatrix $\mathfrak{A}^{-1}$ *von links* isoliert. In II ist $\mathfrak{X}_2$ **Linksfaktor.**[1]) $\mathfrak{X}_2$ wird durch die *Multiplikation* der Matrizengleichung mit der Kehrmatrix $\mathfrak{A}^{-1}$ *von rechts* isoliert.

BEISPIEL

Gegeben sind die Matrizen

$$\mathfrak{A} = \begin{pmatrix} 3 & 2 & 1 \\ 1 & 0 & 2 \\ 4 & 1 & 3 \end{pmatrix} \qquad \mathfrak{P} = \begin{pmatrix} 5 & 0 & 0 \\ 3 & 7 & 0 \\ 10 & 15 & 5 \end{pmatrix}$$

Es sind die Matrix $\mathfrak{X}_1$, mit der die Matrix $\mathfrak{A}$ von rechts, und die Matrix $\mathfrak{X}_2$, mit der die Matrix $\mathfrak{A}$ von links multipliziert werden muß, zu bestimmen, daß in jedem der beiden Fälle $\mathfrak{P}$ die Produktmatrix ist.

Lösung: Aus $\mathfrak{A}\mathfrak{X}_1 = \mathfrak{P}$ folgt $\mathfrak{X}_1 = \mathfrak{A}^{-1}\mathfrak{P}$
und aus $\mathfrak{X}_2\mathfrak{A} = \mathfrak{P}$ folgt $\mathfrak{X}_2 = \mathfrak{P}\mathfrak{A}^{-1}.$

In beiden Fällen ist zunächst die Kehrmatrix $\mathfrak{A}^{-1}$ zu bestimmen.

	x_1	x_2	x_3	v_i
y_1	③	2	1	-5
y_2	☐1	0	2	-2
y_3	④	1	3	-7

	y_2	x_2	x_3	
y_1	3	②	-5	1
x_1	①	⓪	⊖2	②
y_3	4	☐1	-5	1

Beachte:

Die Elemente des Lösungsschemas sind zunächst entsprechend ihrer Anordnung in der Matrix $\mathfrak{A}^{-1}$ zu ordnen (vgl. S. **77**).

	y_2	y_3	x_3	
y_1	-5	2	☐5	-1
x_1	1	0	⊖2	2
x_2	⊖4	①	⑤	⊖1

Probe:

	y_2	y_3	y_1	
x_3	①	⊖0,4	⓪,2	⓪,2
x_1	-1	0,8	$-0,4$	1,6
x_2	1	-1	1	0

$$\mathfrak{A}\,\mathfrak{A}^{-1} \quad \begin{array}{|rrr} -0,4 & -1 & 0,8 \\ 1 & 1 & -1 \\ 0,2 & 1 & -0,4 \end{array}$$

$$\begin{array}{rrr|rrr} 3 & 2 & 1 & 1 & 0 & 0 \\ 1 & 0 & 2 & 0 & 1 & 0 \\ 4 & 1 & 3 & 0 & 0 & 1 \end{array}$$

---

[1]) Diese beiden Aufgaben werden im Hinblick darauf, daß in der Algebra die beiden analogen Aufgaben $ax = b$ und $xa = b$ jeweils durch Division der Gleichungen durch a gelöst werden, oft auch als **Matrizendivision** bezeichnet

Ergebnis der Inversion:

$$\mathfrak{A}^{-1} = \begin{pmatrix} -0{,}4 & -1 & 0{,}8 \\ 1 & 1 & -1 \\ 0{,}2 & 1 & -0{,}4 \end{pmatrix}$$

Nunmehr können $\mathfrak{X}_1$ und $\mathfrak{X}_2$ mit Hilfe der Matrizenmultiplikation bestimmt werden.

$$\mathfrak{X}_1 = \mathfrak{A}^{-1}\mathfrak{P} \qquad\qquad \mathfrak{X}_2 = \mathfrak{P}\mathfrak{A}^{-1}$$

	$\mathfrak{A}^{-1}\mathfrak{P}$		5	0	0		$\mathfrak{P}\mathfrak{A}^{-1}$		−0,4	−1	0,8	−0,6
			3	7	0				1	1	−1	1
			10	15	5				0,2	1	−0,4	0,8
−0,4	−1	0,8	3	5	4	5	0	0	−2	−5	4	−3
1	1	−1	−2	−8	−5	3	7	0	5,8	4	−4,6	−5,2
0,2	1	−0,4	0	1	−2	10	15	5	12	10	−9	13
0,8	1	−0,6	1	−2	−3							

Es ist $\quad \mathfrak{X}_1 = \begin{pmatrix} 3 & 5 & 4 \\ -2 & -8 & -5 \\ 0 & 1 & -2 \end{pmatrix} \quad$ und $\quad \mathfrak{X}_2 = \begin{pmatrix} -2 & -5 & 4 \\ 5{,}8 & 4 & -4{,}6 \\ 12 & 10 & -9 \end{pmatrix}$

AUFGABEN

In den folgenden Aufgaben ist jeweils die Matrix $\mathfrak{X}$ zu berechnen.

1.78. a) $\mathfrak{X}\mathfrak{A} = \mathfrak{B} \qquad \mathfrak{A} = \begin{pmatrix} 1 & 3 & -1 \\ -2 & -1 & 4 \\ -1 & 0 & 2 \end{pmatrix} \qquad \mathfrak{B} = \begin{pmatrix} 2 & 4 & 7 \\ 1 & -2 & 0 \end{pmatrix}$

b) $\mathfrak{A}\mathfrak{X} = \mathfrak{B} \qquad \mathfrak{A} = \begin{pmatrix} 5 & -10 & 20 \\ -15 & 35 & -58 \\ 10 & -17 & 41 \end{pmatrix} \qquad \mathfrak{B} = \begin{pmatrix} -55 & -70 \\ 171 & 209 \\ -106 & -140 \end{pmatrix}$

c) $\mathfrak{A}\mathfrak{X} = \mathfrak{B} \qquad \mathfrak{A} = \begin{pmatrix} 1 & 0 & 3 \\ 4 & 1 & 6 \\ -3 & 1 & 2 \end{pmatrix} \qquad \mathfrak{B} = \begin{pmatrix} 7 & 17 & 17 \\ 16 & 35 & 27 \\ 1 & 1 & 27 \end{pmatrix}$

1.79. a) $\mathfrak{A}\mathfrak{X}_1 = \mathfrak{B}$
b) $\mathfrak{X}_2\mathfrak{A} = \mathfrak{B} \qquad \mathfrak{A} = \begin{pmatrix} -5 & 11 & 2 \\ -4 & 2 & 1 \\ -7 & 6 & 2 \end{pmatrix} \qquad \mathfrak{B} = \begin{pmatrix} -1 & 2 & -3 \\ 0 & 3 & 1 \\ 1 & 0 & -1 \end{pmatrix}$

1.80. a) $\mathfrak{A}\mathfrak{X}_1 = \mathfrak{B}$
b) $\mathfrak{X}_2\mathfrak{A} = \mathfrak{B} \qquad \mathfrak{A} = \begin{pmatrix} -8 & -2 & 5 \\ 3 & 1 & -2 \\ 1 & 2 & -1 \end{pmatrix} \qquad \mathfrak{B} = \begin{pmatrix} 3 & -2 & 1 \\ -1 & 2 & 3 \\ 1 & -4 & -2 \end{pmatrix}$

1.5.3. Weitere Matrizengleichungen

Als weitere Beispiele sollen unter Berücksichtigung der in 1.5.1. gemachten Einschränkungen vier typische Fälle von komplizierteren Matrizengleichungen gegeben werden. Dabei kommt — außer im ersten Fall — das in 1.5.2. dargelegte Verfahren für die Lösung der Grundgleichungen zur Anwendung.

BEISPIELE

1. Die Matrix $\mathfrak{X}$ ist mit einem Skalar verknüpft

$$\mathfrak{A}\mathfrak{B} + k\mathfrak{X} = \mathfrak{C} - l\mathfrak{X}$$

Lösung:

Aus $\qquad \mathfrak{A}\mathfrak{B} + k\mathfrak{X} = \mathfrak{C} - l\mathfrak{X}$

folgt $\qquad (k + l)\,\mathfrak{X} = \mathfrak{C} - \mathfrak{A}\mathfrak{B}$

$$\mathfrak{X} = \frac{1}{k + l}\,(\mathfrak{C} - \mathfrak{A}\mathfrak{B}).$$

2. Die Matrix $\mathfrak{X}$ ist Linksfaktor

$$\mathfrak{X}\mathfrak{A}\mathfrak{B} - \mathfrak{A} - \mathfrak{X}\mathfrak{C} = \mathfrak{M}$$

Lösung:

Aus $\qquad \mathfrak{X}\mathfrak{A}\mathfrak{B} - \mathfrak{A} - \mathfrak{X}\mathfrak{C} = \mathfrak{M}$

folgt $\qquad \mathfrak{X}(\mathfrak{A}\mathfrak{B} - \mathfrak{C}) \qquad = \mathfrak{M} + \mathfrak{A}$

$$\mathfrak{X} = (\mathfrak{M} + \mathfrak{A})(\mathfrak{A}\mathfrak{B} - \mathfrak{C})^{-1}.$$

3. Die Matrix $\mathfrak{X}$ ist Rechtsfaktor

$$\mathfrak{C} + \mathfrak{A}\mathfrak{X} = \mathfrak{B}\mathfrak{X}$$

Lösung:

Aus $\qquad \mathfrak{C} + \mathfrak{A}\mathfrak{X} = \mathfrak{B}\mathfrak{X}$

folgt $\qquad \mathfrak{C} = (\mathfrak{B} - \mathfrak{A})\mathfrak{X}$

$$(\mathfrak{B} - \mathfrak{A})^{-1}\mathfrak{C} = \mathfrak{X}.$$

4. Die Matrix $\mathfrak{X}$ ist mittlerer Faktor

$$\mathfrak{A}\mathfrak{X}\mathfrak{B} = \mathfrak{C}$$

Lösung:

Aus $\qquad \mathfrak{A}\mathfrak{X}\mathfrak{B} = \mathfrak{C}$

folgt in zwei Schritten

$$\mathfrak{A}\mathfrak{X} = \mathfrak{C}\,\mathfrak{B}^{-1}$$

$$\mathfrak{X} = \mathfrak{A}^{-1}\mathfrak{C}\mathfrak{B}^{-1}.$$

1.5.4. Umkehr von Matrizenprodukten

Die Matrizengleichung

$$\mathfrak{X}\mathfrak{A}\mathfrak{B} = \mathfrak{C}$$

ist nach $\mathfrak{X}$ aufzulösen.

Lösung:

Aus $\mathfrak{X}\mathfrak{A}\mathfrak{B} = \mathfrak{C}$

folgt entweder sofort

$$\mathfrak{X} = \mathfrak{C}(\mathfrak{A}\mathfrak{B})^{-1} \qquad \text{I}$$

oder schrittweise

$$\mathfrak{X}\mathfrak{A} = \mathfrak{C}\mathfrak{B}^{-1}$$

$$\mathfrak{X} = \mathfrak{C}\mathfrak{B}^{-1}\mathfrak{A}^{-1}. \qquad \text{II}$$

Aus I und II ist zu erkennen, daß

$$\boxed{(\mathfrak{A}\mathfrak{B})^{-1} = \mathfrak{B}^{-1}\mathfrak{A}^{-1}} \qquad (1.10)$$

In Worten:

▌ Die Kehrmatrix eines Produktes von Matrizen ist gleich dem Produkt der einzelnen Kehrmatrizen in umgekehrter Reihenfolge der Faktoren.

Allgemein: $(\mathfrak{A}\mathfrak{B}\mathfrak{C}\dots\mathfrak{M})^{-1} = \mathfrak{M}^{-1}\dots\mathfrak{C}^{-1}\mathfrak{B}^{-1}\mathfrak{A}^{-1}$
(vgl. auch S. 40).

AUFGABEN

Die folgenden Matrizengleichungen sind zu lösen.

1.81. a) $\mathfrak{X}\mathfrak{A} = \mathfrak{C} - \mathfrak{X}\mathfrak{B}$

$$\mathfrak{A} = \begin{pmatrix} 15 & 5 & -350 \\ 6 & -9 & -60 \\ 7 & -10 & 35 \end{pmatrix} \qquad \mathfrak{B} = \begin{pmatrix} 10 & 5 & 5 \\ -3 & 10 & 15 \\ -9 & 9 & -10 \end{pmatrix} \qquad \mathfrak{C} = \begin{pmatrix} -3 & 0 & 0 \\ 0 & 2 & 0 \\ 0 & 0 & -5 \end{pmatrix}$$

b) $\mathfrak{C} + \mathfrak{A}\mathfrak{X} = \mathfrak{B}\mathfrak{X}$

$$\mathfrak{A} = \begin{pmatrix} 10 & -40 & 205 \\ -6 & -1 & 25 \\ 8 & 10 & -15 \end{pmatrix} \qquad \mathfrak{B} = \begin{pmatrix} 35 & -30 & -140 \\ -3 & 0 & -20 \\ 6 & 9 & 10 \end{pmatrix} \qquad \mathfrak{C} = \begin{pmatrix} -3 & 0 & 0 \\ 0 & 2 & 0 \\ 0 & 0 & -5 \end{pmatrix}$$

1.82. a) $\mathfrak{A}\mathfrak{X} - \mathfrak{C} = \mathfrak{B}\mathfrak{X} - \mathfrak{D}$

$$\mathfrak{A} = \begin{pmatrix} 5 & 7 & 5 \\ -4 & 2 & 1 \\ 23 & 6 & -5 \end{pmatrix} \qquad \mathfrak{B} = \begin{pmatrix} 3 & 0 & 3 \\ 2 & 23 & 6 \\ 22 & 3 & -7 \end{pmatrix} \qquad \mathfrak{C} = \begin{pmatrix} 24 & 3 & -3 \\ 0 & -5 & 8 \\ 26 & -3 & 14 \end{pmatrix}$$

$$\mathfrak{D} = \begin{pmatrix} 18 & 3 & -3 \\ 0 & -7 & 8 \\ 26 & -3 & 18 \end{pmatrix}$$

b) $\mathfrak{A}\mathfrak{X}\mathfrak{B} = \mathfrak{C}$

$$\mathfrak{A} = \begin{pmatrix} 1 & 0 & 1 \\ 2 & 2 & 3 \\ 0 & 1 & 1 \end{pmatrix} \qquad \mathfrak{B} = \begin{pmatrix} 1 & 0 & 0 \\ 0 & 2 & 0 \\ 0 & 0 & 1 \end{pmatrix} \qquad \mathfrak{C} = \begin{pmatrix} 3 & -2 & 5 \\ 1 & 0 & -2 \\ 0 & 3 & 2 \end{pmatrix}$$

c) $\mathfrak{X}\mathfrak{A}\mathfrak{B} - \mathfrak{A} - \mathfrak{X}\mathfrak{C} = \mathfrak{E}$

$$\mathfrak{A} = \begin{pmatrix} 2 & 0 & 1 \\ 0 & 3 & 0 \\ 1 & 0 & 2 \end{pmatrix} \qquad \mathfrak{B} = \begin{pmatrix} 1 & 0 & 1 \\ 0 & 2 & 0 \\ 1 & 3 & 0 \end{pmatrix} \qquad \mathfrak{C} = \begin{pmatrix} 2 & 2 & 1 \\ -2 & 5 & -2 \\ 3 & 5 & 0 \end{pmatrix}$$

1.83. $\mathfrak{C} + \mathfrak{A}\mathfrak{X} = \mathfrak{B}\mathfrak{X}$

$$\mathfrak{A} = \begin{pmatrix} 15 & -40 & 205 \\ -6 & 1 & 25 \\ 8 & -10 & 15 \end{pmatrix} \qquad \mathfrak{B} = \begin{pmatrix} -25 & -30 & -140 \\ -3 & 0 & 30 \\ 6 & 9 & 40 \end{pmatrix} \qquad \mathfrak{C} = \begin{pmatrix} 3 & 0 & 0 \\ 0 & -2 & 0 \\ 0 & 0 & 5 \end{pmatrix}$$

1.84. $\mathfrak{A}\mathfrak{B} + k\mathfrak{X} = \mathfrak{C} - l\mathfrak{X}$

$$k = \frac{3}{8} \qquad l = \frac{1}{8}$$

$$\mathfrak{A} = \begin{pmatrix} 1 & 0 & 1 \\ 2 & -6 & 3 \\ 0 & 1 & 1 \end{pmatrix} \qquad \mathfrak{B} = \begin{pmatrix} 1 & 0 & 0 \\ 0 & 2 & 0 \\ 0 & 0 & 1 \end{pmatrix} \qquad \mathfrak{C} = \begin{pmatrix} 0 & 1 & 0 \\ -3 & 0 & 5 \\ 5 & 1 & 2 \end{pmatrix}$$

1.85. $\mathfrak{X}\mathfrak{A}\mathfrak{B} = \mathfrak{C}$

$$\mathfrak{A} = \begin{pmatrix} 0{,}5 & 0 & 0 \\ 0 & 2 & 0 \\ 0 & 0 & 1 \end{pmatrix} \qquad \mathfrak{B} = \begin{pmatrix} -8 & -2 & 5 \\ 3 & 1 & -2 \\ 1 & 2 & -1 \end{pmatrix} \qquad \mathfrak{C} = \begin{pmatrix} 1 & -2 & 0 \\ 0 & 3 & 2 \\ -1 & 1 & 2 \end{pmatrix}$$

1.5.5.   Matrizenumkehr mit Hilfe von Untermatrizen

Für einige sich in der Praxis oft wiederholende typische Matrizen kann die Matrizenumkehr durch Zerlegung der vorgegebenen Matrix in Untermatrizen[1]) wesentlich vereinfacht werden. Die vorgegebenen Matrizen (Hypermatrizen) können als Koeffizientenmatrizen eines Systems linearer Matrizengleichungen angesehen werden. Die Koeffizientenmatrix des inversen Systems der Matrizengleichungen ist dann die gesuchte Kehrmatrix. Es sollen die Betrachtungen im Zusammenhang mit den in 1.6. zu behandelnden Anwendungsaufgaben auf die Umkehr zweier typischer Übermatrizen beschränkt werden.

---

[1]) vgl. auch (1.2.4.5.) Multiplikation nach Zerlegung in Blöcke

Zu den gegebenen Matrizen

$$\text{I} \qquad \mathfrak{B} = \begin{pmatrix} \mathfrak{B}_{11} & -\mathfrak{B}_{12} \\ \mathfrak{O} & \mathfrak{E} \end{pmatrix} \quad \text{und II} \quad \mathfrak{A} = \begin{pmatrix} \mathfrak{E}_1 & -\mathfrak{A}_{12} & \mathfrak{O} & \mathfrak{O} \\ \mathfrak{O} & \mathfrak{E}_2 & -\mathfrak{A}_{23} & \mathfrak{O} \\ \mathfrak{O} & \mathfrak{O} & \mathfrak{E}_3 & -\mathfrak{A}_{34} \\ \mathfrak{O} & \mathfrak{O} & \mathfrak{O} & \mathfrak{E}_4 \end{pmatrix}$$

ist jeweils die Kehrmatrix zu bestimmen.
Die entsprechenden Systeme linearer Matrizengleichungen sind:

zu I
$$\mathfrak{y}_1 = \mathfrak{B}_{11}\mathfrak{x}_1 - \mathfrak{B}_{12}\mathfrak{x}_2$$
$$\mathfrak{y}_2 = \mathfrak{O}\mathfrak{x}_1 + \mathfrak{E}\mathfrak{x}_2$$

zu II
$$\mathfrak{y}_1 = \mathfrak{E}_1\mathfrak{x}_1 - \mathfrak{A}_{12}\mathfrak{x}_2 + \mathfrak{O}\mathfrak{x}_3 + \mathfrak{O}\mathfrak{x}_4$$
$$\mathfrak{y}_2 = \mathfrak{O}\mathfrak{x}_1 + \mathfrak{E}_2\mathfrak{x}_2 - \mathfrak{A}_{23}\mathfrak{x}_3 + \mathfrak{O}\mathfrak{x}_4$$
$$\mathfrak{y}_3 = \mathfrak{O}\mathfrak{x}_1 + \mathfrak{O}\mathfrak{x}_2 + \mathfrak{E}_3\mathfrak{x}_3 - \mathfrak{A}_{34}\mathfrak{x}_4$$
$$\mathfrak{y}_4 = \mathfrak{O}\mathfrak{x}_1 + \mathfrak{O}\mathfrak{x}_2 + \mathfrak{O}\mathfrak{x}_3 + \mathfrak{E}_4\mathfrak{x}_4$$

Die Systeme werden schrittweise, mit der letzten Gleichung beginnend, aufgelöst. Man erhält

zu I
$$\mathfrak{x}_2 = \mathfrak{E}\mathfrak{y}_2$$
$$\mathfrak{x}_1 = \mathfrak{B}_{11}^{-1}\mathfrak{y}_1 + \mathfrak{B}_{11}^{-1}\mathfrak{B}_{12}\mathfrak{y}_2$$

zu II
$$\mathfrak{x}_4 = \mathfrak{E}_4\mathfrak{y}_4$$
$$\mathfrak{x}_3 = \mathfrak{E}_3\mathfrak{y}_3 + \mathfrak{A}_{34}\mathfrak{y}_4$$
$$\mathfrak{x}_2 = \mathfrak{E}_2\mathfrak{y}_2 + \mathfrak{A}_{23}(\mathfrak{y}_3 + \mathfrak{A}_{34}\mathfrak{y}_4)$$
$$\mathfrak{x}_2 = \mathfrak{E}_2\mathfrak{y}_2 + \mathfrak{A}_{23}\mathfrak{y}_3 + \mathfrak{A}_{23}\mathfrak{A}_{34}\mathfrak{y}_4$$
$$\mathfrak{x}_1 = \mathfrak{E}_1\mathfrak{y}_1 + \mathfrak{A}_{12}(\mathfrak{y}_2 + \mathfrak{A}_{23}\mathfrak{y}_3 + \mathfrak{A}_{23}\mathfrak{A}_{34}\mathfrak{y}_4)$$
$$\mathfrak{x}_1 = \mathfrak{E}_1\mathfrak{y}_1 + \mathfrak{A}_{12}\mathfrak{y}_2 + \mathfrak{A}_{12}\mathfrak{A}_{23}\mathfrak{y}_3 + \mathfrak{A}_{12}\mathfrak{A}_{23}\mathfrak{A}_{34}\mathfrak{y}_4$$

Aus diesen Gleichungssystemen können die gesuchten Kehrmatrizen abgelesen werden. Es ist

$$\text{I} \qquad \mathfrak{B}^{-1} = \begin{pmatrix} \mathfrak{B}_{11}^{-1} & \mathfrak{B}_{11}^{-1}\mathfrak{B}_{12} \\ \mathfrak{O} & \mathfrak{E} \end{pmatrix}$$

$$\text{II} \qquad \mathfrak{A}^{-1} = \begin{pmatrix} \mathfrak{E}_1 & \mathfrak{A}_{12} & \mathfrak{A}_{12}\mathfrak{A}_{23} & \mathfrak{A}_{12}\mathfrak{A}_{23}\mathfrak{A}_{34} \\ \mathfrak{O} & \mathfrak{E}_2 & \mathfrak{A}_{23} & \mathfrak{A}_{23}\mathfrak{A}_{34} \\ \mathfrak{O} & \mathfrak{O} & \mathfrak{E}_3 & \mathfrak{A}_{34} \\ \mathfrak{O} & \mathfrak{O} & \mathfrak{O} & \mathfrak{E}_4 \end{pmatrix}$$

Die Umkehr der vorgegebenen Hypermatrizen mit Hilfe des Austauschverfahrens führt zu den gleichen Ergebnissen.

Zu I

	$\mathfrak{x}_1$	$\mathfrak{x}_2$
$\mathfrak{y}_1$	$\boxed{\mathfrak{B}_{11}}$	$-\mathfrak{B}_{12}$
$\mathfrak{y}_2$	$\mathfrak{D}$	$\mathfrak{C}$

	$\mathfrak{y}_1$	$\mathfrak{x}_2$
$\mathfrak{x}_1$	$\mathfrak{B}_{11}^{-1}$	$\mathfrak{B}_{11}^{-1}\mathfrak{B}_{12}$
$\mathfrak{y}_2$	$\mathfrak{D}$	$\boxed{\mathfrak{C}}$

	$\mathfrak{y}_1$	$\mathfrak{y}_2$
$\mathfrak{x}_1$	$\mathfrak{B}_{11}^{-1}$	$\mathfrak{B}_{11}^{-1}\mathfrak{B}_{12}$
$\mathfrak{x}_2$	$\mathfrak{D}$	$\mathfrak{C}$

Man beachte, daß im Gleichungssystem I, S. 92, die erste Gleichung von links mit $\mathfrak{B}_{11}^{-1}$ multipliziert werden mußte, um $\mathfrak{x}_1$ isolieren zu können. Deshalb sind im Austauschverfahren die gegebenen Untermatrizen ebenfalls jeweils von links mit $\mathfrak{B}_{11}^{-1}$ zu multiplizieren.

Zu II

	$\mathfrak{x}_1$	$\mathfrak{x}_2$	$\mathfrak{x}_3$	$\mathfrak{x}_4$
$\mathfrak{y}_1$	$\boxed{\mathfrak{C}_1}$	$-\mathfrak{A}_{12}$	$\mathfrak{D}$	$\mathfrak{D}$
$\mathfrak{y}_2$	$\mathfrak{D}$	$\mathfrak{C}_2$	$-\mathfrak{A}_{23}$	$\mathfrak{D}$
$\mathfrak{y}_3$	$\mathfrak{D}$	$\mathfrak{D}$	$\mathfrak{C}_3$	$-\mathfrak{A}_{24}$
$\mathfrak{y}_4$	$\mathfrak{D}$	$\mathfrak{D}$	$\mathfrak{D}$	$\mathfrak{C}_4$

	$\mathfrak{y}_1$	$\mathfrak{x}_2$	$\mathfrak{x}_3$	$\mathfrak{x}_1$
$\mathfrak{x}_1$	$\mathfrak{C}_1$	$+\mathfrak{A}_{12}$	$\mathfrak{D}$	$\mathfrak{D}$
$\mathfrak{y}_2$	$\mathfrak{D}$	$\boxed{\mathfrak{C}_2}$	$-\mathfrak{A}_{23}$	$\mathfrak{D}$
$\mathfrak{y}_3$	$\mathfrak{D}$	$\mathfrak{D}$	$\mathfrak{C}_3$	$-\mathfrak{A}_{31}$
$\mathfrak{y}_4$	$\mathfrak{D}$	$\mathfrak{D}$	$\mathfrak{D}$	$\mathfrak{C}_4$

	$\mathfrak{y}_1$	$\mathfrak{y}_2$	$\mathfrak{x}_3$	$\mathfrak{x}_4$
$\mathfrak{x}_1$	$\mathfrak{C}_1$	$+\mathfrak{A}_{12}$	$+\mathfrak{A}_{12}\mathfrak{A}_{23}$	$\mathfrak{D}$
$\mathfrak{x}_2$	$\mathfrak{D}$	$\mathfrak{C}_2$	$+\mathfrak{A}_{23}$	$\mathfrak{D}$
$\mathfrak{y}_3$	$\mathfrak{D}$	$\mathfrak{D}$	$\boxed{\mathfrak{C}_3}$	$-\mathfrak{A}_{31}$
$\mathfrak{y}_4$	$\mathfrak{D}$	$\mathfrak{D}$	$\mathfrak{D}$	$\mathfrak{C}_4$

	$\mathfrak{y}_1$	$\mathfrak{y}_2$	$\mathfrak{y}_3$	$\mathfrak{x}_4$
$\mathfrak{x}_1$	$\mathfrak{C}_1$	$+\mathfrak{A}_{12}$	$+\mathfrak{A}_{12}\mathfrak{A}_{23}$	$+(\mathfrak{A}_{12}\mathfrak{A}_{23})\mathfrak{A}_{31}$
$\mathfrak{x}_2$	$\mathfrak{D}$	$\mathfrak{C}_2$	$+\mathfrak{A}_{23}$	$+\mathfrak{A}_{23}\mathfrak{A}_{31}$
$\mathfrak{x}_3$	$\mathfrak{D}$	$\mathfrak{D}$	$\mathfrak{C}_3$	$+\mathfrak{A}_{31}$
$\mathfrak{y}_4$	$\mathfrak{D}$	$\mathfrak{D}$	$\mathfrak{D}$	$\mathfrak{C}_4$

Da beim letzten Austausch $y_4 \leftrightarrow x_4$ die Elemente der Schlüsselzeile (4. Zeile) alle Null und die Elemente der 4. Spalte mit der Einheitsmatrix $\mathfrak{E}$ zu multiplizieren sind, verändern sich die Elemente im Endtableau nicht. Die Elemente der Kehrmatrix können deshalb aus dem letzten Teilsystem des Tableaus S. 93 abgelesen werden. Es ist

$$
\mathfrak{A}^{-1} = \begin{pmatrix} \mathfrak{E}_1 & +\mathfrak{A}_{12} & +\mathfrak{A}_{12}\mathfrak{A}_{23} & +(\mathfrak{A}_{12}\mathfrak{A}_{23})\mathfrak{A}_{34} \\ \mathfrak{O} & \mathfrak{E}_2 & +\mathfrak{A}_{23} & +\mathfrak{A}_{23}\mathfrak{A}_{34} \\ \mathfrak{O} & \mathfrak{O} & \mathfrak{E}_3 & +\mathfrak{A}_{34} \\ \mathfrak{O} & \mathfrak{O} & \mathfrak{O} & \mathfrak{E}_4 \end{pmatrix}
$$

Bezeichnet man die Teilmatrizen der Kehrmatrix $\mathfrak{A}^{-1}$ mit $\mathfrak{B}_{ij}$, dann ist

$$
\mathfrak{A}^{-1} = \begin{pmatrix} \mathfrak{B}_{11} & \mathfrak{B}_{12} & \mathfrak{B}_{13} & \mathfrak{B}_{14} \\ \mathfrak{B}_{21} & \mathfrak{B}_{22} & \mathfrak{B}_{23} & \mathfrak{B}_{24} \\ \mathfrak{B}_{31} & \mathfrak{B}_{32} & \mathfrak{B}_{33} & \mathfrak{B}_{34} \\ \mathfrak{B}_{41} & \mathfrak{B}_{42} & \mathfrak{B}_{43} & \mathfrak{B}_{44} \end{pmatrix}
$$

Dabei ist

$$\mathfrak{B}_{13} = \mathfrak{B}_{12}\mathfrak{B}_{23}$$
$$\mathfrak{B}_{14} = \mathfrak{B}_{13}\mathfrak{B}_{34}$$
$$\mathfrak{B}_{24} = \mathfrak{B}_{23}\mathfrak{B}_{34}$$

Die allgemeinen Elemente $\mathfrak{B}_{ij}$ der Kehrmatrix können nach folgenden Formeln bestimmt werden:

$$\mathfrak{B}_{ij} = \mathfrak{O} \quad \text{für} \quad i > j \qquad \mathfrak{B}_{ij} = +\mathfrak{A}_{ij} \quad \text{für} \quad j = i+1$$

$$\mathfrak{B}_{ij} = \mathfrak{E}_i \quad \text{für} \quad i = j \qquad \mathfrak{B}_{ij} = +\mathfrak{B}_{i;j-1}\mathfrak{B}_{j-1;j} \quad \text{für} \quad j > i+1$$

Die Umkehr der Matrix erfolgt in folgenden Teilschritten:

1. Eintragen der Nullmatrizen der unteren Dreiecksmatrix
2. Eintragen der Einheitsmatrizen der Hauptdiagonalen
3. Eintragen der $\mathfrak{B}_{i,i+1} = +\mathfrak{A}_{i,i+1}$ (erste Parallele zur Hauptdiagonalen)
4. Eintragen der $\mathfrak{B}_{i,i+2} = +\mathfrak{B}_{i,i+1} \cdot \mathfrak{B}_{i+1,i+2}$ (zweite Parallele zur Hauptdiagonalen)
5. Eintragen der weiteren Parallelen zur Hauptdiagonalen

$$\mathfrak{B}_{ij} = +\mathfrak{B}_{i;j-1} \cdot \mathfrak{B}_{j-1;j} \quad \text{für} \quad j > i+1$$

AUFGABEN

Zu den nachstehenden Matrizen ist jeweils die Kehrmatrix mit Hilfe von Untermatrizen zu bilden.

1.86.

$$
\mathfrak{A} = \begin{pmatrix}
1 & 0 & 0 & 0 & -1 & -2 & 0 & 0 & 0 & 0 & 0 \\
0 & 1 & 0 & -2 & -1 & -1 & 0 & 0 & 0 & 0 & 0 \\
0 & 0 & 1 & -1 & -2 & 0 & 0 & 0 & 0 & 0 & 0 \\
0 & 0 & 0 & 1 & 0 & 0 & -3 & -2 & 0 & 0 & 0 \\
0 & 0 & 0 & 0 & 1 & 0 & -1 & -1 & -1 & 0 & 0 \\
0 & 0 & 0 & 0 & 0 & 1 & -1 & -3 & -1 & 0 & 0 \\
0 & 0 & 0 & 0 & 0 & 0 & 1 & 0 & 0 & -3 & -2 \\
0 & 0 & 0 & 0 & 0 & 0 & 0 & 1 & 0 & -1 & -1 \\
0 & 0 & 0 & 0 & 0 & 0 & 0 & 0 & 1 & -2 & -1 \\
0 & 0 & 0 & 0 & 0 & 0 & 0 & 0 & 0 & 1 & 0 \\
0 & 0 & 0 & 0 & 0 & 0 & 0 & 0 & 0 & 0 & 1
\end{pmatrix}
$$

1.87.

$$\mathfrak{A} = \begin{pmatrix}
1 & 0 & 0 & -1 & 0 & 0 & 0 & 0 & 0 & 0 & 0 \\
0 & 1 & 0 & -2 & -2 & 0 & 0 & 0 & 0 & 0 & 0 \\
0 & 0 & 1 & -1 & -3 & 0 & 0 & 0 & 0 & 0 & 0 \\
0 & 0 & 0 & 1 & 0 & -3 & 0 & -1 & 0 & 0 & 0 \\
0 & 0 & 0 & 0 & 1 & -1 & -2 & -1 & 0 & 0 & 0 \\
0 & 0 & 0 & 0 & 0 & 1 & 0 & 0 & -2 & -1 & -3 \\
0 & 0 & 0 & 0 & 0 & 0 & 1 & 0 & -2 & -1 & -2 \\
0 & 0 & 0 & 0 & 0 & 0 & 0 & 1 & -2 & -2 & -1 \\
0 & 0 & 0 & 0 & 0 & 0 & 0 & 0 & 1 & 0 & 0 \\
0 & 0 & 0 & 0 & 0 & 0 & 0 & 0 & 0 & 1 & 0 \\
0 & 0 & 0 & 0 & 0 & 0 & 0 & 0 & 0 & 0 & 1
\end{pmatrix}$$

1.6.   Verflechtungsmodelle

1.6.1.   Arten von Verflechtungsmodellen

Mit Hilfe von Verflechtungsmodellen werden ökonomische und technologische Systeme sowie die gegenseitigen quantitativen Beziehungen und Abhängigkeiten ihrer Teilsysteme veranschaulicht und das Gesamtsystem mathematisch aufbereitet. In einer ganzen Reihe von Industriezweigen, so u. a. im Maschinenbau und in der chemischen Industrie, durchlaufen viele Erzeugnisse die einzelnen Produktionsstufen in unmittelbarer Folge ohne Verzweigung. Ausgehend von der Struktur der Verflechtungsmodelle spricht man in solchen Fällen von geraden oder auch linearen Verflechtungen (Beispiel 1).[1]) Sind die einzelnen Produktionsstellen außerdem noch durch Querverbindungen verbunden, spricht man von verzweigten Modellen (Beispiel 2).[1]) Die Verknüpfungen können, je nachdem, ob in den einzelnen Fertigungsstufen jeweils ein oder mehrere Produkte eingesetzt oder produziert werden, sowohl bei den linearen Modellen als auch bei verzweigten Modellen einfach oder parallellaufend sein (Beispiel 3).[1]) Die beiden folgenden Modelle (vgl. S. 96) sind Beispiele für lineare und verzweigte Verflechtungen.

In den Beispielen 1 und 2 produzieren die Produktionsstellen der ersten Stufe jeweils die Zwischenprodukte erster Stufe, die Produktionsstellen der zweiten Stufe die Zwischenprodukte zweiter Stufe und die Produktionsstellen der dritten Stufe die Endprodukte. Im Beispiel für das lineare Modell wird aus einem Rohstoff ein Endprodukt gefertigt. Im Beispiel für das verzweigte Modell hingegen werden aus zwei Rohstoffen vier Endprodukte gewonnen.

In vielen Produktionsabläufen werden in den Zwischenstufen oder in der letzten Produktionsstufe erzeugte Produkte oder Abfallprodukte wieder in eine der vorangegangenen Produktionsstufen eingesetzt. Ein charakteristisches Beispiel hierzu ist

---

[1]) Mathematisch gesehen sind in allen drei Modellen die Beziehungen linear

Beispiel 1

Gerade Verflechtung
einer dreistufigen
Produktion mit drei
Produktionsstellen (St)

Beispiel 2

Verzweigte Verflechtung
einer dreistufigen
Produktion mit sieben
Produktionsstellen

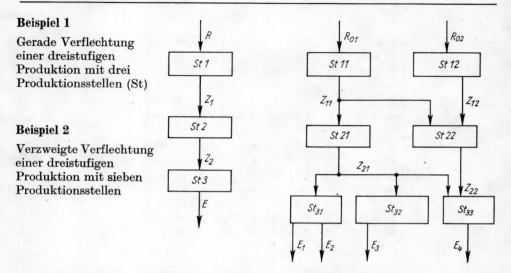

die betriebliche Verbindung einer Kohlengrube mit einem Kraftwerk. Um Energie zu erzeugen, wird Kohle gebraucht. Ein Teil der erzeugten Energie wird aber wiederum für die Förderung der zur Energieerzeugung notwendigen Kohle benötigt. In allen diesen Fällen haben wir es mit einem Verflechtungsmodell mit Rücklauf zu tun. Die Rücklaufmodelle können wiederum gerade oder verzweigt sein.

Beispiel 3

Dreistufige gerade Verflechtung mit parallellaufender Produktion und Rücklauf.[1)]

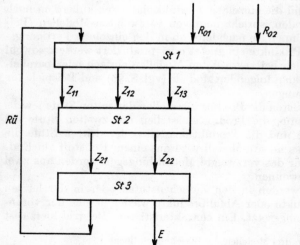

Aus zwei Rohstoffen wird ein Endprodukt gefertigt. Die Zahl der Zwischenprodukte in den einzelnen Produktionsstufen ist unterschiedlich. Alle anfallenden Zwischenprodukte gehen restlos in die nachfolgende Produktionsstufe ein.

[1)] In Beispiel 3 werden Produkte der dritten Fertigungsstufe in die erste Fertigungsstufe zurückgeführt

1.6.2. Lineare Verflechtungen

Lineare Verflechtungen führen in vielen Fällen zu Multiplikationsmodellen (vgl. 1.2.4.6.). Es soll an dieser Stelle zunächst die Klärung einiger weiterer Begriffe, wie sie in der Praxis gebräuchlich sind, erfolgen.

Ausgangspunkt für die folgenden Betrachtungen soll das ökonomische Flußbild sein.[1])

In einem solchen können mehrere ökonomisch zusammenfaßbare Fertigungsstufen zu einem Teilsystem vereinigt werden. Technologische Flußbilder dagegen sind in den meisten Fällen detaillierter und damit auch umfangreicher.

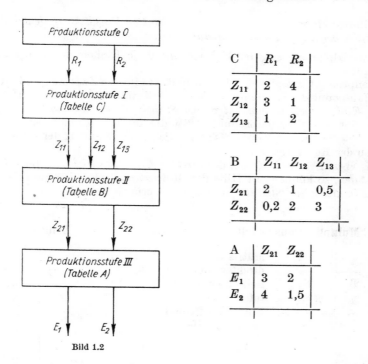

Bild 1.2

Zu dem voranstehenden Flußbild (Bild 1.2) sind gleichzeitig die angeführten Tabellen C, B, A gegeben (vgl. Aufgabe 1.49 b). Diese Tabellen werden Teilnormentabellen genannt; in einigen Industriezweigen, wie z. B. im Maschinenbau, bezeichnet man sie auch als Stücklisten.

Die Teilnormentabellen geben in der Mehrstufenfertigung jeweils den direkten Materialeinsatz je Produktionseinheit für die nächsthöhere Produktionsstufe an.

Dabei kann die Bereitstellung der Rohstoffe als Produktionsstufe Null angesehen werden.

---

[1]) Datenflußbilder werden in Abschn. 5. behandelt

Im angeführten Beispiel gibt die Teilnormentabelle

C den Rohstoffbedarf für je eine Einheit Zwischenprodukt erster Stufe an;
die zugehörige Matrix $\mathfrak{C}$ ist die *Matrix der direkten Einsatzkoeffizienten der Rohstoffe für die Zwischenprodukte erster Stufe*;

B den Bedarf an Zwischenprodukten erster Stufe für je eine Einheit Zwischenprodukt zweiter Stufe an;
die zugehörige Matrix $\mathfrak{B}$ ist die *Matrix der direkten Einsatzkoeffizienten der für die Zwischenprodukte zweiter Stufe benötigten Zwischenprodukte erster Stufe*;

A den Bedarf an Zwischenprodukten zweiter Stufe für je eine Einheit Endprodukt an;
die zugehörige Matrix $\mathfrak{A}$ ist die *Matrix der direkten Einsatzkoeffizienten der für die Endprodukte benötigten Zwischenprodukte zweiter Stufe*.

Für die Materialplanung soll der Rohstoffeinsatz je Einheit der Endprodukte berechnet werden.

Das Matrizenprodukt $\mathfrak{BC}$ gibt den Rohstoffeinsatz für die Zwischenprodukte zweiter Stufe an. Man nennt die Elemente der Matrix $\mathfrak{BC}$ die *indirekten Einsatzkoeffizienten der für eine Einheit Zwischenprodukt zweiter Stufe benötigten Rohstoffe*.

Schließlich gibt das Matrizenprodukt $\mathfrak{ABC}$ die für eine Einheit Endprodukt benötigten Rohstoffe an. Die Matrix $\mathfrak{ABC}$ ist die gesuchte **Matrix der totalen Einsatzkoeffizienten der Rohstoffe.**

Sind also $\mathfrak{C}$, $\mathfrak{B}$ und $\mathfrak{A}$ die Matrizen der *direkten Einsatzkoeffizienten für die einzelnen Fertigungsstufen*, so können mit Hilfe der *Matrizenmultiplikation* die *indirekten* und die *totalen Einsatzkoeffizienten* für die Rohstoffe ermittelt werden.

Multiplikationsmodell

	$\mathfrak{C}$	Matrix der
		direkten, der
$\mathfrak{B}$	$\mathfrak{BC}$	**indirekten**, der
$\mathfrak{A}$	$\mathfrak{ABC}$	**totalen**
		Einsatzkoeffizienten der Rohstoffe

Zahlenbeispiel

	R_1	R_2
Z_{11}	2	4
Z_{12}	3	1
Z_{13}	1	2
Z_{21}	7,5	10
Z_{22}	9,4	8,8
E_1	41,3	47,6
E_2	44,1	53,2

Das Zahlenbeispiel enthält die Matrizen $\mathfrak{C}$, $\mathfrak{BC}$ und $\mathfrak{ABC}$, wie sie sich durch die Multiplikation der auf S. 97 stehenden Matrizen $\mathfrak{A}$, $\mathfrak{B}$ und $\mathfrak{C}$ ergeben.

Ist ein Produktionsausstoß $\mathfrak{w}$ gegeben, der vorschreibt, welche Menge an Produkten in einem Planzeitraum erzeugt werden soll, so erhält man durch die Multiplikation von links der Matrix der totalen Einsätze mit dem Produktionsvektor $\mathfrak{w}^T$ den Gesamtbedarf an den jeweiligen Rohstoffen für das vorgegebene Produktionsprogramm. Im behandelten Beispiel sei $\mathfrak{w}^T = (40 \quad 60)$. Mit $\mathfrak{ABC} = \mathfrak{T}$ ergibt sich dann

$$\mathfrak{w}^T \cdot \mathfrak{T} = \mathfrak{a}^T,$$

wenn mit $\mathfrak{a}$ der Vektor des Gesamtbedarfs an Rohstoffen bezeichnet wird (vgl. Aufgabe 1.49 b).

1.6.3. Verzweigte Verflechtungen, Verflechtungsbilanzen

1.6.3.1. Aufstellen der Produktionsmatrix als Teil der Kopplungsmatrix

Es soll ein verzweigtes Modell mit einfachen Verknüpfungen untersucht werden. Grundlage sei das in Bild 1.3 dargestellte Flußbild, das ein dreistufiges Gesamtsystem mit fünf Betriebsstellen zeigt. Bei einfachen Verknüpfungen werden die direkten Einsatzkoeffizienten (Aufwände) durchsatzbezogen in das Flußbild eingetragen. Durchsätze sind die den Produktionsablauf bestimmenden Größen. Es können u. a. die Auslastungen der Fertigungsstufen durch die Kapazitäten, aber auch die Planzahlen für Hauptprodukte, Rohstoffe, Arbeitskräfte usw. sein.
In der aufzustellenden Produktionsmatrix, auch Fertigungsmatrix genannt, erhalten alle *Produktionsausstöße positive* und alle *Aufwände negative* Vorzeichen.

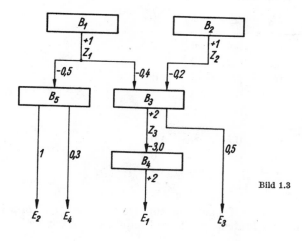

Bild 1.3

In Bild 1.3 sind

$B_1 \cdots B_5$ die fünf Teilbetriebe,

B_1 und B_2 die Teilbetriebe erster Stufe,

B_3 und B_5 die Teilbetriebe zweiter Stufe und

B_4 ist der Teilbetrieb dritter Stufe.

7*

Diese Numerierung der Teilbetriebe (Teilsysteme) im Modell sichert, daß sich als Kopplungsmatrix eine obere Dreiecksmatrix ergibt. Weiterhin sind $Z_1 \cdots Z_3$ die Zwischenprodukte der Fertigungsstufen eins bis drei und $E_1 \cdots E_4$ die Endprodukte.

Sind außerdem $D_1 \cdots D_5$ die Durchsätze (Auslastungen) der einzelnen Fertigungsstufen, dann können die vom Gesamtsystem abzugebenden Zwischen- und Endprodukte durch das folgende Gleichungssystem (I) bestimmt und der Fertigungsablauf im Gesamtsystem in der nachfolgenden Teilnormentabelle (II) zusammengefaßt werden.

(I) Lineares Gleichungssystem

$$Z_1 = 1{,}00\,D_1 - 0{,}4\,D_3 - 0{,}5\,D_5$$
$$Z_2 = 1{,}00\,D_2 - 0{,}2\,D_3$$
$$Z_3 = 2{,}00\,D_3 - 3{,}0\,D_4$$
$$E_1 = 2\,D_4$$
$$E_2 = 1\,D_5$$
$$E_3 = 0{,}5\,D_3$$
$$E_4 = 0{,}3\,D_5$$

(II) Teilnormentabelle

	D_1	D_2	D_3	D_4	D_5
Z_1	1	0	−0,4	0	−0,5
Z_2	0	1	−0,2	0	0
Z_3	0	0	2	−3	0
E_1	0	0	0	2	0
E_2	0	0	0	0	1
E_3	0	0	0,5	0	0
E_4	0	0	0	0	0,3

In der *Teilnormentabelle* sind die Teilsysteme zum Gesamtsystem gekoppelt. Die von den Elementen der Teilnormentabelle gebildete **Produktionsmatrix** ist Teil der **Kopplungsmatrix** $\mathfrak{K}$.

Die *Elemente der Produktionsmatrix* geben den *kausalen Zusammenhang zwischen* den *Durchsatzgrößen und den* zu produzierenden *Zwischen- und Endprodukten* an. Alle Elemente der Kopplungsmatrix werden mit Hilfe erfahrungsstatistischer Werte oder durch Auswertung vorangegangener Produktionsabläufe (vgl. 1.6.3.5.) ermittelt. Das Bestimmen der Elemente der Teilnormentabelle setzt gründliche technologische und ökonomische Kenntnisse des gesamten Betriebsablaufs voraus.

1.6.3.2.   Umkehr der Kopplungsmatrix zur Planmatrix

Bei vorgegebener Kopplungsmatrix[1]) $\mathfrak{K}$ sind die *Durchsätze* D_i die den *Produktionsausstoß bestimmenden Größen*.
Der Produktionsausstoß, d. h. die Menge der *vom Gesamtsystem* abzugebenden Produkte, wird im Absatzvektor $\mathfrak{w}$ zusammengefaßt.

$$D \longrightarrow \boxed{K} \longrightarrow w$$

Die Berechnungen bei quadratischer regulärer Kopplungsmatrix

Werden im vorgegebenen Gleichungssystem (I) die Koeffizienten mit den Durchsätzen der einzelnen Teilsysteme multipliziert, so erhält man die vom Gesamtsystem abzugebenden Mengen an Zwischen- und Endprodukten.
Wenn von jedem Teilsystem nur je eine Produktart erzeugt wird, dann ist die Kopplungsmatrix $\mathfrak{K}$ im allgemeinen eine quadratische. Um den Vektor $\mathfrak{w}$ der *abzugebenden Produkte* zu bestimmen, ist die Kopplungsmatrix $\mathfrak{K}$ mit dem Durchsatzvektor zu multiplizieren. Es ist

$$\boxed{\mathfrak{K}\mathfrak{d} = \mathfrak{w}} \tag{1.11}$$

Diese Gleichung wird **Kopplungsgleichung** genannt.
Um die für ein vorgesehenes Produktionsprogramm notwendigen Durchsätze zu bestimmen, ist die Kopplungsgleichung nach $\mathfrak{d}$ aufzulösen. Das ist unter der Voraussetzung, daß $\mathfrak{K}$ quadratisch und regulär ist, mit Hilfe der Kehrmatrix möglich. Man erhält

$$\boxed{\mathfrak{d} = \mathfrak{K}^{-1}\mathfrak{w}} \tag{1.12}$$

Diese Gleichung heißt **Plangleichung**; die Matrix $\mathfrak{K}^{-1}$ heißt **Plan-** oder **Strukturmatrix.**
Die bei Verflechtungsbilanzen zu lösenden Aufgaben können in den meisten Fällen auf eine der beiden Grundgleichungen zurückgeführt werden.

Kopplungsgleichung	Plangleichung
$\mathfrak{w} = \mathfrak{K}\mathfrak{d}$	$\mathfrak{d} = \mathfrak{K}^{-1}\mathfrak{w}$
Gegeben sind die Durchsätze; berechnet werden die abzugebenden Produkte. Die Kopplungsmatrix ist mit dem Durchsatzvektor zu multiplizieren.	Gegeben sind die Planzahlen für die abzugebenden Produkte; berechnet werden die zur Erfüllung des Programms notwendigen Durchsätze. Die Planmatrix ist mit dem Absatzvektor zu multiplizieren.

[1]) Die Kopplungsmatrix ist im allgemeinen umfassender als die Produktionsmatrix (vgl. S. 102 und S. 108); sie kann aber, wie unter 1.6.3.1., auch speziell gleich der Produktionsmatrix sein

In vielen Fällen werden die *Multiplikationsmodelle* nicht nach dem Schema von F$_{ALK}$, sondern in *Blockmodellen* angeordnet, die eine weitgehende Anpassung an die in der Praxis üblichen Tabellenformen bringen (vgl. S. 100).

Blockmodell
Kopplungsgleichung

Blockmodell
Plangleichung

$\mathfrak{d}^T$		$\mathfrak{w}^T$
$\mathfrak{K}$	$\mathfrak{w}$	$\mathfrak{K}^{-1}$	$\mathfrak{d}$

Die Berechnung bei nichtquadratischer Kopplungsmatrix

Die Kopplungsmatrix $\mathfrak{K}$ ist in dem im Abschnitt 1.6.3.1. behandelten Beispiel eine nichtquadratische Matrix vom Typ (7,5).

Die Kopplungsgleichung bleibt auch in diesem Falle bestehen, d. h., es ist $\mathfrak{K}$ mit dem Durchsatzvektor $\mathfrak{d}$ zu multiplizieren.

Sollen aber die für ein vorgegebenes Produktionsprogramm notwendigen Durchsätze bestimmt werden, so ist nur eine **Teilumkehr der nichtquadratischen Kopplungsmatrix zur Planmatrix** möglich. Um diese Teilumkehr durchführen zu können, sind die Endprodukte so in Haupt- und in Nebenprodukte aufzuteilen, daß die Anzahl der Zwischen- und Hauptprodukte gleich der Anzahl der Teilsysteme (Durchsätze) ist. Auf diese Weise wird die Matrix $\mathfrak{K}$ in einen oberen quadratischen Block $\mathfrak{A}$ und einen unteren Block $\mathfrak{Q}$ zerlegt. Welche Endprodukte als Haupt- und welche als Nebenprodukte eingesetzt werden, hängt von der Bedeutung der einzelnen Produkte für das Betriebsgeschehen ab. Meist werden die Produkte als Hauptprodukte eingesetzt, von denen die größten Mengen zu produzieren sind. Es können jedoch auch andere Gesichtspunkte für die Wahl der Hauptprodukte bestimmend sein. Der Anfall von Nebenprodukten ist in jedem Falle von den für die Hauptprodukte vorgegebenen Planzahlen abhängig.[1]

Nach der Zerlegung in Blöcke geht nunmehr die *Kopplungsgleichung*

$$\mathfrak{K}\mathfrak{d} = \mathfrak{w}$$

in die Gleichung

$$\begin{pmatrix} \mathfrak{A} \\ \mathfrak{Q} \end{pmatrix} \mathfrak{d} = \begin{pmatrix} \mathfrak{w}_1 \\ \mathfrak{w}_2 \end{pmatrix} \text{ über.}$$

---

[1] In den meisten Fällen wird der von den Planzahlen für die Hauptprodukte abhängige Anfall an Nebenprodukten nicht mit den für diese Produkte vorgegebenen Planzahlen übereinstimmen. Aus der Differenz ergeben sich in jedem Falle Schlußfolgerungen technologischer und ökonomischer Art

Dabei ist $\mathfrak{A}$ die Kopplungsmatrix für die Zwischen- und Hauptprodukte und $\mathfrak{Q}$ die Kopplungsmatrix für die Nebenprodukte. $\mathfrak{w}_1$ ist der Produktionsvektor für die Hauptprodukte und $\mathfrak{w}_2$ der Produktionsvektor für die Nebenprodukte.

Das sich aus der neuen Kopplungsgleichung ergebende Gleichungssystem

$$\mathfrak{A}\mathfrak{d} = \mathfrak{w}_1$$

$$\mathfrak{Q}\mathfrak{d} = \mathfrak{w}_2$$

kann nunmehr nach dem Produktionsvektor $\mathfrak{w}_1$ der Hauptprodukte aufgelöst werden. Aus

$$\mathfrak{A}\mathfrak{d} = \mathfrak{w}_1 \quad \text{folgt} \quad \mathfrak{d} = \mathfrak{A}^{-1}\mathfrak{w}_1.$$

$\mathfrak{d}$ in die zweite Gleichung des Ausgangssystems eingesetzt, ergibt schließlich

$$\mathfrak{Q} \cdot \mathfrak{A}^{-1}\mathfrak{w}_1 = \mathfrak{w}_2$$

und, zum System der *Plangleichung* zusammengefaßt,

$$\mathfrak{A}^{-1}\mathfrak{w}_1 = \mathfrak{d}$$

$$\mathfrak{Q}\mathfrak{A}^{-1}\mathfrak{w}_1 = \mathfrak{w}_2$$

oder
$$\begin{pmatrix} \mathfrak{A}^{-1} \\ \cdots\cdots\cdots \\ \mathfrak{Q}\mathfrak{A}^{-1} \end{pmatrix} \mathfrak{w}_1 = \begin{pmatrix} \mathfrak{d} \\ \cdots \\ \mathfrak{w}_2 \end{pmatrix}$$

Die Umkehr der Dreiecksmatrix $\mathfrak{A}$ ergibt (vgl. S. 100):

$$\mathfrak{A}^{-1} = \begin{pmatrix} 1 & 0 & 0{,}2 & 0{,}3 & 0{,}5 \\ 0 & 1 & 0{,}1 & 0{,}15 & 0 \\ 0 & 0 & 0{,}5 & 0{,}75 & 0 \\ 0 & 0 & 0 & 0{,}5 & 0 \\ 0 & 0 & 0 & 0 & 1 \end{pmatrix}$$

Das Matrizenprodukt $\mathfrak{Q}\mathfrak{A}^{-1}$ ergibt:

$$\mathfrak{Q}\mathfrak{A}^{-1} = \begin{pmatrix} 0 & 0 & 0{,}25 & 0{,}375 & 0 \\ 0 & 0 & 0 & 0 & 0{,}3 \end{pmatrix}$$

Das *Blockmodell für die Plangleichung* hat schließlich folgendes Aussehen:

AUFGABE

1.88. Als Kontrollrechnung ist die in der Teilnormentabelle, S. 100, enthaltene Matrix $\mathfrak{A}_{(5,5)}$ durch Umkehrung und durch die nachfolgende Multiplikation von links mit der unteren Matrix $\mathfrak{Q}_{(2,5)}$ (vgl. oben) in die Planmatrix umzurechnen. Dabei sind die beiden möglichen Proben: $\mathfrak{A}\mathfrak{A}^{-1} = \mathfrak{E}$ und die Spaltensummenprobe mit $\mathfrak{S}_Q$ durchzuführen.

BEISPIEL

Von den Hauptprodukten (vgl. S. 101 ff.) sollen $E_1 = 300$ t und $E_2 = 200$ t produziert werden. Es sind die Auslastungen der Teilsysteme und der Umfang der anfallenden Nebenprodukte E_3 und E_4 zu bestimmen. Entsprechend dem Blockmodell und unter Bezeichnung der Zeilen und der Spalten erfolgt die

Lösung:

	Z_1	Z_2	Z_3	E_1	E_2	
$\mathfrak{w}_1^T$	0	0	0	300	200	
D_1	1	0	0,2	0,3	0,5	190
D_2	0	1	0,1	0,15	0	45
D_3	0	0	0,5	0,75	0	225
D_4	0	0	0	0,5	0	150
D_5	0	0	0	0	1	200
E_3	0	0	0,25	0,375	0	112,5
E_4	0	0	0	0	0,3	60

Um 300 t E_1 und 200 t E_2 produzieren zu können, muß das

Teilsystem 1 mit 190 t

das   „   2   „   45 t

„   „   3   „   225 t

„   „   4   „   150 t

„   „   5   „   200 t ausgelastet werden.

Als Nebenprodukte fallen 112,5 t E_3 und 60 t E_4 an.

Das Modell ermöglicht ebenso, die Auslastungen der Teilsysteme für den Fall zu bestimmen, daß vom Gesamtsystem außer den Endprodukten auch Zwischenprodukte abgegeben werden. Die an Zwischenprodukten abzugebenden Mengen treten dann an die Stelle der Nullelemente im Vektor $\mathfrak{w}_1^T$.

AUFGABE

1.89. Zu dem in Bild 1.4 gegebenen Flußbild ist

a) die Kopplungsmatrix $\mathfrak{K}$ aufzustellen. (E_1 ist Nebenprodukt.)

b) Das Gesamtsystem gibt außer den Endprodukten auch die Zwischenprodukte Z_1 bis Z_5 ab.

Für das nachstehende Produktionsprogramm sind die notwendige Auslastung der Teilsysteme und die anfallenden Nebenprodukte E_1 zu bestimmen. (Teilumkehr der Matrix nach 1.3.3.2.). Es sind abzugeben:

5 Einheiten Z_1, 12 Einheiten Z_2, 8 Einheiten Z_3,
6 Einheiten Z_4, 3 Einheiten Z_5, 20 Einheiten E_2.

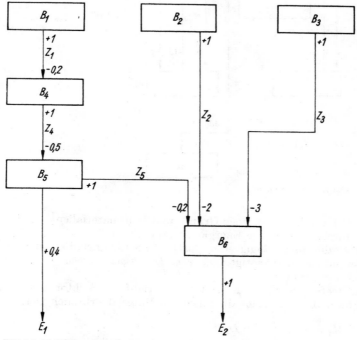

Bild 1.4. Flußbild zu Aufgabe 1.89

1.6.3.3. Material- und Kostenplanung

Die in 1.6.3.1. aufgestellte Kopplungsmatrix enthält lediglich die Produktionsmatrix (Fertigungsmatrix). Bei Produktionsabläufen interessieren neben der Auslastung der einzelnen Fertigungsstufen weitere mit dem Produktionsprozeß in Zusammenhang stehende Probleme.
Voraussetzung für die Teilumkehr der Kopplungsmatrix zur Planmatrix ist, daß die Untermatrix $\mathfrak{A}$ regulär ist. Die Untermatrix $\mathfrak{Q}$ kann durch Aufnahme weiterer Komponenten um die entsprechende Anzahl von Zeilenvektoren erweitert werden.
Die in 1.6.3.1. aufgestellte Kopplungsmatrix soll zum Zwecke der Materialplanung und der Kostenplanung erweitert werden.

Materialplanung

Ebenso wie beim Produktionsflußbild werden auch beim Materialflußbild (Bild 1.5) die durchsatzbezogenen Komponenten in das Flußbild eingetragen.

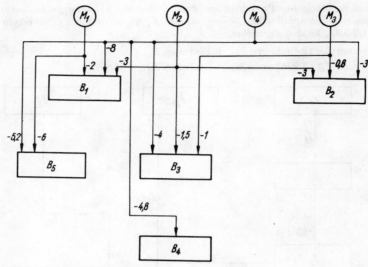

Bild 1.5. Materialflußbild

$M_1 \cdots M_3$ sind durchsatzbezogene Grund- und Hilfsmaterialien.

M_4 ist der durchsatzbezogene Energieverbrauch.

Außerdem werden unabhängig vom Durchsatz 8 Energieeinheiten je Arbeitsstunde für das Gesamtsystem benötigt. Die *vom Durchsatz unabhängigen Größen* werden *Einflußgrößen* genannt.

Die Einflußgrößen werden im weiteren Verlauf im Vektor t zusammengefaßt. Aus dem Flußbild ergeben sich die folgenden Materialverbrauchsgleichungen.

$$M_1 = -2\,D_1 - 6\,D_5$$
$$M_2 = -3\,D_1 - 3\,D_2 - 1{,}5\,D_3$$
$$M_3 = -0{,}8\,D_2 - 1\,D_3$$
$$M_4 = -8\,D_1 - 3\,D_2 - 4\,D_3 - 4{,}8\,D_4 - 5{,}2\,D_5 - 8\,T_1$$

Die bisherige Kopplungsmatrix wird um die Materialverbrauchsvektoren, die zur Untermatrix $\mathfrak{B}$ zusammengefaßt werden, erweitert. Die Materialverbrauchskomponenten sind teils durchsatzproportional, teils zeitproportional. Entsprechend muß die Untermatrix $\mathfrak{B}$ in einen durchsatzproportionalen Teil $\mathfrak{B}_1$ und in einen zeitproportionalen Teil $\mathfrak{B}_2$ aufgespalten werden. Die Einheitlichkeit des Gesamtmodells erfordert, daß diese Unterteilung auch mit den Teilmatrizen $\mathfrak{A}$ und $\mathfrak{D}$ erfolgt. Außerdem ist der Vektor t der Einflußgrößen in das Modell aufzunehmen.

Die Matrizengleichung für das bisherige Modell sieht dann wie folgt aus:

$$\begin{pmatrix} \mathfrak{A}_1 & \mathfrak{A}_2 \\ \mathfrak{D}_1 & \mathfrak{D}_2 \\ \mathfrak{B}_1 & \mathfrak{B}_2 \end{pmatrix} \begin{pmatrix} \mathfrak{d} \\ t \end{pmatrix} = \begin{pmatrix} \mathfrak{w}_1 \\ \mathfrak{w}_2 \\ \mathfrak{a} \end{pmatrix}$$

Die Elemente des Vektors t sind nicht durchsatzproportional. Sie sind konstante oder zeitproportionale Einflußgrößen.

Kostenplanung

Die durchsatzproportionalen Kosten betragen in Kosteneinheiten je Durchsatzeinheit

	D_1	D_2	D_3	D_4	D_5
Lohnkosten	8	2	3	4	6
Materialkosten u. sonst. Kosten	15	12	2	1,2	1,5

Außerdem entstehen im Gesamtsystem 20 Kosteneinheiten je Betriebsstunde[1]).
Dem bisherigen Modell ist die nach durchsatzproportionalen und zeitproportionalen Kosten aufgeteilte Kostenmatrix

$$\mathfrak{C} = (\mathfrak{C}_1 \ \mathfrak{C}_2)$$

hinzuzufügen.
Die Kopplungsgleichung für das Gesamtmodell hat nunmehr folgendes Aussehen:

$$\begin{pmatrix} \mathfrak{A}_1 & \mathfrak{A}_2 \\ \mathfrak{D}_1 & \mathfrak{D}_2 \\ \mathfrak{B}_1 & \mathfrak{B}_2 \\ \mathfrak{C}_1 & \mathfrak{C}_2 \end{pmatrix} \cdot \begin{pmatrix} \mathfrak{d} \\ t \end{pmatrix} = \begin{pmatrix} \mathfrak{w}_1 \\ \mathfrak{w}_2 \\ \mathfrak{a} \\ \mathfrak{c} \end{pmatrix}$$

Dabei ist $\mathfrak{A} = (\mathfrak{A}_1 \ \mathfrak{A}_2)$ die Produktionsmatrix für die Zwischen- und die Hauptprodukte,

$\mathfrak{D} = (\mathfrak{D}_1 \ \mathfrak{D}_2)$ die Produktionsmatrix für die Nebenprodukte,

$\mathfrak{B} = (\mathfrak{B}_1 \ \mathfrak{B}_2)$ die Matrix für den Materialaufwand,

$\mathfrak{C} = (\mathfrak{C}_1 \ \mathfrak{C}_2)$ die Kostenmatrix,
jeweils aufgeteilt in einen durchsatzproportionalen und einen zeitproportionalen Teil.

In Abhängigkeit vom Durchsatz gibt der Vektor $\mathfrak{w}_1$ die abzusetzenden Zwischen- und Hauptprodukte, der Vektor $\mathfrak{w}_2$ die abzusetzenden Nebenprodukte, der Vektor $\mathfrak{a}$ die benötigten Materialien und der Vektor $\mathfrak{c}$ die entstehenden Kosten an. Die Durchsatzkomponenten sind in unserem Falle die Produktionskapazitäten der Teilsysteme. Nunmehr kann die vollständige Kopplungsmatrix aufgestellt werden, die aus der in 1.6.3.2. behandelten Produktionsmatrix und aus der Material- und Kostenmatrix besteht.

---

[1]) Element der Matrix $\mathfrak{C}_2$

Vollständige Kopplungsmatrix

	D_1	D_2	D_3	D_4	D_5	T
Z_1	1	0	−0,4	0	−0,5	0
Z_2	0	1	−0,2	0	0	0
Z_3	0	0	2	−3	0	0
E_1	0	0	0	2	0	0
E_2	0	0	0	0	1	0
E_3	0	0	0,5	0	0	0
E_4	0	0	0	0	0,3	0
M_1	−2	0	0	0	−6	0
M_2	−3	−3	−1,5	0	0	0
M_3	0	−0,8	−1	0	0	0
M_4	−8	−3	−4	−4,8	−5,2	−8
K_1	−8	−2	−3	−4	−6	0
K_2	−15	−12	−2	−1,2	−1,5	−20

In einer Woche werden bei dreischichtigem Betrieb (120 Arbeitsstunden) 300 t E_1 und 200 t E_2 produziert.

Es sollen die anfallenden Nebenprodukte, der Materialbedarf und die entstehenden Kosten für eine Wochenproduktion sowie die Ausnutzung der einzelnen Teilsysteme bestimmt werden.

Die zu bestimmenden Komponenten sind abhängig von den vorgegebenen Planzahlen. Aus der Kopplungsmatrix, S. 107, ist die Planmatrix abzuleiten.

Faßt man in dieser Kopplungsmatrix die Matrizen $\mathfrak{D}$, $\mathfrak{B}$ und $\mathfrak{C}$ zur Matrix $\mathfrak{U}$ zusammen, dann geht die Kopplungsgleichung über in

$$\begin{pmatrix} \mathfrak{A}_1 & \mathfrak{A}_2 \\ \mathfrak{U}_1 & \mathfrak{U}_2 \end{pmatrix} \cdot \begin{pmatrix} \mathfrak{d} \\ \mathfrak{t} \end{pmatrix} = \begin{pmatrix} \mathfrak{w}_1 \\ \mathfrak{r} \end{pmatrix}$$

Der Vektor $\mathfrak{r}$ enthält die Teilvektoren $\mathfrak{w}_2$, $\mathfrak{a}$ und $\mathfrak{c}$. Der Kopplungsgleichung entspricht das Gleichungssystem

$$\mathfrak{A}_1 \mathfrak{d} + \mathfrak{A}_2 \mathfrak{t} = \mathfrak{w}_1$$

$$\mathfrak{U}_1 \mathfrak{d} + \mathfrak{U}_2 \mathfrak{t} = \mathfrak{r}$$

Um $\mathfrak{d}$ und $\mathfrak{r}$ in Abhängigkeit von $\mathfrak{w}_1$ bestimmen zu können, muß zunächst die erste Gleichung des Systems nach $\mathfrak{d}$ aufgelöst werden. Man erhält schrittweise

$$\mathfrak{d} = -\mathfrak{A}_1^{-1} \mathfrak{A}_2 \mathfrak{t} + \mathfrak{A}_1^{-1} \mathfrak{w}_1$$

$$\mathfrak{U}_1(-\mathfrak{A}_1^{-1}\mathfrak{A}_2 t + \mathfrak{A}_1^{-1}\mathfrak{w}_1) + \mathfrak{U}_2 t = \mathfrak{r}$$

$$(-\mathfrak{U}_1\mathfrak{A}_1^{-1}\mathfrak{A}_2 + \mathfrak{U}_2) t + \mathfrak{U}_1\mathfrak{A}_1^{-1}\mathfrak{w}_1 = \mathfrak{r}$$

und zusammengefaßt:

$$\mathfrak{A}_1^{-1}\mathfrak{w}_1 \quad -\mathfrak{A}_1^{-1}\mathfrak{A}_2 t = \mathfrak{d}$$

$$\mathfrak{U}_1\mathfrak{A}_1^{-1}\mathfrak{w}_1 + (-\mathfrak{U}_1\mathfrak{A}_1^{-1}\mathfrak{A}_2 + \mathfrak{U}_2) t = \mathfrak{r}$$

Die Plangleichung lautet dann:

$$\begin{pmatrix} \mathfrak{A}_1^{-1} & -\mathfrak{A}_1^{-1}\mathfrak{A}_2 \\ \mathfrak{U}_1\mathfrak{A}_1^{-1} & \mathfrak{U}_2 - \mathfrak{U}_1\mathfrak{A}_1^{-1}\mathfrak{A}_2 \end{pmatrix} \cdot \begin{pmatrix} \mathfrak{w}_1 \\ t \end{pmatrix} = \begin{pmatrix} \mathfrak{d} \\ \mathfrak{r} \end{pmatrix}$$

Daraus ergibt sich das Blockmodell der Planmatrix. Diese wird, entsprechend der „vollständigen Kopplungsmatrix", aus der sie hervorgeht, auch *vollständige Strukturmatrix* genannt.

Blockmodell der vollständigen Strukturmatrix

$\mathfrak{w}_1^T$	t^T	
$\mathfrak{A}_1^{-1}$	$-\mathfrak{A}_1^{-1}\mathfrak{A}_2$	$\mathfrak{d}$
$\mathfrak{U}_1\mathfrak{A}_1^{-1}$	$\mathfrak{U}_2 - \mathfrak{U}_1\mathfrak{A}_1^{-1}\mathfrak{A}_2$	$\mathfrak{r}$

Bestimmen der Teilmatrizen der Strukturmatrix (vgl. Beispiel, S. 104):

$$-\mathfrak{A}_1^{-1}$$

$$-\mathfrak{A}_1^{-1}\mathfrak{A}_2 = -\mathfrak{A}_1^{-1}\mathfrak{O} = \mathfrak{O}, \text{ da in unserem Beispiel } \mathfrak{A}_2 \text{ ein Nullvektor ist.}$$

Berechnung des Matrizenproduktes $\mathfrak{U}_1\mathfrak{A}_1^{-1}$					1	0	0,2	0,3	0,5
					0	1	0,1	0,15	0
					0	0	0,5	0,75	0
					0	0	0	0,5	0
					0	0	0	0	1
0	0	0,5	0	0	0	0	0,25	0,375	0
0	0	0	0	0,3	0	0	0	0	0,3
−2	0	0	0	−6	−2	0	−0,4	−0,6	−7
−3	−3	−1,5	0	0	−3	−3	−1,65	−2,475	−1,5
0	−0,8	−1	0	0	0	−0,8	−1,3	−0,87	0
−8	−3	−4	−4,8	−5,2	−8	−3	−3,9	−8,25	−9,2
−8	−2	−3	−4	−6	−8	−2	−3,3	−6,95	−10
−15	−12	−2	−1,2	−1,5	−15	−12	−5,2	−8,4	−9

Weiterhin ist auch

$$-\mathfrak{U}_1\mathfrak{A}_1^{-1}\mathfrak{A}_2 = (-\mathfrak{U}_1\mathfrak{A}_1^{-1})\mathfrak{D} = \mathfrak{D},$$

dagegen

$$\mathfrak{U}_2 - \mathfrak{U}_1\mathfrak{A}_1^{-1}\mathfrak{A}_2 = \mathfrak{U}_2 - \mathfrak{D} = \mathfrak{U}_2.$$

Damit ergibt sich die

Vollständige Strukturmatrix

	Z_1	Z_2	Z_3	E_1	E_2	T	Ergebnis-vektor
$\mathfrak{w}_1^T$	0	0	0	300	200	120	
D_1	1	0	0,2	0,3	0,5	0	190
D_2	0	1	0,1	0,15	0	0	45
D_3	0	0	0,5	0,75	0	0	225
D_4	0	0	0	0,5	0	0	150
D_5	0	0	0	0	1	0	200
E_3	0	0	0,25	0,375	0	0	112,5
E_4	0	0	0	0	0,3	0	60
M_1	−2	0	−0,4	−0,6	−7	0	−1 580
M_2	−3	−3	−1,65	−2,475	−1,5	0	−1 042,5
M_3	0	−0,8	−0,58	−0,87	0	0	− 261
M_4	−8	−3	−3,9	−8,25	−9,2	−8	−5 275
K_1	−8	−2	−3,3	−6,95	−10	0	−4 085
K_2	−15	−12	−5,2	−8,4	−9	−20	−6 720

Bei der Produktion von 300 t E_1 und 200 t E_2 fallen

112,5 t vom Nebenprodukt E_3

und   60,0 t vom Nebenprodukt E_4 an.

Vom Material M_1 werden 1 580   Einheiten

„   „ M_2 „   1 042,5   „

„   „ M_3 „   261   „

„   „ M_4 „   5 275   „   benötigt.

Die Lohnkosten betragen 4 085 Kosteneinheiten, und die Material- und sonstigen Kosten betragen 6 720 Kosteneinheiten.

AUFGABE

1.90. Nach Bild 1.6 ist bei vorgegebenem Absatzvektor

$$\mathfrak{w}^T = (100 \quad 50 \quad 1800) \quad \text{für die Produkte } E_1, E_2, E_3$$

der Durchsatzvektor $\mathfrak{b}$ und der Vektor des Materialaufwandes $\mathfrak{a}$ zu berechnen. Entsprechende Kontrollen sind durchzuführen.

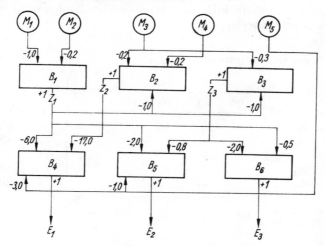

Bild 1.6. Flußbild
zu Aufgabe 1.90

1.6.3.4. Aufstellen der Verflechtungsbilanz eines Gesamtsystems auf der Grundlage der Verflechtungsmatrix

In 1.6.3.3. waren die einzelnen Verflechtungskoeffizienten vorgegeben. In vielen Fällen sind sie jedoch unbekannt und müssen aus den innerbetrieblichen Abgaben der Teilsysteme und deren Gesamtproduktion ermittelt werden.

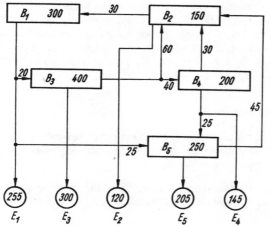

Bild 1.7.

Aus dem Flußbild (Bild 1.7) sind die Gesamtproduktion der Teilsysteme und der Produktionsausstoß des Gesamtsystems abzulesen. Die gegenseitige quantitative Abhängigkeit der Teilsysteme ist, dem Flußbild entsprechend, in der nachfolgenden Tabelle festgehalten.

Die von einem Teilsystem zum andern abzugebende Teilmenge der Produktion (Eigenverbrauch innerhalb des Gesamtsystems) ist für das produzierende Teilsystem ein *Produktionsausstoß*. Deshalb sind die entsprechenden Zahlenwerte im Flußbild wie in der Tabelle positiv einzutragen.

Abgaben innerhalb des Gesamtsystems

| | an | | | | | EV | A | G |
	B_1	B_2	B_3	B_4	B_5			
Von B_1			20		25	45	255	300
B_2	30					30	120	150
B_3		60		40		100	300	400
B_4		30			25	55	145	200
B_5		45				45	205	250
Gesamtprod. der Teilbetr.	300	150	400	200	250			

Der Tabelle der Verflechtungen sind angefügt worden

eine Spalte EV für den Eigenverbrauch des Gesamtsystems,

eine Spalte A für die Abgabe des Gesamtsystems und

eine Spalte G für die Gesamtproduktion der Teilbetriebe (vgl. auch letzte Zeile).

Jedes Element a_{ij} der Tabelle gibt an, wieviel Einheiten seiner Produktion der Betrieb i an den Betrieb j abgeben muß, damit das Gesamtsystem die vorgegebene Produktionsauflage erfüllen kann. Das Element $a_{34} = 40$ sagt aus, daß der Betrieb B_3 40 Einheiten seiner Produktion an den Betrieb B_4 abgeben muß, damit B_4 seiner Verpflichtung im Gesamtsystem, 200 Einheiten vom Endprodukt E_4 zu produzieren, nachkommen kann. Damit B_4 eine Einheit E_4 produzieren kann, müßte also B_3 $40 : 200 = 0,2$ Einheiten an B_4 liefern.

Aufstellen der Verflechtungsmatrix $\mathfrak{M}$

0,2 ist das Element m_{34} der aufzustellenden Verflechtungsmatrix $\mathfrak{M}$. Es gibt an, daß das System drei 0,2 Einheiten an das System vier abgeben muß, damit das System vier eine Einheit produzieren kann.

Jedes Element m_{ij} der Verflechtungsmatrix $\mathfrak{M}$ gibt an, wieviel Einheiten das System i an das System j abgeben muß, damit das System j **eine Einheit** produzieren kann.

Die Verflechtungselemente m_{ij} der Matrix $\mathfrak{M}$ werden durch den Quotienten

Abgabe des Systems i an das System j
Gesamtproduktion des Systems j

bestimmt.

Für unser Modell erhält man die **Verflechtungsmatrix**:

$$\mathfrak{M} = \begin{pmatrix} 0 & 0 & 0{,}05 & 0 & 0{,}1 \\ 0{,}1 & 0 & 0 & 0 & 0 \\ 0 & 0{,}4 & 0 & 0{,}2 & 0 \\ 0 & 0{,}2 & 0 & 0 & 0{,}1 \\ 0 & 0{,}3 & 0 & 0 & 0 \end{pmatrix}$$

Ist $\quad\mathfrak{w}^T = (255 \quad 120 \quad 300 \quad 145 \quad 205)\quad$ der Absatzvektor,

$\mathfrak{d}^T = (300 \quad 150 \quad 400 \quad 200 \quad 250)\quad$ der Vektor für die Gesamtproduktion

und $\quad\mathfrak{m}^T = (45 \quad 30 \quad 100 \quad 55 \quad 45)\quad$ der Vektor für den Eigenverbrauch,

dann gilt für diese drei Vektoren die folgende Gleichung:

$$\text{I.} \quad \mathfrak{d} = \mathfrak{w} + \mathfrak{m}.$$

Um den für das Gesamtprogramm notwendigen Eigenverbrauch zu ermitteln, muß die Verflechtungsmatrix $\mathfrak{M}$, die den durchsatzbezogenen Eigenverbrauch angibt, mit dem Vektor $\mathfrak{d}$ der Gesamtproduktion multipliziert werden. Man erhält

$$\text{II.} \quad \mathfrak{M}\mathfrak{d} = \mathfrak{m}.$$

II in I eingesetzt, ergibt:

$$\mathfrak{d} = \mathfrak{w} + \mathfrak{M}\mathfrak{d}.$$

Nach dem Absatzvektor $\mathfrak{w}$ aufgelöst, wird

$$\mathfrak{w} = \mathfrak{d} - \mathfrak{M}\mathfrak{d}$$
$$\mathfrak{w} = (\mathfrak{E} - \mathfrak{M})\mathfrak{d}$$

und, nach $\mathfrak{d}$ aufgelöst,

$$\mathfrak{d} = (\mathfrak{E} - \mathfrak{M})^{-1}\mathfrak{w}.$$

Setzt man $\quad(\mathfrak{E} - \mathfrak{M})^{-1} = \tilde{\mathfrak{M}},$

geht die Gleichung über in

$$\mathfrak{d} = \tilde{\mathfrak{M}}\mathfrak{w}.$$

Die beiden Matrizengleichungen (Bilanzgleichungen)

$$\mathfrak{d} = \mathfrak{M}\mathfrak{w}$$
und $$\mathfrak{w} = (\mathfrak{E} - \mathfrak{M})\mathfrak{d}$$

repräsentieren analog 1.6.3.1. wiederum die beiden Grundaufgaben unter Einbeziehung des Eigenverbrauchs des Gesamtsystems.

Es ist demnach $(\mathfrak{E} - \mathfrak{M})$ die Kopplungsmatrix

$$(\mathfrak{E} - \mathfrak{M}) = \mathfrak{K} \tag{1.13}$$

und $(\mathfrak{E} - \mathfrak{M})^{-1}$ die Planmatrix

$$(\mathfrak{E} - \mathfrak{M})^{-1} = \tilde{\mathfrak{M}} = \mathfrak{K}^{-1}. \tag{1.14}$$

1.6.3.5. Näherungsverfahren zur Berechnung der Kopplungsmatrix und der Gesamtproduktion bei gegebener Verflechtungsbilanz (Neumannsche Reihe)

In vielen Fällen ist es möglich, die für ein bestimmtes Produktionsprogramm notwendige Gesamtproduktion mit Hilfe einer Reihenentwicklung (NEUMANNsche Reihe) mit einer für die Praxis ausreichenden Genauigkeit näherungsweise zu bestimmen.

$$\mathfrak{M}\mathfrak{d} = \mathfrak{m}$$

ergibt den für die Gesamtproduktion benötigten Eigenverbrauch. Analog wird durch die Gleichung

$$\mathfrak{M}\mathfrak{w} = \mathfrak{m}_1$$

der für die Planzahlen benötigte Eigenverbrauch bestimmt. Für den durch die Komponenten des Vektors $\mathfrak{m}_1$ ausgedrückten Eigenverbrauch erster Stufe tritt aber innerhalb des Gesamtsystems wiederum ein Eigenverbrauch $\mathfrak{m}_2$ ein, der durch die Matrizengleichung

$$\mathfrak{M}\mathfrak{m}_1 = \mathfrak{m}_2$$

bestimmt werden kann. Den Eigenverbrauch für $\mathfrak{m}_2$ erhält man durch die Gleichung

$$\mathfrak{M}\mathfrak{m}_2 = \mathfrak{m}_3 \text{ usw.}$$

Es ist

$$\mathfrak{m}_1 > \mathfrak{m}_2 > \mathfrak{m}_3 > \cdots > \mathfrak{m}_n.$$

Sobald die für die Praxis notwendige Genauigkeit erreicht ist, d. h., sobald die Elemente von $\mathfrak{m}_n$ so klein geworden sind, daß sie für die Praxis belanglos sind, können alle weiteren $\mathfrak{m}_{n+k}$ vernachlässigt werden. Die für den Absatzvektor $\mathfrak{w}$ notwendige Gesamtproduktion $\mathfrak{d}$ kann dann als

Summe des Absatzvektors $\mathfrak{w}$ und der ständig kleiner werdenden Eigenverbrauchsvektoren $\mathfrak{m}_j$ mit jeder für die Praxis notwendigen Genauigkeit näherungsweise bestimmt werden. Es ist

$$\mathfrak{b} \approx \mathfrak{w} + \mathfrak{m}_1 + \mathfrak{m}_2 + \mathfrak{m}_3 + \cdots$$

$$\mathfrak{b} \approx \mathfrak{w} + \mathfrak{M}\mathfrak{w} + \mathfrak{M}\mathfrak{M}\mathfrak{w} + \mathfrak{M}\mathfrak{M}^2\mathfrak{w} + \mathfrak{M}\mathfrak{M}^3\mathfrak{w} + \cdots$$

$$\mathfrak{b} \approx (\mathfrak{E} + \mathfrak{M} + \mathfrak{M}^2 + \mathfrak{M}^3 + \mathfrak{M}^4 + \cdots) \cdot \mathfrak{w}$$

Aus $\qquad \mathfrak{b} = (\mathfrak{E} - \mathfrak{M})^{-1}\mathfrak{w} = \widetilde{\mathfrak{M}}\mathfrak{w}$

folgt $\qquad \widetilde{\mathfrak{M}} = (\mathfrak{E} - \mathfrak{M})^{-1} \approx \mathfrak{E} + \mathfrak{M} + \mathfrak{M}^2 + \mathfrak{M}^3 + \mathfrak{M}^4 + \cdots + \mathfrak{M}^n$

Es ist also auch möglich, mit Hilfe der Reihenentwicklung von Matrizen die Kehrmatrix $(\mathfrak{E} - \mathfrak{M})^{-1}$ näherungsweise zu ermitteln und durch die Multiplikation mit dem Absatzvektor $\mathfrak{w}$ anschließend die Bruttoproduktion zu berechnen.
Die Entwicklung der NEUMANNschen Reihe setzt den Grenzwert

$$\lim_{n \to \infty} \mathfrak{M}^n = \mathfrak{O}$$

voraus.
Die Elemente der Verflechtungsmatrix $\mathfrak{M}$ wurden mit m_{ij} bezeichnet. Alle Elemente der Matrix $\mathfrak{M}^n$ konvergieren gegen Null, wenn jeweils eines der drei folgenden hinreichenden, aber nicht notwendigen Kriterien erfüllt ist.

1. Zeilensummenkriterium:

$$\max \sum_{j=1}^{n} |m_{ij}| < 1$$

In Worten:
Sind alle Zeilensummen der Matrix $\mathfrak{M}$ kleiner als 1, kann die Matrix $(\mathfrak{E} - \mathfrak{M})^{-1}$ näherungsweise mit Hilfe der NEUMANNschen Reihe bestimmt werden.

2. Spaltenkriterium:

$$\max \sum_{i=1}^{n} |m_{ij}| < 1$$

3. Betragskriterium:

$$\sqrt{\sum_{i,j=1}^{n} m_{ij}^2} < 1$$

Auf die Beweise soll in diesem Rahmen verzichtet werden.

Näherungsverfahren zur Berechnung der Bruttoproduktion durch Reihenentwicklung auf der Grundlage der Abgaben von Teilsystem zu Teilsystem

Für unser Modell soll die notwendige Gesamtproduktion abschließend durch eine solche Reihenentwicklung bestimmt werden. Dabei hat sich die folgende dem Schema von FALK angeglichene Anordnung als sehr brauchbar erwiesen.

$\mathfrak{w}$	$\mathfrak{m}_1$	$\mathfrak{m}_2$	$\mathfrak{m}_3$	$\cdots$	$\check{\mathfrak{s}} = \mathfrak{d}$
$\mathfrak{M}$	$\mathfrak{m}_1$	$\mathfrak{m}_2$	$\mathfrak{m}_3$	$\cdots$	$\cdots$

Jeder ermittelte Produktvektor $\mathfrak{m}_j$ wird zur Berechnung von $\mathfrak{m}_{j+1}$ als neuer Faktor rechts oben angesetzt. Das Bilden der Produkte wird abgebrochen, sobald die für die Praxis ausreichende Genauigkeit erreicht ist. Am Schluß werden die oberen Vektoren addiert. Wir wollen in unserem Beispiel die Elemente des Vektors der Gesamtproduktion auf eine Stelle nach dem Komma genau ermitteln und als Sicherheitsstelle die zweite Stelle nach dem Komma in den Rechengang mit aufnehmen. Wir erhalten dann:

	B_1	B_2	B_3	B_4	B_5	⓪	①	②	③	④	⑤	Σ
B_1						255	35,5	7,45	1,72	0,27	0,04	299,98
B_2						120	25,5	3,55	0,75	0,17	0,03	150,00
B_3						300	77,0	19,10	3,16	0,60	0,11	399,97
B_4						145	44,5	8,70	1,48	0,22	0,05	199,97
B_5						205	36,0	7,65	1,07	0,22	0,05	249,99
B_1	0	0	0,05	0	0,1	35,5	7,45	1,72	0,27	0,04	
B_2	0,1	0	0	0	0	25,5	3,55	0,75	0,17	0,03	
B_3	0	0,4	0	0,2	0	77,0	19,10	3,16	0,60	0,11	
B_4	0	0,2	0	0	0,1	44,5	8,70	1,48	0,22	0,05	
B_5	0	0,3	0	0	0	36,0	7,65	1,07	0,22	0,05	

Der vorgegebene Vektor der Gesamtproduktion war:

$$\mathfrak{d} = (300 \quad 150 \quad 400 \quad 200 \quad 250)$$

Die Näherungslösung stimmt also in unserem Falle im Rahmen der verlangten Genauigkeit vollkommen mit den Ausgangswerten überein.

Erläuterung zur voranstehenden Berechnung:

Spalte ⓪ enthält den Absatzvektor; durch Multiplikation mit der Verflechtungsmatrix $\mathfrak{M}$ ergibt sich der Produktionsausstoß der Teilsysteme $\mathfrak{m}_1$, der *unmittelbar* nötig ist zur Erfüllung der Planzahlen. Der Vektor $\mathfrak{m}_1$ wird in die Spalte ① übernommen. Um den Ausstoß $\mathfrak{m}_1$ zu gewährleisten, muß aber eine zusätzliche Produktionsabgabe der Teilsysteme erfolgen, die nach entsprechender Multiplikation von $\mathfrak{M}$ mit $\mathfrak{m}_1$ als $\mathfrak{m}_2$ in Spalte ② erscheint. Nunmehr sind die Überlegungen entsprechend weiterzuführen, bis die Zahlenwerte für die Abgabemengen der Teilsysteme — wie schon erwähnt — je nach der erforderlichen Genauigkeit der Rechnung unbedeutend werden. Die Summe aller Elemente eines jeden der im Rechenschema rechts oben stehenden Zeilenvektoren ergibt den Durchsatz für jedes Teilsystem, wie er zur Erfüllung des vorgeschriebenen Absatzes notwendig ist.

AUFGABEN

1.91. a) Zu der auf S. 113 aufgestellten Verflechtungsmatrix (vgl. auch oben) ist die Planmatrix $(\mathfrak{E} - \mathfrak{M})^{-1}$ mit Hilfe der NEUMANNschen Reihe zu bestimmen.
   b) Das Matrizenprodukt $\mathfrak{d} = \overline{\mathfrak{M}}\,\mathfrak{w}$ ist anschließend zu berechnen.

1.92. Zu dem in Bild 1.8 gegebenen Flußbild ist
   a) die Verflechtungsmatrix $\mathfrak{M}$ aufzustellen,
   b) die für den Absatz notwendige Gesamtproduktion ist durch Reihenentwicklung zu bestimmen.

c) Die **Elemente** der **Matrix** $\mathfrak{M}$ sollen mit Hilfe der Neumannschen Reihe näherungsweise auf 4 Stellen nach dem Komma bestimmt werden.

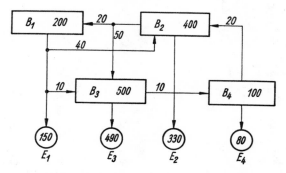

Bild 1.8. Flußbild zu Aufgabe 1.92

1.93. a) Dieselben Berechnungen sind für das in Bild 1.9 gegebene Flußbild durchzuführen.

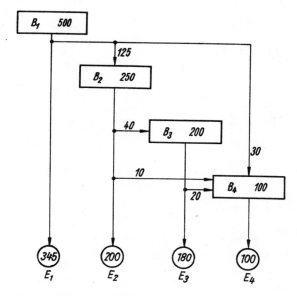

Bild 1.9. Flußbild zu Aufgabe 1.93

b) Ebenso ist die Gesamtproduktion zu berechnen, wenn vom Gesamtsystem 100 t E_1, 200 t E_2, 50 t E_3 und 80 t E_4 abgegeben werden sollen.

Das Alphabet in deutschen Buchstaben

𝔄	𝔞	A	𝔑	𝔫	N
𝔅	𝔟	B	𝔒	𝔬	O
ℭ	𝔠	C	𝔓	𝔭	P
𝔇	𝔡	D	𝔔	𝔮	Q
𝔈	𝔢	E	𝔕	𝔯	R
𝔉	𝔣	F	𝔖	𝔰	S
𝔊	𝔤	G	𝔗	𝔱	T
𝔥	𝔥	H	𝔘	𝔲	U
𝔍	𝔦	I	𝔙	𝔳	V
𝔍	𝔧	J	𝔚	𝔴	W
𝔎	𝔨	K	𝔛	𝔵	X
𝔏	𝔩	L	𝔜	𝔶	Y
𝔐	𝔪	M	𝔷	𝔷	Z

2. Linearoptimierung

2.1. Einführung

2.1.1. Problemstellung

Die Linearoptimierung ist ein Teilgebiet der Optimierungsrechnung. Diese ist ein wichtiges Hilfsmittel zur optimalen Entscheidungsfindung bei komplizierten Problemen. Zur Optimierungsrechnung gehören außer der linearen auch die nichtlineare und die dynamische Optimierung, ferner die Differentialrechnung sowie bestimmte Methoden der Wahrscheinlichkeitsrechnung und der mathematischen Statistik. Unter allen Verfahren, für ein Problem die optimale Lösung zu finden, umfaßt

> die Linearoptimierung diejenigen mathematischen Verfahren, die das Maximum oder das Minimum einer linearen Funktion unter einschränkenden Bedingungen für die Variablenbelegung ermitteln.

Die Bestimmung eines Extremwertes ist aus der Differentialrechnung bekannt. Sie wird dort auf *nichtlineare* Funktionen einer oder mehrerer unabhängiger Variabler angewendet. Die Voraussetzung dafür, daß ein Extremwert vorhanden sein kann, ist die Differenzierbarkeit der Funktion mindestens in einer gewissen Umgebung des relativen Maximums oder Minimums; die *notwendige Bedingung* für seine Existenz ist bei *einer* unabhängigen Variablen durch die Gleichung $f'(x) = 0$ gegeben, die erfüllbar sein muß. Bei *mehreren* unabhängigen Variablen müssen entsprechend die partiellen Ableitungen den Wert Null annehmen können.

Für die Extremwertberechnungen linearer Funktionen versagen die Methoden der Differentialrechnung. Lineare Funktionen sind zwar differenzierbar, da aber ihre erste Ableitung stets konstant ist, kann die für einen Extremwert bestehende notwendige Bedingung nicht erfüllt werden.

Die Frage nach dem Extremwert einer linearen Funktion geht bei den Problemen der Linearoptimierung von wesentlich anderen Gesichtspunkten aus als in der Differentialrechnung. Sie wird erst sinnvoll durch die stets mit auftretenden Nebenbedingungen, die die Form von linearen Ungleichungen oder Gleichungen haben.

Die mathematische Behandlung und Durchdringung der Linearoptimierung kann heute als *abgeschlossene Theorie* betrachtet werden. Diese ist allerdings nicht mit elementaren mathematischen Hilfsmitteln zu bewältigen. Sie läßt sich mit Hilfe der Matrizenrechnung *darstellen*, geht aber in ihren wissenschaftlichen Anforderungen weit über den Rahmen dieses Lehrbuches hinaus.

Die *Verfahren* dagegen beruhen auf algebraischen Grundlagen und sind im Gegensatz zur Theorie verhältnismäßig einfach. Es werden Algorithmen entwickelt, die ein rationelles Lösen kleinerer Probleme ohne Rechenautomaten ermöglichen, die aber auch für Probleme mit einer großen Zahl von Variablen auf Rechenautomaten übertragbar sind.

Erste Arbeiten zur mathematischen Lösung von Problemen der Linearoptimierung erschienen 1939 von Prof. J. W. KANTOROWITSCH in Leningrad[1]). Die Forschung

---

[1]) „Mathematische Methoden in der Organisation und Planung der Produktion" (russ.)

wurde während des zweiten Weltkrieges vor allem in den USA fortgesetzt. Nachdem ihre Bedeutung und ihre Anwendungsmöglichkeit für die Wirtschaft erkannt worden waren, wurde die Forschung auf diesem Gebiet sehr intensiv betrieben. Einen besonderen Aufschwung nahm die Entwicklung, nachdem DANTZIG 1947 ein Verfahren zur Lösung des allgemeinen linearen Optimierungsproblems gefunden hatte, das er als **Simplexmethode** bezeichnete.

Diese umfaßt die **Simplextransformationen**[1]) eines Gleichungssystems, die heute mit verschiedenen Verfahren durchgeführt werden, zu denen auch das *Austauschverfahren* (vgl. 1.4.1.) gehört, die aber Grundlage aller Berechnungen innerhalb der Linearoptimierung geblieben sind.

Aus der großen Zahl der Probleme, die mit Hilfe der Linearoptimierung gelöst werden können, seien zur Einführung die folgenden genannt:

Produktionsplanung

Es ist für einen Betrieb ein Produktionsprogramm so aufzustellen, daß die Herstellung der vorgesehenen Produkte einen maximalen Reingewinn erbringt. Die Herstellung wird bestimmt durch den für die benötigten Maschinen bekannten Maschinenzeitfonds[2]) in einem bestimmten Zeitabschnitt und durch die Maschineneinsatzzeiten je Einheit des Produktes.

Ebenso kann nach der maximalen Zahl der erzeugten Produkte in einem festgelegten Zeitraum gefragt sein, wobei die zur Verfügung stehenden Mengen der Rohstoffe und der Rohstoffverbrauch je Einheit des Produktes der Berechnung zugrunde gelegt werden können. Auch die Minimierung der Selbstkosten oder die Maximierung des Deviseneinganges u. a. (vgl. 2.5.1.) können Ziele der Produktionsplanung sein.

Mischungsberechnung

Zur Fütterung eines Viehbestandes ist die billigste Mischung herzustellen, die die zur Aufzucht nötige Mindestmenge an einzelnen Nährstoffen enthält. Für die Futtermittel, die verwendet werden können, sind der Gehalt an diesen Nährstoffen und der Preis je Einheit bekannt.

Transportplanung

Die Belieferung von n Verbrauchern durch m Erzeuger mit einem austauschbaren Gut ist so zu planen, daß eine bestimmte Zahl von Routen mit einem minimalen Transportaufwand (transportierte Einheit mal km) gefahren wird oder daß die Gesamtkosten des Transportes ein Minimum werden. Dazu müssen die Länge der Fahrstrecken von jedem Erzeuger zu jedem Verbraucher bzw. die Transportkosten je Einheit des transportierten Gutes bekannt sein.

2.1.2.   Mathematisches Modell der Linearoptimierung

Es soll zuerst für den sogenannten *Normalfall der Maximierung* ein vereinfachtes Modell[3]) aus der Praxis aufgestellt werden.

---

[1]) vgl. 2.3.

[2]) Fonds (franz.) Vorrat an bestimmten Mitteln, hier Arbeitszeiten der Maschinen

[3]) Allgemeines über mathematische Modelle und die hier behandelte Modellart vgl. auch Abschn. 0.

Die Probleme müssen allerdings im Rahmen des Lehrbuches eine noch wesentlich weitergehende Vereinfachung als in der Praxis erfahren; außerdem sind alle Zahlenwerte bewußt einfach gewählt. Nur so ist es möglich, die mathematischen Grundlagen des Gebietes ohne besondere Schwierigkeiten für eine erste Einführung darzulegen.

Modell für ein optimales Produktionsprogramm

Ein Betrieb ist mit der Herstellung zweier Produkte P_1 und P_2 beauftragt.
Der Reingewinn beträgt für

P_1 je Einheit des Produktes 20 Mark, für
P_2 je Einheit des Produktes 10 Mark.

Zur Fertigung eines jeden Einzelproduktes werden je 3 Maschinen benötigt. Die Maschinenzeitfonds, die für einen bestimmten Zeitraum nicht überschritten werden können, und die Durchlaufzeiten der Produkte durch die Maschinen sind aus Tabelle 2.1 zu entnehmen. Es ist für den in Frage kommenden Zeitraum ein Produktionsprogramm so aufzustellen, daß ein maximaler Reingewinn erzielt wird.

Tabelle 2.1

Maschinen	Durchlaufzeiten		Maschinenzeitfonds
	h		h
	P_1	P_2	
M_1	30	10	3 000
M_2	40	30	6 000
M_3	10	20	2 000

Für die Modelle der Optimierungsrechnung muß an erster Stelle das **Optimierungskriterium** festgelegt werden, d. h., es ist diejenige Größe auszuwählen, für die das Optimum gesucht ist.

Dieses Optimierungskriterium ist im vorliegenden Falle der Reingewinn, der durch die Produktion erzielt wird. Die Reingewinne je Einheit der Produkte sind bekannt. Damit hängt der maximale Gesamtgewinn nur noch von den Stückzahlen der beiden Produkte P_1 und P_2 ab, die mit x_1 und x_2 bezeichnet werden sollen.
Der mit diesen Stückzahlen zu erzielende Reingewinn läßt sich mathematisch durch die Gleichung

$$20x_1 + 10x_2 = z \to \max$$

beschreiben, d. h., x_1 und x_2 sollen so bestimmt werden, daß z einen maximalen Wert annimmt. Der Wert von z ist also noch nicht bekannt, man nennt z einen **variablen Parameter.**
Da die Gleichung die analytische Darstellung einer linearen Funktion ist, die das Ziel des Produktionsprogramms angibt, nennt man diese Funktion die **Zielfunktion** des Modells. Diese wird, wie ersichtlich, vom Optimierungskriterium her bestimmt. Die

beiden Variablen entscheiden mit ihrer Belegung, welchen Wert z im Höchstfall annehmen kann. Es sind die **Entscheidungsvariablen** (vgl. Abschn. 0.).

Die Daten der Tabelle 2.1 beschränken jedoch die Möglichkeiten für die Variablenbelegung der Zielfunktion und geben damit (als Einflußgrößen) der Frage nach dem Extremwert erst einen realen Sinn.

Die erste Zeile der Tabelle besagt, daß x_1 Produkte der ersten Art eine Bearbeitungszeit von $30 \cdot x_1$ Stunden durch die Maschine M_1 erfordern und x_2 Produkte der anderen Art eine Bearbeitungszeit von $10 \cdot x_2$ Stunden durch dieselbe Maschine. Die Summe dieser Zeiten darf aber den Fonds von 3000 h nicht überschreiten. Dieser Tatbestand läßt sich in Form einer Ungleichung ausdrücken:

$$30 x_1 + 10 x_2 \leqq 3000.$$

Diese Ungleichung ergibt zusammen mit den Ungleichungen, die für die beiden anderen Maschinen entsprechend der zweiten und dritten Zeile in Tabelle 2.1 aufzustellen sind, das System der **Nebenbedingungen**:

$$30 x_1 + 10 x_2 \leqq 3000$$
$$40 x_1 + 30 x_2 \leqq 6000$$
$$10 x_1 + 20 x_2 \leqq 2000.$$

In diesen Nebenbedingungen treten die Kennzahlen (technische Daten) als konstante Koeffizienten und die zur Verfügung stehenden Kapazitätsmengen (allgemein auch Einsatzgrößen) als konstante Absolutglieder auf.

Da die Mengenzahlen x_1 und x_2 für praktische Probleme nur Sinn haben, wenn sie nicht negativ sind, müssen die Nebenbedingungen noch durch die **Nichtnegativitätsbedingungen** ergänzt werden:

$$x_1 \geqq 0 \qquad x_2 \geqq 0.$$

Damit ist das mathematische Modell gefunden. Die Problemstellung für das optimale Produktionsprogramm heißt nunmehr in mathematischer Formulierung:

Für die

Zielfunktion[1]) $\qquad 20 x_1 + 10 x_2 = z$ $\qquad\qquad\qquad$ ((1))

ist unter den

Nebenbedingungen[2]) (11) $\quad 30 x_1 + 10 x_2 \leqq 3000$

$\qquad\qquad\qquad\qquad$ (12) $\quad 40 x_1 + 30 x_2 \leqq 6000$

$\qquad\qquad\qquad\qquad$ (13) $\quad 10 x_1 + 20 x_2 \leqq 2000$

mit den

Nichtnegativitäts- $\qquad\qquad x_1 \geqq 0$

bedingungen $\qquad\qquad\qquad x_2 \geqq 0$

das Maximum zu berechnen.

---

[1]) Im Zusammenhang mit den Modellen wird die analytische Darstellung der Zielfunktion nur kurz als „Zielfunktion" bezeichnet; sonst wird zu besonderer Kennzeichnung statt „Funktionsgleichung" im allgemeinen die Bezeichnung „Gleichung der Zielfunktion" gebraucht

[2]) Auch Bedingungsgleichungen oder Restriktionen [restringere (lat.) beschränken] genannt

Es ist ersichtlich, daß es sich bei diesem Modell, wie es bei allen weiteren der Fall sein wird, um ein **deterministisches Modell** handelt, da alle Parameter (Koeffizienten und Absolutglieder) in konstanten Werten gegeben sind. Allein „z" als gesuchter Wert der Lösung des Gesamtproblems ist ein variabler Parameter, der aber im Unterschied zu den vorhergenannten nicht das Produktionsprogramm bestimmt, sondern von ihm bestimmt wird.

Verallgemeinerung für den Normalfall

Von dem entwickelten Einzelmodell ausgehend, soll das allgemeine Modell aufgestellt werden.

Die Zahl der Entscheidungsvariablen ist in den seltensten Fällen auf zwei beschränkt; sie sei gleich n. Mit c_j als den Konstanten, deren Wahl durch das Optimierungskriterium entschieden wird (wie Gewinn je Einheit des Produktes), ergibt sich allgemein die analytische Darstellung der

Zielfunktion $\qquad\qquad c_1 x_1 + c_2 x_2 + \cdots + c_n x_n = z,$

deren Maximum oder Minimum gesucht wird.

Bezeichnet man die Kennzahlen mit a_{ij} und die Gesamtmenge der zur Verfügung stehenden Einsatzgrößen mit a_i (wobei in beiden Fällen $a_i \geqq 0$ sein muß), so lauten, ebenfalls in allgemeiner Form, die

Nebenbedingungen (1) $\qquad a_{11} x_1 + a_{12} x_2 + \cdots + a_{1n} x_n \lessgtr a_1$

$\qquad\qquad\qquad$ (2) $\qquad a_{21} x_1 + a_{22} x_2 + \cdots + a_{2n} x_n \lessgtr a_2$

$$\cdot \quad \cdot \quad \cdot \quad \cdot \quad \cdot \quad \cdot \quad \cdot \quad \cdot \quad \cdot \quad \cdot$$

$\qquad\qquad\qquad$ (m) $\qquad a_{m1} x_1 + a_{m2} x_2 + \cdots + a_{mn} x_n \lessgtr a_m$

mit den

Nichtnegativitäts-
bedingungen $\qquad\qquad\qquad x_1 \geqq 0$

$\qquad\qquad\qquad\qquad\qquad x_2 \geqq 0$

$$\cdot \quad \cdot \quad \cdot$$

$\qquad\qquad\qquad\qquad\qquad x_n \geqq 0.$

Im **Normalfall** enthalten die Nebenbedingungen von Maximierungsmodellen *nur* Kleiner-Gleich-Beziehungen; diejenigen von Minimierungsmodellen dagegen *nur* Größer-Gleich-Beziehungen.

Eine besonders einfache Darstellung erfahren die Modelle der Linearoptimierung durch die Matrizenschreibweise.

Mit der Kennzahlenmatrix

$$\mathfrak{A} = \begin{pmatrix} a_{11} & a_{12} & \ldots & a_{1n} \\ a_{21} & a_{22} & \ldots & a_{2n} \\ \cdot & \cdot & \cdot & \cdot \\ a_{m1} & a_{m2} & \ldots & a_{mn} \end{pmatrix}$$

und den Vektoren

$$
\mathfrak{c} = \begin{pmatrix} c_1 \\ c_2 \\ \cdot \\ \cdot \\ \cdot \\ c_n \end{pmatrix} \qquad \mathfrak{x} = \begin{pmatrix} x_1 \\ x_2 \\ \cdot \\ \cdot \\ \cdot \\ x_n \end{pmatrix} \qquad \mathfrak{a} = \begin{pmatrix} a_1 \\ a_2 \\ \cdot \\ \cdot \\ \cdot \\ a_n \end{pmatrix} \qquad \mathfrak{o} = \begin{pmatrix} 0 \\ 0 \\ \cdot \\ \cdot \\ \cdot \\ 0 \end{pmatrix}
$$

lautet das Modell der **Maximierung**

Zielfunktion

Nebenbedingungen

$$
\boxed{\begin{aligned} \mathfrak{c}^T \mathfrak{x} &= z \\ \mathfrak{A} \mathfrak{x} &\leqq \mathfrak{a} \\ \mathfrak{x} &\geqq \mathfrak{o} \end{aligned}} \qquad \text{mit } \mathfrak{a} \geqq \mathfrak{o} \qquad\qquad (2.1\,\text{a})
$$

und das der   **Minimierung**

Zielfunktion

Nebenbedingungen

$$
\boxed{\begin{aligned} \mathfrak{c}^T \mathfrak{x} &= z \\ \mathfrak{A} \mathfrak{x} &\geqq \mathfrak{a} \\ \mathfrak{x} &\geqq \mathfrak{o} \end{aligned}} \qquad \text{mit } \mathfrak{a} \geqq \mathfrak{o} \qquad\qquad (2.1\,\text{b})
$$

BEISPIELE

1. Es sollen zwei Produkte A und B aus den Grundmaterialien m_1 und m_2 hergestellt werden, für welche die Kennzahlen bekannt sind. Außerdem sind auch die Einsatzzahlen für die Arbeitskräfte und die Kennzahl der für das Produkt A benötigten Spezialmaschine bekannt.[1]) Tabelle 2.2 gibt die Aufwandszahlen je Einheit des Produktes an. Dabei stehen für einen bestimmten Zeitraum folgende Kapazitäten zur Verfügung, die nicht überschritten werden dürfen:

Material m_1:   10000 t
Material m_2:   10000 t
Arbeitskräfte: 300
Spezialmaschinen: 3

Tabelle 2.2

Produkt	Material m_1	Material m_2	Arbeits-kräfte	Spezial-maschinen
	t	t		
A	2	10	0,2	0,005
B	16	5	0,4	—

[1]) In Anlehnung an eine Demonstrativrechnung zur optimalen Produktionsvariante nach [2.16]

Gesucht ist das mathematische Modell für ein Produktionsprogramm, dessen Optimierungskriterium die Zahl der herzustellenden Produkte (Produktionsausstoß) bei den gegebenen Kapazitätsbeschränkungen ist.

Lösung: Es handelt sich um eine Maximierungsaufgabe, bei der die größte Anzahl der Produkte gesucht wird. Die Zahl der Produkte A sei mit x_1 und die Zahl der Produkte B mit x_2 bezeichnet. Ihre Summe soll ein Maximum werden. Daraus ergibt sich die Gleichung der Zielfunktion

$$x_1 + x_2 = z \rightarrow \max.$$ ((2))

Die Nebenbedingungen werden durch die Beschränkungen im Aufkommen und durch die Aufwandszahlen in Tabelle 2.2 bestimmt.

(1)	$2x_1 + 16x_2 \leqq 10000$	(m_1)
(2)	$10x_1 + 5x_2 \leqq 10000$	(m_2)
(3)	$0{,}2x_1 + 0{,}4x_2 \leqq 300$	(AK)
(4)	$0{,}005x_1 \leqq 3$	(M)
mit	$x_1, \quad x_2 \geqq 0$	

Anmerkung: Die Nichtnegativitätsbedingung wird weiterhin immer in dieser Kurzform in die Modelle aufgenommen.

2. Für ein Tieraufzuchtprogramm stehen 3 Futtermittel A, B und C zur Verfügung, die zwei unentbehrliche Nährstoffe N_1 und N_2 enthalten. Tabelle 2.3 gibt den Anteil dieser Nährstoffe je Mengeneinheit (ME) der Futtermittel an; dazu sind in der dritten Zeile die Preise je ME in Mark aufgenommen.

Tabelle 2.3

	A	B	C
N_1	0,2	0,4	0,1
N_2	0,3	—	0,2
P (Mark)	17	4	8

Eine Mischung aus den 3 Futtermitteln soll *mindestens* 12 ME des ersten und 8 ME des zweiten Nährstoffes enthalten; sie soll außerdem möglichst billig sein.
Es ist zu ermitteln, wieviel ME eines jeden Futtermittels für diese Mischung genommen werden müssen und was die Mischung kostet.

Wie lautet das mathematische Modell dieser Aufgabe?

Lösung: Das Optimalitätskriterium sind die Kosten, die ein Minimum werden sollen. Daraus ergibt sich die Gleichung der Zielfunktion, wenn die benötigte Menge von A mit x_1, die anderen Mengen entsprechend bezeichnet werden:

$$17x_1 + 4x_2 + 8x_3 = z \rightarrow \min$$ ((3))

Die Nebenbedingungen werden jetzt durch die angegebenen Mindestmengen an den zwei Nährstoffen (untere Grenze) und die in Tabelle 2.3 enthaltenen Anteilzahlen für die Nährmittel je Einheit der Futtermittel bestimmt.

(1)	$0{,}2x_1 + 0{,}4x_2 + 0{,}1x_3 \geqq 12$	(N_1)
(2)	$0{,}3x_1 + 0{,}2x_3 \geqq 8$	(N_2)
mit	$x_1, \quad x_2, \quad x_3 \geqq 0$	

Der erweiterte Normalfall

Es können noch zusätzliche Bedingungen für die Optimierung derart gegeben sein, daß sie im Modell als Gleichungen auftreten. Das ist sowohl bei Maximierungs- als auch bei Minimierungsproblemen möglich. Man spricht dann vom *erweiterten Normalfall*.

BEISPIEL

3. In einem Betrieb werden aus einem Rohstoff zwei Produkte A und B hergestellt, zu deren Bearbeitung eine Spezialmaschine S notwendig ist. Unter Berücksichtigung der im Planzeitraum zur Verfügung stehenden Menge des Rohstoffes und der Maschinenstunden soll das Produktionsprogramm ermittelt werden, das den höchsten Reingewinn bringt.
   Es ist insbesondere zu beachten, daß infolge der Nachfrage von B die dreifache Stückzahl des Produktes A erzeugt werden muß. Tabelle 2.4 gibt alle für die Aufstellung des Modells notwendigen Daten an.

Tabelle 2.4

	R	S	Gewinn je Einheit
	kg/St.	h/St.	Mark
A	30	50	40
B	10	20	20
Kapaz. kg	3000	7500	—

Lösung: Optimierungskriterium ist wieder der Reingewinn, durch den die Zielfunktion bestimmt ist:

$$40x_1 + 20x_2 = z \to \max \qquad\qquad ((4))$$

Aus der Tabelle 2.4 sind zwei Ungleichheitsbedingungen zu entnehmen, während das angegebene Stückzahlverhältnis der Produkte als Gleichung in die Nebenbedingungen eingeht.

$$(1) \quad 30x_1 + 10x_2 \leqq 3000$$
$$(2) \quad 50x_1 + 20x_2 \leqq 7500$$
$$(3) \quad 3x_1 \qquad\; = x_2$$
$$\text{mit} \quad x_1, \quad\; x_2 \geqq 0$$

Der allgemeine Fall

Enthalten endlich die Nebenbedingungen eines Optimierungsproblems (unter der Voraussetzung, daß $\mathfrak{a} \geqq \mathfrak{o}$) beide Arten der Ungleichheitsbedingungen, so spricht man vom *allgemeinen Fall*, unabhängig davon, ob außerdem Gleichungen auftreten oder nicht.

BEISPIEL

4. Es ist eine Kies-Sand-Mischung mit minimalen Kosten je m³ herzustellen. Dazu sind die Bestandteilmengen von drei Kiessorten K_1, K_2, K_3 auch je m³ zu ermitteln.

Es bestehen drei Bedingungen:

1. Für die drei Bestandteilmengen x_j muß $\sum\limits_{j=1}^{3} x_j = 1$ sein;
2. Für die Körnungskennzahl F der Mischung sind zwei Grenzen gegeben:
   2.1. $F \geqq 160$ und 2.2. $F \leqq 180$;
3. Die Abschlämmbestandteile a dürfen 2% nicht überschreiten.

Die weiteren Daten sind in Tabelle 2.5 enthalten.

Tabelle 2.5

Sorte	Körnungskennzahl F	Abschlämm-bestandteile %	Kosten Mark/m³
K_1	100	3	8
K_2	160	1	16
K_3	180	2	14

Wie groß sind die minimalen Kosten je m³?

Lösung: Die Kosten bestimmen die Zielfunktion des Minimierungsproblems:

$$8x_1 + 16x_2 + 14x_3 = z \to \min \qquad\qquad ((5))$$

Die Bestandteilmengen sind für einen m³ zu berechnen; die Nebenbedingungen enthalten als erste Bedingung eine Gleichung, zu der dann die weiteren Ungleichungen hinzukommen:

$$
\begin{array}{llrcl}
(1) & x_1 + & x_2 + & x_3 = & 1 \\
(2) & 100x_1 + & 160x_2 + & 180x_3 \geqq & 160 \\
(3) & 100x_1 + & 160x_2 + & 180x_3 \leqq & 180 \\
(4) & 3x_1 + & x_2 + & 2x_3 \leqq & 2 \\
\text{mit} & x_1, & x_2, & x_3 \geqq & 0
\end{array}
$$

AUFGABEN

Für die folgenden Problemstellungen sind die mathematischen Modelle aufzustellen.[1]

2.1. Modell ((6)): Für die Herstellung zweier Erzeugnisse E_1 und E_2 werden drei Rohstoffe M_1, M_2, M_3 verbraucht, die in beschränkter Kapazitätshöhe zur Verfügung stehen (vgl. Tab. 2.6). Der Reingewinn beträgt je ME für E_1 3,0 Mark und für E_2 4,0 Mark. Das Produktionsprogramm soll einen maximalen Reingewinn sichern.

Tabelle 2.6

	Rohstoffverbrauch je Einheit			Gewinn je Einheit
	M_1	M_2	M_3	
E_1	3	2	3	3 Mark
E_2	1	4	2	4 Mark
Kapazität	18	40	24	ME

---

[1] Anleitung zum Selbststudium: Da alle Modelle an geeigneter Stelle weiterbearbeitet werden, empfiehlt es sich, für jede Aufgabe ein neues Blatt zu verwenden, auf das später zurückgegriffen werden kann

2.2. Modell ((7)): Zur Herstellung einer Futtermischung aus drei verschiedenen Produkten A, B, C sind Zusätze von zwei besonderen Nährstoffen N_1 und N_2 in vorgeschriebenen Mindestmengen nötig. Der Nährstoffgehalt je ME der einzelnen Produkte, die geforderten Mindestmengen und die Kosten je ME der Produkte sind in Tabelle 2.7 angegeben.

Welche Mengen der Produkte A, B, C müssen für die Mischung verarbeitet werden, wenn der Gehalt an Nährstoffen bei niedrigsten Kosten gewährleistet sein soll?

Tabelle 2.7

	A	B	C	Mindest-mengen (ME)
N_1	2	4	1	30
N_2	3	2	5	50
Kosten / ME · Mark	10	20	15	

2.3. Modell ((8)): Für ein Produktionsprogramm soll die Rentabilitätsrate r ein Maximum werden. Die Produktion sieht drei Produkte P_j vor, deren Herstellung im wesentlichen von zwei Rohstoffen bestimmt wird (Tab. 2.8).

Die Bedarfsforschung hat ermittelt, daß im Planzeitraum folgende Relationen einzuhalten sind:

Die Menge der Produkte P_1 und P_2 muß zusammen 50 ME und die doppelte Menge von P_2 zusammen mit der Menge des Produktes P_3 genau 100 ME betragen.

Tabelle 2.8

ME \ ME	P_1	P_2	P_3	Kapaz.
R_1	2	2	3	250
R_2	1	2	4	120
r / Mark	4	2	1	

2.4. Modell ((9)): Ein Betrieb erzeugt in einem bestimmten Planzeitraum zwei Produkte E_1 und E_2, die zwei Abteilungen durchlaufen müssen. Für Abt. I stehen 40 und für Abt. II 44 Arbeitskräfte zur Verfügung. Tab. 2.9 gibt den Einsatz an Arbeitskräften je Einheit der Produkte in den beiden Abteilungen an.

Die Gesamtmenge der beiden Produkte darf 24 Einheiten nicht unterschreiten.

Es soll das optimale Sortiment mit maximalem Gewinn ermittelt werden.

Tabelle 2.9

	Abt. I AK	Abt. II AK	Gewinn je Einheit
E_1	1	2	800,0 Mark
E_2	2	1	900,0 Mark

2.5. Modell ((10)): Zwei Gase sollen so gemischt werden, daß das Mischgas möglichst billig wird, einen Heizwert nicht unter $6\,700\;\text{kJ m}^{-3}$ und einen Schwefelgehalt von höchstens $2{,}8\;\text{g m}^{-3}$ hat. Die weiteren Daten des Problems sind der Tab. 2.10 zu entnehmen.[1]

Tabelle 2.10

	G_1	G_2	
Heizwert	4 190	8 380	kJ m^{-3}
Schwefelgehalt	6	2	g m^{-3}
Kosten je m³	10	25	Mark

2.2.   Grafische Lösung linearer Optimierungsprobleme

2.2.1.   Systeme linearer Ungleichungen mit zwei Variablen

▌ Die Lösungsmengen von Systemen linearer Ungleichungen mit zwei Variablen lassen sich in der Ebene grafisch darstellen.

Vorbetrachtung

Eine lineare (Funktions-)Gleichung der Form

$$a_{11}x_1 + a_{12}x_2 = a_1$$

hat als Lösungsmenge die Menge der geordneten Paare $(x_1;\,x_2)$, die die Gleichung erfüllen.

$$L = \{(x_1;\,x_2)\,|\,(x_1;\,x_2) \in R \times R \wedge a_{11}x_1 + a_{12}x_2 = a_1\} \qquad [1]$$

Dieser Menge der geordneten Paare entspricht die Punktmenge einer Geraden g, die der gegebenen linearen Gleichung unter Bezugnahme auf ein kartesisches Koordinatensystem $(x_1;\,x_2)$ zugeordnet ist. Durch die Gerade g wird die Ebene in zwei Halbebenen geteilt, für die je eine der beiden Ungleichungen

$$a_{11}x_1 + a_{12}x_2 \lessgtr a_1 \qquad \text{gilt.}$$

BEISPIELE

1. Es ist die Gerade $g \equiv 2x_1 + 4x_2 - 8 = 0$ zu zeichnen und zu untersuchen, für welche Halbebene die Größer-Beziehung, für welche die Kleiner-Beziehung Gültigkeit hat.

   Lösung: Die Gerade schneidet die x_2-Achse im Punkt A $(0;2)$ und die x_1-Achse im Punkt B $(4;0)$.[2]
   Für die geforderte Untersuchung wird in jeder der beiden Halbebenen (Bild 2.1) ein beliebiger Punkt gewählt. dessen Koordinaten in die Kurvengleichung der Geraden einzusetzen sind.

$$P_1(2;3): \qquad 2 \cdot 2 + 4 \cdot 3 - 8 > 0$$
$$P_2(-1;1): \qquad 2 \cdot (-1) + 4 \cdot 1 - 8 < 0$$

---

[1]) Nach [2.21]
[2]) Zu „Grafische Darstellung linearer Funktionen" vgl. [1]

Die zur Geraden g gehörende lineare Funktionsgleichung lautet in der Normalform

$$g \equiv x_2 = -0{,}5x_1 + 2,$$

wobei das Absolutglied den Achsenabschnitt auf der x_2-Achse angibt. Durch die angeführten Punkte P_1 und P_2 läßt sich je eine Parallele zu g ziehen.

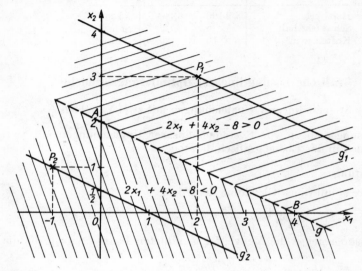

Bild 2.1

Die Parallele durch P_1 $(2; 3)$ hat die Funktionsgleichung

$$g_1 \equiv x_2 = -0{,}5x_1 + 4,$$

die Funktionsgleichung der Parallelen durch P_2 $(-1; 1)$ lautet dagegen

$$g_2 \equiv x_2 = -0{,}5x_1 + 0{,}5.$$

Der Vergleich ergibt, daß eine Parallele zu g in der oberen Halbebene in der entsprechenden Funktionsgleichung ein größeres, eine Parallele in der unteren Halbebene in der entsprechenden Funktionsgleichung ein kleineres Absolutglied hat. Da diese Tatsache — wie geometrisch sofort ersichtlich ist — für die gesamte Schar der Parallelen in jeder der Halbebenen gilt, genügt, wie oben gezeigt, das Einsetzen eines einzigen Punktes in die Funktionsgleichung der Geraden g. Das erhaltene Ungleichheitszeichen gilt dann für alle Punkte der entsprechenden Halbebene, das entgegengesetzte Ungleichheitszeichen für die andere Halbebene. Im allgemeinen bevorzugt man für diesen Entscheid den Punkt P_0 $(0; 0)$. Im Beispielfall erhält man

$$2 \cdot 0 + 4 \cdot 0 - 8 < 0,$$

d. h. für die Halbebene, die den Ursprung (wie den Punkt P_2) enthält, gilt die Kleiner-Beziehung; für die andere Halbebene deshalb die entgegengesetzte Beziehung (vgl. Ergebnis beim Einsetzen von P_1).

2. Es ist die Lösungsmenge der Ungleichung

$$x_1 - x_2 \geqq 0$$

mit $(x_1; x_2) \in R \times R$ grafisch darzustellen.

Lösung: In diesem Falle kann der Punkt P_0 $(0; 0)$ nicht zum Entscheid herangezogen werden, da er selbst Punkt der zur gegebenen Funktionsgleichung gehörenden Geraden ist. Es wird der Punkt P $(1; 0)$ gewählt:

$$1 - 0 > 0$$

Mit diesem Punkt ist die Größer-Beziehung erfüllt, so daß die der Grenzgeraden g zugeordnete Halbebene die untere ist.

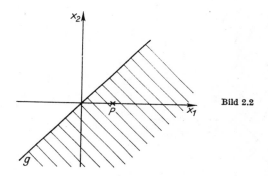

Bild 2.2

AUFGABEN

Die folgenden Punktmengen sind graphisch darzustellen:

2.6. $\{(x_1; x_2) \mid (x_1; x_2) \in R \times R \land x_1 \leqq 5\}$

2.7. $\{(x_1; x_2) \mid (x_1; x_2) \in R \times R \land x_1 - 3x_2 - 6 \geqq 0\}$

2.8. $\{(x_1; x_2) \mid (x_1; x_2) \in R \times R \land x_2 + 3 < 0\}$

Systeme mit zwei Ungleichungen

▌ **Liegt ein System mit zwei Ungleichungen vor, so ergibt sich die Lösungsmenge dieses Systems als Durchschnitt der beiden einzelnen Lösungsmengen,**

z. B.   (1) $a_{11}x_1 + a_{12}x_2 \leqq a_1$

(2) $a_{21}x_1 + a_{22}x_2 \leqq a_2$,

$L = \{(x_1; x_2) \mid (x_1; x_2) \in R \times R \land a_{11}x_1 + a_{12}x_2 \leqq a_1 \land a_{21}x_1 + a_{22}x_2 \leqq a_2\}$.

In der grafischen Darstellung erhält man *den* Teil der Ebene, der beiden den Ungleichungen zugeordneten Halbebenen gleichzeitig angehört ($L = L_1 \cap L_2$); dazu kommen zwei Halbgeraden als zugehörige Grenzen, wenn die Gleichheitsbeziehung mit enthalten ist.

9*

BEISPIEL

3. Es ist grafisch festzustellen, welche Wertepaare $(x_1; x_2) \in R \times R$ die Ungleichungen

    (1) $x_1 - 2x_2 \leqq 2$

    (2) $x_1 + x_2 \leqq 6$ erfüllen.

Lösung: Die zu (1) und (2) gehörenden Grenzgeraden werden gezeichnet und die zugehörigen Halbebenen entsprechend schraffiert. Der in Bild 2.3 doppelt schraffierte Teil der Ebene einschließlich der stark ausgezogenen Halbgeraden enthält die Punktmenge, die dem Durchschnitt der beiden einzelnen Lösungsmengen entspricht. Das Ergebnis zeigt, daß die beiden voneinander unabhängigen und sich nicht widersprechenden Ungleichungen als Lösung eine *unbeschränkte Punktmenge* haben.

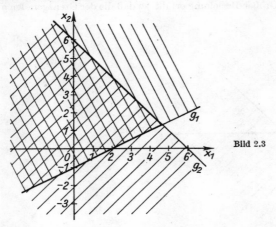

Bild 2.3

Systeme mit mehr als zwei Ungleichungen

Die grafische Lösung derartiger Systeme, die bei Optimierungsaufgaben in drei verschiedenen Formen auftreten können, sei im folgenden an Beispielen untersucht.
Für den Normalfall der **Maximierungsprobleme** (vgl. S. 124) hat das System der Nebenbedingungen die Form

$$\boxed{\begin{array}{c} \mathfrak{A}\mathfrak{x} \leqq \mathfrak{a} \\ \mathfrak{x} \geqq \mathfrak{o} \end{array}} \quad \text{mit} \quad \mathfrak{a} \geqq \mathfrak{o} \qquad (2.2)$$

BEISPIELE

4. Es ist die Lösungsmenge für das Ungleichungssystem

    (1) $x_1 + 2x_2 \leqq 16$

    (2) $6x_1 + 5x_2 \leqq 60$

    (3) $x_2 \leqq 7$

    (4) $x_1 \qquad\quad \geqq 0$

    (5) $x_2 \geqq 0$ grafisch zu ermitteln.

Lösung: Jede Ungleichung bestimmt eine Halbebene einschließlich der Grenzgeraden. Der Durchschnitt aller Halbebenen bildet ein Fünfeck. Die einzelnen Halbebenen sind in Bild 2.4 durch Pfeil und durch teilweise Schraffur angegeben. Alle inneren Punkte sowie die Randpunkte (vgl. 2.2.3.) des Fünfecks stellen den Bereich B der Lösungsmenge des Systems dar, der durch die Ungleichungen (4) und (5) auf den 1. Quadranten des Bezugssystems beschränkt ist.

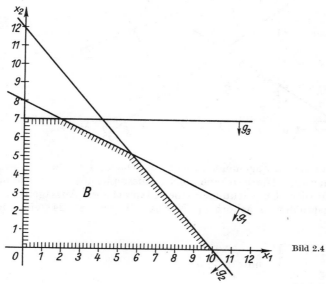

Bild 2.4

5. Desgl. für

$$
\begin{array}{lrcl}
(1) & 3x_1 + & 4x_2 & \leq 24 \\
(2) & x_1 + & 2{,}5x_2 & \leq 20 \\
(3) & -2x_1 + & 3x_2 & \leq 6 \\
(4) & 2x_1 - & x_2 & \leq 10 \\
(5) & x_1 & & \geq 0 \\
(6) & & x_2 & \geq 0
\end{array}
$$

Lösung: Nach Bild 2.5 umschließen die Geraden, die zu den Ungleichungen (1), (3), (4) sowie (5) und (6) gehören, wieder ein Fünfeck, während die Gerade, die die durch (2) bestimmte Halbebene begrenzt, außerhalb verläuft. Infolgedessen hat die Ungleichung (2) keinen Einfluß auf die Begrenzung der Lösungsmenge. Sie steht aber auch nicht im Widerspruch zu den anderen Ungleichungen, da jeder Punkt der Lösungsmenge auch (2) erfüllt.

Eine Ungleichung eines Systems, die keinen Einfluß auf die Bildung der Lösungsmenge nimmt und die zu den anderen Ungleichungen nicht im Widerspruch steht, heißt *überflüssig*. Man kann sie ohne Änderung der Lösungsmenge aus dem System aussondern.

Da es bei mehr als zwei Variablen u. U. schwierig und zeitaufwendig ist, überflüssige Ungleichungen aufzufinden, und da sie andererseits für den Praktiker aussagekräftig

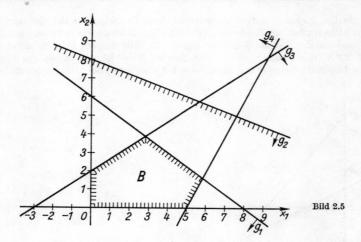

Bild 2.5

sind, sondert man sie im allgemeinen nicht aus. Die analytischen Lösungsverfahren der Linearoptimierung erfordern eine solche Aussonderung nicht, sie enthalten im Ergebnis auch für diese Ungleichungen eine entsprechende Aussage (vgl. 2.2.2.).

Zu **Minimierungsproblemen** gehört im Normalfall (vgl. S. 124) ein Ungleichungssystem der Form

$$\boxed{\begin{matrix} \mathfrak{A}\mathfrak{x} \geqq \mathfrak{a} \\ \mathfrak{x} \geqq \mathfrak{o} \end{matrix}} \quad \text{mit} \quad \mathfrak{a} \geqq \mathfrak{o} \tag{2.3}$$

BEISPIEL

6.

(1)	$-3/8 x_1 + x_2 \geqq 6$
(2)	$3 x_1 + 2 x_2 \geqq 15$
(3)	$-3 x_1 + 2 x_2 \geqq 0$
(4)	$x_1 \geqq 0$
(5)	$x_2 \geqq 0$

Lösung: Die grafische Darstellung der einzelnen Halbebenen in Bild 2.6 zeigt, daß der Lösungsbereich B in Richtung positiver x_1 und x_2 nicht begrenzt ist. Es handelt sich um eine unbeschränkte Punktmenge. Die Ungleichung (5) $x_2 \geqq 0$ erweist sich als überflüssig.

Im **allgemeinen Fall** haben die Probleme der Linearoptimierung Ungleichungssysteme, die *sowohl* Größer- *als auch* Kleiner-Gleich-Beziehungen enthalten (vgl. S. 126).

$$\boxed{\begin{matrix} \mathfrak{A}\mathfrak{x} \leqq \mathfrak{a} \\ \mathfrak{x} \geqq \mathfrak{o} \end{matrix}} \quad \text{mit} \quad \mathfrak{a} \geqq \mathfrak{o} \tag{2.4}$$

Neben *allseitig begrenzten Lösungsmengen* kann es in diesem Falle auch *leere Lösungsmengen* geben, wie das folgende Beispiel zeigt.

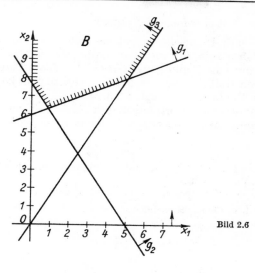

Bild 2.6

BEISPIEL

7.

$$
\begin{array}{lll}
(1) & x_1 & \leqq 6 \\
(2) & -x_1 + 3x_2 & \leqq 3 \\
(3) & -x_1 + x_2 & \geqq 2 \\
(4) & x_1 & \geqq 0 \\
(5) & x_2 & \geqq 0
\end{array}
$$

Lösung: Aus der grafischen Darstellung (Bild 2.7) ist ersichtlich, daß es keinen Punkt der Ebene gibt, der allen Halbebenen gleichzeitig angehört, d. h., der Durchschnitt aller Halbebenen ist leer. Eine leere Lösungsmenge läßt bei Problemen der Praxis darauf schließen, daß entweder das mathematische Modell nicht richtig aufgestellt wurde oder daß das vorliegende Problem nicht mit den Mitteln der Linearoptimierung gelöst werden kann.

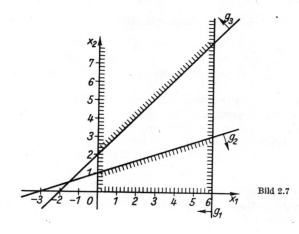

Bild 2.7

Aus den angeführten Beispielen läßt sich folgendes erkennen:

1. Wenn die Ungleichungen eines Ungleichungssystems mit zwei Variablen **verträglich,** d. h. widerspruchsfrei sind, so wird der Lösungsbereich des Systems durch eine geschlossene oder offene Punktmenge dargestellt. Diese Punktmengen werden von den die einzelnen Halbebenen begrenzenden Geraden an keiner Stelle durchsetzt, es sind **konvexe** Punktmengen (vgl. 2.2.3.)[1]
2. Sind die Ungleichungen des Systems **unverträglich,** d. h., stehen sie zueinander im Widerspruch, so ist die Lösungsmenge des Systems eine leere Menge.

AUFGABEN

2.9. a) Das Ungleichungssystem im Beispiel 7, S. 135, ist daraufhin zu untersuchen, welche der Ungleichungen unverträglich sind.
b) Auf analytischem Wege ist der Widerspruch zwischen diesen Gleichungen zu begründen.

Es ist grafisch zu untersuchen, ob die nachstehenden Paare von Ungleichungen verträglich oder nicht verträglich sind.

2.10. $3x_1 + 4x_2 \geq 24$ 2.11. $3x_1 - 2x_2 \leq 6$
$3x_1 + 4x_2 \leq 16$ $3x_1 + 5x_2 \geq 15$

2.12. $x_1 - 3x_2 \geq 6$
$2x_1 - 6x_2 \geq 18$

Für die folgenden Ungleichungssysteme sind die Lösungsbereiche zu zeichnen.

2.13.   (1) $x_1 + x_2 \leq 55$ 2.14.   (1) $-2x_1 + 2x_2 \leq 6$
(2) $3x_1 + x_2 \leq 90$ (2) $2x_1 + 3x_2 \geq 24$
(3) $x_2 \leq 45$ (3) $2x_1 - x_2 \leq 16$

2.15. Wie verändern sich die Lösungsbereiche der beiden letzten Aufgaben, wenn zu den drei Ungleichungen noch die Nichtnegativitätsbedingungen hinzugefügt werden?

2.16.   (1) $3x_1 + 4x_2 \leq 12$ 2.17.   (1) $x_1 + 2x_2 \geq 80$
(2) $5x_1 - 4x_2 \geq 40$ (2) $3x_1 + 2x_2 \geq 240$
(3) $x_1 \geq 0$ (3) $x_1 \geq 20$
(4) $x_2 \geq 0$ (4) $x_2 \geq 0$

2.2.2.   Mathematische Modelle der Linearoptimierung mit zwei Variablen

Die im vorangehenden Abschnitt besprochenen Ungleichungssysteme bilden die Grundlage für die im mathematischen Modell auftretenden Nebenbedingungen, die den Wertebereich der in der Zielfunktion enthaltenen Entscheidungsvariablen einschränken.
Die durch die Nebenbedingungen bestimmte konvexe Punktmenge enthält die Erfüllungsmenge des Ungleichungssystems. Aus ihr sind diejenigen Punkte zu bestimmen[2], deren Koordinatenwerte als Belegung der Entscheidungsvariablen die Zielfunktion zu einem Maximum (Minimum) werden lassen.
Man nennt deshalb diese konvexe Punktmenge den **Bereich der zulässigen Lösungen des Modells.**

---

[1] konvex (lat.) nach außen gewölbt, erhaben
[2] Wenn die Lösung des Problems Varianten (vgl. 2.3.5.2.) hat, gibt es mehrere Punkte, andernfalls nur einen einzigen (vgl. S. 138)

Die grafische Lösung des Modells ((1)) aus 2.1.2. erläutert diesen Tatbestand.
Das Modell lautet:

Zielfunktion $\qquad 20x_1 + 10x_2 = z \to$ max $\qquad\qquad$ ((1))

Nebenbedingungen (11) $\qquad 30x_1 + 10x_2 \leqq 3000$

$\qquad\qquad\qquad$ (12) $\qquad 40x_1 + 30x_2 \leqq 6000$

$\qquad\qquad\qquad$ (13) $\qquad 10x_1 + 20x_2 \leqq 2000$

$\qquad\qquad\qquad$ mit $\qquad x_1, \qquad x_2 \geqq 0$

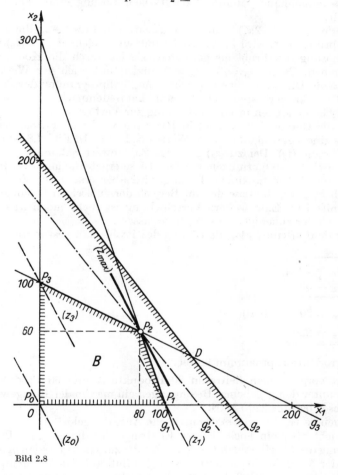

Bild 2.8

Es wird zunächst, 2.2.1. entsprechend, der durch die Nebenbedingungen bestimmte
Bereich der zulässigen Lösungen gezeichnet (Bild 2.8).
Dabei ist festzustellen, daß die Punktmenge des Vierecks $P_0 P_1 P_2 P_3$ diejenige ist,
die *allen* Ungleichungen genügt. Die Ungleichung (12) mit der Grenzgeraden g_2 ist
deshalb eine überflüssige Ungleichung. Das Maximum der Zielfunktion ist im Bereich

B zu suchen. Zu diesem gehören sowohl alle inneren Punkte als auch alle Randpunkte (vgl. 2.2.3.). Die grafische Darstellung der Zielfunktion selbst ergibt bei veränderlichem Parameter z eine parallele Geradenschar in der Ebene. Wenn es einen Punkt P_n gibt, der z zu einem Maximum werden läßt, muß dieser Punkt der Durchschnitt zwischen dem Bereich der zulässigen Lösungen und einer Geraden der Parallelenschar sein. Um einen solchen Punkt zu finden, greift man aus der Schar der Geraden (z_n) eine mit willkürlich gewähltem z heraus.[1] Es ist vielfach üblich und läßt später deutlich die Zusammenhänge mit der analytischen Lösung erkennen, wenn man $z = z_0 = 0$ wählt.

Diese Hilfsgerade $(x_2 = -2x_1)$ mit dem Richtungsfaktor -2, die durch den Koordinatenursprung geht, wird in das Diagramm eingezeichnet. Mit (z_0) ist bereits *eine* zulässige Lösung des Problems gefunden; sie ist durch die Koordinaten des Punktes P_0 gegeben. Es ist $x_1 = 0$, $x_2 = 0$ und damit auch der Wert der Zielfunktion gleich Null. Diese Lösung entspricht dem „Nullprogramm" der Produktion: Es wird kein Produkt hergestellt, ein Gewinn kann demnach noch nicht erzielt werden; die Maschinen stehen in vollem Umfang zur Verfügung.

Nunmehr wird die Gerade (z_0) parallel in Richtung wachsender Achsenabschnitte verschoben, was eine Vergrößerung des z-Wertes bedeutet. In Bild 2.8 ist eine dieser Parallelen die Gerade (z_3). Der zu (z_3) gehörige Zahlenwert z_3 kann z. B. durch die Koordinaten von P_3 (0; 100) ermittelt werden. Diese ergeben, eingesetzt in die Zielfunktion, $z_3 = 1000$. Die maximale Lösung wird aber erst durch *die* Gerade erreicht, die durch P_2 geht, da diese den im Bereich der zulässigen Lösungen größten x_2-Achsenabschnitt hat. Eine weitere Verschiebung ist nicht möglich; die Gerade würde den Bereich der zulässigen Lösungen verlassen.

Durch die Koordinaten von P_2 ist die Lösung des Problems[2]) bestimmt:

$$\boxed{\begin{aligned} x_1 &= 80 \\ x_2 &= 60 \end{aligned}}$$

und
$$z_{\max} = 20 \cdot 80 + 10 \cdot 60,$$
$$\underline{z_{\max} = 2200}$$

Das optimale Produktionsprogramm lautet:

Es sind in dem vorgesehenen Zeitraum 80 Produkte A und 60 Produkte B herzustellen, wenn unter den gegebenen Bedingungen ein maximaler Reingewinn erzielt werden soll; dieser beträgt 2200 Mark.

Mit diesem Ergebnis ist die rein mathematische Aufgabe gelöst. Die grafische Darstellung ermöglicht aber ein noch tieferes Eindringen in die gesamte Problematik durch die Deutung der überflüssigen Ungleichung, die zur Grenzgeraden g_2 gehört.

Der Zeitfonds der Maschine M_2 nimmt keinen Einfluß auf das Maximalprogramm. Damit ist aber nicht gesagt, daß diese Maschine nicht zum Einsatz käme; sie ist ja zur Herstellung der Produkte unbedingt nötig. Die Gerade g_2 macht jedoch eine Aus-

---

[1]) (z_n) mit $n \in N$ wird als Symbol zur Bezeichnung einzelner Geraden der Schar gewählt
[2]) Auf eine mengentheoretische Schreibweise der Lösung wird wegen der Besonderheit des Problems (vgl. auch: Analytische Lösung) verzichtet

sage über den Zeitfonds dieser Maschine. Er wird, da g_2 außerhalb des Bereichs B liegt, auch bei dem Maximalprogramm nicht ausgelastet. Um festzustellen, in welchem Maße diese Maschine bei dem berechneten Programm eingesetzt werden muß, verschiebt man die Gerade bis zum Durchgang durch P_2: (g_2'). Der benötigte Zeitfonds wird geringer. Er läßt sich berechnen, wenn man die Koordinaten von P_2 in die zu (12) gehörende *Gleichung* einsetzt, da es sich nicht um einen beliebigen Punkt der durch die Ungleichung bestimmten Halbebene, sondern speziell um einen Punkt der Geraden handelt. Es ergibt sich aus (12)

$$40 \cdot 80 + 30 \cdot 60 = 5000 \quad \text{d. h.,}$$

die Maschine M_2 wird für das Optimalprogramm nur mit 5000 h beansprucht, während M_1 und M_3 eine volle Auslastung erfahren.

Entsprechend der grafischen Lösung von Modell ((1)) und seiner Auswertung sind die folgenden Aufgaben zu behandeln.

AUFGABEN[1])

2.18. Es ist das Modell ((11)) grafisch zu lösen.

Zielfunktion $\qquad\qquad 5x_1 + 3x_2 = z \to \max$ $\qquad\qquad\qquad\qquad$ ((11))
Nebenbedingungen (1) $\quad x_1 + \quad x_2 \leqq 14$
$\qquad\qquad\qquad$ (2) $\quad 4x_1 + 9x_2 \leqq 81$
$\qquad\qquad\qquad$ (3) $\quad x_1 \qquad\quad \leqq 11$
$\qquad\qquad\qquad$ mit $\quad x_1, \qquad x_2 \geqq 0$

2.19. Modell ((12)) hat zu den gleichen Nebenbedingungen zwei verschiedene Zielfunktionen, die maximiert werden sollen. Es ist grafisch zu ermitteln, wie sich die Änderung der Zielfunktion auswirkt.

Zielfunktion $\qquad\qquad 2x_1 + 3x_2 = z \to \max$ $\qquad\qquad\qquad\qquad$ ((12a))
$\qquad\qquad\qquad\qquad 2x_1 + \quad x_2 = z \to \max$ $\qquad\qquad\qquad\qquad$ ((12b))
Nebenbedingungen (1) $\quad 2x_1 + 2x_2 \leqq 24$
$\qquad\qquad\qquad$ (2) $-4x_1 + 3x_2 \leqq 12$
$\qquad\qquad\qquad$ (3) $\quad x_1 \qquad\quad \leqq 10$
$\qquad\qquad\qquad$ (4) $\qquad\qquad x_2 \leqq 7$
$\qquad\qquad\qquad$ mit $\quad x_1, \qquad x_2 \geqq 0$

2.20. Für welche Werte der beiden Variablen nimmt die Zielfunktion im Modell ((13)) ein Minimum an?

Zielfunktion $\qquad\qquad 10x_1 + 10x_2 = z \to \min$ $\qquad\qquad\qquad\qquad$ ((13))
Nebenbedingungen (1) $\quad 6x_1 + \quad x_2 \geqq 35$
$\qquad\qquad\qquad$ (2) $\quad x_1 + 4x_2 \geqq 12$
$\qquad\qquad\qquad$ (3) $\quad 10x_1 + \quad x_2 \geqq 10$
$\qquad\qquad\qquad$ mit $\quad x_1, \qquad x_2 \geqq 0$

2.21. Es ist zu untersuchen, welchen der Extremwerte die Zielfunktion im Modell ((14)) annehmen kann.

Zielfunktion $\qquad\qquad x_1 + 2x_2 = z \to \text{opt}$ $\qquad\qquad\qquad\qquad$ ((14))
Nebenbedingungen (1) $\quad 9x_1 - 5x_2 \leqq 800$
$\qquad\qquad\qquad$ (2) $\qquad\qquad x_2 \leqq 200$
$\qquad\qquad\qquad$ (3) $\quad x_1 + \quad x_2 \geqq 120$
$\qquad\qquad\qquad$ mit $\quad x_1, \qquad x_2 \geqq 0$

---

[1]) Diese Aufgaben bilden die Grundlage für das Verständnis der sich anschließenden Ausführungen in 2.2.3.

Hinweis: Die Hilfsmittel zum Zeichnen der zu (1) gehörenden Geraden sind so zu wählen, daß die Zeichnung völlig genau wird.

2.22. Das Modell ((12)) ist bei gleichbleibenden Nebenbedingungen für die Zielfunktion

$$3x_1 + 3x_2 = z \rightarrow \text{max} \tag{((12c))}$$

grafisch zu lösen.

Die vorstehenden Aufgaben zeigen, daß Modelle der Linearoptimierung mit zwei Variablen, deren Nebenbedingungen keine Gleichungen enthalten, im Falle der Lösbarkeit ihr Optimum in mindestens einem Eckpunkt des Bereiches der zulässigen Lösungen annehmen (vgl. Satz von DANTZIG, S. 145).
Sowie aber im System der Nebenbedingungen zu den Ungleichungen eine Gleichung hinzukommt, erfolgt durch diese eine wesentliche Einschränkung des Bereiches der zulässigen Lösungen.

BEISPIEL

Am Modell ((4)) sei dieser Tatbestand erläutert:

Zielfunktion	$40x_1 + 20x_2 = z \rightarrow \text{max}$	
Nebenbedingungen (1)	$30x_1 + 10x_2 \leqq 3000$	
(2)	$50x_1 + 20x_2 \leqq 7500$	
(3)	$3x_1 \quad\quad = x_2$	
mit	$x_1, \quad\quad x_2 \geqq 0$	

Bild 2.9 zeigt die grafische Lösung des Modells. Aus ihr ist folgendes zu entnehmen:

(1) und die Nichtnegativitätsbedingungen bestimmen zunächst den zulässigen Lösungsbereich. (2) ist eine überflüssige Ungleichung; die zu (3) gehörende Gerade durchsetzt den Lösungsbereich. Infolge der Gleichheitsbedingung in (3) können *nur* die Punkte der Strecke $\overline{OD}$ alle Nebenbedingungen zugleich erfüllen.

Es ist also der Bereich der für das Modell zulässigen Lösungen auf *die Strecke* zusammengeschrumpft, deren Punkte auch die durch die Ungleichungen gegebenen Bedingungen erfüllen. Verschiebt man die Gerade (z_0) in Richtung wachsender x_2-Achsenabschnitte, so ist D der Optimalpunkt des Lösungsbereiches.

AUFGABEN

2.23. a) Aus Bild 2.9 sind Produktionsprogramm und zu erzielender maximaler Reingewinn abzulesen bzw. zu bestimmen.

b) Es ist nachzuweisen, daß die gefundene Lösung das Modell erfüllt; die Auslastung der beiden Kapazitäten ist gleichzeitig zu untersuchen.

c) Wie würden sich Produktionsprogramm und Höhe des Reingewinns ändern, wenn die Bedingung (3) wegfallen könnte? Was ist dann über die Auslastung der Kapazitäten feststellen?

2.24. Zu einem Linearmodell (Maximierung) mit zwei Variablen gehört ein System von drei einander nicht widersprechenden Ungleichungen und zwei unabhängigen Gleichungen.

a) Welche Bedingung muß für die Gleichungen erfüllt sein, damit es eine Optimallösung gibt, die *alle* einschränkenden Nebenbedingungen erfüllt? (Die Ungleichungen sollen einen geschlossenen Bereich im I. Quadranten ergeben.)

b) Wann gibt es kein Optimum?
c) Welchen Einfluß hat die Zielfunktion auf das Ergebnis?

Anleitung: Die Untersuchung ist grafisch zu führen.

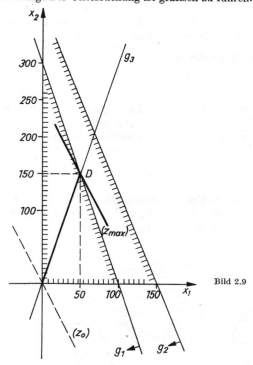

Bild 2.9

2.2.3. Verallgemeinerungen

In den folgenden Ausführungen werden die wichtigsten Grundbegriffe erörtert, die, abgeleitet aus den Problemen mit zwei Variablen, zum Verständnis des weiteren Lösungsverfahrens der Linearoptimierung bei Problemen mit mehr als zwei Variablen nötig sind. Damit soll in elementarer Darstellung eine knappe Einordnung in die theoretischen Grundlagen gegeben werden.

Der n-dimensionale Raum

In geometrischer Deutung bildet die Menge aller geordneten Zahlenpaare die Ebene, die Menge aller geordneten Zahlentripel den dreidimensionalen Raum.
In der Linearoptimierung treten im allgemeinen Modelle mit mehr als zwei oder drei Variablen auf. Die Lösung eines Modells mit n Variablen erfordert die Berechnung eines n-Tupels[1]) von Zahlenwerten.

---

[1]) Unter einem n-Tupel versteht man die Gesamtheit der Koordinatenwerte, die einen „Punkt" im n-dimensionalen Raum eindeutig bestimmen (z. B. sind die n-Tupel der zweidimensionalen Ebene Zahlenpaare)

Ein solches n-Tupel läßt sich geometrisch zunächst nicht mehr deuten. Man hat jedoch die Begriffe des zwei- und dreidimensionalen „Raumes" verallgemeinert und definiert:

> Die Menge aller geordneten n-Tupel bildet den **n-dimensionalen Raum**. Jedes n-Tupel bestimmt einen „Punkt" dieses Raumes.

Der n-dimensionale Raum wird kurz mit R_n bezeichnet.

Konvexe Punktmengen

Die in den grafischen Darstellungen ermittelten Lösungsbereiche wurden bereits als konvexe Punktmengen bezeichnet. Es sei noch genauer untersucht, was man darunter versteht. Die folgenden Ausführungen gelten entsprechend für den n-dimensionalen Raum.

Definition

> Eine beliebige Punktmenge des n-dimensionalen Raumes R_n heißt **konvex**, wenn außer zwei ihr zugehörigen Punkten P_1 und P_2 auch alle Punkte der Verbindungsstrecke $\overline{P_1 P_2}$ mit zur betreffenden Menge gehören.

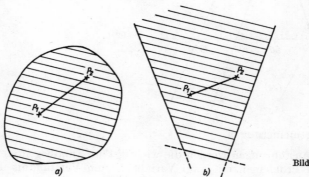

Bild 2.10

Bild 2.10 und Bild 2.11 zeigen zwei konvexe und zwei nicht-konvexe Punktmengen in der Ebene.

> Jede konvexe Punktmenge besteht im allgemeinen aus zwei Teilmengen: aus der Menge der inneren Punkte und aus der Menge der Randpunkte.

Kann man einen Punkt P_i einer konvexen Menge M in eine Teilmenge M_{1i} *einschließen*, die *ganz* in M enthalten ist ($M_{1i} \subset M$ und $M_{1i} \cap M = M_{1i}$), so heißt P_1 **innerer Punkt** der Menge. Ist die *Einschließung* eines Punktes P_r dagegen *nur* so möglich, daß die Menge M_{1r} nicht völlig in M enthalten ist (d. h., $M_{1r} \not\subset M$, aber ($M_{1r} \cap M) \subset M$), so heißt P_r **Randpunkt** der konvexen Menge (Bild 2.12).
Unter den Randpunkten konvexer Mengen nehmen die **extremalen Punkte** [2.9] eine besondere Stellung ein.

Definition

> Extremale Punkte einer konvexen Punktmenge sind diejenigen Randpunkte, die *nicht innere Teilpunkte* einer Verbindungsstrecke zweier beliebiger Punkte der Menge sein können.

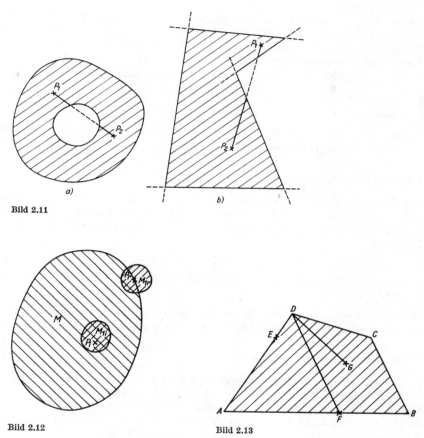

Bild 2.11

Bild 2.12   Bild 2.13

In Bild 2.13 kann jeder Randpunkt (z. B. E) außer A, B, C und D als innerer Teilpunkt der einzelnen n-Eck-Seiten angesehen werden. Für die genannten vier Punkte dagegen ist es in keiner Weise möglich, eine zur Menge gehörende Strecke zu finden, in der sie als innere Teilpunkte enthalten sind. Es handelt sich also bei diesen vier Punkten um Extremalpunkte. Bild 2.10a z. B. zeigt eine konvexe Punktmenge, deren Randpunkte sämtlich Extremalpunkte sind.

> Konvexe Punktmengen, die *allseitig begrenzt* sind, heißen **beschränkt**; ist das nicht der Fall, so sind es **unbeschränkte** Mengen.

Die Hyperebene

Die konvexen Punktmengen der Ebene werden bei Problemen der **linearen** Optimierung ausschließlich von Geraden begrenzt; ebenso wird die Zielfunktion durch eine Gerade dargestellt. Beides entspricht der Tatsache, daß Zielfunktion und Nebenbedingungen in den beiden Variablen linear sind.

Im dreidimensionalen Raum dagegen treten an die Stelle der Geraden Ebenen, die linearen Funktionen mit drei Variablen entsprechen. Die Ebene ist aufzufassen als Menge aller durch die lineare Funktion bestimmten geordneten Zahlentripel, die eine Teilmenge *aller* geordneten Zahlentripel des R_3 ist.

In entsprechender Verallgemeinerung definiert man nunmehr:

> Eine lineare Funktion mit n Variablen bestimmt eine **Hyperebene** im n-dimensionalen Raum R_n.

Wendet man diese Bezeichnung konsequent für alle $n \in N$ an, so folgt daraus, daß die Gerade die Hyperebene des zweidimensionalen „Raumes" R_2 ist.

Konvexe Polyeder[1])

Die Lösungsbereiche in der Ebene sind konvexe Punktmengen mit endlich vielen Eckpunkten; dieselbe Tatsache gilt auch in jedem anderen Raum bezüglich der Bereiche der zulässigen Lösungen. Sind diese Punktmengen *beschränkt*, so wird definiert:

> Beschränkte konvexe Punktmengen, die von Hyperebenen begrenzt sind und die eine endliche Anzahl von Eckpunkten (extremalen Punkten) haben, heißen konvexe Polyeder.

Die konvexen Polyeder des R_2 werden speziell konvexe Polygone[2]) genannt; durch diese besondere Bezeichnung erspart sich die Angabe des zugehörigen Raumes.

Konvexe Polyeder und Stützebenen

Aus den vorangehenden grafischen Lösungen ist weiterhin folgendes zu entnehmen: Unter der durch die Zielfunktion mit ihrem Parameter z bestimmten parallelen Geradenschar bestimmt diejenige Gerade den Optimalwert, die das konvexe Polygon an keiner Stelle durchdringt, aber mit ihm noch einen Eckpunkt oder die Menge der Randpunkte zwischen zwei Eckpunkten gemeinsam hat.

Der *nicht-leere Durchschnitt* zwischen der das konvexe Polygon nicht durchdringenden Geraden und diesem Polygon selbst kann folglich aus einem Eckpunkt oder aus der Punktmenge einer das Polygon begrenzenden Strecke bestehen.

Im ersten Fall erhält man *eine* Optimallösung; im zweiten Fall dagegen zunächst zwei „Ecklösungen", darüber hinaus aber durch Bestimmen der Koordinaten weiterer Randpunkte, die zwischen diesen Eckpunkten liegen, noch zusätzliche Lösungen.

Da die Vielzahl dieser Optimalpunkte aber alle auf ein und derselben Geraden liegen,

---

[1]) Polyeder (griech.) Vielflach
[2]) Polygon (griech.) Vieleck

haben alle Lösungen denselben Optimalwert $z_{opt.}$. Man spricht dann von Varianten[1])
der Optimallösung, die in der Praxis große Bedeutung haben.

Im R_3 erweitern sich die Möglichkeiten: Eine das konvexe Polyeder nicht durch-
dringende Ebene und das Polyeder selbst können als nichtleeren Durchschnitt einen
Eckpunkt, eine das Polyeder begrenzende Kante oder begrenzende Fläche haben.
Die dann vorhandenen unendlich vielen Lösungstripel für den Optimalwert sind
Varianten der Lösung.

In der Verallgemeinerung auf den R_n wird definiert:

> Hyperebenen, die mit einem konvexen Polyeder nur Randpunkte gemeinsam
> haben, heißen **Stützebenen**[2]).

Im Normalfall der Maximierungsprobleme, bei dem die Nebenbedingungen in der
Form

$$\boxed{\begin{array}{l} \mathfrak{A}\mathfrak{x} \leqq \mathfrak{a} \\ \mathfrak{x} \geqq \mathfrak{o} \end{array}} \quad \text{mit} \quad \mathfrak{a} \geqq \mathfrak{o}$$

gegeben sind (vgl. S. 124 u. 132), wird bei n Variablen ($n \in N$) der Bereich der zulässigen Lösungen durch ein konvexes Polyeder im n-dimensionalen Raum dargestellt, falls die Ungleichungen *verträglich* sind.

Für die Lösungen solcher Probleme gilt das **Eckenprinzip** von DANTZIG, das ohne
Beweis als Satz gegeben wird.

> Eine lineare Funktion mit n Variablen nimmt auf dem durch die Nebenbedingun-
> gen (Ungleichungen) bestimmten konvexen Polyeder des n-dimensionalen Raumes
> ihr Optimum in mindestens einem Eckpunkt an.

In der Erweiterung gilt dieser Satz ebenso für Minimierungsprobleme und für den
allgemeinen Fall, auch wenn der *Bereich der zulässigen Lösungen unbeschränkt* ist,
oder wenn Modelle Gleichungen enthalten, wodurch der *zulässige Lösungsbereich
im besondere Maße eingeschränkt* wird. Beide Fälle können als Grenzfälle eines
konvexen Polyeders aufgefaßt werden.

Der Zielfunktion eines jeden Modells der Linearoptimierung entspricht dabei stets
einer Stützebene.

AUFGABEN

2.25. Modell ((2)), S. 125, ist grafisch zu lösen.

   a) Die Auslastung der zur Verfügung stehenden Fonds ist zu untersuchen.
   b) Welche der in die Nebenbedingungen aufgenommenen Einflußgrößen bestimmen das
   Produktionsprogramm? Wie wirkt sich dieser Tatbestand grafisch aus?
   Anleitung: Um ein übersichtliches Diagramm zu erhalten, das eine gute Möglichkeit
   der Auswertung bietet, ist es zuerst nötig, sich über die Größe der Zeichnung und über den
   anzuwendenden Maßstab Klarheit zu verschaffen (vgl. 6. Nomografie).

---

[1]) Variante von varius (lat.) verschieden; hier veränderte, aber gleichwertige Lösung
[2]) Im R_2 handelt es sich dann speziell um Stützgeraden

2.26.   Kurz vor dem Anlauf des in Aufgabe 2.25 ermittelten Produktionsprogramms falle für längere Zeit eine der Spezialmaschinen aus. Es ist mit Hilfe eines neuen entsprechenden Diagramms zu untersuchen,

   a) wieviel Produkte bei unveränderten übrigen Nebenbedingungen hergestellt werden könnten und

   b) ob das geplante Programm durch mögliche Veränderungen in den sonstigen Kapazitäten trotz des Maschinenausfalls aufrechterhalten werden kann.

2.27.   Modell ((7)), S. 128, ist grafisch zu lösen.

2.28.   Auch Modell ((5)), S. 127, läßt sich in der Ebene grafisch lösen.

   a) Es ist das Modell ((5')) aufzustellen, das aus ((5)) durch Elimination der Variablen x_1 auf Grund der Nebenbedingung (1) hervorgeht. Die neuen Nebenbedingungen sind in das Modell aufzunehmen, nachdem gekürzt wurde.

   b) Das erhaltene Modell ist in einem $(x_2; x_3)$-Koordinatensystem zu lösen. Danach ist die volle Lösung für alle drei Variablen und für z_{min} zu ermitteln. (Maßeinheiten beachten).

   c) Das Diagramm läßt für ((5')) auch ein Maximum zu. Wird damit eine zweite Lösung für ((5)) bestimmt? Die Antwort ist zu begründen.

2.29. a) Sind die Bereiche der zulässigen Lösungen für die Modelle ((13)), S. 139, ((14)), S. 139, und ((4)), S. 126 u. S. 140, konvexe Punktmengen?

   b) Handelt es sich bei den Zielgeraden dieser Modelle um Stützgeraden? Es ist insbesondere ((4)) zu untersuchen, da hier die Zielgerade den Lösungsbereich (vgl. Bild 2.9, S. 141) durchdringt.

2.30.   Das folgende Modell ((15)) ist grafisch zu lösen.

Zielfunktion	$3x_1 + 4x_2 = z \to \max$	((15))
Nebenbedingungen (1)	$2x_1 + x_2 \leq 12$	
(2)	$2x_1 + 3x_2 \leq 24$	
(3)	$2x_1 = 5x_2$	
mit	$x_1, x_2 \geq 0$	

2.3.   Analytische Lösung linearer Optimierungsprobleme

2.3.1.   Vorbetrachtungen

Das grafische Verfahren ist auf Probleme mit zwei Variablen beschränkt. Bei drei Variablen wäre eine grafische Lösung wohl theoretisch noch möglich, bei mehr Variablen dagegen versagt das Verfahren ganz. Deshalb kann für solche Probleme nur eine analytische Methode zum Ziel führen, wie im folgenden dargestellt werden soll.

Da das Eckenprinzip von DANTZIG für jedes n-dimensionale Problem gilt, bleiben die für den R_2 im Hinblick auf die grafische Methode erläuterten Grundlagen dieselben.

Zwischen dem grafischen und dem analytischen Lösungsweg besteht der folgende grundlegende Unterschied:

Bei der grafischen Lösung wird jede der Nebenbedingungen unabhängig von der anderen betrachtet. Durch Verwendung der in der Ungleichheitsbeziehung enthaltenen Gleichung wird Stück für Stück der Rand des zweidimensionalen Polyeders gezeichnet und so vom Rand aus das Gebiet der zulässigen Lösungen ermittelt.

Übersicht zum Normalfall der Maximierung

		Modelle mit		
		2 Variablen	**3 Variablen**	**n Variablen**
(1) Bereich der zu-lässigen Lösungen	geom.	Polygon im R_2	Polyeder im R_3	Polyeder im R_n
	analyt.	Ungleichungssystem $\mathfrak{A}\mathfrak{x} \leqq \mathfrak{a}$		
		mit $x_1, x_2 \geqq 0$	$x_1, x_2, x_3 \geqq 0$	$x_1, \ldots, x_n \geqq 0$
(2) Begrenzung des Bereichs	geom.	Geraden	Ebenen	Hyperebenen
	analyt.	lineares Gleichungssystem $\mathfrak{A}\mathfrak{x} = \mathfrak{a}$		
		mit 2 Variablen	3 Variablen	n Variablen
(3) Zielfunktion	geom.	Gerade	Ebene	Hyperebene
	analyt.	lineare Funktion mit variablem Parameter z einer durch den variablen Parameter z bestimmten Schar		
		und 2 Variablen	3 Variablen	n Variablen
(4) Optimale Lösung	geom.	Gerade	Ebene	Hyperebene
		liegt vor, wenn		
	analyt.	Zahlenpaar	Zahlentripel	Zahlen-n-Tupel
		von (3) Stützebene des konvexen zulässigen Lösungsbereiches ist liegt vor, wenn mindestens ein		

der Entscheidungsvariablen gefunden ist, das unter allen einschränkenden Bedingungen den Parameter z der Zielfunktion zu einem Maximum macht.

10*

Die analytische Lösung dagegen kann diese Art des schrittweise konstruktiven Vorgehens nicht übernehmen. Es ist im R_n nicht möglich, die von Hyperebenen begrenzten Halbräume, die durch die einzelnen linearen Ungleichungen mit n Variablen dargestellt werden, auch einzeln zu ermitteln und zu dem Lösungspolyeder zusammenzusetzen. Für das analytische Lösungsverfahren, das für alle $n \geqq 2$ anwendbar sein muß, ergeben sich deshalb zwei Forderungen: Die Nebenbedingungen sind als ein geschlossenes System von Ungleichungen zu behandeln, das in seiner Gesamtheit alle Punkte des Lösungspolyeders enthält. Unter diesen Punkten muß derjenige Eckpunkt gefunden werden, dessen Koordinaten den Extremwert der Zielfunktion bestimmen.

Dieser Grundgedanke liegt dem Simplexverfahren zugrunde, das sich zunächst auf den Normalfall der Maximierung bezieht.

Anmerkung: Ein Simplex ist jedes konvexe Polyeder im R_n, das $n + 1$ Ecken besitzt, z. B. im R_2 des Dreieck, im R_3 das Vierflach. Jedes n-dimensionale Polyeder läßt sich in entsprechende Simplexe zerlegen. Das Iterationsverfahren[1]) der Simplexmethode beruht auf dieser Tatsache.

Die Erfüllungsmenge eines Ungleichungssystems ist aber nicht unmittelbar zu berechnen. Dieses System muß erst in ein System von Gleichungen verwandelt werden, was durch Hinzufügen sogenannter **Schlupfvariablen** zu jeder einzelnen Ungleichung geschieht. Diese Schlupfvariablen stellen den Ausgleich zwischen der Ungleichheits- und der Gleichheitsbeziehung dar.

2.3.2.   Maximierungsprobleme

2.3.2.1.   Normalfall

Im Normalfall enthält ein Maximierungsproblem in seinen Nebenbedingungen nur Kleiner-Gleich-Beziehungen mit nichtnegativen a_i (vgl. S. 124).

An dem Modell ((1)) soll das Simplexverfahren auf der Grundlage der linearen Algebra entwickelt werden. Es wird absichtlich auf das einfache Beispiel mit zwei Variablen zurückgegriffen, um die Durchsichtigkeit der Darstellung zu gewährleisten und um den Vergleich mit der grafischen Lösung (vgl. 2.2.2.) zu ermöglichen. Das Verfahren läßt sich dann ohne weiteres auf jede beliebige endliche Anzahl von Variablen übertragen.

Das auf Seite 137 $\cdots$ 139 grafisch gelöste Modell ((1)) lautet:

$$
\begin{array}{lll}
\text{Zielfunktion} & 20x_1 + 10x_2 = z \to \max & \quad\quad ((1)) \\
\text{Nebenbedingungen (1)} & 30x_1 + 10x_2 \leqq 3000 & \\
\quad\quad\quad\quad\quad\quad (2) & 40x_1 + 30x_2 \leqq 6000 & \\
\quad\quad\quad\quad\quad\quad (3) & 10x_1 + 20x_2 \leqq 2000 & \\
\text{mit} & x_1, \quad x_2 \geqq 0 &
\end{array}
$$

Die einzuführenden Schlupfvariablen w_i stellen den Ausgleich zwischen den rechten und den linken Termen der Ungleichungen im System der Nebenbedingungen dar und lassen so das System der Nebenbedingungen in ein Gleichungssystem übergehen.

---

[1]) iterativ (lat.) wiederholend

Für das Modell ((1)) erhält man somit die Gleichungen

$$(11) \quad 30x_1 + 10x_2 + w_1 \qquad\qquad = 3\,000$$
$$(12) \quad 40x_1 + 30x_2 \qquad + w_2 \qquad = 6\,000$$
$$(13) \quad 10x_1 + 20x_2 \qquad\qquad + w_3 = 2\,000$$

Außerdem bezieht man in das Gleichungssystem zur Berechnung des Optimalwertes sofort die Funktionsgleichung der Zielfunktion in der Form

$$(14) \quad 20x_1 + 10x_2 \qquad\qquad -z \quad = 0$$

mit ein. Es ist damit ein inhomogenes unterbestimmtes Gleichungssystem zu lösen [1], das im Beispielfall 4 Gleichungen mit 6 Variablen, zu denen auch z gehört, enthält. In der Verallgemeinerung dieses Falles von $n = 2$ Entscheidungsvariablen sollen die wichtigsten Grundlagen, auf denen die Durchführung des Simplexverfahrens beruht, zusammengestellt werden.

1. Aus einem System von m Ungleichungen mit n Variablen $x_j, j = 1, \cdots, n,$

$$\text{I} \quad (1) \quad a_{11}x_1 + a_{12}x_2 + \cdots + a_{1n}x_n \leqq a_1$$
$$\qquad (m) \quad a_{m1}x_1 + a_{m2}x_2 + \cdots + a_{mn}x_n \leqq a_m$$

ergibt sich durch Einführung von Schlupfvariablen $w_i, i = 1, \cdots, m,$ das System der Gleichungen

$$\text{II} \quad (11) \quad a_{11}x_1 + a_{12}x_2 + \cdots + a_{1n}x_n + w_1 = a_1$$
$$\qquad (1m) \quad a_{m1}x_1 + a_{m2}x_2 + \cdots + a_{mn}x_n + w_m = a_m$$

Dieses ist ein **lineares inhomogenes und unterbestimmtes Gleichungssystem mit m Gleichungen und $n + m$ Variablen.**

Ein solches System hat im allgemeinen unendlich viele Lösungen, die dadurch gefunden werden können, daß man n *beliebige* Variablen als *freie* Variablen wählt. Die übrigen m Variablen lassen sich in Abhängigkeit von ihnen berechnen [1]; es sind also „gebundene" Variablen.

2. Neben den Entscheidungsvariablen des Gleichungssystems unterliegen auch die Schlupfvariablen der Nichtnegativitätsbedingung, da sie den Differenzbetrag zwischen beiden Seiten der zum Modell gehörenden Ungleichungen darstellen:

$$x_1, \ldots, x_n \geqq 0 \quad \text{und} \quad w_1, \ldots, w_m \geqq 0.$$

3. **Eine Lösung des Optimierungsproblems heißt zulässig, wenn für alle Variablen diese Nichtnegativitätsbedingung erfüllt ist.**

Haben in einer zulässigen Lösung die n freien Variablen den Wert Null und sind die übrigen m Variablen alle positiv, so liegt eine zulässige **Basislösung** vor.

Die (im Regelfall) von Null verschiedenen Variablen bilden eine **Basis**, sie heißen **Basisvariablen**, während die übrigen als **Nichtbasisvariablen** bezeichnet werden.

In jeder Basislösung entspricht das n-Tupel der Entscheidungsvariablen einem Eckpunkt des Bereichs der zulässigen Lösungen.

Daraus geht hervor, daß die Zahl der Basislösungen *endlich* ist. Unter ihnen gibt es *mindestens eine*, die den Maximalwert für z liefert, also Optimallösung ist.

4. Zur Berechnung der Optimallösung bezieht man in das Gleichungssystem II (vgl. S. 149) die Funktionsgleichung der Zielfunktion in der Form

$$\sum_{j=1}^{n} c_j x_j - z = 0$$

mit ein.

Damit hat man ein **Gleichungssystem** von **$m + 1$ Gleichungen** mit **$n + m + 1$ Variablen** zu lösen:

n Entscheidungsvariablen, m Schlupfvariablen, z als variabler Parameter.

Für dieses erweiterte System ist z stets eine Basisvariable, die aber eine gesonderte Stellung einnimmt (vgl. S. 152).

Mit der Einbeziehung der Zielfunktion in das Gleichungssystem wird es möglich, z *gleichzeitig* mit den Variablen einer Basislösung zu berechnen; außerdem kann im Verlaufe der Rechnung sofort erkannt werden, ob das Optimum bereits gefunden ist oder nicht.

Das *Simplexverfahren* geht bei der Berechnung von einer ersten Basislösung, der **Anfangslösung**, aus und ermittelt schrittweise die Optimallösung. Es gehört daher zu den *Iterationsverfahren*.

Die Iterationsschritte sind Transformationen[1]) des aus dem gegebenen Modell entwickelten Gleichungssystems, die, geometrisch gedeutet, von Eckpunkt zu Eckpunkt des Lösungspolyeders führen. Dabei enthält das Verfahren die Möglichkeit in sich, Eckpunkte zu „überspringen", was eine „automatische" Verminderung der Anzahl der Iterationsschritte bedeutet.

Diese Transformationen können durch verschiedene Algorithmen, die jedoch alle auf demselben Grundgedanken beruhen, erreicht werden. Für die Simplextransformationen soll im folgenden das **Austauschverfahren** angewendet werden, wie es in 1.4.1. dargestellt wird.

Die Anfangslösung

Nach S. 149 hat das Modell ((1)) unter Einbeziehung der Nichtnegativitätsbedingungen die Form

$$
\begin{array}{llll}
\text{I} \quad (11) & 30x_1 + 10x_2 + w_1 & & = 3000 \\
(12) & 40x_1 + 30x_2 & + w_2 & = 6000 \\
(13) & 10x_1 + 20x_2 & + w_3 & = 2000 \\
(14) & 20x_1 + 10x_2 & -z & = 0
\end{array}
$$

mit $x_1, x_2, w_1, w_2, w_3, z \geqq 0$

---

[1]) Transformation (lat.) Umformung; hier Umformung eines Gleichungssystems in ein anderes

Von den 6 Variablen sind 2 freie Variable als Nichtbasisvariable mit dem Wert Null zu belegen.

Für die Anfangslösung (1. Basislösung) wählt man stets die Entscheidungsvariablen als Nichtbasisvariablen.

Das System I enthält dann in jeder Gleichung nur *eine* Basisvariable (alle w_i sowie z), deren Werte sofort ablesbar sind. Löst man das System nach den Basisvariablen auf, so erhält man die **Basisdarstellung** der Anfangslösung:

$$I' \quad (11) \quad w_1 = 3\,000 - 30\,x_1 - 10\,x_2$$
$$(12) \quad w_2 = 6\,000 - 40\,x_1 - 30\,x_2$$
$$(13) \quad w_3 = 2\,000 - 10\,x_1 - 20\,x_2$$
$$(14) \quad -z = \quad\;\; 0 - 20\,x_1 - 10\,x_2$$

Diese Basisdarstellung zeigt die Abhängigkeit der Basisvariablen von den Nichtbasisvariablen.[1]) Da die letzteren in unserem Falle gleich Null sind, erhält man die folgende

Anfangslösung:

Nichtbasisvariable	Basisvariable
$x_1 = 0$	$w_1 = 3\,000$
$x_2 = 0$	$w_2 = 6\,000$
	$w_3 = 2\,000$
und	$z \;\; = 0$

Das Ziel der Rechnung besteht nun darin, diese Anfangslösung zu verbessern. Das erfolgt durch einen schrittweisen Austausch von Entscheidungsvariablen x_j (Nichtbasisvariable der Anfangslösung) und Schlupfvariablen w_i (Basisvariable der Anfangslösung) solange, bis die Basisvariable z ihren Maximalwert erreicht hat.

Die Austauschbedingungen

Der Variablenaustausch kann aber durch die besondere Zielsetzung der Optimierung mit ihren gegebenen Bedingungen nicht mehr wie bei einem beliebigen Gleichungssystem unter dem Gesichtspunkt des für die Rechnung jeweils günstigsten Hauptelementes erfolgen (vgl. 1.4.4.). Das Hauptelement muß jetzt zwei Bedingungen unterliegen, die aus folgenden Überlegungen hervorgehen:

1. Die Gleichung der Zielfunktion $20\,x_1 + 10\,x_2 = z$ läßt erkennen, daß z in größerem Maße von x_1 als von x_2 bestimmt wird (Vergleich der Koeffizienten). Es ist deshalb *im allgemeinen* üblich, die Variable mit größtem positivem Koeffizienten in dieser Funktionsgleichung (hier x_1) als neue Basisvariable zu wählen.
Für die Basisdarstellung I' heißt das, die neue Basisvariable wird diejenige, die in der umgestellten Gleichung der Zielfunktion (14) den negativen Faktor größten Betrages, hier $|-20|$, hat. Die x_1-Spalte in I' wird also zur *Schlüsselspalte*.

---

[1]) Weiterhin werden auch die Abkürzungen BV für Basisvariable und NBV für Nichtbasisvariable verwendet

2. Nach dieser Feststellung ist zu ermitteln, gegen welches w_i die Variable x_j ausgetauscht werden kann.

Dazu bildet man die Quotienten aus dem Absolutglied der Gleichungen (11) $\cdots$ (13) in I′ und aus dem negativen Wert der entsprechenden Koeffizienten der neuen Basisvariablen x_1. Mit Hilfe dieser Quotienten wird die *Schlüsselzeile* ermittelt. Da diese nach den Regeln des Austauschverfahrens mittels des negativen Wertes des Hauptelementes umgerechnet (vgl. 1.4.1.) wird, rechnet man auch hier mit negativem Koeffizienten, um eine nochmalige Umrechnung zu sparen.

Somit erhält man als Quotienten q_i:

$$(11)\quad q_1 = 3\,000 : (-(-30)) = 3\,000 : 30 = 100 = q_{min}$$
$$(12)\quad q_2 = 6\,000 : (-(-40)) = 6\,000 : 40 = 150$$
$$(13)\quad q_3 = 2\,000 : (-(-10)) = 2\,000 : 10 = 200$$

Für (14) entfällt die Quotientenbildung, da diese Gleichung die Variable z enthält, die nie aus der Basis eliminiert wird.

Satz

> **Der kleinste nichtnegative Quotient gibt jeweils an, gegen welche Basisvariable auszutauschen ist.**

Die Richtigkeit dieses Satzes, der allgemein nicht bewiesen werden soll, ist auf Grund der folgenden Überlegungen einzusehen:

Man wähle w_3 als Austauschvariable für x_1; damit sind x_2 und w_3 die neuen NBV mit dem Wert Null. Sie treten beide in der Gleichung (13) auf, aus der man den neuen Wert für x_1 erhält.

$$(13)\quad 0 = 2\,000 - 10x_1 - 20 \cdot 0 \qquad x_1 = 200$$

Mit diesem Wert ergibt sich beispielsweise aus

$$(11)\quad w_1 = 3\,000 - 30 \cdot 200 - 20 \cdot 0 = -3\,000$$

Dieses Ergebnis widerspricht der Nichtnegativitätsbedingung für die Schlupfvariablen, so daß w_3 nicht Austauschvariable sein kann. Wird die Rechnung mit w_2 durchgeführt, so erhält man entsprechend unzulässige Werte für die Schlupfvariablen, so daß tatsächlich nur der durch q_{min} festgelegte Austausch den Nichtnegativitätsbedingungen entspricht, was durch die nachfolgende Transformation bestätigt wird.

Die Nichtnegativitätsbedingungen werden also nur durch den jeweiligen Quotienten q_{min} eingehalten, wobei q_{min} auch gleich Null sein kann, während negative Quotienten als q_{min} nicht zulässig sind (und deshalb auch nie berechnet werden), was durch einen ähnlichen Nachweis bestätigt werden kann.

AUFGABE

2.31. Es ist in derselben Art wie für w_3 nachzuweisen, daß auch w_2 nicht Austauschvariable sein kann.

Die Transformationen des Gleichungssystems

Die Umrechnungen erfolgen wie bei sonstigen linearen Gleichungssystemen in einer Tabelle, der sog. **Simplextabelle.**
Diese wird zunächst für die Basisdarstellung der Anfangslösung (I′) aufgestellt, wobei aus Gründen besserer Übersicht die Absolutglieder ans Ende gestellt werden, wie aus Tab. 2.11 ersichtlich ist.

Tabelle 2.11

Nr.	BV	NBV		Abs. gl.	Quotient
		x_1	x_2	a_i	q_i
(11)	w_1	$\boxed{-30}$	-10	3000	$100 \leftarrow$ Sz.
(12)	w_2	-40	-30	6000	150
(13)	w_3	-10	-20	2000	200
(14)	$-z$	$-20\!\uparrow$ Sp.	-10	0	—

In diesem Schema bedeutet die erste Ziffer der ersten Spalte die Nummer der Simplextabelle; die zweite Ziffer die Nummer der Zeile. Schlüsselspalte und -zeile sowie Hauptelement sind bereits gekennzeichnet. Sie wurden folgendermaßen gefunden:
Der absolut größte negative Koeffizient in (14) bestimmt die x_1-Spalte als Schlüsselspalte. Die Division $a_i : (-a_{i1})$ ergibt als „kritischen" Quotienten q_1, und damit wird (11) Schlüsselzeile. Im Kreuzungspunkt von Schlüsselspalte und -zeile steht das Hauptelement. Aus Tab. 2.11 ist ebenso wie aus der Basisdarstellung I′ die Anfangslösung zu entnehmen. Da die NBV den Wert Null haben, steht der Zahlenwert der einzelnen Basisvariablen jeweils in der Spalte der Absolutglieder. Es erübrigt sich deshalb bei einiger Sicherheit in der Anwendung des Verfahrens, die Basisdarstellung in der Form I′ niederzuschreiben; sie steht in verkürzter Schreibweise in der 1. Simplextabelle.
Nach den in Tab. 2.11 geführten Ermittlungen vollzieht sich das Austauschverfahren entsprechend dem auf S. 73 erläuterten Algorithmus, der zum Zwecke der Wiederholung im folgenden noch einmal kurz dargestellt ist.

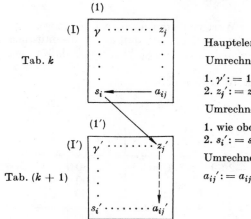

Hauptelement γ

Umrechnen der Schlüsselzeile: (I) → (I′)

1. $\gamma' := 1/(+\,\gamma)$
2. $z_j' := z_j/(-\,\gamma)$

Umrechnen der Schlüsselspalte: (1) → (1′)

1. wie oben
2. $s_i' := s_i/(+\,\gamma)$

Umrechnen aller übrigen Elemente:

$a_{ij}' := a_{ij} + s_i \cdot z_j'$ (Skizze)

Hinweis: Die Zeile der a_{ij} (einschl. s_i) kann — wie in der Skizze — *unterhalb*, ebenso aber auch *oberhalb* der Schlüsselzeile liegen. Die Elemente der z-Zeile (Zielfunktion) werden wie die jeder anderen Zeile umgerechnet.

Es wird nunmehr die 2. Tabelle mit ausgetauschten Variablen angelegt (Tab. 2.12); Schlüsselzeile und anschließend Schlüsselspalte sind zuerst umzurechnen, danach die übrigen Elemente (vgl. S. 153).

Tabelle 2.12

Nr.	BV	NBV		a_i	q_i
		w_1	x_2		
(21)	x_1	$-1/30$	$-1/3$	100	300
(22)	w_2	$4/3$	$-50/3$	2000	120
(23)	w_3	$1/3$	$\boxed{-50/3}$	1000	60 ←
(24)	$-z$	$2/3$	$-10/3$ ↑	-2000	—

Aus Tabelle 2.12 ist die

1. verbesserte Lösung abzulesen:

NBV	BV
$w_1 = 0$	$x_1 = 100$
$x_2 = 0$	$w_2 = 2000$
	$w_3 = 1000$
	und $z = 2000$

Als Gleichung der Zielfunktion nach dem ersten Austauschschritt ergibt sich aus Zeile (24) der Tab. 2.12 die folgende:

$$z = -\frac{2}{3} w_1 + \frac{10}{3} x_2 + 2000$$

Aus ihr ist zu ersehen, daß der Wert von z nur noch vergrößert werden kann, wenn x_2 Basisvariable wird. Daraus folgt für Tab. 2.12, daß die Spalte mit **negativem** Koeffizienten in (24) neue Schlüsselspalte wird; $q_{\min}$ bestimmt, daß x_2 gegen w_3 auszutauschen ist.

Der 2. Austauschschritt führt auf Tabelle 2.13.

Tabelle 2.13

Nr.	BV	NBV		a_i	q_i
		w_1	w_3		
(31)	x_1	$-2/50$	$1/50$	80	
(32)	w_2	1	1	1000	
(33)	x_2	$1/50$	$-3/50$	60	
(34)	$-z$	$3/5$	$1/5$	-2200	

Aus dieser Tabelle folgt die

2. verbesserte Lösung:

NBV	BV
$w_1 = 0$	$x_1 = \quad 80$
$w_3 = 0$	$x_2 = \quad 60$
	$w_2 = 1\,000$

$$\text{und} \quad z \; = 2\,200$$

Die Zielfunktion heißt jetzt:

$$z = -\frac{3}{5}\,w_1 - \frac{1}{5}\,w_2 + 2\,200$$

Es ist ersichtlich, daß diese nun in ihrem Wert für z nicht mehr verbessert werden kann, da sie zwei NBV mit dem Wert Null und mit negativem Koeffizienten enthält. Würde durch einen erneuten Austausch eine dieser Variablen einen von Null verschiedenen positiven Wert erhalten (Nichtnegativitätsbedingung!), so verminderte sich der Wert für z.
Es ist also mit der 2. verbesserten Lösung die Optimallösung erreicht:

$$\boxed{\begin{aligned} x_1 &= \quad 80 \\ x_2 &= \quad 60 \\ z_{\max} &= 2\,200 \end{aligned}}$$

bei einem freien Maschinenzeitfonds von $1\,000$ h für die Maschine M_2 (vgl. 2.2.2.).

Schlußfolgerung

In der Berechnung mit Hilfe der durch die Basisdarstellung I′ und das Austauschverfahren gewonnenen Simplextabellen ist das Maximum dann erreicht, wenn die Koeffizienten der z-Zeile sämtlich positiv sind. (In Ausnahmefällen kann auch der Wert Null vorkommen; vgl. 2.3.5.2.)

Die Vereinfachung des Rechenverfahrens

Aus der Zusammenfassung der vorstehenden drei Simplextabellen zur Tabelle 2.14 läßt sich, ähnlich wie beim Lösen linearer Gleichungssysteme (vgl. 1.4.4.), eine Vereinfachung des Rechenverfahrens ableiten.

Rechenablauf

I wird aufgestellt und um die Kontrollspalte k_s (vgl. S. 156) erweitert. Durch Schlüsselspalte und -zeile ergibt es sich, welche Variablen ausgetauscht werden müssen. In II wird, entsprechend dem Austauschverfahren, nach der Schlüsselzeile sofort die z-Zeile (24) berechnet. Dabei ergibt sich das zuerst zu berechnende Element aus der vorangehenden Schlüsselspalte, die anderen entsprechend der weiteren Umrechnungsregel. Tritt in der z-Zeile noch mindestens ein negativer Koeffizient auf, wie hier in ③, so sind alle weiteren Elemente der zweiten Tabelle zu berechnen.[1]

---

[1] Die zusätzliche Zeile k_z in II und in III dient wie die Spalte k_s der Kontrollrechnung

Tabelle 2.14

⓪	①	②	③	④	⑤	⑥
Nr.	BV	x_1	x_2	a_i	q_i	k_s
(11)	w_1	$\boxed{-30}$	-10	3 000	$\leftarrow -100$	
I (12)	w_2	-40	-30	6 000	150	
(13)	w_3	-10	-20	2 000	200	
(14)	$-z$	$-20\uparrow$	-10	0	—	
		w_1	x_2			
(21)	x_1	$-1/30$	$-1/3$	100	300	-20
II (22)	w_2	$4/3$	$-50/3$	2 000	120	0
(23)	w_3	$1/3$	$\boxed{-50/3}$	1 000	$\leftarrow$ 60	0
(24)	$-z$	$2/3$	$-10/3\uparrow$	-2000	—	—
k_z		0	-10	0		
		w_1	w_3			
(31)	x_1	$-2/50$	$1/50$	80		-20
III (32)	w_2	1	1	1 000		0
(33)	x_2	$1/50$	$-3/50$	60		-10
(34)	$-z$	$3/5$	$1/5$	-2200		
k_z		0	0	0		

Nach Bestimmung des Hauptelementes in II wird im Übergang zu III auch wieder nach der Schlüsselzeile zuerst die z-Zeile berechnet. Da der Koeffizient dieser Zeile in ③ jetzt auch positiv ist, kann eine weitere Verbesserung nicht erfolgen. Die Optimaltabelle ist erreicht, und es brauchen deshalb nur noch die Absolutglieder von III berechnet zu werden. Die Tabelle nimmt damit die nachstehende Form an (Tab. 2.15).

Die Kontrollrechnung

Für die volle wie für die verkürzte Berechnung der einzelnen Simplextabellen läßt sich spaltenweise eine Probe durchführen, durch die die Elemente der jeweiligen z-Zeile überprüft werden können. Man trägt von Block II an (vgl. Tab. 2.14 u. 2.15) in jeder der Simplextabellen in Spalte ⑥ — Kontrollspalte k_s — für jede Basisvariable des Blocks und in die Kontrollzeile k_z für jede Nichtbasisvariable und für das Absolutglied desselben Blocks den in der z-Zeile von I stehenden Koeffizienten ein. Dabei haben die Basisvariablen in Block I, die hier mit den Schlupfvariablen identisch sind, in der Gleichung der Zielfunktion den Wert Null; denn die im Beispiel

Tabelle 2.15

⓪	①	②	③	④	⑤	⑥
Nr.	BV	x_1	x_2	a_i	q_i	k_s
(11)	w_1	$\boxed{-30}$	-10	$3\,000$	$\rightarrow 100$	
I (12)	w_2	-40	-30	$6\,000$	150	
(13)	w_3	-10	-20	$2\,000$	200	
(14)	$-z$	$-20\uparrow$	-10	0	$-$	
		w_1	x_2			
(21)	x_1	$-1/30$	$-1/3$	100	300	-20
II (22)	w_2	$4/3$	$-50/3$	$2\,000$	120	0
(23)	w_3	$1/3$	$\boxed{-50/3}$	$1\,000$	$\leftarrow 60$	0
(24)	$-z$	$2/3$	$-10/3\uparrow$	$-2\,000$	$-$	$-$
k_z		0	-10	0		
		w_1	w_3			
(31)	x_1			80		-20
III (32)	w_2			$1\,000$		0
(33)	x_2	$1/50$	$-3/50$	60		-10
(34)	$-z$	$3/5$	$1/5$	$-2\,200$		
k_z				0		

gegebene Zielfunktion heißt unter Einbeziehung aller Variablen und des Absolutgliedes nach (14)

$$20 x_1 + 10 x_2 + 0 \cdot w_2 + 0 \cdot w_3 - z = 0,$$

wobei in der Simplextabelle diese Gleichung noch nach $-z$ aufgelöst ist.
Die Kontrollrechnung erfolgt spaltenweise von der 2. Simplextabelle an nach der folgenden

Regel

Vermindert man das Element der z-Zeile einer zu kontrollierenden Spalte um das Skalarprodukt aus den weiteren Elementen dieser Spalte und den *entsprechenden* Elementen der Kontrollspalte, so erhält man die Kontrollzahl der zu kontrollierenden Spalte, die in der Kontrollzeile angeschrieben ist.

Allgemeine Darstellung für eine beliebige Spalte

BV	NBV...	k_s
(1)	e_1	k_1
(2)	e_2	k_2
......	......	....
(i)	e_i	k_i
$-z$	c_j	—
k_z	k_n	—

Es bedeuten:

k_s, k_z Kontrollspalte und -zeile

e_i Zeilenelemente in der zu kontrollierenden Spalte der NBV $(i = 1, \cdots, m)$

k_i die Faktoren der Basisvariablen und

k_n der Nichtbasisvariablen nach der erweiterten Zielfunktion der 1. Simplextabelle (vgl. o.).

Bei richtiger Berechnung muß der folgende Zusammenhang gelten:

$$c_j - \sum_{i=1}^{m} e_i k_i = k_n \tag{2.5}$$

Die Kontrolle der Spalte der Absolutglieder in der Optimaltabelle kommt dem Einsetzen der gefundenen Optimalwerte für die Entscheidungsvariablen in die gegebene Zielfunktion gleich.

Diese Kontrollrechnung ergibt sich anhand des Austauschverfahrens. Die Richtigkeit soll im folgenden für die 3. Simplextabelle der Tabelle 2.14 nachgewiesen werden. Die Zielfunktion in III enthält nur noch die NBV w_1 und w_3; d. h., durch schrittweisen Austausch sind aus der Zielfunktion von I die NBV x_1 und x_2 eliminiert worden. Das kann nachträglich dadurch erreicht werden, daß man die Gleichungen (31) für x_1 und (33) für x_2 in (14) einsetzt (vgl. Tab. 2.14)

$$(1) \quad -z = -20(-2/50 w_1 + 1/50 w_3 + 80) - 10(1/50\, w_1 - 3/50\, w_3 + 60) + 0$$

$$(2) \quad -z = [(-20)(-2/50) + (-10)(1/50)]\, w_1 + [(-20)(1/50) + (-10)(-3/50)]\, w_3 + [(-20)(80) + (-10)(60 + 0)]$$

Der Faktor von w_1 in der geordneten Gleichung (2) ist gleich dem Skalarprodukt aus den Elementen der Spalte ② von III mit den zugehörigen Kontrollelementen der Spalte ⑥ von III.

Der Wert dieses Skalarproduktes beträgt

$$(-2/50) \cdot (-20) + 1/50 \cdot (-10) = 30/50 = 3/5$$

Die Differenz $c_j - \sum e_i k_i$ ist folglich $3/5 - 3/5 = 0$, wie es dem Kontrollelement der Spalte ② in III entspricht (Tab. 2.14). Erwähnt sei noch, daß in der obigen Nachweisrechnung die Summanden, die entfallen, weil sie bei der Kontrolle den Faktor 0 enthalten, nicht auftreten.

AUFGABE

2.32. a) Unter Benutzung der obenstehenden Gleichung (2) für $-z$ ist dasselbe wie für die Spalte ② für die Spalten ③ und ④ in Tabelle 2.14, III, nachzuweisen.

b) Die entsprechende Nachweisrechnung ist ebenso für die 2. Simplextabelle in Tabelle 2.14 zu führen.

BEISPIEL

Für das folgende Modell ((16)) ist das Optimum mit Hilfe des Austauschverfahrens zu berechnen; die Kontrollrechnung ist durchzuführen.

$$\text{Zielfunktion} \qquad 2x_1 + 3x_2 = z \to \max{}^1)$$

$$\begin{aligned}\text{Nebenbedingungen (1)} & \quad 2x_1 + 4x_2 \leq 16 \\ (2) & \quad 2x_1 + x_2 \leq 10 \\ (3) & \quad \phantom{2x_1 + {}}4x_2 \leq 12 \\ \text{mit} \quad & \quad x_1, \quad x_2 \geqq 0\end{aligned}$$

((16))

Lösung:

Das dem Modell entsprechende Gleichungssystem lautet:

$$\begin{aligned}(1) \quad & 2x_1 + 4x_2 + w_1 && = 16 \\ (2) \quad & 2x_1 + x_2 \phantom{{}+ w_1} + w_2 && = 10 \\ (3) \quad & 0x_1 + 4x_2 \phantom{{}+ w_1 + w_2} + w_3 && = 12 \\ (4) \quad & 2x_1 + 3x_2 \phantom{{}+ w_1 + w_2 + w_3} -z && = 0\end{aligned}$$

Da für 6 Variablen nur 4 Gleichungen vorhanden sind, müssen 2 Variablen — wieder die Entscheidungsvariablen — als NBV mit dem Wert Null belegt werden.

Die Basisdarstellung der Anfangslösung wird sofort als erste Simplextabelle (Tab. 2.16) geschrieben, die Grundlage der folgenden Transformationen bis zur Optimallösung ist. Es darf bei der Berechnung erst dann zur folgenden Simplextabelle übergegangen werden, wenn die Kontrollrechnung durchgeführt wurde und zu keinem Widerspruch führte.

Das Beispiel zeigt, daß man, solange in der *stets zuerst berechneten z*-Zeile auch nur noch *ein* negatives Element enthalten ist, die gesamte Tabelle berechnen muß. Würde in III aus der Überlegung heraus, daß die w_3-Spalte in II zu positivem z-Element geführt hat, diese w_3-Spalte nicht mehr umgerechnet, so müßte die dritte Simplextabelle als optimal angesprochen werden, was aber nicht der Fall ist.

AUFGABEN

2.33. Durch die grafische Lösung des voranstehenden Beispiels ist zu ermitteln, welche Eckpunkte des Bereichs der zulässigen Lösungen durch die jeweilige Simplextabelle bestimmt sind, und zu begründen, daß III noch nicht die Optimaltabelle ist.

Die folgenden Modelle sind einschließlich Kontrollrechnung analytisch zu lösen.

2.34.   Modell ((2)), S. 125 und S. 145 (Aufgabe 2.25)
2.35.   Modell ((6)), S. 127 (Aufgabe 2.1)
2.36.   Modell ((11)), S. 139 (Aufgabe 2.18)
2.37. a) Modell ((12a)), S. 139 (Aufgabe 2.19)
      b) Modell ((12b)), S. 139 (Aufgabe 2.19)

---

^{1}) Nach [2.9]

Tabelle 2.16

⓪	①	②	③	④	⑤	⑥
Nr.	BV	x_1	x_2	a_i	q_i	k_s
(11)	w_1	-2	-4	16	4	
I (12)	w_2	-2	-1	10	10	
(13)	w_3	0	$\boxed{-4}$	12	$\leftarrow 3$	
(14)	$-z$	-2	$-3\uparrow$	0	—	
		x_1	w_3			
(21)	w_1	$\boxed{-2}$	1	4	$\leftarrow 2$	0
II (22)	w_2	-2	1/4	7	3,5	0
(23)	x_2	0	$-1/4$	3	—	-3
(24)	$-z$	$-2\uparrow$	3/4	-9	—	
	k_z	-2	0	0		
		w_1	w_3			
(31)	x_1	$-1/2$	1/2	2	—	-2
III (32)	w_1	1	$\boxed{-3/4}$	3	$\leftarrow 4$	0
(33)	x_2	0	$-1/4$	3	12	-3
(34)	$-z$	1	$-1/4\uparrow$	-13		
	k_z	0	0	0		
		w_1	w_2			
(41)	x_1			4		-2
IV (42)	w_3	4/3	$-4/3$	4		0
(43)	x_2			2		-3
(44)	$-z$	2/3	1/3	-14		
	k_z			0		

Für die Aufgaben 2.34 bis 2.37 ist die analytische Lösung stets mit der grafischen Lösung in 2.2.2. und 2.2.3. zu vergleichen.

2.38.   Zielfunktion $3x_1 + \ x_2 = z \rightarrow \max$ ((17))

Nebenbedingungen (1) $2x_1 + \ \cdot x_2 \leqq 20$

(2) $6x_1 + \ x_2 \leqq 48$

(3) $3x_1 + 4x_2 \leqq 54$

mit $x_1, \quad x_2 \geqq 0$

Die Lösung ist grafisch zu kontrollieren.

2.39.   Zielfunktion

$$2x_1 + x_2 = z \to \max \qquad ((18\,a))$$
$$2x_1 + 3x_2 = z \to \max \qquad ((18\,b))$$

Nebenbedingungen (1) $4x_1 + 4x_2 \leqq 28$
(2) $2x_1 \leqq 10$
(3) $-x_1 + 3x_2 \leqq 9$
mit $x_1, x_2 \geqq 0$

Die Modelle enthalten die gleichen Zielfunktionen wie in Aufgabe 2.37; durch die neuen Nebenbedingungen werden die Ergebnisse verändert. Geometrische Deutung?

Für die beiden folgenden Aufgaben sind die Modelle aufzustellen und unter Durchführung der Kontrollrechnung analytisch zu lösen.

2.40. Modell ((19)): Ein Betrieb hat die Möglichkeit, kurzfristig aus drei Abfallstoffen drei Produkte P_1, P_2, P_3 zusätzlich zu erzeugen, deren Reingewinn je Einheit der Produkte für P_1 10 Mark, für P_2 6 Mark und für P_3 4 Mark beträgt.

Es ist zu untersuchen, in welcher Anzahl die Produkte hergestellt werden müssen, damit der Reingewinn für dieses Zusatzprogramm möglichst groß ist.
Die Verbrauchsnormen und die vorhandenen Kapazitäten sind der Tabelle 2.17 zu entnehmen.

Tabelle 2.17

Material	Verbrauchsnormen ME			vorhandene Menge
	P_1	P_2	P_3	
A_1	2	1	6	300
A_2	6	5	2	540
A_3	4	2	4	320

Tabelle 2.18

		A_1	A_2	B	Kapazität
Rohstoff I	t	4	3	2	108
Rohstoff II	t	4	3	6	300
Maschine 1	h	—	0,5	5	200
Maschine 2	h	0,4	—	2	100
Reingewinn	Mark	6	7	16	

2.41. Modell ((20)): Ein Betrieb stellt zwei Erzeugnisse A und B her; dabei kann A zwei Fertigungswege durchlaufen, während das bei B nicht der Fall ist. Für die Rohstoffe und für die Maschinen, die zur Fertigung benötigt werden, sind die Kennzahlen und die Einsatzgrößen für einen bestimmten Zeitraum nach Tabelle 2.18 bekannt.

Es ist zu berechnen, wieviel Produkte A auf jedem der Fertigungswege und wieviel Produkte B in dem in Frage kommenden Zeitraum hergestellt werden müssen, wenn der Reingewinn (vgl. auch Tab. 2.18) möglichst groß sein soll.

2.3.2.2.   Erweiterter Normalfall

Wenn zu den Kleiner-Gleich-Beziehungen des Normalfalls der Maximierung Gleichungen hinzukommen, spricht man vom *erweiterten* oder auch *modifizierten* Normalfall.

Obwohl das Grundverfahren erhalten bleibt, sind zusätzliche Überlegungen und Schlußfolgerungen bezüglich einer Erweiterung des im Normalfall angewendeten Algorithmus nötig.

Es sei zunächst am Modell ((4)) mit *einer* Gleichung (vgl. S. 126) die Erweiterung des Verfahrens erläutert.

$$\text{Zielfunktion} \qquad 40x_1 + 20x_2 = z \to \max \qquad\qquad ((4))$$

$$\begin{aligned}
\text{Nebenbedingungen} \quad (1) \quad & 30x_1 + 10x_2 \leqq 3000 \\
(2) \quad & 50x_1 + 20x_2 \leqq 7500 \\
(3) \quad & 3x_1 \qquad\quad = x_2 \\
\text{mit} \quad & x_1, \qquad x_2 \geqq 0
\end{aligned}$$

Die Nebenbedingungen (1) und (2) werden mit Hilfe von zwei Schlupfvariablen w_1 und w_2 in Gleichungen überführt.

Um zu einer Simplextabelle zu kommen, die *drei* gegebenen Ungleichungen entspricht, wird auch (3) eine Schlupfvariable zugefügt. Da diese aber im Verlauf der Rechnung unbedingt den Wert Null annehmen muß, damit die Gleichheitsbeziehung erfüllt werden kann, wird diese Schlupfvariable als „Sonderfall" mit $\overline{w}_3$ gekennzeichnet und *künstliche Variable* genannt.

Damit ergibt sich zunächst für das Modell ein der normalen Aufgabe entsprechendes Gleichungssystem von vier Gleichungen und sechs Variablen.

$$\begin{aligned}
(1) \quad & 30x_1 + 10x_2 + w_1 && = 3000 \\
(2) \quad & 50x_1 + 20x_2 && + w_2 && = 7500 \\
(3) \quad & 3x_1 - x_2 && + \overline{w}_3 && = 0 \\
(4) \quad & 40x_1 + 20x_2 && -z && = 0
\end{aligned}$$

Für die Anfangslösung werden die beiden Entscheidungsvariablen gleich Null gesetzt, so daß die Basisdarstellung dieser Anfangslösung lautet:

$$\begin{aligned}
(1) \quad w_1 &= -30x_1 - 10x_2 + 3000 \\
(2) \quad w_2 &= -50x_1 - 20x_2 + 7500 \\
(3) \quad \overline{w}_3 &= -3x_1 + x_2 + 0 \\
(4) \quad -z &= -40x_1 - 20x_2 + 0, \quad \text{woraus sich die erste Simplextabelle}
\end{aligned}$$

(2.19) ergibt.

Es muß für die weitere Rechnung unbedingt gesichert werden, daß $\overline{w}_3$

1. zur NBV mit dem Wert Null wird und
2. nicht wieder durch die Transformation in die Basis zurückkommt. Deshalb versucht man — entgegen der Regel im Normalfall — unabhängig von den Werten der z-Zeile, sofort im ersten Austausch $\overline{w}_3 \leftrightarrow x_j$ die künstliche Schlupfvariable aus der

Basis zu entfernen.[1]) Das gelingt im Beispielfall, wie in Tabelle 2.19 gekennzeichnet, durch den Austausch mit x_1, da der kritische Quotient nicht negativ sein darf. Hier fällt allerdings die Zielstellung $\overline{w}_3 \leftrightarrow x_j$ mit dem Regelfall beim Austausch zusammen. Die Umrechnung nach dem Austauschverfahren ergibt die Tabelle 2.20.

Tabelle 2.19

Nr.	BV	x_1	x_2	a_i	q_i
(11)	w_1	-30	-10	$3\,000$	100
(12)	w_2	-50	-20	$7\,500$	150
(13)	$\overline{w}_3$	$\boxed{-3}$	$+1$	0	$0 \leftarrow$
(14)	$-z$	$-40\uparrow$	-20	0	$-$

Tabelle 2.20

Nr.	BV	$\overline{w}_3$	x_2	a_i	q_i
(21)	w_1		$\boxed{-20}$	$3\,000$	150
(22)	w_2		$-110/3$	$7\,500$	$204{,}5$
(23)	x_1		$1/3$	0	$-$
(24)	$-z$		$-100/3$	0	

Tabelle 2.21

Nr.	BV	$\overline{w}_3$	w_1	a_i	q_i
(31)	x_2		$-1/20$	150	
(32)	w_2			2000	
(33)	x_1			50	
(34)	$-z$		$5/3$	$-5\,000$	

Die Spalte der Schlupfvariablen, die nicht wieder in die Basis aufgenommen werden darf, wird aus „Sicherheitsgründen", die besonders bei großen Problemen wichtig sind, überhaupt nicht berechnet. Nunmehr erfolgt die weitere Rechnung wie üblich; der negative Koeffizient der z-Zeile bestimmt die Schlüsselspalte. Die Umrechnung führt zu Tabelle 2.21.
Mit Tabelle 2.21 ist die Maximallösung erreicht.

---

[1]) Es ist u. U. auch erst nach einem vorangehenden Austauschschritt möglich, die Variablen $\overline{w}$ aus der Basis zu entfernen; $\overline{w} = 0$ muß aber gewährleistet sein, wenn das Problem lösbar sein soll

BV			NBV
$x_1 =$	50	mit	$w_1 = 0$
$x_2 =$	150		$\overline{w}_3 = 0$
$w_2 =$	2000		
und $z_{max} =$	5000		

Ergebnis: Die Entscheidungsvariablen geben zusammen mit z_{max} die Optimallösung an.

$$\boxed{\begin{aligned} x_1 &= 50 \\ x_2 &= 150 \\ z_{max} &= 5000 \end{aligned}} \quad \text{mit} \quad \begin{aligned} w_1 &= 0 \\ w_2 &= 2000 \end{aligned}$$

Nach dieser werden die Produkte A und B im vorgeschriebenen Verhältnis $1:3$ erzeugt bei einem Reingewinn von 5000 Mark. Der zur Verfügung stehende Rohstoff wird aufgebraucht, während vom Maschinenzeitfonds 2000 h nicht ausgelastet sind.

AUFGABE

2.42. a) Es ist zu überprüfen, ob in den beiden nicht berechneten Spalten der Tabellen 2.20 und 2.21 die Elemente der z-Zeile jeweils nichtnegativ sind.

b) Das analytisch gefundene Ergebnis ist mit der grafischen Darstellung des Modells (S. 141) zu vergleichen.

Wenn *mehrere Gleichungen* in den Nebenbedingungen vorhanden sind, muß eine zusätzliche Zielfunktion eingeführt werden [2.9].
Das sei am Modell ((21)) gezeigt.

$$\begin{array}{lllll} \text{Zielfunktion} & 4x_1 + 2x_2 + & x_3 = z \to \max & & ((21)) \\ \text{Nebenbedingungen (1)} & 2x_1 + 2x_2 & \leqq 200 & & \\ \qquad\qquad\qquad (2) & x_1 + & 4x_3 \leqq 100 & & \\ \qquad\qquad\qquad (3) & x_1 + x_2 & = 50 & & \\ \qquad\qquad\qquad (4) & 2x_2 + & x_3 = 100 & & \\ \text{mit} & x_1, \quad x_2, \quad x_3 & \geqq 0 & & \end{array}$$

Das aus dem Modell zu entwickelnde Gleichungssystem erfordert es, **zwei** künstliche Variablen $\overline{w}$ einzuführen.

$$\begin{array}{lll} (1) & 2x_1 + 2x_2 + w_1 & = 200 \\ (2) & x_1 + 4x_3 + w_2 & = 100 \\ (3) & x_1 + x_2 + \overline{w}_3 & = 50 \\ (4) & 2x_2 + x_3 + \overline{w}_4 & = 100 \\ (5) & 4x_1 + 2x_2 + x_3 - z & = 0 \end{array}$$

Als Nichtnegativitätsbedingung gilt

$$\begin{aligned} x_1 \cdots x_3, \; w_1, w_2 &\geqq 0 \\ \overline{w}_3, \overline{w}_4 &= 0. \end{aligned}$$

Wie immer werden die Entscheidungsvariablen in der Anfangslösung zu Nichtbasisvariablen gewählt, so daß die Basisdarstellung der Anfangslösung lautet:

$$(1) \quad w_1 = -2x_1 - 2x_2 \qquad\qquad + 200$$
$$(2) \quad w_2 = - \ x_1 \qquad\qquad - 4x_3 + 100$$
$$(3) \quad \overline{w}_3 = - \ x_1 - \ x_2 \qquad\quad + \ 50$$
$$(4) \quad \overline{w}_4 = \qquad\qquad - 2x_2 - \ x_3 + 100$$
$$(5) \ -z = -4x_1 - 2x_2 - \ x_3 + \quad 0$$

Da es sich bei den Nebenbedingungen (3) und (4) wieder um Gleichungen handelt,
muß gewährleistet werden, daß beide künstliche Variablen $\overline{w}$ den Wert Null annehmen. Zu diesem Zweck entwickelt man die schon erwähnte zweite Zielfunktion $\overline{z}$.
Die Addition der Gleichungen (3) und (4) ergibt folgende Bedingung:

$$\overline{w}_3 + \overline{w}_4 = -x_1 - 3x_2 - x_3 + 150 = 0$$
$$\text{mit } \overline{w}_3 = 0 \text{ und } \overline{w}_4 = 0.$$

Diese Bedingung wird erfüllt durch die Gleichung

$$(6') \ -x_1 - 3x_2 - x_3 = -150.$$

Das *zuerst zu erreichende Ziel* muß also sein, ein Tripel (x_1, x_2, x_3) zu finden, das dem
linken Term der Gleichung (6') den Wert -150 gibt. Damit wird (6') zu einer zusätzlichen Zielfunktion; man gibt ihr als Hilfszielfunktion die Form

$$(6) \ -x_1 - 3x_2 - x_3 + \overline{z} = \qquad 0, \text{ die erfüllt ist, wenn}$$
$$+ \ \overline{z} = +150 \text{ geworden ist.}$$

Die Rechnung erfolgt im üblichen Schema der Simplextabelle, wobei aber als *Ausgang der Berechnung* zunächst die Hilfszielfunktion $\overline{z}$ in der zur z-Zeile analogen Form

$$-x_1 - 3x_2 - x_3 + 0 = -\overline{z}$$

zugrunde gelegt wird. Der Zielwert $-\overline{z} = -150$ wird zur Orientierung in Klammer
in der q-Spalte notiert (Tab. 2.22). Für die Wahl der Schlüsselspalte ist zunächst
allein die $\overline{z}$-Zeile maßgebend, unabhängig von den Koeffizienten der z-Zeile.

Tabelle 2.22

Nr.	BV	x_1	x_2	x_3	a_i	q_i
(11)	w_1	-2	-2	0	200	100
(12)	w_2	-1	0	-4	100	$-$
(13)	$\overline{w}_3$	-1	-1	0	50	50
(14)	$\overline{w}_4$	0	$\boxed{-2}$	-1	100	$\leftarrow 50$
(15)	$-z$	-4	-2	-1	0	$-$
(16)	$-\overline{z}$	-1	$-3\uparrow$	-1	0	(-150)

Die erste Iteration erfolgt durch den Austausch $\overline{w}_4 \leftrightarrow x_2$ oder $\overline{w}_3 \leftrightarrow x_2$. Bei mehrfach gleichem $q_{\min}$ liegt ein Sonderfall des Linearoptimierungsproblems vor, auf das in 2.3.5. eingegangen wird. Im Beispielfall wird der erstgenannte Austausch durchgeführt.

Der Algorithmus läuft solange ab, bis $\overline{z}$ den gewünschten Wert erreicht hat. Das ist stets möglich, wenn das Problem überhaupt lösbar ist.[1]) Aus Tabelle 2.22 ist außerdem ersichtlich, daß eine jedesmalige Entwicklung der zusätzlichen Zielfunktion nicht nötig ist. Die Koeffizienten der $\overline{z}$-Zeile können sofort als Summen der entsprechenden Elemente der jeweiligen $\overline{w}$-Zeilen ermittelt werden. Die Umrechnung in der üblichen Weise führt auf Tabelle 2.23, in der wieder die Spalte der künstlichen Variablen nicht berechnet ist.

Tabelle 2.23

Nr.	BV	x_1	$\overline{w}_4$	x_3	a_i	q_i
(21)	w_1	-2		1	100	50
(22)	w_2	-1		-4	100	100
(23)	$\overline{w}_3$	$\boxed{-1}$		$1/2$	0	$0 \leftarrow$
(24)	x_2	0		$-1/2$	50	$-$
(25)	$-z$	-4		0	-100	
(26)	$-\overline{z}$	$-1\uparrow$		$1/2$	-150	

Tabelle 2.24

		$\overline{w}_3$	$\overline{w}_4$	x_3	a_i	q_i
(31)	w_1			0	100	$-$
(32)	w_2			$\boxed{-9/2}$	100	$\leftarrow 200/9$
(33)	x_1			$+1/2$	0	$-$
(34)	x_2			$-1/2$	50	100
(35)	$-z$			$-2\uparrow$	-100	
(36)	$-\overline{z}$			0	-150	

Nach Tabelle 2.23 hat $\overline{z}$ bereits den erforderlichen Wert, und es ist sowohl $\overline{w}_3 = 0$ (Absolutglied!) als auch $\overline{w}_4 = 0$ (Nichtbasisvariable). Da aber $\overline{w}_3$ noch Basisvariable ist und in (26) im Zusammenhang damit auch noch ein negativer Koeffizient in der $\overline{z}$-Zeile auftritt, muß ein weiterer Austausch erfolgen, der $\overline{w}_3$ zur Nichtbasisvariablen macht (vgl. Tab. 2.24).

Mit Tabelle 2.24 ist die erste Zielsetzung erreicht: $\overline{w}_3$ und $\overline{w}_4$ haben als Nichtbasisvariablen den Wert Null, und es ist $\overline{z} = 150$. Beides erfüllt die auf S. 165 entwickelte Bedingung dafür, daß in den Nebenbedingungen des Beispiels die Gleichungen (3) und (4) erfüllbar sind. Da die beiden künstlichen Variablen weiterhin nicht mehr aus-

---

[1]) Diese Behauptung kann im Rahmen des vorliegenden Lehrbuchs nicht bewiesen werden

getauscht werden, bleibt die Bedingung $\overline{w}_3 + \overline{w}_4 = 0$ erhalten, so daß die $\overline{z}$-Zeile von nun an in den weiteren Tabellen entfallen kann. Das äußere Zeichen dafür, daß die Hilfszielfunktion voll erfüllt ist, zeigen die Koeffizienten 0 für *alle zu berechnenden* Spalten der Nichtbasisvariablen *der* Tabelle an, die den erforderlichen Zielwert für $\overline{z}$ enthält. Nur wenn auch dieses Kriterium erfüllbar ist, hat das Problem eine Lösung. Das Maximum der Zielfunktion ist jedoch mit Tabelle 2.24 nicht erreicht, denn die Zeile (35) enthält noch einen negativen Koeffizienten. Es ist also eine weitere Umrechnung nötig (vgl. Tab. 2.25).

Tabelle 2.25

Nr.	BV	$\overline{w}_3$	$\overline{w}_4$	w_2	a_i	q_i	k_s
(41)	w_1			0	100		0
(42)	x_3			$-2/9$	200/9		-1
(43)	x_1			$-1/9$	100/9		-4
(44)	x_2			1/9	350/9		-2
(45)	$-z$			4/9	$-1\,300/9$		
	k_z			0	0		

Mit Tabelle 2.25 wird das Optimum erreicht; die nunmehr durchgeführte Kontrollrechnung bestätigt das Ergebnis.

Es sei noch darauf hingewiesen, daß auch durch die letzte Tabelle die Bedingung

(6) $-x_1 - 3x_2 - x_3 = -150$ (vgl. S. 165)

erfüllt ist, wie die Belegung der Variablen dieser Gleichung mit den in Tabelle 2.25 für x_j erhaltenen Ergebnissen zeigt:

$$-100/9 - 1\,050/9 - 200/9 = -1\,350/9 = -150$$

Als optimale Lösung ist aus Tabelle 2.25 die folgende abzulesen:

$$
\begin{array}{ll}
x_1 = & 100/9 \\
x_2 = & 350/9 \\
x_3 = & 200/9 \\
z_{\max} = & 1\,300/9
\end{array}
\quad
\begin{array}{l}
\text{mit } w_1 = 100 \\
w_2 = 0
\end{array}
$$

Anmerkung: **Beilage 1** enthält ein Ablaufschema zur Berechnung des Normalfalls (einschl. Erweiterung) der Maximierung.

AUFGABEN

2.43. Es ist durch Einsetzen nachzuweisen, daß das gegebene Modell ((21)) durch die Lösungswerte eindeutig erfüllt wird.

2.44. Modell ((8)), Aufgabe 2.3, S. 128, ist analytisch zu lösen.

Tabelle 2.26

Heizstoff	Heizwert $\frac{}{10^6 \text{ J}}$	Kosten je Einheit (in Relativzahlen)
H_1	6	2
H_2	4	1
H_3	5	1,5

2.45. Modell ((22)): Es ist eine Heizstoffmischung mit möglichst hohem Heizwert zu berechnen. Heizwerte und Kosten sind der Tabelle 2.26 zu entnehmen.

Nebenbedingungen:
1. Die Mischung soll nicht mehr als 2000 Heizstoffeinheiten umfassen;
2. die Gesamtkosten (in Relativzahlen)[1] dürfen 3200 nicht überschreiten;
3. von der Heizstoffsorte H_1 sollen 1000 Einheiten in die Mischung eingehen.

Nach Aufstellen des Modells sind das Produktionsprogramm und der Heizwert der Mischung zu berechnen.

2.46. Modell ((23)): Ein Betrieb hat die Möglichkeit, aus drei Rohstoffen vier Produkte herzustellen. Die Menge der Rohstoffe je Einheit der Produkte, die vorhandenen Kapazitäten und der beim Verkauf der Produkte zu erzielende Reingewinn sind der Tabelle 2.27 zu entnehmen.

Tabelle 2.27

	P_1	P_2	P_3	P_4	Kap.
R_1	8	12	20	6	6000
R_2	6	2	4	6	2000
R_3	1	5	4	1	1500
Gewinn Mark	6	8	12	9	

Aus volkswirtschaftlichen Gründen sind von P_1 und P_2 zusammen 100 Einheiten, dagegen von P_3 allein 200 Einheiten zu produzieren.
Es sind Produktionsprogramm und maximaler Gewinn zu berechnen.

2.3.2.3.   Allgemeiner Fall

Ein allgemeiner Fall liegt vor, wenn im System der Nebenbedingungen neben Kleiner-Gleich-Beziehungen auch Größer-Gleich-Beziehungen und Gleichungen vorkommen. Modell ((24)) stellt einen solchen Fall dar, bei dem es sich um die Produktion von zwei Erzeugnissen handelt mit einschränkenden Bedingungen für drei beliebige Kapazitäten; der maximale Gewinn soll ermittelt werden.

Zielfunktion	$20x_1 + 10x_2 = z \rightarrow \max$	((24))
Nebenbedingungen (1)	$30x_1 + 10x_2 \geqq 3000$	
(2)	$40x_1 + 30x_2 \leqq 6000$	
(3)	$10x_1 + 20x_2 = 2000$	
mit	$x_1, \quad x_2 \geqq \quad 0$	

[1] Diese geben das *Kostenverhältnis* zwischen den drei Heizstoffen an

Es müssen alle Nebenbedingungen wieder zu einem Gleichungssystem umgearbeitet werden. Für (2) und (3) ist das entsprechende Problem bereits gelöst.

$$(2) \quad 40x_1 + 30x_2 + w_2 = 6000; \quad w_2 \geqq 0$$

$$(3) \quad 10x_1 + 20x_2 + \overline{w}_3 = 2000; \quad \overline{w}_3 = 0$$

Da Nebenbedingung (1) eine Größer-Gleich-Beziehung enthält, muß vom linken Term ein gewisser Betrag **abgezogen** werden, um Gleichheit zu erhalten. Die zu diesem Zweck eingesetzte Schlupfvariable soll zur Unterscheidung von den bisherigen mit v_i bezeichnet werden.

$$(1') \quad 30x_1 + 10x_2 - v_1 = 3000$$

Voraussetzung muß dabei sein, daß $v_i \geqq 0$ ist, da sonst der Ausgleich hinfällig wird. Es könnte aber vorkommen, daß bei genügend großem v_i der Wert des linken Terms von (1') negativ wird. Außerdem würde in diesem Beispiel mit zwei Variablen die linke Seite von (1') auch dann negativ werden, wenn für die Anfangslösung die Entscheidungsvariablen als Nichtbasisvariablen mit dem Wert Null gewählt werden. Um dem auszuweichen, faßt man (1') als eine Gleichung auf im Sinne von 2.3.2.2., zu der man, wie dort dargelegt, eine künstliche Schlupfvariable $\overline{w}$ addiert. Diese wird nur dann den Wert Null annehmen, wenn v_i so bestimmt werden kann, daß (1') tatsächlich eine Gleichung ist.
Es ergibt sich danach das folgende Gleichungssystem:

$$(1) \quad 30x_1 + 10x_2 - v_1 + \overline{w}_1 = 3000$$
$$(2) \quad 40x_1 + 30x_2 + w_2 = 6000$$
$$(3) \quad 10x_1 + 20x_2 + \overline{w}_3 = 2000$$
$$(4) \quad 20x_1 + 10x_2 - z = 0$$
$$\text{mit} \quad x_1, \quad x_2, \quad v_1, \quad w_2 \geqq 0$$
$$\text{und} \overline{w}_1, \quad \overline{w}_3 = 0$$

Bei 4 Gleichungen mit 7 Variablen müssen 3 Variablen als Nichtbasisvariablen mit dem Wert Null frei gewählt werden. Das sind im vorliegenden Fall die Variablen x_1, x_2 und v_1. Die Basisvariablen w_i der Anfangslösung enthalten zwei Schlupfvariablen, die den Wert Null annehmen müssen. Deshalb ist eine zweite Zielfunktion nötig, die gleichzeitig mit der ersten Simplextabelle ermittelt wird.
Nachfolgend die Berechnung des Modells im Zusammenhang. Dabei ist zu beachten, daß in der Simplextabelle die Koeffizienten der Nichtbasisvariablen stets mit *umgekehrtem* Vorzeichen erscheinen.
Optimallösung:

$$\boxed{\begin{aligned} x_1 &= 120 \\ x_2 &= 40 \\ z_{max} &= 2800 \end{aligned}} \quad \text{mit} \quad \begin{aligned} v_1 &= 1000 \\ w_2 &= 0 \\ (\overline{w}_1 &= \overline{w}_3 = 0) \end{aligned}$$

Tabelle 2.28

Nr.	BV	x_1	x_2	v_1	a_i	q_i
(11)	$\overline{w}_1$	$\boxed{-30}$	-10	1	3000	$\leftarrow-100$
(12)	w_2	-40	-30	0	6000	150
(13)	$\overline{w}_3$	-10	-20	0	2000	200
(14)	$-z$	-20	-10	0	0	
(15)	$-\overline{z}$	$-40\uparrow$	-30	1	0	(-5000)

		$\overline{w}_1$	x_2	v_1		
(21)	x_1		$-1/3$	$1/30$	100	300
(22)	w_2		$-50/3$	$-4/3$	2000	120
(23)	$\overline{w}_3$		$\boxed{-50/3}$	$-1/3$	1000	$\leftarrow-60$
(24)	$-z$		$-10/3$	$-2/3$	-2000	
(25)	$-\overline{z}$		$-50/3\uparrow$	$-1/3$	-4000	(-5000)

		$\overline{w}_1$	$\overline{w}_3$	v_1		
(31)	x_1			$1/25$	80	
(32)	w_2			$\boxed{-1}$	1000	$\leftarrow-1000$
(33)	x_2			$-1/50$	60	3000
(34)	$-z$			$-3/5\uparrow$	-2200	
(35)	$-\overline{z}$			0	-5000	erfüllt!

		$\overline{w}_1$	$\overline{w}_3$	w_2		k_s
(41)	x_1				120	-20
(42)	v_1			-1	1000	0
(43)	x_2				40	-10
(44)	$-z$			$3/5$	-2800	
	k_z				0	

Ergebnis: Unter den bestehenden Bedingungen müssen im Planzeitraum 120 Produkte A und 40 Produkte B erzeugt werden, um einen maximalen Gewinn von 2800 Mark zu erhalten.

Das ist aber nur möglich, wenn die für die Kapazität (1) gesetzte *untere Grenze um* 1000 ME *überzogen* werden kann; die Kapazität (2) wird voll ausgelastet, was auch — wie verlangt — für Kapazität (3) der Fall ist.

AUFGABEN

2.47. Die Rechnung für das Modell ((24)) ist auf grafischem Wege zu überprüfen (Millimeterpapier!).
2.48. Modell ((25)): Für die Herstellung von vier verschiedenen Getränken G_1, G_2, G_3, G_4 werden die Zusätze Z_1, Z_2, Z_3 benötigt. Die Mengen der je hl Getränk benötigten Zusätze sowie deren

täglich zur Verfügung stehende Gesamtmengen und der je Einheit zu erzielende Reingewinn sind aus der Tabelle 2.29 zu entnehmen.

Es ist erforderlich, daß von G_1 täglich *mindestens* 10 hl erzeugt werden und daß, auch täglich, die doppelte Menge von G_2 zusammen mit der erzeugten Menge von G_3 genau 12 hl beträgt. Das optimale Programm und der damit verbundene höchste Reingewinn sind zu berechnen.

Tabelle 2.29

Zusätze	Zusätze in kg je hl				Kap.
	G_1	G_2	G_3	G_4	kg
Z_1	1	0	3	1	30
Z_2	0	2	0	1	20
Z_3	2	0	1	1	32
Reingew. hl · Mark	10	10	20	30	

2.49. a) Gibt es bei den vorhandenen Kapazitäten in Aufgabe 2.48 Reserven, wenn das optimale Programm verwirklicht wird?

b) Wie ändern sich das optimale Programm und der Reingewinn, wenn die beiden zusätzlichen Bedingungen wegfallen können?

2.50. Modell ((26)): Aus zwei Rohstoffen können vier Produkte hergestellt werden. Die Rohstoffmengen R_i, die in eine Einheit der Produkte P_j eingehen, sowie Kapazität und Reingewinn sind in Tabelle 2.30 enthalten.

Tabelle 2.30

	P_1	P_2	P_3	P_4	Kap. kg
R_1	8	12	20	6	6400
R_2	1	5	4	1	1600
Gewinn Mark	6	8	12	9	

Dabei ist zu beachten, daß vom Produkt P_1 mindestens 200 und von den Produkten P_2 und P_4 zusammen mindestens 150 Einheiten herzustellen sind.

Das optimale Produktionsprogramm, das den höchsten Gewinn bringt, ist zu berechnen und in bezug auf die Rohstoffe auszuwerten.

2.3.3.   Minimierungsprobleme

2.3.3.1.   Allgemeiner Fall

Im Anschluß an 2.3.2.3. soll sofort der allgemeine Fall der Minimierung besprochen werden, da der einzige Unterschied zum allgemeinen Fall der Maximierung in der Zielfunktion besteht.

Dieser Unterschied kann zum Zwecke der Berechnung dadurch beseitigt werden, daß man die Zielfunktion mit (-1) multipliziert, was gleichbedeutend mit einer Maximierung der Zielfunktion ist [2.14].

Am Modell ((5)) soll die Berechnung gezeigt werden (vgl. S. 127 u. Aufg. 2.28).

$$
\begin{array}{lll}
\text{Zielfunktion} & 8x_1 + 16x_2 + 14x_3 = z \to \min & ((5)) \\
\text{Nebenbedingungen} \;(1) & x_1 + x_2 + x_3 = 1 & \\
\qquad\qquad\qquad\quad (2) & 100x_1 + 160x_2 + 180x_3 \geqq 160 & \\
\qquad\qquad\qquad\quad (3) & 100x_1 + 160x_2 + 180x_3 \leqq 180 & \\
\qquad\qquad\qquad\quad (4) & 3x_1 + x_2 + 2x_3 \leqq 2 & \\
\qquad\qquad\qquad\;\; \text{mit} & x_1, \quad x_2, \quad x_3 \geqq 0 &
\end{array}
$$

Die Nebenbedingungen werden entsprechend den Darlegungen für den allgemeinen Fall der Maximierung durch Schlupfvariablen $w, \overline{w}, v$ in ein Gleichungssystem verwandelt.
Außerdem muß die Zielfunktion wie folgt umgearbeitet werden:

$$
\begin{array}{ll}
8x_1 + 16x_2 + 14x_3 = z \to \mathbf{min} & (-1) \\
-8x_1 - 16x_2 - 14x_3 = -z = z_1 \to \mathbf{max},
\end{array}
$$

woraus folgt, daß $-z_1 = z$.
Damit nimmt das zur Berechnung nötige Gleichungssystem die folgende Form an:

$$
\begin{array}{lll}
(1) & x_1 + x_2 + x_3 + \overline{w}_1 = 1 \\
(2) & 100x_1 + 160x_2 + 180x_3 - v_2 + \overline{w}_2 = 160 \\
(3) & 100x_1 + 160x_2 + 180x_3 + w_3 = 180 \\
(4) & 3x_1 + x_2 + 2x_3 + w_4 = 2 \\
(5) & -8x_1 - 16x_2 - 14x_3 - z_1 = 0
\end{array}
$$

Dabei gilt für *alle* Variablen die Nichtnegativitätsbedingung, die sich für $\overline{w}_1$ und $\overline{w}_2$ auf den Wert 0 einengt.
In die erste Simplextabelle muß außerdem die zusätzliche Zielfunktion $\overline{z}$ eingefügt werden, die Grundlage zu den ersten Verbesserungen der Anfangslösung ist, in der alle Schlupfvariablen w und z_1 Basisvariablen sind.
Dadurch, daß die zu minimierende Zielfunktion in eine zu maximierende verwandelt wurde, erscheinen die Koeffizienten der Hauptzielfunktion z_1 jetzt mit positiven Koeffizienten, was sich aus der Basisdarstellung des obigen Gleichungssystems

Tabelle 2.31

Nr.	BV	x_1	x_2	x_3	v_2	a_i	q_i
(11)	$\overline{w}_1$	-1	-1	-1	0	1	1
(12)	$\overline{w}_2$	-100	-160	$\boxed{-180}$	1	160	$\leftarrow 8/9$
(13)	w_3	-100	-160	-180	0	180	1
(14)	w_4	-3	-1	-2	0	2	1
(15)	$-z_1$	8	16	14	0	0	
(16)	$-\overline{z}$	-101	-161	$-181\uparrow$	1	0	(-161)

Tabelle 2.32

Nr.	BV	x_1	x_2	$\overline{w}_2$	v_2	a_i	q_i	k_s
(21)	$\overline{w}_1$	$-4/9$	$\boxed{-1/9}$		$-1/180$	$1/9$	$\leftarrow 1$	0
(22)	x_3	$-5/9$	$-8/9$		$1/180$	$8/9$	1	14
(23)	w_3	0	0		-1	20	$-$	0
(24)	w_4	$-17/9$	$7/9$		$-1/90$	$2/9$	$-$	0
(25)	$-z_1$	$2/9$	$32/9$		$7/90$	$112/9$		
(26)	$-\overline{z}$	$-4/9$	$-1/9\uparrow$		$-1/180$	$-1448/9$	$(-160^8/_9 > -161)$	
	k_z	8	16		0	0		

(S. 151) ergibt. Der Ablauf des Algorithmus wird dadurch nicht gestört, wie die weitere Rechnung zeigen wird, die vorerst von der Hilfszielfunktion $\overline{z}$ ausgeht. Die dritte Spalte in Tabelle 2.31 wird deshalb zur Schlüsselspalte. Die Umrechnung ergibt Tabelle 2.32.

Der Zielfunktionswert $\overline{z}$ ist noch nicht erreicht; die Koeffizienten der zugehörigen Zeile sind noch alle negativ. Die zweite Spalte in Tabelle 2.32 muß als Schlüsselspalte gewählt werden, da $\overline{w}_1$ zur NBV werden muß. Bei Wahl der ersten Spalte würde $q_4 < q_1$ sein. Für die Wahl der Schlüsselzeile in Tabelle 2.32 bestehen dann zwei

Tabelle 2.33

Nr.	BV	x_1	$\overline{w}_1$	$\overline{w}_2$	v_2	a_i	q_i	k_s
(31)	x_2	-4			$-1/20$	1	$1/4$	16
(32)	x_3	3			$1/20$	0	$-$	14
(33)	w_3	0			-1	20	$-$	0
(34)	w_4	$\boxed{-5}$			$-1/20$	1	$\leftarrow 1/5$	0
(35)	$-z_1$	$-14\uparrow$			$-1/10$	16		
(36)	$-\overline{z}$	0			0	-161	erfüllt!	
	k_z	8			0	0		

Tabelle 2.34

Nr.	BV	w_4	$\overline{w}_1$	$\overline{w}_2$	v_2	a_i	q_i	k_s
(41)	x_2					$1/5$		16
(42)	x_3					$3/5$		14
(43)	w_3					20		0
(44)	x_1	$-1/5$			$-1/100$	$1/5$		8
(45)	$-z_1$	$14/5$			$1/25$	$66/5$		
	k_z					0		

Möglichkeiten, da $q_{min} = 1$ zweimal auftritt. Es muß aber wiederum der Austausch mit der künstlichen Schlupfvariablen ermöglicht werden; demnach ist (21) als Schlüsselzeile zu wählen.

Die $\bar{z}$-Zeile ist für die weitere Rechnung erledigt; in der Zeile der eigentlichen Zielfunktion (Tabelle 2.33) treten jetzt negative Koeffizienten auf. Es kann also die weitere Simplextransformation regulär nach dem Austauschverfahren erfolgen.

Das Maximum ist (in Tabelle 2.34) mit $-z_1 = +13{,}2$ erreicht; da $-z_1 = z$, hat das zu berechnende Minimum des vorliegenden Problems den Wert bei

$$
\begin{array}{ll}
z_{min} = 13{,}2 & \\
x_1 = 0{,}2 & \quad\text{mit}\quad w_3 = 20 \\
x_2 = 0{,}2 & \qquad\qquad w_4 = 0 \\
x_3 = 0{,}6 & \qquad\qquad v_2 = 0
\end{array}
$$

Das bereits bei der grafischen Lösung (vgl. Aufg. 2.28) gefundene Ergebnis erhält man aus der obigen Lösung auf direktem Wege.

AUFGABEN

2.51. Für den Algorithmenablauf zur Bearbeitung eines allgemeinen Problems der Linearoptimierung (Maximierung wie Minimierung) ist ein Ablaufschema aufzustellen.

2.52. Das folgende Modell ((27)) ist analytisch zu lösen.

$$
\begin{array}{lll}
\text{Zielfunktion} & 4x_1 + 7x_2 + 5x_3 = z \to \min & \qquad((27)) \\
\text{Nebenbedingungen (1)} & x_1 + x_2 + x_3 \leqq 4000 & \\
\qquad\qquad\qquad (2) & x_1 + 2x_2 + 1{,}5x_3 = 5500 & \\
\qquad\qquad\qquad (3) & x_1 \qquad\qquad\qquad \geqq 2000 & \\
\qquad\qquad\quad \text{mit} & x_1, \quad x_2, \quad x_3 \geqq 0 &
\end{array}
$$

2.3.3.2.   Normalfall

Enthält das System der Nebenbedingungen eines Minimierungsproblems *nur* Größer-Gleich-Beziehungen, so erfordert die Umformung in ein Gleichungssystem für *jede* Nebenbedingung die Einführung je einer Variablen v_i und einer künstlichen Schlupfvariablen $\overline{w}_i$.

Außerdem muß wieder — wie vorangehend dargelegt — die Zielfunktion mit (-1) multipliziert sowie eine Hilfszielfunktion $\bar{z}$ eingeführt werden. Der Algorithmus läuft dann ohne jede weitere Änderung ab. Diese Überführung in ein Gleichungssystem soll am Modell ((3)), S. 125, dargelegt werden.

$$
\begin{array}{lll}
\text{Zielfunktion} & 17x_1 + 4x_2 + 8x_3 = z \to \min & \qquad((3)) \\
\text{Nebenbedingungen (1)} & 0{,}2x_1 + 0{,}4x_2 + 0{,}1x_3 \geqq 12 & \\
\qquad\qquad\qquad (2) & 0{,}3x_1 \qquad\quad + 0{,}2x_3 \geqq 8 & \\
\qquad\qquad\quad \text{mit} & x_1, \quad x_2, \quad x_3 \geqq 0 &
\end{array}
$$

Das Gleichungssystem als Grundlage der ersten Simplextabelle lautet:

(11) $\quad 0{,}2 x_1 + 0{,}4 x_2 + 0{,}1 x_3 - v_1 + \overline{w}_1 = 12$

(12) $\quad 0{,}3 x_1 + 0 x_2 \quad + 0{,}2 x_3 - v_2 + \overline{w}_2 = \quad 8$

(13) $\quad -17 x_1 - 4 x_2 \quad - 8 x_3 \quad\quad -z_1 = \quad 0 \quad\quad (-z_1 = z)$

Für die Simplextabelle kommt dann noch die Zeile (14) hinzu, die durch Addition der Koeffizienten von (11) und (12) als Hilfszielfunktion den Beginn der Rechnung bestimmt.

Das Gleichungssystem zeigt bereits, daß sich im Normalfall die Zahl der Variablen beträchtlich erhöht.

Bei m Nebenbedingungen mit n Entscheidungsvariablen x_j kommen neu noch $2m$ Variablen dazu, von denen die m Variablen v_i in der Anfangslösung sämtlich Nichtbasisvariablen sind.

AUFGABE

2.53. Modell ((3)) ist entsprechend der vorausgehenden Darlegung analytisch zu lösen.

> Durch Anwendung des sog. Dualitätsprinzips (vgl. 2.3.4.), das für alle Modelle der Linearoptimierung gilt, läßt sich gerade im Normalfall der Minimierung die Erhöhung des Rechenaufwandes umgehen.

2.3.4. Duales Problem

Aus jedem Modell der Linearoptimierung läßt sich ein mit ihm in engem Zusammenhang stehendes zweites Modell ableiten; man sagt, daß zu jedem **primalen** Problem ein **duales** gehört. Ohne die theoretische Begründung geben zu können, die auch wieder weit über den Rahmen des vorliegenden Lehrbuches hinausführen würde, soll dieses Dualitätsprinzip im folgenden dargelegt werden.

Es gilt der **Dualitätssatz**[1]:

> Zu jedem primalen Problem der Linearoptimierung, das einen endlichen Optimalwert z_p hat, gehört ein duales Problem, dessen Optimallösung denselben Wert für z_d hat:
>
> $$\boxed{z_p = z_d} \tag{2.6}$$

Ist dabei der Optimalwert für das primale Problem ein Minimum, so ist der duale Optimalwert ein Maximum und umgekehrt.

Diese Tatsache ermöglicht es, primale Minimierungsaufgaben wieder auf Maximierungsaufgaben zurückzuführen, ohne daß die Zahl der zusätzlichen Variablen sich auf das Doppelte erhöht.

Das duale Problem wird ebenfalls mit dem Austauschverfahren gelöst. Seiner Lösung ist außer dem gemeinsamen Optimalwert auch die Lösungsmenge des primalen Problems zu entnehmen.

---

[1] Dualität (lat.) Zweigliederung, Vertauschbarkeit

Ermittlung des dualen Problems

Als **primales Problem** sei wieder Modell ((3)) von S. 125 der Ermittlung zugrunde gelegt.

Zielfunktion $\qquad$ $17x_1 + 4x_2 + 8x_3 = z_p \to \min$ $\qquad$ ((3))$_p$

Nebenbedingungen (31)$_p$ $\quad 0{,}2x_1 + 0{,}4x_2 + 0{,}1x_3 \geqq 12$

$\qquad\qquad\qquad$ (32)$_p$ $\quad 0{,}3x_1 \qquad\quad + 0{,}2x_3 \geqq 8$

$\qquad\qquad\qquad$ mit $\qquad x_1, \qquad x_2, \qquad x_3 = 0$

Zu dieser Primalaufgabe gehört das in Tabelle 2.35 aufgeschriebene Koeffizientenschema, das die 2,3-Koeffizientenmatrix der Ungleichungen, den Spaltenvektor der dazugehörigen Absolutglieder und den zur Gleichung der Zielfunktion gehörenden Zeilenvektor enthält.

Tabelle 2.35

	x_1	x_2	x_3	a_i
(1)$_p$	0,2	0,4	0,1	12
(2)$_p$	0,3	0	0,2	8
z_d	17	4	8	min

Tabelle 2.36

	v_1	v_2	b_i
(1)$_d$	0,2	0,3	17
(2)$_d$	0,4	0	4
(3)$_d$	0,1	0,2	8
z_d	12	8	max

Durch *Transponieren* dieses Schemas entsteht das duale Schema (Tab. 2.36). Dieses enthält nunmehr eine 3,2-Koeffizientenmatrix mit dem entsprechenden Spaltenvektor der neuen Absolutglieder und dem Zeilenvektor für die Gleichung der dualen Zielfunktion.

Nach dem zweiten Schema erfolgt das Aufstellen des dualen Modells. Es enthält in drei Ungleichungen nur noch die zwei Variablen v_1 und v_2.[1] Die Absolutglieder sind gleich den Koeffizienten in der Gleichung der primalen Zielfunktion; die Koeffizienten von z_d dagegen sind die Absolutglieder des ersten Problems.

Somit ergibt sich das **duale Modell**:

Zielfunktion $\qquad$ $12v_1 + 8v_2 = z_d \to \max$ $\qquad$ ((3))$_d$

Nebenbedingungen (31)$_d$ $\quad 0{,}2v_1 + 0{,}3v_2 \leqq 17$

$\qquad\qquad\qquad$ (32)$_d$ $\quad 0{,}4v_1 \qquad\quad \leqq 4$

$\qquad\qquad\qquad$ (33)$_d$ $\quad 0{,}1v_1 + 0{,}2v_2 \leqq 8$

$\qquad\qquad\qquad$ mit $\qquad v_1, \qquad v_2 \geqq 0$

---

[1] Über die Deutung dieser Variablen als *Scheinkosten* vgl. [4], [2.12], [2.19]

Die allgemeine Darstellung in Matrizenschreibweise zeigt deutlich die Zusammenhänge der beiden Probleme.

Primales Modell

$$\boxed{\begin{aligned} \mathfrak{b}^\mathrm{T}\mathfrak{x} &= z_\mathrm{p} \to \min \\ \mathfrak{A}\mathfrak{x} &\geqq \mathfrak{a} \\ \mathfrak{x} &\geqq \mathfrak{o} \end{aligned}}$$

Zielfunktion

Nebenbeding.

Duales Modell

$$\boxed{\begin{aligned} \mathfrak{a}^\mathrm{T}\mathfrak{v} &= z_\mathrm{d} \to \max \\ \mathfrak{A}^\mathrm{T}\mathfrak{v} &\leqq \mathfrak{b} \\ \mathfrak{v} &\geqq \mathfrak{o} \end{aligned}}$$

n Variablen

und m Ungleichungen

m Variablen

und n Ungleichungen

Die Lösung des Dualproblems

Um die Zusammenhänge noch besser verständlich zu machen, werden das primale und das duale Modell zu Gleichungssystemen mit Hilfe von Schlupfvariablen umgeformt.

Primales Gleichungssystem:

$$\begin{aligned} (11)_\mathrm{p} \quad 0{,}2x_1 + 0{,}4x_2 + 0{,}1x_3 - v_1 \qquad &= 12 \\ (12)_\mathrm{p} \quad 0{,}3x_1 \qquad\qquad + 0{,}2x_3 \qquad - v_2 &= 8 \end{aligned}$$

$\left.\right\}$ 3 Entscheidungs-, 2 Schlupfvariablen

$$\begin{aligned} (13)_\mathrm{p} \quad 17x_1 + 4x_2 + 8x_3 \qquad\qquad\qquad - z_\mathrm{p} &= 0 \\ \text{mit} \qquad x_1, \qquad x_2, \qquad x_3, \quad v_1, \quad v_2 \quad &\geqq 0 \end{aligned}$$

Anmerkung: Im Gleichungssystem brauchen die künstlichen Variablen, deren Wert mit Null festgelegt ist, zunächst nicht aufzutreten; sie sind nur für den Aufbau der Simplextabelle nötig.

Duales Gleichungssystem:

$$\begin{aligned} (11)_\mathrm{d} \quad 0{,}2v_1 + 0{,}3v_2 + x_1 \qquad\qquad &= 17 \\ (12)_\mathrm{d} \quad 0{,}4v_1 \qquad\qquad + x_2 \qquad &= 4 \\ (13)_\mathrm{d} \quad 0{,}1v_1 + 0{,}2v_2 \qquad\qquad x_3 &= 8 \end{aligned}$$

$\left.\right\}$ 2 Entscheidungs-, 3 Schlupfvariablen[1])

$$\begin{aligned} (14)_\mathrm{d} \quad 12v_1 + 8v_2 \qquad\qquad - z_\mathrm{d} &= 0 \\ \text{mit} \qquad v_1, \qquad v_2, \quad x_1, \quad x_2, x_3 \quad &\geqq 0 \end{aligned}$$

Da die Schlupfvariablen v_i des primalen Modells zu Entscheidungsvariablen des dualen Modells werden, verwendet man für sie auch den Begriff „duale Variablen" [2.9].

---

[1]) Zur besseren Einsicht in die Zusammenhänge sind die Schlupfvariablen im dualen Gleichungssystem mit x_i bezeichnet; als Voraussetzung gilt weiterhin $\mathfrak{a} \geqq \mathfrak{o}$, $\mathfrak{b} \geqq \mathfrak{o}$

Das zweite Gleichungssystem soll analytisch gelöst werden. Es liegen 4 Gleichungen mit 6 Variablen vor; als freie Variablen werden wieder die Entscheidungsvariablen, hier v_1 und v_2, mit dem Wert Null belegt. Damit ist die *Anfangslösung* bestimmt:

Nichtbasisvariablen	Basisvariablen
$v_1 = 0$	$x_1 = 17$
$v_2 = 0$	$x_2 = 4$
	$x_3 = 8$
	$z_d = 0$

Diese ist die Grundlage zur Berechnung der Simplextabelle (Tab. 2.37). Im allgemeinen[1]) interessiert die Lösung des dualen Problems nicht. Die Berechnung dient in der Hauptsache dazu, auf dem Weg über die Maximierung auch die Lösung des Minimalproblems zu erhalten.

Tabelle 2.37: Duale Simplextabelle

Nr.	BV	v_1	v_2	b_i	q_i	k_s
(11)	x_1	$-0{,}2$	$-0{,}3$	17	85	
(12)	x_2	$\boxed{-0{,}4}$	0	4	←10	
(13)	x_3	$-0{,}1$	$-0{,}2$	8	80	
(14)	$-z_d$	-12↑	-8	0		

		x_2	v_2	b_i	q_i	
(21)	x_1	$1/2$	$-0{,}3$	15	50	0
(22)	v_1	$-5/2$	0	10	—	-12
(23)	x_3	$1/4$	$\boxed{-0{,}2}$	7	←35	0
(24)	$-z_d$	30	-8↑	-120		
	k_z	0	-8	0		

		x_2	x_3	b_i	q_i	
(31)	x_1			45		0
(32)	v_1			10		-12
(33)	v_2	$5/4$	-5	35		— 8
(34)	$\boxed{-z_d}$	20	40	$\boxed{-400}$		
	k_z			0		

---
[1]) vgl. 4.1.

Bestimmung der primalen Lösung aus der dualen Tabelle

1. $z_{min} = z_{max} = 400$ (Dualitätssatz: $z_d = z_p$)
2. Da Entscheidungsvariablen und Schlupfvariablen bzw. Basisvariablen und Nicht-basisvariablen bei der Bearbeitung eines primalen Modells nach dem Dualitäts-prinzip einander vertauschen, muß auch das Ablesen der Lösung für das primale Problem aus der Tabelle des dualen Problems entsprechend anders erfolgen.
Im Beispielfall ist nach Tabelle 2.37 ein Maximierungsproblem gelöst worden. Für dieses würde in Zeile der Wert der Schlupfvariablen x_1 als Basisvariable abgelesen, während in Spalte die Schlupfvariablen x_2 und x_3 als Nichtbasisvariablen mit dem Wert Null stehen.

Für das eigentliche duale Minimierungsproblem ist es genau umgekehrt:

Die Spalten enthalten die Basisvariablen mit folgenden Werten	In den Zeilen stehen die Nichtbasis-variablen mit dem Wert Null[1])
$x_2 = 20$	$x_1 = 0$
$x_3 = 40$	$v_1 = 0$
	$v_2 = 0$

Für die von Null verschiedenen Entscheidungsvariablen ist demnach der Wert für die Optimallösung des primalen Modells sofort aus der *letzten Zeile* der dualen Simplextabelle zu entnehmen.

Im Beispielfall hat das Minimierungsproblem die Optimallösung:

$$
\begin{aligned}
x_1 &= \quad 0 \\
x_2 &= \quad 20 \\
x_3 &= \quad 40 \\
z_{min} &= 400
\end{aligned}
$$

BEISPIEL

Berechnung eines Schichtplanes[2])

Ein Arbeitstag von 24 Stunden soll in vier Schichten eingeteilt werden, beginnend mit 0 Uhr. Jeder Arbeiter hat, begründet durch die Art der Arbeit, zwei Schichten hintereinander ab-zuleisten, darf aber nur jeden zweiten Tag eingesetzt werden. Die nötige Besetzung der einzelnen Schichten ist unterschiedlich und verlangt als Mindestzahl 4, 8, 8, 6 Arbeitskräfte. Die Mindestzahl der Arbeitskräfte, mit der dieser Schichtplan erfüllt werden kann, ist zu be-rechnen.

---

[1]) Die in der Spalte b_i stehenden Konstanten haben für die Basisvariablen des *Maximierungs-problems* Gültigkeit
[2]) Aufgabe nach [2.14]

Lösung: Die gegebene Sachlage wird durch die folgende Übersicht geklärt.

Schicht	I	II	III	IV
beginnende Arbeiter	x_1	x_2	x_3	x_4
Arbeiter aus der *vorherigen* Schicht	x_4	x_1	x_2	x_3
Gesamtzahl der Arbeiter je Schicht	$x_1 + x_4$	$x_2 + x_1$	$x_3 + x_2$	$x_4 + x_3$
Mindestzahl an Arbeitern	4	8	8	6

Aus dieser Übersicht lassen sich die Gleichung der Zielfunktion und die Nebenbedingungen für den *ersten Tag* sofort erkennen.

$$\text{Zielfunktion} \qquad x_1 + x_2 + x_3 + x_4 = z \to \min$$

$$\text{Nebenbedingungen} \quad
\begin{aligned}
x_1 + x_2 & & & \geqq 8 \\
x_2 + x_3 & & & \geqq 8 \\
& x_3 + x_4 & & \geqq 6 \\
x_1 & + x_4 & & \geqq 4
\end{aligned}$$

Dieselbe Übersicht könnte für den *zweiten Tag* aufgestellt werden, etwa mit der Bezeichnung $\bar{x}_i$ für die entsprechende Anzahl der Arbeitskräfte.

Da aber im *Zahlenwert* die x_i und die $\bar{x}_i$ einander gleich sind, gelten die Nebenbedingungen für beide Schichttage in derselben Form.

Am zweiten Schichttag arbeiten jedoch andere Arbeitskräfte, so daß die Gleichung der Zielfunktion, die die Gesamtzahl der Arbeitskräfte minimieren soll, die Form

$$\sum_{i=1}^{4} x_i + \sum_{i=1}^{4} \bar{x}_i = z \to \min$$

annimmt. Weil aber

$$\sum_{i=1}^{4} x_i = \sum_{i=1}^{4} \bar{x}_i$$

ist, erhält man als Modell des Schichtplanes das folgende:

$$\text{Zielfunktion} \qquad 2 \sum_{i=1}^{4} x_i = z \to \min \tag{(28)}$$

$$\text{Nebenbedingungen}
\begin{aligned}
(1) \quad & x_1 + x_2 & & & \geqq 8 \\
(2) \quad & x_2 + x_3 & & & \geqq 8 \\
(3) \quad & & x_3 + x_4 & & \geqq 6 \\
(4) \quad & x_1 & + x_4 & & \geqq 4 \\
\text{mit} \quad & x_1, \quad x_2, \quad x_3, \quad x_4 & & & \geqq 0
\end{aligned}$$

Die Aufgabe wird zweckmäßig unter Verwendung des Dualitätsprinzips gelöst. Über die Tabellen 2.38 und 2.39 erhält man das duale Modell.

Tabelle 2.38: Minimierungsproblem

x_1	x_2	x_3	x_4	a_i
1	1	0	0	8
0	1	1	0	8
0	0	1	1	6
1	0	0	1	4
2	2	2	2	min

Tabelle 2.39: Maximierungsproblem

v_1	v_2	v_3	v_4	b_i
1	0	0	1	2
1	1	0	0	2
0	1	1	0	2
0	0	1	1	2
8	8	6	4	max

$$\text{Zielfunktion} \qquad 8v_1 + 8v_2 + 6v_3 + 4v_4 = z_d \to \max \qquad ((28))$$

$$\text{Nebenbedingungen} \ (1)_d \quad v_1 \qquad\qquad + v_4 \le 2$$
$$(2)_d \quad v_1 + v_2 \qquad\qquad \le 2$$
$$(3)_d \quad\qquad v_2 + v_3 \qquad \le 2$$
$$(4)_d \quad\qquad\qquad v_3 + v_4 \le 2$$
$$\text{mit} \quad v_1, \quad v_2, \quad v_3, \quad v_4 \ge 0$$

Das duale Modell hat die gleiche Anzahl von Entscheidungsvariablen wie das primale. Es hat als Maximierungsproblem aber den Vorteil, ohne künstliche Schlupfvariablen und damit ohne zusätzliche Zielfunktion $\bar{z}$ gelöst werden zu können.
Tabelle 2.40 gibt die Berechnung des Modells an.
Für das primale Minimierungsprogramm ist die folgende Lösung abzulesen:

Entscheidungsvariable   Schlupfvariable

$x_1 = 0$	BV		$v_1 = 0$	NBV
$x_2 = 8$	BV		$v_2 = 0$	NBV
$x_3 = 0$	NBV		$v_3 = 0$	NBV
$x_4 = 6$	BV	$z_{\min} = 28$	$v_4 = 2$	BV

Aus dem Wert der Schlupfvariablen v_i folgt, daß für die Nebenbedingungen (1), (2) und (3) das Gleichheitszeichen gilt, während der in (4) gesetzte Mindestwert um zwei Einheiten überzogen wird. $z_{\min}$ gibt an, daß 28 Arbeiter, also je Tag 14 Arbeiter, gebraucht werden, die sich wie nachstehend auf den Schichtplan verteilen.

Schicht	I	II	III	IV
Gesamtzahl der Arbeiter je Schicht	$x_4 + x_1$ $6 + 0$	$x_1 + x_2$ $0 + 8$	$x_2 + x_3$ $8 + 0$	$x_3 + x_4$ $0 + 6$
	6	8	8	6

Da jeder Arbeiter zwei Schichten hintereinander arbeiten muß, ist aus der obenstehenden Übersicht außerdem erkenntlich, daß die vier Schichten auf nur zwei zusammenfallen.
Die Überprüfung im Primalmodell zeigt, daß mit diesem Ergebnis Zielfunktion und Nebenbedingungen erfüllt werden.

Der *erweiterte Normalfall* wird auf den Normalfall zurückgeführt, indem die Gleichungen in die Zielfunktion und in die Ungleichungen des Systems der Nebenbedingungen

Tabelle 2.40

Nr.	BV	v_1	v_2	v_3	v_4	b_i	q_i	k_s
(11)	x_1	$\boxed{-1}$	0	0	-1	2	$\leftarrow 2$	
(12)	x_2	-1	-1	0	0	2	2	
(13)	x_3	0	-1	-1	0	2	—	
(14)	x_4	0	0	-1	-1	2	—	
(15)	$-z$	$-8\uparrow$	-8	-6	-4	0		

	BV	x_1	v_2	v_3	v_4	b_i	q_i	k_s
(21)	v_1	-1	0	0	-1	2	—	-8
(22)	x_2	$+1$	$\boxed{-1}$	0	1	0	$\leftarrow 0$	0
(23)	x_3	0	-1	-1	0	2	2	0
(24)	x_4	0	0	-1	-1	2	—	0
(25)	$-z$	8	$-8\uparrow$	-6	4	-16		
	k_z	0	-8	-6	-4	0		

	BV	x_1	x_2	v_3	v_4	b_i	q_i	k_s
(31)	v_1	-1	0	0	-1	2	—	-8
(32)	v_2	1	-1	0	1	0	—	-8
(33)	x_3	-1	1	-1	-1	2	2	0
(34)	x_4	0	0	$\boxed{-1}$	-1	2	$\leftarrow 2$	0
(35)	$-z$	0	8	$-6\uparrow$	-4	-16		
	k_z	0	0	-6	-4	0		

	BV	x_1	x_2	x_4	v_4	b_i	q_i	k_s
(41)	v_1					2		-8
(42)	v_2					0		-8
(43)	x_3					0		0
(44)	v_3	0	0	-1	-1	2		-6
	$-z$	0	8	6	2	-28		
	k_z					0		

eingearbeitet werden. Das ergibt ein dem Normalfall entsprechendes Modell mit einer reduzierten Anzahl von Variablen, das nach der dualen Methode gelöst werden kann. Aus dem errechneten „dualen Ergebnis" läßt sich die vollständige Lösung für alle Variablen des Grundmodells ermitteln.

AUFGABEN

Die folgenden Aufgaben sind mit Hilfe des Dualitätsprinzips zu lösen:

2.54. Modell ((29)):

$$\text{Zielfunktion} \qquad 4x_1 + 16x_2 + 10x_3 = z \to \min \qquad\qquad ((29))$$

$$\text{Nebenbedingungen (1)} \quad 0{,}5x_1 + 0{,}2x_2 + \quad x_3 \geqq 14$$

$$(2) \qquad\qquad 2x_2 + \quad x_3 \geqq 11$$

$$\text{mit} \qquad x_1, \qquad x_2, \qquad x_3 \geqq 0$$

2.55. Modell ((30)): Ein Betrieb kann zusätzlich die Produktion von zwei Produkten P_1 und P_2 unter der Bedingung aufnehmen, daß

1. die im Planzeitraum produzierte Gesamtmenge der Produkte eine vorgegebene Mindestmenge an zwei Bestandteilen B_1 und B_2 enthält und daß

2. die Kosten ein Minimum werden.

a) Wieviel ME von jedem der Produkte könnten hergestellt werden, wenn die Bestandteilmengen von B_1 und B_2 und die Kosten je Einheit der Produkte entsprechend Tabelle 2.41 bekannt sind?

Tabelle 2.41

Bestand-teile	P_1	P_2	Mindestmenge ME
B_1	1	4	24
B_2	2	0	36
Kosten 10 Mark · Prod.-E.	1	2	

b) Der Minimalplan gibt für eines der beiden Produkte einen gebrochenen Zahlenwert an. Für diesen ist die nächsthöhere ganze Zahl anzunehmen und zu untersuchen, ob die gestellten Bedingungen dann noch erfüllt werden und wie sich das Kostenminimum ändert.

2.3.5.   Sonderfälle

Bei der Durchführung der Simplextransformationen kann in einzelnen Tabellen der kritische Quotient mehr als einmal auftauchen (vgl. Tab. 2.40). Andererseits findet sich in der z-Zeile der jeweils letzten Tabelle außer positiven Koeffizienten gelegentlich auch der Koeffizient Null.
Beide Erscheinungen kennzeichnen Sonderfälle der linearen Optimierungsprobleme, die nachstehend erörtert werden sollen.

2.3.5.1.   Ausartung des Problems

Eine Ausartung oder Degeneration[1]) liegt dann vor, wenn in der Basis einer Simplextabelle eine oder mehrere Basisvariablen den Wert Null annehmen. Dieser Fall tritt immer dann ein, wenn in der vorangehenden Tabelle der kritische Quotient nicht eindeutig bestimmbar ist.

Dieser Sachverhalt sei an einem formalen Beispiel gezeigt. Bei der Berechnung einer Maximierungsaufgabe habe sich Tabelle 2.42 als zweite Transformation ergeben.

Zur weiteren Berechnung wird die x_2-Spalte Schlüsselspalte. Bei der Festlegung der Schlüsselzeile entfällt q_3 als Kriterium (negativer Wert). Die beiden anderen Quotienten aber haben denselben Wert, so daß die erste oder die zweite Zeile gleichberechtigt als Schlüsselzeile gewählt werden kann. In Tabelle 2.43 ist zuerst die Zeile (1) als Schlüsselzeile der Berechnung zugrunde gelegt; in der nachfolgenden Tabelle 2.44 die Zeile (2). Beide Tabellen ergeben die Optimallösung.

Anmerkung: Zum Zwecke des Vergleichs sind in beiden Tabellen alle Elemente berechnet worden.

Tabelle 2.42

Nr.	BV	x_2	w_1	a_i	q_i
(21)	x_1	-2	-2	8	$4 \leftarrow$ Tab. 2.43
(22)	w_2	-2	-3	4	$4 \leftarrow$ Tab. 2.44
(23)	w_3	$+1$	-2	3	entfällt
(24)	$-z$	$-3\uparrow$	$+2$	-10	

Tabelle 2.43

Nr.	BV	x_1	w_1	a_i
(31)	x_2	$-1/2$	-1	4
(32)	w_2	$+1/2$	-2	0
(33)	w_3	$-1/2$	-3	7
(34)	$-z$	$+3/2$	$+5$	-22

Tabelle 2.44

Nr.	BV	w_2	w_1	a_i
(41)	x_1	$+2$	$+4$	0
(42)	x_2	-1	-3	4
(43)	w_3	-1	-5	7
(44)	$-z$	$+3$	$+11$	-22

---

[1]) Degeneration (lat.) Entartung

Nach Tabelle 2.43 haben die Basisvariablen den Wert

$$x_2 = 4, \quad w_2 = 0, \quad w_3 = 7 \quad \text{und} \quad z = 22;$$

die Nichtbasisvariablen sind $x_1 = 0$, $w_1 = 0$.
Die Basisvariablen in Tabelle 2.44 sind teilweise andere; sie haben den Wert

$$x_1 = 0, \quad x_2 = 4, \quad w_3 = 7 \quad \text{und} \quad z = 22;$$

die Nichtbasisvariablen sind hier: $w_2 = 0$, $w_1 = 0$.
Aus dem Vergleich der beiden Maximallösungen ist ersichtlich, daß die Basislösung für die von Null verschiedenen Basisvariablen dieselbe ist, unabhängig davon, welche der beiden in Frage kommenden Zeilen als Schlüsselzeile gewählt wurde. Man kann in diesem Falle die beiden Lösungen nicht als Varianten[1]) bezeichnen, da die Belegungen der Entscheidungsvariablen die gleichen sind. Es gibt *eine* eindeutige Optimallösung:

$$
\begin{array}{|ll|}
\hline
x_1 = & 0 \\
x_2 = & 4 \\
z_{\max} = & 22 \\
\hline
\end{array}
\quad \text{mit} \quad
\begin{array}{l}
w_1 = 0 \\
w_2 = 0 \\
w_3 = 7
\end{array}
$$

Es genügt deshalb, bei einer Ausartung nur eine Optimallösung zu berechnen. Es ist allerdings nicht immer so wie im Beispielfall, daß die Berechnung nach jeder der Schlüsselzeilen mit gleichem $q_{\min}$ auch die Optimallösung ergibt. Bei beliebiger Wahl einer der in Frage kommenden Schlüsselzeilen kann es vorkommen, daß nach einer Anzahl von Iterationsschritten die Ausgangstabelle wieder erreicht wird. Die Berechnung muß dann mit der nächsten der „gleichberechtigten" Schlüsselzeilen durchgeführt werden.
Es gibt eine weitere Regel, nach der man sich diesen „Irrweg" ersparen kann. Die Darlegung würde den Rahmen des vorliegenden Buches sprengen. Bei größeren Problemen trägt die Programmierung diesem Tatbestand Rechnung.

AUFGABEN

2.56. Für die Berechnung von Modell ((21)), S. 164 fl. 165, ist in Tabelle 2.22 die *dritte Zeile* als Schlüsselzeile zu wählen und von da aus die weitere Umrechnung durchzuführen.

2.57. Das Modell ((31)) ist analytisch und grafisch zu lösen. Die Wahl der Schlüsselzeile ist zu begründen.

Zielfunktion	$2x_1 + 3x_2 = z \to \max$	((31))
Nebenbedingungen (1)	$2x_1 + 4x_2 \leqq 16$	
(2)	$4x_1 + 2x_2 = 20$	
(3)	$x_1 \qquad \leqq 5$	
(4)	$\qquad 4x_2 \leqq 12$	
mit	$x_1, \quad x_2 \geqq 0$	

---

[1]) vgl. 2.3.5.2.

2.3.5.2. Mehrere Optimallösungen

Wenn in der z-Zeile der Simplextabelle für die *Nichtbasisvariablen* nur noch positive Koeffizienten vorhanden sind, ist die Optimallösung gefunden, die in diesem Fall die einzige ist.

Wenn dagegen in der z-Zeile für die Nichtbasisvariablen teilweise oder überhaupt die Koeffizienten Null auftauchen, ist ein weiterer Variablenaustausch möglich.

Dieser führt jedoch stets zu demselben Wert der Zielfunktion, so daß man bei Durchführung eines solchen Austausches eine **Variante der Optimallösung** erhält.
Die folgende, nur teilweise angeführte Aufgabe soll diesen Tatbestand erläutern.
Eine Maximierungsaufgabe habe die Zielfunktion

$$x_1 + 2x_2 + 6x_3 = z \to \max$$

Zum Modell, das hier nicht vollständig angeführt wird, gehören zwei Nebenbedingungen, die das Einführen von zwei Schlupfvariablen erfordern. Im Verlauf der Rechnung erhält man die dritte Transformation, wie sie Tabelle 2.45 zeigt.

Tabelle 2.45

BV	w_1	w_2	x_3	a_i	q_i
x_1	3	2	-2	8	4
x_2	-2	-1	-2	6	3
$-z$	5	0	0	-20	

Mit dieser Tabelle ist die Optimallösung gefunden, da es keinen Koeffizienten in der z-Zeile mehr gibt, der kleiner als Null ist. Die Lösung heißt:

Basisvariablen	Nichtbasisvariablen
$x_1 = 8$	$x_3 = 0$
$x_2 = 6$	$w_1 = 0$
$z_{\max} = 20$	$w_2 = 0$

Um die Bedeutung der Null-Koeffizienten in der z-Zeile für x_3 und w_2 zu erkennen, schreibt man die z-Zeile der Tabelle entsprechend als Gleichung:

$$(33) \quad z = 0 \cdot x_1 + 0 \cdot x_2 + 0 \cdot x_3 - 5w_1 + 0 \cdot w_2 + 20.$$

Aus ihr ist zu ersehen, daß sich z bei Aufnahme von x_3 oder von w_2 in die Basis dem Wert nach nicht mehr ändern kann (Koeffizient Null), während eine Aufnahme von w_1 in die Basis den Wert für z verkleinern würde. Daraus folgt:

Der Koeffizient Null, der in der z-Zeile für eine Nichtbasisvariable vorkommt, kann als negativer Koeffizient gewertet werden, und es ist ein weiterer Variablenaustausch möglich, falls in der *Spalte des Null-Koeffizienten* mindestens ein Koeffizient vorkommt, der kleiner als Null ist.

Diese einschränkende Bedingung muß erfüllt sein, damit es auch mindestens einen kritischen Quotienten $0 < q < +\infty$ gibt, der Voraussetzung für eine Berechnung im Bereich der zulässigen Lösungen ist. Es ist also festzustellen, daß die gefundene Optimallösung eine erste Variante ist; weiterer Variablenaustausch führt zur Berechnung anderer gleichwertiger Varianten.

Von Tabelle 2.45 ausgehend, wird x_3 gegen x_2 ausgetauscht ($q_{min} = 3$), so daß man Tabelle 2.46 erhält.

Aus ihr ist die 2. **Variante** der Optimallösung zu entnehmen.

Basisvariablen	Nichtbasisvariablen
$x_1 = 2$	$x_2 = 0$
$x_3 = 3$	$w_1 = 0$
$z_{max} = 20$	$w_2 = 0$

Tabelle 2.46

BV	w_1	w_2	x_2	a_i	q_i
x_1	5	3	1	2	—
x_3	-1	$-1/2$	$-1/2$	3	6
$-z$	5	0	0	-20	

In der Tabelle 2.46 sind nochmals zwei Nullen in der z-Zeile enthalten. Die Weiterrechnung über die x_2-Spalte würde nur die vorangegangene Rechnung wieder aufheben, während der Austausch $w_2 \leftrightarrow x_3$ eine neue Variante bringt. Dieser Austausch ist in Tabelle 2.47 vollzogen, die die 3. Variante enthält:

Basisvariablen	Nichtbasisvariablen
$x_1 = 20$	$x_2 = 0$
$w_2 = 6$	$x_3 = 0$
$z_{max} = 20$	$w_1 = 0$

Tabelle 2.47

BV	w_1	x_3	x_2	a_i	q_i
x_1	-1	-6	-2	20	
w_2	-2	-2	-1	6	
$-z$	5	0	0	-20	

Damit sind, wie aus Tabelle 2.47 hervorgeht, die vorhandenen Möglichkeiten, verschiedene Lösungen zu erhalten, erschöpft.

Die drei Belegungen für die Entscheidungsvariablen heißen somit:

$$x_1 = 8 \qquad x_1 = 2 \qquad x_1 = 20$$
$$x_2 = 6 \qquad x_2 = 0 \qquad x_2 = 0$$
$$x_3 = 0 \qquad x_3 = 3 \qquad x_3 = 0$$

Optimallösung   Optimallösung   Optimallösung
1. Variante   2. Variante   3. Variante

Alle drei Simplextabellen enthalten denselben Maximalwert $z_{max} = 20$ und stimmen auch in den übrigen Elementen der z-Zeile überein. Das ist das Kennzeichen dafür, daß es sich zwar um verschiedene, aber gleichwertige Lösungen handelt.
Für die Entscheidungsfindung zur Lösung eines technischen oder eines ökonomischen Problems spielen Varianten eine wichtige Rolle. Die formale mathematische Lösung sagt aus, daß z. B. ein Produktionsprogramm oder eine konstruktive Aufgabe mit demselben Effekt auf verschiedenen Wegen gelöst werden kann. Technologische und ökonomische Gesichtspunkte werden bei dem Vergleich der Varianten entscheiden, welches der mathematisch völlig gleichwertigen Programme realisiert werden soll.
Es sei noch die geometrische Deutung des vorliegenden Problems gegeben. Durch die beiden Nebenbedingungen und die Nichtnegativitätsbedingung für die Entscheidungsvariablen ist ein konvexes Polyeder im R_3 gegeben. Dieses wird von zwei durch die Nebenbedingungen bestimmten Ebenen und durch die drei von den positiven Achsen x_1, x_2 und x_3 aufgespannten Ebenen begrenzt.
Die durch die Zielfunktion bestimmte Ebene muß mit dem Lösungspolyeder drei Eckpunkte gemeinsam haben, da es drei gleichwertige Optimallösungen gibt, die nach dem Satz von DANTZIG Ecklösungen sind (vgl. Aufgabe 2.22). Das ist nur möglich, wenn die Ebene der Zielfunktion mit einer der beiden Polyederebenen, die den Nebenbedingungen entsprechen, zusammenfällt.
Demzufolge gibt es noch weitere unendlich viele Lösungen (Varianten), die alle den Punkten der von den drei Lösungseckpunkten aufgespannten Polyederebene entsprechen[1]).

AUFGABEN

2.58. Die oben zusammengestellten drei Varianten enthalten jeweils mindestens eine Entscheidungsvariable, die mit dem Wert Null belegt ist. Daraus folgt, daß die Lösungseckpunkte, die den Varianten entsprechen, auf dem Lösungspolyeder eine besondere Lage haben. Wo liegen diese drei Eckpunkte?

2.59. Modell ((12 c)), S. 140, ist analytisch zu lösen.

2.60. Modell ((32)) ist analytisch zu lösen; der Bereich der zulässigen Lösungen ist zu zeichnen.

Zielfunktion $6x_1 + 2x_2 = z \to \min$ ((32))
Nebenbedingungen (1) $x_1 + x_2 \leqq 60$
(2) $3x_1 + x_2 \geqq 90$
(3) $x_2 \leqq 45$
mit $x_1, \quad x_2 \geqq 0$

---

[1]) Diese erhält man aus den Ecklösungen durch Linearkombination [1]

2.4. Transportproblem als Spezialfall der Linearoptimierung

2.4.1. Allgemeine Grundlagen

Die Transportoptimierung ist ein Spezialfall der Linearoptimierung, dem in der Planung größte Bedeutung zukommt. Die gesetzlichen Bestimmungen tragen dieser Bedeutung Rechnung.

Es handelt sich dabei in erster Linie um die Minimierung der Güterströme für austauschbare Güter zwischen Erzeugern und Verbrauchern, wie sie z. B. beim Transport von Ziegeln, Kies, Benzin, Öl u. a. gegeben sind. Nach den Erfahrungen, die bei der Anwendung dieser Planungsmethode gemacht worden sind, kann eine Senkung der Transportwegelängen bzw. der Transportkosten erreicht werden, die zwischen 10% und 30% liegt.

Die letzten Angaben lassen bereits erkennen, daß es zwei Optimalitätskriterien gibt:

1. den **Gesamttransportaufwand** (tkm)[1], falls die Beförderung des Gutes mit *gleichartigen Transportmitteln* möglich ist, oder
2. die **Gesamttransportkosten (Mark)**, wenn *verschiedenartige Transportmittel* Verwendung finden müssen.

Die Grundlage der Berechnungen bilden neben den Produktionskapazitäten und den Bedarfsmengen im ersten Falle die Entfernungen (km) oder im zweiten Falle die Transportkosten (Mark je t) zwischen Erzeuger und Verbraucher.

Diese Transportkosten ermitteln sich entweder aus den einzelnen km-Preisen und bilden die *reinen* Transportkosten, oder sie setzen sich aus den reinen Kosten und dem Preis der Wareneinheit zusammen. Das letztere ist dann nötig, wenn die Herstellungskosten für *eine* Produktart bei den verschiedenen Herstellern unterschiedlich sind.

Als Spezialfall der Linearoptimierung ist das Transportproblem prinzipiell auch mit Hilfe der Simplexmethode lösbar.

Da es sich aber um ein Minimierungsproblem mit einem *Gleichungssystem* als Nebenbedingungen handelt, wird das Simplexverfahren durch die Größenordnung der meisten Probleme sehr arbeitsaufwendig, während das Transportmodell andererseits die Möglichkeit enthält, für seine Lösung aus dem allgemeinen Simplexverfahren spezielle Verfahren zu entwickeln, die den Rechenaufwand verringern.

2.4.2. Mathematisches Modell des Transportproblems

Entwicklung an einem Beispiel

Drei Erzeuger E_i sollen vier Verbraucher V_j mit einem bestimmten Gut versorgen. Die Zuordnung von Erzeuger zu Verbraucher ist so zu planen, daß der Transportaufwand in tkm ein Minimum wird.

---

[1] Gewählt wird (t) als Maßeinheit; je nach befördertem Gut kann es natürlich auch eine andere Einheit sein

Für einen bestimmten Zeitraum sind bekannt:

die Produktionskapazitäten der Erzeuger		der Bedarf der Verbraucher	
E_1	20 t	V_1	17 t
E_2	15 t	V_2	18 t
E_3	20 t	V_3	8 t
	55 t	V_4	12 t
			55 t

Die Entfernungen in Kilometern von jedem Erzeuger zu jedem Verbraucher sind in einer **Entfernungsmatrix** in Tabelle 2.48 zusammengefaßt. Bezeichnet man die noch unbekannten Liefermengen des Erzeugers E_i zum Verbraucher V_j mit x_{ij}, so erhält man Tabelle 2.49 als **Matrix der Liefermengen**, die um die Spalte der Kapazitäten und um die Zeile der Bedarfsmengen ergänzt ist.

Tabelle 2.48: Entfernungsmatrix

	V_1	V_2	V_3	V_4
E_1	11	3	8	15
E_2	6	2	5	1
E_3	1	6	7	4

Tabelle 2.49: Matrix der Liefermengen

	V_1	V_2	V_3	V_4	Kap. t
E_1	x_{11}	x_{12}	x_{13}	x_{14}	20
E_2	x_{21}	x_{22}	x_{23}	x_{24}	15
E_3	x_{31}	x_{32}	x_{33}	x_{34}	20
Bedarf t	17	18	8	12	55

Da im vorliegenden Beispiel Bedarf und Kapazität in ihrer Summe einander gleich sind, handelt es sich um ein **ausgeglichenes** oder **geschlossenes Problem**.
Der Gesamttransportaufwand G, der ein Minimum werden soll, berechnet sich aus den beiden Matrizen und ergibt die

Zielfunktion
$$\begin{aligned} G = {}& 11x_{11} + 3x_{12} + 8x_{13} + 15x_{14} \\ & + 6x_{21} + 2x_{22} + 5x_{23} + x_{24} \\ & + x_{31} + 6x_{32} + 7x_{33} + 4x_{34} \to \min. \end{aligned}$$

Diese Zielfunktion unterliegt einschränkenden **Nebenbedingungen**, die sich aus Kapazität und Bedarf nach Tabelle 2.49 sowie aus der Nichtnegativitätsbedingung ergeben. Sie lauten:

(11)	$x_{11} + x_{12} + x_{13} + x_{14} = 20$	den Zeilen von
(12)	$x_{21} + x_{22} + x_{23} + x_{24} = 15$	Tabelle 2.49 entsprechend
(13)	$x_{31} + x_{32} + x_{33} + x_{34} = 20$	

und

(21) $x_{11} + x_{21} + x_{31} = 17$
(22) $x_{12} + x_{22} + x_{32} = 18$
(23) $x_{13} + x_{23} + x_{33} = 8$
(24) $x_{14} + x_{24} + x_{34} = 12$
mit $x_{ij} \geqq 0$ für alle i und j.

den Spalten von
Tabelle 2.49 entsprechend

Damit ist für die gegebene Aufgabe das mathematische Modell gefunden.

Allgemeine Formulierung des Modells

Bezeichnet man mit

c_{ij} die Entfernung von E_i zu V_j in km bzw. die entsprechenden Transportkosten in Mark,
a_i die Produktionskapazitäten von E_i
b_j den Bedarf von V_j,
x_{ij} die Liefermengen, so kann man wieder zwei Matrizen aufstellen:

die Entfernungsmatrix (Kostenmatrix) der c_{ij} und die Matrix der Liefermengen x_{ij}, die beide in Tabelle 2.50 zusammengefaßt und durch die Kapazitäten a_i und die Bedarfsmengen b_j ergänzt sind.

Tabelle 2.50

	V_1	V_2	$\cdots$	V_n	Kap.
E_1	c_{11} / x_{11}	c_{12} / x_{12}	$\cdots$	c_{1n} / x_{1n}	a_1
E_2	c_{21} / x_{21}	c_{22} / x_{22}	$\cdots$	c_{2n} / x_{2n}	a_2
$\cdots$	$\cdots$	$\cdots$	$\cdots$	$\cdots$	$\cdots$
E_m	c_{m1} / x_{m1}	c_{m2} / x_{m2}	$\cdots$	c_{mn} / x_{mn}	a_m
Bedarf	b_1	b_2	$\cdots$	b_n	

Für das **ausgeglichene Problem** gilt die Grundbedingung

$$\boxed{\sum_{i=1}^{m} a_i = \sum_{j=1}^{n} b_j} \tag{68}$$

Das Modell läßt sich unmittelbar aus Tabelle 2.50 entnehmen.

Zielfunktion

$$\begin{aligned}
G = c_{11}x_{11} \;+\;& c_{12}x_{12} + \cdots + c_{1n}x_{1n} \\
+\;& c_{21}x_{21} \;+\; c_{22}x_{22} + \cdots + c_{2n}x_{2n} \\
& \cdot \quad \cdot \quad \cdot \quad \cdot \quad \cdot \quad \cdot \quad \cdot \quad \cdot \\
+\;& c_{m1}x_{m1} + c_{m2}x_{m2} + \cdots + c_{mn}x_{mn} \to \min
\end{aligned}$$

Nebenbedingungen

$$\begin{aligned}
(11) \quad & x_{11} + x_{12} + \cdots + x_{1n} = a_1 \\
(12) \quad & x_{21} + x_{22} + \cdots + x_{2n} = a_2 \\
& \cdot \quad \cdot \quad \cdot \quad \cdot \quad \cdot \quad \cdot \quad \cdot \\
(1m) \quad & x_{m1} + x_{m2} + \cdots + x_{mn} = a_m \\
(21) \quad & x_{11} + x_{21} + \cdots + x_{m1} = b_1 \\
(22) \quad & x_{12} + x_{22} + \cdots + x_{m2} = b_2 \\
& \cdot \quad \cdot \quad \cdot \quad \cdot \quad \cdot \quad \cdot \quad \cdot \\
(2n) \quad & x_{1n} + x_{2n} + \cdots + x_{mn} = b_n \\
\text{mit} \quad & x_{ij} \geqq 0 \text{ für alle } i \text{ und } j \text{ (Nichtnegativitätsbedingungen)} \\
& i = 1, \ldots, m\,;\ j = 1, \ldots, n
\end{aligned}$$

In Summenschreibweise läßt sich das Modell übersichtlicher darstellen:

$$\boxed{\begin{aligned}
\textbf{Zielfunktion} \qquad & G = \sum_{i=1}^{m} \sum_{j=1}^{n} c_{ij}x_{ij} \to \min \\[2mm]
\textbf{Nebenbedingungen} \qquad & (1) \quad \sum_{j=1}^{n} x_{ij} = a_i \qquad i = 1, 2, \ldots, m \\[2mm]
& (2) \quad \sum_{i=1}^{m} x_{ij} = b_j \qquad j = 1, 2, \ldots, n \\[2mm]
& \quad\ \text{mit } x_{ij} \geqq 0 \quad \text{für alle } i \text{ und } j
\end{aligned}}$$

$$(69)$$

Die Besonderheiten des Transportmodells

1. Das Transportmodell unterscheidet sich von dem allgemeinen Modell der Linearoptimierung vor allem dadurch, daß die Nebenbedingungen in Form von **Gleichungen** gegeben sind.
   Diese Gleichungen ergeben ein **inhomogenes lineares Gleichungssystem von $m + n$ Gleichungen mit $m \cdot n$ Variablen.**
   Dabei bilden sich zwei Gruppen; jede Variable kommt in jeder Gruppe nur einmal vor, außerdem haben alle Koeffizienten den Wert eins.

2. Das System dieser $m + n$ Gleichungen kann stets um eine Gleichung vermindert werden, die linear von den anderen Gleichungen abhängig ist.

Der Nachweis für diese Behauptung läßt sich für die Nebenbedingungen des Modells auf S. 193 führen, indem man zeigt, daß beispielsweise die Gleichung (24) implizit in den anderen Gleichungen enthalten ist. Man addiert die Gleichungen (11) bis (13) sowie die Gleichungen

(21) bis (23) und erhält die Summen

$$s_1 = x_{11} + x_{12} + x_{13} + x_{14} + x_{21} + x_{22} + x_{23} + x_{24} + x_{31} + x_{32} + x_{33} + x_{34} = 55$$

$$s_2 = x_{11} + x_{12} + x_{13} \quad\quad + x_{21} + x_{22} + x_{23} \quad\quad + x_{31} + x_{32} + x_{33} \quad\quad = 43$$

Die Differenz $s_1 - s_2$ ergibt genau die Gleichung

$$(24) \quad\quad x_{14} \quad\quad\quad\quad + x_{24} \quad\quad\quad\quad + x_{34} = 12$$

Den *allgemeinen Nachweis* dieser Eigenschaft kann man erbringen, wenn man den **Rang** des Gleichungssystems der Nebenbedingungen bestimmt. Er ist bei $m + n$ Gleichungen, deren Koeffizienten sämtlich den Wert eins haben, stets $r = m + n - 1$. Das bedeutet, daß **eine** von den $m + n$ Gleichungen von den anderen abhängig ist (vgl. 1.4.3. und [1]).

3. Die analytische Lösung der Transportaufgabe kann nach der im folgenden dargelegten Methode ohne Schlupfvariablen erfolgen, weil alle Nebenbedingungen bereits ein Gleichungssystem bilden. Es ist folglich aus der Menge der zulässigen Lösungs-Tupel der *Entscheidungsvariablen* dasjenige Tupel zu bestimmen, das die Zielfunktion zu einem Minimum werden läßt. Da die Zahl der Variablen größer als die der Gleichungen ist, wird wieder zwischen Basisvariablen und *freien* Nichtbasisvariablen unterschieden. Das auf $m + n - 1$ unabhängige Gleichungen reduzierte System ist stets durch $m + n - 1$ **von Null verschiedene Basisvariablen** lösbar, sofern keine Ausartung vorliegt (vgl. 2.4.4.). Die Nichtbasisvariablen werden auch beim Transportproblem mit dem Wert Null belegt. Damit wird aus dem Bereich der zulässigen Lösungen wieder eine Basislösung bestimmt. Diese legt die Zahl der einzelnen Transportwege fest und gibt im Falle der Optimallösung den geringsten Transportaufwand bzw. die geringsten Transportkosten an.

AUFGABE

2.61. Wieviel zusätzliche Variablen wären zur Lösung des Problems nach dem Austauschverfahren nötig? Um was für Variablen würde es sich dabei handeln?

2.4.3. Lösung des Transportproblems

Die Berechnung erfolgt wie bei der allgemeinen Simplexmethode in zwei wesentlichen Teilen:

1. Ermittlung einer beliebigen Anfangslösung,
2. schrittweise Verbesserung dieser Anfangslösung.

Bemerkenswert ist dabei, daß die Berechnungsverfahren nicht unmittelbar vom *Modell* der Transportoptimierung ausgehen, sondern daß die Anfangslösung wie die weiteren Verbesserungen sofort in die Matrix der Liefermengen eingetragen werden.

2.4.3.1. Anfangslösung nach der aufsteigenden Indexmethode

Diese Methode wird an dem unter 2.4.2. angeführten Problem erläutert. Von Tabelle 2.48 ausgehend, die als Tabelle 2.51 noch einmal aufgenommen ist, legt man die

Matrix der Liefermengen mit Kapazitäten und Bedarfsmengen an, läßt aber zunächst die Felder der x_{ij} frei (Tab. 2.52).

<table>
<tr><td align="center" colspan="5">Tabelle 2.51: Entfernungsmatrix</td></tr>
<tr><td></td><td>V_1</td><td>V_2</td><td>V_3</td><td>V_4</td></tr>
<tr><td>E_1</td><td>11</td><td>3</td><td>8</td><td>15</td></tr>
<tr><td>E_2</td><td>6</td><td>2</td><td>5</td><td>1</td></tr>
<tr><td>E_3</td><td>1</td><td>6</td><td>7</td><td>4</td></tr>
</table>

Tabelle 2.52: Matrix der Liefermengen

	V_1	V_2	V_3	V_4	Kap. t
E_1					20
E_2					15
E_3					20
Bedarf t	17	18	8	12	55

Auf diese freien Felder werden nun die zu transportierenden Mengen verteilt. Dafür schreibt die **aufsteigende Indexmethode** die folgende *Regel* vor:

> Es sind diejenigen Felder (ij) mit der höchstmöglichen Zahl von Mengeneinheiten zu besetzen, die in der Entfernungsmatrix (Kostenmatrix) die kleinsten Koeffizienten c_{ij} aufweisen, beginnend mit dem am niedrigsten besetzten Feld.

Bei dieser Verteilung wie bei den weiteren Verteilungen ist zu beachten, daß

1. die durch Kapazität und Bedarf gegebenen Beschränkungen (Nebenbedingungen) berücksichtigt werden und daß

2. die Zahl der besetzten Felder, die man **Knotenpunkte** nennt, nach den vorausgegangenen Darlegungen (Basislösung) stets $m + n - 1$ beträgt.

Das letztere ist **bei** *richtiger Anwendung der Indexmethode* im allgemeinen für die Anfangslösung gewährleistet, sollte aber immer kontrolliert werden, um Schwierigkeiten in der weiteren Berechnung zu vermeiden.

Der Regel entsprechend, besetzt man in Tabelle 2.52 unter Beachtung aller Bedingungen der Reihe nach folgende Felder (zur besseren Übersicht Tab. 2.51 und 2.52 herausschreiben):

1. (31) mit 17 t (Spaltensumme!)
   Damit ist der Bedarf von V_1 gedeckt; (11) und (21) werden durch einen Strich gesperrt.

2. (24) mit 12 t (Spaltensumme!)
   Bedarf von V_4 gedeckt; (14) und (34) werden gesperrt.

3. (22) mit 3 t (Zeilensumme!)
   Es ist nunmehr die Kapazität von E_2 ausgeschöpft; (23) wird gesperrt.

4. (12) mit 15 t (Spaltensumme!)
   Bedarf von V_2 gedeckt; (32) wird gesperrt.

Die letzten Belegungen ergeben sich jetzt ohne Rücksicht auf die Größe der Feldkoeffizienten, allein im Hinblick auf die Randbedingungen:

5. (33) mit 3 t und

6. (13) mit 5 t.

Tabelle 2.53 enthält diese Feldbesetzung und stellt somit die *Anfangslösung* des Problems dar.

Kontrolle: 1. Die Zahl der Knotenpunkte beträgt $6 = 3 + 4 - 1$.

2. Die Randbedingungen sind sämtlich erfüllt.

Damit ist eine erste Basislösung gefunden. Tabelle 2.53 enthält nur die Werte der Basisvariablen; den freien Feldern sind die Nichtbasisvariablen mit der Belegung Null zuzuordnen.

Tabelle 2.53: Anfangslösung

	V_1	V_2	V_3	V_4	Kap. t
E_1	—	15	5	—	20
E_2	—	3	—	12	15
E_3	17	—	3	—	20
Bedarf t	17	18	8	12	55

Ergebnis: $G_A = (15 \cdot 3 + 5 \cdot 8 + 3 \cdot 2 + 12 \cdot 1 + 17 \cdot 1 + 3 \cdot 7)$ tkm

$\underline{\underline{G_A = 141\ \text{tkm}}}$

Dieses Ergebnis stellt in bezug auf das Optimum eine Näherungslösung dar. Die aufsteigende Indexmethode ist in verschiedener Hinsicht vorteilhaft:

— sie ist einfach und durchsichtig in der Anwendung;

— sie bedarf keiner Zwischenrechnung;

— sie liefert meist eine Anfangslösung, die in verhältnismäßig wenig Schritten zur Optimallösung führt.

Demgegenüber steht allerdings ein Nachteil:

— die letzten Felder, die besetzt werden müssen, haben oft ungünstig hohe Feldkoeffizienten.

Dieser Nachteil wird aber bei der folgenden schrittweisen Verbesserung wieder aufgehoben.[1])

---

[1]) Es gibt noch weitere Methoden, die zu einer Anfangslösung führen, z. B. die Nordost-Ecken-Regel oder die Methode des doppelten Vorzugs; vgl. auch 2.4.5.

AUFGABEN

Die *Anfangslösung* für einen Transportplan ist nach der aufsteigenden Indexmethode zu bestimmen. In Aufgabe 2.62 ⋯ 2.64 sind die Matrizen der c_{ij} einschließlich der beschränkenden Randbedingungen a_i und b_j gegeben.

2.62.   Tabelle 2.54: Entfernungsmatrix

	A_1	A_2	A_3	A_4	A_5	a_i
B_1	10	2	9	15	8	170
B_2	12	3	5	7	9	100
B_3	13	6	4	5	11	90
b_j	100	70	60	90	40	360

2.63.   Tabelle 2.55: Kostenmatrix

	V_1	V_2	V_3	V_4	a_i
E_1	3	6	12	15	100
E_2	12	8	21	9	70
E_3	7	4	13	20	60
E_4	12	8	7	10	40
b_j	20	80	120	50	270

2.64.   Tabelle 2.56: Kostenmatrix

	A	B	C	D	a_i
E	4	12	15	21	6
F	3	7	10	16	10
G	14	6	4	5	4
b_j	4	8	2	6	20

2.4.3.2.   Iteration nach der modifizierten Distributionsmethode

Diese Distributionsmethode[1]) ermöglicht eine Verbesserung der Anfangslösung durch eine *Umverteilung* der Mengen, die die Anfangslösung bilden.
Eine solche Umverteilung kann aber nicht beliebig vorgenommen werden. Sie muß es durch eine bestimmte Systematik ermöglichen, die Zuordnungen von Erzeuger

---

[1]) distributio (lat.) Verteilung

zu Verbraucher so zu verändern, daß unter *Beibehaltung der Zahl der Knotenpunkte und unter Einhaltung der Nebenbeschränkungen ein geringeres Transportaufkommen* erreicht wird.

Die Systematik der Umverteilung

1. *Umverteilungswege*

Eine Umverteilung kann nur in einem **rechtwinkligen Polygonzug** erfolgen. Dieser hat als Eckpunkte besetzte Felder und *ein* Leerfeld (*L*); der Polygonzug muß sich durch senkrecht aufeinanderstehende Seiten schließen lassen. Es ist aber nicht nötig, daß die Eckfelder eines solchen Polygonzuges unmittelbar nebeneinanderliegen, sondern es können sich dazwischen Felder befinden, die nicht von der Umverteilung betroffen werden.

Polygonzug der Umverteilung

nach Tabelle 2.53:   allgemein:

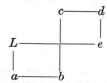

mit (34) als Leerfeld   mit *L* als Leerfeld

Ein besonders einfacher Polygonzug ist das *Rechteck*, das natürlich den oben genannten Bedingungen genügen muß.

Umverteilungsrechteck

nach Tabelle 2.53:   allgemein:

mit (32) als Leerfeld   mit *L* als Leerfeld

2. *Grundprinzip der Umverteilung*

Die Umverteilung der Mengen beginnt in einem Feld, das in gleicher Zeile oder Spalte mit dem Leerfeld liegt, und besetzt von ihm aus das Leerfeld mit einer Menge, die durch die Spalten- und Zeilensumme begrenzt wird. Über die anderen Felder des Umverteilungsweges wird der Ausgleich vorgenommen.
Die Bilder 2.14 und 2.15 zeigen das Prinzip einer Umverteilung, bei der Spalten- und Zeilensummen erhalten bleiben. Die Pfeile innerhalb des Umverteilungsweges deuten an, von welchen Feldern eine Menge x subtrahiert wird, die zum nächsten Feld zu addieren ist.

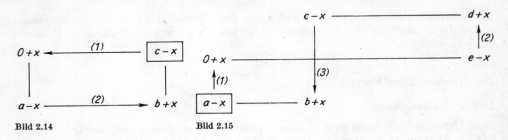

Bild 2.14   Bild 2.15

3. *Durchführung der Umverteilung*

Unter Einhaltung der gekennzeichneten Wege sind zwei Regeln zu beachten:

Vorzeichenregel

> Die Felder des Umverteilungsweges werden *abwechselnd* mit Plus und Minus versehen, wobei das *Leerfeld stets ein Pluszeichen* erhält.

Diese Festsetzung entspricht der Subtraktion und der Addition einer bestimmten Umverteilungsmenge, wie sie in den Bildern 2.14 und 2.15 durch $+x$ und $-x$ gekennzeichnet ist.

Mengenregel

> Innerhalb eines Polygonzuges wird stets die **kleinste Menge** umverteilt, die sich auf einem mit **Minuszeichen** versehenen Feld befindet.

Diese Regel bestimmt die Menge, die umverteilt werden kann, ohne daß die Nebenbedingungen verletzt oder die Zahl der Knotenpunkte geändert wird.

Die folgenden Umverteilungen erläutern den Inhalt beider Regeln.

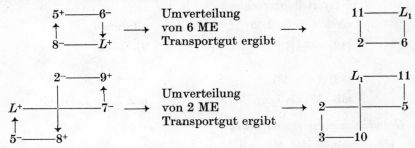

Die Feldbewertung

Prinzipiell kann jedes Leerfeld durch Umverteilung zu einem Knotenpunkt werden; der damit verbundene Effekt kann aber sehr verschieden sein. Um die günstigste Möglichkeit der Umverteilung planvoll finden zu können, wird vorher eine sogenannte *Feldbewertung* durchgeführt.

Nach der Distributionsmethode werden für jedes Leerfeld einzeln Umverteilungsweg und ,,Bewertungszahl'' festgelegt.

Die Tabellen 2.57 und 2.58 geben noch einmal Entfernungsmatrix und Anfangslösung des in 2.4.3.1. gegebenen Problems an. Eine der nachfolgenden Umverteilungen ist bereits eingezeichnet.

Tabelle 2.57: Entfernungsmatrix

	V_1	V_2	V_3	V_4
E_1	11	+3	8⁻	15
E_2	6	-2	5⁺	1
E_3	1	6	7	4

Tabelle 2.58: Anfangslösung

	V_1	V_2	V_3	V_4	Kap. t
E_1	—	15⁺	⁻5	—	20
E_2	—	(3⁻)	+	12	15
E_3	17	—	3	—	20
Bedarf t	17	18	8	12	

Die Feldbewertung sei für zwei Leerfelder durchgeführt:

Leerfeld	Umverteilungsweg	Bewertung
(23)	$(13)^- \to (23)^+ - (22)^- \to (12)^+$	$-8 + 5 - 2 + 3 = -2$
(21)	$(22)^- \to (21)^+ - (31)^- \to (33)^+ - (13)^- \to (12)^+$	$-2 + 6 - 1 + 7 - 8 + 3 = +5$

Die Felder des Umverteilungsweges sind entsprechend der Vorzeichenregel mit + und — zu versehen. Zur Bewertung werden die zu diesen Feldern gehörenden c_{ij} mit dem entsprechenden Feld-Vorzeichen addiert. Das Vorzeichen der Summe gibt an, ob es sich bei der Umverteilung um eine Zunahme (positiv) oder eine Abnahme (negativ) der zu fahrenden Transportkilometer (bzw. Kosten) je Tonne handelt.
Erläuterung am 1. Bewertungsbeispiel: Die Umbesetzung $(13) \to (23)$ bringt eine Verminderung um drei Transportkilometer je Tonne mit sich $(-8 + 5 = -3)$, die ausgleichende Umbesetzung $(22) \to (12)$ dagegen eine Erhöhung von einem Transportkilometer je Tonne $(-2 + 3 = 1)$. Damit werden durch Umverteilung auf das Leerfeld (23) zwei Transportkilometer je Tonne eingespart $(-3 + 1 = -2)$. Diese Umverteilung ist in den Tabellen 2.57 und 2.58 eingezeichnet.
Um aber das günstigste Feld für die Verbesserung einer Lösung zu erhalten, muß die Bewertung eines jeden Feldes erfolgen.

AUFGABE

2.65. Es sind für Tab. 2.58 die Felder (11) und (32) zu bewerten.

Da die dargelegte Methode sehr arbeitsaufwendig ist, vor allem bei größeren Problemen, wird sie durch die modifizierte[1]) Distributionsmethode unter Beibehaltung der

---

[1]) modifizieren (lat.) abwandeln, auf das rechte Maß bringen

Grundprinzipien so schematisiert, daß die Bestimmung aller Polygonzüge für die Besetzung der Leerfelder wegfällt und sich allein auf das zur Besetzung günstigste Feld reduziert.

Das Verfahren wird, um Vergleichsmöglichkeiten zu geben, wieder an dem bereits gelösten Beispiel entwickelt, ausgehend von der Entfernungsmatrix (Tab. 2.59) und der Anfangslösung (Tab. 2.60). Für alle Felder werden fiktive[1]) Kosten, auch Potentiale[2]) genannt, berechnet; das sind Kennzahlen, die der Entfernungsmatrix zugeordnet werden und die eine relative Bewertung in bezug auf die Knotenpunkte ermöglichen [2.5], [2.9].

Tabelle 2.59: Entfernungsmatrix

	V_1	V_2	V_3	V_4
E_1	11	3	8	15
E_2	6	2	5	1
E_3	1	6	7	4

Tabelle 2.60: Anfangslösung

	V_1	V_2	V_3	V_4	Kap. t
E_1	—	15	5	—	20
E_2	—	3	—	12	15
E_3	17	—	3	—	20
Bedarf t	17	18	8	12	55

Die Berechnung der fiktiven Kosten

Diese wird im folgenden schrittweise durchgeführt. Um zu einer Bewertungsmatrix zu gelangen, die für jedes Leerfeld die entsprechende Bewertungszahl enthält, geht man von der gegebenen Entfernungsmatrix aus, in der die Knotenpunkte der Anfangslösung durch Kreise gekennzeichnet sind (Tab. 2.61).

Tabelle 2.61: Entfernungsmatrix

	V_1	V_2	V_3	V_4
E_1	11	③	⑧	15
E_2	6	②	5	①
E_3	①	6	⑦	4

Diese c_{ij}-Matrix wird durch die Spalte der v_i und die Zeile der w_j ergänzt, deren Werte die Grundlage zur Ermittlung der fiktiven Kosten f_{ij} sind. Der Zusammenhang, der

---

[1]) fiktiv (franz.) angenommen, nur erdacht
[2]) Potential (lat.) Wirksamkeit, Einfluß

zwischen den f_{ij} *aller* Felder und den Hilfsgrößen v_i, w_j besteht, ist durch die Gleichung

$$\boxed{f_{ij} = v_i + w_j} \quad \text{für alle } i \text{ und } j \text{ festgelegt.} \tag{2.10}$$

Dabei müssen aber, je nach der Art der Felder (ij), zwei Fälle unterschieden werden:
1. für die **Knotenpunkte** muß

$$\boxed{f_{ij} = v_i + w_j = c_{ij}} \quad \text{sein;} \tag{2.10a}$$

2. für die **Leerfelder** aber gilt

$$\boxed{f_{ij} = v_i + w_j \lesseqgtr c_{ij}} \tag{2.10b}$$

Tabelle 2.62

	V_1	V_2	V_3	V_4	v_i
E_1	f_{11}	③	⑧	f_{14}	v_1
E_2	f_{21}	②	f_{23}	①	v_2
E_3	①	f_{32}	⑦	f_{34}	v_3
w_j	w_1	w_2	w_3	w_4	

Tabelle 2.62 ist die vorbereitende Tabelle für die f_{ij}-Matrix. Für die Knotenpunkte sind nach Tabelle 2.61 die c_{ij} eingetragen; die Leerfelder sind mit den Symbolen für die fiktiven Kosten belegt. Als Ergänzung enthält die Tabelle auch alle Symbole für die Hilfsgrößen v_i und w_j.
Die Bedingung (2.10a) ermöglicht es, nach Tabelle 2.62 mit Hilfe der eingetragenen km-Zahlen (Knotenpunkte) die folgenden Gleichungen aufzustellen:

(1) $v_1 + w_2 = 3$

(2) $v_1 + w_3 = 8$

(3) $v_2 + w_2 = 2$

(4) $v_2 + w_4 = 1$

(5) $v_3 + w_1 = 1$

(6) $v_3 + w_3 = 7$

Das ist ein Gleichungssystem von 6 Gleichungen mit 7 Variablen (v_i und w_j). Es ist also unter der Annahme *einer freien* Variablen (Nichtbasisvariable), der ein bestimmter Wert zugeordnet werden kann, lösbar. Zur Vereinfachung der Rechnung wählt man den Wert Null für diese Nichtbasisvariable. Da es gleichgültig ist, welche der Variablen zur Nichtbasisvariablen gemacht wird, nimmt man zweckmäßig diejenige, zu der in Spalte oder Zeile die meisten Knotenpunkte gehören.

Im Beispiel wird v_1 gleich Null gesetzt. Damit ergeben sich für die anderen Variablen der Reihe nach die Werte

(1) $w_2 = 3$ (3) $v_2 = -1$ (6) $v_3 = -1$

(2) $w_3 = 8$ (4) $w_4 = 2$ (5) $w_1 = 2$.

Diese Werte werden in die vorbereitete Tabelle eingetragen, so daß sich Tabelle 2.63 ergibt.

Tabelle 2.63

	V_1	V_2	V_3	V_4	v_i
E_1	f_{11}	③	⑧	f_{14}	0
E_2	f_{21}	②	f_{23}	①	−1
E_3	①	f_{32}	⑦	f_{34}	−1
w_j	2	3	8	2	

Nunmehr können auch die $f_{ij} = v_i + w_j$ für die *Leerfelder* ausgerechnet werden.

$$f_{11} = \quad 0 + 2 = 2 \qquad f_{23} = -1 + 8 = 7$$
$$f_{14} = \quad 0 + 2 = 2 \qquad f_{32} = -1 + 3 = 2$$
$$f_{21} = -1 + 2 = 1 \qquad f_{34} = -1 + 2 = 1$$

Tabelle 2.64 enthält neben den vorher berechneten v_i und w_j nun auch diese f_{ij}; sie stellt damit die vollständige *Matrix der fiktiven* Kosten dar.

Tabelle 2.64: f_{ij}-Matrix

	V_1	V_2	V_3	V_4	v_i
E_1	2	③	⑧	2	0
E_2	1	②	7	①	−1
E_3	①	2	⑦	1	−1
w_j	2	3	8	2	

Relative Bewertung der Felder

Durch die Subtraktion der f_{ij}-Matrix von der c_{ij}-Matrix (Entfernungsmatrix) ergibt sich die d_{ij}-Matrix der Differenzen, die als **Matrix der Feldbewertung** oder **Bewertungsmatrix** bezeichnet wird.

$$\begin{pmatrix} 11 & ③ & ⑧ & 15 \\ 6 & ② & 5 & ① \\ ① & 6 & ⑦ & 4 \end{pmatrix} - \begin{pmatrix} 2 & ③ & ⑧ & 2 \\ 1 & ② & 7 & ① \\ ① & 2 & ⑦ & 1 \end{pmatrix} = \begin{pmatrix} 9 & ⓪ & ⓪ & 13 \\ 5 & ⓪ & -2 & ⓪ \\ ⓪ & 4 & ⓪ & 3 \end{pmatrix}$$

$$c_{ij}\text{-Matrix} \quad - \quad f_{ij}\text{-Matrix} \quad = \quad d_{ij}\text{-Matrix}$$

In allen drei Matrizen sind die Knotenpunkte besonders gekennzeichnet. Aus der Bewertungsmatrix ist ersichtlich, daß sie durch die Differenzbildung den Wert Null erhalten haben. Die Bewertungszahlen der Leerfelder sind größer oder kleiner als Null; es handelt sich also um eine *relative* Bewertung. Es kann auch vorkommen, daß die Bewertungszahl eines *Leerfeldes gleich Null* wird, was aber bei dem vorliegenden Beispiel nicht der Fall ist.
Die Bewertungszahlen d_{ij} geben die Kostenveränderung bei der Umverteilung *einer Mengeneinheit* an. Die Besetzung von Leerfeldern mit

$d_{ij} > 0$ führt zu einer Verschlechterung des Planes: die „Kosten"[1]) werden, gemessen am bereits vorliegenden Plan, größer;

$d_{ij} < 0$ führt zu einem verbesserten Transportplan; die „Kosten" werden entsprechend niedriger;

$d_{ij} = 0$ ändert die „Kosten" nicht.

Wird ein mit Null bewertetes *Leerfeld* besetzt, so ergibt sich eine Variante des bereits ermittelten Planes, die im Falle der Optimallösung für die *Realisierung* des Transportplanes günstiger sein kann als die zuerst gefundene Lösung.

Die rationelle Ermittlung der Bewertungsmatrix

Die vorangehend entwickelte Bewertungsmatrix kann im Zusammenhang mit der c_{ij}-Matrix in einer einzigen Tabelle berechnet werden.
Der Rechenablauf ist dann der folgende:

1. Eintragung der c_{ij} mit Kennzeichnung der Knotenpunkte;
2. Berechnung der v_i und w_j mit *Hilfe der Knotenpunkte*:

$$v_i + w_j = c_{ij};$$

3. Bewertung der Leerfelder in *einem* Rechengang mit der Berechnung der f_{ij}:

$$d_{ij} = c_{ij} - (v_i + w_j).$$

Dabei sind zwei Fälle zu unterscheiden:

3.1. Positive d_{ij} führen zu keiner Planverbesserung; deshalb interessiert nur ihr Vorzeichen, nicht aber ihr Zahlenwert. Man versieht infolgedessen die km-Zahl des bewerteten Leerfeldes nur mit einem hochgestellten Pluszeichen (Tab. 2.65).
3.2. Ist dagegen $d_{ij} \leq 0$, so werden Vorzeichen und Differenzzahl in gleicher Weise der km-Zahl des entsprechenden Leerfeldes angefügt.

Tabelle 2.65 enthält diese Kurzform der Bewertung. Der Rechengang ist nachstehend für einzelne Felder erläutert.

---

[1]) Die Bewertung durch fiktive Kosten ist auch bei der Berechnung des Transportaufwandes anzuwenden

Rechengang

Feld	$v_i + w_j$	$c_{ij} - f_{ij}$	Feld-kennzeichnung
(11)	$0 + 2 = 2$	$11 - 2 > 0$	$+$
$\vdots$			
(23)	$-1 + 8 = 7$	$5 - 7 = -2$	-2
$\vdots$			
(32)	$-1 + 3 = 2$	$6 - 2 > 0$	$+$

Tabelle 2.65: 1. Bewertungsmatrix

$\overset{d_{ik}}{\underset{c_{ik}}{\diagdown}}$	1	2	3	4	v_i
1	11^+	③	⑧	15^+	0
2	6^+	②	5^{-2}	①	-1
3	①	6^+	⑦	4^+	-1
w_j	2	3	8	2	

Diese 1. Bewertungsmatrix (Tab. 2.65) hat dieselbe Aussagekraft wie die d_{ij}-Matrix. Auch aus ihr ist ersichtlich, daß nur die Besetzung des Feldes (23) eine Planverbesserung mit sich bringen kann. Es wird in ihr aber durch die Kennzeichnung der Knotenpunkte auch der Umverteilungsweg sichtbar.

Anmerkung: Da die Tabellen zur Bewertung nur Hilfstabellen sind, kann man, wie es in Tabelle 2.65 ausgeführt ist, die Feldbezeichnung allein mit den entsprechenden Ordnungszahlen durchführen.

In die Anfangslösung ist, wie bereits auf S. 199, der Umverteilungsweg eingezeichnet (Tab. 2.66). Aus ihm ist ersichtlich, daß die Umverteilung von drei Mengeneinheiten zu einer Planverbesserung führt. Tabelle 2.67 enthält die erste verbesserte Lösung.

Tabelle 2.66: Anfangslösung

	V_1	V_2	V_3	V_4	Kap. t
E_1	—	15^+	5	—	20
E_2	—	$③^-$	$+$	12	15
E_3	17	—	3	—	20
Bedarf t	17	18	8	12	

Tabelle 2.67: 1. Verbesserung (Optimallösung)

	V_1	V_2	V_3	V_4	Kap. t
E_1	—	18	2	—	20
E_2	—	—	3	12	15
E_3	17	—	3	—	20
Bedarf t	17	18	8	12	

Nach Tabelle 2.67 ist im Zusammenhang mit den km-Zahlen der Tabelle 2.65 der Transportaufwand nach der ersten Planverbesserung zu berechnen:

$$G_1 = (18 \cdot 3 + 2 \cdot 8 + 3 \cdot 5 + 12 \cdot 1 + 17 \cdot 1 + 3 \cdot 7) \text{ tkm}$$

$$\underline{\underline{G_1 = 135 \text{ tkm}}}$$

Wenn man für jeden Iterationsschritt den Transportaufwand berechnet — was im allgemeinen geschehen sollte —, so läßt sich G_{n+1} aus G_n einfacher nach folgender Regel ermitteln:

Der neue Transportaufwand G_{n+1} ist gleich der Differenz aus dem Aufwand G_n und dem Produkt aus der Einsparung je transportierter Einheit und der umverteilten Menge.

Allerdings setzt diese Berechnung voraus, daß vorher kein Rechenfehler gemacht wurde.

Um die Möglichkeit einer weiteren Verbesserung festzustellen, wird eine neue Feldbewertung durchgeführt, deren Ergebnis Tabelle 2.68 ist.

Tabelle 2.68: 2. Bewertungsmatrix

	1	2	3	4	v_i
1	11^+	③	⑧	15^+	8
2	6^+	2^+	⑤	①	5
3	①	6^+	⑦	4^+	7
w_j	-6	-5	0	-4	

AUFGABE

2.66. Die aus Tabelle 2.68 ersichtliche Feldbewertung ist ausführlich als Differenz $(c_{ij}) - (f_{ij}) = (d_{ij})$ darzustellen. Welche Feststellung folgt aus der 2. Bewertungsmatrix?

Aus der Entwicklung des analytischen Lösungsverfahrens einer Transportaufgabe ist zu erkennen, daß der Berechnung beider Hauptteile (Anfangslösung und schrittweise Verbesserung) wieder ein Algorithmus zugrunde liegt. Dieser besteht, ausgehend von der Anfangslösung, in den beiden bis zur Optimallösung immer wiederkehrenden Operationen **Bewertung** und **Umverteilung**.
Der Ablauf der Berechnungen ist in dem Ablaufschema auf S. 206 noch einmal zusammengefaßt.

BEISPIEL

Vier Fabriken eines Bezirkes erzeugen ein gleiches Produkt, das von 6 zentralen Abnehmern gebraucht wird. Die Transportkosten je Einheit des Produktes sind für alle Routen von Fabrik

Ablaufschema des Transportalgorithmus

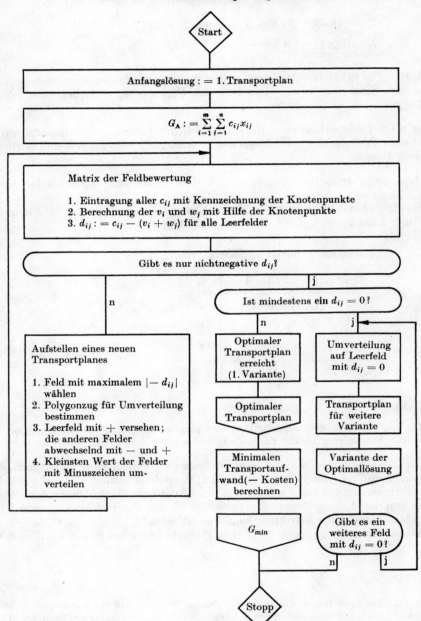

zu Abnehmern in der Kostenmatrix (Tab. 2.69) zusammengestellt. Die Kapazitäten der Fabriken und die Bedarfshöhe der Abnehmer je Quartal sind die folgenden:

Kapazität	F_1	F_2	F_3	F_4		
t	2300	1400	1700	1100		

Bedarf	A_1	A_2	A_3	A_4	A_5	A_6
t	1300	700	900	1200	600	1800

Tabelle 2.69: Kostenmatrix (Mark je t)

	A_1	A_2	A_3	A_4	A_5	A_6
F_1	3	8	3	9	8	12
F_2	1	3	4	10	13	8
F_3	6	4	6	5	6	4
F_4	19	12	8	9	7	7

Es ist der optimale Transportplan für den Zeitraum eines Quartals aufzustellen; die entsprechenden minimalen Transportkosten sind zu berechnen.

Lösung: In der Tabelle für die Anfangslösung (Tab. 2.70) werden Kapazität und Bedarf in der Maßeinheit 100 t aufgenommen. Die Verwendung der aufsteigenden Indexmethode gewährleistet eine zulässige Anfangslösung mit $9 = 4 + 6 - 1$ von Null verschiedenen Basisvariablen.

Tabelle 2.70: Anfangslösung

	A_1	A_2	A_3	A_4	A_5	A_6	Kap. 100 t
F_1	—	—	$9^{\boxed{3}}$	$12^{\boxed{9}}$	$2^{\boxed{8}}$	—	23
F_2	$13^{\boxed{1}}$	$1^{\boxed{2}}$	—	—	—	—	14
F_3	—	$6^{\boxed{4}}$	—	—	—	$11^{\boxed{5}}$	17
F_4	—	—	—	—	$4^{\boxed{7}}$	$7^{\boxed{6}}$	11
Bedarf 100 t	13	7	9	12	6	18	65

Anmerkung: Die in Tabelle 2.70 hinter den einzelnen Mengen stehenden umrandeten (□) Zahlen geben die Reihenfolge an, in der die einzelnen Felder beim Aufstellen der Anfangslösung belegt wurden. Aus Tabelle 2.69 und Tabelle 2.70 ergeben sich die Gesamtkosten G_A.

$$G_A = 100 (9 \cdot 3 + 12 \cdot 9 + 2 \cdot 8 + 13 \cdot 1 + 1 \cdot 3 + 6 \cdot 4 + 11 \cdot 4 + 4 \cdot 7 + 7 \cdot 7) \text{ Mark}$$
$$\underline{\underline{G_A = 31\,200 \text{ Mark}}}$$

Durch die Matrix der 1. Feldbewertung (Tab. 2.71) wird der für die Umverteilung günstigste Polygonzug (Tab. 2.72) gefunden, der das Feld (11) zum neuen Knotenpunkt macht. Eine Besetzung der Felder (12) oder (34) mit der Bewertungszahl Null würde eine Variante der Anfangslösung geben. Das läßt man hier unberücksichtigt, da die Berechnung von Varianten nur bei Optimallösungen sinnvoll ist.

Tabelle 2.71: 1. Feldbewertung

	1	2	3	4	5	6	v_i
1	3^{-3}	$8^{\square}$	③	⑨	⑧	12^{+}	0
2	①	③	4^{+}	10^{+}	13^{+}	8^{+}	-5
3	6^{+}	④	6^{+}	$5^{\square}$	6^{+}	④	-4
4	19^{+}	12^{+}	8^{+}	9^{+}	⑦	⑦	-1
w_j	6	8	3	9	8	8	

Tabelle 2.72: Polygonzug für die 2. Umverteilung

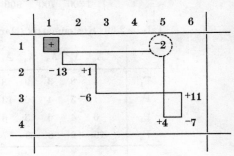

In den Polygonzug sind die Feldbesetzungen eingetragen, damit die Menge, die umverteilt werden kann, schnell ersichtlich ist. Es sind hier 2 ME (d. s. 200 t), deren Umsetzung auf die *1. verbesserte Lösung* (Tab. 2.73) führt.
Die Ermittlung der Transportkosten G_1 ergibt

$$G_1 = 30\,600 \text{ Mark.}$$

Tabelle 2.73: 1. verbesserte Lösung

	A_1	A_2	A_3	A_4	A_5	A_6	Kap. 100 t
F_1	$+2$	—	9	-12	—	—	23
F_2	-11	$+3$	—	—	—	—	14
F_3	—	-4	—	$+$	—	13	17
F_4	—	—	—	—	6	5	11
Bedarf 100 t	13	7	9	12	6	18	

Tabelle 2.74: 2. Feldbewertung

	1	2	3	4	5	6	v_i
1	③	8^{+}	③	⑨	8^{+}	12^{+}	0
2	①	③	4^{+}	10^{+}	13^{+}	8^{+}	-2
3	6^{+}	④	6^{+}	5^{-3}	6^{+}	④	-1
4	19^{+}	12^{+}	8^{+}	$9^{\square -2}$	⑦	⑦	2
w_j	3	5	3	9	5	5	

Die 2. Feldbewertung (Tab. 2.74) zeigt, daß es zwei Möglichkeiten der Verbesserung gibt. Das absolut höher bewertete Feld (34) muß besetzt werden, da damit die größere Verminderung der Kosten je umverteilte Mengeneinheit verbunden ist. Der zugehörige Polygonzug ist in Tabelle 2.73 eingetragen. Es werden 400 t mit einer Einsparung von 3 Mark je Tonne umverteilt. Daraus ergibt sich die *2. verbesserte Lösung* (Tab. 2.75).

Tabelle 2.75: 2. verbesserte Lösung

	A_1	A_2	A_3	A_4	A_5	A_6	Kap. 100 t
F_1	6	—	9	8	—	—	23
F_2	7	7	—	—	—	—	14
F_3	—	—	—	4	—	13	17
F_4	—	—	—	—	6	5	11
Bedarf 100 t	13	7	9	12	6	18	

Auch diese Lösung ist wieder zu bewerten (Tab. 2.76)

Tabelle 2.76: 3. Feldbewertung

	1	2	3	4	5	6	v_i
1	③	8^+	③	⑨	8^0	12^+	0
2	①	③	4^+	10^+	13^+	8^+	-2
3	6^+	4^+	6^+	⑤	6^+	④	-4
4	19^+	12^+	8^+	9^+	⑦	⑦	-1
w_j	3	5	3	9	8	8	

Nunmehr sind alle Bewertungszahlen positiv, d. h., Tabelle 2.75 stellt den Optimalplan dar. Die minimalen Transportkosten betragen

$$G_{min} = 29\,400 \text{ Mark.}$$

Die Bewertungszahl Null für Feld (15) in Tabelle 2.76 sagt aus, daß es für den Optimalplan noch eine 2. Variante durch das Besetzen dieses Feldes gibt. Tabelle 2.77 enthält den neuen Transportplan, der durch entsprechende Umverteilung in Tabelle 2.75 gewonnen wird. Die Berechnung der Kosten nach Tabelle 2.77 führt auf das bereits gewonnene Ergebnis von 29 400 Mark, wie es bei einer Variante sein muß.

Tabelle 2.77: 2. Variante der Optimallösung

	A_1	A_2	A_3	A_4	A_5	A_6	Kap. 100 t
F_1	6	—	9	2	6	—	23
F_2	7	7	—	—	—	—	14
F_3	—	—	—	10	—	7	17
F_4	—	—	—	—	—	11	11
Bedarf 100 t	13	7	9	12	6	18	

Bei der praktischen Durchführung einer Berechnung erweist es sich als zweckmäßig, den durch die Feldbewertung bestimmten Polygonzug jeweils in die vorangehende Lösungstabelle einzutragen. Eine entsprechende Zusammenstellung der für die Handrechnung unbedingt nötigen Tabellen (Tab. 2.78···2.85) zeigt, wie eine solche Rechnung ohne Zwischennotizen durchzuführen ist.

Tabelle 2.78: Kostenmatrix

	A_1	A_2	A_3	A_4	A_5	A_6
F_1	3	8	3	9	8	12
F_2	1	3	4	10	13	8
F_3	6	4	6	5	6	4
F_4	19	12	8	9	7	7

Tabelle 2.79: Anfangslösung

	A_1	A_2	A_3	A_4	A_5	A_6	Kap. 100 t
F_1	+	—	9	12	(-2)	—	23
F_2	-13	+1	—	—	—	—	14
F_3	—	-6	—	—	—	+11	17
F_4	—	—	—	—	+4	-7	11
Bedarf 100 t	13	7	9	12	6	18	

Tabelle 2.80: 1. Feldbewertung

	1	2	3	4	5	6	v_i
1	3^{-3}	8^{0}	③	⑨	⑧	12^{+}	0
2	①	③	4^{+}	10^{+}	13^{+}	8^{+}	-5
3	6^{+}	④	6^{+}	5^{0}	6^{+}	④	-4
4	19^{+}	12^{+}	8^{+}	9^{+}	⑦	⑦	-1
w_j	6	8	3	9	8	8	

Tabelle 2.81: 1. verbesserte Lösung

	A_1	A_2	A_3	A_4	A_5	A_6	Kap. 100 t
F_1	+2	—	9	-12	—	—	23
F_2	-11	+3	—	—	—	—	14
F_3	—	(-4)	—	+	—	13	17
F_4	—	—	—	—	6	5	11
Bedarf 100 t	13	7	9	12	6	18	

Tabelle 2.82: 2. Feldbewertung

	1	2	3	4	5	6	v_i
1	③	8^{+}	③	⑨	8^{+}	12^{+}	0
2	①	③	4^{+}	10^{+}	13^{+}	8^{+}	-2
3	6^{+}	④	6^{+}	5^{-3}	6^{+}	④	-1
4	19^{+}	12^{+}	8^{+}	9^{-2}	⑦	⑦	2
w_j	3	5	3	9	5	5	

**Tabelle 2.83: 2. verbesserte Lösung
1. Variante der Optimallösung**

	A_1	A_2	A_3	A_4	A_5	A_6	Kap. 100 t
F_1	6	—	9	-8	+	—	23
F_2	7	7	—	—	—	—	14
F_3	—	—	—	+4	—	-13	17
F_4	—	—	—	—	(-6)	+5	11
Bedarf 100 t	13	7	9	12	6	18	

Tabelle 2.84: 3. Feldbewertung

	1	2	3	4	5	6	v_i
1	③	8^{+}	③	⑨	8^{0}	12^{+}	0
2	①	③	4^{+}	10^{+}	13^{+}	8^{+}	-2
3	6^{+}	4^{+}	6^{+}	⑤	6^{+}	④	-4
4	19^{+}	12^{+}	8^{+}	9^{+}	⑦	⑦	-1
w_j	3	5	3	9	8	8	

Tabelle 2.85: 2. Variante der Optimallösung

	A_1	A_2	A_3	A_4	A_5	A_6	Kap. 100 t
F_1	6	—	9	2	6	—	23
F_2	7	7	—	—	—	—	14
F_3	—	—	—	10	—	7	17
F_4	—	—	—	—	—	11	11
Bedarf 100 t	13	7	9	12	6	18	

AUFGABEN

2.67. Es ist der optimale Transportplan für die in Tabelle 2.86 gegebene Kostenmatrix, die zugleich die einschränkenden Randbedingungen enthält, zu berechnen.

2.68. Desgl. für Tabelle 2.87.

2.69. Desgl. (einschließlich der Varianten) für Tabelle 2.88.

2.70. Drei Fahrzeugparks P_i stellen ihre Fahrzeuge vier Baustellen B_j zur Verfügung. Die Fahrzeuge sind den Baustellen so zuzuordnen, daß die Gesamtweglänge der Anfahrt ein Minimum wird.

Es verfügt P_1 über 20, P_2 über 8 und P_3 über 13 Fahrzeuge, während B_1 4, B_2 als Großbaustelle 21, B_3 7 und B_4 9 Fahrzeuge benötigt. Die Entfernungen in Kilometern sind in Tabelle 2.89 enthalten.

Tabelle 2.86

	I	II	III	IV	a_i
1	3	5	6	12	62
2	4	7	9	7	58
3	13	3	9	12	76
4	8	8	12	15	43
b_j	16	85	112	26	

Tabelle 2.87

	A_1	A_2	A_3	A_4	A_5	a_i
E_1	6	3	5	11	4	185
E_2	1	6	4	5	12	100
E_3	5	16	8	10	15	130
E_4	13	15	20	2	9	85
b_j	50	170	70	90	120	

Tabelle 2.88

	1	2	3	4	a_i
1	4	1	6	13	13
2	7	3	4	12	7
3	3	4	6	8	9
4	9	10	7	9	12
5	8	13	5	8	6
6	12	18	4	7	18
b_j	23	14	17	11	

14*

Tabelle 2.89: Entfernungsmatrix

	B_1	B_2	B_3	B_4
P_1	10	3	8	7
P_2	3	7	4	1
P_3	5	2	3	6

2.71. Drei Kiesgruben beliefern sechs Verbraucher. Die Kostensätze des Transportes sind in Tabelle 2.90 angegeben.

Tabelle 2.90: Kostenmatrix

	V_1	V_2	V_3	V_4	V_5	V_6
K_1	10	3	18	7	15	9
K_2	2	12	4	1	6	11
K_3	5	2	13	6	14	3

Für einen bestimmten Zeitraum beträgt das Aufkommen der Kiesgruben für

K_1	K_2	K_3
210 t	150 t	130 t

der Verbrauch dagegen beläuft sich in demselben Zeitraum

für	V_1	V_2	V_3	V_4	V_5	V_6
auf	100 t	60 t	90 t	80 t	110 t	50 t

Es ist der optimale Transportplan aufzustellen; die Minimalkosten sind diesem Plan entsprechend zu berechnen.

2.4.4.   Sonderfälle

1. Sonderfall: Unausgeglichene Transportprobleme

In der Praxis stimmen im allgemeinen Bedarf und Kapazität nicht überein. In diesem Falle spricht man von **unausgeglichenen oder offenen Problemen**. Diese lassen sich jedoch stets auf das Normalproblem zurückführen.

1. Fall: Überwiegt die Kapazität, so wird ein **fiktiver Verbraucher** eingeführt, dessen Bedarf gleich dem vorhandenen Produktionsüberschuß ist.

$$\sum a_i > \sum b_j \qquad (2.11\,\text{a})$$
$$\sum a_i = \sum b_j + b_f. \qquad (2.11\,\text{b})$$

Die Entfernungen des fiktiven Verbrauchers V_f vom Erzeuger bzw. die ihm zuzuschreibenden Transportkosten sind natürlich gleich Null zu setzen.

Der Transport von einem Erzeuger zum fiktiven Verbraucher bedeutet zunächst Lagerung bei diesem Erzeuger (die Lagerunkosten werden vernachlässigt).

2. Fall: Bei nicht gedecktem Bedarf wird ein **fiktiver Erzeuger** E_f eingesetzt, dessen Kapazität gleich der fehlenden Bedarfsmenge ist.

$$\sum a_i \quad < \sum b_j \qquad (2.12\,\text{a})$$
$$\sum a_i + a_f = \sum b_j. \qquad (2.12\,\text{b})$$

Auch hier werden die Felder der Entfernungs- oder Kostenmatrix, die dem Erzeuger E_f zugeordnet sind, mit Null besetzt.

Fiktive Erzeuger dürfen nicht ohne weiteres eingesetzt werden, vor allem nicht bei umfassender Optimierung. Über die in diesem Falle bestehenden Möglichkeiten vgl. [2.5, S. 17].

Die Berechnung einer durch eine fiktive Spalte oder Zeile erweiterten Tabelle erfolgt wie im Normalfall. Allerdings werden bei der Bestimmung der Anfangslösung die Felder des *fiktiven* Verbrauchers bzw. Erzeugers *zuletzt* besetzt.

BEISPIEL

Drei Betonwerke L_i beliefern vier Baustellen B_j. Die Kostenmatrix gibt die jeweiligen Transportkosten von L_i zu B_j für die Einheit (ME) des transportierten Gutes in Mark an (Tab. 2.91).

Tabelle 2.91: Kostenmatrix

	B_1	B_2	B_3	B_4
L_1	10	3	8	7
L_2	3	7	4	1
L_3	5	2	3	6

Die Produktionshöhen der Betonwerke betragen in einem bestimmten Zeitraum für

L_1	L_2	L_3
230 ME	160 ME	140 ME

In demselben Zeitraum besteht folgender Bedarf der Baustellen

B_1	B_2	B_3	B_4
190 ME	60 ME	150 ME	40 ME

Es sind die minimalen Transportkosten mit Hilfe eines Optimalplanes zu ermitteln.

Lösung: Es ist

$$\sum a_i = 530 \text{ ME}$$
$$\sum b_j = 440 \text{ ME} \quad \text{und damit}$$

$$\sum a_i - \sum b_j = 90 \text{ ME}$$

Die Tabelle der Anfangslösung muß deshalb zusätzlich die Spalte B_f des fiktiven Verbrauchers (Baustelle) mit einem Bedarf von 90 ME erhalten.
In Tabelle 2.92 ist die Reihenfolge der Feldbesetzung angegeben; daraus ist ersichtlich, daß das Feld $(1f)$ als letztes besetzt wurde.

Tabelle 2.92: Anfangslösung

	B_1	B_2	B_3	B_4	B_f	Kap. ME
L_1	70 ⁶	—	70 ⁵	—	90 ⁷	230
L_2	120 ⁴	—	—	40 ¹	—	160
L_3	—	60 ²	80 ³	—	—	140
Bedarf ME	190	60	150	40	90	

Für die Anfangslösung betragen die Transportkosten

$$\underline{\underline{G_A = 2020 \text{ Mark.}}}$$

Nunmehr läuft der Algorithmus wie bei einem normalen Problem ab.
Die Tabellen 2.93 bis 2.96 enthalten die Berechnungen bis zur Optimallösung

$$\underline{\underline{G_{min} = 1740 \text{ Mark.}}}$$

Die *erste Feldbewertung* (Tab. 2.93) enthält zwei Möglichkeiten der Verbesserung: Umverteilung auf Feld (12) und auf Feld (14). In Tabelle 2.94 sind die beiden Umverteilungswege eingezeichnet. Man sieht, daß sie völlig unabhängig voneinander sind. Deshalb kann man beide Umverteilungen gleichzeitig vornehmen.
Das Ergebnis liegt in Tabelle 2.95 vor.

Tabelle 2.93: 1. Feldbewertung   Tabelle 2.94: Umverteilungsweg zu 2.93

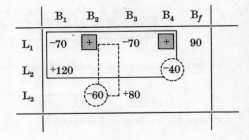

	1	2	3	4	f	v_i
1	⑩	3⁻⁴	⑧	7⁻¹	⓪	0
2	③	7⁺	4⁺	①	0⁺	−7
3	5 ⁰	②	③	6⁺	0⁺	−5
w_j	10	7	8	8	0	

	B_1	B_2	B_3	B_4	B_f
L_1	−70	+	−70	+	90
L_2	+120			(−40)	
L_3		(−60)	+80		

Tabelle 2.95: 1. verbesserte Lösung (1. Variante der Optimallösung)

	B_1	B_2	B_3	B_4	B_f	Kap. ME
L_1	30	60	10	40	90	230
L_2	160	—	—	—	—	160
L_3	—	—	140	—	—	140
Bedarf ME	190	60	150	40	90	

Tabelle 2.96: 2. Feldbewertung

	1	2	3	4	f	v_i
1	⑩	③	⑧	⑦	⓪	0
2	③	7^+	4^+	1^+	0^+	-7
3	5^0	2^+	③	6^+	0^+	-5
w_j	10	3	8	7	0	

Die *zweite Bewertung* (Tab. 2.96) bringt nur noch positive Bewertungszahlen außer der Null auf Feld (31). Deshalb liegt mit Tabelle 2.96 bereits die Optimallösung vor, die jedoch noch eine zweite Variante hat, die hier nicht ausgerechnet wurde.

Nach dem Ergebnis für das vorliegende Beispiel wird die Differenzmenge von 90 ME im Betonwerk L_1 gelagert und kann von da aus anderweitig Verwendung finden.

Zu bemerken ist noch, daß es bei größeren Problemen durchaus möglich ist, daß die Umverteilung auch eine Änderung in der Besetzung der fiktiven Spalte mit sich bringt.

AUFGABE

2.72. Vier Erzeuger beliefern vier Verbraucher mit einem austauschbaren Gut. Die Kostenmatrix ist in Tabelle 2.97 gegeben. In einem Monat erzeugen

E_1	E_2	E_3	E_4
70 t	60 t	90 t	50 t

und verbrauchen

V_1	V_2	V_3	V_4
10 t	75 t	100 t	25 t

Welches sind die minimalen Transportkosten?

Welche Mengen des erzeugten Gutes werden nicht ausgeliefert?

Tabelle 2.97: Kostenmatrix

	V_1	V_2	V_3	V_4
E_1	3	7	6	16
E_2	8	5	9	7
E_3	14	3	10	12
E_4	4	11	12	15

2. Sonderfall: Ausgeartete Transportprobleme

Wie bei jedem Problem der Linearoptimierung liegt auch beim Transportproblem eine Ausartung (Degeneration) vor, wenn in einer Zwischenlösung oder in der Optimallösung eine *Basisvariable* den Wert *Null* annimmt (vgl. S. 184).

In der Transporttabelle macht sich das dadurch bemerkbar, daß sich die Zahl der Knotenpunkte vermindert und weniger als $m + n - 1$ beträgt.

Eine solche Verminderung tritt immer nur dann auf, wenn zwei negativ anzusetzende Felder eines Umverteilungsweges mit der gleichen kleinsten Mengenzahl x_{ij} (Basisvariablen) belegt sind. Die Ursachen der Ausartung liegen also im allgemeinen auch in der vorangehenden Tabelle. Bild 2.16 zeigt das Prinzip eines solchen Umverteilungsfalles.

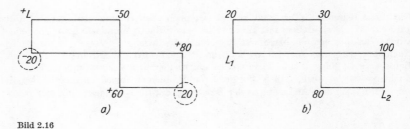

Bild 2.16

Bei der Art des Transportalgorithmus entsteht nun eine besondere Schwierigkeit dadurch, daß man nicht ohne weiteres erkennen kann, welche der beiden in Frage kommenden Variablen x_{ij} als Nichtbasisvariable und welche als Basisvariable mit dem Wert Null zu wählen ist. Das kommt daher, daß es prinzipiell gleich ist, bei welchem Feld die Umverteilung begonnen wird. Es steht nur fest, daß eines der entstandenen Leerfelder, L_1 oder L_2, mit Null belegt werden muß. Die Klärung erfolgt bei der Feldbewertung. Die fiktiven Kosten lassen sich nur bei entsprechendem Anschluß über die Knotenpunkte berechnen. Das führt zwangsläufig zur richtigen Wahl dieser Null-Basisvariablen. Stehen zwei Felder zur Wahl, so wählt man zweckmäßig dasjenige mit kleinstem c_{ij} zur Belegung mit Null. Diese Belegung wird dann nachträglich noch in die vorangehende Lösungsmatrix eingetragen. Falls es sich in der weiteren Berechnung eines Problems als notwendig erweist, kann auch diese Null wie jede andere Belegung umverteilt werden.

BEISPIEL

Als Beispiel wird von Aufgabe 2.62 die Kostenmatrix (Tab. 2.98) und die Anfangslösung (Tab. 2.99) übernommen (vgl. S. 196).
Die Feldbewertung (Tab. 2.100) weist nach, daß durch die Besetzung der drei Leerfelder (22) (23) und (25) eine Verbesserung des Planes erzielt werden kann.
In Tabelle 2.101 ist zuerst die Umverteilung von 60 ME auf das Feld (23) vorgenommen worden. Der Umverteilungsweg ist in Tabelle 2.99 bereits eingezeichnet. Die verbesserte Lösung (Tab. 2.101) enthält jetzt einen Knotenpunkt weniger. Die erforderliche Zahl von 7 Knotenpunkten ist nicht mehr vorhanden; es liegt eine *Ausartung* vor.

Tabelle 2.98: Kostenmatrix

	A_1	A_2	A_3	A_4	A_5
B_1	10	2	9	15	8
B_2	12	3	5	7	9
B_3	13	6	4	4	11

Tabelle 2.99: Anfangslösung

	A_1	A_2	A_3	A_4	A_5	a_i
B_1	60	70	—		— 40	170
B_2	40	—	+	(−60)	—	100
B_3	—	—	(−60)	+30	—	90
b_j	100	70	60	90	40	360

Tabelle 2.100: 1. Feldbewertung

	1	2	3	4	5	v_i
1	⑩	②	9^+	15^+	⑧	0
2	⑫	3^{-1}	5^{-2}	⑦	9^{-1}	2
3	13^+	6^+	④	④	11^+	−1
w_j	10	2	5	5	8	

Tabelle 2.101: 1. verbesserte Lösung (ausgeartet)

	A_1	A_2	A_3	A_4	A_5	a_i
B_1	60	70	—	—	40	170
B_2	40	—	60	—	—	100
B_3	—	—	—	90	—	90
b_j	100	70	60	90	40	

Nunmehr ist die Feldbewertung, wie Tabelle 2.102 zeigt, nicht vollständig durchführbar. Die Berechnung der v_i und w_j stockt bei v_3 und w_4, da kein *Anschluß-Knotenpunkt* vorhanden ist. Ein Leerfeld muß durch Besetzen mit Null zum Knotenpunkt werden; es kann nur (24) mit $c_{24} = 7$ oder (53) mit $c_{33} = 4$ sein. Wegen des kleineren Wertes wird c_{33} als Knotenpunkt

gewählt. Die Tabellen 2.103 und 2.104 geben die verbesserte Lösung mit voller Zahl der Knotenpunkte und die vollständige Bewertung dieser Lösung wieder.
Die weitere Verbesserung, die nach Tabelle 2.104 möglich ist, wird in Aufgabe 2.74 berechnet.

Tabelle 2.102

	1	2	3	4	5	v_i
1	⑩	②	9	15	⑧	0
2	⑫	3	⑤	⑦	9	2
3	13	6	④	④	11	?
w_j	10	2	3	?	8	

Tabelle 2.103:
1. verbesserte Lösung mit 7 Knotenpunkten

	A_1	A_2	A_3	A_4	A_5	a_i
B_1	60	70	—	—	40	170
B_2	40	—	60	—	—	100
B_3	—	—	0	90	—	90
b_j	100	70	60	90	40	

Tabelle 2.104: 2. Feldbewertung

	1	2	3	4	5	v_i
1	⑩	②	9^+	15^+	⑧	0
2	⑫	$3^{\boxed{-1}}$	⑤	7^+	$9^{\boxed{-1}}$	2
3	13^+	6^+	④	④	11^+	1
w_j	10	2	3	3	8	

AUFGABEN

2.73. Kann eine Ausartung auch schon in der Anfangslösung eines Transportproblems auftreten? Die Antwort ist zu begründen!

2.74. Die zweite Feldbewertung (Tab. 2.104) des vorangehenden Beispiels zeigt zwei Möglichkeiten der Planverbesserung.
Es ist die Verbesserung durchzuführen, die
a) ohne Ausartung möglich ist. Nach nochmaliger Bewertung ist die Aufgabe zu Ende zu
führen. Was ergibt sich?
b) auf eine nochmalige Ausartung führt. Die beiden Lösungswege sind zu vergleichen.

2.75. Für die in Aufgabe 2.63 (Tab. 2.55) ermittelte Anfangslösung ist die Optimallösung zu berechnen.

2.76. Desgl. für Aufgabe 2.64 (Tab. 2.56). Alle Umverteilungsmöglichkeiten, die sich bei den
Bewertungen ergeben, sind zu untersuchen.

2.4.5.   Approximationsverfahren von Vogel-Korda

Von VOGEL wurde 1958 ein Approximationsverfahren[1]) zur Lösung von Transport-
problemen entwickelt, das von KORDA (Prag 1962) modifiziert und damit noch
effektiver gestaltet wurde. Man erhält bei seiner Anwendung eine recht gute An-

---

[1]) Approximation (lat.) Annäherung

näherung an die Optimallösung des Problems, u. U. sogar die Optimallösung selbst. In der Praxis wird diese Methode vor allem dann angewendet, wenn für die Lösung größerer Probleme eine Rechenanlage nicht in Anspruch genommen werden kann.

Der nach VOGEL-KORDA aufgestellte Transportplan kann auch als eine Anfangslösung benutzt werden, die sich nach Bewertung durch fiktive Kosten und entsprechende Umverteilungen zur Optimallösung entwickeln läßt.

Die Grundlage des Verfahrens ist eine Reduktion[1]) der c_{ij}-Matrix, also der gegebenen Matrix der Entfernungen oder der Kosten. Die Zuordnung der Transportmengen orientiert sich wie bei der aufsteigenden Indexmethode auf die Felder der kleinsten c_{ij}-Werte. Dabei sind aber nicht deren tatsächliche Werte, sondern allein die Wertunterschiede zu den anderen c_{ij}-Elementen ausschlaggebend.

Von diesem Gedanken ausgehend, erfolgt die Reduktion der gegebenen Matrix so, daß die Werte der einzelnen Elemente sich vermindern, die Größenunterschiede zwischen ihnen aber nach je einem Arbeitsschritt erhalten bleiben.

Der Ablauf des Verfahrens wird im folgenden an einem Beispiel erläutert, die Möglichkeit der Reduktion, die das Aufstellen eines zur ursprünglichen c_{ij}-Matrix gehörenden Transportplanes zuläßt, wird analytisch begründet.

Die Reduktion der c_{ij}-Matrix

Den Darlegungen wird die Kostenmatrix nach Tabelle 2.55, Aufgabe 2.63 (S. 196) zugrunde gelegt, die als Tabelle 2.105 nachstehend nochmals aufgeführt ist.

Tabelle 2.105: Kostenmatrix (c_{ij}-Matrix)

	V_1	V_2	V_3	V_4
E_1	3	6	12	15
E_2	12	8	21	9
E_3	7	4	13	20
E_4	12	8	7	10

Zur Reduktion als Vorbereitung für die Aufstellung des Transportplanes gehören drei Arbeitsschritte.

1. Schritt: Aus der vorliegenden c_{ij}-Matrix ergibt sich die *teilreduzierte Matrix*, indem in **jeder Zeile** (*Spalte*) das kleinste Element von den anderen Elementen **der Zeile** (*Spalte*) subtrahiert wird.

Der 1. Schritt kann also *entweder* die Umformung der Zeilen *oder* die Umformung der Spalten umfassen. Ist $m \neq n$, so hat es sich in der Praxis bewährt, mit der Art der Reihen zu beginnen, deren Elementenzahl die größere von beiden ist.

Für die Matrix in Tabelle 2.105 wird mit der Reduktion der Zeilen begonnen.

---

[1]) Reduktion (lat.) Zurückführung, Umwandlung, Einschränkung

Tabelle 2.106: Teil-reduzierte Kostenmatrix

	V_1	V_2	V_3	V_4	Subtrahiert wurde
E_1	0	3	9	12	1. Zeile: 3
E_2	4	0	13	1	2. Zeile: 8
E_3	3	0	9	16	3. Zeile: 4
E_4	5	1	0	3	4. Zeile: 7

In Tabelle 2.106 ist zu erkennen, daß zeilenweise der Größenunterschied der Elemente zum kleinsten Element derselbe geblieben ist.

2. Schritt: In der teilreduzierten Matrix wird in **jeder Spalte** (*Zeile*) das nunmehr kleinste Element von den anderen Elementen **derselben Spalte** (*Zeile*) subtrahiert. Dadurch entsteht die **reduzierte c'_{ij}-Matrix**, die in jeder Zeile und in jeder Spalte mindestens eine Null enthält, wie Tabelle 2.107 ausweist.

Tabelle 2.107: Reduzierte c'_{ij}-Matrix

	V_1	V_2	V_3	V_4	d_z
E_1	0	3	9	11	3
E_2	4	0	13	0	0
E_3	3	0	9	15	3
E_4	5	1	0	2	1
d_s	3	0	9	2	

Die zweite Reduktion braucht im Beispielfall nur noch die letzte Spalte einzubeziehen, da in den anderen Spalten durch Subtraktion der Null als kleinstem Element sich nichts ändert. Es sind nunmehr durch die c'_{ij} mit dem Wert Null die Felder günstiger Verteilung der Transportmengen deutlich erkennbar.

3. Schritt: In einer zusätzlichen Spalte d_z bzw. Zeile d_s der reduzierten Matrix wird die Differenz zwischen den beiden kleinsten Elementen der Zeilen bzw. der Spalten notiert.

Mit diesem Schritt erfolgt eine gewisse Wertung der „Null-Felder". Die Belegung eines Null-Feldes, in dessen Reihe die gebildete Differenz besonders groß ist, ist deshalb günstig, weil nach einer solchen Belegung in der Regel Felder relativ großer c'_{ij}-Werte gestrichen werden können (vgl. Anfangslösung nach der Indexmethode).

Das geschilderte Reduktionsverfahren, wie es in den beiden ersten Schritten durchgeführt wird, beruht auf dem folgenden mathematischen Tatbestand:

Die Zielfunktion für das Problem der Transportoptimierung lautet (vgl. S. 192)

$$G = \sum_{i=1}^{m} \sum_{j=1}^{n} c_{ij} x_{ij} \to \min \tag{1}$$

Bei der Reduktion wurde von jedem Element c_{ij} der Zeilen ein nichtnegativer Zahlenwert r_i und von jedem Element der Spalten ein nichtnegativer Zahlenwert s_j subtrahiert. Dadurch entstehen die Elemente c'_{ij}.

$$c'_{ij} = c_{ij} - r_i - s_j \qquad \text{oder}$$
$$c_{ij} = c'_{ij} + r_i + s_j \tag{2}$$

(2) kann in (1) eingesetzt werden; damit geht die Zielfunktion über in

$$G = \sum_{i=1}^{m} \sum_{j=1}^{n} (c'_{ij} + r_i + s_j) x_{ij} \tag{3a}$$

bzw.

$$G = \sum_{i=1}^{m} \sum_{j=1}^{n} c'_{ij} x_{ij} + \sum_{i=1}^{m} \sum_{j=1}^{n} r_i x_{ij} + \sum_{i=1}^{m} \sum_{j=1}^{n} s_j x_{ij} \tag{3b}$$

Es ist aber

$$\sum_{i=1}^{m} \sum_{j=1}^{n} r_i x_{ij} = \sum_{i=1}^{m} r_i \left(\sum_{j=1}^{n} x_{ij} \right) = \sum_{i=1}^{m} r_i a_i \quad \text{wegen} \quad \sum_{j=1}^{n} x_{ij} = a_i \quad \text{(vgl. S. 192)}$$

und

$$\sum_{i=1}^{m} \sum_{j=1}^{n} s_j x_{ij} = \sum_{j=1}^{n} s_j \left(\sum_{i=1}^{m} x_{ij} \right) = \sum_{j=1}^{n} s_j b_j \quad \text{wegen} \quad \sum_{i=1}^{m} x_{ij} = b_j \quad \text{(vgl. S. 192)}$$

Somit geht (3b) über in

$$G = \sum_{i=1}^{m} \sum_{j=1}^{n} c'_{ij} x_{ij} + \sum_{i=1}^{m} r_i a_i + \sum_{j=1}^{n} s_j b_j \tag{4}$$

Da nun der erste Summand der so umgeformten Zielfunktion von den Variablen x_{ij} abhängig ist, während die beiden anderen Summanden konstant sind, ergibt sich eine reduzierte Zielfunktion, die zur reduzierten c'_{ij}-Matrix gehört und die sich von der tatsächlichen Zielfunktion nur um einen konstanten Summanden unterscheidet.

$$G' = \sum_{i=1}^{m} \sum_{j=1}^{n} c'_{ij} x_{ij} \tag{5}$$

Folglich hat ein Transportplan, der auf der c'_{ij}-Matrix aufgebaut ist, auch Gültigkeit für die c_{ij}-Matrix.

Allein das Transportaufkommen G unterscheidet sich von G'. Um G für die nach VOGEL-KORDA ermittelten Transportmengen zu berechnen, wird deshalb auf die c_{ij}-Matrix zurückgegriffen (vgl. S. 223).

AUFGABE

2.77. Für die Zwischenschritte, die von (3b) zu (4) führen, ist mit $m = 3$ und $n = 2$ nachzuweisen, daß es sich um äquivalente Umformungen handelt.

Der Aufbau des Transportplanes

Als Vorbereitung zum Aufbau des Transportplanes wird, wie bei allen Lösungsmethoden, die „Lösungsmatrix" aufgestellt, die zunächst nur Bedarf und Aufkommen enthält (Tabelle 2.109 *ohne* Feldbelegungen).

Die schrittweise Besetzung der Felder erfolgt entsprechend den nachstehenden Regeln, die einen Algorithmus beschreiben.

① In der Reihe größter Differenz d wird das Feld mit kleinstem c'_{ij} der reduzierten Matrix in höchstmöglicher Menge besetzt.

② Je nach Erfüllung der Randbedingungen kann nach erfolgter Belegung eine Zeile oder eine Spalte (oder beides) gestrichen werden.

③ Für die verbleibende Restmatrix der c'_{ij} werden die neuen Differenzen d_z und d_s ermittelt.

④ Danach kann die nächste Feldbelegung nach ① erfolgen mit anschließender Kürzung der Matrix nach ② und neuer Differenzbildung nach ③ (vgl. Tab. 2.108, I bis IV).

⑤ Wenn keine Differenzbildung mehr möglich ist (vgl. Tab. 2.108, V), werden die letzten Felder in der Reihenfolge aufsteigender c'_{ij}-Werte noch besetzt.

⑥ Die Kontrolle muß ergeben, daß alle Randbedingungen voll erfüllt sind. Die Anzahl der Knotenpunkte ist nicht maßgebend, da das Verfahren nach VOGEL-KORDA vielfach auf Ausartungen führt.

Tabelle 2.108: c'_{ij}-Matrix

I	V_1	V_2	V_3	V_4	d_{z1}
E_1	0	3	9	11	3
E_2	4	0	13	0	0
E_3	3	0	9	15	3
E_4	5	1	$\boxed{0}$	2	1 $\boxed{1}$
d_{s1}	3	0	9	2	

II	V_1	V_2	V_3	V_4	d_{z2}
E_1	0	3	9	11	3
E_2	4	0	13	$\boxed{0}$	0
E_3	3	0	9	15	3
E_4					
d_{s2}	3	0	0	11	$\boxed{2}$

III	V_1	V_2	V_3	V_4	d_{z3}
E_1	0	3	9		3
E_2	4	$\boxed{0}$	13		4 $\boxed{3}$
E_3	3	0	9		3
E_4					
d_{s3}	3	0	0		

IV	V_1	V_2	V_3	V_4	d_{z4}
E_1	$\boxed{0}$	3	9		3
E_2					
E_3	3	0	9		3
E_4					
d_{s4}	3	3	0		
		$\boxed{4}$			

V	V_1	V_2	V_3	V_4	d_{z5}
E_1		3	$\boxed{9}$		6 $\boxed{6}$
E_2					
E_3		$\boxed{0}$	9		9 $\boxed{5}$
E_4					
d_{s5}		3	0		

Tabelle 2.108 zeigt die einzelnen Schritte der Streichungen in der c'_{ij}-Matrix. Das jeweils besetzte Feld ist eingerahmt; die zugehörigen Streichungen sind numeriert. In Tabelle 2.109 sind alle eingesetzten Transportmengen eingetragen und in Übereinstimmung mit Tabelle 2.108 nach der Reihenfolge der Belegungen ebenfalls numeriert.

Tabelle 2.109: Transportplan

	V_1	V_2	V_3	V_4	$a_i(t)$
E_1	$20^{\boxed{4}}$	—	$80^{\boxed{6}}$	—	100
E_2	—	$20^{\boxed{3}}$	—	$50^{\boxed{2}}$	70
E_3	—	$60^{\boxed{5}}$	—	—	60
E_4	—	—	$40^{\boxed{1}}$	—	40
$b_j(t)$	20	80	120	50	270

In Tabelle 2.110 (S. 224) ist der gesamte Arbeitsgang von der gegebenen Kostenmatrix bis zum Transportplan zusammengefaßt.[1])

Die Berechnung des Näherungswertes der Zielfunktion

Für die Berechnung des mit dem Transportplan erzielten Gesamtwertes G_N sind zweckmäßig die einzelnen Transportmengen mit den zugehörigen *Kostenelementen* c_{ij} zu multiplizieren.
Der erreichte Näherungswert beträgt im Beispielfall

$$G_N = 10(6 + 96 + 16 + 45 + 24 + 28) \frac{\text{Mark}}{t} t$$

$$\underline{\underline{G_N = 2150 \text{ Mark}}}$$

Anmerkung: Es ist ebenso möglich, die Transportmengen mit dem c'_{ij} der reduzierten Matrix zu multiplizieren und den erhaltenen Wert um die Summanden

$$\sum_{i=1}^{m} a_i r_i \quad \text{und} \quad \sum_{j=1}^{n} b_j s_j \quad \text{zu vermehren (vgl. S. 221, (4)).}$$

Der nach VOGEL-KORDA gewonnene Transportplan kann, vor allem bei kleinen Problemen, auch sofort der Optimalplan sein, so daß $G_N = G_{\min}$. Im behandelten Beispiel ist das der Fall.
Allgemein kann man feststellen, daß der Näherungswert um so besser ist, je mehr „Nullfelder" der reduzierten Matrix belegt werden können, obwohl die Relationen der Zahlenwerte zueinander auch noch eine Rolle spielen.
Auf S. 225 ist ein Ablaufschema für das Approximationsverfahren nach VOGEL-KORDA gegeben.

---

[1]) Bei großen Problemen wird man die nach einigen Belegungen gekürzte c'_{ij}-Matrix herausschreiben müssen, um den Überblick zu behalten

Tabelle 2.110

c_{ij}	V_1	V_2	V_3	V_4	d_{zi}	
E_1	3	6	12	15		Kostenmatrix
E_2	12	8	21	9		
E_3	7	4	13	20		
E_4	12	8	7	10		
E_1	0	3	9	12		Teil-reduzierte
E_2	4	0	13	1		Matrix
E_3	3	0	9	16		
E_4	5	1	0	3		
c'_{ij}						
E_1	$\boxed{0}_4$	3	$\boxed{9}_6$	11	3̶,̶6̶	Reduzierte
E_2	4	$\boxed{0}_3$	13	$\boxed{0}_2$	0̶,̶4̶ $\boxed{3}$	Matrix
E_3	3	$\boxed{0}_5$	9	15	3̶,̶0̶,̶3̶,̶9̶ $\boxed{5.1.}$	
E_4	5	1	$\boxed{0}_1$	2	1 $\boxed{1}$	
d_{sj}	3	0̶,̶3̶	9̶,̶0̶	2̶,̶1̶1̶		
	$\boxed{4}$	$\boxed{5.2.}$		$\boxed{2}$		
x_{ij}					$a_i(t)$	
E_1	$20^{\boxed{4}}$	—	$80^{\boxed{6}}$	—	100	
E_2	—	$20^{\boxed{3}}$	—	$50^{\boxed{2}}$	70	Transportplan
E_3	—	$60^{\boxed{5}}$	—	—	60	(ausgeartet)
E_4	—	—	$40^{\boxed{1}}$	—	40	
$b_j(t)$	20	80	120	50	270	

AUFGABEN

2.78. Durch *Bewertung* des Transportplanes in Tabelle 2.110 auf der Grundlage der c_{ij}-Matrix ist die Behauptung, daß $G_N = G_{min}$ sei, zu begründen.

2.79. Für die c_{ij}-Matrix in Aufgabe 2.68, S. 211, ist ein Transportplan nach V.-K. aufzustellen (Es ist zu beachten, daß $n > m$!). Erhält man sofort den Optimalplan?

2.80. Wie ist der Arbeitsgang, wenn für ein unausgeglichenes Transportproblem ein Transportplan nach V.-K. aufgestellt werden soll?

Ablaufschema für das Approximationsverfahren nach Vogel-Korda

2.81. Für das Beispiel auf S. 205ff. ist eine Anfangslösung nach V.-K. aufzustellen und mit der Anfangslösung auf S. 206 zu vergleichen.

2.82. Ein Güterkraftverkehrsbetrieb hat in einem Bezirk zehn Einsatzorte. Zur Durchführung der Transportarbeiten stehen Fahrzeuge in acht Garagen des Bezirks zur Verfügung.[1] Auf diese acht Garagen sind die Fahrzeuge wie folgt verteilt: G_1: 17, G_2: 43, G_3: 23, G_4: 35, G_5: 30, G_6: 13, G_7: 11, G_8: 17. An den Einsatzorten wird täglich folgende Anzahl von Fahrzeugen gebraucht: E_1: 18, E_2: 14, E_3: 1, E_4: 18, E_5: 6, E_6: 30, E_7: 11, E_8: 40, E_9: 39, E_{10}: 12. In Tabelle 2.111 ist die Entfernungsmatrix gegeben. Die Optimierung ergab, daß von den Garagen zu den Einsatzorten bei entsprechender Verteilung der Fahrzeuge täglich ein minimaler Transportweg von 4527 km gefahren werden muß. Um wieviel % unterscheidet sich der nach V.-K. gewonnene Näherungswert vom Optimalwert?

Tabelle 2.111: Entfernungsmatrix

	E_1	E_2	E_3	E_4	E_5	E_6	E_7	E_8	E_9	E_{10}
G_1	27	79	34	21	63	46	27	29	37	28
G_2	44	46	12	56	27	24	61	31	14	41
G_3	53	80	25	24	61	51	63	21	44	36
G_4	61	33	41	42	17	17	21	17	23	28
G_5	94	41	17	29	23	36	37	43	45	58
G_6	50	32	34	42	34	48	40	35	21	53
G_7	49	53	57	59	37	52	41	38	29	43
G_8	40	39	63	43	39	64	71	68	27	37

2.83. Vier Erzeuger sollen fünf Verbraucher nach einem optimalen Transportprogramm beliefern. Aufkommen und Bedarf sowie die gegenseitigen Entfernungen (Tab. 2.112) sind bekannt.

Tabelle 2.112: Entfernungsmatrix

	V_1	V_2	V_3	V_4	V_5
E_1	50	20	60	30	30
E_2	30	30	50	10	70
E_3	10	10	10	20	20
E_4	40	60	20	40	10

Erzeugung	E_1	E_2	E_3	E_4
t	400	700	600	300

Bedarf	V_1	V_2	V_3	V_4	V_5
t	300	300	550	400	200

[1] Nach [2.3.]

a) Es ist eine Anfangslösung

— nach dem Verfahren von VOGEL-KORDA sowie
— nach der aufsteigenden Indexmethode

zu ermitteln.
Der Unterschied in den entsprechenden Transportaufkommen ist in % anzugeben.

b) Von beiden Anfangslösungen ausgehend, ist der optimale Transportplan aufzustellen und das optimale Transportaufkommen zu berechnen.

c) Wie groß ist der Unterschied im Transportaufkommen zwischen der jeweiligen Anfangslösung und dem Minimalaufkommen (Angabe in %; Auswertung des Ergebnisses)?

2.5. Schlußbetrachtungen

Im folgenden soll noch ein kurzer Überblick über die weiteren Anwendungsmöglichkeiten der Linearoptimierung mit ihren speziellen Problemen sowie über weitere Optimierungsarten gegeben werden. Die Fülle der Probleme, die dabei behandelt werden könnten, sprengt allerdings bei weitem den Rahmen des vorliegenden Lehrbuches und greift auch weitgehend in Spezialgebiete der Technik, Technologie und Ökonomie ein.
Es ist deshalb nur möglich, unter ordnenden Gesichtspunkten die hauptsächlichsten Probleme in allgemeiner Formulierung zu erwähnen, ohne selbst hierbei vollständig sein zu können. Für den Einzelfall muß auf die einschlägige Literatur verwiesen werden (vgl. auch Literaturverzeichnis).

2.5.1. Anwendungsmöglichkeiten der Linearoptimierung

Die Grundlage der Linearoptimierung ist, wie aus den vorausgegangenen Darlegungen ersichtlich wurde, das **lineare deterministische** Modell (vgl. Abschn. 0.), das *konstante und bekannte* Parameter (Koeffizienten und Absolutglieder) enthält. Dieses Modell ist vor allem auf die folgenden Problemkreise anwendbar.

Zuteilungsprobleme

Zielsetzung: Es soll durch günstigste Verwendung von Ressourcen[1]), die in beschränktem Maße vorhanden sind, das Optimum eines gestellten Zieles erreicht werden.
Zu diesem Kreis der Probleme gehören vor allem die *Produktionsplanungen* aller Art, die sich von der Betriebsplanung über die Planungen innerhalb der Industriezweige bis zur Volkswirtschaftsplanung erstrecken.
Die in den vorangehenden Abschnitten in dieser Richtung gebrachten Beispiele sind gegenüber den Modellen der Praxis im Umfang und im Inhalt aus methodischen wie zeit-ökonomischen Gesichtspunkten wesentlich vereinfacht.
Aus der Struktur der planenden Stelle, aus der angewendeten Technologie, aus der Art der herzustellenden Produkte und der zur Verfügung stehenden Ressourcen sowie

---

[1]) Ressource (franz.) Hilfsmittel; gebraucht als Oberbegriff für alle Arten von Einsatzgrößen

aus der direkten wie aus der übergeordneten Zielstellung heraus ergeben sich viele Einzelprobleme der Produktionsplanung.

Ihnen allen gemeinsam sind zwei Fragenkomplexe, die über den Anwendungsstoff des Lehrbuches hinausgehen, die aber nicht unerwähnt bleiben sollen.

Da steht einmal die Frage der sog. *Optimierungsfreiheit* [2.7]. Die Praxis in ihrer Verflochtenheit und gegenseitiger Bedingtheit fordert im allgemeinen, bei realer Planung für alle Entscheidungsvariablen Mindest- wie Höchstgrenzen festzulegen. Beide richten sich u. a. nach dem ermittelten Bedarf. Die Mindestgrenzen unterscheiden sich dann von den Nichtnegativitätsbedingungen, wenn vermieden werden muß, daß aus dem Produktionssortiment durch die Optimierung gewisse Produkte herausfallen ($x_j = 0$!). Durch solche zusätzlichen Grenzen wird für jede einzelne Entscheidungsvariable ein Definitionsbereich bestimmt, der durch die Optimallösung weder über- noch unterschritten werden darf. Dieser Definitionsbereich wird **Optimierungsfreiheit** genannt. Seine Erweiterung oder Einschränkung beeinflußt die optimale Lösung in wesentlicher Weise; seine Bestimmung bedarf einer eingehenden Analyse. Der Umfang der Nebenbedingungen des Modells wird durch diese Grenzen weitgehend erhöht. Damit steigt einerseits der notwendige Rechenaufwand, während andererseits die Realität des Modells sehr verbessert wird.

Die zweite Frage ist die der Auswahl des Optimierungskriteriums zur Bestimmung der Zielfunktion. Für einen Produktionsplan gibt es stets mehr als nur ein einziges solches Kriterium. Dabei können, bei gleichen Nebenbedingungen, mehrere Zielfunktionen, die z. T. zur Maximierung, z. T. zur Minimierung führen, gleichgewichtig sein. Dann besteht die Möglichkeit, unter Verwendung der automatischen Rechenanlage, das Problem so oft durchzurechnen, wie man verschiedene Zielsetzungen untersuchen will. Damit ergeben sich eine Reihe voneinander abweichende Programme, die als Unterlage für eine der Realität weitgehend entsprechende Entscheidungsfindung dienen können (vgl. außerdem 4.1.2.5.).

Wenn für eine Optimierung nur *zwei* Optimierungskriterien als wesentlich erkannt werden, dann ist es möglich, diese beiden Kriterien zu *einer* Zielfunktion zu vereinen [2.7], falls es sich in beiden Fällen um dasselbe Optimum (Maximum oder Minimum) handelt. Diese Methode entspricht der Erweiterung des linearen Optimierungsmodells zu einem Modell der linearen *parametrischen* Optimierung (vgl. 2.5.2.).

Mischungsprobleme

Zielsetzung: Ressourcen, die zunächst *keiner Beschränkung* unterliegen, sollen so zusammengestellt werden, daß bei minimalem Verbrauch der Ressourcen oder bei geringsten Kosten, die durch den Verbrauch entstehen, ein gestelltes Ziel erreicht wird.

Solche Probleme sind u. a. die folgenden:

Ernährungspläne: Für eine zielgerichtete Ernährung (Diät) sind bestimmte Nahrungsmittel so zusammenzustellen, daß eine unbedingt erforderliche Menge an Nährwerten oder an Wirkstoffen bei minimalem Gesamtquantum oder bei minimalen Ausgaben für die Nahrung garantiert wird.

Futterpläne: Sie enthalten dasselbe Problem in bezug auf Futtermittel, deren Zusammensetzung so festzulegen ist, daß sie die auf jeden Fall notwendigen Nährwerte in vorgeschriebenen Mengen enthalten.

Pläne für sonstige Mischungen mit gegebenen Anforderungen wie Heizstoffmischungen, Gasmischungen, Betonmischungen, Kies-Sand-Mischungen, Legierungen verschiedenster Art u. a.

Zuschnittprobleme

Zielsetzung: Durch geeignete Anordnung auszuschneidender Teile aus gegebenem Material ist ein *minimaler Abfall* zu erzielen. Solche Zuschnittprobleme, deren Lösung meist mehrere Varianten hat, treten beispielsweise in der Metallindustrie, der Holzindustrie oder in der Lederindustrie auf.

Zuordnungsprobleme

Zielsetzung: Bei *beschränkten Mengen* vorhandener Ressourcen ist eine *optimale Zuordnung* der Mengen so vorzunehmen, daß bekannte Forderungen bei minimalem Aufwand befriedigt werden.

Das besprochene Transportproblem ist ein Zuordnungsproblem, denn es werden Erzeuger (Aufkommen) und Verbraucher (Bedarf) einander so zugeordnet, daß das geringste Transportaufkommen erreicht wird. Da die Nebenbedingungen des Transportmodells nur Koeffizienten mit dem Wert 1 oder 0 haben, handelt es sich um einen Spezialfall der Zuordnungsprobleme, dessen Algorithmus zur Berechnung besonders einfach ist.

Das allgemeine Transportproblem hat verschiedene Erweiterungen erfahren. Dazu gehören:

Das Transportproblem mit Kapazitätsbeschränkung

Dieses besteht darin, daß für einzelne Strecken des Transportplanes nur eine bestimmte Menge an Transportgut befördert werden kann. (Die Zahl der Knotenpunkte bleibt dann nicht mehr $m + n - 1$.)

Der zusammengesetzte Transportplan

Es wird nicht nur die Anfahrtstrecke eines Wagenparks zu den ersten Einsatzorten minimiert, sondern Hin- und Rückfahrt für den Fall, daß die letztere von einem anderen als dem ersten Einsatzort erfolgt.

Die Leerlaufminimierung

Diese verlangt eine Minimierung aller Leerfahrten von der Anfahrt eines Fahrzeugs über die Leerfahrten zwischen Entlade- und Beladestellen bis zur Rückkehr in den Standort.

Das Standortproblem

Das Minimierungskriterium für die Lösung dieses Aufgabenkomplexes ist die Lage eines Betriebes, eines Kühlhauses o. ä. sowohl zu den Liefer- als auch zu den Abnehmerbetrieben. Die Lösung erfolgt als sogenanntes *mehrstufiges* Transportproblem. Allerdings treten gerade bei diesem Problemkreis zu dem Kriterium der günstigsten Transportlage noch weitere, wie Verkehrs- und Arbeitskräftelage, Energieanschlußmöglichkeiten oder Investitionsfragen, hinzu.

Zu den Zuordnungsproblemen gehören z. B. alle Probleme, bei denen bestimmte Arbeiten vorhandenen Maschinen, die alle diese Arbeit verrichten können, so zugeordnet werden sollen, daß die Gesamtbearbeitungszeit oder die Summe der einzelnen Vorbereitungszeiten, die vor Beginn der Bearbeitung auf einer Maschine noch nötig sind, ein Minimum werden.

2.5.2.   Weitere Optimierungsarten

Die ganzzahlige Optimierung

In den Fällen der Linearoptimierung, in denen die Entscheidungsvariablen Symbole für eine gesuchte Anzahl sind, müssen die für solche Probleme berechneten Lösungen ganzzahlig sein. Dann ist allerdings die Berechnung exakter Lösungen schwierig und sehr arbeitsaufwendig. Das letztere gilt auch für das Verfahren von GOMORY, das es ermöglicht, eine bereits ermittelte, nicht-ganzzahlige Optimallösung schrittweise in eine ganzzahlige umzuwandeln [2.14].

Wenn, wie es vielfach üblich ist, die Ganzzahligkeit durch Runden herbeigeführt wird, dann weicht das Ergebnis mehr oder weniger vom Optimum ab, und es muß mindestens untersucht werden, inwieweit die Abweichung im Einzelfall noch tragbar ist.

Ein Spezialfall der ganzzahligen Optimierung ist die 0-1-Optimierung, bei welcher die Bedingungen für die Optimallösung noch weiter eingeschränkt sind, da die Entscheidungsvariablen *nur* die beiden Werte 0 und 1 annehmen dürfen. Es sind Probleme, für die eine sog. *Alternativlösung*[1]) gesucht wird, z. B. die Entscheidung, welche von zwei möglichen Technologien zur Herstellung bestimmter Produkte gewählt werden muß, um ein bestimmtes Optimum zu erhalten [6].

Die parametrische Optimierung

Nicht für alle Probleme der Praxis können die Voraussetzungen, die für ein deterministisches Modell der Linearoptimierung notwendig sind. voll oder annähernd erfüllt werden. Die parametrische Optimierung tritt dann an die Stelle der Linearoptimierung, wenn das Modell zwar linear ist, wenn aber die Parameter desselben *nicht dauernd konstant* bleiben. Sie können z. B. im Planungszeitraum im Vergleich zum Zeitpunkt der Planung gewissen Änderungen unterliegen. Dann entsteht die Frage, ob und in welchem Maße der bereits berechnete Plan an Realität verliert.

In zwei Spezialfällen kann das Problem noch mit den Verfahren der Linearoptimierung, zu denen auch das Austauschverfahren gehört, gelöst werden, und zwar so,

---

[1]) Alternative (franz.) Entscheidung zwischen zwei Möglichkeiten

daß der bereits vorliegende Plan als Grundlage der Untersuchung genommen wird. Dadurch erübrigt sich eine völlige Neuberechnung. Man erhält eine sog. *postoptimale*[1]) Lösung, d. i. eine Lösung, die *nach* der optimalen Lösung mit konstanten Parametern gefunden wird [2.18].

Die eine Form der Nachrechnung ist möglich, wenn sich nur die *Koeffizienten der Zielfunktion* ändern. Von der Simplextabelle her gesehen, heißt das, daß allein die letzte Zeile eine Veränderung erfährt. Diese besteht darin, daß zu den entsprechenden Elementen ein additiver Parameter hinzukommt; deshalb heißt dieser spezielle Fall der linearen Optimierung auch *parametrische Optimierung*. Geometrisch bedeutet die alleinige Änderung der Koeffizienten in der Gleichung der Zielfunktion die Beibehaltung des Bereichs der zulässigen Lösungen. Bei einer Zielfunktion im R_2 ändert sich mit den Koeffizienten die Richtung der Zielgeraden. Der zusätzliche Parameter in der z-Zeile der Tabelle gibt an, innerhalb welcher Grenzen die Koeffizientenwerte liegen können, ohne daß eine bereits vorliegende Ecklösung aufgegeben werden muß, und für welche Parameterwerte eine andere Ecklösung eintritt. Der Optimalwert verändert sich natürlich in jedem Fall, während, wie dargelegt, die Struktur des Planes in gewissen Grenzen erhalten bleiben kann.

Nehmen dagegen in einem Planzeitraum allein die *Absolutglieder der Nebenbedingungen* andere Werte an, so kann in diesem zweiten Falle die parametrische Optimierung auf das *duale* Problem ebenso angewendet werden wie vorher auf das primale.

Wenn sich jedoch die *Koeffizienten der Nebenbedingungen* ändern, so führt das zu sehr komplizierten Problemen, für die eine Zurückführung auf die Linearoptimierung nicht mehr möglich ist.

Außerdem aber kann das Verfahren, wie schon erwähnt, auch auf Modelle mit Zielfunktionen angewendet werden, die additiv aus zwei Zielfunktionen mit unterschiedlichen Optimalitätskriterien bestehen, wenn sie beide zu demselben System der Nebenbedingungen gehören [2.7]. Es sei

$$c^T \underline{x} = z_1 \to \max \qquad \text{und} \qquad (1)$$

$$c'^T \underline{x} = z_2 \to \max; \qquad (2)$$

daraus erhält man mit $0 \leq \lambda \leq 1$ die zusammengesetzte Zielfunktion

$$\lambda c^T \underline{x} + (1 - \lambda) c'^T \underline{x} = z \to \max. \qquad (3)$$

Es ist zu ersehen, daß die Zielfunktion (3) für $\lambda = 0$ auf den zweiten und für $\lambda = 1$ auf den ersten Summanden als „Grenzfall" zusammenschrumpft.

Die Optimallösung für (3) stimmt im allgemeinen nicht mit der für (1) oder für (2) allein überein, kommt aber der Realität näher, indem sie wenigstens zwei Optimierungskriterien in die Problematik einbezieht. In diesem Fall nennt man die zu (3) gehörende Lösung eine *suboptimale*[2]) Lösung, da sie gewissermaßen den beiden anderen Lösungen untergeordnet ist.

---

[1]) post (lat.) nach
[2]) sub (lat.) unter

Die konvexe Optimierung

Die Bedingung der *Linearität* der Zielfunktion und der Nebenbedingungen ist nicht für alle Probleme der Praxis aufrechtzuerhalten. Modelle, für die eine derartige Abweichung zutrifft, werden mit Hilfe der **nicht-linearen Optimierung** gelöst.
Aber auch hier gibt es in gewissen Grenzen einen Spezialfall, auf den die Linearoptimierung noch anwendbar ist. Das trifft zu, wenn *die Zielfunktion des Modells nicht mehr linear ist, die Nebenbedingungen aber noch lineare Gleichungen oder Ungleichungen* sind.

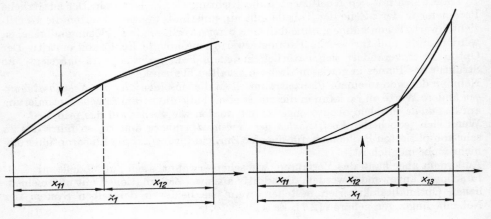

Bild 2.17

Die graphische Darstellung einer Zielfunktion mit zwei Variablen ergibt dann nicht mehr eine Gerade, sondern eine gekrümmte Kurve. Ist diese Kurve bei einem Maximalproblem von oben konvex und bei einem Minimalproblem von unten konvex (Bild 2.17), so kann man sie abschnittsweise durch Geraden hinreichend annähern. Die aus Bild 2.17 ersichtliche Unterteilung bedeutet durch die dann notwendig werdende Zerlegung von x_1 in x_{1j} mit $j = 1, 2, \ldots$ eine Vermehrung der Zahl der Variablen. Damit erhöht sich der Rechenaufwand z. T. beträchtlich.
Wendet man auf das so zerlegte Problem die Linearoptimierung an, die durch die Krümmungsart der Kurve ihren Namen erhält, so ergibt sich eine gute Näherungslösung. Im Falle starker Krümmung oder fehlender Konvexität ist das Verfahren aber nicht mehr anwendbar, und man muß zur nicht-linearen Optimierung übergehen.
Die weiteren Probleme der **nicht-linearen Optimierung** sind sehr verschiedener Art. Ein allgemeines Lösungsverfahren gibt es nicht. Wenn alle Nebenbedingungen Gleichungen sind, dann handelt es sich um ein Problem der Differentialrechnung mit Nebenbedingungen. Ist aber mindestens eine der Nebenbedingungen eine Ungleichung, dann fällt das Problem unter die nicht-lineare Optimierung im engeren

Sinn. Probleme dieser Art haben im allgemeinen mehrere relative Extrema, die nur in bestimmtem Umfang gelten, und außerdem einen absoluten Extremwert. Während die ersteren verhältnismäßig einfach bestimmt werden können, stößt die Ermittlung des letzteren, der beispielsweise einem gesuchten Produktionsprogramm entspricht, auf erhebliche Schwierigkeiten [6].

Die stochastische Optimierung

Wenn die Parameter eines linearen wie eines nicht-linearen Modells der Optimierung *sämtlich zufallsabhängig* und damit im Planzeitraum veränderlich sind, dann handelt es sich um stochastische Modelle. Die Bestimmung solcher Parameter als Grundlage des Modells ist mit weitaus größeren Schwierigkeiten verbunden als bei den deterministischen Modellen und den vorgenannten Spezialfällen. Wahrscheinlichkeitsrechnung und statistische Analyse stellen für die Lösung solcher Probleme zusätzliche Hilfsmittel zu Verfügung (vgl. Abschn. 3.).

Die dynamische Optimierung

Diese befaßt sich mit *zeitabhängigen* Problemen, bei denen es sich um Prozesse handelt, die in einzelnen Stufen ablaufen und die in jeder Stufe steuerbar sind. Für einen solchen *Mehrstufenprozeß* wird diejenige Folge von Entscheidungen gesucht, die das Optimum einer für den gesamten Prozeß bestehenden Zielfunktion herbeiführt. Diese Entscheidungsfolge wird auch *optimale Strategie* genannt.
Die Methode, die zur optimalen Strategie und damit zum Optimum des dynamischen Problems führt, besteht darin, daß zunächst jede *einzelne Stufe* optimiert wird, allerdings im Hinblick auf die *nächstfolgende Stufe*. Da allein die letzte Stufe von einer weiteren nicht mehr beeinflußt wird, nimmt man die Optimierung zunächst *retrograd* vor, d. h. von der letzten zur ersten Stufe schrittweise zurückgehend; und danach noch einmal in umgekehrter Richtung, also progressiv[1]).
Durch diese Methode wird sowohl der *optimale Anfangszustand* des Prozesses als auch die *optimale Strategie*, die zum *Optimum* der Zielfunktion führt, gefunden.
Obwohl die gekennzeichnete Lösungsmethode für alle mit Hilfe der dynamischen Optimierung behandelten Probleme die gleiche ist, gibt es kein Standardmodell wie in der Linearoptimierung, das mit entsprechenden Variationsmöglichkeiten grundsätzlich anwendbar ist. Es ist im allgemeinen notwendig, für jeden Prozeß Modell und Programmierung für den Rechenautomaten neu aufzustellen. Dabei ist stets auf eine mögliche Beschränkung des Rechen- und Speicheraufwandes (vgl. 5.3.3.) zu achten, da dieser Aufwand für die Optimierung von Mehrstufenprozessen im allgemeinen sehr groß ist.
Die dynamische Optimierung wird auf Probleme sehr verschiedener Art angewendet. Dazu gehören u. a. Probleme der Lagerhaltung, der Instandhaltung, der Optimierung bestimmter Produktionsprozesse oder der Steuerung von Raumschiffen. Es handelt sich um Entscheidungsprozesse, die *voneinander abhängige Entscheidungen für zeitlich aufeinander folgende Stufen* erfordern. Aber auch Zuteilungsprobleme, bei denen es

---

[1]) progressiv (lat.) fortschreitend, vorwärtsschreitend

sich um *voneinander abhängige Entscheidungen* handelt, die zu einem *gleichen Zeit-punkt* gefällt werden müssen, können als Mehrstufenprozesse aufgefaßt und ent-sprechend gelöst werden. Hinzu kommt, daß Mehrstufenprozesse linear oder nicht-linear diskret oder stetig (vgl. 3.3.4.) sein können.

Aus dieser Feststellung folgt, daß die Anwendung der dynamischen Optimierung viel mehr Schwierigkeiten bereitet als z. B. die der linearen Optimierung und daß sie des-halb in der Praxis noch nicht die entsprechende Verbreitung gefunden hat [2.14; 2.20].

Die Entwicklung bleibt aber nicht bei der Optimierung statischer Modelle stehen, sondern sie fordert die Modellierung und Optimierung dynamischer Probleme aus der Erkenntnis heraus, daß viele Prozesse der Praxis zeitabhängige Mehrstufenprozesse sind.

Mit der Methode der dynamischen Optimierung hilft die Mathematik, die reale Wirklichkeit in einer Näherung zu erfassen, die es gewährleistet, daß für viele kompli-zierte Probleme noch bessere Unterlagen zur Entscheidungsfindung ermittelt werden können. Damit wird ein wesentlicher Beitrag zur Weiterentwicklung aller Gebiete, die sich der mathematischen Modelle bedienen, die zur Operationsforschung gehören, geleistet.

3. Wahrscheinlichkeitsrechnung und mathematische Statistik

3.1. Grundbegriffe

3.1.1. Einführung

Zur Lenkung und Leitung technischer und ökonomischer Prozesse kommt man im gegenwärtigen Zeitpunkt nicht mehr ohne Anwendung der Statistik aus. Die sich ständig weiterentwickelnde Automatisierung des Produktionsablaufes, die Kompliziertheit der innerbetrieblichen sowie der gesamtvolkswirtschaftlichen Verflechtungen erfordern daher von jedem Ingenieur und Ökonomen anwendungsbereite mathematische und mathematisch-statistische Kenntnisse. Sie dienen dazu, naturwissenschaftliche, technologische und sozialökonomische Vorgänge quantitativ zu erfassen, sie zu untersuchen und qualitativ zu beurteilen.

Das Anwendungsgebiet der Statistik und ihrer mathematischen Verfahren reicht sehr weit; es erstreckt sich, von der Industrie ausgehend, über das Verkehrswesen, den Handel, die nichtmateriellen Bereiche (z. B. Sport und Gesundheitswesen) bis zur Auswertung der verschiedenen Fragen, die die Bevölkerungsbewegung betreffen. Die Statistik bildet somit ein unentbehrliches Hilfsmittel für eine exakte Analyse und Planung auf allen Gebieten der Volkswirtschaft.

Die praktischen Verfahren der Statistik beruhen auf mathematischen Methoden. Diese sollen in den nachfolgenden Ausführungen vermittelt werden. Vorher wird in einer kurzen Zusammenfassung auf die Regeln für das Rechnen mit dem Summenzeichen und dem Produktzeichen eingegangen. Diese Regeln sind sowohl für das Verständnis dieses Lehrbuchteils als auch für das weiterführende Studium statistischer, wirtschaftsmathematischer und spezieller ökonomischer Literatur wichtig.

3.1.2. Regeln für das Rechnen mit dem Summenzeichen

Das bekannte *Summenzeichen* $\sum$ ist ein Kurzzeichen zur Symbolisierung einer Summe. Der Vorteil in der Anwendung dieses Symbols besteht darin, daß man mit ihm umfangreiche Summenausdrücke in eine kurze und übersichtliche Form bringen und mit diesen bestimmte Rechenoperationen ausführen kann, ohne *die Summe selbst zu kennen*. Beispielsweise kann die Summe der ersten zehn Kubikzahlen folgendermaßen geschrieben werden:

$$1 + 8 + \cdots + 729 + 1000 = \sum_{x=1}^{10} x^3.$$

Dabei ist zu beachten, daß die **Summationsvariable** (hier x) nur ganzzahlige Werte $(x \in G)$[1] annehmen darf. Um die betreffende Summe genau definieren zu können,

---

[1] G ist das Symbol für den Bereich der ganzrationalen Zahlen; vgl. [1]

sind die *untere* und die *obere* Summationsgrenze anzugeben. Belegt man die Summationsvariable mit derjenigen Zahl, die untere (obere) Summationsgrenze ist, so erhält man den ersten (letzten) Summanden der Summe.

Allgemein läßt sich eine Summe wie folgt darstellen:

$$\sum_{i=m}^{n} a_i = a_m + a_{m+1} + \cdots + a_{n-1} + a_n \qquad \begin{matrix} m \in N \\ n \in N \end{matrix} \qquad m < n \qquad\qquad (3.1)$$

Der Term a_i stellt darin den *allgemeinen* Summanden mit i als *Summationsindex* dar. Die *Anzahl der Glieder* dieser Summe beträgt $(n - m + 1)$, mit m als *unterer* und n als *oberer* Summationsgrenze.

Mitunter wird eine andere, auf GAUSS zurückgehende Summensymbolik verwendet. Man schreibt dann an Stelle von

$$\sum_{i=1}^{n} a_i \qquad \text{auch} \qquad [a],$$

so daß gilt

$$\sum_{i=1}^{n} a_i = [a].$$

Gelesen: Summe aller a; das bedeutet die Summation sämtlicher auftretender a_i-Werte.

In der folgenden Zusammenfassung sollen die wichtigsten Regeln für das Rechnen mit dem Summenzeichen formelmäßig dargestellt werden, die auch in ihrer Umkehrung gültig sind.

Zusammenfassung

$$\sum_{i=1}^{n} (a_i \pm b_i) = \sum_{i=1}^{n} a_i \pm \sum_{i=1}^{n} b_i \qquad\qquad \text{aber:} \ \sum_{i=1}^{n} a_i \cdot b_i \neq \sum_{i=1}^{n} a_i \cdot \sum_{i=1}^{n} b_i \quad (n > 1)$$

$$\sum_{i=1}^{n} c \cdot a_i = c \cdot \sum_{i=1}^{n} a_i \qquad\qquad\qquad \sum_{i=m}^{n} c = (n - m + 1) \cdot c \quad (m < n)$$

$$\sum_{i=1}^{m} a_i + \sum_{i=1}^{n} a_i = \sum_{i=1}^{n} a_i + \sum_{i=k}^{m} a_i \quad (k < m < n)$$

$$\sum_{i=1}^{m} a_i + \sum_{i=m+1}^{n} a_i = \sum_{i=1}^{n} a_i \quad (m < n) \qquad\qquad \sum_{i=1}^{m} a_i + \sum_{i=k}^{n} a_i = \sum_{i=1}^{n} a_i - \sum_{i=m+1}^{k-1} a_i \quad (m < k < n)$$

$$\frac{\mathrm{d}}{\mathrm{d}x} \sum_{i=1}^{n} f_i(x) = \sum_{i=1}^{n} \frac{\mathrm{d}}{\mathrm{d}x} f_i(x)$$

Transformationsformel $\quad \displaystyle\sum_{i=m}^{n} a_i = \sum_{k=c}^{n+c-m} a_{k-c+m} \quad (i = k - c + m)$

Wie für die Summe gibt es auch für die Symbolisierung eines Produktes ein Kurzzeichen. Man verwendet dazu das *Produktzeichen* $\prod$. Auch mit diesem Symbol lassen sich bestimmte Rechenoperationen ausführen, ohne daß das Produkt selbst oder die einzelnen Faktoren bekannt sind. Allgemein wird das Produkt aller a_i ($i = m, m + 1, \ldots, n$) mit Hilfe des Produktzeichens $\prod$ wie folgt geschrieben:

$$\prod_{i=m}^{n} a_i = a_m \cdot a_{m+1} \cdot \ldots \cdot a_n \qquad \begin{matrix} m \in N \\ n \in N \end{matrix} \quad m < n \tag{3.2}$$

Gelesen: Produkt aller a_i von i gleich m bis n.

AUFGABEN

3.1. Man berechne den Preisindex von LASPEYRES[1]) für vier Waren nach der Formel

$$I_L = \frac{\sum\limits_{i=1}^{n} p_i^{(1)} \cdot q_i^{(0)}}{\sum\limits_{i=1}^{n} p_i^{(0)} \cdot q_i^{(0)}}.$$

Dabei bedeuten

$p_i^{(1)}$ Preis der i-ten Ware im Berichtszeitraum

$p_i^{(0)}$ Preis der i-ten Ware im Basiszeitraum

$q_i^{(0)}$ Verbrauchsmenge der i-ten Ware im Basiszeitraum.

Folgendes statistisches Material ist gegeben

	Ware A	Ware B	Ware C	Ware D
$p_i^{(0)}$	—,50 Mark je kg	1,60 Mark je kg	1,05 Mark je kg	2,50 Mark je kg
$p_i^{(1)}$	—,45 Mark je kg	1,25 Mark je kg	1,— Mark je kg	1,50 Mark je kg
$q^{(0)}$	1 000 kg	800 kg	1 100 kg	100 kg

3.2. Man berechne aus den Zahlen

a_i	2	3	5	6	10
z_i	3	2	7	5	3

a) $\sum\limits_{i=1}^{5} a_i \cdot z_i$

b) $\dfrac{\sum\limits_{i=1}^{5} a_i \cdot z_i}{\sum\limits_{i=1}^{5} z_i}.$

---

[1]) Unter dem Preisindex versteht man die Entwicklung der Preise ausgewählter Waren vom Basiszeitraum zum Berichtszeitraum unter Berücksichtigung der verbrauchten Mengen; LASPEYRES, ETIENNE; deutscher Statistiker, 1834 bis 1913

3.3. Es ist die mittlere quadratische Abweichung[1])

$$s = \sqrt{\frac{\sum\limits_{i=1}^{n} (x_i - \bar{x})^2}{n-1}} \quad \text{mit} \quad \bar{x} = \frac{\sum\limits_{i=1}^{n} x_i}{n}$$

für folgende Meßwerte zu berechnen:

x_i: 7, 9, 10, 12, 14.

3.4. Es sind folgende Summen unter Verwendung des Summenzeichens darzustellen:

a) $2 + 4 + 6 + 8 + 10$

b) $1/2 + 3/4 + 5/6 + 7/8 + 9/10 + 11/12$

c) $1 - 4 + 9 - 16 + 25 - 36$.

3.5. Es ist zu berechnen

$$\frac{\sum\limits_{i=1}^{n} |x_i - \bar{x}|}{n} \quad \text{aus dem Zahlenmaterial der Aufgabe 3.3.}$$

3.6. Man berechne

a) $\sum\limits_{x=1}^{4} \dfrac{x}{2x+1}$ b) $\sum\limits_{x=1}^{5} (6x^3 + 6)$.

3.2.   Kombinatorik

3.2.1.   Wesen und Bedeutung der Kombinatorik

In Wirtschaft und Technik treten sehr häufig Aufgaben auf, bei denen nach bestimmten Anordnungen und Zusammenstellungen von Elementen einer Menge gefragt wird oder bei denen die Anzahl dieser Elemente zu berechnen ist. Aufgaben dieser Art gehören in das Gebiet der **Kombinatorik** oder **Kombinationslehre**[2]). Sie beschäftigt sich mit den *Gesetzen der Zusammenstellungen und möglichen Anordnungen von endlich vielen, beliebig gegebenen Elementen einer Menge X*. Zur Bezeichnung der Elemente werden als Symbole Ziffern oder Buchstaben verwendet. **Gleiche Elemente** werden stets durch **gleiche Symbole, verschiedene** durch **unterschiedliche Symbole** ausgedrückt. Die Zusammenstellungen aus diesen Elementen heißen auch **Komplexionen**[3]).

Treten in zwei Komplexionen nicht genau die gleichen Elemente auf, wie z. B. die aus den Elementen 1, 2, 3, 4, 5 gebildeten Zusammenstellungen

123   und   1453,

---

[1]) Die Bedeutung der mittleren quadratischen Abweichung sowie ihre Anwendung wird in 3.4.3.3. gezeigt

[2]) kombinieren (lat.) verbinden, verknüpfen

[3]) Komplexion (lat.) Zusammenfassung

oder sind die Elemente in unterschiedlicher Anzahl enthalten

122344   und   112344,

so gelten diese Zusammenstellungen stets als *verschieden*.
Sind dagegen in zwei Komplexionen genau die *gleichen* Elemente in der *gleichen* Anzahl, nur in unterschiedlicher Anordnung enthalten, so unterscheidet man bei den kombinatorischen Aufgaben, je nachdem, ob diese Komplexionen als gleich oder verschieden aufgefaßt werden sollen,

a) Zusammenstellungen **ohne Berücksichtigung der Anordnung,**

b) Zusammenstellungen **mit Berücksichtigung der Anordnung.**

Die Zuordnung zu der einen oder anderen Art hängt dabei von der Natur der zu lösenden Aufgabe ab.
Einige praktische Beispiele aus dem Verkehrs- und Nachrichtenwesen, der Lagerhaltung und der Rechentechnik sollen die Bedeutung der Kombinatorik veranschaulichen.

1. Das Morsealphabet besteht aus den beiden Elementen Punkt und Strich. Wieviel verschiedene Zeichen können aus diesen Elementen gebildet werden, wenn man festlegt, daß nicht mehr als fünf Elemente je Zeichen verwendet werden sollen?
2. Wieviel Fernsprechanschlüsse lassen sich insgesamt im Selbstwählverkehr einrichten, wenn nur fünfstellige Rufnummern verwendet werden sollen? Wie groß ist die Zahl der Anschlüsse, die allgemein zur Verfügung stehen, wenn die Rufnummern, die mit Null beginnen, für Sonderanschlüsse freigehalten werden?
3. Bei der Lagerhaltung kennzeichnet man häufig Material unterschiedlicher Abmessung und Rohstoffzusammensetzung durch Farbmarkierungen. Wieviel verschiedene Sorten Rohre können gekennzeichnet werden, wenn drei Farben zur Verfügung stehen und jede Sorte mit drei verschiedenfarbigen Ringen am unteren Ende des Rohres markiert wird?
4. Auf dem Gebiete der Statistik wird die Lochkarte zur Erfassung und Auswertung von ökonomischen Daten verwendet. Es gibt verschiedene Arten solcher Lochkarten. Wieviel Kombinationen sind dann möglich, wenn eine solche Karte aus 80 Lochspalten zu je 10 Lochstellen, die mit 0 bis 9 beziffert sind, besteht und wenn jede Lochspalte nur einmal gelocht werden darf, nicht gelochte Spalten aber unzulässig sind?

3.2.2.   Verschiedene Arten von Komplexionen

In der Kombinatorik werden drei verschiedene Arten von Komplexionen unterschieden:

1. die **Permutationen**
2. die **Variationen**
3. die **Kombinationen.**

Jede kombinatorische Aufgabe läßt sich auf eine dieser drei Arten zurückführen.

3.2.2.1.   Permutationen

Man bezeichnet jede Komplexion, in der *alle n gegebenen Elemente* in irgendeiner Anordnung nebeneinanderstehen, als **Permutation**[1]) dieser n Elemente.

Da es bei diesen Permutationen nur auf die Reihenfolge der Elemente ankommt folgt daraus, daß zwei Permutationen derselben n Elemente dann und nur dann einander gleich sind, wenn die Reihenfolge in beiden Zusammenstellungen übereinstimmt. Unterschiedliche Anordnung der Elemente bedeutet stets verschiedene Permutationen.

Permutationen voneinander verschiedener Elemente

Aus den beiden Elementen

$$1 \quad \text{und} \quad 2$$

können die Permutationen

$$12 \quad \text{und} \quad 21$$

gebildet werden. Die Anzahl der Permutationen beträgt

$$P_2 = 2 = 1 \cdot 2.$$

Der Index 2 gibt hier die Anzahl der zu permutierenden Elemente an.
Sind die drei Elemente 1, 2, 3 gegeben, so ist es möglich, jedes dieser drei Elemente an die erste Stelle zu setzen und alle Permutationen der zwei restlichen Elemente ($P_2 = 1 \cdot 2$) folgen zu lassen. Man erhält dann

$$123 \quad 132 \quad 213 \quad 231 \quad 312 \quad 321.$$

Die Anzahl der Permutationen ist daher

$$P_3 = 6 = 1 \cdot 2 \cdot 3.$$

Bei vier Elementen 1, 2, 3, 4 gibt es

$$P_4 = 24 = 1 \cdot 2 \cdot 3 \cdot 4$$

Permutationen, da jedes der vier Elemente an erster Stelle stehen kann und für die übrigen drei Elemente $P_3 = 1 \cdot 2 \cdot 3$ Permutationen existieren.

Allgemein ergibt sich:

Die Anzahl P_n der Permutationen von n *voneinander verschiedenen Elementen* ist gleich dem Produkt aller natürlichen Zahlen von 1 bis n,

$$P_n = 1 \cdot 2 \cdot \ldots \cdot (n-1) \cdot n = n! \qquad (3.3)$$

Beweis siehe [1].

---

[1]) Permutation (lat.) Tausch, Vertauschung

Man beachte, daß das Symbol $n!$ nur für nichtnegative ganzzahlige Werte von n gilt mit der Festlegung $0! = 1! = 1$; [vgl. 1].

Ist nicht nur die Anzahl der einzelnen Permutationen zu berechnen, sondern sind diese auch darzustellen, so ist es erforderlich, die Vertauschungen in eine übersichtliche und eindeutige Reihenfolge zu bringen, damit keine Permutation übersehen oder doppelt angesetzt wird. Da man von der natürlichen Reihenfolge der Elemente

$$1, 2, 3, \ldots$$

bzw. $\qquad a, b, c, \ldots$

ausgeht und die Permutationen wie in einem Wörterbuch anordnet, bezeichnet man dies als *lexikografische Anordnung* oder *Reihenfolge*.

Für die vier Elemente 1, 2, 3, 4 ergibt sich dann folgende lexikografische Anordnung:

1234	1243	1324	1342	1423	1432
2134	2143	2314	2341	2413	2431
3124	3142	3214	3241	3412	3421
4123	4132	4213	4231	4312	4321.

Stehen in einer Permutation zwei Elemente entgegen ihrer natürlichen Reihenfolge, so bilden diese eine Inversion.

So steht z. B. in der Permutation

$$3241$$

das Element 3 vor dem Element 2,

das Element 3 vor dem Element 1,

das Element 2 vor dem Element 1 und

das Element 4 vor dem Element 1, es existieren somit insgesamt vier Inversionen.

Die Anzahl dieser Inversionen ist in den einzelnen Permutationen unterschiedlich. Je nachdem, ob die Anzahl der Inversionen in einer Permutation gerade oder ungerade ist, nennt man die Permutation gerade oder ungerade.

Werden in einer beliebigen Permutation aus n verschiedenen Elementen zwei benachbarte Elemente miteinander vertauscht, dann verändert sich die Anzahl der Inversionen stets um 1. Sie nimmt um 1 zu, wenn die zwei zu permutierenden Elemente vor der Vertauschung *keine Inversion* bildeten, und um 1 ab, wenn beide Elemente vorher entgegen der natürlichen Reihenfolge standen, also *eine Inversion* zum Ausdruck brachten.

Permutationen von *n* Elementen, die nicht alle voneinander verschieden sind

Aus den Elementen

$$a, \quad b_1, \quad b_2, \quad c$$

können nach Formel (3.3) insgesamt

$$P_4 = 4! = 24$$

Permutationen gebildet werden. Deren lexikografische Anordnung lautet

(1) ab_1b_2c	(2) ab_1cb_2	(3) ab_2b_1c	(4) ab_2cb_1	(5) acb_1b_2	(6) acb_2b_1
(7) b_1ab_2c	(8) b_1acb_2	(9) b_1b_2ac	(10) b_1b_2ca	(11) b_1cab_2	(12) b_1cb_2a
(13) b_2ab_1c	(14) b_2acb_1	(15) b_2b_1ac	(16) b_2b_1ca	(17) b_2cab_1	(18) b_2cb_1a
(19) cab_1b_2	(20) cab_2b_1	(21) cb_1ab_2	(22) cb_1b_2a	(23) cb_2ab_1	(24) cb_2b_1a

Werden nun die Indizes 1 und 2 als Unterscheidungsmerkmal weggenommen, so fallen je zwei dieser 24 Permutationen zu einer zusammen, und zwar diejenigen, in denen eine Vertauschung der beiden Elemente b_1 und b_2 auftritt.

z. B. acb_1b_2 und acb_2b_1 werden zu $acbb$

oder b_1cb_2a und b_2cb_1a werden zu $bcba$ usw.

Die Anzahl der Permutationen reduziert sich demnach auf

$$P_4^{(2)} = \frac{4!}{2!} = 12.$$

Sind nun allgemein unter den n Elementen n_1 gleiche Elemente, so fallen — da für n_1 Elemente $n_1!$ Permutationen existieren, die sich in diesem Falle nicht voneinander unterscheiden — insgesamt $n_1!$ Permutationen zu einer zusammen, und die Gesamtzahl der möglichen Vertauschungen beträgt

$$P_n^{(n_1)} = \frac{n!}{n_1!}.$$

In diesem Symbol $P_n^{(n_1)}$ ist n_1 kein Exponent, sondern gibt an, wieviel Elemente gleicher Art auftreten.

Existieren mehrere Gruppen gleicher Elemente, so ergibt sich aus obigen Überlegungen:

Die Anzahl der Permutationen von n Elementen, unter denen sich n_1 gleiche Elemente einer ersten, n_2 einer zweiten Art, ..., n_k Elemente einer k-ten Art befinden, beträgt

$$P_n^{(n_1; n_2; \ldots; n_k)} = \frac{n!}{n_1! \cdot n_2! \ldots n_k!} \qquad (3.4)$$

BEISPIELE

1. Auf wieviel verschiedene Arten lassen sich die Elemente

    a, b, c, d, e

anordnen?

Lösung: Nach Formel (3.3) ergeben sich $P_5 = 5! = 120$ Permutationen.

2. Wieviel Permutationen gibt es bei folgenden Elementen:

    1, 1, 2, 3, 3, 3, 4, 4, 5, 6, 6, 6, 6?

Lösung: Nach Formel (3.4) ergeben sich

$$P_{13}^{(2; 3; 2; 4)} = \frac{13!}{2! \cdot 3! \cdot 2! \cdot 4!} = 10810800.$$

3. Wieviel Permutationen gibt es bei den Elementen

$$a, b, c, d, e, f,$$

die mit

a) a, b) ab, c) cfd beginnen?

Lösung:

a) Da das Element a fest an der ersten Stelle verbleibt, dürfen nur die restlichen fünf Elemente permutiert werden. Es gibt somit

$$P_5 = 120 \text{ Permutationen,}$$

die mit a beginnen.

b) Es gibt nur vier zu permutierende Elemente.

$$P_4 = 24 \text{ Permutationen}$$

beginnen daher mit ab.

c) Mit cfd beginnen $P_3 = 6$ Permutationen.

3.2.2.2. Variationen

Unter Variationen von n Elementen zur k-ten Klasse (Ordnung) versteht man die aus k Elementen bestehenden Zusammensetzungen, die sich aus den n Elementen **unter Berücksichtigung ihrer Anordnung** innerhalb der Zusammensetzungen bilden lassen.

Es wird hierbei zwischen

1. Zusammenstellungen **ohne Wiederholung**

2. Zusammenstellungen **mit Wiederholung**

unterschieden, je nachdem, ob in diesen Komplexionen gleiche Elemente auftreten oder nicht.

Variationen ohne Wiederholung

Bei den drei Elementen 1, 2, 3 stellen die *Variationen 1. Klasse* die drei Elemente selbst dar:

$$1 \quad 2 \quad 3.$$

Ihre Anzahl ist

$$V_3^{(1)} = 3.$$

Die in Klammer stehende hochgestellte Zahl gibt die Klasse der Variationen an.
Die *Variationen 2. Klasse* ergeben sich durch eine Auswahl jeweils zweier Elemente und deren verschiedene Permutationen:

$$12 \quad 13 \quad 21 \quad 23 \quad 31 \quad 32.$$

Die Anzahl beträgt

$$V_3^{(2)} = 3 \cdot 2 = 6.$$

Die *Variationen 3. Klasse* ergeben sich, wenn alle drei gegebenen Elemente herausgegriffen und permutiert werden. Dies ist jedoch identisch mit den Permutationen dieser drei Elemente:

$$123 \quad 132 \quad 213 \quad 231 \quad 312 \quad 321.$$

Ihre Anzahl ist gleich

$$V_3^{(3)} = P_3 = 3 \cdot 2 \cdot 1 = 6.$$

Sind im allgemeinen Falle n Elemente gegeben, so ist die Anzahl der Variationen von diesen n Elementen zur

1. Klasse: $\quad V_n^{(1)} = n,$

da die Variationen mit den Elementen selbst übereinstimmen.

2. Klasse: $\quad V_n^{(2)} = n \cdot (n - 1),$

da jedes der n Elemente mit den übrigen $(n - 1)$ Elementen in einer Komplexion auftreten muß.

3. Klasse: $\quad V_n^{(3)} = n \cdot (n - 1) \cdot (n - 2),$

da jede der $n \cdot (n - 1)$ Variationen zur 2. Klasse mit den restlichen $(n - 2)$ Elementen verbunden wird.
Die Variationen von n Elementen zur 3. Klasse ohne Wiederholung lauten dann:

123 124 ... 12n	132 134 ... 13n	... 1n2	1n3	... 1n($n-1$)
213 214 ... 21n	231 234 ... 23n	... 2n1	2n3	... 2n($n-1$)
312 314 ... 31n	321 324 ... 32n	... 3n1	3n2	... 3n($n-1$)
....	....	....		
n12 n13 ... n1($n-1$)	n21 n23 ... n2($n-1$) ... n($n-1$)1	n($n-1$)2 ... n($n-1$)($n-2$)		

Allgemein ergibt sich:

> Die Anzahl der *Variationen* von n Elementen zur k-ten Klasse *ohne Wiederholung* beträgt

$$V_n^{(k)} = n \cdot (n - 1) \cdot \ldots \cdot (n - k + 2) \cdot (n - k + 1) \tag{3.5}$$

Der Beweis kann durch vollständige Induktion geführt werden.

Variationen mit Wiederholung

In den bisherigen Variationen trat jedes der n Elemente nur einmal auf. Es ist aber auch möglich, daß sich die Elemente wiederholen. Zusammenstellungen dieser Art werden **Variationen mit Wiederholung** genannt.

Bei den drei Elementen 1, 2, 3 stellen die *Variationen 1. Klasse mit Wiederholung* die Elemente selbst dar:

$$1 \quad 2 \quad 3.$$

Ihre Anzahl ist demnach

$$Vw_3^{(1)} = 3.$$

Die *Variationen 2. Klasse* mit Wiederholung ergeben sich, indem jedes dieser drei Elemente mit jedem Element, auch *mit sich selbst*, in einer Komplexion auftritt:

$$11 \quad 12 \quad 13 \qquad 21 \quad 22 \quad 23 \qquad 31 \quad 32 \quad 33.$$

Die Anzahl beträgt

$$Vw_3^{(2)} = 3 \cdot 3 = 3^2 = 9.$$

Bei den *Variationen 3. Klasse mit Wiederholung* wird jede der neun Variationen 2. Klasse nochmals mit jedem der drei Elemente verbunden:

$$
\begin{array}{ccccccccc}
111 & 112 & 113 & 121 & 122 & 123 & 131 & 132 & 133 \\
211 & 212 & 213 & 221 & 222 & 223 & 231 & 232 & 233 \\
311 & 312 & 313 & 321 & 322 & 323 & 331 & 332 & 333.
\end{array}
$$

Insgesamt ist die Anzahl der Variationen 3. Klasse mit Wiederholung

$$Vw_3^{(3)} = 9 \cdot 3 = 3^3 = 27.$$

Liegen im allgemeinen Falle n Elemente vor, so können n^2 Variationen zur 2. Klasse bzw. n^3 Variationen zur 3. Klasse mit Wiederholung gebildet werden.

Allgemein gilt dann für eine beliebige k-te Klasse:

Die Anzahl der *Variationen* von n Elementen zur k-ten Klasse *mit Wiederholung* beträgt

$$\boxed{Vw_n^{(k)} = n^k} \tag{3.6}$$

Der Beweis kann durch vollständige Induktion geführt werden.

BEISPIELE

1. Man berechne die Anzahl der folgenden Variationen

   a) $V_7^{(5)}$,   b) $Vw_3^{(4)}$.

   Lösung:

   a) $V_7^{(5)} = 7 \cdot 6 \cdot 5 \cdot 4 \cdot 3 = 2520$

   b) $Vw_3^{(4)} = 3^4 = 81.$

2. Wieviel verschiedene Variationen 4. Klasse mit und ohne Wiederholung gibt es von den Elementen

    a) 0, 1, 2, 3, 4, 5, 6, 7, 8, 9;

    b) 1, 3, 5, 7, 9?

Lösung:

    a) $Vw_{10}^{(4)} = 10^4 = 10000$; $V_{10}^{(4)} = 10 \cdot 9 \cdot 8 \cdot 7 = 5040$

    b) $Vw_{5}^{(4)} = 5^4 = 625$; $V_{5}^{(4)} = 5 \cdot 4 \cdot 3 \cdot 2 = 120$.

3.2.2.3.   Kombinationen

Unter Kombinationen von n Elementen zur k-ten Klasse versteht man die aus k Elementen bestehenden Zusammensetzungen, die sich aus den n Elementen **ohne Berücksichtigung ihrer Anordnung** innerhalb der Zusammensetzungen bilden lassen.

Auch bei den Kombinationen wird — wie bei den Variationen — zwischen

1. Zusammenstellungen **ohne Wiederholung**

2. Zusammenstellungen **mit Wiederholung**

unterschieden, je nachdem, ob in diesen Komplexionen gleiche Elemente auftreten oder nicht.

Kombinationen ohne Wiederholung

Bei den drei Elementen 1, 2, 3 stellen die *Kombinationen zur 1. Klasse* die Elemente selbst dar:

$$1 \quad 2 \quad 3.$$

Ihre Anzahl ist

$$C_3^{(1)} = 3.$$

Die *Kombinationen 2. Klasse* ergeben sich, wenn zu jedem Element — soweit möglich — noch ein in der natürlichen Anordnung folgendes Element hinzugefügt wird:

$$12 \quad 13 \quad 23.$$

Die Anzahl beträgt

$$C_3^{(2)} = 3.$$

Es muß hierbei beachtet werden, daß eine Vertauschung innerhalb der Zusammenstellungen zu keiner neuen Kombination führt, da zum Beispiel die Zusammenstellungen

$$12 \quad \text{und} \quad 21$$

zwar verschiedene Variationen, aber **ein und dieselbe Kombination** zum Ausdruck bringen. Daher werden zweckmäßigerweise die Elemente in den einzelnen Kombinationen ihrer natürlichen Reihenfolge nach geordnet.

Kombinationen zur 3. Klasse:

$$123$$

$$C_3^{(3)} = 1.$$

Hat man im allgemeinen Falle n Elemente, so beträgt die Anzahl der Kombinationen von diesen n Elementen zur

1. Klasse:

$$C_n^{(1)} = n,$$

da diese Kombinationen mit den Elementen selbst übereinstimmen.

2. Klasse:

$$C_n^{(2)} = \frac{n(n-1)}{1 \cdot 2}$$

Dies folgt aus der Anzahl der Variationen zur 2. Klasse $V_n^{(2)} = n(n-1)$, wenn man von denjenigen Variationen, die sich durch die Anordnung ihrer Elemente voneinander unterscheiden, stets nur eine Zusammenstellung herausgreift. Dabei fallen bei zwei Elementen jeweils

$$P_2 = 2! = 2$$

Komplexionen in eine zusammen, also

$$C_n^{(2)} = \frac{V_n^{(2)}}{P_2} = \frac{n(n-1)}{1 \cdot 2}.$$

Die Kombinationen von n Elementen zur 2. Klasse lauten dann:

$$
\begin{array}{llllll}
12 & 13 & 14 \ldots & 1(n-2) & 1(n-1) & 1n \\
   & 23 & 24 \ldots & 2(n-2) & 2(n-1) & 2n \\
   &   & 34 \ldots & 3(n-2) & 3(n-1) & 3n \\
\end{array}
$$

$$\ldots\ldots\ldots\ldots\ldots\ldots\ldots\ldots\ldots\ldots\ldots$$

$$
\begin{array}{ll}
(n-2)(n-1) & (n-2)n \\
           & (n-1)n
\end{array}
$$

3. Klasse:

$$C_n^{(3)} = \frac{n(n-1)(n-2)}{1 \cdot 2 \cdot 3}$$

Von den möglichen Variationen zur 3. Klasse $V_n^{(3)} = n(n-1)(n-2)$ treten jeweils $P_3 = 3! = 6$ Zusammenstellungen auf, die sich nur durch die Anordnung ihrer Elemente voneinander unterscheiden, daher

$$C_n^{(3)} = \frac{V_n^{(3)}}{P_3} = \frac{n(n-1)(n-2)}{1 \cdot 2 \cdot 3}$$

Allgemein ergibt sich:

Die Anzahl der *Kombinationen* von n Elementen zur k-ten Klasse *ohne Wiederholung* beträgt

$$C_n^{(k)} = \frac{V_n^{(k)}}{P_k} = \frac{n(n-1)(n-2) \ldots (n-k+1)}{1 \cdot 2 \cdot 3 \ldots k} \tag{3.7}$$

Auf den Beweis soll hier verzichtet werden.

Für Quotienten der Art, wie sie auf der rechten Seite der Formel (3.7) vorkommen, wurde von LEONHARD EULER[1]) eine abkürzende Schreibweise, das **Eulersche Symbol** $\binom{n}{k}$, eingeführt. Unter Verwendung dieses Symbols ergibt sich dann für die Anzahl der Kombinationen von n Elementen zur k-ten Klasse ohne Wiederholung:

$$C_n^{(k)} = \binom{n}{k}; \quad (n \geqq k) \tag{3.8}$$

mit n als Anzahl der gegebenen Elemente und k als Klasse der Kombination.

Im Band „Algebra und Geometrie für Ingenieure" [1] wird das EULERsche Symbol ausführlich behandelt. Es seien an dieser Stelle nur noch einmal die wichtigsten diesbezüglichen Formeln zusammengestellt:

1. a) $\binom{n}{0} = 1$

1. b) $\binom{n}{1} = n$ für $n \in R$

2. $\binom{n}{k} + \binom{n}{k+1} = \binom{n+1}{k+1}$ für $n \in R, k \in N$ (Summeneigenschaft)

3. $\binom{n}{0} + \binom{n+1}{1} + \cdots + \binom{n+k}{k} = \binom{n+k+1}{k}$ für $n \in R, k \in N$

4. $\binom{n}{k} = 0$ für $n \in N, k \in N, n < k$

5. $\binom{n}{k} = \binom{n}{n-k}$ für $n \in N, k \in N$ und $n > k$ (Symmetrieeigenschaft)

---

[1]) EULER, LEONHARD; schweizerischer Mathematiker, Physiker und Astronom, 1707 bis 1783; vgl. [1]

BEISPIELE

1. Es ist die Anzahl der Kombinationen ohne Wiederholung aus

a) 5 Elementen zur 2. Klasse,

b) 8 Elementen zur 4. Klasse,

c) 2 Elementen zur 2. Klasse zu berechnen.

Lösung:

a) $C_5^{(2)} = \binom{5}{2} = \frac{5 \cdot 4}{1 \cdot 2} = 10$

b) $C_8^{(4)} = \binom{8}{4} = \frac{8 \cdot 7 \cdot 6 \cdot 5}{1 \cdot 2 \cdot 3 \cdot 4} = 70$

c) $C_2^{(2)} = \binom{2}{2} = \frac{2 \cdot 1}{1 \cdot 2} = 1$

2. Wieviel Kombinationen zur 4. Klasse von den 6 Elementen

1, 2, 3, 4, 5, 6 beginnen mit

a) 1,

b) 2,

c) 3,

d) 13,.

e) 124?

Lösung:

a) Da es sich um Kombinationen zur 4. Klasse handelt, können auf das Element 1 nur jeweils drei der restlichen 5 Elemente folgen. Die Anzahl ergibt sich daher aus der Anzahl der Kombinationsmöglichkeiten der fünf Elemente 2, 3, 4, 5 und 6 zur 3. Klasse.

$$\binom{5}{3} = \frac{5 \cdot 4 \cdot 3}{1 \cdot 2 \cdot 3} = 10,$$

| 1234 | 1235 | 1236 | 1245 | 1246 | 1256 |
| 1345 | 1346 | 1356 | 1456 | | |

b) Auf das Element 2 können nur noch die restlichen vier Elemente 3, 4, 5 und 6 bis zur Erfüllung der Klassenzahl folgen.

$$\binom{4}{3} = 4,$$

2345   2346   2356   2456

c) Auf das Element 3 können nur die Elemente 4, 5 und 6 folgen.

$$\binom{3}{3} = 1,$$

3456

d) Es bleiben die drei Elemente 4, 5 und 6 übrig, aus denen die Kombinationen zur 2. Klasse zu bilden sind.

$$\binom{3}{2} = 3,$$

1345   1346   1356

e) Auf 124 kann nur noch eines der beiden Elemente 5 und 6 folgen.

$$\binom{2}{1} = 2,$$

1245   1246.

Für die Wahrscheinlichkeitsrechnung sind neben den bisherigen Betrachtungen noch folgende drei Aufgabenstellungen von Bedeutung.

I. Wieviel Kombinationen von n Elementen zur k-ten Klasse gibt es, die von den n Elementen m vorgegebene enthalten ($m \leqq k$)?

Da m Elemente von den n vorgegeben sind, fehlen bei den Kombinationen k-ter Ordnung aus den restlichen $(n - m)$ Elementen jeweils noch $(k - m)$ Elemente bis zur erforderlichen Klassenzahl k. Es sind daher aus diesen $(n - m)$ Elementen die Kombinationen zur $(k - m)$-ten Klasse zu bilden und diese zu den vorgeschriebenen Elementen hinzuzufügen. Es ergibt sich somit:

Die Anzahl der *Kombinationen* von n Elementen zur k-ten Klasse *ohne Wiederholung*, die m vorgegebene Elemente aus den n enthalten, beträgt

$$\boxed{C_{n-m}^{(k-m)} = \binom{n - m}{k - m};\quad (m \leqq k)} \tag{3.9}$$

BEISPIEL

3. Wieviel Kombinationen ohne Wiederholung von den 6 Elementen 1, 2, 3, 4, 5, 6 zur 4. Klasse enthalten die Elemente 2 und 6?

Lösung:

Nach Formel (3.9) ergibt sich mit $n = 6$, $k = 4$ und $m = 2$

$$C_4^{(2)} = \binom{4}{2} = 6.$$

Es sind das die 6 Kombinationen

1236   1246   1256   2346   2356   2456.

II. Wieviel Kombinationen von n Elementen zur k-ten Klasse gibt es, die von den n Elementen m vorgegebene nicht enthalten?

Da keines dieser m vorgegebenen Elemente in den Kombinationen zur k-ten Klasse auftreten soll, dürfen sie nicht in die Bildung der Kombinationen einbezogen werden. Es bleiben somit nur die restlichen $(n - m)$ Elemente übrig. Daraus folgt:

Die Anzahl der *Kombinationen* von n Elementen zur k-ten Klasse *ohne Wiederholung*, die von den n *Elementen* m *vorgegebene nicht* enthalten sollen, beträgt

$$C_{n-m}^{(k)} = \binom{n-m}{k}; \quad (m \leqq k) \qquad (3.10)$$

BEISPIEL

4. Wieviel Kombinationen von den 6 Elementen 1, 2, 3, 4, 5, 6 zur 4. Klasse enthalten **nicht** die Elemente 2 und 6?

Lösung:

Nach Formel (3.10) ergibt sich mit $n = 6$, $k = 4$ und $m = 2$

$$C_4^{(4)} = \binom{4}{4} = 1.$$

Es ist dies die Kombination

  1345.

III. Wieviel Kombinationen von n Elementen zur k-ten Klasse gibt es, die **mindestens eines von den m vorgegebenen Elementen aus den n Elementen enthalten?**

Die Anzahl ergibt sich als Differenz aus der Gesamtzahl der möglichen Kombinationen und der nach Formel (3.10) berechneten Zusammenstellungen. Daraus folgt:

Die Anzahl der *Kombinationen* von n Elementen zur k-ten Klasse *ohne Wiederholung*, die *mindestens eines der m vorgegebenen Elemente aus den n Elementen* enthalten, beträgt

$$C_n^{(k)} - C_{n-m}^{(k)} = \binom{n}{k} - \binom{n-m}{k}; \quad (m \leqq k) \qquad (3.11)$$

BEISPIEL

5. Wieviel Kombinationen von den 6 Elementen 1, 2, 3, 4, 5, 6 zur 4. Klasse enthalten mindestens eines der zwei vorgegebenen Elemente 2 und 6?

Lösung:

Aus der Formel (3.11) folgt für $n = 6$, $k = 4$ und $m = 2$

  $C_6^{(4)} - C_4^{(4)} = 14.$

Die Anzahl der Kombinationen beträgt 14, sie lauten:

1234	1235	1236	1245	1246	1256	1346	1356	1456
2345	2346	2356	2456	3456.				

Kombinationen mit Wiederholung

Allgemein gilt für die Kombinationen mit Wiederholung

> Die Anzahl der *Kombinationen* von n Elementen zur k-ten Klasse *mit Wiederholung* beträgt

$$Cw_n^{(k)} = \frac{n(n+1)(n+2)\cdots(n+k-1)}{1 \cdot 2 \cdot 3 \cdots k} = \binom{n+k-1}{k} \qquad (3.12)$$

Auf den Beweis dieser Formel soll im Rahmen dieses Lehrbuches verzichtet werden.

BEISPIEL

6. Es ist die Anzahl der Kombinationen mit Wiederholung von den 6 Elementen 1, 2, 3, 4, 5, 6 zur

   a) 1. Klasse,

   b) 2. Klasse,

   c) 8. Klasse zu berechnen.

   Lösung: Nach Formel (3.12) ergibt sich

   a) für $n = 6$, $k = 1$; $Cw_6^{(1)} = \binom{6}{1} = 6$,

   das sind die Elemente selbst

   $$1 \qquad 2 \qquad 3 \qquad 4 \qquad 5 \qquad 6$$

   b) für $n = 6$, $k = 2$; $Cw_6^{(2)} = \binom{7}{2} = 21$

   c) für $n = 6$, $k = 8$; $Cw_6^{(8)} = \binom{13}{8} = 1287$.

AUFGABEN

3.7. Wie lautet die 400. Permutation aus den Elementen a, b, c, d, e, f bei lexikografischer Anordnung?

3.8. Wieviel Kombinationen zur 3. Klasse von den Elementen 1 bis 8 enthalten keines der Elemente 1, 2, 3?

3.9. Wieviel verschiedene Skatspiele kann ein Spieler erhalten, wenn er von den 32 Blatt jeweils 10 bekommt?

3.10. Wieviel verschiedene Skatspiele können insgesamt an 3 Mitspieler ausgeteilt werden?

3.11. Wieviel verschiedene Permutationen gibt es aus den Elementen a, a, a, b, c, c, und die wievielte Permutation ist bei lexikografischer Anordnung die Zusammenstellung *cbacaa*?

3.12. Wie lautet die 13. Kombination mit Wiederholung zur 6. Klasse von den drei Elementen a, b, c?

3.13. Wieviel Kombinationen von 7 Elementen zur 4. Klasse ohne Wiederholung gibt es, wenn mindestens eines der 3 vorgegebenen Elemente aus den 7 enthalten sein soll?

3.14. Wieviel Kombinationen von 7 Elementen zur 4. Klasse ohne Wiederholung gibt es, wenn alle 3 vorgegebenen Elemente aus den 7 enthalten sein sollen?

3.15. Wieviel Kombinationen von 7 Elementen zur 4. Klasse ohne Wiederholung gibt es, wenn keines der drei vorgegebenen Elemente aus den 7 enthalten sein soll?

3.16. bis 3.19. Es sind die auf S. 239 angeführten Beispiele zu lösen.

3.20. Bei der Qualitätskontrolle wird aus einer Produktionsserie eine bestimmte Anzahl Erzeugnisse ausgewählt und untersucht. Aus dem Ergebnis der Stichprobe schließt man dann auf die Qualität der gesamten Serie.

Wieviel verschiedene Stichprobenmöglichkeiten gibt es bei einer Produktionsserie von 1 000 Stück, wenn die Stichprobe einen Umfang von

a) 10 Stück

b) 50 Stück haben soll?

3.21. Der Leiter eines Montagebetriebes will sich über den Einsatz seiner Mitarbeiter einen ständigen Überblick verschaffen. Er bedient sich dabei einer Magnettafel mit ein- und mehrfarbigen Symbolen, die jeweils einzelne Mitarbeiter repräsentieren. Es sind verschiedene Farben bzw. Farbzusammenstellungen erforderlich für

    8 Ingenieure

    28 Meister

    55 Facharbeiter.

Es ist die Anzahl der verschiedenen Farben für folgende Varianten zu berechnen:

a) einfarbige Symbole,

b) zweigeteilte Symbole, die gleich- oder verschiedenfarbig sein können,

c) dreigeteilte Symbole, die gleich- oder verschiedenfarbig sein können,

d) viergeteilte Symbole, die gleich- oder verschiedenfarbig sein können;

e) übersichtliche Markierung:

Ingenieure	einfarbig
Meister	zweifarbig (nicht spiegelbildlich), zweigeteilt
Facharbeiter	dreifarbig, dreigeteilt.

3.3. Grundbegriffe der Wahrscheinlichkeitsrechnung

3.3.1. Allgemeine Betrachtungen zur Wahrscheinlichkeitsrechnung

Die Wahrscheinlichkeitsrechnung, die die Grundlage der mathematischen Statistik bildet, ist schon verhältnismäßig alt. Sie entstand im Verlaufe des 17. Jahrhunderts im Zusammenhang mit dem Bestreben, die Erfolgschancen bei Glücksspielen zu berechnen. Als Begründer der Theorie der Wahrscheinlichkeitsrechnung kann man die Mathematiker PASCAL (1623 bis 1662) und FERMAT (1601 bis 1665) ansehen. Zur Weiterentwicklung trugen in den vergangenen Jahrhunderten im wesentlichen die Arbeiten von HUYGENS (1629 bis 1695), J. BERNOULLI (1654 bis 1705), MOIVRE (1667 bis 1754), LAPLACE (1749 bis 1827), GAUSS (1777 bis 1855) und POISSON (1781 bis 1840) bei. Erstmals wurde von LAPLACE eine genaue Definition des Begriffes **Wahrscheinlichkeit** eingeführt, die man als **klassische Definition** bezeichnet. Er formulierte darüber hinaus die Regeln für das Rechnen mit Wahrscheinlichkeiten. Im Verlaufe des 19. und 20. Jahrhunderts befaßten sich auch russische Mathematiker mit den Problemen der Wahrscheinlichkeitsrechnung, unter anderem TSCHEBYSCHEFF (1821 bis 1894), MARKOW (1856 bis 1922) und LJAPUNOW (1857 bis 1918). Der sowjetische Mathematiker KOLMOGOROW begründete mit seinen Arbeiten die heutige moderne Wahrscheinlichkeitsrechnung, indem er sie zu einer exakten mathematischen Disziplin machte und den **axiomatischen Begriff der Wahrscheinlichkeit** einführte.

Einen wesentlichen Einfluß auf die Wahrscheinlichkeitsrechnung und deren Weiterentwicklung übten im 19. Jahrhundert auch die stürmische Entwicklung der Physik und die Erfolge in der Anwendung wahrscheinlichkeitstheoretischer Erkenntnisse auf physikalische Probleme [BOLTZMANN (1844 bis 1906)] aus.

In den letzten Jahrzehnten hat die Wahrscheinlichkeitsrechnung für die Praxis eine immer größere Bedeutung erlangt und ist für alle Zweige der Naturwissenschaften, der Wirtschaft und Technik unentbehrlich geworden. Heute kommt man bei ökonomischen und technischen Berechnungen ohne sie nicht mehr aus. Sie bildet die Grundlage der Versicherungsmathematik, der Stichprobentheorie, der statistischen Qualitätskontrolle und wird außerdem in der Ökonomie zur Lenkung und Leitung der Volkswirtschaft, in der Operationsforschung bei der Optimierung der Lagerhaltung in der Produktion und im Handel, in der Bedarfsforschung sowie in der Bedienungstheorie angewandt. Physik, Kybernetik, Biologie und Chemie sind heute ohne Anwendung der Theorie der Wahrscheinlichkeitsrechnung undenkbar.

An Hand einiger vereinfachter Beispiele sollen die praktische Bedeutung und die Aufgabenstellung der Wahrscheinlichkeitsrechnung veranschaulicht werden.

1. Bei der Überprüfung der Zuverlässigkeit eines automatischen Webstuhles wurden je 500 Störungen untersucht und dabei festgestellt, daß im Durchschnitt

> 266 Störungen durch Fadenriß
>
> 145 Störungen durch Stromausfall
>
> 54 Störungen durch Ausfall einer Baugruppe
>
> 35 Störungen sonstiger Art

hervorgerufen wurden.

Wie groß ist die Wahrscheinlichkeit[1]) für jeden der vier gesondert ausgewiesenen Ursachenkomplexe?

2. Von der Gütekontrolle eines Produktionsbetriebes wird festgestellt, daß in den über einen längeren Zeitraum unter gleichen Bedingungen produzierten Losen in Höhe von 750 Stück im Durchschnitt 15 Stück je Los Ausschuß sind.
Wie groß ist die Wahrscheinlichkeit dafür, daß man bei Auswahl eines Stückes aus einem Los ein Ausschußstück erhält?

3. Ein Gerät enthält 5 Baugruppen, die bei Funktionstüchtigkeit einwandfrei arbeiten müssen. Die Zulieferbetriebe garantieren für jede einzelne Baugruppe eine Funktionssicherheit von 85%.
Wie hoch ist die Wahrscheinlichkeit für die Funktionstüchtigkeit des gesamten Gerätes, wenn die Baugruppen ohne weitere Prüfung verwendet werden?

In den folgenden Abschnitten soll eine Einführung in die Probleme der Wahrscheinlichkeitsrechnung gegeben werden. Die Darlegungen lehnen sich eng an die Veröffentlichung über ,,Wahrscheinlichkeitsrechnung, Mathematische Statistik, Statistische

---

[1]) Die Definition des Begriffes ,,Wahrscheinlichkeit" erfolgt in 3.3.2.2.

Qualitätskontrolle" von R. STORM, VEB Fachbuchverlag Leipzig, 1968 [3.9] an, um den an diesen Problemen interessierten Lesern den Übergang zu dieser speziellen Fachliteratur zu erleichtern. Für ein weitergehendes Studium der Wahrscheinlichkeitsrechnung und der mathematischen Statistik wird auch auf die Literaturangaben S. 687 verwiesen.

3.3.2. Wahrscheinlichkeit

3.3.2.1. Zufällige Ereignisse

Die Wahrscheinlichkeitsrechnung beschäftigt sich mit den in Natur und Gesellschaft auftretenden **zufälligen Erscheinungen** und **Ereignissen**, die **Massencharakter** haben, und untersucht deren **Gesetzmäßigkeiten.** Der Massencharakter einer solchen Erscheinung kommt darin zum Ausdruck, daß sie sich unbegrenzt oft oder in einer großen Anzahl wiederholen läßt (Massenerscheinung).

Unter einem zufälligen Ereignis versteht man ein Ereignis, das bei einem Versuch unter bestimmten gegebenen Bedingungen eintreten kann, aber nicht notwendig eintreten muß.

Man sagt dann, das Eintreffen des Ereignisses sei *vom Zufall* abhängig.

Der Begriff des zufälligen Ereignisses soll an folgenden Beispielen veranschaulicht werden:

1. Wirft man eine Münze, so kann entweder „Zahl" oder „Wappen" nach oben zeigen (es soll dabei der Fall, daß die Münze hochkant steht, ausgeschlossen werden). Welches der beiden Ereignisse auftritt, kann jedoch nicht vorhergesagt werden. Das Ergebnis des Wurfversuches — „Zahl" oder „Wappen" — bezeichnet man daher als zufälliges Ereignis.

2. Würfelt man mit einem „idealen" Würfel[1]), so kann entweder das Ereignis „1" oder „2" oder ... oder „6" auftreten.

   Das Ereignis eines Wurfversuches kann also nicht vorausgesagt werden, es bleibt dem Zufall überlassen, ob mit einem Würfel bei einem Wurf die Augenzahl 1 oder 2 oder ... oder 6 erzielt wird. Man spricht daher auch hier von zufälligen Ereignissen.

3. Die Gesamtproduktion eines Betriebes wird auf Ausschuß untersucht. Für jedes einzelne Erzeugnis gibt es entweder das Ereignis „fehlerfrei" oder „Ausschuß". Da man bei der Herausnahme eines beliebigen Erzeugnisses aus der Gesamtproduktion nicht voraussagen kann, ob dieses ausgewählte Erzeugnis „fehlerfrei" oder „Ausschuß" ist, handelt es sich um zufällige Ereignisse.

Eine zweite Gruppe von Erscheinungen und Ereignissen, die jedoch **nicht** Gegenstand der Wahrscheinlichkeitsrechnung sind, bilden die **deterministischen Erscheinungen** und **Ereignisse.** Darunter versteht man solche Erscheinungen, bei denen man das **Ergebnis** eines unter bestimmten gegebenen Bedingungen durchgeführten Versuches **mit Sicherheit** voraussagen kann (vgl. auch Abschn. 0. und Abschn. 2.).

---

[1]) Unter einem „idealen" Würfel versteht man einen aus homogenem Material geometrisch exakt hergestellten Würfel

Obwohl nun — wie in den Beispielen 1 bis 3 zum Ausdruck gebracht — bei den zufälligen Erscheinungen (Massenerscheinungen) das Ergebnis des einzelnen Versuches nicht im voraus bestimmt werden kann, unterliegen diese doch bestimmten Gesetzmäßigkeiten, die in der Wahrscheinlichkeitsrechnung untersucht werden.

Bezeichnet man die zufälligen Ereignisse mit A_i $(i = 1, 2, \ldots)$ oder mit $A, B, C, \ldots$, so kann man folgende Beziehungen zwischen ihnen unterscheiden, die für die weiteren Betrachtungen zur Wahrscheinlichkeitsrechnung von Bedeutung sind. Zur Darstellung dieser Ereignisrelationen und Ereignisoperationen wird auf die Formulierung und die Symbolik der Mengenlehre zurückgegriffen [1].

1. Die Ereignisse A_1, A_2, $\ldots$, A_n bilden ein **vollständiges System von Ereignissen,** wenn **eines** dieser Ereignisse **unbedingt** eintreten muß.

z. B. a) „Zahl" und „Wappen" sind die einzig möglichen Ereignisse, die beim Werfen mit einer Münze eintreten können. Diese bilden somit ein vollständiges System von Ereignissen.

b) „1", „2", $\ldots$, „6" sind die einzig möglichen Ereignisse, die beim Würfeln mit einem Würfel eintreten können. Diese sechs Ereignisse bilden ein vollständiges System von Ereignissen.

c) „fehlerfrei" und „Ausschuß" sind in diesem Falle (Beispiel 3) die einzig möglichen Ereignisse und bilden ein vollständiges System.

2. Die Ereignisse A_1, A_2, $\ldots$, A_n heißen **unvereinbar (disjunkt),** wenn das Eintreffen des einen Ereignisses das Eintreffen eines anderen vollkommen **ausschließt.**

z. B. a) „Zahl" und „Wappen" sind bei einem Wurf mit einer Münze unvereinbare Ereignisse.

b) „1", „2", $\ldots$, „6" sind bei einem Wurf mit einem Würfel unvereinbare Ereignisse.

c) Bei Prüfung eines Erzeugnisses auf „fehlerfrei" oder „Ausschuß" sind diese beiden Ereignisse ebenfalls unvereinbar.

3. Wenn aus dem Eintreten des Ereignisses A stets das Eintreten des Ereignisses B folgt, so bezeichnet man A als **Teilereignis** von B und schreibt

$$A \subset B \quad \text{oder} \quad B \supset A$$

(gelesen: A zieht B nach sich bzw. A ist ein Teilereignis von B).

z. B. das Werfen einer „2" mit einem Würfel sei das Ereignis A, das Eintreffen des Ereignisses „gerade Zahl" sei B. Dann gilt

$$A \subset B,$$

da A ein Teilereignis von B ist.

4. Wenn die Ereignisse A und B stets **zugleich** eintreten bzw. nicht eintreten, so bezeichnet man A und B als **gleichwertige** oder **äquivalente Ereignisse** und schreibt

$$A = B.$$

Es gilt in diesem Fall

$$A \subset B \quad \text{und gleichzeitig} \quad B \subset A$$

also $A = B$.

5. Unter der **Summe** der Ereignisse A und B versteht man dasjenige Ereignis C, in dem **wenigstens eines** der beiden Ereignisse A und B eingetreten ist. Man schreibt

$$C = A \cup B$$

(gelesen: C ist gleich A vereinigt mit B).

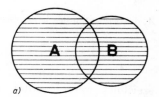

Bild 3.1.a) $C = A \cup B$ (schraffierter Bereich)

z. B. das Werfen einer „2" sei das Ereignis A, das Eintreffen des Ereignisses „6" sei B. Dann versteht man unter dem Ereignis

$$C = A \cup B$$

das Eintreten *entweder* von „2" *oder* von „6" (da bei einem Wurf mit einem Würfel das Eintreffen von „2" und „6" nicht möglich ist; unvereinbare Ereignisse).

6. Unter dem **Produkt** der Ereignisse A und B versteht man dasjenige Ereignis C, in dem **gleichzeitig** das Ereignis A **und** B eingetreten ist. Man schreibt

$$C = A \cap B$$

(gelesen: C ist gleich A geschnitten mit B).

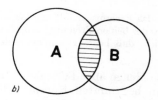

Bild 3.1.b) $C = A \cap B$ (schraffierter Bereich)

z. B. das Werfen einer Primzahl sei das Ereignis A, das Eintreffen des Ereignisses „gerade Zahl" sei B. Dann versteht man unter dem Ereignis

$$C = A \cap B$$

das Eintreten *sowohl* des Ereignisses „Primzahl" *als auch* des Ereignisses „gerade Zahl"; C ist dann das Eintreffen des Ereignisses „2".

7. Unter der **Differenz** der Ereignisse A und B versteht man dasjenige Ereignis C, bei dem das **Ereignis A eingetreten**, das **Ereignis B** jedoch **nicht** eingetreten ist. Man schreibt

$$C = A \setminus B$$

(gelesen: C ist gleich A ohne B).

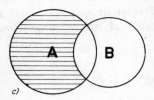

Bild 3.1.c) $C = A \setminus B$ (schraffierter Bereich)

z. B. das Werfen einer geraden Zahl sei das Ereignis A, das Eintreten des Ereignisses „2" sei B. Dann versteht man unter dem Ereignis

$$C = A \setminus B$$

das Eintreffen entweder von 4 oder 6.

8. Ein Ereignis wird als **sicheres Ereignis** E bezeichnet, wenn es unter bestimmten gegebenen Bedingungen **unbedingt** eintreten muß.

z. B. das Werfen von „1" oder von „2" oder ... oder von „6" stellt das sichere Ereignis E dar.

9. Ein Ereignis wird als **unmögliches Ereignis** $\emptyset$ bezeichnet, wenn es unter bestimmten gegebenen Bedingungen **niemals** eintreten kann.

z. B. das Werfen einer Sieben mit einem normalen sechsseitigen Würfel stellt ein unmögliches Ereignis $\emptyset$ dar.

10. Zwei Ereignisse A und $\bar{A}$ werden als einander **entgegengesetzte** oder **komplementäre** Ereignisse bezeichnet, wenn bei Nicht-Eintreten von A das Ereignis $\bar{A}$ unbedingt eintreten muß. Es gilt

$$A \cup \bar{A} = E \quad \text{und} \quad A \cap \bar{A} = \emptyset \tag{3.13}$$

z. B. das Werfen von „Wappen" sei das Ereignis A, das Ereignis „Zahl" sei das zu A komplementäre Ereignis $\bar{A}$. Dann ist es sicher, daß eines der beiden Ereignisse unbedingt eintreten muß, d. h., $A \cup \bar{A} = E$; es ist aber unmöglich, daß beide Ereignisse gleichzeitig eintreten, d. h., $A \cap \bar{A} = \emptyset$.

11. Unter dem **Ereignisfeld** $\mathfrak{A}$ versteht man die **Menge aller Ereignisse,** die bei einer bestimmten Aufgabenstellung unter einem bestimmten Komplex $\mathfrak{M}$ von Bedingungen **eintreten** oder **nicht eintreten** können. $\mathfrak{A}$ besteht aus **Unter-** oder **Teilmengen** von Ereignissen. Die aus nur **einem Element** bestehenden (*einelementigen*) Teilmengen bezeichnet man als die **elementaren Ereignisse** A_1, A_2, ..., A_n. Zum Ereignisfeld $\mathfrak{A}$ gehören ferner als Teilmengen das sichere Ereignis E, das unmögliche Ereignis $\emptyset$ sowie die aus den unter 5., 6., 7. und 10. angeführten Operationen hervorgehenden Ereignisse.

3.3.2.2.   Begriff der Wahrscheinlichkeit

Die **klassische Definition** des Wahrscheinlichkeitsbegriffes nach LAPLACE geht von der **Gleichwahrscheinlichkeit (Gleichmöglichkeit)** der Ereignisse aus, das heißt, die einzelnen möglichen Elementarereignisse müssen gleichwahrscheinlich sein. So sind z. B. das Eintreffen der Elementarereignisse „1", „2", ..., „6" bei einem Wurf mit einem „idealen" Würfel gleichwahrscheinliche, gleichmögliche Ereignisse, da jede dieser sechs Augenzahlen die gleiche Chance besitzt einzutreten.

Zur Darstellung der klassischen Definition des Wahrscheinlichkeitsbegriffes soll von einem *vollständigen System von n gleichwahrscheinlichen Elementarereignissen* A_1, A_2, ..., $A_n \in \mathfrak{A}$ ausgegangen werden. Dieses System habe folgende Eigenschaften:

1. *Alle* Elementarereignisse $A_i \in \mathfrak{A}$ $(i = 1, 2, ..., n)$ sind *gleichwahrscheinlich* (gleichmöglich).

2. Je *zwei Elementarereignisse schließen* sich *gegenseitig aus* (paarweise unvereinbare Ereignisse).

$$A_i \cap A_j = \emptyset \qquad i \neq j \qquad (i, j = 1, 2, ..., n)$$

3. *Keines* der *n Elementarereignisse* ist *unmöglich*.

$$A_i \neq \emptyset \qquad (i = 1, 2, ..., n)$$

4. Die *Vereinigung aller n* sich paarweise ausschließenden Ereignisse ergibt das *sichere Ereignis E*.

$$A_1 \cup A_2 \cup \cdots \cup A_n = \bigcup_{i=1}^{n} A_i = E$$

Nimmt man nun ein beliebiges Ereignis A (aus dem Ereignisfeld $\mathfrak{A}$), das sich als Summe von genau m Elementarereignissen darstellen läßt, so kann man die Wahrscheinlichkeit von A nach der klassischen Definition wie folgt formulieren:

Läßt sich ein *Ereignis A* in *m Elementarereignisse zerlegen*, die alle zu einem *vollständigen System* von *n paarweise unvereinbaren* und *gleichwahrscheinlichen elementaren Ereignissen* gehören, so ist die Wahrscheinlichkeit $P(A)$ für das Eintreten des Ereignisses A gleich

$$P(A) = \frac{m}{n}$$

(3.14)

d. h.: Die Wahrscheinlichkeit $P(A)$ für das Eintreten eines Ereignisses A ist gleich dem Verhältnis der Anzahl der für das Ereignis A *günstigen* (m) zur Gesamtzahl aller *möglichen elementaren Ereignisse* (n).

Voraussetzung für die Anwendung von (3.14) ist, daß es sich speziell um ein *endliches* System von Elementarereignissen handeln muß. Zur Berechnung von m und n muß unter Umständen, je nach dem vorliegenden Problem, die Kombinatorik (vgl. 3.2.) herangezogen werden.

An folgenden Beispielen soll die Anwendung der klassischen Definition der Wahrscheinlichkeit gezeigt werden.

BEISPIELE

1. Wie groß ist die Wahrscheinlichkeit $P(A)$ für das Eintreffen des Ereignisses A (gerade Zahl) bei einem Wurf mit einem Würfel?

Lösung: Die Gesamtzahl der einzig möglichen, unvereinbaren und gleichwahrscheinlichen Ereignisse beträgt $n = 6$. Die Anzahl der für das Eintreffen des Ereignisses A (gerade Zahl) günstigen Fälle beträgt $m = 3$. Daraus ergibt sich

$$P(A) = \frac{3}{6}$$

$$P(A) = 0,5 = 50\%.$$

2. Vgl. erste Aufgabenstellung in 3.3.1., S. 254.

Lösung: mögliche Fälle $n = 500$

Fadenriß (A_1): $m_1 = 266$ $P(A_1) = \dfrac{266}{500} = 0,532 = 53,2\%.$

AUFGABE

3.22. Man berechne nach dem ersten Beispiel, S. 254, die Wahrscheinlichkeiten für die weiteren drei Ursachenkomplexe nach der gleichen Vorschrift.

BEISPIEL

3. Wie groß ist die Wahrscheinlichkeit $P(A)$, daß man bei einmaligem Ziehen einer Karte aus einem Skatspiel

a) eine Zehn,

b) eine Eichel-Karte,

c) eine Eichel-Zehn erhält?

Lösung:

a) $n = 32$ Karten insgesamt; $m = 4$, da viermal die Zehn enthalten ist.

$$P(A) = \frac{4}{32} = 0,125 = 12,5\%$$

b) $n = 32$ Karten insgesamt; $m = 8$, da insgesamt 8 Eichel-Karten enthalten sind.

$$P(A) = \frac{8}{32} = 0,250 = 25,0\%$$

c) $n = 32$ Karten insgesamt; $m = 1$, da nur einmal die Eichel-Zehn enthalten ist.

$$P(A) = \frac{1}{32} = 0,03125 = 3,125\%.$$

Aus der klassischen Definition der Wahrscheinlichkeit (3.14) ergibt sich nun ferner:

1. Die Wahrscheinlichkeit für ein **sicheres Ereignis E** beträgt

$$\boxed{P(E) = 1} \, , \tag{3.15}$$

da in diesem Falle sämtliche Ereignisse günstig sind, d. h., $m = n$ und somit

$$P(E) = \frac{n}{n} = 1.$$

2. Die Wahrscheinlichkeit für ein **unmögliches Ereignis** ∅ beträgt

$$P(\emptyset) = 0 \quad,$$

(3.16)

da in diesem Falle kein einziges der möglichen Ereignisse günstig ist, d. h., $m = 0$ und somit

$$P(\emptyset) = \frac{0}{n} = 0.$$

3. Die Wahrscheinlichkeit für ein **mögliches**, aber **nicht sicheres Ereignis** A beträgt

$$0 < P(A) < 1 \quad,$$

(3.17)

da in diesem Falle stets die Anzahl der günstigen Ereignisse kleiner als die Gesamtzahl aller möglichen Ereignisse ist, d. h., $m < n$, und somit stellt $P(A)$ einen echten Bruch dar.

4. Die Wahrscheinlichkeit für das Ereignis $\overline{A}$, das dem Ereignis A **entgegengesetzt** ist, beträgt

$$P(\overline{A}) = 1 - P(A) \quad,$$

(3.18)

da die Summe der beiden Ereignisse A und $\overline{A}$ ein sicheres Ereignis E darstellt, d. h.,

$$P(A) + P(\overline{A}) = P(E) = 1.$$

5. Wenn ein Ereignis A ein Teilereignis von B ist, d. h., das Ereignis A zieht das Ereignis B nach sich $(A \subset B)$, dann gilt

$$P(A) \leqq P(B) \quad.$$

(3.19)

Denn die dem Ereignis A günstigen Fälle bilden eine Untermenge der Menge der dem Ereignis B günstigen Fälle, und somit ist

$$m_A \leqq m_B,$$

d. h.,

$$\frac{m_A}{n} \leqq \frac{m_B}{n}$$

oder $P(A) \leqq P(B).$

6. Sind A_1 und A_2 zwei **disjunkte** Ereignisse aus $\mathfrak{A}$, so gilt

$$\boxed{P(A) = P(A_1 \cup A_2) = P(A_1) + P(A_2)} , \tag{3.20}$$

d. h.:

Für zwei unvereinbare Ereignisse A_1 und A_2, deren Wahrscheinlichkeiten $P(A_1)$ und $P(A_2)$ betragen, ist die Wahrscheinlichkeit für das Eintreten eines der beiden Ereignisse, das heißt entweder A_1 oder A_2, gleich der Summe der beiden Einzelwahrscheinlichkeiten.

Diese Eigenschaft bezeichnet man als das **Additionstheorem der Wahrscheinlichkeiten** oder das **Additionsgesetz**.

Beweis:

Seien m_1 Elementarereignisse für das Eintreten des Ereignisses A_1 und m_2 Elementarereignisse für das Eintreten des Ereignisses A_2 günstig, so gibt es auf Grund der Annahme, daß die beiden Ereignisse A_1 und A_2 unvereinbar sind, insgesamt $m_1 + m_2$ Elementarereignisse, die für das Auftreten des Ereignisses A, d. h. eines der beiden Ereignisse A_1 oder A_2, günstig sind. Es gilt dann

$$P(A) = \frac{m_1 + m_2}{n} = \frac{m_1}{n} + \frac{m_2}{n} = P(A_1) + P(A_2) = P(A_1 \cup A_2).$$

BEISPIELE

1. Wie groß ist die Wahrscheinlichkeit $P(A)$, daß man beim einmaligen Ziehen aus einer Skatkarte entweder eine Sieben oder eine Acht oder eine Neun erhält?

Lösung: Es handelt sich hier um paarweise unvereinbare, gleichwahrscheinliche Ereignisse, da stets nur eines dieser Ereignisse auftreten kann. Die Einzelwahrscheinlichkeiten betragen

für das Ereignis „Sieben" (A_1): $P(A_1) = \dfrac{4}{32} = \dfrac{1}{8}$

für das Ereignis „Acht" (A_2): $P(A_2) = \dfrac{1}{8}$

für das Ereignis „Neun" (A_3): $P(A_3) = \dfrac{1}{8}$,

so daß sich als Wahrscheinlichkeit für die Summe aus den Ereignissen A_1, A_2, A_3 nach Formel (3.20) ergibt

$$P(A) = P(A_1 \cup A_2 \cup A_3) = P(A_1) + P(A_2) + P(A_3) = \frac{1}{8} + \frac{1}{8} + \frac{1}{8} = \frac{3}{8}.$$

Auf das gleiche Ergebnis gelangt man auch durch folgende Überlegung. In einem Kartenspiel befinden sich $n = 32$ Blatt, darunter viermal eine Sieben, viermal eine Acht und viermal eine Neun, die alle ein günstiges Ereignis darstellen, also $m = 12$. Nach Formel (3.14) erhält man dann

$$P(A) = \frac{12}{32} = \frac{3}{8}.$$

2. In einer Urne befinden sich 5 schwarze (Ereignis A_1), 12 weiße (Ereignis A_2), 23 rote (Ereignis A_3) und 20 grüne (Ereignis A_4) Kugeln. Wie groß ist die Wahrscheinlichkeit $P(A)$ dafür, daß man beim Ziehen eine rote oder eine grüne Kugel erhält?

Lösung: Da es sich um die Wahrscheinlichkeit für die Summe aus den Ereignissen A_3 und A_4 handelt, ergibt sich nach Formel (3.20)

$$P(A) = P(A_3 \cup A_4) = P(A_3) + P(A_4) = \frac{23}{60} + \frac{20}{60} = 0{,}717 .$$

3. Wie groß ist die Wahrscheinlichkeit, daß sich unter drei aus einem Skatspiel gezogenen Karten
a) genau eine Zehn,
b) mindestens eine Zehn befindet?

Lösung: Das vollständige System der unvereinbaren und gleichmöglichen Ereignisse besteht aus der Gesamtzahl aller möglichen Kombinationen von 32 Elementen zur 3. Klasse ohne Wiederholung. Nach der Kombinatorik berechnet sich die Anzahl dieser Kombinationen nach der Formel (3.8)

$$C_n^{(k)} = \binom{n}{k} ; \quad (n \geqq k) .$$

Die Anzahl beträgt für obiges Beispiel

$$C_{32}^{(3)} = \binom{32}{3} .$$

a) Die dem Ereignis „genau eine Zehn" günstigen Fälle ergeben sich aus folgender Überlegung. Eine Zehn kann auf $C_4^{(1)} = \binom{4}{1}$ Arten ausgewählt werden, die übrigen zwei Karten, die keine Zehn sein dürfen, dagegen auf $C_{28}^{(2)} = \binom{28}{2}$ Arten. Die dem Ereignis „genau eine Zehn" günstigen Fälle sind dann

$$m = C_4^{(1)} \cdot C_{28}^{(2)} = \binom{4}{1} \cdot \binom{28}{2} .$$

Die Wahrscheinlichkeit beträgt

$$P(A) = \frac{m}{n} = \frac{\binom{4}{1} \cdot \binom{28}{2}}{\binom{32}{3}} = 0{,}3048 .$$

b) Diese Aufgabe kann durch analoge Überlegungen gelöst werden. Es sind jetzt jedoch auch die Ereignisse günstig, die nicht nur eine einzige Zehn (Ereignis A_1), sondern auch zweimal eine Zehn (Ereignis A_2) bzw. dreimal eine Zehn (Ereignis A_3) enthalten.

Ereignis „genau eine Zehn" (A_1):

$$P(A_1) = \frac{\binom{4}{1} \cdot \binom{28}{2}}{\binom{32}{3}} = 0{,}3048 \quad \text{(siehe a)}$$

Ereignis „genau zweimal Zehn" (A_2):

$$P(A_2) = \frac{\binom{4}{2} \cdot \binom{28}{1}}{\binom{32}{3}} = 0{,}0339$$

Ereignis „genau dreimal Zehn" (A_3):

$$P(A_3) = \frac{\binom{4}{3} \cdot \binom{28}{0}}{\binom{32}{3}} = 0{,}0008.$$

Da alle drei Ereignisse günstig sind, ergibt sich nach dem Additionstheorem

$$P(A) = P(A_1) + P(A_2) + P(A_3) = 0{,}3395.$$

Auf das gleiche Ergebnis gelangt man auch durch folgende Überlegung: Das Ereignis „mindestens eine Zehn" ist das Komplementärereignis zu „keine Zehn", also

$$P(A) = 1 - P(\bar{A}) = 1 - \frac{\binom{4}{0}\binom{28}{3}}{\binom{32}{3}} = 0{,}3395.$$

Mit der Entwicklung der Naturwissenschaften im Verlaufe dieses Jahrhunderts machte es sich erforderlich, die Wahrscheinlichkeitsrechnung als besondere mathematische Disziplin exakt mathematisch zu begründen, ihre Grundbegriffe systematisch zu untersuchen und den Wahrscheinlichkeitsbegriff exakt mathematisch zu definieren. Die klassische Definition nach LAPLACE reichte dazu nicht aus, da ja dort die Einschränkungen auf ein **endliches** Ereignisfeld und auf **gleichwahrscheinliche** Ereignisse gemacht wurden. 1933 veröffentlichte erstmals der sowjetische Mathematiker KOLMOGOROW die Definition der Wahrscheinlichkeit mit Hilfe eines Systems von Axiomen.[1] Dieser axiomatische Aufbau der Wahrscheinlichkeitsrechnung ist der heute in der Mathematik allgemein benutzte und schließt die klassische Definition als Sonderfall ein.

KOLMOGOROW geht bei dem axiomatischen Aufbau von einer Menge E von Elementarereignissen $A_1, A_2, \ldots$ aus, die Elemente des Ereignisfeldes $\mathfrak{A}$ sind. Dann gehören (vgl. 3.3.2.1.) zum Ereignisfeld $\mathfrak{A}$ auch:

1. die **Menge** E (*sicheres Ereignis* E) sowie
   die **leere Menge** $\emptyset$ (*unmögliches Ereignis* $\emptyset$ als Komplementärereignis $\bar{E}$ zum sicheren Ereignis E);

$$E, \emptyset \in \mathfrak{A}$$

2. die **Vereinigung** $A \cup B$ und
   der **Durchschnitt** $A \cap B$ der beiden Mengen A und B, wenn A und B Teilmengen von E und gleichzeitig Elemente des Ereignisfeldes $\mathfrak{A}$ sind;

$$A \cup B \in \mathfrak{A} \quad \text{und} \quad A \cap B \in \mathfrak{A}, \quad \text{wenn } A, B \in \mathfrak{A}$$

---

[1] Axiom (griech.) Grundeigenschaft, Grundsatz

3. $\bar{A}$ und $\bar{B}$, wenn A und B Teilmengen von E und gleichzeitig Elemente des Ereignisfeldes $\mathfrak{A}$ sind;

$$\bar{A} \in \mathfrak{A} \quad \text{und} \quad \bar{B} \in \mathfrak{A}, \text{ wenn } A, B \in \mathfrak{A}$$

4. die **Vereinigung** (Summe) $A_1 \cup A_2 \cup \cdots \cup A_n \cup \cdots$ und
der **Durchschnitt** (Produkt) $A_1 \cap A_2 \cap \cdots \cap A_n \cap \cdots$,
wenn die Teilmengen A_i ($i = 1, 2, \ldots, n, \ldots$) der Menge E Elemente des Ereignisfeldes $\mathfrak{A}$ sind;

$$\bigcup_i A_i \in \mathfrak{A} \quad \text{und} \quad \bigcap_i A_i \in \mathfrak{A}, \quad \text{wenn} \quad \{A_i\} \subset \mathfrak{A} \; (i = 1, 2, \ldots, n, \ldots)$$

(gelesen: Summe aller A_i Element von $\mathfrak{A}$, Produkt aller A_i Element von $\mathfrak{A}$, wenn die Menge aller A_i im Ereignisfeld $\mathfrak{A}$ enthalten ist)

Dieses so gebildete Ereignisfeld $\mathfrak{A}$ bezeichnet man als ein BORELsches Ereignisfeld. Nach KOLMOGOROW wird nun die Wahrscheinlichkeit durch das folgende Axiomensystem definiert:

Axiom 1. Jedem **zufälligen Ereignis** A aus dem Ereignisfeld $\mathfrak{A}$ ist eine **nichtnegative Zahl** $P(A)$ **zugeordnet,** die man als **Wahrscheinlichkeit von** A (Wahrscheinlichkeit des Ereignisses A) bezeichnet. Es gilt

$$0 \leq P(A) \leq 1 \tag{3.21}$$

Axiom 2. Die Wahrscheinlichkeit für das **sichere Ereignis** E ist gleich **Eins.**

$$P(E) = 1 \tag{3.22}$$

Axiom 3. (**Additionsaxiom**)
Wenn die Ereignisse $A_1, A_2, \ldots, A_n$ **paarweise unvereinbar** sind, so gilt

$$P(A_1 \cup A_2 \cup \cdots \cup A_n) = P(A_1) + P(A_2) + \cdots + P(A_n) \tag{3.23a}$$

Dieses **Additionsaxiom** kann auch auf abzählbar-unendlich[1]) viele paarweise unvereinbare Ereignisse A_i ($i = 1, 2, \ldots$) erweitert werden. Dieses sogenannte *erweiterte Additionsaxiom* hat dann die Form:

Sind $A_1, A_2, \ldots, A_n, \ldots$ abzählbar-unendlich viele Ereignisse, die sich **paarweise einander ausschließen,** so gilt

$$P(A_1 \cup A_2 \cup \cdots \cup A_n \cup \cdots) = P(A_1) + P(A_2) + \cdots + P(A_n) + \cdots \tag{3.23b}$$

---

[1]) Eine Menge heißt abzählbar-unendlich, wenn man ihre Elemente in Form einer unendlichen Folge $a_1, a_2, \ldots, a_n, \ldots$ darstellen kann. So ist z. B. die Menge der natürlichen Zahlen und auch die Menge der rationalen Zahlen abzählbar-unendlich

Ausgehend von diesen Axiomen ergeben sich weitere wichtige elementare Folgerungen, die zum Teil schon bei der klassischen Definition des Wahrscheinlichkeitsbegriffes herausgearbeitet wurden.

1. Die Wahrscheinlichkeit des **unmöglichen Ereignisses** $\emptyset$ ist gleich Null.
   Beweis: Aus $E \cup \emptyset = E$ folgt unter Anwendung des Axioms 3, da E und $\emptyset = \overline{E}$ disjunkte (unvereinbare) Ereignisse sind,

$$P(E \cup \emptyset) = P(E) + P(\emptyset) = P(E).$$

Da aber nach Axiom 2 $P(E) = 1$ ist, ergibt sich für die Wahrscheinlichkeit des unmöglichen Ereignisses $\emptyset$

$$P(\emptyset) = 0.$$

2. Für ein beliebiges Ereignis A gilt

$$P(\overline{A}) = 1 - P(A).$$

3. Für zwei Ereignisse A und B, für die gilt $A \subset B$, ergibt sich

$$P(A) \le P(B).$$

4. (Additionssatz)
   Sind A_1 und A_2 zwei **beliebige**, sich **nicht einander ausschließende Ereignisse**, deren Wahrscheinlichkeiten $P(A_1)$ und $P(A_2)$ betragen, so gilt

$$\boxed{P(A_1 \cup A_2) = P(A_1) + P(A_2) - P(A_1 \cap A_2)} \tag{3.24}$$

d. h.:

Die Wahrscheinlichkeit dafür, daß **wenigstens eines der beiden Ereignisse** A_1 oder A_2 eintritt, ist gleich der Summe der Wahrscheinlichkeit von A_1 und A_2, vermindert um die Wahrscheinlichkeit für das Eintreten sowohl des Ereignisses A_1 als auch des Ereignisses A_2.

BEISPIELE

1. Wie groß ist die Wahrscheinlichkeit, daß eine aus einer Skatkarte gezogene Karte entweder eine Eichel-Karte oder eine Zehn ist?
   Lösung:

   Ereignis A_1:   Eichel-Karte; $P(A_1) = \dfrac{8}{32}$

   Ereignis A_2:   Zehn; $P(A_2) = \dfrac{4}{32}$

   Beide Ereignisse schließen sich nicht gegenseitig aus.

   Ereignis $A_1 \cap A_2$: Eichel-Zehn; $P(A_1 \cap A_2) = \dfrac{1}{32}.$

Nach Formel (3.24) ergibt sich dann

$$P(A_1 \cup A_2) = P(A_1) + P(A_2) - P(A_1 \cap A_2)$$

$$P(A_1 \cup A_2) = \frac{8}{32} + \frac{4}{32} - \frac{1}{32} = \frac{11}{32} = 0{,}34375.$$

2. Bei Stichprobenüberprüfungen einer Abfüllmaschine ergab sich, daß im Durchschnitt bei 900 Paketen von 1000 das Gewicht im vorgeschriebenen Streuungsbereich $a \pm \varepsilon$ bleibt, bei 560 Paketen zwischen a und $a + \varepsilon$ liegt und daß bei 625 Paketen das Gewicht größer oder gleich dem Nenngewicht a ist.
Wie groß ist die Wahrscheinlichkeit, daß das Gewicht eines Paketes unter der unteren zulässigen Grenze $a - \varepsilon$ liegt?

Lösung:
Ereignis A_1: Gewicht liegt im vorgeschriebenen Streuungsbereich

$$a \pm \varepsilon;$$

$$P(A_1) = \frac{900}{1000} = 0{,}900$$

Ereignis A_2: Gewicht ist größer oder gleich dem geforderten Nenngewicht a;

$$P(A_2) = \frac{625}{1000} = 0{,}625$$

Ereignis $A_3 = A_1 \cap A_2$: Gewicht liegt zwischen a und $a + \varepsilon$, d. h., das Gewicht liegt im vorgeschriebenen Streuungsbereich und ist größer oder gleich dem geforderten Nenngewicht a.

$$P(A_3) = P(A_1 \cap A_2) = \frac{560}{1000} = 0{,}560.$$

Nach Formel (3.24) ergibt sich dann

$$P(A_1 \cup A_2) = 0{,}900 + 0{,}625 - 0{,}560$$

$$P(A_1 \cup A_2) = 0{,}965.$$

Die Wahrscheinlichkeit dafür, daß das Gewicht eines Paketes im vorgeschriebenen Streuungsbereich liegt oder größer als das Nenngewicht a p ist, beträgt $0{,}965 = 96{,}5\%$. Daraus folgt für die gesuchte Wahrscheinlichkeit, daß das Gewicht eines Paketes unter der unteren zulässigen Grenze $(a - \varepsilon)$ liegt,

$$P(\overline{A_1 \cup A_2}) = 1 - P(A_1 \cup A_2)$$

$$P(\overline{A_1 \cup A_2}) = 0{,}035 = 3{,}5\%.$$

Da nach Axiom 1 die Wahrscheinlichkeit eine nichtnegative Zahl ist, folgt aus (3.24)

$$P(A_1 \cup A_2) \leqq P(A_1) + P(A_2).$$

Für *paarweise unvereinbare* Ereignisse geht dann (3.24) über in den Additionssatz (3.20)

$$P(A_1 \cup A_2) = P(A_1) + P(A_2),$$

da in diesem Falle wegen $A_1 \cap A_2 = \emptyset$ $P(A_1 \cap A_2) = 0$ ist.

3.3.2.3.   Begriff der bedingten Wahrscheinlichkeit und Multiplikationstheorem

In den bisherigen Ausführungen wurde jeweils ein zufälliges Ereignis A zugrunde gelegt, dessen Wahrscheinlichkeit $P(A)$ zu berechnen war. Es wurden bei der Bestimmung der Wahrscheinlichkeit $P(A)$ außer einem bestimmten Komplex von Bedingungen[1]), unter denen das Ereignis A eintreten kann, *keine* zusätzlichen Voraussetzungen, also keine weiteren Einschränkungen gemacht. Man kann in diesem Falle die Wahrscheinlichkeit $P(A)$ als **unbedingte** Wahrscheinlichkeit des Ereignisses A bezeichnen. In einer Reihe von Fällen ist jedoch die Wahrscheinlichkeit für das Eintreten eines bestimmten Ereignisses A_1 unter der zusätzlichen Bedingung zu ermitteln, daß ein zweites Ereignis A_2 schon mit einer bestimmten Wahrscheinlichkeit eingetroffen ist. Diese Wahrscheinlichkeit nennt man die **bedingte Wahrscheinlichkeit** für das Ereignis A_1 und schreibt dafür

$$P(A_1/A_2)$$

(gelesen: Wahrscheinlichkeit des Ereignisses A_1 unter der Bedingung A_2).

Diese bedingte Wahrscheinlichkeit wird allgemein wie folgt definiert:

> Die **bedingte Wahrscheinlichkeit** des Ereignisses A_1 unter der Bedingung A_2 (unter der Voraussetzung, daß A_2 schon eingetroffen ist) ist gleich dem Quotienten aus der Wahrscheinlichkeit des Ereignisses $A_1 \cap A_2$ und der Wahrscheinlichkeit für das Eintreffen des Ereignisses A_2, wobei $P(A_2) > 0$ vorausgesetzt wird.

Es gilt dann

$$\boxed{P(A_1/A_2) = \frac{P(A_1 \cap A_2)}{P(A_2)}; \qquad P(A_2) > 0} \qquad (3.25)$$

bzw.

$$P(A_2/A_1) = \frac{P(A_1 \cap A_2)}{P(A_1)}; \qquad P(A_1) > 0.$$

Dieser Sachverhalt soll an folgendem Beispiel veranschaulicht werden.

BEISPIEL

1. In zwei Betrieben I und II werden insgesamt 90000 Elektromotoren produziert, die ein dritter Betrieb für die Weiterverarbeitung benötigt. 60000 Elektromotoren kommen dabei aus Betrieb I, 30000 Stück aus Betrieb II. Von den im Betrieb I hergestellten Motoren haben 54000 Stück und von den im Betrieb II produzierten 18000 Stück das Gütezeichen Q.
   Wie groß ist die Wahrscheinlichkeit, daß ein gelieferter Elektromotor aus dem Betrieb I stammt, unter der Bedingung, daß dieses Erzeugnis das Gütezeichen Q trägt?

   Lösung: Bezeichnet man das Ereignis „Erzeugnis aus Betrieb I" mit A_1, das Ereignis „Gütezeichen Q" mit A_2, so ist die bedingte Wahrscheinlichkeit des Ereignisses „Erzeugnis aus Betrieb I unter der Bedingung Gütezeichen Q" zu berechnen, d. h.,

   $$P(A_1/A_2).$$

---

[1]) vgl. Punkt 11, Seite 258

Nach der Formel (3.25) gilt aber

$$P(A_1/A_2) = \frac{P(A_1 \cap A_2)}{P(A_2)}.$$

Die Wahrscheinlichkeit für ein Erzeugnis, das sowohl aus dem Betrieb I stammt als auch das Gütezeichen Q hat, beträgt

$$P(A_1 \cap A_2) = \frac{54\,000}{90\,000} = 0,60$$

und die Wahrscheinlichkeit für ein Erzeugnis mit dem Gütezeichen Q

$$P(A_2) = \frac{72\,000}{90\,000} = 0,80.$$

Als bedingte Wahrscheinlichkeit für ein Erzeugnis aus dem Betrieb I unter der Voraussetzung, daß das Erzeugnis das Gütezeichen Q hat, ergibt sich dann

$$P(A_1/A_2) = \frac{P(A_1 \cap A_2)}{P(A_2)} = \frac{0,60}{0,80} = 0,75.$$

Auf das gleiche Ergebnis gelangt man, wenn man von folgender Überlegung ausgeht. Die bedingte Wahrscheinlichkeit setzt voraus, daß es sich um ein Erzeugnis mit dem Gütezeichen Q handelt. Es gibt insgesamt $54\,000 + 18\,000 = 72\,000$ Erzeugnisse dieser Art. 54 000 Stück davon stammen aus dem Betrieb I, so daß die Wahrscheinlichkeit, aus diesen 72 000 Elektromotoren einen im Betrieb I produzierten zu erhalten, beträgt

$$P(A_1/A_2) = \frac{54\,000}{72\,000} = 0,75.$$

Das Multiplikationstheorem

Löst man die Formel (3.25) nach $P(A_1 \cap A_2)$ auf, erhält man das **Multiplikationstheorem**

$$\boxed{P(A_1 \cap A_2) = P(A_2) \cdot P(A_1/A_2) = P(A_1) \cdot P(A_2/A_1)} \qquad (3.26\,\text{a})$$

Dieses besagt:

Die Wahrscheinlichkeit für das Eintreffen des Ereignisses $A_1 \cap A_2$ (**sowohl** des Ereignisses A_1 **als auch** des Ereignisses A_2) ist gleich dem Produkt aus der Wahrscheinlichkeit des Ereignisses A_2 (bzw. A_1) und der bedingten Wahrscheinlichkeit des Ereignisses A_1 (bzw. A_2), berechnet unter der Voraussetzung, daß das Ereignis A_2 (bzw. A_1) schon eingetroffen ist.

In der Wahrscheinlichkeitsrechnung und deren Anwendung besitzt der Begriff der **Unabhängigkeit** von Ereignissen eine besondere Bedeutung. Hat man zwei Ereignisse A_1 und A_2 mit den Wahrscheinlichkeiten $P(A_1)$ und $P(A_2)$, so bezeichnet man das Ereignis A_2 als **unabhängig** von A_1, wenn das Eintreten des Ereignisses A_1 nicht die Wahrscheinlichkeit des Eintreffens des Ereignisses A_2 beeinflußt, d. h., wenn gilt

$$P(A_2/A_1) = P(A_2).$$

Aus der Formel (3.26 a) ergibt sich dann

$$P(A_2) \cdot P(A_1/A_2) = P(A_1) \cdot P(A_2)$$

und weiter, da $P(A_2) > 0$,

$$P(A_1/A_2) = P(A_1),$$

das bedeutet, wenn das Ereignis A_2 unabhängig von dem Ereignis A_1 ist, dann ist auch das Ereignis A_1 unabhängig von A_2. Die Unabhängigkeit von Ereignissen gilt also als wechselseitig.

Im Falle der *Unabhängigkeit* der beiden Ereignisse A_1 und A_2 geht das Multiplikationstheorem (3.26 a) über in

$$\boxed{P(A_1 \cap A_2) = P(A_1) \cdot P(A_2)} \qquad (3.26\,\text{b})$$

in Worten:

Für zwei voneinander unabhängige Ereignisse A_1 und A_2, deren Wahrscheinlichkeiten $P(A_1)$ und $P(A_2)$ betragen, ist die Wahrscheinlichkeit für das Eintreffen des Ereignisses $A_1 \cap A_2$, d. h. sowohl des Ereignisses A_1 als auch des Ereignisses A_2, gleich dem Produkt der beiden unbedingten Wahrscheinlichkeiten $P(A_1)$ und $P(A_2)$.

Allgemein gilt dann für *n voneinander unabhängige Ereignisse*

$$\boxed{P(A_1 \cap A_2 \cap \cdots \cap A_n) = P(A_1) \cdot P(A_2) \cdots P(A_n)} \qquad (3.26\,\text{c})$$

BEISPIELE

2. Wie groß ist die Wahrscheinlichkeit $P(A)$, daß bei zweimaligem Werfen einer Münze beide Male das Ereignis „Zahl" eintritt?

Lösung:
Ereignis A_1: „Zahl" beim ersten Wurf
Ereignis A_2: „Zahl" beim zweiten Wurf.
Es handelt sich um voneinander unabhängige Ereignisse, die Wahrscheinlichkeiten betragen

$$P(A_1) = 1/2$$

$$P(A_2) = 1/2.$$

Da sowohl das Ereignis A_1 als auch das Ereignis A_2 eintreffen soll, gilt nach Formel (3.26 b)

$$P(A) = P(A_1 \cap A_2) = P(A_1) \cdot P(A_2) = 1/2 \cdot 1/2$$

$$P(A) = 1/4.$$

3. Vgl. dritte Aufgabenstellung in 3.3.1., S. 254.
Lösung:
Für jede einzelne Baugruppe wird eine Funktionssicherheit (Ereignis „fehlerfrei") in Höhe von $P(A_i) = 0,85$ $(i = 1, 2, \ldots, 5)$ garantiert. Damit das Gerät einsatzfähig ist, muß jede Baugruppe fehlerfrei sein, das heißt, es muß sowohl das Ereignis A_1, als auch A_2, als

auch ... als auch A_5 eintreten. Die einzelnen Baugruppen sind voneinander unabhängig, so daß folgt

$$P(A) = P(A_1 \cap A_2 \cap A_3 \cap A_4 \cap A_5) = P(A_1) \cdot P(A_2) \cdot P(A_3) \cdot P(A_4) \cdot P(A_5)$$

$$P(A) = 0{,}85^5 = 0{,}444.$$

Die Wahrscheinlichkeit für das Funktionieren eines Gerätes ohne weitere Prüfung der verwendeten Baugruppen beträgt 0,444 (44,4%). Die Wahrscheinlichkeit für ein nicht einsatzfähiges Gerät ist dann nach (3.18)

$$P(\bar{A}) = 1 - P(A)$$

$$P(\bar{A}) = 0{,}556 \quad (55{,}6\%).$$

3.3.2.4. Satz über die totalen Wahrscheinlichkeiten

Ist ein System von n paarweise unvereinbaren Ereignissen A_i, $i = 1, 2, \ldots, n$, gegeben und wird nach der Wahrscheinlichkeit für das Eintreten eines Ereignisses B gefragt, unabhängig davon, mit welchem Ereignis A_i es zusammentrifft, so handelt es sich um die **totale Wahrscheinlichkeit** für das Ereignis B.
Zur Herleitung der Formel für die Berechnung dieser Wahrscheinlichkeit wird davon ausgegangen, daß das Ereignis B stets mit genau einem der n paarweise unvereinbaren Ereignisse A_1, A_2, $\ldots$, A_n zusammen eintritt. Für das Ereignis B gilt dann

$$B = \bigcup_{i=1}^{n} (A_i \cap B),$$

wobei auf Grund der Unvereinbarkeit der Ereignisse A_i $(i = 1, 2, \ldots, n)$ auch die Ereignisse $A_i \cap B$ $(i = 1, 2, \ldots, n)$ unvereinbar sind. Nach dem Additionsaxiom (3.23a) ergibt sich für die Wahrscheinlichkeit des Ereignisses B

$$P(B) = \sum_{i=1}^{n} P(A_i \cap B)$$

und unter Verwendung des Multiplikationstheorems (3.26a) der **Satz über die totalen Wahrscheinlichkeiten**

$$\boxed{P(B) = \sum_{i=1}^{n} P(A_i) \cdot P(B/A_i)} \tag{3.27}$$

BEISPIELE

1. Es stehen drei Urnen zum Ziehen einer Kugel zur Verfügung. In der Urne I befinden sich 3 weiße und 2 schwarze Kugeln, in der Urne II und III je 6 schwarze und 4 weiße Kugeln. Wie groß ist die Wahrscheinlichkeit dafür, daß beim Entnehmen einer Kugel aus einer beliebig ausgewählten Urne eine schwarze Kugel gezogen wird?

   Lösung:

   Das Ziehen einer schwarzen Kugel sei das Ereignis B, dessen Wahrscheinlichkeit gesucht ist.

   A_1 sei dann das Ereignis, eine Kugel aus dem Inhalt der Urne I zu ziehen,
   A_2 das Ereignis, eine Kugel aus der Urne II, und
   A_3 das Ereignis, eine Kugel aus der Urne III zu ziehen.

Dann ergeben sich folgende unbedingte Wahrscheinlichkeiten:

$$P(A_1) = 1/3; \quad P(A_2) = 1/3; \quad P(A_3) = 1/3$$

und als bedingte Wahrscheinlichkeiten:

$$P(B/A_1) = 2/5; \quad P(B/A_2) = 3/5; \quad P(B/A_3) = 3/5.$$

Nach der Formel über die totale Wahrscheinlichkeit (3.27) folgt dann für das Ziehen einer schwarzen Kugel

$$P(B) = P(A_1) \cdot P(B/A_1) + P(A_2) \cdot P(B/A_2) + P(A_3) \cdot P(B/A_3)$$

$$P(B) = 1/3 \cdot 2/5 + 1/3 \cdot 3/5 + 1/3 \cdot 3/5 = 8/15$$

$$P(B) = 0{,}53.$$

2. Zwei Betonplattenwerke liefern gleiche Fertigteile an eine Großbaustelle. Dabei umfaßt die Lieferung des 1. Betriebes 600 Stück mit einer durchschnittlichen Ausschußquote von 2% und die des 2. Betriebes 900 Stück bei einem Ausschußprozentsatz von 1,5%. Zwecks Überprüfung wird aus einer beliebigen der beiden Lieferungen ein Fertigteil entnommen. Wie groß ist die Wahrscheinlichkeit, daß man ein Ausschußteil erhält?

Lösung:

Ereignis A_1: Fertigteil aus der Lieferung des 1. Betriebes
Ereignis A_2: Fertigteil aus der Lieferung des 2. Betriebes
Ereignis B: Fertigteil entspricht nicht den Anforderungen (Ausschußteil).

Bekannt sind aus der Aufgabenstellung die bedingten Wahrscheinlichkeiten

$$P(B/A_1) = 0{,}020$$

$$P(B/A_2) = 0{,}015.$$

Nach Formel (3.14) ergibt sich für die unbedingten Wahrscheinlichkeiten für A_1 und A_2

$$P(A_1) = \frac{600}{1\,500} = 0{,}40$$

$$P(A_2) = \frac{900}{1\,500} = 0{,}60.$$

Gesucht ist die unbedingte Wahrscheinlichkeit $P(B)$, d. h. die Wahrscheinlichkeit für ein Fertigteil, das nicht den Anforderungen entspricht, unabhängig vom Herstellungsort.
Da das Ausschußteil entweder vom 1. Betrieb (A_1) oder vom 2. Betrieb (A_2) produziert sein muß und sich die Ereignisse A_1 und A_2 gegenseitig ausschließen, muß sich das Ereignis B zusammensetzen aus

$$B = (A_1 \cap B) \cup (A_2 \cap B).$$

Nach (3.27) ergibt sich dann

$$P(B) = P(A_1) \cdot P(B/A_1) + P(A_2) \cdot P(B/A_2)$$

d. h., $$P(B) = 0{,}40 \cdot 0{,}020 + 0{,}60 \cdot 0{,}015$$

$$P(B) = 0{,}017.$$

Die Wahrscheinlichkeit dafür, daß ein Ausschußteil ausgewählt wird, beträgt 0,017.

AUFGABEN

3.23. a) Es sind einige Beispiele für
— die Summe,
— das Produkt,
— die Differenz zweier Ereignisse zu finden.

b) Es ist ein weiteres Beispiel für die Anwendung des Satzes über die totalen Wahrscheinlichkeiten zu finden.

3.24. Man löse das Beispiel 2, Seite 254.

3.25. Bei der Qualitätskontrolle werden gleiche Erzeugnisse, die auf verschiedenen Maschinen produziert werden, auf ihre Zugfestigkeit geprüft. Dabei wird festgestellt, daß im Durchschnitt 96% der auf der Maschine I hergestellten Erzeugnisse, 92% der auf der Maschine II und 89% der auf der Maschine III produzierten Erzeugnisse den Anforderungen genügen. Wie groß ist die Wahrscheinlichkeit, daß

a) zwei auf den verschiedenen Maschinen I und II,
b) zwei auf den verschiedenen Maschinen I und III,
c) zwei auf den verschiedenen Maschinen II und III hergestellte Erzeugnisse die erforderliche Zugfestigkeit haben?

3.26. 40% einer Sendung von Bauelementen kommen im Durchschnitt aus einem Betrieb I, 60% der gleichen Bauelemente im Durchschnitt aus einem anderen Betrieb II. Die Qualität der Elemente ist in beiden Betrieben unterschiedlich, und zwar besitzen im Durchschnitt 90% der Produktion des Betriebes I das Gütezeichen Q, während es im Betrieb II nur 70% sind.

Wie groß ist die Wahrscheinlichkeit:

a) bei Entnahme eines Bauelementes aus einer beliebigen der beiden Lieferungen ein Bauteil zu erhalten, das das Gütezeichen Q hat?
b) ein Bauelement zu entnehmen, das aus dem Betrieb I kommt und das Gütezeichen Q hat?

3.27. In einem Produktionsbetrieb arbeiten drei automatische Taktstraßen. Statistische Untersuchungen haben nun ergeben, daß für jede der drei Taktstraßen im Durchschnitt folgende Ausfallwahrscheinlichkeit je Schicht besteht:

Taktstraße I $\qquad P(A_1) = 0{,}08$

Taktstraße II $\qquad P(A_2) = 0{,}13$

Taktstraße III $\qquad P(A_3) = 0{,}19.$

Wie groß ist die Wahrscheinlichkeit, daß während einer Schicht

a) keine der drei Taktstraßen ausfällt,
b) alle Taktstraßen ausfallen,
c) wenigstens eine der drei Taktstraßen ohne Störung arbeitet?

3.28. Wie groß ist die Wahrscheinlichkeit, daß bei sechsmaligem Würfeln mit einem Würfel mindestens eine Sechs fällt?

3.29. Es wird mit einem Würfel sechsmal gewürfelt. Wie groß ist dann die Wahrscheinlichkeit, daß keine Sechs fällt?

3.3.3. Bernoullisches Schema

Zur Darstellung des BERNOULLIschen Schemas soll von folgendem Beispiel ausgegangen werden. In einem Betrieb werden Motoren produziert. Der aus der Erfahrung bekannte, durchschnittliche

Ausschußprozentsatz betrage 10%. Wie groß ist die Wahrscheinlichkeit $P(B)$, daß von vier beliebig aus der Gesamtproduktion entnommenen Motoren ein Motor Ausschuß und drei Motoren standardgerecht sind?

Der Lösungsweg ist folgender:

Das Ereignis der Auswahl eines Ausschußstückes soll mit A und eines standardgerechten Stückes mit $\bar{A} \equiv$ „kein Ausschuß" bezeichnet werden. Die Wahrscheinlichkeit für das Auftreten des Ereignisses A (Ausschußstück) beträgt dann

$$P(A) = p = 0{,}1$$

und die für das Ereignis $\bar{A}$ (standardgerecht) als Komplementärereignis zu A

$$P(\bar{A}) = q = 1 - p = 0{,}9 .$$

Nunmehr soll, entsprechend der Aufgabenstellung im Beispiel, eine Serie von 4 *voneinander unabhängigen Einzelversuchen* (Ziehen von vier Motoren aus der Gesamtproduktion) durchgeführt werden, wobei diese gesamte Versuchsreihe als ein zusammengesetzter Versuch aufgefaßt wird. *Unabhängigkeit* der Versuche liegt dann vor, wenn der Ausgang des einen Versuches ohne Einfluß auf den Ausgang des anderen Versuches ist. In der Praxis ist das der Fall, wenn entweder das *gezogene Stück* wieder in die Gesamtheit *zurückgelegt* wird, oder wenn der *Umfang der Gesamtheit*, aus der die einzelnen Stücke gezogen werden, *sehr groß* ist. Dann ist die Wahrscheinlichkeit $P(A)$ und somit auch $P(\bar{A})$ von Versuch zu Versuch *konstant* bzw. *kann als konstant angenommen werden.*

Die Elementarereignisse des zusammengesetzten Versuches geben nun an, welches der beiden Ereignisse A (Ausschußstück) und $\bar{A}$ (standardgerechtes Stück) bei jedem der Einzelversuche eingetroffen ist. Als Ergebnis einer solchen Serie von 4 voneinander unabhängigen Einzelversuchen kann z. B. das Schema

$$(AAA\bar{A}) \tag{I}$$

auftreten, das man als Versuchsprotokoll der Versuchsreihe bezeichnet. Das bedeutet, daß

beim 1. Einzelversuch das Ereignis A (Ausschußstück)
  2. Einzelversuch das Ereignis A (Ausschußstück)
  3. Einzelversuch das Ereignis A (Ausschußstück)
  4. Einzelversuch das Ereignis $\bar{A}$ (standardgerechtes Stück)

eintritt.

Das Schema

$$(A\bar{A}A\bar{A}) \tag{II}$$

würde dann analog zu oben bedeuten, daß

beim 1. Einzelversuch das Ereignis A
  2. Einzelversuch das Ereignis $\bar{A}$
  3. Einzelversuch das Ereignis A
  4. Einzelversuch das Ereignis $\bar{A}$

auftritt.

Da es sich hier um *unabhängige Versuche* handelt, findet man die Wahrscheinlichkeit dafür, daß das Schema I bzw. II Resultat der Versuchsreihe ist, durch Multiplikation der Wahrscheinlichkeiten, die zu den im Versuchsprotokoll auftretenden Ereignissen A und $\bar{A}$ gehören (Multiplikationstheorem (3.26 c)).

Es ergibt sich dann für die Schemata I und II:

I. $(AAA\bar{A})$; $P(A) \cdot P(A) \cdot P(A) \cdot P(\bar{A}) = p \cdot p \cdot p \cdot q = p^3 \cdot q = 0{,}0009$

und

II. $(A\bar{A}A\bar{A})$; $P(A) \cdot P(\bar{A}) \cdot P(A) \cdot P(\bar{A}) = p \cdot q \cdot p \cdot q = p^2 \cdot q^2 = 0{,}0081 .$

Laut Aufgabenstellung ist nun die Wahrscheinlichkeit für das Ereignis B gesucht, daß sich unter vier beliebig ausgewählten Stücken **genau ein** Ausschußstück und **drei** standardgerechte Stücke befinden. In diesem Falle ist es **gleich**, an welcher Stelle des Schemas, das aus den Versuchsergebnissen von vier unabhängigen Einzelversuchen besteht, das Ereignis A (Ausschuß) auftritt, so daß sich eines der folgenden Schemata B_1, B_2, B_3 oder B_4 realisieren muß.

$$\text{Ereignis } B_1: \quad A \ \bar{A} \ \bar{A} \ \bar{A}$$
$$\text{Ereignis } B_2: \quad \bar{A} \ A \ \bar{A} \ \bar{A}$$
$$\text{Ereignis } B_3: \quad \bar{A} \ \bar{A} \ A \ \bar{A}$$
$$\text{Ereignis } B_4: \quad \bar{A} \ \bar{A} \ \bar{A} \ A$$

Für die Wahrscheinlichkeit des Eintreffens des Ereignisses B_1 bzw. B_2 bzw. B_3 bzw. B_4 gilt, da die *Unabhängigkeit der Versuchsergebnisse* vorausgesetzt wird,

$$P(B_1) = P(B_2) = P(B_3) = P(B_4) = P(A) \cdot P(\bar{A}) \cdot P(\bar{A}) \cdot P(\bar{A})$$
$$= P(A \cap \bar{A} \cap \bar{A} \cap \bar{A}) = P(\bar{A} \cap A \cap \bar{A} \cap \bar{A}) = P(\bar{A} \cap \bar{A} \cap A \cap \bar{A})$$
$$= P(\bar{A} \cap \bar{A} \cap \bar{A} \cap A) = P(A) \cdot P(\bar{A})^3 = 0{,}1 \cdot 0{,}9^3.$$

Da weiterhin die Ereignisse B_i ($i = 1, 2, 3, 4$) paarweise unvereinbar sind, folgt für die Wahrscheinlichkeit des Ereignisses B, d. h., daß entweder das Ereignis B_1 oder B_2 oder B_3 oder B_4 eintritt, nach dem Additionssatz (3.23a)

$$P(B) = P(B_1) + P(B_2) + P(B_3) + P(B_4) = P(A \cap \bar{A} \cap \bar{A} \cap \bar{A}) +$$
$$+ P(\bar{A} \cap A \cap \bar{A} \cap \bar{A}) + P(\bar{A} \cap \bar{A} \cap A \cap \bar{A}) + P(\bar{A} \cap \bar{A} \cap \bar{A} \cap A) =$$
$$= 4 \cdot P(A) \cdot P(\bar{A})^3 = 4 \cdot 0{,}1 \cdot 0{,}9^3 = 0{,}2916.$$

Die Wahrscheinlichkeit für das Ereignis B, daß unter vier beliebig aus der Gesamtproduktion des Betriebes entnommenen Elektromotoren *ein Ausschußstück* und *drei standardgerechte Motoren* sich befinden, beträgt somit 0,2916.

Ist allgemein bei einer Folge von n unabhängigen Versuchen die Wahrscheinlichkeit $P(B)$ dafür zu berechnen, daß m-mal das Ereignis A mit der Wahrscheinlichkeit $P(A) = p$ und $(n-m)$-mal das komplementäre Ereignis $\bar{A}$ mit der Wahrscheinlichkeit $P(\bar{A}) = 1 - p = q$ eintritt, so ergibt sich analog zu obigen Überlegungen für ein beliebiges nach dem Schema zusammengesetztes Ereignis unter Verwendung des Multiplikationstheorems

$$p^m \cdot (1 - p)^{n-m} = p^m \cdot q^{n-m}.$$

Da es aber nach der Kombinatorik stets $C_n^{(m)} = \binom{n}{m}$ verschiedene zusammengesetzte Ereignisse mit der geforderten Eigenschaft (m-mal Ereignis A und $(n-m)$-mal Ereignis $\bar{A}$) gibt und diese Ereignisse *paarweise unvereinbar* sind, folgt aus dem Additionstheorem

$$P(B) = \binom{n}{m} p^m (1 - p)^{n-m} = \binom{n}{m} p^m \cdot q^{n-m}.$$

Für diese Wahrscheinlichkeit $P(B)$ soll $P_n(m)$ geschrieben werden, so daß dann gilt:

$$P(B) = P(\text{genau } m\text{-mal Ereignis } A) = P_n(m) = \binom{n}{m} p^m (1 - p)^{n-m} =$$
$$= \frac{n!}{m!(n-m)!} p^m (1 - p)^{n-m}$$

$$(3.28)$$

18*

3.3.4.   Zufallsgröße und ihre Verteilungsfunktion

3.3.4.1.   Begriff der Zufallsgröße

Einer der zentralen Begriffe der Wahrscheinlichkeitsrechnung ist der Begriff der **Zufallsgröße** oder **Zufallsvariablen**. Bevor die mathematische Definition einer Zufallsgröße gebracht wird, soll dieser Begriff erst an Hand einiger Beispiele erläutert werden.

1. Zur Untersuchung der Auslastung einer Telefonzentrale werden die im Verlaufe eines bestimmten Zeitintervalles ankommenden Gespräche gezählt. Die Zahl der Gespräche kann dabei in Abhängigkeit von den verschiedensten zufälligen Ursachen die Zahlenwerte 0, 1, 2, ... annehmen; man hat es hier mit einer Zufallsgröße zu tun, die die Zahlen 0, 1, 2, ... umfassen kann.

2. Beim Würfeln mit einem sechsseitigen idealen Würfel kann das Ergebnis des Wurfversuches die Augenzahl 1 oder 2 oder ... oder 6 sein. Welche Augenzahl im Einzelversuch geworfen wird, hängt vom Zufall ab. Es handelt sich hier ebenfalls um eine Zufallsgröße, die jedoch nur die Zahlenwerte 1, 2, ..., 6 annehmen kann.

3. Das Gewicht der mit einer Abfüllmaschine abgefüllten Pakete ist keine konstante Größe, sondern variiert von Paket zu Paket. So kann z. B. das Gewicht um einen vorgegebenen Sollwert a schwanken. Bezeichnet man nun mit A das zufällige Ereignis, daß ein Paket innerhalb des vorgeschriebenen Toleranzbereiches $(a \pm \varepsilon)$ liegen soll, so kann dieses zufällige Ereignis A durch die Menge aller reellen Zahlen von $(a - \varepsilon)$ bis $(a + \varepsilon)$ charakterisiert werden. Dem zufälligen Ereignis A (Gewicht liegt im vorgegebenen Toleranzbereich) ist somit eine Zufallsgröße zugeordnet, die beim Eintreten des Ereignisses A einen Wert innerhalb des Zahlenintervalles $[(a - \varepsilon); (a + \varepsilon)]$ annimmt.

Wie man aus den obigen Beispielen erkennt, unterscheidet man zwischen der *Zufallsgröße* oder *Zufallsvariablen* als solcher und den *Zahlenwerten*, die die Zufallsgröße annehmen kann. Dabei kennzeichnet man die zufällige Größe durch große lateinische Buchstaben $X, Y, Z, \ldots$ und die Zahlenwerte, die sich als Ergebnis eines Versuches ergeben können, mit den kleinen lateinischen Buchstaben $x, y, z, \ldots$ Die Menge aller Werte, die die Zufallsgröße annehmen kann, nennt man dann den *Wertebereich* oder *Wertevorrat* dieser Zufallsgröße. Im folgenden soll nun zwischen den beiden wichtigsten Arten von Zufallsgrößen unterschieden werden:

1. die **diskreten** oder **diskontinuierlichen** Zufallsgrößen,

2. die **stetigen** oder **kontinuierlichen** Zufallsgrößen.

Eine **diskrete** Zufallsgröße X liegt dann vor, wenn sie *endlich* oder *abzählbar-unendlich viele* verschiedene Werte $x_1, x_2, \ldots, x_n, \ldots$ annehmen kann.

So stellen die Beispiele 1 und 2 diskrete Zufallsgrößen dar, da für die Anzahl der Gespräche die Werte 0, 1, 2, ... und für die Augenzahlen 1, 2, 3, 4, 5, 6 in Betracht kommen.

Man schreibt dann für Beispiel 1

$$A_i = \{X = i\} \qquad (i = 0, 1, 2, \ldots)$$

und für Beispiel 2

$$A_i = \{X = i\} \qquad (i = 1, 2, \ldots, 6)$$

wobei A_i das Ereignis darstellt, daß die Zufallsvariable X den Wert i annimmt. Weitere Beispiele für diskrete Zufallsgrößen treten in der Praxis beim Abzählen der fehlerhaften Stücke innerhalb einer Warensendung, bei der Erfassung der Maschinenausfälle innerhalb eines bestimmten Zeitraums, beim Registrieren der Anzahl der Kunden, die innerhalb eines bestimmten Zeitraumes einen Kauf tätigen, usw. auf.

Eine **stetige Zufallsgröße** X liegt dann vor, wenn sie *jeden beliebigen* Zahlenwert eines bestimmten *vorgegebenen Intervalles* der Zahlengeraden annehmen kann. Dabei kann es auch das Intervall $(-\infty; +\infty)$ sein.

Eine *stetige* Zufallsvariable findet sich im Beispiel 3, S. 276. Man schreibt in diesem Falle

$$A = \{(a - \varepsilon) \leqq X \leqq (a + \varepsilon)\}.$$

Hierin stellt A das Ereignis dar, daß das Gewicht innerhalb der Toleranzgrenzen $(a - \varepsilon)$ und $(a + \varepsilon)$ liegt.
Weitere Beispiele für stetige Zufallsgrößen sind Zerreißfestigkeit, Körpergröße, Bolzendurchmesser, Temperatur, Bearbeitungszeit usw. Man kann allgemein sagen, daß stetige Zufallsgrößen in der Technik überall dort auftreten, wo Abweichungen von einem vorgegebenen Nennmaß vorkommen können.

3.3.4.2. Verteilungsfunktionen

Hat man eine Zufallsgröße X zu untersuchen, um bestimmte Aussagen über sie machen zu können, so genügt es nicht, nur die Werte zu kennen, die X annehmen kann. Man muß darüber hinaus wissen, wie oft, d. h. mit welcher Wahrscheinlichkeit, die Zufallsvariable X diese Werte annimmt. Da aber diese Wahrscheinlichkeiten sehr verschiedenartig sein können, nämlich je nachdem, ob es sich um eine diskrete oder um eine stetige Zufallsgröße handelt, bedient man sich in der Wahrscheinlichkeitsrechnung des Begriffes der **Verteilungsfunktion** einer Zufallsgröße. Diese Verteilungsfunktion wird dann wie folgt definiert:

Als *Verteilungsfunktion* F_X der Zufallsgröße X bezeichnet man die *Wahrscheinlichkeit* dafür, daß die Zufallsgröße X einen Wert annimmt, der *kleiner* als eine beliebige reelle Zahl x ist.
Man schreibt für die Verteilungsfunktion F_X

$$F_X: F_X(x) = P(X < x) \tag{3.29}$$

Unter Verwendung des Begriffes der Verteilungsfunktion läßt sich eine Zufallsgröße auch wie folgt deuten:

> Die Zufallsgröße X ist eine Größe, deren Werte vom Zufall abhängen und für die die Verteilungsfunktion F_X mit
>
> $$F_X(x) = P(X < x)$$
>
> existiert.

Aus den Definitionen der Wahrscheinlichkeit und der Verteilungsfunktion ergeben sich nun einige wichtige Eigenschaften, auf die im folgenden eingegangen werden soll. Auf die Beweise wird in diesem Rahmen jedoch verzichtet. Interessierte Leser werden auf die Spezialliteratur (s. S. 687) verwiesen.

1. Eigenschaft

Für $x_2 > x_1$ gilt

$$P(x_1 \leqq X < x_2) = F(x_2) - F(x_1)^1),$$

das heißt, die Wahrscheinlichkeit dafür, daß die Zufallsgröße X einen Wert aus dem Intervall $[x_1, x_2)$ annimmt, ist gleich der Differenz der Funktionswerte der Verteilungsfunktion an den Endpunkten des Intervalles.

Aus dieser Eigenschaft 1 folgt, da nach Definition die Wahrscheinlichkeit eine nichtnegative Zahl ist, für beliebiges x_1 und x_2 $(x_2 \geqq x_1)$ die

2. Eigenschaft

Wenn $x_2 \geqq x_1$, so gilt

$$F(x_2) \geqq F(x_1),$$

das heißt, die Verteilungsfunktion F_X einer Zufallsgröße X ist stets eine *monoton nichtfallende* Funktion.

3. Eigenschaft

Die Verteilungsfunktion F_X genügt für beliebige x der Ungleichung

$$0 \leqq F(x) \leqq 1.$$

4. Eigenschaft

$$\lim_{x \to -\infty} F(x) = 0 \qquad \text{(unmögliches Ereignis } \emptyset\text{)}$$

$$\lim_{x \to +\infty} F(x) = 1 \qquad \text{(sicheres Ereignis } E\text{)}.$$

Verteilungsfunktionen diskreter Zufallsgrößen

Im folgenden sollen nur solche Zufallsgrößen X betrachtet werden, die *endlich* oder *abzählbar-unendlich viele* verschiedene Werte $x_1, x_2, \ldots, x_n, \ldots$ annehmen können.

---

[1]) Im folgenden wird der Funktionswert $F_X(x)$ der Funktion F_X mit $F(x)$ symbolisiert

Dabei sollen die Wahrscheinlichkeiten, mit denen diese Werte angenommen werden, mit

$$p_1, p_2, \ldots, p_n, \ldots$$

bezeichnet werden.
Es gilt dann

$$p_i = P(X = x_i) \qquad (i = 1, 2, \ldots, n, \ldots) \tag{3.30}$$

Unter Verwendung von (3.30) geht die Verteilungsfunktion F_X im Falle der **diskreten Zufallsgröße** X über in

$$F_X: F(x) = P(X < x) = \sum_{x_i < x} P(X = x_i) = \sum_{x_i < x} p_i \tag{3.31}$$

wobei sich die Summe über alle x_i erstreckt, die kleiner als x sind. Hat man eine diskrete Zufallsgröße vorliegen, die endlich viele Werte x_i ($i = 1, 2, \ldots, n$) annehmen kann, so läßt sich die Verteilung der Wahrscheinlichkeiten auch durch die Angabe der Einzelwahrscheinlichkeiten p_i ($i = 1, 2, \ldots, n$) zum Ausdruck bringen. Die tabellarische Darstellung in der Form

X	x_1	x_2	$\cdots$	x_n
$P(X = x_i) = p_i$	p_1	p_2	$\cdots$	p_n

heißt **Verteilungstabelle** der diskreten Zufallsgröße X. Deren grafische Darstellung, bei der die x_i-Werte ($i = 1, 2, \ldots, n$) der Zufallsveränderlichen X auf der horizontalen Achse und die dazugehörigen Wahrscheinlichkeiten $P(X = x_i) = p_i$ über den Zahlenwerten x_i aufgetragen werden, wird als **Wahrscheinlichkeitsdiagramm** bezeichnet.
Zur Erläuterung der *Verteilungstabelle*, des *Wahrscheinlichkeitsdiagramms* und der *Verteilungsfunktion* einer diskreten Zufallsgröße X mit endlich vielen Werten x_i ($i = 1, 2, \ldots, n$) soll das Würfelbeispiel betrachtet werden.
Die Zufallsgröße X kann in diesem Falle die Werte $x_i = i$ ($i = 1, 2, \ldots, 6$) annehmen, so daß gilt

$$A_i = \{X = i\} \qquad (i = 1, 2, \ldots, 6).$$

Die dazugehörigen Wahrscheinlichkeiten sind

$$P(X = i) = p_i = 1/6 \qquad (i = 1, 2, \ldots, 6),$$

so daß sich als *Verteilungstabelle* der Zufallsgröße X und als *Wahrscheinlichkeitsdiagramm* ergeben:

Verteilungstabelle:

$X = i$	1	2	3	4	5	6
$P(X = i) = p_i$	1/6	1/6	1/6	1/6	1/6	1/6

Wahrscheinlichkeitsdiagramm:

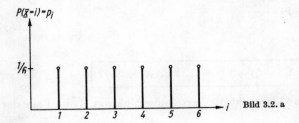

Bild 3.2. a

Für die *Verteilungsfunktion* folgt nach (3.31)

für $x \leqq 1$: $F(x) = P(X < x) = 0$,

da ein Wurf mit einer Augenzahl kleiner als 1 ein *unmögliches Ereignis* Ø mit der Wahrscheinlichkeit $P(\emptyset) = 0$ ist.

Für $1 < x \leqq 2$: $F(x) = P(X < x) = P(X = 1) = 1/6$,

da ein Wurf mit einer Augenzahl kleiner als 2 eine Wahrscheinlichkeit von 1/6 hat. Ist x eine reelle Zahl, die der Ungleichung $2 < x \leqq 3$ genügt, so gilt:

$$F(x) = P(X < x) = \sum_{x_i < x} P(X = x_i) = \sum_{i=1}^{2} P(X = x_i) = \sum_{i=1}^{2} P(X = i) =$$

$$= P(X = 1) + P(X = 2) = 1/6 + 1/6 = 2/6 = 1/3.$$

Es handelt sich hier um die Wahrscheinlichkeit dafür, daß *entweder* eine 1 *oder* eine 2 geworfen wird.

Für $3 < x \leqq 4$: $F(x) = P(X < x) = \sum_{x_i < x} P(X = x_i) = \sum_{i=1}^{3} P(X = x_i) =$

$$= \sum_{i=1}^{3} P(X = i) = P(X = 1) + P(X = 2) + P(X = 3) = 1/2.$$

Dies stellt die Wahrscheinlichkeit dar, daß *entweder* eine 1 *oder* eine 2 *oder* eine 3 geworfen wird.
Weiter ergibt sich

für $4 < x \leqq 5$: $F(x) = P(X < x) = \sum_{i=1}^{4} P(X = i) = 2/3$

für $5 < x \leqq 6$: $F(x) = P(X < x) = \sum_{i=1}^{5} P(X = i) = 5/6$

für $x > 6$: $F(x) = P(X < x) = \sum_{i=1}^{6} P(X = i) = 6/6 = 1$, da ein Wurf, bei dem eine der sechs Augenzahlen 1, 2, ..., 6 auftreten muß, ein *sicheres Ereignis E* mit der Wahrscheinlichkeit $P(E) = 1$ darstellt.

Die grafische Darstellung dieser diskreten Verteilungsfunktion, die man als *Verteilungskurve* bezeichnet, ist eine *Treppenkurve*, die an den Stellen $x_i = i$ $(i = 1, 2, ..., 6)$ Sprünge von der Höhe $p_i = 1/6$ $(i = 1, 2, ..., 6)$ aufweist, da

$$p_1 = p_2 = p_3 = p_4 = p_5 = p_6 = 1/6.$$

Für die Summe aller p_i, das heißt für die Summe aller Sprunghöhen, folgt bei einer *endlichen Anzahl* von Sprungstellen die Beziehung

$$\sum_{i=1}^{n} p_i = 1$$

und bei *abzählbar-unendlich vielen* Sprungstellen

$$\sum_{i=1}^{\infty} p_i = 1,$$

weil die Wahrscheinlichkeit dafür, daß irgendein Ereignis aus dem vollständigen System von Ereignissen eintreffen muß, gleich 1 ist. Die Treppenkurve für die Verteilungsfunktion F_X der diskreten Zufallsgröße X beim Würfelbeispiel hat die Form

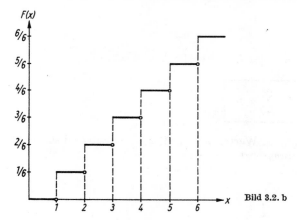

Bild 3.2. b

Zusammengefaßt gilt für die *Verteilungsfunktion* F_X (3.31) einer *diskreten Zufallsgröße* X, die endlich viele Werte x_i $(i = 1, 2, ..., n)$ annehmen kann:

$$F(x) = P(X < x) = \sum_{x_i < x} P(X = x_i) \begin{cases} = 0 & \text{für } x \leqq x_1 \\ = \sum_{i=1}^{k} p_i & \text{für } x_k < x \leqq x_{k+1} \\ & (k = 1, 2, ..., n-1) \\ = 1 & \text{für } x > x_n \end{cases}$$

$$(3.32)$$

Die Parameter diskreter Verteilungsfunktionen

Neben der Darstellung einer Zufallsgröße X durch ihre Verteilungsfunktion F_X ist es nun auch möglich und erforderlich, diese Zufallsvariable durch einige *charakteristische Zahlen*, die als *Parameter* bezeichnet werden, angenähert zu charakterisieren. Die beiden wichtigsten Parameter sind dabei der **Erwartungswert** oder die **mathematische Erwartung** EX bzw. μ und die **Streuung** oder **Dispersion** D^2X bzw. σ^2 der Zufallsgröße X.

Der **Erwartungswert** EX einer **diskreten Zufallsgröße** X wird wie folgt definiert:

Ist für eine *diskrete Zufallsgröße* X mit der Wahrscheinlichkeitsverteilung

$$P(X = x_i) = p_i \qquad (i = 1, 2, \ldots, n, \ldots)$$

die Ungleichung

$$\sum_{i=1}^{\infty} |x_i|\, p_i < \infty$$

erfüllt, das heißt, daß die Reihe $\sum\limits_{i=1}^{\infty} x_i p_i$ absolut konvergiert, so nennt man

$$\sum_{i=1}^{\infty} x_i p_i$$

den *Erwartungswert* EX der Zufallsgröße X und schreibt

$$EX = \mu = \sum_{i=1}^{\infty} x_i p_i \tag{3.33a}$$

Für eine *endliche Anzahl* von Werten x_i $(i = 1, 2, \ldots, n)$ einer diskreten Zufallsgröße X ergibt sich als *Erwartungswert*

$$EX = \mu = \sum_{i=1}^{n} x_i p_i \tag{3.33b}$$

Für das Würfelbeispiel folgt nach (3.33b) als Erwartungswert

$$EX = \mu = \sum_{i=1}^{6} x_i p_i = 1 \cdot 1/6 + 2 \cdot 1/6 + 3 \cdot 1/6 + 4 \cdot 1/6 + 5 \cdot 1/6 + 6 \cdot 1/6$$

$$EX = 3{,}5.$$

Das heißt, bei einer großen Anzahl von Versuchen ergibt sich eine mittlere Augenzahl von 3,5 pro Wurf.

Eine weitere Charakterisierung der Verteilung liefert die *Streuung einer Zufallsgröße*, die zum Ausdruck bringt, wie die Realisierungen um den Erwartungswert schwanken. Im Falle einer **diskreten Verteilung** wird diese **Streuung** wie folgt definiert:

Als *Streuung, Varianz* oder *Dispersion* einer *diskreten Zufallsgröße* X bezeichnet man die mathematische *Erwartung* des *Quadrates* der *Abweichungen* der Zufallsgröße X von dem Erwartungswert EX und schreibt

$$D^2 X = \sigma^2 = E(X - EX)^2 = \sum_{i=1}^{\infty} (x_i - \mu)^2 \, p_i{}^{1)} \qquad (3.34\,\mathrm{a})$$

Für das praktische Rechnen kann mit einer günstigeren Beziehung gearbeitet werden, die sich aus der Formel (3.34a) herleiten läßt.[2]

$$D^2 X = \sigma^2 = E X^2 - \mu^2 = \sum_{i=1}^{\infty} x_i{}^2 p_i - \mu^2 \qquad (3.34\,\mathrm{b})$$

Die Quadratwurzel aus der Streuung der Zufallsgröße wird als *mittlere quadratische Abweichung, Standardabweichung* oder *Streuungsmaß* der Verteilung bezeichnet.

$$\sigma = \sqrt{\sum_{i=1}^{\infty} (x_i - \mu)^2 p_i} \qquad (3.35)$$

BEISPIEL

Die Streuungen für die beiden Zufallsgrößen X und Y

X	1	8	18
$P(X = x_i)$	1/5	1/2	3/10

Y	7	8	14
$P(Y = y_i)$	1/5	1/2	3/10

mit den Erwartungswerten

$$EX = EY = 9{,}6$$

lauten nach Formel (3.34a):

$$D^2 X = (1-9{,}6)^2 \cdot 1/5 + (8-9{,}6)^2 \cdot 1/2 + (18-9{,}6)^2 \cdot 3/10 = 37{,}240;$$

nach Formel (3.34b):

$$D^2 Y = 7^2 \cdot 1/5 + 8^2 \cdot 1/2 + 14^2 \cdot 3/10 - 9{,}6^2 = 9{,}8 + 32 + 58{,}8 - 92{,}16 = 8{,}440$$

und die Standardabweichungen

$$\sigma_X = 6{,}102$$

$$\sigma_Y = 2{,}905$$

Es zeigt sich, daß die Streuung der Zufallsgröße Y kleiner als die von X ist.

---

[1] Bei einer endlichen Anzahl von Werten der Zufallsgröße X erstreckt sich die Summation von 1 bis n

[2] Auf die ausführliche Herleitung wird im Rahmen dieses Buches verzichtet

Die Verteilungsfunktionen stetiger Zufallsgrößen

Analog zu den diskreten Zufallsgrößen sollen jetzt die Verteilungsfunktionen stetiger Zufallsgrößen, das heißt solcher zufälliger Größen, die alle reellen Werte eines vorgegebenen Intervalles annehmen können, betrachtet werden. Mathematisch läßt sich eine solche **stetige Zufallsgröße** und ihre **Verteilungsfunktion** wie folgt definieren:

X ist eine *stetige Zufallsgröße*, wenn eine *nichtnegative stetige Funktion* f_X existiert, die für alle x der Gleichung

$$F(x) = P(X < x) = \int_{-\infty}^{x} f_X(z)\, \mathrm{d}z^{1})$$

(3.36)

genügt.

Die nichtnegative stetige Funktion f_X nennt man die **Dichte der Wahrscheinlichkeitsverteilung** oder die **Dichte der Zufallsgröße** X, deren Kurvenverlauf durch nachstehendes Bild skizziert werden kann.

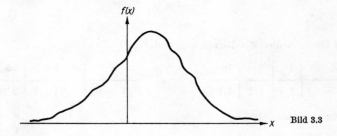

Bild 3.3

Die Dichte einer stetigen Zufallsgröße entspricht der Verteilungstabelle und dem Wahrscheinlichkeitsdiagramm im Falle einer diskreten Zufallsveränderlichen (vgl. S. 279 u. 280).
Die *Dichtefunktion* f_X und die *Verteilungsfunktion* F_X besitzen folgende Eigenschaften:

1. Eigenschaft

Aus der Beziehung (3.36) folgt, daß

$$f(x) = \frac{\mathrm{d}}{\mathrm{d}x} F(x) = F'(x),$$

vorausgesetzt, daß $F(x)$ stetig differenzierbar ist.

---

[1]) Das Symbol z stellt hier die Integrationsvariable dar; für $f_X(x)$ und $f_X(z)$ wird weiterhin kurz $f(x)$ und $f(z)$ symbolisiert

2. Eigenschaft

Die stetige Verteilungsfunktion F_X ist eine monoton nichtfallende stetige Funktion von x mit $0 < F(x) < 1$, deren Kurve im Intervall von $-\infty$ bis $+\infty$ folgenden Verlauf hat:

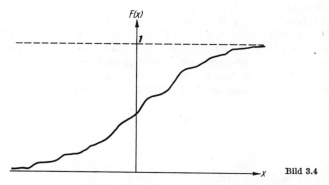

Bild 3.4

Diese Kurve entspricht der Treppenkurve im Falle einer diskreten Verteilung.

3. Eigenschaft

Es ist

$$\int_{x_1}^{x_2} f(x)\,\mathrm{d}x = P(x_1 \leqq X < x_2) = P(x_1 \leqq X \leqq x_2)^{1)} = F(x_2) - F(x_1)$$

für beliebige reelle Zahlen x_1 und x_2 mit $x_2 > x_1$, d. h., die Wahrscheinlichkeit, daß die Zufallsgröße X dem Intervall (x_1, x_2) angehört, ist gleich dem Inhalt der Fläche zwischen der Kurve $y = f(x)$ und der Abszissenachse, die durch die Gerade $x = x_1$ und $x = x_2$ begrenzt wird.

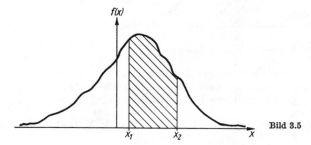

Bild 3.5

4. Eigenschaft

Es ist

$$P(X = a) = \int_{a}^{a} f(x)\,\mathrm{d}x = 0,$$

---

[1]) Diese Gleichheit gilt auf Grund der Stetigkeit der Funktion $f_X\colon y = f(x)$

das heißt, daß man bei einer stetigen Verteilung dem einzelnen Ereignis $X = a$ nur die Wahrscheinlichkeit 0 zuordnen kann. Diese Wahrscheinlichkeit 0 bedeutet jedoch *nicht*, daß das Ereignis $X = a$ ein *unmögliches Ereignis* ist. Man betrachtet daher bei stetigen Zufallsgrößen sinnvollerweise die Wahrscheinlichkeit für Werte der Zufallsgröße *innerhalb eines Intervalles*.

So ist z. B. die Wahrscheinlichkeit dafür, daß die Abmessung einer Welle genau 125,372 007 302 421 mm beträgt, gleich Null. Es ist ja in der Praxis gar nicht möglich, das Eintreten dieses Ereignisses genau festzustellen, da die Messungen physikalischer Größen wie Länge, Zeit usw. stets nur mit einer begrenzten Genauigkeit vorgenommen werden können. Man kann daher sinnvollerweise als Ergebnis der Messung nur die Grenzen eines Intervalles angeben, innerhalb dessen der Meßwert liegt, z. B. $(125,372 \leq X \leq 125,373)$.

5. Eigenschaft

Es ist

$$\int_{-\infty}^{+\infty} f(x)\, \mathrm{d}x = P(-\infty < X < +\infty) = 1,$$

das heißt, analog zu der Beziehung S. 281 bei diskreten Zufallsgrößen besitzt im kontinuierlichen Falle die Fläche zwischen der Dichtefunktion f_X und der reellen Zahlengeraden den Wert 1.

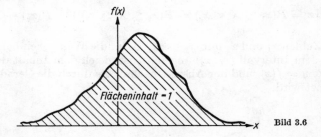

Bild 3.6

Die Parameter stetiger Verteilungsfunktionen

Entsprechend den diskreten Verteilungen können auch stetige Verteilungsfunktionen angenähert durch den Erwartungswert und die Streuung charakterisiert werden. Der **Erwartungswert** $E\,X$ einer **stetigen Zufallsgröße** X wird dann wie folgt definiert:

Ist für die *Dichtefunktion* f_X einer *stetigen Zufallsgröße* X die Ungleichung

$$\int_{-\infty}^{+\infty} |x|\, f(x)\, \mathrm{d}x < \infty$$

erfüllt, das heißt, daß dieses Integral absolut konvergiert, so nennt man

$$\int_{-\infty}^{+\infty} x f(x)\, \mathrm{d}x$$

den *Erwartungswert* EX der *stetigen Zufallsgröße* X und schreibt

$$EX = \mu = \int\limits_{-\infty}^{+\infty} x f(x) \, \mathrm{d}x \qquad (3.37)$$

Als **Streuung** oder **Dispersion** einer **stetigen Zufallsgröße** X ergibt sich dann entsprechend der Formel (3.34a)

$$D^2 X = \sigma^2 = E(X - EX)^2 = \int\limits_{-\infty}^{+\infty} (x - \mu)^2 f(x) \, \mathrm{d}x \qquad (3.38\,\mathrm{a})$$

und nach Umformung

$$D^2 X = \sigma^2 = \int\limits_{-\infty}^{+\infty} x^2 f(x) \, \mathrm{d}x - \mu^2 \qquad (3.38\,\mathrm{b})$$

3.3.5. Einige spezielle Verteilungen

3.3.5.1. Binomialverteilung

In 3.3.3. wurde das BERNOULLIsche Schema dargestellt. Man betrachtete jeweils zwei Ereignisse, und zwar das Ereignis A (Ausschußstück) sowie das Komplementärereignis $\bar{A}$ (standardgerechtes Stück) mit den dazugehörigen Wahrscheinlichkeiten $P(A) = p$ und $P(\bar{A}) = 1 - P(A) = 1 - p = q$. Gefragt wurde nach der Wahrscheinlichkeit, daß sich unter n beliebig ausgewählten Erzeugnissen **genau** m Ausschußstücke befinden. Nach der Formel (3.28) ergibt sich dafür die Wahrscheinlichkeit

$$P_n(m) = \binom{n}{m} p^m q^{n-m} = \frac{n!}{m!\,(n-m)!} \, p^m q^{n-m} = \frac{n!}{m!\,(n-m)!} \, p^m (1-p)^{n-m}.$$

Definiert man nun die *Anzahl Ausschußstücke* (Ereignis A) unter den ausgewählten Erzeugnissen als *Zufallsgröße* X, so kann X die Werte $i = 0, 1, 2, \ldots, n$ annehmen. Es handelt sich also um eine diskrete Verteilung.
Für die **diskrete Zufallsvariable** ergibt sich dann die **Verteilung**

$$p_i = P(X = x_i) = P(X = i) = P_n(i) = \binom{n}{i} p^i q^{n-i} = \frac{n!}{i!\,(n-i)!} \, p^i q^{n-i}$$
$$(i = 0, 1, \ldots, n) \qquad (3.39)$$

mit der **Verteilungstabelle**

$X = i$	0	1	2	$\cdots$	$n-1$	n
$p_i = P(X = i)$	$\binom{n}{0} q^n$	$\binom{n}{1} p q^{n-1}$	$\binom{n}{2} p^2 q^{n-2}$	$\cdots$	$\binom{n}{n-1} p^{n-1} q$	$\binom{n}{n} p^n$

Eine Zufallsgröße X mit einer solchen Verteilungstabelle, in der X die Werte 0, 1, 2, ..., n mit den Wahrscheinlichkeiten

$$p_i = P_n(i) = \binom{n}{i} p^i q^{n-i}$$

annimmt, wird als **binomialverteilt** bezeichnet.

Aus (3.32) folgt dann nach Substitution von (3.39) für die Verteilungsfunktion F_X dieser *binomialverteilten* Zufallsgröße

$$F(x) = \sum_{i<x} P(X = i) \begin{cases} = 0 \quad \text{für} \quad x \leqq 0 \\[2mm] = \sum_{i<x} \binom{n}{i} p^i q^{n-i} = \sum_{i<x} \frac{n!}{i!\,(n-i)!}\, p^i q^{n-i} \\ \qquad\qquad \text{für} \quad 0 < x \leqq n \\[2mm] = 1 \quad \text{für} \quad x > n \end{cases} \tag{3.40}$$

Da die **Binomialverteilung**, die auch als BERNOULLIsche **Verteilung** bezeichnet wird, nur von p und n abhängt ($q = 1 - p$), nennt man diese Konstanten die Parameter der Binomialverteilung. Die Koeffizienten $\binom{n}{i}$ stellen die **Binomialkoeffizienten** dar.

Als *Erwartungswert* und *Streuung* der Binomialverteilung ergibt sich nach (3.33 b) und (3.34 a)

$$\boxed{EX = \mu = np} \tag{3.41}$$

$$\boxed{D^2 X = \sigma^2 = npq} \tag{3.42a}$$

und damit $\boxed{\sigma = \sqrt{npq}}$ als Standardabweichung. $\tag{3.42b}$

Beweis zu (3.41):

$$EX = \sum_{i=0}^{n} x_i p_i = \sum_{i=0}^{n} i\, P_n(i) = \sum_{i=0}^{n} i \binom{n}{i} p^i q^{n-i} =$$

$$= 0 + 1 \binom{n}{1} p q^{n-1} + 2 \binom{n}{2} p^2 q^{n-2} + \cdots + (n-1) \binom{n}{n-1} p^{n-1} q + n \binom{n}{n} p^n =$$

$$= np \left[\binom{n-1}{0} q^{n-1} + \binom{n-1}{1} pq^{n-2} + \cdots + \binom{n-1}{n-2} p^{n-2}q + \binom{n-1}{n-1} p^{n-1} \right] =$$

$$= np \sum_{i=1}^{n} \binom{n-1}{i-1} p^{i-1} q^{(n-1)-(i-1)}.$$

Setzt man $n - 1 = N$

und $\qquad i - 1 = k,$

so erhält man

$$EX = np \sum_{k=0}^{N} \binom{N}{k} p^k q^{N-k}.$$

Da aber $\sum\limits_{i=1}^{n} p_i = 1$, gilt

$$\sum_{k=0}^{N} P_N(k) = \sum_{k=0}^{N} \binom{N}{k} p^k q^{N-k} = 1$$

und für den Erwartungswert der Binomialverteilung

$$EX = \mu = np.$$

Beweis zu (3.42a):
Ausgehend von der Beziehung (3.34 b)

$$D^2 X = EX^2 - \mu^2 = \sum_{i=1}^{\infty} x_i{}^2 p_i - \mu^2$$

ergibt sich für die Streuung $\sigma^2 = D^2 X$

$$D^2 X = \sum_{i=0}^{n} i^2 P_n(i) - (np)^2 = \sum_{i=0}^{n} [i(i-1) P_n(i) + i P_n(i)] - (np)^2 =$$

$$= \sum_{i=0}^{n} i(i-1) P_n(i) + \sum_{i=0}^{n} i P_n(i) - (np)^2 =$$

$$= \sum_{i=2}^{n} i(i-1) \binom{n}{i} p^i q^{n-i} + np - (np)^2 =$$

$$= n(n-1) p^2 \sum_{i=2}^{n} \binom{n-2}{i-2} p^{i-2} q^{(n-2)-(i-2)} + np - (np)^2$$

Setzt man wiederum

$$n - 2 = N$$

und $\qquad i - 2 = k,$

so erhält man

$$D^2 X = n(n-1) p^2 \sum_{k=0}^{N} \binom{N}{k} p^k q^{N-k} + np - (np)^2.$$

Da $\sum\limits_{i=1}^{n} p_i = 1$, gilt wieder

$$\sum_{k=0}^{N} \binom{N}{k} p^k q^{N-k} = 1$$

und somit für die Streuung der Binomialverteilung

$$D^2 X = \sigma^2 = n(n-1)p^2 + np - (np)^2 = (np)^2 - np^2 + np - (np)^2 =$$

$$= np(1-p) = npq.$$

Der Anwendungsbereich der Binomialverteilung erstreckt sich auf Aufgabenstellungen mit *Alternativentscheidungen*, das heißt auf solche Probleme, bei denen zwei qualitative Ereignisse A und $\bar{A}$ (z. B. Ereignis A: Ausschuß; Ereignis $\bar{A}$: normgerecht oder Ereignis A: männlich; Ereignis $\bar{A}$: weiblich oder Ereignis A: gesund; Ereignis $\bar{A}$: krank usw.) betrachtet werden und deren *Wahrscheinlichkeiten* $P(A)$ und $P(\bar{A}) =$ $= 1 - P(A)$ von Versuch zu Versuch (von Ziehung zu Ziehung) *konstant* sind. Diese Voraussetzung ist in der Praxis dann erfüllt, wenn entweder das gezogene Stück wieder in die Gesamtheit (Posten) zurückgelegt wird oder der Umfang der Gesamtheit (Postenumfang) sehr groß ist (vgl. 3.3.3.).

BEISPIELE

1. Man berechne die Binomialverteilung für

   a) $n = 7$, $p = 0{,}10$, $q = 0{,}90$

   b) $n = 7$, $p = 0{,}30$, $q = 0{,}70$

   c) $n = 7$, $p = 0{,}50$, $q = 0{,}50$.

Lösung:

Es ergeben sich folgende Verteilungstabellen

a)

$X = i$	Wahrscheinlichkeitsverteilung $P(X = i)$ für $p = 0{,}10$	Summenwahrscheinlichkeit $P(X \leqq i) = \sum\limits_{k=0}^{i} P(X = k)$[1]
0	0,478 296 9	0,478 296 9
1	0,372 008 7	0,850 305 6
2	0,124 002 9	0,974 308 5
3	0,022 963 5	0,997 272 0
4	0,002 551 5	0,999 823 5
5	0,000 170 1	0,999 993 6
6	0,000 006 3	0,999 999 9
7	0,000 000 1	1,000 000 0

---

[1] Bei der Summenwahrscheinlichkeit handelt es sich um die Funktionswerte der Verteilungsfunktion F_X

Wahrscheinlichkeitsdiagramm für $p = 0,10$

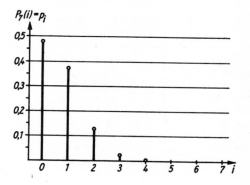

Bild 3.7

b)

$X = i$	Wahrscheinlichkeitsverteilung $P(X = i)$ für $p = 0,30$	Summenwahrscheinlichkeit $P(X \leq i) = \sum\limits_{k=0}^{i} P(X = k)$
0	0,082 354 3	0,082 354 3
1	0,247 062 9	0,329 417 2
2	0,317 652 3	0,647 069 5
3	0,226 894 5	0,873 964 0
4	0,097 240 5	0,971 204 5
5	0,025 004 7	0,996 209 2
6	0,003 572 1	0,999 781 3
7	0,000 218 7	1,000 000 0

Wahrscheinlichkeitsdiagramm für $p = 0,30$

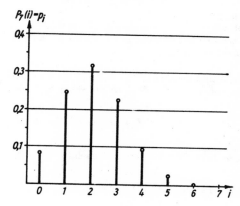

Bild 3.8

19*

c)

$X = i$	Wahrscheinlichkeits-verteilung $P(X = i)$ für $p = 0,50$	Summen-wahrscheinlichkeit $P(X \leqq i) = \sum\limits_{k=0}^{i} P(X = k)$
0	0,007 812 5	0,007 812 5
1	0,054 687 5	0,062 500 0
2	0,164 062 5	0,226 562 5
3	0,273 437 5	0,500 000 0
4	0,273 437 5	0,773 437 5
5	0,164 062 5	0,937 500 0
6	0,054 687 5	0,992 187 5
7	0,007 812 5	1,000 000 0

Wahrscheinlichkeitsdiagramm für $p = 0,50$

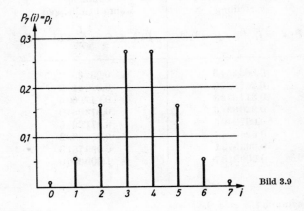

Bild 3.9

Ein Vergleich der drei Verteilungen für
$p = 0,10$; $p = 0,30$ und $p = 0,50$ zeigt,
daß die Binomialverteilung um so symmetrischer wird, je mehr sich p dem Wert 1/2 nähert.
Für $p = q = 1/2$ ist die Verteilung symmetrisch.

2. a) Man berechne die theoretische Wahrscheinlichkeitsverteilung für eine Stichprobe vom Umfang $n = 40$ aus einer Produktionsserie von $N = 10 000$ Stück und einem Ausschußprozentsatz von 10%.

b) Wie groß ist die Wahrscheinlichkeit dafür, daß unter 40 ausgewählten Stück genau 10 Ausschußstücke sind?

c) Welche Wahrscheinlichkeit ergibt sich für höchstens 5 Ausschußstücke in der zugrunde gelegten Stichprobe?

d) Wie groß sind der Erwartungswert und die Streuung dieser Verteilung?

Lösung: Es wird von einer Binomialverteilung ausgegangen, da die zu untersuchende Produktionsserie einen verhältnismäßig großen Umfang besitzt und die Wahrscheinlichkeit für das Ziehen eines Ausschußstückes als konstant angenommen werden kann. Sie beträgt $P(A) = = 0,10$. Die Wahrscheinlichkeit für das Ziehen eines fehlerfreien Stückes (Ereignis $\bar{A}$) ist dann $P(\bar{A}) = q = 1 - p = 0,90$. Nach den Formeln (3.39) und (3.40) ergibt sich im Beispielfall für diese Binomialverteilung folgende Verteilungstabelle:

Anzahl der Aus-schußstücke (i)	Wahrscheinlich-keitsverteilung $P(X = i)$	Summenwahr-scheinlichkeit $P(X \leq i)$
0	0,0148	0,0148
1	0,0657	0,0805
2	0,1423	0,2228
3	0,2003	0,4231
4	0,2058	0,6289
5	0,1647	0,7936
6	0,1067	0,9003
7	0,0576	0,9579
8	0,0264	0,9843
9	0,0104	0,9947
10	0,0036	0,9983
11	0,0011	0,9994
12	0,0003	0,9997
13	0,0001	0,9998

b) Aus der Binomialverteilung für $n = 40$ und $i = 10$ folgt dann

$$P(X = 10) = \binom{40}{10} \cdot 0,10^{10} \cdot 0,90^{30} = 0,0036,$$

das heißt, die Wahrscheinlichkeit dafür, daß sich unter den 40 ausgewählten Stücken der Stichprobe **genau** 10 Ausschußstücke befinden, beträgt 0,0036.

c) Die Wahrscheinlichkeit dafür, daß in der Stichprobe **höchstens** 5 Ausschußstücke sind, ist

$$P(X \leq 5) = \sum_{i=0}^{5} P(X = i) = P(X = 0) + P(X = 1) + \cdots + P(X = 5)$$

$$P(X \leq 5) = 0,7936.$$

Die Wahrscheinlichkeit beträgt also 0,7936.

d) Für den Erwartungswert und die Streuung ergibt sich nach (3.41) und (3.42a/b):

$$EX \quad = \mu = np = 40 \cdot 0,10 = 4$$

$$D^2X \quad = \sigma^2 = npq = 40 \cdot 0,10 \cdot 0,90 = 3,6$$

$$\sigma = \sqrt{npq} \quad = 1,8974$$

das heißt, der Erwartungswert liegt bei 4 Ausschußstücken, die mittlere quadratische Abweichung bei angenähert 2 Stücken.

3. Bei der Fertigung eines Erzeugnisses in einer Serie von 5000 Stück sind im Durchschnitt 75% Gütezeichen 1 und 25% Gütezeichen 2.

a) Man berechne die theoretische Wahrscheinlichkeitsverteilung für einen Stichprobenumfang $n = 5$.

b) Wie groß ist die Wahrscheinlichkeit, daß bei einer Entnahme von 5 Stück

ba) genau 3 Stück das Gütezeichen 1 und 2 Stück das Gütezeichen 2,

bb) mindestens 3 Stück das Gütezeichen 1,

bc) höchstens 3 Stück das Gütezeichen 1 haben?

c) Der Erwartungswert und die mittlere quadratische Abweichung dieser Verteilung sind zu berechnen.

Lösung:

a)

Stückzahl für Gütezeichen 1	Wahrscheinlichkeits-verteilung $P(X = i) = P_5(i)$	Summenwahr-scheinlichkeit $P(X \leq i)$
0	$\binom{5}{0}\left(\frac{3}{4}\right)^0\left(\frac{1}{4}\right)^5 = 0{,}00098$	$0{,}00098$
1	$\binom{5}{1}\left(\frac{3}{4}\right)^1\left(\frac{1}{4}\right)^4 = 0{,}01465$	$0{,}01563$
2	$\binom{5}{2}\left(\frac{3}{4}\right)^2\left(\frac{1}{4}\right)^3 = 0{,}08789$	$0{,}10352$
3	$\binom{5}{3}\left(\frac{3}{4}\right)^3\left(\frac{1}{4}\right)^2 = 0{,}26367$	$0{,}36719$
4	$\binom{5}{4}\left(\frac{3}{4}\right)^4\left(\frac{1}{4}\right)^0 = 0{,}39551$	$0{,}76270$
5	$\binom{5}{5}\left(\frac{3}{4}\right)^5\left(\frac{1}{4}\right)^0 = 0{,}23730$	1

ba) Ereignis A: Gütezeichen 1, $P(A) = 3/4$
Ereignis $\bar{A}$: Gütezeichen 2, $P(\bar{A}) = 1/4$
Binomialverteilung für $n = 5$, $i = 3$:

$$P_5(3) = \binom{5}{3}\left(\frac{3}{4}\right)^3\left(\frac{1}{4}\right)^2 = 0{,}26367 \qquad (26{,}37\%)$$

bb) mindestens 3 Stück Gütezeichen 1 $\triangleq$ höchstens 2 Stück Gütezeichen 2

$$P_5{}'(0) + P_5{}'(1) + P_5{}'(2) = 1 - [P_5(0) + P_5(1) + P_5(2)] = 0{,}89648 \qquad (89{,}65\%)$$

bc) $P_5(0) + P_5(1) + P_5(2) + P_5(3) = 0{,}36719 \qquad (36{,}72\%)$

c) $EX = \mu_X = np = 5 \cdot 3/4 = 3{,}75$

$D^2 X = \sigma_X^2 = npq = 5 \cdot 3/4 \cdot 1/4 = 0{,}9375$ (Streuung)

$\sigma_X = \sqrt{npq} = 0{,}968,$

das heißt, der Erwartungswert liegt bei 3,75 Stück Gütezeichen 1 und die mittlere quadratische Abweichung bei angenähert 1 Stück Gütezeichen 1.

3.3.5.2.   Hypergeometrische Verteilung

In 3.3.3. und 3.3.5.1. wurde für das BERNOULLIsche Schema bzw. für die BERNOULLIsche (Binomial-) Verteilung die *Unabhängigkeit der Ereignisse* vorausgesetzt. Dies bedeutet, daß die *Wahrscheinlichkeit* $P(A)$ für das Eintreten eines bestimmten Ereignisses A (z. B. Ziehen eines Ausschußstückes) von Ziehung zu Ziehung *konstant* sein muß. Dies erreicht man durch Zurücklegen des gezogenen Stückes in die Grund- (Ausgangs-) Gesamtheit. Weitere Einschränkungen hinsichtlich der Größe des Umfanges der Grundgesamtheit sind in diesem Falle nicht erforderlich. Die für die Binomialverteilung wichtigste Bedingung des Zurücklegens des gezogenen Stückes in die Ausgangsgesamtheit wird nun bei der **hypergeometrischen Verteilung** nicht vorausgesetzt. Dafür bezieht man den Umfang der Ausgangsgesamtheit in die Berechnung mit ein. Bezeichnet man den *Umfang* der *endlichen Grundgesamtheit* mit N, den *Umfang der Stichprobe* mit n, so kann man die Aufgabenstellung für die **hypergeometrische Verteilung** wie folgt formulieren:

> In einer Urne befinden sich insgesamt N Kugeln, von denen m schwarz und $(N-m)$ weiß sind. Wie groß ist die Wahrscheinlichkeit dafür, daß in n Zügen i schwarze und $(n-i)$ weiße Kugeln gezogen werden, wenn man voraussetzt, daß die gezogenen Kugeln **nicht** wieder in die Urne **zurückgelegt** werden?

Nach der Kombinatorik gibt es für das Ziehen von n Kugeln aus einer Grundgesamtheit vom Umfang N insgesamt $\binom{n}{N}$ Möglichkeiten. Dabei lassen sich i schwarze Kugeln auf $\binom{m}{i}$ verschiedene Weise ziehen, während für die weißen Kugeln $\binom{N-m}{n-i}$ Möglichkeiten existieren. Jede der Kombinationen für die schwarzen Kugeln läßt sich dann mit jeder der $\binom{N-m}{n-i}$ Kombinationen für die weißen Kugeln verbinden, so daß sich nach Formel (3.14) für die **hypergeometrische Verteilung** ergibt:

$$H_{N,n,m}(i) = P(X = i) = \frac{\binom{m}{i}\binom{N-m}{n-i}}{\binom{N}{n}}; \quad (i \leqq m,\ i \leqq n) \qquad (3.43$$

mit der *Verteilungstabelle*

$X = i$	0	1	$\cdots$	$n-1$	n
$P(X=i) =$ $= H_{N,n,m}(i)$	$\dfrac{\binom{m}{0}\binom{N-m}{n}}{\binom{N}{n}}$	$\dfrac{\binom{m}{1}\binom{N-m}{n-1}}{\binom{N}{n}}$	$\cdots$	$\dfrac{\binom{m}{n-1}\binom{N-m}{1}}{\binom{N}{n}}$	$\dfrac{\binom{m}{n}\binom{N-m}{0}}{\binom{N}{n}}$

Eine Zufallsgröße X, für die eine solche Verteilungstabelle gilt, wird als **hypergeometrisch verteilt** bezeichnet.

Nach Formel (3.32) folgt dann für die Verteilungsfunktion F_X dieser *hypergeometrisch verteilten* Zufallsgröße X:

$$F_X: F_X(x) = \sum_{i<x} P(X=i) \begin{cases} = 0 & \text{für } x \leqq 0 \\ = \sum_{i<x} \dfrac{\dbinom{m}{i}\dbinom{N-m}{n-i}}{\dbinom{N}{n}} & \text{für } 0 < x \leqq \min(m,n) \\ = 1 & \text{für } x > \min(m,n) \end{cases} \qquad (3.44)$$

Die Konstanten N, n und m werden als Parameter der hypergeometrischen Verteilung $H_{N,n,m}(i)$ bezeichnet.

Führt man in (3.43) als Wahrscheinlichkeit für das Ziehen einer schwarzen Kugel entsprechend der vorhandenen Anzahl m den Quotienten

$$\frac{m}{N} = p$$

ein, so geht (3.43) mit $m = Np$ und $1 - p = q$ über in

$$P(X=i) = \frac{\dbinom{Np}{i}\dbinom{Nq}{n-i}}{\dbinom{N}{n}} \qquad (3.45)$$

Als Erwartungswert EX, Streuung D^2X und Standardabweichung ergeben sich[1]

$$EX = \mu = np \qquad (3.46)$$

$$D^2X = \sigma^2 = npq\,\frac{N-n}{N-1} \qquad (3.47\,\text{a})$$

bzw.

$$\sigma = \sqrt{npq\,\frac{N-n}{N-1}} \qquad (3.47\,\text{b})$$

Ein Vergleich mit der Binomialverteilung zeigt, daß der Erwartungswert für beide Verteilungen gleich groß, während die Streuung bei der hypergeometrischen Verteilung kleiner ist.

---

[1] Auf den Beweis soll im Rahmen dieses Lehrbuches verzichtet werden

Man kann nun die Formel (3.43) für die *hypergeometrische* Verteilung auch wie folgt schreiben:

$$H_{N,n,m}(i) = P(X = i) =$$

$$= \frac{\dfrac{m(m-1)(m-2)\cdots(m-i+1)}{1\cdot 2\cdots i} \cdot \dfrac{(N-m)(N-m-1)\cdots(N-m-n+i+1)}{1\cdot 2\cdots(n-i)}}{\dfrac{N(N-1)(N-2)\cdots(N-n+1)}{1\cdot 2\cdots n}} \qquad \text{(I)}$$

Nach Umformung ergibt sich

$$H_{N,n,m}(i) = P(X = i) =$$

$$= \frac{n!}{i!(n-i)!}\; \frac{m(m-1)(m-2)\cdots(m-i+1)(N-m)(N-m-1)\cdots(N-m-n+i+1)}{N(N-1)(N-2)\cdots(N-n+1)} \qquad \text{(II)}$$

Setzt man

$$\frac{n!}{i!(n-i)!} = \binom{n}{i}$$

und für das Verhältnis der schwarzen Kugeln zur Gesamtzahl der Kugeln

$$\frac{m}{N} = p,$$

so geht Formel (II) über in

$$H_{N,n,p}(i) =$$

$$= \binom{n}{i} \frac{p\left(p-\dfrac{1}{N}\right)\left(p-\dfrac{2}{N}\right)\cdots\left(p-\dfrac{i-1}{N}\right)(1-p)\left(1-p-\dfrac{1}{N}\right)\cdots\left(1-p-\dfrac{n-i-1}{N}\right)}{1\left(1-\dfrac{1}{N}\right)\left(1-\dfrac{2}{N}\right)\cdots\left(1-\dfrac{n-1}{N}\right)} \qquad \text{(III)}$$

mit den Parametern N, n und p.
Läßt man nun den Umfang N der Ausgangsgesamtheit unendlich groß werden, so folgt

$$\lim_{N\to\infty} H_{N,n,p}(i) = \binom{n}{i} p^i (1-p)^{n-i} = \binom{n}{i} p^i q^{n-i}. \qquad \text{(IV)}$$

Der Vergleich von (IV) mit der Formel (3.39) zeigt, daß dies die *Binomialverteilung* darstellt. Man kann also sagen, daß die hypergeometrische Verteilung für sehr große N gegen die Binomialverteilung konvergiert und somit im Falle einer sehr großen Grundgesamtheit durch die Binomialverteilung ersetzt werden kann und umgekehrt.

BEISPIEL

Bei der Produktion von Elektromotoren sind im Durchschnitt 5% Ausschuß. Die gefertigte Losgröße beträgt 200 Stück. Wie groß ist die Wahrscheinlichkeit dafür, daß bei einer Entnahme einer Stichprobe von 20 Stück

a) genau 5 Stück Ausschuß,

b) alle verwendbar,

c) höchstens 2 Stück Ausschuß sind?

d) Wie groß sind der Erwartungswert und die Streuung dieser Verteilung?

Lösung: Da es sich um eine verhältnismäßig kleine Losgröße handelt und das gezogene Stück nicht in die Grundgesamtheit zurückgelegt wird, ist die hypergeometrische Verteilung zu benutzen.

Es ist $N = 200$, $n = 20$; $p = 0,05$, $q = 0,95$; $m = Np = 200 \cdot 0,05 = 10$.

Zufallsgröße X: Anzahl der Ausschußstücke.

a) $H_{200,20,10}(5) = P(X = 5) = \dfrac{\dbinom{200 \cdot 0,05}{5}\dbinom{200 \cdot 0,95}{15}}{\dbinom{200}{20}} = \dfrac{\dbinom{10}{5}\dbinom{190}{15}}{\dbinom{200}{20}} =$

$$= \dfrac{\dfrac{10!}{5!5!} \cdot \dfrac{190!}{15!175!}}{\dfrac{200!}{20!180!}} = \dfrac{252 \cdot 176 \cdot 177 \cdots 180 \cdot 16 \cdot 17 \cdots 20}{191 \cdot 192 \cdots 200} =$$

$$= 0,001\,028\,1 \qquad (0,10\%).$$

Die Wahrscheinlichkeit dafür, daß unter den 20 aus einer Gesamtheit von 200 Stück beliebig ausgewählten Erzeugnissen genau 5 Ausschußstücke sind, beträgt 0,10%.

b) $H_{200,20,10}(0) = P(X = 0) = \dfrac{\dbinom{10}{0}\dbinom{190}{20}}{\dbinom{200}{20}} = \dfrac{190!\,20!\,180!}{20!\,170!\,200!} = 0,339\,78 \qquad (33,98\%).$

Die Wahrscheinlichkeit dafür, daß unter den 20 aus einer Gesamtheit von 200 Stück beliebig ausgewählten Erzeugnissen kein Ausschußstück enthalten ist, das heißt, daß alle 20 Stück verwendbar sind, beträgt 33,98%.

c) $P(X \leqq 2) = P(X = 0) + P(X = 1) + P(X = 2) = 0,934\,71 \qquad (93,47\%)$

Die Wahrscheinlichkeit dafür, daß höchstens zwei Stück Ausschußstücke sind, beträgt 93,47%.

d)   Erwartungswert $EX = \mu = 20 \cdot 0,05 = 1$

      Streuung $D^2 X = \sigma^2 = 20 \cdot 0,05 \cdot 0,95 \cdot \dfrac{200 - 20}{199}$

                  $D^2 X = \sigma^2 = 0,859\,30.$

Zum Vergleich die entsprechenden Werte für die Binomialverteilung:

$$P_{20}(5) \quad = 0,002\,244 \qquad (0,22\%)$$

$$P_{20}(0) \quad = 0,358\,43 \qquad (35,84\%)$$

$$P(X \leqq 2) = 0,924\,37 \qquad (92,44\%)$$

$$E\,X \qquad = 1$$

$$D^2\,X \qquad = 0,95$$

Die *Verteilungstabelle* für die *Binomialverteilung* und *hypergeometrische Verteilung* mit $N = 200$, $n = 20$; $p = 0,05$, $q = 0,95$ lautet:

$X = i$	$P(X = i)$		$P(X \leqq i)$	
	Binomial-verteilung	hypergeom. Verteilung	Binomial-verteilung	hypergeom. Verteilung
0	0,358 4	0,339 8	0,358 4	0,339 8
1	0,377 3	0,397 4	0,735 7	0,737 2
2	0,188 6	0,197 5	0,924 3	0,934 7
3	0,059 6	0,054 8	0,983 9	0,989 5
4	0,013 3	0,009 4	0,997 2	0,998 9
5	0,002 2	0,001 0	0,999 4	0,999 9

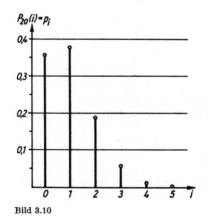

Bild 3.10

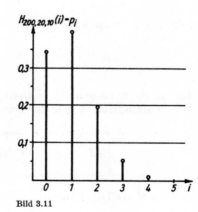

Bild 3.11

3.3.5.3.   Poisson-Verteilung

Zur Herleitung der **Poisson-Verteilung** geht man von der Binomialverteilung

$$P_n(i) = \binom{n}{i} p^i\, q^{n-i} = \frac{n\,(n-1)\,(n-2)\cdots(n-i+1)}{i!}\, p^i\,(1-p)^{n-i} \quad (I)$$

aus. Führt man nun in (I) eine positive Konstante λ ein, für die gilt

$$\lambda = np > 0 \quad \text{konstant,}$$

und läßt den Umfang n der Stichprobe unbeschränkt wachsen $(n \to \infty)$, so kann Formel (I) auch wie folgt geschrieben werden

$$\lim_{n \to \infty} P_n(i) = \prod_\lambda(i) = \frac{\lambda^i}{i!}\, e^{-\lambda} \qquad (i = 0, 1, 2, \ldots). \tag{II}$$

Dies ergibt sich aus

$$
\begin{aligned}
P_n(i) &= \frac{n(n-1)(n-2)\cdots(n-i+1)}{i!} \left(\frac{\lambda}{n}\right)^i \left(1 - \frac{\lambda}{n}\right)^{n-i} = \\
&= \frac{\lambda^i}{i!} \frac{(1-\lambda/n)^n}{(1-\lambda/n)^i} \left[1\left(1 - \frac{1}{n}\right)\left(1 - \frac{2}{n}\right)\cdots\left(1 - \frac{i-1}{n}\right)\right].
\end{aligned}
\tag{III}
$$

Da für $n \to \infty$

$$(1 - \lambda/n)^n \to e^{-\lambda}$$

$$(1 - \lambda/n)^i \to 1$$

und $\qquad \left[1\left(1 - \frac{1}{n}\right)\left(1 - \frac{2}{n}\right)\cdots\left(1 - \frac{i-1}{n}\right)\right] \to 1,$

folgt für $\lambda = np$ konstant

$$\lim_{n \to \infty} P_n(i) = \prod_\lambda(i) = \frac{\lambda^i}{i!}\, e^{-\lambda} \qquad (i = 0, 1, 2, \ldots)$$

Dies stellt den sogenannten **Grenzwertsatz von** Poisson dar.
Eine Zufallsgröße X, für die sich eine solche Wahrscheinlichkeitsverteilung

$$\boxed{\; P(X = i) = \prod_\lambda(i) = \frac{\lambda^i}{i!}\, e^{-\lambda} \qquad (i = 0, 1, 2, \ldots) \;} \tag{3.48}$$

mit der Verteilungstabelle

$X = i$	0	1	2	3	$\cdots$
$P(X = i) = \prod_\lambda(i)$	$e^{-\lambda}$	$\dfrac{\lambda}{1!}\, e^{-\lambda}$	$\dfrac{\lambda^2}{2!}\, e^{-\lambda}$	$\dfrac{\lambda^3}{3!}\, e^{-\lambda}$	$\cdots$

ergibt, wird als **poisson-verteilt** bezeichnet.

Da die Wahrscheinlichkeit nur von der positiven Konstanten λ abhängt, nennt man diese Konstante λ den Parameter der POISSON-Verteilung. Die Verteilungsfunktion F_X für eine *poisson-verteilte Zufallsgröße* X lautet dann

$$F_X: \quad F(x) = \sum_{i<x} P(X=i) \begin{cases} = 0 & \text{für} \quad x \leqq 0 \\[2mm] = \sum_{i<x} \frac{\lambda^i}{i!} \, e^{-\lambda} & \text{für} \quad x > 0 \end{cases} \tag{3.49}$$

Da die Summe der Wahrscheinlichkeiten aller möglichen Ereignisse gleich 1 sein muß, gilt die Beziehung

$$\sum_{i=0}^{\infty} P(X=i) = \sum_{i=0}^{\infty} \frac{\lambda^i}{i!} \, e^{-\lambda} = 1 \, .$$

Für den *Erwartungswert*, die *Streuung* und die *Standardabweichung* einer **poisson-verteilten** Zufallsgröße X erhält man

$$EX = \mu = \lambda = np \tag{3.50}$$

$$D^2 X = \sigma^2 = \lambda = np \tag{3.51a}$$

bzw. $$\sigma = \sqrt{\lambda} = \sqrt{np} \tag{3.51b}$$

Beweis zu (3.50):

$$EX = \sum_{i=0}^{\infty} x_i p_i = \sum_{i=0}^{\infty} i \cdot \Pi_\lambda(i) = \sum_{i=0}^{\infty} i \frac{\lambda^i}{i!} \, e^{-\lambda} = \sum_{i=1}^{\infty} \frac{\lambda^i}{(i-1)!} \, e^{-\lambda} =$$

$$= \lambda e^{-\lambda} \sum_{i=1}^{\infty} \frac{\lambda^{i-1}}{(i-1)!} \, .$$

Da $\displaystyle\sum_{i=0}^{\infty} \frac{\lambda^i}{i!} = e^{\lambda}$ (vgl. [2]), folgt hieraus für den Erwartungswert

$$EX = \mu = \lambda \cdot e^{-\lambda} \, e^{\lambda} = \lambda \, .$$

Beweis zu (3.51 a):

$$D^2 X = \sum_{i=0}^{\infty} (x_i - \mu)^2 p_i = \sum_{i=0}^{\infty} (i - \lambda)^2 \frac{\lambda^i}{i!} e^{-\lambda} =$$

$$= \sum_{i=0}^{\infty} i^2 \frac{\lambda^i}{i!} e^{-\lambda} - 2\lambda \sum_{i=0}^{\infty} i \frac{\lambda^i}{i!} e^{-\lambda} + \lambda^2 e^{-\lambda} \sum_{i=0}^{\infty} \frac{\lambda^i}{i!} =$$

$$= \sum_{i=0}^{\infty} i(i - 1) \frac{\lambda^i}{i!} e^{-\lambda} + \sum_{i=0}^{\infty} i \frac{\lambda^i}{i!} e^{-\lambda} - 2\lambda \sum_{i=0}^{\infty} i \frac{\lambda^i}{i!} e^{-\lambda} + \lambda^2 e^{-\lambda} \sum_{i=0}^{\infty} \frac{\lambda^i}{i!} =$$

$$= \sum_{i=2}^{\infty} i(i - 1) \frac{\lambda^i}{i!} e^{-\lambda} + \lambda - 2\lambda \cdot \lambda + \lambda^2 e^{-\lambda} e^{\lambda} =$$

$$= \lambda^2 + \lambda - 2\lambda^2 + \lambda^2 = \lambda.$$

Da bei der POISSON-*Verteilung* wegen $n \to \infty$ und $\lambda = np > 0$ konstant folgt, daß die Wahrscheinlichkeit $P(A) = p$ für das betreffende Ereignis A sehr klein wird, bezeichnet man (3.48) auch als POISSONsche **Formel** für die Wahrscheinlichkeit **seltener Ereignisse** oder Verteilung der seltenen Ereignisse. Man kann daher bei einer sehr geringen Wahrscheinlichkeit für das Eintreffen eines zu untersuchenden Ereignisses die Binomialverteilung durch die POISSON-Verteilung ersetzen und dadurch den Rechenaufwand erheblich reduzieren.

BEISPIELE

1. In einem Betrieb, in dem Glühlampen hergestellt werden, sind im Durchschnitt 0,9% der gefertigten Erzeugnisse fehlerhaft. Wie groß ist die Wahrscheinlichkeit, daß in einer Sendung von 1000 Stück

   a) keine Ausschußstücke,

   b) genau 5 Ausschußstücke,

   c) genau 10 Ausschußstücke,

   d) höchstens 10 Ausschußstücke enthalten sind?

   Lösung: Es wird von der POISSON-Verteilung (3.48) ausgegangen. Dabei gilt

   $$\lambda = np = 1\,000 \cdot 0{,}009 = 9$$

   als konstanter Parameter und gleichzeitig als Erwartungswert dieser Verteilung. Für die einzelnen Wahrscheinlichkeiten folgt unter Verwendung der Tafel I[1]), in der die Werte $\prod_\lambda(i)$ für die verschiedenen λ und i tabelliert sind:

   a) $\prod_9 (0) = P(X = 0) = \dfrac{9^0}{0!} e^{-9} = 0{,}0001$ $(0{,}01\%)$

   b) $\prod_9 (5) = P(X = 5) = \dfrac{9^5}{5!} e^{-9} = 0{,}0607$ $(6{,}07\%)$

---

[1]) Tafel I siehe S. 378

c) $\prod_9(10) = P(X = 10) = \dfrac{9^{10}}{10!}\,\mathrm{e}^{-9} = 0,1186$　　　　(11,86%)

d) $\sum\limits_{i=0}^{10} \prod_9(i) = \sum\limits_{i=0}^{10} P(X = i) = 0,7060$　　　　(70,60%)

Zum Vergleich seien für a) bis c) die Werte nach der Binomialverteilung angegeben:

$$P_{1000}\ (0) = 0,0001\qquad (0,01\%)$$

$$P_{1000}\ (5) = 0,0599\qquad (5,99\%)$$

$$P_{1000}(10) = 0,1181\qquad (11,81\%)$$

Es zeigt sich hier eine gute Übereinstimmung der Wahrscheinlichkeiten, berechnet nach der POISSON-Verteilung und Binomialverteilung, da der Umfang der Stichprobe $n = 1000$ relativ groß und $p = 0,009$ sehr klein ist. Je größer die Wahrscheinlichkeit p für das Eintreffen des zu untersuchenden Ereignisses wird, um so mehr werden beide Verteilungen voneinander abweichen.

Das Wahrscheinlichkeitsdiagramm für die POISSON-Verteilung mit $n = 1\,000$, $p = 0,009$; $\lambda = np = 9$ hat folgende Form:

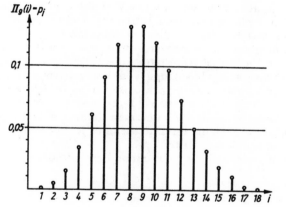

Bild 3.12

Der Einfluß der Konstanten λ auf die Wahrscheinlichkeitsverteilung soll an einem weiteren Beispiel dargestellt werden.

2. Wie lautet die POISSON-Verteilung für $N = 200$, $n = 20$, $p = 0,05$; $\lambda = 1$ (vgl. Beispiel S. 298)?

Lösung: Verteilungstabelle für die POISSON-verteilte Zufallsgröße X

$X = i$	0	1	2	3	4	5	6	7
$P(X = i) = \prod_1(i)$	0,3679	0,3679	0,1839	0,0613	0,0153	0,0031	0,0005	0,0001

Das Wahrscheinlichkeitsdiagramm hat die Form:

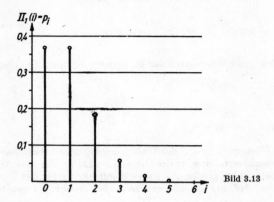

Bild 3.13

Die Verteilung der Wahrscheinlichkeiten ist hier im Gegensatz zum vorangehenden Beispiel *unsymmetrisch*. Der Parameter $\lambda = 1$ ist kleiner als im Beispiel 1. Allgemein gilt, daß die POISSON-Verteilung um so symmetrischer wird, je größer die Konstante λ ist (vgl. Tafel I).

In der Praxis finden sich auf allen Gebieten POISSON-Verteilungen. So kann man z. B. in der Medizin bei der Untersuchung von Krankheiten und Todesfällen, in der Physik bei der Untersuchung des Zerfalls von radioaktiven Substanzen, in der Bedienungstheorie bei der Untersuchung von Bedienungsprozessen, wie sie sich im Handel (Bedienung der Kunden durch Verkäufer, Abfertigung der Kunden an den Kassen), im Verkehrs- und Nachrichtenwesen (Abfertigung von Fahrzeugen und Abfertigung von Telefongesprächen usw.) ergeben, in der Statistischen Qualitätskontrolle (Fehler in Meterware, wie Garne, Stoff, Papier, Draht, Blechbänder) usw. von POISSON-verteilten Zufallsgrößen ausgehen. Als λ nimmt man dann den Wert, der angibt, wie oft das zu untersuchende Ereignis im Durchschnitt je betrachtete Zeit- oder Längeneinheit eintritt (arithmetisches Mittel).

Ein weiteres praktisches Beispiel soll die Anwendung der POISSON-Verteilung nochmals veranschaulichen.

BEISPIEL

3. In einem Betrieb wird Stoff hergestellt, der im Durchschnitt auf 100 Meter 10 Fehler enthält. In einem Konfektionsbetrieb wird dieser Stoff zur Weiterverarbeitung in Kupons von 3 Meter Länge zerschnitten.

Wie groß ist die Wahrscheinlichkeit, daß in einem Kupon von 3 Meter Länge kein Fehler enthalten ist?

Lösung: Man geht davon aus, daß in einer großen Stoffbahn der Länge $N = 100$ Meter das zu untersuchende Ereignis A (Fehler) m-mal eingetreten ist ($m = 10$ Fehler). Daraus ergibt sich im Durchschnitt

$$\frac{m}{N} = \frac{10 \text{ Fehler}}{100 \text{ m}} = 0,10 \text{ Fehler je Meter.}$$

Für eine ausgewählte Stoffbahn der Länge eines Kupons ($n = 3$ Meter) folgt dann im Mittel

$$n \cdot \frac{m}{N} = \lambda = np = 3 \cdot 0{,}10 = 0{,}30 \text{ Fehler je Kupon (3 Meter).}$$

Die Wahrscheinlichkeit dafür, daß ein Kupon von 3 Meter keinen Fehler aufweist, beträgt demnach

$$P(X = 0) = \prod_{0,30}(0) = \frac{0{,}30^0}{0!} \, e^{-0,30} = 0{,}7408 \qquad (74{,}08\%).$$

AUFGABEN

3.30. a) Wodurch unterscheidet sich die Aufgabenstellung für die hypergeometrische Verteilung von derjenigen der Binomialverteilung?
b) Wann wendet man die POISSON-Verteilung an?

3.31. Wie groß ist die Wahrscheinlichkeit dafür, daß in einer Verkaufsstelle in einer Stunde

a) genau 5 Kunden,
b) höchstens 5 Kunden,
registriert werden, wenn die Anzahl der Kunden im Mittel 64 pro Tag (8 Stunden) beträgt?

3.32. Wie groß ist die Wahrscheinlichkeit dafür, daß bei Entnahme einer Stichprobe von 10 Stück aus einem Lieferposten von 100 Stück bei einem mittleren Ausschußprozentsatz von 3%

a) genau 3 Stück Ausschuß,
b) höchstens 2 Stück Ausschuß sind?
c) Wie groß sind der Erwartungswert und die Streuung dieser Verteilung?

3.33. Die Wahrscheinlichkeit einer Knabengeburt beträgt $p = 0{,}52$, die einer Mädchengeburt $q = 0{,}48$. Wie groß ist die Wahrscheinlichkeit dafür, daß in Familien mit 4 Kindern

a) genau 2 Knaben,
b) höchstens 2 Knaben,
c) mindestens 3 Knaben,
d) alle vier Kinder Mädchen sind?

3.3.5.4. Normalverteilung

In 3.3.4.2. wurde dargestellt, daß eine *stetige Verteilung* durch die Existenz einer *nichtnegativen Funktion* f_X, die man als *Dichtefunktion, Dichte der Wahrscheinlichkeitsverteilung* oder *Dichte der Zufallsgröße X* bezeichnet, charakterisiert wird. Die Dichtefunktion f_X entspricht dabei der Beziehung (3.30) für diskrete Zufallsgrößen. Im Gegensatz zu den diskreten Verteilungen ist bei einer stetigen Zufallsvariablen die Wahrscheinlichkeit dafür, daß diese einen bestimmten Zahlenwert a annimmt, gleich Null (vgl. S. 285).
Eine der für die Praxis wichtigsten stetigen Verteilungen ist die **Normal-** oder **GAUSS-Verteilung**, die als Wahrscheinlichkeitsdichte die Funktion f_X hat:

$$\boxed{f_X : f(x) = \frac{1}{\sqrt{2\pi\sigma^2}} \, e^{-\frac{(x-\mu)^2}{2\sigma^2}} = \varphi(x; \mu, \sigma^2) \qquad (-\infty < x < +\infty)} \qquad (3.52\,\text{a})$$

mit $e = 2{,}718\,281\,828\ldots$ und $\pi = 3{,}141\,592\,653\ldots$ und dem Erwartungswert μ sowie der Streuung σ^2.
Eine Zufallsgröße X, für die eine solche Dichtefunktion der Form

$$f_X: f(x) = \varphi(x; \mu, \sigma^2)$$

existiert, bezeichnet man als **normalverteilt**. Der Erwartungswert μ und die Streuung σ^2 sind die Parameter dieser Normalverteilung. Bei bekanntem Erwartungswert μ und bekannter Streuung σ^2 ist dann die Wahrscheinlichkeitsdichte eindeutig bestimmt.
Die grafische Darstellung der Dichtefunktion $f(x) = \varphi(x; \mu, \sigma^2)$ ergibt eine zur Geraden $x = \mu$ symmetrische Kurve, deren Maximum an der Stelle $x_{max} = \mu$ und deren Wendepunkte bei $x_w = \mu \pm \sigma$ liegen. Für $x \to \pm\infty$ hat die Dichtefunktion die Abszissenachse als Asymptote. Diese Kurve, die auch als GAUSSsche **Glockenkurve** bezeichnet wird, verläuft um so steiler, je kleiner die Streuung σ^2 wird.

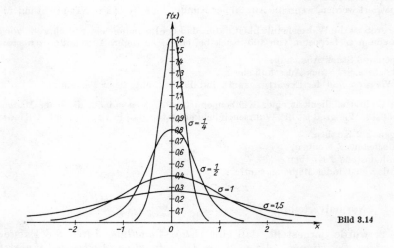

Bild 3.14

Zufallsgrößen, die einer solchen Normalverteilung unterliegen, treten vor allem in der technischen Praxis bei der Messung physikalischer Größen auf. Die Ergebnisse der sich bei bestimmten Untersuchungen wiederholenden Messungen stimmen im allgemeinen nicht überein, sondern werden um einen bestimmten Sollwert schwanken. Diese Schwankungen können einmal durch die sogenannten *systematischen Fehler* und zum anderen durch die *zufälligen Fehler* hervorgerufen werden. Während sich jedoch die systematischen Fehler, die ihre Ursache zum Beispiel in der Ungenauigkeit der Maßeinteilung, in der falschen Justierung, im ungeeigneten Standpunkt des Meßgerätes haben, nach Erkennen durch Beseitigung dieser Ursachen ausschließen lassen, ist dies bei den zufälligen Fehlern nicht möglich. Diese resultieren aus vielfältigen, nur schwer erfaßbaren Ursachen, deren jede einzelne nur einen geringen

Einfluß auf das Meßergebnis hat, wie z. B. atmosphärische Störungen, psychischer Zustand des Messenden im Moment der Messung usw.

Diese zufälligen, voneinander unabhängigen, nicht im voraus erkennbaren Fehler lassen sich also nicht beseitigen. Bei der Betrachtung und Untersuchung der Meßergebnisse zeigt sich nun bei hinreichend großer Anzahl solcher Messungen in den meisten Fällen angenähert eine Normalverteilung. Dies folgt aus dem *zentralen Grenzwertsatz*, der besagt, daß eine Zufallsgröße X *asymptotisch normalverteilt* ist mit den Parametern μ und σ^2 (abgekürzt geschrieben: $X \in N(\mu, \sigma^2)$, wenn sie aus einer *Summe voneinander unabhängiger Zufallsgrößem* X_1, X_2, ... besteht und jede dieser Zufallsgrößen X_i ($i = 1, 2, ...$) nur einen *geringen* Einfluß im Vergleich zur Gesamtwirkung der Zufallsgröße X besitzt.

Entsprechend Formel (3.36) lautet die Gleichung[1] für die **Verteilungsfunktion F_X der Normalverteilung**

$$F(x) = P(X < x) = \int_{-\infty}^{x} \varphi(z\,; \mu, \sigma^2)\,\mathrm{d}z = \frac{1}{\sqrt{2\,\pi\,\sigma^2}} \int_{-\infty}^{x} \mathrm{e}^{-\frac{(z-\mu)^2}{2\sigma^2}}\,\mathrm{d}z = \Phi(x\,; \mu, \sigma^2)$$

(3.53a)

Die Verteilungsfunktion $F(x) = \Phi(x\,; \mu, \sigma^2)$ gibt die Wahrscheinlichkeit dafür an, daß X einen Wert aus dem Intervall $(-\infty, x)$ annimmt, also einen Wert, der kleiner ist als ein vorgegebenes x.

Geometrisch stellt das die Fläche unter der Kurve $f(x) = \varphi(x\,; \mu, \sigma^2)$ von $-\infty$ bis x dar. Für das Intervall von $-\infty$ bis $+\infty$ gilt dann die Beziehung (vgl. S 286)

$$\int_{-\infty}^{+\infty} \varphi(z\,; \mu, \sigma^2)\,\mathrm{d}z = 1$$

(3.54)

Die zur Verteilungsfunktion (3.53a) gehörende Verteilung hat folgenden Verlauf:

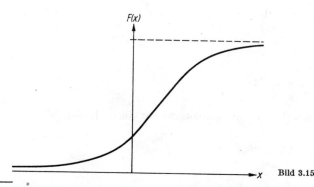

Bild 3.15

---

[1] In den folgenden Darlegungen wird für beide Funktionen der Normalverteilung nur noch die Funktionsgleichung angegeben

Bei der praktischen Anwendung dieser stetigen Verteilung geht man von der sogenannten **normierten** oder **standardisierten Normalverteilung** aus. Sie ergibt sich aus (3.52a) und 3.53a), indem in diesen Ausdrücken für die Parameter $\mu = 0$ und $\sigma^2 = 1$ gesetzt werden. Der Vorzug dieser normierten oder standardisierten Normalverteilung besteht in ihrer Tabellierbarkeit.

Die Dichte und die Verteilungsfunktion dieser *normierten Normalverteilung* $N(0;1)$ haben dann die Form:

$$\varphi(x;0,1) = \varphi(x) = \frac{1}{\sqrt{2\pi}}\, e^{-\frac{x^2}{2}} \qquad (-\infty < x < +\infty) \tag{3.52b}$$

und

$$P(X < x) = \Phi(x;0,1) = \Phi(x) = \frac{1}{\sqrt{2\pi}} \int\limits_{-\infty}^{x} e^{-\frac{z^2}{2}}\, dz \tag{3.53b}$$

Die tabellierten Funktionswerte der Funktionen $\varphi(x;0,1) = \varphi(x)$ und $\Phi(x;0,1) = \Phi(x)$ für $x \geqq 0$ sind aus den Tafeln II und III (siehe S. 380 u. 381) zu entnehmen.

Die Werte für negative x der Dichtefunktion und der Verteilungsfunktion lassen sich dann aus den Beziehungen

$$\varphi(-x) = \varphi(+x) \tag{3.55a}$$

und

$$\Phi(-x) = 1 - \Phi(+x) \tag{3.55b}$$

berechnen. Ist statt der Funktion

$$\Phi(x) = \int\limits_{-\infty}^{x} \varphi(z)\, dz$$

die Funktion

$$\Phi_0(x) = \int\limits_{0}^{x} \varphi(z)\, dz$$

tabelliert, so ergeben sich die Funktionswerte für die Verteilungsfunktion nach den Formeln

$$\Phi(+x) = 1/2 + \Phi_0(+x) \tag{3.55c}$$

und $$\Phi(-x) = 1/2 - \Phi_0(+x), \tag{3.55d}$$

da die normierte Glockenkurve symmetrisch zur Achse $x = 0$ ist und da der Flächeninhalt unter dieser Kurve nach (3.54) $A = 1$ ist.

Die Dichtefunktion und die Verteilungsfunktion haben dann folgenden Kurvenverlauf (vgl. Bild 3.16 und Bild 3.17), wie er sich aus der Wertetabelle für die Funktionswerte $\varphi(x)$ und $\Phi(x)$ ergibt:

x	$\varphi(x)$	$\Phi(x)$
$-3,9$	0,0002	0,00005
$-3,5$	0,0009	0,00023
$-3,0$	0,0044	0,00135
$-2,5$	0,0175	0,00621
$-2,0$	0,0540	0,02275
$-1,5$	0,1295	0,06681
$-1,0$	0,2420	0,15866
$-0,5$	0,3521	0,30854
$-0,2$	0,3910	0,42074
0	0,3989	0,50000
$+0,2$	0,3910	0,57926
$+0,5$	0,3521	0,69146
$+1,0$	0,2420	0,84134
$+1,5$	0,1295	0,93319
$+2,0$	0,0540	0,97725
$+2,5$	0,0175	0,99379
$+3,0$	0,0044	0,99865
$+3,5$	0,0009	0,99977
$+3,9$	0,0002	0,99995

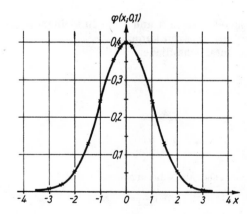

Bild 3.16. Kurve der Dichtefunktion

Neben dem auf Seite 307 dargestellten zentralen Grenzwertsatz gibt es noch weitere
Grenzwertsätze[1]) der Wahrscheinlichkeitsrechnung, die sich mit Grenzübergängen

[1]) vgl. 3.3.5.3.

von Verteilungen befassen. Als einen der wichtigsten Grenzwertsätze, der als Grenz-verteilung die Normalverteilung busitzt, soll hier auf den Satz von MOIVRE-LAPLACE verwiesen werden. Dieser Satz besagt, daß die *Binomialverteilung* $P_n(x)$ für $n \to \infty$

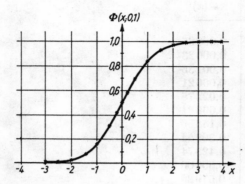

Bild 3.17. Kurve der Verteilungsfunktion

und $np \to \infty$ gegen die *Normalverteilung* mit dem *Erwartungswert* $EX = \mu = np$ und der *Streuung* $D^2 X = \sigma^2 = npq$ *konvergiert*, d. h., es gilt die Beziehung

$$P_n(i) = \binom{n}{i} p^i q^{n-i} \approx \frac{1}{\sqrt{2\pi\,npq}} \, e^{-\frac{(i-np)^2}{2npq}} = \frac{1}{\sqrt{2\pi\,\sigma^2}} \, e^{-\frac{(i-\mu)^2}{2\sigma^2}} \qquad (3.56)$$

Daraus folgt, daß man **bei hinreichend großem n und nicht zu kleinem p die Binomial-verteilung durch die Normalverteilung ersetzen kann.**
Zwei Beispiele sollen das Gesagte veranschaulichen.

BEISPIELE

1. (vgl. Beispiel 2, S. 292)

$$N = 10000, \quad n = 40; \quad p = 0,10, \quad q = 0,90$$

Lösung: Nach Formel (3.56) ergeben sich als Näherungswerte für $P_n(i)$

$$P(X = i) = P_n(i) \approx \frac{1}{\sqrt{npq}} \cdot \frac{1}{\sqrt{2\pi}} \, e^{-\frac{1}{2}\left[\frac{i-np}{\sqrt{npq}}\right]^2} =$$

$$= \frac{1}{\sqrt{npq}} \cdot \frac{1}{\sqrt{2\pi}} \, e^{-\frac{1}{2}x^2} = \frac{1}{\sqrt{npq}} \cdot \varphi(x) \qquad \text{mit} \qquad x = \frac{i - np}{\sqrt{npq}}$$

Zum Vergleich sind die Werte für die Binomialverteilung mit angegeben. Es zeigt sich hier da n verhältnismäßig klein ist, daß die Normalverteilung keine gute Annäherung ergibt.

i	$P(X = i) = P_{40}(i)$	x	$\varphi(x)$	$\dfrac{1}{\sqrt{npq}}\,\varphi(x)$
0	0,0148	−2,108	0,0433	0,0228
1	0,0657	−1,581	0,1143	0,0602
2	0,1423	−1,054	0,2265	0,1194
3	0,2003	−0,527	0,3472	0,1830
4	0,2058	0	0,3989	0,2102
5	0,1647	+0,527	0,3472	0,1830
6	0,1067	+1,054	0,2265	0,1194
7	0,0576	+1,581	0,1143	0,0602
8	0,0264	+2,108	0,0433	0,0228
9	0,0104	+2,635	0,0124	0,0065
10	0,0036	+3,162	0,0027	0,0014
11	0,0011	+3,689	0,0004	0,0002

2. Eine Produktionsserie umfaßt 1 000 000 Stück. Im Durchschnitt sind jeweils 20% der in diesem Betrieb hergestellten Erzeugnisse Ausschuß. Wie groß ist die Wahrscheinlichkeit, daß eine Lieferung von 40 000 Stück aus der Produktionsserie genau 8 240 Ausschußstücke beinhaltet?

Lösung: Nach Formel (3.56) ergibt sich

$$P(X = 8240) \approx \frac{1}{\sqrt{6400}} \cdot \frac{1}{\sqrt{2\pi}}\, e^{-\frac{1}{2}\cdot\frac{(8240-8000)^2}{6400}} = \frac{1}{80} \cdot \frac{1}{\sqrt{2\pi}}\, e^{-\frac{1}{2}\cdot 3^2} = \frac{1}{80}\,\varphi(3)$$

$$P(X = 8240) = \frac{0,0044}{80} = 0,000055 \quad (0,0055\%).$$

Nach der Binomialverteilung ergibt sich dagegen der Ansatz:

$$P_{40000}{}^{(8240)} = \binom{40000}{8240} \cdot 0,20^{8240} \cdot 0,80^{40000-8240}.$$

Diese Aufgabe ist jedoch manuell nicht lösbar; der Vorteil der Näherungsberechnung über die Normalverteilung wird damit besonders deutlich.

Für die praktische Anwendung der Normalverteilung im Rahmen der mathematischen Statistik ist sehr oft auch die Frage von Bedeutung, wie groß die Wahrscheinlichkeit ist, daß die **Abweichung** zwischen einer Zufallsgröße $X \in N(\mu, \sigma^2)$ und ihrem Erwartungswert μ absolut genommen **kleiner** als eine vorgegebene Zahl $\varepsilon = k \cdot \sigma$ ist. Es ist dann zu berechnen:

$$P(|X - \mu| < k \cdot \sigma) = P\left(\left|\frac{X - \mu}{\sigma}\right| < k\right) = P\left(-k < \frac{X - \mu}{\sigma} < +k\right) =$$

$$= P\left(\frac{X - \mu}{\sigma} < +k\right) - P\left(\frac{X - \mu}{\sigma} < -k\right). \quad (3.57)$$

Da auf Grund der Voraussetzung X eine nach $N(\mu, \sigma^2)$ verteilte Zufallsgröße ist, so ist

$$Y = \frac{X - \mu}{\sigma}$$

normalverteilt nach $N(0, 1)$, d. h. eine normalverteilte Zufallsgröße mit den Parametern $\mu = 0$ und $\sigma^2 = 1$, für die obige Wahrscheinlichkeiten

$$P(Y < +k) \quad \text{und} \quad P(Y < -k)$$

mit Hilfe der Tabelle III berechnet werden können. Es ergibt sich dann für (3.57)

$$P(|X - \mu| < k \cdot \sigma) = P(-k \cdot \sigma < X - \mu < +k \cdot \sigma) =$$

$$= \Phi(k) - \Phi(-k) = \Phi(k) - [1 - \Phi(k)],$$

also

$$\boxed{P(|X - \mu| < k \cdot \sigma) = 2\Phi(k) - 1 = 2\Phi_0(k)} \qquad (3.58\,\text{a})$$

Für $k = 1, 2, 3$ erhält man die Wahrscheinlichkeit dafür, daß die Zufallsgröße X Werte im **einfachen, doppelten** oder **dreifachen** Streuungsbereich annimmt. Es ergeben sich folgende, für die Praxis wichtigen Tatsachen:

$$k = 1: P(|X - \mu| < 1 \cdot \sigma) = 2\Phi(1) - 1 = 1{,}68268 - 1 = 0{,}68268,$$

das heißt, **68,27%** aller Werte liegen im **einfachen** Streuungsbereich, bzw. 68,27% der Gesamtfläche unter der GAUSSschen Glockenkurve liegen zwischen $\mu - \sigma$ und $\mu + \sigma$.

$$k = 2: P(|X - \mu| < 2 \cdot \sigma) = 2\Phi(2) - 1 = 1{,}95450 - 1 = 0{,}95450,$$

das heißt, **95,45%** aller Werte liegen im **doppelten** Streuungsbereich, bzw. 95,45% der Gesamtfläche unter der GAUSSschen Glockenkurve liegen zwischen $\mu - 2\sigma$ und $\mu + 2\sigma$.

$$k = 3: P(|X - \mu| < 3 \cdot \sigma) = 2\Phi(3) - 1 = 1{,}99730 - 1 = 0{,}99730,$$

das heißt, **99,73%** aller Werte der Zufallsgröße X (fast alle) liegen im **dreifachen** Streuungsbereich, bzw. 99,73% der Gesamtfläche unter der GAUSSschen Glockenkurve liegen zwischen $\mu - 3\sigma$ und $\mu + 3\sigma$ (siehe Bilder 3.18 bis 3.20).
Analog dazu ergibt sich bei vorgegebener Wahrscheinlichkeit aus Formel (3.58a) nach Auflösen nach $\Phi(k)$ und Ablesen des Argumentes k aus der Tabelle III der gesuchte Streuungsbereich

$$\boxed{\Phi(k) = \frac{P(|X - \mu| < k \cdot \sigma) + 1}{2}} \qquad (3.59)$$

Für $P(|X - \mu| < k \cdot \sigma) = 0{,}80$:

$$\Phi(k) = \frac{0{,}80 + 1}{2} = 0{,}90$$

$$k = 1{,}282\,,$$

das heißt, 80% aller Werte der Zufallsgröße X liegen im Streuungsbereich zwischen $\mu - 1{,}282 \cdot \sigma$ und $\mu + 1{,}282 \cdot \sigma$.

Für $P(|X - \mu| < k \cdot \sigma) = 0{,}90$:

$$\Phi(k) = \frac{0{,}90 + 1}{2} = 0{,}95$$

$$k = 1{,}645\,,$$

das heißt, 90% aller Werte von X liegen im Streuungsbereich zwischen $\mu - 1{,}645 \cdot \sigma$ und $\mu + 1{,}645 \cdot \sigma$.

Für $P(|X - \mu| < k \cdot \sigma) = 0{,}95$:

$$\Phi(k) = 0{,}975$$

$$k = 1{,}960\,,$$

das heißt, 95% aller Werte von X liegen im Streuungsbereich zwischen $\mu - 1{,}960 \cdot \sigma$ und $\mu + 1{,}960 \cdot \sigma$.

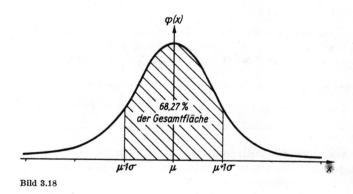

Bild 3.18

Für die praktische Anwendung der Wahrscheinlichkeitsrechnung in der mathematischen Statistik sind einige weitere Beziehungen von Wichtigkeit, auf deren Herleitung in diesem Rahmen jedoch verzichtet werden soll.

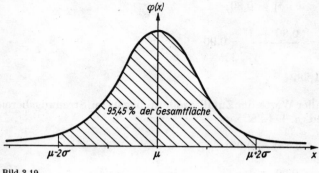

Bild 3.19

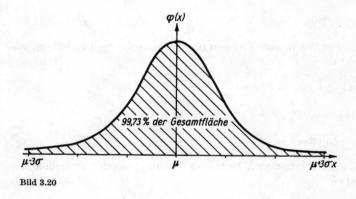

Bild 3.20

Aus Formel (3.58a) erhält man für die Wahrscheinlichkeit, daß die Abweichung zwischen der Zufallsgröße $X \in N(\mu, \sigma^2)$ und ihrem Erwartungswert μ absolut genommen kleiner als ein vorgegebenes ε ist (vgl. S. 312, Formel (3.58a)),

$$P(|X - \mu| < \varepsilon) = P(-\varepsilon < X - \mu < + \varepsilon) = 2\,\Phi\left(\frac{\varepsilon}{\sigma}\right) - 1 = 2\,\Phi_0\left(\frac{\varepsilon}{\sigma}\right) \qquad (3.58\,\mathrm{b})$$

Geht man aber von einer standardisiert normalverteilten Zufallsgröße $X[X \in N(0, 1)]$ aus, so beträgt die Wahrscheinlichkeit dafür, daß diese Zufallsgröße X dem Intervall $(-k, +k)$ angehört, daß also gilt

$$|X| < k$$

$$P(|X| < k) = \int\limits_{-k}^{+k} \varphi(z)\,\mathrm{d}z = \Phi(k) - \Phi(-k) = \Phi(k) - [1 - \Phi(k)],$$

d. h.,

$$P(|X| < k) = P(|X| \leq k) = P(-k \leq X \leq +k) = 2\,\Phi(k) - 1 = 2\Phi_0(k)$$

(3.60)

Ist ein Intervall mit beliebigen Grenzen t_1 und t_2 $(t_1 < t_2)$ gegeben, so lautet die Wahrscheinlichkeit dafür, daß eine normalverteilte Zufallsgröße X mit den Parametern μ und σ^2 innerhalb dieses Intervalls (t_1, t_2) liegt

$$P(t_1 \leqq X \leqq t_2) = \Phi\left(\frac{t_2 - \mu}{\sigma}\right) - \Phi\left(\frac{t_1 - \mu}{\sigma}\right)$$

(3.61)

Die folgenden Beispiele sollen die formale und praktische Anwendung der oben dargestellten Formeln und Zusammenhänge zeigen.

BEISPIELE

3. Wie groß ist die Wahrscheinlichkeit dafür, daß eine Zufallsgröße X mit dem Erwartungswert $\mu = 50$ cm und dem Streuungsmaß $\sigma = 10$ cm

   a) im Intervall (45 cm ; 55 cm) liegt,
   b) unterhalb 45 cm,
   c) oberhalb 60 cm,
   d) um mehr als 5 cm vom Erwartungswert abweicht?

Lösung:

a) Nach (3.61) gilt

$$P(45 \leqq X \leqq 55) = \Phi\left(\frac{55 - 50}{10}\right) - \Phi\left(\frac{45 - 50}{10}\right) = \Phi(0{,}5) - \Phi(-0{,}5) =$$

$$= 2\Phi(0{,}5) - 1 = 2 \cdot 0{,}69146 - 1 = 0{,}38292 \quad (38{,}29\%).$$

b) $\quad P(-\infty < X < 45) = \Phi\left(\frac{45 - 50}{10}\right) - \Phi\left(\frac{-\infty - 50}{10}\right) = \Phi(-0{,}5) - \Phi(-\infty) =$

$$= 1 - \Phi(0{,}5) - 0 = 1 - 0{,}69146 = 0{,}30854 \quad (30{,}85\%).$$

c) $\quad P(60 < X < +\infty) = 1 - \Phi(1) = 1 - 0{,}84134 = 0{,}15866 \quad (15{,}87\%).$

d) nach (3.58b) folgt

$$P(|X - \mu| > 5) = 1 - P(|X - \mu| \leqq 5) = 1 - \left[2\Phi\left(\frac{5}{10}\right) - 1\right] =$$

$$= 2 - 2 \cdot 0{,}69146 = 0{,}61708 \quad (61{,}71\%).$$

4. Wie groß ist die Wahrscheinlichkeit dafür, daß die Zufallsgröße $X \in N(0, 1)$ im Intervall $(-3; +3)$ liegt?

Lösung: Nach (3.60) gilt

$$P(|X| \leqq 3) = 2\Phi(3) - 1 = 2 \cdot 0,99865 - 1 = 0,99730$$

$$(99,73\% \triangleq 3\text{-Sigma-Bereich}).$$

5. Wie groß muß der Streuungsbereich einer normalverteilten Zufallsgröße X sein, damit er 60% aller Werte umfaßt?

Lösung: Nach (3.59) ergibt sich

$$\Phi(k) = \frac{0,60 + 1}{2} = 0,80$$

$$k = 0,842.$$

Der Streuungsbereich liegt zwischen $\mu - 0,842 \cdot \sigma$ und $\mu + 0,842 \cdot \sigma$.

6. Auf einer automatisch arbeitenden Drehmaschine werden Wellen bestimmter Abmessung hergestellt. Die Länge der Wellen sei eine normalverteilte Zufallsgröße X mit $\mu = 35,21$ cm und $\sigma = 3,50$ cm. Wie groß ist die Wahrscheinlichkeit, daß die Zufallsgröße X

a) zwischen 31,71 cm und 38,71 cm,
b) unterhalb 30 cm,
c) oberhalb 35,21 cm,
d) außerhalb des geforderten Toleranzbereiches (27,21 cm; 43,21 cm) liegt?

Lösung:

a) Nach (3.61) ergibt sich

$$P(31,71 \leqq X \leqq 38,71) = \Phi(1) - [1 - \Phi(1)] = 2\Phi(1) - 1 = 2 \cdot 0,84134 - 1 =$$

$$= 0,68268 \quad (68,27\%; \text{ einfacher Streuungsbereich})$$

b) $$P(-\infty < X < 30) = \Phi(-1,489) - 0 = 0,06824 \quad (6,82\%)$$

c) $$P(35,21 \leqq X < +\infty) = \Phi(+\infty) - \Phi(0) = 1 - 0,5 = 0,5 \quad (50\%)$$

d) $$1 - P(27,21 \leqq X \leqq 43,21) = 2 - 2\Phi(2,286) = 2 - 2 \cdot 0,98887 = 0,02226$$

$$(2,23\%).$$

AUFGABEN

3.34. Es ist ein Beispiel aus der Praxis für die Normalverteilung anzugeben.
3.35. Unter welcher Bedingung geht die Binomialverteilung in die Normalverteilung über?
3.36. In einem Betrieb werden Spezialschrauben hergestellt. Die Länge der Schrauben ist eine normalverteilte Zufallsgröße X mit dem Erwartungswert $EX = 225,7$ mm und einem Streuungsmaß $\sigma = 1,5$ mm.
   Wie groß ist die Wahrscheinlichkeit dafür, daß
   a) die Länge der Schrauben um weniger als 2,5 mm vom Erwartungswert EX abweicht,
   b) die Länge der Schrauben zwischen 224,0 mm und 227,0 mm liegt,

c) die Länge der Schrauben größer ist als 226,0 mm,

d) die Länge der Schrauben um mehr als 2,5 mm vom Erwartungswert EX abweicht,

e) die Länge der Schrauben kleiner als 222,0 mm ist?

3.37. Wie groß muß der Streuungsbereich sein, damit er

a) 50%,

b) 75%,

c) 85% aller Werte der Zufallsgröße umfaßt?

3.4. Statistische Auswertung von Meßergebnissen

3.4.1. Stichprobe und Grundgesamtheit

In der mathematischen Statistik spielt die Untersuchung von Massenerscheinungen in Natur, Gesellschaft und Technik eine große Rolle. Eine Hauptaufgabe der mathematischen Statistik besteht darin, ausgehend von n Ergebnissen der Beobachtungen einer Massenerscheinung, wissenschaftliche Aussagen über die Beschaffenheit dieser Erscheinung zu erhalten. Man faßt dabei diese n Beobachtungswerte als *Realisierungen* $x_1, x_2, \ldots, x_n$ einer Zufallsgröße X auf und bezeichnet diese n-fache Realisierung als eine **Stichprobe** aus der **Grundgesamtheit**[1] X. Die Anzahl n der Beobachtungen (Realisierungen) heißt der *Umfang* dieser Stichprobe.

Mit Hilfe der Methoden der mathematischen Statistik kann man, von der Stichprobe und ihren Eigenschaften ausgehend, auf die unbekannten Eigenschaften der Grundgesamtheit, d. h. auf die **Verteilung der Grundgesamtheit**, schließen.

Die Stichproben haben besonders in der *statistischen Qualitätskontrolle* eine große Bedeutung. Ist es doch in der Praxis aus technischen und ökonomischen Gründen unmöglich, z. B. die gesamte Produktion eines Betriebes (Grundgesamtheit) auf ihre Qualität hin zu überprüfen. Man ist daher stets gezwungen, sich auf eine Auswahl (Stichprobe) aus der Gesamtproduktion (Grundgesamtheit) zu beschränken. Die Wahl der Elemente der Stichprobe aus der Grundgesamtheit kann dabei verschiedenartig erfolgen. Es sollen in diesen Ausführungen jedoch nur solche Fälle betrachtet werden, bei denen es sich um eine reine Zufallsauswahl handelt. Darunter versteht man, daß jedes Element der Grundgesamtheit die Möglichkeit und gleiche Chance besitzen muß, als Stichprobenelement ausgewählt zu werden.

Außer auf dem Gebiet der statistischen Qualitätskontrolle finden die Stichproben auch auf anderen Gebieten Anwendung, z. B. in der Statistik der Wirtschaftsrechnungen zur Ermittlung der Ausgabenstruktur in den verschiedenen Haushalts- und Einkommensgruppen, in der Einkommensstatistik zur Ermittlung der Einkommensstruktur, in der Bevölkerungsstatistik, in der Medizinalstatistik usw.

3.4.2. Empirische Mittelwerte

Zur Charakterisierung einer Stichprobe, die aus einer Folge von Meßwerten besteht, bedient man sich bestimmter Kenngrößen, die man als *statistische Maßzahlen* bezeichnet. Mit Hilfe einer solchen Maßzahl kann man die Meßwerte durch einen ein-

---

[1] Eine Grundgesamtheit, die in bezug auf **eine** Zufallsgröße untersucht wird, heißt auch eindimensionale Grundgesamtheit; sind **zwei** Zufallsgrößen für die Grundgesamtheit bestimmend, dann heißt diese zweidimensional (vgl. 3.4.5. und 3.4.6.6.).

zigen Wert charakterisieren und somit eine Beschreibung und einen Vergleich verschiedener Folgen, die dasselbe Merkmal betreffen (z. B. Zugfestigkeit, Durchmesser, Montageleistung, Brenndauer, Bearbeitungszeit, Umsatz, Einkommen usw.) ermöglichen. Die wichtigste Maßzahl ist der *Mittelwert*. In den folgenden Ausführungen sollen die in der Praxis gebräuchlichsten Mittelwerte

> das **arithmetische Mittel** $\bar{x}$
> der **Median** oder **Zentralwert** $\tilde{x}$
> der **Mode**, das **Dichtemittel** oder der **häufigste Wert** D
> das **geometrische Mittel** $\hat{x}$

betrachtet werden. Welcher Mittelwert im einzelnen bei einer statistischen Untersuchung heranzuziehen ist, hängt jeweils von der zu untersuchenden Erscheinung, von dem Zahlenmaterial und vom Untersuchungszweck ab.

3.4.2.1.   Arithmetisches Mittel $\bar{x}$

Das **arithmetische Mittel** einer Folge von Beobachtungswerten ist der in der statistischen Praxis bekannteste und am häufigsten benutzte Mittelwert. Er wird im allgemeinen Sprachgebrauch auch als Durchschnittswert bezeichnet und findet Anwendung zum Beispiel bei der Berechnung des mittleren (durchschnittlichen) Materialverbrauchs, der mittleren Produktion innerhalb eines bestimmten Zeitraumes, des mittleren Tagesumsatzes einer Verkaufsstelle, bei der Ermittlung des durchschnittlichen Monatslohnes pro Arbeiter, des durchschnittlichen Pro-Kopf-Verbrauchs an bestimmten Waren, der Durchschnittsgröße von Personen sowie bei der Berechnung des Durchschnitts vieler technischer Folgen von Meßwerten.

> Faßt man gemäß 3.4.1. die n Meßwerte x_i $(i = 1, 2, \ldots, n)$ als eine *Stichprobe* aus einer *Grundgesamtheit* X auf, so kann man das **arithmetische Mittel** $\bar{x}$ der **Stichprobe** als eine **Schätzung** des Erwartungswertes $EX = \mu$ der Größe X ansehen.

Formelmäßig wird das *arithmetische Mittel* aus n Beobachtungswerten $x_1, x_2, \ldots, x_n$ wie folgt definiert:

$$\bar{x} = \frac{x_1 + x_2 + \cdots + x_n}{n} = \frac{1}{n}(x_1 + x_2 + \cdots + x_n).$$

Unter Verwendung des Summenzeichens erhält man

$$\bar{x} = \frac{\sum\limits_{i=1}^{n} x_i}{n} = \frac{1}{n} \sum\limits_{i=1}^{n} x_i \tag{3.62}$$

das heißt, das arithmetische Mittel ergibt sich aus der *Summe* aller Beobachtungswerte, dividiert durch ihre Anzahl.

BEISPIEL

1. Bei der Untersuchung der Zugfestigkeit σ_B von Formstahl M 20 wurden folgende Meßwerte gefunden.

(MPa): 375   412   393   428   369
        385   398   389   371   384

Man berechne die mittlere Zugfestigkeit aus diesen Meßwerten.

Lösung: Nach Formel (3.62) ergibt sich

$$\bar{x} = \frac{1}{10} (375 + 412 + 393 + 428 + 369 + 385 + 398 + 389 + 371 + 384)$$

$$\bar{x} = 390,4$$

Die mittlere Zugfestigkeit beträgt 390,4 MPa.

In der Formel (3.62) sowie in dem Beispiel 1 wurde bei der Berechnung des arithmetischen Mittels von der **Urliste** ausgegangen, die die beobachteten Meßwerte in der Reihenfolge enthält, wie sie sich bei der Beobachtung (Messung) ergeben. Da bei Stichproben großen Umfanges diese Urliste jedoch sehr umfangreich ist, ist es bei praktischen Berechnungen nicht günstig, auf diese Liste zurückzugreifen und die Ermittlung des arithmetischen Mittels nach der Formel (3.62) vorzunehmen. Man geht in diesen Fällen besser von einer **primären Verteilungstafel** aus. Diese *primäre Verteilungstafel* ergibt sich aus der Urliste, indem man die *Beobachtungswerte* (Merkmalswerte) der *Größe nach ordnet* und zu jedem *auftretenden Merkmalswert* x_i ($i = 1, 2, \ldots, k$) angibt, wie *oft er beobachtet* wurde (*absolute Häufigkeit*). Man gelangt dann auf das gleiche arithmetische Mittel, wenn man — statt nach Formel (3.62) zu rechnen — jeden *Merkmalswert* mit seiner *absoluten Häufigkeit (Gewicht)* multipliziert, diese *Produkte addiert* und *durch* die *Gesamtzahl aller* in die Untersuchung einbezogenen *Beobachtungswerte*, das heißt *durch* die *Summe aller absoluten Häufigkeiten*, dividiert.
Bezeichnet man die k unterschiedlichen Merkmalswerte mit x_i ($i = 1, 2, \ldots, k$), die *absolute Häufigkeit* ihres Auftretens mit h_i, so erhält man für das **arithmetische Mittel**

$$\bar{x} = \frac{x_1 \cdot h_1 + x_2 \cdot h_2 + \cdots + x_k \cdot h_k}{h_1 + h_2 + \cdots + h_k}$$

$$\boxed{\bar{x} = \frac{\sum\limits_{i=1}^{k} x_i h_i}{N} \quad \text{mit} \quad N = \sum\limits_{i=1}^{k} h_i} \tag{3.63a}$$

Diese Form bezeichnet man auch als *gewogenes arithmetisches Mittel*.

BEISPIEL

2. Die Untersuchung der Bearbeitungzeit von 20 Stück eines bestimmten Erzeugnisses ergab folgende Urliste:

Stück- nummer	Bearbeitungs- zeit in min	Stück- nummer	Bearbeitungs- zeit in min
1	5,3	11	5,3
2	6,2	12	5,5
3	5,8	13	6,1
4	5,3	14	5,3
5	5,8	15	4,8
6	4,9	16	5,2
7	5,3	17	5,3
8	5,8	18	6.1
9	5,8	19	4,9
10	4,9	20	5,2

Es ist die mittlere Bearbeitungszeit je Stück dieses Erzeugnisses zu berechnen.

Lösung: Ausgehend von der Urliste ergibt sich das arithmetische Mittel nach der Formel (3.62)

$$\bar{x} = \frac{1}{20} \, (5,3 + 6,2 + 5,8 + \cdots + 6,1 + 4,9 + 5,2)$$

$$\bar{x} = \frac{108,8}{20} = 5,44.$$

Die mittlere Bearbeitungszeit beträgt 5,44 min.

Da die einzelnen Bearbeitungszeiten (Merkmalswerte) mehrmals auftreten, kann folgende **primäre Verteilungstafel** aufgestellt werden:

① Nr. des Merk- malswertes (i)	② Bearbeitungs- zeit in min (x_i)	③ absolute Häufigkeit (h_i)	④ $x_i h_i$
1	4,8	1	4,8
2	4,9	3	14,7
3	5,2	2	10,4
4	5,3	6	31,8
5	5,5	1	5,5
6	5,8	4	23,2
7	6,1	2	12,2
8	6,2	1	6,2
$k = 8$		$N = 20$	$\sum\limits_i x_i h_i = 108,8$

Diese Verteilungstafel ermöglicht eine vorteilhafte Berechnung der Produkte $x_i h_i$; aus den Summen aller Elemente der 3. sowie der 4. Spalte ergibt sich der Quotient für die Ermittlung für $\bar{x}$.

$$\bar{x} = \frac{108,8}{20} = 5,44$$

Bei vielen praktischen Aufgabenstellungen ist das zu untersuchende Zahlenmaterial *weder in Form der Urliste noch in Form der primären Verteilungstafel* gegeben. Es liegt dann *gruppiertes Zahlenmaterial* in Form einer **sekundären Verteilungstafel (Häufigkeitstabelle)** vor (vgl. Tabelle im 3. Bsp.). Aus dieser Häufigkeitstabelle berechnet man das arithmetische Mittel analog zur Formel (3.63a), wobei anstelle der Meßwerte (Merkmalswerte) x_i die jeweilige **Klassenmitte (Gruppenmitte)** m_i anzusetzen und mit der absoluten Häufigkeit h_i, die dann die Anzahl der Meßwerte in der jeweiligen Klasse angibt, zu multiplizieren ist. Die Meßwerte innerhalb einer Klasse werden in diesem Falle durch die Klassenmitte repräsentiert. Dies setzt voraus, daß sich die *Merkmalswerte gleichmäßig* über jede Klasse verteilen. Da dies bei praktischen Aufgaben nicht immer gegeben ist, wird das auf der Grundlage der sekundären Verteilungstafel berechnete arithmetische Mittel von dem aus der Urliste ermittelten geringfügig abweichen.
Die Formel (3.63a) geht bei Berechnung des arithmetischen Mittels aus der *Häufigkeitstabelle* über in

$$\bar{x} = \frac{1}{N} \sum_{i=1}^{k} m_i h_i \quad \text{mit} \quad N = \sum_{i=1}^{k} h_i \tag{3.63 b}$$

BEISPIEL

3. Auf einer Drehmaschine werden Wellen bestimmter Abmessung hergestellt. Zur Kontrolle werden die Durchmesser überprüft. Es ergibt sich dabei folgende sekundäre Verteilungstafel (Häufigkeitstabelle) für die in mm gemessenen Durchmesser:

Nr. der Klasse (i)	Klassengrenzen in mm	absolute Häufigkeit in Stück (h_i)
1	1 015 ⋯ 1 020	2
2	1 020 ⋯ 1 025	5
3	1 025 ⋯ 1 030	18
4	1 030 ⋯ 1 035	32
5	1 035 ⋯ 1 040	35
6	1 040 ⋯ 1 045	20
7	1 045 ⋯ 1 050	8

Es ist der mittlere Durchmesser zu berechnen.

Lösung: Da die einzelnen Beobachtungswerte nicht bekannt sind, werden alle Meßwerte innerhalb einer Klasse durch die jeweilige Klassenmitte ersetzt. Man geht von der Annahme aus, daß sich die Beobachtungswerte einer jeden Klasse angenähert gleichmäßig auf die Klasse verteilen und somit die Klassenmitte als Mittelwert der Elemente einer jeden Klasse aufgefaßt werden kann. Damit ergibt sich folgendes Rechenschema:

Nr. der Klasse (i)	Klassengrenzen in mm	Klassenmitte (m_i)	absolute Häufigkeit (h_i)	$m_i h_i$
1	1 015 ⋯ 1 020	1 017,5	2	2 035,0
2	1 020 ⋯ 1 025	1 022,5	5	5 112,5
3	1 025 ⋯ 1 030	1 027,5	18	18 495,0
4	1 030 ⋯ 1 035	1 032,5	32	33 040,0
5	1 035 ⋯ 1 040	1 037,5	35	36 312,5
6	1 040 ⋯ 1 045	1 042,5	20	20 850,0
7	1 045 ⋯ 1 050	1 047,5	8	8 380,0
			$N = 120$	$\sum\limits_i m_i h_i = 124\,225{,}0$

$$\bar{x} = \frac{1}{120} \cdot 124\,225{,}0 = 1\,035{,}21$$

Der mittlere Durchmesser beträgt 1 035,21 mm.

Fällt bei der Gruppierung des Urmaterials ein Meßwert auf eine Klassengrenze, so wird je ein halber Wert den beiden angrenzenden Klassen zugeordnet. Um eine eindeutige Eingruppierung zu erreichen, können die Klassen auch wie folgt gebildet werden:

$$1\,015 \ldots \text{unter } 1\,020$$

$$1\,020 \ldots \text{unter } 1\,025 \text{ usw.}$$

Eine derartige Gruppierung findet sich vor allem bei ökonomischen Untersuchungen.

Die mathematischen Eigenschaften des arithmetischen Mittels

Die im folgenden hergeleiteten mathematischen Eigenschaften dienen einerseits der vereinfachten Berechnung des arithmetischen Mittels und bilden andererseits die Grundlage bestimmter Aufgabenstellungen.

1. Eigenschaft

Die Summe der Abweichungen der einzelnen Beobachtungswerte vom arithmetischen Mittel ist gleich Null (**Schwerpunkteigenschaft** des arithmetischen Mittels).

$$\sum_{i=1}^{k} (x_i - \bar{x}) h_i = 0 \tag{3.64}$$

Beweis:

$$\sum_{i=1}^{k} (x_i - \bar{x}) h_i = \sum_{i=1}^{k} x_i h_i - \bar{x} \sum_{i=1}^{k} h_i = \sum_{i=1}^{k} x_i h_i - \bar{x} \cdot N =$$

$$= \sum_{i=1}^{k} x_i h_i - \left(\frac{1}{N} \sum_{i=1}^{k} x_i h_i \right) \cdot N = \sum_{i=1}^{k} x_i h_i - \sum_{i=1}^{k} x_i h_i = 0.$$

2. Eigenschaft

Subtrahiert man von den zu mittelnden Beobachtungswerten dieselbe konstante Zahl c, so ändert sich auch das arithmetische Mittel um diese Zahl c.

$$\frac{1}{N} \sum_{i=1}^{'} (x_i - c) h_i = \bar{x} - c \qquad (3.65)$$

Diese Eigenschaft wird zur vereinfachten Berechnung des arithmetischen Mittels angewendet. Für das Beispiel 3 ergibt sich dann mit $c = 1032{,}5$ folgendes vereinfachtes Rechenschema:

Nr. der Klasse (i)	Klassenmitte (m_i)	reduzierte Klassenmitte $(m_i - c)$	Häufigkeit (h_i)	$(m_i - c) h_i$
1	1 017,5	-15	2	-30
2	1 022,5	-10	5	-50
3	1 027,5	$- 5$	18	-90
4	1 032,5	0	32	0
5	1 037,5	$+ 5$	35	$+175$
6	1 042,5	$+10$	20	$+200$
7	1 047,5	$+15$	8	$+120$
			$N = 120$	$\sum_i (m_i - c) h_i = 325$

$$\bar{x} = \frac{1}{120} \cdot 325 + 1032{,}5 = 1035{,}21$$

3. Eigenschaft

Multipliziert man die zu mittelnden Beobachtungswerte x_i mit derselben konstanten Zahl c, so multipliziert sich auch das arithmetische Mittel mit dieser Zahl c.

$$\frac{1}{N} \sum_{i=1}^{k} c \cdot x_i h_i = c \cdot \bar{x} \qquad (3.66)$$

4. Eigenschaft

Dividiert (multipliziert) man alle Häufigkeiten mit derselben konstanten Zahl c, so ändert sich das arithmetische Mittel nicht.

$$\frac{\sum\limits_{i=1}^{k} x_i \cdot \dfrac{h_i}{c}}{\sum\limits_{i=1}^{k} \dfrac{h_i}{c}} = \bar{x} \tag{3.67}$$

5. Eigenschaft

Das arithmetische Mittel besitzt die **quadratische Minimumeigenschaft,** d. h., die *Summe der Quadrate der Abstände* aller Beobachtungswerte vom *arithmetischen Mittel* ist *kleiner* als die Summe der Quadrate der Abstände von irgendeinem anderen Wert.

$$\sum_{i=1}^{k} (x_i - \bar{x})^2 h_i = \text{Minimum} \tag{3.68}$$

Beweis:

Man geht aus von

$$S(a) = \sum_{i=1}^{k} (x_i - a)^2 h_i$$

und untersucht, für welchen Wert von a die Funktion S ein Minimum hat (Extremwertaufgabe). Die Lösung ergibt sich, indem die Funktion S nach a differenziert und die erste Ableitung gleich Null gesetzt wird.

$$S'(a) = \frac{\mathrm{d}S(a)}{\mathrm{d}a} = \frac{\mathrm{d}}{\mathrm{d}a} \sum_{i=1}^{k} (x_i - a)^2 h_i = \sum_{i=1}^{k} \frac{\mathrm{d}}{\mathrm{d}a} (x_i - a)^2 h_i =$$

$$= \sum_{i=1}^{k} 2(x_i - a) h_i (-1) = -2 \sum_{i=1}^{k} (x_i - a) h_i$$

Aus $S'(a) = 0$ folgt

$$-2 \sum_{i=1}^{k} (x_i - a) h_i = 0$$

$$\sum_{i=1}^{k} x_i h_i - a \sum_{i=1}^{k} h_i = 0$$

$$a = \frac{\sum\limits_{i=1}^{k} x_i h_i}{\sum\limits_{i=1}^{k} h_i} = \bar{x},$$

das heißt, für $a = \overline{x}$ nimmt die Funktion S einen Extremwert an. Die Art des Extremums wird an Hand der 2. Ableitung untersucht.

$$S''(a) = -2 \sum_{i=1}^{k} (-1) h_i = 2 \sum_{i=1}^{k} h_i = 2N$$

Da stets $N > 0$, folgt hieraus für die 2. Ableitung $S'' > 0$. Dies stellt aber die Bedingung für ein Minimum dar. Die Ausgangsfunktion S hat daher an der Stelle

$$a = \overline{x}$$

ein Minimum.

6. Eigenschaft

Das arithmetische Mittel einer *Gesamtmasse* ist gleich dem *gewogenen arithmetischen Mittel* der *gemittelten Teilmassen*, wobei die Zahl der Elemente (genannt „Umfang") dieser Teilmassen die Häufigkeiten (Gewichte) darstellt.

$$\overline{x} = \frac{\overline{x}_1 \cdot N_1 + \overline{x}_2 \cdot N_2}{N_1 + N_2} \qquad (3.69)$$

Beweis:

1. Teilmasse: Umfang $N_1 = \sum_{i=1}^{s} h_i$; $\overline{x}_1 = \frac{1}{N_1} \sum_{i=1}^{s} x_i h_i$

2. Teilmasse: Umfang $N_2 = \sum_{i=s+1}^{k} h_i$; $\overline{x}_2 = \frac{1}{N_2} \sum_{i=s+1}^{k} x_i h_i$

Gesamtmasse: Umfang $N = \sum_{i=1}^{k} h_i$; $\overline{x} = \frac{1}{N} \sum_{i=1}^{k} x_i h_i$

$$\frac{\overline{x}_1 \cdot N_1 + \overline{x}_2 \cdot N_2}{N_1 + N_2} = \frac{\left[\frac{1}{N_1} \sum_{i=1}^{s} x_i h_i \right] \cdot N_1 + \left[\frac{1}{N_2} \sum_{i=s+1}^{k} x_i h_i \right] \cdot N_2}{N_1 + N_2} =$$

$$= \frac{\sum_{i=1}^{s} x_i h_i + \sum_{i=s+1}^{k} x_i h_i}{N} = \frac{1}{N} \sum_{i=1}^{k} x_i h_i = \overline{x}.$$

AUFGABE

3.38. Es ist das arithmetische Mittel aus folgenden Zahlen zu berechnen (Vereinfachungsmöglichkeit beachten!):

a)

x_i	3	4	7	8	11
h_i	2	1	3	5	2

b)

x_i	253	268	259	269	273	264
h_i	11	17	19	8	15	11

3.39. Man führe die Beweise zu folgenden mathematischen Eigenschaften des arithmetischen Mittels

a)
$$\frac{1}{N} \sum_{i=1}^{k} (x_i - c) h_i = \bar{x} - c,$$

b)
$$\frac{1}{N} \sum_{i=1}^{k} c \cdot x_i h_i = c \cdot \bar{x},$$

c)
$$\frac{\sum\limits_{i=1}^{k} x_i \cdot \dfrac{h_i}{c}}{\sum\limits_{i=1}^{k} \dfrac{h_i}{c}} = \bar{x}.$$

3.4.2.2.   Zentralwert oder Median $\tilde{x}$[1])

Neben dem bisher behandelten arithmetischen Mittel $\bar{x}$, bei dem die einzelnen Meßwerte $x_1, x_2, \ldots, x_n$ *wertmäßig* in die Berechnung des Mittels eingehen, gibt es noch weitere Mittelwerte als wichtige Kenngrößen zur Charakterisierung von Meßwerten, bei denen jedoch nur die *Stellung*, das heißt die *Lage der einzelnen Beobachtungswerte zueinander*, von Bedeutung ist.

Zu dieser Gruppe gehört der **Median** oder **Zentralwert**, zu dessen Ermittlung die Meßwerte der Urliste der Größe nach zu ordnen sind.

In der statistischen Praxis wird der *Zentralwert* angewendet und dem arithmetischen Mittel vorgezogen, wenn

a) bei gruppiertem Material die *untere* bzw. *obere Grenze* der beiden *äußersten Klassen* fehlt (*offene Flügelgruppen*),

b) unter den Beobachtungswerten einige *extreme Werte* auftreten, die das arithmetische Mittel stark beeinflussen und es zu einer *fiktiven Größe* machen würden,

c) *wertmäßige Veränderungen* der Meßwerte *unterhalb* und *oberhalb* des Mittelwertes sich *nicht* auf diesen auswirken sollen.

Der *Zentralwert* $\tilde{x}$ einer aus n Meßwerten $x_1, x_2, \ldots, x_n$ bestehenden Folge ist dann derjenige Wert, der die **nach der Größe** der einzelnen Meßwerte **geordnete Folge halbiert**.

Für eine geordnete Folge von Meßwerten mit einer **ungeraden Anzahl** von Beobachtungswerten ist danach der **Median** der **mittelste** Zahlenwert, dessen Ordnungszahl man nach der Vorschrift

$$\boxed{\dfrac{n+1}{2}}$$

(3.70a)

(n Anzahl der Meßwerte) findet.

[1]) $\tilde{x}$: gelesen „x Schlange" oder „x Tilde"

Für eine geordnete Folge von Meßwerten mit einer **geraden Anzahl** von Beobachtungen gibt es nicht nur einen, sondern **zwei mittlere** Zahlenwerte, deren Ordnungszahlen sich nach den Vorschriften

$$\frac{n}{2} \quad \text{und} \quad \frac{n}{2} + 1 \qquad\qquad (3.70\,\text{b})$$

ergeben, wobei n wieder die Anzahl der Meßwerte darstellt.

In diesem Falle wird das arithmetische Mittel aus diesen beiden mittleren Zahlenwerten als Zentralwert oder Median $\tilde{x}$ gebildet.

BEISPIELE

1. Wie groß ist der Median für die Meßreihe des Beispiels 1 in 3.4.2.1. (Zugfestigkeit von Formstahl M 20)?

   Lösung: Die Meßwerte werden der Größe nach geordnet und anschließend durch Abzählen der mittelste Zahlenwert bzw. die mittelsten Zahlenwerte ermittelt.

1.	2.	3.	4.	5.	6.	7.	8.	9.	10.
369	371	375	384	385	389	393	398	412	428

   Da es sich um eine gerade Anzahl von Meßwerten handelt, existieren zwei mittlere Elemente, und zwar das

   $$5.\ \text{Element}\quad 385 \quad \left(\frac{10}{2} = 5\right)$$

   und das

   $$6.\ \text{Element}\quad 389 \quad \left(\frac{10}{2} + 1 = 6\right).$$

   Der gesuchte Median ist gleich dem arithmetischen Mittel aus diesen beiden mittelsten Zahlenwerten:

   $$\tilde{x} = \frac{385 + 389}{2}$$

   $$\tilde{x} = 387.$$

   Der Zentralwert beträgt also 387 MPa.

Die Berechnung des Median $\tilde{x}$ aus einer *Häufigkeitstabelle* zeigt das folgende Beispiel.

BEISPIEL

2. Bei der Kontrolle der Durchmesser von 121 Wellen ergab sich nachstehende Häufigkeitstabelle für die in mm gemessene Länge:

Nr. der Klasse (i)	Klassengrenzen in mm	absolute Häufigkeit $h_{(i)}$	Summenhäufigkeit[1]
1	125,145 ⋯ 125,195	2	2
2	125,195 ⋯ 125,245	6	8
3	125,245 ⋯ 125,295	18	26
4	125,295 ⋯ 125,345	30	56
5	125,345 ⋯ 125,395	38	94
6	125,395 ⋯ 125,445	18	112
7	125,445 ⋯ 125,495	9	121

Es ist der Median dieser Verteilung zu berechnen.

Lösung: Die Ordnungszahl des mittelsten Meßwertes beträgt nach (3.70a) $\dfrac{122}{2} = 61$.

Dieses 61. Element, das den Zentralwert repräsentiert, fällt, wie man aus der Spalte der Summenhäufigkeit ersieht, in die Klasse 125,345 ⋯ 125,395. Als Näherungswert für $\tilde{x}$ kann nun die Klassenmitte angenommen werden, also

$$\tilde{x} = 125,370,$$

der Median beträgt somit 125,370 mm.

Mit Hilfe einer linearen Interpolation kann jedoch ein verfeinerter Zentralwert gefunden werden. Man setzt dabei, analog zum arithmetischen Mittel, voraus, daß sich die einzelnen Meßwerte annähernd gleichmäßig auf die Klassen verteilen. Folgende Gegenüberstellung führt dann auf die gesuchte Proportion:

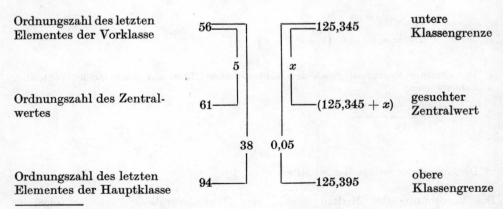

Ordnungszahl des letzten Elementes der Vorklasse   56   125,345   untere Klassengrenze

5   x

Ordnungszahl des Zentralwertes   61   (125,345 + x)   gesuchter Zentralwert

38   0,05

Ordnungszahl des letzten Elementes der Hauptklasse   94   125,395   obere Klassengrenze

---

[1] auch *kumulative Häufigkeiten* genannt; Kumulation (lat.) Anhäufung

Die Proportion lautet

$$x : 0,05 = 5 : 38$$

$$x \qquad = 0,007 \, .$$

Daraus folgt

$$\tilde{x} = 125,345 + 0,007$$

$$\tilde{x} = 125,352 \, .$$

Der verfeinerte Median beträgt somit 125,352 mm.

Der Zentralwert besitzt eine bestimmte mathematische Eigenschaft, die als **lineare Minimumeigenschaft** bezeichnet wird. Man formuliert diese wie folgt:

> Die Summe der absoluten Beträge der Abweichungen aller Meßwerte vom Median ist kleiner als von irgendeinem anderen Wert.

Allgemein dargestellt

$$\sum_{i=1}^{k} |x_i - \tilde{x}| h_i < \sum_{i=1}^{k} |x_i - a| h_i \qquad \text{für } \tilde{x} \neq a \tag{3.71}$$

Auf den Beweis dieser Eigenschaft soll im Rahmen dieses Lehrbuches verzichtet werden.

AUFGABE

3.40. Bei der Untersuchung von Textilfaserstoffen wurden die Pflanzenfaser Flachs und die Tierfaser Wolle auf ihre Reißlänge analysiert. Es ergab sich für je 399 Messungen folgende Häufigkeitsverteilung.

Flachs		Wolle	
Reißlänge (Gruppenfasern) in km	Anzahl der Messungen	Reißlänge (Gruppenfasern) in km	Anzahl der Messungen
30 ⋯ 40	14	10 ⋯ 11	40
40 ⋯ 50	25	11 ⋯ 12	150
50 ⋯ 60	55	12 ⋯ 13	110
60 ⋯ 70	100	13 ⋯ 14	75
70 ⋯ 80	120	14 ⋯ 15	20
80 ⋯ 90	70	15 ⋯ 16	4
90 ⋯ 100	15		

Es ist der verfeinerte Median für beide Verteilungen zu berechnen.

3.4.2.3.   Mode, Dichtemittel oder häufigster Wert D

Der **Mode** ist ebenfalls bis zu einem gewissen Grade von den Einzelwerten unabhängig. Er ist definiert als derjenige *Wert* einer Folge von Meßwerten, der in ihr am *häufigsten* auftritt. Daher findet man das Dichtemittel, indem man die Häufigkeiten h_i betrachtet und den zu der *maximalen Häufigkeit* gehörenden Merkmalswert abliest.

Da das Dichtemittel niemals eine fiktive Größe ist (im Gegensatz zum arithmetischen Mittel), wird es in der Praxis dann angewendet, wenn man für bestimmte Zwecke den genauen Merkmalswert, der am häufigsten auftritt, benötigt. Dies tritt zum Beispiel in der Bevölkerungsstatistik und Medizinalstatistik auf, wo man das genaue Alter benötigt, in dem die meisten Personen heiraten, bzw. den genauen Lebensmonat (auch Lebenswoche), in dem die meisten Säuglinge an einer bestimmten Krankheit sterben.

Für das Beispiel 2 in 3.4.2.1. ergibt sich aus der primären Verteilungstafel das Dichtemittel

$$D = 5,3.$$

Ausgehend von einer *sekundären Verteilungstafel* (Häufigkeitstabelle) kann — analog zum Median — eine verfeinerte Berechnung mittels Interpolation vorgenommen werden. Statt angenähert die Mitte der am stärksten besetzten Klasse als Mode anzusetzen, werden dabei die Häufigkeiten der beiden Nachbarklassen mit berücksichtigt. Die Berechnung wird am Beispiel 2 in 3.4.2.2. gezeigt.

Die Verteilungstabelle hatte folgende Form:

Nr. der Klasse (i)	Klassengrenzen in mm	absolute Häufigkeit (h_i)
1	125,145 ⋯ 125,195	2
2	125,195 ⋯ 125,245	6
3	125,245 ⋯ 125,295	18
4	125,295 ⋯ 125,345	30
5	125,345 ⋯ 125,395	38
6	125,395 ⋯ 125,445	18
7	125,445 ⋯ 125,495	9

Ausgangspunkt ist die Klasse mit der größten Häufigkeit, also $h_5 = 38$. Der zu berechnende Wert D liegt somit zwischen 125,345 und 125,395. Als Näherungswert würde sich ergeben

$$D = 125,370.$$

Zur verfeinerten Berechnung werden nun die Häufigkeiten der beiden benachbarten Klassen in die Betrachtung einbezogen. Bei einer symmetrischen Verteilung, z. B.

Klassengrenzen	abs. Häufigkeit
125,295 ⋯ 125,345	30
125,345 ⋯ 125,395	38
125,395 ⋯ 125,445	30

würde der Mode auf die Klassenmitte 125,370 entfallen. Jede Veränderung der Häufigkeit der vorangehenden und nachfolgenden Klasse führt jedoch zu einer Verschiebung von D. Es muß daher hier eine Gegenüberstellung dieser Häufigkeiten und der Klassengrenzen vorgenommen werden, aus der sich die Proportion ableiten läßt, für die nur die absoluten Beträge der Differenzen interessieren.

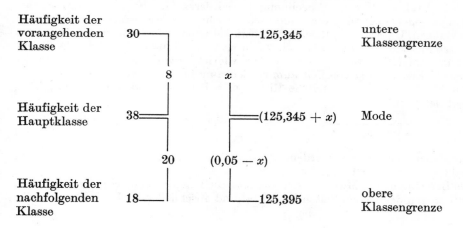

Die Proportion lautet

$$x : (0,05 - x) = 8 : 20$$

$$x = 0,014.$$

Das Dichtemittel errechnet sich dann aus

$$D = 125,345 + 0,014$$

$$D = 125,359.$$

Klassen, die wie die oben erwähnte Hauptklasse eine größere Häufigkeit haben als ihre Nachbarklassen, sollen kurz als „**Häufungsstellen**" bezeichnet werden (vgl. „relatives Maximum" in der Differentialrechnung). In der Praxis finden sich mitunter auch Meßfolgen mit mehreren Häufungsstellen. Für solche Folgen existieren dann auch mehrere Dichtemittel. In diesem Falle charakterisiert das arithmetische Mittel nicht die Gesamtfolge; seine Berechnung stellt dann nur eine rechnerische Abstraktion dar und hat keinen Sinn. Es muß hier jeder „Gipfelbezirk" (mit je einer Häufungsstelle) gesondert betrachtet und sein Mode berechnet werden.

AUFGABE

3.41. Für das Zahlenmaterial der Aufgabe 3.40 in 3.4.2.2. ist der verfeinerte Mode zu berechnen.

3.4.2.4.   Geometrisches Mittel $\hat{x}$

Im Gegensatz zu den bisher behandelten Mittelwerten, die aus einer Folge von Meßwerten gebildet wurden, die **keine zeitliche Entwicklung zum Ausdruck brachten**, steht das **geometrische Mittel**. Es wird vor allem in der ökonomischen Statistik angewendet und dient dort zur Berechnung des **mittleren** (durchschnittlichen) **Wachstumstempos** oder der **mittleren** (durchschnittlichen) **Zuwachsrate** von **zeitlichen Entwicklungen**. Unter dem mittleren Wachstumstempo bzw. der mittleren Zuwachsrate versteht man die durchschnittliche prozentuale Entwicklung, das heißt **auf wieviel Prozent** (*Wachstumstempo*) bzw. **um wieviel Prozent** (*Zuwachsrate*) sich die untersuchte Erscheinung von Zeitraum zu Zeitraum im Mittel verändert.

Formelmäßig wird das geometrische Mittel aus n Beobachtungswerten $x_1, x_2, \ldots, x_n$ wie folgt definiert:

$$\hat{x} = \sqrt[n]{x_1 \cdot x_2 \cdots x_n} \qquad (3.72\,\text{a})$$

Es muß dabei vorausgesetzt werden, daß sämtliche Beobachtungswerte **positiv** sind, das heißt, $x_i > 0$ $(i = 1, 2, \ldots, n)$.

Für die Berechnung des Mittels verwendet man die Logarithmenrechnung. Nach dem Logarithmieren der beiden Seiten in (3.72 a) und anschließender Umformung ergibt sich

$$\lg \hat{x} = \frac{1}{n} \sum_{i=1}^{n} \lg x_i \qquad (3.72\,\text{b})$$

in Worten:

Der *Logarithmus des geometrischen Mittels* ist gleich dem *arithmetischen Mittel* aus den *Logarithmen* aller zu mittelnden Beobachtungswerte.

BEISPIEL

1. In der Montageabteilung eines Maschinenbaubetriebes entwickelte sich die Montageleistung von 1965 bis 1971 wie folgt:

> 1965⋯1966 Steigerung auf 102% der Vorjahresleistung
> 1966⋯1967 Steigerung auf 104% der Vorjahresleistung
> 1967⋯1968 Steigerung auf 103% der Vorjahresleistung
> 1968⋯1969 Steigerung auf 106% der Vorjahresleistung
> 1969⋯1970 Steigerung auf 106% der Vorjahresleistung
> 1970⋯1971 Steigerung auf 110% der Vorjahresleistung.

Wie groß ist das durchschnittliche jährliche Wachstumstempo $\overline{W}$?

Lösung: Da das *mittlere jährliche Wachstumstempo* aus einer *zeitlichen Entwicklung* zu berechnen ist, muß die Formel (3.72a) herangezogen werden. Dabei ist zu beachten, daß — unabhängig davon, ob nach dem Wachstumstempo oder der Zuwachsrate gefragt ist — die Prozentzahlen stets in Form der **„Steigerung auf"** soundso viel Prozent angesetzt werden müssen. Da $100\% = 100/100$, schreibt man anstelle der Prozentzahlen $102\%, 104\%, \ldots$ die entsprechenden Zahlenwerte $1,02; 1,04; \ldots$

$$\hat{x} = \sqrt[6]{1,02 \cdot 1,04 \cdot 1,03 \cdot 1,06 \cdot 1,06 \cdot 1,10}.$$

Daraus folgt

$$\lg \hat{x} = \frac{1}{6} \left(\lg 1,02 + \lg 1,04 + \lg 1,03 + \lg 1,06 + \lg 1,06 + \lg 1,10 \right)$$

$$\hat{x} = 1,0514.$$

Das mittlere jährliche Wachstumstempo beträgt $105,14\%$, das entspricht einer mittleren jährlichen Zuwachsrate von $5,14\%$. Die Montageleistung stieg also im Mittel pro Jahr auf $105,14\%$ bzw. um $5,14\%$.

AUFGABE

3.42. Es ist zu ermitteln, warum bei der Berechnung des mittleren jährlichen Wachstumstempos bzw. der mittleren jährlichen Zuwachsrate die Verwendung des arithmetischen Mittels zu einem falschen Ergebnis führt.

Liegt anstelle einer prozentualen Entwicklung eine **absolute Entwicklung** vor, so ist es bei der Berechnung des mittleren Wachstumstempos nicht erforderlich, erst auf die prozentuale Entwicklung umzurechnen und dann die Formel (3.72a) anzuwenden. Es kann vielmehr sofort aus der gegebenen absoluten Entwicklung die mittlere prozentuale Steigerung ermittelt werden, wie folgendes Beispiel zeigt.

BEISPIEL

2. In einer Werkzeugmaschinenfabrik werden Maschinen für den Export hergestellt. Die Exportlieferungen entwickelten sich in den letzten 5 Jahren wie folgt:

   1967 20000 Stück
   1968 20200 Stück
   1969 21008 Stück
   1970 22058 Stück
   1971 23161 Stück.

Es ist die mittlere jährliche Zuwachsrate zu berechnen.

Lösung: Bei Verwendung der Formel (3.72a) muß zunächst die Umrechnung der absoluten in die relative Entwicklung vorgenommen werden.

$$1967 \cdots 1968 \quad \frac{20200}{20000} = 1,01 \qquad 1969 \cdots 1970 \quad \frac{22058}{21008} = 1,05$$

$$1968 \cdots 1969 \quad \frac{21008}{20200} = 1,04 \qquad 1970 \cdots 1971 \quad \frac{23161}{22058} = 1,05,$$

wobei aber für die weitere Rechnung nur die Quotienten gebraucht werden. Es ergibt sich dann

$$(I) \qquad \hat{x} = \sqrt[4]{\frac{20200}{20000} \cdot \frac{21008}{20200} \cdot \frac{22058}{21008} \cdot \frac{23161}{22058}}.$$

Nach dem Kürzen im Radikanden verbleibt unter dem Wurzelzeichen nur der Quotient aus der Stückzahl des letzten Jahres (1971) und der Stückzahl des 1. Jahres (1967)

(II) $\hat{x} = \sqrt[4]{\dfrac{23\,161}{20\,000}}$

$\hat{x} = 1{,}0374$.

Die mittlere jährliche Zuwachsrate beträgt also 3,74%.

Bezeichnet man allgemein die absoluten Entwicklungszahlen mit $a_1, a_2, \ldots, a_n$, so läßt sich die Formel für das **durchschnittliche Wachstumstempo** wie folgt darstellen:

$$\overline{W} = \sqrt[n-1]{\dfrac{a_n}{a_1}} \cdot 100\% \qquad\qquad (3.73\,\mathrm{a})$$

Die Formel für die **durchschnittliche Zuwachsrate** lautet dann

$$\overline{R} = \left(\sqrt[n-1]{\dfrac{a_n}{a_1}} - 1 \right) \cdot 100\% \qquad\qquad (3.73\,\mathrm{b})$$

Da in (3.73 a/b) der Radikand das Verhältnis Endglied zu Anfangsglied ausdrückt, können diese Formeln auch in den Fällen angewendet werden, wo die prozentuale Entwicklung über einen größeren Zeitraum gegeben ist, wie das folgende Beispiel zeigt.

BEISPIEL

3. Die Produktion eines Betriebes stieg von 1966 bis 1970 um 53,4%. Wie groß ist die mittlere jährliche Zuwachsrate?

Lösung: Es liegt hier eine Gesamtsteigerung auf 153,4% vor, das heißt, der Quotient aus Endglied a_n und Anfangsglied a_1 der absoluten Entwicklung beträgt 1,534, also

$$\frac{a_5}{a_1} = 1{,}534.$$

Wird dieser Wert in Formel (3.73 b) eingesetzt, so ergibt sich

$$\overline{R} = \left(\sqrt[4]{1{,}534} - 1 \right) \cdot 100\%$$
$$\overline{R} = 11{,}29\%.$$

AUFGABEN

3.43. Es ist das geometrische Mittel aus folgenden Zahlen x_i zu berechnen:

a)   1,   3,   4,   7,   2,   10

b)   3,   2,   6,   10,   13,   5

c)

x_i	3	4	7	8	11
h_i	2	1	3	5	2

3.44. Die Bevölkerung einer Stadt wuchs von 1963 bis 1971 um 41,8%. Man berechne das mittlere jährliche Wachstumstempo.

3.4.2.5.   Größenbeziehungen zwischen Mittelwerten

Zwischen dem arithmetischen und dem geometrischen Mittel aus den n Meßwerten einer Meßreihe bestehen bestimmte Größenbeziehungen. Bezeichnet man den kleinsten Meßwert mit x_{min}, den größten Meßwert mit x_{max}, so gilt allgemein für verschiedene $x_i > 0$ $(i = 1, 2, \ldots, n)$

$$x_{min} < \hat{x} < \bar{x} < x_{max}. \tag{3.74a}$$

Für gleiche Meßwerte $x_i > 0$ $(i = 1, 2, \ldots, n)$ geht die Beziehung (3.74a) über in

$$x_{min} = \hat{x} = \bar{x} = x_{max}. \tag{3.74b}$$

Der Beweis dieser Größenbeziehungen soll für eine Meßfolge aus zwei Einzelwerten x_1 und x_2 für $\bar{x} > \hat{x}$ geführt werden. Der allgemeine Beweis für n Beobachtungswerte $x_1, x_2, \ldots, x_n$ führt über den Rahmen dieses Lehrbuches hinaus, so daß darauf verzichtet wird.

Beweis:

Für zwei Werte x_1 und x_2 $(x_1 > 0,\ x_2 > 0;\ x_1 \neq x_2)$ gilt:

$$(x_1 + x_2)^2 = x_1^2 + 2x_1x_2 + x_2^2 = x_1^2 - 2x_1x_2 + 4x_1x_2 + x_2^2 =$$
$$= (x_1^2 - 2x_1x_2 + x_2^2) + 4x_1x_2 = (x_1 - x_2)^2 + 4x_1x_2 \tag{I}$$

Da im letzten Term von (I) das Quadrat stets positiv ist, also $(x_1 - x_2)^2 > 0$, gilt auch stets die Ungleichung

$$(x_1 - x_2)^2 + 4x_1x_2 > 4x_1x_2. \tag{II}$$

Auf Grund der Beziehung (I) ist dann aber auch die Ungleichung

$$(x_1 + x_2)^2 > 4x_1x_2 \tag{III}$$

richtig. Nach Division von (III) durch 4 folgt

$$\frac{(x_1 + x_2)^2}{4} > x_1x_2 \tag{IVa}$$

$$\left(\frac{x_1 + x_2}{2}\right)^2 > x_1x_2 \tag{IVb}$$

Nach dem Radizieren ergibt sich die Ungleichung

$$\frac{x_1 + x_2}{2} > \sqrt{x_1x_2}, \tag{V}$$

d. h., daß

$$\bar{x} > \hat{x}$$

ist.

3.4.2.6.   Grafische Darstellung der Häufigkeitsverteilung

Die grafische Darstellung der Häufigkeitsverteilung kann auf verschiedene Weise erfolgen. Trägt man z. B. in einem rechtwinkligen Koordinatensystem auf der horizontalen Achse (Abszissenachse) die Klassengrenzen auf und zeichnet die absoluten Häufigkeiten (h_i) als Rechteck über die betreffende Klasse, so ergibt sich ein sogenanntes **Treppenpolygon** oder **Staffelbild** (vgl. Bild 3.21).

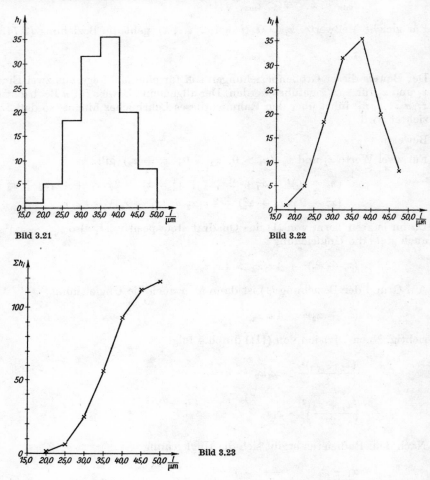

Bild 3.21

Bild 3.22

Bild 3.23

Trägt man dagegen die Punkte $P_i(m_i; h_i)$ mit m_i als Klassenmitten und mit h_i als deren Häufigkeiten ($i = 1, 2, \ldots, k$) in das Koordinatensystem ein und verbindet diese Punkte geradlinig miteinander, so erhält man einen Linienzug, der als **Häufigkeitspolygon** bezeichnet wird (vgl. Bild 3.22).

Außer der Darstellung in Form des Häufigkeitspolygons, aus dem sich unmittelbar die Anzahl der Meßwerte innerhalb einer bestimmten Klasse ablesen läßt, gibt es noch das sogenannte **Summenpolygon.** Man erhält dieses, indem man anstelle der absoluten Häufigkeiten die kumulativen Häufigkeiten — wie sie zur Berechnung des Zentralwertes aus gruppiertem Material erforderlich waren — jeweils über der *oberen Klassengrenze* aufträgt und diese Punkte miteinander geradlinig verbindet. Aus diesem Summenpolygon kann dann stets die Gesamtzahl der Meßwerte bis zu einer bestimmten Klasse abgelesen werden (vgl. Bild 3.23).

AUFGABEN

3.45. Ein Kraftwagen legt eine Strecke von 250 km zurück. Davon fährt er 100 km mit einer Geschwindigkeit von 50 km/h und 150 km mit einer Geschwindigkeit von 90 km/h. Wie hoch ist die Durchschnittsgeschwindigkeit für die 250 km?

3.46. Bei Qualitätsüberprüfungen werden in einem Glühlampenwerk 400 Speziallampen einer bestimmten Produktionsserie auf ihre Brenndauer untersucht. Dabei ergibt sich folgende Häufigkeitstabelle:

Brenndauer in Stunden	absolute Häufig- keit	Brenndauer in Stunden	absolute Häufig- keit
0 ⋯ 50	5	250 ⋯ 300	120
50 ⋯ 100	10	300 ⋯ 350	110
100 ⋯ 150	8	350 ⋯ 400	50
150 ⋯ 200	26	400 ⋯ 450	8
200 ⋯ 250	60	450 ⋯ 500	3

Es sollen folgende Teilaufgaben gelöst werden:

a) Berechnung des arithmetischen Mittels $\bar{x}$,
b) Berechnung des Zentralwertes $\tilde{x}$,
c) Berechnung des Dichtemittels D,
d) grafische Darstellung in Form des Häufigkeits- und Summenpolygons.

3.47. Die Transportleistung eines Verkehrsunternehmens stieg von 1962 mit 3 194 Mio beförderten Personen auf 6 201 Mio beförderte Personen im Jahre 1970. Wie hoch war die mittlere jährliche Zuwachsrate?

3.48. Bei einer Prüfungsarbeit ergaben sich in 4 Seminargruppen folgende Durchschnittszensuren:

Seminar	A_1	A_2	A_3	A_4
Durchschnittszensur	2,51	2,23	2,81	2,79
Zahl der Schüler	25	23	28	20

Man berechne den Gesamtdurchschnitt für sämtliche vier Seminargruppen.

3.49. Die Produktion eines Betriebes entwickelte sich wie folgt:

Jahr	1965	1966	1967	1968	1969	1970
Produktion in Stück	34 874	37 248	40 305	42 515	45 063	47 450

a) Wie hoch war die mittlere Jahresproduktion für diesen Zeitraum?
b) Welches durchschnittliche jährliche Wachstumstempo ergab sich?
c) Wie hoch war die absolute mittlere jährliche Zunahme?

3.50. Die Produktion eines Industriebetriebes stieg in der Zeit von 1966 bis 1970 wie folgt:

$$1966\cdots1967 \text{ Steigerung um } 5\%$$
$$1967\cdots1968 \text{ Steigerung um } 3\%$$
$$1968\cdots1969 \text{ Steigerung um } 7\%$$
$$1969\cdots1970 \text{ Steigerung um } 9\%$$
$$1970\cdots1971 \text{ Steigerung um } 13\%.$$

a) Wie hoch ist die durchschnittliche jährliche Zuwachsrate für diesen Zeitraum?

b) Wie hoch ist die Produktion im Jahre 1971, wenn 1966 15000 kg produziert wurden?

3.51. Bei der Untersuchung der Streckgrenze σ_S von Manganvergütungsstahl 30 Mn 5 ergaben sich folgende Meßwerte in MPa:

$$\begin{array}{cccccccccc}
442 & 485 & 478 & 540 & 495 & 474 & 451 & 484 & 471 & 491 \\
469 & 548 & 526 & 432 & 483 & 476 & 481 & 448 & 519 & 469 \\
499 & 424 & 437 & 513 & 485 & 462 & 460 & 467 & 516 & 475 \\
453 & 538 & 550 & 482 & 428 & 479 & 450 & 473 & 440 & 500 \\
445 & 471 & 488 & 478 & 506 & 531 & 438 & 454 & 441 & 483
\end{array}$$

a) Es ist aus diesem Urmaterial (Urliste) zu berechnen:
   aa) das arithmetische Mittel,
   ab) der Median.
b) Es ist die Häufigkeitstabelle aufzustellen, indem Klassen mit einer Klassenbreite von 10 MPa, ausgehend von der unteren Klassengrenze 420 MPa, gebildet werden. Anschließend ist aus dieser sekundären Verteilungstafel
   ba) das arithmetische Mittel
   bb) der Median zu ermitteln.

3.52. Der Umsatz eines Warenhauses betrug im Jahre 1965 3842200 M und im Jahre 1970 8429000 M. Wie groß ist die mittlere jährliche Zuwachsrate?

3.53. Die Planerfüllung für sieben Betriebe einer VVB betrug:

Betrieb A   105% bei einem Plan in Höhe von 1 Mio Mark
Betrieb B   101% bei einem Plan in Höhe von 5 Mio Mark
Betrieb C   108% bei einem Plan in Höhe von 2,5 Mio Mark
Betrieb D   98% bei einem Plan in Höhe von 3 Mio Mark
Betrieb E   102% bei einem Plan in Höhe von 1 Mio Mark
Betrieb F   92% bei einem Plan in Höhe von 2 Mio Mark
Betrieb G   110% bei einem Plan in Höhe von 4 Mio Mark

Wie hoch war die mittlere Planerfüllung der VVB?

3.54. Auf einem Webautomaten, der mit zwei unterschiedlichen Geschwindigkeiten v_1 und v_2 arbeiten kann, wird Stoff hergestellt. Die Geschwindigkeitsstufe v_1 führt auf eine Leistung von 30 m/h, die Geschwindigkeitsstufe v_2 auf 50 m/h. Wie hoch ist die mittlere Produktion pro Stunde, wenn mit Stufe v_1 240 m und mit Stufe v_2 400 m produziert wurden?

3.4.3. Empirische Streuungsmaße

Es genügt im allgemeinen nicht, empirische Verteilungen durch die Mittelwerte allein zu charakterisieren und zu beschreiben, da zwei Folgen aus verschiedenen Beobachtungswerten z. B. ein und dasselbe arithmetische Mittel besitzen können.

1. Folge (x_i): 1 4 8 13 18 $\bar{x} = 8,8$
2. Folge (y_i): 5 6 8 11 14 $\bar{y} = 8,8$.

Ein Vergleich beider Folgen zeigt, daß zwar $\bar{x} = \bar{y}$ ist, daß sich jedoch die Meßwerte der Folgen durch ihre Lage zu dem betreffenden Mittelwert unterscheiden. Diese Ausbreitung der *Beobachtungswerte* um einen feststehenden Wert nennt man die *empirische Streuung*, zu deren Berechnung verschiedene Streuungsmaße zur Verfügung stehen. Die in der Praxis am häufigsten benutzten Streuungsmaße sind

1. die **Variationsbreite (Spannweite)** R,
2. die **durchschnittliche absolute Abweichung (lineare Streuung)** d,
3. die **mittlere quadratische Abweichung (quadratische Streuung)** s.

3.4.3.1. Variationsbreite R

Die **Variationsbreite** oder **Spannweite** R ist definiert als Differenz zwischen dem *größten* Merkmalswert (x_{max}) und dem *kleinsten* Merkmalswert (x_{min}) einer Meßreihe.

$$\boxed{R = x_{max} - x_{min}} \tag{3.75}$$

Da die Spannweite jedoch nur zwei Meßwerte einer Reihe berücksichtigt und die Verteilung aller übrigen Werte unberücksichtigt läßt, kann diese nur bei Meßreihen von geringem Umfang angewendet werden. Je größer die Anzahl der Meßwerte wird, um so weniger ist R als Streuungsmaß geeignet.
Die Spannweite findet vor allem Anwendung in der statistischen Qualitätskontrolle bei den Kontrollkarten. Mit Hilfe dieser Kontrollkarten können der Produktionsprozeß sowie die Fertigerzeugnisse überprüft und der Fertigungsprozeß günstig beeinflußt werden, so daß sich der Ausschuß und die Nacharbeit verringern.
Für die beiden Folgen (x_i) und (y_i) aus 3.4.3. ergeben sich dann folgende Spannweiten:

$$R_1 = 18 - 1 = 17 \qquad R_2 = 14 - 5 = 9.$$

3.4.3.2. Durchschnittliche absolute Abweichung d

Die **durchschnittliche (mittlere) absolute Abweichung** oder **lineare Streuung** d wird definiert durch

$$\boxed{d = \frac{1}{\sum\limits_{i=1}^{k} h_i} \sum_{i=1}^{k} |x_i - M| \, h_i = \frac{1}{N} \sum_{i=1}^{k} |x_i - M| \, h_i} \tag{3.76a}$$

22*

Die durchschnittliche absolute Abweichung d ist demnach das *gewogene arithmetische Mittel* aus den absoluten Beträgen der Abweichungen der einzelnen Meßwerte von einem feststehenden typischen Wert M der Folge von Meßwerten. Dabei wird für M entweder der *Median* $\tilde{x}$ oder das arithmetische Mittel $\bar{x}$ angesetzt.

AUFGABE

3.55. Man ermittle, in welche Form (3.76a) übergeht für den Fall, daß die Häufigkeiten h_i für alle Merkmalswerte x_i $(i = 1, 2, ..., k)$ gleich sind; das heißt, wenn gilt

$$h_i = h \quad \text{konstant} \quad (i = 1, 2, ..., k).$$

Liegt *gruppiertes Material* in Form einer *Häufigkeitstabelle* vor, so werden — wie bei dem arithmetischen Mittel — anstelle der unbekannten Einzelwerte x_i die *Klassenmitten* m_i angesetzt.

$$d = \frac{1}{N} \sum_{i=1}^{k} |m_i - M| h_i; \quad \text{mit} \quad N = \sum_{i=1}^{k} h_i \qquad (3.76\,\text{b})$$

BEISPIELE

1. Die mittlere absolute Abweichung vom Median für die beiden Folgen (x_i) und (y_i) ergibt sich nach (3.76a):

Folge (x_i): $d_1 = \frac{1}{5}(|1 - 8| + |4 - 8| + |8 - 8| + |13 - 8| + |18 - 8|)$

$\qquad d_1 = 5{,}2$.

Folge (y_i): $d_2 = \frac{1}{5}(|5 - 8| + |6 - 8| + |8 - 8| + |11 - 8| + |14 - 8|)$

$\qquad d_2 = 2{,}8$.

Aus $d_1 > d_2$ folgt, daß die Elemente der zweiten Folge enger um den Median 8 liegen als die Elemente der Folge (x_i).

2. Es ist für Beispiel 2 in 3.4.2.1., S. 320, die mittlere absolute Abweichung vom Median zu berechnen.

Lösung: Die primäre Verteilungstafel lautet

x_i	h_i	$\sum h_i$
4,8	1	1
4,9	3	4
5,2	2	6
5,3	6	12
5,5	1	13
5,8	4	17
6,1	2	19
6,2	1	20

Die Ordnungszahlen der beiden mittelsten Elemente sind, da $N = 20$:

$$\frac{n}{2} = 10 \quad \text{und} \quad \frac{n}{2} + 1 = 11,$$

so daß sich ergibt

$$x_{10} = 5{,}3 \quad \text{und} \quad x_{11} = 5{,}3$$

und somit als Median

$$\tilde{x} = 5{,}3.$$

Die lineare Streuung errechnet sich dann nach (3.76a) zu

$$d = 0{,}33,$$

das heißt, die durchschnittliche absolute Abweichung der Meßwerte vom Median beträgt 0,33 Minuten.

Dieses Streuungsmaß findet jedoch in der Technik bei der statistischen Qualitäts-kontrolle und anderen speziellen Prüfverfahren zur Überwachung und Verbesserung der Produktion keine Anwendung. Man benutzt es lediglich bei der Untersuchung ökonomischer Erscheinungen, wenn es um eine einfache und schnelle Berechnung der Streuung für Vergleichszwecke geht.

3.4.3.3. Mittlere quadratische Abweichung s

Die **mittlere quadratische Abweichung s**, auch **Standardabweichung** genannt, ist das in der mathematischen Statistik gebräuchlichste Streuungsmaß. Für eine Folge aus k Beobachtungswerten x_1, x_2, ..., x_k, deren Häufigkeiten h_1, h_2, ..., h_k betragen, wird diese mittlere quadratische Abweichung definiert durch

$$s = \sqrt{\frac{1}{N-1} \sum_{i=1}^{k} (x_i - \overline{x})^2 \, h_i} \quad \text{mit} \quad N = \sum_{i=1}^{k} h_i \tag{3.77a}$$

wobei die Abweichung *immer* vom *arithmetischen Mittel* gebildet wird.
Für den Fall, daß dieses Streuungsmaß aus der *Urliste* zu ermitteln ist, lautet die Formel

$$s = \sqrt{\frac{1}{n-1} \sum_{i=1}^{n} (x_i - \overline{x})^2}. \tag{3.77b}$$

Liegt das Material in Form einer *Häufigkeitstabelle* vor, so werden anstelle der un-bekannten Meßwerte x_i wiederum die Klassenmitten m_i (vgl. arithmetisches Mittel) angesetzt.

$$s = \sqrt{\frac{1}{N-1} \sum_{i=1}^{k} (m_i - \overline{x})^2 \, h_i} \quad \text{mit} \quad N = \sum_{i=1}^{k} h_i \tag{3.78}$$

Das *Quadrat der Standardabweichung* wird in der Literatur als *Streuung*, mitunter auch als *Varianz* s^2 bezeichnet.[1])

> Die **empirische Streuung** s^2 ist — analog zum arithmetischen Mittel als Schätzwert für den Erwartungswert $EX = \mu$ (vgl. S. 318) — **eine erwartungstreue Schätzung** für die **Streuung** $D^2 X = \sigma^2$ der Grundgesamtheit X.

Für die beiden Folgen von Meßwerten

$$(x_i): \quad 1 \quad 4 \quad 8 \quad 13 \quad 18 \qquad \bar{x} = 8,8$$

$$(y_i): \quad 5 \quad 6 \quad 8 \quad 11 \quad 14 \qquad \bar{y} = 8,8$$

ergeben sich nach Formel (3.77b) als Standardabweichung:

$$s_1 = 6,8338 \qquad s_2 = 3,7013.$$

In der ökonomischen Statistik wird die Standardabweichung oft auch wie folgt dargestellt, wobei nicht durch $n - 1$ (bzw. $N - 1$), sondern durch die gesamte Anzahl der Beobachtungswerte n (bzw. N) dividiert wird.

$$s = \sqrt{\frac{1}{n} \sum_{i=1}^{n} (x_i - \bar{x})^2} \tag{3.79}$$

An einem Beispiel soll die Berechnung der Standardabweichung gezeigt werden.

BEISPIEL

Es ist für Beispiel 2 in 3.4.2.1. die Standardabweichung s zu berechnen.

Lösung:

1. Arithmetisches Mittel $\bar{x} = 5,44$ min
2. Nach Formel (3.77a) ergibt sich dann

$$s = \sqrt{\frac{1}{19} [(4,8 - 5,44)^2 \cdot 1 + (4,9 - 5,44)^2 \cdot 3 + \cdots + (6,2 - 5,44)^2 \cdot 1]}$$

$$s = 0,42847.$$

Die Standardabweichung beträgt je Erzeugnis 0,428 Minuten.

Da das arithmetische Mittel $\bar{x}$ meist eine gebrochene Zahl ist, gestaltet sich die Berechnung der Standardabweichung nach den Formeln (3.77/3.78) sehr umständlich. Ein Runden von $\bar{x}$ vor der Differenzenbildung und vor dem Quadrieren würde zu Fehlern führen. Man kann in diesem Falle die bei dem arithmetischen Mittel behandelten mathematischen Eigenschaften zur vereinfachten Berechnung der Streuung s^2 anwenden, indem man die Abweichungen nicht von $\bar{x}$, sondern von einem

---

[1]) Im folgenden entfällt bei Angabe der Varianz die Einheit, die sich aus der Bezugsgröße ergibt

günstigeren Wert c bildet. Die vereinfachte Berechnungsformel für s^2 ergibt sich dann wie folgt[1]):

(I) $$s^2 = \frac{1}{N-1} \sum (x_i - \bar{x})^2 h_i = \frac{1}{N-1} \sum [(x_i - c) + (c - \bar{x})]^2 h_i =$$

$$= \frac{1}{N-1} \left[\sum (x_i - c)^2 h_i + 2 \sum (x_i - c)(c - \bar{x}) h_i + \sum (c - \bar{x})^2 h_i \right].$$

Nach Anwendung der Rechenregeln für das Summenzeichen geht (I) über in

(II) $$s^2 = \frac{1}{N-1} \left[\sum (x_i - c)^2 h_i - 2 (\bar{x} - c) \sum (x_i - c) h_i + (c - \bar{x})^2 \sum h_i \right].$$

Wendet man nun auf das mittlere Glied die Beziehung (3.65)

$$(\bar{x} - c) = \frac{1}{N} \sum (x_i - c) h_i$$

an und setzt im letzten Glied

$$\sum h_i = N,$$

so ergibt sich

(III) $$s^2 = \frac{1}{N-1} \left[\sum (x_i - c)^2 h_i - 2 (\bar{x} - c)(\bar{x} - c) N + (c - \bar{x})^2 N \right] =$$

$$= \frac{1}{N-1} \left[\sum (x_i - c)^2 h_i - N (\bar{x} - c)^2 \right]$$

oder

(IV) $$s^2 = \frac{1}{N-1} \sum (x_i - c)^2 h_i - \frac{N}{N-1} (\bar{x} - c)^2.$$

Für (IV) kann dann auch geschrieben werden

$$\boxed{s^2 = s_c^2 - \frac{N}{N-1} \bar{x}_c^2}$$ (3.77c)

wobei definiert ist

s_c^2: Varianz (empir. Streuung), bezogen auf die Konstante c

$\bar{x}_c$: arithmetisches Mittel aus den um c reduzierten Meßwerten.

Für Folgen von Meßwerten mit geringem Umfang ist es günstig, nach folgender Formel zu rechnen, die aus (IV) für $c = 0$ hervorgeht:

$$s^2 = \frac{1}{N-1} \sum x_i^2 h_i - \frac{N}{N-1} \bar{x}^2.$$ (3.80)

---

[1]) Bei den folgenden Ableitungen werden bei den Summenzeichen die unteren und oberen Grenzen weggelassen

Für das Beispiel S. 342 ergibt sich dann folgende vereinfachte Berechnung der Standardabweichung:

$$c = 5,3$$

$$\bar{x}_c = \frac{(-0,5) \cdot 1 + (-0,4) \cdot 3 + (-0,1) \cdot 2 + 0 \cdot 6 + 0,2 \cdot 1 + 0,5 \cdot 4 + 0,8 \cdot 2 + 0,9 \cdot 1}{20}$$

$$\bar{x}_c = 0,14; \qquad \bar{x}_c^2 = 0,0196$$

$$s_c^2 = \frac{(-0,5)^2 \cdot 1 + (-0,4)^2 \cdot 3 + (-0,1)^2 \cdot 2 + 0^2 \cdot 6 + 0,2^2 \cdot 1 + 0,5^2 \cdot 4 + 0,8^2 \cdot 2 + 0,9^2 \cdot 1}{19}$$

$$s_c^2 = \frac{3,88}{19}$$

$$s^2 = \frac{3,88}{19} - \frac{20 \cdot 0,0196}{19}$$

$$s^2 = 0,18358$$

$$s = 0,42847.$$

AUFGABE

3.56. Die gesamte obige Rechnung ist noch einmal auf der Grundlage einer Tabelle durchzuführen (vgl. S. 320).

Zum Vergleich von Standardabweichungen verschiedener Folgen von Meßwerten ist es erforderlich, das Streuungsmaß *s nicht absolut*, sondern *bezogen auf das arithmetische Mittel* der betreffenden Folge auszudrücken. Dieses **relative Streuungsmaß** gibt die Streuung in Prozenten des arithmetischen Mittels an und wird als **Variationskoeffizient** oder **Variabilitätskoeffizient** bezeichnet. Dieser Variationskoeffizient wird definiert durch

$$\boxed{v = \frac{s}{\bar{x}} \cdot 100\%} \tag{3.81}$$

Für obiges Beispiel ergibt sich

$$v = \frac{0,42847}{5,44} \cdot 100\%$$

$$v = 7,88\%.$$

AUFGABEN

3.57. Man berechne für das Zahlenmaterial der Aufgabe 3.46

    a) die Standardabweichung s,
    b) den Variationskoeffizienten v.

3.58. Es ist aus der in Aufgabe 3.51 gefundenen Häufigkeitstabelle zu berechnen

    a) die Standardabweichung s,
    b) der Variationskoeffizient v.

3.59. Wie groß sind für das Zahlenmaterial der Aufgabe 3.48 die lineare Streuung und das arithmetische Mittel?

3.60. Man berechne aus den Meßwerten

$$4 \quad 5 \quad 8 \quad 11 \quad 15$$

a) die Spannweite R,
b) die durchschnittliche absolute Streuung d um den Median,
c) die mittlere quadratische Abweichung s.

3.4.4. Methode der kleinsten Quadrate

3.4.4.1. Entwicklungsrichtungen von Zeitreihen

Unter einer *Zeitreihe* oder *dynamischen Reihe* versteht man die Entwicklung einer ökonomischen Erscheinung in der Zeit, das heißt eine *Folge von Beobachtungswerten*, die einem bestimmten Zeitpunkt oder Zeitraum zugeordnet sind. In jeder Zeitreihe kommt eine bestimmte *Entwicklungsrichtung*, die als *Grundrichtung, Entwicklungstendenz* oder *Trend*[1]) der Reihe bezeichnet wird, zum Ausdruck. Die Entwicklungstendenz ist bei den einzelnen Zeitreihen verschieden stark ausgeprägt, je nachdem, ob störende Faktoren *periodischer* (Saisoneinflüsse) oder *zufälliger Art* auf die zu untersuchende Entwicklung einwirken. Es werden in der Statistik sechs verschiedene Grundrichtungen unterschieden:

1. *progressiv steigend* 2. *geradlinig steigend* 3. *degressiv steigend*
4. *progressiv fallend*   5. *geradlinig fallend*   6. *degressiv fallend*

Die Begriffe „*progressiv*" und „*degressiv*" geben dabei die Art der Veränderung der Entwicklungsrichtung an (vgl. Bild 3.24).

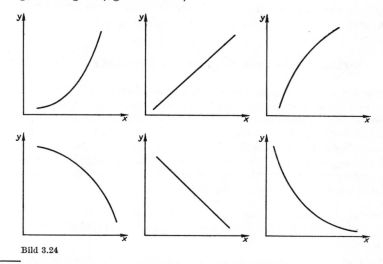

Bild 3.24

---

[1]) Trend (engl.) Grundrichtung eines statistisch erfaßten Verlaufes

Die Entwicklungsrichtungen, die sich bei den Zeitreihen nur in der Tendenz durchsetzen, sind aus der Differentialrechnung bekannt, wonach folgende Beziehungen gelten:

progressiv steigend:	$y' > 0$;	$y'' > 0$	*konvexer* Verlauf der Kurve
geradlinig steigend:	$y' > 0$;	$y'' = 0$	*linearer* Verlauf der Kurve
degressiv steigend:	$y' > 0$;	$y'' < 0$	*konkaver* Verlauf der Kurve
progressiv fallend:	$y' < 0$;	$y'' < 0$	*konkaver* Verlauf der Kurve
geradlinig fallend:	$y' < 0$;	$y'' = 0$	*linearer* Verlauf der Kurve
degressiv fallend:	$y' < 0$;	$y'' > 0$	*konvexer* Verlauf der Kurve

In 3.4.2.6. wurde ausgeführt, daß die grafische Darstellung der empirischen Verteilung ein Treppen- bzw. Häufigkeitspolygon ergibt. Auch die Darstellung von Zeitreihen liefert stets einen *Polygonzug*, da es sich hier um empirisches Material handelt, das als solches nicht in geschlossener analytischer Darstellung zusammengefaßt werden kann. Für weitergehende Analysen ist es jedoch erforderlich, die *Gleichung einer Funktion* bestimmten Typs zu finden, deren grafische Darstellung sich dem Polygonzug möglichst gut annähert. An diese Funktion, die den empirischen Verlauf in seiner Grundrichtung widerspiegeln soll, müssen zwei Forderungen gestellt werden:

a) Sie soll sich „möglichst gut" an die Beobachtungswerte anpassen.

b) Sie soll jedoch nicht jede Schwankung des Beobachtungsmaterials berücksichtigen, sondern die Tendenz, den Trend, innerhalb des zu untersuchenden Zeitraumes veranschaulichen.

Die Forderung b) bedeutet eine Abstraktion von den mehr oder weniger großen zufälligen Schwankungen, denen eine jede ökonomische Erscheinung unterworfen ist. Eine Funktion, die nach der **Methode der kleinsten Quadrate (Methode der kleinsten Quadratsumme)** ermittelt wird, erfüllt beide Bedingungen.

3.4.4.2.   Methode der kleinsten Quadrate zur Berechnung der Trendfunktion

Die **Methode der kleinsten Quadrate** wurde von dem deutschen Mathematiker GAUSS im Zusammenhang mit wahrscheinlichkeitstheoretischen Untersuchungen entwickelt. Sie ist jedoch nicht nur auf das Gebiet der Wahrscheinlichkeitsrechnung und mathematischen Statistik beschränkt, sondern kann auch auf die Analyse von Zeitreihen sowie allgemein zur Berechnung von *Näherungsfunktionen* auf der Grundlage von Beobachtungswerten angewendet werden. Der Grundgedanke dieser Methode ist die Berechnung einer Funktionsgleichung $y = f(x)$ aus den Meßwerten, wobei für die Funktion f folgende Bedingung gelten muß:

Die Summe der Quadrate aller Abweichungen der einzelnen Funktionswerte y_i von den entsprechenden Beobachtungswerten s_i soll ein Minimum ergeben.[1]

---

[1] Daher die Bezeichnung „Methode der kleinsten Quadrate" oder „Methode der kleinsten Quadratsumme"

Formelmäßig kann man diesen Zusammenhang wie folgt darstellen:

(I) $S = (s_1 - y_1)^2 + (s_2 - y_2)^2 + \cdots + (s_n - y_n)^2 \to \min$

$$S = \sum_{i=1}^{n} (s_i - y_i)^2 \to \min$$

oder $S = \sum_{i=1}^{n} [s_i - f(x_i)]^2 \to \min.$ (3.82)

Diese Summe (Abweichungsquadratsumme) ist eine Funktion. Die Forderung, sie zu einem Minimum zu machen, wird als GAUSSsche **Minimumbedingung** bezeichnet.

3.4.4.3.   Allgemeine Herleitung der Normalgleichungen für eine Näherungsfunktion m-ten Grades

Die Trendfunktion f ist eine Näherungsfunktion, die als ganze rationale Funktion m-ten Grades angesetzt werden kann und deren Koeffizienten a_j berechnet werden müssen.
Die Gleichung einer ganzen rationalen Funktion m-ten Grades lautet allgemein:

$$f(x) = a_0 + a_1 x + a_2 x^2 + \cdots + a_m x^m.$$

Man ersetzt nun in (3.82) die $f(x_i)$ durch die entsprechenden Terme $a_0 + a_1 x_i + a_2 x_i^2 + \cdots + a_m x_i^m$ und erhält

(II) $S = \sum_{i=1}^{n} (s_i - a_0 - a_1 x_i - a_2 x_i^2 - \cdots - a_m x_i^m)^2 \to \min.$

In dieser Funktionsgleichung sind **bekannt**

die Beobachtungswerte s_i $(i = 1, 2, \ldots, n)$
die Zeitwerte (Jahre o. ä.) x_i $(i = 1, 2, \ldots, n)$

und **unbekannt**

die Koeffizienten a_j $(j = 0, 1, 2, \ldots, m)$
der zu berechnenden Funktion

Diese Koeffizienten, die so berechnet werden müssen, daß für sie die Funktionsgleichung (II) ihr Minimum annimmt, sind also die *Variablen* der Funktion. Daraus folgt, daß das Minimum einer Funktion mit $(m + 1)$ unabhängigen Veränderlichen $(a_0, a_1, \ldots, a_m)$ gefunden werden muß. Dazu sind die partiellen Ableitungen 1. Ordnung zu bilden und gleich Null zu setzen. Das ergibt ein Gleichungssystem, aus dem die gesuchten Koeffizienten der Trendfunktion berechnet werden können. Die Gleichungen dieses Systems werden als **Normalgleichungen** bezeichnet.

Unter Berücksichtigung der Regeln für das Rechnen mit dem Summenzeichen ergibt sich dann[1])

$$\frac{\partial S}{\partial a_0} = \sum \left[-2 \left(s_i - a_0 - a_1 x_i - a_2 x_i^2 - \cdots - a_m x_i^m \right) \right]$$

(III)
$$\frac{\partial S}{\partial a_1} = \sum \left[-2 x_i \left(s_i - a_0 - a_1 x_i - a_2 x_i^2 - \cdots - a_m x_i^m \right) \right]$$

$$\cdot \quad \cdot \quad \cdot \quad \cdot \quad \cdot \quad \cdot \quad \cdot \quad \cdot \quad \cdot$$

$$\frac{\partial S}{\partial a_m} = \sum \left[-2 x_i^m \left(s_i - a_0 - a_1 x_i - a_2 x_i^2 - \cdots - a_m x_i^m \right) \right]$$

Nach dem Nullsetzen der partiellen Ableitungen (III) und nach anschließender Umformung erhält man das **System der Normalgleichungen:**

$$
\begin{aligned}
\sum s_i \ \ &= a_0 \cdot n \ \ + a_1 \sum x_i \ \ + a_2 \sum x_i^2 \ \ + \cdots + a_m \sum x_i^m \\
\sum s_i x_i &= a_0 \sum x_i + a_1 \sum x_i^2 \ \ + a_2 \sum x_i^3 \ \ + \cdots + a_m \sum x_i^{m+1} \\
&\cdot \quad \cdot \quad \cdot \quad \cdot \quad \cdot \quad \cdot \quad \cdot \quad \cdot \quad \cdot \quad \cdot \quad \cdot \quad \cdot \\
\sum s_i x_i^m &= a_0 \sum x_i^m + a_1 \sum x_i^{m+1} + a_2 \sum x_i^{m+2} + \cdots + a_m \sum x_i^{2m}
\end{aligned}
$$ (3.83)

Aus diesem Gleichungssystem können die gesuchten Koeffizienten a_j ($j = 0, 1, 2, \ldots, m$) der Trendfunktion $f: y = a_0 + a_1 x + a_2 x^2 + \cdots + a_m x^m$ nach den bekannten Methoden berechnet werden. Die dazu erforderlichen Größen

$$n; \ \sum s_i, \ \sum s_i x_i, \ \ldots, \ \sum s_i x_i^m$$
$$\sum x_i, \ \sum x_i^2, \ \sum x_i^3, \ \ \ldots, \ \sum x_i^{2m}$$

lassen sich aus den bekannten Beobachtungswerten und den Zeitwerten bestimmen.
Auf die Beweisführung, daß es sich hierbei tatsächlich um das Minimum der Abweichungsquadratsumme handelt, soll im Rahmen dieses Lehrbuches verzichtet werden.
In der Regel kommt man in der statistischen Analyse von Zeitreihen mit ganzen rationalen Funktionen 1. und 2. Grades aus. Im Falle einer **linearen Grundtendenz** nimmt das Gleichungssystem zur Berechnung der Koeffizienten der **linearen Funktion** die Form

$$
\boxed{
\begin{aligned}
\sum s_i \ \ &= a_0 \cdot n \ \ + a_1 \sum x_i \\
\sum s_i x_i &= a_0 \sum x_i + a_1 \sum x_i^2
\end{aligned}
}
$$ (3.84a)

an, und bei einer **degressiven** bzw. **progressiven** Tendenz geht das System (3.83) zur Berechnung der Koeffizienten der **quadratischen Funktion** über in

$$
\boxed{
\begin{aligned}
\sum s_i \ \ &= a_0 \cdot n \ \ + a_1 \sum x_i + a_2 \sum x_i^2 \\
\sum s_i x_i &= a_0 \sum x_i + a_1 \sum x_i^2 + a_2 \sum x_i^3 \\
\sum s_i x_i^2 &= a_0 \sum x_i^2 + a_1 \sum x_i^3 + a_2 \sum x_i^4
\end{aligned}
}
$$ (3.85a)

Die praktische Berechnung soll an folgendem **Beispiel** veranschaulicht werden.

---

[1]) In den folgenden Darstellungen wird auf die Angabe der Summationsgrenzen verzichtet

BEISPIEL

Die Produktion eines Betriebes entwickelte sich von 1963 bis 1971 wie folgt:

Jahr	1963	1964	1965	1966	1967	1968	1969	1970	1971
Produktion in 10^3 Stück	205	226	263	283	263	287	306	329	403

a) Wie lautet die Gleichung der Trendfunktion 1. Grades für diesen Zeitraum?

b) Es sind der empirische Verlauf sowie die lineare Trendfunktion in einem Koordinatensystem darzustellen.

Lösung: a) Die Beobachtungswerte werden in einer Tabelle dargestellt, wobei den Jahren zur Vereinfachung als Zeitwerte die Ordnungszahlen von 1 bis 9 zugeordnet werden. Aus dem ersten Teil der Tabelle werden dann die erforderlichen Größen

$$n;\ \sum s_i,\ \sum s_i x_i;\ \sum x_i,\ \sum x_i^2,$$

die im Gleichungssystem (3.84a) auftreten, ermittelt.

Jahre	Zeitwerte x_i	Beobachtungswerte s_i	$s_i x_i$	x_i^2
1963	1	205	205	1
1964	2	226	452	4
1965	3	263	789	9
1966	4	283	1 132	16
1967	5	263	1 315	25
1968	6	287	1 722	36
1969	7	306	2 142	49
1970	8	329	2 632	64
1971	9	403	3 627	81
$n = 9$	$\sum x_i = 45$	$\sum s_i = 2\,565$	$\sum s_i x_i = 14\,016$	$\sum x_i^2 = 285$

Die Normalgleichungen lauten dann

$$2565 = 9a_0 + 45a_1$$
$$14016 = 45a_0 + 285a_1$$

Daraus folgt

$$a_0 = 185{,}75$$
$$a_1 = 19{,}85.$$

Die Gleichung der linearen Trendfunktion hat dann die Form

(IV) $y = 185{,}75 + 19{,}85x.$

In der folgenden Tabelle werden die beobachteten Werte s_i den Funktionswerten (Trendwerten) y_i gegenübergestellt.

s_i	205	226	263	283	263	287	306	329	403
y_i	206	225	245	265	285	305	325	345	364
$s_i - y_i$	-1	$+1$	$+18$	$+18$	-22	-18	-19	-16	$+39$

b)

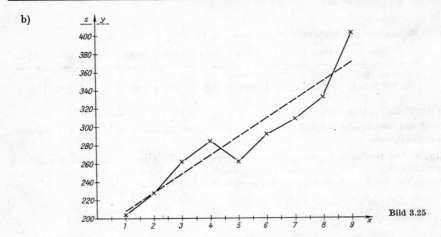

Bild 3.25

Mit Hilfe der Trendfunktion (IV) ist es nun möglich, Trendwerte, die über den untersuchten Zeitraum hinausgehen, zu extrapolieren. Der Näherungswert für das Jahr 1972 ergibt sich dann durch Substitution des Zeitwertes $x = 10$ in die Funktionsgleichung (IV)

$$1972: \quad x = 10 \quad y = 384\,000 \text{ Stück.}$$

Dabei ist zu beachten, daß eine Extrapolation, die auch ökonomische Aussagen zuläßt, nur dann auf der Grundlage der berechneten Trendfunktion möglich ist, wenn sich die Grundtendenz des Berechnungszeitraumes im Extrapolationszeitraum in gleicher Stärke und Richtung fortsetzt. Da sich jedoch die Entwicklungstendenz ökonomischer Erscheinungen über größere Zeiträume hinweg ändert, ist eine sinnvolle Extrapolation nur für kürzere Zeiträume möglich.

3.4.4.4.   Vereinfachte Berechnung der Trendfunktion

Werden die Zeitwerte x_i $(i = 1, 2, \ldots, n)$ so angesetzt, daß die Bedingung

$$\sum_{i=1}^{n} x_i^{2r-1} = 0 \qquad (r = 1, 2, \ldots, m) \tag{3.86}$$

erfüllt ist, so reduziert sich das Gleichungssystem (3.84a) für eine *lineare Funktion* auf

$$\begin{aligned}
\sum s_i \quad &= a_0 \cdot n \\
\sum s_i x_i &= a_1 \sum x_i^2
\end{aligned} \tag{3.84b}$$

und das System (3.85a) für eine *quadratische Funktion* auf

$$\begin{aligned}
\sum s_i \quad &= a_0 \cdot n + a_2 \sum x_i^2 \\
\sum s_i x_i &= a_1 \sum x_i^2 \\
\sum s_i x_i^2 &= a_0 \sum x_i^2 + a_2 \sum x_i^4
\end{aligned} \tag{3.85b}$$

Diesen Ansatz erhält man jedoch nur, wenn man der einen Hälfte der Zeitabschnitte positive und der anderen Hälfte negative x_i-Werte zuordnet.

Dabei sind, gleiche Abstände der x_i-Werte vorausgesetzt, zwei Fälle zu unterscheiden:

1. Die Beobachtungsreihe umfaßt eine ungerade Anzahl von Beobachtungswerten.
2. Die Beobachtungsreihe umfaßt eine gerade Anzahl von Beobachtungswerten.

Im Falle einer **ungeraden Anzahl** von s_i-Werten muß zunächst das *mittelste Glied* der Folge nach dem Term $\dfrac{n+1}{2}$ (Ordnungszahl des Zentralwertes) bestimmt werden, wobei n die Gesamtzahl der Beobachtungswerte darstellt. Dem Zeitabschnitt dieses mittelsten Wertes ordnet man dann den **Zeitwert Null** zu, die zeitlich früheren Beobachtungswerte erhalten $-1, -2, -3, \ldots$ und die zeitlich späteren $+1, +2, +3, \ldots$ im Ansatz.

Bei einer **geraden Anzahl** von Beobachtungswerten müssen dagegen die *beiden mittleren Werte*, also das $\dfrac{n}{2}$-te und $\left(\dfrac{n}{2}+1\right)$-te Element, bestimmt werden. Die zu diesen beiden mittleren Beobachtungswerten gehörenden Zeitabschnitte erhalten dann die **Zeitwerte -1 und $+1$** zugeordnet, während die vorangehenden Zeitintervalle mit den **ungeraden negativen** Zahlen $-3, -5, -7, \ldots$ und die folgenden Zeitintervalle mit den **ungeraden positiven** Zahlen $+3, +5, +7, \ldots$ angesetzt werden. In beiden Fällen ist die Bedingung (3.86) erfüllt.

Zur Veranschaulichung der verkürzten Trendberechnung greifen wir auf das Zahlenbeispiel S. 349 zurück.

Jahre	Zeitwerte x_i	Beobachtungs- werte s_i	$s_i x_i$	x_i^2
1963	-4	205	-820	16
1964	-3	226	-678	9
1965	-2	263	-526	4
1966	-1	283	-283	1
1967	0	263	0	0
1968	$+1$	287	$+287$	1
1969	$+2$	306	$+612$	4
1970	$+3$	329	$+987$	9
1971	$+4$	403	$+1612$	16
$n=9$	$\sum x_i = 0$	$\sum s_i = 2565$	$\sum s_i x_i = 1191$	$\sum x_i^2 = 60$

Normalgleichungen nach (3.84 b):

$$2565 = \quad 9\, a_0$$
$$1191 = \quad 60\, a_1$$
$$a_0 = 285$$
$$a_1 = \quad 19{,}85\,.$$

Die Näherungsfunktion lautet dann in analytischer Darstellung

(V) $\qquad y = 285 + 19{,}85\, x\,.$

Dabei ist zu beachten, daß die Funktion (V) als Definitionsbereich für den Zeitraum von 1963 bis 1971

$$-4 \leqq x \leqq +4$$

und die in 3.4.4.3. gefundene Funktion (IV) für den gleichen Zeitraum den Definitionsbereich

$$+1 \leqq x \leqq +9$$

besitzt. Bei Berücksichtigung dieses unterschiedlichen Definitionsbereiches ergeben sich für beide Funktionen die gleichen Funktionswerte.

$$y = 185{,}75 + 19{,}85x$$

Jahr	1963	1964	1965	1966	1967	1968	1969	1970	1971
x_i	+1	+2	+3	+4	+5	+6	+7	+8	+9
y_i	206	225	245	265	285	305	325	345	364

$$y = 285 + 19{,}85x$$

Jahr	1963	1964	1965	1966	1967	1968	1969	1970	1971
x_i	−4	−3	−2	−1	0	+1	+2	+3	+4
y_i	206	225	245	265	285	305	325	345	364

3.4.4.5.   Grad der Anpassung der Trendfunktion an den empirischen Verlauf

Der Grad der Anpassung der Trendfunktion an den empirischen Verlauf läßt sich mit Hilfe der **Standardabweichung** (3.79) messen. Dazu setzt man

$$x_i = s_i$$

und
$$\bar{x} = y_i,$$

und erhält als **Grad der absoluten Anpassung (Standardabweichung)**

$$s = \sqrt{\frac{\sum (s_i - y_i)^2}{n - p}} \qquad \text{mit } p \text{ als Anzahl der in der Trendfunktion enthaltenen Parameter.} \qquad (3.87\,\text{a})$$

Für die relative Streuung, für den **Grad der relativen Anpassung** ergibt sich der **Variationskoeffizient**

$$v = \frac{s}{\dfrac{\sum s_i}{n}} \cdot 100\% \qquad\qquad (3.87\,\text{b})$$

wobei als Bezugsbasis das arithmetische Mittel der Beobachtungswerte s_i, also $\bar{s} = (\sum s_i) : n$, steht.

In dem Beispiel des vorhergehenden Abschnittes betragen die absolute (in 10^3 Stück) und die relative Anpassung (Standardabweichung)

$$s = \sqrt{\frac{3596}{7}} = 22{,}665 \qquad v = \frac{22{,}665}{285} \cdot 100\% = 7{,}9528\%.$$

AUFGABEN

3.61. Die Spareinlagen pro Kopf der Bevölkerung bei den Kreditinstituten eines Landes entwickelten sich wie folgt:

Jahr	Pro-Kopf-Betrag in Mark	Jahr	Pro-Kopf-Betrag in Mark
1958	650	1963	1 380
1959	810	1964	1 610
1960	1 020	1965	1 840
1961	1 180	1966	2 050
1962	1 260		

Man ermittle die Gleichung der Trendfunktion 1. und 2. Grades und überprüfe mit Hilfe der absoluten und relativen Anpassung der Trendfunktion an den empirischen Verlauf, welche Funktion die günstigere ist.

3.62. Die folgende Tabelle zeigt die Entwicklung des Einzelhandelsumsatzes pro Kopf der Bevölkerung in einem Land von 1955 bis 1966.

Jahr	Umsatz pro Kopf in Mark	Jahr	Umsatz pro Kopf in Mark
1955	1 760	1961	2 780
1956	1 840	1962	2 760
1957	1 990	1963	2 770
1958	2 200	1964	2 880
1959	2 430	1965	3 000
1960	2 610	1966	3 120

Es ist

a) die Gleichung der linearen Trendfunktion für diesen Zeitraum aufzustellen,

b) der Grad der absoluten und relativen Anpassung der Trendfunktion an den empirischen Verlauf zu berechnen.

3.63. Die industrielle Produktion an bestimmten Aggregaten entwickelte sich in einem Land wie folgt:

Jahr	Produktion in Mill. Mark
1962	297,8
1965	394,3
1967	585,8
1969	770,2
1970	803,1

Man ermittle die lineare Trendfunktion und interpoliere die fehlenden Werte.

3.4.5.   Lineare Regression und Korrelation

3.4.5.1.   Lineare Regression[1])

Wurde in den bisherigen Ausführungen jeweils nur *ein meßbares Merkmal X* (z. B. Durchmesser der Wellen, Abweichung vom Nennmaß, Zugfestigkeit, Reißlänge; Einkommen, Pro-Kopf-Verbrauch, Umsatz usw.) untersucht, so kommt in der Statistik insbesondere auch der Aufdeckung, Beschreibung und Untersuchung der Abhängigkeiten zwischen *zwei Merkmalen* (Zufallsgrößen) X und Y eine große Bedeutung zu. Man faßt X und Y als zwei stetige Zufallsgrößen auf, die die Werte x_i und y_i $(i = 1, 2, \ldots, n)$ annehmen. Betrachtet man die beiden Folgen von Meßwerten (x_i) und (y_i) nicht als einzelne Stichproben, sondern fordert, daß die beiden Merkmalswerte x_i und y_i jeweils gleichzeitig an jedem Element einer Menge von zu untersuchenden Objekten gemessen werden, dann ergibt sich eine Stichprobe, die aus den Wertepaaren $(x_i; y_i)$ $(i = 1, 2, \ldots, n)$ besteht.

So können z. B. an einer bestimmten Anzahl von Stahlstäben gleicher Länge und gleichen Durchmessers der Kohlenstoffgehalt (X) und die Zugfestigkeit (Y) gemessen werden; oder es werden bei einer jeden Person einer zu untersuchenden Personengesamtheit zugleich Körperlänge (X) und Körpergewicht (Y) ermittelt. Ein weiteres Beispiel stellt die Untersuchung einer bestimmten Anzahl Haushaltungen mit gleicher Personenzahl dar, bei der für jeden Haushalt das Einkommen (X) und der Ausgabenbetrag (Y) für Nahrungsmittel festgestellt werden. Bei allen diesen Aufgaben wird danach gefragt, ob zwischen den beiden Zufallsgrößen (Merkmalen) X und Y ein Zusammenhang besteht und wie eng dieser Zusammenhang ist. Dabei besteht in diesen Fällen zwischen den Meßwerten x_i und y_i *keine eindeutige funktionale Zuordnung*, sondern ein sogenannter **korrelativer**[2]) oder **stochastischer**[3]) **Zusammenhang**. Mit Hilfe der **Regressionsanalyse** läßt sich dann dieser korrelative Zusammenhang zwischen zwei Zufallsgrößen X und Y (oder mehr als zwei) analysieren und die Art des Zusammenhangs zwischen diesen Merkmalen beschreiben. Im Falle zweier Zufallsgrößen X und Y geht man davon aus, daß die Verteilung der einen, die als abhängige angenommen wird, z. B. Y, für bestimmte gegebene Werte der anderen, unabhängigen Zufallsvariablen (X) untersucht wird. Über die *Verteilung* dieser *unabhängigen* Zufallsvariablen werden *keine* Annahmen gemacht, wohl aber über die abhängige Größe Y, die für jeden Wert x_i $(i = 1, 2, \ldots, n)$ **normalverteilt** sein muß mit dem Erwartungswert

$$E Y = f(x) \tag{3.88a}$$

und der Varianz σ^2. Durch die Gleichung (3.88a) wird die *theoretische Regressionsfunktion* beschrieben. Für den Fall eines linearen Regressionsmodells ist der Erwartungswert ein Funktionswert in der Form

$$E Y = f(x; \alpha_0, \alpha_1) = \alpha_0 + \alpha_1 x. \tag{3.88b}$$

---

[1]) Regression (lat.) Rückbildung
[2]) korrelativ (lat.) einander wechselseitig bedingend
[3]) vgl. Abschn. 0.

Aufgabe der Regressionsanalyse ist es nun, die unbekannten Parameter α_0 und α_1 aus den Daten der Stichprobe, die aus den Wertepaaren $(x_i; y_i)$ $(i = 1, 2, \ldots, n)$ besteht, zu schätzen. Diese Schätzung kann mit Hilfe der in 3.4.4. behandelten Methode der kleinsten Quadrate erfolgen.

Bezeichnet man die gefundenen Schätzwerte für α_0 und α_1 mit a_0 und a_1, so ergibt sich als *empirische* Regressionsgerade

$$\boxed{\tilde{y} = a_0 + a_1 x.}$$

(3.88c)

BEISPIEL

In einem metallurgischen Betrieb wird für Forschungszwecke an 25 Stahlstäben gleicher Länge und gleichen Querschnitts, aber unterschiedlichen Kohlenstoffgehalts die Zugfestigkeit σ_B gemessen. Es ergaben sich folgende Meßwerte:

C-Gehalt (X) in %	$\sigma_B(Y)$ in MPa	C-Gehalt (X) in %	$\sigma_B(Y)$ in MPa	C-Gehalt (X) in %	$\sigma_B(Y)$ in MPa
0,10	358	0,15	387	0,25	473
0,30	522	0,55	783	0,70	929
0,15	400	0,60	822	0,55	758
0,60	849	0,20	411	0,65	860
0,70	885	0,40	610	0,70	923
0,20	434	0,40	625	0,40	650
0,50	721	0,25	501	0,65	888
0,20	445	0,60	800	0,30	551
0,30	568				

Es ist die Abhängigkeit der Zugfestigkeit σ_B vom Kohlenstoffgehalt C zu untersuchen.

Lösung: Zur Untersuchung des Zusammenhanges zwischen Zugfestigkeit und Kohlenstoffgehalt werden die in der Urliste ungeordneten Wertepaare $(x_i; y_i)$ $(i = 1, 2, \ldots, n)$ nach der *unabhängigen Variablen* X (Kohlenstoffgehalt) *geordnet* und in einem rechtwinkeligen Koordinatensystem als Punkte eingetragen. Es ergibt sich dann ein *Punkteschwarm (Punktwolke)*, der sich mehr oder weniger einem bestimmten Kurvenverlauf anpaßt.

X	Y	X	Y	X	Y
0,10	358	0,30	551	0,60	800
0,15	387	0,30	568	0,60	822
0,15	400	0,40	610	0,60	849
0,20	411	0,40	625	0,65	860
0,20	434	0,40	650	0,65	888
0,20	445	0,50	721	0,70	885
0,25	473	0,55	758	0,70	923
0,25	501	0,55	783	0,70	929
0,30	522				

Es zeigt sich hier **kein funktionaler Zusammenhang** zwischen X und Y, da zu einem bestimmten Wert der unabhängigen Zufallsvariablen X **verschiedene Werte der** abhängigen Zufallsgröße Y gehören, z. B.

$$X: 0{,}40; \qquad Y: \begin{cases} 610 \\ 625 \\ 650 \end{cases} \quad \text{oder} \quad X: 0{,}70; \qquad Y: \begin{cases} 885 \\ 923 \\ 929 \end{cases}$$

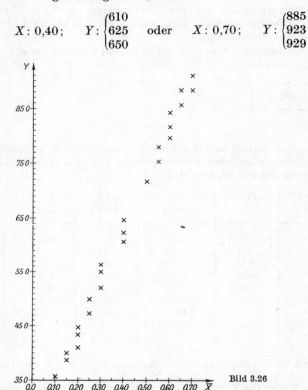

Bild 3.26

Trotzdem ergibt sich jedoch eine bestimmte Gesetzmäßigkeit in bezug auf den Zusammenhang zwischen X und Y, die darin zum Ausdruck kommt, daß mit wachsendem X auch die Werte der abhängigen Zufallsgröße Y zunehmen. Bei Betrachtung der grafischen Darstellung (Bild 3.26) dieses Zusammenhangs zeigt sich ein Punkteschwarm (Punktwolke), der einen linearen Anstieg erkennen läßt. Dies weist auf eine *lineare Regression* hin, für die die Regressionsgerade

$$\bar{y} = a_0 + a_1 x$$

zu berechnen ist.

Nach dem GAUSSschen Minimumprinzip (3.82) gilt für die Berechnung der Schätzwerte a_0 und a_1 für die unbekannten Koeffizienten α_0 und α_1 der Ansatz

$$S(\alpha_0, \alpha_1) = \sum_{i=1}^{n} (y_i - \alpha_0 - \alpha_1 x_i)^2 \to \min$$

mit y_i: Meßwerte der abhängigen Zufallsgröße Y (Zugfestigkeit in MPa)
und x_i: Meßwerte der unabhängigen Zufallsgröße X (Kohlenstoffgehalt in %).

Man bildet nun die partiellen Ableitungen nach α_0 und α_1

$$\frac{\partial}{\partial \alpha_0} \sum_{i=1}^{n} (y_i - \alpha_0 - \alpha_1 x_i)^2 = -2 \sum_{i=1}^{n} (y_i - \alpha_0 - \alpha_1 x_i) \tag{Ia}$$

$$\frac{\partial}{\partial \alpha_1} \sum_{i=1}^{n} (y_i - \alpha_0 - \alpha_1 x_i)^2 = -2 \sum_{i=1}^{n} (y_i - \alpha_0 - \alpha_1 x_i) \cdot x_i \tag{Ib}$$

und setzt diese gleich Null. Berücksichtigt man ferner noch, daß man die Schätzwerte für die unbekannten Koeffizienten α_0 und α_1 mit a_0 und a_1 bezeichnet, so ergeben sich für diese Schätzwerte folgende Normalgleichungen (Summationsgrenzen werden im folgenden weggelassen):

$$\sum y_i - a_0 \cdot n - a_1 \sum x_i = 0 \tag{IIa}$$

$$\sum y_i x_i - a_0 \sum x_i - a_1 \sum x_i^2 = 0. \tag{IIb}$$

Dividiert man (IIa) durch n, so erhält man

$$\frac{\sum y_i}{n} - a_0 - a_1 \frac{\sum x_i}{n} = 0 \tag{III}$$

bzw.

$$\bar{y} - a_0 - a_1 \bar{x} = 0 \tag{IVa}$$

und nach dem Schätzwert a_0 aufgelöst

$$a_0 = \bar{y} - a_1 \bar{x}. \tag{IVb}$$

Aus der Gleichung (IIb) folgt nach Substitution von (IVb)

$$\sum y_i x_i - (\bar{y} - a_1 \bar{x}) \sum x_i - a_1 \sum x_i^2 = 0 \tag{Va}$$

$$\sum y_i x_i - \bar{y} \sum x_i + a_1 \bar{x} \sum x_i - a_1 \sum x_i^2 = 0 \tag{Vb}$$

und für den sogenannten **Regressionskoeffizienten** a_1

$$\boxed{a_1 = \frac{\sum y_i x_i - \bar{y} \sum x_i}{\sum x_i^2 - \bar{x} \sum x_i}} \tag{3.89a}$$

Die lineare Regressionsgleichung (3.88c) hat dann die Form

$$\boxed{\bar{y} = \bar{y} + \frac{\sum y_i x_i - \bar{y} \sum x_i}{\sum x_i^2 - \bar{x} \sum x_i} \cdot (x - \bar{x})} \tag{3.90}$$

Für Gleichung (3.89a) kann nach Umformung auch geschrieben werden

$$a_1 = \frac{\sum (x_i - \bar{x})(y_i - \bar{y})}{\sum (x_i - \bar{x})^2} \tag{3.89b}$$

oder

$$a_1 = \frac{n \sum x_i y_i - \sum x_i \sum y_i}{n \sum x_i^2 - (\sum x_i)^2}.$$ (3.89 c)

Für obiges Beispiel ergibt sich folgende Rechentabelle:

x_i	y_i	$x_i y_i$	x_i^2	y_i^2 [1])
0,10	358	35,80	0,0100	128164
0,15	387	58,05	0,0225	149769
0,15	400	60,00	0,0225	160000
0,20	411	82,20	0,0400	168921
0,20	434	86,80	0,0400	188356
0,20	445	89,00	0,0400	198025
0,25	473	118,25	0,0625	223729
0,25	501	125,25	0,0625	251001
0,30	522	156,60	0,0900	272484
0,30	551	165,30	0,0900	303601
0,30	568	170,40	0,0900	322624
0,40	610	244,00	0,1600	372100
0,40	625	250,00	0,1600	390625
0,40	650	260,00	0,1600	422500
0,50	721	360,50	0,2500	519841
0,55	758	416,90	0,3025	574564
0,55	783	430,65	0,3025	613089
0,60	800	480,00	0,3600	640000
0,60	822	493,20	0,3600	675684
0,60	849	509,40	0,3600	720801
0,65	860	559,00	0,4225	739600
0,65	888	577,20	0,4225	788544
0,70	885	619,50	0,4900	783225
0,70	923	646,10	0,4900	851929
0,70	929	650,30	0,4900	863041
10,40	16153	7644,40	5,3000	11322217

Daraus folgt nach (3.89 c):

$$a_1 = \frac{25 \cdot 7644,40 - 10,40 \cdot 16153}{25 \cdot 5,3000 - 108,16}$$

$$a_1 = +949,83.$$

Nach Formel (3.90) ergibt sich somit die Regressionsgleichung

$$\tilde{y} = 646,12 + 949,83 \cdot (x - 0,416)$$

$$\tilde{y} = 250,99 + 949,83x,$$

---

[1]) Diese Spalte wird für den auf S. 360 dargestellten Regressionskoeffizienten b_1 benötigt. Ist nur a_1 zu berechnen, kann diese Spalte entfallen

gültig im Definitionsbereich

$$0{,}10 \leqq x \leqq 0{,}70\,.$$

Der Regressionskoeffizient a_1 gibt an, um wieviel Megapascal die Zugfestigkeit zunimmt, wenn der Kohlenstoffgehalt um 1% ansteigt. Dies entspricht bei einer Zunahme des Kohlenstoffgehaltes um $0{,}10\%$ einer Zunahme der Zugfestigkeit um $94{,}983$ MPa.

Geometrisch stellt der Regressionskoeffizient a_1 den Tangens des Winkels dar, den die Regressionsgerade mit der X-Achse bildet.

Zur *Schätzung der Streuung* σ^2 der Zufallsgröße Y verwendet man die empirische Streuung um die Regressionsgerade in der Form[1]):

$$s^2 = \frac{1}{n-2} \sum_{i=1}^{n} (y_i - \bar{y}_i)^2 \tag{3.91}$$

Die Standardabweichung ist dann $s = \sqrt{\dfrac{1}{n-2} \sum_{i=1}^{n} (y_i - \bar{y}_i)^2}$ und für unser Beispiel

$s = 17{,}558$ MPa.

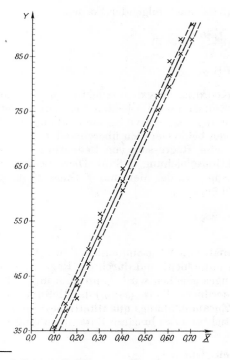

Bild 3.27

----
[1]) vgl. Formel (3.87a), S. 352

Neben der linearen Regressionsgleichung (3.88c)

$$\bar{y} = a_0 + a_1 x,$$

in der der Regressionskoeffizient a_1 den Anstieg der Geraden zur X-Achse, also den durchschnittlichen Zuwachs von Y pro Einheit von X angibt, kann theoretisch stets eine zweite Regressionsgleichung berechnet werden. In dieser tritt als unabhängige Variable das Merkmal Y und als abhängige Größe das Merkmal X auf. Die analytische Darstellung dieser Funktion lautet

$$\bar{x} = b_0 + b_1 y. \tag{3.92}$$

Hierin drückt b_1 als Regressionskoeffizient den Anstieg der Regressionsgeraden zur Y-Achse, also den durchschnittlichen Zuwachs von X pro Einheit von Y aus. Nach Anwendung der Methode der kleinsten Quadrate ergibt sich für diese Regression von X auf Y aus den Werten der Tabelle auf S. **358** nach folgender Formel

$$b_1 = \frac{\sum y_i x_i - \bar{x} \sum y_i}{\sum y_i^2 - \bar{y} \sum y_i} \tag{3.93}$$

$$b_1 = 0{,}00104$$

und für die Regressionsgleichung (3.92) nach folgender Formel

$$\bar{x} = \bar{x} + \frac{\sum y_i x_i - \bar{x} \sum y_i}{\sum y_i^2 - \bar{y} \sum y_i} (y - \bar{y}) \tag{3.94}$$

$$\bar{x} = -0{,}2560 + 0{,}00104\, y.$$

Beide Regressionsgeraden, in ein Koordinatensystem eingetragen, schneiden sich im Schwerpunkt der Verteilung. Je weniger nun die beiden Geraden voneinander abweichen, um so enger (straffer) ist der korrelative Zusammenhang. Im Falle eines funktionalen Zusammenhanges liegen beide Geraden übereinander.

In der Praxis ist jedoch meist nur eine Regression von Bedeutung und sinnvoll, in diesem Beispiel also nur die Funktionsgleichung (3.88c). Diese trägt mit ihrer Zuordnung $y(x)$ der Tatsache Rechnung, daß das Merkmal Y (Zugfestigkeit) von dem Merkmal X (Kohlenstoffgehalt) abhängt.

3.4.5.2.   Lineare Korrelation

Während mittels der Regressionsanalyse der Zusammenhang zwischen zwei Zufallsvariablen X und Y überprüft und untersucht und durch die Regressionsgerade eine Beschreibung dieses Zusammenhanges gegeben wird, kann man mit Hilfe der **Korrelationsanalyse** aus einer Folge geordneter Paare $(x_i; y_i)$ der Meßwerte (x_i) und (y_i) $(i = 1, 2, \ldots, n)$ den **Grad dieses Zusammenhangs quantitativ** bestimmen. Zur Messung des Grades, der Stärke und Richtung des linearen Zusammenhanges verwendet man als Maßzahl

  a) den **Korrelationskoeffizienten** r_{xy}
  b) das **Bestimmtheitsmaß** B_{xy}.

Der empirische Korrelationskoeffizient r_{xy}

Der empirische **Korrelationskoeffizient** r_{xy} einer Meßfolge mit den Wertepaaren $(x_i; y_i)$ $(i = 1, 2, \ldots, n)$[1] ist ein Maß für die **Straffheit des linearen Zusammenhanges** zwischen X und Y und wird definiert als

$$r_{xy} = \frac{\sum\limits_{i=1}^{n} (x_i - \bar{x})(y_i - \bar{y})}{\sqrt{\sum\limits_{i=1}^{n} (x_i - \bar{x})^2 \cdot \sum\limits_{i=1}^{n} (y_i - \bar{y})^2}} \qquad (3.95\,\text{a})$$

Der Korrelationskoeffizient r_{xy} kann gemäß Definition alle Werte von -1 bis $+1$ annehmen, so daß stets gilt

$$-1 \leq r_{xy} \leq +1.$$

Bei $r_{xy} < 0$ [wenn $\sum (x_i - \bar{x})(y_i - \bar{y}) < 0$] spricht man von einer negativen (ungleichsinnigen) Korrelation, das bedeutet, zu großen Werten von X gehören kleine Werte von Y und umgekehrt. $r_{xy} > 0$ [wenn $\sum (x_i - \bar{x})(y_i - \bar{y}) > 0$] wird dagegen als positive (gleichsinnige) Korrelation bezeichnet, das bedeutet, zu großen Werten von X gehören große Werte von Y und umgekehrt. Die Abhängigkeit zwischen X und Y ist um so straffer, je größer $|r_{xy}|$ ausfällt. $r_{xy} = +1$ bzw. $r_{xy} = -1$ drückt dann eine vollständige positive oder vollständige negative Korrelation aus. Sind die Zufallsgrößen X und Y stochastisch unabhängig, so gilt $r_{xy} = 0$.

Zwischen dem Korrelationskoeffizienten r_{xy} und den Standardabweichungen s_x und s_y besteht folgender Zusammenhang. Wird der Korrelationskoeffizient durch Erweitern mit $\dfrac{1}{n-1}$ umgeformt, so geht Formel (3.95a) über in

$$r_{xy} = \frac{\dfrac{1}{n-1} \sum (x_i - \bar{x})(y_i - \bar{y})}{\sqrt{\dfrac{1}{n-1} \sum (x_i - \bar{x})^2 \cdot \dfrac{1}{n-1} \sum (y_i - \bar{y})^2}}. \qquad (3.95\,\text{b})$$

Führt man entsprechend Formel (3.77b)

$$\sqrt{\frac{1}{n-1} \sum (x_i - \bar{x})^2} = s_x \quad \text{(Standardabweichung der Zufallsgröße } X)$$

und

$$\sqrt{\frac{1}{n-1} \sum (y_i - \bar{y})^2} = s_y \quad \text{(Standardabweichung der Zufallsgröße } Y)$$

ein und definiert man weiterhin als **Kovarianz**

$$\frac{1}{n-1} \sum (x_i - \bar{x})(y_i - \bar{y}) = \frac{1}{n-1}\left[\sum x_i y_i - \frac{\sum x_i \sum y_i}{n} \right] = s_{xy}, \qquad (3.96)$$

---

[1] Kurzform für die oben beschriebene Folge

so folgt für den Korrelationskoeffizienten r_{xy}

$$r_{xy} = \frac{s_{xy}}{s_x \cdot s_y}$$

(3.95 c)

Zwischen dem Korrelationskoeffizienten und dem Regressionskoeffizienten a_1 läßt sich noch folgende Beziehung herstellen:

$$a_1 = \frac{\sum (x_i - \bar{x})(y_i - \bar{y})}{\sum (x_i - \bar{x})^2} = \frac{\dfrac{1}{n-1} \sum (x_i - \bar{x})(y_i - \bar{y})}{\dfrac{1}{n-1} \sum (x_i - \bar{x})^2} = \frac{s_{xy}}{s_x^2} =$$

$$= \frac{s_{xy}}{s_x \cdot s_y} \cdot \frac{s_y}{s_x}$$

$$a_1 = r_{xy} \cdot \frac{s_y}{s_x}$$

(3.97)

und für den Korrelationskoeffizienten

$$r_{xy} = a_1 \cdot \frac{s_x}{s_y}$$

(3.95 d)

Das Bestimmtheitsmaß B_{xy}

In der Praxis wird in vielen Fällen statt des Korrelationskoeffizienten r_{xy} das **Bestimmtheitsmaß B_{xy}** verwendet. Dieses Bestimmtheitsmaß einer Folge von Meßwerten mit den Wertepaaren $(x_i; y_i)$ $(i = 1, 2, \ldots, n)$[1] ist definiert als

$$B_{xy} = r_{xy}^2 = \frac{s_{xy}^2}{s_x^2 \cdot s_y^2}$$

(3.98 a)

B_{xy} kann nur die Werte von 0 bis 1 annehmen. Für eine lineare Abhängigkeit zwischen X und Y, das heißt, alle Punkte $(x_i; y_i)$ $(i = 1, 2, \ldots, n)$ liegen auf der Regressionsgeraden, gilt dann $B_{xy} = 1$. Je stärker die Punkte um die Regressionsgerade streuen, um so kleiner wird das Bestimmtheitsmaß. Besteht überhaupt keine Abhängigkeit zwischen X und Y, so ist $B_{xy} = 0$.
Verwendet man zur Darstellung des Bestimmtheitsmaßes B_{xy} den Korrelationskoeffizienten r_{xy} nach der Formel (3.95 d), so erhält man

$$B_{xy} = a_1^2 \cdot \frac{s_x^2}{s_y^2}.$$

(3.98 b)

---

[1] vgl. Fußnote S. 361

Setzt man für die Variánzen von x und y

$$s_x^2 = \frac{1}{n-1} \sum (x_i - \bar{x})^2 \quad \text{und} \quad s_y^2 = \frac{1}{n-1} \sum (y_i - \bar{y})^2,$$

so folgt aus (3.98b)

$$B_{xy} = \frac{\sum [a_1(x_i - \bar{x})]^2}{\sum (y_i - \bar{y})^2},$$

und da nach (3.90) gilt

$$(\bar{y}_i - \bar{y}) = a_1(x_i - \bar{x}),$$

nimmt schließlich das Bestimmtheitsmaß B_{xy} folgende Form an:

$$\boxed{B_{xy} = \frac{\sum (\bar{y}_i - \bar{y})^2}{\sum (y_i - \bar{y})^2}} \tag{3.98c}$$

Aus der Rechentabelle des Beispiels in 3.4.5.1. und der Formel (3.80) ergeben sich für die Streuungen von X und Y

$$s_x^2 = \frac{5,3000}{24} - \frac{25}{24} \cdot \left[\frac{10,40}{25}\right]^2$$

$$s_x^2 = 0,040\,567 \quad \text{und entsprechend}$$

$$s_y^2 = 36893,36$$

und für die Kovarianz nach Formel (3.96)

$$s_{xy} = \frac{1}{24}\left[7644,40 - \frac{10,40 \cdot 16153}{25}\right]$$

$$s_{xy} = 38,53133.$$

Daraus folgt für r_{xy} und B_{xy} nach (3.95c) und (3.98a)

$$r_{xy} = +0,996$$

$$B_{xy} = 0,992.$$

Der Korrelationskoeffizient für vorstehende Aufgabe beträgt $r_{xy} = +0,996$ oder 99,6%, das Bestimmtheitsmaß $B_{xy} = 0,992$. Es liegt daher eine sehr starke positive Korrelation vor. Mit Hilfe spezieller mathematisch-statistischer Prüfverfahren kann dann noch untersucht werden, ob dieser Korrelationskoeffizient statistisch gesichert ist (vgl. S. 375). Für weitergehendes Studium sei auf [3.2] verwiesen.

AUFGABEN

3.64. Es ist die Regressionsgleichung sowie der Grad der Abhängigkeit der Bruchdehnung vom Kohlenstoffgehalt für folgende 25 Messungen zu berechnen.

C-Gehalt in %	Bruch-dehnung δ in %	C-Gehalt in %	Bruch-dehnung δ in %	C-Gehalt in %	Bruch-dehnung δ in %
0,70	9,9	0,10	30,5	0,55	16,4
0,40	22,1	0,60	14,9	0,15	30,4
0,15	28,6	0,30	24,9	0,20	27,9
0,60	12,0	0,70	11,0	0,20	31,0
0,25	24,8	0,40	20,5	0,65	11,0
0,65	12,4	0,20	29,4	0,30	23,0
0,50	20,2	0,70	12,1	0,25	26,0
0,30	26,1	0,40	19,0	0,60	13,1
0,55	17,6				

3.65. Bei der Untersuchung des Einflusses der relativen Luftfeuchtigkeit auf den Feuchtigkeitsgehalt bei Faserstoffen wurden bei Wolle folgende Meßwerte ermittelt.

rel. Luftfeuchte φ in % (X)	Wassergehalt W in % (Y)	rel. Luftfeuchte φ in % (X)	Wassergehalt W in % (Y)
10	5	70	17
90	26	20	9
20	8	40	13
40	12	40	11
50	14	50	12
70	18	70	19
80	21	80	22
90	25	90	24
10	4	50	13
10	6	50	17

Man berechne: a) die Regressionsgerade $\tilde{y} = a_0 + a_1 x$,
      b) die Streuung um die Regressionsgerade,
      c) den Korrelationskoeffizienten r_{xy},
      d) das Bestimmtheitsmaß B_{xy}.

3.4.6. Statistische Prüfverfahren

3.4.6.1. Bedeutung der statistischen Prüfverfahren

In 3.4.2. wurde ausgeführt, daß man sich zur Charakterisierung einer Stichprobe bestimmter Kenngrößen, sogenannter Maßzahlen, bedient. In vielen Fällen reicht jedoch eine derartige Beschreibung durch Mittelwerte und Streuung nicht aus, und es macht sich die Beantwortung solcher Fragen erforderlich, wie sie in den folgenden Beispielen gestellt werden:

1. Bei einem Produktionsverfahren ergab sich auf Grund längerer Beobachtungen eine Ausschußquote von 25%. Zur Überprüfung eines Lieferpostens wird eine

Stichprobe vom Umfang $n = 100$ entnommen. Es werden dabei 30 Ausschuß-stücke gezählt. Ist die Abweichung in den Ausschußquoten zufällig, d. h., stammt die Stichprobe aus einer Grundgesamtheit mit der Ausschußquote von 25%, oder liegt eine *wesentliche* (*signifikante*; das heißt *statistisch gesicherte*) Abweichung vor?

2. Es wurden zwei verschiedene Stahlsorten A und B hinsichtlich der Bruchdehnung untersucht. Der Werkstoff A ergab bei 30 Versuchen eine durchschnittliche Bruchdehnung $\bar{\delta}_A = 16{,}4\%$ (bezogen auf die Ursprungslänge) und eine Varianz $s_A^2 = 4$, der Werkstoff B bei 50 Versuchen eine durchschnittliche Bruchdehnung $\bar{\delta}_B = 20{,}5\%$ und eine Varianz $s_B^2 = 8$. Ist die Abweichung zwischen $\bar{\delta}_A$ und $\bar{\delta}_B$ zufällig oder signifikant, also statistisch gesichert?

3. Bei der Überprüfung eines Werkstoffes ergab sich bei 30 Versuchen eine mittlere Zugfestigkeit von $\bar{\sigma}_B = 200\,\mathrm{MPa}$ und eine Varianz von $s^2 = 5$. Der Sollwert liegt jedoch bei $\mu = 220\,\mathrm{MPa}$. Ist die Abweichung zwischen $\bar{\sigma}_B$ und μ statistisch gesichert oder nicht?

Die Untersuchung dieser Aufgabenstellungen erfolgt mit den verschiedenen **statistischen Prüfverfahren** (Prüftests), mit deren Hilfe man z. B. in der zweiten Aufgabenstellung die Maßzahlen $\bar{\delta}_A$ und $\bar{\delta}_B$ der beiden Stichproben miteinander, in der ersten und dritten Aufgabenstellung die Maßzahl $p = 0{,}30$ (30% Ausschuß) bzw. die mittlere Zugfestigkeit $\bar{\sigma}_B = 200\,\mathrm{MPa}$ der jeweiligen Stichprobe mit den entsprechenden Größen der Grundgesamtheit vergleichen kann. Dabei geht man von einer sogenannten **statistischen Hypothese** (H_0) aus, unter der man irgendeine Annahme über die Verteilungsfunktion F_X der Zufallsgröße X und deren Parameter versteht. Es wird dann auf der Grundlage einer Stichprobe diese Hypothese H_0 (Nullhypothese), also die Annahme über den betreffenden Parameter, geprüft und entschieden, ob man sie annehmen kann oder ablehnen muß.

So bezeichnet man im Beispiel 1 als Nullhypothese H_0 die Annahme, daß die Abweichung in den Ausschußquoten zufälliger Art ist: $H_0 (p = p_0)$. Im Beispiel 2 ist die zu prüfende Nullhypothese $H_0 (\mu_1 = \mu_2)$, das heißt, es muß geprüft werden, ob beide Stichproben aus Grundgesamtheiten mit gleichem Mittelwert stammen. In der dritten Aufgabenstellung ist die Hypothese $H_0 (\mu = \mu_0)$ zu prüfen, d. h., es soll festgestellt werden, ob die Abweichung des Stichprobenmittels von dem angenommenen Mittelwert der Grundgesamtheit nur zufälliger Art ist.

Die jeweils entgegengesetzte Annahme, daß die Unterschiede (Abweichungen) zwischen den Maßzahlen signifikant, also statistisch gesichert sind, wird dann als **Alternativhypothese** H_1 bezeichnet, z. B. $H_1 (p \neq p_0)$; $H_1 (\mu_1 \neq \mu_2)$; $H_1 (\mu \neq \mu_0)$.

Da nun die Annahme bzw. Ablehnung einer Hypothese auf der Grundlage einer Stichprobe und der daraus berechneten Maßzahlen beruht, besteht hinsichtlich der Entscheidung über Annahme oder Ablehnung die Möglichkeit eines Irrtums. Man unterscheidet dabei zwei Arten von Fehlern:

1. Die Nullhypothese H_0 wird abgelehnt, obwohl diese richtig ist. Dies bezeichnet man als einen *Fehler erster Art*.

2. Die Nullhypothese H_0 wird angenommen, obwohl diese falsch ist. Dies bezeichnet man als einen *Fehler zweiter Art*.

Um den Fehler erster Art möglichst klein zu halten, das heißt, die richtige Hypothese H_0 möglichst selten zu verwerfen, gibt man bei diesen Prüfverfahren eine **Irrtums-**

wahrscheinlichkeit α vor, die im allgemeinen mit 0,05; 0,01; 0,0027; 0,001 angesetzt wird. Man fordert dann, daß die Wahrscheinlichkeit, einen solchen Fehler erster Art zu machen, **nicht größer** sein darf als 0,05; 0,01; 0,0027; 0,001, also 5%, 1%, 0,27%, 0,1%. Das entspricht einer **statistischen Sicherheit** $S = 1 - \alpha$ von 0,95; 0,99; 0,9973; 0,999 oder 95%, 99%, 99,73% bzw. 99,9%. Bei der Normalverteilung, auf die sich die im folgenden dargestellten Prüfverfahren beziehen, ergibt sich zwischen der *Irrtumswahrscheinlichkeit* α, der *statistischen Sicherheit* S und den Grenzen des *Annahmebereiches der Hypothese* $(-u_\alpha \cdots +u_\alpha)$ folgender Zusammenhang (vgl. S. 308):

$$\alpha = 1 - S = 1 - \int_{-u_\alpha}^{+u_\alpha} \varphi(z)\,\mathrm{d}z = 1 - \frac{1}{\sqrt{2\pi}} \int_{-u_\alpha}^{+u_\alpha} e^{-\frac{z^2}{2}}\,\mathrm{d}z = 2 - 2\,\Phi(u_\alpha) =$$

$$= 1 - 2\,\Phi_0(u_\alpha) \tag{3.99}$$

und für u_α:

$$\Phi(u_\alpha) = 1 - \frac{\alpha}{2} \tag{3.100a}$$

oder

$$\Phi_0(u_\alpha) = \frac{1-\alpha}{2}. \tag{3.100b}$$

Den Bereich außerhalb des Annahmebereiches nennt man **kritischen Bereich** oder **Ablehnungsbereich**.

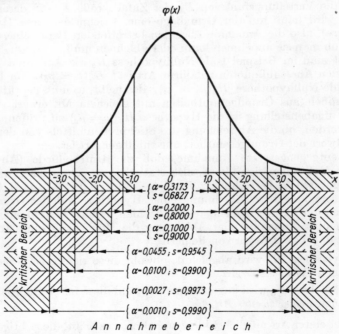

Bild 3.28. Annahmebereich

Die Abhängigkeit der Größe des Annahmebereiches der Hypothese $H_0(\mu = \mu_0)$ von der Irrtumswahrscheinlichkeit bzw. von der statistischen Sicherheit zeigt die nachfolgende Gegenüberstellung:

$\alpha = 0,3173;$ $S = 0,6827;$ $u_\alpha = 1,000;$ Annahmebereich: $-1,000 \cdots +1,000$
$\alpha = 0,2000;$ $S = 0,8000;$ $u_\alpha = 1,282;$ Annahmebereich: $-1,282 \cdots +1,282$
$\alpha = 0,1000;$ $S = 0,9000;$ $u_\alpha = 1,645;$ Annahmebereich: $-1,645 \cdots +1,645$
$\alpha = 0,0500;$ $S = 0,9500;$ $u_\alpha = 1,960;$ Annahmebereich: $-1,960 \cdots +1,960$
$\alpha = 0,0455;$ $S = 0,9545;$ $u_\alpha = 2,000;$ Annahmebereich: $-2,000 \cdots +2,000$
$\alpha = 0,0100;$ $S = 0,9900;$ $u_\alpha = 2,576;$ Annahmebereich: $-2,576 \cdots +2,576$
$\alpha = 0,0027;$ $S = 0,9973,$ $u_\alpha = 3,000;$ Annahmebereich: $-3,000 \cdots +3,000$
$\alpha = 0,0010;$ $S = 0,9990;$ $u_\alpha = 3,292;$ Annahmebereich: $-3,292 \cdots +3,292$

Aus Bild 3.28 wie aus dem voranstehenden Zahlenmaterial ist zu erkennen: **je kleiner die Irrtumswahrscheinlichkeit ist, um so größer wird die statistische Sicherheit und somit der Annahmebereich der Hypothese.**
Die Werte für u_α sind nach der Formel (3.100a) unter Verwendung der Tabelle III auf S. 381 zu bestimmen.

BEISPIEL

1. Die Wahrscheinlichkeit α wird vorgegeben; es sei $\alpha = 0,0455$ gewählt. Daraus ergibt sich $S = 0,9545$, da nach (3.99) $\alpha + S = 1$ ist. Nach (3.100a) ist der zugehörige Funktionswert

$$\Phi(x) = \Phi(u_\alpha) = 1 - \frac{\alpha}{2},$$ welcher im Beispielfall den Wert $0,97725$ hat. Zu diesem in Tafel

III tabellierten Funktionswert wird das Argument $x = u_\alpha$ aufgesucht; es ist $u_\alpha = 2,00$ (vgl. oben).

Da in den obigen Berechnungen der Annahmebereich nach unten durch $-u_\alpha$ und nach oben durch $+u_\alpha$ begrenzt wird, gelten diese berechneten u_α-Werte für die sogenannte *zweiseitige Fragestellung*. Handelt es sich dagegen um eine *einseitige Fragestellung*, so ist die Hypothese

$$H_0(\mu = \mu_0)$$

entweder gegen die Alternativhypothese

$$H_1(\mu > \mu_0)$$

oder gegen
$$H_1(\mu < \mu_0)$$
zu prüfen.
In diesem Falle ergeben sich für die oben angenommenen Irrtumswahrscheinlichkeiten α folgende u'_α als obere Grenze des Annahmebereichs.

$\alpha = 0,3173;$ $S = 0,6827;$ $u'_\alpha = 0,475$
$\alpha = 0,2000;$ $S = 0,8000;$ $u'_\alpha = 0,842$
$\alpha = 0,1000;$ $S = 0,9000;$ $u'_\alpha = 1,282$
$\alpha = 0,0500;$ $S = 0,9500;$ $u'_\alpha = 1,645$
$\alpha = 0,0455;$ $S = 0,9545;$ $u'_\alpha = 1,690$
$\alpha = 0,0100;$ $S = 0,9900;$ $u'_\alpha = 2,326$
$\alpha = 0,0027;$ $S = 0,9973;$ $u'_\alpha = 2,782$
$\alpha = 0,0010;$ $S = 0,9990;$ $u'_\alpha = 3,092$

Zur Berechnung der u'_α bei der einseitigen Fragestellung verwendet man die Tafel III für

$$\Phi(x; 0,1) = \Phi(u'_\alpha) = 1 - \alpha = S. \tag{3.100c}$$

BEISPIEL

2. Für dieselbe Annahme $\alpha = 0,0455$ wie im vorangehenden Beispiel ist jetzt das zum Funktionswert $(u'_\alpha) = 0,9545$ gehörende Argument in Tafel III aufzusuchen; es ist nunmehr $u'_\alpha = 1,69$. Nicht immer ist der Argumentwert direkt abzulesen. Für $\alpha = 0,2$ und $S = 0,8$ ist z. B. zwischen den Funktionswerten $0,79955$ und $0,80234$ zu interpolieren. Durch diese Interpolation findet man den auf drei Stellen genauen Argumentwert $u'_\alpha = 0,842$.

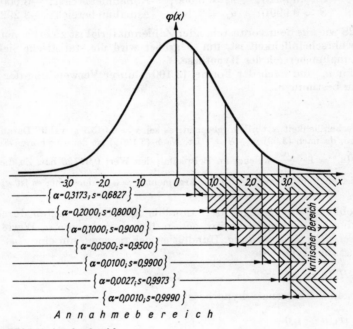

Bild 3.29. Annahmebereich

Im folgenden werden einige Prüfverfahren behandelt, die für die Praxis besondere Bedeutung besitzen. Dabei soll im Rahmen dieses Lehrbuches auf die Herleitung der verschiedenen Testgrößen verzichtet und nur die praktische Anwendung gezeigt werden.

3.4.6.2.   Prüfen einer Hypothese über den Mittelwert μ einer Normalverteilung bei bekannter Varianz σ^2

Von einer normalverteilten Grundgesamtheit sei die Varianz σ^2 bekannt. Es ist zu prüfen, ob die Abweichung zwischen dem Mittelwert $\bar{x}$ einer Stichprobe und dem in der Hypothese angenommenen Sollwert μ_0 der Grundgesamtheit signifikant ist oder nicht, das heißt, ob die Hypothese $H_0(\mu = \mu_0)$, die besagt, daß der Mittelwert der Grundgesamtheit $\mu = \mu_0$ beträgt, abgelehnt werden muß oder nicht.

Ausgehend von einer normalverteilten Stichprobe $x_1, x_2, \ldots, x_n$ vom Umfang n, wird das arithmetische Mittel $\bar{x} = \dfrac{1}{n} \sum x_i$ berechnet und mit diesem die Hypothese

$$H_0(\mu = \mu_0)$$

unter Zugrundelegung einer *Irrtumswahrscheinlichkeit* α, die nach 3.4.6.1. einem bestimmten u_α (bei zweiseitiger Fragestellung) bzw. u'_α (bei einseitiger Fragestellung) entspricht, geprüft.

Die Nullhypothese $H_0(\mu = \mu_0)$ ist dann **nicht abzulehnen**, wenn für die Testgröße

$$u = \frac{\bar{x} - \mu_0}{\sigma} \sqrt{n} \tag{3.101 a}$$

gilt

$$\boxed{|u| = \frac{|\bar{x} - \mu_0|}{\sigma} \sqrt{n} < u_\alpha} \tag{3.101 b}$$

In diesem Falle ist die Abweichung zwischen Mittelwert der Stichprobe und vorgegebenem Sollwert μ_0 *zufällig*, d. h., die Stichprobe stammt aus einer Grundgesamtheit mit dem Mittelwert $\mu = \mu_0$.

Die Nullhypothese $H_0(\mu = \mu_0)$ ist dagegen **abzulehnen**, wenn gilt

$$\boxed{|u| = \frac{|\bar{x} - \mu_0|}{\sigma} \sqrt{n} \geqq u_\alpha} \tag{3.101 c}$$

In diesem Falle ist die Abweichung **signifikant**, also *statistisch gesichert*, das bedeutet, die Stichprobe stammt **nicht** aus einer Grundgesamtheit mit dem Mittelwert $\mu = \mu_0$.

Der **Annahmebereich** für diese **zweiseitige** Fragestellung lautet dann:

$$\mu_0 - u_\alpha \frac{\sigma}{\sqrt{n}} < \bar{x} < \mu_0 + u_\alpha \frac{\sigma}{\sqrt{n}}.$$

Der Bereich unterhalb $\mu_0 - u_\alpha \dfrac{\sigma}{\sqrt{n}}$ und oberhalb $\mu_0 + u_\alpha \dfrac{\sigma}{\sqrt{n}}$ wird als **Ablehnungsbereich** oder **kritischer Bereich** bezeichnet.

Für praktische Untersuchungen ist häufig auch die Fragestellung nach dem *Stichprobenumfang* n von Bedeutung. Es ist dann die untere Grenze dieses Stichprobenumfanges gesucht, für die die festgelegte Abweichung $\bar{x} - \mu_0$ gerade noch als statistisch gesichert angesehen werden kann. Ausgehend von der Formel (3.101 c) ergibt die Auflösung nach n:

$$n \geqq \frac{\sigma^2 u_\alpha^2}{(\bar{x} - \mu_0)^2}. \tag{3.102}$$

An Hand folgender zwei Aufgabenstellungen soll die Anwendung dieses Prüfverfahrens gezeigt werden.

BEISPIELE

1. In einem Produktionsbetrieb sollen auf einem Automaten Wellen hergestellt werden. Für den Durchmesser ist ein Sollwert von 5 mm vorgegeben. Aus früheren Produktionsserien ist ferner bekannt, daß der Automat mit einer Varianz von $\sigma^2 = 36 \cdot 10^{-6}$ mm² arbeitet.

   Vor Beginn der Serienproduktion wird zwecks Kontrolle der Einstellung der Maschine auf den vorgegebenen Sollwert eine Probeserie von 81 Stück gefertigt, für die sich ein mittlerer Durchmesser von 5,002 mm ergab. Es ist zu prüfen, ob bei einer Irrtumswahrscheinlichkeit von $\alpha = 0,01$ die Abweichung zwischen Stichprobenmittel und Sollwert zufälliger Art ist und somit der Sollwert eingehalten wurde.

   Lösung: Nach der Formel (3.101a) berechnet man die Testgröße u, die den Wert

   $$u = \frac{5,002 - 5,000}{0,006} \sqrt{81} = 3$$

   besitzt. Aus (3.100a) und der Tafel III ergibt sich für eine Irrtumswahrscheinlichkeit $\alpha = 0,01$

   $$\Phi(u_{0,01}) = 1 - 0,005 = 0,995$$
   $$u_{0.01} = 2,576.$$

   Da nun

   $$|u| > u_{0,01}$$
   $$3 > 2,576,$$

   ist nach Formel (3.101c) die Nullhypothese H_0 ($\mu = 5,000$) abzulehnen. Die Abweichung ist *signifikant*, das Sollmaß wurde *nicht* eingehalten.

2. Wie groß muß der Umfang einer Stichprobe gewählt werden, wenn eine Abweichung $|d| = |\bar{x} - \mu_0| = 0,002$ bei bekannter Standardabweichung der Grundgesamtheit $\sigma = 0,006$ und vorgegebener Irrtumswahrscheinlichkeit $\alpha = 0,001$ gerade noch statistisch gesichert sein soll?

   Lösung: Nach Formel (3.102) ergibt sich

   $$n \geqq \frac{0,006^2 \cdot 3,292^2}{0,002^2}$$

   $$n \geqq 97,5.$$

Die Stichprobe muß also mindestens einen Umfang von 98 Elementen besitzen, damit der Absolutbetrag der Abweichung d als signifikant angesehen werden kann.

3.4.6.3.   Prüfen einer Hypothese über den Mittelwert μ einer Normalverteilung bei unbekannter Varianz σ^2

Ausgehend von einer normalverteilten Stichprobe $x_1, x_2, \ldots, x_n$ vom Umfang n und der Varianz s^2 ist die Hypothese

$$H_0(\mu = \mu_0)$$

über den unbekannten Mittelwert der Grundgesamtheit μ unter Zugrundelegung einer Irrtumswahrscheinlichkeit α zu prüfen.

Die Nullhypothese $H_0(\mu = \mu_0)$ ist dann **nicht abzulehnen**, wenn — analog zu 3.4.6.2. — für die Testgröße

$$t = \frac{\overline{x} - \mu_0}{s} \sqrt{n} \tag{3.103 a}$$

gilt

$$\boxed{|t| = \frac{|\overline{x} - \mu_0|}{s} \sqrt{n} < t(m, \alpha)} \tag{3.103 b}$$

mit $m = n - 1$.

In diesem Falle ist die Abweichung zwischen Mittelwert der Stichprobe und hypothetischem Wert (Sollwert) μ_0 zufällig, das heißt, die Stichprobe stammt aus einer normalverteilten Grundgesamtheit mit dem Mittelwert $\mu = \mu_0$.

Die Nullhypothese $H_0(\mu = \mu_0)$ ist dagegen **abzulehnen**, wenn gilt

$$|t| = \frac{|\overline{x} - \mu_0|}{s} \sqrt{n} \geq t(m, \alpha) \tag{3.103 c}$$

mit $m = n - 1$.

In diesem Falle ist die Abweichung signifikant, also statistisch gesichert.

Für diesen **t-Test**[1]) sind die erforderlichen $t(m, \alpha)$-Werte für verschiedene m und verschiedene Irrtumswahrscheinlichkeiten α tabelliert und können aus der Tafel IV, S. 382, entnommen werden.

Analog zu 3.4.6.2. kann auch hier mit der einseitigen Fragestellung gearbeitet werden. Die entsprechenden $t'(m, \alpha)$-Werte sind ebenfalls unter Verwendung der Tafel IV zu berechnen. Es gilt dann

$$t'_{\frac{\alpha}{2}} = t_\alpha. \tag{3.104}$$

BEISPIEL

Die chemische Analyse von 61 Proben eines Werkstoffes ergab einen durchschnittlichen Kohlenstoffgehalt $\overline{x} = 0,37\%$ und eine Standardabweichung von $s = 0,09\%$. Der Sollwert für den C-Gehalt liegt bei $\mu_0 = 0,40\%$. Die Irrtumswahrscheinlichkeit soll mit $\alpha = 0,05$ angesetzt werden. Ist die Abweichung zwischen $\overline{x}$ und μ_0 zufälliger Art?

Lösung: Nach der Formel (3.103a) besitzt die Testgröße t den Wert

$$t = \frac{0,37 - 0,40}{0,09} \sqrt{61} = -2,60342.$$

Nach Tafel IV gilt für eine Irrtumswahrscheinlichkeit $\alpha = 0,05$ und $m = 60$ bei zweiseitiger Fragestellung ein $t(60; 0,05) = 2,00$. Da nun

$$|t| > t(60; 0,05)$$
$$|-2,60342| > 2,00,$$

ist die Nullhypothese $H_0(\mu = 0,40)$ abzulehnen, die Abweichung ist daher signifikant.

---

[1]) Auch Student-Test [sprich Stjudent (engl.)] genannt; „Student", Pseudonym für W. S. GOSSET, engl. Mathematiker, 1876 bis 1937

24*

3.4.6.4.   Prüfen einer Hypothese über die Differenz zwischen den Mittelwerten zweier voneinander unabhängiger Normalverteilungen

Ausgehend von zwei voneinander unabhängigen Stichproben

-- 1. Stichprobe: $x_{11}, x_{12}, \ldots, x_{1n_1}$ vom Umfang n_1, der Varianz s_1^2 aus einer normalverteilten Grundgesamtheit mit dem unbekannten Mittelwert μ_1 sowie der unbekannten Varianz σ_1^2,

— 2. Stichprobe: $x_{21}, x_{22}, \ldots, x_{2n_2}$ vom Umfang n_2, der Varianz s_2^2 aus einer normalverteilten Grundgesamtheit mit dem unbekannten Mittelwert μ_2 sowie der unbekannten Varianz σ_2^2,

ist die Hypothese

$$H_0(\mu_1 = \mu_2)$$

über die unbekannten Mittelwerte μ_1 und μ_2 der beiden Grundgesamtheiten unter Zugrundelegung einer Irrtumswahrscheinlichkeit α zu prüfen.

Diese Aufgabenstellung bedeutet, es soll geprüft werden, ob beide Stichproben aus Girundgesamtheiten mit gleichem arithmetischem Mittel entnommen wurden. Dabei ist vorauszusetzen, daß die Varianzen der beiden Grundgesamtheiten gleich sind, daß also gilt

$$\sigma_1^2 = \sigma_2^2 .$$

Die Lösung erfolgt wiederum mittels t-Tests, des sogenannten ,,doppelten t-Test‘‘
Die Nullhypothese $H_0(\mu_1 = \mu_2)$ ist dann **nicht abzulehnen**, wenn für die Testgröße

$$t = \frac{\overline{x}_1 - \overline{x}_2}{s_d} \sqrt{\frac{n_1 \cdot n_2}{n_1 + n_2}} \tag{3.105a}$$

mit

$$s_d^2 = \frac{s_1^2(n_1 - 1) + s_2^2(n_2 - 1)}{n_1 + n_2 - 2} \tag{3.106}$$

gilt

$$\boxed{|t| = \frac{|\overline{x}_1 - \overline{x}_2|}{s_d} \sqrt{\frac{n_1 \cdot n_2}{n_1 + n_2}} < t(m, \alpha)} \tag{3.105b}$$

mit $m = n_1 + n_2 - 2$.
In diesem Falle unterscheiden sich die beiden Mittelwerte nur zufällig voneinander, das heißt, die beiden Stichproben stammen aus Grundgesamtheiten mit gleichem Mittelwert.
Die Nullhypothese $H_0(\mu_1 = \mu_2)$ ist dagegen **abzulehnen**, wenn gilt

$$|t| = \frac{|\overline{x}_1 - \overline{x}_2|}{s_d} \sqrt{\frac{n_1 \cdot n_2}{n_1 + n_2}} \geqq t(m, \alpha) \tag{3.105c}$$

mit $m = n_1 + n_2 - 2$.

In diesem Falle ist die Differenz zwischen den Mittelwerten signifikant, die beiden Stichproben entstammen Grundgesamtheiten mit unterschiedlichen Mittelwerten.

BEISPIEL

Für eine Spezialproduktion werden Metallstäbe mit einer gleichmäßigen Zugfestigkeit benötigt, die in zwei Produktionsbetrieben hergestellt werden. Zur Überprüfung der Produktionsserien wurden aus dem Produktionsausstoß des 1. Betriebes 37 Stück und aus dem des 2. Betriebes 45 Stück entnommen und untersucht. Es ergab sich für die Stichprobe aus dem 1. Betrieb eine durchschnittliche Zugfestigkeit $\bar{\sigma}_{1B} = 65{,}8$ MPa bei einer Varianz von $s_1^2 = 2{,}12$ MPa^2 und für die Stichprobe aus dem 2. Betrieb eine durchschnittliche Zugfestigkeit $\bar{\sigma}_{2B} = 66{,}6$ MPa bei einer Varianz von $s_2^2 = 1{,}95$ MPa^2.
Es ist zu prüfen, ob die beiden Stichproben aus Grundgesamtheiten mit gleichem Mittelwert stammen, wenn mit einer Irrtumswahrscheinlichkeit $\alpha = 0{,}01$ gerechnet wird.

Lösung: Nach Formel (3.106) ergibt sich zunächst für s_d^2:

$$s_d^2 = \frac{2{,}12 \cdot 36 + 1{,}95 \cdot 44}{80} = \frac{162{,}12}{80}$$

und dann nach (3.105a) für die Testgröße t

$$t = \frac{65{,}8 - 66{,}6}{\sqrt{\dfrac{162{,}12}{80}}} \cdot \sqrt{\frac{37 \cdot 45}{37 + 45}} = -2{,}5323$$

Nach Tafel IV gilt für eine Irrtumswahrscheinlichkeit $\alpha = 0{,}01$ und $m = n_1 + n_2 - 2 = 80$ der Tafelwert $t(80; 0{,}01) = 2{,}64$.
Da nun

$$|t| < t(80; 0{,}01)$$

$$|-2{,}5323| < 2{,}64,$$

ist die Nullhypothese $H_0(\mu_1 = \mu_2)$ anzunehmen, d. h., die beiden Stichproben entstammen Grundgesamtheiten mit gleichen Mittelwerten.

3.4.6.5. Prüfen einer Hypothese über die Wahrscheinlichkeit p einer alternativen Grundgesamtheit

In einer alternativen Grundgesamtheit sei die Wahrscheinlichkeit für das Eintreten eines Ereignisses $E_1 = A$ gleich p, d. h. $P(A) = p$ und des alternativen Ereignisses $E_2 = \bar{A}$ gleich $1 - p$, d. h. $P(\bar{A}) = 1 - p$.
Ausgehend von einer Stichprobe $x_1, x_2, \ldots, x_n$ vom Umfang n und der bekannten relativen Häufigkeit h/n[1]) für das Eintreten des Ereignisses $E_1 = A$ in der Stichprobe, ist die Hypothese

$$H_0(p = p_0)$$

---

[1]) Unter der relativen Häufigkeit für das Eintreten des Ereignisses E_1 versteht man den Quotienten aus Anzahl des Vorkommens des Ereignisses E_1 in der Stichprobe (h) und dem Gesamtumfang der Stichprobe (n)

über den unbekannten Parameter p der alternativen Grundgesamtheit unter Zugrundelegung einer bestimmten Irrtumswahrscheinlichkeit α zu prüfen.

Diese Aufgabenstellung bedeutet, daß geprüft werden soll, ob die Stichprobe mit der relativen Häufigkeit h/n aus einer alternativen Grundgesamtheit mit dem Parameter $p = p_0$ entnommen wurde. Da es sich hier um eine binomische Stichprobenverteilung handelt (vgl. S. 287), gilt nach (3.41) und (3.42 b)

$$\mu = n p \quad \text{und} \quad \sigma = \sqrt{n p (1 - p)}.$$

Für große Stichprobenumfänge kann dann diese Binomialverteilung näherungsweise durch eine Normalverteilung ersetzt werden, so daß der u-Test angewendet werden kann (vgl. 3.4.6.2.).

Die Nullhypothese

$$H_0(p = p_0)$$

ist dann **nicht abzulehnen**, wenn für die Testgröße u

$$u = \frac{h - n p_0}{\sqrt{n p_0 (1 - p_0)}} = \frac{\dfrac{h}{n} - p_0}{\sqrt{p_0 (1 - p_0)}} \sqrt{n} \tag{3.107 a}$$

gilt

$$\boxed{|u| = \frac{|h - n p_0|}{\sqrt{n p_0 (1 - p_0)}} = \frac{\left| \dfrac{h}{n} - p_0 \right|}{\sqrt{p_0 (1 - p_0)}} \sqrt{n} < u_\alpha} \tag{3.107 b}$$

In diesem Falle ist die Abweichung zwischen der relativen Häufigkeit und der Wahrscheinlichkeit $p = p_0$ für das Eintreffen des Ereignisses $E_1 = A$ zufällig, die Stichprobe entstammt daher einer alternativen Grundgesamtheit mit der Wahrscheinlichkeit $p = p_0$.

Die Nullhypothese $H_0(p = p_0)$ ist dagegen **abzulehnen**, wenn gilt

$$|u| = \frac{|h - n p_0|}{\sqrt{n p_0 (1 - p_0)}} = \frac{\left| \dfrac{h}{n} - p_0 \right|}{\sqrt{p_0 (1 - p_0)}} \sqrt{n} \geqq u_\alpha \tag{3.107 c}$$

In diesem Falle ist die Abweichung signifikant, die Stichprobe mit der relativen Häufigkeit h/n stammt nicht aus einer alternativen Grundgesamtheit mit der Wahrscheinlichkeit $p = p_0$.

BEISPIELE

1. Auf Grund umfangreicher Beobachtungen wird für einen Produktionsprozeß eine Ausschußquote von 10% angenommen. Zur Überprüfung wurde eine Stichprobe von 200 Stück entnommen, und unter diesen wurden 18 Ausschußstücke ermittelt. Ist die Hypothese $H_0(p = 0,10)$ bei einer Irrtumswahrscheinlichkeit von $\alpha = 0,01$ statistisch gesichert?

Lösung: Nach Formel (3.107a) ergibt sich für die Testgröße u

$$u = \frac{\dfrac{18}{200} - 0,10}{\sqrt{0,10 \cdot 0,90}} \sqrt{200} = -0,471\,40.$$

Nach Tafel III ergibt sich für $\alpha = 0,01$ der Tafelwert $u_{0,01} = 2,576$.
Da nun

$$|u| < u_{0,01}$$

$$|-0,471\,40| < 2,576$$

ist die Nullhypothese $H_0\,(p = 0,10)$ anzunehmen, das heißt, die Stichprobe entstammt einer alternativen Grundgesamtheit mit der Wahrscheinlichkeit $p = 0,10$.

2. Langjährige Beobachtungen führten bei einer Krankheit auf eine Sterbeziffer von $p = p_0 = 0,20$. Es soll ein neues Medikament erprobt werden. Welchen Umfang muß dann die Stichprobe haben, wenn eine festgelegte Abweichung von der Sterbeziffer mit $d = -0,08$ angenommen wird und diese Abweichung statistisch gesichert sein soll? Für die Irrtumswahrscheinlichkeit soll $\alpha = 0,001$ angesetzt werden.

Lösung: Die Formel (3.107c) wird nach n aufgelöst und ergibt dann

$$n \geqq \frac{u_\alpha^2\, p_0\,(1 - p_0)}{d^2}$$

für die zweiseitige Fragestellung und mit $u_\alpha'^2$ für die einseitige Fragestellung.

Zweiseitige Fragestellung: $n \geqq \dfrac{3{,}292^2 \cdot 0{,}20 \cdot 0{,}80}{0{,}0064} = 271$

Einseitige Fragestellung: $n \geqq \dfrac{3{,}092^2 \cdot 0{,}20 \cdot 0{,}80}{0{,}0064} = 240$.

Der Umfang der Stichprobe muß mindestens

271 Versuche bei zweiseitiger Fragestellung
oder 240 Versuche bei einseitiger Fragestellung

umfassen, damit eine signifikante Abweichung vorliegt.

3.4.6.6. Prüfen einer Hypothese über den Korrelationskoeffizienten ϱ einer zweidimensionalen Grundgesamtheit

Der unbekannte Korrelationskoeffizient einer zweidimensionalen normalverteilten Grundgesamtheit sei ϱ_{XY}. Ausgehend von einer Stichprobe $(x_1; y_1)$, $(x_2; y_2)$, ..., $(x_n; y_n)$ vom Umfang n mit dem empirischen Korrelationskoeffizienten r_{xy}, ist die Hypothese

$$H_0\,(\varrho_{XY} = 0)$$

über den Korrelationskoeffizienten der Grundgesamtheit unter Zugrundelegung einer Irrtumswahrscheinlichkeit α zu prüfen.
Diese Aufgabenstellung bedeutet, es soll geprüft werden, ob die Stichprobe aus einer zweidimensionalen normalverteilten Grundgesamtheit mit dem Korrelationskoeffi-

zienten $\varrho_{XY} = 0$ entnommen wurde, d. h., ob die beiden Merkmale X und Y als voneinander unabhängig aufgefaßt werden können.[1])

Die Nullhypothese $H_0(\varrho_{XY} = 0)$ ist dann **nicht abzulehnen**, wenn für die Testgröße t

$$ t = \frac{r}{\sqrt{1 - r^2}} \sqrt{n - 2} \tag{3.108a} $$

gilt

$$ \boxed{|t| = \frac{|r|}{\sqrt{1 - r^2}} \sqrt{n - 2} < t(m, \alpha)} \tag{3.108b} $$

mit $m = n - 2$.

In diesem Falle sind die beiden Merkmale als voneinander unabhängig aufzufassen. Die Nullhypothese $H_0(\varrho_{XY} = 0)$ ist dagegen **abzulehnen**, wenn gilt

$$ |t| = \frac{|r|}{\sqrt{1 - r^2}} \sqrt{n - 2} \geqq t(m, \alpha) \tag{3.108c} $$

mit $m = n - 2$.

In diesem Falle besteht zwischen den beiden Merkmalen X und Y lineare Abhängigkeit.

BEISPIEL

Die Untersuchung der Abhängigkeit der Bruchdehnung vom Kohlenstoffgehalt ergab in einer Stichprobe vom Umfang $n = 15$ den Wert $r = 0,62$. Es ist zu prüfen, ob die Stichprobe aus einer zweidimensionalen Grundgesamtheit mit dem Korrelationskoeffizienten $\varrho_{XY} = 0$ stammt, also ob sich der empirische Korrelationskoeffizient r_{xy} nur zufällig von Null unterscheidet.

Lösung: Nach Formel (3.108a) ergibt sich die Testgröße t

$$ t = \frac{0,62}{\sqrt{1 - 0,62^2}} \sqrt{13} = 2,8491. $$

Nach Tafel IV ist der Tafelwert $t(13; 0,01) = 3,01$.
Da nun

$$ |t| < t(13; 0,01) $$

$$ 2,8491 < 3,01, $$

ist die Nullhypothese anzunehmen, das heißt, die Stichprobe stammt aus einer Grundgesamtheit mit dem Korrelationskoeffizienten $\varrho_{XY} = 0$, also sind in diesem Falle die beiden Merkmale X und Y unkorreliert.

---

[1]) Die Bedingung, daß es sich um eine zweidimensionale Normalverteilung handelt, ist zu beachten. Ist diese Bedingung nicht gegeben, so kann man nur auf die Unkorreliertheit der beiden Merkmale schließen, falls $\varrho_{XY} = 0$ (vgl. [3.9], Abschn. 7.3.)

AUFGABEN

3.66. Bei der Produktion eines Werkstoffes ergab sich auf Grund von Beobachtungen eine durchschnittliche Zugfestigkeit von 1,30 MPa und eine Varianz von $\sigma^2 = 0,0081$ MPa^2. Eine nach Neuaufnahme der Produktion ausgewählte Stichprobe vom Umfang $n = 100$ führte auf eine mittlere Zugfestigkeit von 1,28 MPa. Hat sich die Zugfestigkeit nach Neuaufnahme der Produktion wesentlich verringert, das heißt, liegt eine signifikante Abweichung nach unten vor? Es soll mit einer Irrtumswahrscheinlichkeit $\alpha = 0,01$ gearbeitet werden.

(Hinweis: Bei einseitiger Fragestellung gilt für die kritischen Bereiche

— unterer kritischer Bereich, Ablehnung der Hypothese

$$H_0: u \leqq -u'_\alpha;$$

— oberer kritischer Bereich, Ablehnung der Hypothese

$$H_0: u \geqq +u'_\alpha.$$

3.67. Man überprüfe die Nullhypothese $H_0(\varrho_{XY} = 0)$ für das Zahlenmaterial der Aufgaben 3.64 und 3.65 (S. 364) (Irrtumswahrscheinlichkeit $\alpha = 0,001$).

3.68. Zur Untersuchung des Einflusses eines Nährstoffes auf die Gewichtszunahme innerhalb eines bestimmten Zeitraumes bei Kühen wurden zwei Stichproben ausgewählt, und zwar eine Stichprobe I von 15 Tieren aus der Gruppe, die diesen Nährstoff nicht erhielten, und eine Stichprobe II von 10 Tieren aus der Gruppe, die diesen Nährstoff als Zusatz zu ihrem Futter bekamen. Für die Stichprobe I ergab sich eine mittlere Gewichtszunahme von 41,5 kg bei einer Streuung $s_1 = 2,7$ kg; für die Stichprobe II betrug die mittlere Gewichtszunahme 45,7 kg bei einer Standardabweichung von $s_2 = 3,8$ kg. Es ist zu prüfen, ob die Stichproben aus Grundgesamtheiten mit gleichem Mittelwert stammen (Irrtumswahrscheinlichkeit $\alpha = 0,001$).

Tafel I: Poisson-Verteilung: $P(X = i) = \dfrac{\lambda^i}{i!} \, \mathrm{e}^{-\lambda}$

i \ λ	0,1	0,2	0,3	0,4	0,5	0,6	0,7
0	0,904 837	0,818 731	0,740 818	0,670 320	0,606 531	0,548 812	0,496 585
1	0,090 484	0,163 746	0,222 245	0,268 128	0,303 265	0,329 287	0,347 610
2	0,004 524	0,016 375	0,033 337	0,053 626	0,075 816	0,098 786	0,121 663
3	0,000 151	0,001 091	0,003 334	0,007 150	0,012 636	0,019 757	0,028 388
4	0,000 004	0,000 055	0,000 250	0,000 715	0,001 580	0,002 964	0,004 968
5		0,000 002	0,000 015	0,000 057	0,000 158	0,000 356	0,000 695
6			0,000 001	0,000 004	0,000 013	0,000 035	0,000 081
7					0,000 001	0,000 003	0,000 008

i \ λ	0,8	0,9	1,0	2,0	3,0	4,0	5,0
0	0,449 329	0,406 570	0,367 879	0,135 335	0,049 787	0,018 316	0,006 738
1	0,359 463	0,365 913	0,367 879	0,270 671	0,149 361	0,073 263	0,033 690
2	0,143 785	0,164 661	0,183 940	0,270 671	0,224 042	0,146 525	0,084 224
3	0,038 343	0,049 398	0,061 313	0,180 447	0,224 042	0,195 367	0,140 374
4	0,007 669	0,011 115	0,015 328	0,090 224	0,168 031	0,195 367	0,175 467
5	0,001 227	0,002 001	0,003 066	0,036 089	0,100 819	0,156 293	0,175 467
6	0,000 164	0,000 300	0,000 511	0,012 030	0,050 409	0,104 194	0,146 322
7	0,000 019	0,000 039	0,000 073	0,003 437	0,021 604	0,059 540	0,104 445
8	0,000 002	0,000 004	0,000 009	0,000 859	0,008 101	0,029 770	0,065 278
9			0,000 001	0,000 191	0,002 701	0,013 231	0,036 266
10				0,000 038	0,000 810	0,005 292	0,018 133
11				0,000 007	0,000 221	0,001 925	0,008 242
12				0,000 001	0,000 055	0,000 642	0,003 434
13					0,000 013	0,000 197	0,001 321
14					0,000 003	0,000 056	0,000 472
15					0,000 001	0,000 015	0,000 157
16						0,000 004	0,000 049
17						0,000 001	0,000 014
18							0,000 004
19							0,000 001

Tafel entnommen aus [3.4].

Tafel I: Fortsetzung

i \ λ	6,0	7,0	8,0	9,0
0	0,002 479	0,000 912	0,000 335	0,000 123
1	0,014 873	0,006 383	0,002 684	0,001 111
2	0,044 618	0,022 341	0,010 735	0,004 998
3	0,089 235	0,052 129	0,028 626	0,014 994
4	0,133 853	0,091 226	0,057 252	0,033 737
5	0,160 623	0,127 717	0,091 604	0,060 727
6	0,160 623	0,149 003	0,122 138	0,091 090
7	0,137 677	0,149 003	0,139 587	0,117 116
8	0,103 258	0,130 377	0,139 587	0,131 756
9	0,068 838	0,101 405	0,124 077	0,131 756
10	0,041 303	0,070 983	0,099 262	0,118 580
11	0,022 529	0,045 171	0,072 190	0,097 020
12	0,011 262	0,026 350	0,048 127	0,072 765
13	0,005 199	0,014 188	0,029 616	0,050 376
14	0,002 228	0,007 094	0,016 924	0,032 384
15	0,000 891	0,003 311	0,009 026	0,019 431
16	0,000 334	0,001 448	0,004 513	0,010 930
17	0,000 118	0,000 596	0,002 124	0,005 786
18	0,000 039	0,000 232	0,000 944	0,002 893
19	0,000 012	0,000 085	0,000 397	0,001 370
20	0,000 004	0,000 030	0,000 159	0,000 617
21	0,000 001	0,000 010	0,000 061	0,000 264
22		0,000 003	0,000 022	0,000 108
23		0,000 001	0,000 008	0,000 042
24			0,000 003	0,000 016
25			0,000 001	0,000 006
26				0,000 002
27				0,000 001

Tafel II: **Dichtefunktion der normierten Normalverteilung**

$$\varphi(x) = \frac{1}{\sqrt{2\pi}}\, e^{-\frac{x^2}{2}}$$

x	0	1	2	3	4	5	6	7	8	9
0,0	0,3989	3989	3989	3988	3986	3984	3982	3980	3977	3973
0,1	3970	3965	3961	3956	3951	3945	3939	3932	3925	3918
0,2	3910	3902	3894	3885	3876	3867	3857	3847	3836	3825
0,3	3814	3802	3790	3778	3765	3752	3739	3726	3712	3697
0,4	3683	3668	3653	3637	3621	3605	3589	3572	3555	3538
0,5	3521	3503	3485	3467	3448	3429	3410	3391	3372	3352
0,6	3332	3312	3292	3271	3251	3230	3209	3187	3166	3144
0,7	3123	3101	3079	3056	3034	3011	2989	2966	2943	2920
0,8	2897	2874	2850	2827	2803	2780	2756	2732	2709	2685
0,9	2661	2637	2613	2589	2565	2541	2516	2492	2468	2444
1,0	0,2420	2396	2371	2347	2323	2299	2275	2251	2227	2203
1,1	2179	2155	2131	2107	2083	2059	2036	2012	1989	1965
1,2	1942	1919	1895	1872	1849	1826	1804	1781	1758	1736
1,3	1714	1691	1669	1647	1626	1604	1582	1561	1539	1518
1,4	1497	1476	1456	1435	1415	1394	1374	1354	1334	1315
1,5	1295	1276	1257	1238	1219	1200	1182	1163	1145	1127
1,6	1109	1092	1074	1057	1040	1023	1006	0989	0973	0957
1,7	0940	0925	0909	0893	0878	0863	0848	0883	0818	0804
1,8	0790	0775	0761	0748	0734	0721	0707	0694	0681	0669
1,9	0656	0644	0632	0620	0608	0596	0584	0573	0562	0551
2,0	0,0540	0529	0519	0508	0498	0488	0478	0468	0459	0449
2,1	0440	0431	0422	0413	0404	0396	0387	0379	0371	0363
2,2	0355	0347	0339	0332	0325	0317	0310	0303	0297	0290
2,3	0283	0277	0270	0264	0258	0252	0246	0241	0235	0229
2,4	0224	0219	0213	0208	0203	0198	0194	0189	0184	0180
2,5	0175	0171	0167	0163	0158	0154	0151	0147	0143	0139
2,6	0136	0132	0129	0126	0122	0119	0116	0113	0110	0107
2,7	0104	0101	0099	0096	0093	0091	0088	0086	0084	0081
2,8	0079	0077	0075	0073	0071	0069	0067	0065	0063	0061
2,9	0060	0058	0056	0055	0053	0051	0050	0048	0047	0046
3,0	0,0044	0043	0042	0040	0039	0038	0037	0036	0035	0034
3,1	0033	0032	0031	0030	0029	0028	0027	0026	0025	0025
3,2	0024	0023	0022	0022	0021	0020	0020	0019	0018	0018
3,3	0017	0017	0016	0016	0015	0015	0014	0014	0013	0013
3,4	0012	0012	0012	0011	0011	0010	0010	0010	0009	0009
3,5	0009	0008	0008	0008	0008	0007	0007	0007	0007	0006
3,6	0006	000\bar{6}	0006	0005	0005	0005	0005	0005	0005	0004
3,7	0004	0004	0004	0004	0004	0004	0003	0003	0003	0003
3,8	0003	0003	0003	0003	0003	0002	0002	0002	0002	0002
3,9	0002	0002	0002	0002	0002	0002	0002	0002	0001	0001

Tafel entnommen aus [3.2]

Tafel III: **Verteilungsfunktion der normierten Normalverteilung**

$$\Phi(x) = \frac{1}{\sqrt{2\pi}} \int\limits_{-\infty}^{x} e^{-\frac{z^2}{2}} dz$$

x	0,00	0,01	0,02	0,03	0,04	0,05	0,06	0,07	0,08	0,09
0,0	0,50000	50399	50798	51197	51595	51994	52392	52790	53188	53586
0,1	53983	54380	54776	55172	55567	55962	56356	56749	57142	57535
0,2	57926	58317	58706	59095	59483	59871	60257	60642	61026	61409
0,3	61791	62172	62562	62930	63307	63683	64058	64431	64803	65173
0,4	65542	65910	66276	66640	67003	67364	67724	68082	68439	68793
0,5	69146	69497	69847	70294	70540	70884	71226	71566	71904	72240
0,6	72575	72907	73237	73565	73891	74215	74537	74857	75175	75490
0,7	75804	76115	76424	76730	77035	77337	77637	77935	78230	78524
0,8	78814	79103	79389	79673	79955	80234	80511	80785	81057	81327
0,9	81594	81859	82121	82381	82639	82894	83147	83398	83646	83891
1,0	0,84134	84375	84614	84850	85083	85314	85543	85769	85993	86214
1,1	86433	86650	86864	87076	87286	87493	87698	87900	88100	88298
1,2	88493	88686	88877	89065	89251	89435	89617	89796	89973	90147
1,3	90320	90490	90658	90824	90988	91149	91309	91466	91621	91774
1,4	91924	92073	92220	92364	92507	92647	92786	92922	93056	93189
1,5	93319	93448	93574	93692	93822	93943	94062	94179	94295	94408
1,6	94520	94630	94738	94845	94950	95053	95154	95254	95352	95449
1,7	95543	95637	95728	95818	95907	95994	96080	96164	96246	96327
1,8	96407	96485	96562	96638	96712	96784	96856	96926	96995	97062
1,9	97128	97193	97257	97320	97381	97441	97500	97558	97614	97670
2,0	0,97725	97778	97831	97882	97932	97982	98030	98077	98124	98169
2,1	98214	98257	98300	98341	98382	98422	98461	98500	98537	98574
2,2	98610	98645	98679	98713	98745	98778	98809	98840	98870	98899
2,3	98928	98956	98983	99010	99036	99061	99086	99112	99134	99158
2,4	99180	99202	99224	99245	99266	99286	99305	99324	99343	99361
2,5	99379	99396	99413	99430	99446	99461	99477	99492	99506	99520
2,6	99534	99547	99560	99573	99585	99598	99609	99621	99632	99643
2,7	99653	99664	99674	99683	99693	99702	99711	99720	99728	99736
2,8	99744	99752	99760	99767	99774	99781	99788	99795	99801	99807
2,9	99813	99819	99825	99831	99836	99841	99846	99851	99856	99861
	0,0	0,1	0,2	0,3	0,4	0,5	0,6	0,7	0,8	0,9
3,0	0,99865	99903	99931	99952	99966	99977	99984	99989	99993	99995

Tafel IV: **t-Verteilung; Irrtumswahrscheinlichkeit α in %**

Zweiseitige Fragestellung

m \\ α	50	25	10	5	2	1	0,2	0,1
1	1,00	2,41	6,31	12,7	31,82	63,7	318,3	637,0
2	.816	1,60	2,92	4,30	6,97	9,92	22,33	31,6
3	.765	1,42	2,35	3,18	4,54	5,84	10,22	12,9
4	.741	1,34	2,13	2,78	3,75	4,60	7,17	8,61
5	.727	1,30	2,01	2,57	3,37	4,03	5,89	6,86
6	.718	1,27	1,94	2,45	3,14	3,71	5,21	5,96
7	.711	1,25	1,89	2,36	3,00	3,50	4,79	5,40
8	.706	1,24	1,86	2,31	2,90	3,36	4,50	5,04
9	.703	1,23	1,83	2,26	2,82	3,25	4,30	4,78
10	.700	1,22	1,81	2,23	2,76	3,17	4,14	4,59
11	.697	1,21	1,80	2,20	2,72	3,11	4,03	4,44
12	.695	1,21	1,78	2,18	2,68	3,05	3,93	4,32
13	.694	1,20	1,77	2,16	2,65	3,01	3,85	4,22
14	.692	1,20	1,76	2,14	2,62	2,98	3,79	4,14
15	.691	1,20	1,75	2,13	2,60	2,95	3,73	4,07
16	.690	1,19	1,75	2,12	2,58	2,92	3,69	4,01
17	.689	1,19	1,74	2,11	2,57	2,90	3,65	3,96
18	.688	1,19	1,73	2,10	2,55	2,88	3,61	3,92
19	.688	1,19	1,73	2,09	2,54	2,86	3,58	3,88
20	.687	1,18	1,73	2,09	2,53	2,85	3,55	3,85
21	.686	1,18	1,72	2,08	2,52	2,83	3,53	3,82
22	.686	1,18	1,72	2,07	2,51	2,82	3,51	3,79
23	.685	1,18	1,71	2,07	2,50	2,81	3,49	3,77
24	.685	1,18	1,71	2,06	2,49	2,80	3,47	3,74
25	.684	1,18	1,71	2,06	2,49	2,79	3,45	3,72
26	.684	1,18	1,71	2,06	2,48	2,78	3,44	3,71
27	.684	1,18	1,71	2,05	2,47	2,77	3,42	3,69
28	.683	1,17	1,70	2,05	2,47	2,76	3,41	3,67
29	.683	1,17	1,70	2,05	2,46	2,76	3,40	3,66
30	.683	1,17	1,70	2,04	2,46	2,75	3,39	3,65
40	.681	1,17	1,68	2,02	2,42	2,70	3,31	3,55
60	.679	1,16	1,67	2,00	2,39	2,66	3,23	3,46
120	.677	1,16	1,66	1,98	2,36	2,62	3,17	3,37
∞	.674	1,15	1,64	1,96	2,33	2,58	3,09	3,29
m \\ α	25	12,5	5	2,5	1	0,5	0,1	0,05

Einseitige Fragestellung

Tafel entnommen aus [3.11].

4. Spieltheorie — Bedienungstheorie — Monte-Carlo-Methoden

Von den in der Überschrift aufgeführten drei Teilgebieten der mathematischen Operationsforschung wird eine einführende Darstellung gegeben, wobei vor allem die Anwendungen berücksichtigt werden, während für eine Begründung der einzelnen Sätze auf die spezielle Literatur verwiesen wird. Der Zusammenhang dieser Gebiete mit der Wahrscheinlichkeitsrechnung (vgl. Abschn. 3.) ist besonders eng, viele andere mathematische Disziplinen wie z. B. Matrizenrechnung (vgl. Abschn. 1.) und lineare Optimierung (vgl. Abschn. 2.) werden benötigt.

4.1. Spieltheorie

Diese Theorie hat ihren Ursprung in der Untersuchung von Gesellschaftsspielen. Der Zusammenhang zwischen Spielen und ökonomischen Problemen wurde erstmals 1943 umfassend durch VON NEUMANN und MORGENSTERN [4.5] dargestellt.
Die Anwendung der Spieltheorie ist vielseitig und erstreckt sich auf Gesellschaftsspiele, ökonomische Probleme, Militärwesen, soziologische Fragen, technische Wissenschaften u. a.

4.1.1. Gegenstand der Spieltheorie

▌ **Ein Spiel ist ein mathematisches Modell für eine Konfliktsituation.**

Solche Situationen, in denen die Beteiligten verschiedene, z. T. entgegengesetzte Interessen haben, kommen oft vor. Bei militärischen Auseinandersetzungen ist dies offensichtlich; es lassen sich aber auch andere Probleme als Spiele formulieren, in denen die Konfliktsituation erst konstruiert werden muß.
An einem Spiel sind *Spieler* beteiligt, die keine Personen sein müssen. Den Spielern stehen bestimmte *Handlungsweisen* zur Verfügung, die sie zur Erreichung ihres Zieles einsetzen können.
Aufgabe der Spieltheorie ist es, diese globale Darstellung mathematisch exakt zu fassen (zu modellieren) und (wenn möglich) Angaben über das günstigste Verhalten der Spieler zu ermitteln.
Für Matrixspiele (vgl. 4.1.2.) wird dies vollständig durchgeführt und Anwendungsmöglichkeiten werden angegeben, für andere Spiele (vgl. 4.1.3.) werden einige grundsätzliche Überlegungen dargestellt.

4.1.2. Matrixspiele

Konfliktsituationen mit zwei Beteiligten und der Gegebenheit, daß der Gewinn des einen Beteiligten einem gleich hohen Verlust des anderen Beteiligten entspricht, lassen sich als *Matrixspiele* modellieren.

Die am Spiel beteiligten Spieler können Personen, Betriebe, Armeen u. a. sein.
Jeder Spieler hat eine feste Anzahl von Handlungsweisen, von denen er eine bestimmte
bei einer Realisierung (*Partie*) des Spiels auswählt. Diese Auswahl erfolgt unabhängig
voneinander und ohne gegenseitigen Informationsaustausch, sie soll dem Spieler
den größten Nutzen bringen. Nach der Auswahl der Handlungsweisen durch beide
Spieler ist eine Partie des Spieles beendet, und es soll feststehen, wie hoch dabei der
Gewinn des einen (und damit der Verlust des anderen) Spielers ist.
Matrixspiele stehen unmittelbar im Zusammenhang mit der linearen Optimierung
und der Wahrscheinlichkeitsrechnung.

4.1.2.1.   Darstellung eines Matrixspieles

Die m Handlungsweisen H_i des Spielers P_1 seien den m Zeilen einer Matrix $\mathfrak{A}$ zugeordnet. Analog ordnet man den n Handlungsweisen h_j des Spielers P_2 die n Spalten
derselben Matrix $\mathfrak{A}$ zu.
Wählt P_1 bei einer Partie des Spieles die Handlungsweise H_i (Zeile i) und P_2 zugleich
die Handlungsweise h_j (Spalte j), so ist damit das Element a_{ij} der Matrix $\mathfrak{A} = (a_{ij})$
mit $i = 1, \ldots, m$ und $j = 1, \ldots, n$ bestimmt. Diese Zahl a_{ij} soll den Gewinn von P_1
beschreiben, dieser Gewinn kann als Auszahlung der Höhe a_{ij} von P_2 an P_1 gedeutet
werden. Deshalb heißt die Matrix $\mathfrak{A}$ *Auszahlmatrix* für P_1. In vielen Beispielen ist die
Auszahlung nur symbolisch zu verstehen.

**Mit der Angabe der Auszahlmatrix $\mathfrak{A}$ in der folgenden Art ist ein Spiel vollkommen
beschrieben:**

P_1 \ P_2	Nr. der Handlungsweise h					
Nr. der Handlungsweise H	1	2	...	j	...	n
1	a_{11}	a_{12}	...	a_{1j}	...	a_{1n}
2	a_{21}	a_{22}	...	a_{2j}	...	a_{2n}
...	...					
i	a_{i1}	a_{i2}	...	a_{ij}	...	a_{in}
...	...					
m	a_{m1}	a_{m2}	...	a_{mj}	...	a_{mn}

Man denkt sich nun immer wieder neue Partien dieses Spieles durchgeführt. Das Ziel
des Spielers P_1 besteht dabei darin, durch geschickte Auswahl seiner Zeilen, die den
Handlungsweisen entsprechen, seinen Gewinn zu maximieren, das Ziel von P_2 besteht analog in der Minimierung seines Verlustes durch geeignete Wahl der Spalten.
Die eingeführten Begriffe sollen am *Knobelspiel „Stein-Papier-Schere"* erläutert
werden. Beide Spieler haben die Handlungsweisen „Stein", „Papier" und „Schere".

Bei einer „Partie" muß bekanntlich gleichzeitig von beiden Spielern ihre Wahl durch die Fingerstellung gezeigt werden, wobei die Regeln gelten: Stein schlägt Schere, Papier schlägt Stein, Schere schlägt Papier. Diese Regeln legen die Elemente der Auszahlmatrix fest, dabei soll für Spieler P_1 mit 1, 0 bzw. -1 gewonnen, unentschieden bzw. verloren bezeichnet werden. Das Spiel wird somit durch folgende Matrix vollkommen beschrieben:

P_2 $\diagdown$ P_1	h_1 Stein	h_2 Papier	h_3 Schere
H_1: Stein	0	-1	1
H_2: Papier	1	0	-1
H_3: Schere	-1	1	0

4.1.2.2. Hauptsatz der Theorie der Matrixspiele

Der Spieler P_1 hat die m Zeilen der Matrix $\mathfrak{A}$ als seine Handlungsweisen. Jeder Vektor

$$\mathfrak{x} = \begin{pmatrix} x_1 \\ \cdots \\ x_m \end{pmatrix} \quad \text{mit} \quad 0 \leq x_i \leq 1, \quad i = 1, \ldots, m \quad \text{und} \quad x_1 + \cdots + x_m = 1$$

heißt eine *Strategie* von P_1. Die Zahlen x_i können wegen ihrer Definition als Wahrscheinlichkeiten aufgefaßt werden. Eine Strategie $\mathfrak{x}$ von P_1 gibt damit an, mit welcher Wahrscheinlichkeit x_i die Handlungsweise H_i bei einer Partie des Spieles gewählt wird.
Entsprechend heißt jeder Vektor

$$\mathfrak{y} = \begin{pmatrix} y_1 \\ \cdots \\ y_n \end{pmatrix} \quad \text{mit} \quad 0 \leq y_j \leq 1, \quad j = 1, \ldots, n \quad \text{und} \quad y_1 + \cdots + y_n = 1$$

eine Strategie von P_2.
Mit dem Begriff der Strategie können jetzt die Ziele der beiden Spieler mathematisch exakt ausgedrückt werden.
Gesucht sind eine optimale Strategie $\mathfrak{x}_0$ von P_1 und eine optimale Strategie $\mathfrak{y}_0$ von P_2, so daß P_1 seinen Gewinn maximiert und gleichzeitig P_2 seinen Verlust minimiert.
Der maximale Gewinn von P_1 läßt sich folgendermaßen darstellen:

Für die Handlungsweise h_j ist der Erwartungswert (vgl. S. 282) des Verlustes von P_2

$$\sum_i x_i a_{ij} = f(\mathfrak{x}, j). \tag{4.1}$$

P_2 kann durch die Wahl von j das Minimum dieses Erwartungswertes

$$\text{Min} \sum_i x_i a_{ij} = f(\mathfrak{x}) \tag{4.2}$$

erreichen. Danach legt P_1 seine Strategie $\mathfrak{x}$ fest, so daß sein Gewinn maximal wird. Damit ist die Zahl

$$v_1 = v_1(\mathfrak{x}_0) = \underset{\mathfrak{x}}{\text{Max}}\, f(\mathfrak{x}) = \underset{\mathfrak{x}}{\text{Max}}\, \underset{j}{\text{Min}}\, f(\mathfrak{x}, j) = \underset{\mathfrak{x}}{\text{Max}}\, \underset{j}{\text{Min}} \sum_i x_i a_{ij} \tag{4.3}$$

festgelegt. Analog kann als minimaler Verlust von P_2 die Zahl

$$v_2 = v_2(\mathfrak{y}_0) = \underset{\mathfrak{y}}{\text{Min}}\, \underset{i}{\text{Max}} \sum_j y_j a_{ij} \tag{4.4}$$

ermittelt werden. Das Symbol ,,Max Min" bedeutet, daß erst über die angegebene Größe minimiert und anschließend über die angegebene Größe maximiert wird, bei ,,Min Max" ist diese Reihenfolge umgekehrt.
JOHN VON NEUMANN bewies als erster den **Hauptsatz der Theorie der Matrixspiele** [4.5, S. 156]:

> **Für jedes Matrixspiel gilt $v_1 = v_2 = v$.**
> Diese gemeinsame Zahl v heißt *Wert des Spieles.*
> **Die optimalen Strategien $\mathfrak{x}_0$ und $\mathfrak{y}_0$ und der Wert v des Spieles heißen *Lösung des Matrixspieles.***

Weicht ein Spieler von seiner optimalen Strategie ab, so erlangt der andere Spieler einen Vorteil. Systematische Verfahren zur Lösung von Spielen werden in 4.1.2.3. und 4.1.2.4. behandelt.
Die neuen Begriffe werden wieder am ,,*Stein-Papier-Schere*"-*Spiel* (siehe 4.1.2.1.) erläutert, dabei wird dieses Spiel zugleich gelöst. Strategien von P_1 sind Vektoren

$$\mathfrak{x} = \begin{pmatrix} x_1 \\ x_2 \\ x_3 \end{pmatrix} \quad \text{mit} \ \ 0 \leq x_i \leq 1, \ \ i = 1, 2, 3 \ \text{ und } \ x_1 + x_2 + x_3 = 1.$$

Damit ist nach (4.1), (4.2) und (4.3)

$$f(\mathfrak{x}, 1) = x_2 - x_3,^1) \ \ f(\mathfrak{x}, 2) = -x_1 + x_3, \ \ f(\mathfrak{x}, 3) = x_1 - x_2 \ \text{ und}$$

$$f(\mathfrak{x}) = \text{Min}\,(x_2 - x_3, \ -x_1 + x_3, \ x_1 - x_2) \ \text{ sowie } \ v_1 = \underset{\mathfrak{x}}{\text{Max}}\, f(\mathfrak{x}).$$

---

[1]) ausführlich [nach Formel (4.1) und Matrix auf S. 385]:

$$f(\mathfrak{x}, 1) = \sum_{i=1}^{3} x_i a_{i1} = x_1 a_{11} + x_2 a_{21} + x_3 a_{31} = x_1 \cdot 0 + x_2 \cdot 1 + x_3 \cdot (-1)$$

Wegen der Symmetrie der Auszahlmatrix (vgl. 1.1.4.) vermutet man $v = 0$, d. h., $x_2 - x_3 \geqq 0$, $-x_1 + x_3 \geqq 0$, $x_1 - x_2 \geqq 0$. Aus der dritten und ersten Ungleichung folgt $x_1 \geqq x_3$, zugleich ist wegen der zweiten Ungleichung $x_3 \geqq x_1$. Das ist nur mit $x_1 = x_3$ möglich, daraus folgt auch $x_1 = x_2$.
Wegen $x_1 + x_2 + x_3 = 1$ ist schließlich $x_1 = x_2 = x_3 = 1/3$.
Analog schließt man für P_2. Die Lösung des Spieles ist damit

$$\mathfrak{x}_0 = \begin{pmatrix} 1/3 \\ 1/3 \\ 1/3 \end{pmatrix}, \quad \mathfrak{y}_0 = \begin{pmatrix} 1/3 \\ 1/3 \\ 1/3 \end{pmatrix}, \quad v = 0.$$

Diese Lösung besagt, daß beide Spieler die drei Handlungsweisen mit gleichen Wahrscheinlichkeiten wählen müssen. Der Wert $v = 0$ des Spieles bedeutet, daß bei Verwendung der optimalen Strategien $\mathfrak{x}_0$ und $\mathfrak{y}_0$ die Auszahlung von P_2 an P_1 bei vielen Partien im Mittel gleich Null ist. Bei jeder einzelnen Partie kann natürlich P_1 gewinnen, verlieren oder unentschieden spielen.

4.1.2.3.   Lösung in reinen Strategien

Eine *reine Strategie* ist ein Vektor $\mathfrak{x}$, in dem eine Komponente $x_i = 1$ ist und alle anderen Komponenten Null sind; die Auszahlmatrix $\mathfrak{A} = (a_{ij})$ ist gegeben.
Wählt P_1 in jeder Partie des Spieles nur reine Strategien, so ist sein Gewinn wenigstens

$$w_1 = \underset{i}{\text{Max}} \, \underset{j}{\text{Min}} \, a_{ij};$$

wählt P_2 nur reine Strategien, so ist sein Verlust höchstens

$$w_2 = \underset{j}{\text{Min}} \, \underset{i}{\text{Max}} \, a_{ij}.$$

Weil beide Spieler bei dieser Spielweise ihre Möglichkeiten nicht voll ausnutzen, ist

$$w_1 \leqq v \leqq w_2.$$

w_1 ist das größte Zeilenminimum, w_2 ist das kleinste Spaltenmaximum.
Ist für ein bestimmtes Spiel $w_1 = w_2 = v$, so heißt dieses Spiel *Sattelpunktspiel*; ein Element a_{ij}, für das $w_1 = w_2$ gilt, heißt Sattelpunkt.

Die optimalen Strategien bei Sattelpunktspielen sind reine Strategien, die mit einem Sattelpunkt festliegen.

Diese Spiele sind ein Sonderfall der Matrixspiele. Die Bezeichnung der Spiele hängt mit geometrischen Deutungen des Spielwertes zusammen, worauf hier nicht eingegangen werden soll.

BEISPIEL

Die Auszahlmatrix $\mathfrak{A}$ und die notwendigen Rechnungen zur Bestimmung von w_1 und w_2 sind folgender Tabelle zu entnehmen:

P_1 \\ P_2	h_1	h_2	h_3	Zeilen-minimum
H_1	3	2	3	2
H_2	4	2	0	0
Spalten-maximum	4	2	3	$v = 2$

Die fettgedruckten Zahlen sind w_1 und w_2, das eingerahmte Element ist der Sattelpunkt. Die Lösung dieses Spieles ist damit

$$\mathfrak{x}_0 = \begin{pmatrix} 1 \\ 0 \end{pmatrix}, \quad \mathfrak{y}_0 = \begin{pmatrix} 0 \\ 1 \\ 0 \end{pmatrix}, \quad v = 2,$$

d. h., P_1 wählt H_1 und P_2 wählt h_2 bei jeder Partie des Spieles, die Auszahlung von P_2 an P_1 beträgt immer 2.

4.1.2.4.   Lösung in gemischten Strategien

Ein Vektor, der keine reine Strategie darstellt, heißt *gemischte Strategie*.

█ **Ein Matrixspiel ohne Sattelpunkt besitzt gemischte optimale Strategien.**

Um diese zu finden, gibt es verschiedene Verfahren, von denen anschließend drei erläutert werden sollen.

Grafische Lösung

Hat einer der Spieler nur zwei Handlungsweisen zur Verfügung, so läßt sich das Spiel in einem rechtwinklig kartesischen Koordinatensystem grafisch lösen. Dabei wird auf der Ordinate der Gewinn, auf der Abszisse die Wahrscheinlichkeit für die Wahl einer der beiden Handlungsweisen dargestellt. Aus dem Bild kann dann die optimale Strategie beider Spieler und der Wert des Spieles abgelesen werden.
Als Beispiel wird das Spiel mit der Auszahlmatrix

$$\mathfrak{A} = \begin{pmatrix} 0{,}5 & 1 & 2 \\ 3 & 1{,}5 & 0 \end{pmatrix}$$

grafisch gelöst.

Bei Wahl der Handlungsweise h_1, h_2 bzw. h_3 durch P_2 ist der Erwartungswert des Gewinns von P_1 nach (4.1):

$$E_1 = 0{,}5x_1 + 3x_2; \quad E_2 = x_1 + 1{,}5x_2 \quad \text{bzw.} \quad E_3 = 2x_1.$$

Wegen $x_1 + x_2 = 1$ ist

$$E_1 = -2{,}5x_1 + 3; \quad E_2 = -0{,}5x_1 + 1{,}5 \quad \text{bzw.} \quad E_3 = 2x_1;$$

stets gilt dabei $0 \leqq x_1 \leqq 1$.

Die diesen drei Gleichungen entsprechenden Geraden sind in Bild 4.1 dargestellt.

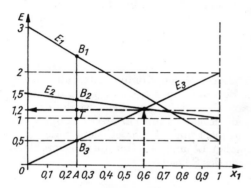

Bild 4.1. Grafische Lösung eines Matrixspieles

In dem Bild erkennt man folgendes: Wählt P_1 die Handlungsweise H_1 mit der Wahrscheinlichkeit $x_1 = A$ (und demzufolge H_2 mit der Wahrscheinlichkeit $x_2 = 1 - x_1 = 1 - A$), so sind die Längen der Strecken $\overline{AB_1}$, $\overline{AB_2}$ bzw. $\overline{AB_3}$ die Erwartungswerte des Gewinns von P_1, falls P_2 nur h_1, h_2 bzw. h_3 wählt. Spielt aber P_2 mit einer gemischten Strategie, so liegt die Gewinnerwartung von P_1 zwischen $\overline{AB_3}$ und $\overline{AB_1}$. Der maximale Wert der Gewinnerwartung kann also durch P_2 auf $E = v = 1{,}2$ beschränkt werden; P_1 erreicht diesen Wert für $x_1 = 0{,}6$ und $x_2 = 1 - x_1 = 0{,}4$.

Für die Komponenten der optimalen Strategie $\mathfrak{y}_0$ von P_2 entnimmt man zunächst $y_1 = 0$ aus Bild 4.1. Weiter sind die Handlungsweisen h_2 und h_3 so zu wählen, daß für P_1 keine größere Gewinnerwartung als $E = 1{,}2$ eintritt. Dies erreicht P_2, wenn er $y_2 : y_3 = \overline{TB_3} : \overline{TB_2}$ wählt.

Für $x_1 = 0$ folgt daraus $y_2 : y_3 = 1{,}2/(1{,}5 - 1{,}2) = 4 : 1$, also ist wegen $y_2 + y_3 = 1$ nun $y_2 = 0{,}8$ und $y_3 = 0{,}2$.

Die Lösung des Spieles ist vollständig gegeben mit

$$\mathfrak{x}_0 = \begin{pmatrix} 0{,}6 \\ 0{,}4 \end{pmatrix}, \quad \mathfrak{y}_0 = \begin{pmatrix} 0 \\ 0{,}8 \\ 0{,}2 \end{pmatrix}, \quad v = 1{,}2.$$

Lösung als lineares Optimierungsproblem

Jedes Matrixspiel steht mit zwei linearen Optimierungsaufgaben, die zueinander dual und lösbar sind, im Zusammenhang [4.3, S. 331].
Zur Formulierung dieses Zusammenhanges werden folgende Bezeichnungen[1]) eingeführt:

Das Matrixspiel mit der Auszahlmatrix $\mathfrak{A}$ habe die Lösung $\mathfrak{x}_0$, $\mathfrak{y}_0$ und v;
das primale lineare Optimierungsproblem $e^T \mathfrak{v} \to \max$, $\mathfrak{A}\mathfrak{v} \leqq e$, $\mathfrak{v} \geqq 0$ habe die optimale Lösung $\mathfrak{v}_0$ und c;
das dazu duale Optimierungsproblem $e^T \mathfrak{w} \to \min$, $\mathfrak{A}^T \mathfrak{w} \geqq e$, $\mathfrak{w} \geqq 0$ habe die optimale Lösung $\mathfrak{w}_0$ und c (vgl. Abschn. 2.).
Dann gilt der Satz:

$$\blacksquare \quad v = 1/c, \quad \mathfrak{x}_0 = v \mathfrak{w}_0, \quad \mathfrak{y}_0 = v \mathfrak{v}_0.$$

Dabei ist mit e ein Vektor bezeichnet, dessen Komponenten alle gleich 1 sind.
Der angeführte Satz kann zum Berechnen der Lösung $\mathfrak{x}_0$, $\mathfrak{y}_0$ und v des Spieles benutzt werden. Das primale lineare Optimierungsproblem ist in der Normalform mit positiven rechten Seiten gegeben, deshalb kann ein erstes Simplexschema mit der Matrix $\mathfrak{A}$, allen Absolutgliedern gleich 1 und allen Koeffizienten der z-Zeile gleich -1 angelegt werden. Aus der optimalen Lösung der Optimierungsprobleme ergibt sich dann nach obigem Satz die Lösung des Spieles.

BEISPIEL

1. Zu lösen ist das Spiel mit der Auszahlmatrix

$$\mathfrak{A} = \begin{pmatrix} 2 & -3 & -1 & 1 \\ 0 & 2 & 1 & 2 \end{pmatrix}.$$

Dieses Spiel ist äquivalent den beiden linearen Optimierungsaufgaben:

primales Problem	*duales Problem*
$v_1 + v_2 + v_3 + v_4 = z_p \to \max$	$w_1 + w_2 = z_d \to \min$
(1) $2v_1 - 3v_2 - v_3 + v_4 \leqq 1$	(1) $2w_1 + \quad \geqq 1$
(2) $\quad 2v_2 + v_3 + 2v_4 \leqq 1$	(2) $-3w_1 + 2w_2 \geqq 1$
$v_1, v_2, v_3, v_4 \qquad \geqq 0$	(3) $-w_1 + w_2 \geqq 1$
	(4) $w_1 + 2w_2 \geqq 1$
	$w_1, w_2 \qquad \geqq 0$

---

[1]) Es ist zu beachten: Wert v des Spieles ist vom Vektor $\mathfrak{v}$ des primalen Problems zu unterscheiden, die Komponenten von $\mathfrak{w}$ im Beispiel haben nicht die Bedeutung von 4.1.2.3.

Die Simplextabellen ergeben sich folgendermaßen:

I	BV	v_1	v_2	v_3	v_4	a_i	q_i
(11)	w_1	$\boxed{-2}$	3	1	-1	1	$1/2\leftarrow$
(12)	w_2	0	-2	-1	-2	1	$-$
(13)	$-z$	$-1\uparrow$	-1	-1	-1	0	$-$
II		w_1	v_2	v_3	v_4		
(21)	v_1	$-1/2$	$3/2$	$1/2$	$-1/2$	$1/2$	$-$
(22)	w_2	0	-2	$\boxed{-1}$	-2	1	$1\leftarrow$
(23)	$-z$	$1/2$	$-5/2$	$-3/2\uparrow$	$-1/2$	$-1/2$	$-$
III		w_1	v_2	w_2	v_4		
(31)	v_1	$-1/2$	$1/2$	$-1/2$	$-3/2$	1	$-$
(32)	v_3	0	-2	-1	-2	1	$-$
(33)	$-z$	$1/2$	$1/2$	$3/2$	$5/2$	-2	

Aus der letzten Simplextabelle III sind die optimalen Lösungen beider Optimierungsaufgaben abzulesen:

primales Problem	duales Problem	Optimalwert
$\mathfrak{v}_0 = \begin{pmatrix} 1 \\ 0 \\ 1 \\ 0 \end{pmatrix}$	$\mathfrak{w}_0 = \begin{pmatrix} 1/2 \\ 3/2 \end{pmatrix}$	$z_p = z_d = 2$, d. h., $c = 2$

Damit ergibt sich nach obigem Satz als Lösung des Spieles

$$v = 1/2, \quad \mathfrak{x}_0 = \begin{pmatrix} 1/4 \\ 3/4 \end{pmatrix}, \quad \mathfrak{y}_0 = \begin{pmatrix} 1/2 \\ 0 \\ 1/2 \\ 0 \end{pmatrix}.$$

Man kann auch umgekehrt zwei zueinander dualen linearen Optimierungsaufgaben ein Matrixspiel zuordnen. Die zugehörige Auszahlmatrix und Aussagen über die Lösbarkeit der Optimierungsaufgaben findet man in [4.3, S. 333].

Ein einfaches Näherungsverfahren

Die Idee des Näherungsverfahrens besteht darin, mehrere Partien des Spieles durchzuführen, wobei vorausgesetzt wird, daß jeder der Spieler die vorhergehenden Handlungsweisen seines Gegenspielers kennt und mit dieser Information seine nächste Handlungsweise festlegt. Die relativen Häufigkeiten der Wahl der einzelnen Handlungsweisen sowie der mittlere Verlust von P_2 und der mittlere Gewinn von P_1 sind Näherungen für $\mathfrak{x}_0$, $\mathfrak{y}_0$ und v. Genauigkeitsbetrachtungen für dieses Verfahren findet man in der Literatur.

Die einzelnen **Schritte des Verfahrens** sind:

S_1: Auswahl einer beliebigen Zeile durch P_1;

S_2: Auswahl einer Spalte durch P_2, die durch die kleinste Zahl der vorher bestimmten Zeile festgelegt ist;

S_3: Auswahl einer Zeile durch P_1, die durch die größte Zahl der vorher bestimmten Spalte festgelegt ist;

S_4: Bilden einer neuen Zeile als Summe der letzten beiden ausgewählten Zeilen;

S_2: wie oben;

S_5: Bilden einer neuen Spalte als Summe der letzten beiden ausgewählten Spalten;

S_3: wie oben, usw.

Als schematische Darstellung ergibt sich:

$$S_1 \rightarrow S_2 \rightarrow S_5 \rightarrow S_3 \rightarrow S_4$$

Bei Abbruch des Verfahrens nach n Schritten bestimmt man die Komponenten von $\mathfrak{x}_0$ und $\mathfrak{y}_0$ näherungsweise, indem die Anzahl der Auswahl jeder Zeile und Spalte durch n geteilt wird. Der Spielwert v liegt zwischen dem mittleren Verlust von P_2 und dem mittleren Gewinn von P_1.

BEISPIEL

2. Das bereits mit

$$\mathfrak{x}_0 = \begin{pmatrix} 1/4 \\ 3/4 \end{pmatrix}, \quad \mathfrak{y}_0 = \begin{pmatrix} 1/2 \\ 0 \\ 1/2 \\ 0 \end{pmatrix}, \quad v = 1/2$$

exakt gelöste Matrixspiel mit der Auszahlmatrix

$$\mathfrak{A} = \begin{pmatrix} 2 & -3 & -1 & 1 \\ 0 & 2 & 1 & 1 \end{pmatrix}$$

soll näherungsweise gelöst werden. Die entsprechenden Rechnungen sind aus der umstehenden Tabelle ersichtlich, die ersten Schritte des Verfahrens sind:

$n = 1$ S_1: Auswahl der zweiten Zeile durch P_1 und Anordnung unter der Matrix;

$\quad\quad$ S_2: Auswahl der ersten Spalte durch P_2 (weil 0 die kleinste Zahl der in S_1 bestimmten Zeile ist) und Anordnung neben der Matrix;

$n = 2$ S_3: Auswahl der ersten Zeile durch P_1 (weil 2 die größte Zahl der im S_2 bestimmten Spalte ist);

$\quad\quad$ S_4: Summe der letzten beiden ausgewählten Zeilen bilden und unter der Matrix anordnen (Zeile 2);

$n = 3$ S_2: Auswahl der zweiten Spalte durch P_2 (weil -1 die kleinste Zahl der Zeile 2 ist);

       S_5: Summe der letzten beiden ausgewählten Spalten bilden und neben der Matrix anordnen (Spalte 2) usw.

	y_1	y_2	y_3	y_4		1	2	3	4	5	6	7	8	9	10···20
x_1	2	-3	-1	1		2	-1	-2	-3	-1	1	3	5	7	6··· 5
x_2	0	2	1	1		0	2	3	4	4	4	4	4	4	5···12

	y_1	y_2	y_3	y_4
1	0	2	1	1
2	2	-1	0	2
3	2	1	1	3
4	2	3	2	4
5	2	5	3	5
6	2	7	4	6
7	2	9	5	7
8	2	11	6	8
9	4	8	5	9
10	6	5	4	10
·	·	·	·	·
·	·	·	·	·
·	·	·	·	·
20	8	20	9	11

Ablesebeispiel: Die Komponenten von $\mathfrak{x}_0$ bestimmen sich nach $n = 5$ Schritten durch Abzählen der unterstrichenen Zahlen in den **Zeilen** für x_1 bzw. x_2 und durch Teilen dieser Anzahlen durch 5;

z. B. x_1: **eine** unterstrichene Zahl bis $n = 5$,

$$\text{also } x_1 = 1/5$$

Entsprechend werden die Komponenten von $\mathfrak{y}_0$ bestimmt, indem die Anzahl der in den zugehörigen **Spalten** unterstrichenen Zahlen durch 5 geteilt wird;

z. B. y_3: **zwei** unterstrichene Zahlen bis $n = 5$,

$$\text{also } y_3 = 2/5$$

Für den Wert v des Spieles findet man die **untere Schranke**, indem man die in **Zeile 5** unterstrichene Zahl durch 5 teilt: 2/5 und die **obere Schranke**, indem man die in **Spalte 5** unterstrichene Zahl durch 5 teilt: 4/5 (vgl. u.)

Aus der Tabelle ist abzulesen für

$$n = 5: \quad \mathfrak{x}_0 \approx \begin{pmatrix} 0{,}2 \\ 0{,}8 \end{pmatrix}, \quad \mathfrak{y}_0 \approx \begin{pmatrix} 0{,}4 \\ 0{,}2 \\ 0{,}4 \\ 0 \end{pmatrix}, \quad 2/5 = 0{,}4 \leqq v \leqq 4/5 = 0{,}8;$$

$$n = 10: \quad \mathfrak{x}_0 \approx \begin{pmatrix} 0{,}4 \\ 0{,}6 \end{pmatrix}, \quad \mathfrak{y}_0 \approx \begin{pmatrix} 0{,}6 \\ 0{,}1 \\ 0{,}3 \\ 0 \end{pmatrix}, \quad 4/10 = 0{,}4 \leqq v \leqq 6/10 = 0{,}6.$$

Für $n = 20$ ergibt sich

$$\mathfrak{x}_0 \approx \begin{pmatrix} 0{,}2 \\ 0{,}8 \end{pmatrix}, \quad \mathfrak{y}_0 \approx \begin{pmatrix} 0{,}45 \\ 0{,}05 \\ 0{,}50 \\ 0 \end{pmatrix}, \quad 8/20 = 0{,}4 \leqq v \leqq 12/20 = 0{,}6.$$

4.1.2.5.   Anwendungen der Matrixspiele

Obwohl Matrixspiele der einfachste Spieltyp sind, gibt es viele interessante Anwendungen. Bei einer bestimmten Anwendung kommt es darauf an, die Handlungsmöglichkeiten der Spieler, die Elemente der Auszahlmatrix und die Lösung des Spieles festzulegen bzw. zu deuten.

Brettspiele

Man kann zeigen, daß die Brettspiele Schach, Go, Dame, Mühle u. a. Sattelpunkt-spiele sind mit einer Auszahlmatrix, die nur die Zahlen 1 (gewonnen), —1 (verloren) und 0 (unentschieden) enthält. Damit sind diese Spiele in reinen optimalen Strate-gien lösbar, die aber bei den meisten Spielen wegen der großen Anzahl von Strategien nicht bekannt sind.

Militärwesen

Militärische Auseinandersetzungen sind von vornherein Konfliktsituationen im Sinne der Spieltheorie. Die Handlungsweisen der Spieler (Gegner) bestehen in der Wahl der Waffensysteme, dem Einsatz der Angriffswaffen, dem Einsatz der Abwehr-waffen u. ä., das Ziel ist die größtmögliche Schwächung des Gegners. Die Lösung des Spieles kann unmittelbar interpretiert werden.

BEISPIEL[1])

1. Seite P_1 greift mit zwei hintereinander fliegenden Flugzeugen ein Objekt an, ein Flugzeug führt eine Bombe mit sich. Seite P_2 setzt zur Abwehr ein Jagdflugzeug ein. Greift der Jäger von vorn an, so wird er durch die Bordwaffen beider Flugzeuge bekämpft und mit einer Wahrscheinlichkeit von 0,7 abgeschossen. Greift der Jäger von hinten an, so wird er nur vom hinten fliegenden Flugzeug bekämpft und mit einer Wahrscheinlichkeit von 0,3 abgeschossen. Wird der Jäger nicht abgeschossen, so schießt er in beiden Fällen sein Ziel mit der Wahrschein-lichkeit 0,6 ab.
Die Handlungsweisen von P_1 sind demnach:

H_1: Vorderes Flugzeug ist Bombenträger,

H_2: Hinteres Flugzeug ist Bombenträger.

Die Handlungsweisen von P_2 sind:

h_1: Vorderes Flugzeug angreifen,

h_2: Hinteres Flugzeug angreifen.

Die Zahlen der Auszahlmatrix $\mathfrak{A}$ sind die Wahrscheinlichkeiten für den Durchbruch des Bombenträgers (oder für die Vernichtung des angegriffenen Objektes). Sie ermitteln sich aus obigen Angaben nach dem Additions- und Multiplikationssatz für Wahrscheinlichkeiten wie folgt:

$a_{12} = a_{21} = 1$, weil der Jäger in beiden Fällen das falsche Flugzeug angreift;

$a_{11} = 0,7 + 0,3 \cdot 0,4 = 0,82$ bzw. $a_{22} = 0,7 \cdot 0,4 + 0,3 = 0,58$, weil der Angriff auf das richtige Flugzeug von hinten bzw. von vorn möglich ist. Das Spiel wird somit durch folgende Matrix beschrieben:

P_1 \\ P_2	h_1	h_2
H_1	0,82	1
H_2	1	0,58

[1]) vgl. [4.10, S. 36]

Die Lösung ist nach einer der Methoden aus 4.1.2.4. durchzuführen, sie ist

$$\mathfrak{x}_0 = \begin{pmatrix} 0{,}7 \\ 0{,}3 \end{pmatrix}, \quad \mathfrak{y}_0 = \begin{pmatrix} 0{,}7 \\ 0{,}3 \end{pmatrix}, \quad v = 0{,}874.$$

Das bedeutet, daß die Gegner ihre Handlungsmöglichkeiten beide im Verhältnis 7:3 wählen und daß das Objekt mit der Wahrscheinlichkeit von 87,4% vernichtet wird. Der Einsatz eines weiteren Jägers ist also sehr empfehlenswert. Diese Überlegung definiert aber bereits ein neues Spiel.

Ökonomie

Viele ökonomische Probleme lassen sich als Spiele modellieren, grundlegende Betrachtungen hierzu findet man in [4.5]. Eine typische Schwierigkeit dabei ist die Frage nach dem Nutzen der Handlungsweisen, also die Festlegung der Elemente der Auszahlmatrix.

BEISPIEL

2. In einem Industriebetrieb soll eine neue Anlage angeschafft werden, deren Nutzen von den künftigen Rohstoffpreisen abhängt. Zur Auswahl stehen zwei verschiedene Typen dieser Anlage (Handlungsweisen von P_1); die Nutzeffekte (Elemente der Spielmatrix) für niedrigere, gleichbleibende und höhere Rohstoffpreise (bezogen auf den jetzigen Zustand) werden durch Experten wie folgt eingeschätzt:

P_1 \ P_2	Preise		
Anlage	niedriger	gleichbleibend	höher
1	6	8	5
2	3	10	15

Das Spiel läßt sich wieder nach den Methoden in 4.1.2.4. lösen, es ergibt sich:

$$\mathfrak{x}_0 = \begin{pmatrix} 12/13 \\ 1/13 \end{pmatrix}, \quad \mathfrak{y}_0 = \begin{pmatrix} 10/13 \\ 0 \\ 3/13 \end{pmatrix}, \quad v = 75/13.$$

Weil $x_1 = 12/13$ wesentlich größer als x_2 ist, hat also Anlage 1 den Vorrang. Durch die Einschätzung des Nutzens wurde zugleich deutlich, daß die Experten niedrigere Rohstoffpreise erwarten ($y_1 = 10/13$ ist die größte Komponente von $\mathfrak{y}$). Der Spielwert hat keine Bedeutung, da der Nutzen nur in relativen Zahlen angegeben ist.

Lineare Optimierung mit mehreren Zielfunktionen

Bei praktischen Aufgabenstellungen kommt es oft vor, daß eine lineare Optimierungsaufgabe mit verschiedenen Zielfunktionen und immer denselben Nebenbedingungen zu lösen ist (vgl. 2.5.1.). Ist eine Wertung der verschiedenen Zielfunktionen nicht möglich, so kann man mit einem spieltheoretischen Ansatz eine *Kompromißlösung* aus den optimalen Lösungen nach den einzelnen Zielfunktionen zusammensetzen [4.4].

Am einfachsten ist die Grundidee an folgendem Fall zu zeigen:

Die Zielfunktionen

$$z_1 = c_1^T \mathfrak{x} \to \max, \ldots, z_s = c_s^T \mathfrak{x} \to \max$$

sind gegeben mit den Nebenbedingungen

$$\mathfrak{A}\mathfrak{x} \leq \mathfrak{a}, \; \mathfrak{x} \geq \mathfrak{o}.$$

Jede der s Optimierungsaufgaben sei lösbar, die optimalen Lösungen seien mit $\mathfrak{x}_1, \ldots, \mathfrak{x}_s$ bezeichnet, die zugehörigen Zielfunktionswerte seien alle positiv. Eine Wertung der optimalen Lösung $\mathfrak{x}_i$ bezüglich aller Optimierungsaufgaben geben die Zahlen

$$g_{ij} = c_j^T \mathfrak{x}_i \, / \, c_j^T \mathfrak{x}_j; \; i, j = 1, \ldots, s \tag{4.5}$$

Da $\mathfrak{x}_i$ für alle Optimierungsaufgaben eine zulässige Lösung ist[1]), gilt $0 < g_{ij} \leq 1$. $g_{ij} \cdot 100\%$ gibt die prozentuale Erfüllung des j-ten Zieles durch die optimale Lösung der i-ten Aufgabe an.

Nun wird ein Spiel mit der Auszahlmatrix $\mathfrak{A} = (g_{ij})$ mit $i, j = 1, \ldots, s$ betrachtet. Für die Handlungsweisen dieses Spieles sind verschiedene Deutungen möglich, die hier nicht aufgeführt werden sollen. Die optimale Strategie des Spielers P_1 ergibt die Gewichte, mit denen additiv die Kompromißlösung $\mathfrak{X}_0$ aus den optimalen Lösungen $\mathfrak{x}_1, \ldots, \mathfrak{x}_s$ gebildet wird. Der Spielwert gibt die maximale Erfüllung gegenüber allen Zielfunktionen an. Die Methode hat jedoch den Nachteil, daß im allgemeinen noch bessere Kompromißlösungen existieren.

BEISPIEL

Die zwei Zielfunktionen

$$x_1 + x_2 + 3x_3 = z_1 \to \max \qquad \text{und}$$

$$3x_1 + x_2 + 3x_3 = z_2 \to \max$$

mit den Nebenbedingungen

$$(1) \quad x_1 + x_2 + 5x_3 \leq 10$$

$$(2) \quad 2x_1 + x_2 + 2x_3 \leq 5$$

und $x_1, x_2, x_3 \geq 0$ sind gegeben. Nach Abschn. 2. kann man die optimalen Lösungen beider Aufgaben bestimmen mit

$$\mathfrak{x}_1 = \begin{pmatrix} 0 \\ 5/3 \\ 5/3 \end{pmatrix}, \quad z_1 = 20/3 \quad \text{und} \quad \mathfrak{x}_2 = \begin{pmatrix} 5/8 \\ 0 \\ 15/8 \end{pmatrix}, \quad z_2 = 15/2.$$

---

[1]) Der Bereich der zulässigen Lösungen ist für alle betrachteten Aufgaben der gleiche, da sich die Nebenbedingungen nicht ändern

Damit erhält man nach (4.5) für

$$i = 1,\ j = 1 \quad g_{11} = \frac{c_1^T \mathfrak{x}_1}{c_1^T \mathfrak{x}_1} = 1; \quad \text{entsprechend für}$$

$$i = 2,\ j = 2 \quad g_{22} = 1; \quad \text{dagegen ergibt sich für}$$

$$i = 1,\ j = 2 \quad g_{12} = \frac{c_2^T \mathfrak{x}_1}{c_2^T \mathfrak{x}_2} = \frac{3 \cdot 0 + 1 \cdot 5/3 + 3 \cdot 5/3}{15/2} = \frac{8}{9}$$

$$g_{12} \cdot 100\% = 88,89\% \quad \text{und für}$$

$$i = 2,\ j = 1 \quad g_{21} = \frac{c_1^T \mathfrak{x}_2}{c_1^T \mathfrak{x}_1} = \frac{1 \cdot 5/8 + 1 \cdot 0 + 3 \cdot 15/8}{20/3} = \frac{15}{16}$$

$$g_{21} \cdot 100\% = 93,75\%$$

Teilergebnis:

Die Lösung $\mathfrak{x}_1$ erfüllt das zweite Ziel zu $88,89\%$.

Die Lösung $\mathfrak{x}_2$ erfüllt das erste Ziel zu $93,75\%$.

Die berechneten g_{ij} ergeben die Auszahlmatrix

$$\mathfrak{A} = \begin{pmatrix} 1 & 8/9 \\ 15/16 & 1 \end{pmatrix}.$$

Gesucht ist eine Kompromißlösung $\mathfrak{X}_0$, die nach Möglichkeit beide Ziele besser erfüllt.

Die Lösung des Spieles mit der Matrix $\mathfrak{A}$ ergibt als optimale Strategie des Spielers P_1 den Vektor $\begin{pmatrix} 9/25 \\ 16/25 \end{pmatrix}$, der Wert des Spieles ist $24/25$. Also ist die Kompromißlösung

$$\mathfrak{X}_0 = \frac{9}{25}\, \mathfrak{x}_1 + \frac{16}{25}\, \mathfrak{x}_2 = \begin{pmatrix} 2/5 \\ 3/5 \\ 9/5 \end{pmatrix}.$$

Diese Lösung erfüllt beide Ziele zu 96%.

4.1.3. Weitere Spielarten

Die in 4.1.2. betrachteten Matrixspiele erfüllen drei spezielle Bedingungen:

1. Jeder Spieler hat endlich viele Handlungsweisen,
2. am Spiel sind zwei Spieler beteiligt,
3. der Gewinn des einen Spielers entspricht einem gleich hohen Verlust des anderen Spielers, d. h., die Summe der Auszahlungen ist Null.

Deshalb heißen Matrixspiele auch *endliche Zweipersonen-Nullsummenspiele.* Jede der drei Bedingungen kann weggelassen werden, dadurch entstehen neue Spieltypen, die sich nicht mehr mit Matrizen beschreiben lassen. Die Begriffe Strategie, Gewinn, Wert, Lösung u. a. müssen verallgemeinert und neue Lösungsmethoden gefunden werden.

Bei *unendlichen Spielen* haben die Spieler entweder abzählbar-unendlich viele Handlungsweisen, oder die Handlungsweisen entsprechen den Zahlen eines Intervalls der Zahlengeraden. Bisher sind fast nur unendliche Zweipersonen-Nullsummenspiele untersucht worden. Diese Spiele können unlösbar sein.

Bei *n-Personen-Spielen* ergibt sich ein wesentlich neuer Gesichtspunkt gegenüber Zweipersonen-Spielen dadurch, daß Absprachen zwischen den Spielern über ihr Spielverhalten und die Gewinnverteilung möglich sind. Sind diese Absprachen verboten, so heißen die Spiele *nichtkooperativ,* im anderen Falle heißen sie *kooperativ.* Kooperative Spiele sind schwierig zu behandeln, sie sind jedoch in den Anwendungen wichtiger. Endliche *n*-Personen-Spiele werden ausführlich in [4.1] und [4.5] behandelt.

Nichtnullsummenspiele brauchen theoretisch nicht gesondert betrachtet zu werden, weil sie durch Einführung eines fiktiven Spielers in Nullsummenspiele überführt werden können.

Unendliche Zweipersonen-Spiele sollen im folgenden noch beschrieben und mit einem Beispiel veranschaulicht werden, außerdem wird ein Beispiel für ein Dreipersonen-Spiel gegeben.

Unendliche Zweipersonen-Nullsummenspiele

Jeder der Spieler P_1 und P_2 hat als Handlungsweisen die Auswahl einer beliebigen Zahl aus dem Einheitsintervall. Hat P_1 die Zahl x und P_2 die Zahl y festgelegt, so ist eine Partie des Spiels beendet, und P_2 zahlt an P_1 den Betrag $A(x, y)$. Die Funktion A heißt *Auszahlfunktion,* sie ist das Analogon zur Auszahlmatrix $\mathfrak{A}$ bei Matrixspielen; A sei eine stetige Funktion.

Eine gemischte Strategie für P_1 ist eine Wahrscheinlichkeitsverteilung $F_X(x) = P(x < X)$, die diskret oder stetig sein kann, mit $F_X(0) = 0$ und $F_X(1) = 1$; entsprechend sei $G_Y(y)$ für P_2 eingeführt. Positiven Wahrscheinlichkeiten an bestimmten Stellen entsprechen Sprünge der Verteilungsfunktion an diesen Stellen. Ein Sprung der Höhe 1 entspricht einer reinen Strategie.

Der Erwartungswert des Gewinns für P_1 ist von den Verteilungsfunktionen F_X und G_Y abhängig: $v = v(F, G)$; v läßt sich durch ein Mehrfachintegral darstellen. Analog dem Hauptsatz der Matrixspiele gilt:

$$\underset{G}{\text{Min}}\ \underset{F}{\text{Max}}\ v(F, G) = \underset{F}{\text{Max}}\ \underset{G}{\text{Min}}\ v(F, G).$$

Die Bestimmung der optimalen Strategie ist im allgemeinen nur unter weiteren Voraussetzungen über die Funktion A möglich. In einfachen Beispielen sind die optimalen Strategien rein oder lassen sich aus reinen Strategien zusammensetzen. Deutet man die Funktionswerte $A(x, y)$ als Höhen über einer x, y-Ebene, so besitzt die entstehende Fläche im ersten Fall einen Sattelpunkt und sonst nicht; vgl. [2].

BEISPIEL[1])

1. Seite P_1 beschießt ein anfliegendes Flugzeug der Seite P_2. Das Flugzeug kann Kursänderungen vornehmen, die der Gegenseite unbekannt sind. y mit $0 \leqq y \leqq 1$ beschreibe die tatsächliche Kursänderung, dabei bedeute $y = 0$ keine Kursänderung und $y = 1$ Flug längs des kleinsten Wendekreises des Flugzeuges. x mit $0 \leqq x \leqq 1$ sei die beim Zielen berücksichtigte Kursänderung. Die Abschußwahrscheinlichkeit ist näherungsweise gleich

$$A(x, y) = e^{-3(x-y)^2}$$

bei bestimmten technischen Parametern des Flugzeuges und der Abwehrwaffe.
Welches sind die optimalen Strategien beider Seiten? Wie groß ist für diese die Abschußwahrscheinlichkeit? Beide Fragen werden anschließend durch einfache Überlegungen beantwortet.

Lösung: Nimmt P_1 an, P_2 reagiere auf Beschuß nur mit $y = 0$ oder $y = 1$ und gleicher Wahrscheinlichkeit von $1/2$, so ist der Erwartungswert des Gewinns für P_1:

$$A_1(x) = \frac{1}{2} \left(e^{-3x^2} + e^{-3(x-1)^2} \right).$$

Die Funktion A_1 hat für $0 \leqq x \leqq 1$ ihr absolutes Maximum bei

$$x_0 \approx 0{,}07 \quad \text{und} \quad x_1 = 1 - x_0 \approx 0{,}93 \quad \text{mit} \quad A_1(x_0) = A_1(x_1) \approx 0{,}530.$$

Nimmt P_2 an, P_1 benutzt diese Kursänderungen x_0 und $1 - x_0$ mit gleicher Wahrscheinlichkeit von $1/2$, so ist der Erwartungswert des Verlustes für P_2:

$$A_2(y) = \frac{1}{2} \left(e^{-3(x_0-y)^2} + e^{-3(1-x_0-y)^2} \right).$$

Die Funktion A_2 hat für $0 \leqq y \leqq 1$ ihr absolutes Minimum in den Endpunkten des Einheitsintervalls mit $A_2(0) = A_2(1) \approx 0{,}530$. Für den Wert v des Spiels muß einerseits $v \leqq A_1(x_0)$ und andererseits $v \geqq A_2(0)$ gelten; da jedoch $A_1(x_0) = A_2(0)$ gilt, ist $v \approx 0{,}530$, und die obigen Strategien sind die optimalen Strategien. Damit ist das Spiel gelöst.
Die Lösung bedeutet, daß Seite P_1 mit gleichen Wahrscheinlichkeiten von $1/2$ die Kursänderung $x_0 \approx 0{,}07$ bzw. $x_1 \approx 0{,}93$ berücksichtigen muß und Seite P_2 mit gleichen Wahrscheinlichkeiten von $1/2$ keine $(y = 0)$ bzw. maximale Kursänderung $(y = 1)$ durchführen muß. Die Abschußwahrscheinlichkeit beträgt dabei etwa 53%.

Endliche nichtkooperative n-Personen-Spiele

Jeder der n Spieler P_i hat eine gewisse endliche Anzahl von Handlungsweisen. Für jeden Spieler P_i ist eine Auszahlfunktion A_i von n Argumenten definiert (die Argumente sind die Handlungsweisen). Eine Partie des Spiels besteht darin, daß jeder Spieler eine bestimmte Handlungsweise festlegt. Danach ist der Betrag A_i an P_i zu zahlen (negative Beträge entsprechen Verlusten).
Für diese Spiele ist die Darstellung durch einen *Spielbaum* gebräuchlich, der den Spielablauf grafisch darstellt. Der Spielwert der Matrixspiele wird zum Begriff des

---

[1]) vgl. [4.10, S. 62]

Gleichgewichtspunktes verallgemeinert. Die zum Gleichgewichtspunkt gehörigen Strategien sind die optimalen Strategien.

▍**Endliche Spiele obiger Art besitzen mindestens einen Gleichgewichtspunkt.**

BEISPIEL

2. 5 Streichhölzer liegen auf dem Tisch. Sie sollen von drei Spielern nach folgenden Regeln weggenommen werden:

P_1 muß ein oder zwei, P_2 muß kein oder zwei, P_3 muß zwei oder drei Hölzer wegnehmen. Die Reihenfolge P_1, P_2, P_3 wird immer eingehalten. Wer zuletzt wegnehmen muß, zahlt an den vorherigen Spieler den Betrag 1.

Wo ist der Gleichgewichtspunkt des Spieles? Wie haben sich die Spieler optimal zu verhalten?

Lösung: Dieses Spiel wird im folgenden durch Aufstellen des Spielbaumes direkt gelöst. Die im Baum (Bild 4.2) angegebenen Zahlen sind die jeweils noch vorhandenen Hölzer. Die hervorgehobene Linie markiert die optimale Spielweise, weicht ein Spieler davon ab, so kann sich sein Gewinn verringern. Das Spiel ist sehr ungünstig für P_3, weil bei optimaler Spielweise seiner Gegner P_3 bei jeder Partie an P_2 zu zahlen hat.

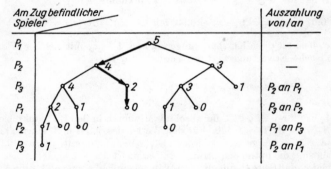

Bild 4.2. Spielbaum eines endlichen nichtkooperativen Dreipersonen-Spieles

4.2.   Bedienungstheorie

Als erste Arbeiten der Bedienungstheorie betrachtet man heute Untersuchungen des Dänen ERLANG auf dem Gebiet der Fernmeldetechnik aus dem Jahre 1908. Wesentliche Impulse zur Weiterentwicklung der mathematischen Seite gaben die sowjetischen Wahrscheinlichkeitstheoretiker CHINTSCHIN, GNEDENKO, KOLMOGOROV u. a.
Nur wenige Modelle der Bedienungstheorie sind analytisch (formelmäßig) zu behandeln, als Hilfsmittel zur Analyse komplizierter Modelle eignen sich Monte-Carlo-Methoden (siehe 4.3.3.). Oft findet man in der Literatur die Bedienungstheorie unter dem Namen *Warteschlangentheorie*, weil die Berechnung von Warteschlangen ein oft vorkommendes Problem darstellt.
Die Anwendung der Bedienungstheorie ist in sehr vielen und verschiedenen Gebieten

möglich. Bekannt sind z. B. die Behandlung von Kundendienst-, Reparaturdienst- und Verkehrsproblemen, die Anwendungen auf Probleme der automatisierten Produktion, des Nachrichtenwesens und des Militärwesens.

4.2.1. Bedienungssysteme

Jedes Modell der Bedienungstheorie heißt *Bedienungssystem*. Ein solches Modell wird mit Angaben über die zu bedienenden Objekte (Forderungen) und die Bedienungseinrichtungen (Kanäle) beschrieben. Zunächst werden diese beschreibenden Größen eingeführt und an einfachen Beispielen erläutert.

4.2.1.1. Forderungen

Die zu bedienenden Einheiten heißen *Forderungen*. Solche Forderungen können z. B. Patienten eines Zahnarztes, Kunden eines Friseurgeschäftes oder zu entladende Waggons sein. Die Forderungen treten im Laufe der Zeit immer wieder auf, sie bilden einen *Forderungsstrom*.

Forderungen können in festen zeitlichen Abständen auftreten, oder der Zeitpunkt ihres Eintreffens im Bedienungssystem kann zufällig sein. Der letzte Fall ist der praktisch interessante Fall; in diesem ist die Anzahl der Forderungen, die in einem bestimmten Zeitintervall auftritt, ein zufälliges Ereignis.

Für viele Anwendungen treffen folgende **Annahmen** zu:

1. Die Wahrscheinlichkeit für das Auftreten einer bestimmten Anzahl von Forderungen hängt nur von der Länge des Zeitintervalls und nicht von seiner Lage auf der Zeitachse ab; ein solcher Forderungsstrom heißt *stationär*.

2. Das Eintreffen einer bestimmten Anzahl von Forderungen in diesem Zeitintervall ist unabhängig (im Sinne der Wahrscheinlichkeitsrechnung) von den vorher eingetretenen Ereignissen; der Forderungsstrom heißt *ohne Nachwirkung*.

3. Das Eintreffen von mehr als einer Forderung in einem sehr kleinen Zeitintervall soll unmöglich sein; der Forderungsstrom heißt *ordinär*.

Ein wichtiger **Satz** (der hier nicht bewiesen wird) lautet:

Ein Forderungsstrom, der stationär, ohne Nachwirkung und ordinär ist, ist ein Poisson-Strom und umgekehrt.

Ein POISSON-*Strom* ist ein Forderungsstrom, bei dem die Anzahl i der eintreffenden Forderungen pro Zeitintervall poisson-verteilt ist (siehe 3.3.5.3.), d. h.,

$$P(i) = \frac{(\lambda t)^i}{i!} \, e^{-\lambda t} \quad \text{für} \quad i = 0, 1, 2, \ldots$$

λt ist die mittlere Anzahl der eintreffenden Forderungen im Zeitintervall der Länge t. Normiert man das Zeitintervall auf die Länge 1, so ist λ der einzige Parameter der Verteilung und damit des Forderungsstromes; λ heißt *Ankunftsrate*.

Von einem realen Strom kann man mit statistischen Verfahren nachprüfen, ob er poisson-verteilt ist oder nicht. Ein poissonscher Strom kann auch durch die Verteilung der Zeit zwischen dem Eintreffen von Forderungen beschrieben werden (Lücken-verteilung).

BEISPIEL

Die Ankunftsrate der zu entladenden Waggons in einem Betrieb sei $\lambda = 5$ je Tag, der Forde-rungsstrom sei poissonsch.

Die Wahrscheinlichkeiten dafür, daß genau i Waggons je Tag zu entladen sind, sind also

$$P(i) = \frac{5^i}{i!}\, e^{-5} \quad (i = 0, 1, 2, \ldots).$$

i zu entladende Waggons	$i = 0$	$i = 1$	$i = 2$	$i = 3$	$i = 4$	$i = 5$	$i = 6$
Wahrscheinlichkeit $P(i)$	0,0067	0,0337	0,0842	0,1404	0,1755	0,1755	0,1462
	$i = 7$	$i = 8$	$i = 9$	$i = 10$	$i = 11$	$i = 12$	$i = 13\ldots$
	0,1045	0,0653	0,0362	0,0181	0,0082	0,0034	0,0013\ldots

Am wahrscheinlichsten ist also das Eintreffen von 4 oder 5 Waggons je Tag; die ab $i = 12$ vorkommenden Wahrscheinlichkeiten sind alle kleiner als 1% und können praktisch als Null angenommen werden.

Aus obigen Zahlen lassen sich für viele andere Ereignisse die Wahrscheinlichkeiten berechnen, z. B.:

Mit welcher Wahrscheinlichkeit P ist in einer Schicht kein Waggon zu entladen? $P = \sqrt[3]{P(0)} = = 0,1885$.

Trifft eine Forderung im Bedienungssystem ein, wenn alle Kanäle besetzt sind, so kann diese Forderung sich sehr verschieden verhalten. Die Forderung kann bis zur Bedienung warten (*reines Wartesystem*) oder das Bedienungssystem sofort wieder verlassen (*reines Verlustsystem*). Außer diesen beiden Verhaltensweisen sind viele andere möglich, z. B. kann die Forderung warten, wenn eine gewisse Anzahl von bereits wartenden Forderungen nicht überschritten wird und sonst nicht oder wenn eine gewisse Zeit bis zum Beginn der Bedienung nicht überschritten wird und sonst nicht (*bedingtes Warten*).

4.2.1.2.   Kanäle

Die Bedienungseinrichtungen heißen *Kanäle*. Sind mehrere Kanäle vorhanden, so muß ihre Anordnung berücksichtigt werden.

Die Kanäle können Forderungen *gleichzeitig bedienen* (mehrere Friseure eines Friseur-geschäftes bedienen Kunden gleichzeitig), oder die Bedienung geschieht in einer be-stimmten Reihenfolge *nacheinander* (der Auftrag an eine Wäscherei durchläuft die Kanäle Waschen, Trocknen, Bügeln nacheinander).

Diese zwei Anordnungen können auch vermischt auftreten.

Die Bedienung der Forderungen durch die Kanäle kann nach verschiedenen Ord-nungen erfolgen. Die einfachste Art ist die *Bedienung in der Reihenfolge des Ein-*

treffens der Forderungen im Bedienungssystem. Eine andere übliche Art ist die *Bedienung nach Dringlichkeitsstufen*, wobei innerhalb einer Stufe in der Reihenfolge des Eintreffens bedient wird. Es gibt weitere Bedienungsordnungen [4.6].
Eine wichtige beschreibende Größe ist die *Bedienungszeit* τ einer Forderung. Sie ist von vielen zufälligen Faktoren abhängig und wird daher als zufällige Variable aufgefaßt. Als Verteilungsfunktion wird in den meisten Anwendungen die Exponentialverteilung

$$F_\tau(t) = \begin{cases} 0, & t \leqq 0 \\ 1 - e^{-\mu t}, & t \geqq 0 \end{cases}$$

angenommen. μ ist die mittlere Anzahl der je Zeiteinheit bedienten Forderungen bei ununterbrochener Bedienung, μ heißt *Bedienungsrate*. Die Bedienungsrate beschreibt bei der gegebenen Verteilung die Bedienungszeit vollkommen, sie kann mittels statistischer Verfahren ermittelt werden.

BEISPIEL

Die Bedienungsrate beim Zahnarzt sei $\mu = 3$ Patienten pro Stunde, die Bedienungszeit τ sei exponentialverteilt.

Die Wahrscheinlichkeit für eine Bedienungszeit $\tau \leqq t$ ist also $F_\tau(t) = 1 - e^{-3t}$, $t \geqq 0$.

Bedienungszeit $\tau \leqq t$	$t = 15$ min	$t = 30$ min	$t = 1$ h	$t = 2$ h
Wahrscheinlichkeit $F_\tau(t)$	0,5276	0,7769	0,9502	0,9975

4.2.2.   Aufgaben der Bedienungstheorie

Ein Bedienungssystem wird durch den Forderungsstrom, das Verhalten der Forderungen, die Anordnung der Kanäle, die Bedienungsordnung und die Bedienungszeit beschrieben. Diese Größen sind durch technische und andere Parameter bestimmt und unveränderlich; werden sie verändert, so erhält man ein anderes Bedienungssystem. Auf Grund der obigen Größen werden die Bedienungssysteme klassifiziert.

Aufgabe der Bedienungstheorie ist es, Aussagen über die Effektivität eines Bedienungssystems zu machen.

Diese Aussagen sind für jede Klasse von Bedienungssystemen andere. Für reine Wartesysteme z. B. sind wichtige Effektivitätsgrößen die mittlere Warteschlangenlänge und die mittlere Wartezeit bis zum Beginn der Bedienung, für reine Verlustsysteme ist die Wahrscheinlichkeit für den Verlust einer Forderung wichtig.
Für zwei Klassen von Bedienungssystemen sollen diese Aussagen zusammengestellt und Beispiele dazu betrachtet werden. Ziel ist dabei, die Effektivitätsgrößen durch die das System beschreibenden Größen auszudrücken.

4.2.3.   Reine Wartesysteme

Der Forderungsstrom sei poissonsch (also stationär, ohne Nachwirkung und ordinär) mit der Ankunftsrate λ, die Forderungen warten unbedingt auf Bedienung, sie werden in der Reihenfolge des Eintreffens bedient, und die Bedienungszeit sei exponential-verteilt mit der Bedienungsrate μ.

4.2.3.1.   Systeme mit einem Kanal

Die Bedienung erfolgt nur durch einen Kanal. Zunächst sollen die *Wahrscheinlichkeiten $P_n(t)$ für das Vorhandensein von n Forderungen im Bedienungssystem* im Zeitpunkt t bestimmt werden. Mit diesen Wahrscheinlichkeiten können dann viele andere Effektivitätsgrößen ermittelt werden.[1]

Weil der Forderungsstrom ordinär und ohne Nachwirkung ist, kann ein kleines Zeitintervall der Länge Δt gefunden werden, in dem nur folgende Ereignisse eintreten können ($n = 1, 2, 3, \ldots$):

Ereignis E_i	Anzahl der Forderungen im System im Zeitpunkt		Zugang/Abgang einer Forderung	Wahrscheinlichkeit $P(E_i)$ im Zeitpunkt $t + \Delta t$
	t	$t + \Delta t$		
E_1	n	n	nein/nein	$P_n(t)(1 - \lambda\Delta t)(1 - \mu\Delta t)$
E_2	$n + 1$	n	nein/ja	$P_{n+1}(t)(1 - \lambda\Delta t)\mu\Delta t$
E_3	$n - 1$	n	ja/nein	$P_{n-1}(t)\lambda\Delta t(1 - \mu\Delta t)$
E_4	n	n	ja/ja	$P_n(t)\lambda\Delta t\mu\Delta t$

Aus dieser Aufstellung folgt

$$P_n(t + \Delta t) = P(E_1) + P(E_2) + P(E_3) + P(E_4).$$

Setzt man die angegebenen Wahrscheinlichkeiten alle ein, so kann man wie folgt ordnen:

$$\frac{P_n(t + \Delta t) - P_n(t)}{\Delta t} = \lambda P_{n-1}(t) + \mu P_{n+1}(t) - (\lambda + \mu) P_n(t) + \text{Rest} \cdot \Delta t.$$

Führt man hier den Grenzübergang $\Delta t \to 0$ durch, so ergibt sich

$$P_n'(t) = \lambda P_{n-1}(t) + \mu P_{n+1}(t) - (\lambda + \mu) P_n(t).$$

Für $n = 0$ findet man analog

$$P_0(t) = -\lambda P_0(t) + \mu P_1(t).$$

Weil der Forderungsstrom stationär ist, gilt für große t

$$P_n'(t) = 0 \quad \text{für} \quad n = 0, 1, 2, \ldots$$

---

[1] Die folgenden Ableitungen erscheinen im Kleindruck, da es sich bei dieser Einführung allein darum handelt, für den Leser die Grundbegriffe und die wichtigsten Berechnungsformeln bereitzustellen, um durch Beispiele einen besseren Einblick geben zu können

Damit ergeben sich für die gesuchten Wahrscheinlichkeiten P_n die Rekursionsformeln

$$-\lambda P_0 + \mu P_1 = 0, \quad \lambda P_{n-1} + \mu P_{n+1} - (\lambda + \mu) P_n = 0 \quad \text{für} \quad n = 1, 2, \ldots$$

Setzt man $\lambda/\mu = s$, so folgt aus der ersten Gleichung $P_1 = s P_0$. Durch wiederholtes Anwenden der zweiten Gleichung erhält man $P_n = s^n P_0$, dieses Ergebnis kann durch vollständige Induktion nach n bestätigt werden. Soll sich keine ständig wachsende Warteschlange bilden, so muß $s < 1$ vorausgesetzt werden, d. h., die Bedienungsrate ist größer als die Ankunftsrate. Da die P_n die Wahrscheinlichkeiten aller möglichen Zustände des Bedienungssystems sind, gilt

$$P_0 + P_1 + P_2 + \cdots = P_0(1 + s + s^2 + \cdots) = \frac{P_0}{1 - s} = 1,$$

also ist $P_0 = 1 - s$, und damit folgt für die

Wahrscheinlichkeiten P_n für das Vorhandensein von n Forderungen im Bedienungssystem

$$P_n = s^n (1 - s) \quad \text{für} \quad n = 0, 1, 2, 3, \ldots \tag{4.6}$$

Aus diesem grundlegenden Resultat lassen sich weitere für das System wichtige Effektivitätsgrößen ermitteln. Dazu wird (wie auch oben) die Summenformel der unendlichen geometrischen Reihe (vgl. [2]) benutzt sowie Ergebnisse des Abschn. 3. Ist L das Ereignis, daß eine Forderung nicht warten muß, und $W = \bar{L}$ das Ereignis, daß eine Forderung warten muß, so gilt

$$P(L) = P_0 = 1 - s, \qquad P(W) = 1 - P(L) = s. \tag{4.7}$$

Der Erwartungswert der Warteschlangenlänge S (*mittlere Warteschlangenlänge*) ist

$$E(S) = P_2 + 2P_3 + 3P_4 + \cdots = \frac{s^2}{1 - s}. \tag{4.8}$$

Der *Erwartungswert* der im System befindlichen *Kundenanzahl K* ist

$$E(K) = P_1 + 2P_2 + 3P_3 + \cdots = \frac{s}{1 - s}. \tag{4.9}$$

Die *Verteilungsfunktion der Wartezeit t* bis zur Bedienung ist

$$F_t(T) = P(t < T) = 1 - s\,e^{-(\mu - \lambda)T} \quad \text{für} \quad T \geq 0 \tag{4.10}$$

und damit der Erwartungswert von t (*mittlere Wartezeit*)

$$E(t) = \frac{s}{\mu - \lambda}. \tag{4.11}$$

4.2.3.2. Systeme mit k Kanälen

Die k Kanäle sollen alle die gleiche Bedienungsrate μ haben. Trifft eine ankommende Forderung wenigstens einen freien Kanal an, so beginnt sofort ihre Bedienung. Ähnlich wie in 4.2.3.1. kann man die Effektivitätsgrößen ermitteln [4.6].

Für die *Wahrscheinlichkeiten* P_n *für das Vorhandensein von* n *Forderungen im Bedienungssystem* ergibt sich:

$$P_n = \begin{cases} s^n P_0/n! & \text{für} \quad 1 \leq n \leq k, \\ s^n P_0/k! \, k^{n-k} & \text{für} \quad k \leq n, \end{cases} \tag{4.12}$$

$$P_0 = \left[\sum_{\nu=0}^{k-1} s^\nu/\nu! + s^k/(k-1)! \, (k-s) \right]^{-1}; \tag{4.13}$$

Wieder ist $\lambda/\mu = s$ gesetzt worden.

P_0 ist die Wahrscheinlichkeit dafür, daß alle k Kanäle leer sind.

$P_n(1 \leq n \leq k)$ ist die Wahrscheinlichkeit dafür, daß genau n Forderungen bedient werden. $P_n(k \leq n)$ ist die Wahrscheinlichkeit dafür, daß k Forderungen bedient werden und genau $n - k$ Forderungen warten.

Für die Ereignisse W und L (siehe 4.2.3.1.) gilt hier:

$$P(W) = P_k + P_{k+1} + P_{k+2} + \cdots = s^k P_0/(k-1)! \, (k-s),$$
$$P(L) = 1 - P(W). \tag{4.14}$$

Die *Erwartungswerte der Warteschlangenlänge* S und der im System befindlichen *Kunden* K sind

$$E(S) = P_{k+1} + 2P_{k+2} + 3P_{k+3} + \cdots = s^{k+1} P_0/(k-1)! \, (k-s)^2, \tag{4.15}$$

$$E(K) = P_1 + 2P_2 + 3P_3 + \cdots. \tag{4.16}$$

Für die *Verteilungsfunktion der Wartezeit* t und die *mittlere Wartezeit* gilt

$$F_t(T) = P(t < T) = 1 - P(W) \, e^{-(k\mu-\lambda)T} \quad \text{für} \quad T \geq 0, \tag{4.17}$$

$$E(t) = \frac{P(W)}{k\mu - \lambda}. \tag{4.18}$$

Man kann viele weitere Größen angeben. Für alle Formeln muß $s < k$ vorausgesetzt werden.

4.2.3.3. Anwendungen

Alle in diesem Abschnitt betrachteten Systeme sollen den in 4.2.3. genannten üblichen Voraussetzungen genügen.

Variantenvergleich

Für das Entladen von Waggons mit der Ankunftsrate $\lambda = 5$ je Tag sind drei Varianten möglich:

A: Einstellen einer Entladekolonne mit der Entladerate $\mu = 10$ je Tag,

B: Einstellen von zwei Kolonnen mit der Entladerate von je $\mu = 4$ je Tag,

C: Anschaffen eines Kranes mit der Entladerate $\mu = 20$ je Tag.

Die Standkosten betragen 20 Mark je Tag und Waggon, die Anschaffungskosten des Kranes 10000 Mark, die jährlichen Lohnkosten für A 30000 Mark, B 20000 Mark, C 5000 Mark.

Welche Variante erfordert die minimalen Gesamtkosten G für den Zeitraum von einem Jahr (360 Tage)?

Nach 4.2.3.1. ergibt sich für Variante A [vgl. (4.8)]

$$s = 5/10 = 1/2, \quad E(S) = 1/2$$

und für Variante C

$$s = 5/20 = 1/4, \quad E(S) = 1/2.$$

Für Variante B gilt mit $k = 2$ nach 4.2.3.2.

$$s = 5/4, \quad P_0 = 3/13, \quad E(S) = 125/156, \quad \text{nach (4.13) und (4.15).}$$

Folglich sind die Erwartungswerte der Gesamtkosten (in Mark)

$$E(G_A) = \frac{1}{2} \cdot 20 \cdot 360 + 30000 = 33600,$$

$$E(G_C) = \frac{1}{12} \cdot 20 \cdot 360 + 5000 + 10000 = 15600,$$

$$E(G_B) = \frac{125}{156} \cdot 20 \cdot 360 + 20000 \approx 25770.$$

Also ist die Variante C am günstigsten.

Effektivitätsgrößen für ein System

Zu entladende Waggons treffen mit einer Ankunftsrate von $\lambda = 5$ pro Tag ein und werden von einem Kran mit der Bedienungsrate $\mu = 20$ abgefertigt. Es ist mit $s = 5/20 = 1/4$ nach den in 4.2.3.1. gegebenen Formeln;

Wahrscheinlichkeit für sofortiges Entladen $P(L) = 3/4$,

Wahrscheinlichkeit für Warten $P(W) = 1/4$,

mittlere Warteschlangenlänge $E(S) = 1/12$,

mittlere Waggonanzahl im Werk $E(K) = 1/3$,

Verteilungsfunktion der Wartezeit $F(T) = 1 - \frac{1}{4} e^{-15T}$ für $T \geq 0$,

mittlere Wartezeit $E(t) = 1/60$.

Die Wahrscheinlichkeit dafür, daß die Standzeit eines Waggons länger als eine Schicht von 8 Stunden = 1/3 Tag ist, beträgt damit

$$P(t \geq 1/3) = 1 - P(t < 1/3) = 1 - F(1/3) = \frac{1}{4} e^{-5} = 0,0017 \approx 0,2\%.$$

Die Wahrscheinlichkeit, daß sich mehr als 2 Waggons zugleich im Werk befinden, beträgt

$$1 - P_0 - P_1 - P_2 = 1 - \frac{3}{4} \left(1 + \frac{1}{4} + \frac{1}{16} \right) = 0{,}0156 \approx 2\%.$$

Dimensionierung eines Systems

Die Ankunftsrate von Waggons ist $\lambda = 10$ je Stunde, die Entladerate $\mu = 5$ je Stunde und Kolonne. Die Standkosten eines Waggons betragen 200 Mark je Tag, die täglichen Lohnkosten einer Kolonne 100 Mark.
Wie groß ist die Anzahl k der einzustellenden Kolonnen zu wählen, damit die Gesamtkosten G minimal werden?
Es ist der Erwartungswert von G zu minimieren: $E(G) = 200 \cdot E(S) + 100\,k$. Da $s = \lambda/\mu = 2$ ist, müssen wegen $s < k$ mindestens 3 Kolonnen eingestellt werden. Nach 4.2.3.2. ergeben sich die Werte der folgenden Tabelle. Daraus ist $k = 4$ abzulesen, weil $E(G)$ ab $k = 4$ ständig steigt.

k	P_0	$E(S)$	$E(G)$
3	1/9	8/9	477,8
4	3/23	4/23	434,8
5	9/67	8/201	508,0

4.2.4.   Reine Verlustsysteme

Der Forderungsstrom sei poissonsch mit der Ankunftsrate λ, die Forderungen verlassen das System sofort wieder, wenn alle k Kanäle besetzt sind, die Bedienungszeit sei exponentialverteilt mit der Bedienungsrate μ; $s = \lambda/\mu$.
Ähnlich wie in 4.2.3.1. kann man nach [4.6] die *Wahrscheinlichkeit P_n für das Vorhandensein von n Forderungen im System* bestimmen, es ist

$$P_n = s^n P_0/n! \quad \text{für} \quad 1 \leqq n \leqq k \quad \text{mit} \quad P_0 = \left[\sum_{\nu=0}^{k} s^\nu/\nu! \right]^{-1}. \tag{4.19}$$

Eine wichtige Effektivitätsgröße ist die *Wahrscheinlichkeit für den Verlust V einer Forderung*, es ist

$$P(V) = P_k = s^k P_0/k!. \tag{4.20}$$

Als *Verlustrate v* bezeichnet man die mittlere Anzahl der je Zeiteinheit abgewiesenen Forderungen:

$$v = \lambda P(V). \tag{4.21}$$

Der *Erwartungswert der Kundenanzahl K* im System ist

$$E(K) = P_1 + 2P_2 + \cdots + kP_k. \tag{4.22}$$

BEISPIEL

Für eine Stadt soll ein automatisches Fernsprechamt gebaut werden, die Ankunftsrate der Gespräche beträgt $\lambda = 10$ je Minute, die Bedienungsrate eines Kanals $\mu = 5$ je Minute. Die Verlustwahrscheinlichkeit $P(V)$ (Anschluß besetzt) soll höchstens 25% betragen. Wieviel Kanäle sind zu projektieren?

Lösung: Nach Aufgabenstellung muß $P(V) \leqq 0,25$ sein. Mit $s = \lambda/\mu = 2$ ergibt sich für $k = 1, 2, 3$ nacheinander nach obigen Formeln

$$P(V) = 2/3 \approx 0,67 \ \text{bzw.} \ 2/5 = 0,4 \ \text{bzw.} \ 4/19 \approx 0,21;$$

also ist $k = 3$ die minimale Anzahl zu projektierender Kanäle.

Für dasselbe System soll noch bezüglich seiner Kosten eine Untersuchung durchgeführt werden. Der Verlust eines Gespräches kostet 2 Mark, die Unterhaltung eines Kanals 10 Mark je Stunde. Ist die Wahl von $k = 3$ auch unter dem Aspekt der minimalen Gesamtkosten G richtig?

Lösung: Die zu erwartenden Verluste in einer Stunde betragen $6v = 6\lambda P(V) = 60 P(V)$ Gespräche. Damit ergibt sich als Erwartungswert der stündlichen Gesamtkosten G

$$E(G) = 2 \cdot 60 P(V) + 10 k.$$

Diese Größe soll minimiert werden. Aus der folgenden Tabelle entnimmt man $k = 4$, weil ab $k = 4$ die Kosten ständig steigen.

k	$P(V)$	$E(G)$
1	2/3	90
2	2/5	68
3	4/19	55
4	2/21	51
5	4/109	54

4.3.   Monte-Carlo-Methoden

In vielen technischen Disziplinen ist es üblich, das Verhalten und die Eigenschaften bestimmter Objekte an Modellen zu untersuchen. Man denke z. B. an das Modell einer Talsperre, an dem die Strömungsverhältnisse simuliert werden, oder an das Modell einer Brücke zum Überprüfen der Standfestigkeit bei verschiedenen Belastungen. Der Nutzen solcher Simulationsmethoden ist offensichtlich: Eine Untersuchung am realen Objekt ist zu kostspielig, sie dauert zu lange, sie kann unmöglich sein oder sie kann zur Zerstörung führen.
Eine spezielle Art solcher Simulationsmethoden sind die *Monte-Carlo-Methoden*.

4.3.1.   Aufgabenstellung

Bei Monte-Carlo-Methoden wird ein zum realen Objekt (oder Vorgang) analoges Wahrscheinlichkeitsexperiment konstruiert und dieses Experiment genügend oft durchgeführt.

Zur Realisierung der Experimente ist in der Regel der Einsatz moderner Rechenanlagen nötig.

Monte-Carlo-Methoden werden vielfach zur Simulation ökonomischer Zusammenhänge verwendet, insbesondere wenn eine analytische (formelmäßige) Lösung der betreffenden Aufgabe zu schwierig oder unmöglich ist. Bekannt sind z. B. Anwendungen in der Bedienungstheorie [4.2], [4.7], [4.8] und bei ökonomisch-organisatorischen Problemen [4.4], [4.8]. Ein Beispiel dieses Charakters wird in 4.3.3.3. gegeben.

Aber auch Probleme, in denen überhaupt keine zufälligen Variablen vorkommen, können mit Monte-Carlo-Methoden behandelt werden. In [4.2] werden Aufgabenstellungen aus der Analysis und der linearen Algebra dargestellt; Beispiele dieser Art sind in 4.3.3.1. und 4.3.3.2. zu finden.

4.3.2.   Zufallszahlen

Zufallszahlen werden benötigt, um den in einer Aufgabe vorkommenden zufälligen Variablen wiederholt Werte zuordnen zu können entsprechend der gegebenen Wahrscheinlichkeitsverteilung der Variablen. Es gibt viele Möglichkeiten zur Erzeugung von Zufallszahlen.

Sollen die *Zufallszahlen nur endlich viele Werte* annehmen, so kann man sich ihre Erzeugung immer mit dem Urnenverfahren der Wahrscheinlichkeitsrechnung vorstellen.

Sind die *Zufallszahlen z* dagegen im Intervall $[0, 1]$ *gleichverteilt*, so kann man sie beispielsweise wie folgt herstellen:

$$z = z_1 2^{-1} + z_2 2^{-2} + z_3 2^{-3} + \cdots,$$

wobei die z_i nur die Werte 0 und 1 mit den gleichen Wahrscheinlichkeiten $1/2$ annehmen. Damit werden offenbar alle möglichen Dualzahlen aus $[0, 1]$ erzeugt, weil jede Dualzahl wie oben geschrieben werden kann (vgl. 5.3.2.1.).

Aus im Intervall $[0, 1]$ gleichverteilten Zufallszahlen z kann man anders verteilte Zufallszahlen x herstellen, wenn die Verteilungsfunktion F_X bekannt ist. Dazu werden gleichverteilte Werte z (Ordinaten) vorgegeben und die zugehörigen Zahlen x (Abszissen) bestimmt vermöge der Verteilungsfunktion F_X. Dies wird in Bild 4.3. veranschaulicht.

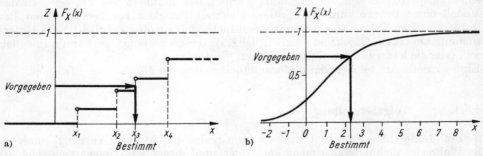

Bild 4.3. Erzeugung beliebig verteilter Zufallszahlen aus gleichverteilten Zufallszahlen
a) F_X diskrete Verteilungsfunktion, b) F_X stetige Verteilungsfunktion

Bei der praktischen Arbeit mit Zufallszahlen kann man Tabellen verwenden. Da in der Regel zur Monte-Carlo-Simulation aber Rechenautomaten herangezogen werden und das Eingeben, Speichern und Lesen von solchen Tabellen viel zu zeitaufwendig ist, sind spezielle Methoden zur Erzeugung von Zufallszahlen im Automaten selbst geschaffen worden. Diese Methoden werden *Zufallsgeneratoren* genannt, sie sind in der Form von Zusatzgeräten oder als Algorithmen bekannt.

Werden kontinuierlich verteilte Zufallsraten durch Tabellen oder Zufallsgeneratoren gegeben, so müssen diese Zahlen exakter als *Pseudo-Zufallszahlen* bezeichnet werden, weil in beiden Fällen nur endliche viele Zahlen darstellbar sind.

4.3.3. Beispiele

Integration

Das bestimmte Integral $J = \int\limits_0^1 f(x)\,\mathrm{d}x$ soll mittels einer Monte-Carlo-Methode ausgewertet werden (mit $f(x) \geqq 0$). Dies kann z. B. sinnvoll sein, wenn der Integrand $f(x)$ eine komplizierte Form hat, wenn die unbestimmte Integration nicht geschlossen durchführbar ist oder wenn $f(x)$ nur grafisch gegeben ist. Durch eine Maßstabsänderung kann man immer erreichen, daß $0 \leqq f(x) \leqq 1$ gilt. Weiter ist bekannt, daß J den Flächeninhalt der in Bild 4.4 schraffierten Fläche F darstellt.

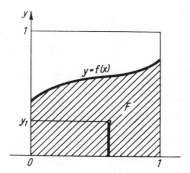

Bild 4.4. Flächenberechnung mittels einer Monte-Carlo-Methode

Die Monte-Carlo-Simulation, d. h. das Wahrscheinlichkeitsexperiment, besteht in der folgenden einfachen Idee:

Wählt man die Koordinaten x_i und y_i eines Punktes $(x_i; y_i)$ des Einheitsquadrates aus einer Tabelle von im Intervall $[0; 1]$ gleichverteilten Zufallszahlen aus, so kann der gewählte Punkt entweder zu F gehören oder nicht.

Gehören von n ausgewählten Punkten m Punkte zu F, so ist $m/n \approx J$, weil die Wahrscheinlichkeit für die Zugehörigkeit eines beliebigen Punktes zu F gleich J ist.

Nach Vorgabe einer statistischen Sicherheit kann man den Fehler der Näherung wie in der Stichprobentheorie üblich abschätzen. Dabei ergibt sich, daß die Größenordnung dieses Fehlers proportional $1/\sqrt{n}$ ist.

Ein Irrfahrtproblem

Eine Stadt bestehe nur aus sich rechtwinklig kreuzenden Straßen. Ein Betrunkener geht mit der gleichen Wahrscheinlichkeit von 1/4 an jeder Kreuzung in eine der vier Richtungen. Er startet an einer Kreuzung im Stadtinneren und will zu seiner Wohnung am Stadtrand. Kommt er am Stadtrand an, so ist seine Irrfahrt auch beendet, wenn er seine Wohnung nicht erreicht. Mit welcher Wahrscheinlichkeit P kommt der Betrunkene in seiner Wohnung an?

Die Lösung mittels Monte-Carlo-Methode bietet sich an. Dazu ist der Weg des Betrunkenen n-mal wie folgt zu simulieren: Die vier Zahlen 1, 2, 3, 4 werden auf vier Lose geschrieben; wiederholt wird ein Los gezogen, die gezogene Nummer gibt die Richtung an, in der die jeweilige Kreuzung zu verlassen ist, es wird solange gezogen, bis nach dem Stadtplan der Rand erreicht ist.

Die Anzahl m, bei der die simulierte Irrfahrt in der Wohnung endete, wird festgehalten. Dann gilt wieder $m/n \approx P$.

Ankunftszeit der Fahrgäste	Ankunftszeit der Busse	Anzahl der freien Plätze	Fahrgast	fährt mit Bus	Wartezeit des Fahrgastes
8	17	3	1	1	9
13	28	2	2	1	4
18	46	1	3	2	10
22	58	1	4	2	6
49	75	1	5	4	9
58	96	2	6	5	17
71	111	2	7	6	25
91	122	0	8	6	5
133	130	1	9	11	23
139	148	0	10	11	17
154	156	2	11	12	31
189	185	3	12	13	3
207	192	3	13	14	2
216	209	1	14	15	10
223	226	2	15	15	3
247	241	1	16	17	5
341	252	3	17	23	7
350	267	2	18	24	9
352	286	4	19	25	20
369	304	2	20	25	3
401	313	2	21	27	3
402	332	0	22		—
403	348	3	23	Fahrgast	—
416	359	1	24	fährt mit	—
425	372	3	25	weiteren	—
—	388	1	26	Bussen	—
—	404	1	27		—

Ein Bedienungssystem

In [4.7] wird das folgende reine Wartesystem betrachtet (siehe auch 4.2.3.): Fahrgäste treffen poissonverteilt an einer Haltestelle ein mit der Ankunftsrate 4 je Stunde, sie warten unbedingt. Busse sollen alle 15 Minuten die Haltestelle passieren, in Wahrheit ist die Ankunftszeit normalverteilt mit einer Streuung von 3 Minuten. Es sind keine Stehplätze zulässig, die Anzahl der leeren Sitzplätze ist poissonverteilt mit dem Mittelwert 3/2.

Eine wichtige Effektivitätsgröße dieses Wartesystems ist die mittlere Wartezeit eines Fahrgastes. Diese Zeit könnte durch Beobachtung des Vorganges über einen längeren Zeitraum ermittelt werden. Statt dessen soll sie mittels Monte-Carlo-Simulation bestimmt werden.

Dazu sind drei Tabellen von Zufallszahlen nötig, die man sich nach 4.3.2. unter Beachtung der oben gegebenen Verteilungen hergestellt denken kann. Mit diesen Tabellen sind die Ankunftszeit der Fahrgäste, die Ankunftszeit der Busse und die Anzahl der freien Plätze simuliert worden.

Nun kann die Wartezeit jedes Fahrgastes (dies ist für 21 Fahrgäste möglich) errechnet (4. Spalte) und daraus ein Näherungswert für die mittlere Wartezeit ermittelt werden. In vorangehender Tabelle sind die Zahlen alle zusammengestellt, die Zeiten sind in Minuten in bezug auf eine feste Stunde (z. B. 12.00 Uhr) angegeben.

Es ergibt sich: Mittlere Wartezeit $\approx 221/21 = 10{,}5$ Minuten.

Für alle im Abschnitt 4. behandelten Teilgebiete der Operationsforschung wurde eine Einführung gegeben. Es gibt viele Gesichtspunkte, insbesondere auch bei den Monte-Carlo-Methoden (Realisierung, Anzahl der Simulationen, Genauigkeitsfragen), die hier nicht dargestellt werden konnten. Es wird noch einmal für interessierte Leser auf das Literaturverzeichnis verwiesen.

5.　Praktisches Rechnen

5.1.　Numerisches Rechnen

5.1.1.　Einführung

Bei der praktischen Anwendung mathematischer Methoden in Technik und Wirtschaft sind die Probleme stets auch mit konkreten Zahlenwerten durchzurechnen.
Damit ergeben sich sowohl bezüglich der Aufgabenstellung als auch für die zu
wählenden Methoden neue Vorstellungen und Verfahren. Deshalb soll eine Reihe von
Hinweisen zum **numerischen Rechnen** besonders festgehalten werden. Diese beziehen
sich sowohl auf das elementare Zahlenrechnen als auch auf gewisse Verfahren der
Mathematik, die besonders für die Durchführung von praktischen Rechnungen entwickelt worden sind. Dabei wird grundsätzlich nur das Prinzip erläutert werden. Die
numerische Mathematik stellt einen umfangreichen, fast selbständigen Zweig der
Mathematik dar, über den zusammenfassende Darstellungen existieren.
Fertigkeiten im praktischen Rechnen sind für Ingenieure, Techniker und Ökonomen
aller Richtungen von großer Wichtigkeit. Leider werden häufig die Belange des
praktischen Rechnens sehr stiefmütterlich behandelt. Fälle, in denen qualifizierte
Menschen bei der Durchführung einfachster Rechnungen regelrecht versagen oder
sich zumindest mit großem Formelapparat statt einfacher Überschlagsrechnungen
abquälen, sind nicht selten. Mathematische „Laien" können oft gefühlsmäßig die
Größenordnung eines Resultates schneller schätzen als ein „Fachmann", der sich zu
sehr an die „exakte" Rechnung klammert. Und es wirkt dann immer peinlich, wenn
man sich nach langer Rechnung „nur" um einige Zehnerpotenzen geirrt hat.
Die Durchführung von Rechnungen im Kopf, das Überschlagen, Schätzen und
näherungsweise Rechnen müssen laufend geübt werden. Auch der Einsatz modernster
Rechenautomaten erspart es dem Anwender nicht, Aussagen über die Art, die Vorzeichen, die Tendenz, die Anzahl, die Größenordnung usw. der Resultate selbst
treffen zu können.

5.1.2.　Grundbegriffe des numerischen Rechnens

5.1.2.1.　Numerische Werte

Die Grundbegriffe des numerischen Rechnens sollen an Hand einiger Beispiele
(Tabelle 5.1) erläutert werden, auf die später immer wieder Bezug genommen wird.
Dabei wird für einige mathematische Probleme die Lösung als Symbol und als
konkreter Zahlenwert angegeben.
Häufig ist mit dem Symbol allein eine gewisse Vorschrift zur Berechnung der Zahl
verbunden (Beispiele 2, 3, 5, 6, 7), die sich allerdings, wie hier in drei Beispielen, nicht
in wenige Worte kleiden läßt. Das Symbol charakterisiert die Zahl in ihrer vollen
Genauigkeit. Es ist deshalb in einer längeren Rechnung zu empfehlen, *solange wie
möglich mit mathematischen Symbolen* zu arbeiten und erst am Schluß einer Rechnung
die konkreten Zahlenwerte einzusetzen.

Tabelle 5.1

Lfd. Nr.	Mathematisches Problem	Symbol	Numerische Darstellung
1	Verhältnis Kreisumfang zum Durchmesser	π	3,141 592 653...
2	Verhältnis Würfeldiagonale zur Seite	$\sqrt{3}$	1,732 050 807...
3	Zahlenwert für das Volumen eines Würfels mit der Seite 3,5	$3,5^3$	42,875
4	Reelle Lösung der Gleichung $x^3 - 16x^2 + 52x - 49 = 0$	x	12,009 980 069...
5		$\lg 2$	0,301 029 996...
6		$\dfrac{97}{56}$	1,732 142 857...
7		$\sin^5 30°$	0,031 25
8	20. Primzahl	P_{20}	71

▌ Es muß auf alle Fälle immer versucht werden, formelmäßige Ausdrücke zu vereinfachen, ehe vorgegebene Zahlenwerte eingesetzt werden.

Wer dieses Prinzip verletzt, macht sich in der Regel unnötige Mühe im zahlenmäßigen Rechnen.

BEISPIEL

1. Es ist für die Funktion f mit der Funktionsgleichung

$$f(x) = x^3 - 3x^2 - (x - 1)^3$$

der Funktionswert an der Stelle $x_0 = 1,5789$ zu ermitteln.

Lösung:

a) durch unmittelbares Einsetzen:

$$f(x_0) = 1,5789^3 - 3 \cdot 1,5789^2 - 0,5789^3 =$$
$$= 3,936 079 614 069 - 3 \cdot 2,492 925 21 - 0,194 003 984 069 =$$
$$= 3,939 079 614 069 - 7,478 775 63 - 0,194 003 984 069 =$$
$$= -3,7367$$

Ein solches Vorgehen ist äußerst ungeschickt, abgesehen davon, daß im allgemeinen eine so große Stellenzahl der Zwischenresultate gar nicht möglich ist und damit unnötige Genauigkeitsverluste entstehen. Durch solche umständliche Rechnungen wird die Gefahr erhöht, sich zu verrechnen.

b) nach Vereinfachung des formelmäßigen Ausdrucks:

Es gilt

$$f(x) = x^3 - 3x^2 - (x^3 - 3x^2 + 3x - 1) = -3x + 1$$

und damit wird

$$f(x_0) = -3 \cdot 1{,}5789 + 1 = -4{,}7367 + 1 = \underline{\underline{-3{,}7367}}$$

Die ziffernmäßige Darstellung der durch das Symbol gekennzeichneten Zahl soll die **numerische Darstellung** der Zahl genannt werden. Diese Darstellung erfolgt im **Dezimalsystem**[1]). Für andere Zwecke, insbesondere bei der Verwendung in bestimmten Rechenautomaten, ist auch das **Dualsystem**[2]) üblich (vgl. [1]). Weitere Darstellungen sind denkbar. In der Tabelle 5.1 sind, soweit notwendig, jeweils neun Dezimalziffern nach dem Komma angegeben worden. Die Punkte in 1, 2, 4, 5 und 6 deuten an, daß zur genauen Darstellung noch weitere Ziffern notwendig sind. Die durch das Problem oder das Symbol gelieferte Vorschrift gestattet es, prinzipiell jede noch so weit rechts vom Komma stehende Dezimalziffer der betreffenden Zahl zu bestimmen, wenn es unter Umständen auch mit beträchtlichem Aufwand verbunden ist. Dabei wäre es eigentlich, bis auf die Fälle endlicher Dezimalbrüche oder ganzer Zahlen (Beispiel 3; 7 und 8 in Tabelle 5.1), stets notwendig, die angedeuteten Punkte für die noch fehlenden Stellen mitzuschreiben.

BEISPIEL

2. Die Fläche A eines Kreises mit dem Radius $r = 2$ cm ist zu bestimmen.

Lösung: Es ist $A = r^2 \cdot \pi$. Wenn für π eine Darstellung mit fünf Dezimalziffern nach dem Komma gewählt wird ($\pi = 3{,}14159 \ldots$), ergibt sich mit $r = 2$ cm

$$A = 2^2 \cdot 3{,}14159 \ldots \text{cm}^2 = 12{,}56636 \ldots \text{cm}^2$$

Diese Darstellung erweckt den Eindruck, daß alle Ziffern bis zur fünften Dezimalstelle richtig sind und nur noch weitere Stellen hinzukommen. Das ist jedoch falsch, wie eine Rechnung mit einer genaueren Darstellung von π zeigt, die $A = \underline{\underline{12{,}56637 \ldots \text{cm}^2}}$ ergibt.

Wie das Beispiel zeigt, ist die numerische Darstellung einer Zahl mit den Punkten unzweckmäßig, da sie einmal zu falschen Schlüssen führen kann und zum anderen beim praktischen Rechnen unhandlich wäre.

Für die Praxis des zahlenmäßigen Rechnens ist prinzipiell eine Beschränkung auf eine bestimmte Anzahl von Stellen und ein Abbrechen der Zahl nötig. Anstelle der exakten Zahl wird also grundsätzlich ein (hinreichend genauer) **Näherungswert** verwendet. So werde im obigen Beispiel für π der Wert $\pi^* = 3{,}14$ als Näherung benutzt. Es entsteht mit $A^* = 12{,}56$ cm^2 ebenfalls eine Näherung für die Lösung. Es ist nun zu untersuchen, wie sich der durch die Verwendung von π^* entstandene kleine Fehler (der sogenannte *Abbrechfehler*) auf A^* auswirkt. π^* heißt der numerische Wert der Zahl π. Ein anderer numerischer Wert wäre $\pi^{**} = 3{,}14159$, falls mit höherer Genauigkeit gearbeitet werden muß.

▌Der **numerische Wert** einer Zahl ist ein hinreichend genauer Näherungswert mit einer begrenzten Anzahl von Stellen.

Er ist ein Ersatzwert für die unhandliche numerische Darstellung, der mit einem Fehler behaftet ist und dessen Einfluß auf die folgende Rechnung abgeschätzt werden

---

[1]) decem (lat.) zehn   [2]) duo (lat.) zwei

muß. Mit solchen Ersatzwerten muß laufend gerechnet werden. Rechnungen dieser Art unterliegen bestimmten Regeln und Gesetzen.

> Zur Unterscheidung von den exakten Rechnungen soll das Rechnen mit numerischen Werten als **numerisches Rechnen** bezeichnet werden.

Numerisches Rechnen ist im täglichen Leben in den vielfältigsten Formen notwendig. Meßergebnisse und Resultate statistischer Erhebungen sind numerische Werte, denn die zu erfassenden Größen können nur mit einer beschränkten Genauigkeit angegeben werden. Alle wissenschaftlichen und technischen Untersuchungen sind, sobald Zahlenrechnungen auftreten, numerische Rechnungen im obigen Sinne. Das gleiche gilt für Bilanzierungen, Planungen, Kalkulationen, sobald mit genäherten Größen gearbeitet wird. In all diesen Fällen muß man sich über die Größenordnung des Fehlers und die Güte des Ergebnisses eine genaue Vorstellung verschaffen.

5.1.2.2.   Runden

Um den beim Herstellen numerischer Werte entstehenden Fehler möglichst klein zu halten, wird die letzte stehenbleibende Stelle gerundet. Dies geschieht nach folgenden Regeln:

1. Ist die erste wegzulassende Ziffer 0; 1; 2; 3 oder 4, so wird **abgerundet,** das heißt, die stehenbleibenden Ziffern werden nicht verändert.
2. Ist die erste wegzulassende Ziffer 6; 7; 8 oder 9, so wird **aufgerundet,** das heißt, die letzte stehenbleibende Ziffer wird um 1 erhöht.
3. Ist die erste wegzulassende Ziffer eine 5, so gelten folgende Anweisungen:
    a) Folgen auf die fragliche 5 noch weitere *von Null verschiedene* Ziffern, so ist *aufzurunden.*
    b) Folgen auf die fragliche 5 *keine weiteren Stellen* oder *nur noch Nullen,* so ist für das Runden *die Art dieser* 5 entscheidend.
    Ist bekannt, daß die 5 durch Aufrunden entstanden ist, so wird abgerundet.
    Ist bekannt, daß die 5 durch Abrunden entstanden ist, so wird aufgerundet.
    Ist von der fraglichen 5 nicht bekannt, durch welche Art von Runden sie entstanden ist, oder ist sicher, daß sie eine „genaue" 5 ist (das heißt, daß sie überhaupt nicht durch Runden entstanden ist), dann wird so auf- oder abgerundet, daß die letzte stehenbleibende Ziffer gerade wird.

Die letzte Regel hat den Zweck, daß bei einer größeren Menge von Zahlen durchschnittlich ebenso oft abgerundet wie aufgerundet wird. Dadurch vermeidet man außerdem bei einer nachfolgenden Division durch 2 ein erneutes Runden.
Die obigen Festlegungen entsprechen dem gültigen Standard und gelten nicht für das Geld- und Finanzwesen.
Die gerundeten Zahlen sind teils größer, teils kleiner als die exakten Werte (Rundungsfehler). Es ist jedoch nicht zu empfehlen, die Art der Rundung durch besondere Zeichen anzudeuten und diese in der folgenden Rechnung zu beachten. Der Mehraufwand an Arbeit wird nicht durch einen entsprechenden Gewinn an Genauigkeit gerechtfertigt. Ist der durch die Rundung bedingte Genauigkeitsverlust zu hoch, so soll die Rechnung mit einer größeren Anzahl von Stellen durchgeführt werden.

BEISPIEL

Die numerischen Darstellungen aus Tabelle 5.1 sollen auf zwei bzw. vier Stellen nach dem Komma gerundet werden.

Lösung:

Lfd. Nr.	Symbol	Numerischer Wert, gerundet auf			
		2 Stellen nach dem Komma		4 Stellen nach dem Komma	
1	π	3,14	(1)	3,1416	(2)
2	$\sqrt{3}$	1,73	(1)	1,7321	(3a)
3	$3,5^3$	42,88	(3b)	42,8750	(1)
4	x	12,01	(2)	12,0100	(2)
5	$\lg 2$	0,30	(1)	0,3010	(1)
6	$\dfrac{97}{56}$	1,73	(1)	1,7321	(1)
7	$\sin^5 30°$	0,03	(1)	0,0312	(3b)

In Klammern ist der jeweilige Rundungsfall angegeben. Nr. 4, letzte Spalte, zeigt, daß beim Aufrunden unter Umständen mehrere Zehnerüberträge auftreten können.

5.1.2.3. Fehler und Genauigkeit

Es ist notwendig, diese Begriffe etwas genauer zu umreißen.

Der Begriff Fehler bekommt im Gegensatz zur Umgangssprache, insbesondere zu den Vorstellungen der Schulmathematik, einen neuen Sinn. Dort versteht man unter Rechenfehlern die falsche, regelwidrige Durchführung von Rechenoperationen (das Verrechnen) oder die falsche Anwendung von Formeln, Definitionen, Regeln. Rechenfehler können auch beim Einsatz von Rechenstäben, Rechenmaschinen oder Rechenautomaten durch falsche Einstellung, Bedienung, Programmierung oder technisches Versagen entstehen. Im Gegensatz dazu sollen hier unter Fehlern die *unvermeidlichen* Abweichungen zwischen den Näherungen und den exakten Werten verstanden werden.

Die Differenz zwischen einem Näherungswert x^* einer Zahl und ihrem exakten Wert x heißt **absoluter Fehler** Δx^* der Näherung. Es gilt also

$$\Delta x^* = x^* - x$$

Im allgemeinen kann der Fehler nicht genau angegeben, sondern nur in seiner ungefähren Größe abgeschätzt werden. Dabei interessiert nur der Betrag und nicht das Vorzeichen. So ist bei Rundungen auf zwei Stellen nach dem Komma $|\Delta x^*| \leq 0,005 = 0,5 \cdot 10^{-2}$, bei Rundungen auf vier Stellen nach dem Komma $|\Delta x^*| \leq 0,00005 = 0,5 \cdot 10^{-4}$.

Ein Vergleich der Beispiele 3 und 7 des letzten Abschnitts, besonders unter den auf zwei Stellen nach dem Komma gerundeten Werten, zeigt, daß das Ergebnis für Beispiel 3 eine größere Aussagekraft besitzt als das für Beispiel 7, obwohl für beide Werte der absolute Fehler in der gleichen Größenordnung liegt. Dies lehrt, daß es in vielen Fällen praktischer ist, den Fehler in bezug auf die Größenordnung der Zahl zu betrachten.

Das Verhältnis des absoluten Fehlers zum exakten Wert der Zahl x heißt **relativer Fehler** $\varrho\,(x^*)$ der Näherung.

$$\varrho\,(x^*) = \frac{\Delta x^*}{x} = \frac{x^* - x}{x} \approx \frac{\Delta x^*}{x^*}$$

Der relative Fehler wird häufig in Prozenten ausgedrückt. Es genügt, den relativen Fehler auf wenige Stellen anzugeben. Deshalb wird bei seiner Berechnung im allgemeinen auch der Näherungswert x^* als Bezugsgröße gewählt, da x selbst nicht bekannt ist.

BEISPIEL

Für die in dem Beispiel des letzten Abschnitts, Spalte 3, angegebenen Werte sollen die Beträge der relativen Fehler (in %) bestimmt werden.

Lösung:

Lfd. Nr.	Symbol	Relativer Fehler
1	π	0,051%
2	$\sqrt{3}$	0,12%
3	$3,5^3$	0,012%
4	x	0,00017%
5	$\lg 2$	0,34%
6	$\dfrac{97}{56}$	0,12%
7	$\sin^5 30°$	4,0%

Bei der Durchführung einer längeren Rechnung ist folgendes zu beachten:
Einmal sind die in die Rechnung eingehenden Werte mit Fehlern behaftet. Zum anderen entstehen in der Regel bei jedem Rechenschritt erneut Rundungsfehler. Beide wirken sich auf die folgenden Zwischenresultate und auf das Endergebnis aus. Man spricht von **Fehlerfortpflanzung**.
Dafür gibt es Regeln und Gesetze. Entweder wird bei jedem einzelnen Rechenschritt der Fehler bestimmt und so neben der eigentlichen Rechnung die Fortpflanzung der Fehler verfolgt, oder es wird durch eine Kontrollrechnung der Fehler des Endergebnisses abgeschätzt.
Solche Fehlerabschätzungen sind bei komplizierten Rechnungen, falls sie nicht zu grob ausfallen sollen, unter Umständen mit beachtlichem Aufwand verbunden.
Für die Praxis des Zahlenrechnens verzichtet man deshalb häufig auf eine gesonderte Fehlerrechnung und begnügt sich damit, statt der Größe des Fehlers lediglich die Anzahl der Stellen zu kennen, auf die man sich verlassen kann. Dazu werden die Begriffe **führende Null** und **bedeutsame Ziffer** eingeführt.

Alle Nullen, die vor der ersten von Null verschiedenen Ziffer einer Zahl stehen, werden *führende Nullen* genannt. Sie dienen bei Dezimalbrüchen zur Festlegung der Kommastelle.

So besitzt lg 2 eine und $\sin^5 30°$ zwei führende Nullen (siehe Tabelle 5.1). Stehen vor dem Komma Ziffern, die von Null verschieden sind, so ist es nicht üblich, noch führende Nullen anzugeben.

> Eine Ziffer in einer Näherung x^* heißt *bedeutsam*, wenn
>
> 1. der Betrag des absoluten Fehlers Δx^* nicht größer als eine halbe Einheit derjenigen Stelle ist, auf der die Ziffer steht, und
>
> 2. sie nicht führende Null ist.

Statt bedeutsamer Ziffer sind auch die Bezeichnungen geltende, verbürgte oder gesicherte Ziffer üblich. Entsteht die Näherung nur durch Rundung, so sind alle Ziffern bedeutsam.

In den folgenden Beispielen sind die verbürgten Ziffern der Näherung x^* halbfett gedruckt.

n	Exakter Wert x_n	Näherung x_n^*	Betrag des Fehlers $|\Delta x_n^*|$
1	112,351	112,3**54**	0,003
2	112,351	112,3**59**	0,008
3	112,351	112,3**47**	0,004
4	112,351	112,3**46**	0,005
5	12,009 98	12,010 0	0,000 02
6	12,009 94	12,010 *0*	0,000 06
7	0,008 171 8	0,008 17**1***2*	0,000 000 6
8	0,008 171 8	0,008 17**17**	0,000 000 1

Die Ziffern, in denen (von links beginnend) die Näherung mit dem exakten Wert übereinstimmt, müssen nicht unbedingt mit den bedeutsamen identisch sein, wie die Beispiele 2 bis 7 zeigen.

Die gesicherten Ziffern bestimmen die **Genauigkeit** einer Näherung.

> Unter **absoluter Genauigkeit** ist dabei die Angabe der Stelle zu verstehen, an der (nach rechts hin) die letzte bedeutsame Ziffer steht.

In den oben angeführten Näherungen ist beispielsweise bei x_1^* und x_3^* eine absolute Genauigkeit bis zur zweiten Stelle nach dem Komma vorhanden. Man sagt auch, diese Zahlen sind auf **zwei Stellen nach dem Komma** genau, wobei der Zusatz *nach dem Komma* unbedingt angegeben werden muß, um die hier vorliegende absolute Genauigkeit auch zum Ausdruck zu bringen.

Die Angabe der absoluten Genauigkeit liefert zwar nur eine grobe, dafür aber sehr praktische Aussage über den absoluten Fehler. Zwei Zahlen mit der gleichen absoluten Genauigkeit besitzen absolute Fehler der gleichen Größenordnung. Ist nämlich E die Einheit der letzten geltenden Stelle (bei zwei Stellen Genauigkeit nach dem Komma ist $E = 0,01$), so gilt für den absoluten Fehler

$$0,5\,E \geqq |\Delta x^*| > 0,05\,E.$$

Der Fehler kann also nur um eine Zehnerpotenz variieren. Regeln über Genauigkeiten haben deshalb den Charakter von Faustregeln. .

▌ Die Anzahl aller verbürgten Ziffern ohne Rücksicht auf die Lage des Kommas
heißt die **relative Genauigkeit** der Näherung.

Zwei Zahlen mit der gleichen relativen Genauigkeit besitzen relative Fehler der-
selben Größenordnung.
So besitzen x_1^*, x_3^*, x_4^* und x_6^* eine fünfstellige Genauigkeit, oder auch: Sie sind auf
fünf Stellen genau. Entsprechend sind x_2^* und x_8^* auf vier, x_5^* auf sechs und x_7^* auf drei
Stellen genau.
Ist jedoch die absolute Genauigkeit maßgebend, so gilt: x_1^*, x_3^* und x_4^* sind auf
zwei, x_5^* auf vier, x_6^* auf drei, x_7^* auf fünf, x_8^* auf sechs Stellen und x_2^* auf eine
Stelle nach dem Komma genau.
Nicht gesicherte Ziffern sind zur Darstellung des Wertes einer Zahl nicht notwendig.
Noch mehr, sie sind als falsch und damit als überflüssig zu betrachten. Sie belasten
ohne Nutzen eine Rechnung und täuschen eine nicht vorhandene Genauigkeit vor.
Deshalb gilt der Grundsatz:

▌ Soweit Ziffern als nicht bedeutsam erkannt werden, sind sie unter Rundung
konsequent wegzulassen. Ein numerischer Wert soll nur bedeutsame Ziffern enthalten. Dann läßt sich sowohl die absolute als auch die relative Genauigkeit einer
Zahl unmittelbar ablesen.

5.1.2.4.   Bemerkungen zur Schreibweise

Es ist unhandlich, beim numerischen Rechnen die Näherungswerte beständig durch
besondere Zeichen (hier *) von den exakten Werten zu unterscheiden. Da letztere
bei empirischen Werten im allgemeinen sowieso nicht bekannt sind und bei mathematischen Symbolen (sofern sie für unendliche Dezimalbrüche stehen) nicht angegeben werden können, wird bei numerischen Rechnungen grundsätzlich nur mit numerischen Werten gearbeitet und auf deren besondere Kennzeichnung verzichtet, d. h.
einfach $\pi = 3{,}14$ geschrieben. Damit ist gemeint, daß für den exakten Wert π der
Ersatzwert 3,14 gewählt wird. Dabei werden nur bedeutsame Ziffern angeschrieben.
Auch das Gleichheitszeichen bekommt beim numerischen Rechnen einen neuen
Sinn. Eigentlich dürfte nur das Ungefähr-Zeichen ($\approx$) in numerischen Rechnungen
verwendet werden, da ja keine exakte Gleichheit vorliegt, denn alle Größen und Beziehungen sind mit kleinen Fehlern behaftet. Es wird jedoch vereinbart, daß das
Gleichheitszeichen beim numerischen Rechnen die Gleichheit im Rahmen der vorhandenen Genauigkeit zum Ausdruck bringt (**numerische Gleichheit**). Es steht
zwischen dem mathematischen Symbol und dem zugehörigen numerischen Wert
oder innerhalb der fortlaufenden numerischen Rechnung. In diesem Sinne ist die
folgende Rechnung völlig korrekt:

$$\pi \cdot \sqrt{3} = 3{,}141\,59 \cdot 1{,}732\,05 = 5{,}441\,39 \tag{5.1}$$

Jedesmal liegt nur eine Genauigkeit im Rahmen der gewählten sechsstelligen Genauigkeit vor. Das Gleichheitszeichen ist hier als „Gleichheit bis auf einen Fehler

in der sechsten Stelle" aufzufassen. So sind auch die beiden folgenden Gleichungen durchaus zulässig:

$$\sqrt{3} = 1{,}732; \quad \frac{97}{56} = 1{,}732$$

Doch darf jetzt nicht

$$\sqrt{3} = \frac{97}{56}$$

geschrieben werden; denn jetzt werden zwei mathematische Symbole durch ein Gleichheitszeichen verbunden, das dann im exakten Sinne gilt. Nunmehr ist das Zeichen $\approx$ angebracht.

Die Anzahl der notierten Stellen charakterisiert die Genauigkeit der Zahl. Überflüssige Ziffern täuschen eine nicht vorhandene höhere Genauigkeit vor und sind grundsätzlich wegzulassen. Falls (5.1) in der Gestalt

$$\pi \cdot \sqrt{3} = 3{,}141\,59 \cdot 1{,}732\,05 = 5{,}441\,390\,959\,5 \tag{5.2}$$

geschrieben wird, wäre zu vermuten, daß das Resultat auf zehn Stellen nach dem Komma genau ist. Dies ist offensichtlich nicht der Fall, denn es gilt

$$\pi \cdot \sqrt{3} = 5{,}441\,398\,092\,7\ldots$$

Die letzten fünf Stellen in (5.2) sind überflüssig. Es ist gedankenlos, sie aufzuschreiben, nur weil sie beim formalen Ausrechnen mit entstehen. Besonders beim Einsatz von Maschinen ist zu beachten, daß nicht unnötig viele Stellen in die Rechnung übernommen werden. Das konsequente Weglassen überflüssiger Stellen erspart es, laufend die Genauigkeit der Werte gesondert anzuschreiben, um die verbürgten von den unbedeutsamen Ziffern zu trennen.

Sind die letzten gesicherten Ziffern zufällig Nullen, so sind diese mitzuschreiben, um die vorhandene Genauigkeit zum Ausdruck zu bringen, z. B.

$$3{,}583 + 2{,}717 = 6{,}300\,.$$

Das Ergebnis besagt, daß drei bedeutsame Stellen nach dem Komma existieren. Aus einem Ergebnis 6,3 wäre diese Tatsache nicht mehr zu erkennen. Umgekehrt ist es nicht gestattet, einem Dezimalbruch Nullen anzufügen, wenn die dann angegebene Genauigkeit nicht gesichert ist. Schwierigkeiten entstehen, wenn bei großen Zahlen die verbürgten Ziffern allein vor dem Komma stehen. Sind z. B. von einer Zahl 6 130 000 nur vier Stellen als gesichert zu betrachten, so muß das entweder durch besondere (z. B. kursive) Schreibweise der nur zum Auffüllen benötigten Nullen oder durch Abtrennen von Zehnerpotenzen angedeutet werden:

$$6\,130\,000 \qquad \text{bzw.} \qquad 6{,}130 \cdot 10^6\,.$$

BEISPIEL

Es ist die Fläche eines Kreises mit dem Radius $r = 215$ mm mit $\pi = 3{,}14$ zu bestimmen.

Lösung: Bei formaler Ausführung der Rechnung ergibt sich

$$A = 215^2 \cdot 3{,}14 \text{ mm}^2 = 145\,146{,}5 \text{ mm}^2\,.$$

Auf Grund der wenigen Stellen für π sind jedoch nur die ersten drei bis vier Stellen wirklich gesichert, so daß nur maximal vier Stellen angegeben werden dürfen.

$$A = 145100 \text{ mm}^2 = 1{,}451 \cdot 10^5 \text{ mm}^2.$$

Jede übertriebene Genauigkeit erschwert die Rechnung. Nur selten werden bei praktischen Rechnungen, insbesondere auch bei technischen Berechnungen, mehr als vier Stellen Genauigkeit benötigt. Die Forderung nach einer außergewöhnlich hohen Genauigkeit in einer Rechnung ist in der Regel nur das Zeichen eines ungeschickten Vorgehens oder einer unausgereiften Theorie, die ihr zugrunde liegt. Ist eine vielstellige Rechnung ausnahmsweise notwendig, so ist es ratsam, sie zunächst mit weniger Stellen, etwa nur mit Hilfe des Rechenstabes, durchzuführen. Mit einer solchen Vorrechnung werden dann die genaueren Werte kontrolliert und damit grobe Abweichungen von vornherein vermieden.

AUFGABEN

5.1. Der Funktionswert

$$f(x) = \frac{3x^3 - 5x^2 + 2x}{3x^3 - 2x^2}$$

ist für $x_1 = 3{,}125$ zu bestimmen. Durch Vereinfachung der Formel sind unnötige Rechnungen zu vermeiden.

5.2. Die folgenden Zahlen sind auf drei Stellen hinter dem Komma zu runden, so daß sie gleiche absolute Genauigkeit erhalten. Die Beträge der absoluten und relativen Fehler (letztere in %) sind anzugeben.

a)	17,32085	b)	−1,532099	c)	0,09998
d)	2,09949	e)	−0,007155	f)	0,6565
g)	185,7399	h)	1768,32155	i)	−6,88251

5.3. Die in Aufgabe 5.2 angegebenen Zahlen sind auf drei bedeutsame Ziffern zu runden, so daß sie gleiche relative Genauigkeit erhalten. Die Fehler sind wie in Aufgabe 5.2 zu vermerken.

5.4. a) Für die 90 Zahlen 1,0; 1,1; 1,2 usw. bis 9,9 sind in einer kleinen Tabelle die dekadischen Logarithmen auf zwei Stellen nach dem Komma genau anzugeben. Diese Werte sollen durch Rundung aus einer vierstelligen Tabelle ermittelt werden.

b) Für welche Werte reichen die Angaben der vierstelligen Tabelle für die Durchführung einer vorschriftsmäßigen Rundung nicht aus?

c) Wieviel Werte werden auf- bzw. abgerundet? Gibt es exakte Werte?

5.1.3.   Rechnen mit numerischen Werten

Ausgehend von den in 5.1.2.3. eingeführten Begriffen der absoluten und relativen Genauigkeit sollen im folgenden einige Regeln für das praktische Rechnen angegeben werden. Dabei wird bewußt auf die vollständige Theorie der Fehlerfortpflanzung verzichtet, sondern es werden entsprechend dem üblichen Vorgehen bei der Durchführung von numerischen Rechnungen Hinweise über die Anzahl der notwendigen und zulässigen Stellen und über die Güte eines Ergebnisses gegeben. Dadurch wird es möglich, besonders empfindliche Stellen einer Rechnung zu erkennen, d. h. die Stellen, wo eine erhöhte Genauigkeit erforderlich ist. Andererseits können geeignete Hinweise ein etwaiges Mitführen von unnötigen Stellen ersparen.

Die in die Rechnung eingehenden Werte sind in der Regel selbst numerische Werte (etwa Meßwerte). Da im Laufe einer längeren Rechnung beständig gerundet werden muß, überlagern sich die Rundungsfehler mit den Fehlern der **Eingangswerte**. Um den durch sie dargestellten Informationsinhalt möglichst wenig durch die Rechnung zu verfälschen, werden die Zwischenresultate mit mehr Stellen notiert, als die Eingangswerte an sich verlangen. Die Rechnung wird dann mit sogenannten **Schutzstellen** durchgeführt. Diese werden nur in diesem und dem nächsten Kapitel zur Darstellung des Verfahrens und zur Unterscheidung von den geltenden Stellen durch Kleindruck angedeutet. Im allgemeinen genügt eine Schutzstelle, denn jede weitere Stelle erhöht den Rechenaufwand weit mehr, als Nutzen dabei entsteht.

Für eine genauere Fehlerabschätzung, vor allem bei empfindlichen Rechnungen, sind die *Regeln der Fehlerfortpflanzung* zu verwenden, bei denen für den absoluten und relativen Fehler ähnliche Regeln gelten, wie sie hier für die Genauigkeiten angegeben werden (vgl. [2]).

Addition und Subtraktion

Bei der Addition von numerischen Werten sollen nach Möglichkeit alle Summanden dieselbe *absolute Genauigkeit* besitzen, das heißt, die bedeutsamen Ziffern sollen bis zu derselben Stelle reichen. Dann besitzt auch das Ergebnis eine Genauigkeit bis zu dieser Stelle.

Ist beispielsweise $\pi + \sqrt{3}$ zu addieren, so ist zu bilden

$$\pi + \sqrt{3} = 3{,}1416 + 1{,}7321 = 4{,}8737,$$

dagegen wäre folgende Rechnung ungeschickt:

$$\pi + \sqrt{3} = 3{,}1416 + 1{,}73 = 4{,}87.$$

Die hohe Genauigkeit des ersten Summanden kommt durch die wenigen Stellen des zweiten nicht zur Wirkung. Das Resultat kann also auch nur mit zwei Stellen nach dem Komma angeschrieben werden. Gedankenlos und falsch ist es, die Zahl 4,8716, die durch formale Addition entsteht, als Resultat anzugeben. Ein Vergleich mit der korrekten vierstelligen Rechnung zeigt, daß die letzten zwei Stellen darin sinnlos und damit falsch sind.

Da die Fehler der einzelnen Zahlen positiv oder negativ sein können und sowieso der ungünstigste Fall zu betrachten ist, in dem sich diese Fehler vergrößern und nicht aufheben, gelten alle Überlegungen zugleich auch für die Subtraktion.

Wenn in einer Summe Glieder mit unterschiedlicher Genauigkeit auftreten, bestimmen die Summanden mit der *geringsten absoluten Genauigkeit* die absolute Genauigkeit der Summe. Die geltenden Stellen der Summe reichen nicht weiter als in diesen Gliedern. Man nennt diese deshalb die *für die Genauigkeit entscheidenden* Glieder.

BEISPIEL

1.

19,3872	19,38$_7$
4,572968	4,57$_3$
6,8821	6,88$_2$
4,01	4,01
11,61592	11,61$_6$
12,84	12,84

$$59{,}30_8 = 59{,}31$$

Hier entscheiden der vierte und sechste Summand über die Genauigkeit der Summe. Es wird mit einer Schutzstelle gerechnet, d. h., es wird in die dritte Stelle nach dem Komma gerundet, dann addiert und schließlich das Resultat mit zwei Stellen niedergeschrieben. Weitere Stellen haben keinen Sinn.

Mit den Zahlen werden auch ihre (absoluten) Fehler addiert. Auf Grund unterschiedlicher Vorzeichen dieser Fehler heben sich diese teilweise gegeneinander auf, doch muß man in ungünstigen Fällen mit einer Häufung rechnen, wenn sehr viele für die Genauigkeit entscheidende Glieder oder, was häufig ist, wenn alle Summanden die gleiche absolute Genauigkeit besitzen. Es tritt dann ein Genauigkeitsverlust ein. Bei weit mehr als zehn für die Genauigkeit entscheidenden Summanden ist damit zu rechnen, daß eine oder mehr Stellen an Genauigkeit verlorengehen.

Besondere Vorsicht ist bei der Subtraktion geboten, wenn die Zahlen sich fast wegheben, oder mit anderen Worten, wenn eine **Differenz fast gleicher Zahlen** zu bilden ist. Beispielsweise sei im Verlauf einer Rechnung zu bestimmen

$$D = \sin 61° - \sin 60° = 0{,}8746 - 0{,}8660 = 0{,}0086 .$$

Die Wahl vierstelliger Sinuswerte liefert auch ein auf vier Stellen nach dem Komma genaues Resultat, doch sind von diesen nur zwei bedeutsam. Bei der Bildung von Differenzen fast gleicher Zahlen wird die relative Genauigkeit des Resultates stark vermindert.

Wird das Ergebnis nun mit einer großen Zahl multipliziert, so kann bei oberflächlicher Arbeitsweise der Genauigkeitsverlust unbemerkt bleiben. Die Gefahr ist dann besonders gegeben, wenn die Zwischenrechnung nicht vorliegt, wie es bei Rechenautomaten der Fall ist. Differenzen fast gleicher Zahlen sind häufige Fehlerquellen numerischer Rechnungen. Die Rechnung ist deshalb nach Möglichkeit so zu gestalten, daß solche Differenzen vermieden werden. Dazu ist es notwendig, die Aufgabe formelmäßig anders zu lösen. So kann im obigen Fall D auch auf Grund der Formel

$$\sin \alpha - \sin \beta = 2 \cos \frac{\alpha + \beta}{2} \sin \frac{\alpha - \beta}{2}$$

in der Form

$$D = 2 \cdot \cos 60{,}5° \cdot \sin 0{,}5° = 0{,}008594$$

gebildet werden, wobei eine vierstellige Logarithmentafel für die Rechnung ausreicht. Auch ein Rechenstab hätte bereits ein besseres Ergebnis geliefert. Durch Reihenentwicklung, Umstellung in der Reihenfolge von Rechenschritten oder andere Hilfsmittel lassen sich solche Genauigkeitsverluste häufig vermeiden.

Multiplikation und Division

Ähnlich wie bei Addition und Subtraktion gelten auch hier für beide Grundrechenarten gleichartige Gesetze, wobei jetzt die *relative Genauigkeit* der beteiligten Operanden für die Genauigkeit der Resultate bestimmend ist.

> Bei der Multiplikation und Division von numerischen Werten ist, soweit möglich, für alle Operanden die gleiche Anzahl bedeutsamer Ziffern (die gleiche relative Genauigkeit) zu wählen. Diese ist dann auch für das Resultat verbindlich.

Unter Operanden werden dabei entweder die zu multiplizierenden Faktoren oder die Dividenden und Divisoren verstanden.

BEISPIELE

2. $\pi \cdot \lg 2$ $\quad = 3{,}1416 \cdot 0{,}30103$ $\quad = \underline{\underline{0{,}94572}}$ $\quad$ (5stell. Rechnung)

3. $3{,}5^3 \cdot \sin^5 30°$ $\quad = 42{,}8 \cdot 0{,}0312$ $\quad = \underline{\underline{1{,}34}}$ $\quad$ (3stell. Rechnung)

4. $\sqrt{3} : x$ $\quad = 1{,}732051 : 12{,}00998 = \underline{\underline{0{,}1442176}}$ $\quad$ (7stell. Rechnung)

5. $\dfrac{148{,}3 \cdot 0{,}04793}{8{,}384} = \underline{\underline{0{,}8478}}$ $\qquad\qquad$ (4stell. Rechnung)

Falls die relative Genauigkeit der Operanden nicht übereinstimmt, so bestimmen die Operanden mit der *geringsten (relativen) Genauigkeit* die relative Genauigkeit des Resultates. Das Produkt oder der Quotient besitzt nicht mehr bedeutsame Ziffern als einer dieser Operanden. Man bezeichnet deshalb die Operanden mit der geringsten Stellenzahl als *die für die Genauigkeit entscheidenden*. Bei allen Genauigkeitsbetrachtungen ist hier die Lage des Kommas innerhalb der Operanden von untergeordneter Bedeutung (im Gegensatz zu Addition und Subtraktion).

BEISPIELE

6. $19{,}837 \cdot 0{,}0475 \cdot 12{,}95388 = 19{,}8_4 \cdot 0{,}0475 \cdot 12{,}9_5 = 12{,}2_0 = \underline{\underline{12{,}2}}$

7. $18{,}352^2 \cdot 2{,}47 \cdot 5{,}8821 = 18{,}3_5{}^2 \cdot 2{,}47 \cdot 5{,}88_2 = 489_2 = 489\mathit{0} = \underline{\underline{4{,}89 \cdot 10^3}}$

In beiden Aufgaben bestimmt jeweils der vorletzte Faktor die Anzahl der gesicherten Ziffern des Produktes. Im letzten Ergebnis dient die kursiv gedruckte Null nur zum Auffüllen bis zum Komma, ohne daß sie eine bedeutsame Ziffer ist. Schutzstellen werden im Endresultat nicht mehr mitgeschrieben.
Bei umfangreichen Aufgaben empfiehlt es sich, auch hier alle Operanden bis auf eine Schutzstelle zu runden, um die Rechnung nicht unnötig zu belasten.

BEISPIEL

8. $\dfrac{4{,}835 \cdot 12{,}66673^2 \cdot 105{,}639}{185{,}642 \cdot 593{,}7 \cdot 0{,}176652} = \dfrac{4{,}835 \cdot 12{,}66_7{}^2 \cdot 105{,}6_4}{185{,}6_4 \cdot 593{,}7 \cdot 0{,}176_6_5} = \dfrac{8195_4}{1946_9} = 4{,}209_4 = \underline{\underline{4{,}209}}.$

Der erste bzw. vorletzte Operand bestimmen die vierstellige Genauigkeit des Resultates.

Ähnlich wie bei der Addition sind bei der Multiplikation und Division bei einer großen Anzahl von Operanden Genauigkeitsverluste durch Häufung der Fehler zu erwarten. Bei Produkt- und Quotientenbildungen ist bei weit mehr als zehn für die Genauigkeit entscheidenden Operanden damit zu rechnen, daß eine oder mehr Stellen an Genauigkeit verlorengehen.

Bei Addition und Subtraktion ist die *absolute*, bei Multiplikation und Division die *relative Genauigkeit* für die Güte des Resultates entscheidend. Da alle Grundrechnungsarten im ständigen Wechsel auftreten, ist dauernde Sorgfalt bezüglich der entstehenden Fehler notwendig. Dabei hilft die schon mehrmals erwähnte Regel, bei numerischen Rechnungen jeweils nur die verbürgten Stellen (bei Zwischenresultaten zuzüglich einer Schutzstelle) aufzuschreiben. Die Anzahl der notierten Ziffern ist ständig ein Maß für die Genauigkeit der Zahlen.

BEISPIEL

9. $0,003\,29 \cdot 17,485\,76 - 753,296\,61 \cdot 0,032\,76 + 0,652\,01 \cdot 3,765\,90$

$= 0,003\,29 \cdot 17,4_9 - 753,3_0 \cdot 0,032\,76 + 0,652\,01 \cdot 3,765\,9_0$

$= 0,057\,5_4 - 24,67_8 + 2,455\,4_0 = 0,05_8 - 24,67_8 + 2,45_5$

$= -22,16_5 = \underline{-22,16}$

Haben bestimmte Zahlen zu viele Stellen, die in einer Rechnung oder einem Rechenschritt nicht verwertet werden können, so ist zuerst zu runden, ehe die vorgeschriebenen Rechenoperationen ausgeführt werden.

Dadurch vermeidet man umfangreiche und unnötige Zahlenrechnungen. Der gesamte Rechengang in Beispiel 9 zeigt, daß das Resultat nur mit den angegebenen vier Stellen verbürgt ist. Der entscheidende Engpaß für die Genauigkeit des Resultates ist der zweite Faktor des mittleren Gliedes, wie leicht zu erkennen ist. Dieser Effekt tritt ein, obwohl einmal alle Faktoren die gleiche Stellenzahl nach dem Komma aufweisen und zum anderen der erste Faktor eine noch kleinere relative Genauigkeit besitzt. Es kann also aus den vorgegebenen Werten nicht ohne weiteres auf die Güte des Resultates geschlossen werden. Diese Schwierigkeit tritt besonders dann auf, wenn bei automatischer Rechnung die Zwischenresultate mit zu großer Stellenzahl bestimmt und die Schutzstellen nicht mehr unterschieden werden.

Es ergibt sich daraus die Forderung, *alle in eine Rechnung eingehenden Zahlen der gleichen Kategorie*[1] *(etwa die Elemente einer Matrix, einer Tabelle o. ä.) und die entsprechenden Zwischenwerte in derselben Größenordnung* zu halten. Dann ist es leichter möglich, für eine Anzahl gleichartiger Rechnungen und Resultate eine globale Festlegung über die Genauigkeit zu treffen. Es vereinfacht sich auch die maschinelle Durchführung der Rechnung, wenn beständig Zahlen der gleichen Größenordnung auftreten.

5.1.4.   Halblogarithmische Schreibweise von Zahlen

Um extrem große bzw. kleine Zahlen übersichtlich zu notieren, ist es ratsam, in ihnen Ziffernfolge und Größenordnung zu unterscheiden. Das soll an einem Beispiel

---

[1] Kategorie (griech.) Gruppe oder Klasse, in die etwas eingeordnet wird

erläutert werden. Es sei

$$a = 3{,}5^3 \quad = 42{,}875 \qquad \text{und}$$
$$b = 0{,}35^3 = \quad 0{,}042\,875\,.$$

Beide Zahlen haben die gleiche Folge gültiger Ziffern, kurz die gleiche **Ziffernfolge**. Jedoch stehen in beiden Zahlen entsprechende Ziffern an verschiedenen Stellen bezüglich des Kommas. Die Zahl a ist tausendmal größer als b. Die Zahlen haben, wie man sagt, unterschiedliche **Größenordnungen**.

Der Gedanke der Trennung von Ziffernfolge und Größenordnung liegt auch der sogenannten Gleitkommadarstellung in Rechenautomaten zugrunde. Dazu wird von der vorliegenden Zahl eine Zehnerpotenz so abgetrennt, daß die bedeutsamen Ziffern in der ersten Stelle vor dem Komma beginnen. Danach ist

$$42{,}875 \quad = 4{,}2875 \cdot 10^1$$
$$0{,}042\,875 = 4{,}2875 \cdot 10^{-2}$$
$$630\,000 \qquad = 6{,}300 \cdot 10^5$$

Eine Zahl x hat also in halblogarithmischer Schreibweise die Gestalt

$$x = m \cdot 10^n \quad (n \in G),$$

wobei die sogenannte **Normierungsforderung**

$$1 \leqq m < 10 \tag{5.3}$$

erfüllt sein muß.

In etwas großzügiger Entlehnung eines Begriffes aus der Logarithmenrechnung heißt m die **Mantisse** der Zahl x; sie charakterisiert die Folge der geltenden Ziffern. Wie das letzte Beispiel zeigt, spart man bei halblogarithmischer Schreibweise großer Zahlen die Angabe von Füllnullen (0). Die ganze Zahl n heißt **Exponent** von x; dieser charakterisiert die Größenordnung der Zahl.

> Die halblogarithmische Darstellung von Zahlen wird vor allem dann verwendet, wenn Zahlen unterschiedlicher Größenordnung im Laufe einer Rechnung vorkommen.

Die Zahlen lassen sich dann übersichtlicher schreiben, Rechen- und besonders Kommafehler werden leichter vermieden.

Alle Zahlen bis auf die Null lassen sich in die halblogarithmische Gestalt bringen. Die Null spielt eine Ausnahmerolle, die auch den Konstrukteuren von Rechenautomaten Schwierigkeiten bereitete. Es wird vereinbart, daß die Zahl Null einfach durch das Symbol **0**, ohne Angabe einer Mantisse oder eines Exponenten, bezeichnet wird. Von dieser „exakten" Null unterscheiden sich solche Werte, die nur im Rahmen der gegebenen Rechen- oder Meßgenauigkeit gleich Null sind. Dann ist die halblogarithmische Schreibweise durchaus berechtigt. Heißt es beispielsweise „Zwischen zwei Meßpunkten einer elektrischen Schaltung besteht eine Spannung von $0{,}0 \cdot 10^{-3}\,\text{V}$", so bedeutet dies, daß die Messungen auf $0{,}1\,\text{mV}$ genau durchgeführt wurden und im Rahmen dieser Meßgenauigkeit keine Spannung anliegt.

Falls bei einem Zwischenresultat die Forderung (5.3) nicht erfüllt ist, muß erneut eine Zehnerpotenz aus der Mantisse abgespalten und der Exponent entsprechend verändert werden. Dieser Vorgang heißt **Normalisieren**. So ist

$$0{,}007\,63 \cdot 10^{-2} = 7{,}63 \cdot 10^{-3} \cdot 10^{-2} = 7{,}63 \cdot 10^{-5}$$
$$1\,793{,}8 \cdot 10^{27} = 1{,}793\,8 \cdot 10^{3} \cdot 10^{27} = 1{,}793\,8 \cdot 10^{30}$$

Besteht umgekehrt die Notwendigkeit, eine Zahl mit einem vorgeschriebenen Exponenten weiterzuverwenden, so soll die dazu notwendige Umformung der Zahl **Einrichten** genannt werden. Soll etwa $z = 7{,}63 \cdot 10^{-4}$ auf den Exponenten -1 eingerichtet werden, so ist jetzt $z = 0{,}007\,63 \cdot 10^{-1}$ zu schreiben. Ausgehend von obigem Beispiel ist dann auch folgende Schreibweise berechtigt:

$$0{,}0 \cdot 10^{-3}\,\text{V} = 0{,}000 \cdot 10^{-1}\,\text{V} = 0{,}000\,0\,\text{V}.$$

Mit diesen Begriffen lassen sich Regeln für das Rechnen mit halblogarithmischen Zahlen formulieren.

Addition und Subtraktion mit halblogarithmischen Zahlen

Zahlen in halblogarithmischer Darstellung können nur dann addiert oder subtrahiert werden, wenn sie gleiche Exponenten besitzen. Ist dies nicht von vornherein der Fall, so sind sie vor der Rechnung auf den *größten vorkommenden Exponenten* einzurichten.
Zahlen mit gleichen Exponenten werden addiert bzw. subtrahiert, indem man ihre Mantissen addiert bzw. subtrahiert und den gemeinsamen Exponenten zunächst beibehält. Das Resultat wird anschließend wieder normalisiert.

BEISPIELE

1.
$$\begin{array}{r} 7{,}314 \cdot 10^{-3} \\ +2{,}942 \cdot 10^{-3} \\ -3{,}815 \cdot 10^{-3} \\ \hline 6{,}441 \cdot 10^{-3} \end{array}$$

2.
$$\begin{array}{r} 7{,}314 \cdot 10^{-3} \\ +8{,}538 \cdot 10^{-3} \\ \hline 15{,}852 \cdot 10^{-3} = 1{,}585\,2 \cdot 10^{-2} \end{array}$$

3.
$$\left.\begin{array}{r} 8{,}14 \cdot 10^{1} \\ +1{,}9\ \cdot 10^{-1} \end{array}\right\} \longrightarrow \begin{array}{r} 8{,}14\ \cdot 10^{1} \\ 0{,}01_9 \cdot 10^{1} \\ \hline 8{,}15_9 \cdot 10^{1} = 8{,}16 \cdot 10^{1} \end{array}$$

4.
$$\left.\begin{array}{r} 9{,}314\ \cdot 10^{-3} \\ +1{,}63\ \cdot 10^{-5} \\ +8{,}622\,8 \cdot 10^{-4} \end{array}\right\} \longrightarrow \left.\begin{array}{r} 9{,}314\ \cdot 10^{-3} \\ 0{,}0163\ \cdot 10^{-3} \\ 0{,}862\,28 \cdot 10^{-3} \end{array}\right\} \longrightarrow \begin{array}{r} 9{,}314\ \cdot 10^{-3} \\ 0{,}016_3 \cdot 10^{-3} \\ 0{,}862_3 \cdot 10^{-3} \\ \hline 10{,}192_6 \cdot 10^{-3} = 1{,}019\,3 \cdot 10^{-2} \end{array}$$

5.
$$\left.\begin{array}{r} 6{,}289 \cdot 10^{3} \\ +1{,}298 \cdot 10^{1} \\ +4{,}297 \cdot 10^{-3} \end{array}\right\} \longrightarrow \begin{array}{r} 6{,}289\ \cdot 10^{3} \\ 0{,}013_0 \cdot 10^{3} \\ 0{,}000_0 \cdot 10^{3} \\ \hline 6{,}302_0 \cdot 10^{3} = 6{,}302 \cdot 10^{3} \end{array}$$

Im Beispiel 5 braucht der letzte Summand nicht berücksichtigt zu werden, da er zu klein ist.

Multiplikation und Division mit halblogarithmischen Zahlen

Die Multiplikation und Division von Zahlen mit ungleichen Exponenten bereiten weniger Schwierigkeiten. Aus den Regeln der Potenzrechnung folgt, daß zwei Zahlen in halblogarithmischer Schreibweise multipliziert bzw. dividiert werden, indem die Mantissen multipliziert bzw. dividiert und die Exponenten addiert bzw. subtrahiert werden. Das Resultat ist wieder zu normalisieren.

BEISPIELE

6. $5{,}39737 \cdot 10^{-2} \cdot 1{,}771 \cdot 10^4 = (5{,}397_4 \cdot 1{,}771) \cdot 10^{-2+4} = 9{,}558_8 \cdot 10^2 = \underline{\underline{9{,}559 \cdot 10^2}}$

7. $5{,}39737 \cdot 10^{-2} : (1{,}771 \cdot 10^4) = (5{,}397_4 : 1{,}771) \cdot 10^{-2-4} = 3{,}047_6 \cdot 10^{-6} = \underline{\underline{3{,}048 \cdot 10^{-6}}}$

Bei fortgesetzten Multiplikationen und Divisionen empfiehlt es sich, die Mantissen- und Exponentenrechnung voneinander zu trennen.

BEISPIEL

8. Es ist

$$K = \frac{(a^2 - b^2)\, c}{(b c - a)\, a}$$

mit den Werten $a = 6{,}732 \cdot 10^{-13}$, $b = 4{,}927 \cdot 10^{-15}$ und $c = 8{,}663 \cdot 10^1$ zu berechnen.

Lösung:

$$K = \frac{(6{,}732^2 \cdot 10^{-26} - 4{,}927^2 \cdot 10^{-30}) \cdot 8{,}663 \cdot 10^1}{(4{,}927 \cdot 8{,}663 \cdot 10^{-14} - 6{,}732 \cdot 10^{-13}) \cdot 6{,}732 \cdot 10^{-13}} =$$

$$= \frac{(6{,}732^2 - 0{,}04927^2) \cdot 8{,}663}{(4{,}927 \cdot 8{,}663 \cdot 10^{-1} - 6{,}732) \cdot 6{,}732} \cdot \frac{10^{-26} \cdot 10^1}{10^{-13} \cdot 10^{-13}} =$$

$$= \frac{(45{,}32_0 - 0{,}00_2) \cdot 8{,}663}{(4{,}268_3 - 6{,}732) \cdot 6{,}732} \cdot 10^1 = \frac{45{,}31_8 \cdot 8{,}663}{-2{,}463_7 \cdot 6{,}732} \cdot 10^1 =$$

$$= -\frac{4{,}531_8 \cdot 8{,}663}{2{,}463_7 \cdot 6{,}732} \cdot 10^2 = -\frac{39{,}25_9}{16{,}58_6} \cdot 10^2 = -2{,}367_0 \cdot 10^2 =$$

$$= \underline{\underline{-2{,}367 \cdot 10^2}}$$

AUFGABEN

5.5. Die Differenz

$$D = \cos 23{,}5^\circ - \cos 23^\circ$$

ist mit vierstelligen Funktionstafeln

    a) direkt

    b) unter Beachtung des Additionstheorems

$$\cos \alpha - \cos \beta = -2 \sin \frac{\alpha + \beta}{2} \sin \frac{\alpha - \beta}{2}$$

zu berechnen. Die beiden Resultate sind bezüglich der erzielbaren Genauigkeit zu vergleichen.

5.6. $27{,}635 \cdot 0{,}0173 - 79{,}48 \cdot 6{,}350$

5.7. $\dfrac{0{,}6161}{4{,}3825} - \dfrac{0{,}0199}{17{,}96042} + \dfrac{827{,}8}{173959}$

5.8. Es ist

$$A = \frac{a}{b-c} - \frac{d}{a+c}$$

mit den Werten

a) $a = 4{,}83 \cdot 10^{12}$; $b = 9{,}66 \cdot 10^{-5}$; $c = 3{,}85 \cdot 10^{-7}$; $d = 6{,}83 \cdot 10^{29}$

b) $a = 1{,}67 \cdot 10^{-3}$; $b = 5{,}40 \cdot 10^{4}$; $c = 8{,}33 \cdot 10^{3}$; $d = 2{,}85 \cdot 10^{4}$

allein mit Hilfe des Rechenstabes zu bestimmen.

5.9. Es ist das skalare und vektorielle Produkt der beiden Vektoren

$$\mathfrak{a} = \begin{pmatrix} a_1 \\ a_2 \\ a_3 \end{pmatrix} = \begin{pmatrix} 7{,}18 \cdot 10^3 \\ 1{,}17 \cdot 10^4 \\ 9{,}01 \cdot 10^3 \end{pmatrix} \quad \text{und} \quad \mathfrak{b} = \begin{pmatrix} b_1 \\ b_2 \\ b_3 \end{pmatrix} = \begin{pmatrix} 2{,}19 \cdot 10^{-1} \\ 9{,}19 \cdot 10^{-2} \\ 7{,}71 \cdot 10^{-2} \end{pmatrix}$$

zu bestimmen.

5.1.5.   Berechnung von Funktionswerten

Auch bei der Berechnung von Funktionswerten muß die Genauigkeit der Resultate (der Ausgangswerte) abgeschätzt werden, wenn die in die Rechnung eingehenden Größen (die Eingangswerte) bereits mit Fehlern behaftet sind.
Die Betrachtungen sollen auf Funktionen mit einer unabhängigen Veränderlichen beschränkt werden. Wird die Berechnung eines Funktionswertes in einzelne Schritte aufgelöst, die jeweils nur eine Grundrechnungsart enthalten, dann können schrittweise auch die eben besprochenen Regeln angewendet werden. Oft ist jedoch eine globale Aussage angebrachter und auch aussagekräftiger. Werden insbesondere die Funktionswerte durch besondere Verfahren oder durch die Verwendung von Tafeln ermittelt, sind zur Abschätzung ihrer Genauigkeit besondere Regeln erforderlich.

BEISPIEL

1. Für die Funktion $f : y = \sqrt{x}$ ist der Funktionswert an der Stelle $x_0 = 37{,}8$ zu ermitteln.

    Lösung: Durch ein Verfahren zur Berechnung von Quadratwurzeln (z. B. das in 5.2.8. beschriebene) läßt sich zunächst eine größere Anzahl von Stellen des gesuchten Resultates ermitteln, etwa

    $$\sqrt{37{,}8} = 6{,}148169\ldots$$

Unter der Voraussetzung, daß die letzte Stelle des Radikanden mit einem Fehler behaftet ist, er also nur eine dreistellige Genauigkeit besitzt, ist auch bei dem Wurzelwert nur eine begrenzte Stellenzahl sinnvoll. Wie überträgt sich die Genauigkeit der Eingangsgröße auf die des Funktionswertes? Die Frage wird im Beispiel 3 beantwortet werden.

Zur Lösung des Problems werden einige Faustregeln angegeben. Die Funktion $f : y = f(x)$ wird zunächst als differenzierbar vorausgesetzt. Ferner sei x_0 eine feste

Stelle, der zugehörige Funktionswert ist $y_0 = f(x_0)$. Ist statt x_0 nur der Näherungswert

$$x^* = x_0 + \Delta x^*$$

bekannt, dann liefert die Berechnung des Funktionswertes statt y_0 den Näherungswert

$$y^* = f(x^*) = f(x_0 + \Delta x^*) = y_0 + \Delta y^*.$$

Entwickelt man $f(x^*)$ in eine TAYLOR-Reihe nach Δx^*, so entsteht

$$y_0 + \Delta y^* = f(x_0) + f'(x_0) \cdot \Delta x^* + \cdots \qquad \text{(vgl. [2])}$$

Für hinreichend kleine Δx^* kann die Entwicklung mit dem linearen Glied abgebrochen werden. Damit wird wegen $y_0 = f(x_0)$

$$\Delta y^* \approx f'(x_0) \cdot \Delta x^*$$

oder auch

$$|\Delta y^*| \approx |f'(x^*)| \cdot |\Delta x^*|. \tag{5.4}$$

Diese Gleichung ist für die Fehlerübertragung bei der Berechnung von Funktionswerten entscheidend. Ist dabei der Anstieg der Kurve betragsmäßig in der Größenordnung von 1, also $|f'(x^*)| \approx 1$, verläuft die Kurve also weder zu flach noch zu steil, dann haben Argument und Funktionswert etwa gleiche absolute Fehler und damit auch die gleiche absolute Genauigkeit.

Ist die Funktion $f\colon y = f(x)$ differenzierbar und ist in der Umgebung eines Punktes $x = x^*$ der Anstieg der Kurve betragsmäßig etwa gleich 1, also

$$|f'(x^*)| \approx 1,$$

dann besitzen die Ein- und Ausgangswerte der Funktion die gleiche absolute Genauigkeit.

Ist die Kurve an einer Stelle x^* zu steil, also $|f'(x^*)| \gg 1$, dann wird nach (5.4) der Fehler der Funktionswerte gegenüber dem der Eingangswerte vergrößert, die Genauigkeit wird entsprechend geringer. Ist zum Beispiel $|f'(x^*)| \approx 10$, nimmt die Genauigkeit um eine Stelle ab. Allgemein gilt:

Je steiler oder je flacher der Kurvenverlauf, desto höher der Verlust oder der Gewinn an absoluter Genauigkeit. Ist größenordnungsmäßig

$$|f'(x^*)| \approx 10^n \qquad \text{bzw.} \qquad |f'(x^*)| \approx 1/10^n,$$

dann nimmt die Genauigkeit der Funktionswerte um etwa n Stellen gegenüber der der Eingangswerte ab bzw. zu.

BEISPIEL

2. Für die Funktion $f\colon y = f(x) = x^3$ sollen die Funktionswerte an den Stellen $x_1 = 0{,}197$ und $x_2 = 0{,}585$ berechnet werden. Beide Zahlen sind numerische Werte mit jeweils drei Stellen nach dem Komma.

Lösung: Wegen $f'(x) = 3x^3$ ist $f'(x_1) = 0,116 \approx 0,1$ und $f'(x_2) = 1,027 \approx 1$, d. h., bei $f(x_1)$ steigt die Genauigkeit um eine Stelle auf vier, bei $f(x_2)$ bleibt sie bei drei Stellen nach dem Komma. Es ist

$$f(x_1) = 0,0076; \qquad f(x_2) = 0,200 \tag{5.5}$$

Nur diese Ziffern sind sinnvoll. Denn vergleicht man die ungerundeten dritten Potenzen

$$0,197^3 = 0,007\,645\,373 \quad \text{bzw.} \quad 0,585^3 = 0,200\,201\,625$$

etwa mit

$$0,198^3 = 0,007\,762\,392 \quad \text{bzw.} \quad 0,586^3 = 0,201\,230\,056,$$

so fällt auf, daß Änderungen (und damit Fehler) in der letzten Stelle von x_1 bzw. x_2 sich gerade in 4. bzw. 3. Dezimale nach dem Komma auswirken. Damit ist (5.5) nochmals bestätigt.

Wichtiger noch sind Aussagen zur Übertragung der relativen Genauigkeit bei der Berechnung von Funktionswerten.

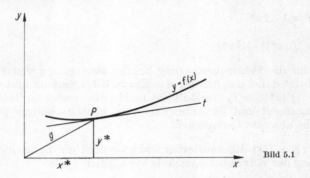

Bild 5.1

Aus (5.4) entsteht für $x^* \neq 0$ und $y^* \neq 0$ durch einfache Umformung

$$\left| \frac{\Delta y^*}{y^*} \right| \approx \left| \frac{f'(x^*)}{y^* : x^*} \right| \cdot \left| \frac{\Delta x^*}{x^*} \right|$$

oder

$$|\varrho(y^*)| \approx k(x^*) \cdot |\varrho(x^*)| \tag{5.6}$$

mit

$$k(x) = \left| \frac{f'(x)}{y : x} \right|$$

Der Faktor k ist für die Übertragung der relativen Genauigkeit entscheidend. Ist $k \approx 1$, so besitzen die berechneten Funktionswerte etwa den gleichen relativen Fehler und damit auch die gleiche relative Genauigkeit wie die in die Rechnung eingehenden Größen. Nun ist $f'(x^*)$ der Anstieg der Tangente t im Punkt P mit den Koordinaten x^* und y^* (Bild 5.1). Ferner ist $y^* : x^*$ der Anstieg der Geraden g vom Ursprung nach P. Wegen $x^* \neq 0$ und $y^* \neq 0$ dürfen beide Variablen ihre Vorzeichen nicht wechseln. Die Betrachtungen über Fehlerfortpflanzung müssen auf solche Bereiche der Funktion $f: y = f(x)$ beschränkt werden, in denen ihr Kurvenverlauf ganz im Innern eines Quadranten liegt. Dabei kann man sich, eventuell durch Vorzeichenumkehrung, stets auf den 1. Quadranten beziehen. Dort wird bei steigender Kurve [also $f'(x^*) > 0$] dann der Faktor $k \approx 1$, wenn die Richtung der Tangente t nur wenig von der Richtung der Geraden g abweicht, unabhängig davon, ob die Kurve selbst steil oder flach verläuft.

> Ist die Funktion $f : y = f(x)$ differenzierbar, ist ferner in der Umgebung eines Punktes $x = x^*$ der Anstieg der Kurve betragsmäßig etwa gleich dem Anstieg der Geraden g vom Ursprung zum Kurvenpunkt, also
>
> $$|f'(x^*)| \approx |y^* : x^*|,$$
>
> dann haben die berechneten Funktionswerte die gleiche relative Genauigkeit wie die in die Rechnung eingehenden Werte.

Allgemeiner gilt:

> Verläuft die Tangente wesentlich steiler oder flacher als die Gerade g, so tritt ein Verlust oder ein Gewinn an Genauigkeit ein. Ist etwa
>
> $$|f'(x^*)| \approx 10^n \cdot |y^* : x^*| \qquad \text{bzw.} \qquad |f'(x^*)| \approx 1/10^n \cdot |y^* : x^*|,$$
>
> so besitzen die Ausgangswerte n Stellen weniger bzw. mehr Genauigkeit als die Eingangswerte.

BEISPIELE

3. Berechnung von Quadratwurzeln.

Für $y = \sqrt{x}$ ist $f'(x) = \dfrac{1}{2\sqrt{x}}$, und damit

$$k(x) = \frac{f'(x)}{y : x} = \frac{1}{2\sqrt{x}} \cdot \frac{x}{\sqrt{x}} = \frac{1}{2}$$

für alle $x > 0$. Wegen $k < 1$ hat die Wurzel mindestens genau soviel geltende Stellen wie der Radikand. Ein- und Ausgangswerte der Wurzelberechnung haben unabhängig von der Größenordnung von x die gleiche relative Genauigkeit.

In Auswertung von Beispiel 1 gilt also $\sqrt{37{,}8} = 6{,}15$.

4. Berechnung von Sinuswerten.

Für praktische Rechnungen ist meist erforderlich, den Winkel im Gradmaß anzugeben, da Tabellen, Rechenstäbe, Winkelmeßgeräte und andere Hilfsmittel darauf eingerichtet sind. Dann ist

$$y = \sin x \quad \text{mit} \quad x = \frac{\pi}{180°} \cdot \alpha,$$

wenn α der Winkel im Gradmaß ist. Es gilt

$$y(\alpha) = \sin \frac{\pi}{180°} \alpha; \qquad \frac{dy}{d\alpha} = \frac{\pi}{180°} \cos \frac{\pi}{180°} \alpha$$

und

$$k(\alpha) = \left| \frac{dy}{d\alpha} \cdot \frac{\alpha}{y(\alpha)} \right| = \left| \frac{\pi}{180°} \alpha \cdot \frac{\cos \dfrac{\pi}{180°} \alpha}{\sin \dfrac{\pi}{180°} \alpha} \right| = \left| \frac{x \cos x}{\sin x} \right| = k^*(x). \tag{5.7}$$

28*

Der Verlauf von $k(\alpha) = k^*(x)$ geht aus Bild 5.2 hervor. Die Darstellung ist dabei nach (5.7) unabhängig von der Einteilung der x-Achse (etwa Gradmaß oder Bogenmaß).
Im Intervall $[0°; 90°]$, das für praktische Rechnungen nur in Betracht kommt, ist $1 \geqq k \geqq 0$. Im größten Teil dieses Intervalls weicht k nur wenig von 1 ab. Erst im letzten Teil des Intervalls strebt k gegen 0. So ist

$$k(86{,}20°) \approx 0{,}1 \quad\text{und}$$
$$k(89{,}63°) \approx 0{,}01\,.$$

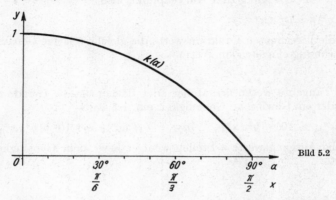

Bild 5.2

Im rechten Teil des Intervalls wird die Genauigkeit der Ausgangswerte zunehmend größer als die der Eingangswerte, was auch verständlich ist, da die Sinuskurve dort einem Maximum zustrebt, ihre Tangente also schließlich parallel zur x-Achse verläuft. Dieser Sachverhalt kann durch Zahlenbeispiele veranschaulicht werden. Vergleicht man der Reihe nach

$$\sin 30{,}00° = 0{,}500000 \quad\text{mit}\quad \sin 30{,}01° = 0{,}500151\,,$$
$$\sin 86{,}20° = 0{,}997801 \quad\text{mit}\quad \sin 86{,}21° = 0{,}997813\,,$$
$$\sin 89{,}63° = 0{,}9999792 \quad\text{mit}\quad \sin 89{,}64° = 0{,}9999803\,,$$

so erkennt man, daß eine Änderung oder ein Fehler in der vierten Stelle des Winkels sich je nach Lage des Argumentes im Intervall $[0°; 90°]$ in der vierten oder einer späteren Stelle der Sinuswerte auswirkt. Die vierstellige Genauigkeit der Funktionswerte bei vierstelligen Argumenten ist auf alle Fälle gegeben. Bei der Berechnung von Sinuswerten haben die Ausgangswerte mindestens genau so viel gesicherte Ziffern wie die Eingangswerte.

5. **Berechnung von Tangenswerten.**
Für die Tangensfunktion $y = \tan x$ wird wegen

$$y' = \frac{1}{\cos^2 x} \quad\text{und}\quad \sin 2x = 2 \sin x \cdot \cos x$$

$$k(x) = \left|\frac{y' \, x}{y}\right| = \left|\frac{x \cdot \cos x}{\cos^2 x \cdot \sin x}\right| = \left|\frac{2x}{\sin 2x}\right|$$

$k(x)$ ist in Bild 5.3 dargestellt.
Im Intervall $[0°; 45°]$ ist $k(x) \approx 1$, d. h., die Tangenswerte besitzen die gleiche relative Genauigkeit wie die für ihre Berechnung verwendeten Winkel. Im Intervall $[45°; 90°]$ steigt $k(x)$ sehr stark an und strebt schließlich für $\alpha \to 90°$ gegen Unendlich. Die relative Genauigkeit nimmt ab. So ist beispielsweise $k(81{,}71°) \approx 10$. In der Umgebung dieses Winkels ist die

relative Genauigkeit des Tangens genau um eine Stelle kleiner als die des Argumentes, was aus dem Vergleich von

$$\tan 81{,}71° = 6{,}861\,562 \quad \text{mit}$$

$$\tan 81{,}72° = 6{,}871\,543$$

sofort hervorgeht. Ist dieser Winkel ein numerischer Wert, so ist nur die Schreibweise $\tan 81{,}71° = 6{,}86$ berechtigt. Die weiteren Stellen sind nicht gesichert.

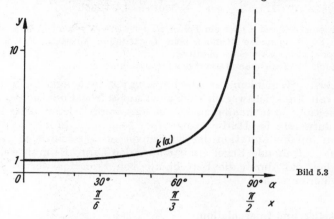

Bild 5.3

Es ist also nicht angebracht, Tangenswerte für Winkel nahe bei 90°, etwa über 75°, unmittelbar einer Tangenstabelle zu entnehmen, da die Genauigkeit schlecht abgeschätzt werden kann. Für solche Werte rechnet man besser nach der Formel

$$\tan (90° - \beta) = \frac{1}{\tan \beta}.$$

Durch die Differenzbildung wird der Genauigkeitsverlust offensichtlich. So ist

$$\tan 81{,}71° = \frac{1}{\tan 8{,}29°} = \frac{1}{0{,}1457} = 6{,}86.$$

6. Berechnung von dekadischen Logarithmen.

Bei Logarithmen tritt eine besondere Erscheinung der Fehlerfortpflanzung auf, die für die Anwendung in der praktischen Rechnung mit Logarithmen entscheidend ist. Ausgehend von (5.4) entsteht durch einfache Umformung

$$|\varDelta y^*| \approx |f'(x^*)| \cdot |x^*| \cdot \left| \frac{\varDelta x^*}{x^*} \right|$$

oder

$$|\varDelta y^*| \approx |f'(x^*)| \cdot |x^*| \cdot |\varrho(x^*)|.$$

Speziell für $y = \lg x$ vereinfacht sich diese Formel zu

$$|\varDelta y^*| \approx \lg e \cdot |\varrho(x^*)| \quad \text{oder} \quad |\varDelta y^*| \approx 0{,}434 \cdot |\varrho(x^*)|. \tag{5.8}$$

In der Sprache der Logarithmenrechnung ist x der Numerus und y der zugehörige Logarithmus. Nach (5.8) gilt unabhängig von der Größenordnung der Numeri:

Der *relative* Fehler des Numerus ist dem *absoluten* Fehler des Logarithmus etwa gleich.

Oder in unserer Sprache:

Die Anzahl der geltenden Stellen des Numerus ist gleich der Anzahl der gesicherten Ziffern nach dem Komma beim Logarithmus. Einem n-stelligen Numerus entspricht ein Logarithmus mit n Stellen nach dem Komma und umgekehrt.

Ein Vergleich von

$$\lg 3{,}000 \;=\; 0{,}4771213 \quad \text{mit} \quad \lg 3{,}001 \;=\; 0{,}4772660 \quad \text{bzw.}$$
$$\lg 30000 \;=\; 4{,}4771213 \quad \text{mit} \quad \lg 30010 \;=\; 4{,}4772660$$

zeigt, daß sich eine Änderung oder ein Fehler in der vierten geltenden Ziffer des Numerus in der vierten Stelle nach dem Komma beim Logarithmus auswirkt. Einem vierstelligen Numerus entspricht eine vierstellige Mantisse.

Diese Aussage gilt für den Gesamtverlauf der Logarithmusfunktion.

Die hier entwickelten Gedanken zur Abschätzung der Genauigkeitsübertragung bei Berechnungen von Funktionswerten sind auch auf solche Funktionen anwendbar, für die die Ableitung formelmäßig nicht gebildet werden kann oder für die ihre Berechnung zu aufwendig ist. Da die angegebenen Regeln nur grobe Aussagen liefern, genügt es, wenn für die Funktion der Kurvenverlauf gezeichnet so vorliegt, daß daran die jeweils zutreffende Regel ermittelt werden kann. Es muß weiterhin vorausgesetzt werden, daß durch die Berechnung von Funktionswerten selbst keine zusätzlichen Fehler entstehen.

5.1.6.   Tabellen und Interpolation

Beim praktischen Rechnen werden für bestimmte Funktionen häufig die Funktionswerte in Tabellenform dargestellt (vgl. Abschn. 3). Umfangreiche Tabellenwerke bezeichnet man auch als Funktionstafeln. Sie ersparen dem Benutzer die direkte Berechnung häufig vorkommender Funktionswerte. Dabei ist es notwendig, sowohl vorliegende Tafeln sinnvoll einzusetzen als auch selbst Tabellen für Funktionswerte spezieller Funktionen anzufertigen. Tabellen sollen stets übersichtlich und leicht ablesbar sein und auf engem Raum möglichst viele Werte umfassen. Für Darstellungen mit einer geringeren Anzahl von Werten genügt die bekannte Form der **Wertetabelle**. Für Funktionen mit einer unabhängigen Variablen gibt es dabei zwei Möglichkeiten zur Anordnung der Werte, nämlich

x	y
x_0	y_0
x_1	y_1
x_2	y_2
.	.
.	.
.	.

oder

x	x_0	x_1	x_2	. . .
y	y_0	y_1	y_2	. . .

Die erste Form ist übersichtlicher, wenn sie auch mehr Platz erfordert. Sie ist insbesondere dann vorzuziehen, wenn in einer Tabelle die Werte mehrerer Funktionen mit der gleichen unabhängigen Veränderlichen oder zusätzlich noch andere Angaben dargestellt werden sollen.

BEISPIEL

1. Beim Abrollen eines Kreises mit dem Radius r auf einer Geraden beschreibt ein Punkt P seines Umfanges eine Zykloide (siehe [1]). In Abständen von 10° des Drehwinkels des rollenden Kreises soll

> — die jeweilige Lage des Mittelpunktes $M(x_m, y_m = r)$,
> — der zugehörige Punkt $P(x, y)$ der Zykloide und
> — die Richtung der Tangente

gezeichnet werden. Die dazu notwendigen Zahlen sind in einer geeigneten Wertetabelle zur Verfügung zu stellen.

Lösung: Es sei α der Drehwinkel des Kreises in Grad, ferner

$$t = \frac{\alpha \cdot \pi}{180°} = x_m$$

die entsprechende Winkelangabe im Bogenmaß. Mit t als Parameter gilt für die Zykloide

$$x = x(t) = t - \sin t$$

$$y = y(t) = 1 - \cos t$$

$$y' = \frac{dy}{dx} = \frac{\dot{y}}{\dot{x}} = \frac{\sin t}{y}$$

falls $r = 1$ gewählt wird. In Abhängigkeit von α müssen t, $x(t)$, $y(t)$ und $y'(t)$ angegeben werden. Zur Lösung der Aufgabe dient diese Wertetabelle:

α in °	$t = x_m$	$x(t)$	$y(t)$	$y'(t)$
0	0	0	0	∞
10	0,175	0,001	0,015	11,4
20	0,349	0,007	0,060	5,67
30	0,524	0,024	0,134	3,73
40	0,698	0,055	0,234	2,75
50	0,873	0,107	0,357	2,14
60	1,047	0,181	0,500	1,73
70	1,222	0,282	0,658	1,43
80	1,396	0,411	0,826	1,19
90	1,571	0,571	1,000	1,00
100	1,745	0,760	1,174	0,84
110	1,920	0,980	1,342	0,70
120	2,094	1,228	1,500	0,58
130	2,269	1,503	1,643	0,47
140	2,443	1,800	1,766	0,36
150	2,618	2,118	1,866	0,27
160	2,793	2,451	1,940	0,18
170	2,967	2,793	1,985	0,09
180	3,142	3,142	2,000	0

Durch **Interpolation** werden Zwischenwerte ermittelt, die nicht unmittelbar in der Tabelle enthalten sind. Dabei wird in allen Rechnungen fast ausschließlich nur linear interpoliert. Nur in Tafeln mit außergewöhnlich hohen Genauigkeiten, wie sie bei ingenieurmäßigen Problemen kaum vorkommen, wird auch quadratische Interpolation verlangt.

Jede Tabelle liefert Kurvenpunkte, die voneinander einen gewissen Abstand haben. Der Verlauf der Kurve zwischen diesen Punkten ist auf Grund der Tabelle nicht mehr bekannt. Bei linearer Interpolation wird der Kurvenverlauf zwischen zwei benachbarten Punkten als geradlinig angenommen. Die Schrittweite der Tabelle muß also so klein gewählt werden, daß der dabei entstehende Fehler (der Interpolationsfehler) in der Größe der Rundungsfehler der Werte bleibt. Für einen Funktionswert $y = f(x)$, für den x zwischen den beiden in der Tabelle angegebenen Werten x_1 und x_2 liegt, gilt dann nach Bild 5.4

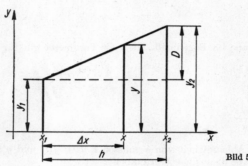

Bild 5.4

$$y = y_1 + \frac{D}{h} \cdot \Delta x = y_1 + D^* \cdot \Delta x.$$

Dabei ist

D die **Tafeldifferenz**, das ist die Differenz zweier aufeinanderfolgender Funktionswerte der Tabelle,

h die **Schrittweite** der Tabelle,

Δx der Zuwachs des Argumentes zum letzten in der Tabelle angegebenen Wert und

$$D^* = \frac{D}{h}$$ die **reduzierte Tafeldifferenz**.

Die Werte D, h und Δx werden in Vielfachen der Einheit der jeweils letzten gültigen Stelle angegeben. Sie erscheinen damit als ganze Zahlen.

Die reduzierte Tafeldifferenz gibt den Zuwachs an, um den die Funktion steigt (fällt), falls das Argument um eine Einheit der letzten für die Interpolation in Frage kommenden Stelle vorwärts schreitet. Da für h praktischerweise nur das 1-, 2- oder 5fache einer Zehnerpotenz in Frage kommt, ist mit D auch D^* leicht auszurechnen und wird in der Tabelle häufig gleich mit angegeben. Um den Zuwachs Δy der Funktion zu berechnen, ist lediglich eine Multiplikation von D^* mit einer ganzen Zahl notwendig.

BEISPIEL

2. Es liegt ein Ausschnitt aus einer dreistelligen Logarithmentabelle mit Angabe von D und D^* vor:

x	$y = \lg x$	D	D^*
.	.	.	.
.	.	.	.
.	.	.	.
3,0	0,477		
		28	1.40
3,2	0,505		
		26	1.30
3,4	0,531		
		25	1.25
3,6	0,556		
		24	1.20
3,8	0,580		
		22	1.10
4,0	0,602		
.	.	.	.
.	.	.	.
.	.	.	.

Es soll damit $\lg 3{,}56$ ermittelt werden.

Lösung: Für die dreistelligen y-Werte der Tabelle ist $E(y) = 0{,}001$ die Einheit der letzten Stelle. Die Tafeldifferenzen D sind als Vielfache von $E(y)$ angegeben. Wegen der festen Stellenzahl der Funktionswerte besitzen das Komma und führende Nullen nur eine untergeordnete Bedeutung. Sie werden bei den Differenzen nicht mehr mitgeschrieben.
Da zusätzlich zu den angegebenen Stellen von x noch eine weitere bei der Interpolation verwendet werden kann, ist $E(x) = 0{,}01$ die hier auftretende Einheit der letzten Stelle für das Argument. Die Schrittweite ist $h = 20$. Damit wurden die Werte von D^* berechnet.
Zur Bestimmung von $\lg 3{,}56$ wird $x = 3{,}56$ zerlegt in

$$x = x_1 + \Delta x = 3{,}40 + 0{,}16.$$

Bei der Interpolation wird einfach $\Delta x = 16.$ geschrieben. Der Punkt deutet die Lage der letzten geltenden Stelle in den Funktionswerten an. Es gilt

$$y = \Delta x \cdot D^* = 16. \cdot 1{,}25 = 20.$$

Damit wird schließlich

$$\lg 3{,}56 = y_1 + \Delta y = 0{,}531 + 0{,}020. = 0{,}551,$$

wobei hier und in vielen anderen Fällen sowohl die Multiplikation als auch die nachfolgende Addition im Kopf durchgeführt und damit das Ergebnis sofort aufgeschrieben werden kann.

Bei der Herstellung einer Tabelle ist es wichtig zu beurteilen, ob noch linear interpoliert werden kann. Dies ist der Fall, wenn der Interpolationsfehler nicht größer als der durch die Rundung der Tafelwerte verursachte Fehler wird. Dazu muß die Schrittweite h hinreichend klein gehalten werden. Zur Beurteilung werden die zweiten Differenzen $D^{(2)}$ der Funktionswerte gebildet. Zu ihrer Berechnung sind jeweils die Werte zweier aufeinanderfolgender Tafeldifferenzen, die auch als erste Differenzen $D = D^{(1)}$ bezeichnet werden können, voneinander zu subtrahieren.

Es gilt:

Falls an allen Stellen der Tabelle

$$|D^{(2)}| \leqq 8\,E\,(y) \tag{5.9}$$

bleibt, darf noch linear interpoliert werden.

BEISPIELE

3. Zu der Tabelle von Beispiel 2 sollen noch die zweiten Differenzen aufgeschrieben werden. Es ist zu beurteilen, ob tatsächlich linear interpoliert werden durfte.

Lösung

x	$y = \lg x$	D	$D^{(2)}$
.	.	.	
.	.	.	.
.	.	.	.
3,0	0,477		
		28	−2
3,2	0,505		
		26	−1
3,4	0,531		
		25	−1
3,6	0,556		
		24	−2
3,8	0,580		
		22	
4,0	0,602		
.	.	.	.
.	.	.	.

Die Bedingung (5.9) wird gut erfüllt. Der Interpolationsfehler bleibt unbedeutend.

4. Die Tabelle der beiden vorhergehenden Beispiele soll vierstellig aufgestellt werden, die Schrittweite ist beizubehalten. Es ist zu untersuchen, ob auch dann noch linear interpoliert werden kann.

Lösung:

x	$y = \lg x$	D	$D^{(2)}$
3,0	0,4771		
		280	−16
3,2	0,5051		
		264	−16
3,4	0,5315		
		248	−13
3,6	0,5563		
		235	−12
3,8	0,5798		
		223	
4,0	0,6021		

Die zweiten Differenzen sind durchweg größer als 8 Einheiten der letzten Stelle von y. Bei vierstelliger Genauigkeit ist die gewählte Schrittweite für lineare Interpolation zu groß.

Umfangreiche Wertemengen werden in Funktionstafeln dargestellt. Der Aufbau einer solchen Tafel soll am Beispiel einer dreistelligen Tabelle der Sinusfunktion erläutert werden, die auch sonst für bestimmte Rechnungen recht nützlich sein kann, wie in einigen Beispielen und Aufgaben des nächsten Abschnittes gezeigt werden wird.

Tabelle 5.2

		0	1	2	3	4	5	6	7	8	9	D_m
0.	0,0	00	17	35	52	70	87	*05	*22	*39	*56	17
1.	0,1	74	91	*08	*25	*42	*59	*76	*92	**09	**26	17
2.	0,3	42	58	75	91	*07	*23	*38	*54	*69	85	16
3.	0,5	00	15	30	45	59	74	88	*02	*16	*29	14
4.	0,6	43	56	69	82	95	*07	*19	*31	*43	*55	12
5.	0,7	66	77	88	99	*09	*19	*29	*39	*48	*57	10
6.	0,8	66	75	83	91	99	*06	*14	*21	*27	*34	8
7.	0,9	40	46	51	56	61	66	70	74	78	82	5
8.	0,9	85	88	90	93	95	96	98	99	99	*00	2

Dreistellige Tafel der Sinusfunktion

In der ersten Spalte links stehen die vorderen, in der Kopfzeile eine, gelegentlich auch zwei weitere Stellen der Eingangswerte. Auch die Funktionswerte werden stellenmäßig in zwei Teilen getrennt angegeben. Führende Nullen und vordere Ziffern, die innerhalb einer Zeile im wesentlichen unveränderlich bleiben, erscheinen nur einmal im linken Teil der Tafel. Die weiteren Spalten enthalten die hinteren Stellen der Funktionswerte. In der letzten Spalte rechts (mit D_m überschrieben) steht ein mittlerer Wert der Tafeldifferenzen der betreffenden Zeile, die sogenannte **mittlere Tafeldifferenz.**
Sind in der Tafel die hinteren Stellen mit * bzw. ** versehen, muß die letzte Ziffer des vorderen Teiles um 1 bzw. um 2 erhöht werden. So ist

$$\sin 37° = 0{,}602 \quad \text{und} \quad \sin 18° = 0{,}309 \, .$$

In der Tabelle 5.2 darf an allen Stellen linear interpoliert werden. Dazu wird die tatsächliche Tafeldifferenz D benötigt. Diese kann von dem unter D_m angegebenen Wert geringfügig abweichen. Zur Bestimmung von D ermittelt man lediglich die letzte Stelle der Differenz der benachbarten Funktionswerte und ändert D_m entsprechend ab.

5.1.7. Rechenpläne und Rechenformulare

Um eine umfangreiche und komplizierte Rechnung fehlerfrei durchführen zu können, muß sie gut vorbereitet und weitgehend schematisiert werden, so daß die Verfolgung des Rechenganges keine große Aufmerksamkeit mehr erfordert. Der Rechner kann sich dann auf die jeweiligen Rechenoperationen konzentrieren und so Fehler beim Einstellen, Ablesen und Aufschreiben der Zahlen sowie bei der Benutzung der Rechenhilfsmittel, Rechenmaschinen, Funktionstafeln o. ä. vermeiden. Es müssen möglichst umfassende Kontrollen eingebaut und angewendet werden. Dies alles erfordert eine besondere Form der Vorbereitung einer Rechnung sowie Ordnung und Disziplin bei ihrer Durchführung.
Im folgenden sollen die wichtigsten Gesichtspunkte für die Anlage eines Rechenplanes dargestellt werden.

Analyse und Schematisierung des Rechenganges

Als Anweisung für eine Rechnung liegt im allgemeinen eine mathematische Formel vor, die jedoch häufig den Rechengang nur global festlegt und die Art und Reihenfolge der einzelnen Rechenschritte nicht eindeutig vorschreibt. Für die praktische Rechnung ist der Rechengang in eine genau festgelegte Folge von einzelnen Operationen aufzulösen, wobei auch alle Hilfsarbeiten, wie Aufsuchen in Tabellen, Interpolieren und alle Kontrollen fest einzuplanen sind (Aufstellung eines Rechenplanes). Dabei ist natürlich *die Form der Rechnung zu wählen, die den geringsten Aufwand erfordert.*

Aufstellen von Rechenformularen

Nachdem auf die beschriebene Weise der Rechenablauf festgelegt worden ist, muß er im nächsten Schritt in die Form einer Tabelle gebracht werden.

BEISPIEL

1. Eine Ellipse mit den Halbachsen $a = 4$ und $b = 3$ soll unter Beachtung der Ellipsengleichung

$$\frac{x^2}{a^2} + \frac{y^2}{b^2} = 1$$

für die Werte $x = 0; 0,5; 1; \ldots; 4$
punktweise berechnet werden.

Lösung: Wegen der Symmetrie genügt es, die Koordinaten für die Punkte des ersten Quadranten zu ermitteln. Es ist

$$y = \frac{b}{a} \sqrt{a^2 - x^2} \quad \text{mit} \quad \frac{b}{a} = 0,75 \quad \text{und} \quad a^2 = 16.$$

Für die Rechnung wird folgendes Schema benutzt:

x	x^2	$a^2 - x^2$	$\sqrt{a^2 - x^2}$	y
①	②	③	④	⑤
	①²	16 — ②	$\sqrt{③}$	0,75 · ④
0	0	16	4	3
0,5	0,25	15,75	3,97	2,98
1	1	15	3,87	2,90
1,5	2,25	13,75	3,71	2,78
2	4	12	3,46	2,60
2,5	6,25	9,75	3,12	2,34
3	9	7	2,65	1,99
3,5	12,25	3,75	1,94	1,46
4	16	0	0	0

Alle Spalten werden durchnumeriert, die Nummern werden in Kreise geschrieben.
Drei Überschriftszeilen charakterisieren den Gang der Rechnung. In der ersten Zeile
werden auf alle Fälle die Spalten gekennzeichnet, in denen die Eingangswerte (hier x)
und die Resultate (hier y) stehen. Ferner können die einzelnen Operationen mit
Hilfe der üblichen Formelzeichen erläutert werden, soweit nicht zu umfangreiche
Ausdrücke entstehen.
Die zweite Zeile enthält die Spaltennummern.
In der dritten Zeile werden die einzelnen Schritte der Rechnung in besonders ein-
prägsamer Weise vermerkt. Dabei wird jede Zahl, die für die betreffende Operation
aus einer anderen Spalte entnommen werden muß, durch die betreffende Spalten-
nummer gekennzeichnet. So bedeutet z. B.

①²: Die in der gleichen Zeile in Spalte 1 stehende Zahl soll in das Quadrat
               erhoben werden und das Resultat in die betreffende Spalte (hier Nr. 2)
               eingetragen werden.

$16 - ②$:   Von der Zahl 16 soll die in Spalte 2 stehende Zahl abgezogen werden.

usw.
Die Rechnung ist so weit in Einzelschritte aufzulösen, daß keine Zwischenresultate
mehr auf gesonderten Zetteln notiert werden müssen. Falls Maßeinheiten auftreten,
müssen alle Zahlen derselben Spalte mit der gleichen Einheit behaftet sein, die dann
grundsätzlich nicht mitgeschrieben wird. Sie kann bei Bedarf in der Überschriften-
leiste angegeben werden. Soweit es möglich ist, werden jeweils die Werte einer Spalte
nacheinander gerechnet, um routinemäßiges Rechnen zu ermöglichen.
Falls sehr viele Rechenoperationen auftreten und relativ wenige gleichartige Probleme
durchzurechnen sind, ist es zu empfehlen, die Zeilen und Spalten des Schemas miteinander zu vertauschen. Die Erläuterungen stehen dann in den ersten drei Spalten,
jeder neue Fall erfordert eine weitere Kolonne (vgl. Beispiel 5).
Ein Rechenschema in Tabellengestalt ist übersichtlich und in allen Schritten auch
von anderen Personen zu kontrollieren. Falls eine Rechnung sehr häufig auftritt,
lohnt sich die Anfertigung von gedruckten Rechenformularen. Dazu ist eine besonders
sorgfältige Vorarbeit notwendig. Für das Formular sind alle üblichen Vorschriften
(Schriftleisten, Heftrand, Schrift, Schreibmaschinenvorschub u. a.) zu beachten.

Kontrollierbarkeit der Rechnung

Man muß stets darauf gefaßt sein, daß sich trotz aller aufgewendeten Sorgfalt Fehler
in die Rechnung einschleichen. Dabei sind jetzt nicht die kleinen und unvermeidlichen Abweichungen der numerischen Werte gegenüber den exakten Darstellungen,
sondern es ist direktes falsches Rechnen, bedingt durch menschliches oder maschi-
nelles Versagen, gemeint. Es gibt so viele Möglichkeiten dafür, wie falsches Ab-
schreiben, Ablesen, Eintasten, Einstellen, falsche Vor- und Rechenzeichen, falsches
Funktionieren der Geräte und Maschinen, Vertauschen von Seiten, Zahlen, Tasten,
Tabellen usw., daß beständig Fehler erwartet werden müssen. Ganz besonders muß
darauf hingewiesen werden, daß sich durch ein gutes Äußeres (und dazu gehört auch
eine gut leserliche Schrift) mancher Flüchtigkeitsfehler von vornherein vermeiden
läßt.

Man kann nicht kritisch genug gegen eigene und fremde Rechnungen sein. Auch in gedruckten Vorlagen können Fehler, und seien es nur Druckfehler, vorhanden sein. Deshalb bemühe man sich, Mittel und Wege zur Kontrolle der laufenden Rechnung und der Resultate zu finden. Die Möglichkeiten dafür hängen stark vom speziellen Problem ab, allgemeine Regeln lassen sich schwer angeben. Üblich sind: Summenkontrollen, Einsetzproben, Rechnung mit zwei verschiedenen Hilfsmitteln, etwa erst Rechenstab, dann Rechenmaschine, Differenzbildung bei Zahlenkolonnen, Auftragen der Ergebnisse, teilweise oder vollständige Wiederholung der Rechnung, Parallelrechnung von zwei Personen usw. Eine bloße Wiederholung der Rechnung stellt jedoch nur eine schwache Kontrolle dar, da oft auch der Fehler wiederholt wird. Eine Rechnung muß auch so angelegt sein, daß sie von anderen verfolgt und kontrolliert werden kann, deshalb darf keine Nebenrechnung fehlen, und jedes Zwischenresultat muß vermerkt sein.

BEISPIELE

2. Die Funktion $f: y = x^x$ ist für die Werte $x = 0,1; 0,2; \ldots; 1,5$ mit Hilfe einer fünfstelligen Logarithmentafel zu tabellieren.

Lösung: Wegen $\lg y = x \lg x$ wird folgendes Rechenschema verwendet:

x	$\lg x$	$\lg x$	$x \cdot \lg x$			y
①	②	③	④	⑤	⑥	⑦
	$\lg$ ① lt. Tafel	Umrechnung von ②	① · ③	Umrechnung von ④	D	Numerus zu ⑤
0,1	0,000 00 − 1	−1,000 00	−0,100 00	0,900 00 − 1	6	0,794 33
0,2	0,301 03 − 1	−0,698 97	−0,139 79	0,860 21 − 1	6	0,724 78
0,3	0,477 12 − 1	−0,522 88	−0,156 86	0,843 14 − 1	6	0,696 85
0,4	0,602 06 − 1	−0,397 94	−0,159 18	0,840 82 − 1	6	0,693 13
0,5	0,698 97 − 1	−0,301 03	−0,150 52	0,849 48 − 1		0,707 10
0,6	0,778 15 − 1	−0,221 85	−0,133 11	0,866 89 − 1	6	0,736 02
0,7	0,845 10 − 1	−0,154 90	−0,108 43	0,891 57 − 1	5	0,779 06
0,8	0,903 09 − 1	−0,096 91	−0,077 53	0,922 47 − 1		0,836 50
0,9	0,954 24 − 1	−0,045 76	−0,041 18	0,958 82 − 1	5	0,909 54
1,0	0	0	0			1,000 00
1,1	0,041 39	0,041 39	0,045 53		39	1,110 5
1,2	0,079 18	0,079 18	0,095 02		35	1,244 6
1,3	0,113 94	0,113 94	0,148 12		30	1,406 4
1,4	0,146 13	0,146 13	0,204 58		27	1,601 7
1,5	0,176 09	0,176 09	0,264 14		24	1,837 1

Man beachte die Hilfswerte in den Spalten 3; 5 und 6, die auf Grund der Besonderheiten der Logarithmenrechnung mit aufgeschrieben werden müssen. D ist die Tafeldifferenz der Logarithmentafel. Sie wird angegeben, falls interpoliert werden muß. Es wird spaltenweise gerechnet.

3. Berechnung einer Fläche unter einer Kurve durch numerische Integration mit der Simpsonschen Formel (vgl. [2]). Es ist die Fläche unter der Kurve mit der Funktionsgleichung $y = 1/x$.

die durch das Integral

$$A = \int\limits_{1}^{2} \frac{dx}{x} = \ln 2$$

bestimmt ist, näherungsweise zu berechnen. Die SIMPSONsche Formel lautet

$$A = \int\limits_{x_0}^{x_n} y\, dx \approx \frac{h}{3}\left[y_0 + y_n + 4(y_1 + y_3 + \cdots + y_{n-1}) + 2(y_2 + y_4 + \cdots + y_{n-2})\right].$$

Dabei sollen in einem Rechenschema die Rechnung dreimal mit $n = 2; 4$ und 8 Teilintervallen durchgeführt werden und die Ergebnisse mit dem bekannten Wert von ln 2 verglichen werden.

Lösung:

x	$8x$	y	f_2	f_4	f_8	Berechnung von A_2	Berechnung von A_4	Berechnung von A_8
①	②	③	④	⑤	⑥	⑦	⑧	⑨
	$8 \cdot$ ①	$8 :$ ②				③ $\cdot$ ④	③ $\cdot$ ⑤	③ $\cdot$ ⑥
1	8	1,000000	1	1	1	1,000000	1,000000	1,000000
1,125	9	0,888889			4			3,555556
1,25	10	0,800000		4	2		3,200000	1,600000
1,375	11	0,727273			4			2,909092
1,5	12	0,666667	4	2	2	2,666668	1,333334	1,333334
1,625	13	0,615385			4			2,461540
1,75	14	0,571429		4	2		2,285716	1,142858
1,875	15	0,533333			4			2,133332
2	16	0,500000	1	1	1	0,500000	0,500000	0,500000
		$\sum$				4,166668	8,319050	16,635712
		h				0,5	0,25	0,125
		$\frac{1}{3}h$				1:6	1:12	1:24
		$A_n = \frac{1}{3}h \cdot \sum$				0,694444 5	0,693 254 2	0,693 154 7

Die Rechnung erfolgt wie in den beiden vorhergehenden Beispielen spaltenweise entsprechend den Angaben in den Überschriftszeilen. Um mit ganzen Zahlen rechnen zu können, wird

$$y = \frac{1}{x} = \frac{8}{8x}$$

gesetzt (Spalten ② und ③). In den Spalten ④, ⑤ und ⑥ werden die auf Grund der SIMPSONschen Formel notwendigen Faktoren für die drei Einzelrechnungen angegeben, mit denen die

Funktionswerte in Spalte ③ multipliziert werden müssen. Die Werte der drei letzten Spalten sind anschließend noch zu addieren und die Summen mit den jeweiligen Schrittweiten zu multiplizieren. Die zugehörigen Werte und die Integralwerte sind dann zeilenweise angegeben. Das zunächst spaltenweise aufgebaute Rechenschema wird also noch mit einigen besonderen Zeilen abgeschlossen.

Durch die jeweilige Halbierung der Schrittweite wird die Genauigkeit der Resultate entsprechend verbessert, wie ein Vergleich mit dem Wert von $\ln 2 = 0,6931472$ zeigt.

Aus der Differenz zwischen feiner und grober Näherung, wobei die feinere durch Verdopplung der Intervallanzahl aus der gröberen entsteht, läßt sich noch eine Verbesserung ermitteln. Es gilt:

$$A = A_{\text{fein}} + \delta \quad \text{mit} \quad \delta = \frac{A_{\text{fein}} - A_{\text{grob}}}{15}.$$

In unserem Beispiel ist

$$\delta = \frac{A_8 - A_4}{15} = \frac{0,6931547 - 0,6932542}{15} = -66 \cdot 10^{-7}.$$

Also wird

$$A = A_8 + \delta = 0,6931481.$$

Das Ergebnis besitzt unter Beachtung der groben Einteilung in nur acht Intervalle eine bemerkenswerte Genauigkeit.

4. Punktweise Berechnung von Zykloiden (vgl. [1]).

Eine Hypozykloide ist punktweise so zu berechnen, daß die Kurve in ihrem vollen Verlauf gezeichnet werden kann. Dabei sollen sich die Radien vom rollenden und festen Kreis wie 1:4 verhalten. Die Entfernung des schreibenden Punktes vom Mittelpunkt des bewegten Kreises sei doppelt so groß als dessen Radius, so daß eine verschlungene Hypozykloide entsteht. Es ist zu empfehlen, die dreistellige Sinustafel (Tabelle 5.2) zu benutzen.

Lösung: Die Parameterdarstellung der Hypozykloide lautet

$$x = (R - r) \cos \frac{r}{R} t + c \cos \frac{R - r}{R} t$$

$$y = (R - r) \sin \frac{r}{R} t - c \sin \frac{R - r}{R} t.$$

Auf Grund der Forderung der Aufgabe kann

$$R = 4, r = 1 \text{ und } c = 2$$

gesetzt werden. Damit wird

$$x = 3 \cos \frac{t}{4} + 2 \cos \frac{3t}{4}$$

$$y = 3 \sin \frac{t}{4} - 2 \sin \frac{3t}{4}.$$

Die Kurve ist symmetrisch bezüglich beider Achsen und ihrer Winkelhalbierenden. Es genügt also, für den Parameter t Werte aus dem Intervall $[0°; 180°]$ zu wählen. Alle anderen Kurvenpunkte ergeben sich dann durch Vertauschung von x mit y bzw. der Vorzeichen. In den folgenden beiden Rechenschemata beachte man die Möglichkeit, durch verschieden starke Linien einzelne Spalten besonders hervorzuheben.

t	$\dfrac{t}{4}$	$\dfrac{3t}{4}$	$\cos\dfrac{t}{4}$	$\cos\dfrac{3t}{4}$			x
①	②	③	④	⑤	⑥	⑦	⑧
	①:4	②·3	cos ②°	cos ③°	3·④	2·⑤	⑥+⑦
0	0	0	1,000	1,000	3,000	2,000	5,00
20	5	15	0,996	0,966	2,988	1,932	4,92
40	10	30	0,985	0,866	2,955	1,732	4,69
60	15	45	0,966	0,707	2,898	1,414	4,31
80	20	60	0,940	0,500	2,820	1,000	3,82
100	25	75	0,906	0,259	2,718	0,518	3,24
120	30	90	0,866	0	2,598	0	2,60
140	35	105	0,819	−0,259	2,457	−0,518	1,94
160	40	120	0,766	−0,500	2,298	−1,000	1,30
180	45	135	0,707	−0,707	2,121	−1,414	0,71

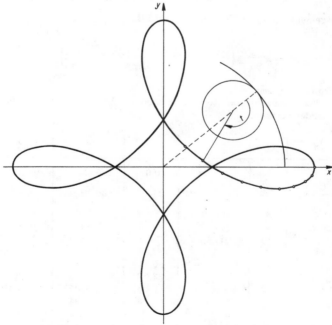

Bild 5.5. Hypozykloide

t	$\dfrac{t}{4}$	$\dfrac{3t}{4}$	$\sin\dfrac{t}{4}$	$\sin\dfrac{3t}{4}$			y
①	②	③	⑨	⑩	⑪	⑫	⑬
	①:4	②·3	sin ②°	sin ③°	3·⑨	2·⑩	⑪ − ⑫
0	0	0	0	0	0	0	0
20	5	15	0,087	0,259	0,261	0,518	−0,26
40	10	30	0,174	0,500	0,522	1,000	−0,48
60	15	45	0,259	0,707	0,777	1,414	−0,64
80	20	60	0,342	0,866	1,026	1,732	−0,71
100	25	75	0,423	0,966	1,269	1,932	−0,66
120	30	90	0,500	1,000	1,500	2,000	−0,50
140	35	105	0,574	0,966	1,722	1,932	−0,21
160	40	120	0,643	0,866	1,929	1,732	0,20
180	45	135	0,707	0,707	2,121	1,414	0,71

5. Es ist die in der Nähe von $x_1 = 0,6$ liegende Nullstelle x^* der Funktion

$$y = \sin x - \frac{1}{x} + 1$$

mit Hilfe des Newtonschen Näherungsverfahrens zu bestimmen.

Lösung: Ausgehend von einer Näherung x_n wird durch

$$\Delta x_n = -y_n : y'_n = -\left(\sin x_n - \frac{1}{x_n} + 1\right) : \left(\cos x_n + \frac{1}{x_n^2}\right)$$

eine Verbesserung zu x_n ermittelt.

Wegen der größeren Anzahl von Rechenschritten werden Zeilen und Spalten im Rechenschema miteinander vertauscht.

n	①		1	2	3
x_n	②		0,6	0,630	0,62943
$\dfrac{180}{\pi} \cdot x_n$	③	57,2958 · ②	34	36,10	36,0637
$\sin x_n$	④	sin ③°	0,56	0,5892	0,588 684
$\cos x_n$	⑤	cos ③°	0,83	0,8080	0,808 364
$1 : x_n$	⑥	1 : ②	1,67	1,5873	1,588 739
$1 : x_n^2$	⑦	⑥²	2,79	2,5195	2,524 092
y_n	⑧	④ + 1 − ⑥	−0,11	0,0011	−0,000 055
y'_n	⑨	⑤ + ⑦	3,62	3,3275	3,332 456
Δx_n	⑩	− ⑧:⑨	0,030	−0,000 57	0,000 016 5
x_{n+1}	⑪	② + ⑩	0,630	0,62943	0,629 446 5

Die Lösung ist demnach $\underline{\underline{x^* = 0,629\,45}}$.

AUFGABEN

5.10. Die beiden Funktionen

$$f_{1,2}: \; y_{1,2} = \pm \sqrt{1 - x^2} - \frac{1}{1 + 4x^2}$$

sind für $-1 \leqq x \leqq +1$ in Schritten von $\Delta x = 0{,}1$ zu tabellieren. Die grafische Darstellung der Funktionen hat eine bemerkenswerte Gestalt.

5.11. Die Nullstelle der Funktion

$$g: \quad y = \sin x - \ln x$$

ist durch NEWTONsche Näherung zu bestimmen. Als Ausgangswert soll $x_1 = 2$ verwendet werden.

5.12. Tabellierung einer LISSAJOUSschen Kurve (vgl. [1]).
Die Parameterdarstellung von LISSAJOUS-Figuren lautet

$$x = A_1 \sin (\omega_1 t - \varphi_1)$$
$$y = A_2 \sin (\omega_2 t - \varphi_2).$$

Die für $A_1 = A_2 = 1$, $\varphi_1 = \varphi_2 = 0°$ und $\omega_1 = 3$, $\omega_2 = 4$ entstehende Kurve ist in Schritten von $\Delta t = 2{,}5°$ punktweise zu zeichnen. Dazu soll eine Wertetabelle aufgestellt werden, wobei diese unter Beachtung aller Symmetrieeigenschaften möglichst einfach zu halten ist.

5.13. Tabellierung einer CASSINIschen Kurve (vgl. [1]).
Der Berechnung wird statt der Gleichung in kartesischen Koordinaten

$$(x^2 + y^2)^2 - 2e^2(x^2 - y^2) + e^4 - k^4 = 0$$

besser die in Polarkoordinaten

$$r^2 = e^2 \cos 2\varphi \pm \sqrt{k^4 - \frac{e^4}{2} + \frac{e^4}{2} \cos 4\varphi}$$

zugrunde gelegt.
Es ist $e = 1$, $k^2 = \sin 80° = 0{,}9848$ und $\Delta \varphi = 5°$ zu wählen.

5.14. Gleitet ein Stab fester Länge l mit seinen Endpunkten $A(x^*, 0)$ und $B(0, y^*)$ auf den Koordinatenachsen (Bild 5.6), so sind die durch den Stab bestimmten Geraden die Tangenten an die **Astroide**

$$x = l \cos^3 \varphi; \; y = l \sin^3 \varphi$$

(vgl. [1]). Es sind in Schritten von $\Delta \varphi = 5°$ die Schnittpunkte x^* und y^* der Tangenten mit den Achsen und die Koordinaten des zugehörigen Kurvenpunktes zu berechnen. Es ist $l = 1$ zu wählen. Alle Größen sind auf drei Stellen nach dem Komma genau anzugeben. Die Tabelle ist nur so weit zu führen, daß die Kurve unter Beachtung der Symmetrieeigenschaften vollständig gezeichnet werden kann.

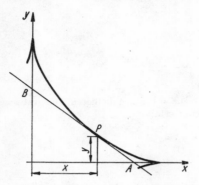

Bild 5.6. Erzeugung einer Astroide

5.2.   Tischrechenmaschinen

5.2.1.   Einführung und Überblick

Neben Rechenstäben werden Tischrechenmaschinen am meisten als Rechenhilfsmittel verwendet. Ihr Einsatz mutet dem Rechner keine besonderen geistigen Anstrengungen zu und bringt die Vorteile, die mit jeder ziffernmäßig (digital[1])) durchgeführten Lösung einer Aufgabe verbunden sind:

1. Jedes Ergebnis kann bis in die letzte Stelle exakt ermittelt werden. Diese Forderung muß gerade bei allen Buchhaltungsproblemen erfüllt werden.

2. Jede noch so umfangreiche Rechnung kann so wiederholt werden, daß jedes Resultat genau mit den gleichen Ziffern wieder entstehen muß.

3. Die Genauigkeit der Resultate kann ohne Steigerung des gerätemäßigen Aufwandes erhöht werden.

Tischrechenmaschinen sind in vielen Arten und Fabrikaten allgemein verbreitet, sie sind für zahlreiche Verwaltungsaufgaben unentbehrlich. Trotz oder gar wegen des Aufkommens elektronischer Rechenautomaten ist ihre Verwendung für technisch-wissenschaftliche Berechnungen unumgänglich, so daß jeder Ingenieur in der Lage sein muß, solche Maschinen bedienen zu können.
Jede Tischrechenmaschine ist zunächst für die Durchführung von Additionen eingerichtet. Das gilt insbesondere für die **einfachen Addier- bzw. Saldiermaschinen[2])**. Nach der Anzahl der auf ihnen möglichen Grundrechenarten (Spezies), nämlich Addition und Subtraktion, werden diese Maschinen auch **Zwei-Spezies-Maschinen** genannt.

---

[1]) digit (engl.) Fingerbreite, Ziffer
[2]) saldieren — abrechnen

Durch eine zusätzliche Einrichtung, einen seitlich verschiebbaren **Schlitten**, der selbst Zähl- und Speichereinrichtungen trägt, lassen sich Multiplikationen mit Zehnerpotenzen realisieren. Dadurch wird es möglich, den Multiplikations- bzw. Divisionsvorgang in eine Folge von relativ wenigen Additionen bzw. Subtraktionen, verbunden mit entsprechenden Schlittenverschiebungen, aufzulösen.

Maschinen mit verschiebbarem Schlitten werden als **erweiterte Addiermaschinen** bezeichnet. Diese sind für alle vier Grundrechenarten eingerichtet, jedoch ist u. U. der Bedienungsaufwand für die einzelnen Operationen unterschiedlich. Von den einfachen, handbetriebenen „Kurbelmaschinen" abgesehen, können dabei entweder drei (Addition, Subtraktion, Division) bzw. alle vier Grundrechenarten automatisch ausgeführt werden. Solche Maschinen werden als **Halb**- bzw. als **Vollautomaten** bezeichnet.

Im folgenden soll insbesondere die Handhabung der erweiterten Addiermaschinen erläutert werden. Da die einzelnen Maschinentypen in ihrem Grundaufbau übereinstimmen, ist es möglich, ohne sich auf ein spezielles Fabrikat festlegen zu müssen, die prinzipielle Arbeitsweise zu erläutern und eine Anzahl Hinweise für den praktischen Gebrauch zu geben. Dabei muß grundsätzlich betont werden, daß genau wie etwa beim Gebrauch einer Schreibmaschine nur durch vielseitige Übung die notwendige Fertigkeit und Sicherheit für die rationelle Bedienung erlangt werden kann.

5.2.2. Grundaufbau und Zahldarstellung

Entsprechend den drei an jeder Rechenoperation beteiligten Zahlen (1. Operand, 2. Operand, Resultat) müssen drei Einstell- bzw. Ableseeinrichtungen vorhanden sein. Diese werden schlechthin **Werke** genannt. Es existieren:

> **I. das Umdrehungszählwerk U**
>
> **II. das Resultatwerk R**
>
> **III. das Einstellwerk E**

Die angeführten römischen Zahlen kennzeichnen auch auf den Maschinen die entsprechenden Werke (Bilder 5.7; 5.8; 5.9).

Das Einstellwerk

Dieses Werk dient in erster Linie zur **Eingabe von Zahlenwerten**. Durch Einstellung von Hebeln bzw. Bedienung einer Tastatur lassen sich in jeder Stelle die entsprechenden Ziffern erzeugen, die in einer Anzeigevorrichtung sichtbar werden. Die einzelnen Stellen sind, auch in den anderen Werken, von rechts beginnend durchnumeriert (Bild 5.7). Eine besondere Eintastung des Kommas erfolgt nicht. Seine Lage innerhalb der Zahlen, insbesondere der Zwischen- und Endresultate, muß durch Überschlagsrechnungen verfolgt werden. Durch verschiebbare **Kommamarken (Kommaschieber)** läßt sich, besonders bei gleichartig sich wiederholenden Rechnungen, die Stellung des Kommas festhalten.

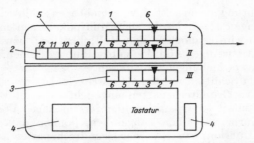

Bild 5.7. Grundaufbau einer Tischrechenmaschine. *1* Umdrehungszählwerk (U), *2* Resultatwerk (R), *3* Einstellwerk (E), *4* Funktionstasten, *5* Schlitten, *6* Kommaschieber

Das Resultatwerk

Hier entsteht bei den ersten drei Grundrechenarten das Resultat der Rechnung. Das Resultatwerk umfaßt etwa doppelt soviel Stellen wie eines der beiden anderen Werke. Dadurch gehen besonders bei der Multiplikation keine Resultatstellen verloren. Das Resultatwerk ist in dem beweglichen Schlitten eingebaut.

Das Umdrehungszählwerk

Jede Maschine enthält eine **Hauptwelle**, die bei Addition oder Subtraktion einmal gedreht werden muß. Der Antrieb erfolgt entweder von Hand (Kurbelmaschinen) oder über eine Kupplung durch Motorkraft. Die Anzahl der Umdrehungen dieser

Bild 5.8. Eine vollautomatische Rechenmaschine. *1* Umdrehungszählwerk (U), *2* Resultatwerk (R), *3* Einstellwerk (E), *4* Funktionstasten, *5* Schlitten, *6* Löschtasten, *7* Kommaschieber, *8* Multiplikatorwerk

Bild 5.9. Eine halbautomatische Rechenmaschine. *1* Umdrehungszählwerk (U), *2* Resultatwerk (R), *3* Einstellwerk (E), *4* Funktionstasten, *5* Schlitten, *6* Löschtasten

Hauptwelle wird durch das Umdrehungszählwerk registriert. Befindet sich dabei der Schlitten in der **Grundstellung**, d. h., die Stellen mit gleichen Nummern von E und R liegen übereinander, so wird bei jeder Drehung in der letzten Stelle von U jeweils eine Eins addiert. Ist der Schlitten um eine Stelle nach rechts verschoben, wird die Eins in die zweite Stelle eingetragen, bei Verschiebung um zwei Stellen entsprechend in die dritte Stelle usw. (Bild 5.10). Die Kenntnis dieser Tatsache ist für das Verständnis der Multiplikation wichtig. Das Umdrehungszählwerk befindet sich ebenfalls im Schlitten und hat etwa die gleiche Stellenzahl wie das Einstellwerk.

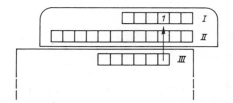

Bild 5.10. Schlitten um zwei Stellen nach rechts verschoben

Bei jeder Subtraktion wird je nach Schlittenstellung in der betreffenden Stelle von U jeweils um 1 zurückgezählt. Bei häufigen Subtraktionen, insbesondere bei der Durchführung der Division, muß positiv gezählt werden. Dazu kann die Zählrichtung in U durch einen Hebel umgestellt werden. Man sagt, das Umdrehungszählwerk wird **negativ geschaltet**. Dann wird bei jeder Subtraktion in der betreffenden Stelle eine Eins addiert, bei jeder Addition jedoch subtrahiert.

Funktionstasten

Zur Auslösung der einzelnen Rechenoperationen und anderer Vorgänge sind an allen Maschinen gewisse Funktionstasten vorhanden. So existiert auf alle Fälle für jedes Werk eine **Löschtaste** (oder Löschhebel), die ebenfalls durch die entsprechende römische Zahl gekennzeichnet ist. Bei halb- oder vollautomatischen Maschinen können durch weitere Funktionstasten die Operationen ausgelöst, der Schlitten verschoben oder andere Vorgänge eingeleitet werden. Die Wirkungsweise dieser Tasten wird im Zusammenhang mit den Rechenoperationen erläutert.

Zahldarstellung

Die einzelnen Werke sind zunächst nur dafür eingerichtet, jeweils eine positive ganze Dezimalzahl g aufzunehmen. Durch Festlegung der Kommastellung (Kommaschieber) können auch Dezimalbrüche dargestellt werden (Bild 5.11).

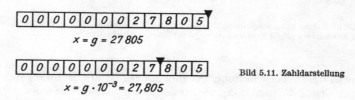

Bild 5.11. Zahldarstellung

Da die Stellenzahl begrenzt ist, ist auch die Darstellbarkeit von Zahlen beschränkt.

Um die Übungsaufgaben auch auf einfacheren Maschinen nachrechnen zu können, wird in den folgenden Darlegungen grundsätzlich eine Maschine mit sechs Stellen in E und U und zwölf Stellen in R vorausgesetzt. In ein solches sechsstelliges Werk kann höchstens die Zahl 999 999 eingetragen werden. Die größte im Resultatwerk mögliche Zahl ist demnach

$$999\,999\,999\,999. \tag{5.10}$$

Wird diese Zahl um 1 erhöht, müßte eigentlich

1 $\boxed{000\,000\,000\,000}$

entstehen. Die Ziffer 1 in der 13. Stelle geht jedoch verloren, es wird nur der eingerahmte Teil angezeigt, es erscheint wieder die Zahl Null. Für den größten Teil der Aufgaben reicht die Stellenzahl (die **Kapazität**) der Werke aus, doch kann bei manchen Rechnungen der Fall eintreten, daß die Zahlen „überfließen". Da dann gerade die wichtigen führenden Stellen verlorengehen, ist besondere Vorsicht notwendig. Manche Maschinen zeigen deshalb eine solche Kapazitätsüberschreitung durch ein Signal (Glockenzeichen) an.

Umgekehrt entsteht beim Abziehen einer 1 von dem ursprünglich gelöschten Werk jetzt die Ziffernfolge (5.10). Um die Darstellung der negativen Zahlen zu demonstrieren, wird weiter rückwärts gezählt. Es entstehen der Reihe nach die folgenden Einstellungen:

000 000 000 000	0
999 999 999 999	−1
999 999 999 998	−2
999 999 999 997	−3
⋮	⋮
999 999 999 991	−9
999 999 999 990	−10
999 999 999 989	−11
⋮	⋮

Die vorderste Ziffer kann als Vorzeichen gedeutet werden. Ist diese 0, gilt die Zahl als positiv, ist sie 9, als negativ. Die negativen Zahlen erscheinen dabei als sogenannte Komplemente[1]). Sie sind Ergänzungen zu 10^6 bzw. 10^{12}. Die Ziffern des Betrages werden nach folgenden Regeln gefunden:

1. Alle rechts von der letzten nicht leeren Stelle liegenden Nullen ergeben wieder Nullen.
2. Die letzte nicht verschwindende Ziffer wird zu 10 ergänzt.
3. Alle nach links folgenden Stellen sind zu 9 zu ergänzen. Dabei ergeben alle von links her führenden Ziffern 9 führende Nullen, die im allgemeinen nicht geschrieben zu werden brauchen.

Die erste 9 links stellt das Minuszeichen dar.

BEISPIEL

Die in R stehende Ziffernfolge 999 927 384 000 ist als negative Zahl zu deuten.

Lösung:

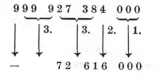

Nummer der angewendeten Regel

−   72 616 000

AUFGABEN

5.15. Die folgenden Einstellungen sind als negative Zahlen zu deuten:

a)	999 999 999 173	b)	999 917 300 000
c)	990 991 730 000	d)	900 000 000 001
e)	999 900 000 000	f)	987 654 321 000
g)	999 999 000 000	h)	989 999 999 999

---

[1]) complementum (lat.) Ergänzung

5.16. Folgende negative Zahlen sind als Komplemente zu schreiben:

a)	-25	b)	$-2\,500$
c)	$-25\,000\,001$	d)	-999
e)	$-1\,735\,970\,000$	f)	$-9\,999\,999\,999$
g)	$-90\,000\,000\,000$	h)	$-90\,000\,000\,001$

5.2.3.   Addition

Jeder Stelle der drei Werke ist ein Zahnrad mit zehn Zähnen zugeordnet, das mit einer Ziffernrolle (Zählrolle) zur Anzeige der jeweiligen Stellung verbunden ist. Bei jeder Drehung der Hauptwelle werden die Zählrollen des Resultatwerkes um die Werte weitergedreht, die in den zugeordneten Stellen von E eingestellt sind. Steht z. B. in R die Zahl 250 und in E die 143 (Bild 5.12), so wird bei Addition die letzte Zählrolle von

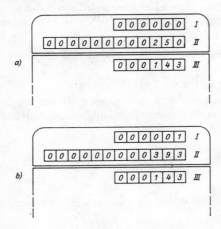

Bild 5.12. Addition
a) vor Ausführung, b) nach Ausführung

R um 3 Einheiten, also von 0 auf 3 gedreht. Die zweite wird von 5 um 4 Zähne auf 9, die dritte um einen Zahn weiter auf 3 gebracht. Als Resultat erscheint in R die Summe $250 + 143 = 393$.

Falls bei diesem Vorgang in einer Stelle von R die Ziffer 9 überschritten wird, muß das links folgende Zählrad noch zusätzlich um eine Ziffer weitergedreht werden. Es erfolgt ein sogenannter **Zehnerübertrag**. Zu seiner Verwirklichung sind besondere technische Einrichtungen vorhanden. Steht in der anschließenden Stelle bereits die Ziffer 9, so wird daraus eine 0 und ein erneuter Übertrag in die nächste Stelle ausgelöst. Auf diese Weise kann der Übertrag der Reihe nach noch durch mehrere Stellen und evtl. durch die ganze Zahl hindurchlaufen. Die Addition erfolgt demnach im Innern der Maschine in zwei Schritten, die dem Bedienenden allerdings kaum bewußt werden:

1. Weiterdrehung der Zählrollen von R um die in den jeweils zugeordneten Stellen von E stehenden Werte (Bildung der Halbsumme H) und Registratur von noch offenen Zehnerüberträgen Ü, die in Bild 5.13 durch * angedeutet werden.

2. Ausführung der Zehnerüberträge, der Reihe nach von rechts nach links fortschreitend. Dabei können neue Zehnerüberträge notwendig werden (in Bild 5.13
durch (*) angedeutet).

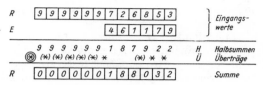

Bild 5.13. Addition und Zehnerüberträge

Die beiden Schritte kann man an mit Hand betriebenen Maschinen beim langsamen
Durchdrehen der Kurbel deutlich beobachten, insbesondere auch das Fortschreiten
vielfacher Zehnerüberträge. Ein Übertrag, der über die Kapazität der Maschine
hinausgeht [(⊛) in Bild 5.13], geht verloren.

Um die praktische Durchführung der Rechenoperationen zu erläutern, werden die
im einzelnen notwendigen Arbeitsgänge in der Gestalt einer Tabelle, eines Ablauf-
planes, zusammengestellt. Um wirklich rationell rechnen zu können, muß erreicht
werden, daß die dort angegebenen Maßnahmen durch vielfältige Übungen schließlich routinemäßig erledigt werden. Als Inhalt der Werke E, R bzw. U sind die Zahlen
zu verstehen, die **nach** Ausführung der angegebenen Maßnahmen in den betreffenden
Werken erscheinen. Bleibt der Inhalt bei einem Vorgang unverändert, wird der alte
Inhalt nicht nochmals aufgeführt.

Bedeutung der Symbole:

$a \rightarrow$ E Die Zahl a wird in das Einstellwerk eingetastet.

$+$ Die Hauptwelle der Maschine wird einmal (im positiven Sinne) gedreht, oder
auch: Es wird die $+$-Taste gedrückt.

Ablaufplan für die Addition $a + b$:

Nr.	Maßnahmen	Inhalt der Werke		
		E	R	U
1	Alle Werke löschen Schlitten in Grundstellung bringen Kommaschieber setzen	0	0	0
2	$a \rightarrow$ E	a		
3	$+$		a	1
4	E löschen	0		
5	$b \rightarrow$ E	b		
6	$+$		$a+b$	2

Bei der Addition weiterer Summanden werden die Schritte 4,5 und 6 laufend wiederholt.

Bei zahlreichen Maschinentypen erfolgt die Löschung von E (Schritt 4) automatisch nach beendeter Addition, wenn nicht durch eine besondere Taste (**R-Taste** oder **Repetitionstaste**[1])) die Löschung verhindert wird. Die Summe entsteht auch bei mehr als zwei Summanden stets in R. Das Umdrehungszählwerk gibt die Anzahl der Summanden an (**Postenzähler**). Die Postenzahl dient als gewisse Kontrolle dafür, daß kein Summand vergessen wurde.

Die Zahlen werden in E und damit auch in R zur vollen Ausnutzung der Kapazität möglichst weit rechts eingetragen. Bei ganzen Zahlen nimmt die Stelle Nr. 1 die Einer auf. Bei der Addition von Dezimalbrüchen wird zunächst festgestellt, wieviel Stellen maximal nach dem Komma auftreten. Entsprechend werden sowohl für E als auch für R die Kommaschieber eingestellt, und erst danach wird die Rechnung ausgeführt.

AUFGABEN

5.17. Die Stellung der Kommaschieber und der Stand des Umdrehungszählwerkes nach beendeter Rechnung soll vor Ausführung der folgenden Additionen angegeben werden:

a) $753 + 9\,811$ b) $987\,536 + 999\,998$

c) $17,985 +   578,2$ d) $385,27 + 662,853 + 88,1$

e) $1\,983,2$
$+   888,44$
$+37\,785,625\,4$
$+   600,2$
$+ 7\,852,98$
$+   7,185\,5$

5.2.4.   Subtraktion

Die Durchführung der Subtraktion unterscheidet sich nicht wesentlich von der Addition. Die Hauptwelle der Maschine muß rückwärts (negativ) gedreht werden, so daß die Zählrollen des Resultatwerkes um die in E stehenden Werte zurückgestellt werden. Dabei müssen beim Übergang einer Zählrolle von 0 nach 9 wieder entsprechende Zehnerüberträge in die nächste Stelle ausgelöst werden, die sich u. U. auch durch die ganze Zahl hindurch fortpflanzen können.

Die einzelnen für die Subtraktion notwendigen Schritte werden in dem folgenden Ablaufplan zusammengestellt. Darin bedeutet

— Die Hauptwelle der Maschine wird einmal im negativen Sinne gedreht, oder auch: es wird die $\boxed{-}$-Taste gedrückt.

Die negative Drehung der Hauptwelle wird bei Handmaschinen entweder durch Drehung der Kurbel in negativem Sinne oder bei manchen Maschinen durch Umschaltung eines Hebels und positiver Drehung der Kurbel erreicht.

---

[1]) repetere (lat.) wiederholen

Ablaufplan für die Subtraktion $a - b$

Nr.	Maßnahmen	Inhalt der Werke		
		E	R	U
1	Alle Werke löschen	0	0	0
	Schlitten in Grundstellung bringen			
	Kommaschieber setzen			
2	$a \to$ E	a		
3	$+$		a	1
4	E löschen	0		
5	$b \to$ E	b		
6	$-$		$a - b$	0

Bei Addition oder Subtraktion weiterer Zahlen werden die Schritte 4, 5 und 6 laufend wiederholt, wobei in 6 entweder $+$ oder $-$ betätigt werden muß.

Ist das Resultat negativ, erscheint automatisch das Komplement der Zahl. Es ist also nicht notwendig, die Beträge der zu subtrahierenden Zahlen zu vergleichen, um das Vorzeichen der Differenz zu ermitteln. Es muß nur noch unterschieden werden können, ob das Resultat als direkte Zahl oder als Komplement vorliegt. Dies ist, falls nach links noch freie Stellen bleiben, immer möglich.

BEISPIELE

1. $\qquad a - b = 1\,911 - 753$

   Lösung:

   $$000\ 000\ 001\ 911 = \langle R \rangle^{1)} \ \left.\right\} \ \text{vor Ausführung}$$
   $$000\ 753 = \langle E \rangle \ \left.\right\} \ \text{der Subtraktion}$$
   $$\boxed{-}\ \overline{}$$
   $$000\ 000\ 001\ 158 = \langle R \rangle \qquad \text{nach der Subtraktion}$$
   $$\searrow \ \text{Zahl positiv}$$

2. $\qquad a - b = 685 - 2\,195$

   Lösung:

   $$000\ 000\ 000\ 685 = \langle R \rangle \ \left.\right\} \ \text{vor Ausführung}$$
   $$002\ 195 = \langle E \rangle \ \left.\right\} \ \text{der Subtraktion}$$
   $$\boxed{-}\ \overline{}$$
   $$999\ 999\ 998\ 490 = \langle R \rangle \qquad \text{nach der Subtraktion}$$
   $$\searrow \ -\ 1\,510 \qquad \text{Zahl negativ}$$

Statt eine (positive) Zahl zu subtrahieren, ist es prinzipiell auch möglich, ihr Komplement zu addieren.

---

[1]) Das Zeichen $\langle \ldots \rangle$ bedeutet „Inhalt von ..."

BEISPIELE

3. $a - b = 1\,911 - 753 = -753 + 1\,911$

  Lösung:

$$\begin{array}{ll} 999\ 999\ 999\ 247 = \langle R \rangle & \left.\begin{array}{l}\ \end{array}\right\} \quad \text{vor Ausführung} \\ 001\ 911 = \langle E \rangle & \qquad \text{der Addition} \end{array}$$

  $\boxed{+}$

$$\begin{array}{ll} 000\ 000\ 001\ 158 = \langle R \rangle & \text{nach der Addition} \\ \searrow\ \text{Zahl positiv} \end{array}$$

4. $a - b = 685 - 2\,195 = -2\,195 + 685$

  Lösung:

$$\begin{array}{ll} 999\ 999\ 997\ 805 = \langle R \rangle & \left.\begin{array}{l}\ \end{array}\right\} \quad \text{vor Ausführung} \\ 000\ 685 = \langle E \rangle & \qquad \text{der Addition} \end{array}$$

  $\boxed{+}$

$$\begin{array}{ll} 999\ 999\ 998\ 490 = \langle R \rangle & \text{nach der Addition} \\ \searrow\ -\quad 1\,510 \quad \text{Zahl negativ} \end{array}$$

Auf diese Weise lassen sich mehrere Zahlen mit unterschiedlichen Vorzeichen addieren, ohne daß die Zwischenresultate und deren Vorzeichen verfolgt werden müssen.

Bei der Subtraktion einzelner Zahlen ist es selbstverständlich einfacher, den Betrag als das Komplement einzutasten.

Da bei einer Subtraktion in U jeweils um 1 rückwärts gezählt wird, zeigt das Umdrehungszählwerk nach beendeter Rechnung die Differenz der Anzahl der Additionen und der Anzahl der Subtraktionen an. Werden mehr Subtraktionen durchgeführt, wird die Differenz negativ und erscheint auch in U als Komplement. Bezüglich der Kommastellung gilt das unter Addition Gesagte.

AUFGABE

5.18. Die Stellung der Kommaschieber und der Stand des Umdrehungszählwerkes nach beendeter Rechnung sollen vor Ausführung der folgenden Rechnungen angegeben werden:

  a) $17\,958 - 8\,653$

  b) $825{,}85 - 926{,}7288 + 81{,}621$

  c) $-17{,}882 - 529{,}58 - 11{,}82 + 47{,}01532 - 112{,}629 + 772{,}4831$

  d) $6\,622{,}4 + 553{,}18 - 991{,}3058 - 66{,}1239 + 3\,340 - 0{,}04551$

Addition und Subtraktion mit höherer Genauigkeit

Trotz der beschränkten Stellenzahl der Werke, insbesondere des Einstellwerkes, lassen sich auch „längere" Zahlen mit der Maschine addieren. Das Verfahren wird zunächst an einem Beispiel erläutert:

BEISPIEL

5. Es ist $\pi + \sqrt{2}$ auf 12 Stellen nach dem Komma genau zu bestimmen. Dabei ist $\pi = 3{,}141\ 592\ 653\ 590$ und $\sqrt{2} = 1{,}414\ 213\ 562\ 373$

Lösung: Die Zahlen werden in Teile zerlegt, wobei das folgende **Lösungsschema** verwendet wird:

Zahl	Zahlenabschnitte			
	1	2	3	
π	3,	141592	653590	
$\sqrt{2}$	1,	414213	562373	
S_1	4,			Summe der 1. Abschnitte
S_2		555805		Summe der 2. Abschnitte
S_3		1	215963	Summe der 3. Abschnitte
$\pi + \sqrt{2}$	4,	555806	215963	

Die Ziffernfolgen der Summanden werden in mehrere Abschnitte von etwa gleicher Stellenzahl zerlegt, die getrennt addiert werden. Eventuelle Überträge an den Trennstellen sind in die voranstehenden Abschnitte zu übernehmen.
Bei Subtraktionen muß durch Überschlagrechnung vermieden werden, daß das Endresultat als Komplement erscheint.

BEISPIEL

6. Es ist $S = \sqrt{3} - \pi$ auf 12 Stellen nach dem Komma zu bestimmen.
$\left(\sqrt{3} = 1{,}732\ 050\ 807\ 569\right)$

Lösung: Zur Vermeidung von Komplementen wird $-S = \pi - \sqrt{3}$ errechnet.

Lösungsschema

Zahl	1	2	3	
π	3,	141592	653590	
$\sqrt{3}$	1,	732050	807569	
D_1	2,			Differenz der 1. Abschnitte
D_2	...999,	409542		Differenz der 2. Abschnitte
D_3		...999	846021	Differenz der 3. Abschnitte
$\pi - \sqrt{3}$	1,	409541	846021	

Also ist $S = -1{,}409\ 541\ 846\ 021$

Die Differenzen der Abschnitte 2 und 3 haben jeweils führende Ziffern 9. Diese sind als negativer Übertrag zu deuten und entsprechend zu berücksichtigen.

AUFGABEN

5.19. Es ist 4π durch fortgesetzte Addition auf 10 Stellen nach dem Komma zu berechnen, wobei eine Schutzstelle in der Rechnung mitzuführen ist.

5.20. $2\sqrt{2} - \sqrt{3}$ ist auf 12 Stellen nach dem Komma genau zu bestimmen.

5.2.5.   Multiplikation

Die Multiplikation zweier Zahlen wird auf fortgesetzte Addition des einen Faktors (des Multiplikanden) zurückgeführt.

Um
$$a \cdot b = 65\,782 \cdot 9\,165$$

zu berechnen, müßte der Multiplikand a so oft addiert werden, wie der Multiplikator b angibt. Dazu wären im vorliegenden Fall 9165 einzelne Additionen notwendig. Unter Ausnutzung der Schlittenbewegung kommt man allerdings mit bedeutend weniger Aufwand aus. Dazu wird der Schlitten entsprechend der Stellenzahl des Multiplikators (hier um drei Stellen) nach rechts verschoben. Steht a in E, so wird bei jeder Drehung der Hauptwelle jetzt das Tausendfache von a addiert, entsprechend wird U jeweils um 1000 vergrößert. Nach neun Additionen steht in U die Zahl 9000 und in R der Wert $a \cdot 9000$. Dann wird der Schlitten um eine Stelle nach links bewegt und entsprechend der zweiten Ziffer von b eine Addition durchgeführt. Ergebnis: 9100 in U und $a \cdot 9100$ in R. Auf diese Weise fortfahrend, wird in U die Zahl 9165 aufgebaut. Dazu sind insgesamt nur $9 + 1 + 6 + 5 = 21$ Additionen notwendig. In R ist das Produkt $a \cdot b = 602\,892\,030$ entstanden.

Unter der Voraussetzung, daß nicht mit einer vollautomatischen Maschine gerechnet wird, entsteht folgender Ablaufplan:

Nr.	Maßnahmen	Inhalt der Werke		
		E	R	U
1	Alle Werke löschen Schlitten in die Ausgangsstellung entsprechend der Stellenzahl von b bringen Kommaschieber setzen Automatische Löschung von E abstellen	0	0	0
2	$a \to$ E	a		
3	$b \to$ U		$a \cdot b$	b

Dabei bedeutet $b \to$ U, daß der Multiplikator b ziffernweise in das Umdrehungszählwerk hineingekurbelt wird. Unter Ausnutzung evtl. abwechselnder Additionen und Subtraktionen kommt man unter Umständen mit noch weniger Operationen aus, als die Quersumme des Multiplikators angibt. Dazu wird, falls eine Ziffer größer als 5 ist (unter Umständen auch bei Gleichheit), die vorhergehende um 1 höher eingestellt und dann subtrahiert. So entsteht 9 165 aus

1 Addition	in Stelle 5: $\langle U \rangle = $	10 000
1 Subtraktion	„ „ 4: $\langle U \rangle = $	9 000
2 Additionen	„ „ 3: $\langle U \rangle = $	9 200
3 Subtraktionen	„ „ 2: $\langle U \rangle = $	9 170
5 „	„ „ 1: $\langle U \rangle = $	9 165

mit insgesamt nur zwölf Kurbeldrehungen bzw. Einzeladditionen oder -subtraktionen. Dabei ist es zu empfehlen, den Multiplikator von links nach rechts, also mit der höchsten Stelle beginnend, aufzubauen, um auch hier mit der üblichen Leseart der Zahlen in Übereinstimmung zu bleiben. Der Schlitten muß dazu zuerst in die Ausgangsstellung (jetzt vier Stellen nach rechts) gebracht werden.

Bei vollautomatischen Maschinen (Bild 5.8) ist ein spezielles Multiplikator-Einstellwerk vorhanden. Bei diesen Maschinen wird durch eine gesonderte $\boxed{\times}$-Taste die Multiplikation ausgelöst, die dann ohne äußere Eingriffe automatisch abläuft.

❙ Die Lage des Kommas ist beim Rechnen mit Dezimalbrüchen vor Beginn der Rechnung in allen drei Werken durch Kommaschieber zu kennzeichnen.

Dabei hat das Produkt in R so viel Stellen nach dem Komma, wie in den beiden Faktoren zusammen auftreten. Zur besseren Übersicht sind die Faktoren, falls möglich, möglichst weit rechts einzustellen bzw. in U zu erzeugen. Es empfiehlt sich, bei gleichartigen Aufgaben die Kommastellungen fest zu wählen, auch dann, wenn bei einzelnen Faktoren rechts Stellen freibleiben. Als Multiplikator wird der Faktor gewählt, der sich mit den wenigsten Kurbeldrehungen herstellen läßt. Dies ist in der Regel der *Faktor mit der geringeren Stellenzahl.*

AUFGABEN

5.21. Die folgenden Multiplikationen sind alle mit der gleichen Kommaeinstellung durchzuführen:

a) $17{,}38 \cdot 2154$;   b) $8\,135{,}2 \cdot 620{,}881$
c) $1{,}857 \cdot 49{,}57$;   d) $785{,}2 \cdot 19{,}8$
e) $6{,}851 \cdot 639{,}06$

5.22. Die folgenden Multiplikationen sind mit möglichst wenigen Kurbeldrehungen auszuführen. Die Anzahl ist anzugeben.

a) $5\,739 \cdot 375$;   b) $9\,099 \cdot 478$
c) $686 \cdot 7\,088$;   d) $87\,322 \cdot 19\,939$
e) $1\,004 \cdot 997$

Multiplikation mit erhöhter Genauigkeit

Wie bei der Addition gelingt es durch Zerlegung der Zahl in Abschnitte, auch längere Zahlen miteinander zu multiplizieren. Wird unter a_1 bzw. b_1 der vordere und unter a_2 bzw. b_2 der hintere Abschnitt einer Zahl a bzw. b verstanden, so errechnet sich das

Produkt $a \cdot b$ nach der Formel

$$a \cdot b = (a_1 + a_2) \cdot (b_1 + b_2) = a_1 b_1 + (a_1 b_2 + a_2 b_1) + a_2 b_2.$$

Hierin ist der letzte Summand so klein, daß er im allgemeinen nur überschlagsweise ermittelt zu werden braucht, um Rundungseinflüsse zu berücksichtigen. Die Durchführung der Rechnung wird wieder an einem Zahlenbeispiel dargelegt.

BEISPIEL

1. Es ist $\pi \cdot \sqrt{2}$ auf 10 Stellen genau zu bestimmen. Die Rechnung ist mit einigen Schutzstellen durchzuführen.

   L ö s u n g : Die einzelnen Zahlenabschnitte werden zunächst als ganze Zahlen betrachtet, entsprechend den Angaben in der linken Spalte des Schemas multipliziert und so in die betreffende Zeile eingetragen, daß die schraffierten Flächen frei bleiben.

Lösungsschema

Zahl	Zahlenabschnitte 1	2	Schutz- stellen
$a = \pi$	3,141 59	265 359	
$b = \sqrt{2}$	1,414 21	356 237	
$a_1 b_1$	4,4428	679 939	
$a_2 b_1$		037 527	33
$a_1 b_2$		111 915	06
$a_2 b_2$			09
$a \cdot b$	4,4428	829 381	48

Resultat: $a \cdot b = 4{,}442\,882\,938$

Es genügen zwei Schutzstellen. Die begrenzte Genauigkeit der eingehenden Zahlen erfordert auf alle Fälle, daß noch gerundet wird.

Besondere Hinweise zur Multiplikation

Das Produktvorzeichen wird im Kopf bestimmt, während die Maschinenrechnung den Betrag des Resultates liefert. Das Rechnen mit Komplementen ist auf Addition und Subtraktion beschränkt. Beim Berechnen von Produkten aus drei Faktoren muß nach der ersten Multiplikation das Zwischenresultat aus R wieder in das Einstellwerk übernommen werden. Dieser Vorgang heißt **Rückübertragung**. Diese ist u. a. auch erforderlich, wenn eine Summe mit einer Zahl multipliziert werden muß, also ein Term der Gestalt $(a + b + c + \cdots) \cdot z$ gebildet werden soll. Die Summe entsteht zunächst in R, zur Durchführung der Multiplikation muß sie nach E rückübertragen werden. Eine Reihe von Rechenmaschinen haben dazu eine besondere Taste mit der Beschriftung „R" oder „Rü". Durch Betätigung dieser Taste werden die Ziffern in R, die je nach Schlittenstellung gerade über den Stellen von E stehen, nach dort übernommen und anschließend das gesamte Resultatwerk gelöscht. Mit dem Schlitten kann also auch die Zahl verschoben und so in eine günstige Lage nach E zurückgebracht werden.

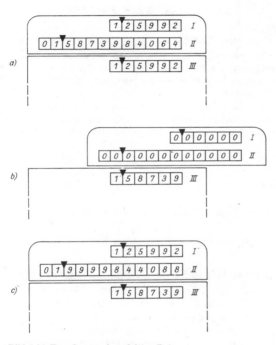

Bild 5.14. Berechnung einer dritten Potenz

BEISPIEL

2. Es ist $a = 1,25992$ in die dritte Potenz zu erheben. Da a gerundet ist, braucht a^3 nur auf etwa sechs Stellen genau ermittelt zu werden.

Lösung: Nach Ausführung der ersten Multiplikation ist der in Bild 5.14a angegebene Stand der Werke erreicht. Von dem Produkt in E interessieren nur die vorderen Stellen. Der Schlitten muß also vor Ausführung der Rückübertragung so nach rechts verschoben werden, daß die ersten Stellen des Produktes nach E übernommen werden (Bild 5.14b). Nach erneuter Multiplikation mit a ist schließlich das Resultat (Bild 5.14c) entstanden. Wie aus dem Ergebnis $(a^3 \approx 2)$ folgt, ist im Rahmen der angegebenen sechs Stellen $a = \sqrt[3]{2}$.

30*

AUFGABEN

5.23. Man berechne π^2 auf 10 Stellen genau.

5.24. Es ist das Quadrat der Zahl $a = 1,41421356658$ auf 12 Stellen zu berechnen. Am Resultat läßt sich ablesen, auf wieviel Stellen a mit dem Wert von $\sqrt{2}$ übereinstimmt.

5.25. Es ist 2^{72} mit möglichst wenigen Multiplikationen zu berechnen.

Anleitung: Ausgehend von $2^9 = 512$ ist 2^{72} durch dreimaliges Quadrieren zu bestimmen

5.26. Der Vektor $\mathfrak{a} = \begin{pmatrix} 17,76 \\ -4,382 \\ 6,02 \\ 21,781 \end{pmatrix}$ ist mit dem Skalar $\lambda = 12,387$ zu multiplizieren. Die Komponenten des Resultatvektors sind auf vier Stellen nach dem Komma zu runden.

5.27. Es ist eine Tabelle der Werte $n!$ für $n = 1, 2, \ldots, 15$ aufzustellen. Dabei ist zuerst $15!$ möglichst rationell (durch geschickte Zusammenfassung der Faktoren) zu ermitteln und dann die Tabelle durch schrittweises Multiplizieren zu errechnen. Der Wert für $15!$ ergibt sich damit zum zweiten Mal (Kontrolle!).

5.28. Es ist eine Tabelle der Potenzen a^k für $a = 2, 3, \ldots, 9$ und $k = 2, 3, \ldots, 10$ aufzustellen. Dabei sollen zunächst die höchsten Potenzen mit möglichst wenigen Multiplikationen errechnet werden, die sich dann zur Kontrolle bei der schrittweisen Multiplikation nochmals ergeben.

5.2.6.   Skalarprodukte

Bei zahlreichen Rechenverfahren kommen Terme der Gestalt

$$a_1 b_1 + a_2 b_2 + a_3 b_3 + \cdots + a_n b_n = \sum_{i=1}^{n} a_i b_i$$

vor, also Summen einfacher Produkte. Es ist möglich, solche Produktsummen oder Skalarprodukte (vgl. 1.2.4.1.) ohne Aufschreiben von Zwischenresultaten zu berechnen. Die Teilsummen laufen automatisch in R auf, da jede Multiplikation aus einer Anzahl von *Einzeladditionen* besteht und die dabei auftretenden Summanden jeweils der schon vorhandenen Summe hinzugefügt werden. Falls eines der Produkte negativ wird, ist es nicht notwendig, zuerst den Betrag zu ermitteln und diesen gesondert von der bereits vorhandenen Teilsumme abzuziehen. Es wird durch eine Folge von *Einzelsubtraktionen* gerade das Komplement des Produktes erzeugt und sogleich addiert. Dazu wird das Umdrehungszählwerk negativ geschaltet, so daß trotz Ausführung von Subtraktionen in U kein Komplement entsteht. Bei vollautomatischen Maschinen kann durch eine Taste ⊠ (**Minusmultiplikation**) das Komplement automatisch gebildet und addiert werden. Das Resultat entsteht in jedem Fall vorzeichenrichtig, ganz gleich, welche Vorzeichen die einzelnen Teilsummen getragen haben.

Alle Teilprodukte müssen mit der gleichen Kommastellung errechnet werden. Da bei vielen Problemen die Zahlen $a_1, a_2, \ldots$ einerseits und die $b_1, b_2, \ldots$ andererseits jeweils in der gleichen Größenordnung liegen, lassen sich die Kommaschieber für E und U und damit auch in R für alle Produkte fest einstellen. Dann ist eine laufende Addition der Teilprodukte gestattet.

Nach diesen Vorbemerkungen ergibt sich folgender Ablaufplan für die Bildung von Skalarprodukten:

Nr.	Maßnahmen	Inhalt der Werke		
		E	R	U
1	Alle Werke löschen Kommaschieber setzen Automatische Löschung von E abstellen	0	0	0
2	$a_1 \to$ E	a_1		
3	Schlitten in die Ausgangsstellung bringen			
4	$b_1 \to$ U		$a_1 \cdot b_1$	b_1
5	E und U löschen	0		0
6	$a_2 \to$ E	a_2		
7	Schlitten in die Ausgangsstellung bringen			
8	$b_2 \to$ U		$a_1 b_1 + a_2 b_2$	b_2

Bei weiteren Summanden werden die Schritte 5, 6, 7 und 8 entsprechend mit a_3, b_3; a_4, b_4; ... wiederholt.

BEISPIEL

Es ist $S = 15{,}382 \cdot 3{,}17 - 48{,}221 \cdot 4{,}18 + 24{,}96 \cdot 9{,}29$ zu berechnen.

Lösung: Die jeweils ersten Faktoren kommen nach E, da sie mehr Stellen besitzen. Das Komma wird in E um drei, in U um zwei und in R um fünf Stellen nach links versetzt eingestellt.

Es entstehen der Reihe nach die folgenden Zwischenergebnisse:

Nr. des Schrittes	Inhalt der Werke		
	E	R	U
1	0	0	0
2, 3, 4	015,382	000 004 8,76 094	000 3,17
5, 6, 7, 8	048,221	999 984 7,19 716	(−)4,18
5, 6, 7, 8	024,960	000 007 9,07 556	000 9,29

Ergebnis: $S = 79{,}075\ 56$

Trotz negativer Zwischensumme entsteht das Resultat betrags- und vorzeichenrichtig.

AUFGABEN

5.29. Die Summen

a) $S = 107{,}3\ \cdot 0{,}018 + 325{,}2\ \cdot 0{,}165 - 488 \cdot 0{,}096$,

b) $S = -77{,}89 \cdot 1{,}5\ \ + \ 95{,}663 \cdot 2{,}4\ - 36{,}801 \cdot 3{,}4$

sind zu berechnen.

5.30. Es soll das Skalarprodukt der beiden Vektoren

$$\mathfrak{a} = \begin{pmatrix} +0,8175 \\ -0,6627 \\ +0,4343 \\ -0,6003 \end{pmatrix} \quad \text{und} \quad \mathfrak{b} = \begin{pmatrix} -26,85 \\ -33,62 \\ +60,25 \\ -21,98 \end{pmatrix}$$

bestimmt werden.

5.31. Es ist durch Nachrechnen zu prüfen, daß

$$x_1 = 21,83; \; x_2 = -14,67; \; x_3 = 85,29; \; x_4 = 6,85$$

die Lösungen des folgenden Gleichungssystems sind:

$$
\begin{aligned}
2,853\,x_1 - 0,697\,x_2 - 9,003\,x_3 - 9,856\,x_4 &= -762,87 \\
6,997\,x_1 - 11,598\,x_2 + 11,529\,x_3 - 16,783\,x_4 &= 1\,191,23 \\
7,985\,x_1 + 7,385\,x_2 - 6,804\,x_3 - 10,961\,x_4 &= -589,42 \\
3,667\,x_1 + 5,21\,x_3 - 25,17\,x_4 &= 352,00
\end{aligned}
$$

Die Differenzen zwischen den linken und den rechten Seiten sind anzugeben.

5.2.7.   Division

Der Divisionsvorgang wird ähnlich wie bei der manuellen Rechnung in eine Folge von Subtraktionen aufgelöst.

Es wird festgestellt, wie oft der Divisor vom Dividenden abgezogen werden kann. Diese Anzahl stellt den Quotienten dar. Um mit wenigen Subtraktionen auskommen zu können, wird wie bei der Multiplikation die Möglichkeit der Schlittenverschiebung ausgenützt. Um die Kapazität des Umdrehungszählwerkes, in dem der Quotient entsteht, voll zu nutzen, wird zunächst der Schlitten ganz nach rechts gebracht, der Dividend in die linke Seite von R addiert und der Divisor in E so eingestellt, daß sofort eine, aber nicht mehr als 9 Subtraktionen möglich sind. Bild 5.15a zeigt für das Beispiel

$$24\,594\,000\,000 : 240\,360$$

die entsprechende Einstellung. Das Umdrehungszählwerk ist negativ zu schalten, damit in U der Quotient nicht als Komplement erscheint.

Der Divisor wird in dieser Schlittenstellung von dem Dividenden so oft wie möglich abgezogen. Die erste Stelle von U zeigt die Anzahl der Subtraktionen an (Bild 5.15b). Der verbleibende Rest in R ist kleiner als der Wert in E. Anschließend wird der Schlitten um eine Stelle nach links gerückt und, falls möglich, erneut subtrahiert. In Bild 5.15c ist diese Verschiebung bereits ausgeführt, eine Subtraktion ist allerdings noch nicht möglich, als nächste Resultatstelle erscheint 0. Wird der Schlitten nochmals um eine Stelle gerückt, so sind dann insgesamt zwei Subtraktionen möglich, das Resultat ist in Bild 5.15d dargestellt. In dieser Weise wird die Rechnung fortgesetzt, bis schließlich in U das endgültige Resultat und in R der verbleibende Rest entstanden sind. Als Resultat des in Bild 5.15 dargestellten Divisionsvorgangs ergibt sich 102 321, Rest 124 440.

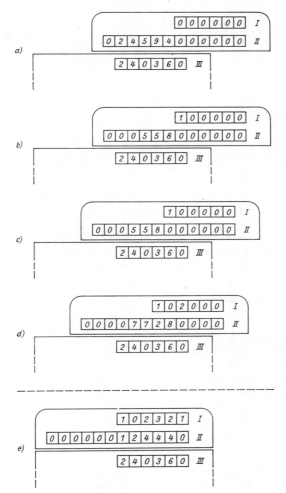

Bild 5.15. Divisionsvorgang

Bei der Division wird die Stellung des Resultatkommas am besten nach Eintragung der beiden Operanden durch einen Überschlag ermittelt und entsprechend der Kommaschieber eingestellt. Es ist überhaupt dringend zu empfehlen, beim Maschinenrechnen laufend im Kopf das Vorzeichen, die Größenordnung und evtl. auch den Wert der ersten Ziffer des Resultates zu verfolgen, um grobe Irrtümer weitgehend auszuschließen. So kann bei einer Division, falls der Divisor ungünstig eingestellt war, der Fall eintreten, daß gerade die ersten Ziffern des Quotienten verlorengehen. Bild 5.16a zeigt die falsch eingestellten Eingangswerte und Bild 5.16b das entsprechend falsche Resultat. Man vergleiche damit das Resultat in Bild 5.15e.

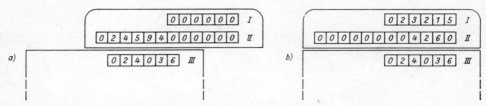

Bild 5.16. Division mit falsch eingestellten Werten

Statt beim Divisionsvorgang laufend darauf zu achten, ob die Differenz in R noch größer als der Divisor ist, wird besser so lange subtrahiert, bis der Rest in R das Vorzeichen wechselt, was an der Komplementbildung und am Glockenzeichen zu erkennen ist. Dann wird der Schlitten nach links gerückt. In der nächsten Stellung wird nun so lange addiert, bis wieder das Vorzeichen umschlägt. Auf diese Weise kann durch abwechselnde Addition und Subtraktionen der Quotient leichter ermittelt werden.

Bei etwa auftretenden negativen Zahlen wird die Maschinenrechnung nur mit den Beträgen durchgeführt und das Vorzeichen nachträglich hinzugefügt.

Der Ausführung der Division liegt also folgender Ablaufplan zugrunde:

Nr.	Maßnahmen	Inhalt der Werke		
		E	R	U
1	Alle Werke löschen Schlitten ganz nach rechts bringen U negativ schalten Automatische Löschung von E abstellen	0	0	0
2	$a \to E$ $+$ E und U löschen	a 0	a	999 999 0
3	$b \to E$ Dividend und Divisor möglichst weit links und in solcher gegenseitiger Lage eingeben, daß wenigstens eine, aber nicht mehr als 9 Subtraktionen möglich sind.	b		
4	Divisor so lange von R subtrahieren, bis das Vorzeichen umschlägt.			
5	Schlitten um eine Stelle nach links verschieben			
6	Divisor so lange zu R addieren, bis das Vorzeichen umschlägt			
7	Schlitten um eine Stelle nach links verschieben			
8	Wiederholung mit 4, solange sich der Schlitten noch nicht in der Grundstellung befindet.			
	Ergebnis:	b	Rest	Quotient

Bei halb- und vollautomatischen Maschinen kann sowohl die Übernahme des Dividenden aus dem Einstellwerk in das Resultatwerk (Schritt Nr. 2, sogenannte Divisionsvorbereitung) als auch der eigentliche Divisionsvorgang (Schritt 4 bis 8) durch Tastendruck ausgelöst werden. Dabei besteht leicht die Möglichkeit, daß bei zu kleinem Divisor, insbesondere falls versehentlich $b = 0$ wirksam wird, der Divisionsvorgang kein Ende findet. An diesen Maschinen ist deshalb eine Taste **Divisions-Stopp** vorgesehen, durch die der Divisionsvorgang sofort unterbrochen werden kann. Dem Anfänger ist zu raten, sich über die Lage dieser Taste rechtzeitig zu informieren, um die Maschine bei Fehlbedienung wieder abschalten zu können. Notfalls ist der Netzstecker zu ziehen.

Wird der Divisionsrest wieder in den linken Teil des Resultatwerkes gebracht und die Division fortgesetzt, entstehen weitere Stellen des Quotienten. Auf diese Weise kann die Genauigkeit des Resultates gesteigert werden.

Division durch Aufmultiplizieren

Bei Maschinen ohne automatische Division ist noch ein anderes Verfahren bemerkenswert.

Der Divisionsvorgang wird hier in eine Folge von Additionen aufgelöst. Es wird festgestellt, wie oft der Divisor addiert werden muß, damit als Summe in R der Wert des Dividenden entsteht. Die Anzahl der ausgeführten Additionen ergibt den Quotienten. Dazu ist das Umdrehungszählwerk positiv zu schalten. Der Schlitten wird bis zum Anschlag nach rechts gebracht und der Divisor b linksbündig in das Einstellwerk eingegeben. Nun wird b so oft addiert, bis im Resultatwerk der Wert des Dividenden fast erreicht oder gerade überschritten wird. Dazu genügt es, die erste bzw. die ersten beiden Stellen im Resultatwerk zu verfolgen. Stimmen diese hinreichend mit denen des Dividenden überein, wird der Vorgang abgebrochen, der Schlitten um eine Stelle nach links verschoben und der Divisor weiter addiert oder subtrahiert, bis der Wert im Resultatwerk um eine Stelle mehr mit dem des Dividenden übereinstimmt. Die weiteren Ziffern des Quotienten werden in gleicher Weise ermittelt. Dabei wird jeweils addiert oder subtrahiert, je nachdem der Wert im Resultatwerk vor der letzten Schlittenverschiebung größer oder kleiner als der Dividend geblieben war. Der Einfachheit halber kann auch abwechselnd addiert bzw. subtrahiert werden, bis jeweils der vorgeschriebene Wert in R über- bzw. unterschritten wird.

Die Division durch Aufmultiplizieren wird durch folgenden Ablaufplan beschrieben:

Nr.	Maßnahme	Inhalt der Werke		
		E	R	U
1	Alle Werke löschen	0	0	0
	Schlitten ganz nach rechts bringen			
	Automatische Löschung von E abstellen			
2	$b \to$ E, linksbündig	b		

Nr.	Maßnahme	Inhalt der Werke		
		E	R	U
3	Divisor b so lange addieren, bis R den Wert des Dividenden gerade überschritten hat.			
4	Schlitten um eine Stelle nach links verschieben.			
5	Divisor b so lange subtrahieren, bis R den Wert des Dividenden gerade unterschritten hat.			
6	Schlitten um eine Stelle nach links verschieben.			
7	Wiederholung mit 4, solange sich der Schlitten noch nicht in der Grundstellung befindet.			
	Ergebnis:		b	a'	Quotient

a' unterscheidet sich noch um den Rest von dem vorgegebenen Dividenden a.
Das Verfahren hat den Vorteil, daß anfangs a nicht eingegeben zu werden braucht. Es lohnt sich dann besonders, wenn nur wenige Stellen des Quotienten interessieren. Ein Nulldurchgang ist allerdings leichter zu beobachten (Glockenzeichen) als das Erreichen eines bestimmten Wertes.

AUFGABEN

5.32. Der Wert der folgenden Quotienten ist zu berechnen:

a) $64066:206$;   b) $38911:(-233)$

c) $9690138:2799$;   d) $-395787483:(-12321)$.

5.33. a) $39,772:0,326$;   b) $-1220,951:36,23$

c) $32,83335:0,04509$;   d) $71986,9685:(-53,135)$.

5.34. Man bestimme auf sechs gesicherte Dezimalen:

a) $47,8827:736,98$;   b) $0,0685:0,008538$

c) $853,27\ :(-6197,3)$;   d) $670349\ :0,670346$

5.35. Man berechne auf drei Stellen nach dem Komma genau (zusätzlich eine Schutzstelle in der Zwischenrechnung):

a) $\dfrac{6,837}{4,331} - \dfrac{28,27}{21,04}$;   b) $\dfrac{77,69 \cdot 8,3007}{512,3 \cdot 0,3418}$

c) $(38,578 \cdot 4,359 - 122,32):4,557$;   d) $(5,27 \cdot 0,385 - 3,55 \cdot 1,736):0,1467$.

5.36. Die Lösungen des linearen Gleichungssystems

$11,38\,x - 26,49\,y = -4,53$

$18,27\,x + 14,33\,y = 39,27$ sind zu bestimmen.

Anleitung: Das Gleichungssystem ist zunächst mit allgemeinen Zahlensymbolen als Koeffizienten formelmäßig aufzulösen. In diese Formeln sind die vorgegebenen Werte einzusetzen. Die Rechnung ist möglichst rationell zu gestalten (Rechenschema).

5.2.8. Berechnung von Quadratwurzeln

Mit einer Tischrechenmaschine ist es in einfacher Weise möglich, auch Quadratwurzeln zu berechnen. Es wird zunächst die Größenordnung der gesuchten Wurzel $x = \sqrt{a}$ mit $a > 0$ bestimmt. Dazu muß der Radikand a, vom Komma ausgehend, in Gruppen zu je zwei Ziffern nach links bzw. nach rechts hin eingeteilt werden, je nachdem, ob besetzte Stellen vor oder führende Nullen nach dem Komma vorhanden sind. Die Anzahl dieser Gruppen entspricht der Anzahl der Stellen vor oder der Nullen nach dem Komma in der gesuchten Wurzel. Aus der ersten oder den ersten beiden Gruppen wird ein Näherungswert x_0 für die Wurzel (im Kopf oder mit dem Rechenstab) bestimmt, der mit der Maschine mehrmals verbessert wird. Dazu muß zu x_0 eine Korrektur Δx so bestimmt werden, daß

$$x_1 = x_0 + \Delta x$$

eine bessere Näherung für $x = \sqrt{a}$ ist. Dies verlangt

$$x_1^2 = (x_0 + \Delta x)^2 = x_0^2 + 2x_0 \cdot \Delta x + (\Delta x)^2 \approx a \tag{5.11}$$

Da x_0 bereits eine Näherung für $\sqrt{a}$ darstellt, wird Δx klein gegen x_0 sein, so daß $(\Delta x)^2$ in (5.11) vernachlässigt werden kann.
Es wird also Δx so bestimmt, daß

$$x_0^2 + 2x_0 \cdot \Delta x = a$$

wird. Daraus entsteht wegen $x_0 \neq 0$

$$x_0 + 2\Delta x = \frac{a}{x_0}$$

oder, nachdem auf beiden Seiten x_0 addiert wurde,

$$2x_0 + 2\Delta x = 2(x_0 + \Delta x) = 2x_1 = \frac{a}{x_0} + x_0$$

also

$$\boxed{x_1 = \frac{1}{2}\left(x_0 + \frac{a}{x_0}\right)} \tag{5.12}$$

eine Formel, die die grobe Näherung x_0 wesentlich zu verbessern gestattet.

BEISPIEL

1. Es ist $x = \sqrt{2}$ durch einen Iterationsschritt nach (5.12) zu bestimmen.

   Lösung: Als Näherung dient $x_0 = 1{,}4$. Dann wird

   $$x_1 = \frac{1}{2}\left(1{,}4 + \frac{2}{1{,}4}\right) = \frac{1}{2}(1{,}4 + 1{,}428) \tag{5.13}$$

   $$x_1 = 1{,}414.$$

   Auf der Maschine ist lediglich die Division $a : x_0 = 2 : 1{,}4$ durchzuführen.

Die neue Näherung x_1 als Mittelwert der alten Näherung x_0 und dem Quotienten $a:x_0$ besteht zunächst aus den Stellen, die in den beiden Zahlen gemeinsam vorhanden sind [in (5.13) halbfett gedruckt]. Dazu kommt die halbe Summe der beiden Reste, die leicht und ohne Rechenmaschine bestimmt werden kann.

Der Wert x_1 wird in gleicher Weise weiter verbessert. Denn, ausgehend von (5.12), gilt allgemein

$$x_{n+1} = \frac{1}{2}\left(x_n + \frac{a}{x_n}\right) \qquad \text{für} \quad n = 0, 1, 2, \ldots \tag{5.14}$$

BEISPIEL

2. Die Lösung von Beispiel 1 ist weiter zu verbessern.

Lösung: Mit (5.14) wird $\sqrt{2}$ genauer bestimmt und die gesamte Rechnung nochmals zusammengestellt:

$$x_0 = 1,4 \qquad a:x_0 = 1,42857$$
$$x_1 = 1,414 \qquad a:x_1 = 1,41442$$
$$x_2 = 1,41421 \qquad a:x_2 = 1,41421$$

Bei jedem Iterationsschritt verdoppelt sich etwa die Anzahl der endgültig errechneten Stellen. Nur diese werden zur Korrektur herangezogen. Das Verfahren wird beendet, wenn im Rahmen der Kapazität der Maschine keine Verbesserung mehr möglich ist. Dies tritt nach zwei, spätestens nach drei Schritten ein, da das Verfahren sehr rasch konvergiert, wenn ein einigermaßen günstiger Ausgangswert x_0 vorliegt.

Solange es die Kapazität der Maschine zuläßt, wird nach der Formel (5.14) gerechnet. Bei Anwendung der Beziehung

$$\Delta x = x_{n+1} - x_n = \frac{a - x_n^2}{2x_n}, \qquad n = 0, 1, 2, \ldots \tag{5.15}$$

die sich aus (5.14) durch beiderseitige Subtraktion von x_n ergibt, läßt sich eine weitere Korrektur ermitteln, die die Stellenzahl der Wurzeln nochmals verdoppelt.

BEISPIEL

3. Ausgehend von dem obigen Resultat im 2. Beispiel wird

$$\Delta x = \frac{2 - x_2^2}{2x_2} = \frac{2 - 1,41421^2}{2 \cdot 1,41421} = \frac{2 - 1,9999899241}{2,82842} =$$

$$= \frac{0,0000100759}{2,82842} = 0,0000035 6237$$

also ist $\sqrt{2} = 1,4142135624$.

Zur Übung und schematischen Zusammenstellung der Rechnung werden noch zwei weitere Quadratwurzeln errechnet.

BEISPIELE

4. Man bestimme $x = \sqrt{767}$ auf 10 gültige Dezimalen.

Lösung: Es existieren zwei Zifferngruppen vor dem Komma, also besitzt die Wurzel zwei Stellen vor dem Komma, sie hat die Gestalt

$$x = \bullet\bullet, \ldots$$

Als erste Näherung dient $x_0 = 28$.

Lösungsschema:

n	x_n	$a : x_n$
0	28	27,3928
1	27,69	27,6995
2	27,6947	27,6948

Nachverbesserung nach (5.15):

$$\Delta x = \frac{767 - x_2^2}{2 x_2} = \frac{767 - 766,99640809}{55,3894} = \frac{0,00359191}{55,3894} = 0,0000648483$$

also $x = \sqrt{767} = 27,6947648 5$.

5. Man bestimme $x = \sqrt{0,0000783}$ auf 10 Stellen genau.

Lösung: Es existieren zwei Zifferngruppen mit Nullen nach dem Komma, also hat die Wurzel zunächst zwei Nullen nach dem Komma, sie hat demnach die Gestalt $x = 0,00\ldots$ Der Rechenstab liefert als erste Näherung $x_0 = 0,0088$.

Lösungsschema:

n	x_n	$a : x_n$
0	0,0088	0,00889772
1	0,008849	0,00884845
2	0,00884872	0,00884873

Nachverbesserung:

$$\Delta x = \frac{0,0000783 - 0,0000782998456384}{0,01769744} = \frac{0,0000000001543616}{0,01769744} =$$

$$= 0,0000000087222$$

also $x = \sqrt{0,0000783} = 0,008848728722$.

AUFGABEN

5.37. Man berechne auf 10 (bedeutsame) Stellen

a) $\sqrt{6852}$ b) $\sqrt{0,000818}$

5.38. Es ist die Länge der Diagonalen eines Rechtecks mit den Seiten $a = 36{,}28$ cm und $b = 58{,}19$ cm mit der gleichen (absoluten) Genauigkeit wie die der vorgegebenen Größen zu bestimmen (eine Schutzstelle während der Rechnung).

5.39. a) Die Länge (der Betrag) des Vektors

$$\mathfrak{a} = \begin{pmatrix} 4{,}82 \\ 12{,}98 \\ -6{,}27 \end{pmatrix}$$

ist zu berechnen.

b) Welche Komponenten hat der zugehörige Einheitsvektor?

5.40. Zur Berechnung einer Kubikwurzel wird zu einer Näherung x_0 durch Addition von

$$\Delta x = \frac{a - x_0^3}{3x_0^2} \tag{5.16}$$

eine wesentlich verbesserte Näherung ermittelt.

a) Die Formel (5.16) ist, ausgehend von $(x_0 + \Delta x)^3 = a$, zu beweisen.

b) Es ist $\sqrt[3]{2}$ auf 10 verbürgte Ziffern zu bestimmen.

5.2.9.   Elektronische Tischrechenmaschinen

Der größte Teil der zur Zeit zur Verfügung stehenden Tischrechenmaschinen benützt mechanische Einrichtungen, wie Zahnräder, Zahnstangen, Hebel, Federn, Wellen usw., zur Ausführung der Rechenoperationen. Maschinen mit Handkurbelantrieb waren vor Jahren stark verbreitet. Diese kleinen, leicht transportablen und auch anspruchslosen „Kurbelmaschinen" sind für denjenigen, der nur gelegentlich ein entsprechendes Rechenhilfsmittel benötigt, auch heutzutage noch recht vorteilhaft.
In der Regel werden die Rechenmaschinen jetzt durch kleine Elektromotoren angetrieben und sind so eingerichtet, daß die einzelnen Rechenoperationen nach ihrer Auslösung durch Tastendruck automatisch ablaufen. Mechanische Tischrechenmaschinen werden seit Jahrzehnten gefertigt. Es stehen hier ausgereifte Konstruktionen zur Verfügung.
Trotzdem machen sich bei der tagtäglichen Arbeit mit ihnen einige Nachteile deutlich bemerkbar. Am auffälligsten ist die nicht unerhebliche Lärmbelästigung. Die mechanischen Einrichtungen lassen nur relativ kleine Anzeigefelder für die einzelnen Ziffern der Zahlen zu. Das Ablesen von Werten strengt also mit der Zeit an, besonders bei ungünstiger Beleuchtung. Die mechanischen Bauteile verschleißen, so daß mit notwendigen Reparaturen gerechnet werden muß.
Seit einigen Jahren werden auch elektronische Tischrechenmaschinen gefertigt. Sie besitzen volltransistorisierte Rechen- und Speicherwerke und haben außer wenigen Tasten für die Eingabe von Zahlen und zur Auslösung der Operationen keine beweglichen Teile mehr. Sie unterliegen also keinem Verschleiß und erfordern keinerlei Wartung. Die elektronischen Maschinen verbinden die Vorteile der herkömmlichen Tischrechenmaschinen (relativ billig, leicht zu transportieren und ohne besondere Ausbildung bedienbar) mit denen elektronischer Geräte (schnell, geräuschlos,

wartungsfrei). Eingetastete Werte und Resultate werden durch Ziffernprojektoren oder Ziffernanzeigeröhren deutlich und leicht ablesbar dargestellt. Bei manchen Maschinen besteht auch die Möglichkeit, noch zusätzliche Geräte zum Ausdrucken der Resultate anzuschließen. Damit entsteht automatisch ein Protokoll der Rechnung, das gestattet, den gesamten Rechengang nachträglich noch in allen Teilen verfolgen und kontrollieren zu können. Elektronische Tischrechenmaschinen besitzen im allgemeinen auch Speichereinrichtungen für mehrere Zahlen und die Möglichkeit, zusätzlich zu den Grundrechnungsarten noch andere Operationen, wie Potenzieren und Wurzelziehen, automatisch durchzuführen.

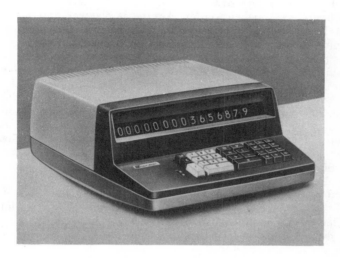

Bild 5.17. Ein elektronischer Tischrechenautomat

5.3. Rechenautomaten und Datenverarbeitungsanlagen

5.3.1. Einführung und Überblick

5.3.1.1. Vorbemerkungen

Die Entwicklung technischer Hilfsmittel für die praktische Mathematik ist weit über Rechenstab und Tischrechenmaschine hinaus fortgeschritten. Rechenautomaten und automatische Datenverarbeitungsanlagen werden trotz hoher Investitionskosten in großen Stückzahlen eingesetzt. Allerdings wird der größere Teil dieser Anlagen nur noch in geringem Umfang unmittelbar für mathematische Probleme wirksam. Sie werden mehr für andere Aufgaben der Datenverarbeitung eingesetzt. Die Behandlung aller Fragen der Datenverarbeitung in diesem Lehrbuch würde jedoch die Grenzen der Mathematik weit überschreiten. Auf der anderen Seite müssen aber Probleme, die auf einer automatischen Anlage bearbeitet werden sollen, so geordnet und systematisiert werden, daß ein logisch einwandfreier und fest umrissener Ablauf entsteht. Er muß in einer fest vorgeschriebenen Form dargestellt werden. Mathematische Arbeitsweisen durchdringen also solche Gebiete, die mit Hilfe der elektronischen Datenverarbeitung bearbeitet werden sollen. Deshalb erscheint in dieser Reihe von Lehrbüchern der Mathematik ein gesondertes Kapitel über Rechenautomaten und Datenverarbeitungsanlagen angebracht.

Die früher in zahlreichen Wirtschaftszweigen vorherrschende schwere körperliche Arbeit (Bergbau, Transport, Bauwesen u. a.) ist in zunehmendem Maße durch technische Hilfsmittel erleichtert worden. Es ist ein wichtiges Merkmal der Technik, daß physisch schwere Arbeiten statt bisher durch den Menschen mit Maschinen erledigt bzw. überhaupt erst möglich werden. Auf dieses Ziel waren in der Hauptsache die technischen Bestrebungen der vergangenen Jahrhunderte ausgerichtet. Demgegenüber gewinnt in jüngster Zeit ein anderes, nicht minder wichtiges Merkmal der Technik steigende Bedeutung, nämlich die Möglichkeit, monotone, sich mit gewisser Regelmäßigkeit wiederholende Arbeitsgänge durch technische Einrichtungen erledigen zu lassen. Man denke etwa an solche Arbeiten in Fließbändern, die im Einzelfall keine großen Kräfte verlangen, jedoch durch ihre gleichmäßige Wiederholung bald mehr zu einer geistigen Anstrengung werden. Hier helfen Automaten oder gar Taktstraßen. Auch für Vorgänge wie das Abzählen, Numerieren, Beschriften oder Registrieren von gleichen oder ähnlichen Gegenständen oder Vorgängen, die in großen Stückzahlen vorkommen, sind Maschinen möglich. Es handelt sich hier um geistige Arbeit, die mechanisiert und automatisiert wird. So stellt die Durchführung von Zahlenrechnungen, besonders wenn ein Problem sehr oft in ähnlicher Weise, nur mit abgeänderten Zahlenwerten oder mit großer Genauigkeit, erledigt werden muß, monotone geistige Arbeit dar. Auch hierfür werden schon seit einigen Jahrzehnten neben den bereits besprochenen Tischrechenmaschinen und den Lochkartenmaschinen komplette Automaten, sogenannte Rechenautomaten, oder ganz allgemein Datenverarbeitungsanlagen eingesetzt.

Bei den Rechenautomaten unterscheidet man zwei grundlegende Typen: Analog- und Digitalrechenautomaten.

5.3.1.2.   Analogrechenautomaten

Die Anwendung von Analogrechengeräten beruht auf der Tatsache, daß ganz verschiedenartige Naturvorgänge in den Gesetzmäßigkeiten ihres Ablaufes große Ähnlichkeiten (Analogien) aufweisen können. So werden beispielsweise die Schwingungsvorgänge sowohl von belasteten Federn als auch die von Pendeln, Uhren-Unruhen oder einfachen elektrischen Schwingkreisen durch gleichartige gewöhnliche Differentialgleichungen 1. Ordnung beschrieben.

Sind in einem (meist technischen) Problem (dem Ursprungsproblem oder allgemeiner dem Original) die Gesetzmäßigkeiten zwischen den vorkommenden Größen in der Gestalt mathematischer Gleichungen bekannt, ihre direkte Lösung aber unmöglich oder zumindest zu aufwendig, so kann der Einsatz eines Analogrechenautomaten recht vorteilhaft sein. Dabei werden die auftretenden Größen nach Wahl geeigneter Maßstäbe durch physikalische Größen, im allgemeinen durch elektrische Spannungen ersetzt. Die Gesetzmäßigkeiten, die zwischen ihnen entsprechend der Struktur des

Original-Problems bestehen müssen, werden durch Schaltungen mit Standardbaugruppen des Analogrechenautomaten realisiert. Das ursprüngliche Problem wird also auf eine leicht aufzubauende elektronische Schaltung abgebildet, die bei entsprechender Deutung die gleiche Reaktion auf äußere Einwirkungen wie das Original zeigt. Das technische Problem wird nachgebildet (simuliert). Es kann durch das Studium eines ebenbürtigen, aber viel leichter zu handhabenden Modells untersucht werden. Die sehr verschiedenen, als Rechengrößen auftretenden Spannungen werden auf Grund der Gesetzmäßigkeiten des Original-Problems durch elektronische Baugruppen (Funktionseinheiten) miteinander verknüpft. So gibt es unter anderem solche für Addition (auch Subtraktion und Vorzeichenumkehrung), Multiplikation, Integration, zur Einstellung von Konstanten und zur Erzeugung vorgeschriebener Funktionsverläufe, ferner besondere Geräte zur Realisierung von Zeitverzögerungen (Totzeiten) und zur Auswertung, insbesondere zur zeichnerischen Darstellung von Resultaten.

Analogrechenautomaten werden vorrangig zur Untersuchung von komplizierten Schwingungs-, Steuerungs- und Regelungsvorgängen eingesetzt. Hier besitzen sie gegenüber den noch zu besprechenden Digitalrechenautomaten unbestreitbare Vorteile. Durch den gleichzeitigen Einsatz vieler (unter Umständen weit über hundert) Funktionseinheiten und ihre stetige Arbeitsweise läßt sich sehr schnell eine Übersicht über mögliche Lösungen gewinnen. Durch Änderung von Parametern, die in die Schaltung eingehen, und eventuell auch der Art der Zusammenschaltung der Funktionseinheiten lassen sich mit einer Genauigkeit, die technischen Problemen angepaßt ist, leicht mögliche Lösungsvarianten finden und studieren. Hierin und in den geringeren Anschaffungskosten vergleichbarer Anlagen liegt der Vorteil der Analogrechenautomaten gegenüber digitalen Geräten.

5.3.1.3.   Digitalrechenautomaten

Das Wort **digital** bedeutet soviel wie „mit Ziffern arbeitend".

Ein **Digital-** oder **Ziffern-Rechenautomat** verwendet auch intern, das heißt zur Speicherung von Werten und bei der Durchführung von Operationen, die ziffernmäßige Darstellung von Zahlen.

Dies geschieht durch technische Bauelemente, die durch genau voneinander abgegrenzte Zustände oder Einstellungen den Wert einer Ziffer darstellen können. Durch Wiederholung und Koppelung dieser Bauelemente werden alle Ziffern einer Zahl und die Rechenoperationen realisiert. Mechanische Zähl- und Rechengeräte besitzen so zum Beispiel Zahnräder mit wohldefinierten Raststellungen, die jeweils einer bestimmten Ziffer entsprechen.

Digitalrechenautomaten verwenden *elektrische und elektronische Bauelemente*, die bei hoher Funktionssicherheit auch hohe Rechengeschwindigkeiten ermöglichen. Sie besitzen in der Regel *zwei extreme und wohldefinierte Betriebszustände* (Relais angezogen oder abgefallen, Röhre oder Transistor von Strom durchflossen oder gesperrt, zwei mögliche Magnetisierungsrichtungen, Impuls positiv oder negativ usw.), so daß Zahlensysteme mit der *Grundzahl* 2 (Dualzahlen) eine wichtige Rolle spielen. Digitalgeräte sind gegenüber vergleichbaren Analoggeräten wesentlich umfangreicher und damit entsprechend teurer. Dafür können sie äußerst vielseitig eingesetzt werden.

Der Hauptvorteil von Rechenautomaten wird gelegentlich in ihren überraschend hohen Arbeitsgeschwindigkeiten gesehen. Einzelne Rechenoperationen werden oft nur in Bruchteilen von Milli- und Mikrosekunden ausgeführt. Diese äußerst kurzen Operationszeiten können jedoch nur dann sinnvoll ausgenutzt werden, wenn es gelingt, eine sinnvolle Folge von Operationen ohne äußeren Eingriff ablaufen zu lassen. Deshalb ist es besser, als wesentlichstes Charakteristikum eines Rechenautomaten die Möglichkeit der automatischen Steuerung eines Rechenprogramms zu nennen. Das Herstellen von Programmen, das **Programmieren**, wie man kurz sagt, ist die wichtigste Vorbereitungsarbeit zur Durchführung automatischer Rechnungen. Die Möglichkeit der **Programmsteuerung** ist ein entscheidendes Kennzeichen aller Datenverarbeitungsanlagen überhaupt.

5.3.1.4.   Datenverarbeitungsanlagen

Die elektronische Datenverarbeitung umfaßt im Gegensatz zur Rechentechnik wesentlich mehr Anwendungsmöglichkeiten. Rechenautomaten stellen nur spezielle Typen elektronischer Datenverarbeitungsanlagen dar, die besonders für die Bearbeitung numerischer Probleme eingerichtet sind. Das Wesen der Datenverarbeitung soll zunächst an zwei Beispielen erläutert werden.

Erfassung und Sichtung massenhafter Informationen

In Verwaltungen, Betrieben oder anderen Einrichtungen ist es in vielfältiger Weise notwendig, bestimmte Begriffe, Sachen oder Personen zu registrieren. Beispiele sind: Inventarverzeichnisse, Kataloge von Büchereien, Telefonbücher, Adreßbücher, Melderegister für Personen, Fahrzeuge, Gebäude u. a., technische Dokumentationen usw. Für einfache Erfassungsprobleme reichen Listen aus. Für umfangreiche Zusammenstellungen, insbesondere wenn ständig Ergänzungen und Änderungen berücksichtigt werden müssen, werden Karteien verwendet. Bei ausgesprochen massenhaften Erhebungen sind auch diese schwer zu handhaben. Eine einigermaßen zugängliche Kartei mit mehreren Millionen Karten füllt einen ganzen Saal. Der zur Verfügung stehende Raum begrenzt damit die mögliche *Kapazität*. Die Karteikarten müssen nach einem bestimmten Gesichtspunkt geordnet werden. Das Einfügen oder Auffinden einer Karte wird zu einem Suchproblem, wobei die *mittlere Suchzeit* mit dem Umfang der Kartei sehr stark zunimmt. Besondere Schwierigkeiten treten dann auf, wenn Karten nach solchen Merkmalen auszuwählen sind, die nicht dem Ordnungsprinzip entsprechen. Dann muß unter Umständen die gesamte Kartei durchgesehen werden.

In solchen Fällen und dann, wenn es auf kurzfristige Sichtungen ankommt, müssen bessere Hilfsmittel zur Erfassung großer Datenmengen eingesetzt werden. Es liegt ein Problem der Datenverarbeitung vor, bei dem besonderer Wert auf die wirtschaftliche Speicherung massenhaft auftretender Informationen zu legen ist.

Sitzplatzreservierung

In linienmäßig betriebenen Verkehrsmitteln, besonders im Flugverkehr, werden Platzkarten ausgegeben. Die Wirtschaftlichkeit des Unternehmens verlangt eine möglichst volle Auslastung, die technische Sicherheit verbietet unter Umständen jede Überbelegung der Fahrzeuge. Platzkarten müssen an zahlreichen, räumlich weit voneinander entfernten Stellen auf Wochen im voraus für eine größere Anzahl Linien unter Berücksichtigung aller Umsteigemöglichkeiten verkauft werden. Dies erfordert ständige Anfragen an eine Zentrale, ob bestimmte Buchungen möglich sind. Bei großen Unternehmen mit stark vermaschtem Liniennetz und vielen Ein- und Umsteigemöglichkeiten sind wiederum zahlreiche Informationen zu verarbeiten, wobei ständig und möglichst kurzfristig geprüft werden muß, ob gewünschte Verbindungen zugesichert werden können. Eventuell sind Ausweichlösungen zu nennen.

Es handelt sich auch hier um ein Datenverarbeitungsproblem, in dem neben der Speicherung vieler Daten laufend routinemäßige Entscheidungen zu fällen sind. Außerdem müssen die Informationen über große Entfernungen übertragen werden.

Die beiden Beispiele sind aus einer Fülle verschiedenartigster Probleme herausgegriffen. Sie sind alle dadurch gekennzeichnet, daß große Mengen genau umrissener, nicht unbedingt mehr zahlenmäßiger Informationen nach vorgeschriebenem Programm verarbeitet werden müssen.

Man kann unter **Informationen** menschliches Gedankengut verstehen, das in irgendeiner Weise festgehalten wird. Es handelt sich dabei um Aussagen oder Mitteilungen über vergangene, gegenwärtige oder zukünftige Tatsachen oder Vorgänge. Informationen sind zwar weder Stoff noch Energie, sie sind jedoch an einen stofflichen oder energetischen Träger gebunden.

Mit **Daten** bezeichnet man in der Umgangssprache feststehende Angaben, Tatsachen oder Unterlagen. Im engeren Sinne der Datenverarbeitung sind Daten spezielle Formen von Informationen oder nur bestimmte Bestandteile von ihnen. Es gilt:

Daten sind durch fest **vereinbarte Zeichen** nach **bestimmten Regeln eindeutig** dargestellte Informationen.

Als Zeichen kommen *Ziffern*, *Buchstaben* und *Symbole* in Frage, wobei für eine spezielle Datenverarbeitungsanlage eine genau abgegrenzte Menge dieser Zeichen, der *Zeichenvorrat*, zugelassen ist.

Diese Zeichen werden, ganz allgemein gesprochen, zu Zeichenfolgen nach bestimmten, für die betreffende Anlage gültigen Regeln zusammengestellt und damit im Programm festgelegte Operationen durchgeführt. Diese Regeln heißen die *Syntax* der *vereinbarten (Maschinen-)Sprache*. Verstöße gegen sie werden *syntaktische Fehler* genannt.

Nach diesen Vorbereitungen kann der schon mehrmals gebrauchte Begriff Datenverarbeitung genauer erläutert werden.

Datenverarbeitung ist eine spezielle Form der Informationsverarbeitung. Es handelt sich um einen Prozeß, in dem Daten durch zweckmäßige Verknüpfung entweder manuell oder insbesondere maschinell mit dem Ziel verarbeitet werden, aussage- und einsatzfähigere Informationen zu gewinnen.

Die maschinelle Datenverarbeitung unterscheidet sich in zweierlei Hinsicht wesentlich von der herkömmlichen Rechentechnik. Einmal werden Daten in großen Mengen verarbeitet. Zum anderen umfassen diese nicht nur zahlenmäßige (*numerische*), sondern auch textliche Angaben (*alphanumerische* Informationen).

Neben dem Begriff Zeichen existieren für größere Dateneinheiten Bezeichnungen,

wie Wort, Satz, Gruppe, Feld und Block. Sie dienen dazu, große Datenmengen sinnvoll zu gliedern und systematisch zu verarbeiten.

Viele Verwaltungs- und Organisationsaufgaben sind Probleme der Datenverarbeitung.
Ein großer Teil davon wird manuell erledigt. Bürotechnische Hilfsmittel und die
herkömmliche Lochkartentechnik ermöglichten eine Mechanisierung, Geräte der
elektronischen Datenverarbeitung eine Automatisierung dieser Arbeiten. In jeder
dieser Formen sind gewisse Elemente der Datenverarbeitung festzustellen. Neben der
Gewinnung der Datenträger, der *Datenerfassung*, sind zu unterscheiden:

1. die *Speicherung* von Daten. Diese müssen sinnvoll so geordnet werden, daß neue
   Angaben leicht eingefügt und gesuchte schnell wiedergefunden werden können.
2. die *Übertragung* von Daten. Wichtig ist dabei die Fernübertragung. Durch besondere Maßnahmen müssen Übertragungsfehler erkannt und nach Möglichkeit
   auch korrigiert werden können (Datensicherung).
3. die *Verknüpfung* von Daten. Darunter sollen solche Vorgänge wie Sortieren, Aus-
   wählen, Rechnen, Vergleichen, Entscheiden verstanden werden, bei denen verschiedenartige Daten aufeinander einwirken und neue Daten entstehen.
4. die *Darstellung* von Daten in leicht verständlichen und verwertbaren Formen
   (Drucken von Tabellen, Anfertigung von Zeichnungen, Steuerung von Anzeige-
   vorrichtungen u. a.).

Die automatische Datenverarbeitung (allgemein elektronische Datenverarbeitung
genannt und mit **EDV** abgekürzt) umfaßt systematische, in Form und Reihenfolge genau vorgeschriebene Operationen mit Daten.

Die Reihenfolge wird durch das ebenfalls in der Anlage gespeicherte **Programm** festgelegt, das selbst aus Einzelanweisungen, den **Befehlen**, besteht, die jeweils eine
spezielle Operation auslösen.

5.3.2.   Mathematische Grundlagen der Darstellung von Zahlen

5.3.2.1.   Dezimale und duale Darstellungen

Wie in 5.3.1.3. bereits erwähnt, werden die Bauelemente in elektronischen Rechen- und
Datenverarbeitungsanlagen im allgemeinen nur in zwei extremen Betriebszuständen
verwendet. Dann ist von vornherein eine hohe technische Sicherheit gewährleistet, da
Abweichungen der Betriebsdaten, wie sie durch unterschiedliche Fertigung oder
Verschleiß entstehen, in gewissem Umfang ohne Einfluß auf die Betriebsfähigkeit des
Automaten sind. Es ist nur notwendig, daß die beiden Betriebszustände sicher von-
einander unterschieden werden können. Diese technisch bedingte Zweiwertigkeit
verlangt eine besondere Form der Informationsdarstellung. Als Grundlage wird eine
Elementarinformation verwendet, für die es nur zwei Möglichkeiten gibt. Diese wird
allgemein **Bit**[1]) genannt. Aus diesen Bits werden alle im Automaten vorkommenden

---

[1]) Abkürzung für **b**inary dig**it** (engl.) zweiwertige Ziffer

Zeichen und die Befehle, ganz gleich welcher Gestalt, aufgebaut. Die beiden Möglichkeiten eines Bits werden mit 0 (Null) oder L (symbolische Eins zur Unterscheidung von der Ziffer 1) bezeichnet. Im folgenden werden einige Beispiele für zweiwertige Informationen angegeben:

Informationsträger	Möglicher Zustand	
	0	L
Elementarspeicher	leer, gelöscht	gefüllt, erregt
Lochkarte, Lochstreifen		
(an vorgegebener Stelle)	ohne Loch	mit Loch
Relais	abgefallen	angezogen
Röhre, Transistor	stromlos	stromführend
Lampe	dunkel	hell
Vorzeichen	positiv	negativ
Ventil	geöffnet	gesperrt
Antwort auf Entscheidungsfrage	Nein	Ja

Dezimalsystem

Zur Vorbereitung des Folgenden werden einige bekannte Tatsachen über das allen Lesern vertraute Dezimalsystem zusammengestellt.

1. Es existieren zehn Ziffern, die kleinste ist die Null.

2. Alle Zahlen werden durch ein Stellenwertsystem mit Stellenwertfaktoren in der Gestalt von Zehnerpotenzen dargestellt.

3. Die Ziffer 0 charakterisiert eine fehlende Zehnerpotenz.
   So hat die Zahl 73 071 den Wert

$$7 \cdot 10^4 + 3 \cdot 10^3 + 0 \cdot 10^2 + 7 \cdot 10^1 + 1 \cdot 10^0.$$

   Alle Ziffern werden je nach der Lage innerhalb der Zahl mit Zehnerpotenzen multipliziert, und die Produkte werden addiert.

4. Die Multiplikation (Division) mit einer Zehnerpotenz bewirkt lediglich eine Links- (Rechts-) Verschiebung der Ziffern.

5. Die Addition (und Subtraktion) von Zahlen wird auf $10 \cdot 10 = 100$ Elementaraufgaben, das sogenannte kleine *Eins-und-Eins*, zurückgeführt. Entsprechend werden für die Multiplikation (und Division) die $10 \cdot 10 = 100$ Aufgaben des kleinen *Einmaleins* benötigt.

Liegt eine Zahl als Bruch $Z : N$ ($Z \in G$, $N \in G$) vor, so können folgende Fälle eintreten:

6. Der Dezimalbruch $Z : N$ bricht ab (7:125 = 0,056).

7. In jedem anderen Fall liefert $Z : N$ einen periodischen Dezimalbruch (7 : 26 = 0,269 2307 ...).

Ferner gilt:

8. Ist eine Zahl nicht in der Gestalt $Z : N$ darstellbar, so entspricht ihr ein nichtperiodischer Dezimalbruch (irrationale Zahl).

Alle unter 1 bis 8 aufgeführten Sätze gelten fast wörtlich auch für jedes andere Zahlensystem mit beliebiger **Grundzahl** $g > 1$, wenn man die 10 durch g und das Wort „Dezimal-" entsprechend ersetzt. Die Wahl der 10 als Grundzahl ist an sich willkürlich, sie hat ihre Ursache in den 10 Fingern der beiden Hände, die zuerst zum Zählen und Rechnen dienten. Dabei stellt die 10 nicht einmal die praktischste Lösung dar (die 12 wäre wegen der günstigen Teilbarkeit in mancher Hinsicht geeigneter gewesen), doch hat sich das Dezimalsystem im täglichen Leben auch international so durchgesetzt, daß für eine Änderung keine Notwendigkeit und wahrscheinlich auch keine Möglichkeit mehr besteht.

Dualsystem

Die Grundzahl ist hier $g = 2$. Jede Dualstelle wird genau durch ein *Bit* realisiert. Eigenschaften des Dualsystems:

1. Es existieren zwei Ziffern, nämlich 0 und L.
2. Alle Zahlen werden durch eine Summe geeigneter Potenzen von 2 dargestellt.
3. Die Ziffer 0 charakterisiert eine fehlende, die Ziffer L eine vorhandene Potenz von 2 des betreffenden Exponenten.

BEISPIELE

1. $105 = 64 + 32 + 8 + 1$
   $= 1 \cdot 2^6 + 1 \cdot 2^5 + 0 \cdot 2^4 + 1 \cdot 2^3 + 0 \cdot 2^2 + 0 \cdot 2^1 + 1 \cdot 2^0$
   $=$ LL0 L00L

2. $73\,071 = 2^{16} + 2^{12} + 2^{11} + 2^{10} + 2^8 + 2^6 + 2^5 + 2^3 + 2^2 + 2^1 + 2^0$
   $=$ L 000L LL0L 0LL0 LLLL.

Tabelle 5.3

dezimal	dual	dezimal	dual
0	0000	16	L 0000
1	000L	17	L 000L
2	00L0	18	L 00L0
3	00LL	19	L 00LL
4	0L00	20	L 0L00
5	0L0L	21	L 0L0L
6	0LL0	22	L 0LL0
7	0LLL	23	L 0LLL
8	L000	24	L L000
9	L00L	25	L L00L
10	L0L0	26	L L0L0
11	L0LL	27	L L0LL
12	LL00	28	L LL00
13	LL0L	29	L LL0L
14	LLL0	30	L LLL0
15	LLLL	31	L LLLL

Das letzte Beispiel zeigt, daß die duale gegenüber der dezimalen Darstellung etwa die dreifache Anzahl von Ziffern verlangt. Das Schriftbild wäre für den täglichen Gebrauch unbequem und unhandlich. Der Vorteil des Dualsystems kommt durch die einfachen Möglichkeiten zur technischen Verwirklichung der Speicher- und Rechenvorgänge im Automaten zum Ausdruck. Obwohl der Benutzer in der Regel die interne duale Darstellung nicht benötigt, ist es vorteilhaft, zum Verständnis der Wirkungsweise eines Automaten sich eine Vorstellung vom dualen Zählen und Rechnen zu verschaffen. Tabelle 5.3 gibt zum Vergleich die Zahlen von 0 bis 31 in dezimaler und dualer Form.

4. Die Multiplikation (Division) mit einer Potenz von 2 bewirkt lediglich eine Links- (Rechts-) Verschiebung der Ziffern.

BEISPIELE

3.   LL0L · L0 =   LL0L0 (13 · 2 = 26)

4.   LL00L · L0000 = LL00L0000 (25 · 16 = 400)

5. L00L00LL0 : L0 = L00L00LL (294 : 2 = 147)

6. L0LL00000 : L000 = L0LL00 (352 : 8 = 44)

5. Die Addition (und Subtraktion) von Dualzahlen wird auf nur $2 \cdot 2 = 4$ Elementaraufgaben des kleinen *Eins-und-Eins* zurückgeführt. Diese sind

$$0 + 0 = 0; \quad 0 + L = L;$$
$$L + 0 = L; \quad L + L = L0.$$

Nur bei der letzten entsteht ein **Übertrag** in die nächste Stelle. Zur Erläuterung der Addition wird in allen beteiligten Zahlen jeweils die gleiche Stelle betrachtet. In den beiden Summanden mögen dort die Ziffern a und b stehen. Weiterhin kann noch ein Übertrag $Ü$ aus der vorhergehenden Stelle auftreten. Die Größen a, b und $Ü$ gelten als duale Eingangswerte für die Berechnung der entsprechenden Resultatziffer. a, b und $Ü$ sind dabei gleichberechtigt. Es müssen also nur vier Fälle unterschieden werden, die in Tabelle 5.4 dargestellt sind. Darin bedeutet: $Ü_1$ den erneuten Übertrag in die nächste Stelle und S die Ziffer, die im Resultat in der betreffenden Stelle erscheint.

Tabelle 5.4

Eingangswerte			$Ü_1$	S
0	0	0	0	0
0	0	L	0	L
0	L	L	L	0
L	L	L	L	L

BEISPIEL

7.   45 =   L O L L O L
     249 =   L L L L L O O L
        L L L L L O O L   Überträge
        ─────────────────────────────
     294 = L O O L O O L L O

Auch das kleine **Einmaleins** besteht nur aus $2 \cdot 2 = 4$ einfachsten Aufgaben:

$$0 \cdot 0 = 0; \qquad 0 \cdot L = 0;$$
$$L \cdot 0 = 0; \qquad L \cdot L = L.$$

Die praktische Multiplikation zweier Dualzahlen reduziert sich damit auf bloße Verschiebungen und Additionen.

BEISPIEL

8.   L L O L · L L O L 0 $(= 13 \cdot 26)$

        L L O L
          L L O L
            0 0 0 0
              L L O L
                0 0 0 0
        ─────────────────────
     L O L O L O O L 0 $(= 338)$

Ähnlich einfach verlaufen die inversen Rechenoperationen Subtraktion und Division.

6. Der Dualbruch $Z : N$ bricht ab, falls N eine Potenz von 2 ist.

BEISPIELE

9.   45 : 8 = 5,625   = LOL, LOL
10. 3 : 64 = 0,046875 =   0,0000 LL

7. Trifft 6. nicht zu, so liefert $Z : N$ einen periodischen Dualbruch.

BEISPIELE

11. 1 : 3 = 0,333 ... = 0,0LOL 0LOL 0LOL ...
12. 1 : 10 = 0,1   ... = 0,000L LOOL LOOL ...

Man erkennt, daß abbrechenden Dezimalbrüchen nicht unbedingt endliche Dualbrüche entsprechen müssen. Diese Feststellung ist wichtig, da ein großer Teil der Eingabewerte Dezimalzahlen mit begrenzter Stellenzahl sind. Diese erscheinen dann in einem Automaten mit volldualer Darstellung in der Regel als periodische Dualbrüche, die nicht vollständig angegeben werden können. Als Folge der unvermeidlichen Abbrech- oder Rundungsfehler werden die Zahlen nicht exakt dargestellt.

8. Eine Zahl, die kein Quotient ganzer Zahlen ist, liefert einen nichtperiodischen Dualbruch (π = LL, 00L0 0L00 00LL LLLL ...).

Rechenautomaten verwenden die Zahlen häufig in der dualen Darstellung. Sie ermöglicht es, relativ einfach aufgebaute Rechenwerke einzusetzen, die entsprechend wenig Material und Kosten erfordern.

Die Umrechnung der Zahlen aus dem Dezimal- in das Dualsystem heißt **Konvertierung**[1]), der umgekehrte Vorgang **Rückkonvertierung**. Beides sind Operationen, die in jedem dual rechnenden Automaten neben den Grundrechenarten zur Verfügung stehen. Eine Umrechnung von Hand ist nicht notwendig und bei der großen Anzahl der zu verarbeitenden Zahlen auch nicht sinnvoll.

Moderne Automaten rechnen auch intern im Dezimalsystem. Dazu werden die Zahlen nur ziffernweise dual verschlüsselt. Die einfachste Möglichkeit dafür besteht darin, für jede einzelne Dezimalziffer die duale Darstellung aus Tabelle 5.3 anzugeben (direkte Verschlüsselung).

BEISPIEL

13. $73071 = 0LLL\ 00LL\ 0000\ 0LLL\ 000L$

Jeder Dezimalziffer werden also grundsätzlich vier Bits zugeordnet. Eine solche Vierergruppe heißt **Tetrade**[2]). Von den insgesamt möglichen **16 Tetraden** werden allerdings nur 10 genutzt, die sechs restlichen (die sogenannten Pseudotetraden) dürfen nie auftreten. Tritt dies trotzdem ein, liegt ein technischer Fehler vor, der durch laufende automatische Kontrolle entdeckt werden kann. Dezimal rechnende Automaten besitzen damit eine erhöhte technische Sicherheit, sie bedürfen keiner Konvertierungs- und Rückkonvertierungsoperationen und entsprechen in ihrer Arbeitsweise mehr den im täglichen Leben üblichen dezimalen Rechnungen.

5.3.2.2.   Feste und variable Wortlänge

Ein großer Teil der Rechenautomatentypen ist bezüglich der Speicher so eingerichtet, daß für jeweils eine Zahl ein **Speicherplatz** (**Speicherzelle,** kurz **Zelle** genannt) vorgesehen ist. Jede Zahl hat die *gleiche Länge*, d. h. die gleiche, einheitlich für den ganzen Automaten festgelegte Anzahl von Bits. Eine Zelle kann weiterhin je einen, bei manchen Automaten auch jeweils zwei oder drei Befehle (eine Befehlsgruppe) aufnehmen. Da eine Zelle wahlweise eine Zahl oder eine Befehlsgruppe enthalten kann, werden beide Begriffe in mancher Hinsicht gleichwertig behandelt. Es ist deshalb für sie der gemeinsame Oberbegriff **Wort** geprägt worden. Automaten der oben geschilderten Art besitzen **feste Wortlänge**. Dabei trägt jede Zelle eine sie kennzeichnende Nummer, ihre **Adresse**. Man sagt, der Speicher ist **wortweise adressiert**. Bei Automaten mit fester Wortlänge sind auch die Rechenwerke auf diese Länge eingerichtet, alle Rechenoperationen werden mit der vollen Stellenzahl durchgeführt, unabhängig davon, ob die Zahlen das ganze Wort belegen oder nicht. Entsprechend ist auch die Dauer der Operationen von der Anzahl der besetzten Stellen unabhängig. Die mögliche Genauigkeit wird durch die Wortlänge beschränkt. Bei der Auslegung eines Automaten mit fester Wortlänge ist man zu einem Kompromiß gezwungen.

---

[1]) convertere (lat.) verwandeln
[2]) tetra (griech.) vier

Die Wortlänge muß einheitlich festgelegt werden. Ein zu kurzes Wort beschränkt dann die Genauigkeit, ein zu langes erhöht die Rechenzeiten, ferner wird der Speicherraum nicht optimal genutzt. Die angeführten Schwierigkeiten umgeht man durch eine andere Organisation des Speichers, die bei Datenverarbeitungsanlagen häufig üblich ist. Es wird in jeder Speicherzelle jeweils nur ein Zeichen aufbewahrt, der Speicher ist **zeichenweise adressiert**. Die Worte werden durch die Adresse ihres ersten Zeichens zu den Operationen aufgerufen. Das Ende der Worte und die Lage des Kommas bei Zahlen werden durch besondere Bits gekennzeichnet. Automaten dieser Art arbeiten mit **variabler Wortlänge**. Von besonderem Vorteil ist dabei die völlig freie Wahl in der Aufteilung des gesamten Speicherraumes.

5.3.2.3.   Festes und gleitendes Komma

Für die Darstellung von Zahlen in Rechenautomaten ist es wichtig, eine Angabe für deren Größenordnung, oder, was auf das gleiche hinauskommt, für die Lage des Kommas zu haben. Bei fester Wortlänge kann eine grundsätzliche Vereinbarung derart getroffen werden, daß einheitlich für alle Worte des Automaten eine feste Stelle das Komma trägt. Möglichkeiten sind (Bild 5.18):

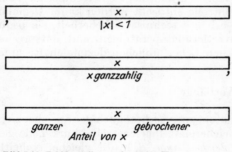

1. Komma am Anfang des Wortes, alle Zahlen sind betragsmäßig kleiner als 1.

2. Komma am Ende des Wortes, es treten nur ganze Zahlen auf.

3. Komma an fester Stelle im Innern des Wortes, die Zahlen können einen ganzen und einen gebrochenen Anteil besitzen.

Bild 5.18. Zahldarstellungen im festen Komma

Alle drei Arten werden mit dem Stichwort **Zahldarstellung im festen Komma** belegt. Diese ermöglicht, das Rechenwerk des Automaten relativ einfach zu gestalten. Auf der anderen Seite sind jedoch die Möglichkeiten zur Darstellung von Zahlen beschränkt. Um möglichst viele gültige Ziffern zu verwerten, müssen auch die links gelegenen Stellen genutzt werden. Oder mit anderen Worten: An der Spitze der Zahl dürfen nicht zu viele führende Nullen stehen. Es ist jedoch darauf zu achten, daß keine Zahlen, auch keines der zahlreichen Zwischenresultate, den zulässigen Bereich überschreiten. Sonst entsteht ein **Überlauf**, der angezeigt wird und gewöhnlich den Automaten anhält, da die nachfolgende Rechnung sinnlos werden kann. Beim Rechnen im *festen Komma* muß man im voraus die Größenordnung der vielen Zwischenergebnisse übersehen und eventuell durch Multiplikation mit geeigneten Maßstabsfaktoren dafür sorgen, daß die bedeutsamen Ziffern den Bereich weder nach links noch nach rechts verlassen. Im ersten Fall entsteht Überlaufstopp, im zweiten verringert sich die relative Genauigkeit. Da ein Wort nur eine begrenzte Stellenzahl hat (etwa 10 bis 100 Bits), sind auch die zulässigen Größenordnungen von Zahlen sehr beschränkt.

Die angeführte Schwierigkeit wird umgangen, indem auch innerhalb des Automaten die in 5.1.4. erläuterte **halblogarithmische Darstellung** von Zahlen benutzt wird. In dual arbeitenden Rechenautomaten wird dabei $g = 2$ als Grundzahl gewählt. Dann muß verlangt werden, daß die Mantisse m einer Normierungsforderung

$$0{,}5 \leqq |m| < 1$$

genügt. Die Größenordnung der Zahl wird durch den Exponenten angegeben.

BEISPIELE

1. $z_1 = -1000 \qquad = -0{,}1 \ \cdot 10^4 \ = -0{,}\text{LLLL L0L} \cdot 2^{10}$

2. $z_2 = \qquad 0{,}0625 = \quad 0{,}625 \cdot 10^{-1} = \quad 0{,}\text{L} \cdot 2^{-3}$.

Zur Darstellung von Zahlen in halblogarithmischer Darstellung wird das Wort in zwei im allgemeinen fest begrenzte Abschnitte eingeteilt, in denen Mantisse und Exponent getrennt gespeichert werden. Dabei ist es notwendig und sinnvoll, beide mit Vorzeichen zu versehen. Bild 5.19 zeigt die Zahlen des obigen Beispieles in der internen Darstellung. Eine solche Wiedergabe von Zahlen wird auch als **Gleitkomma-darstellung** bezeichnet. Die Verwendung von Zahlen im *gleitenden Komma* ermöglicht einen sehr weiten Bereich der zulässigen Größenordnungen. Der Programmierer braucht im allgemeinen keine gesonderten Überlegungen mehr zur Vermeidung von Bereichsüberschreitungen anzustellen.

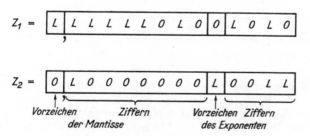

Bild 5.19. Zahldarstellungen im beweglichen Komma

Die Rechenwerke für Gleitkommazahlen sind verständlicherweise komplizierter, in der Regel existiert je eines zur getrennten Verarbeitung von Mantisse und Exponent. Auch Konvertierung und Rückkonvertierung im gleitenden Komma erfordern erheblich größeren Aufwand.

5.3.3.   Struktur und Arbeitsweise von Automaten

5.3.3.1.   Rechenautomaten

Im Rahmen dieses gedrängten Überblicks über die Wirkungsweise von Rechenautomaten soll nur auf den wichtigsten Typ, auf die **Einadreßmaschine**, eingegangen werden, da sich dieser in der Entwicklung des Rechenmaschinenbaus durchgesetzt hat. Mehradreßmaschinen, insbesondere die **Dreiadreßmaschine**, spielten in der Vergangenheit eine wichtige Rolle. Es sollen solche Begriffe erläutert werden, die zum · allgemeinen Wissen gehören, wenn man sich mit Rechenautomaten beschäftigen will. Die hier vermittelten Kenntnisse werden beim Studium von Bedienungsanleitungen, Programmieranweisungen und Prospekten gewöhnlich vorausgesetzt.

Zur Erläuterung der Einadreßmaschine werden zunächst die für den internen Rechenvorgang wichtigen Baugruppen **Hauptspeicher**, **Rechenwerk** und **Leitwerk** betrachtet. Der Automat kann sowohl aus den numerierten Zellen seines Speichers die dort stehenden Informationen herauslesen, wobei der Speicherinhalt erhalten bleibt, als auch neue errechnete Zahlen in einer vorgeschriebenen Speicherzelle eintragen. Die Befehle müssen also die Adressen der Zahlen enthalten, die an der jeweiligen Operation beteiligt sind. Das sind bei den üblichen Rechenoperationen drei Stück, die beiden durch die Rechnung zu verknüpfenden Operanden und das Resultat. Bei einer *Dreiadreßmaschine* werden ihre Adressen einzeln im Befehl angegeben.

Bei der *Einadreßmaschine* wird durch eine generelle Vereinbarung über die Speicherung eines Operanden und des Resultates und durch **organisatorische Befehle** erreicht, daß in jedem Befehl jeweils nur eine Adresse steht, durch die eine neue Zahl in den Rechenprozeß einbezogen wird. Der Einadreßbefehl enthält im einfachsten Fall eine Angabe über die Art der durchzuführenden Operationen und die eine Adresse (Bild 5.20).

Op	*Adr*	

Bild 5.20. Einadreßbefehl: (Op) Operationsteil, (Adr) Adreßteil

Die grundsätzliche Vereinbarung besteht darin, daß vor Ausführung jedes Befehles der erste Operand bereits in einem besonderen Speicher zur Verfügung steht, in den dann auch das Resultat eingetragen wird. Speichereinrichtungen für ein Wort oder nur einen Wortteil, die für bestimmte Funktionen im Automaten vorgesehen sind, werden **Register** genannt. Im Gegensatz zum eigentlichen Speicherwerk, dem **Hauptspeicher**, stehen die Informationen in den Registern unmittelbar, ohne besondere **Such-** und **Zugriffszeiten**, zur Verfügung. Der angeführte Sonderspeicher heißt **Akkumulator** (auch *Resultatregister* oder *Rechenwerksregister*) und wird durch AC gekennzeichnet. Unter $\langle AC \rangle$ ist diejenige Zahl zu verstehen, die jeweils im AC eingetragen ist. Bei der Ausführung eines Einadreßbefehls wirkt $\langle AC \rangle$ als erster Operand. Der zweite Operand wird durch die Adresse des Befehls bestimmt. Beide Zahlen werden auf Grund der Operationsangabe im Befehl rechnerisch verknüpft und das Resultat wieder nach AC gebracht. Durch diese besondere Art der Befehlsabarbeitung wird die logische Struktur des Automaten bestimmt, die aus Bild 5.21 hervor-

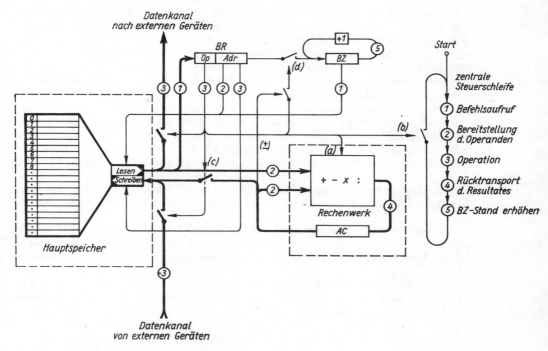

Bild 5.21. Prinzipieller Aufbau der Zentraleinheit

geht und die in ihren wesentlichen Teilen auch für die Zentraleinheit einer Datenverarbeitungsanlage zutrifft.

Deutlich werden in Bild 5.21 die beiden Baugruppen Hauptspeicher und Rechenwerk erkannt. Zum Speicher mit seinen ab 0 adressierten Speicherplätzen gehört auf
alle Fälle noch eine im allgemeinen auch aufwendige Einrichtung, die **Zellenwähler**
genannt werden soll. Sie hat eine Doppelfunktion. Einmal müssen die im nächsten
Schritt benötigten Zahlen oder Befehle aus der durch die jeweilige Adresse bestimmten Speicherzelle herausgeholt werden. Dieser Vorgang wird mit **Lesen**, teilweise auch
mit **Hören** in Anlehnung an die bei Schallaufzeichnung durch Magnetbänder übliche
Sprechweise, bezeichnet. Zum anderen muß der Zellenwähler die Eintragung eines
neuen Resultates bei den Speicherbefehlen gewährleisten. Dieser Vorgang wird
Schreiben, teilweise auch **Sprechen** (siehe oben) genannt. Der Zellenwähler umfaßt
also unter anderem Lese- und Schreibverstärker einschließlich der dazu notwendigen
Ansteuerungen.

Vom Speicher- und Rechenwerk abgesehen, werden die verbleibenden Baugruppen,
die in Bild 5.21 dargestellt sind, unter dem Begriff *Leitwerk* zusammengefaßt. Das
Leitwerk übernimmt die zentrale Steuerung des Automaten und organisiert das
Zusammenspiel aller Baugruppen.

Zum Leitwerk gehört zunächst eine Einrichtung, die **zentrale Steuerschleife** genannt werden soll. Sie bestimmt den zeitlichen Ablauf der zu einem **Elementarzyklus** gehörigen Teiloperationen. In einem solchen Zyklus wird jeweils ein Befehl des Programms vollständig abgearbeitet. Da dazu eine Reihe von Einzelschritten gehören, enthält die zentrale Steuerschleife eine Anzahl (hier fünf) Stellungen, wobei zur folgenden erst dann übergegangen wird, wenn die vorhergehende erledigt ist. Bild 5.21 gibt nur eine vereinfachte Darstellung des Prinzips einer Einadreßmaschine. In Wirklichkeit sind die Bauelemente der Steuerkette mit dem gesamten Leitwerk und mit den anderen Baugruppen des Automaten durch Signal- und Rückmeldeleitungen so verflochten, daß rein äußerlich und auch von den logischen Schaltplänen her eine klare Trennung nicht so ohne weiteres möglich ist. Zum Verständnis der Wirkungsweise des Automaten ist die besondere Darstellung der Steuerkette jedoch von Vorteil.

Als zweite wichtige Einrichtung des Leitwerkes ist das **Befehlsregister** (BR) zu nennen. In ihm steht jeweils der Befehl, der während des betreffenden Zyklus abgearbeitet wird.

Das Befehlsregister ist so eingerichtet, daß Teile, evtl. nur einzelne Bits des Befehls, zu unterschiedlichen Zeiten entsprechend den von der Steuerkette kommenden Impulsen abgefragt, entschlüsselt und als Steuersignale den Baugruppen der Maschine zugeleitet werden.

Ein weiteres Hilfsregister, der **Befehlszähler** (BZ), registriert jeweils die Speicherplatzadresse des Befehls, der gerade abgearbeitet wird. Der Befehlszähler ist in seiner Länge so dimensioniert, daß genau eine Adresse darin aufbewahrt werden kann.

In Bild 5.21 kennzeichnen dick ausgezogene Linien die Verbindungen, über die vollständige Zahlen oder Befehle geleitet werden, während die anderen, dünner gezeichneten Pfeile den Weg von Steuersignalen angeben. Die eingetragenen Marken charakterisieren jeweils den durch die Steuerschleife bestimmten Zeitpunkt, zu dem der betreffende Weg geöffnet wird. Während der einzelnen Takte der Steuerschleife werden folgende Schritte der Befehlsabarbeitung erledigt:

①: Bereitstellung des Befehls. Der Inhalt des Befehlszählers, d. h. die Adresse des abzuarbeitenden Befehls, wird zur Leseseite des Zellenwählers überführt. Damit kann der neue Befehl im Hauptspeicher gelesen und ins Befehlsregister eingetragen werden.

②: Bei allen arithmetischen Operationen werden hier die beiden Operanden bereitgestellt. Der erste Operand kommt grundsätzlich aus dem Akkumulator, der zweite wird auf Grund der Adressenangabe im Speicherwerk gelesen und ebenfalls ins Rechenwerk gebracht.

③: Auslösung der Operation. Befehle für arithmetische Vorgänge liefern Steuersignale für das Rechenwerk (a); andere Befehle bewirken Steuerungen im Leitwerk. Diese sind etwa:

1. Bei einem **Haltbefehl** wird in der zentralen Steuerkette (symbolisch) ein Schalter geöffnet, der die Abarbeitung des nächsten Befehles verhindert (b). Ein erneuter Start der Rechnung kann dann nur durch ein äußeres Signal, etwa durch Handbedienung, erfolgen.

2. Bei **Speicherbefehlen** steuert die Adresse die Schreibseite des Zellenwählers. Der Inhalt von AC wird zur angewählten Speicherzelle transportiert (c). Dabei kann zusätzlich noch befohlen werden, ob $\langle AC \rangle$ erhalten bleibt oder ob das Resultatregister gelöscht wird. Nach einer Löschung steht die Zahl Null in AC.

3. Die Vorgänge bei **Sprungbefehlen** werden noch gesondert erläutert. Es wird hier der Schalter (d) wirksam.

④: Das Resultat der Rechnung wird wieder nach AC gebracht. Dieser Takt entfällt bei einem Teil der Operationen.

⑤: Im allgemeinen stehen zeitlich nacheinander abzuarbeitende Befehle auch in aufeinanderfolgenden Zellen des Hauptspeichers. Es muß also in jedem Elementarzyklus der Befehlszählerstand um 1 erhöht werden, um beim nächsten Durchlauf der Steuerschleife den folgenden Befehl ins Befehlsregister holen zu können. Dazu ist dem Befehlszähler eine Zähleinrichtung zugeordnet (in Bild 5.21 durch $\boxed{+1}$ angedeutet), durch die $\langle BZ \rangle$ um 1 erhöht wird.

Nach Ausführung des Taktes ⑤ folgt, falls kein Haltebefehl vorlag, wieder der Takt ①, d. h., der nächste Befehl wird abgearbeitet. Die Steuerschleife ist geschlossen. Der beständige Umlauf eines Steuersignals (oft *Steuerbit* genannt) bewirkt die fortlaufende Abarbeitung der gespeichert vorliegenden Befehle, also des gesamten Programms.

Wirkungsweise der Sprungbefehle

Sprungbefehle unterbrechen die fortlaufende Abarbeitung der gespeicherten Befehle. Durch sie wird die Rechnung an einer anderen, durch die Adresse des Sprungbefehles gekennzeichneten Stelle des Programms fortgesetzt.

Die Ausführung eines Sprungbefehles besteht darin, im Takt ③ die Adresse (die **Sprungadresse**) in den Befehlszähler zu bringen. Dazu wird in der Verbindung vom Befehlsregister zum Befehlszähler (symbolisch) ein Schalter geschlossen (d). Der alte Inhalt des Befehlszählers wird durch die Sprungadresse überschrieben.

Zur Verwirklichung von Entscheidungen müssen zusätzlich noch **bedingte Sprungbefehle** eingebaut werden. Ein bedingter Sprungbefehl wird nur dann als Sprungbefehl wirksam, wenn eine vorgeschriebene Bedingung (etwa das Vorliegen eines positiven Resultates) erfüllt ist, anderenfalls wird der Befehl überlaufen, bewirkt also keine Änderung am momentanen Zustand des Befehlszählers. Die Bedingbarkeit ist in Bild 5.21 durch einen zusätzlichen, vom Vorzeichen des Resultates ($\pm$) gesteuerten Schalter angedeutet, der das Schließen des Schalters (d) verhindern kann.

Mit der Einadreßmaschine ist ein gewisser Abschluß der Automatenentwicklung erreicht worden. Ein großer Teil aller gegenwärtigen Rechenautomaten sind im Prinzip Einadreßmaschinen. Doch zeigt die Praxis des Programmierens, daß für die zahlreich notwendigen Adressenrechnungen technische Hilfsmittel angebracht sind. Dies führt zu einer wesentlichen Erweiterung der Einadreßmaschine, indem zusätzlich zu dem bereits erläuterten Rechenwerk noch ein spezielles **Adressen-Rechenwerk** und **Indexregister** zur Speicherung von Adressenangaben hinzukommen. Weiterhin gehören zu jedem Automaten noch Aggregate zur Ein- und Ausgabe von Informationen.

Der technische Aufbau von Rechenautomaten kann in diesem gedrängten Überblick nicht dargelegt werden. Solche Kenntnisse sind für den Benutzer von Rechenautomaten im Grunde auch nicht notwendig, wenngleich beim tieferen Eindringen in die Probleme auch die Technik der Automaten studiert werden sollte.

5.3.3.2. Datenverarbeitungsanlagen

In einer Reihe von Datenverarbeitungsproblemen sind einzelne der in 5.3.1.4. genannten Elemente besonders ausgeprägt. Ihnen entsprechen bestimmte Baugruppen, mit denen dann eine Anlage stärker auszurüsten ist. So erfordern Aufgaben, in denen Informationen in großen Massen erfaßt und festgehalten werden müssen, besonders leistungsfähige Speicher. Eine Anlage wird allgemein für viele und recht unterschiedliche Probleme eingesetzt. Diese lasten ihre einzelnen Teile verschieden aus, manche Zusatzgeräte bleiben zeitweilig völlig ungenutzt. Unterschiedliche Termine, Dringlichkeiten und Bearbeitungszeiten erschweren eine kontinuierliche Belegung und damit eine wirtschaftliche Nutzung der gesamten Anlage.

Aus all den angegebenen Feststellungen ergeben sich Forderungen an eine Datenverarbeitungsanlage, die wesentlich über die für Rechenautomaten hinausgehen und ihren Unterschied kennzeichnen:

1. *Aufbau aus Baugruppen.* Datenverarbeitungsanlagen müssen im Hinblick auf die zu bearbeitenden Probleme unterschiedlich bestückt werden können. Es darf keine vom Hersteller von vornherein festgelegte feste Kombination der einzelnen Teile geben. Nachträgliche Erweiterungen sind zu berücksichtigen.

2. *Schnelle Ein- und Ausgabeorgane.* Diese sind zur Verarbeitung großer Datenmengen unentbehrlich.

3. *Alphanumerische Arbeitsweise.* Verwendung von Ziffern, Buchstaben und Symbolen zur Darstellung von Informationen.

4. *Simultanarbeit und Vorrangsteuerung.* Simultanbetrieb gestattet, mehrere Programme „gleichzeitig" (simultan) auf einer Anlage zu verarbeiten; d. h., es besteht die Möglichkeit, gleichzeitig vorliegenden Programmen, verschiedenen dezentralen Benutzern und auch peripheren Teilen der Ausrüstung der Datenverarbeitungsanlage auf Grund festgelegter unterschiedlicher Vorrangrechte (Prioritäten) in schnellem zeitlichen Wechsel Rechenzeiten zuzuteilen. Die Programme werden also zeitlich ineinandergeschachtelt (time sharing[1])) unter gleichzeitiger und auch vom Automaten gesteuerter Aufteilung des zur Verfügung stehenden Speicherraumes (memory-sharing[2])) abgearbeitet. Simultanarbeit ist zur wirtschaftlichen Auslastung vieler Zusatzgeräte unbedingt erforderlich.

Dies bedingt die typische Form im Aufbau einer Datenverarbeitungsanlage (Bild 5.22). Kernstück ist die **Zentraleinheit**. Sie organisiert die Zusammenarbeit von wahlweise anschließbaren externen oder peripheren Aggregaten und übernimmt die Programmsteuerung und die Rechenarbeit. Es lassen sich dabei drei wesentliche Baugruppen unterscheiden: das *Leitwerk*, das *Rechenwerk* und der innere, unmittelbar vom Programm erreichbare *Hauptspeicher*.

---

[1]) time (engl.) Zeit; to share (engl.) teilen
[2]) memory (engl.) Gedächtnis

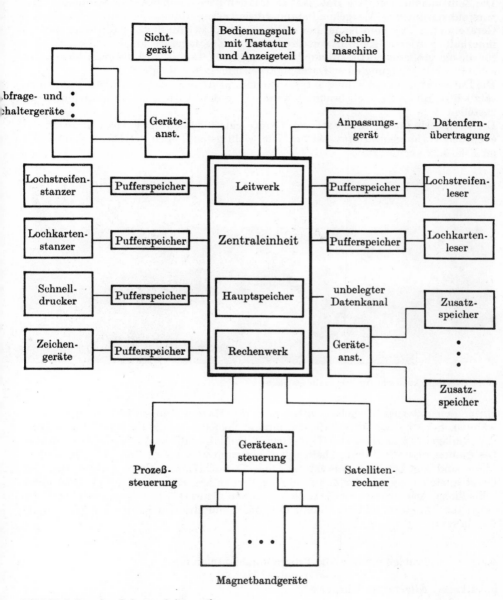

Bild 5.22. Aufbau einer Datenverarbeitungsanlage

Die Zentraleinheit ist über **Datenkanäle** mit den peripheren Geräten verbunden. Man versteht darunter weitestgehend standardisierte Anschlußmöglichkeiten für einzelne Geräte, deren Typ vom Kanal her nicht bestimmt ist. An die Zentraleinheit können innerhalb gewisser Grenzen verschiedenartige Zusatzgeräte angeschlossen werden, für die ein größeres Sortiment zur Verfügung steht. Damit wird die geforderte unterschiedliche Bestückung einer Datenverarbeitungsanlage möglich.

Die Datenkanäle einschließlich ihrer Ansteuerungen durch das Programm müssen zusätzlich in Bild 5.21 noch beachtet werden, um den Aufbau der Zentraleinheit darzustellen.

Die **Peripherie** umfaßt alle externen Geräte einschließlich ihrer Ansteuerungen und eventuell vorhandene *Pufferspeicher*. Die wichtigsten Typen peripherer Geräte sind im Bild **5.22** angeführt.

Bild 5.23. Eine elektronische Datenverarbeitungsanlage

Unter den externen Speichergeräten sind die Magnetbandgeräte besonders zu erwähnen. Sie sind als wirtschaftliche äußere Speicher bei fast allen Datenverarbeitungsanlagen vorhanden. Die Magnetbandtechnik und die dazugehörige Organisation bestimmen wesentlich den Arbeitsablauf einer automatischen Datenverarbeitung.

Meist sind zur besseren Auslastung eines Datenkanals mehrere Geräte über eine Geräteansteuerung mit der Zentraleinheit verbunden. Pufferspeicher gleichen unterschiedliche Arbeitsgeschwindigkeiten zwischen Zentraleinheit und peripheren Geräten aus. Durch sie und den bereits erwähnten Simultanbetrieb werden Wartezeiten überbrückt.

5.3.4.   Problemanalyse und Programmablaufplanung

5.3.4.1.   Allgemeine Hinweise

Jedes Problem, das mit Automaten bearbeitet werden soll, ist erst sorgfältig aufzubereiten, ehe eine maschinelle Bearbeitung möglich wird. Je umfangreicher das Problem, desto höher ist der Aufwand bei der Vorbereitung. Insbesondere bei umfassenden Aufgaben der elektronischen Datenverarbeitung müssen diese Arbeiten unter Einsatz eines größeren Kreises von Mitarbeitern durchgeführt werden. Dazu muß der gesamte Arbeitsablauf sorgfältig geplant und stufenweise erledigt werden (Arbeitsstufen der EDV-Vorbereitung). Die dazu notwendigen Schritte und Hilfsmittel sollen im Überblick dargestellt werden.

Nach der Abgrenzung der Arbeitsgebiete, der Regelung von Zuständigkeiten und der Organisation einer geeigneten Arbeitsteilung (**Arbeitsplanung**) empfiehlt es sich, falls vorhandene Prozesse durch den Einsatz von Automaten neu gestaltet werden sollen, den bisherigen Zustand sorgfältig kennenzulernen und zu analysieren (**Istzustandsanalyse**), um daraus und unter Berücksichtigung der neuen Technik zunächst in grober Weise den geplanten Ablauf darzustellen (**Grobprojekt**). Wesentliches Hilfsmittel dazu sind **Datenflußpläne**. Sie veranschaulichen den in bezug auf die Datenverarbeitungsanlage äußeren, durch Funktionen und Tätigkeiten zu beschreibenden Ablauf in informationsverarbeitenden Systemen. Datenflußpläne bestehen aus weitestgehend standardisierten Sinnbildern (vgl. S. 501), die bestimmte allgemeine und besondere Funktionen und Tätigkeiten vertreten, die im Datenflußplan entsprechend dem Anwendungsfall näher zu erläutern sind. Die endgültige Darstellung des Gesamtprozesses mit seinen einzelnen Bestandteilen erfolgt im **Feinprojekt**. Hier werden die Modellvorstellungen, die Belege, Druckbilder, Datenträger und andere Einzelheiten dargelegt. Alle Vorgänge, die von Automaten zu erledigen sind, werden zunächst mit standardisierten Symbolen in der Form von **Programmablaufplänen** notiert. Sie veranschaulichen den inneren, durch Operationen zu beschreibenden Ablauf in der Datenverarbeitungsanlage. Der zeitliche Ablauf und die mögliche Verflechtung einschließlich aller Wiederholungen des Prozesses werden dadurch anschaulich und konzentriert dargestellt. Methoden und Beispiele dazu sollen in den beiden nächsten Abschnitten ausführlicher behandelt werden. Eine klare Planung des Rechenablaufes stellt die wesentlichste Voraussetzung für die eigentliche **Programmierung** dar. Darunter wird die Herstellung des Maschinenprogramms einschließlich aller Regieanweisungen verstanden. Das Programm ist die Arbeitsvorschrift, nach der die gesamte Rechnung und die zugehörige Organisation ablaufen. So werden solche Operationen wie das Bereitstellen neuer Operanden, das Abspeichern der Resultate, die Durchführung von Entscheidungen, das automatische Abändern von Befehlen, das Suchen und Sortieren in Listen usw. durch organisatorische Befehle ausgelöst, denen die eigentlichen arithmetischen Operationen gegenübergestellt werden müssen. Zur Programmierung gehört die Testung. Ein fertiggestelltes Programm ist praktisch nie fehlerfrei. Es ist an Hand von Testbeispielen unter Umständen stückweise zu erproben. Erst ein vollständig, auch hinsichtlich möglicher Varianten geprüftes Programm kann zur Nutzung freigegeben werden. Umfangreiche Projekte der elektronischen Datenverarbeitung verlangen bei ihrer Einführung in die Praxis eine genaue Planung der **Organisationsumstellung**, damit beim Übergang auf den neuen Prozeßablauf keine Störungen oder Stockungen eintreten.

5.3.4.2. Symbolik der Programmablaufpläne

Programmablaufpläne schematisieren in übersichtlicher Weise den Ablauf einer Rechnung oder eines Datenverarbeitungsprozesses und werden deshalb vielfach angewendet. Auch die Bezeichnungen **Flußbild** oder **Flußdiagramm** sind üblich, besonders bei der Aufstellung von Programmen für Rechenautomaten. Dem Lernenden geben sie einen raschen und einprägsamen Überblick über die Verflechtung und Zuordnung einzelner Teile des Programms. Grundlage bildet ein neuer Typ von Gleichungen, die sogenannten Rechenplangleichungen (allgemein kurz **Plangleichungen** genannt). Hier wird dem Gleichheitszeichen zur Andeutung des Berechnungsvorganges eine Richtung erteilt. Das neue Zeichen wird zur Unterscheidung jetzt **Ergibtzeichen** genannt. Zur Kenntlichmachung wird ein Doppelpunkt vorgesetzt. Die Iterationsformel zur Berechnung von $\sqrt{a}$ [vgl. (5.14) in 5.2.8.] lautete

$$x_{n+1} = \frac{1}{2}\left(x_n + \frac{a}{x_n}\right), \tag{5.14}$$

wobei x_n ein Näherungswert für $\sqrt{a}$ ist. Als Plangleichung setzt man (5.14) in der Gestalt an

$$x_{n+1} := \frac{1}{2}\left(x_n + \frac{a}{x_n}\right).$$

Diese Plangleichung sagt jetzt aus, daß sich x_{n+1} durch zahlenmäßige Ausrechnung des auf der rechten Seite stehenden Terms ergibt. Die durch das Ergibtzeichen := ausgedrückte Beziehung ist nicht symmetrisch. Die linke Seite ergibt sich stets aus der rechten. Eine Umkehrung ist nicht möglich.

Das Ergibtzeichen kann in zweierlei Hinsichten, die jedoch auf das gleiche hinauslaufen, aufgefaßt und auch entsprechend gelesen werden.

BEISPIELE

1. $x_{n+1} := \frac{1}{2}\left(x_n + \frac{x}{a_n}\right)$

2. $\quad S := \sin^2 \alpha - \cos^2 \alpha$

3. $\quad k := k + 1$

4. $\quad S := S + \alpha_{ik} x_k$

5. $\quad m := 1$

6. $\quad \alpha_0 := \frac{1}{4}\pi.$

1. Lesart: ... ergibt sich aus ...
Für die rechts stehenden Zahlensymbole werden die Zahlenwerte eingesetzt; der gesamte Term wird ausgerechnet. Das Ergebnis wird mit dem links stehenden Symbol bezeichnet (Beispiele 1 und 2). Dabei ist genau der durch den Ausdruck angedeutete Rechenweg einzuhalten. Für Beispiel 2 heißt das, daß die Differenz der Quadrate der angegebenen trigonometrischen Funktionen, nicht aber der negative Cosinus des doppelten Winkels zu bilden ist, obwohl beide Größen wegen $\sin^2 \alpha - \cos^2 \alpha = -\cos 2\alpha$ einander gleich wären. Die Beispiele 3 und 4 lehren, daß ein rechtsstehendes Zeichen wieder für den gesamten Ausdruck verwendet werden kann. Hierin unterscheiden sich Plangleichungen ganz wesentlich

Sinnbild	Bedeutung
	Ein- und Ausgabeoperation (Übernahme von Informationen von und auf Lochkarten bzw. Lochstreifen, ferner auf Magnetbänder oder andere Speicher, Drucken usw.)
	Operation, allgemein (insbesondere für solche Operationen, für die kein besonderes Sinnbild vorliegt)
	Verzweigen des Programms (das Kästchen hat mindestens zwei Ausgänge, von denen einer auf Grund einer Entscheidung gewählt wird)
	Programmlinie (Übergang zum nächsten Ablaufschritt, Vorzugsrichtung von oben nach unten, von links nach rechts. Falls unmißverständlich, kann die Pfeilspitze wegfallen)
	Kreuzung von Programmlinien (ohne verbindende Bedeutung)
	Zusammenführung von Programmlinien
	Konnektor[1] (für Unterbrechung und Fortsetzung der Programmlinie aus zeichnerischen Gründen oder auf einer anderen Seite. Zusammengehörige Konnektoren erhalten die gleiche Bezeichnung. Es ist jedoch anzustreben, möglichst wenige Unterbrechungen bei der Darstellung des Ablaufes zu haben, um die Übersicht nicht zu beeinträchtigen)

[1] conectere (lat.) zusammenfügen, verbinden

Sinnbild	Bedeutung
j n	Kennzeichnen der Wege nach Verzweigungen (abhängig vom Ergebnis eines Vergleiches oder einer Entscheidung)
- - - - - [	Zuordnung von Erläuterungen (an beliebigen anderen Sinnbildern)
15 16	Fortlaufende Numerierung der Programmschritte (links über den Sinnbildern)
B E	Beginn und Ende eines Programmteiles
START HALT STOPP	Programm-Anfang und -Ende (START, STOPP oder HALT — letzteres bei Zwischenhalt — sind in das Sinnbild einzuschreiben)
:$=$	ergibt sich aus (der Doppelpunkt weist auf das Ergebnis)
$\longrightarrow$	Transport von Informationen
$\langle \ \rangle$	Inhalt (einer Speicherzelle)
$\rangle \ \langle$	Adresse (einer Information. Das Symbol kennzeichnet die Stelle des Speichers, wo die angegebene Information steht)

von den gewöhnlichen Gleichungen, denn die Schreibweise mit dem üblichen Gleichheitszeichen hätte in diesen Beispielen keinen Sinn.

2. Lesart: ... wird gleich ... gesetzt.
Beim Setzen von Anfangs- und Ausgangswerten ist diese Lesart besonders nützlich (Beispiele 5 und 6). Im 3. Fall heißt es, daß der momentane Wert von k um 1 zu vergrößern ist.
Entsprechend Beispiel 4: Zu dem zur Zeit vorliegenden Zahlenwert von S ist $a_{ik} x_k$ zu addieren.

Programmablaufpläne bestehen aus Sinnbildern für Operationen und Programmlinien und aus Kennzeichen für Operationsbeschreibungen. Diese sind in einigen Ländern standardisiert und im einzelnen beschrieben worden. In solchen Standards sind meist auch Regeln für die Beschreibung und Numerierung der Symbole gegeben. Im folgenden werden die Sinnbilder für Datenfluß- und Programmablaufpläne so weit behandelt, daß damit einfache Programmablaufpläne aufgestellt und einige Beispiele behandelt werden können. Dabei soll nur die sogenannte Kästchenmethode besprochen werden, da sie für Datenflußpläne am geeignetsten erscheint und besonders bei der Arbeit mit einem größeren Personenkreis unterschiedlicher Qualifikation und Berufsrichtungen Vorteile zu bieten scheint.
Unterschiedliche Größen der Sinnbilder je nach darzustellendem Inhalt sind erlaubt, jedoch muß die charakteristische Form gewahrt bleiben. Zum leichteren Zeichnen der Sinnbilder gibt es Zeichenschablonen aus transparentem Plastwerkstoff.

5.3.4.3.   Beispiele zu Programmablaufplänen

1. Von drei vorgegebenen Zahlen a, b und c ist die größte Zahl m zu ermitteln.
Lösung: Die Zahl m wird durch zwei nacheinander auszuführende Entscheidungen bestimmt, wie der Programmablaufplan (Bild 5.24) zeigt.
Ist beispielsweise $a < c < b$, so wird die Frage (1)[1]) mit ja und die Frage (3) mit nein beantwortet und so die Zahl b als größte bestimmt. Der Ablaufplan liefert auch in den Fällen, in denen zwei oder alle drei der vorgegebenen Zahlen gleich sind, ein richtiges Ergebnis. Ist etwa $b < a = c$, so werden (1) und (2) beide mit nein beantwortet und a als größte Zahl erkannt.

2. Von N nacheinander gespeichert vorliegenden Zahlen

$$a_1, a_2, a_3, ..., a_N \tag{5.17}$$

ist das arithmetische Mittel

$$M = \frac{a_1 + a_2 + \cdots + a_N}{N} = \frac{1}{N} \sum_{n=1}^{N} a_n \tag{5.18}$$

zu bestimmen. Der Programmablauf ist zyklisch zu gestalten. Dabei soll vorausgesetzt werden, daß die Folge (5.17) eventuell auch nur aus einer Zahl bestehen kann.

---

[1]) Kursiv gesetzte Zahlenangaben in runden Klammern beziehen sich auf die entsprechenden Kästchen des zugehörigen Programmablaufplanes

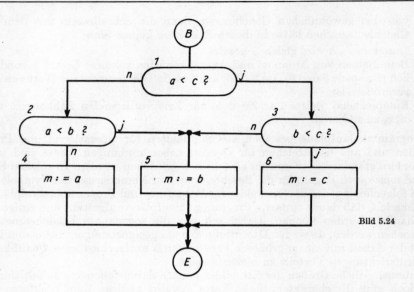

Bild 5.24

Lösung:

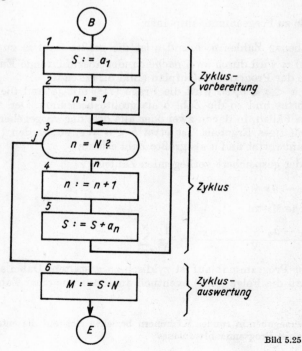

Bild 5.25

Die Summe wird in diesem Programmablauf schrittweise aufgebaut, indem die Operationen im Zyklus mehrmals [bei N Summanden (N-1)-mal] ausgeführt werden. In jedem Durchlauf wird zur Teilsumme S ein weiterer Summand addiert (5). Der Index n zählt dabei die bereits verwerteten Summanden. Hat er den Wert N erreicht, wird auf Grund der Entscheidungsfrage (3) der Zyklus verlassen und mit der noch offenen Division (6) das Problem beendet.

Bild 5.25 zeigt den typischen Aufbau jeder zyklischen Lösung eines Problems. Eine von Fall zu Fall unterschiedliche Anzahl gleichartiger Operationen [hier die Additionen im Zähler von (5.18)] wird derart in Einzelschritte aufgelöst, so daß bei jedem Durchlauf des Zyklus jeweils nur eine Operation durchgeführt wird. Der Zyklus wird so oft durchlaufen, bis das Ende einer Zahlenfolge oder eines bestimmten Prozesses erreicht ist. Dazu muß jeder Zyklus eine Entscheidungsfrage enthalten, bei der das Ende der zyklischen Verarbeitung signalisiert und der Zyklus wieder verlassen wird. Alle im Zyklus sich ändernden Größen müssen vor Eintritt in den Zyklus auf ihre Ausgangswerte gestellt, der Zyklus muß vorbereitet werden. Der Zyklus wird mit bestimmten Resultaten verlassen, die in nachfolgenden Teilen des Programms verwertet werden. Beim Aufbau eines Zyklus empfiehlt es sich daher, die drei Teile des Programmablaufes

— Vorbereitung des Zyklus,
— eigentlicher Zyklus mit einer oder mehreren sich mehrfach wiederholenden Operationen, häufig verbunden mit systematischen Indexänderungen, und der Entscheidungsfrage zum Verlassen des Zyklus,
— Auswertung der Resultate des Zyklus

deutlich zu unterscheiden und in ihrem Zusammenhang darzustellen.

3. Es ist eine Tabelle für $\sqrt{a}$ mit den zugehörigen Argumenten zu drucken, wobei die Argumente bei $a = a_0$ beginnen und bei $a = a_n$ enden sollen. Die Schrittweite betrage Δa. Ferner wird gefordert, daß die berechneten Wurzelwerte nicht mehr als $\pm\varepsilon$ vom wahren Wert abweichen.

Erläuterung: Für $a_0 = 10$, $\Delta a = 2$ und $a_n = 20$ entsteht die untenstehende Tabelle 5.5.

Tabelle 5.5

a	$\sqrt{a}$
10	3,1623
12	3,4641
14	3,7417
16	4,0000
18	4,2426
20	4,4721

Lösung: Die Quadratwurzeln werden durch mehrfache Anwendung der Formel (5.14) bestimmt. Dabei muß die Rechnung auf Grund des vorgeschriebenen höchstzulässigen Fehlers so oft wiederholt werden, bis schließlich

$$|x_{n+1} - x_n| < \varepsilon \tag{5.19}$$

wird, das heißt zwei aufeinanderfolgende Iterationswerte sich um weniger als $\pm\varepsilon$ unterscheiden, denn dann weicht, wie sich zeigen läßt, x_{n+1} um weniger als $\pm\varepsilon$ vom exakten Wurzelwert ab. Die Betragszeichen in (5.19) sind notwendig, da die Differenz $x_{n+1} - x_n$ wechselnde Vorzeichen besitzen kann. Bild 5.26 zeigt den Ablauf des Programms. Es besteht aus zwei ineinandergeschachtelten Zyklen. Der innere bewirkt die iterative Berechnung der Quadratwurzel aus a, der äußere das Weiterrücken in den Zeilen der Tabelle. Sämtliche Fragestellungen erfordern Vorzeichenentscheidungen. Die Werte a_0, Δa, a_n, x_0 und ε sind vorgegebene, während a, x_n und x_{n+1} Hilfsgrößen der Rechnung sind. Anfangs wird a auf den Anfangswert a_0 gebracht (1) und dann gedruckt (2). (3) setzt den Anfang der Iteration, die in dem Zyklus mit (4), (5) und (6) so oft wiederholt wird, bis die Differenz aufeinanderfolgender Resultate betragsmäßig kleiner als ε ist. x_{n+1} ist dann die gesuchte Wurzel, die gedruckt wird (7). Falls a den Wert a_n noch nicht erreicht hat (8), wird das Argument erhöht (9) und nach dem Druck des neuen Radikanden (2) die gesamte Rechnung wiederholt. Andernfalls erfolgt Stopp.
Die Symbole mit den Inschriften START und STOPP kennzeichnen Anfang und Ende selbständiger Programme. Das sind solche, die bei ihrer Abarbeitung im

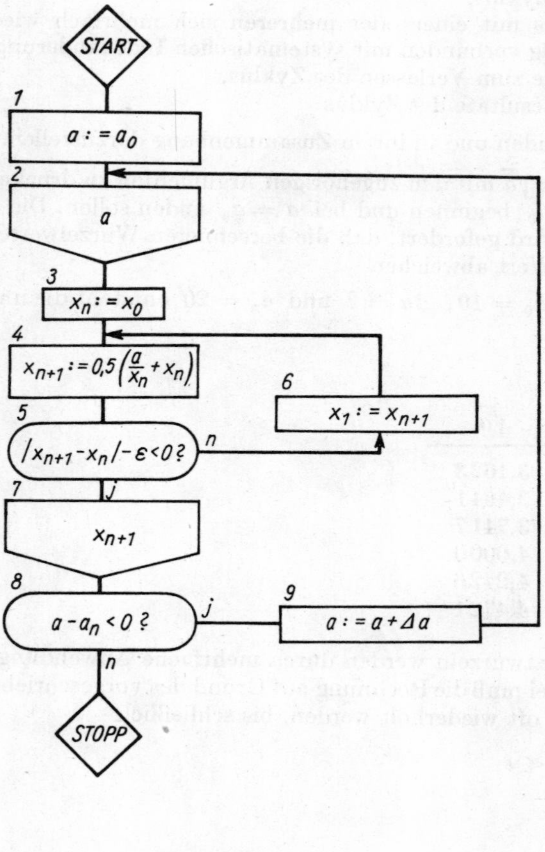

START

1    $a := a_0$

2   a

3    $x_n := x_0$

4    $x_{n+1} := 0{,}5\left(\dfrac{a}{x_n} + x_n\right)$

6    $x_1 := x_{n+1}$

5    $/x_{n+1} - x_n / - \varepsilon < 0\,?$ n

7   x_{n+1}

8    $a - a_n < 0\,?$ j   9 $a := a + \Delta a$

n

STOPP

Bild 5.26

Automaten manuell gestartet werden müssen und die mit einem programmierten Stoppbefehl enden. Programmteile, deren Beginn und Ende durch (B) und (E) angedeutet wird, sind Teile selbständiger Programme, die lediglich zur besseren Übersicht oder zur Vereinfachung der Darstellung gesondert gezeichnet werden. Einfachere Beispiele in diesem Abschnitt, die kaum selbständige Programme bilden können, werden nur als Programmteile dargestellt.

4. Es ist das Produkt zweier Matrizen

$$\mathfrak{A} = \begin{pmatrix} a_{11} & a_{12} & .. & a_{1l} & .. & a_{1p} \\ \vdots & \vdots & & \vdots & & \vdots \\ a_{i1} & a_{i2} & .. & a_{il} & .. & a_{ip} \\ \vdots & \vdots & & \vdots & & \vdots \\ a_{m1} & a_{m2} & .. & a_{ml} & .. & a_{mp} \end{pmatrix} \quad \text{und} \quad \mathfrak{B} = \begin{pmatrix} b_{11} & b_{12} & .. & b_{1k} & .. & b_{1n} \\ \vdots & \vdots & & \vdots & & \vdots \\ b_{l1} & b_{l2} & .. & b_{lk} & .. & b_{ln} \\ \vdots & \vdots & & \vdots & & \vdots \\ b_{p1} & b_{p2} & .. & b_{pk} & .. & b_{pn} \end{pmatrix}$$

elementweise zu berechnen (vgl. 1.2.4.2.). Die Elemente der Produktmatrix $\mathfrak{C}$ sind

$$c_{ik} = \sum_{l=1}^{p} a_{il} b_{lk} \quad \text{für} \quad \begin{cases} i = 1, 2, \ldots, m \text{ und} \\ k = 1, 2, \ldots, n. \end{cases}$$

Lösung: Der zugehörige Programmablaufplan ist in Bild 5.27 dargestellt. Hier liegen drei ineinander geschachtelte Zyklen vor. Im innersten wird schrittweise

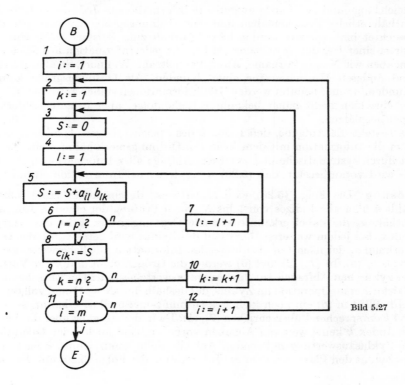

Bild 5.27

das Skalarprodukt aufgebaut. Dabei ist unter S die jeweils aufgelaufene Teilsumme zu verstehen. Die Operationen (5) und (6) werden entsprechend den p Summanden des Skalarproduktes auch p-mal durchgeführt, wobei der Laufindex l sich bei jeder Wiederholung um 1 erhöht. Der mittlere Zyklus dient zur Berechnung der Elemente einer Zeile der Produktmatrix, während der äußere Zyklus deren einzelne Zeilen der Reihe nach bestimmt. Die meisten Informationen in diesem Flußdiagramm betreffen das Setzen ((1), (2), (4)) und Weiterzählen ((7), (10), (12)) von Indizes bzw. die Durchführung von Entscheidungen über ihren Stand ((6), (9), (11)). Eine eigentliche arithmetische Operation erfolgt nur in (5). In (8) wird jeweils ein fertig errechnetes Element der Produktmatrix gespeichert.

Der zur Organisation der Rechnung notwendige Aufwand ist im Vergleich relativ hoch. Dies ist eine allgemeine Erscheinung. Je größer der Grad der Automatisierung einer Rechnung, desto höher ist der Organisationsaufwand. Das Rechnen mit Indizes ist beim Programmieren immer wieder notwendig. In den Rechenautomaten sind dazu besondere Hilfsmittel geschaffen worden (Indexregister).

5. In einer Datenverarbeitungsanlage stehen der Reihe nach auf den Speicherplätzen

$$A_1, A_2, A_3, \ldots, A_N \tag{5.20}$$

gleich lange und gleichartig aufgebaute Informationen. Jede dieser Informationen enthält etliche Einzelangaben und eine Ordnungsgröße a_n, nach der die Folge gesichtet bzw. sortiert werden kann. Enthält zum Beispiel (5.20) eine Kundenkartei einer Handelseinrichtung, so besteht jede Information aus solchen Einzelangaben wie Name, Vorname, Alter, Postleitzahl, Wohnort, Straße, Hausnummer und anderen Hinweisen für einen Kunden. Als Ordnungsgröße könnte eine Kundennummer benutzt werden. Die Informationen stehen zunächst in beliebiger, im einzelnen nicht näher bekannter Reihenfolge, aber in aufeinanderfolgenden Speicherplätzen.

Es besteht die Aufgabe, den Index k des Speicherplatzes A_k zu bestimmen, auf dem die Information mit dem kleinsten Ordnungsmerkmal a_k steht. Der Wert k ist durch systematische und zyklische Abfrage aller Informationen zu ermitteln. Es wird vorausgesetzt, daß (5.20) wenigstens eine Information enthält ($N \geqq 1$).

Lösung: Die Folge (5.20) wird schrittweise durchmustert (Bild 5.28). Dabei zählt n über alle Indizes von 1 bis N. Nach Prüfung der ersten n Informationen enthält a_k die dabei erkannte kleinste Ordnungsgröße, k ist der dazugehörige Index. Bei jedem weiteren Durchlauf des Zyklus wird getestet, ob das Ordnungsmerkmal a_n der nächsten abzufragenden Information möglicherweise noch kleiner ist als a_k (6). In (1), (2) und (3) werden die Größen a_k, n und k zur Vorbereitung der zyklischen Abfragen auf ihre Ausgangswerte gestellt. Die Entscheidungsfrage (4) ist die erste Operation im Zyklus, der deshalb nur ($N - 1$)-mal voll durchlaufen wird. Wird in (6) ein noch kleineres Ordnungsmerkmal a_n erkannt, so werden a_k und k entsprechend überschrieben (7), (8). Da in der Aufgabe über die Verwertung des Index k keine weiteren Angaben vorliegen, sind auch keine Operationen für die Zyklusauswertung notwendig. Auf alle Fälle kennzeichnet k nach Verlassen des Zyklus den Platz, auf dem die Information der Folge (5.20) mit dem kleinsten

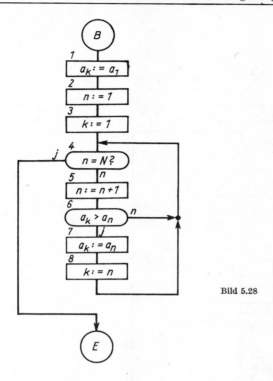

Bild 5.28

Ordnungsmerkmal steht. Für $N = 1$ wird der Zyklus nicht durchlaufen, a_k und k werden bei der Vorbereitung des Zyklus bereits auf die richtigen Werte gestellt.

6. Sortierung durch schrittweise Vertauschungen.
Wie im Beispiel 5 ist auf den Speicherplätzen A_1, A_2, ..., A_N eine Folge gleichartiger Informationen

$$I_1, I_2, I_3, \ldots, I_N \qquad (5.21)$$

mit entsprechenden Ordnungsmerkmalen vorgegeben. Dabei ist es auch möglich, daß mehrere Ordnungsmerkmale einander gleich sind. Die Folge soll nach steigenden Ordnungsmerkmalen sortiert werden (aufsteigende Sortierung). Dabei ist in der Weise vorzugehen, daß in einem 1. Durchlauf die Information I_k mit dem kleinsten Ordnungsmerkmal der Folge (5.21) gesucht und mit I_1 vertauscht wird. Die entstehende Folge möge dann mit

$$I_1', I_2', I_3', \ldots, I_N' \qquad (5.22)$$

bezeichnet werden. Dabei ist $I_1' = I_k$, die restlichen Informationen sind, bis auf das an die Stelle von I_k getretene I_1, mit denen von (5.21) identisch. Im 2. Durchlauf des Sortierganges wird aus der Restfolge $I_2', I_3', \ldots, I_N'$ wiederum

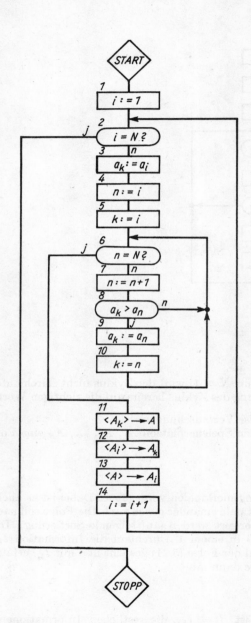

Bild 5.29

die Information I_k' mit dem jetzt kleinsten Ordnungsmerkmal ausgesucht und mit I_2' vertauscht. Die neue Folge ist dann

$$I_1'', I_2'', I_3'', \ldots, I_N''. \tag{5.23}$$

Nach dem 3. Durchlauf werden in der Restfolge $I_3'', \ldots, I_N''$ die Informationen I_3'' und das entsprechende I_k'' miteinander vertauscht. Der Prozeß muß solange fortgesetzt werden, bis zuletzt die Restfolge nur noch aus zwei Informationen besteht. Nach deren eventueller Vertauschung ist die Folge (5.21) dann vollständig sortiert.

Lösung: Es ist einfacher, statt der Folgen (5.21), (5.22), (5.23) usw. nur die Speicherplätze A_1, A_2, ..., A_N zu betrachten. a_n ist dann das Ordnungsmerkmal derjenigen Information, die gerade auf dem entsprechenden Platz A_n steht. Nach Abschluß der Sortierung gilt durchgängig

$$a_n \leqq a_{n+1} \quad \text{für} \quad n = 1, 2, \ldots, N\text{-}1.$$

Der Sortiervorgang wird durch den Programmablauf in Bild 5.29 realisiert.
Es liegen zwei ineinander geschachtelte Zyklen vor. Im äußeren Zyklus zählt i von 1 bis N über die einzelnen Durchläufe (1), (2), (14). Dieser Zyklus wird $(N$-1)-mal abgearbeitet, wie man für spezielles $N = 2$ leicht feststellt. Im inneren Zyklus zählt n über die Elemente der jeweiligen Restfolge (4), (6), (7). Dieser Zyklus stimmt mit dem von Beispiel 5 überein. Wenn er in (6) verlassen wird, kennzeichnet k den Platz A_k, auf dem die Information der Restfolge mit dem kleinsten Sortiermerkmal steht. Diese wird mit der Information auf A_i, der ersten der Restfolge, vertauscht (11), (12), (13). Dazu ist ein zusätzlicher Zwischenspeicherplatz A erforderlich, da sonst eine Information überschrieben würde und so verlorenginge. Für $k = i$, das heißt, falls die erste Information der Restfolge zufällig mit der mit dem kleinsten Sortiermerkmal übereinstimmt, ist der angegebene Ablauf zwar ebenfalls in Ordnung, es werden dann allerdings einige unnötige Transporte durchgeführt. Durch eine zusätzliche Entscheidungsoperation besteht die Möglichkeit, diese noch zu umgehen.
Für $N = 1$ ist eine Sortierung gegenstandslos, das Programm wird ab (2) richtig umgangen.
Das Verfahren hat den Nachteil, daß die Anzahl der Zyklusdurchläufe von einer möglicherweise bereits vorhandenen Vorsortierung der Ausgangsfolge völlig unabhängig ist. Die Dauer des gesamten Programmdurchlaufes, also der vollständigen Sortierung, hängt nur von der Anzahl N der Informationen, nicht aber von der bereits vorliegenden Ordnung ab. Ist (5.21) beispielsweise bereits sortiert, so wird dieser Sachverhalt bei dem gewählten Verfahren in keiner Weise erkannt und damit nicht berücksichtigt.

AUFGABE

5.41. Es sind vier Zahlen a, b, c und d gegeben. Durch eine Anzahl von Entscheidungsfragen, von denen im speziellen Fall jeweils drei durchlaufen werden, ist die betragsgrößte Zahl M zu bestimmen. Die vorgegebenen Zahlen können teilweise untereinander gleich sein.

Durch andere Sortierprinzipien kann der am Schluß von Beispiel 6 genannte Nachteil vermieden werden. So ist es möglich, die Ordnungsmerkmale jeweils aufeinanderfolgender Informationen der Reihe nach zu vergleichen, bis ein Element entdeckt wird, das die Sortierordnung verletzt. Zur Verbesserung der Anordnung steht wiederum ein Hilfsspeicherplatz A zur Verfügung. Solange dieser nicht belegt ist, können drei Möglichkeiten eintreten (Bild 5.30):

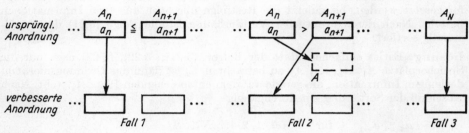

Bild 5.30

Fall 1: Ist $a_n \leqq a_{n+1}$, so bleibt die Information auf A_n erhalten, da die vorhandene Reihenfolge dem gewünschten Ordnungsprinzip (aufsteigende Sortierung) entspricht.

Fall 2: Ist $a_n > a_{n+1}$, so wird die alte Information von A_n auf den Hilfsspeicherplatz A übernommen, und die Information von A_{n+1} rückt um einen Platz vor.

Fall 3: Ist das Ende der Folge erreicht, so bleibt auch die letzte Information auf ihrem Platz.

Ist jedoch der Hilfsspeicherplatz A bereits belegt, so wird jetzt die dort stehende Information $\langle A \rangle$ einschließlich ihres Ordnungsmerkmales a bei den Vergleichen wirksam. Es können wiederum drei Möglichkeiten eintreten (Bild 5.31):

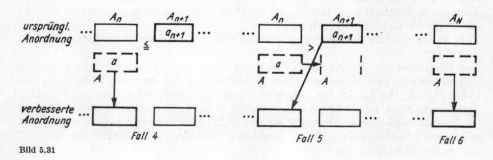

Bild 5.31

Fall 4: Ist $a \leqq a_{n+1}$, so kommt $\langle A \rangle$ nach A_n, und der Hilfsspeicherplatz wird wieder frei.

Fall 5: Ist $a > a_{n+1}$, so kommt $\langle A_{n+1} \rangle$ nach A_n, und $\langle A \rangle$ bleibt unverändert.

Fall 6: Am Ende der Folge wird $\langle A \rangle$ nach A_n gebracht.

Das Sortierprinzip wird an Hand eines einfachen Beispiels sofort verständlich (Bild 5.32). Dabei werden als Sortiermerkmale der Einfachheit halber gleich die Zahlen 1, 2, ..., $N = 8$ genommen.

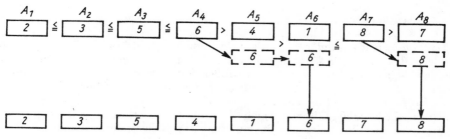

Bild 5.32

Der Prozeß schreitet von links nach rechts vorwärts. Nach dem ersten Durchlauf steht auf alle Fälle auf A_N die Information mit dem größten Ordnungsmerkmal. Es braucht im folgenden nur noch die Restmenge auf A_1, A_2, ..., A_{N-1} betrachtet zu werden. Ihre Belegung wird im zweiten Durchlauf nach dem gleichen Prinzip wiederum verbessert, als Ergebnis steht $\langle A_{N-1} \rangle$ endgültig fest, so daß im dritten Durchlauf nur noch die Restmenge auf A_1, A_2, ..., A_{N-2} beachtet werden muß. Der Prozeß wird oft so wiederholt, bis bei den Vergleichen nur noch Fall 1 auftritt. Dann ist die Folge vollständig sortiert.

Zur Erläuterung wird das angeführte Zahlenbeispiel mit allen Durchläufen in Bild 5.33 nochmals dargestellt.

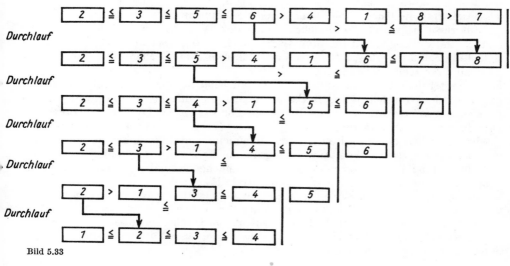

Bild 5.33

AUFGABE

5.42. Für den dargelegten Sortiervorgang ist ein Programmablaufplan zu entwerfen.

5.3.5.   Ausblick

Eine Datenverarbeitungsanlage ist wie jede andere automatische Einrichtung so konstruiert, daß alle vorgesehenen Operationen, für die sie gebaut und eingestellt wurde, mit hoher Geschwindigkeit und großer Sorgfalt, gepaart mit zahlreichen Kontrollen, ausgeführt werden. Unterläuft beim Bau oder der Bedienung ein Fehler, werden also falsche Anweisungen erteilt, so werden sie mit der gleichen Präzision, natürlich falsch, erledigt, falls die Anlage in ihrer Funktion nicht vollständig versagt. Ein Automat verhält sich wie ein gewissenhafter Sklave, der jeden Auftrag mit größter Sorgfalt erledigt, jedoch nie nach dessen Sinn und Nutzen fragt. Ein Automat besitzt keine Phantasie, kann also keine eigenschöpferische, geistige Arbeit verrichten oder keine grundsätzlich neuen Ideen hervorbringen. Er bleibt ohne den bedienenden Menschen eine leblose Maschine. Deshalb sollte man Bezeichnungen wie *Elektronengehirn* oder gar *Denkmaschine*, wie man sie gelegentlich noch findet, vermeiden. Sie wecken falsche Vorstellungen. Eine Datenverarbeitungsanlage ist letzten Endes nur ein hochkompliziertes Werkzeug in den Händen von Menschen, die es in den materiellen und geistigen Produktionsprozeß einsetzen.

Die ersten Rechenautomaten wurden vornehmlich für militärisch-technische Zwecke entwickelt (Durchrechnung von Geschoßbahnen). Heute werden in allen Gebieten der Technik, in denen umfangreiche Rechenarbeiten auftreten, Automaten eingesetzt. Hier sind zu nennen: Hoch- und Tiefbau, Flugzeug- und Raketenbau, Schiffsbau, Brücken- und Straßenbau, Kerntechnik, Bau von Energieanlagen u. a. Daneben werden Rechenautomaten auch für die Lösung rein wissenschaftlicher Probleme verwendet, wobei auch solche Gebiete wie Medizin, Biologie, Landwirtschaft, Sprachwissenschaften, in denen bisher keine engen Beziehungen zur Mathematik bestanden, ihr Interesse bekunden. Zahlreiche Zweige der Wissenschaft, an der Spitze die mathematische Logik und die numerische Mathematik, aber auch viele technische Gebiete haben durch das Aufkommen der elektronischen Rechentechnik starke Impulse zu ihrer Weiterentwicklung erhalten.

Es ist weiterhin mit einem ständig steigenden Einsatz von Rechenautomaten und ganz besonders von elektronischen Datenverarbeitungsanlagen in den verschiedensten Zweigen der Wirtschaft, der Verwaltung, der Forschung, der Lehre usw. zu rechnen. Dies bringt eine Umwälzung vieler gewohnter Vorgänge und Erscheinungen des gesellschaftlichen Lebens mit sich. Jeder Ingenieur muß deshalb heutzutage Kenntnisse über das Wesen und die Anwendungsmöglichkeiten der elektronischen Rechentechnik und der Datenverarbeitung in seinem Fachgebiet haben, wenn er seine Aufgabe umfassend und mit den modernsten Mitteln lösen will.

Die ständig voranschreitende Miniaturisierung der elektronischen Schaltkreise führte zur Entwicklung von Geräten, die man in der Westentasche unterbringen kann.

Es entstanden die unterschiedlichsten Typen von Taschenrechnern. Die in diesem Abschnitt behandelten Grundlagen sind aber notwendige Voraussetzung zum besseren Verständnis der Weiterentwicklung.

6. Nomografie

6.1. Grundbegriffe der Nomografie

6.1.1. Aufgabenstellung der Nomografie

Durch die im einführenden Abschnitt beschriebene Modellbildung und mathematische Formulierung von naturwissenschaftlichen, technischen, technologischen und ökonomischen Zusammenhängen entstehen funktionale Beziehungen, die zur Nutzanwendung einer Auswertung bedürfen. In all diesen Fällen wird angestrebt, die vorliegenden Aufgaben schnell, sicher und mit möglichst geringem Aufwand zu lösen und die Ergebnisse in einer übersichtlichen und anschaulichen Form darzustellen. Dazu bieten sich verschiedene Hilfsmittel an, z. B. die Verwendung von Zahlentafeln (Logarithmentafeln u. a.), des Rechenstabes, der verschiedenen Arten von Rechenmaschinen und -automaten sowie von zahlreichen grafischen Verfahren. Der Einsatz solcher Hilfsmittel muß allerdings sinnvoll sein, d. h., die gewonnene Genauigkeit der Ergebnisse und die Einsparungen an Zeit und Arbeitskraft müssen im richtigen Verhältnis zu dem notwendigen Aufwand für die Anschaffung und den Einsatz der Hilfsmittel stehen (vgl. dazu auch Abschnitt 5.). Die **Nomografie**[1] stellt solche Hilfsmittel in Form von Rechentafeln oder **Nomogrammen** bereit.

Nomogramme sind grafische Darstellungen von vorliegenden Gesetzmäßigkeiten und Formeln, die es gestatten, zu beliebigen Ausgangswerten eines bestimmten Bereiches das zugehörige Ergebnis abzulesen.

Bei den einfachen grafischen Darstellungen ist für jede spezielle Aufgabe ein gesondertes Diagramm anzulegen. So ist z. B. bei der grafischen Lösung einer kubischen Gleichung die zugehörige kubische Parabel zu zeichnen, und ihre Schnittpunkte mit der Abszissenachse sind zu bestimmen. Dagegen werden in der Nomografie Rechentafeln für alle Aufgaben eines bestimmten Typs angelegt, die für jeden gewünschten speziellen Wert (in dem geforderten Bereich) gelten. Ein Nomogramm liefert also beispielsweise die Lösungen für alle zu untersuchenden kubischen Gleichungen; zu den gegebenen Koeffizienten können die zugehörigen Lösungen abgelesen werden.

In jedem Anwendungsfall ist zu entscheiden, ob eine numerische oder grafische Methode zur Lösung vorliegender Gleichungen einzusetzen ist. Den im folgenden zu behandelnden grafischen Methoden ist beispielsweise dann der Vorzug zu geben, wenn sich der große Aufwand einer manuellen oder automatischen numerischen Behandlung nicht lohnt oder wenn an unterschiedlichen Orten (z. B. an jeder Maschine einer Werkhalle) aus einem einfach ablesbaren Schema rasch Ergebnisse zu verschiedenen Ausgangswerten benötigt und keine allzu hohen Genauigkeitsanforderungen gestellt werden. Sie eignen sich aber auch für Überschlagsrechnungen und geben rasch qualitative Einblicke in Gesetzmäßigkeiten, die man dann endgültig in dem vorher als wichtig erkannten Bereich mit größerer Genauigkeit numerisch auswertet.

Im einleitenden Kapitel werden die Grundbegriffe der Nomografie dargestellt, die jedoch auch unabhängig von ihrer Anwendung beim Aufbau von Nomogrammen ein

---

[1] nomos (griech.) Gesetz, graphein (griech.) schreiben

unentbehrliches Hilfsmittel für den theoretisch und praktisch tätigen Ingenieur und Ökonomen darstellen. In den folgenden Abschnitten werden die wichtigsten Arten der Nomogramme behandelt. Damit können zahlreiche der in der Praxis vorkommenden Funktionen in Form von Nomogrammen dargestellt werden, wobei jeweils die einfachste und übersichtlichste Möglichkeit auszuwählen ist. In besonders schwierigen Fällen können Anleitungen aus der angegebenen weiterführenden Literatur entnommen werden.

Das Nomogramm kann auch von denen benutzt werden, die die zugrunde liegenden Gesetzmäßigkeiten nicht kennen. Es soll daher stets mit einer Erläuterung, z. B. in Form eines Ableseschemas versehen werden.

Bei jeder grafischen Methode treten Ungenauigkeiten durch die Zeichnung selbst oder durch Ablesefehler auf. Es muß darauf geachtet werden, daß diese Fehler möglichst klein gehalten werden und daß die Genauigkeit für das jeweilige Anwendungsgebiet ebenso wie in dem vorkommenden Wertebereich ausreicht. Dazu sind die Hinweise für die praktische Herstellung von Rechentafeln, die überall eingefügt sind, zu beachten.

In jedem Nomogramm werden Funktionen dargestellt, die in der Naturwissenschaft, Technik oder Ökonomie vorkommen. Es muß daher auf die Grundbegriffe der Funktionenlehre und die Elemente der grafischen Darstellung zurückgegriffen werden, die bereits im Band „Analysis für Ingenieure" behandelt sind [2]. Sie werden hier kurz wiederholt und in der für die Nomografie notwendigen Weise ausgebaut.

Die Nomografie ist ein verhältnismäßig junger Zweig der Mathematik. Wenn auch in Landkarten und anderen Darstellungen Vorläufer von Nomogrammen gesehen werden können, so erfolgte doch eine systematische Behandlung der Netztafeln erst 1846 durch LALANNE[1]). Die Fluchtlinientafeln gehen auf D'OCAGNE[2]) (1884/85) zurück. In der Folgezeit trugen SOREAU, GERSEWANOW, SCHWERDT, GLAGOLEW, LUCKEY u. a. zur Entwicklung der Nomografie bei [6.2, 6.8].

6.1.2.   Größe, Zahlenwert, Einheit

In den meisten Anwendungen der Mathematik treten Beziehungen zwischen **Größen** auf, die durch die Angabe eines **Zahlenwertes** und einer **Maßeinheit** bestimmt sind. Solche Größen sind z. B. Masse, Zeit, Kraft, Kosten usw. So sind in Grundgesetzen der Physik, wie

$$F = m \cdot a \qquad (F \text{ Kraft, } m \text{ Masse, } a \text{ Beschleunigung})$$

$$v = \pi \cdot d \cdot n \qquad (v \text{ Geschwindigkeit, } d \text{ Durchmesser, } n \text{ Drehzahl}),$$

alle auftretenden Variablen physikalische Größen. Dabei wird definiert

Größe = Zahlenwert mal Einheit.

---

[1]) LÉON LALANNE, geb. 1811, französischer Ingenieur
[2]) PHILIBERT MARIA D'OCAGNE, geb. 1862, Professor der Mathematik in Paris

Größen sind z. B. $v = 5\,\dfrac{\text{m}}{\text{s}}$, $s = 10\,\text{km} = 10\,000\,\text{m}$, $F = 8\,\text{N}$. Die Zahlenwerte

sind 5, 10, 10000 und 8, die Einheiten $\dfrac{\text{m}}{\text{s}}$, km, m, N. Wie das zweite Beispiel zeigt,

verhält sich das Produkt aus Zahlenwert und Einheit wie ein gewöhnliches Produkt. Wenn der eine Faktor (Einheit) verkleinert wird, muß der andere Faktor (Zahlenwert) entsprechend vergrößert werden, damit das Produkt denselben Wert behält.

Im folgenden werden unter den üblichen Formelzeichen immer Größen verstanden. Bei grafischen Darstellungen sind die der Größe zugeordneten Zahlenwerte durch Längen zu veranschaulichen. Für diese Zahlenwerte werden je nach den verwendeten Achsen die üblichen Bezeichnungen für Variablen x, y, z oder x_1, x_2, ... verwendet:

$$\text{Größe } u, \quad \text{Einheit } [u], \quad \text{Zahlenwert } x = \frac{u}{[u]}.$$

Entsprechend der obigen Erklärung gibt es **Größengleichungen, Einheitengleichungen** und **Zahlenwertgleichungen**. Dabei ist die Größengleichung dadurch definiert, daß in ihr alle Formelzeichen Größen bedeuten. Es ist zu beachten, daß in allgemeinen Größengleichungen empirische Faktoren als Größen zu behandeln und daß Umrechnungsfaktoren nicht erlaubt sind. Die obengenannten allgemeinen Gleichungen der Physik sind Größengleichungen. In diese Gleichungen dürfen Größen in beliebigen Einheiten eingesetzt werden, z. B. der Durchmesser d in der zweiten Gleichung in mm oder in m. Das Ergebnis, hier die Schnittgeschwindigkeit v, liegt dann jeweils in der entsprechenden Einheit vor. Werden alle Größen in solchen Einheiten verwendet, die nach den Grundgleichungen aufeinander abgestimmt sind (sogenannte **kohärente**[1]) Einheiten), so gelten die Größengleichungen in derselben Form auch für die entsprechenden Zahlenwerte. Da aber in der Praxis häufig **nichtkohärente Einheiten** benötigt werden, muß die Rechnung und damit auch das aufzustellende Nomogramm durch das Einführen von Umrechnungsfaktoren für diese Einheiten vorbereitet werden. Es liegt dann keine allgemeingültige Größengleichung mehr vor. Dies soll am Beispiel der oben erwähnten Gleichung für die Umfangsgeschwindigkeit gezeigt werden, wobei folgende Einheiten zu berücksichtigen sind:

$$[d] = \text{mm}, \quad [n] = \text{min}^{-1}, \quad [v] = \text{m} \cdot \text{s}^{-1}.$$

Aus $v = \pi \cdot d \cdot n$ folgt durch Erweitern mit den vorgeschriebenen Einheiten von d und n

$$v = \pi \cdot \frac{d}{\text{mm}} \cdot \frac{n}{\text{min}^{-1}}\,\text{mm min}^{-1}.$$

Die Geschwindigkeit v würde sich jetzt jedoch in mm min^{-1} ergeben. Um auf die vorgeschriebene Einheit zu kommen, sind die Umrechnungsbeziehungen $1\,\text{m} = 1\,000\,\text{mm}$ und $1\,\text{min} = 60\,\text{s}$ in Form von geeigneten Quotienten

$$\frac{1\,\text{m}}{1\,000\,\text{mm}}, \quad \frac{1\,\text{min}}{60\,\text{s}},$$

---

[1]) cohaerentia (lat.) Zusammenhang

deren Wert 1 ist, als Erweiterungsfaktoren anzufügen:

$$v = \pi \cdot \frac{d}{\text{mm}} \cdot \frac{n}{\text{min}^{-1}} \cdot \text{mm} \cdot \frac{1}{\text{min}} \cdot \frac{1\,\text{m}}{1\,000\,\text{mm}} \cdot \frac{1\,\text{min}}{60\,\text{s}}.$$

Kürzen und Zusammenfassen ergibt

$$v = \frac{\pi}{60\,000} \cdot \frac{d}{\text{mm}} \cdot \frac{n}{\text{min}^{-1}}\ \text{m}\,\text{s}^{-1}.$$

Dies ist eine Größengleichung, denn die Formelzeichen bedeuten Größen. Die Gleichung ist jedoch nicht mehr allgemeingültig, sondern für die geforderten Einheiten zugeschnitten; sie heißt daher **zugeschnittene Größengleichung**. Der entstandenen Gleichung kann sofort entnommen werden, in welchen Einheiten die Größen d und n einzusetzen sind, damit die Ausdrücke $\dfrac{d}{\text{mm}}$ und $\dfrac{n}{\text{min}^{-1}}$ Zahlenwerte sind und sich v in $\text{m}\,\text{s}^{-1}$ ergibt. Diese Form der Gleichung ist exakt und erlaubt im Bedarfsfall auch durch entsprechende Umrechnung einen Übergang zu anderen Einheiten.
Wenn die obige Gleichung noch durch $\text{m}\,\text{s}^{-1}$ geteilt wird, ergibt sich mit den Abkürzungen für die Zahlenwerte

$$x = \frac{d}{\text{mm}}, \quad y = \frac{n}{\text{min}^{-1}}, \quad z = \frac{v}{\text{m}\,\text{s}^{-1}}$$

die Zahlenwertgleichung

$$z = \frac{\pi}{60\,000}\,xy = 5{,}24 \cdot 10^{-5}\,xy.$$

Damit ist eine Funktionsgleichung für reelle Variablen entstanden, die die Grundlage für die grafische Darstellung in einem Nomogramm bildet und die alle nötigen Umrechnungsfaktoren enthält. Die Zahlenwerte x, y, z mit der angegebenen Bedeutung können auf Achsen eines Koordinatensystems oder auf beliebigen Skalen dargestellt werden.
Bei der Umwandlung der Gleichung sind die Einheiten wie gewöhnliche Faktoren behandelt worden. Das beschriebene Verfahren führt exakt zu den Gleichungen, die für die Anlage der Nomogramme benötigt werden.

BEISPIEL

Die Masse von Stahldrähten (in kg) ist aus der Länge l (in m) und dem Durchmesser d (in mm) zu berechnen, wobei für die Dichte $\varrho = 7{,}85\ \text{kg/dm}^3$ zu setzen ist. Die entstehende Gleichung ist als Zahlenwertgleichung zu schreiben.

Lösung: Die Gleichung für die Masse lautet

$$m = \varrho \cdot V, \quad \text{wobei für}\quad V = \frac{\pi}{4}\,d^2 \cdot l \quad \text{zu setzen ist.}$$

Mit dem gegebenen Wert für ϱ erhält man

$$m = 7{,}85 \, \frac{\text{kg}}{\text{dm}^3} \cdot \frac{\pi}{4} \, d^2 \cdot l$$

und durch Erweitern mit den vorgeschriebenen Einheiten sowie Anfügen von Umrechnungsbeziehungen

$$m = 7{,}85 \cdot \frac{\pi}{4} \left(\frac{d}{\text{mm}}\right)^2 \cdot \frac{l}{\text{m}} \cdot \text{mm}^2 \cdot \text{m} \cdot \frac{\text{kg}}{\text{dm}^3}.$$

Die Umrechnungsbeziehungen $1\,\text{m} = 10\,\text{dm}$ und $1\,\text{dm}^2 = 10^4\,\text{mm}^2$ sind in geeigneter Form als Quotienten anzufügen:

$$m = 7{,}85 \cdot \frac{\pi}{4} \left(\frac{d}{\text{mm}}\right)^2 \cdot \frac{l}{\text{m}} \cdot \text{mm}^2 \cdot \text{m} \cdot \frac{\text{kg}}{\text{dm}^3} \cdot \frac{10\,\text{dm}}{1\,\text{m}} \cdot \frac{1\,\text{dm}^2}{10^4\,\text{mm}^2}.$$

Daraus entsteht durch Kürzen, Zusammenfassen und Dividieren durch kg

$$\frac{m}{\text{kg}} = 6{,}16 \cdot 10^{-3} \left(\frac{d}{\text{mm}}\right)^2 \cdot \frac{l}{\text{m}}.$$

Nach Einführen der Zahlenwerte

$$x = \frac{d}{\text{mm}}, \quad y = \frac{l}{\text{m}}, \quad z = \frac{m}{\text{kg}}$$

ergibt sich die für eine spätere Nomogrammkonstruktion benötigte Zahlenwertgleichung

$$\underline{\underline{z = 6{,}16 \cdot 10^{-3} x^2 \cdot y.}}$$

AUFGABEN

6.1. Die zugeschnittene Größengleichung und die zugehörige Zahlenwertgleichung sind in bezug auf ihre Form, Übersichtlichkeit und Aussagefähigkeit zu vergleichen.

6.2. Die Gleichung für die Leistung

$$P = \frac{F\,s}{t}$$

ist in eine Zahlenwertgleichung mit den Einheiten

$$[F] = \text{N}, \ [s] = \text{cm}, \ [t] = \text{min}, \ [P] = \text{kW}$$

zu überführen.

6.3. Die Masse m eines Rohres, bezogen auf die Länge, wird nach der Formel

$$\frac{m}{l} = \pi(ds + s^2)\varrho$$

berechnet. Dabei bedeuten d die lichte Weite, s die Wanddicke und ϱ die Dichte. Die Gleichung ist in eine Zahlenwertgleichung mit den folgenden Einheiten umzuformen:

$$[d] = \text{mm}, \quad [s] = \text{mm}, \quad [\varrho] = \text{kg dm}^{-3}, \quad \left[\frac{m}{l}\right] = \text{kg m}^{-1}.$$

6.4. Die Kraft F, mit der die Platten eines Kondensators einander anziehen, beträgt

$$F = \frac{\varepsilon_0}{2} \cdot \frac{U^2 \cdot A}{d^2} .$$

Hierbei sind $\varepsilon_0 = 8{,}85 \cdot 10^{-12} \ \dfrac{\text{As}}{\text{Vm}}$ die elektrische Feldkonstante, U die Spannung zwischen den Platten, A die Fläche einer Platte und d der Plattenabstand.
Die Größengleichung ist für die Einheiten

$$[U] = \text{V}, \ [A] = \text{cm}^2, \ [d] = \text{mm}, \ [F] = \mu\text{N}$$

zuzuschneiden.

6.1.3.   Aufbau von Leitern

6.1.3.1.   Reguläre Leitern

In der Nomografie werden die den Größen u zugeordneten Zahlenwerte $x = \dfrac{u}{[u]}$ durch Abschnitte auf einer Kurve dargestellt. Die mit einer Punktfolge (Teilung) für die verschiedenen Zahlenwerte versehene Kurve heißt **Leiter** oder **Skale**, die Kurve ist der Träger der Teilung.
Im einfachsten Fall ist der Träger eine Gerade, und die Teilungspunkte sind gleichabständig, wie das z. B. von den Achsen des cartesischen Koordinatensystems oder den üblichen Linealen her bekannt ist. Solche Leitern heißen **regulär** oder **linear**.
Davon sind die **Funktionsleitern** zu unterscheiden, bei denen die Teilpunktabstände aus Funktionswerten einer nichtlinearen Funktion zu ermitteln sind.
Diese Abstände sind demnach in den verschiedenen Bereichen der Funktionsleiter ungleich, wie das etwa vom Rechenstab her bekannt ist. Weiterhin treten in der Nomografie krummlinige Leiterträger auf.
Zunächst soll der Aufbau der regulären Leiter untersucht werden. Als Träger der Leiter wird eine orientierte Gerade mit einem Anfangspunkt A gewählt. Wenn alle Werte x einer linearen Punktmenge $x_0 \leqq x \leqq x_n$ auf der Leiter dargestellt werden sollen, wird zunächst dem Anfangspunkt A der Wert x_0 zugeordnet. Zu jedem Wert x soll dann ein Punkt P gehören, so daß die Strecke AP proportional zu $x - x_0$ ist. Die endgültige Länge der Strecke wird durch die Wahl der **Zeicheneinheit** oder **Einslänge** l_x bestimmt, das ist die Länge, die für die Einheit von x gewählt wird. Die Länge der Strecke AP ist dann (Bild 6.1)

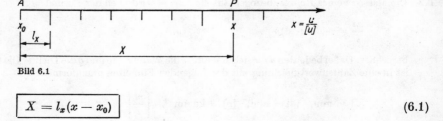

Bild 6.1

$$\boxed{X = l_x (x - x_0)} \qquad\qquad (6.1)$$

Im Gegensatz zur Darstellung in [2] wird der Abschnitt auf der Leiter zur Vereinfachung der folgenden Gleichungen mit X (bzw. Y, Z, ... für weitere Leitern) statt mit $s(x)$ bezeichnet. Die Abhängigkeit von x (bzw. y, z, ...) ist stets zu beachten. Bei X, Y, Z, ... handelt es sich hier also nicht um Definitions- bzw. Wertebereiche.

In Bild 6.1 ist l_x der Abstand zweier beliebiger Teilstriche, wenn diese zu aufeinander-folgenden, ganzzahligen Werten von x gehören. Ist $x_0 = 0$ (die Leiter beginnt mit dem Nullpunkt), gilt insbesondere $X = l_x \cdot x$. Beim cartesischen Koordinaten-system sind beide Achsen in dieser Weise geteilt, $X = l_x \cdot x$ und $Y = l_y \cdot y$, wobei meist $l_x = l_y$ ist.

Gleichung (6.1) heißt **Gleichung der regulären Leiter** und stellt den Zusammenhang zwischen dem an die Teilung geschriebenen Zahlenwert x und der dafür vom Anfangs-punkt an abgetragenen Länge X dar. Mit dieser Gleichung kann einerseits der Ab-stand jedes Teilpunktes vom Anfangspunkt berechnet und andererseits aus einem ab-gemessenen Abstand der (vielleicht nicht angeschriebene) zugehörige Zahlenwert ermittelt werden. Die Herstellung der regulären Leitern erfolgt jedoch meist ohne Benutzung der Leitergleichung durch fortgesetztes Abtragen gleicher Strecken.

Die Wahl der Zeicheneinheit l_x hängt von dem darzustellenden Wertebereich und der zur Verfügung stehenden Leiterlänge X_{max} ab, die z. B. durch die Blattgröße be-stimmt wird. Je größer l_x gewählt wird, um so feiner läßt sich die Leiter unterteilen. Ist eine Leiter für die Werte x_0, ..., x_n anzufertigen, so muß

$$l_x(x_n - x_0) \leqq X_{max}$$

gelten, damit die Teilung auf der vorhandenen Länge untergebracht werden kann. Daraus ergibt sich als Bedingung für die **Wahl der Zeicheneinheit**

$$l_x \leqq \frac{X_{max}}{x_n - x_0} \tag{6.2}$$

Nach Möglichkeit sollen für l_x immer ganze Zahlenwerte gewählt werden, damit sich die Teilung einfach herstellen läßt. Wenn sich dabei der Bruch in Gleichung (6.2) z. B. zu 11,8 mm ergibt, so wird im allgemeinen $l_x = 10$ mm gewählt und nur in Aus-nahmefällen, wo ein geringes Überschreiten des Platzes zulässig ist, auf $l_x = 12$ mm aufgerundet.

Häufig wird statt der Zeicheneinheit l_x der Maßstab m_x als Verhältnis $m_x = \frac{l_x}{[u]}$ eingeführt. So wird also beispielsweise der Maßstab für die Kraft mit $m_x = \frac{10 \text{ mm}}{1 \text{ N}}$ angegeben. Auch die Maß-stabsverhältnisse auf allen Landkarten sind so zu verstehen, wobei im Zähler und Nenner Längen stehen, so daß m_x dimensionslos ist. Ein derartiges Maßstabsverhältnis hat jedoch nur für die reguläre Leiter einen Sinn, da sich für eine Funktionsleiter dieses Verhältnis von Punkt zu Punkt ändert. Deshalb wird hier die allgemeingültige Zeicheneinheit l_x verwendet.

BEISPIELE

1. Die Zeicheneinheiten für die verschiedenen Teilungen des üblichen Dreikantmaßstabes sind zu ermitteln.

Lösung: Die Zeicheneinheiten sind

$$l_x = 50 \quad \text{mm} \quad (1:20) \qquad l_x = 13,\overline{3} \quad \text{mm} \quad (1:75)$$
$$l_x = 40 \quad \text{mm} \quad (1:25) \qquad l_x = 10 \quad \text{mm} \quad (1:100)$$
$$l_x = 20 \quad \text{mm} \quad (1:50) \qquad l_x = 8 \quad \text{mm} \quad (1:125)$$

Die in Klammern angefügten Maßstabsverhältnisse sind auf eine darzustellende Länge von 1000 mm bezogen.

2. Für die Stromstärke I ist eine reguläre Leiter im Bereich $0,5 \cdots 5,0$ A auf einer Länge von höchstens 100 mm herzustellen.

a) In welchem Abstand vom Anfangspunkt ist der Strich für $I = 1,8$ A anzubringen?

b) Eine Ablesung führt auf einen nicht beschrifteten Punkt im Abstand 38,5 mm vom Anfangspunkt. Welche Stromstärke gehört zu diesem Punkt?

Lösung: Es ist $x = \dfrac{I}{\text{A}}$, $x_0 = 0,5$, $x_n = 5,0$, $X_{\max} = 100$ mm.

Aus Gleichung (6.2) ergibt sich

$$l_x \leqq \frac{X_{\max}}{x_n - x_0} = \frac{100 \text{ mm}}{5,0 - 0,5} = 22,2 \text{ mm}.$$

Es wird $l_x = 20$ mm gewählt.

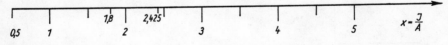

Bild 6.2

Die Gleichung der Leiter (Bild 6.2) lautet

$$X = 20 \text{ mm} \,(x + 0,5) = 20 \text{ mm} \left(\frac{I}{\text{A}} - 0,5\right).$$

a) Nach der Leitergleichung ergibt sich für $x = 1,8$ ein Abstand

$$X = 20 \text{ mm} \,(1,8 - 0,5) = \underline{\underline{26 \text{ mm}}}.$$

b) Für $X = 38,5$ mm gilt

$$x = \frac{38,5 \text{ mm}}{20 \text{ mm}} + 0,5 = 2,425.$$

Zu dem abgelesenen Wert gehört die Stromstärke

$$I = x \,\text{A} = \underline{\underline{2,425 \text{ A}}}.$$

Hinweise für die Herstellung von Leitern

Je nach den Anforderungen an die Genauigkeit der Leiter ist die Unterteilung zu wählen. Sind x_m und x_{m+1} zwei aufeinanderfolgende Zahlenwerte der Leiter, so ergibt sich für den Abstand der zugehörigen Teilstriche.

$$\varDelta X = l_x(x_{m+1} - x_m) = l_x \cdot \varDelta x.$$

$\varDelta x$ ist die **Schrittlänge** oder **Stufe** der Leiter und bestimmt die Feinheit der Teilung. Sie ist bei den regulären Teilungen konstant und wird so gewählt, daß der Abstand zweier Teilstriche mindestens 1 mm beträgt ($\varDelta X \gtrsim 1$ mm). Unter dieser Voraussetzung sind Stufenwerte im allgemeinen mit 1, 2 oder 5 Einheiten zu wählen.
Die Strichlängen sollen nicht kleiner als 1 mm und nicht größer als 10 mm sein. Unterschiedliche Strichlängen verbessern die Ablesemöglichkeit.
Häufig wird es vorkommen, vor allem bei Funktionsleitern, daß von einer fertigen Leiter ein Bild mit einer anderen Zeicheneinheit benötigt wird. Es ist dann möglich, alle Teilpunktabstände mit einem Proportionalitätsfaktor umzurechnen. Meist wird aber der zeichnerische Weg bevorzugt, wobei Leitern aus Genauigkeitsgründen möglichst nur verkleinert werden sollen. (Bei einer Vergrößerung würden auch die Ungenauigkeiten mit vergrößert.)
Die Konstruktionen der Bilder 6.3 und 6.4 sind nach den Strahlensätzen sofort verständlich.

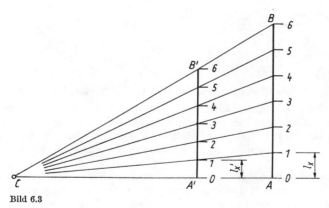

Bild 6.3

In Bild 6.3 wird eine Leiter AB mit der Zeicheneinheit l_x durch *Zentralprojektion* auf eine Leiter $A'B'$ mit der Zeicheneinheit l_x' verkleinert. Nach dem zweiten Strahlensatz ist

$$l_x' : l_x = \overline{A'C} : \overline{AC},$$

$$l_x' = \frac{\overline{A'C}}{\overline{AC}}\, l_x.$$

Die gewünschte kleinere Zeicheneinheit l_x' ergibt sich durch geeignete Wahl der Strecken $A'C$ und AC.

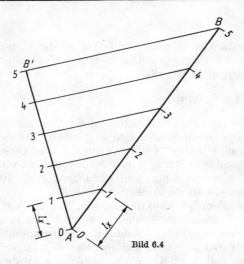

Bild 6.4

Nach Bild 6.4 kann die Leiter AB mit der Zeicheneinheit l_x durch eine *Parallelprojektion* in die Leiter AB' mit l'_x übergeführt werden. Hier gilt nach dem ersten Strahlensatz.

$$l_x' : l_x = \overline{AB'} : \overline{AB}$$

$$l_x' = \frac{\overline{AB'}}{\overline{AB}}\, l_x.$$

Der gewünschte Wert von l_x' wird durch die Wahl der Strecke AB' erreicht, die unter beliebigem Winkel an $\overline{AB}$ angetragen wird. Die genannten Konstruktionen werden vor allem zur Herstellung von Leitern mit unrunden Zeicheneinheiten benutzt, die in der Nomografie häufig benötigt werden und deren Berechnung umständlich ist. Sie können auch für die anschließend zu behandelnden Funktionsleitern angewandt werden.

Durch die beschriebenen Verfahren (Zentralprojektion bei parallelen Leitern, Parallelprojektion bei nichtparallelen Leitern) wird die Art der Teilung nicht verändert, während z. B. die Zentralprojektion bei nichtparallelen Trägern eine Verzerrung der Teilung ergibt, wie später gezeigt wird.

AUFGABEN

6.5. Es sind Beispiele für Skalen anzugeben, die nicht regulär geteilt sind und folglich nicht mit den Formeln des Abschnittes 6.1.3.1. behandelt werden können.

6.6. Für den Widerstand R in Ohm ist eine reguläre Leiter mit dem Anfangspunkt $R_0 = 20\,\Omega$ auf einer Länge von 75 mm anzulegen. Welcher Bereich kann auf der Leiter untergebracht werden, wenn Teilstriche für je 0,5 Ω unter der Bedingung $\Delta X \geqq 1$ mm anzubringen sind?

6.7. Für die Skale eines Tachometers soll ein Geschwindigkeitsbereich von 0 bis 120 km/h mit einer regulären Teilung auf dem Bogen eines Kreissektors mit dem Zentriwinkel von 150° dargestellt werden. Wie groß muß der Radius der Skale mindestens gewählt werden, damit die Teilstriche für je 2 km/h einen Abstand von $\Delta X = 1$ mm haben?

Anleitung: Für die auf dem Kreisbogen gemessenen Längen gelten die üblichen Leitergleichungen.

6.1.3.2.   Funktionsleitern

Im Gegensatz zur Teilung der regulären Leiter sind die Teilungsabschnitte einer **Funktionsleiter** nicht proportional zu den dargestellten Zahlenwerten, sondern proportional zu den zugehörigen Funktionswerten. Solche Leitern sind z. B. von der logarithmischen Teilung des Rechenstabes bekannt. Unter ihrer Verwendung gelingt es dort, die Multiplikation zweier Zahlen auf ein einfaches Aneinandersetzen zweier Strecken zurückzuführen. In ähnlicher Weise werden in der Nomografie schwierige Zusammenhänge von Variablen dadurch vereinfacht, daß bestimmte funktionale Zusammenhänge schon im Aufbau der Teilungen erfaßt werden.
Funktionsleitern können beispielsweise aus der grafischen Darstellung einer Funktion f: $y = f(x)$; $(x;y) \in R \times R$ (vgl. [1]) gewonnen werden, wie dies in Tafel 1[1]) gezeigt ist. Die Leitern für x und y sind in der üblichen Weise regulär geteilt. Werden die x-Werte der Abszissenachse über die Kurve für f auf die Ordinatenachse projiziert, so entsteht auf ihr neben der ursprünglichen regulären Teilung für $y = f(x)$ eine ungleichförmige oder Funktionsleiter für x. Auf dieser sind die Funktionswerte $f(x)$ mit einer Zeicheneinheit, die sich hier aus der Anlage der Zeichnung ergibt, aufgetragen, aber die Zahlenwerte x angeschrieben. Die Leiter beginnt für $x_0 = 0$ an einer Stelle $f(x_0) \approx 1{,}35$.
Die Zuordnung der Punkte P einer Funktionsleiter zu den darzustellenden Zahlenwerten x aus der linearen Punktmenge $x_0 \le x \le x_n$ erfolgt also über die Funktionswerte $f(x)$ bei der Funktion f.

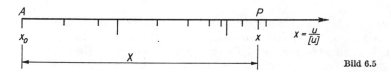

Bild 6.5

Nach der Wahl eines Anfangspunktes A auf einer orientierten Geraden, der dem Werte x_0 zugeordnet wird, und der Festlegung einer Zeicheneinheit l_x ergibt sich für die Länge der Strecke $X = \overline{AP}$ (Bild 6.5)

$$X = l_x[f(x) - f(x_0)] \qquad (6.3)$$

Damit ist die **Gleichung der Funktionsleiter** gewonnen. Die Gleichung (6.1) für die reguläre Leiter ergibt sich als Sonderfall $f(x) = x$.
Die Leitergleichung ist die Grundlage für die Berechnung der Strecken X, d. h. der

---

[1]) Die Tafeln zur Nomografie sind ab S. 597 im Anhang enthalten

Teilstrecken, die zu den Zahlenwerten x gehören. Nur in Fällen, in denen einfache Konstruktionen bekannt sind, kann auf die punktweise Berechnung der Leiter nach Gleichung (6.3) verzichtet werden. Allerdings setzt die Anwendung von (6.3) die Kenntnis der analytischen Darstellung der erzeugenden Funktion oder einer Wertetabelle für alle benötigten Punkte der Teilung voraus. Ist die Funktion dagegen, vielleicht aus einer Versuchsreihe, nur als grob unterteilte Wertetafel oder als grafische Darstellung gegeben, so ist für die Herstellung der zugehörigen Leiter nur das mit Tafel 1 beschriebene grafische Verfahren (oder ein später zu behandelndes Näherungsverfahren) möglich.

Die Zeicheneinheit l_x ist jetzt die Länge, die für die Schrittlänge 1 von $f(x)$ benutzt wird. Zwei Punkte der Leiter liegen also um l_x voneinander entfernt, wenn sich die zugehörigen Funktionswerte um 1 unterscheiden. Die Wahl von l_x hängt wiederum von der zur Verfügung stehenden Teilungslänge X_{max} und dem geforderten Wertebereich ab.

$$l_x \leq \frac{X_{max}}{f_{max}(x) - f_{min}(x)} \qquad (6.4)$$

Dabei ist $f_{min}(x)$ der kleinste und $f_{max}(x)$ der größte Wert der Funktion f in dem darzustellenden Bereich. Diese Werte brauchen durchaus nicht an den Intervallgrenzen zu liegen.

Der Abschnitt X der Teilung ergibt sich mit Vorzeichen. Bei negativem Vorzeichen ist er entgegengesetzt zur Orientierung der Geraden abzutragen.

Für die praktische Herstellung der Leitern gilt das im vorangegangenen Abschnitt Gesagte.

Für den Abstand zweier Teilpunkte, die zu den Zahlenwerten x_m und x_{m+1} mit $\Delta x = x_{m+1} - x_m$ gehören, gilt

$$\Delta X = l_x[f(x_{m+1}) - f(x_m)] \approx l_x \cdot f'(x_m) \cdot \Delta x.$$

Der Abstand ΔX ist also bei gleicher Schrittlänge Δx veränderlich, so daß die Feinheit der Teilung an verschiedenen Stellen unterschiedlich ausfällt. Um der Forderung $\Delta X \geq 1$ mm zu genügen, muß daher unter Umständen die Schrittlänge Δx abschnittsweise verändert werden, wie das z. B. von den logarithmischen Teilungen des Rechenstabes bekannt ist.

Entsprechend der Art der dem Leiteraufbau zugrunde liegenden Funktionen werden die Leitern eingeteilt; die wichtigsten sind

Potenz- und Wurzelleitern mit $f(x) = x^n$ bzw. $f(x) = \sqrt[n]{x}$

Logarithmische Leitern mit $f(x) = \lg x$

Trigonometrische Leitern mit $f(x) = \sin x$, $f(x) = \cos x$ usw.

Logarithmische Leitern

Bei den Funktionsleitern kommen die logarithmischen am häufigsten vor. Dabei ist zu beachten, daß auf ihnen nur positive Zahlenwerte dargestellt werden können und daß wegen

$$\lim_{x \to 0} \lg x = -\infty$$

eine logarithmische Leiter nie mit dem Punkt $x_0 = 0$ beginnen kann.

Die Mantissen der dekadischen Logarithmen wiederholen sich für die Intervalle der Numeri von 10^m bis 10^{m+1} mit $m \in G$ (G Menge der ganzen Zahlen).

Ein Intervall zwischen zwei aufeinanderfolgenden Zehnerpotenzen heißt **Mantisseneinheit**. Die Logarithmen der Intervallgrenzen unterscheiden sich um 1, so daß für eine Mantisseneinheit gerade die Strecke l_x benötigt wird. Die logarithmische Teilung zwischen 1 und 10 stimmt mit der zwischen 10 und 100 überein usw. Bei gedruckten logarithmischen Leitern wird daher meist am Anfang und Ende eine 10 stehen, an die noch der jeweilige Exponent zu schreiben ist.

Da logarithmische Leitern häufig in verschiedenen Zeicheneinheiten benötigt werden, lohnt sich das Anlegen einer sogenannten **logarithmischen Harfe**. Mit ihr wird nach der in 6.1.3.1. beschriebenen Zentralprojektion eine logarithmische Teilung mit der Zeicheneinheit l_x auf eine solche mit der Zeicheneinheit l_x' verkleinert. Eine solche Harfe ist als Beilage 2 angefügt. Aus ihr können die benötigten logarithmischen Teilungen entnommen werden. Ihr Aufbau ist schematisch und verkleinert in Bild 6.6 dargestellt. Gegenüber der Leiter mit $l_x = 250$ mm liegt im gleichen Abstand l_x der Pol P. Alle Teilpunkte der Leiter sind mit P verbunden. Unterhalb der Figur liegt eine Millimeterteilung. Damit eine logarithmische Leiter mit der Maßeinheit l_x' entsteht, ist diese Länge auf der Millimeterteilung abzulesen und vom Endpunkt senkrecht nach oben zu gehen. Auf diese Senkrechte projiziert das Strahlenbüschel eine Leiter

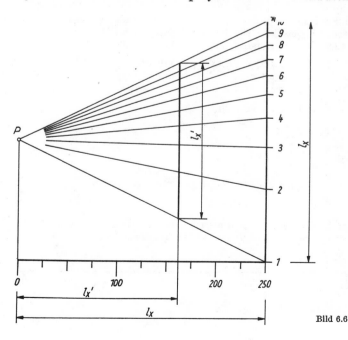

Bild 6.6

mit der geforderten Zeicheneinheit l'_x, da sich nach der Anlage der Zeichnung die Teilungslänge und der Polabstand wie $1:1$ verhalten. Damit die Projektionsstrahlen die Senkrechte unter möglichst günstigen Winkeln schneiden (Genauigkeit), soll der Pol P in der halben Höhe der Teilung liegen.

BEISPIELE

1. Es ist eine logarithmische Leiter mit dem Wertebereich $0{,}2 \leqq x \leqq 15$ auf einer Teilungslänge von höchstens 60 mm anzulegen.

   Lösung: Nach Gleichung (6.4) ist mit $X_{\max} = 60$ mm

   $$l_x \leqq \frac{60\ \text{mm}}{\lg 15 - \lg 0{,}2} = \frac{60\ \text{mm}}{1{,}1761 - (0{,}3010 - 1)} = \frac{60\ \text{mm}}{1{,}8751} \approx 32\ \text{mm}.$$

   Für das endgültig gewählte $l_x = 30$ mm wird die Teilung mit dem Stechzirkel oder mit Hilfe eines Papierstreifens aus der Logarithmenharfe entnommen und mehrfach hintereinander abgetragen, bis sie den geforderten Wertebereich umfaßt (Bild 6.7). Dafür sind hier drei Mantisseneinheiten nötig, deren Anfangs- und Endpunkte mit den nötigen Zehnerexponenten versehen werden. Der geforderte Bereich von 0,2 bis 15 ist in Bild 6.7 besonders hervorgehoben. Für den praktischen Gebrauch könnte er mit Hilfe der Harfe leicht noch weiter unterteilt werden.

Bild 6.7

2. Es ist eine Potenzleiter $f(x) = x^2$ bei einer maximalen Gesamtlänge $X_{\max} = 120$ mm zu konstruieren. Für x sollen die Zahlen von -10 bis $+10$ aufgetragen werden. Welchen Abstand X vom Skalenanfang hat der Strich für $x = 3{,}85$? Welcher Wert x gehört zu dem Punkt, der im Abstand 12,8 mm vom Anfangspunkt der Leiter liegt?

   Lösung: Es ist gegeben: $f(x) = x^2$, $X_{\max} = 120$ mm, $x_0 = -10$, $x_n = +10$. Zunächst ist nach Gleichung (6.4) die Zeicheneinheit l_x zu bestimmen. $f(x) = x^2$ nimmt zwischen $x = -10$ und $x = +10$ den kleinsten Wert bei $x = 0$, den größten Wert bei $x = \pm 10$ an:

   $$f_{\min}(x) = 0, \quad f_{\max}(x) = 100.$$

   Damit folgt nach (6.4)

   $$l_x \leqq \frac{120\ \text{mm}}{100 - 0} = 1{,}2\ \text{mm}.$$

   Es wurde $l_x = 1$ mm gewählt. Die Leitergleichung lautet dann

   $$X = 1\ \text{mm}[x^2 - (-10)^2] = 1\ \text{mm}(x^2 - 100).$$

   Die Teilpunktabstände ergeben sich negativ, sind also vom Anfangspunkt $x_0 = -10$ nach links abzutragen (Bild 6.8). Die Teilpunkte für positive und negative Zahlenwerte fallen zusammen.

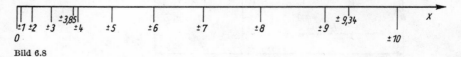

Bild 6.8

Für $x = 3{,}85$ ist

$$X = 1 \text{ mm} \, (3{,}85^2 - 100) = -\underline{\underline{85{,}2 \text{ mm}}}.$$

Für den gesuchten Punkt ist $X = -12{,}8$ mm, also

$$-12{,}8 \text{ mm} = 1 \text{ mm} \, (x^2 - 100)$$
$$x^2 = 87{,}2$$
$$x = \pm \sqrt{87{,}2} = \underline{\underline{\pm \, 9{,}34}}.$$

3. Es ist eine Kehrwertleiter für $f(x) = \dfrac{1}{x}$ zu entwerfen.

Lösung: Nach (6.3) gilt für die Gleichung dieser Leiter

$$X = l_x \left(\frac{1}{x} - \frac{1}{x_0} \right).$$

Als Anfangspunkt x_0 kann jeder Punkt außer $x_0 = 0$ gewählt werden, da $\lim\limits_{x_0 \to 0} \dfrac{1}{x_0} = \infty$.

Es ist dagegen möglich, die Leiter mit $x_0 = \infty$ beginnen zu lassen, da $\lim\limits_{x_0 \to \infty} \dfrac{1}{x_0} = 0$.
Als Beispiel wird eine reziproke Leiter mit $l_x = 80$ mm und dem Anfangspunkt ∞ nach der Gleichung

$$X = 80 \text{ mm} \cdot \frac{1}{x}$$

aus einer Wertetabelle aufgestellt.

x	∞	50	20	10	5	4	3	2	1,5	1	0,8
$\dfrac{X}{\text{mm}}$	0	1,6	4	8	16	20	26,$\bar{6}$	40	53,$\bar{3}$	80	100

Die fertige Leiter zeigt Bild 6.9.

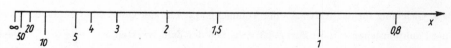

Bild 6.9

4. Ein Meßglas hat die Form eines Kegels, der auf die Spitze gestellt ist (Bild 6.10). Dabei verhält sich der Radius zur zugehörigen Mantellinie wie $1:3$. Es ist die Gleichung der Eichteilung für das Volumen aufzustellen, die an der Mantellinie anzubringen ist.

Lösung: Gesucht ist die Beziehung zwischen den an die Teilung zu schreibenden Zahlen für das Volumen und dem Abstand X von der Spitze.
Hat die Flüssigkeit den Punkt P erreicht, so ist das Volumen der Flüssigkeit

$$V = \frac{\pi}{3} \, r^2 h.$$

Laut Aufgabenstellung ist $r\colon X = 1\colon 3$, also $r = \dfrac{X}{3}$. Nach dem Satz von PYTHAGORAS folgt

$$h = \sqrt{X^2 - r^2} = \sqrt{X^2 - \frac{X^2}{9}} = \frac{2}{3}\, X\, \sqrt{2}\,.$$

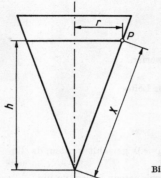

Bild 6.10

Dies in die Volumengleichung eingesetzt, ergibt

$$V = \frac{\pi}{3} \cdot \frac{X^2}{9} \cdot \frac{2}{3}\, X\, \sqrt{2} = \frac{2\pi}{81}\, X^3\, \sqrt{2}\,.$$

Somit ist

$$X = \sqrt[3]{\frac{81}{2\pi\, \sqrt{2}} \cdot V}$$

und mit $V = x\ \mathrm{cm}^3$

$$X = 2{,}09\, \sqrt[3]{x}\ \mathrm{cm} = 20{,}9\ \mathrm{mm} \cdot \sqrt[3]{x}\,.$$

Diese Gleichung für das Auftragen der Volumenmarken an der Gefäßwand ist die Gleichung einer Funktionsleiter von der Form (6.3) zwischen den Zahlenwerten $x = \dfrac{V}{\mathrm{cm}^3}$ des Volumens und den dafür vom Anfangspunkt $x_0 = 0$ aus abzutragenden Längen X. Die erzeugende Funktion ist eine Wurzelfunktion mit $f(x) = \sqrt[3]{x}$, die Zeicheneinheit $l_x = 20{,}9$ mm und der Anfangspunkt $x_0 = 0$. Die nach dieser Gleichung hergestellte Leiter zeigt Bild 6.11.

5. Es ist eine Leiter für $f(x) = \sin x^\circ$ in dem Bereich von 0° bis 120° mit der Leiterlänge $X_{\max} = 80$ mm zu entwerfen.

Lösung: Die Zahlenwerte x des Winkels liegen in dem Intervall $0 \leqq x \leqq 120$; jedoch tritt der größte Funktionswert nicht für $x_n = 120$, sondern für $x = 90$ auf. Es ergibt sich nach (6.4)

$$l_x \leqq \frac{80\ \mathrm{mm}}{\sin 90^\circ - \sin 0^\circ} = 80\ \mathrm{mm}\,.$$

Die Gleichung der Leiter lautet damit

$$X = 80 \text{ mm} \sin x°.$$

Daraus müssen mit Hilfe einer Sinus-Tabelle die Teilpunkte berechnet werden. Die Leiter ist in Bild 6.12 dargestellt. Die Leiter ist von 90° bis 120° rückläufig und überdeckt den Bereich von 60° bis 90°.

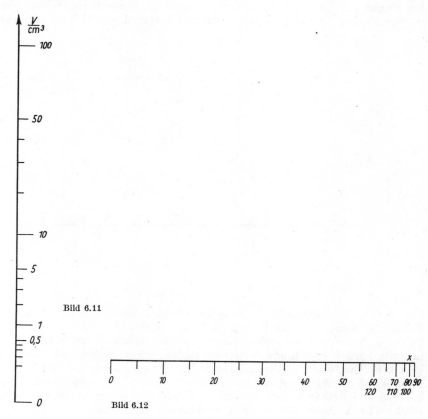

Bild 6.11

Bild 6.12

Für die Herstellung einer solchen trigonometrischen Leiter kann neben der beschriebenen punktweisen Berechnung auch die Konstruktion verwendet werden, die von der Definition der Winkelfunktionen her bekannt ist. Diese ist in Tafel 2 für Winkel zwischen 0° und 90° durchgeführt.

Projektive Leitern

Wegen ihrer besonderen Bedeutung für die Anwendungen sollen die projektiven Leitern noch genauer betrachtet werden. Zu diesen gehört schon die im Beispiel 3 behandelte *Kehrwertleiter*. Sie kann außer durch die beschriebene punktweise Berechnung auch mit Hilfe einer geeignet durchgeführten Zentralprojektion aus einer regulären Leiter erzeugt werden, wie dies in Tafel 3 dargestellt ist.

Durch den Nullpunkt einer beliebigen, regulären Leiter (reg x) mit der Zeicheneinheit l_0 wird unter beliebigem Winkel eine Gerade gelegt und auf ihr die für die reziproke Leiter geforderte Zeicheneinheit l_x abgetragen. Der so gefundene Punkt P ist der Pol einer Zentralprojektion. Auf einer Parallelen zur ersten Geraden durch den Punkt $+1$ der regulären Leiter erzeugen die Projektionsstrahlen von P zu den entsprechenden Teilpunkten der regulären Leiter die geforderte reziproke Teilung

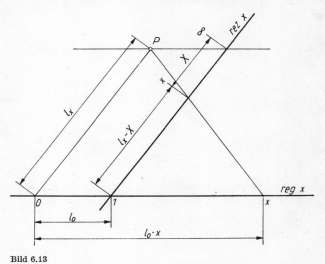

Bild 6.13

(rez x). Der Projektionsstrahl zum Teilpunkt 0 schneidet die reziproke Leiter im Endlichen nicht, der zur regulären Leiter parallele Projektionsstrahl ergibt den Punkt $\pm \infty$ auf der reziproken Leiter. Daß die beschriebene Konstruktion tatsächlich die vorher berechnete reziproke Leiter liefert, ergibt sich leicht aus den in Bild 6.13 dargestellten Verhältnissen. Der Projektionsstrahl von P verbindet die Punkte auf der regulären und der reziproken Leiter, die zum gleichen Zahlenwert x gehören. Der Abstand zwischen dem Anfangspunkt ∞ der reziproken Leiter und dem Punkt x ist X. Nach dem zweiten Strahlensatz ergibt sich

$$\frac{l_x - X}{l_x} = \frac{l_0 x - l_0}{l_0 x} = \frac{x - 1}{x}$$

und nach Vereinfachen

$$X = l_x \frac{1}{x}.$$

Das ist dieselbe Leitergleichung wie in Beispiel 3, in die noch der spezielle Wert für die Zeicheneinheit einzusetzen ist. Die Zeicheneinheit l_0 der regulären Leiter läßt sich herauskürzen, so daß sie beliebig gewählt werden kann. Damit ist es möglich, die Genauigkeit der Konstruktion zu beeinflussen (Schnittwinkel der Projektions-strahlen).

Es ist nun zu untersuchen, wie sich die Gleichung der Leiter ändert, wenn die beiden Parallelen nicht mehr durch die Punkte 0 und 1 der regulären Leiter, sondern durch zwei beliebige Punkte mit dem Abstand b gehen. Außerdem soll auf der einen Parallelen bis zum Pol P eine beliebige Strecke a abgetragen werden und die entstehende Leiter nicht mehr mit ∞, sondern im Punkt mit x_0 beginnen, in dem die beiden Leitern einander schneiden. Die entstehenden Verhältnisse sind im Bild 6.14 dargestellt.

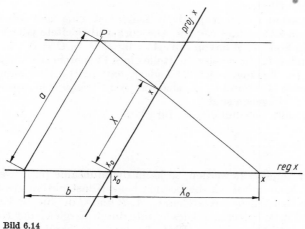

Bild 6.14

Die durch diese allgemeinere Projektion entstehende Leiter heißt projektive Leiter (in Bild 6.14 mit proj x bezeichnet). Für die Länge X_0 bis zu einem Punkt x auf der regulären Leiter gilt

$$X_0 = l_0(x - x_0).$$

Der von P ausgehende Projektionsstrahl zu diesem Punkt x schneidet auf der projektiven Leiter zu demselben Zahlenwert x eine Strecke X heraus, für die nach dem Strahlensatz gilt

$$\frac{X}{a} = \frac{X_0}{X_0 + b} = \frac{l_0(x - x_0)}{l_0(x - x_0) + b} = \frac{x - x_0}{x - x_0 + \dfrac{b}{l_0}}$$

und

$$X = \frac{a(x - x_0)}{x - x_0 + \dfrac{b}{l_0}}. \tag{6.5}$$

Darin sind a, b und l_0 Strecken, x und x_0 Zahlenwerte. Der Zähler hat also die Dimension einer Länge, während der Nenner dimensionslos ist. Es kann deshalb eine

Zeicheneinheit l_x mit der Dimension einer Länge ausgeklammert werden. Weiterhin ist zu beachten, daß alle Größen außer x Konstanten sind, so daß die Gleichung für X in die Form

$$X = l_x \frac{A\,x + B}{x + C} = l_x \cdot f(x) \qquad (6.6)$$

gebracht werden kann. Durch Kürzen kann stets erreicht werden, daß die Variable im Nenner den Faktor 1 hat.

Die erzeugende Funktion f der projektiven Leiter ist eine gebrochen rationale Funktion mit linearem Zähler und Nenner. Die vorher abgeleitete Gleichung für die Kehrwertleiter ist ein Sonderfall davon mit $A = 0$, $B = 1$, $C = 0$.

Außer der Zeicheneinheit l_x, die wieder die Rolle eines Proportionalitätsfaktors spielt und am Charakter der Teilung nichts verändert, enthält die Gleichung (6.6) drei willkürliche Konstanten A, B und C, die sich aus drei Gleichungen ermitteln lassen, wenn drei Paare $(x; X)$ gegeben sind.

Soll nun für eine spezielle Gleichung, z. B. für

$$X = 20 \text{ mm } \frac{2\,x - 3}{x + 2},$$

die projektive Leiter hergestellt werden, so kann die mühsame punktweise Berechnung aus der Leitergleichung durch die beschriebene Konstruktion ersetzt werden. Es wäre möglich, aus den gegebenen Größen l_x, A, B und C die für die Konstruktion benötigten l_0, a, b und x_0 zu berechnen. Dies könnte durch Vergleich der Koeffizienten von (6.5) und (6.6) durchaus erfolgen. Einfacher und anschaulicher ist jedoch die Konstruktion der Leiter aus drei Punkten, die nach dem Vorangegangenen die Konstruktion eindeutig bestimmen.

Dazu werden aus der Leitergleichung drei geeignete Paare berechnet. Für die obige Gleichung werden beispielsweise gewählt:

$$x = 0 \quad \Rightarrow \quad X = -30 \text{ mm}$$
$$x = 2 \quad \Rightarrow \quad X = 5 \text{ mm}$$
$$x = 5 \quad \Rightarrow \quad X = 20 \text{ mm}$$

Ausgehend von einem beliebig gewählten Anfangspunkt, dessen x-Wert zunächst nicht bekannt ist, werden auf dem für die projektive Leiter vorgesehenen Träger die zu den gewählten x-Werten gehörenden Längen abgetragen (Tafel 4). Dann wird durch einen der Punkte, z. B. zu $x = 0$, unter beliebigem Winkel eine reguläre Leiter mit willkürlicher Zeicheneinheit gelegt. Die bekannten Punkte für $x = 2$ und $x = 5$ auf den beiden Leitern werden miteinander verbunden. Der Schnittpunkt dieser beiden Linien ergibt den Pol P der Projektion (dick ausgezogene Linien in Tafel 4). Nunmehr können leicht durch Projektionsstrahlen von P aus alle Punkte der regulären Leiter auf die projektive Leiter übertragen werden. Dabei stellt man fest, daß der zunächst unbekannte Anfangspunkt der projektiven Leiter dem Wert $x = 1{,}5$ zugeordnet ist, wie auch nachträgliches Einsetzen in die Leitergleichung bestätigt

($x = 1{,}5 \Rightarrow X = 0$). Die willkürlichen Parameter der Konstruktion (Schnittwinkel, Zeicheneinheit der regulären Leiter) werden so gewählt, daß der für die Anwendungen benötigte Bereich der projektiven Leiter mit möglichst großer Genauigkeit (nicht zu flache Schnitte der Projektionsstrahlen, Verkleinerung der regulären Teilung bei der Projektion des interessierenden Bereichs) entsteht.

Bei der Auswahl der für die Konstruktion benötigten Paare ($x;X$) können auch die verwendet werden, bei denen entweder x oder X gegen Unendlich geht (vgl. [2] Kurvendiskussion). Im ersten Fall verläuft der Projektionsstrahl durch P parallel zur regulären Leiter, im zweiten Fall, in dem ein endlicher x-Wert ($x = -2$ in obigem Beispiel) keinem Punkt der projektiven Leiter zugeordnet ist, verläuft der Projektionsstrahl parallel zur projektiven Leiter (gestrichelte Linien in Tafel 4).

Die projektive Leiter tritt in manchen Anwendungen, z. B. bei der WHEATSTONEschen Brückenschaltung (vgl. Aufg. 6.15), unmittelbar auf. Größere Bedeutung erlangt sie als Teil mancher Nomogramme (vgl. z. B. 6.4.3.) oder bei der projektiven Umformung von ganzen Nomogrammen, die zur Vereinfachung der Struktur oder zur Erhöhung der Genauigkeit in ausgewählten Bereichen dient. Hier soll noch auf eine wichtige Anwendung beim Zwischenschalten von Werten in ungleichmäßig geteilten Leitern, die sogenannte **projektive Interpolation**, hingewiesen werden.

Vorgelegt sei eine grob geteilte Funktionsleiter, deren Abbildungsgesetz entweder unbekannt oder kompliziert ist. In Tafel 5 sei die senkrecht liegende Leiter nur mit den ganzzahligen Teilpunkten vorgegeben. Diese Leiter soll weiter unterteilt werden. Dies kann näherungsweise nach der Gesetzmäßigkeit der projektiven Leiter geschehen. Die Genauigkeit ist dann immer noch wesentlich besser als bei linearer Interpolation.

Da, wie oben gezeigt wurde, eine projektive Leiter durch drei Punkte bestimmt ist, wird für jeweils drei Punkte der vorgegebenen Leiter das Zentrum der Projektion in der oben beschriebenen Weise bestimmt. In Tafel 5 ist aus den Punkten 1, 2 und 3 der Pol P_1, aus 3, 4 und 5 der Pol P_2 ermittelt worden. Von diesen Polen aus werden die Feinteilungen der regulären Teilungen auf die senkrechte Leiter übertragen. Nur wenn die gegebene Leiter selbst eine projektive ist, ist das Verfahren exakt. Dann braucht das Projektionszentrum nur einmal bestimmt zu werden und gilt für die ganze Leiter.

Zusammenfassung

Grundelement der grafischen Darstellungen und Nomogramme ist die Leiter oder Skale. Für geradlinige Träger gilt:

	Reguläre Leiter	Funktionsleiter
Gleichung der Leiter	$X = l_x(x - x_0)$	$X = l_x[f(x) - f(x_0)]$
Bedingung für die Zeicheneinheit	$l_x \leqq \dfrac{X_{max}}{x_n - x_0}$	$l_x \leqq \dfrac{X_{max}}{f_{max}(x) - f_{min}(x)}$

Dabei bedeuten: $x = \dfrac{u}{[u]}$ Zahlenwert der dargestellten Größen

x_0, x_n Anfangs- bzw. Endpunkt der Leiter

X Länge der Teilung zwischen x_0 und x

$X_{\max}$ maximale Leiterlänge

l_x Zeicheneinheit oder Einslänge

f Funktion, die den Aufbau der Leiter bestimmt

Die wichtigsten Funktionsleitern sind

1. Potenz- und Wurzelleitern mit $f(x) = x^n$ bzw. $f(x) = x^{\frac{1}{n}}$, $n \in G$
2. Logarithmische Leitern mit $f(x) = \lg x$
3. Trigonometrische Leitern mit $f(x) = \sin x$, $f(x) = \cos x$ usw.
4. Projektive Leitern mit $f(x) = \dfrac{Ax + B}{x + C}$

Sonderfall (gehört gleichzeitig zu 1) Kehrwertleiter mit $f(x) = \dfrac{1}{x}$

Der durch die Gleichung der Leiter ermöglichten punktweisen Berechnung ist nach Möglichkeit die Verwendung von Hilfsmitteln (logarithmische Harfe) oder die Konstruktion (trigonometrische und projektive Leitern) vorzuziehen.

AUFGABEN

6.8. Von einer logarithmischen Leiter seien 2 Punkte bekannt (x_1, x_2 und ihr Abstand ΔX). Wie kann die Leiter zwischen den beiden gegebenen Punkten vervollständigt werden?

6.9. Wie lautet die Gleichung für die untere logarithmische Teilung des normalen Rechenstabes (Teilungslänge 250 mm)? Für die Punkte $x = 2, 5, 8$ sind die Teilpunktabstände zu berechnen und am Stab nachzumessen.

6.10. Es ist eine gegenläufige reguläre Leiter mit $f(x) = -x$ für den Zahlenbereich von 10 bis 20 auf einer Länge von 80 mm anzulegen.

6.11. Eine Kubikleiter mit $f(x) = x^3$ ist auf einer Länge von höchsten 100 mm mit dem Zahlenbereich von 0 bis 5 zu entwerfen.

6.12. Für $f(x) = 10x - x^2$ ist eine Leiter im Bereich $0 \leqq x \leqq 10$ mit $X_{\max} = 75$ mm anzulegen.

6.13. Für $f(x) = \tan x°$ ist eine Leiter mit dem Wertebereich von 0° bis 60° auf einer Länge von höchstens 90 mm

a) rechnerisch

b) mit der der Tafel 2 entsprechenden Konstruktion anzulegen. Welche Feinteilung der Leiter ist möglich?

6.14. Es ist die projektive Leiter

$$X = 20 \text{ mm} \, \frac{2x + 7}{2x - 12}$$

für den Bereich $-4 \leqq x \leqq 4$ zu konstruieren.

6.15. Zur Messung eines unbekannten Widerstandes R_x wird in der Elektrotechnik die WHEAT-STONEsche Brückenschaltung verwendet (Bild 6.15). Längs eines Drahtes AB mit der Länge 1 000 mm wird ein Schleifkontakt so lange verschoben, bis ein Galvanometer G keinen Anschlag anzeigt. Dann ergibt sich der unbekannte Widerstand

$$R_x = \frac{X}{Y} R_n,$$

wobei R_n ein bekannter Vergleichswiderstand ist. Wenn am Draht AB eine Teilung für die Zahlenwerte $x = \dfrac{X}{Y}$ angebracht wird, so ergibt sich R_x jeweils sofort durch Multiplikation aus diesem abgelesenen Wert mit R_n. Es ist die Beziehung zwischen der abgetragenen Länge X und dem anzuschreibenden Zahlenwert x aufzustellen und in die Normalform der Leitergleichung zu bringen. Von welcher Art ist diese Leiter? Die Teilung ist in einer Verkleinerung 1:10 zu konstruieren.

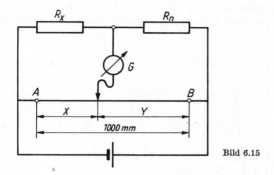

Bild 6.15

6.16. Beim Eichen eines Meßinstrumentes werden einzelne Punkte einer Teilung nach Bild 6.16 ermittelt. Die Teilung ist näherungsweise in Zehntel zu unterteilen.

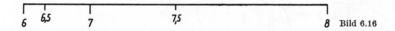

Bild 6.16

6.1.4.   Darstellung von Funktionen in verschiedenartigem Netz

Während eine Variable auf einer Leiter dargestellt werden kann, sind zur Darstellung der beiden Variablen x und y einer Funktion $f\colon\ y = f(x)$ zwei Leitern nötig. Diese werden im allgemeinen senkrecht zueinander angeordnet und ergeben dann das cartesische Koordinatensystem. Werden durch die Teilpunkte beider Leitern Parallelen zu der jeweils senkrecht stehenden Leiter gezogen, entsteht ein sogenanntes Netz, im einfachsten Fall z. B. das Millimeterpapier.
Im Gegensatz zum cartesischen Koordinatensystem können die beiden Leitern verschiedene Teilungen tragen. Dadurch wird natürlich die Form der dargestellten Kurven beeinflußt.
Werden auf beiden Achsen zwar die regulären Teilungen beibehalten, aber die Zeicheneinheiten unterschiedlich gewählt, so behalten die Kurven ihre grundsätzliche Gestalt bei und werden nur verzerrt. In den Bildern 6.17 und 6.18 sind eine Gerade, eine kubische Parabel und ein Kreis einmal mit gleichen, ein zweites Mal mit unterschiedlichen Zeicheneinheiten auf den Achsen dargestellt. Dies führt zu einer Stauchung der Kurven, insbesondere ändert sich die Steigung der Geraden, und aus dem Kreis entsteht eine Ellipse. Diese Maßstabsänderung ist von Vorteil, wenn ohne Vergrößerung des Zeichenblattes in Richtung der y-Achse noch weitere Punkte der Kurven mit erfaßt werden sollen.

Werden dagegen auf den beiden Achsen unterschiedliche Arten der Achsenteilung gewählt, so bewirkt das eine grundsätzliche *Verformung der Kurve*, eine gekrümmte Kurve kann in eine Gerade übergehen oder umgekehrt. In den Bildern 6.19 und 6.20 sind eine lineare und eine quadratische Funktion für positive Abszissen einmal in einem Koordinatensystem mit zwei regulär geteilten Achsen und dann in einem System mit einer regulären und einer quadratisch geteilten Achse dargestellt. Im ersten Fall ergibt sich als grafische Darstellung der linearen Funktion bekanntlich eine Gerade, als solche der quadratischen Funktion eine Parabel. Bei der zweiten Darstellung ist die Parabel zu einer Geraden gestreckt, aus der Geraden dagegen ist eine Parabel entstanden.

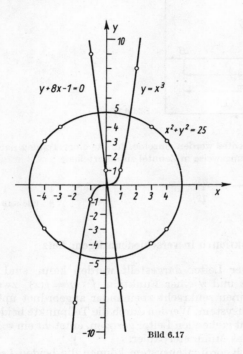

Bild 6.17

Bei der Herstellung von Nomogrammen ist es günstig, möglichst solche Kurven zu verwenden, die sich *einfach und genau zeichnen und ablesen* lassen. Am geeignetsten sind die *Geraden*. Es wird deshalb versucht, durch geeignete Wahl der Achsenteilungen die auftretenden Kurven als Geraden darzustellen (Geradstreckung der Kurven). Dies läßt sich bei jeder Kurve erreichen, allerdings ist der Vorteil beim Zeichnen der Kurven durch erhöhten Aufwand bei der Anlage der Leitern zu erkaufen. Häufig lohnt sich das erst, wenn in ein Netz eine größere Anzahl von Kurven einzuzeichnen ist.

Es ist anzustreben, einige wenige, aber vielseitig verwendbare Achsenteilungen zu benutzen. Dazu gehören neben den regulären Leitern vor allem die logarithmischen Leitern. Die entsprechenden **Funktionsnetze** oder **Gitterpapiere** sind mit verschiedenen

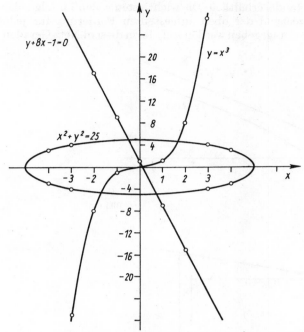

Bild 6.18

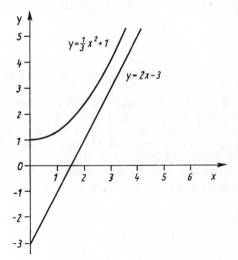

Bild 6.19

Zeicheneinheiten im Handel erhältlich. Die wichtigsten sollen im folgenden behandelt werden, wobei entsprechend der oben aufgestellten Forderung für jedes Netz die Gruppe von Funktionen angegeben werden soll, die in diesem Netz Geraden ergeben.

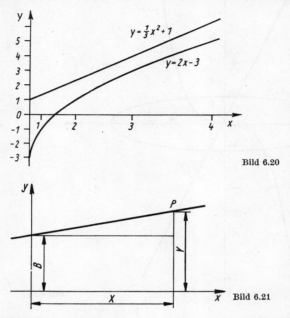

Bild 6.20

Bild 6.21

In einem beliebig geteilten Netz sei eine solche Gerade gegeben (Bild 6.21). Für die bis zu einem Punkt P abgetragenen Längen X und Y gilt die nach [1] bekannte lineare Beziehung

$$Y = MX + B \qquad (6.7)$$

Dabei stellt M den Anstieg der Geraden und B den Abschnitt auf der Ordinatenachse dar.

Es ist nun für die wichtigsten Netzarten zu untersuchen, welche Beziehungen zwischen den auf den Achsen abgetragenen Variablen x, y bestehen. Dazu sind die für die Achsen des Netzes geltenden Leitergleichungen in (6.7) einzusetzen. Zur Vereinfachung der folgenden Rechnungen werden dabei die Anfangspunkte der Leitern mit 0 bei regulären Leitern bzw. 1 bei logarithmischen Leitern angesetzt. Da durch eine andere Wahl der Anfangspunkte nur eine Verschiebung der Leitern eintritt, ändert sich dadurch nichts am Charakter der dargestellten Funktionen.

a) *Millimeterpapier*

Beide Achsen sind regulär geteilt

$$X = l_x(x - x_0)$$
$$Y = l_y(y - y_0)$$

Werden diese Gleichungen mit $x_0 = y_0 = 0$ in (6.7) eingesetzt, so ergibt sich

$$l_y y = M l_x x + B$$

und mit $m = M \dfrac{l_x}{l_y}$ und $b = \dfrac{B}{l_y}$ entsteht auch für die Variablen x, y eine lineare Beziehung

$$\boxed{y = mx + b} \tag{6.8}$$

Die Beziehungen (6.8) für die Zahlenwerte und (6.7) für die dargestellten Längen stimmen formal überein. Zwischen den Koeffizienten von (6.7) und (6.8) bestehen folgende Beziehungen:

$$M = \frac{l_y}{l_x}\, m$$

$$B = l_y \cdot b$$

Falls $x_0 \neq 0$, $y_0 \neq 0$, ändert sich der Ausdruck für B. Die Koeffizienten von (6.8) bestimmen also den Anstieg und den Abschnitt der Geraden, wobei nur dann zwischen den Gleichungen (6.7) und (6.8) deutlich zu unterscheiden ist, wenn der Aufbau des Nomogramms unterschiedliche Zeicheneinheiten oder Anfangspunkte der Teilungen erzwingt.

b) *Einfachlogarithmisches Papier*

Beim einfachlogarithmischen Papier, auch halblogarithmisches, Exponential- oder mm-lg-Papier genannt, ist eine Achse regulär, die andere logarithmisch geteilt. Wenn die Abszissenachse die lineare ist, lauten die Leitergleichungen

$$X = l_x (x - x_0)$$

$$Y = l_y (\lg y - \lg y_0)$$

Diese Gleichungen werden mit $x_0 = 0$, $y_0 = 1$ in (6.7) eingesetzt.

$$Y = MX + B$$

$$l_y \cdot \lg y = M l_x x + B$$

$$\lg y = \left(M \frac{l_x}{l_y} \right) x + \frac{B}{l_y}$$

Mit den Abkürzungen

$$c = M \frac{l_x}{l_y}, \quad d = \frac{B}{l_y}$$

entsteht

$$\lg y = cx + d$$

oder $\qquad y = 10^{cx+d} = 10^{cx} \cdot 10^d = (10^c)^x \cdot 10^d,$

und mit den nochmaligen Abkürzungen

$$a = 10^c, \quad b = 10^d$$

ergibt sich endgültig

$$\boxed{y = b \cdot a^x} \tag{6.9}$$

Die Untersuchung zeigt also, daß eine Exponentialfunktion auf einfachlogarithmischem Papier eine Gerade ergibt.

Aus der obigen Rechnung folgt weiter für den Anstieg und den Abschnitt der Geraden

$$c = \lg a = M\,\frac{l_x}{l_y} \Rightarrow M = \frac{l_y}{l_x}\,\lg a$$

$$d = \lg b = \frac{B}{l_y} \Rightarrow B = l_y\,\lg b$$

Im wesentlichen besteht also eine Abhängigkeit zwischen a und M sowie zwischen b und B. Es treten darüber hinaus die Zeicheneinheiten auf, bei einer Verschiebung der Leitern ($x_0 \neq 0$, $y_0 \neq 1$) würden auch die Koordinaten der Anfangspunkte den Abschnitt B beeinflussen.

Im einfachlogarithmischen Netz wird eine Exponentialfunktion

$$y = b \cdot a^x, \; a > 0$$

als Gerade dargestellt, wobei die Basis a den Anstieg M und der Faktor b den Abschnitt B der Geraden bestimmt.

Dieser Sachverhalt ist in den Tafeln 6 und 7 durch zwei Scharen von Exponentialfunktionen veranschaulicht, die auf einfache Weise aus jeweils zwei Punkten erzeugt werden können.

c) *Doppeltlogarithmisches Papier*

Bei doppeltlogarithmischem Papier, häufig auch nur logarithmisches, Potenzoder lg-lg-Papier genannt, tragen beide Achsen logarithmische Teilungen:

$$X = l_x(\lg x - \lg x_0)$$

$$Y = l_y(\lg y - \lg y_0)$$

Mit $x_0 = y_0 = 1$ werden diese Leitergleichungen in (6.7) eingesetzt.

$$Y = MX + B$$

$$l_y \lg y = M \cdot l_x \lg x + B$$

$$\lg y = \left(M\,\frac{l_x}{l_y}\right) \lg x + \frac{B}{l_y}$$

Mit den Abkürzungen

$$n = M \frac{l_x}{l_y} \quad \text{und} \quad c = \frac{B}{l_y}$$

entsteht

$$\lg y = n \cdot \lg x + c$$

$$y = 10^{n \cdot \lg x + c} = (10^{\lg x})^n \cdot 10^c$$

und schließlich mit $b = 10^c$ und unter Beachtung von $10^{\lg x} = x$

$$\boxed{y = b \cdot x^n} \tag{6.10}$$

Das ist die Gleichung einer Potenzfunktion. Aus der obigen Rechnung folgt

$$n = M \frac{l_x}{l_y} \Rightarrow M = \frac{l_y}{l_x} n$$

$$c = \lg b = \frac{B}{l_y} \Rightarrow B = l_y \lg b$$

Damit sind wieder Beziehungen zwischen den Bestimmungsstücken M und B der Geraden und den Konstanten von (6.10) gefunden, zu denen noch die Zeicheneinheiten und gegebenenfalls (in der Gleichung für B) die Anfangspunkte x_0, y_0 hinzutreten.

Im doppeltlogarithmischen Netz wird eine Potenzfunktion

$$y = b \cdot x^n$$

als Gerade dargestellt, wobei der Exponent n den Anstieg M und der Faktor b den Abschnitt B der Geraden bestimmt.

In den Tafeln 8 und 9 sind zwei Scharen von Potenzfunktionen im doppeltlogarithmischen Netz mit Hilfe von jeweils zwei Punkten dargestellt, die diese Abhängigkeit veranschaulichen.

Wenn in einem der behandelten Netze eine Funktion darzustellen ist, so sind zunächst die Zeicheneinheiten aus dem geforderten Wertebereich und der zur Verfügung stehenden Blattgröße nach den in 6.1.3. behandelten Grundsätzen zu ermitteln. Es treten jetzt jedoch infolge des vorgedruckten Netzes noch zusätzliche Bedingungen hinzu, die die Wahl der Zeicheneinheiten einschränken. Für reguläre Leitern sind diese nach Möglichkeit mit 1, 2, 5, 10, 20, ... mm zu wählen, um eine übersichtliche Beschriftung des Millimeternetzes zu ermöglichen. Bei logarithmischen Teilungen der Netze ist man auf die handelsüblichen Zeicheneinheiten 40 mm, 62,5 mm, 100 mm,

125 mm u. a. festgelegt. Bei diesen Teilungen ist weiterhin zu beachten, daß sie nur für positive Zahlenwerte angelegt werden können (die Logarithmenfunktion ist nur für positive Argumente definiert), etwa auftretende Vorzeichen sind also gesondert zu betrachten.

Die Zeicheneinheiten der beiden Achsen müssen weiterhin so aufeinander abgestimmt werden, daß die entstehenden Geraden die Scharen der Netzlinien nicht zu flach schneiden. Die Genauigkeit bei der Arbeit mit den Geraden ist am größten, wenn der Anstieg etwa 45° beträgt.

Nach der Wahl der Zeicheneinheiten und der Wertebereiche kann die Gerade aus zwei geeignet zu wählenden Punkten ermittelt werden. Zur Konstruktion kann man auch die angegebenen Formeln für den Anstieg verwenden, während der Achsenabschnitt jeweils durch Einsetzen des Anfangspunktes der x-Leiter bestimmt werden sollte, da eine allgemeine Formel unter Einbeziehung der Leiteranfangspunkte zu unübersichtlich ist.

Während bisher auf die Herstellung der Geraden aus einer gegebenen Funktion in einem entsprechenden Netz eingegangen wurde, tritt in der Praxis auch die umgekehrte Aufgabe häufig auf. Es sei etwa aus einer Versuchsreihe eine Anzahl von Punkten bestimmt worden, die in einem geeigneten Netz (meist nur angenähert) eine Gerade ergeben. Die zugrunde liegende Funktion sei gesucht. Für sie liegt nach dem Obigen der Typ fest, es sind nur die Koeffizienten zu bestimmen. Dazu werden zwei geeignete Wertepaare $(x;y)$ aus der Geraden entnommen und in die Funktionsgleichung eingesetzt. Aus den entstehenden 2 Gleichungen können die Koeffizienten ermittelt werden. Statt eines der beiden Punkte kann man dazu auch den Anstieg der Geraden verwenden.

Wenn auch die behandelten Funktionspapiere die Geradstreckung von zahlreichen Kurven gestatten und noch weitere, hier nicht erwähnte Netze (z. B. Sinus-Teilung) zur Verfügung stehen, so lassen sich doch wichtige Kurven nicht mit Hilfe von vorgedruckten Funktionspapieren in Gerade verwandeln. Vor allem verbietet das Auftreten von additiven Größen in der Funktionsgleichung die Anwendung von logarithmischen Papieren.

Es bleibt dann nur die Möglichkeit, ein spezielles Netz im Einzelfall herzustellen und dabei die Nichtlinearität in die Leiterteilung aufzunehmen, wie dies im nachfolgenden Beispiel 3 gezeigt wird.

BEISPIELE

1. Die Zinseszinsgleichung lautet (vgl. [2])

$$b_n = b_0 \cdot q^n,$$

wobei b_0 das Anfangsguthaben, b_n das Guthaben nach n Jahren und $q = 1 + \dfrac{p}{100}$ der Zinsfaktor mit dem Zinssatz p bedeuten. Sie gilt auch für die Abschreibung einer Anlage, wenn die Abschreibung immer auf den am Jahresanfang gültigen Zeitwert bezogen wird. p ist dann negativ anzusetzen.

Der Ausdruck für b_n ist mit $b_0 = 1\,000$ M, $p = -15\%$ und $0 \leq n \leq 10$ in einem geeigneten Netz als Gerade darzustellen, wobei die beiden Teilungslängen 100 mm nicht überschreiten sollen.

Lösung: Unter Einsetzen der gegebenen Werte ergibt sich

$$b_n = 1\,000\,\text{M} \cdot 0{,}85^n$$

und mit $x = n$, $y = \dfrac{b_n}{\text{M}}$

$$y = 1\,000 \cdot 0{,}85^x$$

Das ist eine Exponentialfunktion von der Form (6.9), die auf mm-lg-Papier darzustellen ist. Solches Papier liegt mit $l_y = 90$ mm vor. Der angegebene Wertebereich von x führt nach (6.2) zu der Zeicheneinheit

$$l_x \leq \frac{100\,\text{mm}}{10 - 0} = 10\,\text{mm}.$$

Aus dem Bereich für x ergeben sich über die Funktion folgende Werte für y:

$$x_0 = \quad 0 \Rightarrow y_0 = 1\,000$$

$$x_n = 10 \Rightarrow y_n = 1\,000 \cdot 0{,}85^{10} = 196{,}9,$$

wobei der letztere Wert durch logarithmische Rechnung ermittelt wurde. Für den Wertebereich der Ordinaten genügt also eine Mantisseneinheit, so daß bei dem verwendeten Papier die vorgeschriebene Höchstgrenze nicht erreicht wird.
Aus den beiden Punkten kann die Gerade einfach gezeichnet werden (Tafel 0).
Aus der Formel für die Steigung der Geraden erhält man

$$M = \frac{l_y}{l_x}\,\lg a = \frac{90\,\text{mm}}{10\,\text{mm}}\,\lg 0{,}85 \approx -0{,}63.$$

Ausgehend von dem ersten Punkt kann die Gerade auch mit dieser Steigung ermittelt werden, die Verwendung eines zweiten Punktes am Ende des Bereiches dürfte aber genauer sein.
Die entstandene Gerade schneidet die Netzlinien nicht zu flach, so daß auch nachträglich nichts mehr an den Zeicheneinheiten geändert zu werden braucht.

2. O. LUMMER stellte an einer Glühlampe Versuche über die Abhängigkeit der ausgestrahlten Energie von der Temperatur des Kohlefadens an. Für die von der Oberfläche 1 cm² in 1 s ausgestrahlte Energie W, gemessen in J, ergaben sich bei der Temperatur T ($[T] = $ K) folgende Werte:[1]

$\dfrac{T}{\text{K}}$	1309	1471	1490	1565	1611	1680
$\dfrac{W}{\text{J}}$	8,95	14,32	15,06	18,17	20,44	23,70

Diese Versuchsreihe ist nach Auftragen der Wertepaare auf lg-lg-Papier zu einer (angenäherten) Formel auszuwerten!

Lösung: Mit $x = \dfrac{T}{\text{K}}$, $\quad y = \dfrac{W}{\text{J}}$

---

[1] Aufgabenstellung nach [6.2], Einheiten in SI umgerechnet

und $l_x = l_y = 100$ mm sind die den Wertepaaren der Tabelle entsprechenden Punkte in ein doppeltlogarithmisches Netz (Tafel 11) eingetragen. Die Punkte bilden annähernd eine Gerade. Um die unbekannten Größen b und n der Gleichung (6.10) zu ermitteln, werden der erste und der letzte Punkt eingesetzt.

$$y = b \cdot x^n$$

$$8,95 = b \cdot 1309^n$$

$$23,70 = b \cdot 1680^n$$

Durch Logarithmieren ergeben sich die Gleichungen

$$\lg \; 8,95 = n \cdot \lg 1309 + \lg b$$

$$\lg 23,70 = n \cdot \lg 1680 + \lg b,$$

aus denen durch Subtraktion zunächst n bestimmt werden kann:

$$n = \frac{\lg 23,70 - \lg 8,95}{\lg 1680 - \lg 1309} = \frac{1,3747 - 0,9518}{3,2253 - 3,1169} = 3,9 \approx 4.$$

Statt aus dieser Rechnung hätte der Exponent n auch aus der Steigung M der Geraden bestimmt werden können, da wegen $l_x = l_y$ gilt $M = n$.
Schließlich folgt für b aus einer der beiden Gleichungen

$$b = \frac{23,70}{1680^4} \approx 2,98 \cdot 10^{-12}.$$

Damit ist

$$y = 2,98 \cdot 10^{-12} \cdot x^4$$

oder mit den physikalischen Größen

$$W = 2,98 \cdot 10^{-12} \left(\frac{T}{K} \right)^4 \text{J}.$$

3. Die Funktion mit der Gleichung

$$y = 10x - x^2$$

ist für $0 \leq x \leq 10$ in einem geeigneten Netz als Gerade darzustellen.

Lösung: Im cartesischen Koordinatensystem, das in Bild 6.22 mit $x_0 = y_0 = 0$, $l_x = 7,5$ mm, $l_y = 2$ mm angelegt ist, ergibt sich eine Parabel aus der folgenden Wertetabelle:

x	0	1	2	3	4	5	6	7	8	9	10
y	0	9	16	21	24	25	24	21	16	9	0

Eine Geradstreckung in einem der bekannten Funktionsnetze ist wegen der Summenbildung nicht möglich.

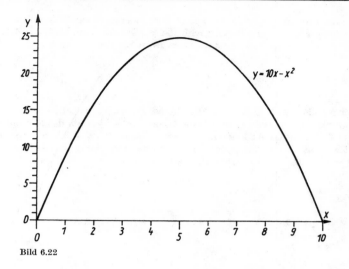

Bild 6.22

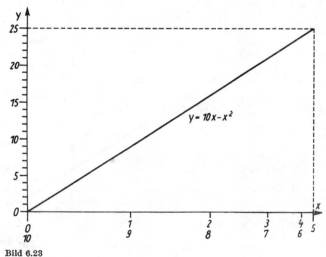

Bild 6.23

Werden die Achsen jedoch nach den Gleichungen

$$X = l_x(10x - x^2)$$
$$Y = l_y \cdot y$$

geteilt, so ergibt sich durch Einsetzen in die Funktionsgleichung

$$\frac{Y}{l_y} = \frac{X}{l_x} \quad \text{oder} \quad Y = \frac{l_y}{l_x} X.$$

Das ist eine lineare Beziehung und führt nach (6.7) zu einer Geraden. Wenn für die x-Teilung 75 mm zur Verfügung stehen, so liegen genau die Verhältnisse laut Aufgabe 6.12 vor. Der größte Wert für $10x - x^2$ im betrachteten Intervall ist 25, also

$$l_x \leqq \frac{75 \text{ mm}}{25 - 0} = 3 \text{ mm}.$$

Mit dieser Zeicheneinheit wird in Bild 6.23 die x-Achse unterteilt, wobei die Leiter von 5 bis 10 wieder rückläufig ist. Die y-Teilung wird beibehalten. Die beiderseits des Maximums liegenden Parabeläste fallen in Bild 6.23 zu einer Geraden zusammen. Mit diesem Beispiel wird besonders deutlich, daß das Bildungsgesetz der Funktionsgleichung im Aufbau der Leiter berücksichtigt werden kann, so daß als grafische Darstellung eine Gerade entsteht.

Zusammenfassung

Eine Funktion mit der Gleichung $y = f(x)$ kann in einem geeigneten Netz als Gerade

$$Y = MX + B$$

dargestellt werden (M Anstieg, B Abschnitt auf der Ordinatenachse)

Netzart	Achsenteilungen	Funktionsgleichung	Beziehungen zwischen den Koeffizienten
mm-mm-Netz	$X = l_x(x - x_0)$ $Y = l_y(y - y_0)$	$y = mx + b$	$M = \dfrac{l_y}{l_x} \cdot m$ $B = l_y \cdot b$
mm-lg-Netz	$X = l_x(x - x_0)$ $Y = l_y(\lg y - \lg y_0)$	$y = b \cdot a^x$	$M = \dfrac{l_y}{l_x} \cdot \lg a$ $B = l_y \cdot \lg b$
lg-mm-Netz[1])	$X = l_x(\lg x - \lg x_0)$ $Y = l_y(y - y_0)$	$y = a \lg x + b$	$M = \dfrac{l_y}{l_x} \cdot a$ $B = l_y \cdot b$
lg-lg-Netz	$X = l_x(\lg x - \lg x_0)$ $Y = l_y(\lg y - \lg y_0)$	$y = b \cdot x^n$	$M = \dfrac{l_y}{l_x} \cdot n$ $B = l_y \lg b$

Die in der letzten Spalte angegebenen Beziehungen für den Achsenabschnitt B gelten nur unter der Voraussetzung, daß bei regulären Leitern der Anfangspunkt 0 und bei logarithmischen Leitern der Anfangspunkt 1 gewählt wird.

---

[1]) Im Text nicht behandelt

Aufgaben

6.17. Der Aufwand bei der Geradsteckung einer beliebigen Funktion ist mit dem Aufwand bei der üblichen Darstellung kritisch zu vergleichen.

6.18. Es ist zu untersuchen, ob sich für die Herstellung der Funktionsteilung auf der Abszissenachse des Bildes 6.23 ein grafisches Verfahren angeben läßt.
Anleitung: Es ist ein ähnliches Verfahren wie in 6.1.3.2. für die Projektion der Leiter über die Kurve zu entwickeln.

6.19. Welche Funktionen werden in einem lg-mm-Netz (x-Achse logarithmisch, y-Achse regulär geteilt) als Gerade dargestellt? Es ist ein Beispiel zu behandeln und mit der üblichen Kurvendarstellung zu vergleichen.

6.20. In Tafel 12 ist die Abhängigkeit der Länge l eines Drahtes von seiner Belastung F dargestellt. Die (unterhalb der Proportionalitätsgrenze gültige) Beziehung zwischen diesen beiden Größen ist zu ermitteln.

6.21. Die Funktion mit der Gleichung

$$y = \frac{1}{x} + 2$$

ist in einem geeigneten Netz für den Bereich $0,1 \leq x < \infty$ als Gerade darzustellen.

6.22. a) Welche Funktion wird auf doppeltlogarithmischem Papier durch die Gerade, die durch die Punkte $(1;1)$ und $(2;4)$ geht, dargestellt?

b) Welche Funktionen entsprechen den Parallelen zu dieser Geraden?

6.23. a) Auf geeignetem Funktionspapier ist die zur Funktionsgleichung $y = 2{,}7^x$ gehörende Kurve als Gerade zu zeichnen.

b) Welche Funktionen entsprechen den Parallelen zu dieser Geraden?

6.2. Überblick über die wichtigsten Nomogrammarten

Ehe der Aufbau von Nomogrammen im einzelnen behandelt wird, soll ein Überblick über die wichtigsten Typen von Nomogrammen gegeben werden. Während bisher bei den grafischen Darstellungen in Netzen nur Funktionen mit zwei Variablen behandelt wurden, liegt das eigentliche Aufgabengebiet der Nomografie in der grafischen Darstellung von Funktionen mit drei und mehr Variablen, wie sie in der Praxis häufig vorkommen.

Neben verschiedenen Sonderformen, die im Rahmen dieses Buches nicht behandelt werden sollen, sind zwei Hauptgruppen von Nomogrammen zu unterscheiden, die **Netztafeln** und die **Leitertafeln**.

Netztafeln

Die Netztafeln gehen von der Darstellung von Funktionen in Netzen (6.1.4.) aus. Für die Darstellung einer Funktion mit drei Variablen x, y, z ist an sich ein räumliches Koordinatensystem nötig. Eine solche Form ist jedoch für den praktischen Gebrauch völlig ungeeignet. In der Ebene kann man eine Funktion mit der Gleichung $y = f(x;z)$ nur für einzelne Werte einer der Variablen darstellen. Setzt man z. B. für z

einen konstanten Wert c_1 ein, so kann die entstehende Funktion mit der Gleichung $y = f(x;c_1)$ in einem geeigneten Netz als Kurve, möglichst als Gerade dargestellt werden. Für andere Werte c_2, c_3, ... von z ergeben sich andere Kurven, so daß insgesamt eine Kurvenschar entsteht, die zusammen mit den zwei Scharen der Netzlinien eine **Netztafel** bildet.

Die Variable z, die jeweils für eine Kurve der Schar mit konstantem Wert belegt wird, heißt **Parameter**[1]) der Kurvenschar. Statt z kann auch x oder y als Parameter gewählt werden. Es ergeben sich dann im allgemeinen andere Scharen.

Wird beispielsweise in der Funktionsgleichung $z = x + y$ die Variable z als Parameter festgehalten, so folgt mit $z = C$

$$y = -x + C.$$

Das ist die Funktionsgleichung einer Geraden mit dem Anstieg $m = -1$ und dem Achsenabschnitt C. Für verschiedene Werte von C entsteht in einem x, y-Koordinatensystem eine Netztafel, die wegen ihrer Gestalt **Diagonaltafel** heißt (Bild 6.24). Sie enthält **drei Kurvenscharen**:

die Schar der Parallelen zur Ordinatenachse $x = $ const.

die Schar der Parallelen zur Abszissenachse $y = $ const.

die Schar der unter 45° fallenden Geraden $z = $ const.

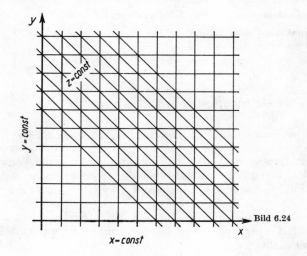

Bild 6.24

Auf jeder Linie der Schar besitzt eine der drei Variablen immer den gleichen Wert, weshalb die Linien auch manchmal x-, y- oder z-Gleicher heißen. Die Kurven können auch gekrümmt sein oder ungleichmäßige Abstände haben. In jedem Punkt der Ebene schneiden einander drei Linien, je eine aus jeder Schar. Die drei Werte x, y und z

---

[1]) Parameter hier und in den folgenden Abschnitten: unterscheidende Konstante in einer Funktionsschar (vgl. unbestimmtes Integral)

genügen der zugrunde liegenden Funktionsgleichung, hier also der Gleichung $z = x + y$. Es ist natürlich unwesentlich, ob die durch den Punkt gehende Linie einer Schar eingezeichnet ist oder als Zwischenwert geschätzt werden muß.

Die im Bild 6.24 schematisch dargestellte Netztafel ist in Tafel 13 mit allen Teilungen ausgeführt, so daß mit ihr Aufgaben der Form $z = x + y$ gelöst werden können. Eingezeichnet sind die Beispiele $7 + 4 = 11$ und $3,4 + 8,9 = 12,3$, wobei von den Werten für x und y ausgegangen und das Ergebnis an den Enden der z-Gleicher abgelesen wird. Die im zweiten Beispiel nötige Interpolation ist ohne Schwierigkeit möglich.

Die behandelte Netztafel erfüllt alle Anforderungen, die an ein Nomogramm zu stellen sind: Sie läßt sich einfach und mit genügender Genauigkeit herstellen, ist übersichtlich und läßt sich leicht benutzen. Zwischenwerte können einfach ermittelt werden. Es ist selbstverständlich, daß der Aufwand für die Herstellung der Netztafel zur Lösung von so einfachen Berechnungen nicht gerechtfertigt ist, es sollen lediglich die wesentlichen Merkmale einer Netztafel an diesem einfachen Beispiel erläutert werden.

Wird auf die Funktionsgleichung $z = x \cdot y$ dasselbe Verfahren angewandt, so ergibt sich mit $z = C$ in der x, y-Ebene die Kurvenschar

$$y = \frac{C}{x}.$$

Das sind *gleichseitige Hyperbeln*, die entweder nach einer der bekannten Konstruktionen oder mit Hilfe einer Wertetabelle erzeugt werden müssen. Die Netztafel ist in Tafel 14 dargestellt, als Beispiele sind $7 \cdot 5 = 35$ und $6 \cdot 8,5 = 51$ eingezeichnet. Dieses Nomogramm erfüllt die obigen Forderungen *nicht*, die Herstellung ist schwierig und mit Ungenauigkeiten behaftet, die Interpolation ungenau.

Bei der Anlage einer Netztafel ist also anzustreben, daß *die dritte Schar aus Geraden* besteht. Dies kann durch geeignete Wahl des Parameters und der Teilungen auf den Koordinatenachsen in vielen Fällen erreicht werden. Außerdem ist zu beachten, daß das Interpolieren auf den Achsen stets einfacher und genauer möglich ist als zwischen den Linien der dritten Kurvenschar. Daher soll möglichst *die* Variable als Parameter gewählt werden, für die nur einzelne Werte erforderlich sind.

Ohne an dieser Stelle weiter auf die Herstellung der einzelnen Netztafeln einzugehen, ist ihre Anwendung ohne weiteres verständlich, wenn ein Ableseschema eingezeichnet ist. Dies gilt auch für zusammengesetzte Netztafeln, bei denen weitere Variable durch zusätzliche Teilungen oder Scharen berücksichtigt sind.

BEISPIELE

1. In Tafel 15 ist eine Netztafel für das Übersetzungsverhältnis i eines Getriebes

$$i = \frac{z_b}{z_a}$$

dargestellt. Dabei bedeuten z_a und z_b die Zähnezahlen für die beiden Räder. Das Ablesebeispiel zu $z_a = 95$, und $i = \sqrt[10]{10}$ ergibt $z_b = 120$.

2. In Tafel 16 ist eine zusammengesetzte Netztafel zur Auswertung der Formeln für die Schnittgeschwindigkeit

$$v = \pi d n$$

und die Schnittzeit

$$T = \frac{L}{ns}$$

dargestellt. Dabei bedeuten

n Drehzahl
d Durchmesser des Werkstückes
L Länge des Werkstückes
s Vorschub

Für die Werkstücklänge ist $L = 1000$ mm gesetzt. Die Teilungen sind an den Rändern der
Netztafel angebracht. Die Teilung für T ist gegenläufig, für sie gelten nur die angegebenen
Teilstriche, nicht die Netzlinien (diese können jedoch zur Führung benutzt werden).
Von vorgegebenem $v = 4$ m min^{-1} und $d = 8$ mm führen die Ableselinien auf die (nächst
kleinere) Drehzahl $n = 128$ min^{-1}. Auf dieser Linie geht man entlang bis zu dem vorgegebenen
Vorschub $s = 3$ mm und findet schließlich $T = 2,6$ min.

Leitertafeln

Unter einer **Leitertafel** oder **Fluchtlinientafel** ist eine Verknüpfung von mehreren
Leitern für x, y und z sowie gegebenenfalls weitere Variable zu verstehen, wobei je
nach Aufbau und Anordnung der Leitern zueinander unterschiedliche funktionelle
Verknüpfungen zwischen den Variablen dargestellt werden können. Auf jeder Leiter
ist eine der Variablen nach den in 6.1.3. beschriebenen Prinzipien abgetragen. Punkte
für einander zugeordnete Werte der Variablen sollen auf einer Geraden (in einer
Flucht) liegen.
Die Lage der Geraden zueinander kann verschieden sein. Zunächst werde die Tafel
mit drei parallelen Leitern betrachtet. Die einfachste Form einer solchen Leitertafel ist in Bild 6.25 dargestellt. Auf den drei Leitern sind die Variablen x, y, z mit
gleichen Anfangspunkten und Zeicheneinheiten abgetragen, wobei die Leitern gleichen
Abstand voneinander besitzen. Da aus den geometrischen Zusammenhängen (Mittel-
linie eines Trapezes) sofort die Beziehung

$$Z = \frac{1}{2}(X + Y)$$

ersichtlich ist, folgt wegen $X = l \cdot x$, $Y = l \cdot y$, $Z = l \cdot z$ auch

$$z = \frac{1}{2}(x + y),$$

d. h., die drei auf der Ablesegeraden liegenden Werte der Variablen x, y und z (in
Bild 6.25 sind das die Werte 3,11 und 7) genügen dem Gesetz für die Bildung des
arithmetischen Mittels.

Die Ablesegerade darf nicht für jede Aufgabe eingezeichnet werden, da dadurch die Leitertafel bald unbrauchbar würde. Zum Ablesen wird zweckmäßigerweise ein auf Transparentpapier gezeichneter Ablesestrich verwendet.

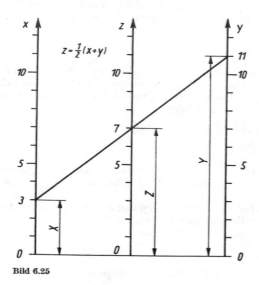

Bild 6.25

Mit diesem einfachen Beispiel ist das Grundprinzip der Leitertafel eingeführt. Gegenüber den in Bild 6.25 dargestellten Verhältnissen können die Teilungen sowie die Abstände der Leitern variiert werden. Die Leitern brauchen nicht mehr parallel zu sein und können sogar Kurvenform annehmen. Ebenso wie bei den Netztafeln ist auch hier eine Verknüpfung von mehreren Leitertafeln oder auch von Leiter- und Netztafeln möglich, wenn mehr als 3 Variable zu berücksichtigen sind. Damit lassen sich verschiedene Funktionsarten nomografisch erfassen. Durch ein Ableseschema, das dem Nomogramm beizufügen ist, wird dessen Anwendung auch demjenigen möglich, der den genauen Aufbau nicht kennt, so daß er fertige Nomogramme aus Sammlungen, z. B. [6.5], verwenden kann.

BEISPIELE

3. In Tafel 17 ist die Beziehung

$$P = F \cdot v$$

mit P Leistung in kW

F Kraft in N

v Geschwindigkeit in m s^{-1}

als Dreileitertafel dargestellt. Mit den Ausgangswerten $F = 50$ N und $v = 6$ m s^{-1} ergibt sich auf der eingezeichneten Ablesegeraden $P = 0,3$ kW.

4. Für die reduzierte kubische Gleichung (vgl. [1])

$$x^3 + px + q = 0$$

ist in Tafel 18 eine Leitertafel angegeben, die zwei geradlinige Leitern für die Koeffizienten p und q und eine krummlinige Leiter für die reellen Wurzeln x der Gleichung enthält.
Für die kubische Gleichung

$$x^3 - 10y + 3 = 0$$

erhält man nach dem angegebenen Ableseschema aus $p = -10$ und $q = 3$ zunächst nur die positiven Wurzeln $x_1 = 0,3$ und $x_2 = 3,0$. Die negativen Wurzeln ergeben sich, wenn die Punkte für p und $-q$ durch eine zweite Ablesegerade verbunden werden. Ersetzt man nämlich in der kubischen Gleichung x durch $-x$, so folgt

$$(-x)^3 + p(-x) + q = 0$$

$$x^3 + px - q = 0$$

Erfüllt also x die ursprüngliche Gleichung, so ist $(-x)$ Lösung der zuletzt gewonnenen Gleichung. Die Ablesegerade von $p = -10$ nach $q = -3$ liefert daher die noch fehlende Wurzel $x_3 = -3,3$.
Falls die Leiterteilungen nicht für die Koeffizienten p und q ausreichen, kann durch eine geeignete Transformation $x = a\xi$ die kubische Gleichung auf den dargestellten Bereich zurückgeführt werden. Wenn also beispielsweise die Gleichung

$$x^3 - 250x + 375 = 0$$

vorliegt, führt die Transformation $x = 5\xi$ auf die oben behandelte Gleichung

$$125\xi^3 - 1250\xi + 375 = 0$$

$$\xi^3 - 10\xi + 3 = 0$$

und aus den abgelesenen Lösungen über $x = 5\xi$ auf $x_1 = 1,5$, $x_2 = 15,0$, $x_3 = -16,5$.
5. Tafel 19 zeigt eine zusammengesetzte Leitertafel für die Masse von Eisenrohren
$(\varrho = 7,85 \text{ kg dm}^{-3})$

$$m = \varrho \cdot \frac{\pi}{4} (D^2 - d^2) l$$

mit D Außendurchmesser
      d Innendurchmesser $\Big\}$ des Rohres
      l Länge

Ausgehend von d und D wird man durch die Fluchtlinie auf eine Hilfsgröße z_1 geführt, von dort über eine Geradenschar auf z_2. Dieser Punkt wird mit dem Wert für l verbunden und führt auf den gesuchten Wert für m.
Ablesebeispiel: $d = 50 \text{ mm}$, $D = 60 \text{ mm}$, $l = 5 \text{ m} \Rightarrow m = 34 \text{ kg}$.

Vergleich von Netz- und Leitertafeln

Wenn man die in den vorangegangenen Beispielen angeführten Netz- und Leitertafeln miteinander vergleicht, wird zunächst der erste Eindruck sein, daß die Netztafel infolge der Vielzahl der Linien verwirrend ist, daß man bei der Ablesung rasch ermüdet und bei der Führung im Netz leicht von der richtigen Linie abkommt. Weiterhin ist innerhalb der Kurvenschar für den Parameter das Interpolieren schwierig. Allerdings gestattet die Netztafel durch die Kurvenform einen besseren Einblick in die Eigenschaften der dargestellten Gesetze.

Die Leitertafel ist dagegen ein reines Recheninstrument. Sie ist übersichtlicher, ist leichter herstellbar, besitzt einen einfachen Aufbau, benötigt häufig weniger Platz bei gleicher Genauigkeit, und alle Größen lassen sich leicht auf den Leitern ablesen. Bei der Ablesung einer Leitertafel wird ein Hilfsmittel (Ablesestreifen) und eine glatte Unterlage benötigt, während die Netztafel alle zur Ablesung nötigen Führungslinien in sich selbst enthält. Die Netztafel behält ihre Struktur auch bei einer Deformation bei, z. B. durch Falten, Verbiegen oder Verziehen des Papiers, die Leitertafel verträgt dagegen nur solche Veränderungen, bei denen Gerade wieder in Gerade übergehen.

Ein entscheidender Unterschied, der sich zugunsten der Netztafeln auswirkt, kann an dieser Stelle nur angedeutet werden. In einer Netztafel lassen sich, vor allem wenn man eine krummlinige Schar zuläßt, praktisch alle Funktionsarten darstellen. Leitertafeln dagegen können nur für einen relativ eng begrenzten Komplex von Funktionen angelegt werden. Auf diesen Sachverhalt wird nochmals eingegangen, wenn in den nächsten Abschnitten der Aufbau von Netz- und Leitertafeln und die ihnen zugrunde liegenden Gleichungen behandelt werden.

6.3.   Netztafeln

Nachdem bereits in 6.2. der grundsätzliche Aufbau einer Netztafel behandelt wurde, ist jetzt zu untersuchen, welche Funktionsarten sich in einer Netztafel darstellen lassen. Dabei soll auf Grund der begrenzten Zielstellung dieses Buches nur der Fall betrachtet werden, daß alle Kurvenscharen der Netztafel geradlinig sind. Dies ist auch der praktisch wichtigste Fall, denn es hatte sich ja schon an dem Beispiel der Hyperbeltafel in 6.2. (Tafel 14) gezeigt, welche Probleme eine Netztafel mit krummliniger Schar in bezug auf die Herstellung, Genauigkeit und Interpolationsmöglichkeit aufwirft.

Aus 6.1.4. ist bekannt, wie durch Anwendung verschiedener Netzarten Funktionen zwischen 2 Variablen als Geraden dargestellt werden können. Diese Gedankengänge sind jetzt nur auf die Erfassung einer als Parameter behandelten dritten Variablen zu verallgemeinern. Nach Gleichung (6.7) ist die Gerade in einem beliebigen Netz bestimmt durch die lineare Beziehung zwischen den dargestellten Längen

$$Y = MX + B$$

Bei der Wahl verschiedener Werte M_i bzw. B_i für M bzw. B ergibt sich jedesmal eine Schar von Geraden, im ersten Fall ein Strahlenbüschel, im zweiten eine Schar von Parallelen (Bilder 6.26 und 6.27, vgl. auch Bild 6.21).

Wenn in einer der Gleichungen (6.8), (6.9) und (6.10), die die wichtigsten Netzarten kennzeichnen, eine als Parameter auftretende dritte Variable z in dem Faktor enthalten ist, der die Steigung der Geraden bestimmt, so entsteht eine **Strahlentafel**

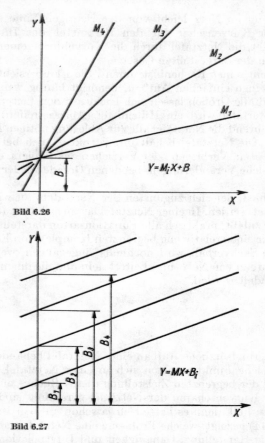

Bild 6.26

Bild 6.27

ähnlich Bild 6.26. Beeinflußt z den Achsenabschnitt, ergibt sich entsprechend Bild 6.27 eine **Parallelentafel**. In 6.1.4. ist für die genannten Funktionen angegeben, welche Beziehungen zwischen den in den Gleichungen auftretenden Koeffizienten und den Bestimmungsstücken der Geraden bestehen. Wird für ein reguläres Netz in der zugehörigen Funktionsgleichung (6.8) $b = C_2 z$ und $m = C_1$ gesetzt, d. h., wird der Parameter in den den Achsenabschnitt bestimmenden Koeffizienten einbezogen, so entsteht eine **Parallelentafel** mit

$$y = C_1 x + C_2 z \qquad (6.11)$$

Wird dagegen der Parameter z durch $m = C_1 z$ und $b = C_2$ im Anstiegsfaktor berücksichtigt, so folgt aus (6.8) für die **Strahlentafel**

$$y = C_1 x z + C_2 \qquad (6.12)$$

In ganz entsprechender Weise ergibt sich für ein einfachlogarithmisches Netz (reguläre Abszissen- und logarithmische Ordinatenachse, aus der zugehörigen Funktionsgleichung (6.9) mit $b = Cz$ die Beziehung für die **Parallelentafel**

$$\boxed{y = Ca^x z} \qquad\qquad (6.13)$$

dagegen mit $a = z$ und $b = C$ für die **Strahlentafel**

$$\boxed{y = Cz^x} \qquad\qquad (6.14)$$

Schließlich folgt für doppeltlogarithmisches Netz aus (6.10) mit $b = Cz$ als Gleichung der Parallelentafel

$$\boxed{y = Cx^n z} \qquad\qquad (6.15)$$

und mit $b = C$, $n = z$ als Gleichung der Strahlentafel

$$\boxed{y = Cx^z} \qquad\qquad (6.16)$$

Die Gleichungen (6.11) bis (6.16) geben an, welche Gruppe von Funktionen als Netztafeln mit geradlinigen Scharen in den betreffenden Netzarten dargestellt werden kann. Sie heißen deshalb **Schlüsselgleichungen** für die jeweilige Netzart.

Die in 6.2. als einführendes Beispiel behandelte Diagonaltafel im mm-Netz mit $z = x + y$ oder $y = x - z$ ist von der Form (6.11) mit $C_1 = 1$, $C_2 = -1$. Allerdings ist dieser Typ der Schlüsselgleichung so einfach, daß die Durchführung solcher additiven Verknüpfungen der Variablen den Aufwand für die Anlage eines Nomogramms nicht rechtfertigt.

Wenn für eine vorgegebene Funktionsgleichung eine Netztafel anzulegen ist, hat man zunächst festzustellen, welcher Schlüsselgleichung sie entspricht. Dabei soll nach Möglichkeit als Parameter diejenige Variable gewählt werden, für die nur einzelne Werte benötigt werden, da eine Interpolation zwischen verschiedenen Geraden schwierig ist. Wenn mehrere Darstellungsmöglichkeiten in Frage kommen, ist die auszuwählen, die für die gewünschten Wertebereiche die größte Genauigkeit ergibt. Wenn mit der Schlüsselgleichung der Typ der Netztafel festgelegt ist, werden wie in 6.1.4. die Teilungen der Leitern bestimmt und anschließend für jeden geforderten Wert des Parameters aus 2 Punkten (oder aus Anstieg und Achsenabschnitt) je eine Gerade der Schar bestimmt. Bei logarithmischen Teilungen ist wieder zu beachten, daß Vorzeichenrechnungen für die Variablen abzutrennen sind.

Es ist noch zu bemerken, daß in allen Schlüsselgleichungen statt z ein beliebiger Term $f(z)$ stehen kann, so daß z. B. statt der durch (6.15) bestimmten Funktion auch

$$y = Cx^n z^m$$

als Parallelentafel dargestellt werden kann. Auf jeder Geraden der Schar ist z und damit auch z^m konstant, so daß sich nichts Grundsätzliches ändert, sondern nur die

Abstände der Geraden untereinander unterschiedlich sind. Damit ergibt sich eine beträchtliche Erweiterung der darstellbaren Gleichungen.

Auch wenn der Parameter mehrfach in der Gleichung auftritt, wenn z. B. statt (6.12) eine Gleichung

$$y = C_1 xz + C_2 z$$

vorliegt, ändert sich nichts Wesentliches. Allerdings liegt dann weder eine reine Strahlentafel noch eine reine Parallelentafel vor, da der Parameter beide Bestimmungsstücke der Geraden beeinflußt.

Die behandelten Funktionsnetze sind wohl die am meisten benutzten, doch führt ihre Anwendung nur in den Fällen zu einer Netztafel mit geradlinigen Scharen, in denen die darzustellende Funktionsgleichung einer der Schlüsselgleichungen (6.11) bis (6.16) entspricht. Ist dies nicht der Fall, so muß in Kauf genommen werden, daß die dritte Kurvenschar krummlinig ist. Eine andere Möglichkeit besteht darin, ein spezielles Funktionsnetz zu konstruieren und dabei durch geeignete Wahl der Achsenteilungen wiederum eine lineare Beziehung zwischen den dargestellten Längen herzustellen. Dies wurde in 6.1.4., Beispiel 3, für eine einzelne Funktion mit zwei Variablen behandelt. Im nachfolgenden Beispiel 4 ist dies auf eine Geradenschar erweitert.

BEISPIELE

1. Es ist ein Nomogramm für die Schnittgeschwindigkeit

$$v = \pi d n$$

im regulären Netz zu entwerfen. Die Drehzahlen sind dabei Werte der abgeleiteten Vorzugszahlreihe R 20/3 mit dem Stufensprung $\varphi = 1,4$:

$$n = 112, 160, 224, 315, 450, 630, 900, 1\,250 \text{ min}^{-1}.$$

Folgende Bereiche für d und v sind zu berücksichtigen:

$$0 \leqq \frac{d}{\text{mm}} \leqq 160, \quad 0 \leqq \frac{v}{\text{m min}^{-1}} \leqq 200.$$

Für die waagerechte bzw. senkrechte Leiter steht eine Gesamtlänge von 160 mm bzw. 100 mm zur Verfügung.

Als Beispiele sind einzuzeichnen:

Beim Abdrehen einer Welle mit $d = 80$ mm soll die Schnittgeschwindigkeit $v = 120 \text{ m min}^{-1}$ nicht überschritten werden. Welche Drehzahl ist zu wählen?

Welche Schnittgeschwindigkeit entsteht, wenn eine Welle vom Durchmesser $d = 150$ mm mit einer Drehzahl $n = 112 \text{ min}^{-1}$ bearbeitet wird?

Lösung: Die Umformung der Größengleichung für die geforderten Einheiten ergibt

$$\frac{v}{\text{m min}^{-1}} = \frac{\pi}{1\,000} \cdot \frac{d}{\text{mm}} \cdot \frac{n}{\text{min}^{-1}}.$$

Es ist ratsam, die Drehzahl n als Parameter zu wählen, da von ihr nur einzelne bestimmte Werte benötigt werden, während für die beiden anderen Variablen alle Zwischenwerte in den geforderten Intervallen auftreten können. Mit

$$x = \frac{d}{mm}, \quad y = \frac{v}{m \ min^{-1}}, \quad z = \frac{n}{min^{-1}}$$

folgt

$$y = \frac{\pi}{1\,000} \, xz.$$

Diese Gleichung entspricht (6.12) mit $C_1 = \dfrac{\pi}{1\,000}$, $C_2 = 0$ (mm-Netz) oder (6.15) mit $C = \dfrac{\pi}{1\,000}$, $n = 1$ (lg-lg-Netz). Da logarithmische Teilungen nicht mit Null beginnen können, wird hier wegen der geforderten Bereiche für x und y die erste Möglichkeit gewählt.

Für die Zeicheneinheiten auf den Achsen gelten nach (6.2) die Ungleichungen

$$l_x \leq \frac{160 \ mm}{160 - 0} = 1 \ mm$$

$$l_y \leq \frac{100 \ mm}{200 - 0} = 0,5 \ mm.$$

Mit diesen Zeicheneinheiten werden die Achsenteilungen in Tafel 20 angelegt. Zur Ermittlung der Strahlenschar wird außer $x = 0, y = 0$ für jeden Strahl je ein weiterer Punkt berechnet, z. B.
$$x = 50, \quad z = 1\,250 \Rightarrow y = 196,4.$$

Dabei ist zu beachten, daß aus Genauigkeitsgründen solche Punkte zur Festlegung der Strahlen benutzt werden, die möglichst weit vom Anfangspunkt entfernt sind.

Im fertigen Nomogramm sind die Beispiele eingetragen. Im ersten Fall führen die Pfeile für $d = 80$ mm und $v = 120$ m min^{-1} nicht direkt auf eine Linie für n. Da das vorgegebene v nicht überschritten werden darf, wird die kleinere Drehzahl $n = 450$ min^{-1} gewählt. Das zweite Beispiel führt auf $v \approx 53$ m min^{-1}.

2. Die Gleichung der Seilreibung lautet

$$F_{S1} = F_{S2} \cdot e^{\mu\alpha}.$$

Dabei ist F_{S1} die Kraft, die zum Heben einer Last F_{S2} erforderlich ist, wenn das Seil um einen Pfosten geschlungen ist (Bild 6.28). α ist der Umschlingungswinkel im Bogenmaß, μ der Reibungskoeffizient.

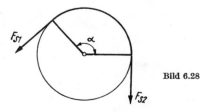

Bild 6.28

a) Für $\mu = 0{,}3$ ist eine Netztafel für die Bereiche

$$0 \leqq \alpha \leqq 2\pi, \quad 1 \leqq \frac{F_{S2}}{N} \leqq 10$$

zu entwerfen, deren Breite 120 mm und deren Höhe 80 mm nicht übersteigen soll.

b) **Eine zweite Netztafel soll für das Verhältnis** $\dfrac{F_{S1}}{F_{S2}}$ in Abhängigkeit von μ und α in den Bereichen

$$0 \leqq \alpha \leqq 2\pi, \quad 0{,}1 \leqq \mu \leqq 0{,}6$$

mit den gleichen Abmessungen wie vorher hergestellt werden.

Lösung:

a) Für $\mu = 0{,}3$ und mit der Einheit N für die Kräfte gilt

$$\frac{F_{S1}}{N} = \frac{F_{S2}}{N} \cdot e^{0{,}3\alpha}$$

und mit den Zahlenwerten

$$x = \alpha, \quad y = \frac{F_{S1}}{N}, \quad z = \frac{F_{S2}}{N}$$

$$y = (e^{0{,}3})^x \cdot z.$$

Das ist ein Gesetz der Form (6.13) mit $A = 1$, $a = e^{0{,}3} = 1{,}35$. Die Netztafel ist damit auf mm-lg-Papier zu entwerfen und ergibt eine Parallelentafel. Aus den angegebenen Intervallen für x und z folgt aus der vorliegenden Gleichung

$$x_0 = 0, \quad z_0 = 1 \Rightarrow y_0 = 1$$
$$x_n = 2\pi, \quad z_n = 10 \Rightarrow y_n \approx 66.$$

Es wird deshalb der Bereich $1 \leqq y \leqq 100$ gewählt. Wegen der vorgegebenen Höhe ist ein Papier mit $l_y = 40$ mm geeignet. Die Variable x wird auf der regulären Abszissenachse mit

$$l_x = \frac{120 \text{ mm}}{2\pi}$$

abgetragen (Tafel 21). Zur Bestimmung der Geraden der Schar wird zunächst die Tatsache verwendet, daß aus $x = 0$ folgt $y = z$, d. h., die Teilungen für F_{S1} und F_{S2} stimmen am linken Rand der Tafel überein (das stellt auch eine gute Hilfe für die Interpolation von z dar). Ein weiterer Punkt ist durch logarithmische Rechnung zu ermitteln:

$$x = 2\pi, \quad z = 1 \Rightarrow y = 1{,}35^{2\pi} \approx 6{,}59.$$

Die übrigen Linien der Schar können durch Parallelverschiebung erhalten werden.

Ablesebeispiel: $\alpha = \dfrac{5\pi}{6} \; (= 150°)$, $F_{S2} = 8$ N $\Rightarrow F_{S1} = 17{,}5$ N.

b) Für die zweite Aufgabenstellung wird die vorgelegte Gleichung in der Form

$$\frac{F_{S1}}{F_{S2}} = (e^\mu)^\alpha$$

geschrieben und ergibt mit

$$x = \alpha, \quad y = \frac{F_{S1}}{F_{S2}} \quad \text{und} \quad z = \mu$$

eine Gleichung der Gestalt (6.14)

$$y = (e^z)^x.$$

Dabei ist $C = 1$, und statt z steht $f(z) = e^z$. Das Nomogramm läßt sich also auf mm-lg-Papier als Strahlentafel darstellen. Aus den vorgeschriebenen Intervallgrenzen für x und z ergibt sich für y

$$x_0 = 0, \quad z_0 = 0,1 \Rightarrow y_0 = 1$$
$$x_n = 2\pi, \quad z_n = 0,6 \Rightarrow y_n \approx 43,4.$$

Wie vorher werden der Bereich $1 \leqq y \leqq 100$ und dieselben Zeicheneinheiten gewählt (Tafel 22). Für alle Strahlen gilt $x = 0$, $y = 1$. Weitere Punkte sind logarithmisch zu berechnen, z. B.

$$x = 2\pi, \quad z = 0,1 \Rightarrow y = (e^{0,1})^{2\pi} = e^{0,2\pi} \approx 1,87.$$

Ablesebeispiel: $\alpha = \dfrac{5\pi}{6}$, $\mu = 0,3 \Rightarrow \dfrac{F_{S1}}{F_{S2}} = 2,19$.

Das Beispiel entspricht genau demjenigen, das in Tafel 21 eingetragen wurde.

3. Die Rentabilitätsziffer R eines Betriebes ist das Verhältnis von Gewinn G und Gesamtselbstkosten K, ausgedrückt in Prozenten. Für diese Funktion sind mit Werten von G bis $1\,500$,— Mark, K bis $4\,000$,— Mark und von R bis 100% die möglichen verschiedenartigen Netztafeln aufzustellen und kritisch miteinander zu vergleichen.

Lösung: Die Funktion hat als Gleichung

$$R = \frac{100\,G}{K}.$$

Es ist sofort ersichtlich, daß von den Schlüsselgleichungen (6.11) bis (6.16) nur die Gleichungen (6.12) und (6.15) in Betracht kommen. (6.11) entfällt, da die Variablen nicht durch Addition verbunden sind. (6.13), (6.14) und (6.16) setzen veränderliche Exponenten voraus.

a) Um die vorliegende Funktion in die Gleichung (6.12) zu überführen, wird umgeformt in

$$G = \frac{1}{100}\,KR.$$

Mit $z = \dfrac{R}{\%}$ als Parameter und $x = \dfrac{K}{\text{Mark}}$, $y = \dfrac{G}{\text{Mark}}$ folgt

$$y = \frac{1}{100}\,xz.$$

Das entspricht (6.12) mit $C_1 = \dfrac{1}{100}$, $C_2 = 0$. Die Darstellung ergibt danach eine *Strahlentafel im regulären Netz*.

Ohne auf Einzelheiten nochmals einzugehen, werden die Achsenteilungen lt. Tafel 23 angelegt. Für den Parameter werden die Linien für $10, 20, \ldots, 100$ eingetragen, die alle durch den Ursprung gehen. Die Bestimmung von weiteren Punkten und damit das Einzeichnen der Strahlenschar ist ohne Schwierigkeit möglich.

Ablesebeispiel: $K = 1600,-$ Mark, $G = 1200,-$ Mark $\Rightarrow R = 75\%$.

b) Mit

$$x = \frac{K}{\text{Mark}}, \quad y = \frac{R}{\%}, \quad z = \frac{G}{\text{Mark}}$$

geht die vorgelegte Gleichung in

$$y = 100 x^{-1} \cdot z$$

über, die mit $C = 100$, $n = -1$ der Gleichung (6.15) entspricht.

Die Darstellung im doppeltlogarithmischen Netz hängt in bezug auf die Zeicheneinheiten von dem zur Verfügung stehenden Papier ab. Es möge ein Netz mit $l_x = l_y = 62,5 \text{ mm}$ benutzt werden (Tafel 24). Da keine logarithmische Teilung mit Null beginnen kann, müssen die Variablen demnach mit einer passend gewählten Zehnerpotenz beginnen, x z. B. mit 100, y mit 10. Die Linien für den Parameter werden aus jeweils zwei Punkten bestimmt (oder aus jeweils einem Punkt, durch den sie parallel zur ersten Linie zu legen sind), z. B.

$$z = 200, \quad x = 200, \quad y = 100$$
$$x = 2000, \quad y = 10$$

Ablesebeispiel wie bei a).

c) Die vorliegende Gleichung kann auch in der unter a) hergeleiteten Form nach (6.15) als *Parallelentafel* im lg-lg-Netz dargestellt werden, wobei wie bei a) R als Parameter auftritt. Die Darstellung erfolgt auf demselben logarithmischen Papier wie bei b), für die Wahl der Wertebereiche und das Zeichnen der Geradenschar gelten ähnliche Überlegungen wie dort. Das Ergebnis zeigt Tafel 25. Ablesebeispiel wie bei a) und b).

Ein Vergleich der Tafeln 23, 24 und 25 für dieselbe Aufgabe zeigt zunächst einen Vorteil der regulär geteilten Leitern hinsichtlich gleichbleibender Genauigkeit im ganzen Bereich, während bei den logarithmischen Leitern ein gewisser Bereich gar nicht darstellbar ist, andere Gebiete zusammengedrückt sind. Dagegen besitzen die Tafeln 24 und 25 bessere Interpolationsmöglichkeiten für den Parameter, zumal sich Zwischenwerte des Parameters leicht aus der logarithmischen Teilung auf der Senkrechten $x = 10^3$ bestimmen lassen, die von den Parameterlinien geschnitten wird. Deshalb wird den logarithmischen Netztafeln der Vorzug zu geben sein, wobei noch auf Grund der speziellen Aufgabenstellung (K und G gegeben, R gesucht bzw. K und R gegeben, G gesucht) zwischen den Tafeln 24 und 25 zu wählen ist.

4. Für die Kreisringfläche $A = \pi(R^2 - r^2)$ ist ein Nomogramm mit einem Geradennetz für den Parameter A zu entwerfen. Als Intervalle sind zu wählen:

$$0 \leqq \frac{r}{\text{mm}} \leqq 50, \quad 0 \leqq \frac{R}{\text{mm}} \leqq 50, \quad 0 \leqq \frac{A}{\text{mm}^2} \leqq 3000.$$

Die Größe des Nomogramms soll 100 mm mal 100 mm nicht überschreiten.

Lösung: Die Ausgangsgleichung wird zunächst umgeformt

$$R^2 = r^2 + \frac{1}{\pi} A$$

$$\left(\frac{R}{\text{mm}}\right)^2 = \left(\frac{r}{\text{mm}}\right)^2 + \frac{1}{\pi} \frac{A}{\text{mm}^2}.$$

Mit den Abkürzungen für die Zahlenwerte

$$x = \frac{r}{\text{mm}}, \qquad y = \frac{R}{\text{mm}}, \qquad z = \frac{A}{\text{mm}^2}$$

folgt

$$y^2 = x^2 + \frac{1}{\pi} z.$$

Diese Gleichung ist unter den Schlüsselgleichungen nicht enthalten. Es ist sofort ersichtlich, daß quadratische Leiterteilungen zu einer linearen Beziehung zwischen den dargestellten Längen und damit zu einer Geradenschar führen:

$$X = l_x \cdot x^2, \qquad Y = l_y \cdot y^2$$

$$\frac{Y}{l_y} = \frac{X}{l_x} + \frac{1}{\pi} z$$

$$Y = \frac{l_y}{l_z} X + \frac{l_y}{\pi} z.$$

Da der Parameter z nicht im Faktor von X vorkommt, der die Steigung der Geraden bestimmt, sondern nur im Term für den Achsenabschnitt, ergibt sich eine Parallelenschar für die z-Linien.

Es wird $l_x = l_y = l$ gewählt, da der Wertebereich und der vorgegebene Platz für beide Achsen gleich sind, und nach (6.4)

$$l \leq \frac{100 \text{ mm}}{50^2 - 0} = 0{,}04 \text{ mm}$$

bestimmt. Damit werden die Leitern in Tafel 26 angelegt.

Es genügt nun nicht mehr, nur die Achsen mit den nötigen Funktionsteilungen zu versehen. Zur Führung der Ableselinien muß das ganze Netz der Koordinatenlinien eingetragen werden. Allerdings darf deren Dichte nicht beliebig gesteigert werden, um die Übersichtlichkeit und Ablesegenauigkeit nicht zu gefährden.

Zur Bestimmung der Geradenschar werden nacheinander die Werte des Parameters z, für die die Linien zu zeichnen sind, hier also $z = 0, 250, 500, \ldots, 3000$, zur Berechnung von Punkten gewählt. Dazu sind diese Werte entweder in die Gleichung für die Zahlenwerte

$$y^2 = x^2 + \frac{1}{\pi} z$$

oder in die Gleichung zwischen den dargestellten Längen X und Y (mit $l_x = l_y = l = 0{,}04$ mm)

$$Y = X + \frac{0{,}04 \text{ mm}}{\pi} \cdot z$$

einzusetzen.

Hier bietet die zweite Möglichkeit Vorteile, da die Geraden mit den zu berechnenden Längen genauer konstruiert werden können als aus Zahlenwerten, für die kein genaues Netz vorhanden ist.

Alle Geraden besitzen den Anstieg $M = 1$. Jede einzelne Gerade kann dann leicht aus dem Achsenabschnitt auf der Y-Achse bestimmt werden. Dieser ergibt sich für $X = 0$ aus

$$Y = \frac{0{,}04 \text{ mm}}{\pi} \cdot z,$$

z. B. für $z = 1000$, $Y = \dfrac{0{,}04 \text{ mm}}{\pi} \cdot 1000 = 12{,}7 \text{ mm}$.

Ablesebeispiel: $r = 38 \text{ mm}$, $R = 46 \text{ mm} \Rightarrow A = 2100 \text{ mm}^2$.

Zusammenfassung

Eine Funktion mit der analytischen Darstellung $y = f(x; z)$ ergibt in einem geeigneten Netz eine Geradenschar mit dem Parameter z, wobei der Parameter im allgemeinen die Steigung oder den Achsenabschnitt der Geraden beeinflußt.

Für die gebräuchlichsten Funktionsarten gelten die Schlüsselgleichungen:

Netzart	Parallelentafel	Strahlentafel
mm-Netz	$y = C_1 x + C_2 z$	$y = C_1 x z + C_2$
mm-lg-Netz	$y = C a^x z$	$y = C z^x$
lg-mm-Netz	$y = C_1 \lg x + C_2 z$	$y = C_1 z \lg x + C_2$
lg-lg-Netz	$y = C x^n z$	$y = C x^z$

Statt z kann ein beliebiger Term $f(z)$ stehen. Der Parameter kann auch in mehreren Gliedern der Funktionsgleichungen stehen, allerdings liegen dann keine Parallelen- oder Strahlentafeln mehr vor.

Wenn eine vorgelegte Gleichung nicht den angegebenen Schlüsselgleichungen entspricht, ist die dritte Schar krummlinig, oder es muß ein spezielles Funktionsnetz angelegt werden.

AUFGABEN

6.24. Welche Netzarten sind zu wählen bzw. anzufertigen, um für die folgenden Gleichungen geradlinige Netztafeln herstellen zu können:

a) $y = 4x^2 z^2 + 6$

b) $y = \dfrac{x}{z} + z^3$

c) $y = \dfrac{1}{x} + \dfrac{1}{z}$

d) $y = x \sin z + \cos z$

6.25. Für $y = x^z$

ist eine Netztafel mit den Parameterwerten $z = 1, \dfrac{1}{2}, \dfrac{1}{3}, \dfrac{1}{4}, \dfrac{1}{5}$

a) mit regulär geteilten Achsen

b) mit logarithmisch geteilten Achsen

zu zeichnen.

6.26. Die Arbeitsproduktivität P eines Betriebes wird durch das Verhältnis des nach Planpreisen berechneten Wertes W der Produktion in einer bestimmten Zeit zur Zahl A der Produktionsarbeiter angegeben. Es ist eine Netztafel im Millimeternetz mit der Abszisse W zwischen 0 und 2000 TMark und den Parameterwerten $A = 200, 300, 400, 500, 600, 700, 800, 1000$ zu entwerfen.

6.27. Die Zinseszinsformel lautet

$$b_n = b_0 \left(1 + \frac{p}{100}\right)^n.$$

Dabei sind b_0 Anfangsbetrag, b_n Endbetrag, p Prozentsatz und n die Anzahl der Zinstermine (meist in Jahresabständen). Es ist eine Netztafel für $\frac{b_n}{b_0}$ mit $0 \leq n \leq 10$ und mit $p = 2; 2{,}5; 3; 4; 5; 6\%$ anzulegen.

6.28. Zur Kennzeichnung der Formänderung beim Kaltstauchen wird der Stauchgrad φ eingeführt. Darunter wird der natürliche Logarithmus des Längenverhältnisses von Ausgangslänge L_a und Endlänge L_e des Stauchkörpers verstanden (Bild 6.29).[1]

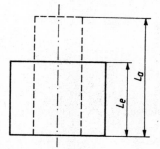

Bild 6.29

Für die Beziehung

$$\varphi = \ln \frac{L_a}{L_e},$$

die auch in der Form

$$L_e = L_a e^{-\varphi}$$

geschrieben werden kann, ist ein Nomogramm mit den Bereichen

$$10 \leq \frac{L_a}{cm} \leq 100, \quad 1 \leq \frac{L_e}{cm} \leq 100, \quad 0 \leq \varphi \leq 4$$

zu entwerfen. Höhe und Breite der Tafel etwa 100 mm.

Ablesebeispiel: $L_a = 20\,cm$, $\varphi = 0{,}8$, $L_e = ?$

6.29. Bei der Herstellung von Rundmaterial durch Schmieden wird mit dem Verschmiedungsgrad M gerechnet. Darunter ist das Verhältnis des Ausgangsquerschnitts zum Querschnitt des

[1] Aufgabenstellung nach KIESSLER, Angewandte Nomographie

Endproduktes zu verstehen. Es gilt

$$M = \frac{\pi d_a^2}{4} : \frac{\pi d_e^2}{4} = \frac{d_a^2}{d_e^2}$$

oder

$$d_e = \frac{d_a}{\sqrt{M}}.$$

Für diese Formel ist eine Netztafel mit den Bereichen

$$1 \leqq M \leqq 10, \qquad 100 \leqq \frac{d_e}{mm} \leqq 600$$

und den Durchmessern für das Ausgangsmaterial

$$d_a = 240, 300, 400, 500, 600 \text{ mm herzustellen.}[1]$$

Tafelabmessungen 100 mm mal 100 mm

Ablesebeispiel: $d_a = 300$ mm, $M = 3$, $d_e = ?$

6.30. Für die Hohlspiegel- bzw. Linsengleichung

$$\frac{1}{g} + \frac{1}{b} = \frac{1}{f}$$

ist eine Netztafel mit geradliniger Schar herzustellen.

$$\frac{f}{cm} = 1, 2, 4, 6, 10; \qquad 1 \text{ cm} \leqq g, b < \infty$$

Tafelabmessung: 80 mm mal 80 mm

Ablesebeispiel: $g = 3$ cm, $f = 2$ cm, $b = ?$

6.4.   Leitertafeln

6.4.1.   Doppelleitern und Leiterpaare

Ehe die Leitertafeln eingehender behandelt werden, soll als Vorstufe die Darstellung einer Funktion mit 2 Variablen und der Gleichung $y = f(x)$ als Doppelleiter und Leiterpaar beschrieben werden.

In der zu 6.1.3.2. gehörigen Tafel 1 waren an der Ordinatenachse bereits nebeneinander Teilungen für x und $y = f(x)$ aufgetreten, wobei zusammengehörige Werte in gleicher Höhe stehen. Eine solche Darstellung heißt **Doppelleiter**, sie ist schematisch nochmals in Bild 6.30 gezeigt.

Die Doppelleiter ist im Grunde nichts weiter als die grafische Darstellung der Wertetabelle einer Funktion auf einem geraden Träger.

---

[1] Aufgabenstellung nach KIESSLER, Angewandte Nomographie

Dabei können je nach der Art der Funktion beide Seiten regulär oder eine Seite regulär und die andere nach einer beliebigen Funktion geteilt sein oder auch beide Seiten Funktionsteilungen tragen.

Bild 6.30

Jede der in 6.1.3.2. behandelten Funktionsleitern kann zu einer Doppelleiter ausgebildet werden, wenn neben die nach einem bestimmten Gesetz geteilte Leiter noch eine reguläre Leiter gelegt wird. In den Bildern 6.31 bis 6.33 sind Doppelleitern für einige Funktionen angegeben, die sofort verständlich sind. Solche Doppelleitern werden gelegentlich an Meßinstrumenten angebracht, an denen das Ergebnis in verschiedenen Maßeinheiten abgelesen werden soll. Alte Thermometer sind z. B. oft

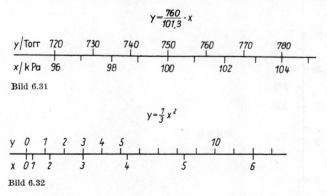

Bild 6.31

Bild 6.32

nach Celsius und Reaumur geteilt. Ein weiteres Beispiel ist die in Bild 6.31 dargestellte Umrechnungsbeziehung für Druckangaben in Torr und in Kilopascal.

Die Darstellung der wichtigsten Funktionen, z. B. der trigonometrischen Funktionen, in Form von Doppelleitern liefert handliche Hilfsmittel zur Bestimmung der Werte dieser häufig gebrauchten Funktionen.

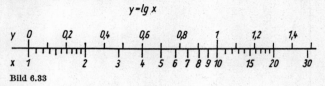

Bild 6.33

BEISPIEL

Auf einer Leiterlänge von 100 mm ist eine Doppelleiter für die Beziehung zwischen Durchmesser d und Fläche A eines Kreises für $0 \leq d \leq 100$ mm anzulegen.

Lösung: Für die Darstellung von

$$A = \frac{\pi d^2}{4} \Rightarrow \frac{A}{\mathrm{mm}^2} = \frac{\pi}{4} \left(\frac{d}{\mathrm{mm}} \right)^2$$

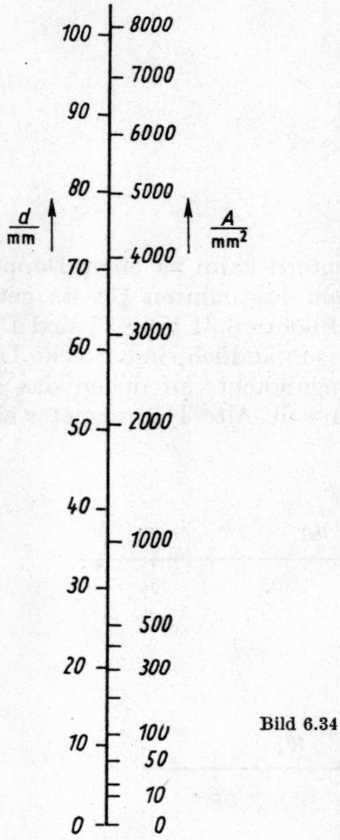

Bild 6.34

wird von einer regulären Leiter für $x = \dfrac{d}{mm}$ ausgegangen (Bild 6.34). Mit $y = \dfrac{A}{mm^2}$ folgt

$$y = 0,785\ x^2.$$

Für besondere ganzzahlige Werte von y werden die zugehörigen x-Werte nach

$$x = \sqrt{\frac{y}{0,785}}$$

berechnet und dann der Wertetafel entsprechend abgetragen, z. B.

$y = \dfrac{A}{mm^2}$	10	20	50	100	500	1 000	5 000
$x = \dfrac{d}{mm}$	3,57	5,05	7,98	11,29	25,2	35,7	79,8

Für den praktischen Gebrauch müßten weitere Punkte errechnet oder näherungsweise, etwa projektiv, interpoliert werden.

Die beiden aneinander liegenden Teilungen einer Doppelleiter können auch aufgetrennt und die beiden Träger parallel zueinander verschoben werden. Dann entsteht ein sogenanntes **Leiterpaar**. Das ist in Bild 6.35 für $y = \dfrac{1}{3} x^2$ (vgl. Bild 6.32) geschehen.

Zum Ablesen werden jetzt aber noch Geraden benötigt, die einander zugeordnete Punkte der beiden Leitern verbinden, die **Zuordnungsgeraden**. Da die eine Leiter durch eine Parallelverschiebung von der anderen gelöst wurde, sind auch diese Zuordnungsgeraden untereinander parallel.

Ein praktisch wichtiges Beispiel für ein Leiterpaar ist die A- und D-Leiter beim Rechenstab, denen das Gesetz $y = x^2$ (in logarithmierter Form $\lg y = 2 \lg x$) zugrunde liegt. Die Zuordnungsgeraden verlaufen senkrecht zu den beiden parallelen Trägern und werden durch den Läuferstrich dargestellt.

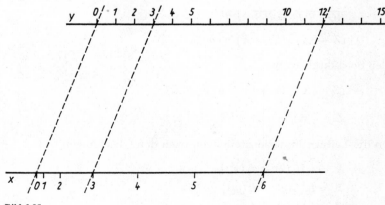

Bild 6.35

6.4.2.   Leitertafeln mit parallelen Leitern

In 6.2. war die Leitertafel bereits im Prinzip eingeführt worden. Es ist jetzt zu untersuchen, welche Gleichung der Leitertafel zugrunde liegt, wenn in Abweichung von den in Bild 6.25 dargestellten Verhältnissen die Abstände der Leitern unterschiedlich und auf den Leitern beliebige Funktionsteilungen abgetragen sind.
In Bild 6.36 ist der Aufbau einer solchen Leitertafel dargestellt. Die Anfangspunkte der drei Leitern sind mit P_0, Q_0, R_0 bezeichnet. Die Mittelleiter teilt den Abstand der Außenleitern im Verhältnis $b:a$. Eine Ablesegerade PR erzeugt auf den drei Leitern die Abschnitte

$$X = \overline{P_0 P}, \qquad Y = \overline{R_0 R}, \qquad Z = \overline{Q_0 Q}.$$

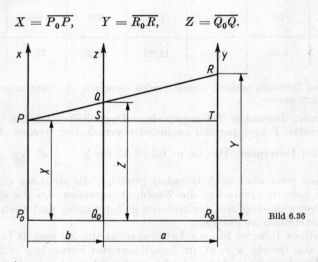

Bild 6.36

Es ist zu untersuchen, in welcher Beziehung diese drei Strecken zueinander stehen. Die Hilfslinie $\overline{PT}$ verlaufe parallel zu $\overline{P_0 R_0}$. Dann gilt nach dem Strahlensatz

$$\overline{SQ} : \overline{TR} = \overline{PS} : \overline{PT}$$

$$(Z - X):(Y - X) = b:(a + b).$$

Aus der Produktgleichung

$$(Z - X) \cdot (a + b) = b(Y - X)$$

folgt

$$Z(a + b) = aX + bY.$$

Tragen die Leitern Funktionsteilungen nach den Gleichungen

$$X = l_1[f_1(x) - f_1(x_0)]$$
$$Y = l_2[f_2(y) - f_2(y_0)]$$
$$Z = l_3[f_3(z) - f_3(z_0)],$$

so gilt

$$(a + b)l_3[f_3(z) - f_3(z_0)] = al_1[f_1(x) - f_1(x_0)] + bl_2[f_2(y) - f_2(y_0)]. \quad (6.17)$$

Vor den eckigen Klammern stehen konstante Faktoren, für die zur Abkürzung A, B bzw. C gesetzt werden kann.

$$C[f_3(z) - f_3(z_0)] = A[f_1(x) - f_1(x_0)] + B[f_2(y) - f_2(y_0)] \quad (6.18)$$

Für $f_1(x_0) = f_2(y_0) = f_3(z_0) = 0$ gilt insbesondere

$$C \cdot f_3(z) = A \cdot f_1(x) + B \cdot f_2(y) \quad (6.18\,\text{a})$$

Die Gleichung (6.18) heißt **Schlüsselgleichung für die Leitertafel mit drei parallelen Leitern**. Wie besonders aus der speziellen Form (6.18a) gut zu erkennen ist, lassen sich solche Beziehungen als Leitertafeln darstellen, bei denen ein Term $f(z)$ mit der Variablen z als Summe zweier Terme mit den Variablen x und y gebildet wird. Dabei können konstante Faktoren A, B, C sowie Summanden $f_1(x_0)$, $f_2(y_0)$, $f_3(z_0)$ auftreten. Wie an den später zu behandelnden Beispielen gezeigt wird, ist es häufig nötig, eine vorliegende Funktionsgleichung erst durch Umformen, z. B. durch Logarithmieren, in eine Form zu bringen, die der Schlüsselgleichung (6.18) entspricht.

Für die Herstellung der Leitertafel wird der Zusammenhang zwischen den Faktoren A, B und C der vorgelegten Gleichung und den für das Anlegen der Zeichnung wichtigen Strecken a, b, l_1, l_2 und l_3 benötigt. Aus einem Vergleich der Gleichungen (6.17) und (6.18) folgt, daß die Faktoren der einen Gleichung in demselben Verhältnis zueinander stehen müssen wie diejenigen der anderen. Es ist also

$$(a + b)l_3 : al_1 : bl_2 = C : A : B$$

oder

$$\frac{(a + b)l_3}{C} = \frac{al_1}{A} = \frac{bl_2}{B}.$$

Diese Beziehung muß durch geeignete Wahl der Zeicheneinheiten und der Leiterabstände befriedigt werden. Aus den beiden letzten Brüchen läßt sich das *Abstandsverhältnis der Leitern* ermitteln:

$$\frac{a}{b} = \frac{A\,l_2}{B\,l_1} \quad (6.19)$$

Das Abstandsverhältnis wird also sowohl durch die Faktoren A und B als auch durch die Zeicheneinheiten der beiden Ausgangsleitern bestimmt.

Aus der gewünschten Breite des Nomogramms ergeben sich dann die Abstände a und b selbst.

Für die Zeicheneinheit der Ergebnisleiter (z-Leiter) folgt aus dem Vergleich des ersten und zweiten bzw. ersten und dritten Bruches der obigen Gleichung

$$l_3 = \frac{a}{a + b} \cdot \frac{C}{A} \cdot l_1 = \frac{b}{a + b} \cdot \frac{C}{B} \cdot l_2 \quad (6.20)$$

Während sich die Zeicheneinheiten der x- und y-Leiter nach den üblichen Gesichtspunkten frei wählen lassen, ergibt sich die Zeicheneinheit der z-Leiter zwangsläufig nach Gleichung (6.20). Zur Bestimmung des Anfangspunktes der z-Leiter kann die Gleichung (6.18) herangezogen werden, indem aus allen vorkommenden konstanten Summanden der Funktionswert $f(z_0)$ und daraus z_0 selbst ermittelt werden. Jedoch wird z_0 meist einfacher aus den Anfangswerten x_0 und y_0 bestimmt (s. Beispiel 1). Die Anlage einer Leitertafel hat insgesamt in folgenden Schritten zu erfolgen:

1. Die vorgelegte Funktionsgleichung ist so umzuformen, daß sie der Schlüsselgleichung (6.18) entspricht. Dabei sind die Art der Funktionsteilungen der Leitern und die Faktoren A, B und C abzulesen.

2. Mit Hilfe der üblichen Formeln (6.2) bzw. (6.4) sind die Zeicheneinheiten der Ausgangsleitern (x- und y-Leitern) aus der Zeichenlänge und dem Wertebereich festzulegen und damit diese beiden Leitern anzulegen.

3. Nach (6.19) sind das Abstandsverhältnis der Leitern und aus der Gesamtbreite der Tafel die Abstände selbst zu ermitteln.

4. Die Zeicheneinheit der Ergebnisleiter ist nach (6.20) zu berechnen. Nachdem der Anfangspunkt ermittelt wurde, kann die Ergebnisleiter angelegt und damit die Leitertafel vervollständigt werden.

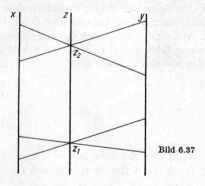

Bild 6.37

Die Schritte 3 und 4 können durch eine Konstruktion der Mittelleiter ersetzt werden, wenn es gelingt, zwei Aufgabenpaare $(x;y)$ zu bestimmen, von denen jedes Paar zu demselben Ergebnis z führt. Durch die zwei Werte z_1 und z_2 ist die Lage und Teilung der Mittelleiter entsprechend Bild 6.37 bestimmt. Die z-Leiter kann ausgehend von diesen beiden Punkten weiter unterteilt werden. Bei logarithmischen Teilungen sind die Aufgabenpaare nach Möglichkeit so zu wählen, daß die Ergebnisse um eine logarithmische Einheit auseinander liegen, um die weitere Unterteilung mit der Logarithmenharfe zu erleichtern. Die beschriebene Konstruktion kann die Berechnung nach den angegebenen Formeln nur ersetzen, wenn sie den Genauigkeitsanforderungen genügt. Sie stellt aber immer eine gute Kontrollmöglichkeit dar.

Falls einige der Faktoren A, B und C in Gleichung (6.18) negativ sind, müssen die Gleichungen (6.19) und (6.20) hinsichtlich des Vorzeichens dadurch erfüllt werden, daß entweder eine oder mehrere Zeicheneinheiten oder das Abstandsverhältnis negativ gewählt werden. Negative Zeicheneinheit bedeutet, daß die Leiter gegenläufig zu teilen ist. Dagegen muß noch vereinbart werden, was unter *negativem Abstandsverhältnis* zu verstehen ist. In Übereinstimmung mit der Erklärung der inneren und äußeren Teilung in der analytischen Geometrie wird festgelegt (Bild 6.38a, b, c).

1. Der Abstand b ist von der x-Leiter in Richtung zur z-Leiter, der Abstand a von der z-Leiter in Richtung zur y-Leiter zu messen.
2. Nach rechts gerichtete Strecken sind positiv, nach links gerichtete Strecken sind negativ.

Dadurch ergeben sich folgende Möglichkeiten:

1. $a > 0$, $b > 0$ Die z-Leiter ist Mittelleiter (Bild 6.38a).
2. $a < 0$, $b > 0$ Die z-Leiter ist rechte Außenleiter (Bild 6.38b).
3. $a > 0$, $b < 0$ Die z-Leiter ist linke Außenleiter (Bild 6.38c).

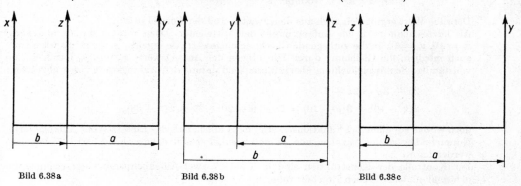

Bild 6.38a   Bild 6.38b   Bild 6.38c

Es muß noch bemerkt werden, daß **das Verhältnis $a : b = -1$ nicht gewählt werden darf**, da dann die Gleichungen versagen und die z-Leiter ins Unendliche rückt.

Die z-Leiter kann also zur Außenleiter gemacht werden, wenn ein negativer Faktor auftritt. Dann werden die Leitern miteinander vertauscht. Beispielsweise wird statt $x - y = z$ die Gleichung $x = z + y$ dargestellt, wobei die x-Leiter zur Mittelleiter wird. Im allgemeinen ist es jedoch handlicher, die Ergebnisleiter zur Mittelleiter zu machen und negative Faktoren der Schlüsselgleichung durch gegenläufige Leiterteilungen zu berücksichtigen. Dabei ist dann allerdings die gegenläufige Leiter so zu verschieben, daß die benötigten Wertebereiche wieder in gleicher Höhe liegen. Darauf ist vor allem bei der Festlegung der Anfangspunkte der Leitern zu achten (vgl. das folgende Beispiel 3).

Von der Möglichkeit, die Ergebnisleiter als Außenleiter anzulegen, wird vor allem in zusammengesetzten Nomogrammen Gebrauch gemacht, wenn die Ergebnisleiter eines ersten Teilnomogramms Ausgangsleiter in einem sich anschließenden zweiten Nomogramm werden soll (vgl. 6.5).

BEISPIELE

1. Für die Funktion $2x + 3y + 6 = 2z$ ist eine Leitertafel mit den Bereichen $10 \leq x, y \leq 20$ sowie der maximalen Breite 80 mm und der Höhe 100 mm anzulegen.

   Lösung: Die vorgelegte Gleichung entspricht unmittelbar der Schlüsselgleichung (6.18), wobei alle Leitern regulär zu teilen sind $[f_1(x) = x$ usw.$]$. Die Faktoren der Gleichung sind

$A = 2$, $B = 3$, $C = 2$. Für die vorgeschriebene Höhe folgt nach (6.2)

$$l_1 = l_2 \leqq \frac{100 \text{ mm}}{20 - 10} = 10 \text{ mm}.$$

Aus (6.19) folgt für das Abstandsverhältnis

$$\frac{a}{b} = \frac{A \, l_2}{B \, l_1} = \frac{2 \cdot 10 \text{ mm}}{3 \cdot 10 \text{ mm}} = \frac{2}{3},$$

das unter Beachtung der zulässigen Breite mit $a = 30 \text{ mm}$, $b = 45 \text{ mm}$ befriedigt wird. Für die Zeicheneinheit der Mittelleiter gilt nach (6.20)

$$l_3 = \frac{a}{a + b} \cdot \frac{C}{A} \, l_1 = \frac{30 \text{ mm}}{75 \text{ mm}} \cdot \frac{2}{2} \cdot 10 \text{ mm} = 4 \text{ mm}.$$

Derselbe Wert ergibt sich auch aus dem zweiten Teil der Formel (6.20).
Als letztes fehlt noch der Anfangspunkt der Mittelleiter. Dazu werden die Anfangswerte $x_0 = 10$, $y_0 = 10$ in die vorliegende Gleichung eingesetzt; sie ergeben $z_0 = 28$. Es wäre zwar auch möglich, die Gleichung durch Hinzufügen der Anfangswerte x_0 und y_0 formal in die vollständige Schlüsselgleichung überzuführen und daraus den Anfangswert von z abzulesen:

$$2x + 3y = 2z - 6$$
$$2(x - 10) + 3(y - 10) = 2z - 6 - 20 - 30 = 2(z - 28),$$

doch ist das vor allem bei Funktionsleitern umständlicher als das Einsetzen der Anfangswerte. Nunmehr liegen alle Angaben vor, so daß die Leitertafel entsprechend Tafel 27 angelegt werden kann.
Zur Kontrolle der Konstruktion sind in Tafel 27 zwei Aufgabenpaare eingezeichnet, die jedesmal zu dem gleichen Ergebnis führen:

$$x = 10, \quad y = 12 \Rightarrow z = 31$$
$$x = 13, \quad y = 10 \Rightarrow z = 31$$

und

$$x = 14, \quad y = 16 \Rightarrow z = 41$$
$$x = 17, \quad y = 14 \Rightarrow z = 41.$$

Zwischen den Punkten 31 und 41, durch die die z-Leiter hindurchgeht, müssen 10 Einheiten liegen. Daraus könnte die z-Leiter vervollständigt werden.

2. Für die Gleichung

$$z = \frac{1}{2} x^2 \sqrt{y}$$

ist mit den Bereichen

$$1 \leqq x \leqq 10$$
$$0{,}1 \leqq y \leqq 100$$

eine Leitertafel herzustellen. Maximale Tafelbreite 80 mm, Tafelhöhe 100 mm.

Lösung: Da die Schlüsselgleichung eine Addition der vorkommenden Terme in x und y verlangt, muß die vorliegende Gleichung logarithmiert werden.

$$\lg z = 2 \lg x + \frac{1}{2} \lg y + \lg 0{,}5.$$

Das entspricht (6.18) mit $A = 2$, $B = \dfrac{1}{2}$, $C = 1$ sowie drei logarithmischen Termen, die logarithmische Teilungen für alle Leitern erforderlich machen.

Aus den vorgeschriebenen Bereichen und der maximalen Höhe folgt nach (6.4)

$$l_1 \leqq \frac{100 \text{ mm}}{\lg 10 - \lg 1} = 100 \text{ mm}$$

$$l_2 \leqq \frac{100 \text{ mm}}{\lg 100 - \lg 0,1} = \frac{100 \text{ mm}}{2 - (-1)} = 33,3 \text{ mm}.$$

Wird $l_2 = 30$ mm gewählt, so nehmen die geforderten drei Mantisseneinheiten eine Gesamt-länge von 90 mm ein. Mit $l_1 = 90$ mm erhält auch die x-Leiter dieselbe Höhe.

Aus (6.19) folgt

$$\frac{a}{b} = \frac{A\,l_2}{B\,l_1} = \frac{2 \cdot 30 \text{ mm}}{\dfrac{1}{2} \cdot 90 \text{ mm}} = \frac{4}{3}.$$

Mit $a = 40$ mm, $b = 30$ mm wird die geforderte Breite eingehalten. Für die Zeicheneinheit der Mittelleiter ergibt sich nach (6.20)

$$l_3 = \frac{a}{a + b} \cdot \frac{C}{A}\, l_1 = \frac{40 \text{ mm}}{70 \text{ mm}} \cdot \frac{1}{2} \cdot 90 \text{ mm} = 25,7 \text{ mm}.$$

Dieser unbequeme Wert muß beibehalten werden, da er durch die übrigen Größen bestimmt ist. Die zugehörige logarithmische Teilung wird aus der Harfe entnommen, die hierbei von be-sonderem Wert ist.

Der Anfangspunkt der Mittelleiter ergibt sich durch Einsetzen:

$$z_0 = \frac{1}{2}\, x_0^2 \sqrt{y_0} = \frac{1}{2} \cdot 1 \cdot \sqrt{0,1} = 0,158.$$

Mit diesen Angaben kann Tafel 28 angelegt werden. Die Teilung der Mittelleiter wird, ebenso wie die der anderen, mit Hilfe eines Papierstreifens aus der Harfe entnommen, ist jedoch zunächst bei 0,158 anzusetzen und bis 1 zu übertragen, ehe die übrigen Mantisseneinheiten wiederholt angesetzt werden können.

Auch hier ist es ratsam, zur Kontrolle zwei Aufgabenpaare einzuzeichnen, von denen jedes Paar auf dasselbe Ergebnis führt. Dabei sind nach Möglichkeit solche Paare zu wählen, deren Ergebnisse z um wenigstens eine Mantisseneinheit auseinanderliegen, z. B.

$$x = 1, \quad y = 4 \quad \Rightarrow z = 1$$
$$x = 2, \quad y = 0,25 \Rightarrow z = 1$$
$$x = 2, \quad y = 25 \quad \Rightarrow z = 10$$
$$x = 5, \quad y = 0,64 \Rightarrow z = 10.$$

Die in Tafel 28 eingetragenen Ablesegeraden begrenzen auf der z-Leiter eine Mantisseneinheit mit $l_3 = 25,7$ mm.

3. Der Wirkungsgrad η einer Maschine ist durch

$$\eta = \frac{P_e}{P_i}$$

gegeben, wobei P_e die Nutzleistung und P_i die aufgewandte Leistung in gleicher Maßeinheit bedeuten.

Eine Leitertafel ist zu konstruieren mit den Bereichen 1 bis 50 kW für P_e und P_i sowie der Breite 60 mm und der Höhe 100 mm.

Lösung: Mit den Abkürzungen für die Zahlenwerte

$$x = \frac{P_e}{\text{kW}}, \quad y = \frac{P_i}{\text{kW}}, \quad z = \eta$$

ergibt sich

$$z = \frac{x}{y}$$

und durch Logarithmieren

$$\lg z = \lg x - \lg y.$$

Der Vergleich mit (6.18) liefert $A = 1$, $B = -1$, $C = 1$ und zeigt die Notwendigkeit logarithmischer Achsenteilungen. Da die Bereiche für die x- und y-Leiter gleich sind, ist nach (6.4)

$$l \leqq \frac{100\ \text{mm}}{\lg 50 - \lg 1} = \frac{100\ \text{mm}}{1{,}699} \approx 59\ \text{mm}.$$

Mit $l_1 = l_2 = 50$ mm würde nach (6.19) folgen

$$\frac{a}{b} = \frac{A\,l_2}{B\,l_1} = \frac{1 \cdot 50\ \text{mm}}{-1 \cdot 50\ \text{mm}} = -1.$$

Das ist jedoch nicht zulässig. Um diese Schwierigkeit zu umgehen, gibt es zwei Möglichkeiten. Wenn es erforderlich ist, daß die z-Leiter Außenleiter wird, etwa wegen eines sich anschließenden weiteren Nomogrammteiles, so muß entweder auf der x- oder der y-Leiter, allerdings auf Kosten des darzustellenden Bereiches oder der Genauigkeit, die Zeicheneinheit geändert werden, z. B. $l_1 = 40$ mm, $l_2 = 30$ mm. Dafür ergibt sich das Verhältnis $a:b = -3:4$, das mit $a = -45$ mm, $b = 60$ mm so befriedigt wird, daß auch die zulässige Breite eingehalten werden kann.

Hier soll jedoch eine Außenleiter gegenläufig geteilt und z. B. $l_2 = -50$ mm gewählt werden. Dann ist nach (6.19) $a:b = 1$ und damit $a = 30$ mm, $b = 30$ mm.

Die Zeicheneinheit der Mittelleiter folgt aus (6.20)

$$l_3 = \frac{a}{a + b} \cdot \frac{C}{A}\, l_1 = \frac{40\ \text{mm}}{80\ \text{mm}} \cdot 1 \cdot 50\ \text{mm} = 25\ \text{mm}.$$

Für die Berechnung des Anfangspunktes der Mittelleiter ist zu beachten, daß wegen der Gegenläufigkeit der y-Leiter der Wert $y_0 = 50$ mit $x_0 = 1$ und $z_0 = \frac{x_0}{y_0} = 0{,}02$ auf gleicher Höhe liegt.

Die Anlage der Leitertafel (Tafel 29) bereitet nun keine Schwierigkeiten mehr. Die Mittelleiter ist aus physikalischen Gründen natürlich nur bis $\eta = 1$ sinnvoll.

Die Leitern können bei Bedarf nachträglich auch über ihre Anfangspunkte hinaus verlängert werden.

Ablesebeispiel: $P_e = 20$ kW, $P_i = 30$ kW $\Rightarrow \eta = 0{,}67$.

6.4.3.   Leitertafeln mit nichtparallelen Leitern

Drei Leitern gehen von einem Punkt aus

Während die Leitertafeln mit parallelen Leitern solche Funktionen erfassen, bei
denen ein Funktionsterm gleich der Summe zweier anderer Funktionsterme ist,
kann eine weitere Gruppe von Funktionen in einer Leitertafel dargestellt werden,
bei der die *drei Leitern von einem Punkt ausgehen*. Dabei soll hier nur der einfache
Fall betrachtet werden, daß die Leitern *gleiche Winkel* einschließen (Bild 6.39).

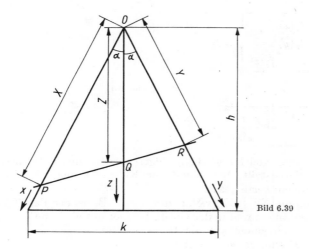

Bild 6.39

Die Leitern sollen in O beginnen. Die Mittelleiter halbiert den Winkel 2α. Eine beliebige Ablesegerade schneidet die Leitern in den Punkten P, Q, R. Die Abschnitte
auf den drei Strahlen seien X, Z und Y. Es ist zu untersuchen, in welcher Beziehung
diese Strecken zueinander stehen.
Der Flächeninhalt des entstandenen Dreiecks OPR ist gleich der Summe der Inhalte
der Dreiecke OPQ und OQR.

$$\triangle\, OPR = \triangle\, OPQ + \triangle\, OQR$$

$$\frac{1}{2}\, XY \sin 2\alpha = \frac{1}{2}\, XZ \sin \alpha + \frac{1}{2}\, YZ \sin \alpha$$

Wird diese Gleichung durch $\frac{1}{2}\, XYZ \sin \alpha$ dividiert, so folgt

$$\frac{\sin 2\alpha}{Z \sin \alpha} = \frac{1}{Y} + \frac{1}{X}\,.$$

Mit $\sin 2\alpha = \sin \alpha \cos \alpha$ wird schließlich

$$\frac{2 \cos \alpha}{Z} = \frac{1}{X} + \frac{1}{Y}. \tag{6.21}$$

Für X, Y und Z sind die Gleichungen der Leitern einzusetzen, wobei im Hinblick auf die hauptsächlich interessierenden Anwendungen verschiedene Vereinfachungen zugelassen werden sollen. Insbesondere soll angenommen werden, daß die Leiterteilungen mit dem Funktionswert Null beginnen. Außerdem sollen die Zeicheneinheiten auf den Außenleitern gleich $l_1 = l_2 = l$ gesetzt und die Mittelleiter mit $l_3 = 2l \cos \alpha$ geteilt werden. Die dann entstehenden Leitergleichungen

$$\begin{array}{l} X = l \cdot f_1(x) \\ Y = l \cdot f_2(y) \\ Z = 2l \cos \alpha \, f_3(z) \end{array} \tag{6.22}$$

werden in (6.21) eingesetzt, so daß die Schlüsselgleichung

$$\frac{1}{f_3(z)} = \frac{1}{f_1(x)} + \frac{1}{f_2(y)} \tag{6.23}$$

entsteht. Wie die Schlüsselgleichung (6.23) zeigt, werden durch die beschriebene Tafelart Funktionen dargestellt, bei denen der Kehrwert eines Funktionsterms gleich der Summe der Kehrwerte zweier anderer Funktionsterme ist.

Solche Gleichungen kommen in der Physik häufig vor, z. B. bei der Parallelschaltung von elektrischen Widerständen und in der Optik. Da hier nur einfache Anwendungen interessieren, soll nicht allgemein auf die Berücksichtigung von Faktoren in der Schlüsselgleichung (6.23) eingegangen werden.

Derartige Faktoren könnten durch unterschiedliche Wahl der Zeicheneinheiten oder der Winkel zwischen den Leitern berücksichtigt werden. Hinsichtlich dieser Möglichkeiten wird auf die angegebene weiterführende Literatur verwiesen.

Die Teilung der z-Leiter wird besonders einfach, wenn $\alpha = 60°$ gewählt wird, da dann $2 \cos \alpha = 1$ und damit $l_3 = l$ ist, d. h., die Mittelleiter besitzt dieselbe Zeicheneinheit wie die Außenleitern. Doch ist dann das Nomogramm durch die große Spreizung der Leitern unhandlich. Außerdem läßt die Genauigkeit infolge flacher Schnitte der Ablesegeraden zu wünschen übrig. Der Winkel wird deshalb aus dem zur Verfügung stehenden Platz (Höhe h, Breite k, vgl. Bild 6.39) bestimmt durch

$$\tan \alpha = \frac{k}{2h} \tag{6.24}$$

Auf den Außenleitern steht dann als größte Zeichenlänge zur Verfügung

$$X_{\text{max}} = Y_{\text{max}} = \frac{k}{2 \sin \alpha} = \frac{h}{\cos \alpha} \tag{6.25}$$

BEISPIEL

1. Zur Berechnung der Maschinenhauptzeiten beim spanenden Formen (z. B. Hobeln oder Schleifen) spielen die Geschwindigkeiten beim Arbeitsgang v_a, die Geschwindigkeit beim Rücklauf v_r und die mittlere Geschwindigkeit v_m eine Rolle.
   Für

$$\frac{2}{v_m} = \frac{1}{v_a} + \frac{1}{v_r}$$

ist in den Bereichen

$$0 \leq \frac{v_a}{\text{m min}^{-1}} \leq 100, \qquad 0 \leq \frac{v_r}{\text{m min}^{-1}} \leq 100$$

eine Leitertafel herzustellen, Höhe $h = 80$ mm, Breite $k = 120$ mm.
Lösung: Mit den Zahlenwerten

$$x = \frac{v_a}{\text{m min}^{-1}}, \qquad y = \frac{v_r}{\text{m min}^{-1}}, \qquad z = \frac{v_m}{\text{m min}^{-1}}$$

entsteht die Zahlenwertgleichung

$$\frac{1}{\dfrac{z}{2}} = \frac{1}{x} + \frac{1}{y}.$$

Es ist also $f_1(x) = x$, $f_2(y) = y$ und $f_3(z) = \dfrac{z}{2}$.
Nach (6.24) ist

$$\tan \alpha = \frac{k}{2h} = \frac{120 \text{ mm}}{2 \cdot 80 \text{ mm}} = 3{:}4; \qquad \alpha = 36{,}9°$$

Für das Anlegen des Nomogramms wird nicht der Winkel, sondern das Verhältnis für $\tan \alpha$ verwendet.
Aus Gleichung (6.25) ergibt sich

$$X_{\max} = Y_{\max} = \frac{120 \text{ mm}}{2 \sin 36{,}9°} = 100 \text{ mm}.$$

Danach kann

$$l \leq \frac{100 \text{ mm}}{100} = 1 \text{ mm}$$

gewählt werden, so daß die Leitergleichungen lauten

$$X = 1 \text{ mm} \cdot x$$
$$Y = 1 \text{ mm} \cdot y$$
$$Z = 2 \text{ mm} \cdot \cos 36{,}9° \cdot \frac{z}{2} = 0{,}8 \text{ mm} \cdot z.$$

Statt aus dieser Zeicheneinheit kann die Mittelleiter leicht hergestellt werden, wenn zwei Punkte der Außenleitern mit gleichem Zahlenwert miteinander verbunden werden. Diese

Ablesegerade schneidet dann die Mittelleiter in einem Punkt mit demselben Zahlenwert, denn es ist für $x = y$

$$\frac{2}{z} = \frac{1}{x} + \frac{1}{x} = \frac{2}{x} \quad \text{oder} \quad x = z.$$

Danach können alle Punkte der Mittelleiter in Tafel 30 bestimmt werden.

Ablesebeispiel: $v_\mathrm{a} = 30$ m min^{-1}, $v_\mathrm{r} = 90$ m min^{-1}; $v_\mathrm{m} = 45$ m min^{-1}.

Zwei parallele Leitern werden von einer dritten geschnitten

In Bild 6.40 ist der grundsätzliche Aufbau einer Leitertafel mit zwei parallelen Leitern dargestellt, die von einer dritten Leiter geschnitten werden. Wegen ihrer Gestalt wird diese Art der Leitertafel häufig als **N-Nomogramm** bezeichnet.

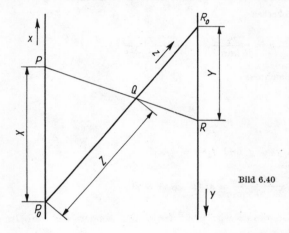

Bild 6.40

Die x-Leiter beginnt im Punkt P_0, die parallele y-Leiter in R_0; die letztere ist gegenläufig geteilt. Die z-Leiter hat ebenfalls den Anfangspunkt P_0 und endet in R_0; ihre Länge ist $\overline{P_0 R_0} = a$. Eine Ablesegerade erzeugt auf den drei Leitern die Abschnitte X, Y und Z.

Der Zusammenhang zwischen diesen drei Abschnitten wird durch Anwendung des Strahlensatzes ermittelt:

$$X : Y = Z : (a - Z). \tag{6.26}$$

Auf der x- und y-Leiter seien beliebige Funktionsteilungen $X = l_1 \cdot f_1(x)$, $Y = l_2 \cdot f_2(y)$ aufgetragen. Wäre auch auf der z-Leiter eine solche beliebige Teilung angebracht, ergäbe sich eine Schlüsselgleichung von einer so speziellen Form, daß diese kaum Anwendung finden könnte. Deshalb wird für die ganze rechte Seite von (6.26) gesetzt

$$L \cdot f_3(z) = \frac{Z}{a - Z}$$

oder, nach Z aufgelöst:

$$Z = a \frac{L f_3(z)}{L f_3(z) + 1} = a \frac{f_3(z)}{f_3(z) + \dfrac{1}{L}} \tag{6.27}$$

Die Schlüsselgleichung lautet dann, wenn noch $L = \dfrac{l_1}{l_2}$ gesetzt wird,

$$f_3(z) = \frac{f_1(x)}{f_2(y)} \tag{6.28}$$

Damit ist die Division und — nach Umformung — auch die Multiplikation von zwei Funktionstermen in einer Leitertafel darstellbar. Das wäre zwar auch durch eine Leitertafel mit drei parallelen Leitern möglich, doch müßte dafür die Gleichung erst logarithmiert werden, damit sie mit der Schlüsselgleichung (6.18) übereinstimmt. Die entstehenden logarithmischen Teilungen sind aber in manchen Fällen, z. B. in zusammengesetzten Nomogrammen, störend.

Die Gleichung (6.27) der Ergebnisleiter ist die einer gebrochenrationalen Funktion mit $f_3(z)$ und entspricht der Gleichung (6.6) der projektiven Leiter. Jedoch ist an die Stelle der Variablen x jetzt der Term $f_3(z)$ getreten, wobei $A = 1$, $B = 0$, $C = \dfrac{1}{L}$ gilt. Die z-Leiter ist also nicht unmittelbar eine projektive Leiter für z, sondern entsteht durch projektive Umformung der zu $f_3(z)$ gehörigen Funktionsleiter.

BEISPIEL

2. Geht ein Lichtstrahl von einem Medium in ein optisch dichteres über, so wird der Strahl nach dem Einfallslot hin gebrochen (Bild 6.41). Die Brechzahl n (Brechungsindex) ist für jeden Stoff charakteristisch.

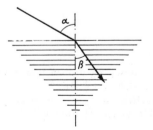

Bild 6.41

Für das Brechungsgesetz

$$n = \frac{\sin \alpha}{\sin \beta}$$

ist eine N-Leitertafel zu entwerfen. Für die Brechzahlen folgender Stoffe sind besondere Marken anzubringen:

Luft	Wasser	Kronglas	Diamant
1	1,33	1,5	2,4

Tafelhöhe 125 mm, Tafelbreite 60 mm.
Unter welchem Winkel wird ein Lichtstrahl gebrochen, der unter $\alpha = 27°$ auf Kronglas fällt?
Welche Größe hat der Grenzwinkel der Totalreflexion ($\alpha = 90°$) für Wasser?

Lösung: Die vorliegende Funktionsgleichung ist von der Form (6.28) mit $f_1(x) = \sin x$, $f_2(y) = \sin y$, $f_3(z) = z = n$.
Für die x- und y-Leiter können zunächst die Zeicheneinheiten gewählt werden. Aus dem physikalischen Zusammenhang folgt, daß die Winkelbereiche $0 \cdots 90°$ sinnvoll sind.

$$l_1 = l_2 \leqq \frac{125 \text{ mm}}{\sin 90° - \sin 0°} = 125 \text{ mm}.$$

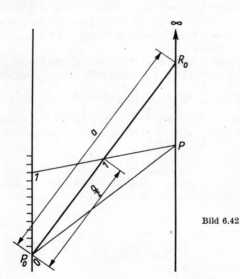

Bild 6.42

Mit dieser Zeicheneinheit können die x-Leiter von unten nach oben und die y-Leiter von oben nach unten mit einer Sinusteilung versehen werden (Tafel 31).
Die Anfangspunkte P_0 und R_0 begrenzen die Mittelleiter mit $\overline{P_0 R_0} = a$, wobei in P_0 zugleich ihr Anfangswert liegt. Nach Gleichung (6.27) gilt für die z-$(n$-$)$Teilung mit $L = 1$

$$Z = a \frac{z}{z + 1} = a \left(1 - \frac{1}{z + 1}\right).$$

Da im vorliegenden Fall $f_3(z)$ unmittelbar gleich der Variablen z ist, liegt eine gewöhnliche projektive Leiter vor, die in üblicher Weise durch Projektion aus einer regulären z-Leiter gewonnen werden kann (vgl. 6.1.3.2.). Dazu sind drei Punkte zu wählen, z. B.

z	0	1	∞
Z	0	$\dfrac{a}{2}$	a

Als Träger der regulären Leiter kann die x-Leiter verwendet werden, die mit der projektiven Leiter denselben Anfangspunkt P_0 hat. Der Pol P der Projektion liegt auf der y-Leiter, da er parallel zur regulären Leiter den Punkt ∞ in R_0 erzeugen muß (Bild 6.42). Die beliebige reguläre Leiterteilung wird so gewählt, daß der interessierende Bereich der z-Leiter mit nicht zu flach schneidenden Strahlen projiziert wird. Die reguläre Teilung und die Projektionsstrahlen sind nur zur Anlage der Tafel 31 nötig und können im endgültigen Nomogramm weggelassen werden.
Die geforderten Aufgaben sind in Tafel 31 eingetragen:

$$\alpha = 27^\circ, \quad n = 1{,}5 \quad (\text{Kronglas}) \Rightarrow \beta = 17{,}5^\circ$$
$$\alpha = 90^\circ, \quad n = 1{,}33 \quad (\text{Wasser}) \;\;\Rightarrow \beta = 48{,}5^\circ.$$

Zusammenfassung

Drei parallele Leitern

Schlüsselgleichung

$$C[f_3(z) - f_3(z_0)] = A[f_1(x) - f_1(x_0)] + B[f_2(y) - f_2(y_0)]$$

Teilungen:

$$X = l_1[f_1(x) - f_1(x_0)]$$
$$Y = l_2[f_2(y) - f_2(y_0)]$$
$$Z = l_3[f_3(z) - f_3(z_0)]$$

Abstände der Leitern:

b Abstand zwischen x- und z-Leiter

a Abstand zwischen z- und y-Leiter

$$\frac{a}{b} = \frac{A\,l_2}{B\,l_1}$$

Zeicheneinheit der z-Leiter

$$l_3 = \frac{a}{a+b} \cdot \frac{C}{A} \qquad l_1 = \frac{b}{a+b} \cdot \frac{C}{B}\, l_2$$

Drei Leitern gehen von einem Punkt aus und schließen gleiche Winkel α ein

Schlüsselgleichung

$$\frac{1}{f_3(z)} = \frac{1}{f_1(x)} + \frac{1}{f_2(y)}$$

Teilungen

$$X = l \cdot f_1(x)$$
$$Y = l \cdot f_2(y)$$
$$Z = 2l \cos \alpha \cdot f_3(z)$$

Höhe der Tafel h, Breite der Tafel k

$$\tan \alpha = \frac{k}{2h}$$

$$X_{max} = Y_{max} = \frac{k}{2 \sin \alpha} = \frac{h}{\cos \alpha}$$

Zwei parallele Leitern werden von einer dritten geschnitten

Schlüsselgleichung

$$f_3(z) = \frac{f_1(x)}{f_2(y)}$$

Teilungen

$$X = l_1 \cdot f_1(x)$$
$$Y = l_2 \cdot f_2(y)$$
$$Z = a \, \frac{L \cdot f_3(z)}{L \cdot f_3(z) + 1}$$

Dabei ist a Länge der z-Leiter und $L = \dfrac{l_1}{l_2}$.

AUFGABEN

6.31. Die folgenden Zuordnungen sind durch Doppelleitern darzustellen

    a) kW und PS (1 kW = 1,36 PS)

    b) cm und Zoll ($1'' = 2{,}54$ cm)

6.32. Auf einer Länge von 120 mm ist eine Doppelleiter für $f(x) = \sin x^\circ$ mit $0 \leqq x^\circ \leqq 360^\circ$ anzufertigen.

6.33. Für die folgenden Funktionsgleichungen sind alle Möglichkeiten der Darstellung als geradlinige Netz- und Leitertafeln anzugeben:

    a) $y = xz$

    b) $y = x + \dfrac{1}{z}$

    c) $y = x^z$

6.34. Für die Aufgabe 6.30 ist die Möglichkeit einer Lösung mit Hilfe einer Leitertafel zu untersuchen.

6.35. Welche Funktion wird durch eine Leitertafel mit parallelen Leitern dargestellt, deren Abstände a und b sich wie 1:2 verhalten und auf deren Leitern logarithmische Teilungen mit gleichen Zeicheneinheiten abgetragen sind?

6.36. Für die Masse von Stahldrähten gilt

$$m = \varrho \cdot \frac{\pi}{4} \, d^2 l,$$

wobei $\varrho = 7{,}85$ kg/dm³ zu setzen ist. Unter Verwendung der Umformung aus dem Beispiel in 6.1.2. ist eine Leitertafel mit den Bereichen

$$0{,}1 \leqq \frac{d}{\text{mm}} \leqq 10 \qquad\qquad 1 \leqq \frac{l}{\text{m}} \leqq 10^4$$

herzustellen (Höhe 80 mm, Breite 60 mm).

6.37. Für die Gleichung von Aufgabe 6.4 ist eine Leitertafel in den Bereichen

$$15 \leqq \frac{U}{V} \leqq 150$$

$$0{,}01 \leqq \frac{d}{mm} \leqq 1$$

und mit $A = 10$ cm² anzulegen. Die Kraft F ist in Mikronewton anzugeben (Höhe 90 mm, Breite 60 mm).

6.38. Der Scheinwiderstand für die Reihenschaltung eines ohmschen und eines induktiven Widerstandes ist

$$Z = \sqrt{R^2 + \omega^2 L^2}.$$

Zur Auswertung dieser Formel ist eine Leitertafel mit der Kreisfrequenz $\omega = 2\pi f = 314 \frac{1}{s}$ in den Bereichen

$$0 \leqq \frac{R}{\Omega} \leqq 300, \quad 0 \leqq \frac{L}{H} \leqq 1$$

zu entwerfen (Höhe 120 mm, Breite 80 mm).

6.39. Welche Form einer Leitertafel mit regulären Leitern kann für die Funktionsgleichung

$$R = \frac{R_1 R_2}{R_1 + R_2} \quad \text{(Parallelschaltung von zwei Widerständen)}$$

angewendet werden? (Anleitung: Umformung der Funktionsgleichung)

6.40. Die Beziehung für die WHEATSTONEsche Brückenschaltung

$$\frac{R_x}{R_n} = \frac{X}{L - X}$$

(vgl. Aufgabe 6.15), wobei $L = 1\,000$ mm die Länge des Meßdrahtes ist, soll in Form einer N-Leitertafel dargestellt werden.

Bereiche: $0 \leqq \dfrac{R_x}{\Omega} \leqq 100$

$$0 \leqq \frac{R_n}{\Omega} \leqq 100$$

$$0 \leqq \frac{X}{mm} \leqq 1\,000$$

Höhe 100 mm, Breite 75 mm.

6.5. Zusammengesetzte Nomogramme

Verknüpfung von Nomogrammen

Mit den bisher behandelten Netz- und Leitertafeln können Funktionen mit drei Variablen dargestellt werden. Liegt die Aufgabe vor, in der Praxis häufig vorkommende Funktionen mit vier und mehr Variablen zu erfassen, so kann das mit Hilfe von **zusammengesetzten Netz- und Leitertafeln** geschehen. Dazu ist die vorliegende Funktion in *Teilfunktionen* mit *jeweils drei* Variablen aufzuspalten, und für diese sind mit den bekannten Methoden die zugehörigen Nomogramme zu entwerfen. Die entstehenden Teilnomogramme sind in geeigneter Weise zu verknüpfen. Liegt z. B. eine Funktionsgleichung mit vier Variablen

$$v = f(x;y;u)$$

vor, so kann es gelingen, einen Teil

$$z = f_1(x;y)$$

abzuspalten, der nur die Variablen x und y enthält. Mit der Hilfsvariablen z geht dann die ursprüngliche Funktionsgleichung in

$$v = f_2(z;u)$$

über. Damit wird die vorgelegte Funktion mit vier Variablen in zwei Schritten gebildet, wobei allerdings zusätzlich eine Hilfsvariable auftritt, so daß jetzt insgesamt fünf Variablen vorkommen. Es muß bemerkt werden, daß die Aufspaltung der Funktion in Teilfunktionen, die nur jeweils zwei unabhängige Variablen enthalten, nicht in allen Fällen möglich ist. Der beschriebene Weg ist jedoch in zahlreichen praktisch wichtigen Fällen anwendbar. Die Teilnomogramme können als Netz- oder Leitertafeln in bekannter Weise angelegt werden. Es sind jetzt nur Hinweise nötig, wie diese miteinander zu verknüpfen sind. In den meisten Fällen wird die Verbindung über Leitern erfolgen, auf denen die Hilfsvariable (im obigen Beispiel z genannt) in den beiden Teilnomogrammen aufgetragen ist. Lediglich die Verbindung von zwei Netztafeln kann im Ausnahmefall über die Kurvenschar für den Parameter erfolgen, wenn in beiden Teilnomogrammen die Hilfsvariable als Parameter auftritt.

Wenn die zwei Leitern, über die die Verknüpfung erfolgen soll, in *Richtung wie Orientierung, in der Art der Teilung* und *in der Zeicheneinheit übereinstimmen*, so können sie *unmittelbar zur Deckung* gebracht werden oder, wenn dies aus Gründen der Übersichtlichkeit nicht ratsam ist, als *Leiterpaar nebeneinander* liegen, wobei eine Parallelenschar die Führung beim Übergang vom Nomogramm 1 zum Nomogramm 2 übernimmt (Bild 6.43). Die Nomogramme können dabei Netz- oder Leitertafeln sein.

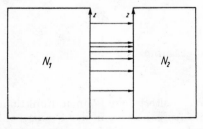

Bild 6.43

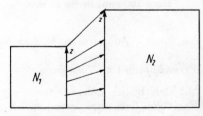

Bild 6.44

Wenn die beiden Leitern *parallel liegen und dieselbe Teilung*, jedoch *verschiedene Zeicheneinheiten* haben, so kann die Verbindung über die Projektionsstrahlen einer *Zentralprojektion* zwischen parallelen Leitern erfolgen (Bild 6.44, vgl. auch 6.1.3.1. und Bild 6.3). Liegt das Projektionszentrum zwischen den Leitern, kann gleichzeitig eine Richtungsumkehr der Leitern erzielt werden.

Stimmen die Leitern in der *Art ihrer Teilung überein, liegen jedoch verschieden* (z. B. unter rechtem Winkel zueinander), so kann der Übergang zwischen ihnen je nach der geforderten Richtung entweder durch *Parallelprojektion* (Bild 6.45) oder durch *Spiegelung* über eine sogenannte **Leitlinie** AC nach Bild 6.46 erfolgen. In beiden Fällen werden auf Grund der Strahlensätze Abschnitte der einen Leiter AB in ähnliche Abschnitte der Leiter BC überführt, wobei gleichzeitig die Zeicheneinheit geändert werden kann.

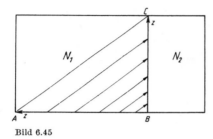

Bild 6.45

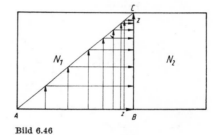

Bild 6.46

Bei den bisher beschriebenen Konstruktionen über den Übergang zwischen zwei Leitern brauchen häufig die Führungslinien nicht eingezeichnet zu werden, da sie durch ein ohnehin vorhandenes Netz oder eine einfache Anweisung für den Übergang ersetzt werden können.

Unterscheiden sich schließlich die beiden Leitern *in der Art ihrer Teilung*, so bleibt nichts anderes übrig, als *alle entsprechenden Teilpunkte durch Zuordnungslinien zu verbinden* (Bild 6.47). Dem Aufbau dieser sogenannten **Zapfenschar** liegt keine einfache Konstruktion zugrunde, so daß alle benötigten Linien einzuzeichnen sind. Die Genauigkeit ist insbesondere bei Interpolation nicht sehr gut.

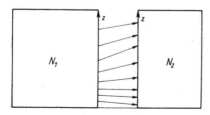

Bild 6.47

In den meisten Fällen hat die Hilfsvariable keine praktische Bedeutung, so daß ihre Größe nicht interessiert. Es kann also häufig die Bezifferung der z-Leiter entfallen, und die Verbindungslinien können in beliebigem Abstand gezogen werden. In Bild 6.43 z. B. kann die Schar von ungleichabständigen Parallelen durch die Linien eines beliebigen Netzes ersetzt werden, die die Führung bei der Ablesung übernehmen.

Alle bisherigen Betrachtungen gelten für beliebigen Aufbau der Teilnomogramme. In den folgenden Abschnitten wird die Verknüpfung der verschiedenen Arten von Nomogrammen behandelt, wobei nur noch ergänzende Angaben nötig sind.

Verbindung von Netztafeln

Wenn die oben angegebene Funktion mit der Gleichung $v = f(x, y, u)$ mittels der beschriebenen Zerlegung in zwei Teilfunktionen durch eine Verknüpfung von Netztafeln dargestellt werden soll, ergeben sich im wesentlichen drei verschiedene Möglichkeiten.

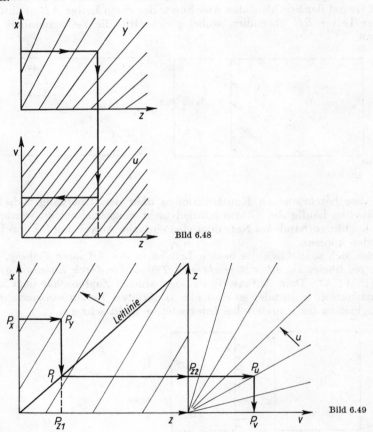

Bild 6.48

Bild 6.49

Bei dem Aufbau des Nomogramms nach Bild 6.48 ist die Leiter der Hilfsvariablen in beiden Netztafeln Abszissenachse. Wenn die Teilungen für z übereinstimmen, können die beiden Teilnomogramme unmittelbar aneinandergelegt werden. Die Ablesung erfolgt in der angedeuteten Weise, wobei der Wert von z nicht interessiert. Dasselbe Verfahren ist natürlich auch möglich, wenn die z-Achse in beiden Netztafeln Ordinatenachse ist.

Liegen dagegen die z-Achsen verschiedenartig, so wird eine Spiegelung über eine Leitlinie entsprechend Bild 6.46 vorgenommen. Beim endgültigen Nomogramm nach Bild 6.49 wird die Spiegelungsschar nicht mehr eingezeichnet, es braucht nur bei der Ablesung der jeweils interessierende Wert über die Leitlinie projiziert zu werden. Vom Teilungspunkt P_x des gegebenen x-Wertes verläuft die Ableselinie über die Linie, die zum gegebenen Wert des Parameters y gehört, zur Leitlinie. Die Verlängerung bis zur z-Achse (P_{z1}) ist nicht nötig, die Ablesung geht sofort weiter auf der waagerechten Projektionslinie zum Punkt P_{z2} und von dort über die Linie zum gegebenen u auf die Ergebnisleiter v. Die Ableselinie $P_x P_y P_l P_u P_v$ heißt **Lauflinie**. Eine Beschriftung der z-Leiter ist unnötig.

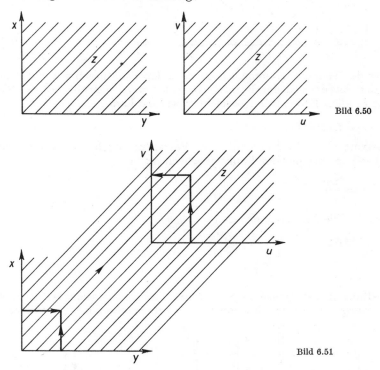

Bild 6.50

Bild 6.51

Falls in beiden Teilnomogrammen die Hilfsvariable z die Rolle des Parameters spielt (Bild 6.50), läßt sich die Verbindung der Netztafel durch Verlängern der Schar der z-Linien herstellen (Bild 6.51). Die Ablesung erfolgt in der in Bild 6.51 angedeuteten Weise. Hier ist also Voraussetzung, daß die Kurvenschar für den Parameter in beiden Teilnomogrammen völlig gleichartig ist, was nur in Ausnahmefällen erreicht werden kann. Wenn sich das zweite Nomogramm noch entsprechend Bild 6.52 in das erste hineinschieben läßt, evtl. unter Veränderung der Anfangspunkte der Leitern, entsteht eine handliche Tafel, die nach dem eingezeichneten Schema zu verwenden ist. Die Leitern für u und v sind dann wegen der größeren Übersichtlichkeit an den rechten bzw. oberen Rand herausgezogen worden.

Die Verbindung von Netztafeln über die Kurvenschar für den Parameter war in Abschnitt 6.2., Beispiel 2 (Tafel 16) behandelt worden.

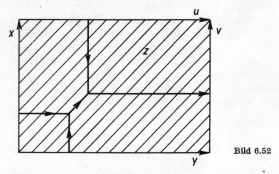

Bild 6.52

Der Aufbau der Teilnomogramme erfolgt nach den Richtlinien von 6.3, wobei allerdings bei der Anwendung der Formeln beachtet werden muß, daß der Parameter nicht mehr in allen Fällen mit z bezeichnet werden kann.

Verbindung von Leitertafeln

Die Darstellung einer Funktion mit vier Variablen durch eine zusammengesetzte Leitertafel soll am Beispiel der Funktionsgleichung

$$v = \frac{xy}{u}$$

gezeigt werden. Die Zerlegung erfolgt in

$$z = xy$$

$$v = \frac{z}{u}.$$

Die Darstellung dieser Funktionen in Form von Leitertafeln ist schematisch in Bild 6.53 gezeigt, wobei auf Einzelheiten (Zeicheneinheiten, Abstandsverhältnisse

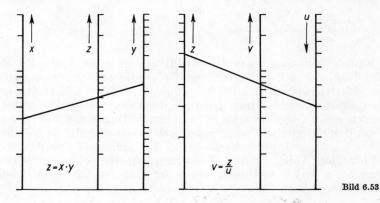

Bild 6.53

usw.) nicht eingegangen wird. Es ist jedoch schon angedeutet, daß die u-Leiter auf Grund der Division durch u gegenläufig geteilt ist.

Die Verbindung der beiden Teilnomogramme muß über die z-Leiter erfolgen. Im genannten Beispiel sind beide z-Leitern logarithmisch zu teilen. Durch geeignete Wahl der übrigen Zeicheneinheiten und der Abstände läßt es sich erreichen, daß auch die Zeicheneinheiten der beiden z-Leitern übereinstimmen. So ist die in Bild 6.54 angedeutete Vereinigung der beiden Nomogramme zu einer **zusammengesetzten Leitertafel** oder **Verbundtafel** möglich.

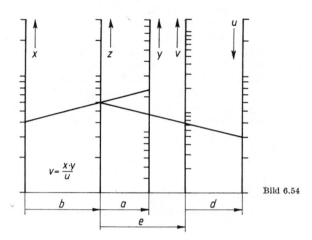

Bild 6.54

Das Ablesen erfolgt in zwei Schritten, die auch in Bild 6.54 angedeutet sind: Durch die Punkte zu den gegebenen x- und y-Werten wird eine Ablesegerade gelegt. Durch deren Schnittpunkt mit der z-Leiter und den Punkt für den gegebenen u-Wert geht eine zweite Ablesegerade, die im Schnittpunkt mit der v-Leiter das Ergebnis anzeigt. Auf der Leiter für die Hilfsvariable z schneiden sich die beiden Ablesegeraden. Dort liegen die **Dreh-** oder **Zapfenpunkte** der Fluchtlinien; deshalb heißt sie **Zapfenlinie**. Der Wert der Hilfsvariablen wird im allgemeinen nicht benötigt, daher ist eine Bezifferung der Zapfenlinie nicht erforderlich. Gelegentlich wird auf ihr eine beliebige reguläre Teilung angebracht, damit der Schnittpunkt der ersten Geraden als Ausgangspunkt für die zweite Gerade festgehalten werden kann.

Die Zerlegung der Funktion in Teilfunktionen ist an sich willkürlich, zu vermeiden ist nur eine Form, bei der die Hilfsvariable in beiden Teilnomogrammen auf der Ergebnisleiter erscheint, da dann das Aufstellen einer gemeinsamen Gleichung für die z-Leiter umständlich wird.

In manchen Fällen ist es zu empfehlen, die z-Leiter in beiden Teilnomogrammen zur Außenleiter zu machen, indem z. B. durch Wahl einer negativen Zeicheneinheit (gegenläufige Teilung) ein negatives Abstandsverhältnis erzeugt wird. Die beiden Teilnomogramme liegen dann auf verschiedenen Seiten der Zapfenlinie, so daß die Übersichtlichkeit größer wird. Dieser Aufbau ist vor allem zu empfehlen, wenn die beiden Leitern für die Hilfsvariable nicht zur Deckung gebracht werden können, sondern durch eine Zapfenschar verbunden werden müssen.

Ein solches Beispiel war bereits im Abschnitt 6.2. (Beispiel 5, Tafel 19) angegeben worden. Andererseits kann durch einen solchen Aufbau das Nomogramm zu breit und damit unhandlich werden. Allgemeine Regeln lassen sich nicht aufstellen, in jedem Einzelfall muß die Anordnung gewählt werden, die ein handliches und nicht zu stark verschachteltes Nomogramm ergibt, bei dem die Ablesegeraden die Leitern nicht zu flach schneiden.

Verbindung von Netz- und Leitertafeln

Es ist durchaus möglich, die Teilfunktionen, die bei der Zerlegung der darzustellenden Gleichung entstehen, *teilweise durch Netztafeln* und *teilweise durch Leitertafeln* darzustellen. Die Verbindung ist einfach möglich, wenn eine Leiter der Leitertafel gleichzeitig als Achse der sich anschließenden Netztafel verwendet werden kann. Alle behandelten Verknüpfungen lassen sich natürlich auch auf mehr als zwei Nomogramme anwenden. Dabei ist es häufig nützlich, zwischen Netztafeln Leitertafeln zwischenzuschalten, da so der Übergang vereinfacht wird, indem Leitlinien, Zapfenscharen usw. gespart werden. Das gilt vor allem dann, wenn Additionen auftreten, die unmittelbar auf die Schlüsselgleichung der Leitertafel führen.

BEISPIELE

1. Für die Gleichung

$$t_{\mathrm{h}} = \frac{L}{ns}$$

ist eine zusammengesetzte Netztafel (Maschinenkarte) auf doppeltlogarithmischem Papier anzulegen.

Bereiche:

$$1 \leqq \frac{t_{\mathrm{h}}}{\min} \leqq 100, \qquad 0,1 \leqq \frac{s}{\mathrm{mm}} \leqq 10,$$

$$\frac{L}{\mathrm{mm}} = 10, 20, \ldots, 100, \qquad \frac{n}{\min^{-1}} = 11, 22, 45, 90, 180, 360.$$

Es bedeuten:

    L die Drehlänge,
    n die Umdrehungen des Werkstückes,
    s den Vorschub,
    t_{h} die Hauptzeit (Schnittdauer für die Drehlänge L).

Lösung: Mit

$$x = \frac{t_{\mathrm{h}}}{\min}, \quad y = \frac{L}{\mathrm{mm}}, \quad u = \frac{n}{\min^{-1}}, \quad v = \frac{s}{\mathrm{mm}}$$

entsteht die Zahlenwertgleichung

$$x = \frac{y}{uv},$$

die in

$$x = \frac{y}{z}$$

$$z = uv$$

zu zerlegen ist.

Beide Gleichungen besitzen die Form der Schlüsselgleichung (6.15) für doppeltlogarithmisches Netz und ergeben Parallelentafeln.

a) Teilnomogramm $x = \dfrac{y}{z}$

Auf Grund der geforderten Werte ist es ratsam, y als Parameter zu wählen. Die Zeicheneinheiten werden nach vorhandenem Funktionspapier etwa mit $l_x = l_z = 50$ mm gewählt, dabei wird x auf der Ordinatenachse aufgetragen. Für die vorgegebenen Werte des Parameters werden Punkte zur Ermittlung der Linien der Geradenschar berechnet. Danach kann die linke Hälfte von Tafel 32 angelegt werden. Die Werte $1 \cdots 100$ für die Hilfsvariable z sind nicht an die Abszissenachse angeschrieben, da sie nicht benötigt werden, sondern lediglich die Werte $10 \cdots 100$ für den Parameter y. (Die Numerierung der Diagonalen stimmt mit der Bezifferung eines Teils der z-Leiter überein.) Die z-Teilung wird mit der Leitlinie auf den rechten Rand übertragen und steht dort mit derselben Zeicheneinheit als Ausgangsleiter für das zweite Teilnomogramm zur Verfügung.

b) Teilnomogramm $z = uv$

Da für u nur einige Werte vorgesehen sind, wird es als Parameter benützt, v wird auf der Abszissenachse mit der durch das Netz festliegenden Zeicheneinheit und dem gegebenen Bereich aufgetragen. Die Geraden der Schar werden wieder aus geeigneten Punkten ermittelt, wobei für die Anlage des rechten Teiles von Tafel 32 die nicht angeschriebenen Werte der Hilfsvariablen z benötigt werden.

Ablesebeispiel: $s = 0{,}6$ mm, $n = 22$ min^{-1}, $L = 100$ mm $\Rightarrow t_{\mathrm{h}} \approx 7{,}5$ min. (Der Wert der Hilfsvariablen $z \approx 13$ ist ohne Bedeutung.) Die Lauflinie geht entsprechend den vorgegebenen Werten vom rechten Teil des Nomogramms nach dem linken.

2. Der Leistungsbedarf P eines Motors ist

$$P = \frac{Fv}{\eta}.$$

Hierbei sind F die Last, v die Geschwindigkeit und η der mechanische Wirkungsgrad. Für den praktischen Gebrauch sind die Bereiche $0{,}1 \leqq \eta \leqq 1$; $10^2\,\mathrm{N} \leqq F \leqq 10^3\,\mathrm{N}$; $0{,}1\,\mathrm{m\,s^{-1}} \leqq v \leqq 3\,\mathrm{m\,s^{-1}}$ vorgegeben. Es ist eine Leitertafel mit der Höhe 180 mm und der Breite 100 mm zu entwerfen.

Lösung: Mit

$$x = \frac{F}{\mathrm{N}}, \quad y = \frac{v}{\mathrm{m\,s^{-1}}}, \quad u = \eta, \quad w = \frac{P}{\mathrm{W}}$$

heißt die Zahlenwertgleichung

$$w = \frac{xy}{u}.$$

Sie entspricht damit im Aufbau dem oben behandelten Beispiel und den Verhältnissen von Bild 6.54.

a) Teilnomogramm $z = xy$

Logarithmieren ergibt $\lg z = \lg x + \lg y$ und damit Übereinstimmung mit der Schlüsselgleichung (6.18) mit $A = B = C = 1$. Alle Leitern erhalten logarithmische Teilungen. Nach (6.4) folgt

$$l_x \leqq \frac{180\ \mathrm{mm}}{\lg 10^3 - \lg 10^2} = 180\ \mathrm{mm}$$

$$l_y \leqq \frac{180\ \mathrm{mm}}{\lg 3 - \lg 0{,}1} = 122\ \mathrm{mm}.$$

Mit $l_x = 180$ mm, $l_y = 120$ mm läßt sich nach (6.19) das Abstandsverhältnis ermitteln:

$$\frac{a}{b} = \frac{A \cdot l_y}{B \cdot l_x} = \frac{1 \cdot 120 \text{ mm}}{1 \cdot 180 \text{ mm}} = \frac{2}{3},$$

das zunächst versuchsweise mit $a = 20$ mm, $b = 30$ mm befriedigt werden soll. Nach (6.20) gilt für die z-Leiter $l_z = 72$ mm, und aus $x_0 = 10^2$, $y_0 = 0,1$ folgt für den Anfangspunkt $z_0 = 10$. Mit diesen Werten geht die Zapfenlinie in das zweite Teilnomogramm ein.

Mit den berechneten Zeicheneinheiten und Leiterabständen kann die linke Hälfte von Tafel 33 angelegt werden.

b) Teilnomogramm $w = \dfrac{z}{u}$

Wieder ergibt Logarithmieren eine Gleichung der Form (6.18)

$$\lg w = \lg z - \lg u,$$

wobei jetzt $A = 1$, $B = -1$, $C = 1$ ist. Die z-Leiter liegt vom vorangegangenen Nomogramm her fest ($l_z = 72$ mm, $z_0 = 10$). Für das geforderte Intervall von η gilt:

$$l_u \leqq \frac{180 \text{ mm}}{\lg 1 - \lg 0,1} = 180 \text{ mm}.$$

Bei der durch Bild 6.54 gegebenen Anordnung der Leitern ist die u-Leiter wegen des negativen B gegenläufig zu teilen, also $l_u = -180$ mm mit $u_0 = 1$, $u_n = 0,1$.

Die Leiterabstände sind lt. Bild 6.54 mit d und e bezeichnet, es gilt:

$$\frac{d}{e} = \frac{A l_u}{B l_z} = \frac{1 \cdot (-180 \text{ mm})}{-1 \cdot 72 \text{ mm}} = \frac{5}{2}.$$

Falls $d = 50$ mm und $e = 20$ mm gewählt werden, fallen die y- und w-Leiter zusammen ($a = e$). Das bringt keine Schwierigkeiten mit sich, da sich die beiden Teilungen an verschiedenen Seiten des Trägers anbringen lassen.

Mit dieser Wahl der Leiterabstände wird die geforderte Tafelbreite eingehalten,

$$b + e + d = 100 \text{ mm},$$

es braucht also nachträglich nichts mehr geändert zu werden. Für die Zeicheneinheit der w-Leiter ergibt sich nach (6.20)

$$l_w = \frac{d}{d + e} \cdot \frac{C}{A} \cdot l_z = 51,43 \text{ mm}.$$

Aus $z_0 = 10$, $u_0 = 1$ folgt $w_0 = 10$.

Damit kann die Tafel 33 vervollständigt werden.

Ablesebeispiele:

a) $F = 6 \cdot 10^2$ N, $v = 2$ m s^{-1}, $\eta = 0,5 \Rightarrow P = 2,4 \cdot 10^3$ W $= 2,4$ kW;

b) $P = 2 \cdot 10^2$ W, $\eta = 0,64$, $v = 0,25$ m s^{-1} $\Rightarrow F = 5,12 \cdot 10^2$ N.

3. Es ist ein zusammengesetztes Nomogramm zur Ermittlung der Masse m (in kg) von Eisenrohren ($\varrho = 7,85$ kg dm^{-3}) zu entwickeln, die die Länge l, den äußeren Durchmesser D und den inneren Durchmesser d haben (vgl. Beispiel 5 in 6.2.).

Bereiche: $0 \leqq \dfrac{d}{\text{mm}} \leqq 100$

$$0 \leqq \frac{D}{\text{mm}} \leqq 150$$

$$1 \leqq \frac{l}{\text{m}} \leqq 20$$

Lösung: Für die Masse gilt die Formel

$$m = \varrho \cdot \frac{\pi}{4} (D^2 - d^2) \, l.$$

Mit dem gegebenen Wert für ϱ und den vorgegebenen Einheiten ergibt sich entsprechend den Umformungen im Beispiel von 6.1.2.

$$\frac{m}{\text{kg}} = 6{,}16 \cdot 10^{-3} \left[\left(\frac{D}{\text{mm}} \right)^2 - \left(\frac{d}{\text{mm}} \right)^2 \right] \cdot \frac{l}{\text{m}}$$

und mit den Abkürzungen

$$x = \frac{d}{\text{mm}}, \, y = \frac{D}{\text{mm}}, \, u = \frac{l}{\text{m}}, \, v = \frac{m}{\text{kg}}$$

$$v = 6{,}16 \cdot 10^{-3} (y^2 - x^2) \cdot u.$$

Diese Gleichung mit der Zerlegung

$$z^2 = y^2 - x^2$$

$$v = 6{,}16 \cdot 10^{-3} z^2 u$$

legt es nahe, den ersten Teil wegen der direkten Übereinstimmung mit der Schlüsselgleichung (6.18) als Leitertafel mit quadratisch geteilten Achsen anzulegen. Dabei wird aus $A = -1$, $B = 1$, $C = 1$ und den gewählten Zeicheneinheiten $l_x = 0{,}01$ mm, $l_y = 0{,}005$ mm das Abstandsverhältnis $a\!:\!b = -\dfrac{1}{2}$ und daraus $a = -20$ mm, $b = 40$ mm und $l_z = 0{,}01$ mm bestimmt.

Die z-Leiter wird damit zur rechten Außenleiter (Tafel 34). Der linke Teil dieser Tafel stimmt mit dem entsprechenden Teil der Tafel 19 überein. Dagegen kann die zweite Teilfunktion als Netztafel dargestellt werden, die unmittelbar an die quadratische Leiter $Z = l_z \cdot z^2$ für die Hilfsvariable angeschlossen werden kann. Dadurch wird das quadratische Glied im Leiteraufbau berücksichtigt, so daß eine lineare Beziehung zwischen den dargestellten Längen übrigbleibt. Die Achse für v kann also regulär geteilt werden. Als Parameter wird u gewählt, es ergibt sich auf Grund des linearen Zusammenhanges eine Geradenschar. Im Grunde ist ein Netz mit quadratischer Teilung für z und linearer Teilung für v erforderlich. Da aber für z die Werte nicht benötigt werden, sondern nur Führungslinien für die Ablesung, kann das Nomogramm auf mm-Papier angelegt werden (Tafel 34). Die angeschriebenen Werte von z werden nur bei der Anlage des Nomogramms zur Ermittlung der Parameterlinien aus zwei Punkten $(z; v)$ gebraucht. Als Ablesebeispiel ist wiederum wie in Tafel 19 $d = 50$ mm, $D = 60$ mm, $l = 5$ m $\Rightarrow m \approx 34$ kg eingetragen, jedoch ist in diesem Bereich das vorliegende Nomogramm ungenau. Als zweites Ablesebeispiel wurde noch $d = 80$ mm, $D = 110$ mm, $l = 12$ m $\Rightarrow m \approx 420$ kg eingetragen.

Das Beispiel zeigt, daß durch die Kombination von Netz- und Leitertafel die mit großen Ungenauigkeiten behaftete Verwendung einer Zapfenschar entsprechend Tafel 19 vermieden werden kann.

Die Lösung dürfte die günstigste sein, da eine Darstellung der Funktion durch zwei Netztafeln die Anlage eines speziellen, doppeltquadratischen Netzes für die erste Teilfunktion verlangt hätte.

AUFGABEN

6.41. Für die Formel

$$s = \frac{pd}{2k}$$

ist ein Nomogramm aus zwei Netztafeln aufzubauen. Mit der Gleichung kann die Wanddicke s eines Rohres von der lichten Weite d berechnet werden, das einem Druck p aus-
gesetzt ist, wenn die zulässige Höchstbelastung k beträgt.

Bereiche: $0 \leqq \dfrac{p}{\text{MPa}} \leqq 7{,}5$

$$100 \leqq \frac{d}{\text{mm}} \leqq 1\,000$$

$$\frac{k}{\text{MPa}} = 50,\ 60,\ 70,\ 80,\ 100,\ 150,\ 200$$

$$0 \leqq \frac{s}{\text{mm}} \leqq 30$$

6.42. Für die Gleichung

$$T = \frac{L}{n\,s}$$

ist in den Bereichen

$$10 \leqq \frac{L}{\text{mm}} \leqq 1\,000,$$

$$0{,}1 \leqq \frac{s}{\text{mm}} \leqq 10,$$

$$1 \leqq \frac{n}{\text{min}^{-1}} \leqq 1\,000$$

eine Verbundleitertafel mit der Zerlegung

$$\xi = \frac{L}{n} \quad \text{und} \quad T = \frac{\xi}{s}$$

anzulegen.

6.43. Die Gleichungen aus Beispiel 2 in Abschnitt 6.2. (vgl. Tafel 16) sind für beliebiges L in
folgender Zerlegung darzustellen:

$$n = \frac{v}{\pi d} \quad \text{(Netztafel)}$$

$$h = n\,s \quad \text{(Leitertafel)}$$

$$T = \frac{L}{h} \quad \text{(Netztafel)}.$$

Ablesebeispiel: $d = 60$ mm, $v = 50$ m min^{-1}, $s = 0{,}8$ mm, $L = 1\,000$ mm $\Rightarrow T = ?$

Tafeln zur Nomografie

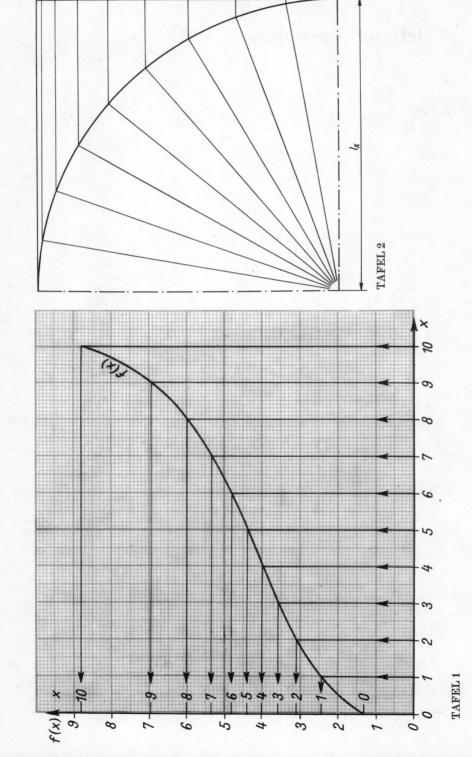

TAFEL 1

TAFEL 2

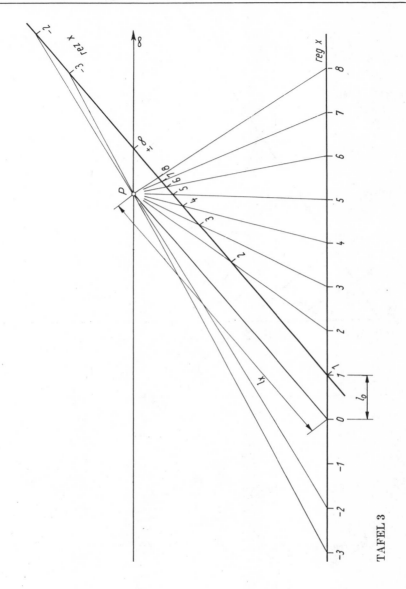

TAFEL 3

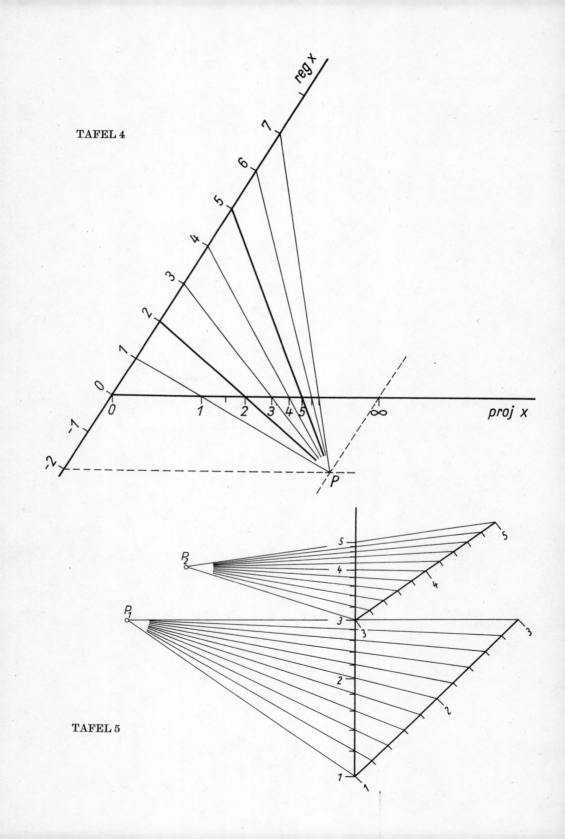

TAFEL 4

reg x

proj x

P

TAFEL 5

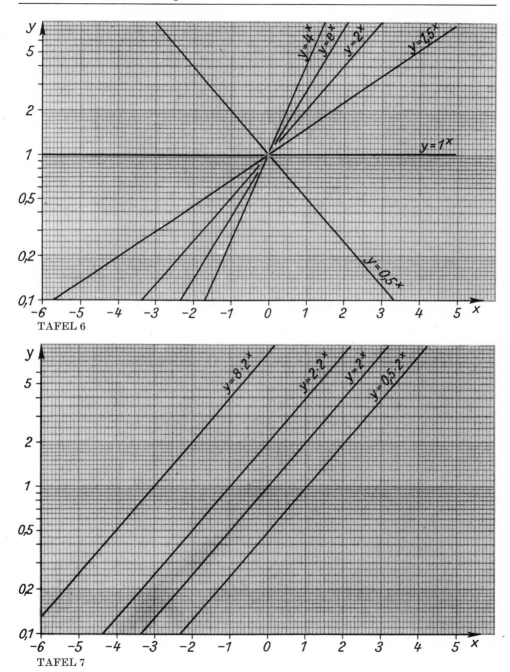

TAFEL 6

TAFEL 7

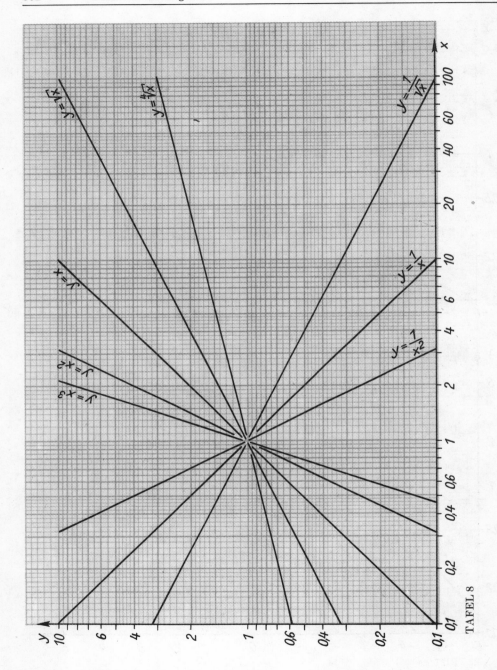

TAFEL 8

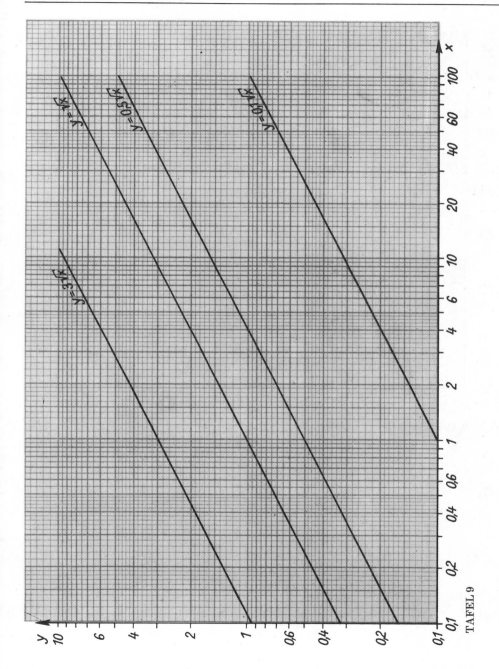

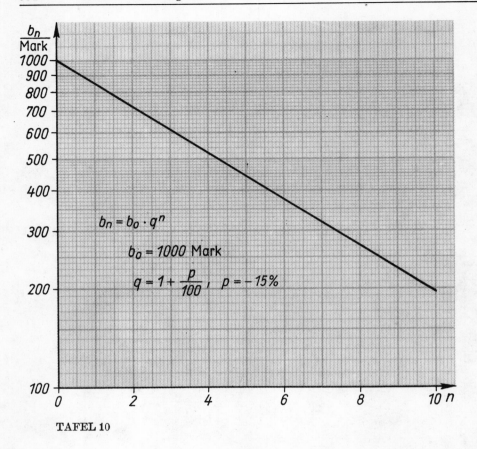

$$b_n = b_0 \cdot q^n$$

$$b_0 = 1000 \text{ Mark}$$

$$q = 1 + \frac{p}{100}, \quad p = -15\%$$

TAFEL 10

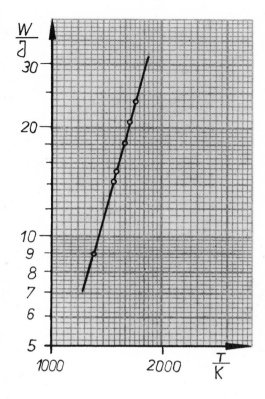

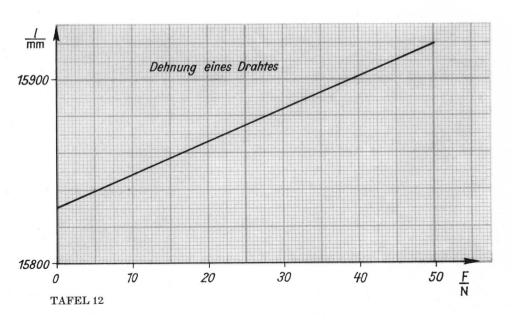

Dehnung eines Drahtes

TAFEL 12

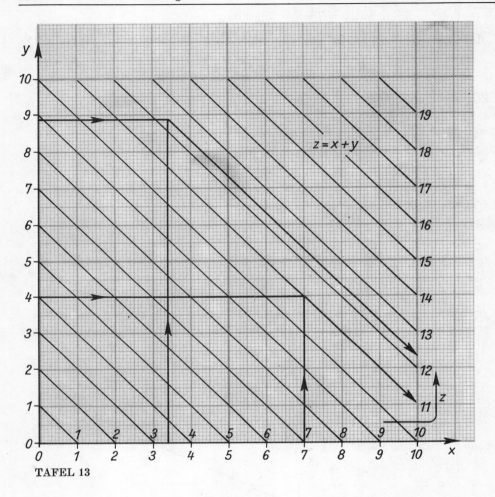

TAFEL 13

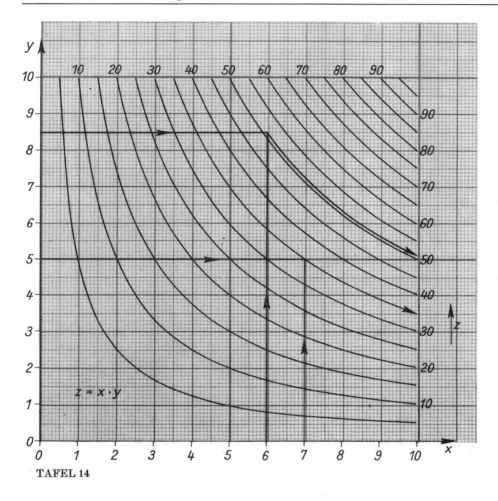

TAFEL 14

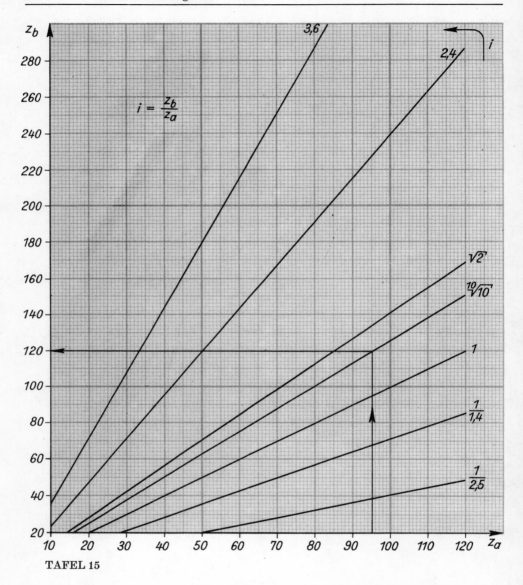

$$i = \frac{z_b}{z_a}$$

TAFEL 15

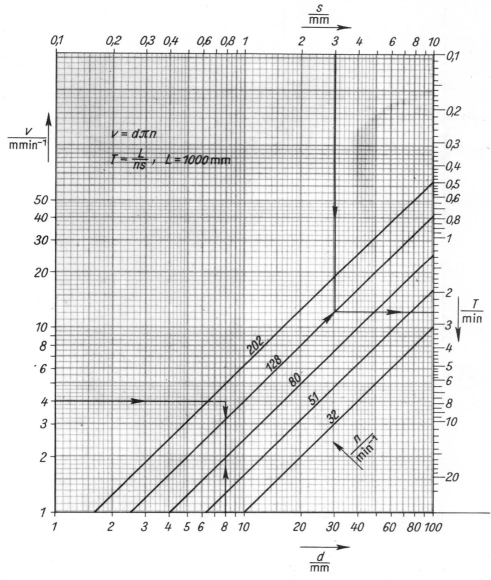

$$v = d\pi n$$

$$T = \frac{L}{ns}, \quad L = 1000 \text{ mm}$$

TAFEL 16

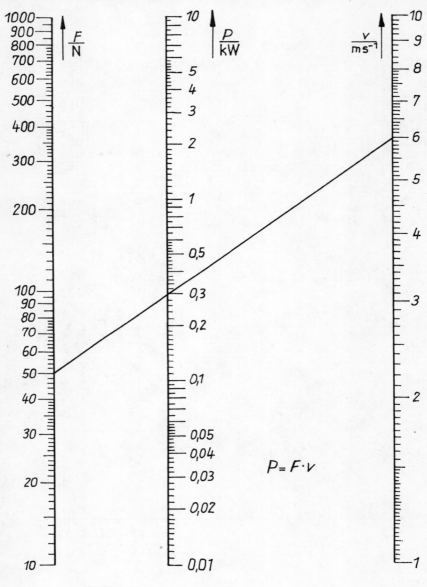

$$P = F \cdot v$$

TAFEL 17

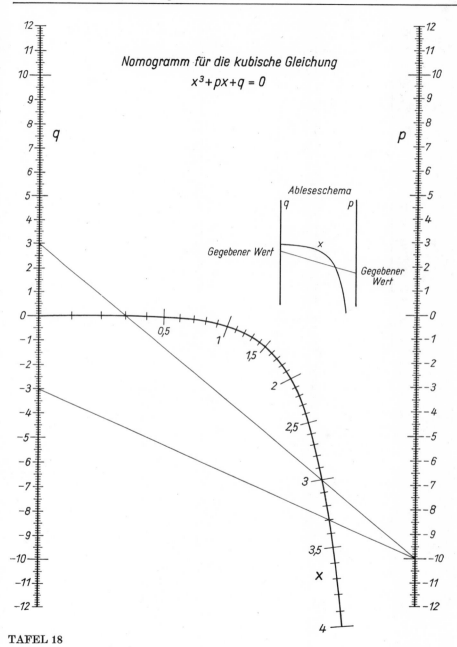

Nomogramm für die kubische Gleichung
$$x^3 + px + q = 0$$

Ableseschema

Gegebener Wert

Gegebener Wert

TAFEL 18

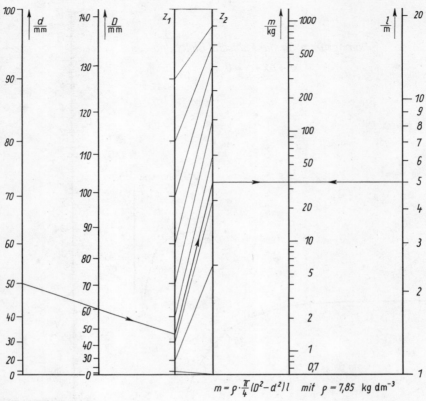

$$m = \rho \cdot \frac{\pi}{4}(D^2 - d^2)\, l \quad mit \quad \rho = 7{,}85 \;\; kg\, dm^{-3}$$

TAFEL 19

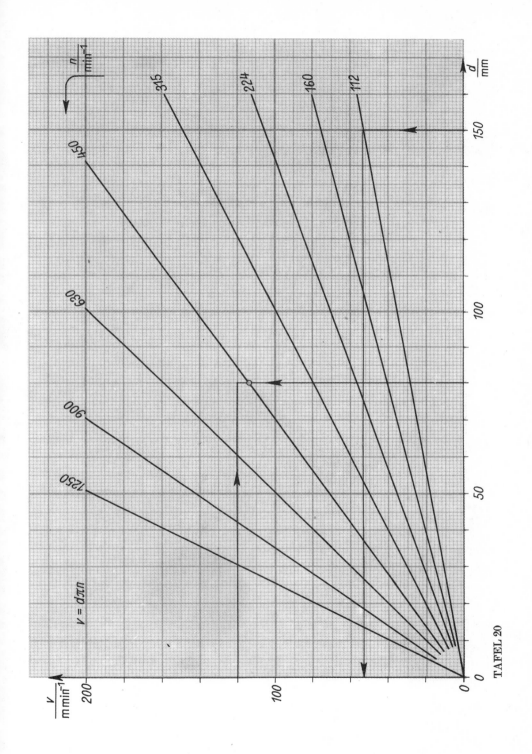

$\dfrac{n}{\text{min}^{-1}}$

$\dfrac{d}{\text{mm}}$

450

315

224

160

112

630

900

1250

150

100

50

$v = d\pi n$

$\dfrac{v}{\text{m min}^{-1}}$

200

100

0

TAFEL 20

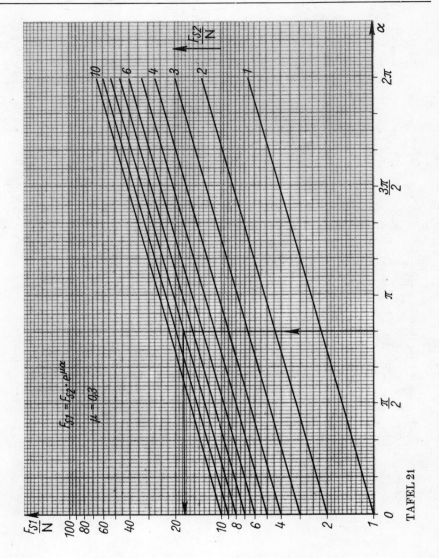

TAFEL 21

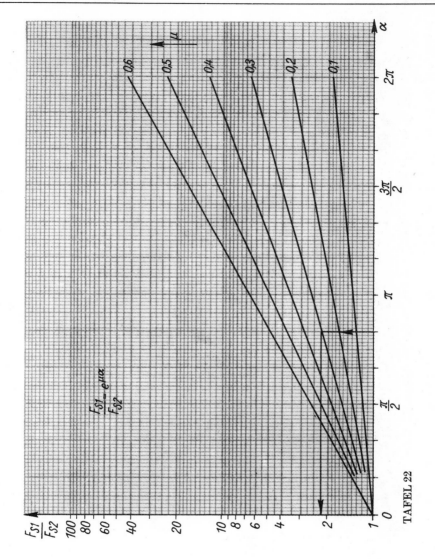

TAFEL 22

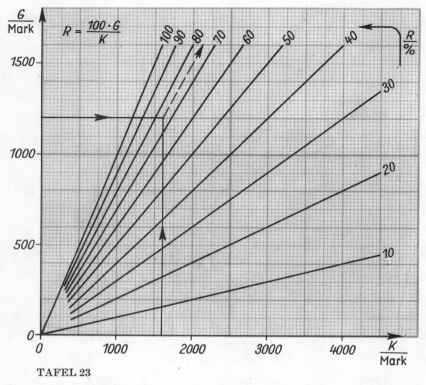

TAFEL 23

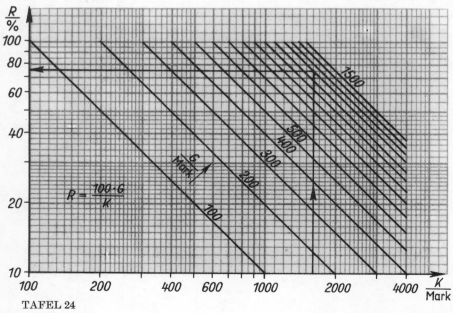

TAFEL 24

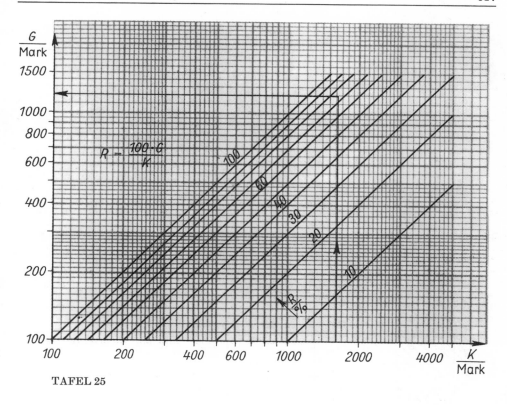

TAFEL 25

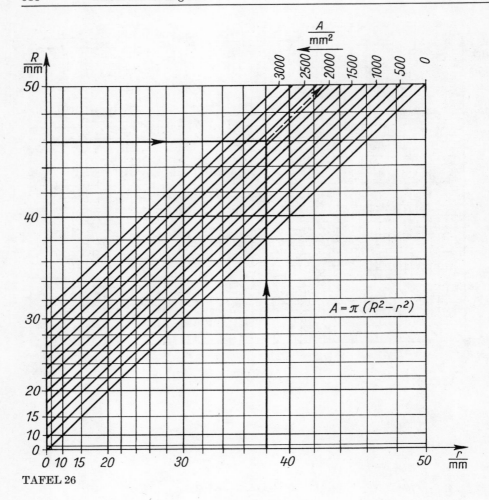

$$A = \pi \left(R^2 - r^2 \right)$$

TAFEL 26

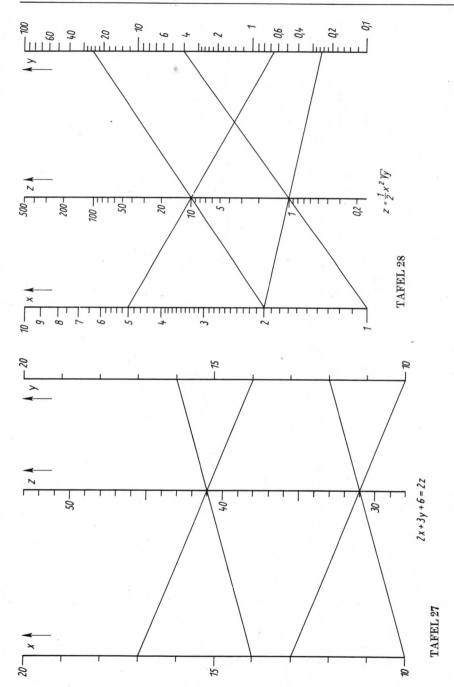

$z = \frac{1}{2} x^2 \sqrt{y}$

TAFEL 28

$2x + 3y + 6 = 2z$

TAFEL 27

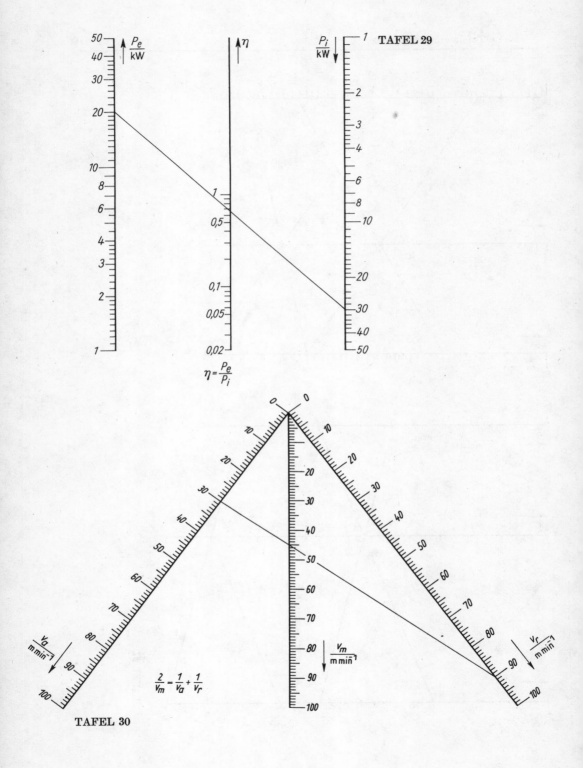

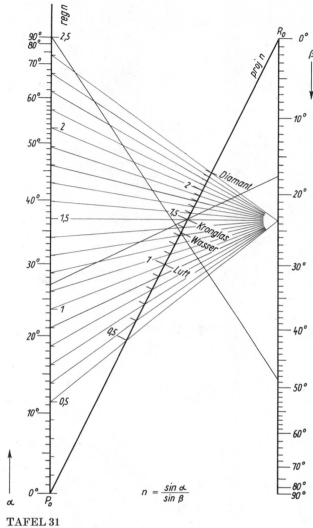

$$n = \frac{\sin \alpha}{\sin \beta}$$

TAFEL 31

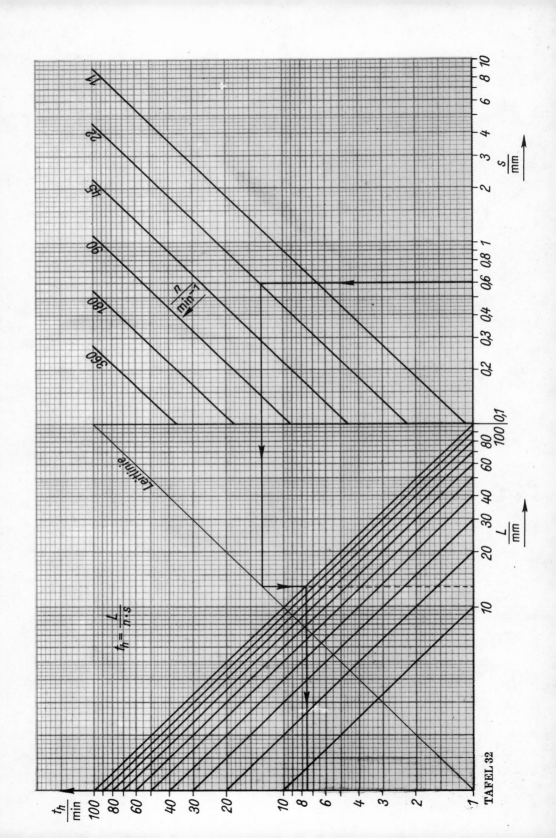

TAFEL 32

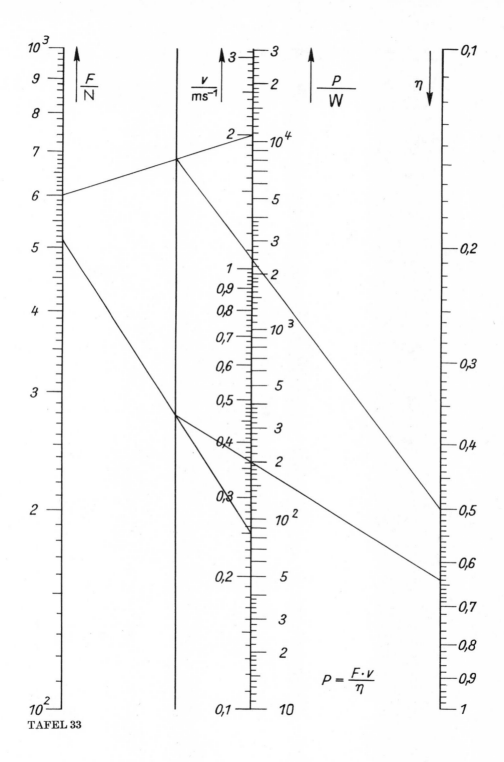

$$P = \frac{F \cdot v}{\eta}$$

TAFEL 33

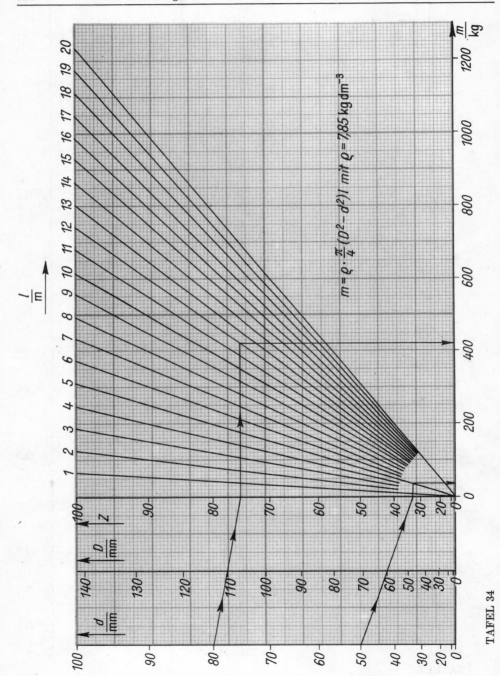

$$m = \varrho \cdot \frac{\pi}{4}(D^2 - d^2)\,l \;\; mit \;\; \varrho = 7{,}85 \; kg\,dm^{-3}$$

TAFEL 34

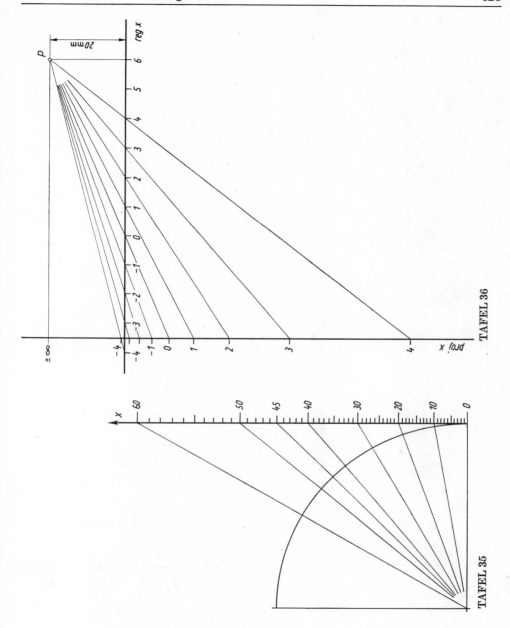

TAFEL 36

TAFEL 35

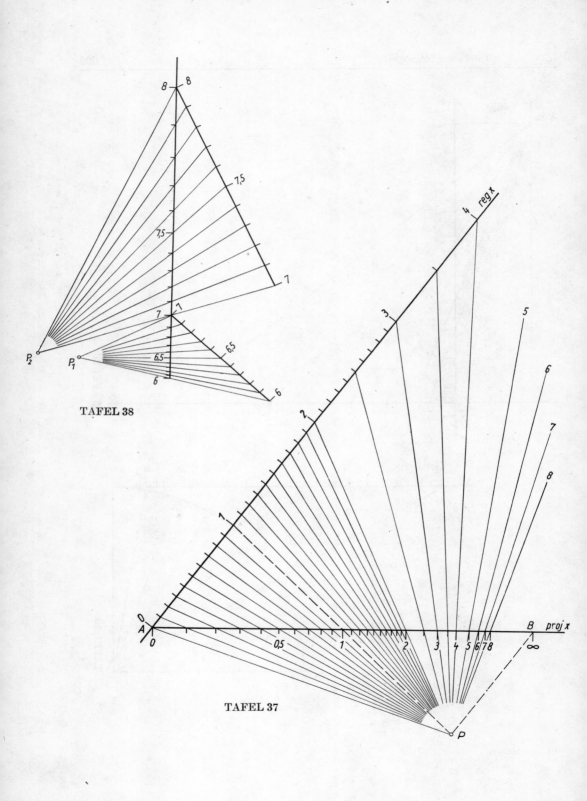

TAFEL 38

TAFEL 37

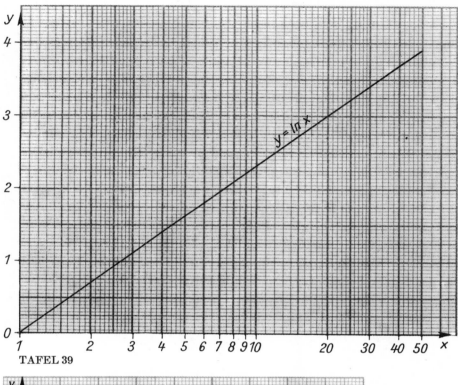

TAFEL 39

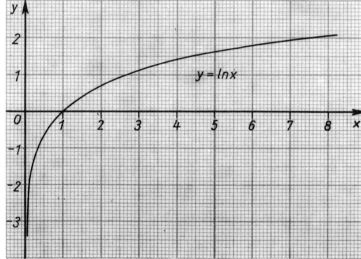

TAFEL 40

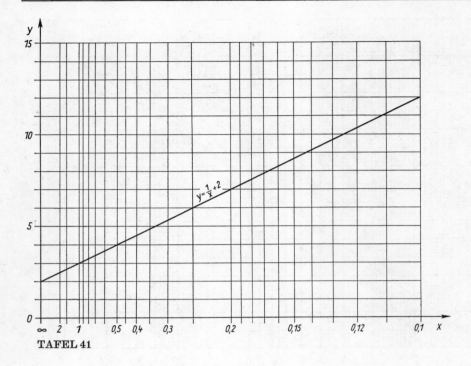

$y = \frac{1}{x} + 2$

TAFEL 41

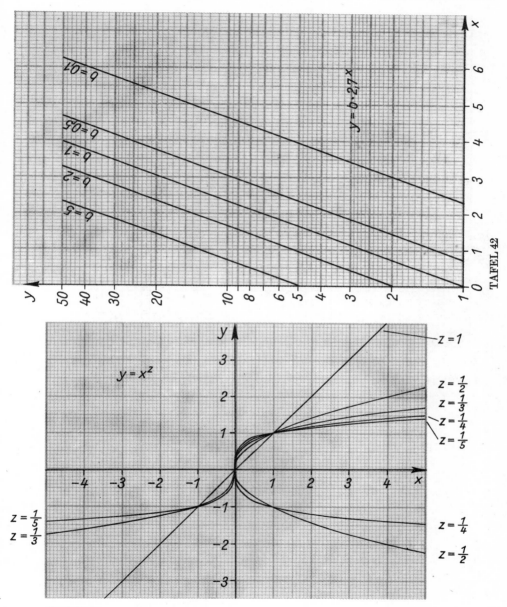

TAFEL 42

TAFEL 43

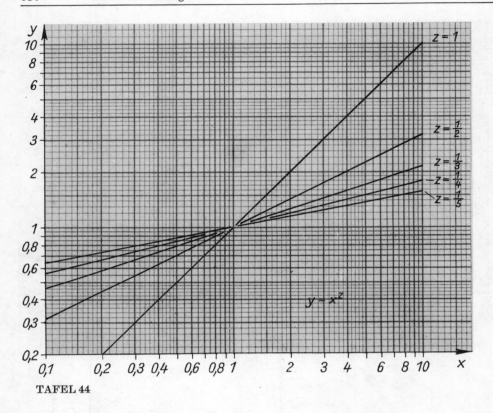

TAFEL 44

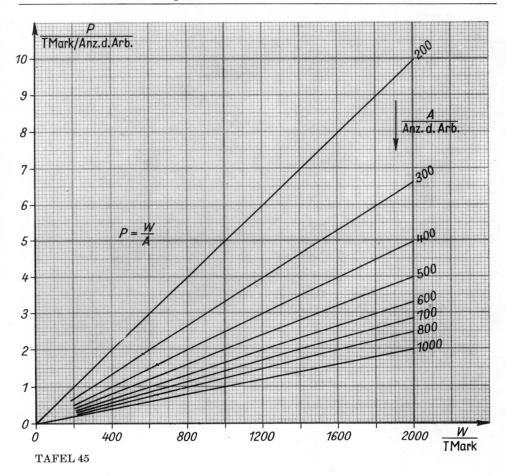

TAFEL 45

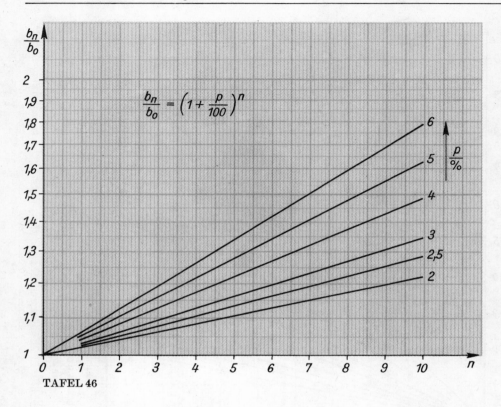

$$\frac{b_n}{b_0} = \left(1 + \frac{p}{100}\right)^n$$

TAFEL 46

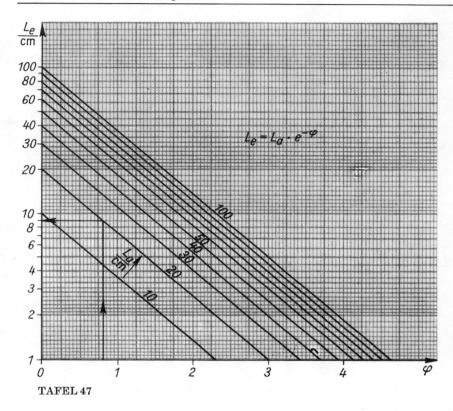

$$L_e = L_a \cdot e^{-\varphi}$$

TAFEL 47

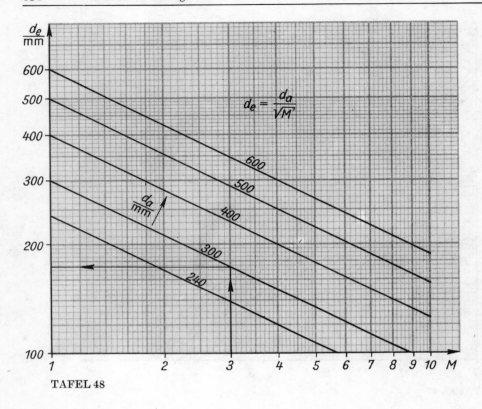

TAFEL 48

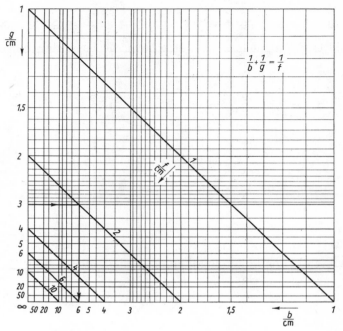

$$\frac{1}{b} + \frac{1}{g} = \frac{1}{f}$$

TAFEL 49

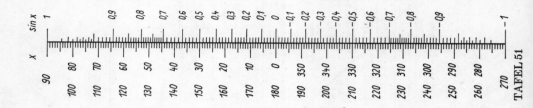

TAFEL 51

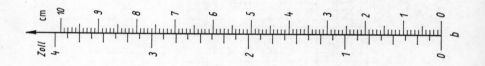

TAFFL 50

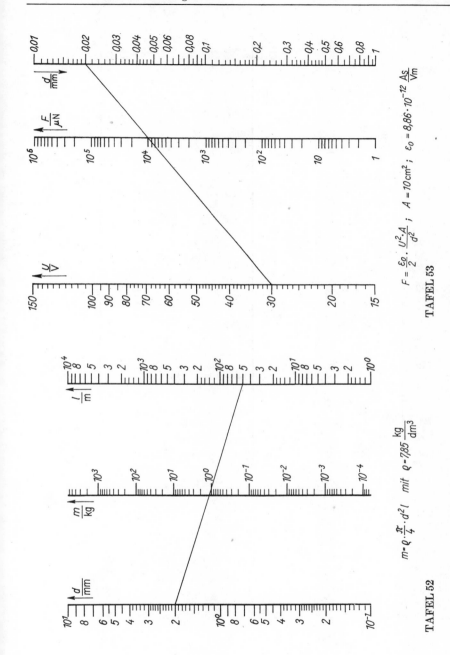

$$F = \frac{\varepsilon_0}{2} \cdot \frac{U^2 \cdot A}{d^2} \; ; \quad A = 10 \, cm^2 \; ; \quad \varepsilon_0 = 8{,}86 \cdot 10^{-12} \, \frac{As}{Vm}$$

TAFEL 53

$$m = \varrho \cdot \frac{\pi}{4} \cdot d^2 \, l \quad mit \quad \varrho = 7{,}85 \, \frac{kg}{dm^3}$$

TAFEL 52

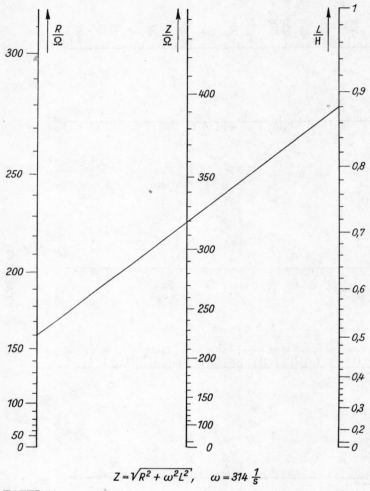

$$Z = \sqrt{R^2 + \omega^2 L^2}, \quad \omega = 314 \,\frac{1}{s}$$

TAFEL 54

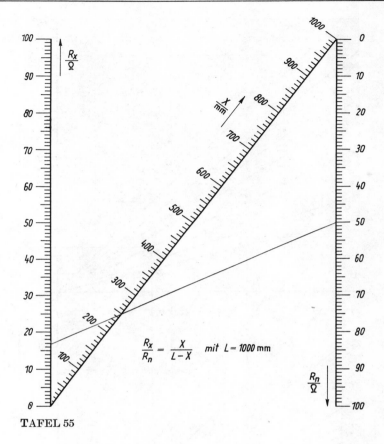

$$\frac{R_x}{R_n} = \frac{X}{L-X} \quad mit \ L = 1000 \ mm$$

TAFEL 55

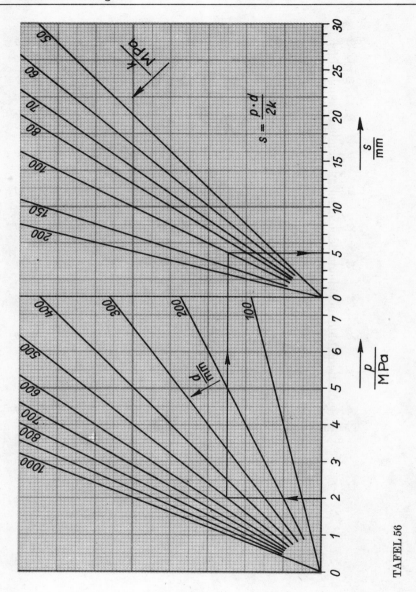

$$s = \frac{p \cdot d}{2k}$$

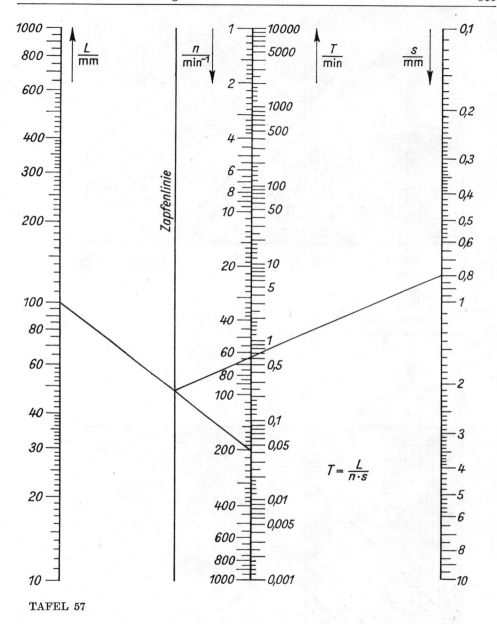

TAFEL 57

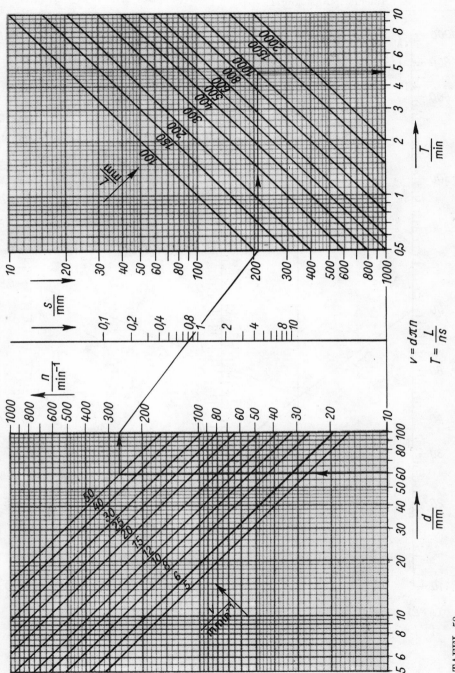

TAFEL 58

Lösungen

1. Matrizenrechnung

1.1. Verschiedene Möglichkeiten

1.2. a) $\begin{pmatrix} 5+u & 6+v & 7+w & x+4 \\ 8+y & -6+z & 3+r & 2+t \end{pmatrix}$ b) $\begin{pmatrix} -2 & 17 \\ 0 & -2 \\ -1 & 17 \end{pmatrix}$ c) $\begin{pmatrix} -1 & 10 & 0 \\ 0 & -2 & 3 \\ -11 & 23 & 20 \end{pmatrix}$

1.3. $\begin{pmatrix} -3a & 30a & 0 \\ 0 & -6a & 9a \\ -33a & 69a & 60a \end{pmatrix}$ **1.4.** $\begin{pmatrix} -2 & 17 \\ 0 & -2 \\ -1 & 17 \end{pmatrix}$ **1.5.** $\begin{pmatrix} 0 & 0 & 0 \\ 0 & 0 & 0 \\ 0 & 0 & 0 \end{pmatrix}$

1.6. Gegenüberstellung

	reelle Zahlen	Matrizen
Inhalt:	Zahlenwert	rechteckiges Schema von mn Elementen
Addition und Subtraktion:	unbeschränkt durchführbar	nur für Matrizen gleichen Typs möglich
Multiplikation:	unbeschränkt durchführbar	Multiplikation einer Matrix mit einer reellen Zahl stets durchführbar
		Multiplikation von Matrizen nur möglich, wenn die Verkettbarkeitsbedingung erfüllt ist
Division:	unbeschränkt durchführbar außer durch Null	Division einer Matrix durch eine reelle Zahl stets durchführbar Division von Matrizen nicht möglich

1.7. Die Multiplikation zweier Matrizen entspricht einer linearen Substitution

Bedingungen

formal: *Zahl der Spalten* der Linksmatrix gleich *Zahl der Zeilen* der Rechtsmatrix
inhaltlich: *Spaltenorientierung* der Linksmatrix muß mit der *Zeilenorientierung* der Rechtsmatrix übereinstimmen

Besonderheiten

Die Matrizenmultiplikation ist im allgemeinen **nicht kommutativ**; das Produkt zweier Matrizen kann eine Nullmatrix sein (Nullteiler)

1.8. $(a_1 a_2 + b_1 b_2 + c_1 c_2)$

1.9. $\begin{pmatrix} a_1 a_2 & a_1 b_2 & a_1 c_2 \\ b_1 a_2 & b_1 b_2 & b_1 c_2 \\ c_1 a_2 & c_1 b_2 & c_1 c_2 \end{pmatrix}$ **1.10.** $\begin{pmatrix} a_{11}x_1 + a_{12}x_2 + a_{13}x_3 + \cdots + a_{1n}x_n \\ a_{21}x_1 + a_{22}x_2 + a_{23}x_3 + \cdots + a_{2n}x_n \\ \cdots \cdots \cdots \cdots \cdots \cdots \cdots \\ a_{m1}x_1 + a_{m2}x_2 + a_{m3}x_3 + \cdots + a_{mn}x_n \end{pmatrix}$

1.11. $\begin{pmatrix} 12 & 20 \\ -3 & -11 \\ 2 & 12 \end{pmatrix}$
1.12. $\begin{pmatrix} 10 & 17 & 8 \\ 9 & 9 & 0 \end{pmatrix}$
1.13. $\begin{pmatrix} 13 & -2 \\ 12 & 5 \\ -5 & -7 \end{pmatrix}$

1.14. $\begin{pmatrix} -16 & -39 & +51 & -37 & 51 \\ 22 & 6 & -36 & 22 & -6 \\ -39 & 57 & -25 & -8 & -22 \\ 23 & -33 & 22 & 7 & 1 \end{pmatrix}$
1.15. $\begin{pmatrix} 50 & 42 & 27 \\ 87 & -56 & -48 \\ 48 & -4 & -1 \end{pmatrix}$

1.16. $\begin{pmatrix} 15 & 19 & 3 \\ 6 & 6 & 0 \\ 0 & 3 & 2 \end{pmatrix}$
1.17. $\begin{pmatrix} 71 & 66 & 10 & 5 \\ 18 & 36 & 21 & -18 \\ 18 & -12 & -25 & 30 \\ 4 & 0 & -3 & 4 \\ 37 & 30 & 1 & 7 \end{pmatrix}$

1.18. $\begin{pmatrix} 0 & 0 \\ 0 & 0 \\ 0 & 0 \\ 0 & 0 \end{pmatrix}$
1.19. $\begin{pmatrix} 3 & 2 & 6 \\ 4 & 0 & 1 \\ 3 & 4 & 0 \end{pmatrix}$

1.20. $\begin{pmatrix} 3 & -2 & 8 & 6 & 4 \\ -1 & 2 & 3 & 7 & 0 \\ 4 & 2 & 1 & 0 & -3 \end{pmatrix}$
1.21. $\begin{pmatrix} 2 & 4 \\ 7 & 8 \\ 6 & 2 \end{pmatrix}$

1.22. $\begin{pmatrix} -4 & -7 & -2 & -6 \\ -9 & 0 & -3 & -6 \\ 2 & -8 & 6 & 0 \end{pmatrix}$

1.23. $\mathfrak{A}\mathfrak{B} = \begin{pmatrix} 3 & -13 \\ 6 & -10 \end{pmatrix}$
$\mathfrak{B}\mathfrak{A} = \begin{pmatrix} -15 & -7 \\ 24 & 8 \end{pmatrix}$

1.24. $\mathfrak{A}\mathfrak{B} = \begin{pmatrix} 13 & 12 \\ 16 & 11 \end{pmatrix}$
$\mathfrak{B}\mathfrak{A} = \begin{pmatrix} 19 & 18 \\ 8 & 5 \end{pmatrix}$

1.25. $\mathfrak{A}\mathfrak{B} = \begin{pmatrix} -4 & 1 \\ 12 & 15 \end{pmatrix}$
$\mathfrak{B}\mathfrak{A} = \begin{pmatrix} 1 & -2 & 4 \\ 3 & 6 & -14 \\ 14 & -4 & 4 \end{pmatrix}$

1.26. $\mathfrak{A}\mathfrak{B} = \begin{pmatrix} 110 & 9 & 62 \\ 35 & 0 & 14 \\ 25 & 1 & 12 \end{pmatrix}$
$\mathfrak{B}\mathfrak{A} = \begin{pmatrix} 26 & 47 \\ 65 & 96 \end{pmatrix}$

1.27. $\mathfrak{A}\mathfrak{B} = \begin{pmatrix} 22 & 28 \\ 49 & 64 \end{pmatrix}$
$\mathfrak{B}\mathfrak{A} = \begin{pmatrix} 9 & 12 & 15 \\ 19 & 26 & 33 \\ 29 & 40 & 51 \end{pmatrix}$

1.28. $\mathfrak{A}\mathfrak{B} = \begin{pmatrix} 26 & -8 & 30 & 30 \\ -8 & 58 & 172 & -18 \\ 30 & 172 & 626 & 6 \\ 30 & -18 & 6 & 36 \end{pmatrix}$
$\mathfrak{B}\mathfrak{A} = \begin{pmatrix} 675 & 9 \\ 9 & 71 \end{pmatrix}$

1.29. $\mathfrak{A}\mathfrak{B} = \begin{pmatrix} 0 & 0 & 0 \\ 0 & 0 & 0 \\ 0 & 0 & 0 \end{pmatrix}$ $\qquad \mathfrak{B}\mathfrak{A} = \begin{pmatrix} -7 & -14 & 21 \\ 2 & 4 & -6 \\ -1 & -2 & 3 \end{pmatrix}$

1.30. $\mathfrak{A}\mathfrak{B} = \begin{pmatrix} 0 & 0 & 0 \\ 0 & 0 & 0 \\ 0 & 0 & 0 \end{pmatrix}$ $\qquad \mathfrak{B}\mathfrak{A} = \begin{pmatrix} 10 & -8 & 28 \\ -5 & 4 & -14 \\ -5 & 4 & -14 \end{pmatrix}$

1.31. Weder Nullteiler noch vertauschbar.

1.32. $\mathfrak{A}\mathfrak{B} = \begin{pmatrix} 17 & 3 \\ 5 & 1 \end{pmatrix}$ $\qquad \mathfrak{B}\mathfrak{A} = \begin{pmatrix} 2 & 6 \\ 5 & 16 \end{pmatrix}$ $\qquad$ nicht vertauschbar.

1.33. $\mathfrak{A}\mathfrak{B} = \mathfrak{B}\mathfrak{A} = \begin{pmatrix} 176 & 399 \\ 0 & 5 \end{pmatrix}$ $\qquad$ vertauschbar.

1.34. $\mathfrak{A}\mathfrak{B} = \begin{pmatrix} 20 & -8 \\ 21 & -6 \end{pmatrix}$ $\qquad \mathfrak{B}\mathfrak{A} = \begin{pmatrix} 22 & 56 \\ -4 & -8 \end{pmatrix}$ $\qquad$ nicht vertauschbar.

1.35. $\mathfrak{A}\mathfrak{B} = \mathfrak{B}\mathfrak{A} = \begin{pmatrix} -8 & -7 \\ 21 & 6 \end{pmatrix}$ $\qquad$ vertauschbar.

1.36. $\mathfrak{A}\mathfrak{B} = \mathfrak{B}\mathfrak{A} = \begin{pmatrix} 24 & 15 & 0 \\ 21 & 6 & 3 \\ 12 & 0 & 3 \end{pmatrix}$ $\qquad$ vertauschbar.

1.37. a) $\mathfrak{C} = \mathfrak{A}\mathfrak{B}^T$ $\quad$ oder $\quad$ $\mathfrak{C}^T = \mathfrak{B}\mathfrak{A}^T$

	R_1	R_2	R_3	R_4
E_1	7	6	3	8
E_2	8	10	4	7

b) $\mathfrak{C} = \mathfrak{B}^T\mathfrak{A}$ $\quad$ oder $\quad$ $\mathfrak{C}^T = \mathfrak{A}^T\mathfrak{B}$

	R_1	R_2	R_3	R_4
E_1	13	11	2	5
E_2	2	6	4	2
E_3	9	13	6	5

c) $\mathfrak{C} = \mathfrak{A}\mathfrak{B}$ $\quad$ oder $\quad$ $\mathfrak{C}^T = \mathfrak{B}^T\mathfrak{A}^T$

	R_1	R_2	R_3	R_4
E_1	7	14	8	7
E_2	2	7	1	5

1.38. $\mathfrak{C} = \begin{pmatrix} \mathfrak{A}_{11}\mathfrak{C} + \mathfrak{A}_{12}\mathfrak{D} & \mathfrak{A}_{11}\mathfrak{B}_{12} + \mathfrak{A}_{12}\mathfrak{B}_{22} \\ \mathfrak{A}_{21}\mathfrak{C} + \mathfrak{A}_{22}\mathfrak{D} & \mathfrak{A}_{21}\mathfrak{B}_{12} + \mathfrak{A}_{22}\mathfrak{B}_{22} \end{pmatrix}$

$$\mathfrak{C} = \left(\begin{array}{rrr:r} 5 & 4 & -3 & 11 \\ 2 & 8 & 6 & 18 \\ 3 & -6 & 9 & 6 \\ \hdashline 0 & 2 & 5 & 2 \\ -1 & 0 & -2 & 1 \end{array}\right)$$

1.39. $\mathfrak{C} = \begin{pmatrix} \mathfrak{A}_{11}\mathfrak{B}_{11} + \mathfrak{A}_{12}\mathfrak{D} & \mathfrak{A}_{11}\mathfrak{B}_{12} + \mathfrak{A}_{12}\mathfrak{D} \\ \mathfrak{A}_{21}\mathfrak{B}_{11} + \mathfrak{A}_{22}\mathfrak{D} & \mathfrak{A}_{21}\mathfrak{B}_{12} + \mathfrak{A}_{22}\mathfrak{D} \end{pmatrix}$

$$\mathfrak{C} = \left(\begin{array}{r:rrr} 1 & 11 & 1 & 13 \\ 6 & 10 & 11 & -13 \\ \hdashline 9 & -15 & 6 & -9 \\ 2 & -10 & 8 & -3 \\ -1 & 3 & -4 & -1 \end{array}\right)$$

1.40.

$$\begin{array}{c} \\ A_1 \\ A_2 \\ A_3 \\ A_4 \\ A_5 \\ A_6 \end{array} \begin{array}{cccccccc} L_1 & L_2 & L_3 & L_4 & L_5 & L_6 & L_7 & L_8 \\ \end{array}$$

$$\begin{pmatrix} 1 & 0 & 0 & 3 & 0 & 0 & 2 & 0 \\ 0 & 0 & 2 & 0 & 1 & 1 & 0 & 1 \\ 0 & 2 & 0 & 1 & 0 & 0 & 0 & 1 \\ 2 & 0 & 0 & 0 & 1 & 0 & 0 & 2 \\ 0 & 3 & 0 & 0 & 1 & 0 & 2 & 0 \\ 1 & 0 & 2 & 0 & 3 & 0 & 0 & 1 \end{pmatrix} \begin{pmatrix} 1{,}50 \\ 1{,}55 \\ 1{,}65 \\ 1{,}80 \\ 1{,}95 \\ 2{,}10 \\ 2{,}35 \\ 2{,}65 \end{pmatrix} = \begin{array}{c} \begin{pmatrix} 11{,}60 \\ 10{,}00 \\ 7{,}55 \\ 10{,}25 \\ 11{,}30 \\ 13{,}30 \end{pmatrix} \\ \hline 64{,}00 \end{array}$$

1.41.

$$\begin{array}{cc|cc} & & 6 & 3 & 9 \\ & & 2 & 7 & 9 \\ & & 4 & 1 & 5 \end{array}$$

$$\begin{array}{rr|rrr} 4 & 7 & 8 & 70 & 69 & 139 \\ -6 & 3 & 5 & -10 & 8 & -2 \\ \hline & 7 & 5 & 440 & 523 & 963 \\ & 8 & 3 & 530 & 576 & 1106 \end{array}$$

1.42. $\mathfrak{A}\mathfrak{B}\mathfrak{C} = \begin{pmatrix} 46 & 28 & 46 \\ 20 & 10 & 20 \\ 9 & 4 & 9 \end{pmatrix}$

1.43.

$$\begin{array}{ccc|cc} & & & -7 & -3 \\ 5 & 3 & -6 & 0 & 8 & -4 \\ 6 & 2 & 8 & -7 & 2 & 0 \\ 4 & 1 & 5 & 3 & 0 & 1 \end{array}$$

$$\begin{array}{rrr|rrrr|rr} 0 & 4 & 7 & 52 & 15 & 67 & -7 & -110 & -223 \\ 3 & 2 & 1 & 31 & 14 & 3 & -11 & -99 & -160 \\ 5 & 6 & 2 & 69 & 29 & 28 & -36 & -195 & -359 \\ \hline 8 & 12 & 10 & 152 & 58 & 98 & -54 & -404 & -742 \end{array}$$

1.44. $\mathfrak{A}\mathfrak{B}\mathfrak{C}\mathfrak{D} = (8 \quad -32 \quad 36)$

1.45. $\mathfrak{A}\mathfrak{B}\mathfrak{C}\mathfrak{D} = \begin{pmatrix} -448 & -637 \\ -1288 & -13 \end{pmatrix}$

1.46. $\mathfrak{B}^T_{(3,4)}\mathfrak{C}_{(4,2)}\mathfrak{A}_{(2,2)} = \mathfrak{P}_{(3,2)}$ $\mathfrak{P}_{(3,2)} = \begin{pmatrix} -3 & -2 \\ 6 & 8 \\ 13 & 22 \end{pmatrix}$

$\mathfrak{A}^T_{(2,2)}\mathfrak{C}^T_{(2,4)}\mathfrak{B}_{(4,3)} = \mathfrak{P}^T_{(2,3)}$

Ebenso könnten folgende Produkte gebildet werden:

$\mathfrak{A}_{(2,2)}\mathfrak{C}^T_{(2,4)}\mathfrak{B}_{(4,3)} = \mathfrak{R}_{(2,3)}$

$\mathfrak{B}^T_{(3,4)}\mathfrak{C}_{(4,2)}\mathfrak{A}^T_{(2,2)} = \mathfrak{R}^T_{(3,2)}$

1.47. $\mathfrak{B}_{(3,3)}\mathfrak{A}^T_{(3,2)}\mathfrak{C}^T_{(2,4)}\mathfrak{D}_{(4,1)} = \mathfrak{P}_{(3,1)}$ $\mathfrak{P}_{(3,1)} = \begin{pmatrix} 57 \\ 4 \\ 28 \end{pmatrix}$

$\mathfrak{D}^T_{(1,4)}\mathfrak{C}_{(4,2)}\mathfrak{A}_{(2,3)}\mathfrak{B}^T_{(3,3)} = \mathfrak{P}^T_{(1,3)}$

1.48. $\mathfrak{B}_{(3,2)}\mathfrak{A}^T_{(2,4)}\mathfrak{C}_{(4,2)}\mathfrak{D}_{(2,4)} = \mathfrak{P}_{(3,4)}$ $\mathfrak{P}_{(3,4)} = \begin{pmatrix} 28 & 49 & 56 & 217 \\ 64 & 47 & 128 & 431 \\ 20 & 9 & 40 & 129 \end{pmatrix}$

$\mathfrak{D}^T_{(4,2)}\mathfrak{C}^T_{(2,4)}\mathfrak{A}_{(4,2)}\mathfrak{B}^T_{(2,3)} = \mathfrak{P}^T_{(4,3)}$

1.49. a) $\mathfrak{x}^T\mathfrak{A}\mathfrak{B}^T\mathfrak{C}^T = \mathfrak{a}^T_1$ $[(\mathfrak{x}\mathfrak{A} + \mathfrak{z}_2)\mathfrak{B}^T + \mathfrak{z}^T_1]\mathfrak{C}^T = \mathfrak{a}^T$

$\mathfrak{z}^T_2\mathfrak{B}^T\mathfrak{C}^T = \mathfrak{a}^T_2$

$\mathfrak{z}^T_1\mathfrak{C}^T = \mathfrak{a}^T_3$ $\mathfrak{a}^T = (934 \quad 1567 \quad 633)$

$\mathfrak{a}^T_1 + \mathfrak{a}^T_2 + \mathfrak{a}^T_3 = \mathfrak{a}^T$

b) $\mathfrak{x}^T\mathfrak{A}\mathfrak{B}\mathfrak{C} = \mathfrak{r}_1$ $[(\mathfrak{x}^T \cdot \mathfrak{A} + \mathfrak{z}^T_2)\mathfrak{B} + \mathfrak{z}^T_1]\mathfrak{C} = \mathfrak{r}$

$\mathfrak{z}^T_2\mathfrak{B}\mathfrak{C} = \mathfrak{r}_2$ $\mathfrak{r} = (4755 \quad 5630)$

$\mathfrak{z}^T_1\mathfrak{C} = \mathfrak{r}_3$

$\mathfrak{r}_1 + \mathfrak{r}_2 + \mathfrak{r}_3 = \mathfrak{r}$

c) $\mathfrak{x}^T\mathfrak{A}\mathfrak{B}^T\mathfrak{C} = \mathfrak{a}^T_1$ $[(\mathfrak{x}^T\mathfrak{A} + \mathfrak{z}^T_2)\mathfrak{B}^T + \mathfrak{z}^T_1]\mathfrak{C} = \mathfrak{a}^T$

$\mathfrak{z}^T_2\mathfrak{B}^T\mathfrak{C} = \mathfrak{a}^T_2$

$\mathfrak{z}^T_1\mathfrak{C} = \mathfrak{a}^T_3$ $\mathfrak{a}^T = (1554 \quad 1946)$

$\mathfrak{a}^T_1 + \mathfrak{a}^T_2 + \mathfrak{a}^T_3 = \mathfrak{a}^T$

1.50. a) $\mathfrak{A}^{-1} = \begin{pmatrix} 1 & -3 & 8 \\ 0 & 1 & -2 \\ 0 & 0 & 1 \end{pmatrix}$

b) $\mathfrak{A}^{-1} = \begin{pmatrix} 1 & 0 & 3 & 1 \\ 0 & 1 & -2 & -3 \\ 0 & 0 & 1 & 1 \\ 0 & 0 & 0 & 1 \end{pmatrix}$

1.51. $\mathfrak{A}^{-1} = \begin{pmatrix} 1 & -3 & -1 & -6 & -18 \\ 0 & 1 & 1 & 2 & 5 \\ 0 & 0 & 1 & 2 & 7 \\ 0 & 0 & 0 & 1 & 3 \\ 0 & 0 & 0 & 0 & 1 \end{pmatrix}$

Reihenfolge des Austausches

1.52. $\mathfrak{A}^{-1} = \begin{pmatrix} -1 & 1 & -1 \\ -3 & 6 & -7 \\ 6 & -11 & 13 \end{pmatrix}$

$y_1 \leftrightarrow x_3$
$y_2 \leftrightarrow x_2$
$y_3 \leftrightarrow x_1$

1.53. $\mathfrak{A}^{-1} = \begin{pmatrix} -4 & 4 & 1 \\ 1 & -2 & -1 \\ 1 & 1 & 1 \end{pmatrix}$ 1.54. $\mathfrak{A}^{-1} = \begin{pmatrix} 1 & 0 & -1 \\ 2 & -1 & 0 \\ -2 & 1 & 1 \end{pmatrix}$

Reihenfolge des Austausches

1.55. $\mathfrak{A}^{-1} = \begin{pmatrix} -4 & 4 & 1 \\ 0{,}5 & -1 & -0{,}5 \\ 1 & 1 & 1 \end{pmatrix}$

$y_1 \leftrightarrow x_1$
$y_2 \leftrightarrow x_3$
$y_3 \leftrightarrow x_2$

1.56. $\mathfrak{A}^{-1} = \begin{pmatrix} -3 & -8 & 1 \\ -1 & -3 & 1 \\ -5 & -14 & 2 \end{pmatrix}$

$y_2 \leftrightarrow x_2$
$y_1 \leftrightarrow x_3$
$y_3 \leftrightarrow x_1$

1.57. $\mathfrak{A}^{-1} = \begin{pmatrix} -\dfrac{1}{2} & \dfrac{1}{3} & \dfrac{1}{3} & \dfrac{1}{2} \\[2mm] \dfrac{3}{4} & -\dfrac{1}{3} & \dfrac{1}{6} & -\dfrac{1}{4} \\[2mm] -\dfrac{1}{2} & -\dfrac{1}{3} & \dfrac{2}{3} & \dfrac{1}{2} \\[2mm] \dfrac{1}{4} & -\dfrac{1}{3} & \dfrac{1}{6} & \dfrac{1}{4} \end{pmatrix}$

$y_1 \leftrightarrow x_1$

$y_2 \leftrightarrow x_3$

$y_4 \leftrightarrow x_4$

$y_3 \leftrightarrow x_2$

1.58. $\mathfrak{A}^{-1} = \begin{pmatrix} -2 & -10 & 7 \\ 1 & 4 & -3 \\ -10 & -47 & 34 \end{pmatrix}$

$y_2 \leftrightarrow x_3$
$y_3 \leftrightarrow x_1$
$y_1 \leftrightarrow x_2$

1.59. $\mathfrak{A}^{-1} = \begin{pmatrix} -19 & -9 & -3 & 8 \\ -2 & -1 & 0 & 1 \\ -56 & -27 & -9 & 23 \\ 12 & 6 & 2 & -5 \end{pmatrix}$

Reihenfolge des Austausches entsprechend der Anordnung der Hauptdiagonalen.

1.60. $\mathfrak{A}^{-1} = \begin{pmatrix} 0 & \dfrac{1}{2} & -\dfrac{1}{2} \\ \dfrac{1}{8} & 0 & \dfrac{1}{4} \\ -\dfrac{1}{4} & \dfrac{1}{2} & 0 \end{pmatrix}$

Reihenfolge des Austausches

$y_3 \leftrightarrow x_3$

$y_2 \leftrightarrow x_1$

$y_1 \leftrightarrow x_2$

1.61. $\mathfrak{A}^{-1} = \begin{pmatrix} 2 & -1 & -1 & 1 \\ 0 & 0,5 & 1 & -0,5 \\ 5 & -4 & -3 & 2 \\ 2 & -1,5 & -1 & 0,5 \end{pmatrix}$

Reihenfolge des Austausches entsprechend der Anordnung der Elemente in den Hauptdiagonalen.

1.62. $\mathfrak{A}^{-1} = \begin{pmatrix} -\dfrac{3}{5} & -\dfrac{6}{5} & 1 \\ -\dfrac{6}{5} & -\dfrac{2}{5} & 1 \\ 1 & 1 & -1 \end{pmatrix}$

$y_1 \leftrightarrow x_2$

$y_3 \leftrightarrow x_1$

$y_2 \leftrightarrow x_3$

1.63. $\mathfrak{A}^{-1} = \begin{pmatrix} \dfrac{1}{2} & \dfrac{1}{2} & -\dfrac{1}{4} \\ -\dfrac{1}{2} & -\dfrac{5}{6} & \dfrac{5}{12} \\ -1 & -1 & 1 \end{pmatrix}$

$y_2 \leftrightarrow x_3$

$y_1 \leftrightarrow x_1$

$y_3 \leftrightarrow x_2$

1.64. $\mathfrak{A}^{-1} = \begin{pmatrix} -\dfrac{2}{5} & -1 & \dfrac{4}{5} \\ 1 & 1 & -1 \\ \dfrac{1}{5} & 1 & -\dfrac{2}{5} \end{pmatrix}$

$y_2 \leftrightarrow x_1$

$y_3 \leftrightarrow x_2$

$y_1 \leftrightarrow x_3$

1.65. $\mathfrak{A}^{-1} = \begin{pmatrix} \dfrac{1}{8} & -\dfrac{1}{8} & \dfrac{1}{4} \\ \dfrac{3}{4} & \dfrac{1}{4} & -\dfrac{1}{2} \\ -\dfrac{3}{8} & \dfrac{3}{8} & \dfrac{1}{4} \end{pmatrix}$

$y_3 \leftrightarrow x_3$

$y_2 \leftrightarrow x_2$

$y_1 \leftrightarrow x_1$

$$1.66. \ \mathfrak{A}^{-1} = \begin{pmatrix} 0 & \dfrac{1}{2} & -\dfrac{1}{2} \\ -\dfrac{1}{2} & \dfrac{1}{4} & \dfrac{1}{4} \\ 1 & -\dfrac{1}{2} & \dfrac{1}{2} \end{pmatrix} \qquad \begin{aligned} y_1 &\leftrightarrow x_1 \\ y_3 &\leftrightarrow x_3 \\ y_2 &\leftrightarrow x_2 \end{aligned}$$

$$1.67. \ r = 3 \quad \begin{aligned} y_4 &\leftrightarrow x_2 \\ y_1 &\leftrightarrow x_1 \\ y_2 &\leftrightarrow x_4 \end{aligned} \qquad\qquad 1.68. \ r = 3 \quad \begin{aligned} y_1 &\leftrightarrow x_1 \\ y_3 &\leftrightarrow x_2 \\ y_2 &\leftrightarrow x_3 \end{aligned}$$

$$1.69. \ r = 3 \quad \begin{aligned} y_1 &\leftrightarrow x_3 \\ y_3 &\leftrightarrow x_1 \\ y_2 &\leftrightarrow x_4 \text{ bzw. } y_2 \leftrightarrow x_2 \end{aligned} \qquad 1.70. \ r = 3 \quad \begin{aligned} y_2 &\leftrightarrow x_3 \\ y_4 &\leftrightarrow x_4 \\ y_1 &\leftrightarrow x_1 \end{aligned}$$

1.71. $x_1 = 14, \quad x_2 = 14, \quad x_3 = 13, \quad x_4 = 0, \quad x_5 = 2.$

1.72. $x_1 = 2, \quad x_2 = 1, \quad x_3 = -1, \quad x_4 = 3.$

1.73. $x_1 = 4, \quad x_2 = -3, \quad x_3 = 1, \quad x_4 = -1.$

1.74. $x_1 = 5, \quad x_2 = 2, \quad x_3 = -1, \quad x_4 = -3.$

1.75. $x_1 = 1, \quad x_2 = 2, \quad x_3 = -1, \quad x_4 = 5.$

1.76. $x_1 = -1. \quad x_2 = 3, \quad x_3 = 2, \quad x_4 = 1.$

1.77. $x_1 = 3. \quad x_2 = -2, \quad x_3 = 5, \quad x_4 = 2.$

1.78. a) $\mathfrak{X} = \mathfrak{B}\mathfrak{A}^{-1}$ $\qquad \mathfrak{A}^{-1} = \begin{pmatrix} 2 & 6 & -11 \\ 0 & -1 & 2 \\ 1 & 3 & -5 \end{pmatrix} \qquad \mathfrak{X} = \begin{pmatrix} 11 & 29 & -49 \\ 2 & 8 & -15 \end{pmatrix}$

b) $\mathfrak{X} = \mathfrak{A}^{-1}\mathfrak{B}$ $\qquad \mathfrak{A}^{-1} = \begin{pmatrix} -89,8 & -14 & 24 \\ -7 & -1 & 2 \\ 19 & 3 & -5 \end{pmatrix} \qquad \mathfrak{X} = \begin{pmatrix} 1 & 0 \\ 2 & 1 \\ -2 & -3 \end{pmatrix}$

c) $\mathfrak{X} = \begin{pmatrix} 1 & 2 & -4 \\ 0 & -3 & 1 \\ 2 & 5 & 7 \end{pmatrix}$

1.79. $\mathfrak{A}^{-1} = \begin{pmatrix} -2 & -10 & 7 \\ 1 & 4 & -3 \\ -10 & -47 & 34 \end{pmatrix}$

a) $\mathfrak{X}_1 = \begin{pmatrix} 9 & -34 & -11 \\ -4 & 14 & 4 \\ 44 & -161 & -51 \end{pmatrix}$ b) $\mathfrak{X}_2 = \begin{pmatrix} 34 & 159 & -115 \\ -7 & -35 & 25 \\ 8 & 37 & -27 \end{pmatrix}$

1.80. $\mathfrak{A}^{-1} = \begin{pmatrix} -3 & -8 & 1 \\ -1 & -3 & 1 \\ -5 & -14 & 2 \end{pmatrix}$

a) $\mathfrak{X}_1 = \begin{pmatrix} 0 & -14 & -29 \\ 1 & -8 & -12 \\ 1 & -26 & -51 \end{pmatrix}$ b) $\mathfrak{X}_2 = \begin{pmatrix} -12 & -32 & 3 \\ -14 & -40 & 7 \\ 11 & 32 & -7 \end{pmatrix}$

1.81. a) $\mathfrak{X} = \mathfrak{C}(\mathfrak{A} + \mathfrak{B})^{-1}$

$(\mathfrak{A} + \mathfrak{B})^{-1} = \begin{pmatrix} 4 & -19 & 21 \\ -3 & 13 & -18 \\ 0{,}2 & -1 & 1 \end{pmatrix}$ $\mathfrak{X} = \begin{pmatrix} -12 & 57 & -63 \\ -6 & 26 & -36 \\ -1 & 5 & -5 \end{pmatrix}$

b) $\mathfrak{X} = (\mathfrak{B} - \mathfrak{A})^{-1}\mathfrak{C}$

$(\mathfrak{B} - \mathfrak{A})^{-1} = \begin{pmatrix} 4 & -19 & 21 \\ -3 & 13 & -18 \\ -0{,}2 & -1 & 1 \end{pmatrix}$ $\mathfrak{X} = \begin{pmatrix} -12 & -38 & -105 \\ 9 & 26 & 90 \\ -0{,}6 & -2 & -5 \end{pmatrix}$

1.82. a) $\mathfrak{X} = (\mathfrak{A} - \mathfrak{B})^{-1}(\mathfrak{C} - \mathfrak{D})$

$(\mathfrak{A} - \mathfrak{B})^{-1} = \begin{pmatrix} -27 & -8 & +7 \\ 7 & 2 & -2 \\ 3 & 1 & 0 \end{pmatrix}$ $\mathfrak{X} = \begin{pmatrix} -162 & -16 & -28 \\ 42 & 4 & 8 \\ 18 & 2 & 0 \end{pmatrix}$

b) $\mathfrak{X} = \mathfrak{A}^{-1}\mathfrak{C}\mathfrak{B}^{-1}$

$\mathfrak{A}^{-1} = \begin{pmatrix} -1 & 1 & -2 \\ -2 & 1 & -1 \\ 2 & -1 & 2 \end{pmatrix}$ $\mathfrak{B}^{-1} = \begin{pmatrix} 1 & 0 & 0 \\ 0 & 0{,}5 & 0 \\ 0 & 0 & 1 \end{pmatrix}$

$\mathfrak{X} = \begin{pmatrix} -2 & -2 & -11 \\ -5 & 0{,}5 & -14 \\ 5 & 1 & 16 \end{pmatrix}$

c) $\mathfrak{X} = (\mathfrak{E} + \mathfrak{A})(\mathfrak{A}\mathfrak{B} - \mathfrak{C})^{-1}$

$(\mathfrak{A}\mathfrak{B} - \mathfrak{C})^{-1} = \begin{pmatrix} 1 & 0 & -1 \\ 2 & -1 & 0 \\ -2 & 1 & 1 \end{pmatrix}$ $\mathfrak{X} = \begin{pmatrix} 1 & 1 & -2 \\ 8 & -4 & 0 \\ -5 & 3 & 2 \end{pmatrix}$

1.83. $\mathfrak{X} = (\mathfrak{B} - \mathfrak{A})^{-1}\mathfrak{C}$

$$(\mathfrak{B} - \mathfrak{A})^{-1} = \begin{pmatrix} -6 & -119 & -59 \\ -17 & -338 & -167 \\ 0,2 & 4 & 2 \end{pmatrix} \qquad \mathfrak{X} = \begin{pmatrix} -18 & 238 & -295 \\ -51 & 676 & -835 \\ 0,6 & -8 & 10 \end{pmatrix}$$

1.84. $\mathfrak{X} = 2(\mathfrak{C} - \mathfrak{A}\mathfrak{B})$

$$\mathfrak{X} = \begin{pmatrix} -2 & 2 & -2 \\ -10 & 24 & 4 \\ 10 & -2 & 2 \end{pmatrix}$$

1.85. $\mathfrak{X} = \mathfrak{C}(\mathfrak{A}\mathfrak{B})^{-1}$ oder $\mathfrak{X} = \mathfrak{C}\mathfrak{B}^{-1}\mathfrak{A}^{-1}$

$$(\mathfrak{A}\mathfrak{B})^{-1} = \begin{pmatrix} -6 & -4 & 1 \\ -2 & -1,5 & 1 \\ -10 & -7 & 2 \end{pmatrix} \qquad \mathfrak{X} = \begin{pmatrix} -2 & -1 & -1 \\ -26 & -18,5 & 7 \\ -16 & -11,5 & 4 \end{pmatrix}$$

1.86. $\mathfrak{A}^{-1} =$

$$\left[\begin{array}{ccc|ccc|ccc|cc}
1 & 0 & 0 & 0 & 1 & 2 & 3 & 7 & 3 & 22 & 16 \\
0 & 1 & 0 & 2 & 1 & 1 & 8 & 8 & 2 & 36 & 26 \\
0 & 0 & 1 & 1 & 2 & 0 & 5 & 4 & 2 & 23 & 16 \\
\hline
0 & 0 & 0 & 1 & 0 & 0 & 3 & 2 & 0 & 11 & 8 \\
0 & 0 & 0 & 0 & 1 & 0 & 1 & 1 & 1 & 6 & 4 \\
0 & 0 & 0 & 0 & 0 & 1 & 1 & 3 & 1 & 8 & 6 \\
\hline
0 & 0 & 0 & 0 & 0 & 0 & 1 & 0 & 0 & 3 & 2 \\
0 & 0 & 0 & 0 & 0 & 0 & 0 & 1 & 0 & 1 & 1 \\
0 & 0 & 0 & 0 & 0 & 0 & 0 & 0 & 1 & 2 & 1 \\
\hline
0 & 0 & 0 & 0 & 0 & 0 & 0 & 0 & 0 & 1 & 0 \\
0 & 0 & 0 & 0 & 0 & 0 & 0 & 0 & 0 & 0 & 1
\end{array}\right]$$

1.87. $\mathfrak{A}^{-1} =$

$$\left[\begin{array}{ccc|cc|ccc|ccc}
1 & 0 & 0 & 1 & 0 & 3 & 0 & 1 & 8 & 5 & 10 \\
0 & 1 & 0 & 2 & 2 & 8 & 4 & 4 & 32 & 20 & 36 \\
0 & 0 & 1 & 1 & 3 & 6 & 6 & 4 & 32 & 20 & 34 \\
\hline
0 & 0 & 0 & 1 & 0 & 3 & 0 & 1 & 8 & 5 & 10 \\
0 & 0 & 0 & 0 & 1 & 1 & 2 & 1 & 8 & 5 & 8 \\
\hline
0 & 0 & 0 & 0 & 0 & 1 & 0 & 0 & 2 & 1 & 3 \\
0 & 0 & 0 & 0 & 0 & 0 & 1 & 0 & 2 & 1 & 2 \\
0 & 0 & 0 & 0 & 0 & 0 & 0 & 1 & 2 & 2 & 1 \\
\hline
0 & 0 & 0 & 0 & 0 & 0 & 0 & 0 & 1 & 0 & 0 \\
0 & 0 & 0 & 0 & 0 & 0 & 0 & 0 & 0 & 1 & 0 \\
0 & 0 & 0 & 0 & 0 & 0 & 0 & 0 & 0 & 0 & 1
\end{array}\right]$$

1.88. Vgl. Aufgabenstellung

1.89. a) $K = \begin{pmatrix} 1 & 0 & 0 & -0,2 & 0 & 0 \\ 0 & 1 & 0 & 0 & 0 & -2 \\ 0 & 0 & 1 & 0 & 0 & -3 \\ 0 & 0 & 0 & 1 & -0,5 & 0 \\ 0 & 0 & 0 & 0 & 1 & -0,2 \\ 0 & 0 & 0 & 0 & 0 & 1 \\ \hdashline 0 & 0 & 0 & 0 & 0,4 & 0 \end{pmatrix}$

b)

	5	12	8	6	3	20	
D_1	1	0	0	0,2	0,1	0,02	6,9
D_2	0	1	0	0	0	2	52
D_3	0	0	1	0	0	3	68
D_4	0	0	0	1	0,5	0,1	9,5
D_5	0	0	0	0	1	0,2	7
D_6	0	0	0	0	0	1	20
E_1	0	0	0	0	0,4	0,08	2,8

1.90. $\mathfrak{d}^T = (7300 \quad 1700 \quad 4000 \quad 100 \quad 50 \quad 1800)$

$\mathfrak{a}^T = (7300 \quad 1460 \quad 1540 \quad 340 \quad 350)$

1.91. a) $\begin{pmatrix} 1,005 & 0,052 & 0,050 & 0,010 & 0,101 \\ 0,101 & 1,005 & 0,005 & 0,001 & 0,010 \\ 0,045 & 0,448 & 1,002 & 0,200 & 0,022 \\ 0,023 & 0,230 & 0,001 & 1,000 & 0,102 \\ 0,030 & 0,302 & 0,002 & 0,000 & 1,003 \end{pmatrix} = \widetilde{\mathfrak{M}}$

b) Lösung vgl. S. 113.

1.92. a) $\begin{pmatrix} 0 & 0,1 & 0,02 & 0 \\ 0,1 & 0 & 0,1 & 0 \\ 0 & 0 & 0 & 0,1 \\ 0 & 0,05 & 0 & 0 \end{pmatrix} = \mathfrak{M}$

b) Lösung vgl. Bruttoproduktion nach Flußbild 1.8.

c) $\begin{pmatrix} 1,0101 & 0,1012 & 0,0303 & 0,0030 \\ 0,1011 & 1,0106 & 0,1031 & 0,0103 \\ 0,0005 & 0,0050 & 1,0005 & 0,1000 \\ 0,0051 & 0,0500 & 0,0051 & 1,0000 \end{pmatrix} = \widetilde{\mathfrak{M}}$

1.93. a a) $\begin{pmatrix} 0 & 0,5 & 0 & 0,3 \\ 0 & 0 & 0,2 & 0,1 \\ 0 & 0 & 0 & 0,2 \\ 0 & 0 & 0 & 0 \end{pmatrix} = \mathfrak{M}$

a b) Lösung vgl. Bruttoproduktion nach Flußbild 1.9.

a c) $\begin{pmatrix} 1 & 0,5 & 0,1 & 0,37 \\ 0 & 1 & 0,2 & 0,14 \\ 0 & 0 & 1 & 0,2 \\ 0 & 0 & 0 & 1 \end{pmatrix} = \widetilde{\mathfrak{M}}$ b) $(234,6 \text{ t} \quad 221,2 \text{ t} \quad 66 \text{ t} \quad 80 \text{ t})$
$$E_1 \qquad E_2 \qquad E_3 \qquad E_4$$

2. Linearoptimierung

2.1. ((6)) Zf.: $3x_1 + 4x_2 = z \to \max$ Nb.: (1) $3x_1 + x_2 \leq 18$
(2) $2x_1 + 4x_2 \leq 40$
(3) $3x_1 + 2x_2 \leq 24$
mit $x_1, \quad x_2 \geqq 0$

2.2. ((7)) Zf.: $10x_1 + 20x_2 + 15x_3 = z \to \min$
Nb.: (1) $2x_1 + 4x_2 + x_3 \geqq 30$
(2) $3x_1 + 2x_2 + 5x_3 \geqq 50$
mit $x_1, \quad x_2, \quad x_3 \geqq 0$

2.3. ((8)) Zf.: $4x_1 + 2x_2 + x_3 = z \to \max$
Nb.: (1) $2x_1 + 2x_2 + 3x_3 \leqq 250$
(2) $x_1 + 2x_2 + 4x_3 \leqq 120$
(3) $x_1 + x_2 \qquad = 50$
(4) $\qquad 2x_2 + x_3 = 100$
mit $x_1, \quad x_2 \quad x_3 \geqq 0$

2.4. ((9)) Zf.: $800x_1 + 900x_2 = z \to \max$
Nb.: (1) $x_1 + 2x_2 \leqq 40$
(2) $2x_1 + x_2 \leqq 44$
(3) $x_1 + x_2 \geqq 24$
mit $x_1, \quad x_2 \geqq 0$

2.5. ((10)) Zf.: $10x_1 + 25x_2 = z \to \min$
Nb.: (1) $4190x_1 + 8380x_2 \geqq 6700$
(2) $6x_1 + 2x_2 \leqq 2,8$
mit $x_1 \quad x_2 \geqq 0$

2.6.

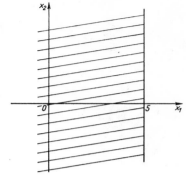

Bild 2.18

2.7.

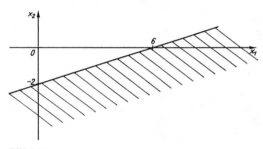

Bild 2.19

2.8.

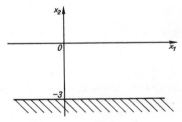

Bild 2.20

2.9. a) (2) und (3) stehen im Widerspruch

b) Ungleichungen nach $+x_1$ bzw. $-x_1$ auflösen; Ungleichung für x_2 bestimmen; Wertebereich für x_2 ermitteln (Nichtnegativitätsbedingungen beachten); obere bzw. untere Grenze dieses Bereiches in (2) und in (3) einsetzen: Widerspruch in bezug auf den Wertebereich von x_1!

2.10. unverträglich   2.11. verträglich   2.12. verträglich

2.13.

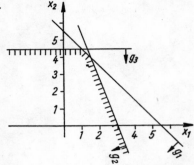

Bild 2.21

2.14.

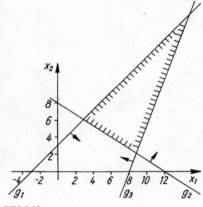

Bild 2.22

2.15. Für 2.13 Beschränkung des schraffierten Bereiches in Bild 2.21 auf den I. Quadranten; für 2.14 keine Änderung des Lösungsbereiches.

2.16. leere Menge   **2.17.** unbeschränkte konvexe Menge

Hinweis: Soweit für die folgenden Aufgaben die Berechnung von Optimallösungen verlangt ist, werden im allgemeinen nur die Zahlenwerte für die Entscheidungsvariablen und für z_{opt} angegeben. Es ist die volle Lösung als Text unter Angabe der Maßeinheiten und mit Deutung der Werte für die Schlupfvariablen vom Leser zu finden, falls es sich nicht um formale angesetzte Aufgaben handelt.

2.18. ((11)) $x_1 = 11$ $x_2 = 3$ $z_{max} = 64$

2.19. ((12)) a) $x_1 = 5$ $x_2 = 7$ $z_{max} = 31$

b) $x_1 = 10$ $x_2 = 2$ $z_{max} = 22$; es ändert sich das Optimum.

2.20. ((13)) $x_1 \approx 5,6$ $x_2 \approx 1,6$ $z_{max} \approx 72$

2.21. ((14)) Min.: $x_1 = 100$ $x_2 = 20$ $z_{min} = 140$;   Max.: $x_1 = 200$ $x_2 = 200$ $z_{max} = 600$

2.22. ((12 c)) Es existieren 2 Lösungseckpunkte [und 4 weitere ganzzahlige Lösungen $(x_1; x_2)$]

$$P_1: \ x_1 = 5 \quad x_2 = 7 \quad P_2: \ x_1 = 10 \quad x_2 = 2 \quad \text{mit} \quad z_{\text{max}} = 36$$

2.23. a) $x_1 = 50 \qquad x_2 = 150 \qquad z_{\text{max}} = 5000$

b) Die Nebenbedingungen werden bei Belegung der Entscheidungsvariablen mit den Zahlenwerten nach a) erfüllt. Der zur Verfügung stehende Rohstoff wird voll verbraucht; 2000 Maschinenstunden werden bei dem ermittelten Programm nicht eingesetzt.

c) neues Programm: $x_1 = 0 \qquad x_2 = 300 \qquad z_{\text{max}} = 6000$

R ausgelastet; 1500 Maschinenstunden werden erübrigt.

2.24. a) Der Schnittpunkt der den Gleichungen entsprechenden Geraden muß innerhalb des durch die Ungleichungen bestimmten geschlossenen Bereiches bzw. auf seinem Rand liegen.

b) Wenn der Schnittpunkt außerhalb dieses Bereiches liegt.

c) Der Optimalpunkt (Produktionsprogramm) wird *nicht* durch die Zielfunktion bestimmt, wohl aber der Wert des Optimums (z. B. Reingewinn).

2.25. ((2)) a) $x_1 = 600 \qquad x_2 = 450 \qquad z_{\text{max}} = 1050$

b) m_1 : 1600 t Überschuß; m_2 : 1750 t Überschuß (überflüssige Ungleichung!); AK und Spezialmaschinen sind voll ausgelastet.

c) Die Zahl der AK und der Spezialmaschinen bestimmen das Produktionsprogramm; grafisch: Der Schnittpunkt der entsprechenden Geraden ist der Optimalpunkt.

2.26. ((2)) a) $x_1 = 400 \qquad x_2 = 550$

b) $x_1 = 400$ [kann nicht erhöht werden wegen (4)]

$x_2 = 650$; Programm möglich, wenn die Kapazitäten von m_1 und AK erhöht werden können (die entsprechenden Zahlenwerte sind mit Hilfe des Diagramms zu ermitteln).

2.27. ((7)) $x_1 = 100/7 \qquad x_2 = 0 \qquad x_3 = 10/7 \qquad z_{\text{min}} = 1150/7$

2.28. ((5)) a) Zf.: $8x_2 + 6x_3 + 8 = z \to \text{min}$

Nb.: (1) $3x_2 + 4x_3 \geqq 3$

(2) $3x_2 + 4x_3 \leqq 4$

(3) $2x_2 + x_3 \geqq 1$

mit $x_2, \quad x_3 \geqq 0$

b) $(x_2; x_3)$-Koord. System: $x_2 = 0{,}2 \qquad x_3 = 0{,}6 \qquad z_{\text{min}} = 13{,}2$

Grundproblem: $x_1 = x_2 = 0{,}2$

$$x_3 = 0{,}6 \qquad z_{\text{min}} = 13{,}2$$

c) $(x_3; x_2)$-Koord. System: Max. bei $x_3 = 0 \quad x_2 = \dfrac{4}{3}$; das Einsetzen dieser Werte in das Grundproblem ergibt einen Widerspruch (durch den Leser zu überprüfen!).

2.29. a) Modell ((13)): Ja (unbeschränkt) Modell ((14)): Ja (beschränkt) Modell ((4)): Grenzfall

b) Ja, denn sie haben je einen Punkt mit dem Bereich der zulässigen Lösungen (in ((4)) die Strecke OD!) gemeinsam.

2.30. $((15))$ $x_1 = 3,75$ $x_2 = 1,5$ $z_{\max} = 17,25$

2.31. (12) $0 = 6000 - 40x_1 - 30 \cdot 0$ $x_1 = 150$

   (11) $w_1 = 3000 - 30 \cdot 150 - 10 \cdot 0 = -1500$

2.32. a) III ③ : $\left(\dfrac{1}{50}\right)(-20) + 1 \cdot 0 + \left(-\dfrac{3}{50}\right)(-10) = \dfrac{1}{5}$

$$c_j - \sum e_i k_i = \frac{1}{5} - \frac{1}{5} = 0$$

   ④ : $80\,(-20) + 1000 \cdot 0 + 60(-10) = -2200$

$$c_j - \sum e_i k_i = -2200 - (-2200) = 0$$

   b) II ② : $\left(-\dfrac{1}{30}\right)(-20) + \dfrac{4}{3} \cdot 0 + \dfrac{1}{3} \cdot 0 = \dfrac{2}{3}$

$$c_j - \sum e_i k_i = \frac{2}{3} - \frac{2}{3} = 0$$

   ③ : $\left(-\dfrac{1}{3}\right)(-20) + \left(-\dfrac{50}{3}\right) \cdot 0 + \left(-\dfrac{50}{3}\right) \cdot 0 = \dfrac{20}{3}$

$$c_j - \sum e_i k_i = -\frac{10}{3} - \frac{20}{3} = -10$$

   ④ : $100\,(-20) + 2000 \cdot 0 + 1000 \cdot 0 = -2000$

$$c_j - \sum e_i k_i = -2000 - (-2000) = 0$$

2.33. $((16))$ Bild 2.23; die Gerade (z_2) durchsetzt noch den Bereich B der zulässigen Lösungen

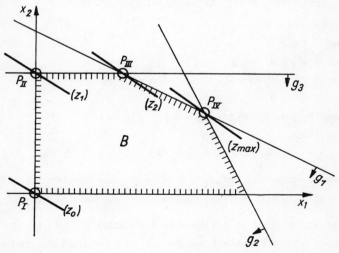

Bild. 2.23

2.34. ((2)) $x_1 = 600$ $x_2 = 450$ $z_{\max} = 1050$

2.35. ((6)) $x_1 = 2,0$ $x_2 = 9,0$ $z_{\max} = 42$

2.36. ((11)) $x_1 = 11$ $x_2 = 3$ $z_{\max} = 64$

2.37. a) ((12a)) $x_1 = 5$ $x_2 = 7$ $z_{\max} = 31$

b) ((12b)) $x_1 = 10$ $x_2 = 2$ $z_{\max} = 22$

2.38. ((17)) $x_1 = 7$ $x_2 = 6$ $z_{\max} = 27$

2.39. ((18a)) $x_1 = 5$ $x_2 = 2$ $z_{\max} = 12$

((18b)) $x_1 = 3$ $x_2 = 4$ $z_{\max} = 18$ Geom. Deutung:

Die Bereiche der zulässigen Lösungen werden durch zwei verschiedene konvexe Polygone dargestellt; deshalb trotz gleicher Zielfunktionen verschiedene Lösungseckpunkte.

2.40. ((19)) $x_1 = 65$ $x_2 = 30$ $x_3 = 0$ $z_{\max} = 830$

2.41. ((20)) $A_1 : 0$ $A_2 : 10$ $B : 39$ $z_{\max} = 694$

2.42. ((4)) a) Tab. 2.20: Das Ergebnis ist durch Division mit dem Hauptelement (Tab. 2.19) sofort bestimmbar.

Tab. 2.21: Die Schlüsselzeile (21) und die umgerechnete Zeile (31) sind zu ergänzen; danach ist die Berechnung des fehlenden Elementes in (34) ohne weiteres möglich.

b) Die für den Optimalpunkt gefundenen Koordinatenwerte stimmen mit den Zahlenwerten für die Entscheidungsvariablen überein.

2.43. ((21)) Durch Belegung der Variablen ergibt sich für die Nb.:

(1) $100 < 200$; (2) $100 = 100$; (3) $50 = 50$; (4) $100 = 100$

2.44. ((8)) $x_1 = \dfrac{20}{7}$ $x_2 = \dfrac{330}{7}$ $x_3 = \dfrac{40}{7}$ $z_{\max} = \dfrac{780}{7}$

2.45. ((22)) Zf.: $6x_1 + 4x_2 + 5x_3 = z \to \max$ Lösung:

Nb.: (1) $x_1 + x_2 + x_3 \leqq 2000$ $x_1 = 1000$

(2) $2x_1 + x_2 + 1,5x_3 \leqq 3200$ $x_2 = 600$

$x_1 \qquad = 1000$ $x_3 = 400$

mit $x_1, \quad x_2, \quad x_3 \geqq 0$ $z_{\max} = 10400$

2.46. ((23)) Zf.: $6x_1 + 8x_2 + 12x_3 + 9x_4 = z \to \max$ Lösung:

Nb.: (1) $8x_1 + 12x_2 + 20x_3 + 6x_4 \leqq 6000$ $x_1 = 100$

(2) $6x_1 + 2x_2 + 4x_3 + 6x_4 \leqq 2000$ $x_2 = 0$

(3) $x_1 + 5x_2 + 4x_3 + x_4 \leqq 1000$ $x_3 = 200$

(4) $x_1 + x_2 \qquad = 100$ $x_4 = 100$

(5) $\qquad x_3 = 200$ $z_{\max} = 3900$

mit $x_1, \quad x_2, \quad x_3, \quad x_4 \geqq 0$

2.47. ((24)) Anleitung: Vor der Anlage des Diagramms ist ein günstiger Maßstab festzulegen; die Zielfunktion ist maßgebend für das Optimum.

2.48. ((25)) Zf.: $10x_1 + 10x_2 + 20x_3 + 30x_4 = z \rightarrow$ max

Nb.: (1) $x_1 + \quad\ 3x_3 + x_4 \leqq 30$ Lösung:

(2) $\qquad 2x_2 + \qquad x_4 \leqq 20$ $x_1 = \ \ 10$

(3) $2x_1 + \qquad x_3 + x_4 \leqq 32$ $x_2 = \ \ \ 5$

(4) $x_1 \qquad\qquad\qquad \geqq \ 10$ $x_3 = \ \ \ 2$

(5) $\qquad 2x_2 + x_3 \quad = 12$ $x_4 = \ \ 10$

mit $x_1, \quad x_2, \quad x_3, \quad x_4 \geqq \ 0$ $z_{max} = 490$

2.49. a) Die Kapazität von Z_1 ist nicht voll ausgelastet

b) $x_1 = 5{,}2 \qquad x_2 = 0 \qquad x_3 = 1{,}6 \qquad x_4 = 20 \qquad z_{max} = 684$

2.50. ((26)) Zf.: $6x_1 + 8x_2 + 12x_3 + 9x_4 = z \rightarrow$ max

Nb.: (1) $x_1 + 12x_2 + 20x_3 + 6x_4 \leqq 6400$ Lösung:

(2) $x_1 + \ 5x_2 + \ 4x_3 + \ x_4 \leqq 1600$ $x_1 = \ \ 200$

(3) $x_1 \qquad\qquad\qquad \geqq \ 200$ $x_2 = \qquad 0$

(4) $\qquad x_2 + \qquad x_4 \geqq \ 150$ $x_3 = \qquad 0$

mit $x_1, \quad x_2, \quad x_3, \quad x_4 \geqq \ 0$ $x_4 = \ \ 800$

$z_{max} = 8400$

2.51. Das beigegebene Ablaufschema für die Maximierung (Beilage) ist entsprechend zu erweitern; die jeweilige Folge der Lösungsschritte kann als Unterprogramm zusammengefaßt werden.

2.52. ((27)) $x_1 = 2000 \qquad x_2 = x_3 = 1000 \qquad z_{min} = 20000$

2.53. ((3)) $x_1 = \qquad 0 \qquad x_2 = 20 \qquad x_3 = 40 \qquad z_{min} = \quad 400$

2.54. ((29)) $x_1 = \qquad 6 \qquad x_2 = 0 \qquad x_3 = 11 \qquad z_{min} = \quad 134$

2.55. ((30)) a) $x_1 = 18 \qquad x_2 = \ 1{,}5 \qquad\qquad z_{min} = \quad 21$

b) $x_1 = 18 \qquad x_2 = \ 2 \qquad\qquad$ Die Bedingung bzgl. B_1

wird nicht erfüllt (Mehrverbrauch); das Kostenminimum wird nun um eine Kosteneinheit (10 Mark) größer.

2.56. ((21)) Zahl der Tabellen und Endlösung sind dieselben; die Zwischenlösungen unterscheiden sich voneinander.

2.57. ((31)) $x_1 = 4 \qquad x_2 = 2 \qquad z_{max} = 14$ Die zweite Zeile ist wegen $\bar{w}_2 = 0$ als Schlüsselzeile zu wählen.

2.58. 1. Variante: Eckpunkt *in* der $(x_1 ; x_2)$-Ebene

2. Variante: Eckpunkt *in* der $(x_1 ; x_3)$-Ebene

3. Variante: Eckpunkt *auf* der x_1-Achse

2.59. ((12c)) 1. Variante: $x_1 = 5$ $x_2 = 7$ $z_{max} = 36$
  2. Variante: $x_1 = 10$ $x_2 = 2$ $z_{max} = 36$ (vgl. Aufg. 2.22)

2.60. ((32)) Der Bereich der zulässigen Lösungen ist ein Dreieck; die Geraden g_2 und (z_{min}) fallen zusammen.

  1. Variante: $x_1 = 30$ $x_2 = 0$ $z_{min} = 180$ ⎱
  2. Variante: $x_1 = 15$ $x_2 = 45$ $z_{min} = 180$ ⎰ Ecklösungen

2.61. $(m + n)$ Schlupfvariablen $\bar{w}_i$ mit dem Wert Null $(i = 1, \ldots, m, m + 1, \ldots, m + n)$.

2.62. $G_A = 2350$ tkm

2.63. $G_A = 2290$ Mark

2.64. $G_A = 180$ Mark

2.65. (32): $(33)^- \rightarrow (32)^+ - (12)^- \rightarrow (13)^+$
  -7 $+6$ -3 $+8 = +4$
  (11): $(31)^- \rightarrow (11)^+ - (13)^- \rightarrow (33)^+$
  -1 $+11$ -8 $+7 = +9$

2.66. a) $\begin{pmatrix} 11 & 3 & 8 & 15 \\ 6 & 2 & 5 & 1 \\ 1 & 6 & 7 & 4 \end{pmatrix} - \begin{pmatrix} 2 & 3 & 8 & 4 \\ -1 & 0 & 5 & 1 \\ 1 & 2 & 7 & 3 \end{pmatrix} = \begin{pmatrix} 9 & 0 & 0 & 11 \\ 7 & 2 & 0 & 0 \\ 0 & 4 & 0 & 1 \end{pmatrix}$
  (c_{ij}) $\quad - \quad$ f_{ij} $\quad = \quad$ d_{ij}

  b) alle $d_{ij} \geqq 0$; d. h. keine weitere Planverbesserung möglich.

2.67. $G_{min} = 1470$ Mark   2.68. $G_{min} = 2375$ Mark

2.69. $G_{min} = 310$ Mark (3 Varianten)

2.70. $G_{min} = 117$ tkm (2 Varianten)

2.71. $G_{min} = 2960$ Mark   2.72. $G_{min} = 1130$ Mark
  Es verbleiben 5 t bei E_2, 15 t bei E_3 und 40 t bei E_4.

2.73. Ja; notwendige, aber nicht hinreichende Bedingung ist es, daß mindestens ein a_i gleich einem b_j ist.

2.74. a) $G_{min} = 2250$ Mark

  Die dritte Feldbewertung zeigt, daß es eine weitere Variante der Optimallösung gibt, wenn Feld (25) besetzt wird. Diese Variante enthält nur noch 5 Fahrtrouten (nochmalige Ausartung).

  b) Der zweite Lösungsweg ergibt sofort die unter a) gefundene zweite Variante; wird in dieser (22) mit Null belegt, so erhält man die andere Variante.

2.75. $G_{min} = 2150$ Mark   2.76. $G_{min} = 154$ Mark

  Die zweite Verbesserung ist ausgeartet; sie stellt bereits die Optimallösung dar, da für die beiden lt. Bewertung möglichen Verbesserungen nur eine Umverteilung der Null in Frage kommt.

2.77. 1. Doppelsumme ausschreiben $\left(\text{zuerst } \sum\limits_{i=1}^{3}, \text{ dann } \sum\limits_{j=1}^{2}\right)$;

    2. durch Ausklammern in eine Summe von 3 Summanden umformen;

    3. die Faktoren, die als zweigliedrige Summe auftreten, entsprechend S. 192 deuten und symbolisieren;

    4. das erhaltene Skalarprodukt wieder unter dem Summenzeichen mit entsprechender Indexangabe zusammenfassen.

2.78. Alle $d_{ij} = c_{ij} - (v_i + w_j) > 0$

2.79. $G_N = 2385 \ (G_{\min} = 2375); \ G_N - G_{\min} = 10$

2.80. 1. Reduktion der Matrix unverändert

    2. Transportplan durch fiktive Reihe ergänzen, die wie bei der modifizierten Distributionsmethode stets zuletzt belegt wird.

2.81. $G_N = 33\,200$ Mark $(G_A = 31\,200$ Mark$)$ **2.82.** $\approx 3\%$

2.83. a) $G_N = 30\,000$ tkm $G_A = 38\,000$ tkm   b) G_A 26,67% höher als G_N

    $G_{\min} = 29\,500$ tkm   c) Unterschied $G_N; G_{\min}$ 1,67%

                                Unterschied $G_A; G_{\min}$ 22,37%

3.   Wahrscheinlichkeitsrechnung und mathematische Statistik

3.1. $I_L = \dfrac{2700}{3185} = 0,848 \triangleq 84,8\%$

3.2. a) 107   b) 5,35

3.3. $\bar{x} = 10,4; \quad s = 2,7018$

3.4. a) $\sum\limits_{x=1}^{5} 2x$ b) $\sum\limits_{x=1}^{6} \dfrac{2x-1}{2x}$ c) $\sum\limits_{i=1}^{6} (-1)^{i+1} i^2$

3.5. 2,08

3.6. a) $\dfrac{506}{315} = 1,606$ b) 1380

3.7. Mit a beginnen $P_5 = 120$ Permutationen
mit b beginnen $P_5 = 120$ Permutationen, kumulativ 240 Perm.
mit c beginnen P_5 Permutationen, kumulativ 360 Perm.
mit d beginnen P_5 Permutationen, kumulativ 480 Perm.
unter den letzten 120 befindet sich die 400. Permutation.
Mit da beginnen $P_4 = 24$ Permutationen, kumulativ 384 Perm.
mit db beginnen $P_4 = 24$ Permutationen, kumulativ 408 Perm.
unter den letzten 24 befindet sich die 400. Permutation.
Mit dba beginnen $P_3 = 6$ Permutationen, kumulativ 390 Perm.

mit dbc beginnen $P_3 = 6$ Permutationen, kumulativ 396 Perm.
mit dbe beginnen $P_3 = 6$ Permutationen, kumulativ 402 Perm.
unter den letzten 6 befindet sich die 400. Permutation.
Mit $dbea$ beginnen $P_2 = 2$ Permutationen, kumulativ 398 Perm.
Mit $dbec$ beginnen $P_2 = 2$ Permutationen, kumulativ 400 Perm.
also die 400. Permutation lautet: $dbecfa$

3.8. 10 Kombinationen

3.9. $\binom{32}{10} = 64\,512\,240$

3.10. $\binom{32}{10} \cdot \binom{22}{10} \cdot \binom{12}{10} = \dfrac{32!}{(10!)^3 \cdot 2!}$

3.11. $P_6^{(3;2)} = 60$

     mit a beginnen $P_5^{(2;2)}$ $= 30$ Permutationen
     mit b beginnen $P_5^{(3;2)}$ $= 10$ Permutationen, kumulativ 40 Perm.
     mit ca beginnen $P_4^{(2)}$ $= 12$ Permutationen, kumulativ 52 Perm.
     mit $cbaa$ beginnen $P_2 =$ 2 Permutationen, kumulativ 54 Perm.
     also die 55. Permutation lautet: $cbacaa$

3.12. Die 13. Kombination mit Wiederholung lautet: $aabbcc$

3.13. $\binom{7}{4} - \binom{4}{4} = 34$

3.14. $\binom{4}{1} = 4$

3.15. $\binom{4}{4} = 1$

3.16. $V_{w_2}^{(1)} + V_{w_2}^{(2)} + V_{w_2}^{(3)} + V_{w_2}^{(4)} + V_{w_2}^{(5)} = 62$

3.17. Anschlüsse insgesamt: $10^5 = 100\,000$

     Sonderanschlüsse: $10^4 = $ $10\,000$

     allgemeine Anschlüsse: $90\,000$

3.18. $P_3 = 6$

3.19. 10^{80}

3.20. a) $\binom{1\,000}{10}$ b) $\binom{1\,000}{50}$

3.21. a) 91 Farben

     b) 10 Farben, denn $V_{w_{10}}^{(2)} = 10^2 = 100$ $\left(V_{w_9}^{(2)} = 81 \right)$

     c)   5 Farben, denn $V_{w_5}^{(3)} = $ $5^3 = 125$

d)   4 Farben, denn $V_{w_4}^{(4)} = 4^4 = 256$

e)   8 Ingenieure: 8 Farben

28 Meister: $C_8^{(2)} = 28$

55 Facharbeiter: $C_8^{(3)} = 56$

8 Farben reichen also insgesamt aus, wenn die Ingenieure einfarbige, die Meister zweifarbige und die Facharbeiter dreifarbige Symbole erhalten.

3.22. Stromausfall (A_2): $P(A_2) = 0,290 \triangleq 29,0\%$

Ausfall einer Baugruppe (A_3): $P(A_3) = 0,108 \triangleq 10,8\%$

sonstige Störungen (A_4): $P(A_4) = 0,070 \triangleq 7,0\%$.

3.23. a) b) Verschiedene Möglichkeiten

3.24. $P(A) = 15/750 = 0,02$

3.25. a) $P(A_1) \cdot P(A_2) = 0,8832$

b) $P(A_1) \cdot P(A_3) = 0,8544$

c) $P(A_2) \cdot P(A_3) = 0,8188$

3.26. a) 0,78   b) 0,36

3.27. a) 0,64832   b) 0,00198

c) Das Ereignis „wenigstens eine arbeitet" ist das Komplementärereignis zu „alle fallen aus".

$P(A) = 1 - 0,001967 = 0,998024$

3.28. Komplementärereignis zu „keine 6": $P = 1 - 0,3349 = 0,6651$

3.29. 0,3349

3.30. a) Bedingung für *Binomialverteilung*: Zurücklegen des gezogenen Stückes oder sehr großer Umfang der Ausgangsgesamtheit; das bedeutet $P(A)$ ist von Ziehung zu Ziehung konstant. Bedingung für *hypergeometrische Verteilung*: Nichtzurücklegen des gezogenen Stückes.

b) Anwendung bei sehr kleiner Wahrscheinlichkeit p

3.31. POISSON-Verteilung: $\lambda = 8$; a) 0,0916   b) 0,1912

3.32. Hypergeometrische Verteilung: a) 0,00074   b) $0,72653 + 0,24768 + 0,02505 = 0,99926$

c) $\mu = 0,3$; $\sigma^2 = 0,2645$

3.33. BERNOULLIsche Verteilung: a) 0,37380   b) 0,65691   c) $0,26997 + 0,07312 = 0,34309$

d) 0,05308

3.34. Verschiedene Möglichkeiten

3.35. Binomialverteilung geht für $n \to \infty$ und $np \to \infty$ gegen die Normalverteilung

3.36. a) 0,90448   b) 0,67842   c) 0,42074   d) $1 - 0,90448 = 0,09552$ e) 0,00682

3.37. a) $k = 0,674$ b) $k = 1,150$ c) $k = 1,440$

3.38. a) $\bar{x} = 7,154$ b) $c = 264$; $\bar{x} = 264 + 1/3 = 264\ 1/3$

3.39. a) $\dfrac{1}{N} \sum\limits_{i=1}^{k} (x_i - c)\, h_i = \dfrac{1}{N} \left[\sum\limits_{i=1}^{k} x_i h_i - c \sum\limits_{i=1}^{k} h_i \right] = \dfrac{1}{N} \sum\limits_{i=1}^{k} x_i h_i - \dfrac{1}{N} \cdot c \cdot N = \bar{x} - c$

   b) $\dfrac{1}{N} \sum\limits_{i=1}^{r} c \cdot x_i h_i = \dfrac{1}{N}\, c \sum\limits_{i=1}^{k} x_i h_i = c \cdot \dfrac{1}{N} \sum\limits_{i=1}^{k} x_i h_i = c \cdot \bar{x}$

   c) $\dfrac{\sum\limits_{i=1}^{k} x_i \cdot \dfrac{h_i}{c}}{\sum\limits_{i=1}^{k} \dfrac{h_i}{c}} = \dfrac{\dfrac{1}{c} \sum\limits_{i=1}^{k} x_i h_i}{\dfrac{1}{c} \sum\limits_{i=1}^{k} h_i} = \dfrac{\sum\limits_{i=1}^{k} x_i h_i}{N} = \bar{x}$

3.40. Flachs: $\bar{x} = 70,50$ km   Wolle: $\bar{x} = 12,09$ km

3.41. Flachs: $D = 72,86$ km   Wolle: $D = 11,73$ km

3.42. Es handelt sich hier um eine geometrische Zahlenfolge (vgl. [1]), die im Unterschied zur arithmetischen Zahlenfolge multiplikativ aufgebaut ist.

3.43. a) $3,4478$ b) $5,3481$ c) $6,6419$

3.44. $104,46\%$

3.45. Man berechne als Mittelwert zunächst die durchschnittliche Zeit (h) je km. Die Durchschnittsgeschwindigkeit ergibt sich dann als Reziprokwert davon.

$$\dfrac{\dfrac{1}{50} \cdot 100 + \dfrac{1}{90} \cdot 150}{250} = \dfrac{11}{750} = 0,01\overline{6}\ \text{h/km}; \qquad \dfrac{750}{11} = 68,\overline{18}\ \text{km/h}$$

3.46. a) $\bar{x} = 280,625$ b) $\tilde{x} = 287,917$ c) $D = 292,857$

3.47. $8,65\%$

3.48. $2,59$

3.49. a) $41\,242,5$ Stück   b) $106,35\%$ c) $2\,515,2$ Stück

3.50. a) $7,35\%$ b) $21\,380$ kg

3.51. aa) $\bar{x} = 478,56$ MPa   ab) $\tilde{x} = 477$ MPa   ba) $\bar{x} = 478,6$ MPa   bb) $\tilde{x} = 476,7$ MPa

3.52. $17,01\%$

3.53. $\bar{x} = 102,7\%$

3.54. 40 m/h

3.55. Für $h_i = h$ $(i = 1, 2, \ldots, k)$ geht Formel (3.76a) über in

$$d = \dfrac{1}{\sum\limits_{i=1}^{k} h} \sum\limits_{i=1}^{k} |x_i - M|\, h = \dfrac{h}{h \cdot k} \sum\limits_{i=1}^{k} |x_i - M| = \dfrac{1}{k} \sum\limits_{i=1}^{k} |x_i - M|\,.$$

3.56.

i	x_i	$x_i - c$	$(x_i - c)^2$	h_i	$(x_i - c)^2 h_i$	$(x_i - c) h_i$
$\vdots$	$\vdots$	$\vdots$	$\vdots$	$\vdots$	$\vdots$	$\vdots$
				20	3,88	+2,8

$$s^2 = \frac{3{,}88}{19} - \frac{20}{19} \cdot \left(\frac{2{,}8}{20}\right)^2$$

$$s^2 = 0{,}18358$$

$$s = 0{,}42847 \text{ min}$$

3.57. a) $s = 76{,}986$ h   b) $v = 27{,}43\%$

3.58. a) $s = 31{,}736$ MPa   b) $v = 6{,}63\%$

3.59. $d = 0{,}21$

3.60. a) $R = 11$ b) $d = 3{,}4$ c) $s = 4{,}5056$

3.61. $y = 1311 + 167{,}8x$; $y = 1279 + 167{,}8x + 4{,}75x^2$

$\quad\ \ s = 56{,}78$ Mark $\quad s = 47{,}21$ Mark

$\quad\ \ v = 4{,}33\%$ $\qquad v = 3{,}60\%$

3.62. $y = 2512 + 62{,}3x$; $s = 118{,}22$ Mark; $v = 4{,}71\%$

3.63. $y = 187{,}95 + 68{,}27x$;   1963: $324{,}5 \cdot 10^6$ Mark
$\qquad\qquad\qquad\qquad\qquad$ 1964: $392{,}8 \cdot 10^6$ Mark
$\qquad\qquad\qquad\qquad\qquad$ 1966: $529{,}3 \cdot 10^6$ Mark
$\qquad\qquad\qquad\qquad\qquad$ 1968: $665{,}8 \cdot 10^6$ Mark

3.64. $\tilde{y} = 35{,}097 - 34{,}867x$

$\quad\ \ s = 1{,}4391\%$; $r_{xy} = -0{,}981$; $B_{xy} = 0{,}962$

3.65. $\tilde{y} = 2{,}65527 + 0{,}23582x$;

$\quad\ \ s = 1{,}3744\%$; $r_{xy} = 0{,}980$; $B_{xy} = 0{,}960$

3.66. $H_0(\mu = 1{,}30)$

$\quad\ \ u = -2{,}222$ $\qquad u > -u'_{0{,}01}$ Annahme der Nullhypothese

$\quad\ \ u'_{0{,}01} = 2{,}326$

3.67. $r_{xy} = -0{,}981$; $r_{xy}^2 = 0{,}962$; $n = 25$; $m = 23$;

$\quad\ \ \alpha = 0{,}001$; $|t| = 24{,}1$; $t(23; 0{,}001) = 3{,}77$

$\quad\ \ H_0(\varrho_{XY} = 0)$: $|t| > t(23; 0{,}001)$ Ablehnung der Nullhypothese

$\quad\ \ r_{xy} = 0{,}980$; $r_{xy}^2 = 0{,}960$; $n = 20$; $m = 18$;

$\quad\ \ \alpha = 0{,}001$; $|t| = 20{,}8$; $t(18; 0{,}001) = 3{,}92$

$\quad\ \ H_0(\varrho_{XY} = 0)$; $|t| > t(18; 0{,}001)$ Ablehnung der Nullhypothese

3.68. $n_1 = 15$; $\bar{x}_1 = 41,5\,\text{kg}$; $s_1 = 2,7\,\text{kg}$;

$n_2 = 10$; $\bar{x}_2 = 45,7\,\text{kg}$; $s_2 = 3,8\,\text{kg}$

$\alpha = 0,001$; $|t| = 3,24$; $t(23; 0,001) = 3,77$

$H_0(\mu_1 = \mu_2)$: $|t| < t(23; 0,001)$ Annahme der Nullhypothese (bei zweiseitiger Fragestellung)

$t = -3,24$; $t'(23; 0,001) = 3,49$

$t > -t'(23; 0,001)$ Abweichung nach unten zufällig (bei einseitiger Fragestellung)

5.   Praktisches Rechnen

5.1.   Es ist

$$f(x) = \frac{3x^3 - 5x^2 + 2x}{3x^3 - 2x^2} = \frac{x(3x-2)(x-1)}{x^2(3x-2)} = \frac{x-1}{x}$$

und damit

$$f(x_1) = \frac{2,125}{3,125} = \frac{17}{25} = \underline{\underline{0,68}}.$$

5.2.   Es werden der Reihe nach die Größen x^*, $|\Delta x^*|$ und $|\varrho|$ angegeben.

a)   17,321;   0,00015;   0,00087%
b)   −1,532;   0,000099;   0,0065%
c)   0,100;   0,00002;   0,020%
d)   2,099;   0,00049;   0,023%
e)   −0,007;   0,000155;   2,2%
f)   0,656;   0,0005;   0,076%
g)   185,740;   0,0001;   0,000054%
h)   1768,322;   0,0005;   0,000028%
i)   −6,883;   0,00049;   0,0071%

5.3.   Bedeutung der Größen wie in Aufgabe 5.2.

a)   17,3;   0,02085;   0,12%
b)   −1,53;   0,002099;   0,14%
c)   0,1000[1]);   0,00002;   0,020%
d)   2,10;   0,00051;   0,024%
e)   −0,00716;   0,000005;   0,070%
f)   0,656;   0,0005;   0,076%
g)   186;   0,2601;   0,14%
h)   1770 oder besser $1,77 \cdot 10^3$;
            1,6785;   0,095%
i)   −6,88;   0,00251;   0,036%

---

[1]) Es empfiehlt sich hier, auch die Null in der vierten Stelle nach dem Komma anzugeben, da in diese Stelle gerundet wurde. Trotzdem liegt nur eine dreistellige Genauigkeit vor, da die Ziffer 1 erst durch Zehnerüberträge entstanden ist.

5.4. a)

		0	1	2	3	4	5	6	7	8	9
1,	0,	00	04	08	11	15′	18′	20	23	26′	28′
2,		30	32	34	36	38	40′	41	43	45′	46
3,		48′	49	51	52′	53	54	56′	57′	58′	59
4,		60	61	62	63	64	65	66	67	68	69
5,		70′	71′	72′	72	73	74	75′	76′	76	77
6,		78′	79′	79	80′	81′	81	82′	83′	83	84′
7,		85′	85	86′	86	87′	88′	88	89′	89	90′
8,		90	91′	91	92′	92	93′	93	94′	94	95′
9,		95	96′	96	97′	97	98′	98	99′	99	1,00′

b) In einer vierstelligen Tabelle ist

$$\lg 2,6 = 0,4150.$$

Die erste wegzulassende Ziffer ist eine 5, von der zunächst nicht bekannt ist, ob sie durch Auf- oder Abrunden entstanden ist. Erst der fünfstellige Wert

$$\lg 2,6 = 0,41497$$

gibt Auskunft darüber, daß abzurunden ist.

c) Von den 90 Logarithmen der Tabelle entstehen 41 durch Aufrunden (durch ′ gekennzeichnet), 48 durch Abrunden, während $\lg 1,0 = 0,00$ exakt ist. Bei großen Zahlenmengen wird ungefähr gleich oft auf- bzw. abgerundet.

5.5. a) $D = 0,9171 - 0,9205 = \underline{\underline{-0,0034}}$

b) $D = -2 \cdot \sin 23,25° \cdot \sin 0,25° =$
$$= -2 \cdot 0,3947 \cdot 0,004363 = \underline{\underline{-0,003444}}$$

5.6. $0,478_1 - 504,6_9 = 0,4_8 - 504,6_9 = -504,2_1 = \underline{\underline{-504,2}}$

5.7. $0,1405_8 - 0,00110_8 + 0,004758_6 = 0,1405_8 - 0,0011_1 + 0,0047_6 = 0,1442_3 = \underline{\underline{0,1442}}$

5.8. a) $\dfrac{4,83 \cdot 10^{12}}{9,66 \cdot 10^{-5} - 3,85 \cdot 10^{-7}} - \dfrac{6,83 \cdot 10^{29}}{4,83 \cdot 10^{12} + 3,85 \cdot 10^{-7}} =$

$$= \frac{4,83 \cdot 10^{12}}{(9,66 - 0,04) \cdot 10^{-5}} - \frac{6,83 \cdot 10^{29}}{4,83 \cdot 10^{12}} = \frac{4,83}{9,62} 10^{17} - \frac{6,83}{4,83} 10^{17} =$$

$$= 0,502 \cdot 10^{17} - 1,414 \cdot 10^{17} = (0,502 - 1,414) \cdot 10^{17} =$$

$$= -0,912 \cdot 10^{17} = \underline{\underline{-9,12 \cdot 10^{16}}}$$

b) $\dfrac{1,67 \cdot 10^{-3}}{5,40 \cdot 10^4 - 8,33 \cdot 10^3} - \dfrac{2,85 \cdot 10^4}{1,67 \cdot 10^{-3} + 8,33 \cdot 10^3} =$

$$= \frac{1,67 \cdot 10^{-3}}{(5,40 - 0,83) \cdot 10^4} - \frac{2,85 \cdot 10^4}{8,33 \cdot 10^3} = \frac{1,67}{4,57} 10^{-7} - \frac{2,85}{8,33} 10^1 =$$

$$= 0,366 \cdot 10^{-7} - 0,342 \cdot 10^1 = \underline{\underline{3,42}}$$

Da der Rechenstab zur Lösung dieser Aufgabe verwendet werden sollte, war es nicht möglich, noch zusätzliche Schutzstellen in der Rechnung zu verwerten.

5.9. $\mathfrak{a} \cdot \mathfrak{b} = \begin{pmatrix} 7{,}18 \\ 11{,}7 \\ 9{,}01 \end{pmatrix} \cdot \begin{pmatrix} 21{,}9 \\ 9{,}19 \\ 7{,}71 \end{pmatrix} \cdot 10^3 \cdot 10^{-2} =$

$$= (7{,}18 \cdot 21{,}9 + 11{,}7 \cdot 9{,}19 + 9{,}01 \cdot 7{,}71) \cdot 10^1 =$$

$$= (157{,}2 + 107{,}5 + 69{,}5) \cdot 10^1 = 334{,}2 \cdot 10^1 = \underline{\underline{3{,}34 \cdot 10^3}}$$

$$\mathfrak{a} \times \mathfrak{b} = \begin{vmatrix} \mathfrak{i} & \mathfrak{j} & \mathfrak{k} \\ 7{,}18 & 11{,}7 & 9{,}01 \\ 21{,}9 & 9{,}19 & 7{,}71 \end{vmatrix} \cdot 10^1 =$$

$$= \begin{pmatrix} 11{,}7 \cdot 7{,}71 - 9{,}01 \cdot 9{,}19 \\ 9{,}01 \cdot 21{,}9 - 7{,}18 \cdot 7{,}71 \\ 7{,}18 \cdot 9{,}19 - 11{,}7 \cdot 21{,}9 \end{pmatrix} \cdot 10^1 = \begin{pmatrix} 90{,}21 - 82{,}80 \\ 197{,}3 - 55{,}4 \\ 66{,}0 - 256{,}2 \end{pmatrix} \cdot 10^1 =$$

$$= \begin{pmatrix} 7{,}41 \\ 141{,}9 \\ -190{,}2 \end{pmatrix} \cdot 10^1 = \underline{\underline{\begin{pmatrix} 7{,}4 \cdot 10^1 \\ 1{,}42 \cdot 10^3 \\ -1{,}90 \cdot 10^3 \end{pmatrix}}}$$

5.10. Da die Funktionsgleichung das Argument x nur als Quadrat enthält, können die symmetrisch zur y-Achse gelegenen Werte gemeinsam berechnet werden.

x	$1-x^2$	$\sqrt{1-x^2}$	$1+4x^2$	$\dfrac{1}{1+4x^2}$	y_1	y_2
①	②	③	④	⑤	⑥	⑦
	$1-①^2$	$\sqrt{②}$	$1+(2\,①)^2$	$1:④$	$③-⑤$	$-[③+⑤]$
0	1	1	1	1	0	−2
±0,1	0,99	0,995	1,04	0,962	0,033	−1,957
±0,2	0,96	0,980	1,16	0,862	0,118	−1,842
±0,3	0,91	0,954	1,36	0,735	0,219	−1,689
±0,4	0,84	0,917	1,64	0,610	0,307	−1,527
±0,5	0,75	0,866	2,00	0,500	0,366	−1,366
±0,6	0,64	0,800	2,44	0,410	0,390	−1,210
±0,7	0,51	0,714	2,96	0,338	0,376	−1,052
±0,8	0,36	0,600	3,56	0,281	0,319	−0,881
±0,9	0,19	0,436	4,24	0,236	0,200	−0,672
±1,0	0	0	5,00	0,200	−0,200	−0,200

5.11. Es ist iterativ $x_{n+1} = x_n - y_n : y'_n$ mit

$$y_n = \sin x_n - \ln x_n \quad \text{und} \quad y' = \cos x_n - 1 : x_n$$

zu bestimmen.

n	①		1	2	3
x_n	②		2	2,24	2,2193
$\dfrac{180}{\pi} \cdot x_n$	③	$57{,}296 \cdot$ ②	114,6	128,34	127,16
	④	$180 -$ ③	65,4	51,66	52,84
$\sin x_n$	⑤	$\sin$ ③°	0,91	0,7843	0,7972
$\cos x_n$	⑥	$\cos$ ③°	−0,42	−0,6203	−0,6040
$\lg x_n$	⑦	$\lg$ ②	0,30	0,3502	0,3463
$\ln x_n$	⑧	$2{,}3026 \cdot$ ⑦	0,69	0,8064	0,7974
$1 : x_n$	⑨	$1 :$ ②	0,5	0,4464	0,4506
y_n	⑩	⑤ − ⑧	0,22	−0,0221	−0,0002
y_n'	⑪	⑥ − ⑨	−0,92	−1,0667	−1,0546
$-\varDelta x_n$	⑫	⑩ : ⑪	−0,24	0,0207	0,0002
x_{n+1}	⑬	② − ⑫	2,24	2,2193	2,2191

Als gesicherter Wert für die Nullstellen kann $x_N = 2{,}219$ angegeben werden.

5.12. Die Kurve ist sowohl bezüglich der x-Achse als auch der y-Achse symmetrisch. Es genügt also, die Kurvenpunkte im ersten Quadranten zu berechnen. Alle anderen entstehen durch Abänderung der Vorzeichen.
Zur Berechnung der Ordinaten müßten an sich von den Winkeln

$$4t, \quad 4t + 120°, \quad 4t + 240°$$

die Sinusfunktionen bestimmt werden. Da jedoch nur Werte für den 1. Quadranten interessieren, sind diese Winkel bereits entsprechend umgerechnet und so in den Spalten ③, ④ und ⑤ angegeben.

t	$3t$				x	y_1	y_2	y_3
①	②	③	④	⑤	⑥	⑦	⑧	⑨
	$3 \cdot$ ①				$\sin$ ②°	$\sin$ ③°	$\sin$ ④°	$\sin$ ⑤°
0	0	0	60	60	0	0	0,866	0,866
2,5	7,5	10	50	70	0,131	0,174	0,766	0,940
5	15	20	40	80	0,259	0,342	0,643	0,985
7,5	22,5	30	30	90	0,383	0,500	0,500	1,000
10	30	40	20	80	0,500	0,643	0,342	0,985
12,5	37,5	50	10	70	0,609	0,766	0,174	0,940
15	45	60	0	60	0,707	0,866	0	0,866
17,5	52,5	70	10	50	0,793	0,940	0,174	0,766
20	60	80	20	40	0,866	0,985	0,342	0,643
22,5	67,5	90	30	30	0,924	1,000	0,500	0,500
25	75	80	40	20	0,966	0,985	0,643	0,342
27,5	82,5	70	50	10	0,991	0,940	0,766	0,174
30	90	60	60	0	1,000	0,866	0,866	0

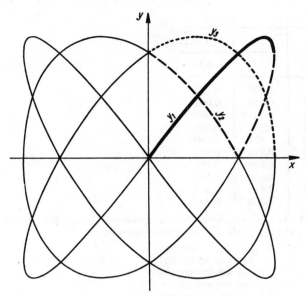

Bild 5.34

5.13. Für die Rechnung gelten die Formeln

$$r_1 = \sqrt{\cos 2\varphi + \sqrt{A + B\cos 4\varphi}}$$

$$r_2 = \sqrt{\cos 2\varphi - \sqrt{A + B\cos 4\varphi}}$$

mit $A = k^4 - \dfrac{e^4}{2} = 0{,}470$ und $B = \dfrac{e^4}{2} = 0{,}5$.

$|\varphi|$	$2|\varphi|$	$4|\varphi|$	$\cos 4\varphi$				$\cos 2\varphi$	$r_1{}^2$	$r_2{}^2$	r_1	r_2
①	②	③	④	⑤	⑥	⑦	⑧	⑨	⑩	⑪	⑫
	2 · ①	2 · ②	cos ③°	$B \cdot$ ④	$A+$⑤	$\sqrt{⑥}$	cos ②°	⑧$+$⑦	⑧$-$⑦	$\sqrt{⑨}$	$\sqrt{⑩}$
0	0	0	1,000	0,500	0,970	0,985	1,000	1,985	0,015	1,41	0,12
5	10	20	0,940	0,470	0,940	0,970	0,985	1,955	0,015	1,40	0,12
10	20	40	0,766	0,383	0,853	0,924	0,940	1,864	0,016	1,37	0,13
15	30	60	0,500	0,250	0,720	0,849	0,866	1,715	0,017	1,31	0,13
20	40	80	0,174	0,087	0,557	0,746	0,766	1,512	0,020	1,23	0,14
25	50	100	−0,174	−0,087	0,383	0,619	0,643	1,262	0,024	1,12	0,15
30	60	120	−0,500	−0,250	0,220	0,469	0,500	0,969	0,031	0,98	0,18
35	70	140	−0,766	−0,383	0,087	0,295	0,342	0,637	0,047	0,80	0,22
40	80	160	−0,940	−0,470	0,000	0,000	0,174	0,174	0,174	0,42	0,42

Zum Zeichnen der Kurve sind noch die Symmetrieeigenschaften zu berücksichtigen.

5.14.

φ	x^*	y^*	x	y
①	②	③	④	⑤
	$\cos$ ①$^\circ$	$\sin$ ①$^\circ$	②^3	③^3
0	1,000	0	1,000	0
5	0,996	0,087	0,988	0,001
10	0,985	0,174	0,956	0,005
15	0,966	0,259	0,901	0,017
20	0,940	0,342	0,831	0,040
25	0,906	0,423	0,744	0,076
30	0,866	0,500	0,649	0,125
35	0,819	0,574	0,549	0,189
40	0,766	0,643	0,449	0,266
45	0,707	0,707	0,353	0,353

Damit lassen sich durch Wahl aller möglichen Vorzeichenkombinationen und durch Vertauschung von x^* mit y^* und x mit y alle Kurvenpunkte zeichnen.

5.15. a) — 827
b) — 82 700 000
c) — 9 008 270 000
d) — 99 999 999 999
e) — 100 000 000
f) — 12 345 679 000
g) — 1 000 000
h) — 10 000 000 001

5.16. a) 999 999 999 975
b) 999 999 997 500
c) 999 974 999 999
d) 999 999 999 001
e) 998 264 030 000
f) 990 000 000 001
g) 910 000 000 000
h) 909 999 999 999

5.17. a) 10 564; $\langle U \rangle = 2$; Kommaschieber rechts von Stelle 1
b) 1 978 534; $\langle U \rangle = 2$; ,, ,, ,, ,, 1
c) 596,185; $\langle U \rangle = 2$; ,, ,, ,, ,, 4
d) 1 136,223; $\langle U \rangle = 3$; ,, ,, ,, ,, 4
e) 49 117,6309; $\langle U \rangle = 6$; ,, ,, ,, ,, 5

5.18. a) 9 305; $\langle U \rangle = 0$; ,, ,, ,, ,, 1
b) — 19,2578; $\langle U \rangle = 1$; ,, ,, ,, ,, 5
c) 147,58742; $\langle U \rangle = -2$; ,, ,, ,, ,, 6
d) 9 458,10479; $\langle U \rangle = 0$; ,, ,, ,, ,, 6

5.19.

Zahl	1	2	3	4
π	3,	141 59	265 35	9
π	3,	141 59	265 35	9
π	3,	141 59	265 35	9
π	3,	141 59	265 35	9
S_1	12,			
S_2		566 36		
S_3		1	061 40	
S_4			3	6
4π	12,	566 37	061 43	6

$$4\pi = 12,566 370 6144$$

5.20.

Zahl	1	2	3	4
$\sqrt{2}$	1,	414 213	562 373	1
$\sqrt{2}$	1,	414 213	562 373	1
S_1	2,			
S_2		828 426		
S_3		1	124 746	
S_4				2
$2 \cdot \sqrt{2}$	2,	828 427	124 746	2
$\sqrt{3}$	1,	732 050	807 568	9
D_1	1,			
D_2		096 377		
D_3		... 999	317 178	
D_4			... 999	3
$2\sqrt{2} - \sqrt{3}$	1,	096 376	317 177	3

$$2 \cdot \sqrt{2} - \sqrt{3} = 1{,}096\,376\,317\,177$$

5.21. a)   37 436,52
   b) 5 050 991,111 2
   c)   92,051 49
   d)   15 546,96
   e)   4 378,200 06

5.22. a)   2 152 125; notwendige Kurbeldrehungen: $4 + 2* + 5* = 11$
   b)   4 349 322;   ,,   ,,   : $1 + 1* + 1 + 1* = 4$
   c)   4 862 368;   ,,   ,,   : $1 + 3* + 1 + 1* + 2* = 8$
   d) 1 741 113 358;   ,,   ,,   : $2 + 1* + 4 + 1* = 8$
   e)   1 000 988;   ,,   ,,   : $1 + 3* = 4$
   * negative Kurbeldrehungen

5.23.

Zahl	1	2	3
$a = \pi$	3,141 59	265 359	
$b = \pi$	3,141 59	265 359	
$a_1 b_1$	9,869 5	877 281	
$a_2 b_1$		083 364	9
$a_1 b_2$		083 364	9
$a_2 b_2$			0
$a \cdot b$	9,869 6	044 010	8

$$\pi^2 = 9{,}869\,604\,401$$

5.24.

Zahl	1	2	3
a	1,41421	356658	
$b = a$	1,41421	356658	
$a_1 b_1$	1,9999	899241	
$a_2 b_1$		050438	931
$a_2 b_2$		050438	931
$a_2 b_2$			127
a^2	2,00000	000118	989

Also ist $a^2 = 2,0000000119\,0$

Es sei $\Delta = a - \sqrt{2}$ die Abweichung des Wertes a von $\sqrt{2}$. Dann errechnet sich aus

$$a^2 = (\Delta + \sqrt{2})^2 = \Delta^2 + 2 \cdot \Delta \cdot \sqrt{2} + 2 = 2,0000000119\,0$$

der Wert

$$\Delta = \frac{1,190}{2 \cdot \sqrt{2}}\,10^{-8} = 0,42 \cdot 10^{-8},$$

da Δ^2 vernachlässigt werden darf. Die Zahl a stimmt also in den ersten neun Ziffern mit $\sqrt{2}$ überein.

5.25.
$$2^9 = \qquad\qquad 512$$
$$2^{18} = \qquad\quad 262144$$
$$2^{36} = 68\,719\,476\,736$$

Zur Berechnung des letzten Quadrates ist wieder ein Rechenschema anzulegen.

Zahl	1	2	3	4
$a = 2^{36}$	68719	476736		
$b = 2^{36}$	68719	476736		
$a_1 b_1$	4722	300961		
$a_2 b_1$		32760	821184	
$a_1 b_2$		32760	821184	
$a_2 b_2$			227277	213696
ab	4722	366482	869645	213696

Also ist $2^{72} = 4\,722\,366\,482\,869\,645\,213\,696$

5.26. $\lambda \cdot a = \begin{pmatrix} 219,9931 \\ -54,2798 \\ 74,5697 \\ 269,8012 \end{pmatrix}$

5.27. $15! = (2 \cdot 15) \cdot (5 \cdot 14) \cdot (3 \cdot 4 \cdot 6) \cdot (7 \cdot 13) \cdot (8 \cdot 12) \cdot (9 \cdot 11) \cdot 10 =$
$\quad = (30 \cdot 70 \cdot 72) \cdot (91 \cdot 96) \cdot 99 \cdot 10 = 1512 \cdot 8736 \cdot 99 \cdot 1000 =$
$\quad = 13208832 \cdot 99 \cdot 1000 = 1307674368000$.

$1! =$		1
$2! =$	$2 \cdot 1! =$	2
$3! =$	$3 \cdot 2! =$	6
$4! =$	$4 \cdot 3! =$	24
$5! =$	$5 \cdot 4! =$	120
$6! =$	$6 \cdot 5! =$	720
$7! =$	$7 \cdot 6! =$	5040
$8! =$	$8 \cdot 7! =$	40320
$9! =$	$9 \cdot 8! =$	362880
$10! =$	$10 \cdot 9! =$	3628800
$11! =$	$11 \cdot 10! =$	39916800
$12! =$	$12 \cdot 11! =$	479001600
$13! =$	$13 \cdot 12! =$	6227020800
$14! =$	$14 \cdot 13! =$	87178291200
$15! =$	$15 \cdot 14! =$	1307674368000

5.28. Es wird zunächst für jede Grundzahl a die 5. Potenz als Produkt der 2. und 3. Potenz ermittelt. Durch Quadrieren entsteht dann sofort a^{10}.

$k \diagdown a$	2	3	4	5	6
2	4	9	16	25	36
3	8	27	64	125	216
4	16	81	256	625	1296
5	32	243	1024	3125	7776
6	64	729	4096	15625	46656
7	128	2187	16384	78125	279936
8	256	6561	65536	390625	1679616
9	512	19683	262144	1953125	10077696
10	1024	59049	1048576	9765625	60466176

$k \diagdown a$	7	8	9
2	49	64	81
3	343	512	729
4	2401	4096	6561
5	16807	32768	59049
6	117649	262144	531441
7	823543	2097152	4782969
8	5764801	16777216	43046721
9	40353607	134217728	387420489
10	282475249	1073741824	3486784401

5.29. a)   8,74144,
      b) $-12,36722$.

5.30. $\mathfrak{a} \cdot \mathfrak{b} = 39,691268$

5.31. Es werden für alle Gleichungen die Resultate S_i der linken Seiten nach Einsetzen der angegebenen Lösungen und die Differenzen D_i zwischen diesen Werten und den vorgegebenen rechten Seiten angeführt.

$$S_1 = -\ 762{,}873\,49; \qquad D_1 = -0{,}003\,49$$
$$S_2 = \ 1\,191{,}232\,03; \qquad D_2 = \ 0{,}002\,03$$
$$S_3 = -\ 589{,}421\,41; \qquad D_3 = -0{,}001\,41$$
$$S_4 = \ 351{,}997\,01; \qquad D_4 = -0{,}002\,99$$

5.32.		5.33.		5.34.	
a)	311	a)	122	a)	0,064\,971\,5
b)	167	b)	−33,7	b)	8,022\,96
c)	3462	c)	728,11	c)	−0,137\,684
d)	32\,123	d)	−1\,354,79	d)	1\,000\,004

Die letzte Ziffer der letzten Aufgabe brauchte entsprechend der Problemstellung an sich nicht mehr angegeben zu werden. Da an ihrer Stelle eine bedeutungslose Füllnull geschrieben werden müßte und die Zahl nur knapp über 1 000 000 liegt, ist die gewählte Schreibweise trotzdem zu empfehlen.

5.35. a) $1{,}578_6 - 1{,}343_6 = \underline{\underline{0{,}235}}$

b) $\dfrac{644{,}881_4}{175{,}104_1} = \underline{\underline{3{,}683}}$

c) $(168{,}161\,502 - 122{,}32):4{,}557 = 45{,}841\,502:4{,}557 = 10{,}059_6 = \underline{\underline{10{,}060}}$

d) $(2{,}028\,95 - 6{,}162\,80):0{,}146\,7 = -4{,}133\,85:0{,}146\,7 = -28{,}179_2 = \underline{\underline{-28{,}179}}.$

5.36. Das Gleichungssystem

$$a_1 x + b_1 y = c_1$$
$$a_2 x + b_2 y = c_2$$

hat die Lösung

$$x = \frac{D_1}{D} = \frac{c_1 b_2 - c_2 b_1}{a_1 b_2 - a_2 b_1}; \qquad y = \frac{D_2}{D} = \frac{a_1 c_2 - a_2 c_1}{a_1 b_2 - a_2 b_1},$$

so daß nach folgendem Schema gerechnet werden kann:

①	②	③	④	① · ④ − ② · ③
$c_1 = -\ 4{,}53$	$c_2 = 39{,}27$	$b_1 = -26{,}49$	$b_2 = 14{,}33$	$D_1 = 975{,}347\,4$
$a_1 = \ 11{,}38$	$a_2 = 18{,}27$	$c_1 = -\ 4{,}53$	$c_2 = 39{,}27$	$D_2 = 529{,}655\,7$
$a_1 = \ 11{,}38$	$a_2 = 18{,}27$	$b_1 = -26{,}49$	$b_2 = 14{,}33$	$D = 647{,}047\,7$

und daraus

$$x = D_1:D = \underline{\underline{1{,}507\,38}}; \quad y = D_2:D = \underline{\underline{0{,}818\,57}}$$

Die Probe liefert (in Matrizenschreibweise)

$$\begin{pmatrix} 11{,}38 & -26{,}49 \\ 18{,}27 & 14{,}33 \end{pmatrix} \cdot \begin{pmatrix} 1{,}507\,38 \\ 0{,}818\,57 \end{pmatrix} = \begin{pmatrix} -4{,}529\,934\,9 \\ 39{,}269\,940\,7 \end{pmatrix}$$

Eine genauere Untersuchung an Hand dieser Resultate würde zeigen, daß die für die Lösung angeschriebenen Ziffern wirklich alle bedeutsam sind.

5.37. a)

n	x_n	$a : x_n$
0	82	83,56
1	82,78	82,773 6
2	82,776 8	82,776 8

$$x = \frac{a - x_2^2}{2 x_2} = \frac{6852 - 6851,998\,618\,24}{2 \cdot 82,776\,8} = 0,000\,008\,346\,27$$

also ist

$$\sqrt{6852} = \underline{\underline{82,776\,808\,35}}$$

b)

n	x_n	$a : x_n$
0	0,028	0,029 21
1	0,028 60	0,028 601 3
2	0,028 600 6	0,028 600 7

$$x = \frac{0,000\,818 - 0,000\,817\,994\,320\,36}{2 \cdot 0,028\,600\,6} = 0,000\,000\,009\,929\,23$$

also

$$\sqrt{0,000\,818} = \underline{\underline{0,028\,600\,699\,29}}.$$

5.38. $d = \sqrt{a^2 + b^2} = \sqrt{4702,314\,5}\ \text{cm} \quad \text{mit} \quad \sqrt{4702,314\,5} = 68,57_3,$

also ist

$$\underline{\underline{d = 68,57\ \text{cm}.}}$$

5.39. a) $|\mathfrak{a}| = \sqrt{a_x^2 + a_y^2 + a_z^2} = \sqrt{321,025\,7} = 15,199_5 = \underline{\underline{15,20}}$

b) $\mathfrak{e}_a = \begin{pmatrix} 0,317 \\ 0,854 \\ -0,413 \end{pmatrix}$

5.40. a) Aus $(x_0 + \Delta x)^3 = x_0^3 + 3x_0^2 \Delta x + 3x_0 (\Delta x)^2 + (\Delta x)^3 = a$ folgt, da die Glieder mit $(\Delta x)^2$ und $(\Delta x)^3$ vernachlässigt werden können, die Beziehung

$$x_0^3 + 3x_0^2 \Delta x = a \quad \text{oder} \quad 3x_0^2 \Delta x = a - x_0^3$$

und daraus die Gleichung (5.16).

b) Es wird $x_0 = 1,26$ als Ausgangswert mit dem Rechenstab bestimmt. Die weitere Rechnung erfolgt am besten wieder in einem Rechenschema.

n	①		1	2
x_n	②		1,26	1,25992
x_n^2	③	②²	1,5876	1,5873984064
x_n^3	④	②³	2,000376	1,999995000191488
$a - x_n^3$	⑤	$a -$ ④	−0,000376	0,000004999808512
$3x_n^2$	⑥	3 · ③	4,7628	4,7621952192
$\varDelta x_n$	⑦	⑤ : ⑥	−0,000079	0,00000104989

also ist

$$\sqrt[3]{2} = \underline{\underline{1{,}259921050}}.$$

5.41.

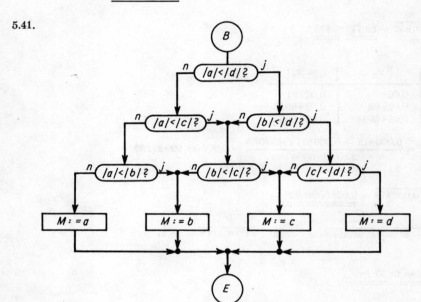

Bild 5.35

Im Fall der Gleichheit zweier Zahlen wird die betreffende Entscheidungsfrage mit nein beantwortet. Es entsteht dann ebenfalls ein sinnvoller Ablauf.

5.42. Nach der ausführlichen Darlegung zu dieser Aufgabe bedarf der Ablaufplan (Bild 5.36) keiner umfangreichen Erläuterung mehr. Die Größe S (ein sogenannter Selektor) kann nur zwei verschiedene Werte (hier 0 und 1) annehmen. Die Stellung von S entscheidet darüber, ob die Sortierung abgebrochen werden kann oder ob noch weitere Durchläufe erforderlich sind. Solange $S = 0$ bleibt, wurde nur der Zyklus mit (*4*), (*7*) und (*12*) durchlaufen. Man beachte, daß die Sortierung auch dann beendet wird, wenn nur die letzten beiden Informationen A_{N-i-1} und A_{N-i} der Restmenge noch zu vertauschen waren (*9*), (*14*).
Ist die Ausgangsfolge bereits sortiert, so wird dieser Sachverhalt nach dem ersten Durchlauf erkannt, da $S = 0$ geblieben ist. Die Frage (*15*) wird mit ja beantwortet und somit das Ende des Programmlaufes erreicht. Das Verfahren lohnt sich also dann, wenn feststeht, daß

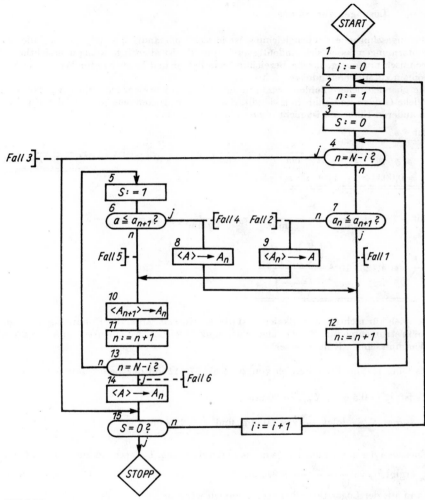

Bild 5.36

die Sortierordnung nur wenig gestört ist. Sonst sind, wie Bild 5.33 zeigt, doch auch zahlreiche Durchläufe notwendig. Um schnellere Sortierverfahren zu gewinnen, ist wesentlich mehr als nur ein Hilfsspeicherplatz erforderlich.

6.   **Lösungen zur Nomografie**

6.1. Die zugeschnittene Größengleichung ist in sich vollständig und folgerichtig, alle etwaigen Umformungen lassen sich eindeutig ausführen. Sie ist allerdings wenig übersichtlich, drucktechnisch ungünstig, gleiche Bezeichungen in Zähler und Nenner (s für Weg, s für Sekunde) können zu Mißverständnissen führen.

Die übersichtlichere Zahlenwertgleichung bedarf immer einer zusätzlichen Erläuterung, für welche Größen und Einheiten sie gilt. Sie ist, allein genommen, nicht exakt. Ein Übergang zu anderen Einheiten ist nicht ohne weiteres möglich.

6.2. Mit

$$x_1 = \frac{F}{N}, \quad x_2 = \frac{s}{cm}, \quad x_3 = \frac{t}{min}, \quad x_4 = \frac{P}{kW} \quad \text{ist} \quad \underline{\underline{x_4 = \frac{1}{6 \cdot 10^6} \frac{x_1 x_2}{x_3}}}$$

6.3. $\underline{x_4 = 0{,}003\,14\,(x_1 \cdot x_2 + x_2^2)\,x_3}$

mit $x_1 = \dfrac{d}{mm}, \quad x_2 = \dfrac{s}{mm}, \quad x_3 = \dfrac{\varrho}{kg\,dm^{-3}}, \quad x_4 = \dfrac{\dfrac{m}{l}}{kg\,m^{-1}}.$

6.4. $\underline{\underline{\dfrac{F}{\mu N} = 4{,}425 \cdot 10^{-4} \dfrac{\left(\dfrac{U}{V}\right)^2 \cdot \dfrac{A}{cm^2}}{\left(\dfrac{d}{mm}\right)^2}.}}$

6.5. Beispiele für nichtreguläre Skalen sind die des Rechenstabes, der Rundfunkgeräte, mancher Meßinstrumente für Strom und Spannung (Weicheisenstrumente) und Temperaturen (Waschmaschine, Kühlerwasser) u. a.

6.6. Es kann maximal der Bereich von $20\,\Omega$ bis $57{,}5\,\Omega$ auf der Leiter untergebracht werden.

6.7. Es ist $l_x = 0{,}5$ mm, $X_{max} = 60$ mm

Aus $b = X_{max}$ folgt $\dfrac{5\pi}{6}r = 60$ mm und $\underline{\underline{r = 22{,}9\text{ mm}}}$

6.8. Einsetzen der gegebenen Werte in die Leitergleichung, Differenzbildung und Auflösen nach l_x ergibt $l_x = \dfrac{\Delta X}{\lg x_2 - \lg x_1}$. Daraus kann l_x berechnet werden. Die zugehörige Teilung kann aus der Logarithmenharfe entnommen werden.

6.9. Leitergleichung $X = 250$ mm $\lg x$

$$x = 2, \quad X = 75{,}3 \text{ mm}$$
$$x = 5, \quad X = 174{,}8 \text{ mm}$$
$$x = 8, \quad X = 225{,}8 \text{ mm}$$

6.10. Leitergleichung $X = -8$ mm $(x - 20)$, Lösung lt. Bild 6.55.

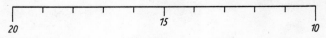

20   15   10

Bild 6.55

6.11. Leitergleichung $X = 0,8\ \text{mm}\ x^3$, Lösung lt. Bild 6.56.

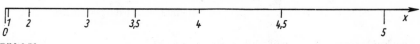

Bild 6.56

6.12. Leitergleichung $X = 3\ \text{mm}\ (10x - x^2)$. Die Leiter ist als x-Achse in Bild 6.23 (Seite 541) dargestellt.

6.13. Leitergleichung $X = 50\ \text{mm}\ \tan x^\circ$
Konstruktion lt. Tafel 35 (S. 625).

6.14. Die Konstruktion der Leiter aus den 3 Paaren

$$
\begin{aligned}
x &= -3,5 & X &= 0 \\
x &= 6 & X &= \infty \\
x &= \infty & X &= 20\ \text{mm}
\end{aligned}
$$

zeigt Tafel 36.

6.15. Aus $x = \dfrac{X}{Y}$ und $Y = 1\,000\ \text{mm} - X$ folgt für die Leitergleichung bei der Verkleinerung
$1:10$

$$
X = 100\ \text{mm}\ \frac{x}{x+1}
$$

Die Konstruktion der projektiven Leiter erfolgt z. B. aus folgenden drei Punkten (Tafel 37):

$$
\begin{aligned}
x &= 0 & X &= 0 \\
x &= 1 & X &= 50\ \text{mm} \\
x &= \infty & X &= 100\ \text{mm}
\end{aligned}
$$

Die Teilung zwischen den Punkten A und B ist an dem Meßdraht der WHEATSTONEschen Brücke anzubringen.

6.16. Die Konstruktion und das Ergebnis der projektiven Interpolation sind in Tafel 38 dargestellt.

6.17. Liegt ein geeignetes Netz fertig vor, ist der Aufwand für das Zeichnen der Geraden wesentlich kleiner als bei der punktweisen Herstellung der gekrümmten Kurve, zumal diese noch ungenauer ist. Der Aufwand für das Herstellen eines speziellen Netzes dagegen ist erheblich (i. allg. rechnerische Bestimmung zahlreicher Netzlinien) und lohnt sich nur, wenn in diesem Netz zahlreiche Kurven als Geraden dargestellt werden können.

6.18. Wenn die reguläre x-Teilung von Bild 6.22 über die Kurve entsprechend dem Verfahren von Tafel 1 auf die senkrechte Achse projiziert wird, entsteht eine Teilung, die (bis auf die Zeicheneinheit) mit der x-Teilung von Bild 6.23 übereinstimmt.

6.19. Funktionsgleichung $y = a\ \lg x + b$. Als Beispiel ist $y = \ln x$ in Tafel 39 im lg-mm-Netz und in Tafel 40 im regulären Netz dargestellt.

6.20. Es liegt eine Funktion $y = mx + b$ vor, deren Koeffizienten aus den Punkten $x = 0$, $y = 15\,830$ und $x = 50$, $y = 15\,920$ bestimmt werden können.

$$
l = \left(1,8\ \frac{F}{N} + 15\,830\right)\ \text{mm}
$$

6.21. Die x-Achse ist reziprok, die y-Achse regulär zu teilen. Mit $l_x = 10$ mm und $l_y = 5$ mm ergibt sich die Gerade $Y = \dfrac{1}{2}\, X + 10$ mm, die in Tafel 41 dargestellt ist.

6.22. a) Die Funktionsgleichung heißt allgemein $y = b \cdot x^n$, für die speziellen Punkte ergibt sich $y = x^2$.

b) Die Parallelen dazu haben die Gleichung $y = b \cdot x^2$.

6.23. a) Die Darstellung hat auf mm-lg-Papier zu erfolgen (Tafel 42).

b) Die Parallelen dazu haben die Gleichung $y = b \cdot 2{,}7^x$. In Tafel 42 sind einige Kurven eingetragen.

6.24. In allen Fällen verbieten additive Ausdrücke die Verwendung logarithmischen Papiers.

a) Spezielles Netz mit $X = l_x x^2$, $Y = l_y \cdot y$ erforderlich.

b) mm-Netz, wobei allerdings der Parameter in beiden Summanden auftritt, so daß weder Strahlen- noch Parallelentafel vorliegt.

c) Spezielles Netz mit $X = l_x \cdot \dfrac{1}{x}$ und $Y = l_y \cdot y$ erforderlich.

d) mm-Netz ähnlich b).

6.25. a) In der Netztafel mit regulär geteilten Achsen (Tafel 43) sind die einzelnen Kurven aus Wertetabellen zu bestimmen.

b) Nach Gleichung (6.16) ergibt sich im lg-lg-Netz eine Strahlentafel (Tafel 44), in der im Gegensatz zu a) jetzt nur positive Werte für x und y berücksichtigt werden können.

6.26. Der Zusammenhang lautet

$$P = \frac{W}{A}.$$

In Tafel 45 ist die Strahlentafel im mm-Netz dargestellt. Statt z steht $\dfrac{1}{z}$.

6.27. Da die Basis der Exponentialfunktion nur einzelne Werte anzunehmen braucht und sich daher als Parameter eignet, wird von den möglichen Formen nach Gleichungen (6.14) und (6.16) die erstere bevorzugt. Die Netztafel im mm-lg-Netz zeigt Tafel 46.

6.28. Die vorgelegte Gleichung führt mit

$$x = \varphi, \quad y = \frac{L_e}{\text{cm}}, \quad z = \frac{L_a}{\text{cm}}$$

auf eine Gleichung der Form (6.13)

$$y = z \cdot e^{-x} = z \cdot (e^{-1})^x = z \cdot 0{,}368^x.$$

Mit $l_x = 20$ mm und $l_y = 40$ mm ist lt. Tafel 47 im mm-lg-Netz die entstehende Parallelentafel angelegt.

Ablesebeispiel: $L_a = 20$ cm, $\varphi = 0{,}8 \Rightarrow L_e = 9{,}0$ cm

6.29. Mit

$$x = M, \quad y = \frac{d_e}{\text{mm}}, \quad z = \frac{d_a}{\text{mm}}$$

ergibt sich $y = x^{-\frac{1}{2}} \cdot z$. Nach Gleichung (6.15) ergibt sich im lg-lg-Netz eine Parallelentafel. Die geforderten Bereiche lassen ein Papier mit $l = 100$ mm zu (Tafel 48). Ablesebeispiel: $d_a = 300$ mm, $M = 3 \Rightarrow d_e = 173$ mm.

6.30. Mit f als Parameter und den Abkürzungen

$$x = \frac{b}{cm}, \quad y = \frac{g}{cm}, \quad z = \frac{f}{cm}$$

folgt $\frac{1}{x} + \frac{1}{y} = \frac{1}{z}$.

Da diese Gleichung unter den behandelten Schlüsselgleichungen nicht vorkommt, ist ein spezielles Netz mit Kehrwertleitern anzulegen, damit ein linearer Zusammenhang zwischen den Zeichenlängen entsteht.
Die Leitern werden nach

$$X = l_x \left(\frac{1}{x} - \frac{1}{x_0} \right)$$

$$Y = l_y \left(\frac{1}{y} - \frac{1}{y_0} \right)$$

mit $x_0 = y_0 = \infty$ und $l_x = l_y = 80$ mm geteilt. Diese Leitern entsprechen der in Bild 6.9 dargestellten. Zum Zeichnen der Geraden in Tafel 49 kann

$$x = \infty, \ y = z \quad \text{und} \quad y = \infty, \ x = z$$

verwendet werden.
Ablesebeispiel: $g = 3$ cm, $f = 2$ cm $\Rightarrow b = 6$ cm.

6.31. In beiden Fällen handelt es sich um proportionale Umrechnungen, so daß sich jeweils beide Teilungen der Doppelleitern als reguläre Leitern ergeben, die entsprechend Tafel 50 angelegt werden können.

6.32. Aus einer Funktionstabelle für $\sin x$ wird an eine reguläre Leiter für den Winkel eine Sinusleiter mit $l = 60$ mm entsprechend Tafel 51 angelegt.

6.33. Wenn auf die Anlage von Sondernetzen verzichtet wird, ist die Darstellung sinnvoll möglich als
a) Strahlentafel im mm-Netz
   Parallelentafel im lg-lg-Netz
   Leitertafel (3 parallele Leitern) mit logarithmischen Leitern
   N-Leitertafel mit regulären Leitern
b) Parallelentafel im mm-Netz
   Leitertafel (3 parallele Leitern) mit regulärer x- und y-Leiter und reziproker z-Leiter
   Leitertafel (3 Leitern von einem Punkt aus) mit regulärer z-Leiter und reziproken x- und y-Leitern
c) Strahlentafel im lg-lg-Netz
   N-Leitertafel mit logarithmischer x- und y-Leiter und projektiver z-Leiter

6.34. Die Hohlspiegel- bzw. Linsengleichung ist sinnvoll als Leitertafel (3 Leitern gehen von einem Punkt aus) ähnlich Tafel 30 darzustellen.

6.35. Mit $l_1 = l_2 = l_3$ und $a:b = 1:2$ folgt aus den Gleichungen (6.19) und (6.20) $A = 1$, $B = 2$, $C = 3$.

Aus (6.18a) folgt

$$3 \lg z = \lg x + 2 \lg y$$

oder $z^3 = x \cdot y^2$.

6.36. Die Schlüsselgleichung lautet

$$\lg z = 2 \lg x + \lg y + \lg (6{,}16 \cdot 10^{-3})$$

$l_1 = 40 \text{ mm}$, $l_2 = 20 \text{ mm}$, $a = 30 \text{ mm}$, $b = 30 \text{ mm}$, $z_0 = 6{,}16 \cdot 10^{-5}$, $l_3 = 10 \text{ mm}$ (Tafel 52).
Ablesebeispiel: $d = 2 \text{ mm}$, $l = 50 \text{ m} \Rightarrow m = 1{,}2 \text{ kg}$.

6.37. Mit $A = 10 \text{ cm}^2$ und den Zahlenwerten

$$x = \frac{U}{\text{V}}, \quad y = \frac{d}{\text{mm}}, \quad z = \frac{F}{\mu\text{N}}$$

wird das Ergebnis von Aufgabe 6.4 übergeführt in

$$z = 4{,}425 \cdot 10^{-3} \frac{x^2}{y^2}.$$

Nach dem Logarithmieren folgt
$A = 2$, $B = -2$, $C = 1$, $l_1 = 90 \text{ mm}$, $l_2 = -45 \text{ mm}$, $a = 20 \text{ mm}$, $b = 40 \text{ mm}$, $l_3 = 15 \text{ mm}$
(Tafel 53). Der Anfangspunkt der Mittelleiter ist $z_0 = 0{,}996 \approx 1$
Ablesebeispiel: $U = 30 \text{ V}$, $d = 0{,}02 \text{ mm} \Rightarrow F \approx 10^4 \text{ } \mu\text{N}$.

6.38. Die vorgelegte Funktionsgleichung wird in der Form

$$Z^2 = R^2 + \omega^2 L^2$$

geschrieben. Wenn der gegebene Wert von ω eingesetzt und durch Ω^2 dividiert wird, folgt
unter Beachtung von $1 \text{ } \Omega\text{s} = 1 \text{ H}$ die zugeschnittene Größengleichung

$$\left(\frac{Z}{\Omega}\right)^2 = \left(\frac{R}{\Omega}\right)^2 + 9{,}86 \cdot 10^4 \left(\frac{L}{\text{H}}\right)^2,$$

die mit

$$x = \frac{R}{\Omega}, \quad y = \frac{L}{\text{H}}, \quad z = \frac{Z}{\Omega}.$$

in

$$z^2 = x^2 + 9{,}86 \cdot 10^4 \cdot y^2$$

übergeht. Der Vergleich mit der Schlüsselgleichung (6.18) zeigt, daß alle Leitern quadratisch
geteilt werden müssen. Als Zeicheneinheiten der Außenleitern sind dann $l_1 = 0{,}001\,2 \text{ mm}$
und $l_2 = 120 \text{ mm}$ zu wählen.
Leiterabstände: $a{:}b = 10{:}9{,}86$ und $a = 40 \text{ mm}$, $b = 39{,}4 \text{ mm}$
Mittelleiter: $l_3 = 0{,}000\,605 \text{ mm}$, $z_0 = 0$.
Das damit hergestellte Nomogramm (Tafel 54) zeigt, daß ein Gebrauch erst etwa ab
$R = 50 \text{ } \Omega$, $L = 0{,}1 \text{ H}$ möglich ist.
Ablesebeispiel: $R = 160 \text{ } \Omega$, $L = 0{,}88 \text{ H} \Rightarrow Z = 319 \text{ } \Omega$.

6.39. Die Umformung ergibt

$$\frac{1}{R} = \frac{1}{R_1} + \frac{1}{R_2}$$

und legt eine Darstellung als Leitertafel (3 Leitern gehen von einem Punkt aus) ähnlich Tafel 30 nahe (vgl. auch Aufgabe 6.34).

6.40. Mit $x = \dfrac{R_x}{\Omega}$, $y = \dfrac{R_n}{\Omega}$, $z = \dfrac{X}{\text{mm}}$ folgt $\dfrac{z}{1\,000 - z} = \dfrac{x}{y}$

Das entspricht der Schlüsselgleichung (6.28) für die N-Leitertafel. Außenleitern für x und y regulär geteilt mit

$$l_1 = l_2 = 1 \text{ mm}.$$

Mit $L = 1$ und $f_3(z) = \dfrac{z}{1\,000 - z}$ ergibt sich nach Gleichung (6.27), daß auch die z-Leiter regulär nach

$$Z = \frac{a}{1\,000} \cdot z$$

zu teilen ist. Aus Höhe und Breite läßt sich $a = 125$ mm errechnen (Tafel 55).

Ablesebeispiel: $R_n = 50\,\Omega$, $X = 250$ mm $\Rightarrow R_x = 16{,}7\,\Omega$.

6.41. Zerlegung in

$$z = \frac{p\,d}{2} \quad \text{und} \quad s = \frac{z}{k}$$

Es entstehen nach Gleichung (6.12) zwei Strahlentafeln im mm-Netz. In beiden Tafeln wird z als Ordinatenachse angelegt ($l_z = 0{,}005$ mm), ohne beziffert zu werden. Lösung lt. Tafel 56.

Ablesebeispiel: $p = 2$ MPa, $d = 500$ mm, $k = 100$ MPa $\Rightarrow s = 5$ mm.

6.42. Mit

$$x = \frac{L}{\text{mm}}, \quad y = \frac{n}{\text{min}^{-1}}, \quad z = \frac{\xi}{\text{mm min}}$$

folgt für die erste Leitertafel $z = \dfrac{x}{y}$ und $\lg z = \lg x - \lg y$.

Zeicheneinheiten der Außenleitern: $l_1 = 75$ mm, $l_2 = -50$ mm
Abstände: $a{:}b = 2{:}3$, $a = 20$ mm, $b = 30$ mm
Ergebnisleiter für z: $l_3 = 30$ mm, $z_0 = 0{,}01$.

Mit z wie oben und $u = \dfrac{s}{\text{mm}}$, $v = \dfrac{T}{\text{min}}$ folgt für die zweite Leitertafel $v = \dfrac{z}{u}$ und $\lg v = \lg z - \lg u$.
Außenleitern: $l_3 = 30$ mm lt. 1. Teilnomogramm, $l_4 = -75$ mm.
Abstände: $d{:}e = 5{:}2$, $d = 50$ mm, $e = 20$ mm.
Ergebnisleiter für v: $l_5 = 21{,}43$ mm, $v_0 = 0{,}001$.
Die Träger der y- und v-Leiter fallen zusammen, die Teilungen werden auf entgegengesetzten Seiten des Trägers angebracht. Die Zapfenlinie wird nicht beschriftet (Tafel 57).

Ablesebeispiel: $L = 100$ mm, $n = 200$ min^{-1}, $s = 0{,}8$ mm $\Rightarrow T = 0{,}6$ min.

6.43. Die Gleichungen enthalten insgesamt 7 Variable, von denen sich 2 (n und h) eliminieren lassen.
Die Anlage der Netztafeln erfolgt lt. Gleichung (6.15) auf lg-lg-Papier. Die logarithmischen n- und h-Leitern werden mit s in einer Leitertafel zusammengefaßt. Bei der Kopplung durch die Leitertafel ist zu beachten, daß die s-Leiter Mittelleiter werden muß, damit sich nach beiden Seiten Netztafeln anschließen können (Tafel 58).

Ablesebeispiel: $d = 60$ mm, $v = 50$ m min^{-1}, ($n = 265$ min^{-1}), $s = 0{,}8$ mm, $L = 1\,000$ mm $\Rightarrow T = 4{,}7$ mm.

LITERATUR- UND QUELLENNACHWEIS

Allgemeine Grundlagen

[1] Algebra und Geometrie für Ingenieure, Autorenkollektiv. Verlag Harri Deutsch, Frankfurt/M. 1983
[2] Analysis für Ingenieure, Autorenkollektiv. Verlag Harri Deutsch, Frankfurt/M. 1983
[3] KLAUS, G.: Wörterbuch der Kybernetik. Fischer Bücherei 1073 u. 1074. Fischer Bücherei Frankfurt 1969
[4] Kleine Enzyklopädie Mathematik, Autorenkollektiv. Verlag Harri Deutsch, Frankfurt/M. 1978
[5] NEMTSCHINOW, KANTOROWITSCH u. a.: Die Anwendung der Mathematik bei ökonomischen Untersuchungen. Verlag Die Wirtschaft Berlin 1967
[6] ACKOFF/RIVETT: Industrielle Unternehmungsforschung. R. Oldenbourg Verlag, Wien u. München 1966
[7] STIEFEL, E.: Einführung in die numerische Mathematik. Teubner Stuttgart 1965

1. *Matrizenrechnung*

[1.1] Anwendung der Matrizenrechnung auf wirtschaftliche und statistische Probleme. Einzelschriften der Deutschen Statistischen Gesellschaft Nr. 9. Physica-Verlag Würzburg 1959
[1.2] BLIEFERNICH, M., u. a.: Aufgaben zur Matrizenrechnung und linearen Optimierung. Physica-Verlag Würzburg 1968
[1.3] DIETRICH/STAHL: Grundzüge der Matrizenrechnung. VEB Fachbuchverlag Leipzig 1972
[1.4] JUNG, HEINRICH W. E.: Matrizen und Determinanten. VEB Fachbuchverlag Leipzig 1952
[1.5] KOCHENDÖRFER, R.: Determinanten und Matrizen. B. G. TEUBNER Verlagsgesellschaft Leipzig 1961
[1.6] Mathematik für die Praxis, Hrsg. K. SCHRÖDER, Bd. 1. Verlag Harri Deutsch, Frankfurt/M. u. Zürich 1964
[1.7] Mathematik und Wirtschaft, Autorenkollektiv. Bd. 1. Verlag Die Wirtschaft Berlin 1963
[1.8] Matrizen. Hrsg. von der Bergakademie Freiberg, Lehrbriefe 1 bis 3, 1963
[1.9] NEISS, F.: Determinanten und Matrizen. Berlin/Göttingen/Heidelberg, Springer-Verlag 1967
[1.10] SCHIEMANN, G.: Matrizenrechnung, Hrsg. von der Ingenieurschule Chemie „Friedrich Wöhler", Lehrbriefe 1 und 2, Leipzig 1962
[1.11] ZURMÜHL, R.: Matrizen und ihre technischen Anwendungen. Berlin/Göttingen/Heidelberg, Springer-Verlag 1964

2. *Linearoptimierung*

[2.1] ANGERMANN, A.: Entscheidungsmodelle. Franz Nowack Verlag Frankfurt/Main
[2.2] BARSOW, A. S.: Was ist lineare Programmierung? Deutsch-Taschenbücher, Nr. 5. Verlag Harri Deutsch, Frankfurt/M. u. Zürich 1972
[2.3] BLIEFERNICH, M., u. a.: Aufgaben zur Matrizenrechnung und linearen Optimierung. Physica-Verlag Würzburg 1968
[2.4] FINKELSTEIN, V.: Die Grundlagen der linearen Optimierung, in: Neue Technik im Büro, Heft 10. VEB Verlag Technik Berlin 1961
[2.5] HOFMANN/SCHREITER/VOGEL: Optimierung der Lieferbeziehungen und des Transports. Transpress VEB Verlag für Verkehrswesen Berlin 1963

[2.6] JUDIN/GOLSTEIN: Lineare Optimierung I. Akademie-Verlag Berlin 1968

[2.7] JÜTTLER/SCHREITER/SCHUBERT: Operationsforschung. Verlag Die Wirtschaft Berlin 1968

[2.8] KADLEC, V.: Mathematische Methoden und ihre Anwendung in der Volkswirtschaftsplanung. Verlag Die Wirtschaft Berlin 1962

[2.9] KREKÓ, B.: Lehrbuch der linearen Optimierung. VEB Deutscher Verlag der Wissenschaften Berlin 1968

[2.10] Linearprogrammierung im Transportwesen. Transpress VEB Verlag für Verkehrswesen Berlin 1961

[2.11] Mathematik für die Praxis, Hrsg. von K. SCHRÖDER, Bd. III. Verlag Harri Deutsch, Frankfurt/M. u. Zürich 1964

[2.12] Mathematik und Wirtschaft, Autorenkollektiv, Bd. 2. Verlag Die Wirtschaft Berlin 1964

[2.13] NEMTSCHINOW, W. S.: Anwendung mathematischer Methoden in der Ökonomie. Verlag R. Oldenbourg München u. Wien 1968

[2.14] PIEHLER, J.: Einführung in die dynamische Optimierung. B. G. Teubner Verlagsgesellschaft Leipzig 1968

[2.15] PIEHLER, J.: Einführung in die lineare Optimierung. Verlag Harri Deutsch, Frankfurt/M. u. Zürich 1969

[2.16] RENNER, A.: Die Bestimmung der optimalen Produktionsvariante in der Bauwirtschaft, in: Sozialistische Planwirtschaft, 4/62. Verlag Die Wirtschaft Berlin

[2.17] RICHTER, K. J.: Methoden der linearen Optimierung. VEB Fachbuchverlag Leipzig 1967

[2.18] SADOWSKI, W.: Theorie und Methoden der Optimierungsrechnung in der Wirtschaft. Verlag Die Wirtschaft Berlin 1963

[2.19] VAJDA, S.: Einführung in die Linearplanung und die Theorie der Spiele. Beiheft zur Zeitschrift Elektronische Rechenanlagen. R. Oldenbourg München u. Wien 1961

[2.20] WENTZEL, J. S.: Elemente der dynamischen Optimierung. Verlag R. Oldenbourg München u. Wien 1966

[2.21] Wirtschaftsmathematik für die Berufsbildung, Verlag Die Wirtschaft Berlin 1968

3. Wahrscheinlichkeitsrechnung und mathematische Statistik

[3.1] FISZ, M.: Wahrscheinlichkeitsrechnung und mathematische Statistik. VEB Deutscher Verlag der Wissenschaften Berlin 1966

[3.2] GNEDENKO, B. W.: Lehrbuch der Wahrscheinlichkeitsrechnung. Akademie-Verlag Berlin 1968

[3.3] GNEDENKO, B. W., und A. J. CHINTSCHIN: Elementare Einführung in die Wahrscheinlichkeitsrechnung. VEB Deutscher Verlag der Wissenschaften Berlin 1965

[3.4] JAGLOM, A. M., und I. M. JAGLOM: Wahrscheinlichkeit und Information. VEB Deutscher Verlag der Wissenschaften Berlin 1967

[3.5] LINNIK, J. W.: Die Methode der kleinsten Quadrate in moderner Darstellung. VEB Deutscher Verlag der Wissenschaften Berlin 1961

[3.6] LORENZ, P.: Anschauungsunterricht in mathematischer Statistik. S. Hirzel Verlag Leipzig 1965

[3.7] RÉNYI, A.: Wahrscheinlichkeitsrechnung. VEB Deutscher Verlag der Wissenschaften Berlin 1966

[3.8] RUNGE, W., und G. FORBRIG: Einführung in die Wahrscheinlichkeitsrechnung für Ökonomen. Verlag Die Wirtschaft Berlin 1965

[3.9] STORM, R.: Wahrscheinlichkeitsrechnung, mathematische Statistik und statistische Qualitätskontrolle. VEB Fachbuchverlag Leipzig 1969

[3.10] Wahrscheinlichkeitsrechnung und mathematische Statistik, Lexikon, Hrsg. von P.-H. MÜLLER. Akademie-Verlag Berlin 1970

[3.11] WEBER, E.: Grundriß der biologischen Statistik. Gustav Fischer Verlag Stuttgart 1967

4. Spieltheorie — Bedienungstheorie — Monte-Carlo-Methoden

[4.1] BURGER, E.: Einführung in die Theorie der Spiele. Verlag Walter de Gruyter Berlin 1966

[4.2] BUSLENKO, N. P., und J. A. SCHREIDER: Die Monte-Carlo-Methode und ihre Verwirklichung mit elektronischen Digitalrechnern. B. G. Teubner Verlagsgesellschaft Leipzig 1964

[4.3] DANTZIG, G. B.: Lineare Programmierung und Erweiterungen. Springer-Verlag Berlin, Heidelberg, New York 1966

[4.4] Mathematische Modelle und Verfahren der Operationsforschung. Institut für Datenverarbeitung Dresden. Verlag Die Wirtschaft Berlin 1968

[4.5] NEUMANN VON, J., und O. MORGENSTERN: Spieltheorie und wirtschaftliches Verhalten. Physica-Verlag Würzburg 1961

[4.6] ROSENBERG, W. J., und A. I. PROCHOROW: Einführung in die Bedienungstheorie. B. G. Teubner Verlagsgesellschaft Leipzig 1964

[4.7] SASIENI, M., A. YASPAN und L. FREIDMAN: Methoden und Probleme der Unternehmensforschung. Physica-Verlag Würzburg 1965

[4.8] Simulationsmodelle für ökonomisch-organisatorische Probleme. Institut für Datenverarbeitung Dresden. Verlag Die Wirtschaft Berlin 1968

[4.9] VOROBJOFF, N. N.: Grundfragen der Spieltheorie und ihre praktische Bedeutung. Physica-Verlag Würzburg 1967

[4.10] WENTZEL, J. S.: Elemente der Spieltheorie. Deutsch-Taschenbücher, Nr. 6. Verlag Harri Deutsch, Frankfurt/M.

5. Praktisches Rechnen

[5.1] ADLER, H.: Elektronische Analogrechner. VEB Deutscher Verlag der Wissenschaften Berlin 1968

[5.2] BÖRNIGEN, W.: Elektronische Datenverarbeitungsanlage Robotron 300. VEB Verlag Technik Berlin 1968

[5.3] BRENK, G., und G. EICHNER: Integrierte Datenverarbeitung. VEB Verlag Technik Berlin 1967

[5.4] KERNER, I., und G. ZIELKE: Einführung in die algorithmische Sprache ALGOL. B. G. Teubner Verlagsgesellschaft Leipzig 1967

[5.5] LEMGO, K., und R. TSCHIRSCHWITZ: Einführung in die Programmierung des Robotron 300. Zur Programmierung der Zentraleinheit. VEB Verlag Technik Berlin 1969

[5.6] LEMGO, K., und R. TSCHIRSCHWITZ: Einführung in die Programmierung des Robotron 300. Zur Programmierung der Peripherie. VEB Verlag Technik Berlin 1969

[5.7] MELENTJEW, P. W., und H. GRABOWSKI: Näherungsmethoden. VEB Fachbuchverlag Leipzig 1967

[5.8] PAULIN, G.: Kleines Lexikon der Rechentechnik und Datenverarbeitung. VEB Verlag Technik Berlin 1969

[5.9] POLOSHI, G. N.: Mathematisches Praktikum. Verlag Harri Deutsch, Frankfurt/M. u. Zürich 1964

[5.10] SCHUBERT, G.: Digitale Kleinrechner. VEB Verlag Technik Berlin 1962

[5.11] Datenverarbeitung, Grundlagen und Einsatzvorbereitung, Autorenkollektiv. Staatsverlag der Deutschen Demokratischen Republik Berlin 1967

[5.12] Fachwörterbuch Begriffe und Sinnbilder der Datenverarbeitung, Autorenkollektiv. Institut für Datenverarbeitung Dresden 1968

[5.13] Wissensspeicher Grundlagen der Datenverarbeitung, Autorenkollektiv. Verlag Die Wirtschaft Berlin 1969

6. Nomografie

[6.1] KÖRWIEN, H.: Graphisches Rechnen. VEB Fachbuchverlag Leipzig 1952
[6.2] LUCKEY, P.: Nomographie. B. G. Teubner Verlagsgesellschaft Leipzig 1953
[6.3] Mathematik für die Praxis. Hrsg. von K. SCHRÖDER, Bd. 1, Abschn. 12. Verlag Harri Deutsch, Frankfurt/M. u. Zürich 1964
[6.4] MÜLLER, A.: Nomographie für die technische Praxis. VEB Fachbuchverlag Leipzig 1952
[6.5] Nomogramme und andere Rechenhilfsmittel für den Ingenieur. Lieferung 1, 2. VEB Verlag Technik
1. Hrsg. v. E. SCHWARZ 1960
2. Hrsg. v. A. STAMMBERGER 1966
[6.6] PADELT, E., und H. LAPORTE: Einheiten und Größenarten der Naturwissenschaften. VEB Fachbuchverlag Leipzig 1967
[6.7] SCHMID, W., A. HAENDEL und W. SCHÖNE: Graphisches Rechnen und Nomographie. Bergakademie Freiberg (Fernstudium). VEB Deutscher Verlag der Wissenschaften Berlin 1957
[6.8] WERTH, E., und G. GRÖLL: Nomographie. B. G. Teubner Verlagsgesellschaft Leipzig 1964

SACHWORTVERZEICHNIS